마음의 발달

마음의 발달

The Developing Mind

관계, 뇌, 마음의 통합을 위한
인간관계 신경생물학

제3판

Daniel J. Siegel 지음

김보연 · 김정수 · 김정호 · 김지원 · 김홍근 · 김평호
김태형 · 나규일 · 박희관 · 박여진 · 이승민 옮김

圖書出版 하나醫學社

For Maddi

추천의 글

"여러분의 정서적 삶을 풍요롭게 할 지적인 잔치에 오신 것을 환영한다. 시겔은 과학적으로 엄격하면서도 풍부한 경험적 의미를 내포하고 있는 마음을 이해하기 위해 다학제적 지식을 종합하는 데 능숙하다. 이미 고전이 된 이 책 제3판은 시겔이 20년 전에 시작한 인간관계 신경생물학 분야의 신선한 흥분을 유지하면서, 수천 개의 최근 연구에서 나온 새로운 발견을 통합한다. 두뇌와 인간관계의 접점에서 어떻게 마음이 발생하는지에 관심이 있는 모든 사람들에게 없어서는 안 될 필독서이다."

- 알리샤 리버만 박사

University of California **소아 정신의학 교수**

"저는 이 책을 모든 치료사들이 서재에 가지고 있어야 하는 아동 발달에 관한 독특하고 놀라운 책이라고밖에 표현할 수 없다. 시겔의 책은 아이의 발달하는 사회적 마음과 뇌를 설명함에 있어 철저하고 믿을 수 없을 정도로 유익하다. 이 책은 또한 매우 읽을 만하다."

- 존 가트맨 박사

The Gottman Institute, Seattle, Washington

"시겔은 이미 널리 읽히고 있는 이 책의 최신 버전인 제3판을 선보인다. 그는 인간을 다른 유인원들과 정서적으로 너무나 다르게 만든 신경학적 기초와 사회적 과정을 (상호 주관적인 참여에 대한 독특한 탐구를 통해) 설명한다. 내가 아는 어떤 책도 각 개인이 주변 사람들에게 어떻게 반응하여 발전하는지, 그리고 그 결과들이 얼마나 가변적일 수 있는지, 차근차근 명확하게 기술되어 있지 않다."

- 사라 블레이퍼 흐디 박사

University of California **인류학 교수**

"이 책은 아이가 성장할 때 어떻게 다른 사람들과 함께 학습하고 마음이 성장해 가는지에 대해 30년간의 신경 과학을 검토하여 새로운 시각을 보여준다. 소아, 청소년과 가족 정신 건강 분야의 리더인 시겔은 자신의 전문 지식을 아낌없이 공유한다. 그는 유아가 태어나면서부터 인격 공동체의 삶에 한 부분의 역할을 하기 위해 어떻게 참여하는지, 우리의 감정과 몸 그리고 뇌가 어떻게 친절과 연결 속에서 함께 움직이는지 추적해나간다."

- 콜윈 트레버썬 박사

University of Edinburgh **아동 심리학 명예교수**

"시겔 저작의 중요성은 인간관계 신경생물학이 20년 넘게 전 세계인들에게 가져다준 관심과 열정 그리고 기쁨에 반영되어 있다. 시겔은 『마음의 발달』 제3판에서 이 책의 초기 가설을 뒷받침하고 심리치료, 교육, 마음챙김 등에서 응용을 확대하는 지속적인 신경과학 연구를 제시한다. 이는 마음에 대한 이론이 인간관계 신경생물학의 핵심으로 발전하는 것에 대한 창을 제공한다. 독자들은 훌륭하고 지적이고 개인적인 여행을 하게 될 것이다."

- 루이스 코조리노 박사

Pepperdine University **교육 심리학 대학원**

"놀라운 성과이다. 어떻게든 시겔은 비과학자와 과학자 모두에게 놀랍도록 복잡한 인간의 마음을 설명한다. 아동 심리학자로서 나는 이 책에서 초기 애착과 트라우마에 관한 훌륭한 자료를 포함해 내 분야와 관련된 많은 관심과 관련성을 발견한다. 제3판은 여러 분야에 걸쳐 최신 연구와 저술로 완전히 업데이트되었다. 다양한 분야의 학생들과 전문가들은 이 인상적인 작품에서 흥미롭고 유용한 자료를 찾을 수 있을 것이다."

- 드보라 로스 레들리 박사

private practice, Plymouth Meeting and Narberth, Pennsylvania

"나는 대학원생들을 위한 필수 사회사업 실습 과정에서 이 책 제2판을 사용했었다. 내 학생들은 "마음"의 의미, 뇌에서 어떻게 마음이 생겨나는지, 인간관계에 의해 마음이 어떻게 형성되는지에 대해 이해하게 되었다. 나는 유아 · 아동 · 청소년의 평가 · 진단 · 치료에 인간관계 신경생물학을 어떻게 활용할 수 있는지 책 내용을 통해 시연했다.

또한 독서와 토론을 통해 학생들이 그들 자신의 정체성과 주관적인 정신 과정의 측면을 탐구하는 데 도움을 주었다."

- 마리안 해리스 박사

University of Washington Tacoma **사회대학 및 사법 대학원**

"시겔은 숙명론과 운명의 불안을 통해 신경생물학이 우리 사회에 의해 어떻게 형성되고, 우리가 어떻게 우리 사회를 형성하는가에 대한 희망과 이해를 통해 독자들을 능숙하게 안내한다… 시겔은 마음의 발달에 대한 잘 통합된 논문을 제공하고, 독자를 신경세포와 신경세포 네트워크에 대한 이해로부터 신경생물학의 맥락에서 사회적 의미와 사회적 경험의 발달로 이끈다… 우수한 인용으로 인해 깊이 있는 탐구가 힘을 얻고 있다. 『마음의 발달』은 마음이 어떻게 발전하는가에 관심이 있는 사람들의 서재에 빼놓을 수 없는 것으로, 세월이 흐르면서 더욱 좋은 참고 자료가 될 가능성이 높다."

- PsycCRITIQUES

"내 기대를 충족시켰다. 신경생물학을 배우려고 고군분투하는 대신 책을 통해서 큰 노력 없이 다음 두 가지 이유로 정보를 자연스럽게 받아들이게 되었다. 1) 저자는 인간관계의 맥락과 특히 치료의 측면에서 치료적 양자 관계 내에서 자신의 자료를 제시했다. 2) 저자는 유능함의 달인이며, 세세한 것에 얽매이지 않고 그의 자료를 임상적으로 유용하게 만드는 데 성공했다."

- American Journal of Psychiatry

"읽기 쉽고, 생각이 깊으며, 유익하다."

- Educational Leadership

"주목할 만한 책… 『마음의 발달』은 현대 정신의학의 대부분을 특징짓는 환원주의를 과감하게 초월한다."

- Psychiatric Times

"왜 우리는 세 살 때 무엇을 했는지 기억할 수 없을까? 왜 어떤 아이들은 유난히 수줍음을 많이 타나? 굴욕의 생화학적 메커니즘은 무엇이고, 어떻게 그것이 발달하는 아이의 뇌에 독성으로 작용할 수 있는가? 이러한 질문에 대한 새롭고 그럴듯한 해답은 시겔의 신경생물학, 연구 심리학, 인지 과학의 종합에서 나온다… 그의 주제(어떻게 우리가 사람이 되는가?)는 많은 독자들을 매료시킬 만하다."

- Publishers Weekly

"시겔이 말하는 이야기, 특히 발달 신경생물학과 개인 환경 간의 접점에서 발생하는 소통 과정이 매우 흥미 있다. 그는 세포 화학에서부터 뇌 구조, 양육자-유아 애착, 성인기의 인간관계까지 시스템의 모든 단계를 연결하고 있다. 이 책은 앞으로 인간 발달 과정에 대한 우리의 이해를 자극하고, 비추고 나아가게 하는 책이며, 『마음의 발달』은 이 분야에서 획기적인 작품으로 여겨질 것이다."

- Journal of Child Psychology and Psychiatry

역자 서문

다니엘 시겔 박사의 『마음의 발달』 제3판을 번역하게 되어서 역자를 대표하여 감사의 말씀을 올립니다. 아시다시피 시겔 박사는 정신건강의학과 의사이고, 후학을 가르치는 교수이며 우리가 즐겨 본 다수의 창의적인 정신의학과 뇌 의학에 관련한 책을 저술한 분입니다. 어떻게 이렇게 많은 활동을 장기간 성공하시는지 번역자를 포함해서 많은 한국의 임상가들과 뇌 과학자들 그리고 이 분야 저술가들의 모델이 되는 정열적인 분입니다. 여기 번역에 참여한 모든 분들도 오랫동안 환자들의 치료에 전념한 정신건강의학과 의사이며 〈마음의 뇌과학 연구회〉에서 서로 만나 이 책을 포함해서 다니엘 시겔의 책들을 강독하면서 공부하는 동안 적절한 시기에 하나의학사의 의뢰로 이 책을 번역하였고, 다소간의 어려움을 넘어 성공적으로 출판하게 돼서 기쁘고 행복하면서 한편 다행으로 생각합니다.

이 책 『마음의 발달』은 제2판 출판 이후 그동안의 과학적 성과를 담았고 또한 제2판에 못 담았던 저자의 생각이 추가되어 제3판이 발간되었습니다. 그러나 여전히 이 책의 중심을 흐르는 사상은 뇌(신경생물학)를 가진 아동이 발달하면서 인간관계로 표현되는 개인 환경을 만나면서 그 경험들이 어떻게 성인의 마음에 담겨 전문가들이 말하는 마음의 뇌과학 이론을 구성하는지에 대한 저자의 오랜 연구 결과와 창의적 사상을 담고 있습니다. 이 번역을 위해 복잡한 개념과 용어와 씨름해야 했지만, 임상가들이 항상 궁금해하는 부분을 거의 담고 있어 각자 즐겁게 배우는 자세로 또 저자의 의도에 충실하도록 토론하면서 이 작업을 해왔습니다. 그러기에 여러 독자들에게도 이 책은 천천히 읽을수록 단물이 우러나오는 양서임을 확인하였고 적극 추천하는 바입니다.

번역에 고생하신 역자와 지원해 주신 〈마음의 뇌과학 연구회〉 회원분들 그리고 출판 기회를 주신 하나의학사에게 역자를 대표해서 감사드리며 모쪼록 이 책에 관심을 가지고 있는 전문 분야와 인접 분야의 전문가, 훈련 단계에 있는 분들 그리고 학생들에게 도움이 되기를 바랍니다.

역자 대표 **김보연**

저자 서문

마음이란 무엇인가? 마음은 어떻게 발달하는가? 이 책은 다양한 과학 분야의 정보를 종합해 인간관계 경험과 뇌의 구조와 기능의 접점에서 마음이 나타난다는 생각을 탐구한다.

많은 청소년처럼, 나는 10대 때 특별한 지적 열정으로 가득 차게 되었다. 나는 사람과 마음의 본질에 매료되었다. 일련의 여정을 통해 나는 결국 정신과 의사가 되었고, 아동과 가족을 전문적으로 돌보는 일을 하였다. 일을 하면서 다양한 사람들과 그들의 삶에 대한 이야기를 접했다. 과학 분야에서 수련을 하고 인간의 갈등에 몰두하면서, 연구로부터 알려진 것을 조사하고 사람들의 삶의 핵심인 주관적인 경험을 가능한 가까이에서 관찰하면서 인간 발달의 과정, 즉 사람들이 어떻게 자기 자신이 되어 가는지에 대해 이해하려고 노력하는 나 자신을 발견했다. 이 책은 마음과 인간의 발달에 대한 통찰력을 얻기 위한 노력의 결과를 통합하여 보여준다.

매혹적인 학제적 사고interdisciplinary thinking의 세계에 오신 것을 환영한다. 마음, 뇌, 관계의 복잡한 얽힘을 탐험하기 위한 이 여정에 여러분을 초대한다. 수년 전 『마음의 발달』 초판이 출간된 이후, 다양한 과학에 대한 객관적인 연구와 내적 성찰에 관한 주관적인 지식들이 쏟아졌다. 이 책에서 우리의 여정에 정보를 제공해 주는 이러한 독특하지만 동일하게 중요한 지식의 영역을 존중한다.

이번 제3판에서 나는 과학자, 심리치료사, 교육자, 철학자, 명상 수행자, 그리고 지역 사회 리더들로부터 배운 것들을 통합할 수 있는 깊은 영광을 누렸다. 이 책의 초판에서 소개하고 제2판에서 확장된 "인간관계 신경생물학interpersonal neurobiology" 또는 간단히 "IPNB"라고 하는 분야는 이후 크게 성장하였다. 현재는 자체 조직Global Association for Interpersonal Neurobiology Studies: GAINS을 갖추게 되었고, 심층적인 교육 프로그램과 75권 이상의 전문 서적도 마련되었다.

이번 제3판에서 참고문헌을 철저히 업데이트하고 본문을 수정하며 확장하면서 나의 목표는 IPNB의 개념과 그 과학적 토대를 가능한 한 명확하고 간결하게 전달하는 것이다. 나는 이번 개정 과정의 초기 단계에서 18명의 헌신적이고 명석한 연구 인턴들과 함께 일할 수 있는 행운을 누렸다. 그들의 임무는 두 가지였다. 먼저, 이 책의 제2판과 IPNB를 뒷받침하는 아이디어 중 잘못된 것을 찾아내어 시대에 뒤떨어지거나 근거가 없는 제안을 폐기하는 것, 그리고 대안적 견해를 제시하는 새로운 연구를 소개하는 것이었다. 이를 위해 우리는 2,000개 이상의 새로운 과학 논문을 검토하였다. 책의 각 문단을 검토하고 수정이 필요한 부분을 고쳤다. 이 과정에서 우리는 IPNB의 기반을 탐구하여 약 20년 전에 제시된 가설 중 어떤 것이 새로운 연구와 새로운 기술에 의해 지지받았고 반증되었는지를 확인할 수 있는 기회를 가졌다. 대부분의 제안했던 가설들이 새로운 연구 결과를 통해 지지받았다는 것을 발견하였을 때, 우리는 매우 흥분되는 경험을 함께 공유할 수 있었다.

우리는 또한 약 20년 동안 초판과 제2판을 강의 교재로 사용해온 강사들과 제3판에서 어떤 것을 바꾸면 좋을지 인터뷰하였다. 그들의 일관된 답변은 과학적 참고문헌을 갱신하는 것 외에는 없다는 것이었다. 그래서 초판의 긍정적인 반응을 유지하기 위해, 여기 제3판에서는 다양한 분야의 연구 발전을 반영하도록 철저히 업데이트되었다는 것을 발견할 수 있을 것이다. 이번 신판은 또한 20%나 더 길며, 1,000개 이상의 새로운 관련 인용구를 추가했다. 또한 감정, 문화, 유전자, 행동 후생유전학, 거울 뉴런, 커넥톰(뇌의 신경 연결 종합 지도), 기억, 마음 이론, 사회 신경과학, 기본 모드 신경망, 혼란 애착disorganized attachment, 정보 처리, 관계적 장, 그리고 의식의 역할과 다양한 정신적 사회적 과정에서의 신경 연결에 대한 특별한 논의가 추가되었다. 대부분의 초기 제안들은 최근의 기술적 발전으로 인해 가능해진 연구 결과에 의해 지지를 받았으며, 여전히 가정으로 남아있는 것들에 대해서는 교육적 추정으로써 현재의 상태를 반영할 것이다. 이것의 한 예는 "알아차림의 수레바퀴Wheel of Awareness"라고 불리는 성찰적 연습을 통해 자신의 정신적 삶을 탐험할 수 있도록 돕고 이러한 관점과 경험적으로 확립된 정신 과정의 탐구를 연결하는 "3-P 틀three-P framework"을 포함하는 것이다. 나는 독자들이 자신 스스로 정신 경험을 체험한 다음, 감정, 기억, 사고, 의식과 같은 정신 과정에 대해 실험적으로 도출된 데이터와 연관시켜 주관적인 정신 과정을 탐구하기를 권장한다. 주관적인 경험과 객관적인 경험적 데이터를 연결하려는 이러한 시도는 마음을 탐색하고 우리 삶의 중요한 측면의 본질을 밝히기 위한 모든 노력의 핵심 과제이다. 함의implications와 자료로 지지받는 연구 결과들 간의 구분을 명확하게 하는 것은 초판의 중요한 특징이었으며, 이번 판과 전체로서의 IPNB 영역의 목표이다.

이 책은 다양한 분야에서 일하는 사람들에게 유용할 수 있다. 이러한 과정을 이해하면 임상의사가 환자의 치료를 도울 수 있다. 학자들에게는 학제 간 노력이 그들 자신의 연구가 독립적인 연구 분야와 어떻게 관련되는지에 대한 통찰력을 얻는 데 유용할 수 있다. 교육자들은 감정과 인간관계가 어떻게 학습과 기억의 근본적인 동기 부여 측면인지에 대한 통찰력으로부터 도움을 받을 수 있다. 아이들을 돌보는 아동 발달 전문가와 양육자에게 의사소통 유형이 어떻게 아동의 뇌 발달을 직접적으로 형성하는지를 아는 것은 과학적 근거로 아동 양육에 최적화된 프로그램을 구성하는데 필수적일 수 있다. 그 외 많은 다른 사람들에게는, 마음이 어떻게 뇌와 인간관계 과정에서 창발하는지 아는 것은 각 개인과 전문가의 삶을 향상시키는 데 유용한 통찰을 제공할 수 있다. 인간관계 경험은 평생 동안 발달하면서 마음을 형성한다. 이 책은 인간관계 과정이 어떻게 발생하고 신경생물학에 대한 아이디어를 활용하여 다른 사람과 우리 자신이 성장하고 발전하도록 돕는 방법에 관한 것이다.

이번 제3판은 또한 일부 복잡한 생각과 어휘에 대한 접근을 개선하기 위해 용어집을 제공하며, 인간의 경험과 정체성의 발달에 초점을 맞춘 새로운 장을 추가하였다. 게다가 학습에 있어서 시각적 도움이 될 수 있는 새로운 그림들과 쉽게 활용할 수 있는 인용구가 자주 사용되었다. 책 전체에서 사례를 논의하면서, 편견을 피하고자 "그녀", "그" 그리고 "그들"을 번갈아 사용하였다. 당연히 개별 사례들은 개인 정보를 삭제한 후 소개하였다.

『마음의 발달』은 다양한 프로그램에서 가장 인기 있는 책이 되었다. 나는 이번 제3판도 좋은 평을 받길 바란다. 나는 책 쓰는 것을 좋아하고 제3판을 쓰기 위해 이 작품에 복귀하는 것은 좋아서 하는 일이었다. 이번 판은 거의 같은 장 순서로 되어 있지만, 새로운 자료와 새로운 아이디어, 응용의 통합으로 되어 있다.

감사의 글

전 세계 독자들로부터 받은 모든 의견을 반기며, 이러한 연구와 일치하는 접근을 하는 열정적인 여러 작가와 컨퍼런스 공동연구자들에게 감사드린다. 마리온 솔로몬Marion Solomon과 보니 골드스테인Bonnie Goldstein은 UCLA 정기 연례 모임에서 IPNB를 전문가에게 발표하는 데 있어서 훌륭한 팀이었으며, 우리의 전문적인 영역에 있어 그들의 리더십에 감사하고 있다. 이 책을 세상에 나오게 해준 길포드 출판사의 초창기 편집자인 키티 무어Kitty Moore와 함께 일할 수 있어서 기뻤으며 20년 이상 그녀의 모든 지원과 지혜에 감사한다. 마가렛 라이언Margaret Ryan은 이 책을 위해 훌륭한 편집 전문 지식을 제공했고 마지막 단계에서 그녀와 윌리엄 메이어William Meyer와 함께 원고 작업을 할 수 있어서 즐거웠다. 이번 책의 편집과 새로운 부분의 집필은 사람들이 매우 좋아하는 부분이고, 완전히 업데이트했으며 핵심적인 부분을 유지하는 동시에 정돈된 문체로 메시지를 다듬는 흥미진진한 도전을 불러일으켰다. 훌륭한 연구 인턴 그룹과 함께 책 출판을 준비하면서 여러 부분을 훑어보는 것은 즐거운 일이었다.

또한, 인간관계 신경생물학을 위해 지적 보금자리 역할을 하는 마인드사이트 연구소에 속한 뛰어난 사람들에게 감사를 표하고 싶다. 온라인 수업 과정에 참여하고 있는 수강생들의 임상에 대한 국제적인 견해와 적용에 대한 것들은 다양한 문화에 적용될 수 있는 많은 다양한 방법들을 찾는 데 매우 유용하였다. 같은 지역에서 수강하는 학생들과 멀리 떨어진 지방에서 수강하는 학생들 모두 이 작업에 추진력을 불어 넣어 주었으며 우리 모두가 이 작업을 지속할 수 있도록 하는 데 동기가 되었다. 크리스티 모렐리Kristi Morelli, 카일라 뉴커머Kayla Newcomer, 앤드류 슐먼Andrew Schulman 등 우리 스태프들은 함께 일하는 데 기쁨을 느꼈다. 우리의 CEO인 카롤라인 웰치Caroline Welch는 우리가 작업을 정리하고 세상에 IPNB의 가능한 많은 응용에 대한 비전을 만드는 데 큰 도움을 주었으며 강력한 존재였다. 나는 제3판이 주는 메시지의 핵심인, 『존재의 선물Gift of Presence』에서 보여준 그녀의 연민과 리더십에 감사를 표한다.

십여 개의 과학 원리들을 자세히 살펴보고, 공통된 기반을 가진 일관된 발견을 탐구하는 것은 당연하게도 꽤 어려운 과제이다. 초판에서도 도서관은 나의 두 번째 집이었다. 나는 도서관에서 정기 간행물을 보면서 오랜 시간을 보냈다. 그 이후로, 인터넷을 통해 디지털 도서관을 접속해 볼 수 있는 저널들과 연구 논문들의 수가 기하급수적으로 증가했다. 이 책을 업데이트하려는 목적을 달성하는 일은 지적인 모험에 동참한 멋진 인턴들과 함께 즐거운 작업이었다. 우리는 함께 연구 데이터와 방대한 양의 상호 참조들을 탐색하였고 개념들을 통합하였으며, 이러한 모든 것들을 함께 엮을 수 있었다. 두 번째 판을 만들면서, 나는 "마음챙김 연구회mindful bunch"의 동료애에 영광과 기쁨을 누렸다. 리사 발디니Lisa Baldini, 킴벌리 클라크Kimberly Clark, 한나 파버Hannah Farber, 줄리엔 피드리Julien Fyhrie, 빅토리아 골드파브Victoria Goldfarb, 라일리 케슬러Riley Kessler, 사이러스 나하이Cyrus Nahai, 벤자민 넬슨Benjamin Nelson, 카렌 올리바레스Karen Olivares, 수잔 파커Suzanne Parker, 프란체스카 르니쉬Francesca Reinisch, 그레고리 세비츠Gregory Sewitz, 케이티 솔즈버그Katey Solzberg, 루시 월시Lucy Walsh, 아나벨 영Anabel Young. 이번 제3판 리뷰를 위해 다른 헌신적인 연구 조력자들인 멜리나 알든Melina Alden, 셸비 알섭Shelby Alsup, 제시카 버널Jessica Bernal, 조던 콜버트Jordan Colbert, 리안 도리스Rian Doris, 엘리자베스 폴리에Elizabeth Folie, 조던 호프만Jordan Hoffman, 나탈리카자리안Natalie Kazarian, 애슐리 김Ashley Kim, 실비아 멧스거Sylvia Metzger, 세레나 니미트용스컬Serena Nimityongskul, 클러리스 페어레즈Clarice Peres, 마이어 레이Maya Ray, 시에너 로버트슨Sienna Robertson, 탈야 보우겔Talya Vogel, 그리고 트리스탄 웹스터Tristan Webster 등 이들의 노력을 조정하는 데 도움을 준 앤드류 빌라밀Andrew Villamil과 엘리 바이스바움Elli Weisbaum과 함께 일하는 기쁨에 감사한다. 또한, 모든 광범위한 레퍼런스 업데이트와 추가 사항의 최종 배치를 포함한 세부 사항들을 정리하는 데 도움을 준 사라 킹Sará King과 셀마 퀘이스트Selma Quist-Mø ller의 도움에 감사를 전한다. 나는 또한 이 작품의 메시지를 명확하게 밝히는 데 창의적인 삽화를 그려 준 마들렌 시겔Madeleine Siegel에게 감사를 표한다. 여러분이 들고 있는 이 책이 우리 모두가 평생 건강하고 회복탄력성이 있는 마음의 발달을 위해 견고한 자료로써 유용하기를 간절히 바란다.

목차

The Developing Mind **Intro**

마음이란 도대체 무엇인가?

—

인간관계[1] 신경생물학의 전망

1) 인간관계(Interpersonal): 정신의학에서 이 용어의 도입은 미국의 정신의학자 설리반(HS.Sullivan: 1892~1949)이 선구자이며 "인간관계 정신 치료"로 많은 연구 업적을 남겼다. 그는 사회 속에서 자기의 발달을 연구한 미드(George Herbert Mead)의 사회 심리학, 말리노우스키(Bronislaw Malinowski)의 문화인류학 등 타 학문의 전문 지식을 정신의학에 도입하였다. 그에게서 저자 다니엘 시겔이 정의하는 인간관계 신경생물학과 공유하는 관점의 근원을 찾을 수 있다(역자 주).

The Developing Mind

정신의 경험을 다루는 현장에서 "마음mind"의 뜻을 정의하는 경우는 드물다. 이렇게 마음의 정의를 회피해 온 까닭은 충분히 고민해 온 몇 가지 이유 때문일 것이다. 이 중 마음을 정의하는 것이 오히려 마음의 충분한 이해를 제한한다는 철학적 입장이나, 마음은 불가사의한 것이라서 정의를 통해서 그 특징을 특성화할 수 없다는 생각은 우리가 이해할 만하다. 때로 "마음"이란 단어는 신비롭고 주관적인 내면의 원천을 나타내는 미지의 자리 표시로 사용된다는 점도 고려해야 한다. 이 책에서는 필자는 이러한 입장들을 존중하면서, 지난 25년 동안 우리의 삶이 어떻게 발전하고 건강한 마음이 실제로 무엇인지 이해하는 데 큰 가치가 있었던 마음의 작용 정의working definition를 탐구하는, 위험하지만 명예로운 작업을 위해 한 걸음씩 내딛고자 한다. 결론을 말한다면, 우리가 마음 그 자체의 핵심적 측면을 정의하려고 시도하지 않는다면, 건강한 마음을 구성하는 것이 무엇이라고 어떻게 말할 수 있을까?

이 책은 다양한 과학의 발견이 어떻게 마음의 발달에 대한 새로운 이해를 가져올 수 있는지, 그것이 무엇인지, 어떻게 성장하는지, 그리고 건강한 발달이 수반하는 것이 무엇인지 탐구한다. 과학은 인간 경험에 대해 깊고 차별화된 관점을 제공하면서 마음이 어떻게 기능하는지 많은 방식으로 설명한다. 예를 들면, 신경과학은 뇌의 기능이 기억이나 지각과 같은 정신 과정과 어떤 관련이 있는지 설명하고, 발달 심리학은 시간의 흐름에 따라 가족 내에서 아동의 마음이 어떻게 성장하는지에 대해 설명한다. 인류학은 서로 다른 문화권 내에서의 관계 경험과 의사소통 패턴이 마음의 성장을 직접적으로 조성[2)]해가는 방식을 설명하고, 정신의학은 개인의 삶의 방향을 크게 바꿀 수 있는 정서 및 행동 장애에 대하여 임상의 관점에

---

2) 조성(shape): 심리용어로서는 요구하는 반응에 가장 가까운 동물(인간)의 어떤 행동 측면을 강화하는 것을 말함. 저자가 이런 의미로 사용하였는지는 확실치 않으나 조성으로 번역(역자 주).

서 설명한다. 보통 이러한 분야들은 서로 분리되어 기능한다. 그러나 다양한 분야의 최신 연구 결과들을 종합해보면, 놀랍게도 여러 독립된 영역의 연구가 한 곳으로 수렴되는 것을 알 수 있다. 이렇게 여러 독립된 학문 분야에서 공통된 발견을 하는 것을 "융합"3)consilience이라 한다.[1] 이러한 발견으로 마음이 부분적으로는 뇌의 물질에서 나오지만, 또한 근본적으로 관계에서 특히, 사람들 간의 의사소통에서 조성되는 것이라는 사실을 알게 되었다. 나의 목표는 하나의 실체(마음)가 우리 내부와 우리 사이에서 어떻게 나타날 수 있는지 과학적 관점에서 탐구하여 이에 대한 개요를 얻고 통합을 시도하는 것이다.

좀 더 구체적으로 설명하면, 이 책에서는 마음의 발달에 대한 이해를 돕기 위해 신경생물학(뇌의 특정 상호작용 회로의 신경세포 활성 등)과 인간관계(의사소통 패턴 등) 두 관점의 통합을 통해 정신 과정(기억, 정서 등)을 설명하고자 하였다. 이러한 통합은 책을 만드는 사람도, 또 읽는 사람도 정말로 도전적인 일이다. 필자는 과거 많은 나의 학생들이 그러했듯, 신경생물학을 처음 접하는 이들이 학제 간 융합적 사고interdisciplinary consilient thinking라는 친숙하지 않은 용어와 개념에 압도되어, 공부를 지속하지 않을까 봐 걱정하고 있다. 마음이 단순히 두뇌 활동의 결과이거나 문화적 의사소통의 일부라는 말처럼 단일 관점을 취하는 것은 더 간단하고 친숙하며 이러한 방식은 더 이해하기 쉽다. 그러나 나는 수많은 교육 경험을 통해 마음의 내면inner과 두 마음 사이inter의 **두 과정**에 같이 존재하며, 마음의 틀을 완성하려면 폭넓은 학제 간의 참여가 필요하고 그래서 노력할만한 가치가 있다는 것을 알았다. 우리가 보게 될 것은 이 단일한 실체인 "마음"이 내면

3) 융합(Consilience): 독립적인 학문으로부터의 공통된 결과들을 발견하는 것. 융합, 또는 통섭이라고 번역된다. 미국의 사회생물학자인 에드워드 윌슨이 1998년 쓴 『컨실리언스consilience』를 최재천 교수가 원효대사의 화엄사상을 빌려 '통섭'이라고 번역한 바 있고 논란이 있다(역자 주).

자리internal locus와 자리 사이inter locus라는, **하나의 과정**이지만 내부(안)에서 within와 서로(상호) 간between이라는 두 위치에 분포될 수 있다는 것이다. 이 말은 이상하게 들릴 수도 있고 불가능할 수도 있지만, 조만간 여러분들이 이 견해가 넓고 다양한 현장에 걸쳐서 존재하며 경험적 지지와 실제적인 의미를 모두 가지고 있다는 것을 발견하기를 바란다.

따라서 특정 분야를 처음 접하는 사람도 해당 주제를 이해할 수 있도록 각 장에 충분한 배경지식을 포함하고자 하였다. 이 책을 이해하는 데 필요한 전문 지식은 없다. 새로운 개념과 용어들을 피할 수는 없겠지만, 특정 연구 결과들의 중요성을 요약하고, 반복적으로 등장하는 확실한 경향을 계속 상기시킴으로써 "독자가 편한" 방식으로 책의 내용을 구성하였다. 개인적, 학문적, 혹은 직업적인 목적이 무엇이든, 이 책을 학습하고 나면 예측하기 어려운 경험에 대한 이해가 향상될 것이다. 이러한 학제간 접근 방식을 배우면 우리가 실생활에서 통합적인 시각에서 스스로 삶을 이해하고 대응하도록 준비하게 해준다는 면에서, 루이스 파스퇴르Louis Pasteur가 말한 "준비된 자에게 기회가 돌아간다"라는 과학적 관점에 부합한다. 새로운 개념과 용어를 습득하면, 손쉽게 활용할 수 있는 개념들과 많은 유용한 정보들에 접근할 수 있다. 처음 시작할 때부터 통합적 이해를 준비한다면, 인간관계와 마음의 발달에 관한, 복잡하면서도 흥미로운 연구 결과들을 이해하는 데 도움이 될 것이다. 이 분야를 처음 접하는 사람들에게, 흥미로운 다학제 연구의 세계에 온 것을 환영하는 바이다!

마음의 정의

"마음"이라는 용어의 정의는 내가 몸담은 정신건강의학과 임상 분야와 심리학 연구 분야와 같이 마음을 다루는 분야가 여러 개 있어도 부족하다. 2,500년 전[2] 히포크라테스Hippocrates는 "우리의 모든 마음(기쁨과 슬픔)은 단순히 우리 두뇌 기능의 결과일 뿐"이라는 짧은 말씀을 했는데, 그 뒤로 자연스럽게 "마음은 두뇌가 하는 일"이라는 공통된 견해로 이어졌다. 이후에 마음에 대해 서술한 것이 많지만, 대부분 참다운 정의라고 볼 수가 없다. 이들의 공통적인 서술에는 우리의 감정과 사고, 추론 및 기억을 포함한다. 그러나 이러한 설명이 정확히 무엇을 가리키는 것일까? 마음의 활동이 의미하는 바에 합당하게 유용하고 일반적인 설명이 가능한 기초적인 필수 "재료"는 무엇일까? 이러한 접근 방식으로 마음이 의미하는 바를 적어도 세 가지 측면의 관점에서 설명할 수 있다. 첫째는 **주관적 경험**이다. 만약 정신이 뇌에 전적으로 의존하고 머릿속 뇌만 1인칭first-person 경험을 한다고 해도, 오로지 머릿속에 있는 우리 내면의 주관적 삶의 질감은 뇌 활동과 동일한 주관적 경험을 만들지 못한다. 주관적 경험은 "마음"이라는 용어를 사용할 때 의미하는 바대로 고유한 측면 중 하나이다. "지금 당신의 생각은 무엇입니까?"라고 물을 때에도 이 질문은 자연스럽게 뇌의 활동을 포함할 것이지만 신체 감각이나 타인과의 관계에 대한 느낌도 포함할 수 있다. 이 질문은 "지금 당신의 해마에서 무슨 일이 일어나고 있습니까?"라고 묻는 질문과 같은 영향을 미치지 못할 것이다. 이 질문에 대한 대답은 주관적으로 이 순간 느껴지는 감각에 대한 것이 아니라 머리 안의 신경 활동에 대한 "객관적인" 진술일 것이다.

마음을 단순히 뇌 활동으로 환원할 수 없는 두 번째 측면은 우리가 주관적인 경험을 하고 있다는 것을 알고 있는 방식이다. **안다**는 것은 "의식consciousness"이라는 용어가 의미하는 여러 가지 중 한 구성 요소인 **알아차림**(인식)aware과 함께 나타난다. 의식하는 것은 일반적으로 알고 있는knowing 것과 알려진known 것에 대한 주관적인 경험을 모두 포함한다. 내가 "안녕하세요"라고 쓰면 여러분은 그 단어를 알게 되고knowing 시각적 입력을 통해 내가 알고 있다the known는 것을 인식한다. 다시 말해, 이러한 인식의 경험이 머리의 신경 활동에 완전히 의존한다고 하더라도, 인식하는 것을 알고 있음은 신경의 발화와 동일하지 않다. 신경 발화는 머리의 신경 활동에서 발생하더라도 전기 화학적 에너지 흐름이며, 우리의 마음에 할당되어 있다는 것을 아는 감각이 아니다.

세 번째 마음의 측면은 마음에 대한 일반적인 생각, 기억, 심지어 감정까지도 설명에 포함할 수 있는 **정보 처리**이다. 정보 처리 방법은 때때로 "표상representations"이라는 의미를 가진 상징으로 신체 안과 그 행동에서 일어나는데, 이를 "체화 및 행동화 인지embodied and enacted cognition"라고 한다. 이러한 정보 흐름은 여러분의 컴퓨터에서도 발생할 수 있으며 이를 "확장"이라고 한다. 그것은 또한 소통의 문화적 패턴으로 당신을 둘러쌀 수 있으며 우리는 이것을 "내장 인지embedded cognition"라고 부른다. 정보 처리는 체화, 행동화, 확장 또는 내장 여부와 관계없이 의식에서 일어날 필요가 없으며 실제로 많은 정보 처리가 우리가 알아차리지 못한 상태에서 일어날 수 있다. 당연히 정보 처리에는 머리 안의 신경 활동이 포함된다. 그러나, 이러한 상징화의 전개는 귀와 귀 사이(뇌)에서 일어나는 일에 국한되지 않는다.

많은 사람들에게 이러한 세 가지 마음의 측면으로 "마음"이라는 용어가 의미하는 것에 대해 그들이 생각하고 사용하는 용어로 친숙할 수 있도록 확실하게 설명했다. 그러나 우리는 이 세 가지 기본적이고 중요한 마음이 정확히 무엇인가라는 질문의 답을 얻는 방법을 알 수 없을뿐더러 우리는 또한 건강한 마음이 실제로 무엇일까라는 질문에 답할 수도 없다. 이러한 이유로 이렇게 정신생활에 대한 설명 수준을 유지하는 것만으로는 내가 일한 정신 건강, 교육, 발달 연구를 포함한 모든 분야에 충분하지 않은 것 같다. 우리가 이 일을 진행하기 위해서는 더 많은 것이 필요한 것 같다. 이 세 가지 측면은 압축되어 유용한 부분이 있지만 이러한 일반적인 설명을 뛰어넘어 정의 역할을 할 수 있는 네 번째 측면을 찾는 것이 중요해 보였다. 직접적 논증을 해본다. 신경과학자와 다른 사람들이 마음을 **우리 내부**, 우리 몸과 뇌에서 일어난 사건의 산출물로 보는 것이 옳았다면 어떨까? 그리고 동시에 인류학자, 사회학자, 언어학자 같은 다른 과학자처럼 마음이 **우리 사이**에 일어나는 것으로 보는 견해가 옳다면 어떨까? 머리 안의 신체적 뇌를 포함하는 우리 내부, 그리고 타인과의 관계에서, 우리를 둘러싼 세계에서 우리 안에 **모두** 있는 공통 요소는 무엇일까?

우리 안과 우리 사이에 무엇이 있을까라는 이 질문에 대한 한 가지 대답은 **에너지와 정보의 흐름**이다. 이 흐름은 확실히 머리에서 발생하지만, 우리 몸 전체에서도 발생한다. 그리고 이 흐름은 또한 우리 사이에서, 다른 사람 및 지구와의 연결에서, 우리를 둘러싼 세계에서 우리의 관계와 함께 발생한다. 우리는 우리 몸 자체를 의미한다.

우리가 마음의 시스템이 몸 내부와 그리고 몸과 몸 그리고 몸과 세계 사이의 정보 흐름으로 구성되었다고 제안해 보면 비로소 우리는 이 설명이 복잡계의 특성을 가리키는 것을 알 수 있으며 당연히 다음 장에서 자세히 살펴보겠다. 수학 분야에서 알 수 있듯이 **복잡계**에는 시스템 요소의 상호작용에서 발생하는 "**창발**emergent" 현상 또는 속성이 있다. 창발은 단순히 우리 우주의 수학적 현실이며, 환상이 아니고 복잡한 시스템의 요소가 상호작용하는 특성일 뿐이며, 그 상호작용에서 고립된 요소 작용 이상의 무언가가 더 발생하는 것이다. 일부 작가들은 이 현상이 현실에서 일어나는 과학적으로도 견고한, 알려진 사실이라는 것을 깨닫지 못한 채 "창발"이라는 용어를 조롱한다. 그러면 우리는 이제 처음 말한 마음의 세 가지 측면(주관적 경험, 의식, 정보 처리)이 단순히 에너지와 정보 흐름 시스템의 창발 현상이라고 제안할 수 있다. 그리고 이러한 세 가지 설명 너머, 정의definition 역할을 하는 또 다른 마음의 측면이 있을 수 있다. 그것이 무엇인가? "자기 조직화self-organization"는 복잡계의 한 가지 속성으로 복잡계가 자체로 전개를 조절하는 방식을 말한다. 마음의 처음 세 가지 측면이 에너지와 정보 흐름의 창발 현상으로 발생한다면, 마음의 네 번째 측면은 실제로 우리에게 다음과 같은 정의를 제공할 수 있다. **"마음은 에너지 및 정보의 흐름을 조절하는 과정에서 창발하며 자기 조직화하고 체화하는 관계 과정이다."**

자기 조직화는 궁극적으로 자기가 조절하는 것에서 다시 창발하는, 우리의 직관에 반하는 속성을 가지고 있다. 이상하게 들리지 않는가? 이 재귀recursive property 속성은 자기 조직화가 자신의 형성을 전개하면서 이미 조절된 속성으로부터 계속해서 발생한다는 것을 의미한다. 그리고 이것은 복잡계에서 경험적으로 검증되었다고 알려진 복잡계의 자기 조직화의 재귀적 특성이다. 우리의 직관에 어긋날 수 있지만, 현실의 일부이다. 여기서 제안하는 것은 적어도 마음 시스템의 네 가지 근본적인 측면 중 하나가 자기 조직화 속성일 수 있으며 이 복잡계는 체화하면서, 관계를 가지는 에너지와 정보 흐름인 것이다. 여기서 우리는 마음의 시스템이 내부와 상호에 대한 것처럼 자기 조직화도 내부와 상호에 대한 것임을 알 수 있다. 괴상하지도, 이상하지도 않으며 단순히 시스템의 필수 요소를 정의하고 이 에너지와 정보의 흐름 시스템이 한 위치에 국한되지 않는다는 것을 알면 된다. 마음의 체계, 에너지와 정보의 흐름은 두개골이나 피부에 의해 제한되지 않는다. 이 마음의 체계는 몸 전체와 우리의 관계 안에서 발생한다. 그것은 **내부와 상호 간**, 그리고 체화와 관계이다([그림 I.1] 참조).

이러한 추론의 토대 위에 학자들 간 의사소통을 위해 특출한 다수의 학자가 합의한 마음의 정의는 다음과 같다. "마음의 핵심은 에너지와 정보의 흐름을 조절하는 체화된 관계 과정이다." 이 과정의 내부와 과정 간의 작용은 마음이 창발하는 복잡계[4]의 자기 조직화 속성으로 이해할 수 있다. 이런 식으로, 하나의 마음 과정이 언어상으로는 "두 곳"에 있는 것처럼 몸과 머리 사이에, 우리 사이에, 우리가 살고 있는 지구와 다른 사람들과의 관계로 나타난다. 그러나 이렇게 마음 과정으로 보는 정의를 토대로 단순히 두개골과 피부의 인상을 말하는 것은, 마음의 경계를 정의하고 제한하는 일들이 실제로는 종종 인식하지 못하는 개념과 지각의 오류임을 드러내는 것이다. 우리가 누구인지, 우리의 마음이 무엇인지, 그리고 그것이 일으키는 "자기self"는 신체와 뇌의 내부 작용 이상의 것이다.

> 마음은 에너지와 정보의 흐름을 조절하는 체화된 관계 과정이다.

필자는 1990년대 "뇌의 시대The Decade of the Brain" 초반, 사십 명에 달하는 연구자들에게 마음과 뇌 사이 연결고리를 밝혀내고자 공통된 시작점을 찾기 위해 위의 작용 정의를 제안하였다. 그리고 인류학자에서 신경과학자에 이르는 모든 연구자들이 이 관점에 입각하여 각자의 분야에서 현상을 탐구하는 방식을 찾을 수 있었다. 같은 문화권 내의 사람들은 에너지 및 정보의 흐름을 공유하고, 바로 이 흐름을 뇌 스캐너를 통해 측정하는 것이다. 이 조작적 정의를 활용하여, 4년 반 연구를 통해 인간의 진정

4) 복잡계는 구성 요소들의 비선형적 상호작용을 통하여 구성 요소와는 전혀 다른 새로운 질서와 시스템을 창발(emergence)하는 열린계로 보는 학설이다. 반면 단순계는 원인을 독립변수로 조건을 종속변수로 상정하여 이들 2가지 변수만의 상호작용과 선형적으로 미치는 영향만을 측정한다(역자 주).

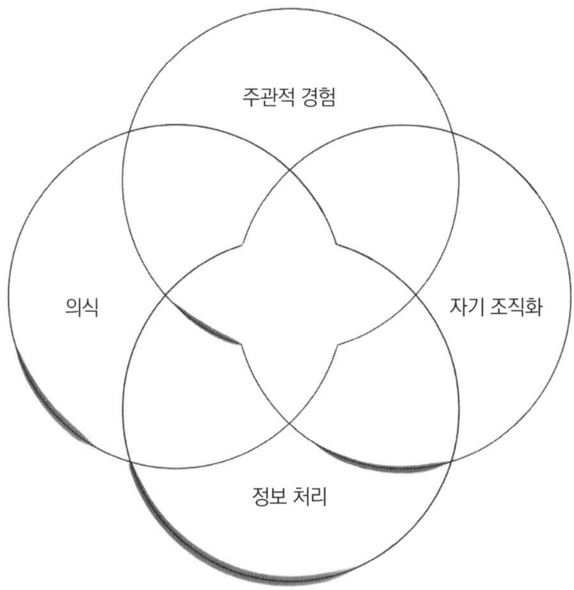

[그림 I.1] 마음의 네 가지 측면

Illustration by Madeleine Welch Siegel. From Aware: The Science and Practice of Presence by Daniel J. Siegel. Copyright © 2018 Mind Your Brain, Inc. Used by permission of TarcherPerigee/Penguin Random House.

한 본질에 대한 다양한 학문적 관점이 접하는 지점을 찾았다. 이러한 풍부한 기반을 바탕으로, 인간관계 신경생물학(interpersonal neurobiology, IPNB) 분야가 싹트게 되었다. IPNB는 우리 몸속 신경계의 시냅스 연결에서부터 타인과 맺는 가장 깊은 관계적 연결까지 모두를 아우르는 분야이다. 더불어 문화 및 가족이 인간관계에 미치는 영향력뿐 아니라 분자적 메커니즘에 대한 통찰까지 아우르며, 이것들은 각각 우리의 주관적인 정신적 삶에 기여한다. IPNB는 신경과학의 하위 분야가 아니라, 인간의 본질을 탐구하는 다학제의 접근에 기반한 보다 광범위한 분야이다. IPNB는 뇌, 마음, 그리고 인간관계 간의 연결고리를 과학적으로 탐구한다. 또한 인류의 시초에서부터 우리를 조성해온 중요한 인간관계 너머, 자연에 속하는 다른 생명체와 맺는 관계를 이해하려 할 때 IPNB의 접근 방식을 사용할 수 있다. 인간이 지구의 건강을 형성하고 있는 이 인류세[5)]Anthropocene 시대[3]에서 지구 생명체의 미래가 어떻게 진화할 것인지에 대한 해결책의 중심에 있는 것은 인간의 마음이다. 이러한 접근 방식을 통해 개인, 가족, 학교, 조직, 정부 및 지구 자체에 영향을 미치는 웰빙을 이해하고 증진하기 위한 새로운 전략을 찾을 수 있다. 더불어 우리는 "마음"을 정의할 수 있고, 마음이 전 생애에 걸쳐 발달하는 과정에서 어떻게 건강한 마음을 조성할 수 있는지 실용적 단계를 밟아 그 윤곽을 그릴 수 있다.

이 사고 체계를 구성하는 세 가지 기본 원리는 다음과 같다.

1. 인간의 마음의 핵심 측면은 뇌와 신체, 그리고 개인 간의 관계 및 더 넓은 자연계와의 관계에서 에너지와 정보의 흐름을 조절하는 체화된 관계의 자기 조직화 과정이다.
2. 신체와 인간관계의 창발성인 마음은 내부 신경생리학 과정과 외부 관계 경험 안에서 만들어진다. 다시 말해, 마음은 몸 전체에 걸쳐 분포된 신경계와 또한 관계 내에서 발생하는 의사소통 패턴을 연결할 때 불쑥 출현하는 과정이다.
3. 발달하는 뇌의 구조와 기능은 경험, 특히 인간관계 안에서의 경험이 유전적으로 프로그램되어 있는 신경계 성숙 과정을 어떻게 조성해 가는가에 따라 결정된다.

쉽게 말하면, 사람 간의 연결은 신경 연결을 조성하고, 각각은 마음에

5) 인류세란 지구 사(史)의 한 시기로, 인류가 중요한 지질학적 세력으로 등장한 때를 말한다. 땅파기 활동으로 호모 사피엔스는 지구 전체를 뒤덮은 강물들을 합친 것보다 더 많은 양의 퇴적층을 옮겼다. 그리고 지구온난화를 통해 해수면을 상승시켰고, 오존층을 파괴했으며, 바닷물을 산성화시켰다(역자 주). 출처: 「BRIC Bio통신원」「바이오토픽」 인류세(Anthropocene)를 둘러싼 논쟁.

공헌한다. 즉 관계와 신경 결합이 함께 마음을 조성한다. 이렇게 조성된 마음은 각 부분의 합보다 크다. 이것이 창발의 핵심이다.

마음을 "프시케[6)]psyche"의 사전적 정의와 동일하게 보는 관점이 있다. 프시케의 사전적 정의는 다음과 같다. "1. 인간의 영혼 2. 지능 3. 정신의학의 마음 — 마음이란, 주관적으로 지각된 기능적 실체로, 궁극적으로 신체에 기반을 두나, 마음 자체의 복합 과정을 통해 기능함. 마음은 유기체 전체와 유기체와 환경의 상호작용을 관장함."[4]

이 책에서는 마음의 개념을 단순히 "뇌 활동"으로 보는 개념에서 더 나아간다. 세계와 사회에서부터 개인과 시냅스에 이르기까지 모든 것을 통합하는, 과학 분야를 최대로 이용한, IPNB의 관점을 제시한다. 뇌의 입장에서 정신생활을 살펴보면, 현대 신경과학을 통해 뇌의 구조와 기능의 연결을 알 수 있고, 경험이 어떻게 정신 과정을 조성하는지 새로운 통찰을 얻을 수 있다.[5] 경험은 신경세포들을 연결하는 구조와 활성을 변화시킴으로써 기억, 정서, 자기 인식self-awareness 과정을 담당하는 회로를 직접 조성한다. 우리는 또한 뉴런의 경험과 발화가 유전자 발현을 제어하는 조절 분자를 변화시킬 수 있다는 것을 알고 있다. 이 과정을 "후생 발생epigenesis"[6] 이라 한다. 이러한 후성적 변화는 경험이 때로는 전 생애에 걸쳐서, 뇌의 발달을 수정하는 강력한 방법이라는 것을 보여준다. 실제로 신경가소성neuroplasticity에 관련된 최근 연구 결과들은 삶의 전반에 걸친 경험을 통해 뇌의 구조적 연결이 지속적으로 수정되는 과정을 밝혀주고 있다.[7] 더구나 진화 연구에 따르면 포유류 뇌의 근본은 사회성이며 관계가 우리 생애 초창기부터 신경 기능에 큰 영향을 미친다는 것을 알려준다.[8] 우리는 마음의 관계적 관점에서 발달 및 가족 기능에 관한 광범위한 연구들을 모아 보니

---

6) 정신분석(Psychoanalysis)도 영혼 의미의 프시케(Psyche)와 분해를 의미하는 분석(Analysis)의 합성어(역자 주).

마음이 기능하는 방식을 조성함에 사람 간 의사소통 패턴이 중요하다는 것을 알 수 있다. 우리는 경험이 마음에 미치는 영향의 이해를 통해, 과거가 지속적으로 현재의 경험을 조성하고 미래의 행동에까지 영향을 주는 과정을 깊이 있게 파악할 수 있다. 이러한 마음, 두뇌, 관계 및 경험에 대한 통찰력을 가지고 있으면 시간을 가로질러 연결해 주는 창이 생기고 인간의 발달과 연결을 4차원 방식으로 엿볼 수 있게 된다.

이 책에서는 애착, 아동 발달, 의사소통, 복잡계complex systems, 문화인류학, 정서, 진화, 정보 처리, 기억, 내러티브, 신경생물학을 포함하는 광범위한 연구 분야의 개념과 연구 결과들을 통합하였다. 또한, 일부 영역을 완전히 생소하게 느끼는 사람들도 이 책을 이해하고 관련된 연구 결과를 직업적 연구 및 개인적 삶에 적용할 수 있도록 충분히 소개하였다. 마음의 발달 방식을 살펴봄으로써, 전 생애에 걸쳐 지속적으로 발달할 수 있는 중요한 통찰과 방법을 얻을 수 있다. 마음의 발달은 아동기와 청소년기를 지난 후에도 멈추지 않는다. 우리가 정신 과정, 관계 및 뇌 기능 간의 연결을 이해하게 되면, 생애 초기 및 성인기 전반에 걸쳐 경험이 어떻게 창발하는 마음을 조성하고 정신 건강 및 활력을 위한 중심적 역할을 계속하는지, 이를 연구하는 인간관계 신경생물학의 기반을 확보할 수 있다.

마음의 발달은 아동기와 청소년기를 지난 후에도 멈추지 않는다.

에너지와 정보의 흐름

주관적 경험, 의식, 정보 처리, 자기 조직화 과정의 조절 등 에너지와 정보의 흐름에서 패턴을 조성하는 마음의 이 네 가지 측면은 **부분적으로** 할당된 신경계의 뉴런 활동에서 발생하는 것으로 말할 수 있다.[9] 그러나 마음을 단순한 뇌의 산물로 보고 "단일 두개골" 차원에서 접근하는 것은 지나치게 제한적일 수 있음을 명심해야 한다. 우리는 사회적 존재로 진화해왔고, 정신 과정의 진화는 신경 내부와 전반적인 신체 연결뿐만 아니라 타인과의 인간관계 의사소통 연결, 심지어 우리 주변의 자연 세계와의 연결의 결과물이기도 하다. 이것을 고려하지 않는다면, "마음은 단순한 뇌 활동이다"라는 일차원적이고 때로는 편협한 생각에 빠지기 쉽다. 이 책에서는 과학적 근거에 기반하여, 머리 안의 독립된 신경계의 기능만이 아닌, 그 이상에서 마음이 발생한다고 본다. 우리의 내부 신경 및 생리적 기능과 우리 개인의 신체와 뇌를 넘어 사람과 지구를 연결하는 우리가 공유하는 의사소통 과정이 각각 우리가 여기서 말하는 마음의 일부가 된다.

이것을 처음부터 강조하는 것은 대단히 중요하다. 일부 신경과학 연구자들과 대중매체에서 종종 마음이 단순한 뇌 기능의 결과라는 시각을 보이기도 한다. 이러한 시각은 정신적 삶을 뇌 속 신경세포 발화의 결과물인 뇌 활성화와 동일하게 보는 것이다. 때로 내가 이 좀 더 넓은 관점을 설명하는 강의를 할 때, 청중 중의 일부 학자들은 마음이 단순히 머릿속 뇌의 출력이라고 "우리는 알고 있다"라고 단언한다. 앞서 언급했듯 이 관점은 새로운 것이 아니다. 현대 의학의 아버지 히포크라테스는 2,500여 년 전 그의 책인 『**신성한 질병**On the Sacred Disease』에서 이것을 언급했다.[10] 현대 심리학의 창시자라고 생각하는 윌리엄 제임스는 150년 전에 그의 『**심리학 원리**Principles of Psychology』에서 이러한 입장을 재확인했다.[11] 그러나 이 책에서는 보다 넓은 시각에서, 정신 과정이 두개골 내의 뇌뿐 아니라 전신에 분포한 신경세포 기능으로부터, 또한 개인의 신체적 자기self 또는 신경계뿐만이 아닌 관계 과정으로부터 창발하는 것으로 본다. 마음은 단순히 두개골enskulled에 싸인 것이 아니라 체화된 것이다. 또한 마음은 분리된 것이 아니라 관계의 산물이다. 이러한 관계는 인간이 다른 독립적인 개체와 그중에서도 특히 타인과 의사소통하는 것을 포함한다. 이 책에서는 특히 우리의 삶에서 인간관계가 마음의 생성에 주는 영향에 초점을 맞추었다. 그러나 우리는 자연과도 관계를 맺고, 우리의 행성인 지구와도 관계를 맺으며, 이러한 관계 역시 우리의 정신적(또한 신체적) 삶을 조성한다. 이것은 숨 쉬는 공기, 마시는 물 등과 맺는 관계로, 생존에 필수적인 관계 형태이다. 그러나 이 책은 기본적으로 우리가 맺는 관계 중 사람과 사람 사이의 관계에 초점을 두고 있다. 이것은 "체화된 관계 과정"으로 사회적 인간관계의 본성이며 마음을 창발하고 또한 에너지와 정보의 흐름을 조절한다.

지금부터 책을 통해 설명하겠지만, 이와 같은 마음의 정의가 내포하는 의미는 대단히 중요하다. 그중 하나는 우리가 우리의 마음을 "소유"하지 않는다는 것이다. 즉, 마음의 기능에 있어, 개인 각각의 "자기self"는 타인의 자기self와 상호의존하고 있으며 우리를 둘러싼 세상과 상호 연결되어 있다. 어떤 이들은 마음에 대한 이러한 관계 정의를 불편하게 느끼기도 한다. 그러나 우리는 모두 가족 내 구성원으로서, 또는 친구, 인생의 반려자, 동료와 일대일 관계를 맺으면서 주관 있게 살아가고 있지만, 내부 정신은 타인에 의해 크게 영향받는다는 것을 알고 있다. 과학적 시각에서 보았을 때도, 인류학자 또는 사회학자들도 모두 연구를 통해 인간의 심적 삶에 관계 측면이 존재한다는 사실을 알고 있다. 따라서 우리가 해야 할 것은, 사회 연결과 시냅스 연결의 관련성 찾는 것이다. 서로 다른 수준에서 존재하는 이 두 가지 현상을 자유로이 넘나들기 위해서 두 수준을 연결하는 공통적 기반을 정의하는 것이 필요하다.

우리가 다른 사람에게 말을 할 때, 후두가 공기 분자 운동을 자극하고, 이것이 운동에너지로 나타난다. 고막은 이 에너지의 흐름에 따라 청신경과 뇌로 이어진 다음, 신경 회로에서 전기화학적 에너지를 발생시킨다. 신경세포 막의 안팎으로 이온이 이동하고, 화학 신경전달물질의 방출을 통해 후속 신경세포의 활성화가 이루어진다. 이러한 신경 발화 패턴이 이전에 학습된 것과 일치하면, 이 "에너지 흐름"은 정보를 갖게 되고, 청자는 화자가 말한 것을 이해할 수 있게 된다.

여기서 우리는 어떻게 "의사소통"이 에너지와 정보의 **공유**에 기반하는지 알 수 있다. 그렇다면 정신의 삶에서 공유되는 요소들은 무엇인가? **에너지** 흐름이 조성하는 다양한 형태를 연구하기 위해 에너지를 측정하는 다양한 방법들이 사용될 수 있다. 뇌 영상 연구에서는 물질대사, 즉 특정 신경 영역에서 에너지를 소비하는 과정을 측정하거나, 국소적 신경세포군이 존재한다고 알려진 특정 영역에서의 혈액의 흐름을 측정한다. 뇌전도EEGs는 머리에 전극을 부착하여 뇌 표면의 전기적 활동을 측정하는 방법이다. 이러한 "에너지 흐름"의 측정 방식은 대중화된 것은 아니지만, 우주의 신비로운 물질 흐름에 관한 비과학적 견해도 **아니다**. 신경과학에서는 에너지를 소비하는 신경세포의 활성화를 통해 뇌가 어떻게 기능하는지 연구한다. 뇌 내의 각성 및 활성, 즉 에너지 흐름의 영역과 그 수준은 우리의 정신 과정 조성에 직접적인 영향을 준다.

그러나 마음은 에너지의 **흐름**을 조절하는 것뿐 아니라 **정보**의 흐름을 조절하는 것에도 관여한다.[12]

정보란 무엇인가? 가장 기초적인 수준에서의 "정보"는 상징적인 의미를 가지는 에너지의 소용돌이를 말한다. 예를 들어 내가 "글리카네라glicanera"라는 단어를 말했을 때 그리스어를 모르는 사람이라면, 단어를 듣고 정보를 얻을 수 없을 것이다. 물론 철자 그 자체가 정보를 가지기도 한다. "g"는 "그"라고 발음되고, 이런 식으로 단어를 구성하는 다른 철자들과 합쳐져서 "글리카네라"라고 발음할 수 있다. 이렇듯 철자는 특정 소리와 관련된 정보를 담고 있다. 그러나

> "정보"는 상징적인 의미를 가지는 에너지의 소용돌이를 말한다.

사람에 따라 철자가 합쳐져 만들어 낸 단어의 상징적 의미는 알지 못할 수 있다. 그리스어를 아는 사람이라면 "글리카네라"라는 단어가 "달달한 물"이라는 의미를 가지고 있음을 "알" 것이며, 또한 이것이 크레타섬에 있는 아름다운 해변의 이름이기도 하다는 것을 "알" 것이다. 이제 당신은 "글리카네라"라는 단어가 철자 소리 이상의 의미를 가지고 있음을 알게 되었다. 이 정보는 "글리-카-네-라(gleekah-nehr-ah)"라는 소리의 집합, 즉 에너지 흐름 양상에 내포된 상징 의미로부터 비롯된 것이다.

IPNB에서는 마음, 뇌, 관계가 에너지와 정보의 흐름을 구성하는 세 측면을 구성한다. "뇌"는 이 흐름을 조성하는 체화된 신경 **메커니즘**이고, 관계는 이 흐름을 **공유**하는 것이며, 마음은 에너지와 정보의 흐름을 조절하는 체화된 관계 과정이다. "마음이 어디에 있는가?"라고 묻는다면, 마음의 **조절** 기능은 신경계에 체화되어 있고, 우리의 인간관계에 내포되어 있다고 답할 수 있다. 이와 같이 마음의 창발 과정에 신경 메커니즘과 관계 영향이 모두 기여한다는 사실은 마음이 생리학 틀과 관계 틀, 이 두 가지 현실reality에 위치하고 있음을 알려준다. 마음은 인간의 삶에서 최소한 이 두 가지 측면의 상호작용에 의해 발달한다.

마음, 뇌, 관계는 각각으로 분리된 세 요소가 아니며, 오히려 이들은 에너지와 정보의 흐름이라는 "하나의 현상을 반영하는 세 가지 측면"이라고 할 수 있다. 인간 경험의 삼각형은 우리 삶의 세 가지 측면을 시각화하는 한 가지 방법이다. 동전의 앞면과 뒷면이 공존하듯, 하나의 실체에는 여러 측면이 존재할 수 있다. 마음의 자기 조직화self-organizing 측면은 관계 내에서 공유되고 더불어 신체 전반에 걸쳐 분포되어 있는 신경계 내부 체화된 신경 연결인 뇌의 물리적 메커니즘을 통해 이동하여 에너지와 정보의 흐름을 조절한다. 이 "체화된 뇌"는 참조, 읽기, 쓰기의 편의를 위해 앞으로 "뇌"로 표기하겠다. 또한, 마음과 같은 자기 조직화 과정은 전 체계에서 창발 특성이라는 것을 기억해야 한다. 마음의 자기 조직화의 창발 과정은 체계를 구성하는 요소들 간의 상호작용(신체 내 에너지와 정보의 흐름 및 관계 내 공유)을 통해 **발생하고**, 또한 재귀 방식recursive way[7)]으로 바로 생성시킨 그 요소들을 **조절한다**. 이와 같은 마음의 재귀, 재진입reentry[8)] 특성은 자기 조직화 창발 과정의 전형적 특성으로, 관계와 뇌에 의해 마음이 조성되고, 더불어 마음에 의해 관계와 뇌가 조성된다는 것을 의미한다. 마음, 뇌, 관계는 하나의 체계를 설명하는 세 측면(각각 조절, 체화 메커니즘, 에너지 및 정보 흐름의 공유)을 말한다. 이 책에서는 이러한 복잡하면서도 대단히 매력적인 마음의 측면들을 살펴볼 것이다. [그림 Ⅰ.2]에는 에너지 및 정보의

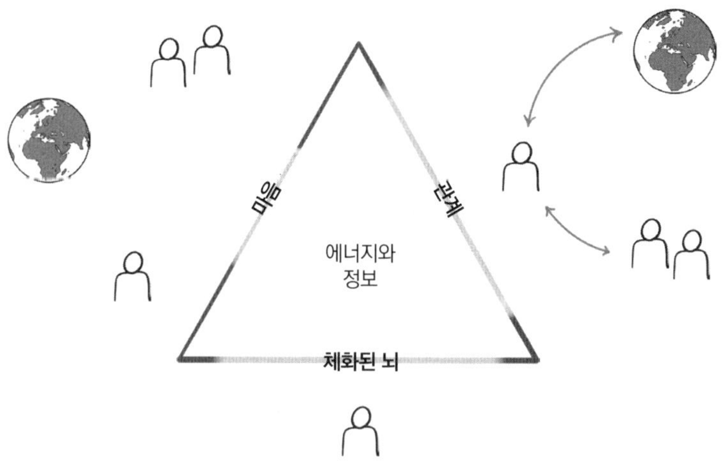

[그림 Ⅰ.2] 인간 경험의 삼각형

7) 재귀는 일반적으로 자기 유사 방식으로 객체를 반복하는 프로세스를 설명하는 데 사용된다. 예를 들어, 두 개의 거울의 표면이 서로 정확히 평행할 때 발생하는 중첩된 이미지는 무한 재귀의 한 형태이다(역자 주).

8) 재귀와 비슷한 의미로 제럴드 에델만이 의식의 설명에 사용하여 유명하다. 재진입reentry은 다수의 신경 집단이 양방향으로 소통하는 과정을 말하며, 뇌와 시상 및 해마 등의 소통이 좋은 예가 된다. 용어 설명 참조(역자 주).

흐름을 표상하는 인간 경험의 삼각형이 제시되어 있다. 삼각형의 세 요소는 마음, 뇌, 관계이다.

이것은 새로운 접근 방식일 수 있지만, 에너지와 정보의 흐름 패턴에 정신, 체화, 관계 과정을 모두 포함하는 것은 과학과 인간 생활의 주관적 본성을 혼합하는 강력한 방법이다. 자기 조직화는 마음의 한 측면일 수 있다. 주관적 경험, 의식, 정보 처리라는 세 가지 다른 측면 또한 마음의 측면이며 우리 내부에서는 확실히, 그리고 우리 사이에서도 가능한 에너지 흐름에서 비롯되는 창발 현상인 것이다.

자연스럽게도, 우리의 정신적 경험은 단순 조절 과정을 훨씬 넘어서는 것이며 이것은 의식의 주관적 질과 알고 있음knowing에 도달하기 위한 내부 방법을 포함하며 이 방법은 느낌, 의미, 목적, 사랑, 결합, 및 전체성의 감각을 풍부하게 하게 한다. 우리가 마음의 자기 조직화와 조절적 측면을 공부한다면, 시간에 걸쳐 뇌가 변화하고, 관계가 진화함에 따라, 마음이 발달하는 방식을 보다 깊이 있게 이해하도록 힘을 보태 준다. 곧 알게 되겠지만, 이 흐름의 특정 패턴은 융통성 있게 적응하는 결과를 가져오는 데 즉, 마음, 뇌, 관계를 의도적으로 건강한 방향으로 움직일 수 있다. 이러한 건강한 삶의 패턴은 **신경계 내부, 그리고 사람 간의 에너지 및 정보 흐름의 통합**이 관련되어야 한다. 곧 살펴보겠지만, 통합(시스템의 분화된 부분들의 결합을 지칭하는 간단하고 접근하기 쉬운 용어를 사용함)은 자기 조직화를 최적화하기 위한 기본이다. 통합은 조직화의 원리로, 에너지와 정보의 흐름을 공유하고(관계), 조성하며(체화된 신경계 메커니즘으로 단순한 용어로 말하면 뇌), 조절하는(마음) 방법들을 연결한다. 예를 들어, 통합된 관계와 통합된 뇌가 어떻게 서로의 최적의 기능을 상호 강화하는지 곧 살펴볼 것이다.

현대 문화에서 거리에 있는 사람들에게 그들의 마음이 어디에 있는지 물어보면 자주 머리를 가리킬 것이다. 언론인에게 뇌 스캔이 무엇을 나타내는지 물어보면 그것은 마음의 그림이라고 자주 말할 것이다. 현대인의 의사소통에서 마음과 뇌가 단순히 같은 것을 뜻하는 두 단어라고 추론하는 경우가 많다. 사회학자, 인류학자 또는 언어 연구가는 확실하게 동의하지 않을 수 있지만, 마음에 대한 사회적 견해와 마음의 뇌 기원에 대한 신경과학 및 의학적 견해를 함께 연결하는 일은 거의 없다. 우리가 "마음"이라는 용어와 정체성 경험이라는 용어를 사용할 때 우리는 단순히 "자기self"라고 부를 것이며, 과정과 경험이라는 것을 말할 때 처음에는 서로 다른 위상을 가진 것처럼 보이지만 실제로는 우리가 에너지와 정보 흐름이라고 제안하는 것과 본질이 동일하게 짜여 있다는 것을 염두에 두어야 한다. 이 흐름은 체화된 흐름으로서 우리 "내부"에서 발생하고, 다른 사람들과 주변 세계와의 연결처럼 우리 "사이"에서 발생한다.

이 토론을 통해 우리는 "마음"이라는 용어뿐만 아니라 관련 용어인 "자기self"에 대해서도 깊이 생각하게 된다. 우리는 자주 자기를 마음의 산물로 간주하고 때로는 피부로 둘러싸인 몸에 의해 정의한다. 당신의 "자기"가 어디에 있는지 물었을 때, 당신은 단순히 당신의 머리, 당신의 심장 또는 당신의 몸 전체를 가리킬 수 있다. 당신의 몸이 쉬는 곳, 또는 당신의 몸이 머리를 받치고 있는 곳이 당신이 있는 곳이다. 그러나 이러한 체화된 에너지 흐름의 창발 현상으로 보는 마음의 탐구로 우리는 머리 이상의 것을 가리킬 수 있다. 그리고 우리가 관계 내에서 공유하고 있는 에너지 흐름 패턴에 대해 논의를 하는 것은 몸 너머 자기를 가지고 있음을 의미한다.

"자기"를 정의하는 한 가지 방법은 다음과 같다.

> 때때로 사람의 몸, 성격 또는 관계나 그룹의 회원을 포함하는 내부 정체성 감각을 나타내는 용어이다. 건강한 사람은 많은 "자기들"을 가지고 있다. 자기는 자주 단수 명사로 표현하지만 때로 "복수 동사"로 더 잘 표현할 수도 있

다. [자기]는 신체, 언어, 정서, 성찰, 사회적 자기와 같이 자기의 기능을 포함한다. [이렇게 "복수 동사로서의 자기"라는 표현은] 자기는 타인과 자연과의 관계를 포함하여 많은 요소와 관련된 끊임없는 창발 과정으로 볼 수 있음을 의미한다. 이 렌즈를 통한 "자기 정체성Self-identity"은 신체적으로 정의되고, 피부로 묶인 자기감은 전체 자기가 수반하는 것 중 한 가지 측면으로 본다.[13]

자기는 마음의 경험으로부터 구성되는 데 이러한 관점에서, 자기와 마음은 깊이 관련될 수 있다. 자기는 세상에서 행동의 원천이 될 수 있는 요소들 즉, 주관적으로 느껴지는 감각, 전망, 주체의식[9)] 등을 가지고 있다. 개인은 여러 측면을 가진 하나의 마음을 가지고 있다. 그 마음은 뚜렷한 주관성, 전망, 주체성과 이질적 자기감을 가진 많은 경험의 층으로 발달한다. 더욱이, 우리는 마음의 근원이 우리 안에 있을 뿐만 아니라 우리 사이에도 있다고 말한다. 마음이 순간 자기 정체성의 경험을 불러일으키는 이 직접적인 방식은, 그 영향의 기원은 내면inner일 수도 있고 서로(상호) 간inter일 수도 있다. 현대 과학, 학교 및 사회에서 "자기"는 두개골과 뇌 활동의 관계와 동등한 피부와 마음의 경계로 정의될 수 있지만, 여기에서 우리의 견해를 말하자면 이렇게 마음을 단일 두개골로 보는 관점과 몸에 기초해서 자기의 위상을 정하는 것은 진정한 과학적 근거도 없고, 마음과 자기에 대한 관점을 좀 더 완전히 드러낼 수 없는 언어적 관습일 것이다.

우리는 몸과 두개골 내부의 뇌에서 창발하는 마음의 내적 측면과 자기의 경험을 가지고 있다. 그리고 우리는 여기서 이 여정의 맨 처음에, 우리가 다른 사람들과 우리 주변의 자연 세계와 관계에서 나오는 자기감sense of self이 있는 상호적 마음의 측면을 가지고 있다고 제안했다. 즉, 우리의 관계형 마음은 사람 및 지구와의 연결에서 창발한다. 자기가 일어나는 마음

9) 그 행위를 일으킨 원천이 되는 주체가 나라는 느낌(역자 주).

과 자기의 경험에 대한 통합된 관점은 현실의 분화된 접점에서 우리가 누구인지 내적 및 상호적 기원을 보게 할 것이고 그 현실은 우리 내부와 그 사이에서 발생하는 에너지와 정보 흐름이다.

우리는 여기에서 함께 여행을 시작하면서 자기self의 위치를 정하기 위해 신체 내부에 위치하고 있는 "내면 자기inner self"와 인간 및 세상과 관계에서 창발하는 "상호 자기inter self"라는 다소 번거롭지만 중요한 용어를 사용할 것이며, 이는 우리의 인간관계와 "내재 자연intra nature"과의 상호 연결interconnectivity의 테두리 안within에 있다. 여기에서 내재 자연은 우리는 사람다운 개별 경험을 제공하는 몸을 가지고 있지만, 근본적으로 자연의 일부라는 것을 의미한다. 우리는 자연의 **테두리 안**에 있는 존재이며, 이런 방식으로 우리는 내재한 자연의 창발을 가지고 있다. 체화된 관계 에너지 흐름이 스스로 정의self-defining하는 특성은 자기가 내면 차원과 상호 차원을 가지고 있음을 의미한다. 이들은 공간적으로 다른, 이 시스템의 "분화된" 측면이며 내면과 상호 각각은 여전히 "우리"가 누구인지 밝히는 데 기여하고 있다. 내면 및 상호라는 용어가 몸의 위치에 대한 공간적 참조로 사용될 때 매우 실용적 인상과 명확한 의미를 가지게 된다. 이 내면과 상호는 에너지 흐름의 위치를 말한다. 충분한 정체성, 자기감, 우리가 누구인지에 대한 경험, 우리의 존재, 살아있는 것이 무엇을 의미하는지에 대한 주관적인 감각, 요컨대 마음은 내면과 상호 간에 창발한다. 발전하는 마음을 이해하면 마음 안에 충분히 펼쳐져 있는 자연의 기원 안에서 그리고 그 사이에서 우리 자신의 마음을 열어 볼 수 있다.

통합

마음의 정보 처리 방식은 또한 독특하다. 예를 들어 우리의 감각 체계는 시각 자극이나 청각 자극과 같은 외부의 자극에 반응하고, 이 정보를 심상mental symbol으로 기능하는 신경세포 발화 패턴으로 "표상"한다. 뇌의 활성화는 외부와 내부 세계에 관한 다양한 종류의 정보의 "표상"을 생성한다. 신체 감각의 표상, 오감을 통한 지각의 표상, 아이디어와 개념의 표상, 단어의 표상 등을 예로 들 수 있다. 각각의 표상 형태는 서로 다른 뇌 회로에서 생성되는 것으로 여겨진다. 이러한 정보 처리 방식은 독립적으로 기능할 수 있고, 또한 서로 주요한 상호작용을 맺으며 정보 처리 과정에 직접적인 영향을 줄 수도 있다. 다른 말로 이들은 분화하면서 결합할 수 있다. 예를 들어, 과거 어느 시점을 떠올리며, 감각, 지각, 아이디어, 언어 상징 등의 복합적 표상을 생성할 수 있다. 서로 다른 독특한 정보 처리 방식을 조리 있게 전체로 엮어내는 것이 전 생애에 걸친 마음의 발달의 주요 목표일 수 있다. 분화된 부분differentiated parts을 하나의 기능적 전체로 결합linkage하는 이 과정을 간단히 "통합Integration"이라 한다.

> 분화된 부분을 기능적 전체로 결합하는 이 과정을 "통합"이라 한다.

앞으로 이 소개하는 장에서 통합이라는 이 용어에 대해 몇 마디 중요한 설명을 할 것이다. 일부 신경 과학 간행물에서 "통합"이라는 용어는 여기서 사용하는 특수 의미와 다른 방식으로 사용한다. 때때로 "분리segregation"라는 용어는 분화differentiation를 위해 사용하고 "통합"은 연결connections 또는 결합linkage을 나타내는 데 사용한다.[14] 두뇌의 분화된 측면이 어떻게 서로 연결되어 있는지에 대한 연구를 소위 "인간 커넥톰connectome" 연구라고 하는데, 때로 "상호 연결interconnected 커넥톰"이라는 용어로 다른 뇌의 부분이 연관되는 것을 설명하는 데 사용된다.[15] 우리 용어로는 이것이 통합된 두뇌를 의미한다고 말할 수 있다.

이러한 책들에는 일반적으로 두 사물이 별개이지만 결합되어 있는 이 두 과정의 균형을 전반적으로 말하는 용어가 없다. "임계criticality"라고 하는 상태(나중에 자세히 살펴보겠지만)는 시스템에서 고유하고 특수한 부분의 측면이 균형을 이루고 그러고 나서 연결되고 서로 결합된 결과이다. 구별distinctness과 연결의 균형에 대한 포괄적 용어가 없기 때문에 몇 년 전 나는 익숙한 용어 "통합"을 사용하여 이 매우 구체적인 기능을 지정하는 것이 교육적 목적에 도움이 된다는 것을 알았다. 분화와 균형이 왼손이라면 결합은 오른손이 된다. 이 용어와 약간 다른 방식으로 사용하는 문헌을 살펴보는 경우 이 용어를 염두에 두어야 한다. 궁극적 관찰 결과 다음과 같은 근본적인 개념을 가르친다. 사물이 어떻게 특별해 지고specialized, 분리하는지segregated, 어떻게 고유하고unique 다르거나different 분화하며, 그리고 연결하고 짝이 되고coupled, 동행entrained 또는 결합할 수 있는지. 정확히 우리가 의미하는 바는 이 두 가지 근본 과정의 광범위한 균형을 나타내기 위해 "통합"이라는 용어를 사용한다는 것이다. 통합은 혼합도 균질화도 아니다. 통합은 결합을 성공하면서 동시에 분화를 유지하여 전체가 부분의 합보다 더 큰 시너지를 창출하는 것을 말한다.

이 두 가지 통합 구성 요소 중 하나가 과도하면(너무 많은 분화로 결합이 없는 또는 분화 없는 결합) 이 복잡계가 최적의 자기 조직화의 유연한 적응 상태에서 멀어진다. 이러한 이유로 여기에서 다른 저술에서와 마찬가지로 "통합"이라는 일반적인 용어는 시스템의 요소(뇌, 신체, 서로 및 자연과의 관계)에서 중요한 균형[분화(기능과 구조에 특화되어 있음)하고 결합(기능 및 구조적 방법으로 서로 연결됨)]이 어느 정도인지 말하기에 매우 유용하다. 통합을 이 특정 정의를 통해 보면 분화 및 결합이라는 두 가지 과정의 동적 균형을 갖는 것을 알 수 있다. 간단히 말해 **통합은 분화된 부분들의 결합**이다. 통합을 통해 분화한 고유 요소가 손실되지 않는다. 이 의미에서 통합은 혼합된 균질 음료인 스무디보다 과일 조각으로 만든 샐러드와 비슷하다. 앞으로 좀 더 살펴보겠지만, 이처럼 통합은 매우 구체적인 방식으로 정의하고 사용하며, 토론 전반에 걸쳐 마음, 두뇌 및 관계의 결합을 이해하는 데 도움이 되는 한결같은 원칙이다. 우리가 앞으로 배워가면서 연결에 대한 다른 항목들을 읽을수록 통합이라는 용어의 특정한 사용을 염두에 두어야 한다.

IPNB에서 우리는 통합이 건강의 핵심이라고 제안한다. 인간관계는 경험을 일관되게 통합하려는 욕구를 촉진하거나 제한할 수 있다. 생의 초기 경험은 경험의 표상을 조성하고, 세계에 관한 일관된 시각을 갖도록 돕는, 바로 이 신경 구조를 조성한다. 인간관계 경험이 우리가 심리적으로 현실을 구성하는 방식에 직접 영향을 미치는 것이다. 이와 같이 신경 구조가 조성되는 과정은 전 생애에 걸쳐 일어나지만, 초기 아동기가 가장 결정적인 시기이다. 관계와 정서 소통 패턴은 뇌 발달에 직접 영향을 준다. 그 예로, 동물 연구를 통해 아주 짧은 모성 박탈 경험도, 신경내분비 및 후성 측면에서 향후 스트레스 대처 능력에 매우 강력한 영향을 준다는 것이 밝혀졌다. 또한 인간을 대상으로 한 연구들에서 부모-자녀 애착 유형의 차이가 있을 때 생리적 반응, 세상을 바라보는 방식, 그리고 인간관계 패턴도 각기 다르다는 것이 연관되었다.[16] 애착의 경험이 마음의 발달을 조성하는 주된 방식은 감정의 소통이라고 할 수 있다. 더불어 연구 결과, 감정이 뇌에서도 핵심적인 조직화 과정을 담당한다는 것이 제시되었다. 이처럼 초기 애착 관계의 산물이라고 할 수 있는 감정을 조직화하는 능력은 경험을 통합하고 미래의 스트레스 사건에 대처하는 마음의 능력을 직접 조성한다.

분화와 결합

분화Differentiation와 결합Linkage을 이해하기 위해서, 통합의 두 가지 기본 구성 요소인 '분화와 결합'에 대해 살펴보기로 한다. 분화는 한 체계의 부분이 전문화되고, 성장해서 특별해지며, 발달에서 개별화되는 방식이다. 결합은 한 시스템 내에서 분리된 각 영역이 서로 연결되는 것이며, 보통 마음에서는 내부 연상association과 인간관계의 에너지와 정보 흐름의 공유를 말한다. 분화된 영역들이 결합되면, 각각 개별적 주요 특성을 유지하면서, 동시에 전체 기능의 일부가 된다. 우리는 여기서 통합이 어떻게 부분의 합 이상이 될 수 있는지 알 수 있다. 수학에서는, 분화된 부분의 결합을 설명하기 위해 "복잡성complexity"과 "일관성coherence"이란 용어를 사용한다. 위에서 간략히 언급했듯이 복잡성 이론에서 "임계"라는 용어는 "정체와 무정부 상태 사이에서 끊임없이 변화하는 전투 영역에서, 복잡계가 자발적이고 적응적이며 살아있을 수 있는 곳"을 지칭하는 데 사용된다.[17] 임계는 수학적 공간으로서 우리가 흔히 말하는 통합의 강River of Integration으로 시각화할 수 있고 우리가 FACES 흐름이라고 정의할 수 있는 유연하고flexible, 적응 가능하고adaptive, 일관되고coherent, 활력 넘치고energized, 안정된stable 곳이다. 이 강의 중심 흐름은 질 좋고 조화가 있고, 통합 시스템의 흐름도 조화롭다. 이 조화로운 통합 운동의 외부는 FACES 흐름의 특성과 크게 다르다. 이 통합의 강 외부에 있는 한 제방은 혼돈이고 다른 제방은 경직성이다([그림 I.3] 참조).

생물학 용어로 말하자면, 우리는 전 생애 동안, 또한 세대에 걸쳐 개인들이 발달하고 성장하면서 더욱 분화하고 상호 연결을 맺는 것을 볼 수 있다. 우리의 일상용어로, 통합을 통해 활력과 조화가 생기는 것을 알 수 있다. 이것이 통합 시스템의 FACES 흐름이다. 이 단순하고 완전히 통합되지 않은 발달 단계에서, 분화와 결합은 더 정교하고 복잡한 기능을 만들어낼 수 있다. 이러한 통합은 유연한 적응 기능을 생산한다. 이것이 바로 건강의 핵심이다.

분화된 부분을 서로 결합하는 체계에 대해 중요한 과학적 함의가 있다. 합창단과 같이, 이들은 통합된 상태에서 화합을 통해 나아간다. 그러

[그림 Ⅰ.3] 통합의 강

Illustration by Madeleine Welch Siegel. From Aware: The Science and Practice of Presence by Daniel J. Siegel. Copyright © 2018 Mind Your Brain, Inc. Used by permission of TarcherPerigee/Penguin Random House.

나 이러한 통합이 손상되면, 그 결과는 혼돈, 경직, 또는 이 둘 모두의 상태가 된다. 혼돈과 경직은 통합을 가로막고 마음의 성장을 손상하는 적신호라 할 수 있다. 우리 각자의 삶은 통합의 강 밖에 있는 제방으로 이동할 수 있다. 핵심은 그들에게 갇히지 않고 통합적인 조화의 흐름에 다시 들어가는 것이다. 이 양상을 주목하여 살펴보면, 건강에 장애가 되는 것을 이해하고, 통합적 발달을 통해 건강을 향상시키는 것에 상당히 유용한 의미를 찾을 수 있다. 예를 들어, 애착은 부모가 아동과의 관계에서 **차이**를 인정하고, 연민의 **결합**을 길러가면서, 그들 자신의 내적 자기 자각self-awareness을 통합하는 방식이라고 할 수 있다. 통합된 관계는 건강한 관계이다. 그리고 앞으로 우리가 밝히겠지만, 인간관계가 통합하면 뇌에서 분화된 영역을 서로 결합시켜 신경 통합의 성장을 자극한다는 이론은 여러 가지 근거를 가지고 있다. 아동기에 학대 및 방치와 같은, 심각한 발달 외상을 초래하는 불안전 애착non-secure attachment의 증례는 뇌의 통합 장애와 관련이 있다. 우리가 배워가면서 인식해야 할 중요한 패턴은 주의력, 기분에서 생각과 행동에 이르기까지 다양한 형태의 조절이 뇌의 통합 회로에 의존하는 것처럼 보인다는 것이다. 간단히 말해, **인간관계 통합은 최적의 조절을 허용하면서 신경 통합의 성장을 자극한다**. 우리는 앞에서 언급한 "커넥톰"이라는 뇌의 상호 연결에 대한 연구를 살펴볼 것이다. 이 연구는 웰빙을 가장 잘 예측하는 요인이 커넥톰이 얼마나 상호 연결되어 있는가에 달렸다는 것을 보여준다. 요컨대, 커넥톰 연구는 웰빙이 뇌의 통합과 관련이 있음을 시사한다.[18]

아동이 초기 경험에서 신경 통합 성장의 근원인 통합적인 관계 연결을 갖지 못했다면 과연 무엇을 할 수 있을까?

다음은 신경가소성neuroplasticity에 대한 연구에서 확인된 놀라운 발견이다. 바로, 마음에 집중하는 방식을 배운다면 뇌를 변화시킬 수 있다는 것이다. 우리가 삶의 분화된 부분들을 결합(신경계 및 타인과의 사회적 연결)하는 기본 태도를 배운다면, 우리는 내부에서, 또한 인간관계에서 통합과 건강을 향해 나아갈 수 있다. 일부 개인이 성장과 발달이 지체되고 납득 곤란한 패턴이 있을 때 통합의 부족으로 쉽게 설명할 수 있다.[19] 마음에 초점을 두고 뇌 활성화와 구조를 변화시킬 수 있다는 점을 고려하면, 우리는 뇌 구조와 기능에 대한 정보를 알아 삶을 변화시키고, 의도적으로 우리의 발달을 건강한 방향으로 움직일 수 있다.[20] 이 책에서는 개인 내면과 사람 간의 에너지와 정보 흐름의 근본적 측면인 상호의존적 정신, 관계, 신경 과정을 살펴봄으로써, 마음의 발달에 대한 관점을 만들고 있다.

이 책의 구성

책은 두 가지 형식으로 구성되어 있다. 첫째, 다양한 분야의 과학적 발견들을 마음의 발달, "인간관계 신경생물학(IPNB)"을 위한 개념적 기초를 구성하기 위해 요약하고 통합하였다. 이러한 과학적 기초를 통해, 기존 지식을 토대로 한 새로운 다학제interdisciplinary 관점을 창안하였다. 둘째, 이 틀 안에서, 다학제 자료, 임상 경험, 통합적 추론으로부터 개념적 의미와 새로운 제안을 도출하였다. 여기서 우리는 신중한 의도를 가지고 "자료 그 이상"을 향해 나아가고자 하였는데, 이는 필요에 따른 것이다. 오래된 인도 우화인 장님과 코끼리 이야기처럼, 우리는 현상에 대한 '전체적인 코끼리'의 시각을 창출하기 위해 지식의 빈 공간을 채워야 한다. 다만, 과학의 기존 견해를 통합하는 지점과 기존 자료를 통해 가설을 조성하는 지점을 명확히 하기 위해 최선을 다하였다.

각 장에서는 인식, 기억, 애착, 정서, 마음 상태, 표상, 자기 조절, 인간관계 연결, 통합 등 인간 경험의 다양한 측면을 탐색할 것이다.

체화된 뇌, 알아차림(인식)및 에너지의 본성

서론 다음에 나오는 첫 번째 장에서는, 뇌 해부와 기능에 대한 기초를 다루고, 먼저 제시한 삼각형을 만드는 세 측면에 대해 이 부분의 전반적 이해를 높이고자 한다. 신경 과정에는 아직 밝혀지지 않은 많은 부분이 있지만, 기본적인 지식을 공유하는 것이 큰 도움이 될 것이다. 우리는 또한 주관 특성 및 신경 관련을 살펴보며, 의식의 놀랍고 신비로운 세계를 탐색할 것이다. 이런 식으로 우리는 신경 기능과 정신적 경험의 문제를 혼합할 수 있다. 우리는 뇌의 에너지 흐름 처리와 의식 경험이 우리가 처음 생각한 것처럼 서로 다른 메커니즘이 아닐 가능성을 밝힐 것이다. 그렇다, 사실상 **우리는 신경 발화의 물리적 속성과 무언가를 아는 주관적 경험이 어떻게 서로를 조성하는지 잘 알지 못한다.** 이러한 이슈를 먼저 소개하는 것은, 이것이 근본적으로 답을 찾지 못한 문제이기 때문이다. 알아차림(인식)aware은 의식 안에서 알고 있음knowing을 경험하는 것을 말하는데, 알아차림은 이러한 흥미로운 질문을 탐색하는 데 유용한 정신 과정이며, 우리는 신경 기능이 알아차림의 주관적 경험과 어떻게 **연관되어** 있는지 과학적으로 탐색해 볼 것이지만, 그럼에도 무엇이 원인이 되어 발생하는지 이에 대한 실제 개념은 여전히 모르고 있다.

마음의 상태

2장에서는 서로 다른 정신 과정이 마음 상태 안에서 어떻게 구조화되는지 살펴보고자 한다. 이러한 상태는 서로 다른 뇌 활성화가 특정한 순간에 맞춰, 결합될 수 있도록 한다. 한 체계로서의 단일 뇌 기능을 이해하기 위해서는 "복잡계의 비선형적 역동 이론", 또는 좀 더 간단하게, "복잡계 이론complexity theory"을 살펴보는 것이 필요하다. 2장에서 창발 과정과 자기 조직화를 다루는 복잡계의 법칙이 하나의 마음뿐만 아니라, 단일 체계로 작동하는 둘 이상의 마음의 기능에 어떻게 적용될 수 있는지 제시한다. 우리는 이러한 새로운 적용을 통해 내부 주관 경험의 생성과 인간관계에서 본성 조성에 필요한 마음의 상태와 그의 근본적 중요성에 대해 깊게 논의할 것이다.

기억과 내러티브

나는 3장에서, 우리의 초기 경험은 우리가 기억하는 것뿐 아니라, 우리가 기억하는 방식을 조성하고 우리 삶의 내러티브narratives를 조성한다는 사실에 대한 이해를 돕기 위해 다양한 형태의 기억에 관한 연구를 요약하였다. 기억은 마음이 경험 요소를 표상의 다양한 형태로 부호화encode하는 방식이라고 할 수 있다. 아동이 발달하면서, 마음은 과거 경험을 현재의 지각perception, 그리고 미래에 대한 예측과 결합시키면서, 시간이 흘러가는 연속감을 조성하기 시작한다. 이러한 표상 과정 안에서, 자기 및 타인과 경험하는 자기에 대한 일반화generalizations 또는 정신 모델[10)]이 만들어진다. 이 정신 모델은 발달하는 마음이 세상과 자기에 대한 전반적 감각(사회에서 구성된 자기 개념과 체화된 대리자와 기억의 그물망에서 창발하는)과 상호작용을 위해 필요한 발판을 조성한다.

내러티브 과정은 이러한 다양한 표상과 정신 모델을 통합하고자 마음이 시도하는 한 가지 방법이다. 자전적 내러티브[11)]autobiographical narratives를 검토하면서 마음이 어떻게 그 자체의 과정 안에서 일관성을 유지하는지, 이러한 주요 통합 기능이 어떻게 인간관계의 본성에 영향을 주는지 탐색한다.

애착과 자기감

어린이와 성인의 애착Attachment을 다루기 위해 인식, 기억 및 자전적 이야

10) 미국의 정신과 의사 설리반은 정신 모델 과정을 인물화personification라는 용어 사용. 인물에 대한 이미지가 만들어지는 과정. 결과가 수정되지 않으면 평생 환상의 이미지 속에 살게 된다(역자 주).

11) 생활 기억, 사건(일화) 기억의 이야기(역자 주).

기를 4장의 무대에서 소개한다. 아이들과 양육자의 상호작용의 반복된 패턴은 다양한 기억 양식에서 "기억"되고 아이들이 기억하는 것뿐만 아니라 표상 과정이 발달하는 방식과 자기감Sense of Self이 창발 과정을 직접 형성한다. 행동, 감정, 지각, 감각 및 타인의 모델은 아이들의 자전적 기억 과정이 만들어지기 전에 겪는 경험을 통해 뿌리내린다.

애착 연구에서 얻은 심오한 발견은 부모에 대한 자녀의 애착을 예측하는 가장 강력한 요인은 성인 애착 인터뷰Adult Attachment Interview에서 부모가 자신의 어린 시절의 기억을 이야기하는 방식이라는 점이다. 이는 성인의 이야기 과정의 구조(단순히 성인이 무엇을 기억하는 내용이 아니라 어떻게 기억하는가)가 성인이 어린이와 어떻게 관계하는지를 예측하는 가장 강력한 특징이라는 것을 의미한다. 이러한 애착 연구로 관계 안의 의사소통이 어떻게 마음의 발달을 촉진하는지 이해하기 위한 틀이 만들어진다.

감정은 통합으로 전환

안정 애착secure attachment 경험의 주된 요소는 아동과 양육자 간의 "감정 의사소통emotional communication" 패턴이다. 이 발견으로 왜 감정이 아동의 정체성과 기능의 진화뿐만 아니라 성인 관계 확립에 중요한지에 대해 근본적인 질문을 제기한다. 또한 "감정"이 정확히 무엇인지에 대한 질문을 제기한다. 또한, 아동의 건강한 발달을 위해 감정적 의사소통과 감정의 정렬alignment이 필요한 이유가 무엇인지 의문을 제기한다. 이러한 질문에 충분히 답하기 위해 5장에서 감정에 초점을 맞추어 여러 가지 독립적 관점을 종합해야 한다. 마음이 의미를 확립하는 방식은 사회적 상호작용과 밀접하게 결합되어 있으며 의미 만들기와 관계 맺기 모두 감정 과정을 시작하는 동일한 신경망을 통해 중재되는 것으로 보인다. 따라서 감정은 인간 마음의 내부 및 인간관계 세계를 연결하는 통합과정으로 볼 수 있다.

표상[12)]과 현실의 구성

6장에서는 마음이 경험의 표상(정신적 상징mental symbols)을 어떻게 만드는지 자세히 살펴본다. 우리의 내적 경험은 구성 과정constructive processes을 거친 것이다. 즉, 우리는 감정, 마음 상태, 인간관계의 경험은 이러한 표상Representations 과정이 발달하는 방식을 조성하도록 도와준다. 이것이 우리가 경험을 상징적 형태로 "다시 표현[13)]"하는 방식이다. 우리는 지속적으로 범주categories와 개념을 구성하고 있으며, 우리는 사회 경험에서 구성하고 있는 세계에 대해 이해하는 부분을 자주 공유하고 있으며, 이들을 표상하는 많은 것들은 우리가 알지 못하는 상태에서 언어 상징으로 번역될 수 있다. 표상은 이런 방식으로 우리가 경험하는 것을 걸러내고, 우리가 진실이라고 믿고 있는 틀을 만들고, 심지어 우리가 현실로 지각하도록 조성할 수 있다.

우리의 내적 경험은 구성 과정을 거친 것이다.

또한, 이 장에서는 다양한 신경망의 차이, 특히 뇌의 반구 분화가 표상의 생성을 어떻게 조성하는지 살펴보았다. 사실, 뇌의 양쪽 신경망은 자주 우리의 표상 과정에 기여한다. 그리고 또, 뇌 비대칭에 대한 많은 일반화로 때때로 자료가 지나치게 단순화될 수 있다. 그러나 수백만 년 동안 많은 척추동물의 뇌는 비대칭 회로를 가지고 있어 각각 양 측면의 뇌 기능을 전문화하였다. 뇌의 높고 낮은 영역은 뚜렷하게 다른 기능을 한다. 그리고

12) 또는 심상mental imagery, 내부 대상internal object도 기억을 뜻하는 말임(역자 주).

13) 뇌는 외부 자연과 내부 인체를 복사해 두고 이 표상(대상)을 다시 사용한다. 특히, 시각, 공간의 기억 표상은 생존과 길 찾기에 매우 유용하며 언어 사용에서 범주, 개념 표상은 뇌의 기능과 용량의 효율을 최대화한다(역자 주).

뇌의 왼쪽과 오른쪽 영역도 마찬가지이다. 더욱 분화되어 결합된 신경 시스템은 더 복잡한 정신 기능을 발생시킬 수 있다. 우리의 복잡한 뇌에서 전문성과 결합이 더 많이 창발 할수록, 발달이 앞으로 진행될수록 더 통합된 뇌를 갖게 되어 진화에 유리하다는 것을 알게 되었다.

다른 사람의 감정을 감지하고, 다른 사람의 마음을 이해하고, 심지어 얼굴 표정과 어조를 통해 자신의 감정을 표현하는 능력은 모두 오른쪽 뇌가 **우세하게** 매개한다. 특정한 불안정 애착insecure attachment 패턴에서 나타나는 부모와 자녀 간의 의사소통에는 이러한 측면의 감정과 정신적 경험이 부족할 수 있다. 반대로 안정 애착secure attachments에서는, 뇌의 양측 모두를 통해 표상 과정의 광범위한 공유가 이루어지는 것으로 보인다. 본질적으로 균형 잡힌 인간관계 의사소통은 한마음의 활동이 다른 마음의 활동을 적절히 감지하고 반응할 수 있게 해준다. 우리가 서로 연결하는 방식은 우리가 감정을 "조절"하는 방식을 직접 조성하고 우리의 마음 상태를 변화시킨다. 다시 말하면 양자의 관계 조절은 "자기 조절"을 직접 조성하며 이는 다음 7장의 주제로 다룬다.

조절과 일관성

7장은 마음이 자신의 기능을 구성하는 방식인 조절 과정을 탐색한다. "자기 조절self-regulation"은 감정, 생각 및 행동과 같이 "자기"에 속하는 과정의 조정을 지칭하는 용어이다. 이 조정 기능이 유연하고 적응적일 때 회복력, 에너지 및 안정성의 특성을 가진 일관성coherence을 생성한다. 우리는 때때로 일반적인 과학 용어인 "자기 조절"을 사용하는데, "자기"라는 용어는 정체성 감각에 대한 언어 상징으로 그리고 주관적 경험, 전망 및 대리자 등의 의미를 가진 재료로 사용될 것임을 명심해야 한다. 이 의미에서 사용되는 자기는 이전에 언급한 요점을 기억하는 데 도움이 되는데, 두개골도 피부도 에너지와 정보 흐름을 제한하는 장벽이 아니라는 점이다. 그러므로 신체적 측면은 '자기' 또는 '정신'이 발생하는 유일하게 한정된 특징이 아니다. 알다시피 이 과정은 우리 내부와 우리 사이의 각성의 조정과 의미 평가를 통해 에너지와 정보 흐름을 조절하는 것을 포함한다. 감정 조절은 일관된 기능을 바탕으로 통합 상태의 창발을 직접적으로 포함하며, 처음에는 자기 조직화 능력을 확립하는 과정에서 인간관계 경험 안에서 발달한다.

인간관계 연결과 관계된 마음

8장에서는 마음 간 연결의 본성에 대해 탐색한다. 인간관계는 다른 사람과의 상호작용 내에서 새로운 상태를 창발함으로써 마음을 조성한다. 발달 초기에 부모와 자녀 간의 의사소통 패턴은 좀 더 자율 형태의 자기 조절이 나타나는 방식을 결정하는 데 도움이 된다. 자기 조직화는 자기와 타인 간 상호작용을 통해 창발하므로 우리는 "자기"라는 용어를 정의해야 하며 그 방법을 생각해야 한다. 다음 장에서 좀 더 깊게 탐색하도록 한다. 이러한 패턴은 관계가 우리 일생을 통해 어떻게 감정적 웰빙을 촉진하고 "우리 자기ourselves"를 알게 되는지 이해하는 데 도움이 된다. 이러한 개념을 설명하기 위해 정신 치료를 받는 가족과 개별 환자의 증례를 제공하였다.

내부 통합과 서로(상호) 간 통합

9장의 주요 주제인 통합의 개념은 시간의 흐름에 따라 "자기"의 내부 경험과 관계 경험이 일관성을 어떻게 창출하는가를 반영하고 있다. 앞서 언급하였듯이, "통합"은 뇌의 각각 분화된 부분에서 진행 중인 경험, 과거의 기억, 미래를 준비하는 방법을 결합하는 방식을 의미한다. 마음은 시간에 걸쳐 마음의 상태를 연결함으로써 일관성 있는 감각을 조성한다. 우리가 제안하는 통합은 건강의 기본 메커니즘이다. 내부에서 그리고 상호 간의 통합을 키우는 마음은 웰빙을 만든다. 건강한 마음은 이렇게 매우 구체적인 방식으로 내부Within와 서로 간Between의 통합을 도모하는 마음이라고 말할 수 있다.

통합된 마음은 과거, 현재, 미래에 걸쳐 내부와 관계적 자기를 조직화함으로써, 일관성과 연속성의 감각을 조성한다. 통합은 자전적 내러티브의 구조를 조사하여 평가할 수 있다. 인생의 역사를 이야기하는 방식과 삶을 살아온 태도는 내러티브의 일관성에 반영된다. 이런 방식으로, 성인 애착 내러티브에서 드러나는 애착 이력은 일관된 자기감을 통합하는 개인의 능력을 반영한다. 다양한 형태의 정신 기능 장애는 다양한 이유로 인해 통합이 손상되었다는 신호일 수 있고 경직된 또는 혼란스러운 느낌을 유발한다. 인간관계 신경생물학의 관점에서 보면 『정신 장애 진단 및 통계 매뉴얼Diagnostic and Statistical Manual of Mental Disorders, the DSM-5』[21]에 설명된 징후, 증상 및 증후군은 실제로 말하는 혼돈, 경직 또는 두 가지 모두 있는 상태라고 해석할 수 있다. 통합의 강물이 흐르면 건강이 펼쳐지고, 혼돈이나 경직의 둑에 갇히면 우리의 건강이 해롭게 된다. 이런 식으로 통합 장애의 원인이 무엇이든 인간관계는 통합 능력을 촉진함으로써 회복탄력성resilience과 감정적 웰빙을 촉진할 수 있다.

나우리MWe와 정체성의 통합

우리의 열 번째 이자 마지막 장은 소속감belonging 경험의 중요성 그리고 이것과 정체성과의 연결을 탐구할 것이다. 우리 마음의 관계적 본질을 감안할 때, 다른 사람들과 우리가 살고 있는 더 큰 자연계와의 연결을 감지하는 소속감은 우리의 웰빙을 직접적으로 조성한다. 현대 문화에서는 개인이 다른 사람 또는 다른 문화적 배경을 가진 사람과 분리되어, 정체성은 마치 단수 명사와 같은 실체로서 출현하여 개인에만 강하게 집중할 수 있다. 이 "분리된 자기separate self" 정체성(개인 또는 집단에서)은 과도한 차별을 유발할 수 있으며 그에 따른 혼란과 경직성이 나타날 수 있다. 우리가 오로지 인간종만 동일시한다면 우리가 살고 있는 더 큰 자연 세계에 속한다는 느낌을 못 받을 수 있으며, 인류는 위험한 지구에 살고 있는 다른 생명체의 세계를 학대하기 쉽다. 우리 행성은 공 모양의 쓰레기통이 아니며, 우리가 지나치게 자연과 차별된 나 홀로 자기solo-self로 살아간다면 이렇게 통합되지 않은 태도로 행동할 수 있다.

우리가 내부 과정과 관계 과정을 모두 가진 존재로서 어떻게 정체성을 통합할 수 있는가에 대한 방법을 이 마지막 장에서 탐구할 것이고 개인, 인간관계, 공공 및 지구 웰빙에 대한 의미도 논의한다.

우리는 함께 여정을 진행하는 동안 기존의 연구 결과를 이해하는 새로운 방법을 모색하여 인간 발달의 이해에 한 걸음 더 앞으로 나아갈 것이다. 나의 전반적인 목표는 과학적 근거를 가진 여러 학제의 전문가가 인정한 견해를 만들어 발달에 대한 이해를 심화시키고 미래 세대를 위해 더 강한 마음, 더 건강한 관계 그리고 더 통합된 두뇌를 만드는 데 도움을 주는 것이다.

이제 우리는 첫 번째 장으로 넘어가서 에너지와 정보 흐름이 알아차림(인식)의 경험으로 전환되는 "체화된 뇌"의 측면을 살펴본다. 마음의 완전한 삼각형을 구성하는 마음, 체화된 뇌 및 관계는 하나의 현실에 관한 세 가지 측면이며 상호의존적 성격을 드러내고 있다는 것을 명심해야 한다. 인간관계가 사람의 뇌 구조와 기능을 조성하는 메커니즘은 무엇일까? 뉴런의 활동처럼 태생부터 서로 다른 사람들이 어떻게 상호작용으로 서로 영향을 미치는 것이 가능할까? 연구에 따르면 의식의 경험(알아차리는 상태)이 실제로 뇌의 기능과 구조를 바꿀 수 있다고 하는데 어떻게 그럴 수 있을까? 왜 열린 형태의 알아차림으로 존재하는 것이 건강한 관계에 중요한가? 그리고 연구 결과에 따르면 그러한 정신을 가지고 있으면 몸의 분자 구조를 변화시켜(염색체의 끝을 수리하고 유지하는 효소인 텔로머라제telomerase를 최적화) 건강을 유지하고 노화를 늦춘다고 하는데, 그 이유와 방법이 무엇일까? 우리의 인간관계 신경생물학의 접근 방식으로 이러한 질문을 탐구하면 이렇게 흥미롭고 새로운 질문을 해결하는 데 도움이 될 것이다. 통합, 에너지 및 정보 흐름, 자기 조직화, 신경생물학의 통찰력(뉴런의 작동 방식과 뇌의 기능에 대한 연구)의 개념을 활용하면 이러한 기본적인 의문을 처리하는 능력을 향상시킨다. 그런 다음 의식의 정신적 경험인 알아차림(인식)을 이용하여 의도적으로 뇌의 구조를 변경하는 방법에 대한 몇 가지 기본적인 아이디어를 살펴보도록 한다.

이 장에서 겉보기에는 서로 다른 주제인 뇌의 해부학과 뇌 기능을 알아차림이라는 정신적 경험과 함께 배치하여, 실제 하지만 별개의 두 실체가 어떤 방식으로 마음이라는 같은 시스템의 일부가 될 수 있는지 그 방법을 고찰하기 위해 여러분을 초대하려 한다. 뇌의 기능과 구조를 변화시키는 마음의 능력에 대한 연구는 견고하며, 우리는 더욱 삶의 이러한 독특한 측면들의 특성을 실현하는 것이 중요하다는 생각을 하게 된다. 곧 알게 되겠지만, 우리가 주의에 집중하면 신경 발화 패턴을 만들고 이로써 뇌의 물리적 연결을 바꿀 수 있다. 우리의 주의 집중과 알아차림의 경험이 직접 뇌의 구조를 조성할 수 있는 것처럼, 인간관계가 우리의 주의를 집중시키는 방법과 그로 인해 신경 발화 패턴이 나타나는 방법을 안내한다는 점을 감안하면, 우리의 사회적 경험도 신경 구조의 직접 조성이 가능하다. 우리는 마음의 알아차림을 사용하여 여러 방법으로, 내면의 삶과 다른 사람과의 관계 방식, 그리고 우리의 존재와 전체와의 관계 방식을 바꿀 수 있다. 그렇다. 우리는 '나' 혹은 '나를'이라는 단순한 언어적 용어로 지정할 수 있는 몸을 가지고 있다. 그리고 '우리' 또는 '우리를'이라는 단순한 용어는 상호 정체성inter identity을 뜻하는 우리와 자연과의 관계를 지정한다. 내면의 '나inner me'와 상호 간의 '우리the inter we'라는 정체성을 어떻게 명예롭게 통합할 수 있을까? 한 가지 방법은 나Me+우리We=나우리MWe의 간단한 방정식을 사용하는 것이다. 간단히 말해서, 우리의 내부와 상호 간의 관계 연결은 우리의 신경 연결과 정체성의 감각을 조성한다. 이 상호작용 과정은 우리를 창조하고 평생 동안 우리를 조성한다. 만약 '나우리MWe'가 오늘날 이 세상의 가장 무거운 도전에 효과적으로 처신할 수 있다면, 그것은 우리가 정체성에 대한 통합 감각을 육성할 방법을 찾는다는 것이며, 지구라고 명명한 이 연약하고 귀중한 행성에 발을 딛고, 이 놀라운 세계에서 나우리MWe가 함께 살기 위해 깊고 지속적으로 변신을 하는 방법이 될 것이다.

우리의 사회적 경험도 신경 구조의 직접 조성이 가능하다.

The Developing Mind 01

체화된 뇌, 알아차림(인식) 에너지의 본성

The Developing Mind

이 장에서는 마음의 복잡한 기원과 현상을 조명하기 위해 신체와 의식의 양면을 탐구할 것이다. 2,500년 전 히포크라테스 시대 이후로 마음은 종종 뇌의 기능과 같은 것으로 생각해 왔고, 사실 이 고대의 관점은 중요하지만 제한된 소견인 것이다. 인간의 마음이 두개골 너머 체화의 기원에서부터 그리고 단일 몸 너머 관계적 기원에서부터 어떻게 창발되어 나타나는지 조사하면 훨씬 더 크고 더 깊이 있는 이야기가 있다는 것을 알게 된다.

몸과 뇌에 대한 몇 가지 기본 아이디어를 탐구하는 것으로 시작하여 알아차림(인식)의 근본적인 경험인 우리 의식consciousness의 범위로 주제가 이동한다.

체화된 뇌

뇌의 조직

뇌는 상호 연결된 부분으로 구성된 복잡한 체계이다. 사실, 우리의 진화 역사에서 내장과 심장을 둘러싼 신경 조직은 우리가 일반적으로 단순히 "뇌"라고 부르는 두개골 내부에서 서로 연결된 뉴런의 광범위한 네트워크의 출현보다 더 먼저 나타났다. 가장 기본적인 수준에서, 신경계의 두개골 안쪽 부분인 뇌는, 1천억 개가 넘는 신경세포와 이를 지지하는 수조 개의 신경 아교세포(슈반세포Schwann cells, 성상 세포astrocytes, 희소돌기 아교세포oligodendrocytes, 미세 아교세포microglia)로 구성된다. 모두 연결하면 이러한 신경세포의 길이는 300만 킬로미터가 넘는다. 각각의 신경세포는 다른 신경세포와 평균 1만 개의 직접적인 연결을 갖는다.[1] 따라서 약 천 조개에 달하는 연결이 있는 것으로 추산하며, "지구상에서 자연적인 것과 인공적인 것을 합쳐, 가장 복잡한 구조물"이라고 할 수 있다.[2] 신경세포는 신경계에서 세포의 기본 종류 중 하나이다. 이것은 "세포체"와 "수상돌기dendrites"라고 불리는 수용 말단, 다른 뉴런을 향해 길게 뻗어 있는 "축색axons"으로 구성되어 있다. 신경세포는 "활동 전위"라고 불리는 전기 자극을 긴 축색을 통해 전달한다. 이것은 "시냅스"라고 하는 축색 끝의 공간에 신경전달물질을 방출하고, 이는 다음에 이어지는 후속 신경세포를 흥분시키거나 억제시킨다. 이것은 전기화학적 에너지 흐름의 한 예이다. 시냅스는 신경세포를 다른 신경세포와 전기, 화학적으로 이어주는 기능 수준의 결합을 말하며, 심지어 다른 에너지장의 영향으로 신경 네트워크 사이에 정보 전달이 일어나는 경우도 가능하며 이를 "**전기연접 연결**ephaptic coupling"[3]이라 한다. 이러한 시냅스 연결과 다른 에너지의 흐름의 메커니즘은 뇌의 복잡한 구조 및 기능적 구조의 기초가 되는 결합을 구성한다. 거미줄 같은 상호 간 연결로 인해, 신경세포 하나의 활성화는 평균적으로 1만 개의 신경세포에 영향을 준다. 이런 식으로 엄청나게 복잡한 네트워크 내의 에너지 흐름 패턴은 우리의 정신생활[4]과 관련이 있다고 생각한다. 함께 발화하는 신경세포군은 "신경망 프로필neural net profile"이라 하며, 이것은 하나의 기능적 전체를 구성하는 신경 활성화 패턴을 상징한다. 예를 들어, 어떤 신경망 프로필은 우리가 금문교나 에펠탑을 떠올릴 때 활성화되는 신경 표상일 수 있다. 어떤 특정 구조물을 떠올릴 때마다, 유사한 신경망 프로필이 활성화될 것이다. 거대한 수의 신경 연결은 고정된 것이 아니다. 뇌는 경험에 대한 반응[5]으로 시냅스의 상호 연결을 지속적으로 변화시킨다. 이는 일생 동안 발화하는 뉴런 발화의 가능한 패턴 수가 사실상 무한대임을 의미한다. 심지어 어느 특정 시간 동안에 발화 가능한 "온-오프on-off" 패턴의 수를 추정하면, 1천만 번의 10배(즉, 10의 100만 제곱)가 될 정도로 엄청나다. 즉, 뇌는 헤아리기 어려울 정도로 엄청나게 다양한 활동이 가능하다. 뇌가 조직화하면서 동시에 기능적이라는 사실은 실로 위대한 업적이다!

신경세포와 신경교세포는 작은 군집이라고 부르는 "핵nuclei"에서부터 좀 더 큰 집합인 "회로circuits", "영역regions", "반구hemispheres"에 이르기까지, 다양한 수준으로 조직화되어 있다. 이러한 다양한 신경 집합은 특정 영역에 한정한 특수 패턴을 가지고 신경세포의 발화가 가능하도록 내적 연결망을 조성한다. 이 분화된 부분들의 연결망은 집합 간의 소통이 가능하도록 집합 내부 회로를 통해 다른 영역의 연결망과 연결된다. 이러한 분화와 뇌 결합 덕택에 진동 패턴의 파동을 통해 기능하는 것처럼 보이는 네트워크를 생성한다.

토그놀리Tognoli와 켈소Kelso[6]가 제안한 대로, "뇌에서 진정으로 통합된 시공간의 기록은 뇌 조정 역학의 철저한 이해를 통해 얻을 수 있다. 뉴런과 신경의 앙상블이 '콘서트 연주'처럼 동작하기 위해서는 시공간에서 들어오고 나가는 춤사위를 체계적으로 펼쳐가며 건강하고 적응력이 뛰어난 뇌 기능과 반대로 적응력이 떨어지는 부분의 역동적 특징을 식별해야 한다." 시간에 맞춰 조정되는 신경 집단neural assemblies의 공간적 분포 개념을 보고 뇌와 뇌 기능을 이해하려면 해당 뉴런이 관여하는 공간적 위치와 활성 시기를 포함하는 4차원 방식으로 생각해야 함을 알려주고 있다. "이주-탈주dwell-escape" 프로세스는 신경 집합체가 해당 구성에 "이주"할 때 일시적으로 결합한 다음 이 연결을 탈출한 것을 말한다.

서문에서 언급 한 바와 같이 신경 연구에서 "분리segregation"라는 용어는 일반적인 용어 "분화"의 사용과 같은 방식으로 주어진 신경 집합의 특수화 또는 고유 기능과 구조를 나타내는 방식으로 사용된다. 또한, 이러한 연구들에서 이름 짓기 방식을 보면 "통합"이라는 용어는 때때로 "결합linkage"이라는 일반적인 용어처럼 사용한다. 용어가 다른 이유는 무엇일까? 수십 년 전에 수학 분야에서 나타난 개념인 복잡계는 자기 기능을 분화하고 결합한다는 영감에서 비롯된 것이었는데 우리도 이러한 접근 가능한 용어를 사용하는 것이 자연스러워 보였다. 앞서 언급했듯이 분화와 결합의 균형을 요약할 수 있는 범용어가 없었기 때문에 나는 복잡 시스템에서, 자기 조직화의 새로운 층으로 이동함에 따라 분화와 결합이 역동적으로 이동하는 상태를 간단히 나타내기 위해 익숙한 용어인 '통합'을 선택했다.

다양한 용어의 사용을 조금 더 확장하기 위해, 해당 분야에 따라 달라지지만, 수학의 "임계criticality"와 신경 과학의 "준안정성metastability"이라는 단어가 때때로 우리가 "통합" 상태라고 부르는 이 균형과 관련된 프로세스를 지칭하는 데 사용된다. 여기에 헬리어Hellyer와 동료들[7]의 제안을 보면 이러한 준안정 상태를 어떻게 설명하는지 알 수 있다. "최신 이론은 건강한 신경 역학이 뇌 영역이 상호작용하여 통합과 분리를 동시에 최대화하는 준안정 체제에서 작동한다고 제안한다." 여기에서 연구 용어를 IPNB 관점에서 표현하면 "결합 및 분화의 극대화"로 말할 수 있다. 즉, 통합은 준안정성을 생성한다. 저자들은 계속해서 다음과 같이 말한다.

> 준안정성은 인지 유연성과 같은 중요한 행동 특성을 부여할 수 있다. 우리는 신경 역학이 뇌 영역 사이의 기본 구조적 연결에 의해 제한된다는 것을 점점 더 인식하고 있다. 따라서 중요한 과제는 구조적 연결성, 신경 역학 및 행동을 관련시키는 것이다. 준안정성의 감소는 인지 유연성과 정보 처리의 감소와 관련이 있다. 경험적으로 파생된 연결 데이터로 정의된 계산 모델은 구조적 단절로 인해 발생하는 신경 역학의 행동 관련 변화 방식을 보여준다. 우리의 연구 결과는 준안정성 역학이 정상적인 뇌 기능에 중요하고 인간 커넥톰[8]의 구조에 의존하고 있음을 시사한다.

우리는 이러한 프로세스를 "통합"이라고 부를 것인데, 이는 커넥톰 측면의 분화와 결합의 균형을 맞추는 것에서 준안정성 역학을 생성한다는 점이다. 커넥톰 언어에서 이러한 상태는 "커넥톰의 상호 연결성"을 나타내는 것으로 말할 수 있다.

이러한 결합 분화의 균형의 중요성에 대한 추가 지원은 제이슨 노미Jason Nomi와 동료의 실행 기능(executive functions, EFs) 연구가 제공한다.

> 뇌의 준안정 상태는 극단으로 통합 또는 분리하는 뇌 구성을 피하면서 신경망의 유연한 재구성을 허용한다… 현재 연구는 준안정성과 인지 유연성이 유사한 뇌 구성에서 발생할 수 있다는 개념을 뒷받침한다… 현재 연구는 EF 능력과 특정 기능적 연결 구성 또는 상태를 차지하려는 뇌의 성향 사이의 관계를 보여준다. 따라서, 인지 과제에 대한 수행은 특정 과제 자체 동안 발생하는 변화나 단일 뇌 영역의 동적 기능 결합에 전적으로 기반하지 않을 수 있으며 전체 뇌 상태 또는 시스템 간 역학적 교대에 의한 내인성 조직화에 의존할 수 있다.[9]

여기에서 극단의 결합 또는 분화의 개념은 다음과 같이 IPNB 용어에서 "통합에 대한 타협"이라고 간단히 설명한다. 일종의 "통합 스펙트럼"의 양 끝에서 균형 없는 너무 많은 결합 또는 분화는 비통합적 흐름으로 인한 혼돈 및 또는 경직을 초래할 것이다.

"커넥톰"은 뇌 전체의 상호 연결이라는 뜻을 가진 용어이다. 연구자들은 커넥톰의 구조적 및 기능적 상호 연결을 모두 연구할 수 있다. 예를 들어, 앞서 언급했듯이 스미스Smith와 동료들은 커넥톰의 기능적 상호 연결성이 다양한 평가에서 광범위한 신경 측정과 상관관계가 있고,[10] 웰빙을 예측하는 가장 좋은 지표라는 것을 발견했다. 커넥톰이 분화된 영역에서 이러한 기능적 연결을 어떻게 발생시키는지에 대한 연구 방법은 여러 가지가 있다. 시간의 흐름에 따른 연구 결과를 볼 때 사용하는 "연대 커넥톰 시스템chronnectomic systems"이라는 창의적 용어는 커넥톰conectomic과 시간을 함께 포함시키기 위해 만들었다. 커넥톰의 다양한 영역을 연결하는 진동파를 연구할 때 "커넥톰 조화connectome harmonics"라는 용어도 사용되었다.[11] 시간이 지남에 따라 대규모 상호 연결된 영역을 조립하고 통합하는 신경망의 기능을 구상하고 연구하는 이 흥미진진한 새로운 연구 방식에서 접할 수 있는 다른 용어는 "커넥토믹스connectomics"와 "커넥톰 역학connectome dynamics"이다.

"임계"라는 용어는 수학 분야의 복잡계에 앞서 도입된 것으로, 신경 과학 용어인 "준안정성"과 몇 가지 흥미로운 개념과 경험에서 중복되고 있다. 이 주제에 대해 모텐 크링겔바흐Morten Kringelbach 연구원과의 개인적인 토론에서 우리는 이러한 준안정성 역학에 대한 신경 연구와, 결합과 분화의 균형에 뒤이은 임계 상태에서 발생하는 자기 조직화에 대한 복잡도 이론의 관점이 겹칠 수 있는 부분을 향후 연구 방법이 어떻게 명확하게 할 필요가 있는지 탐구했다.

앞으로의 작업과 논의를 위해 우리는 오랜 시간 동안 검증된 용어인 결합linkage(연결connection 또는 "통합"이라는 용어를 사용하는 신경 과학 관점에 상응함) 및 분화(신경 과학 관점에서 전문화specialization 또는 분리segregation와 상응)를 계속 사용할 것임을 기억해야 한다. 그리고 앞에서 강조하고 여기에서 강화했듯이, 우리는 또한 접근 가능한 용어 **"통합"**은 **결합과 분화의 균형**을 지적하는 용어로써 뇌의 준안정 상태의 생성과 최적의 자기 조직화를 가능하게 하는 여느 복잡계의 임계 상태 생성의 핵심에 자리하고 있다.

최근에 커넥톰 안의 신경망에 대해 강조하고 있지만, 개별 이름이 있는 뇌의 특정 영역에 익숙해질 필요가 있을까? 얼마 전만 해도 뇌의 이런 저런 **정신 기능**이 "**어디에** 존재하는가, 아니면 **어디서부터** 오는가?"라는 질문을 자주 하게 되었다. 이 당시에는 두뇌 안의 위치를 아는 것이 마음과 두뇌가 어떻게 연결될 수 있는지 이해하는 데 중요해 보였다. 그러나 더 최근에 와서 우리는 어디에라는 질문 대신 뇌 기능이 정신 상태와 어떻게 관련되는지를 질문하게 되었다. 뇌는 **전반적 뇌 상태**를 통해 기능하는 것처럼 보이며, 전체 뇌를 가로질러 **진동하는 파동**으로 전개하여 광범위하게 분화된 영역(사실은 자주 전체 네트워크를)을 서로 연결한다는 것을 기억하는 것이 도움이 된다.

그러나 뇌의 특정 영역에 대한 기본 사항을 아는 것은 실제로 매우 유용할 수 있다. 왜? 일부 영역이 손상되거나 발달이 지연되면 이러한 분화의 차단으로 인해 발생하는 기능 장애가 개인의 전반적인 기능을 이해하는 데 도움이 될 수 있다.[12] 마찬가지로 결합의 장애는 네트워크 연결 및 기능 장애로 이어질 수 있다. 또한, 미분화 영역을 중재 대상으로 삼아 이를 개발하여 성장을 유도하고 잠재적으로 더 분화된 네트워크에 적극 참여시켜 새롭게 결합하고 더욱 통합된 글로벌 상태에 기여하도록 한다. 즉, 장애가 있을 때, 결합이 확립되지 않았거나 파열되었을 때 분화의 균형에 집중하면 의도적으로 더 통합된 뇌 상태를 생성할 수 있다. 여기에서 신중하게 용어의 정의를 설명하였고 매우 구체적으로 사용되는 '통합'된 상태는 적응 기능의 핵심에 위치하면서 최적의 자기 조직화와 잠재적 임계와 준안정성 생성의 기초가 된다.

토그놀리Tognoli와 켈소Kelso는 다음과 같이 말한다.

> 신경의 앙상블은 광범위한 주파수에 걸쳐 진동하며 사람들이 자극에 주의를 기울이고 인지하고 생각하고 행동할 때 일시적으로 결속coupled되거나 "결합bound"된다. 이것은 시간이 지남에 따라 뇌의 일부가 참여하고 분리되는 역동적인 자기 조립 과정이다. 그러나 어떻게 이루어지는가? 조정 역학Coordination Dynamics 이론은 통합과 분리의 미묘한 혼합인 준안정성이라는 메커니즘을 제안한다. 뇌 영역의 개별적인 자율성과 특수 기능(분리, 모듈)을

표현하는 경향은 여러 기능(통합)을 위해 전반적으로 결속하고 조정하는 경향과 공존한다… 우리가 이론과 실험을 다각도로 논의한 결과, 준안정성 역학이 뇌에서 역동에 기반한 인지, 행동, 그리고 사회적 기능에 필요한 실시간 조정의 기초가 된다는 것을 제시하고 있다.[13]

곧 알게 되겠지만 의식의 "신경 상관물neural correlates", 즉 알아차림과 관련된 신경 발화 패턴에 대한 연구를 통해 단순히 활성화되는 개별 영역을 식별하는 것 이상으로 이들 신경 역학이 어떤 것인지를 이해하면, 뇌와 마음에 대해 중요하고 더 포괄적인 통찰력을 얻을 수 있다. 아타소이Atasoy, 데코Deco, 크린겔바흐Kringelbach 및 피어슨Pearson이 제안했듯이 "뇌와 같은 동적 시스템은 임계에 접근할 때 상태 레퍼토리repertoire를 최대화한다. 즉, 질서와 혼돈 사이의 전환은 의식적 각성의 배후가 되는 신경 메커니즘으로도 제안되었다."[14] 이러한 준안정 상태는 커넥톰 전체의 고조파 진동harmonic oscillations에서 발생한다는 점에 주목해야 한다.

기본 고조파 뇌 모드harmonic brain modes 체계는 의식의 신경 상관관계에 관해 관련 없는 것으로 보이는 다양한 발견들 사이에서도 결합을 드러내는 통일된 관점과 설명 틀을 제공하고 있다. 이 제안된 체계는 상관관계 있는 신경 활동의 공간 패턴을 포유류 뇌 활동의 특징인 시간적 진동뿐만 아니라 뇌 해부학과 신경생리학에도 연결한다. 따라서 이 체계는 복잡한 신경 활동 패턴을 기본 구성 요소로 분해하기 위한 새로운 차원의 도구를 가능하게 하는 것을 넘어, 자연 어디에나 존재하는 현상인 고조파를 통해 공간과 시간을 결합하는 기본 원리를 제공한다.[15]

우리가 단일 뉴런에서 뉴런들의 군집 그리고 상호 연결된 신경망으로 점차 살펴볼 때, 에너지와 정보의 흐름이 머릿속 뇌를 통과하고 몸 전체와 상호 연결된다는 것을 마음에 기억하고 있는 것이 도움이 될 것이다. 이 체화된 흐름은 다양한 형태를 취하며 다양한 주파수에서 진동하며, 다양한 신체 부위의 순간에 어떤 상태로 휩쓸린다. 동시에, 이 흐름은 또한 다른 사람들과 주변 환경과 같이, 우리가 단순히 자연 또는 행성이라고 부를 수 있는 몸 외부로부터 오는 에너지 패턴의 공유를 포함하는 것으로 볼 수 있다. 우리는 에너지와 정보의 흐름을 공유하는 이 원천으로부터 분리되지 않고 사람들과 지구와 연결되어 있다. 이러한 에너지 흐름은 물리적 세계 너머(메타)로 벗어나지 않는다는 점에서 "형이상학metaphysical"이 아니며, 에너지는 우리의 공통 현실의 근본적인 측면이며, 에너지 흐름은 단순히 신체 내부에 있는 것으로 국한되지 않는다. 우리가 이 단어들을 지금 어떻게 읽고 있을까? 눈에 빛을 내는 에너지로 시야를 넓힐 수 있는가? 아니면 음파 에너지를 통해서, 공기 분자의 움직임을 통해서, 우리가 들을 수 있게 하는 에너지는 무엇일까? 우리가 머리에서 몸으로, 그리고 다른 사람들과 더 큰 세계로 이동할 때, 우리의 물리적 세계에서 에너지의 모든 다양한 형태에 대한 이 기본적인 관점을 마음에 새기도록 하자. 에너지는 우리 우주의 일부이며 어쩌면 우주의 본질적인 측면일 수도 있다. 과학으로 확립된 현실의 한 측면이며, 우리는 단순히 마음이 그것의 흐름과 깊고 근본적으로 관련이 있다고 제안하고 있다. 그 흐름은 우리 몸과 우리 주변의 세계 사이에서 일어나고, 그 흐름은 몸 안에서 일어난다. 우리 일생에서 두개골도 피부도 막을 수 있는 장벽이 아니다. 이 에너지 흐름, 우리가 이 흐름이 어디서 일어나는지 생각할 때, 우리는 아마도 마음을 좀 더 분명하게 "보기" 시작할 수 있을 것이다.

머리부터 시작해 보자. 머릿속 뇌는 에너지와 "정보"라고 불리는 에너지의 부분집합(그 자체 보다 이외의 것을 나타내는 에너지의 상징적 패턴)이 흐르는 체화된 메커니즘이다. "흐름" 단순히 변화를 의미한다. 뇌의 에너지는 활동 전위 동안 이온들이 뉴런의 막 안팎으로 이동할 때 주로 발생하는 전기

화학 에너지 흐름의 형태이다. 또한, 신경호르몬과 신경전달물질과 같은 화학물질이 뇌세포의 기능에 미치는 영향도 있다. 신경전달물질은 신경을 흥분하거나 억제할 수 있으며 활동 전위의 **전하 흐름**이 뉴런의 끝에 도달하면 화학물질이 방출되고 시냅스로 연결된 다음 뉴런의 발화 가능성을 증가시키거나 감소시킨다. 방출되는 분자는 이 뉴런 활성화 수준에서 흐르는 **화학 에너지**와 함께 시냅스 후 뉴런의 수용체와 상호작용한다. 뉴런을 담그는 다른 화학물질들도 뉴런의 기능에 영향을 줄 수 있다. 이 활동 전위 순서는 전하(전기)가 신경전달물질(화학)을 가진 수용체에서 연접하는 과정에서 **전기화학 에너지**가 어떻게 흐르는지 보여준다. 에너지 흐름은 환상적인 것이 아니다. 그러나 환상적 존재이다.

우리가 "두뇌"와 그 기능을 고려해서 설명하자면, 상호 연결된 커넥톰을 통해 머리 위로 흐르는 에너지와 정보 흐름이 몸 전체에 걸친 에너지 흐름과 그 흐름이 주는 정보에 의해 영향을 받는다는 점에서 "체화된 뇌"라고 한다. 이 용어, "체화된 뇌"는 또한 우리에게 에너지 흐름을 정보로 처리하는 상호 연결된 뉴런의 거미줄 같은 구성이 머리의 뇌뿐만 아니라 심장과 장에 내재된 신경계와 광범위하게 상호 연결되어 있다는 것을 기억시킨다. 안토니오 다마시오Antonio Damasio와 같은 연구자들은 내장이 실제로 최초의 뇌이며, 머리-두뇌는 진화에서 훨씬 늦게 왔다고 제안한다.[16] 또한 우리가 사용하는 이 용어 "사회적 두뇌social brain"는 머리-두뇌의 전기화학적 에너지 패턴이 우리의 인간관계에 의해 어떻게 심오하게 조성되며, 또한 어떻게 조성되는지에 대한 것이다.[17] 비록 더 간단한 용어인 "두뇌"가 매우 흔하게 사용되지만, 이 머리-두뇌가 완전히 체화되고 사회적임을 상기해 보자. 이것의 기능은 심장과 내장에 있는 다른 뇌로부터, 몸 전체로부터, 그리고 환경으로부터, 다른 사람들과 몸을 둘러싼 자연계로부터 나오는 에너지 패턴에 의해 근본적으로 조성된다. 그리고 이것이 우리가 머릿속의 뇌가 완전히 체화되고 완전히 관계화된 것이라고 제안할 수 있는 이유이다. 이것은 또한 우리가 정신(우리가 누구인지)이 완전히 체화되고 관계성이 있다는 것을 감지할 수 있는 이유이다. 그렇다, 어떤 과도한 분화가 일어날 수 있고, 주어진 개인은 신체와 관계 세계로부터 분리되는 것을 배울 수 있다(통합의 장애가 온 예). 하지만 일반적으로 이러한 머리와 관계없는 에너지원과 정보 흐름의 원천은 두뇌의 기능 및 정신의 작용 방식에 영향을 미친다.

뇌의 분화된 영역, 즉 우리 머릿속 상호 연결된 신경 집합은 무엇일까? 이러한 신경 군집은 뇌의 하부, 중앙 및 상부에 해부학적 위치를 포함하여 여러 가지 방법으로 분류될 수 있다. [그림 1.1]은 뇌의 기본 구조를 도식화한 그림이다.

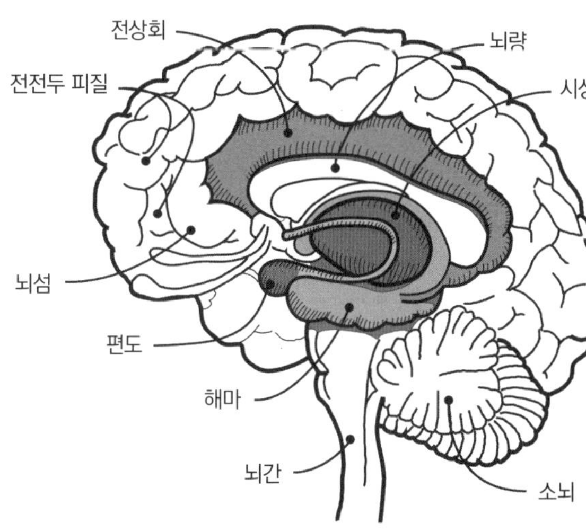

[그림 1.1]

인간의 우측 뇌의 그림. 하부 영역은 소뇌, 뇌간이라 하고 중앙 영역은 변연계(편도, 해마)와 시상이다. 상부 영역은 피질 부위이다. 뇌섬은 안쪽의 표면을 차지한다. Copyright © 2012 Mind Your Brain, Inc.

하부 뇌 구조

“하부 구조”는 두개골 깊은 아래쪽 뇌간brainstem 회로를 포함하는 영역으로 각성 상태, 체온, 호흡, 심박수 등 신체의 생리적 상태 같은 에너지 흐름의 기본 요소에 관여한다. 또한, 이 영역의 신경세포 집단은 싸움하기-도망가기-얼어붙기fight-flight-freeze의 생존 반응을 담당하고, 자기 조절의 다미주신경 이론polyvagal theory의 근본을 조성한다.[18] 이 이론에 따르면, 타인과의 상호작용은 뇌의 깊은 아래쪽에 위치한 이 구조가 안정감과 수용성, 또는 위기감과 생존의 위협 감각에 반응하는 방식을 직접 조성한다고 한다. 뇌간 바로 위에는 외부에서 들어오는 감각 정보의 관문인 시상thalamus이 있다. 시상은 바로 윗부분에 있는 신피질을 포함하여 뇌의 다른 영역과 넓은 연결망을 조성한다. 앞으로 설명하겠지만, 인식의 한 이론은 의식적 경험에 영향을 주는 주요 과정에 시상-피질 회로thalamocortical circuit의 활동이 관련되어 있는 것으로 본다.[19] 다른 이론에서는 다양한 뇌 영역이 의식의 상이한 요소와 넓은 영역의 자기감senses of a self에 기여한다고 주장한다.[20]

하부 뇌 영역은 또한 시상하부와 뇌하수체를 포함하는데, 이것은 신경발화와 호르몬 방출 등의 신경내분비 활동을 통해 이루어지는 신체적 평형 상태인 ‘생리적 항상성physiological homeostasis’을 담당한다.[21] 이러한 호르몬 작용, 그리고 면역 및 근골격계와 같은 다른 조절 과정을 통해 신체는 두개골 내 신경 조직과 함께 통합된다. 이제 ‘뇌’라는 용어를 사용할 때, 신체 전체에서 두개골 내 구조를 분리하는 것은 개념상 맞지 않는다는 것을 알 수 있다. 이는 “체화된 뇌embodied brain”라는 용어의 기원이다. 스트레스는 종종 ‘시상하부-뇌하수체-부신피질(HPA) 축’의 반응을 발생시키는데, 이 체계는 정신적 외상truma에 의해 악영향을 받을 수 있다. 여러 연구에서 초기 아동기의 스트레스는 뇌의 스트레스 반응 체계의 중요한 영역에서 유전자 발현이 조절되는 방식에 부정적인 영향을 줄 수 있다는 것이 밝혀졌다. 이러한 유전자 조절 변화는 경험에 대한 반응이며 '후성유전epigenesis'이라 불리는 과정의 일부이다.[22] 자율신경계(심장박동과 호흡 등을 조절)와 신경면역계(신체의 면역 방어 체계를 조절) 그리고 이 HPA 신경내분비 축을 함께 살펴보면, 뇌와 신체의 기능이 복잡하게 얽혀진 방식을 알 수 있다. 사회적 상호작용이 이러한 통합적 과정에 기능하는 방식을 직접적으로 조성하는 것을 살펴봄으로써, 관계와 체화된 뇌가 사실상 큰 체계의 일부라는 것을 알 수 있다. 또한 우리가 곧 논의하겠지만, 현재 개방적이고 수용적인 태도와 이와 반대인 투쟁, 도피, 얼어붙기, 졸도하기 같은 반응적인 태도에서 자각의 경험이 만드는 주관적 상태는 신체와 관계의 전반적인 건강에 직접 영향을 줄 수 있다.

> 관계와 체화된 뇌가 사실상 큰 체계의 일부이다.

중앙 뇌 구조

상대적으로 중앙에 위치한 변연계는 해마hippocampus와 편도체amygdala라 불리는 신경세포군을 포함하고 있으며 다양한 영역의 활동을 조정하는 중추적 역할을 한다. 변연계는 정서, 동기 및 목표 지향 활동뿐 아니라, 기억의 통합과 어린 포유류가 안전과 안정을 위해 부모에게 의존하도록 하는 애착 체계attachment system의 시작에 중요한 역할을 한다. 변연계 구조는 의미 평가, 사회적 신호의 처리, 정서의 활성화와 같은 다양한 기본 정신 과정의 통합을 가능하게 한다. 이 영역은 내측 측두엽(관자놀이 바로 옆, 뇌 중앙 영역)을 포함하는데, 이곳은 기억의 유동적 형태(사실 기억, 자전적 기억의 세부 사항 회상)의 중요한 역할을 하는 것으로 알려진 해마를 포함하고, 현재 진행되는 경험의 맥락context을 식별한다.

상부 뇌 구조

대뇌 피질 같은 뇌의 위쪽의 상부 구조는 (때로 신피질neocortex이라고 함) 지각, 사고, 추론 같은 보다 복잡한 정보 처리 기능을 담당한다. 우리는 이러한 영역들이 이 과정에서 중요한 역할을 한다는 것을 나타내기 위해 "매개"라는 용어를 사용할 수 있지만, 우리가 논의한 예비 논평을 기억하는 것이 중요하다. 즉, 뇌의 신경 체계가 전체적으로 기능하여 진동들의 커넥톰 조화를 이루는, 활성화된 뇌의 전반적 상태를 만들어낸다는 것이다. 그래서 비록 우리가 때때로 피질 구조가 이러한 뇌 상태를 중재할 수 있다고 말한다고 해도 이는 그들이 고립된 상태에서 이 기능을 수행한다는 것을 의미하지 않는다.[23] 신체와 관계 세계, 즉 다른 사람과 환경과의 상호 연결뿐만 아니라 뇌의 피질과 다른 영역 사이의 많은 상호 연결이 있다.

이 뇌의 "외피"는 상당히 주름진 층으로 구성되고, 보통 긴밀하게 연결된 신경 집단인 "피질 기둥cortical columns"으로 채워진 6개의 층을 갖는다. 피질 기둥군은 정보를 처리하고, 또한 다른 기둥군과의 소통을 통해 점점 복잡한 기능의 창발이 가능하다. 일반적으로 피질은 뒤쪽에서 앞쪽으로 성숙하기 때문에, 앞쪽 전두엽 영역은 초기 성인기까지도 활발한 성장을 지속한다. 이러한 전두엽 신피질 영역은 인간에게 진화적으로 가장 발달된 영역으로 여겨진다. 이 영역은 우리의 연합적 사고 과정을 구성하는 복잡한 지각과 추상적 표상을 담당한다.

가장 앞쪽의 전두엽 신피질 영역, 즉 전전두 피질prefrontal cortex은 두 가지 중요한 측면, 즉 복측ventral 내측medial 영역과 외측 전전두 피질lateral prefrontal cortex(배외측 전전두 피질dorsolateral로도 알려진)로 나눌 수 있다.[1)] 배외측 전전두 피질은 양옆으로 위치하여, 따라서, "외측"이라 부른다. 이곳은 예를 들어, 전화번호를 누르기 위해 번호를 마음속에 떠올리는 등의 작업 기억과 의식적 주의 집중에 중요한 역할을 한다. 전전두엽 영역의 중앙 부위는 안와 전두 피질(안구의 뒤쪽과 위에 위치함), 내측 전전두 피질의 복측 및 배측 영역, 복외측 전전두 피질ventrolateral prefrontal cortex 그리고 전 대상 피질anterior cingulate cortex을 포함한다. 일부 연구자들은 전 대상 피질과 안와 전두엽 영역을 변연계의 일부로 생각하기도 하고, 또 다른 연구자들은 이 영역이 하부 변연계와 상부 피질 영역의 접점 역할을 하는 것에 주목하여, "부변연계 피질paralimbic cortex"이라 부르기도 한다. 이런 시각에서, 중앙 전전두 영역은 사실상 신피질의 전두엽 부분뿐 아니라, 변연계의 가장 상위 부분으로 볼 수 있다. 이러한 다리 역할 영역은 널리 분리된 집단을 서로 결합하여 기능적 전체로 함께 작동하는 전전두엽 영역 "팀"의 일부이다. 이것은 사고와 감정의 피질 활동과 하부 변연계, 뇌간, 그리고 신체 영역의 기능을 서로 협응하고 균형을 맞추기를 돕는 중요한 통합적 기능을 갖는다. 이후 설명하겠지만, 이 영역은 또한 신체적인 것에서 사회적인 것에 이르기까지 넓은 통합의 스펙트럼을 조성하며, 타인 의사소통 신호의 지각을 내적으로 조절하는 신경 발화 패턴과 연결한다. 곧 알게 되겠지만, 내측 전전두 영역은 후 대상 피질posterior cingulate cortex에 연결되어 "기본 모드 신경망(default mode network, DMN)"이라고 불리는 중심 또는 중앙선 허브를 조성한다.[24] 많은 기능에 참여하는 이 앞뒤를 잇는 일차(기본) 중앙선 네트워크는 활성 상태이며, 개인이 어떠한 지시도 받기 전에 스캐너 안에

1) 스트리터Striedter에 따르면 인간의 전전두 피질은 기능, 형태학, 그리고 진화 면에서 다른 두 영역으로 구분하며 이는 또 각각 2영역으로 분화된다. 즉, 모든 포유류에 존재하는 복내측 영역(ventromedial)은 복측 영역(ventral)과 내측 영역(medial)으로 구성되고, 유인원에게 있는 외측 영역(lateral)은 복외측 영역(ventrolateral)과 배외측 영역(dorsolateral)으로 구성된다(역자 주).

쉬고 있을 때이며[2] 그래서 이를 신경 활동의 "기본 모드"라고 말한다. 우리의 뇌는 "쉬고" 있을 때에도 꽤 활동적이라고 밝혀졌다. DMN이 수행하는 한 가지 과정은 정신 상태의 지도를 만드는 것이다. DMN은 우리가 "공감empathy"이라고 불리는 과정에서 다른 사람들의 정신 상태를 지도화하는 것과 우리 자신의 정신 상태를 통찰력으로 지도화를 가능하게 한다. 이 DMN은 불안 또는 우울 상태에서 과도하게 분화될 수 있는데, 이러한 예는 분화와 결합 사이의 균형 상실로 인해 통합이 손상된 개념으로 설명할 수 있다. 그러나 개인의 전반적인 시스템에 잘 통합될 때, DMN은 다른 개인과 내면 자기의 정신 상태를 집착 없이 고려하고 통찰을 가지고 공감적 이해와 배려를 하는 유연한 역할을 한다. 전반적으로, 이러한 대부분 중앙선 기본 모드 영역은 다른 사람들과 소통 신호의 지각을 내부 매개 신경 점화 패턴과 연결시켜 신체에서 사회까지 광범위한 통합 범위를 생성한다.

신경 통합

뇌의 전체는 회로circuits 혹은 신경망networks으로 부르는 하위 체계가 상호 연결되고 통합되어 하나의 전체로서 기능한다. 여기에서 "상호 연결"은 긴 축색 섬유로 넓게 분리되어 있는 신경세포의 집합이 거미줄 형태로 연결되어 있는 것을 의미한다. "통합"은 앞서 설명하였듯이, 이렇게 분리되고 분화된 영역들이 자신의 독특한 특성을 유지하면서 또한 서로 결합된다는 것을 말한다. 통합은 단순히 혼합된다거나 하나가 된다는 것이 아니라 **차별성을 유지하는 동시에 연결을 촉진한다**는 점이 상당히 중요하다.

2) 멍 때리는 상태도 포함(역자 주).

이러한 균형이 진정으로 전체가 부분의 합보다 크게 되는 방식이다. 통합은 시스템에서 분화된 부분들의 결합으로 정의되고, 이것이 뇌에서 발생하면, '신경 통합neural integration'이라 부른다. 신경 통합의 결과는 분리된 영역들이 균형과 조화를 통해 기능적 전체가 되는 최적의 자기 조절이다. 한 가지 관점은 이러한 신경 통합이 혼돈과 경직성 사이에서 임계의 복잡성complexity을 만든다는 것이다. 그것은 두뇌가 연계하는 유연한 집행 기능의 핵심에서 준안정성metastability을 만들어낸다. 체계의 각 요소가 전체로서 기능하는 것과 넓은 영역의 신경 군집 간 상호작용에 기여하기는 하지만, 특히 특정 영역이 뇌 활성화의 통합에 더욱 중요한 역할을 한다. 이러한 특정 영역에는, 변연계(그중에서도 특히, 해마), 전전두엽 영역, 좌반구와 우반구를 연결하는 뇌량corpus callosum, 그리고 신체적 운동, 정신 상태, 인지적 과정을 연결하는 역할을 하는 소뇌가 포함된다. 언급된 모든 영역들은 뇌에서 널리 분포된 영역들을 연결하는 고유하고 광범위한 입력 및 출력 경로를 가지고 있다. 마음이 발달하는 방식을 이해하려면, 우리는 뇌가 그 자체의 과정을 조절하는 방식을 살펴보아야 한다. 이러한 자기 조절의 많은 부분은 이러한 통합적 회로나, 다른 통합적 회로를 통한 통합과정으로 수행되는 것으로 보인다.

> 자기 조절은 신경 통합에 의해 결정되는 것으로 보인다

간결하게 요약하면, 다양한 수행 기능의 형태로 나타나는 자기 조절은 신경 통합에 의해 결정되는 것으로 보인다. 뇌에서 이러한 통합 상태의 원시성은 뇌의 한 가지 흔한 발견 즉, 광범위한 웰빙 측정치가 더 많이 상호 연결된 커넥톰과 상관관계가 있다는 발견에서 드러난다.[25] 곧 알게 되겠지만, IPNB에서 우리는 차이를 인정하고 동정적이고 존중하는 결합을 촉진하는 최적의 관계(통합적 관계)가 어린아이의 뇌에서 통합 섬유의 성장을 자극하는 반면, 무시하거나 학대적인 관계를 포함한 어린 시절의 나쁜 경

험(분화와 결합이 결여된)은 특히 신경 통합의 형태로 뇌의 건강한 성장을 억제하며, 미래에 스트레스 요인을 효과적으로 처리할 수 있는 능력에 부정적인 영향을 미칠 수 있다는 융합적 사실을 강조하고 있다.[26] 자폐증, 조울증, 조현병을 가진 사람들과 같이 경험에서 유래되지 않은 질환에서조차 신경 통합의 장애가 있는 것이 밝혀졌다.[27]

앞서 설명된 뇌 구조에 대한 시각적인 이해를 위해, 쉽게 활용할 수 있는 3차원의 모델을 활용하는 것이 도움이 될 것이다. 이것은 신경해부를 손바닥 안에 있는 것처럼 알 수 있도록 해줄 것이다([그림 1.2] 참고). 엄지손가락이 손바닥의 중앙을 향하게 하고 나머지 손가락으로 엄지손가락을 감싸며 주먹을 쥐면, 손바닥 안에서 뇌의 모델을 볼 수 있다. 아래팔은 척추 안 척수가 있는 부분을 나타내고, 팔목은 두개골의 기저부에 있다. 손

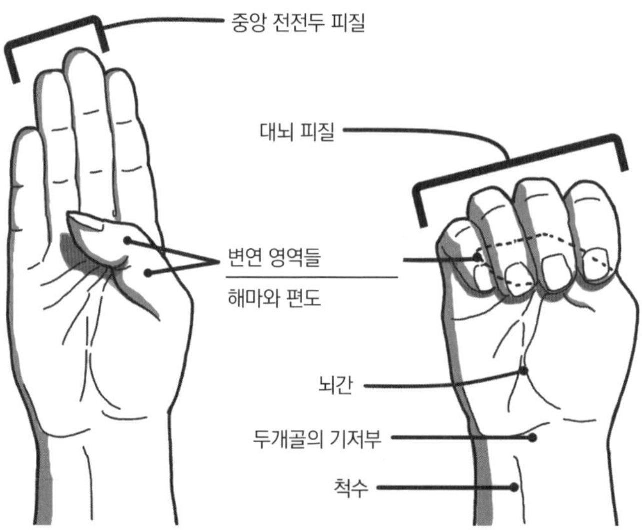

[그림 1.2] 뇌의 손 모형

Adapted from Siegel (2010a, p. 15). Adapted with permission from Bantam Books. Copyright © 2012 Mind Your Brain, Inc.

의 여러 부분들은 위에서 언급된 주요한 세 영역을 나타낸다. 즉, 뇌간(하부), 변연계(중앙), 신피질(상부) 영역이다.

비록 이전의 뇌의 세 부분 모델은 더 이상 완전하거나 정확한 것으로 여겨지지 않지만, 모델의 한계가 처음부터 인정된다면 그것은 뇌의 해부학적 구조를 들여다볼 수 있는 유용한 초기 방법을 제공한다. 끊임없이 변화하는 이 기관의 동적 기능은 손으로 만든 단순한 모델보다 훨씬 더 복잡하다는 것을 명심하라. 그럼에도 불구하고, 단지 모델로만 생각하고 편리한 "시작" 점을 갖는 것이 매우 유용할 수 있다. 직접 손바닥 쪽에서 주먹을 보면, 세 번째와 네 번째 손가락의 손톱 즈음에 눈의 안와가 위치한다. 귀는 주먹의 양측에서 바깥으로 나와 있을 것이다. 손가락들은 신피질을 나타낸다. 앞에 보이는 것이 전두엽이다. 신피질의 가장 꼭대기에서는 운동 조절과 체감각 표상을 담당한다. 손의 옆과 등은 뇌의 후반부이며 측두엽과 같이 일반적으로 외부 세상에 대한 지각 과정을 담당하고 사회 인지에 중요한 역할을 담당하는 영역에 해당한다. 뇌의 하부는 손바닥의 중간 아랫부분에 해당한다. 손가락 관절 바로 아래, 엄지손가락의 끝이 있는 주먹 깊은 안쪽은 변연계이다. 뇌는 대부분 좌반구와 우반구로 나누어지고, 반구들은 조직 다발인 뇌량corpus callosum과 전교련the anterior commissures으로 연결되는데, 이것은 두 반구 간 정보교환의 직접적 통로로 기능한다고 알려져 있다. 손목과 연결되는 손의 뒤쪽에는 소뇌가 위치하고, 소뇌는 간접적으로 두 반구 간 정보를 전달한다. 더불어 소뇌 안에서 다수의 정보를 처리하고, 통합적 과정도 이루어지는 것으로 알려져 있다.

주먹에서 손바닥의 앞으로 돌출된 부분이 전두엽이다. 손가락의 두 번째 마디에서부터 시작하여 손톱으로 향해 있는 부분을 말한다. 전측 영역의 가장 앞쪽이자 마지막 마디의 앞쪽은 전전두 피질이다. 여기는 이 책 전반에 걸쳐 살펴볼 영역이기도 하다. 외측 전전두 피질은 양옆으로 위치하고, 한쪽은 검지 손가락의 옆에, 반대쪽은 다섯 번째 손가락의 옆에 해당한다. 주먹 모델에서, 더 중앙에 위치한 안와 전두 영역이 있는 곳은, 예상할 수 있듯이, 안와의 바로 뒤와 위쪽, 특히 손가락 마지막 마디가 구부려지면서 손가락 끝이 손바닥 안쪽으로 향하는 부분이다. 이 중앙에 있는 두 손톱 부분은 전전두 영역의 복측과 내측 영역을 가리킨다. 손 모델에서 중앙 전전두 피질을 나타내는 이 두 중앙 손톱 영역들이 감각 및 신체 데이터를 처리하는 뇌 속 깊은 구조인 변연계 영역과 바로 위의 신피질과 같이 정보를 주고받는 여러 영역과 인접해 있다는 것에 주목하자. 이 3차원 손 모델은 신경 상호 연결의 직접적인 경험적이고 시각적인 예를 제공하고, 기능조정에 대한 해부학의 중요성을 알려준다.

뇌는 상당히 상호 연결되어 있고, 이 영역들이 실제로 해부학적으로 또한 기능적으로 얼마나 구분되어 있는지에 대한 학계의 논란이 있다.[28] "변연계"의 개념을 예로 들면, 이 영역이 어디에서 시작하고 끝나는지 경계를 정의하는 것이 과학적으로 어렵기 때문에, 존재에 대한 논쟁이 있어 왔다. 그럼에도 불구하고, 변연계 및 부변연계 영역은 특정 신경전달물질을 활용하는 것으로 밝혀졌는데, 이를 통해 고도로 상호 연결된 회로를 조성하고, 보완 기능을 수행하고, 그리고 진화의 역사에서 유사성을 가질 수 있었다. 예를 들어, 중앙 전전두 영역은, 변연계의 상단에 있고, 해부학적으로 신피질 및 뇌의 깊은 구조와 넓은 회로로 연결되어 있어, 세 영역 모두의 활동 조정에 핵심적인 역할을 수행한다.[29] 앞으로 살펴보겠지만, 신경 과학의 최근 연구는 중앙 전전두 영역이 자각, 공감, 기억, 정서 조절, 애착과 같이 우리가 앞으로 살펴볼 여러 통합과정에 중요한 역할을 한다고 제안한다.

뇌 발달

신경 경로의 활성화는 뇌 내에서 연결망이 조성되는 방식과 유전자 조절이 변화되는 방식에 직접적인 영향을 준다. 경험은 전 생애에 걸쳐 뇌의 활성화와 신경 연결의 강도를 조성하기는 하지만, 생애 초기 경험은 뇌 발달의 기본적인 조절 구조의 방식을 조직화하는 것에 특히 결정적일 수 있다. 여기에는 앞서 언급하였듯이, 뇌의 통합된 신경섬유가 포함된다. 예를 들어, 생애 초기의 외상 경험은 기본적인 조절 능력과 향후 마음이 스트레스에 반응하는 것을 담당하는 뇌의 통합구조에 상당한 영향을 줄 수 있다.[30] 따라서 우리는 학대당한 아동들이 스트레스 호르몬 수준에 있어 비정상적인 반응을 보이는 것을 알 수 있다. 이것은 부분적으로 스트레스에 대한 반응을 담당하는 뇌 영역에서의 유전자 조절 변화에 의하며 또한, 세포 복제 동안 DNA의 무결성을 보호하는 염색체의 모자인 텔로미어 길이의 조절 변화와 연관될 수 있다.[31] 코티솔cortisol의 혈중 수준이 지속적으로 높으면 뇌에 해가 될 수 있다.[32]

고통스러운 어린 시절 경험(Adverse Childhood Experiences, ACE) 연구 결과에서 알 수 있듯이, 초기 역경은 개인에게 장기간 영향을 미치며, 정신 기능뿐만 아니라 신체적 건강에도 영향을 미친다.[33] 여기서 핵심적으로 중요한 메시지는 초기 경험이 시냅스 성장과 생존의 조절을 조성하며 스트레스에 대한 반응의 조절, 세포 건강을 보호하기 위한 말단소립 길이, 그리고 심지어 염증뿐만 아니라 미래의 뇌의 성장에 영향을 미칠 수 있는 유전자 발현 조절까지 조성한다는 것이다. 다른 사람과의 부정적인 상호작용은 이러한 신체의 조절 특징에 부정적인 영향을 미친다. 경험은 직접적으로 조절을 조성한다.

> 초기 경험은 시냅스의 성장과 생존의 조절을 조성한다.

언론인 도나 잭슨 나카자와Donna Jackson Nakazawa가 그녀의 저서 『천사와 암살자The Angel and the Assassin』에서 신경 아교세포의 한 유형에 대해 집중 제안했듯, 미세 아교세포microglia의 연구에서[34] 이 세포가 면역체계의 일부로서 기능하고 뇌에서 염증적인 역할과 건설적인 기능을 모두 가지고 있다는 것을 보여주었다.

> 이 작은 세포들도 밝은 면을 가지고 있다. 두뇌가 항상성homeostasis 상태에 있을 때, 즉, 미세 아교세포microglia를 자극하여 잘못된 행동을 유발하지 않을 때, 그들은 완전히 다른 긍정적인 방식으로 활동하게 된다. 건강한 뇌에서, 미세 아교세포는 영양분을 분비하여 새롭고 건강한 신경세포가 자라도록 자극하고, 필요할 수 있는 곳이면 어디서나 새로운 시냅스를 만들어 뇌를 고치는 것을 돕는다. 그들은 심지어 아픈 뉴런들을 치료하는 것과 관련된 신경 보호 요소들을 방출한다.
>
> 사실, 미세 아교세포는 뉴런들이 새로운 부속물을 키우는 것같이 직접 손을 뻗어 새로운 뉴런 투영을 조성하는 데 도움을 줄 수 있다. 이러한 새로운 성장은 다른 뉴런에 달라붙을 수 있다. 따라서 뇌 연결성을 증가시키고 강화한다.
>
> 다른 종류의 아교세포와 함께, 미세 아교세포는 또한 시냅스 연결 속도를 빠르게 하면서 뇌의 섬유를 절연시키는 수초의 성장을 촉진시킨다. 그리고 이러한 미세 아교세포의 수선이 가장 활동적인 분야 중 하나는 해마이다.[35]

신경과학자 베스 스티븐스Beth Stevens와의 인터뷰에서 잭슨 나카자와Jackson Nakazawa는 다음과 같이 보고한다.

> 베스Beth는 "미세 아교세포는 균형 잡힌 역할을 한다면 좋은 역할들이 아주 많다"라고 강조한다. "그들이 항상성 상태에 있을 때, 그들은 이 모든 다른 단백질들과 보호 작용을 하는 좋은 화학 물질들을 내뿜는 신호를 방출한다." 그들은 실제로 시냅스 손실의 과정을 멈추려고 한다.

"그러나 미세 아교세포가 변화를 감지하는 순간, 또는 아주 작은 무언가가 잘못되거나 큰 것이 잘못되는 순간, 그들은 좋은, 보호적인 신경 화학물질을 방출하는 것을 멈추고 뇌에 해를 끼치는 신경 염증 화학물질을 뱉을 수 있다. 이로 인해 시냅스 손실과 더불어 또 다른 종류의 손상을 일으킬 수 있다. 폭주 염증이다. 만약 어떤 것이 변하면, 미세 아교세포는 전 염증상태로 들어가 많은 사이토카인을 방출하기 시작하며, 뇌에서 가장 큰 염증성 화학물질 생산지 중 하나가 된다."[36]

우리의 미세 아교세포의 역할에 대한 새로운 발견은 의심할 여지 없이 이전에 의문이었던 뇌의 많은 기능 장애와 마음의 발달에 빛을 밝혀줄 것이다. 우리 몸에서 미세 아교세포가 더 큰 염증의 기능 차원에서 중심적인 역할을 한다는 것을 알게 되면 우리는 내장의 생물학적 구성과 개인과 집단생활에서 심오한 스트레스를 야기하는 왕따와 같은 문화적 요소들의 역할을 포함해서 개인의 삶의 전체를 고려해야 한다는 것을 알게 된다. 염증, 그리고 그것을 유발할 수 있는 스트레스 그리고 다른 요소들은 에너지의 흐름과 체화된 두뇌의 정보에 신경과 미세 아교세포의 영향과 관련하여 평가할 필요가 있다.

좀 더 평범하게는, 일상의 경험 또한 뇌 구조를 조성한다.[37] 뇌의 발달은 부분적으로 "경험 의존experience-dependent" 과정이다. 이 과정에서 경험은 뇌의 특정 경로를 활성화시키고, 기존의 연결을 강화하거나 새로운 연결을 만든다.[38] 발달은 또한 부분적으로 "경험 기대experience-expectant"이기도 하다. 즉, 시각 체계와 같은 특정 회로의 조성을 유전자가 지시하지만, 이러한 시냅스 연결의 유지를 위해서는 눈의 망막이 빛을 받는 것과 같이, 그리고 소리가 소리 신경세포와 뇌의 소리 센터를 자극하는 것처럼 종의 일반적species-general 경험을 통한 자극이 필요하다. 이러한 회로에 경험을 통한 자극이 부족해지면, "세포소멸apoptosis"과정을 통해 세포의 죽음으로 이어지거나, "분획화parcellation" 또는 "가지치기pruning"라 불리는 시냅스 연결의 감소로 이어질 수 있다. 이것은 뇌 발달에서 "사용하지 않으면 잃게 된다use it or lose it"의 원칙이라고 불린다. 경험 기대 발달과 경험 의존 발달 모두에서, 시냅스 연결은 경험으로 발생되는 당시의 신경 발화를 통해 유지되게 된다. "경험"이 무엇을 의미하는지 고려할 때, 신경 활성화를 생각하는 것은 그것이 체화된 뇌의 활동과 구조를 조성한다는 점에서 "경험"이 생물학이라는 것을 이해하는 데 도움을 줄 수 있는 하나의 단순한 관점이라고 할 수 있다.

이러한 이유로 나는 종종 "친부모가 아니다"라고 말하는 입양 부모와 위탁 부모에게 다른 관점을 생각하라고 상기시킨다. 그들은 유전자를 제공하고 아이를 자궁에서 기른 생부모가 아닐 수도 있지만, 사실 그들은 그들이 제공하는 관계가 마음의 발달에 생물학적 토대인 상호작용적 경험을 만든다는 점에서 생물학적 부모이다.

유아는 유전적으로 프로그램된 과량의 신경세포를 가지고 태어난다. 그리고 출생 후 시냅스 연결의 조성은 유전자와 환경 모두에 의해 결정된다. 유전자에는 뇌 구조의 일반적인 조직화에 대한 정보가 들어있지만, 경험은 어떤 유전자가 발현될지, 어떻게 활성화될지, 그리고 언제 활성화될지를 결정하는 데 중요한 역할을 한다. 유전자 발현은 신경의 성숙과 새로운 시냅스 조성을 가능하게 하는 단백질을 생산하게 한다. 따라서 특정 신경 경로의 활성화로서의 경험은 직접적으로 유전자 발현을 조성하고(즉, "후성유전epigenesis"), 마음의 신경 기반을 조성하는 연결을 유지, 생성, 강화한다. 후성유전에 따르면, 염색체에 있는 DNA의 순서는 변경되지 않지만, 유전자 발현을 통제하는 분자는 변경된다. 생애 초기에는 인간관계가 유전자가 뇌에서 발현되는 방식을 결정하는 경험의 주요 원천이다. 경험에 의한 유전자 발현의 후성적 조절의 변화는 오래 지속될 수 있고 정자

또는 난자 내의 후성적 조절 분자의 변경을 통해 다음 세대에까지 전달될 수 있다.[39]

우리의 배아 역사에서 신경계의 기원을 간략하게 설명하는 것이 도움이 될 수도 있다. 정자와 난자가 결합하여 생명의 단일 세포 기원인 수정체를 조성한다. 세포 분열을 통해, 하나의 세포는 2개가 되고, 2개는 4가 되고, 4가 8이 되고, 8이 16이 된다. 얼마 지나지 않아 이들 세포의 분화가 해부학적으로 일어나는 특별한 순간이 생긴다. 이 성장하는 구형의 일부 세포들은 바깥에 있고, 일부는 안쪽에 있다. 이 외피층, 자궁외막은 우리의 피부 덮개가 될 것이다. 세포막의 한 영역은 신경관을 조성하기 위해 내부로 접히고 우리의 신경계의 기원이 된다. 내적, 외적 세계의 접점으로서 피부의 근본적인 역할은 또한 신경계의 주요 기능으로 보여질 수 있다. 사실, 신경세포는 신체 내부 세계와 우리 주변의 인간관계의 외부 세계를 연결하는 시스템으로서 역할을 하는 "멋진 피부 세포"로 여겨질 수 있다. 우리가 머릿속의 뇌를 외부 관계적 연결과 함께 내부 신체 과정의 상호 연결 시스템의 일부로 간주할 때, 우리는 관계와 뇌가 어떻게 우리가 되는지를 볼 수 있다. 우리는 또한 여기서 세포 기능 및 구조의 분화, 그리고 이러한 기본 요소들을 더 큰 시스템으로 연결하는 것, 즉 신체의 통합이 어떻게 우리가 생겨날 수 있는 기초가 되는지를 볼 수 있다. 통합은 우리 기원의 핵심이다.

출생 시, 유아의 뇌 피질은 신체 중에서도 가장 미분화된 부분이다. 유전자와 초기 경험은 신경세포가 서로 연결되는 방식을 조성하고, 따라서 정신 과정을 발생시키는 특정 회로를 조성한다. 생애 초기는 뇌의 기본 구조가 정해지는 시기이다. 뇌 내 회로의 분화는 아래와 같은 여러 과정을 포함한다.

1. 국소적 영역으로 축색의 성장 및 널리 분포된 영역으로 축색 연결의 발달.
2. 새로운 신경세포의 성장 및 해마와 같은 특정 영역 신경세포의 보다 집중적인 시냅스 연결의 조성.
3. 신경세포 축색에 걸친 수초의 성장: 이것은 신경전도 속도를 100배 증가시키고, 막 발화한 신경세포가 다시 점화하기 전 휴식하는 기간인 불응기를 30배 감소시킴. 따라서 수초는 기능적으로 시냅스를 통한 세포 간 연결을 3,000배 강화함.
4. 시냅스 수신 세포의 수용체 밀도 및 민감도의 수정: 이것은 연결을 보다 효율적으로 만들어 줌.
5. 만성 스트레스와 같은 폐기 또는 독성 조건에서, 이로 인해 사망하거나 가지치기하는 신경세포 및 시냅스를 통해 이러한 모든 요소들의 균형 유지.

동물 실험에서, 풍부한 환경과 운동이 시냅스 연결의 밀도 증가와 학습과 기억에 중요한 영역인 해마의 실제 용적 및 신경세포 수의 증가를 가져오는 것으로 밝혀졌다.[40] 경험은 또한 신경세포의 활성화를 증가시키고, 이것은 새로운 신경세포의 생성과 새로운 시냅스 연결의 조성 및 기존 시냅스의 강화를 가져온다. 따라서 이러한 경험 의존적인 뇌 발달 및 분화는 "활동 의존적activity-dependent" 과정으로 여겨진다.

이 과정을 기억하는 한 가지 방법은 마음의 초점과 뇌의 반응 사이의 연관성을 포착하는 것이다. "관심이 가는 곳에, 신경 발화의 흐름이 만들어지고 신경 연결이 성장한다."[41] 이런 식으로, 주의의 정신적인 초점은 적절한 상황에서 단백질 생산, 시냅스 연결의 성장, 그리고 수초 생산으로 이어질 수 있는 뇌의 특정 회로의 활성화를 자극하여, 뉴런의 효과적인 연결성을 강화시킨다. 여기서 우리는 내적으로 동기 부여된 주의의 초점 또는 외부적으로 주도된 주의의 초점이 각각 뇌의 구조와 기능에 어떻게 직접적으로 영향을 미칠 수 있는지 알 수 있다. 주의는 정신적인 과정이며, 이는 체화되고 관계적 과정이며, 우리의 신경 구조의 해부학에 영향을 미치는 것으로 나타났다.[42]

연구들은 또한, 유전자 발현이 경험에 의해 어떻게 변화되는지 보여준다.[43] 후성설의 기본적 메커니즘은 신경 발화가 단백질 생산을 가능하게 하는 유전자를 "개시"시키거나 "발현"시킨다는 것이다. 단백질 생산은, 예를 들어 신경세포가 새로운 시냅스 연결을 조성하거나 기존의 연결을 강화함으로써, 결과적으로 구조적 변화를 가져온다. 또한 경험은 단백질 합성을 명령하지 않지만, 대신 인접한 유전자의 발현을 조절하는 기능을 가진 염색체 분자의 변화를 야기할 수 있다. 경험에 의해 유발된 후성적 변화는 어떻게, 언제 유전자가 발현되는지를 변경하고, 따라서 신경 연결에 강력한 영향을 미친다. 연구들은 이제, 우리의 부모, 나아가 조부모가 경험한 스트레스로 인해 발생한 그들의 후성적 조절 메커니즘의 변화가 생식세포를 통해 우리에게 전달되어, 우리의 세포 안에 체화되어 존재하게 되는 중요한 방식을 밝혀내기 시작하고 있다.[44] 이러한 새로운 발견은, 발달과 성장 패턴의 출현, 기질과 다른 타고난 신경계 기능의 특징, 스트레스 및 외상의 세대 간 전이 등의 이해에 중요한 함의를 갖는다.

인간관계의 경험은 생애에 걸쳐 우리의 마음이 기능하는 방식에 지속적인 영향을 준다. 하지만 특히 자기 조절을 담당하는 주요 구조는 생애 초기에 조성된다. 앞서 설명하였듯이, 조절은 통합으로부터 나온다. 그리고 이러한 이유로, 인간관계 경험이 뇌의 통합 조절 회로를 발달시키는 방식을 밝혀주

> 인간관계의 경험은 생애에 걸쳐 우리의 마음이 기능하는 방식에 지속적인 영향을 준다.

는 연구에 지속적으로 관심을 가지는 것이 도움이 될 것이다. 핵심적인 것은 통합적 의사소통이 뇌 통합 섬유의 건강한 성장을 자극한다는 것이다. 통합이 조절을 가능하게 한다는 것을 고려하여, 주 양육자와의 상호작용을 통해 마음이 발달하는 방식과 또한 그 자체의 과정을 조절하는 방식을 이해하기 위해, 우리는 생애 초기를 자세히 살펴볼 것이다. 초기 인간관계 경험 연구를 통해, 우리는 어떻게 관계가 전 생애에 걸쳐 마음의 발달을 지속적으로 발전시키는지 이해해 볼 수 있다. 이 개념은 우리가 마음을 체화된 측면과 관계적인 측면을 모두 가지고 있는 것으로 보는 것이 중요하다는 것을 보도록 도와준다. 각각은 하나의 자기 조직적인 정신의 한 부분으로 다른 것에 영향을 준다. 체화되고 관계적인 정신의 이러한 상호작용은 유년기에 끝나지 않는다. 신경가소성 연구의 새로운 결과들은 뇌가 생애 전반에 걸쳐 지속적인 발전이 가능함을 보여준다.[45] 초기 인간관계 경험 연구를 통해, 우리는 어떻게 관계가 전 생애에 걸쳐 마음의 발달을 지속적으로 발전시키는지 이해를 시도할 수 있다.

마음과 뇌: 정보 처리와 신경생물학

우리는 그동안 마음이 최소한 네 가지 측면을 가지는 것을 제안했었는데, 주관적 경험, 의식, 정보 처리, 자기 조직화이다. "마음"의 의미에 대해서 좀 더 넓은 제안을 하자면 복잡계의 에너지 흐름이 새롭게 발생하는 현상 즉, 각 구성 요소들이 서로 상호작용하며 연관된 복잡계의 속성은 수학적으로 확립되어 있으며 실험적으로도 지지받음이라고 할 수 있으며, 각 측면들은 에너지 흐름으로부터 발생한다.

이러한 관점에서 보면 **"정보 처리"는 상징적 가치를 가지는 에너지 패턴이다.** 이런 식으로 "에너지 정보energy in formation"는 새로운 형태나 표상으로 세상에 다시 나타나며, 표상은 범주, 개념, 언어적 상징을 내포한다. 예를 들어 "지식knowledge"이라는 단어는 상징적 의미를 가지는 문자들을 휘갈겨 쓰는 것 이상의 의미를 지닌다. 언어적 용어 아래에 있는 어떤 개념이나 범주, 어떤 것이 있다. 이러한 일련의 광자photons, 즉 "k-n-o-w-l-e-d-g-e"의 에너지 패턴은 각 문자들이 서로 연결되고 크게 소리 내면서 그 자체로 빛 에너지 이상의 어떤 것을 상징하고 있다. 이것이 "정보information"라는 글자가 의미하는 것을 형체의 에너지energy in formation가 나타내는 방식이다.

정보 처리나 "인지"는 체화된embodied, 재현된enacted, 확장된extended, 내재된embedded 과정으로 볼 수 있다.[46] 이 관점에서 에너지는 일반적으로 명명화되거나 논의되지 않지만, 철학적 관점에서 보면 일반적인 정신적 과정과 마음이라는 것은 단지 뇌의 활동 그 이상이라는 것으로 광범위하게 받아들여진다. "체화된 것"의 의미는 우리가 몸 안에서 살고 있다는 것이며, IPNB 관점에서는 우리 안에 에너지의 흐름이 있다는 것으로 볼 수 있다. "재현된다"는 의미는 정보를 포함하고 영향을 주는 행동을 실행하는 의미이며, 어떤 것을 "파악grasping" 또는 "이해understanding" 같은 용어로 사용할 수 있다(어떤 것에 도달하고 붙들고 있거나, 어떤 것 아래에 서 있는 것을 의미). 또한 몸과 행동을 넘어서 정보를 "확장"해서, 이와 비슷한 책을 읽고 우리 같은 신체적 정체성 밖의 다른 마음에서 나오는 정보를 듣거나 본다. 그리고 우리는 정보 처리가 "내재된" 문화 안에 살고 있다. 인간관계 신경생물학에서, 우리는 이와 부합한 관점을 취하고, 정보 처리 과정이 에너지 흐름 패턴으로부터 출현한다고 제안하고 싶다. 이러한 철학적 관점에서 나타난 중요한 점은 마음의 정보 처리는 단지 우리의 머리 안에서 존재하는 것이 아니라는 점이다. 우리는 그것을 온전히 내재하고 있을 뿐만 아니라 온전히 관계적이라고 단순히 얘기할 수 있다. 이것을 마음에 두고 정보 처리와 다른 중요한 부분에 대한 관계, 즉 우리 두뇌 안의 에너지와 정보의 흐름에 대해 우리가 어떻게 생각할 수 있는지에 집중해 보자.

정보 처리 관점에 따르면, 뇌 해부학적 구조와 신경회로의 기능은 다음과 같이 이해할 수 있다. 뇌의 깊은 구조에서 발생하는 전기 화학적 에너지 흐름 패턴으로 구성된 신호는 신체로부터 오는 생리학적 데이터를 나타낸다. 전통적으로 "변연계"라고 불리는 중앙에 위치한 구조물에서 그 신호를 받아들이고 처리한다. 변연계에서 처리된 더욱 정교화 된 데이터는 안와 전두 피질과 전대상과 같은 부변연계 영역 안에서 통합된다. 또 다른 전전두 영역인 배외측 전전두 피질 부분에 해당하는 "앞쪽 섬anterior insula"은 몸으로부터 직접적인 신호를 받는다. 이 영역에서 신피질로 정서와 체감각 정보를 보내고, 신피질은 시상과 감각 피질을 통해 지각 표상을, 연합 피질에서 개념적 표상을, 언어 처리 센터에서 언어적 표상을 처리하게 된다. 한 관점에 따르면, 정보 처리는 다양한 영역에서 입력하는 정보를 통합 회로에 의해 결합하는데, 연합 피질이나 전전두엽 피질로부터 상이한 신경 "코드"를 받고 이 신호에 포함된 정보를 조정해서, 그 신호를 변형된 신경 활성화로 "변환"한다. 변환된 정보는 다양한 영역으로 출력으로 보내진다. 다양한 형태의 표상으로 신경 변환은 정보를 처리하고 이와 관련된 영역으로 상이한 코드를 전달될 수 있게 된다. 이러한 변환 과정을 통해 뇌 안에서 복잡한 정보의 신경 통합과 매우 복잡한 신경 출력과 정신역량이 가능하다.[47]

이렇게 비유해 보자. 우리가 전자 메일을 통해 스물여섯 개의 알파벳 문자와 간격 및 구두점을 포함하는 정보를 전달할 수 있다. 이 메일은 케이블이나 공기를 통해 에너지 흐름으로 전달된다. 에너지 흐름은 다시 문자, 간격, 구두점을 가진 정보로 변환된다. 우리는 동일한 케이블을 통해 사진과 동영상까지 전송할 수 있다. 메시지가 노트, 사진, 비디오 같은 상이한 정보를 포함하더라도, 데이터가 전송되는 근본적인 매체는 동일한데, 케이블의 전선이나 무선랜WiFi의 공기를 통해 에너지 패턴 같은 전기 신호가 흐르게 된다. 상이한 메시지들에 포함된 정보는 패턴과 복잡성에 있어서 다양하다. 이러한 전기 자극을 단어, 사진, 비디오로 변환할 수 있는 적절한 수신 장치가 없이는 복잡한 표상은 어떤 의미를 갖지 못한다. 이러한 불일치는 문자 처리 프로그램으로 PDF 파일을 열려고 할 때 일어날 수 있다. 우리는 이해할 수 없는 기호들만을 보게 될 것이다. 에너지는 컴퓨터 화면에 충분하지만, 에너지 패턴은 이해할 수 없다. 그것은 어떤 정보에 대한 가치를 가지지 못한다. 그것은 화면에 휘갈겨 쓴 엉망진창인 상태일 뿐 어떤 것을 상징할 수 없다. 만일 내가 그리스어를 모르는 사람에게 그리스어로 말한다면, 에너지는 전달되겠지만 정보에 대한 중요성은 전달될 수 없다. 정보는 보는 사람의 눈과 귀에 달려있다.

동일한 원칙이 뇌에서도 적용된다. 신경 활성의 기본적인 형태는 에너지가 흐르고 정보가 전달될 수 있다. 이 전기화학적 흐름은 세포막의 안팎으로 이동하는 이온의 활동 전위와 화학적 신경전달물질의 방출 및 후속 수용체의 화학적 활성화로 이루어져 있다. 송신영역은 특정 종류의 정보를 신경 코드로 전달할 수 있어야 한다. 수신 회로 또는 수신 체계는 의미를 가지기 위해 이러한 신호들을 처리할 수 있어야 한다. 다시 말해서 그것들은 신경의 발화 자체를 넘어서 유용한 어떤 것을 나타내야 한다. 뇌는 상이한 형태의 정보 즉, 단순한 신경 발화 패턴이 아닌 다른 에너지 흐름의 소용돌이의 전송 및 수신을 수행하는 영역이 분화될 수 있도록 유전적으로 프로그램화되어 있다. 이러한 형태는 깊숙한 구조(심박동과 같은)의 아주 “단순한” 신호에서부터 신피질(자유에 관한 생각이나 마음 자체에 관한 생각)의 더 복잡한 신호까지 패턴과 복잡성이 다양하다.

경험은 이러한 영역의 에너지 흐름의 활성화를 담당하는 것만은 아니다. 뇌 자체의 적절한 발달을 위해 경험은 필수적이다. 뇌의 가장 기본적인 감각 체계의 속성은 경험 기대적이고 경험 의존적 성숙을 통해서 이루어진다. 뇌가 분화하는 많은 사례에서 "뇌는 사용하지 않으면 버려지게 된다." 예를 들면, 생애 초기 결정적 시기에 수직선과 같은 특정 종류의 시각적 정보에의 노출이 부족할 경우 이후 수직선과 같은 정보를 지각하는 능력의 상실을 가져올 수 있음이 동물 연구를 통해 밝혀졌다. 특정 형태의 경험은 시각 피질 내 정보 처리 회로의 정상적 발달에 필수적이다.[48] 앞서 설명하였듯이 유전적으로 생성된 회로가 그 경로를 유지하기 위해서 최소한의 입력(빛과 소리)에 노출을 "기대"한다는 점에서 "활동 기대적activity-expectant" 발달이라고 한다. 애착 체계와 같은 뇌의 다른 체계에서도 동일한 과정이 발생한다. 생애 초기 몇 년 동안 애착 대상의 경험이 전무했던, 즉 차선의 애착조차 없이 애착이 결핍된 아동의 경우, 이후 친밀한 인간관계를 형성하는 능력이 상실되는 어려움을 겪을 수 있다.[49] 삶의 정신적 측면을 지각하는 능력도 적절히 발달하기 위해서는 양육자와의 상호작용을 필요로 한다.[50]

이러한 방식으로 우리는 초기 질문 중 하나인 "경험이 어떻게 마음을 형성하는가?"의 질문을 재검토해 볼 수 있다. 여기서 일반적 원칙을 제안할 수 있다. 경험은 어떤 에너지와 정보가 마음에 들어오는지 뿐 아니라, 마음이 그 정보를 처리하는 방식을 형성할 수 있다. 여기서 "처리"는 에너지 흐름 패턴을 통해 의미를 만드는 것과 신경 발화 패턴의 소용돌이에서 상징적인 가치를 생성하는 것을 의미한다. 이것이 발생하는 방식은 특정 유형의 정보 처리를 담당하는 실제 뇌 회로의 수정에서 찾을 수 있다. 그리스어를 알지 못한다면 "*glicanera*"의 의미를 모를 것이다,

> 경험은 어떤 에너지와 정보가 마음에 들어오는지 뿐 아니라 마음이 그 정보를 처리하는 방식을 형성할 수 있다.

경험은 표상을 형성하며, 특정 형태의 정보 처리 능력을 향상시킨다. 이것이 학습이 발생하는 방식이다.

체계로서, 또한 큰 체계의 부분으로서의 뇌

뇌는 개방적이고 역동적인 생명 체계로 간주될 수 있다. 또한 뇌는 보다 큰 체계의 한 부분이다. 뇌의 통합된 요소들의 하위 체계는 전체로서 나눌 수 없는 체계의 질을 생성하기 위해 패턴화되고 변화하는 방식으로 상호작용한다.[51] 더 나아가 뇌는 복잡계로서 개방적이고, 비선형적이면서 무질서한 다수의 층들로 구성되어 있음을 의미한다. 즉, 어느 한 시점에서 작은 입력물의 결과는 크고 예측하기 어려운 방향을 초래할 수 있다.[52] 이러한 부분들은 하나의 뉴런에서 신호와 신호를 주고받는 기능, 신경세포군, 회로, 체계, 영역, 반구, 뇌 전체로 개념화할 수 있다. 이러한 신경 무리는 또한 신경계, 면역계, 내분비계, 대사계, 심혈관계, 위장계, 근골격계 과정이 복잡하게 상호 연결되어 있다. 뇌는 일종의 "사회적 기관"이고 타인의 뇌 신경 신호를 받는다는 것을 추가적으로 고려하면, "뇌"를 두개골 내 구조물로 단순히 제한하여 보는 것은 생물학적 의미를 갖지 못한다는 것을 알 수 있다. 전체를 서로 분리되어 보는 시각은 "생물학적으로 모순적bio-illogical"이다.

이 맥락에서 뇌를 살펴보면 입력과 출력의 여러 층을 일시적으로 분리시키면, 부분이 전체를 어떻게 구성하는지 엿볼 수 있다. 가장 단순한 기본 구성 요소는 뉴런이다. 뇌의 구조적이고 기능적인 구조에 대해 직접적으로 관심이 집중되어 있어서, 수는 많고 크기는 더 작은 네 종류의 지지 신경교 세포의 중요성에 대해서는 종종 부각되지 않았다. 대신 기본적인 뉴런은 뇌 구조와 기능의 기본 "구성 요소"나 단위의 역할을 담당한다. 보다 상위 수준으로 올라가면 점점 더 정교하게 된다. 일부 연구자들은 조직화 단위의 기초적 수준을 일컬어서 "저차원", 보다 복잡한 수준의 조직화를 설명하기 위해 "고차원"이라는 용어를 사용한다. 대부분의 경우 각 하위 체계는 그것과 관련된 저차원 체계와 고차원 체계를 모두 가지고 있는 것으로 여겨진다. 예를 들어 시각 피질의 활성화는 눈과 같이 낮은 차원에서 시작되지만, 그것은 전체 지각 체계의 높은 수준의 정보 처리에 도움이 된다.[53]

생명체는 생존을 위해 환경의 영향에 개방적이어야 하며, 뇌도 예외는 아니다. 뇌는 기능적으로 다른 체계, 특히 타인의 뇌와 연결되어 있다. 또한 뇌는 항상 변화하고 있다는 점에서 역동적이라고 할 수 있다. 개방적이고 역동적인 체계는 환경의 변화와 자신의 활동 상태의 변화에 따라 지속적으로 생성된다. 뇌를 개방적 체계의 관점에서 보면, 각 영역은 외부로부터 고유의 입력을 받게 된다. 우리가 타인으로부터 신호를 받고 세상과 상호작용하며, 신체 외부에서 입력을 받은 것은 확실하다. 신체 내에서 신경계는 앞서 언급한 여러 생리적 과정을 통해 입력을 받는다. 안토니오 다마지오Antonio Damasio가 언급했듯이 이러한 신경계의 목적은 신체의 복잡한 과정을 조절하기 위해서다.[54] 위에서 논의했듯이 신경 체계의 배아기 기원이 되는 것은 외배엽세포(몸을 감싸고 몸 내부와 밖의 경계가 되는 피부로 분화되는 층)에서 발생하며 신경 조직이 외부 세계와 신체 내부 세계를 연결한다는 것을 보여준다.

이러한 발달학적 관점에서 뇌를 온전히 체화되면서 관계적인 "체계"로 이해하는 것은 다분히 자연스럽다. 이 체계는 단순히 상호작용하는 요소들의 집합체이다. 이런 방식으로, 뇌는 관계적인 세계와 체화된 세계의 입력을 연결하는 접속점(복잡한 시스템의 중요한 상호 연결 부분)이라는 것을 명심할 필요가 있다. 세계는 무엇인가? 에너지 흐름의 세계에서 에너지는 몸 안에서, 그리고 우리 주변의 다른 사람들과의 연결성 안에서 흐른다. 우리는 내부적으로 피부로 둘러싸인 몸 안의 에너지 흐름과 연결되어 있고, 외부적으로 몸 밖에서 다른 사람이나 행성과 연결되어 있다. 더 큰 체계의 한 요소를 다른 요소로부터 분리하는 것은 살아가면서 나타나게 되는 우리 자신이 누구이고 어떻게 발달해 가는지에 대한 통합적인 시야를 잃게 된다. 서로 상호작용하는 이 거대한 구체적이고 관계적인 체계의 다양한 요소들을 아는 것이 자신과 그 안에서 출현하는 마음에 대한 깊은 성찰에 도움이 된다.

두개골 기반을 둔 뇌의 심부 구조는 신체 외부로부터 감각 입력을 받고, 변연계는 심부 구조물과 신피질로부터 입력을 받으며, 신피질은 변연계, 뇌간 그리고 신체 자체에서 정보를 받는다. 신경해부학적 연구를 통해 신피질 영역은 체계의 "낮은" 수준과 복잡하게 얽혀 있고, "고차원적 사고"는 실제로 뇌 전체의 활성도, 그리고 몸 전체의 활동에 직접적으로 의존하고 있는 것을 보여준다.[55] 뇌 하부요소의 활성 상태의 균형을 유지하고 조절하는 영역은 신체와 감정의 조절에 중요한 역할을 한다. 내부 상태를 조절하는 전전두엽 피질이 기능과 구조적 역할에 통합적 역할이라는 것은 중요하고 흥미로운 발견이다. 앞에서 설명한 것처럼, 신경계의 분화된 영역의 통합적 연계는 조절에 기저하는 근본적인 메커니즘일 수 있다. 통합은 신경계가 조정되고 균형을 이루는 방식이다. 이는 조절 기능을 수행하는 뇌 통합 회로의 결과물이다.

복잡계의 이론은 수학의 확률에서 유래되었다.[56] 이런 관점에서 보면, 복잡계는 앞서 언급했듯이 체계 요소 간의 상호작용에서 발생하는 "자기 조직화" 속성을 가지는 것으로 알려졌다. 이 책에서 제안하고

> 몸 안에서 그리고 관계 안에서 에너지와 정보 흐름의 창발하는 과정이 "마음"의 중요한 측면 중 하나이다.

싶은 것은 몸 안에서 그리고 관계 안에서 에너지와 정보 흐름의 창발하는 과정이 "마음"의 중요한 측면 중 하나로 보았다. 이렇게 체화된 그리고 관계적으로 내재된 과정은 신체 내에서 그리고 타인과 상호작용하면서 에너지와 정보 흐름을 스스로 조직화한다는 점에서 조절적이라고 할 수 있다. 우리가 제안하는 마음 체계가 두개골이나 피부에 의해 국한하지 않는 점을 감안하면, 마음의 분열되고 분리된 속성, 즉 신체 내부와 그리고 신체와 주변의 세상과의 사이에 있는 "이중"적 속성이 있다는 잠재적 결론은 사실 착시이며 정확한 인식으로 볼 수 있다. 마음은 하나의 독립체이며, 에너지와 정보 흐름의 "내부within-ness"와 "사이between-ness"는 하나의 과정이 어떻게 내부와 서로일 수 있는지 이해가 가능하다.

복잡계 이론에서 파생한 자기 조직화 속성은 정신병리학 영역의 주요 관심사인 "자기 조절"과 중첩되는가? 만약 그렇다면, 이것이 두 독립적인 분야를 연결하는 개념적인 연결고리가 될 수 있다. 이러한 가능한 중첩이 시사하는 의미 중 하나는, 발달 병리학에서 정신적 역기능으로 제시되는 "자기 조절 장애"가 근본적으로 "자기 조직화 어려움"일 수 있다는 것이다. 그리고 만약 자기 조직화가 통합을 통해 가장 유연하고 적응적이며 조화로운 상태가 된다면, 자기 조절 역시 통합에 달려있다고 할 수 있다. 이것이 조절은 통합에서 기인한다는 의견의 기반이다. 그러므로 조절 장애는 통합되지 못한 상태에서 야기된다고 할 수 있다. 통합이 조화롭고 유연한 상태를 나타낸다면, 통합의 장애는 경직, 혼돈 또는 둘 모두를 초래하고 조절 장애로 인해 이러한 역기능 장애의 패턴을 가져올 것으로 예측할 수 있다. 실제로 DSM-5의 정신의학적 질병의 전체 목록은 혼돈 그리고/또는 경직의 관점에서 재구성될 수 있으며, 이것은 통합의 장애를 반영한다. 최근 외상[57] 및 비과업 수행 모드 또는 "휴지기"[58] 상태의 신경 기능에 관한 최신 연구들은 통합 장애가 경험적 또는 비경험적(예 유전, 독소, 감염 또는 무작위)으로 건강에 장애를 일으킬 수 있다는 공통된 메커니즘에 대해서 지지했다. 앞서 우리가 언급 했듯이 커넥톰의 연구에서 상호 연결된 커넥톰이 건강의 가장 강력한 예측 인자라는 사실이 드러났다.[59]

또 다른 의미는 "감정"의 근본적인 과정은 **통합상태의 변화**changes in states of integration를 반영하는 자기 조직화 과정에서 출현하는 속성의 한 측면이라고 볼 수 있다. 만약 이것이 사실이라면 마음의 근간이 되는 삶은 감정이라고 할 수 있다. 예를 들어, 일부 학자는 피질하 영역의 활성도에 의해 발생하고 조절되는 감정이 신피질의 산물인 "합리적 사고"뿐만 아니라 우리 마음의 전반적 기능에 필수적인 부분이라고 주장한다.[60] 그러나 피질은 우리가 감정의 경험으로부터 의미를 구성하는 데 중요한 역할을 한다.[61] 더 나아가 더 넓은 측면에서 "감정 조절"을 본다면, 항상성 유지를 위해 조정과 균형에 있어서 전전두엽의 체화된 뇌의 통합적 과정에서 발현될 뿐 아니라 개개인의 일대일 경험, 가족, 지역 사회, 문화와 자연과의 연계를 통한 인간관계 경험들 속에서 출현하는 광대한 영역의 통합적인 과정에 의지하고 있다. 내적 그리고 상호적 관계에서 출현하는 감정과 의미는 우리 삶의 에너지와 정보 흐름에 영향을 미친다. 차이를 존중하고 배려심이 있는 관계 같은 조율이 적절한 관계는 건강을 증진하는 통합적인 관계이다. 종종 우리는 이것을 "감정적인 관계"라고 하며, 두 사람 사이의 "감정적으로 건강한 연결"이라고 말할 수 있다. 이러한 문구가 통합을 증진하는 관계의 소통 방식이라고 언급할 수 있다.

이러한 이슈는 뇌의 특정 회로가 그 안에서 주도적인 과정을 생성하는 다른 "하위 체계"로 기능할 수 있다고 제안한다. 예를 들어 좌뇌와 우뇌 모두 서로 다른 회로를 가지는 되며, 생애 초기, 심지어 배아기에서부터 두드러진다. 각각의 경로는 우세한 신경전달물질을 가지며, 서로 다른 방식으로 정보를 처리하기 위해 각 반구를 관리하는 별개의 평가 요소가 관계하고 있다. 각 반구가 활성화되는 방법이 우리의 주관적인 감각의 형성과 타인과 소통하는 방식의 형성에 직접적으로 관계한다. 당연히, 현실을 지나치게 단순화하는 것에 대해 회의적일 필요가 있고, 또한 과도하게 일반화하는 것에 대해서 신중할 필요가 있다. 하지만 수백만 년 동안의 진화를 통해 나타난 뚜렷한 패턴은 뇌의 양쪽이 서로 상호작용을 하더라도 각자 신경 기능에 전문적으로 분화되어 있음을 지지한다.[62] 다시 말해서, 신경계의 양 측면을 통합하는 것이 건강한 성장과 발전을 뒷받침하는 것으로 보인다.

보다 넓은 "체계"의 관점은 에너지와 정보 흐름에 대한 것이다. 우리는 뇌의 통합적 속성을 조화에서 찾을 수 있으며, 통합의 장애는 혼동이나 경직으로 설명할 수 있다. 이 관점에서 보면 관계 그리고 체화된 뇌의 통합은 웰빙을 위한 토대가 된다. 통합을 통해 시냅스와 사회적 연결에 대한 통찰 획득이 가능하며, 건강한 마음의 발달을 촉진하거나 저해하는 방식을 이해하는 심층 메커니즘이라고 볼 수 있다. 이러한 통합의 원칙은 우리가 사용하는 거시적 혹은 미시적 분석 수준과 관계없이 우리를 인도하는 틀이 된다.

마음의 건강 문제에 대해서 검토할 때, 통합이 행복의 기본 메커니즘으로서 고려되는 것은 유용한 출발점이다. 건강에 방해가 되는 것은 다양한 현상과 연결에서 혼돈 및/또는 경직으로 나타난다. 이러한 "병적" 상태는 분화와 결합이 균형을 잃고 한쪽이 지나치거나 부족할 때 출현한다. 치료적 개입은 한 개인의 삶에서 어느 영역이 통합되지 않는지를 확인하고 분화와 결합을 통해 균형을 찾고 성장하는 방식을 돕는 "통합의 영역"[63]에 초점을 맞춰서 이루어진다(10장에서 자세히 다루어짐). 결과물에 대한 측정 역시 주관적 경험과 관계에서 혼란스럽고 경직된 상태의 감소를 조사해 볼 수 있다. 뇌 연구는 뇌의 분화 및 결합을 평가하기 위해 구조적 방법과 기능적 방법을 통해 찾을 것이다. 이러한 방식으로, 마음의 주관적 경험과 관계적 경험, 그리고 체화의 원천이 통합적인 행복의 출현에 대한 평가, 치료의 초점이 될 것이다.

유전자, 후성 조절 그리고 경험

과학을 통해 새로운 방식으로 인간을 이해할 수 있는 시대에서, 발달과 성격이 얼마나 "기질" 즉 유전에 의해 설명되는지, 혹은 "양육" 즉 경험에 의해 설명되는지에 대한 논쟁을 살펴보는 것은 중요하다. 유전적 연구에 대한 잘못된 해석은, "부모가 아동의 발달에 아무런 영향을 미치지 못한다"라는 믿음을 가져왔다. 기질과 다른 구성적 변인들이 아동 발달에 커다란 역할을 하는 것은 분명한 사실인데, 과거에는 평가 절하되었을 수 있다.[64] 그러나 "무엇이 발달을 형성하는가?"에 대한 유전과 경험의 양극단적 태도는 잘못된 결론을 가져올 수 있다.[65]

다양한 영역의 연구들[66]에서 발달이라는 것은 유전적 잠재력이 경험을 통해 펼치게 하는 결과임을 명확하게 했다. 유전자는 뉴런이 성장하고 서로 연결하며, 뇌 회로가 분화하면서 소멸되는 정보를 담고 있다. 이러한 과정들은 유전적으로 미리 결정되어 있으며 경험 의존적일 뿐 아니라 **경험 기대적**이며 상호작용에 의해 시작된다. 유전자는 두 가지 주요 기능을 가진다.[67] 첫째, 정보에 대한 "원형templates" 같은 역할로 다음 세대로 전달된다. 둘째, DNA 내 정보에 기반한 "전사transcription"기능을 가지며, 이것은 향후 어떤 단백질을 합성할 것인지 결정한다. 후성 조절의 비암호화 DNA 분자는(메틸군이나 히스톤 같은) 언제, 어떻게, 어떤 유전자가 발현될 것인지 직접적인 영향을 준다. 경험은 전사에 직접적 영향을 미친다. 경험은 후성적 과정을 통해 유전자 발현을 조절하는 분자 메커니즘을 변경하고 단백질 합성 과정을 통해 유전자가 언제 발견할 것인지 결정한다. 뇌의 경우, 경험이 새로운 시냅스를 형성하고 그것들의 강도를 변경시키거나 소멸시키는 것을 통해 뉴런의 상호 연결 방식에 직접적인 영향을 준다는 것을 의미한다.[68]

다시 말해 유전자는 경험으로부터 독립적으로 활동하지 않는다. 경험은 우리의 학습 방식에 오랫동안 영향을 미치고 있으며, 유전자 발현에 직접적으로 관여한다. 그리고 본질적인 유전자 및 유전자 조절 방식이 우리가 경험에 어떻게 반응할지에 직접적인 영향을 준다. 유전자와 경험은 특정 생물학적 성향이 특징적인 경험을 만드는 방식으로 상호작용한다. 예를 들면, 특정 기질은 특징적인 부모 반응을 만들어 낼 수 있으며, 각자의 아이들이 부모에게 반응하는 방식을 형성할 수 있다.[69] 이러한 반응은 뉴런의 성장, 상호 연결, 가지치기(소멸)가 발생하는 방식을 형성한다.

마음의 발달은 "순환적" 특징이 있는 것으로 설명되어 왔다.[70] 즉, 개인의 마음이 세상에 나타내는 것, 바로 그것을 강화할 수 있다. 아동의 행동에 대한 전형적인 환경/부모의 반응은 그 행동을 강화할 수 있다. 따라서 아동은 자신의 마음이 적응해야 하는 경험을 형성하는 데 역할을 한다. 이러한 방식으로 행동 그 자체가 유전자 발현이나 조절을 변경하고, 뉴런의 연결과 발화 패턴을 형성하며 결과적으로 행동에 영향을 주게 된다. 결국 뇌 기능 조직화의 변화, 감정 조절 및 장기 기억의 변화는 뉴런 구조의 변경을 통해 이루어진다. 이러한 구조적 변화는 단백질 합성에 대한 정보를 가지는 유전자의 활성화 또는 비활성화에 기인한다. 경험, 유전자 발현 및 유전자 조절, 정신 활동, 환경(경험)과 지속적인 상호작용은 상호 과정의 한 세트로 밀접하게 연관되어 있다.[71] 발달의 순환적 특징 즉, 천성과 양육, 유전과 환경의 상호작용은 동일한 과정에서 떼려야 뗄 수 없는 부분이다. 천성-양육에 대한 이러한 접근법은 인간 발달과 마음의 성장을 과학적으로 이해할 수 있게 하는 발판이 된다. "유전인가 경험인가?"의 문제라기보다, "개인의 발달에 유전, 후성적 변화, 그리고 경험이 어떻게 상호작용하는가?"의 문제인 것이다.

행동에 대한 유전적 연구에서 일반적인 성격 특성의 50%가 유전에서 기인한다고 보고했다. 나머지 50%의 대부분은 학교 및 친구 관계와 같은 "비공유된" 환경에서 발생한다.[72] 그러나 형제자매나 동일한 부모에게 양육되는 일란성 쌍생아도 실제 "비공유된" 환경을 가질 수 있는데, 각 자녀에게 보여주는 부모의 행동이 완전히 일치하지 않다는 점이다.[73] 마음 발달의 순환적 특성은 초기 개인의 차이를 확대시키고, 같은 가정에서 성장하는 것은 통계적으로 동일한 공유된 경험이라는 주장을 비판한다. 이것은 각 개인의 역사는 환경, 임의의 사건, 성별, 기질이 서로 불가분 혼합되어 반영된다는 것을 상기시킨다, 이것들은 적응과 학습을 통해 마음의 발달이 되풀이되어 이루어지는 경험 형성에 기여한다.

두뇌 발달에 있어서 성별 차이는 문화적 기대와 함께, 전 생애에 걸쳐 스스로를 강화하며, 특정 방향으로 발달하게 하는 요인이 될 수 있다.[74] 그러나 아동기와 청소년기에 걸쳐서 경험된 문화적 요인일지도 모르는 성인기 차이에서 도출된 결론은 피하는 것이 중요하다. 어떤 개인 신분이나 성별 간에 타고난 신경의 차이를 가정하지 않는 것이 필수적이다. 이러한 성별 차이에 대한 지나친 판단은 우리의 사고를 경직되게 하고 실제에 대한 인식을 제한시켜 남자와 여자라는 과도하게 단순화된 용어를 사용하며, 이를 넘어서는 넓은 범주의 특성이 있다는 사실을 놓치게 된다. 다양한 성 정체성과 성적 지향성을 가진 개인은 생물학적 실제에서 특별한 근거 없이 암시하는 "남성"과 "여성"의 구별보다 독특한 삶의 특징에 훨씬 더 많은 다양성을 가질 수 있다.[75]

유전, 경험, 후성적 조절의 복잡한 상호작용은 조현병과 같은 특정 정신 장애의 유전 패턴에 나타난다.[76] 모든 유전 정보를 공유하는 일란성 쌍둥이의 경우, 질병의 행동 표현에 있어서 일치도가 50%가 되지 않는다. 이것은 "유전자형(유전자 정보 원형)"에서 "표현형(단백질 합성을 위한 전사기능과 신체적, 행동적 특징을 외부로 표현)"으로 나타내기 위해서는 많은 요인들이 관여함을 암시한다. 감염이나 독소에 대한 노출 같은 태내 요인은 유전자에 의존적이지 않은 방식으로 태아 신경계의 초기 발달에 영향을 미칠 수 있다. 유전적 변수가 조현증과 같은 상태의 취약성에 영향을 미칠 수 있지만, 질병이 유발되기 위해서는 그러한 요인에 대한 노출이 필요하다. "대립유전자alleles"라고 불리는 특정 비전형 신경전달물질의 변이에 대한 연구에서 생애 초기에 학대와 같은 심각한 발달 문제를 경험한 경우 관찰 가능한 차이가 보인다고 보고했다.[77] 비전형적 변이를 가진 사람의 경우 삶이 매우 가난하고 형편없었지만, 전형적 변이를 가진 사람의 경우는 영향을 적게 받았다. 학대가 없는 경우에는 연구자가 인식할 수 있는 표현형의 차이는 보고되지 않았다. 반면에 주어진 문화 내에서 사회의 배척과 학대, 가난과 권한의 부재와 같은 정신 사회적 스트레스 요인은 심각한 스트레스 상황을 조성하며, 가족 내 학대나 방임이 없음에도 불구하고, 행복에 대한 타협점이 위기에 처할 수 있다.[78] 스트레스를 경험하는 것만으로 유전적 취약성이 있는 경우나 그렇지 않은 경우에 개인의 통합을 저해할 수 있다고 생각하는 개방적인 자세는 개인 및 문화 역사 내에서 각 개인에 대한 고유한 발달 경로를 이해하는 데 중요하다.

유전적 발현의 후성적 조절은 같은 유전자를 공유하는 사람들에게조차 다양할 수 있다. 후성적 조절은 정자와 난자를 통해 유전될 수 있고, 경험의 직접적인 영향을 통해 획득할 수 있다.[79] 유전자 표현의 조절 변화는 스트레스 요인에 얼마나 민감하게 반응하는가에 영향을 미칠 수 있다. 동물[80]과 인간에게서 경험하게 되는 청소년기는 신경계의 강렬한 가지치기의 시기이며, 취약한 뇌는 특히 이 시기 이후에 위험에 처할 수 있다.[81] 가지치기 또는 "세포소멸apoptosis"이라고도 불리며, 잠재된 취약성을 드러나게 할 수 있다. 이 시점이 청소년기와 청소년기 직후에 발병하는 심각한 정신 질환을 설명하는 데 도움을 줄 수 있다. 이러한 이유로 인해, 아동을 둘러싼 환경의 지지 여부가 정신 질환의 발생과 진행에 직접적인 영향을 미칠 수 있다. 예를 들어, 생애 초기에 심각한 트라우마에 노출된 아동의 경우, HPA 축이 환경에 부적응적으로 만드는 후성적 변화를 가지며, 이것은 전 생애에 걸쳐 지속되는 것으로 보인다.[82] 초기 역경이 개인의 발달에 미치는 영향에 대한 ACE와 다른 연구에서 적절한 개입이 없으면 정신 및 건강에 장기적인 영향을 미칠 수 있음을 시사했다.[83] 역경이 건강에 영향을 미치는 신경 및 생리적 메커니즘의 일부를 개입을 통해서 조금이라도 변화시킬 수 있다는 점을 고려한다면, 발달 스트레스 요인에 노출된 사람들을 위한 치유 방법을 탐구해야 할 이유가 있다. 향후 연구에서는 임상적 중재를 통해 외상으로 인한 구조적이고 후성적 뇌 변화를 어떻게 회복시킬 수 있는지 살펴보는 것이 필요하다.

아동의 뇌를 성장하기 위한 유전자 발현과 조절에는 사회가 가장 중요한 경험을 제공한다. 이것은 결국, 신경세포가 연결되어 정신 활동을 발생하는 신경 경로를 만드는 방식을 결정한다. 이러한 경로의 기능은 그들의 구조에 의해 결정되며, 따라서 유전자 발현의 변화는 뇌 구조를 변화시키고 마음의 발달을 형성한다. 신경 활성화에 기인한 마음의 기능은 뇌의 생리적 환경을 변화시키고 유전자 발현의 변화를 가져온다. 이러한 상호의존적 과정은 우리 정신적 삶의 복잡계의 부분들이다.[84] 이것은 스트레스로 인한 코르티코스테로이드의 생성에서 분명히 볼 수 있으며, 이것은 직접적으로 유전자에 영향을 미친다.[85] 예를 들어, 수줍음이 많은 기질을 가진 아동의 경우 작은 환경의 변화에도 커다란 생리적 반응을 보인다. 이러한 아동들은 새로운 환경에 대한 뇌의 반응도를 증가시키는 내적인 스트레스 반응 체계를 구축하게 된다.[86] 마찬가지로 생애 초기에 정신적 외상을 겪은 아동은 작은 스트레스에도 호르몬이 크게 반응하는 생리적 변화가 나타난다.[87] 체질적으로 또는 경험적으로 "획득된acquired"반응은 이후에 과각성 반응이 지속되는 생리적 특성을 초래한다. 제롬 케이건Jerome Kagan과 동료들은 양육 행동이 아동의 발달 경로에 큰 차이를 만들어 낼 수 있다는 것을 증명했다.[88] 그들의 연구에서 수줍음이 많은 자녀에게 새로운 상황을 탐색하도록 지지하는 부모의 행동이, 두려움이 많은 아동을 지지하지 않은 부모보다 아동의 더 활발한 행동을 발달시키는 것을 가능하게 하였다. 이것을 포함하여 여러 연구의 결과들은, 생리적 반응성이 상당히 있는 유전적 특성을 가진 경우에도 양육이 아동의 발달 결과에 직접적 영향을 주는 것을 보여준다.[89] 이 책의 전반에 걸쳐, 기질적인 요소와 경험적 요소의 상호작용의 예로 수줍음이 많고 외상을 경험한 아동의 예를 다시 다룰 것이다.

관계와 뇌

이 책에서는 마음의 발달이 관계와 뇌가 시간의 변화함에 따라 일어나고, 마음의 조절 기능은 신경생리학적 과정과 인간관계적 상호작용 안에서 발생한다고 제안한다. 마음은 신체 내 그리고 대인 간 에너지와 정보의 흐름을 조절하는 발현적 특성을 가지고 있다. 관계 경험은 뇌에 지배적인 영향을 주는데, 사회 지각을 담당하는 회로는 의미 형성을 조절하고 신체적 상태나 감정 조절, 기억의 조직화, 그리고 대인 간 의사소통 능력을 담당하는 중요한 회로와 밀접하게 연결되어 있기 때문이다. 인간관계 경험은 생애 초기 뇌 구조의 발달과 전 생애에 걸친 뇌 기능의 지속적 발생을 결정하는 특별한 조직적 역할을 수행한다.

마음에 대한 IPNB 관점의 근본적인 연구 결과는, 다양한 문화에서 바라본 수많은 애착 연구에서 비롯된다. 애착이란 협력적 의사소통을 기반으로 한다. 안정 애착은 한 사람의 신호가 타인에 의해 직접 반응되는 조건 의사소통contingent communication과 관련된다. 궁극적으로 이는 "통합적 의사소통"으로 두 사람의 차이가 존중되며, 두 사람을 연결하는 공감적이면서 세심한 의사소통이 발생한다. 간단해 보인다. 하지만 이러한 상호적 의사소통 유형이 중요한 이유는 무엇일까? 감기에 걸린 사람이 공감하는 의사를 만나면 어떻게 면역 기능이 향상되고 더 빨리 회복될 수 있을까?[90] 이러한 통합적 의사소통은 모든 환자와 의사 사이에서 발생하지 않는 이유는 무엇인가? 이러한 조건적이고 공감적 소통이 모든 가정에서 발생하지 않는 이유는 무엇인가?

초기 발달 단계에서, 부모와 자녀는 생애 초기 의사소통 방식을 형성하기 위해, 서로의 느낌과 의도를 "조율tune in"한다. 메리 에인스워스Mary Ainsworth의 초기 연구에서 건강하고 안정적 애착 형성을 위해서 양육자는 아동의 마음 상태에 대해 지각하고 반응할 수 있어야 한다고 제안했다.[91] 아동의 행동 이면에 있는 마음을 살피고, 내적인 아동의 주관적 세계를 존중하면서 아동의 마음을 반영하는 방식이 안정 애착 형성에 중요한 핵심 메커니즘으로 알려져 왔다.[92] 이러한 연구들에서 부모의 "반영 기능reflective function"이 "정신화mentalization"를 가능하게 하며, 또한 부모의 민감성이 안정 애착의 핵심의 근원이라고 그녀는 초기 연구에서 제안했다.[93] 이것은 기본적으로 부모가 얼마나 마음에 관심을 가지고 있고, "마음 이론theory of mind" 즉 자신과 타인에게 "마음"이라고 불리는 실체를 개념화할 수 있는 정도와 관련된다.[94] 이러한 반영 기능은 부모가 아동의 신호에 민감하고 단지 표현되는 행동이 아닌 아동의 내적 경험에 반응하도록 한다.

4장에서는 초기 상호 의사소통 경험의 기저가 되는 메커니즘은 무엇인지, 기억은 어떻게 형성되는지, 아동의 뇌는 어떻게 감정을 조절하고 타인과 연결되며, 자전적 내러티브를 형성하여, 생동감을 가지고 세계로 나아가는 균형 잡힌 능력을 발달시키는 것에 대한 신경과학의 연구 결과를 검토할 것이다. 자신과 타인의 마음 상태를 반영하는 능력은 이 과정을 키우는 애착 관계에서 발생한다.[95] 자신과 타인의 내적 세계를 보는 능력을 나는 "마음보기minsight"라고 부르고 싶다. 이것은 여러 종류의 건강한 인간관계의 핵심이다. **마음보기를 통해 개인의 차이가 존중되며 한 사람의 마음이 타인의 마음으로 연결되는 공감적 연결을 구축하는 통합적 의사소통이 가능하다. 나의 제안은 인간관계 통합이 뇌의 통합적 섬유의 성장을 촉진한다는 것이다.** 뇌의 조절적 및 사회적 신경회로가 서로 분화된 영역을 연결한다. 이러한 방식으로 마음보기의 개념은 정신화의 이해를 밝혀주며, 상호의존적 에너지와 정보의 흐름으로 일어난 신경 통합 및 인간관계에 내재된 의미를 확장시킨다. 따라서 마음보기란 의미는 마음이 출현하는 신경 및 관계 체계 내의 에너지와 정보 흐름을 지각하는 방식이라고 할 수 있다. 마음보기를 통해 에너지와 정보의 흐름을 명확히 이해한다면, 우리의 마음은 의도적으로 통합을 지향하고 건강하게 나아갈 수 있다.

> "마음보기" — 자신과 타인의 내적 세계를 이해하는 능력

존중하면서도 공감적인 인간관계 소통은 통합적인 아동 발달의 뇌 구조를 형성하도록 한다. 의미 있는 초기 인간관계 경험은 다양한 형태의 기억으로 저장되고, 뇌의 구조를 형성하게 된다. 통합적 뇌 기능은 유연하고 적응적 신경 조절을 가능하며 통합적 인간관계가 형성될 때 건강한 자기 조절을 촉진시킨다. 뇌 발달이 아동 청소년기에만 국한되는 것이 아니라는 것을 명심하는 것은 중요하다, 뇌는 전 생애에 걸친 경험에 대한 반

응으로 지속적으로 변화한다. 삶을 통해 끊임없이 변화하는 뇌 구조를 반영해 보면, 우리는 전 생애에 걸쳐서 발달 과정 중에 있다. 통합적 의사소통이나 연결의 필요성은 아동기에 끝난 것은 아니다. 어른으로서, 이해와 관심이 필요할 뿐만 아니라, 타인도 우리 자신과 비슷한 심리 상태를 동시에 경험하도록 할 필요가 있다. 우리는 신체적으로 정의된 자신보다 더 큰 전체의 일부분이 될 필요가 있다. 우리는 지속적으로 타인과 연결을 통해서 생성된다. 나이가 들어가도 건강한 인간관계는 우리 건강 유지의 중요한 일부분이 된다.[96] 협력적이고 공유된 경험을 통해 우리의 삶이 서로 연결되어 있다는 의미로 채워질 수 있다.

지금까지 이 장에서는 에너지와 정보의 흐름에서 체화된 뇌의 측면이 신경계와 상호작용하여 흐름을 형성하고 변화를 주는지에 초점을 두었다. 이 장의 나머지 부분에서 강조점은 마음의 의식적인 면과 삶의 에너지의 흐름에서 마음이 어떻게 나타나는지 그리고 건강하고 회복적이면서 행복과 번영을 촉진하기 위한 통합적인 방법은 알아차림을 통해 어떻게 개발될 수 있는지 살펴볼 것이다.

마음: 조절과 의식

우리는 신경세포 발화의 물리적 속성과 내면의 정신적이고 주관적 삶의 경험이 어떻게 상호 간에 서로를 형성하는지를 정확히 알 수는 없다. 신경기능과 구조는 정신생활에 영향을 미치며, 정신생활은 뇌 해부학과 발화에 직접적인 영향을 미친다. 요점은 신경조직과 정신 경험이 상호 간에 어떤 영향을 미치는지 정확히 알 수 없다는 것이다. 장미꽃 향기의 화학 물질이 후각 신경을 자극하더라도 장미 향기 자체가 어떻게 만들어졌는지에 대해서 알지 못한다. 이 작은 현상처럼 우리 정신의 주관적인 부분과 신경세포의 측정 가능하고 객관적인 부분이 우리의 존재를 보여주는 두 가지 주요 요소이자 최소한의 측면이라고 볼 수 있다.[97] 우리가 한쪽 동전의 가장자리와 양쪽의 주요 부분을 분석하기 위해 힘쓰지 않듯이 관계적, 신경적, 주관적 정신 체험이 에너지와 정보 흐름이라는 현실의 세 가지 측면이라는 점을 생각해야 한다.

우리가 이해 한 것처럼, 정신의 본질을 보다 구체적으로 밝히는 데 도움을 줄 수 있는 마음의 네 가지 측면을 제안해 보자. 하나는 앞서 자기 조직화 관점에서 설명한 바와 같이 에너지와 정보의 흐름을 관장하는 마음의 조절 기능이다. 만약 이러한 조절 기능을 확실히 한다면, 과학에 기반해서 건강한 마음과 건강한 정신, 건강한 웰빙에 도움이 되는 더욱 확고하고 새로운 방식을 찾을 수 있을 것이다. 이러한 자기 조직화 양상은 복잡계의 분화된 부분의 연합에서 발생한 적절한 자기 조직화가 건강에서 핵심적이라고 제안할 수 있다. 이러한 자기 조직화의 최적화 과정을 "통합"이라고 부를 수 있다.

마음의 두 번째 핵심적인 부분은 우리가 "의식"이라는 것을 아는 내적 감각이 있는 것과 이를 알아차리는 것이다. 이와 관련된 마음의 세 번째 부분은 삶의 주관적인 내적 삶의 질감이다. 우리는 알아차림을 통해 주관적 경험을 인식하며, 이 상태는 자기와 타인에 대한 느낌을 형성한다. 결국 주관적인 마음이란 것은 흥미로운 미스터리로 남아 있다. 마음의 네 번째 측면은 정보 처리이며 우리에게 익숙한 부분이다. 이것은 에너지 흐름을 에너지 패턴 자체가 아닌 다른 어떤 것을 상징하는 과정으로 이해했다. "인지"라고 부르는 이러한 정보 처리는 알아차림 내에 있을 수도 있지만, 의식이라는 주관적인 인식과 관련되지 않을 수도 있다. 앞에서 보았듯이 정보 처리는 몸을 초월하고 확장되어 문화에 내재되어 있을 뿐 아니라 시연되고 체화되어 있을 수 있다.

하지만 알아차리고 주관적인 존재감을 갖는다는 것은 정말로 무엇을 의미할까? 마음의 두 가지 측면들 알아차림 내에서 아는 것과 아는 것에 대한 주관적 느낌은 무엇을 의미하는가? 우리가 알아차림과 마음의 주관적 측면을 정확하게 "설명"하지 못하더라도, 실제로 유용한 통찰을 할 수 있다. 이러한 것들이 뇌의 신경 발화 패턴과 관련이 있다고 해도, 주관성과 알아차릴 수 있는 능력은 단순히 머리 안의 전기화학적 에너지 변환과 동일하지 않다. 어떤 연구자들에게 이해하기 어려운 일이지만, 만약 "마음"이 신경 발화에 전적으로 의존하는 것이 밝혀지더라도 마음을 단순히 뇌의 활동으로 축소시킬 수 없다는 것을 깨닫는 것은 매우 중요하다. 마음의 핵심적 네 가지 부분인, 조절, 정보 처리, 알아차림과 주관적 경험을 따로 보는 것은 마음의 신비한 웅장함을 손상하기보다, 우리의 정신적 삶을 향상하는 마음의 핵심적이면서 구별되는 특징들을 알기 위해서다.

에너지와 정보 흐름의 조절

우리가 무언가를 조절할 때, 조절하는 그 대상을 관찰하고 조절되고 있는 것을 조정할 필요가 있다. "관찰"과 "조정"이 조절의 두 가지 근본적 측면이다. 운전할 때 어디로 가는지 눈을 뜨고 지각한 후 방향을 바꾸거나 속도를 조절해야 한다. 정서를 조절할 때 우리는 내적 상태를 지속적으로 관찰한 후 삶을 보다 균형 있게 하기 위해 각성과 흥분의 정도를 조정한다. 건강한 조절의 결과는 우리의 기능을 조직화하고 균형 있게 하여 지속적으로 변화하는 환경에 적응해 나가는 것이라 할 수 있다.

마음의 발달에 대한 IPNB의 통섭적 접근에서 나타나는 흥미로운 시각은 조절은 통합에서 나온다는 것이다. 관계가 통합될 때 가장 유연하고 적응적이고 가장 보람 있고 의미 있게 된다. 뇌가 분화된 회로를 연결할 때, 신경계는 내적 향상성을 향상시키고 기능을 새로운 복잡성 수준으로 발전시킨다. 이러한 마음의 측면을 조절 과정으로 정의하게 되면 건강한 뇌와 관계의 성장을 의도적으로 가져올 수 있다. 이것은 마음의 핵심적 특징을 지지하는 실용적 정의로, 우리가 자녀들을 양육하고, 가르치며, 치료하고 또한 우리가 하루하루 살아가는 방식을 향상시킬 수 있다.[98] 양육, 교육, 정신 치료의 각각의 발달 과정은 의존하는 것은 아니지만 의식으로부터 도움을 받는 것으로 보인다. 이것에 내재된 가능성은 알아차림의 힘이 우리의 관계적 및 신경적 삶의 통합을 의도적으로 구축하는 것에 사용될 수 있다는 것이다. 예를 들어, 다른 사람들이 성장하고 발전하도록 돕는 이 세 가지 방법이 무엇을 수반하는지 보는 한 가지 방식은 단순히 "현존"이라고 부르는 것을 통해서이다. 교사, 부모 또는 치료사의 현존은 학습, 안정 애착 및 긍정적인 임상 결과를 촉진하기 위한 최적의 핵심 요소로 볼 수 있다. "현존"은 수용적인 알아차림으로 특징되는 존재 방식의 마음 상태로 단순히 정의될 수 있다. 만약 이런 방식으로 알아차린다는 것이 삶을 변화시킬 수 있다면, 우리는 의식의 근본적인 과정에 대해 무엇을 알 수 있을까? **수용적으로 알아차린다**는 것은 무엇을 의미하는 것인가? 교육자, 부모, 그리고 치료사로서, 현존과 알아차림의 본질에 대한 이러한 의문점에 나는 관심을 가졌고, 오랫동안 나의 의식과 무의식적인 정보 처리를 몰입해 왔다. 다시 말해서, 우리가 정의한 용어의 모든 의미에서, 이 질문들이 내 마음을 채웠다.

조절은 통합에서 나온다.

의식: 아는 것과 주관적 경험

우리는 정신적 삶이 양적이거나 객관적인 방법으로 완전히 측정될 수 없다는 점을 고려한다면, 마음에 대한 이해가 보다 강화될 것이다. 통합과 마음의 조절적 측면을 조절하는 방법을 개발하더라도, 우리는 자각하는 삶의 질이나 느껴지는 내적인 주관적 경험을 여전히 하고 있고 이것은 측정할 수 없다. 신비롭던 그렇지 않든 간에 자기 보고식의 측정은 내적인 주관적 인식과 완전히 같을 수 없다. 아는 것과 알아차리는 것, 의식적 경험에서 알고 있는 것의 주관적 특징과 같은 개인의 내적인 정식적 경험은 타인으로서는 완전히 알 수 없다. 우리의 내부 세계는 사적인 것으로 의사소통을 통해 내적 세계의 근사치를 공유하지만, 그것의 진정한 본질은 절대 타인에게 보여질 수 없다. 예를 들어 과학에서는, 우리가 "1인칭" 또는 "주관적" 경험과 의식의 "신경적 상관 요인"을 탐색하지만, 이러한 측정치는 연구 참여자의 주관적 경험에 대한 연구 당시의 물리적 변화만을 반영한다. 그뿐만 아니라 이러한 상관 분석은 선형적인 인과적 영향을 드러내는 것이 아니라는 점을 명심하는 것이 중요하다. 체계는 종종 비선형적 방식으로 기능하고, 따라서 우리는 인과 관계의 방향성에 대해 성급하게 결론을 내리기 전에 과학적으로 신중해야 한다. 신경 발화가 알아차림에 영향을 주는 것만큼 알아차림 또는 신경 발화에 영향을 줄 수 있다. 발현적 자기 조직화 과정에서 종종 발생하듯, 인과성은 양방향적일 수 있다.[99]

이러한 신경의 상관 요인에 대한 중요하고 흥미로운 연구 결과로는 신경 발화의 물리적 속성이 어떻게 우리의 주관적 경험을 지각하는 것에 대한 어려운 과제를 설명하지 못했다.[100] 그리고 주관적인 알아차림이 신경세포의 발화에 어떻게 영향을 미치는지에 대한 중요한 문제를 우리에게 남겨두었다. 여러 연구에서 특정 뇌 영역의 다양한 배열과 상호작용이 의식적 경험의 발생에 중요한 역할을 하는 것으로 나타났다.[101] 뇌간에서 시상까지 그리고 피질로 연결되는 물리적으로 상호 연결된 회로들은 의식이 형성되는 고도의 통합적인 신경 패턴을 형성할 수 있다.[102] 그러나 이러한 제안이 사실일지라도, 왜 신경 통합이 의식의 경험을 "야기"하는 것 같은 기본적인 질문에 답하지 못한다는 것을 명심해야 한다. 물리적 현상과 정신적 현상이 동시에 일어난다 해도 우리가 빨간색을 주관적으로 경험하는 것과 시각을 담당하는 뇌 영역이 발화해서 서로 어떻게 협업하는지에 대한 명확한 모델은 없다. 사람이 시각을 인식하는 방법은 넓게 분리된 영역을 서로 연결하는 복잡한 신경 발화 패턴 배열에 의존한다.[103] 이미지와 이미지가 뇌를 변화하는 방식에 대한 최신 연구에서 의식적인 정신적 경험(이미지)이 뇌의 물리적 구조(시냅스 연결)를 어떻게 변형시킬 수 있는지에 대한 중요한 의문을 제기한다. 이러한 신경가소성에 대한 연구들은 자기 생성적 이미지에 대한 내적 알아차림에 집중하는 것이 뇌 특정 영역의 활성과 연결을 변화 시킬 수 있다는 것을 밝혀냈다. 피아노를 연주하는 장면을 상상하는 것은 손가락 움직임을 담당하는 뇌 운동 영역의 확장과 관련되어 있으며 이것은 실제로 피아노를 연주할 때 발생하는 변화와 비슷하다.[104] 물론 신경 발화가 처음에는 이미지를 만드는 것이라고 할 수 있지만 이러한 이미지에 기반한 신경 변화를 어떻게 시작할 수 있는가? 의도를 가지고 행위를 하는 것은 무엇을 의미하는 것인가?[105]

이러한 논의를 통해, 중요하고 도전적 문제인 단순한 뇌 활동의 "출력"이 아닐 것이라는 가능성을 받아들일 수 있다.[106] 최소한 일대일 관계, 가족 지역 사회, 그리고 사회 안의 관계에서 에너지와 정보는 흐른다. 이러한 흐름은 개인의 신경 발화 패턴 성향을 넘어서서 직접적으로 정신 경험을 활성화시킨다. 가깝고 친밀한 관계에 있는 사람이라면 누구나 우리의 정신적인 삶이 다른 사람과의 상호작용에 의해 직접 형성된다는 것을 안다. "사회적 뇌"라는 개념으로도, 우리가 관계를 통해서 무언가 일어나는 것을 감지할 수 있을까? 뇌 활동보다 더 대단한 것일까? 인간 경험의 세 측면 사이에 인과성 방향이 모든 방향으로 발생할 수 있다는 가능성에 대해 염두에 두도록 하자. 체화된 뇌는 마음과 관계에 영향을 미치며 관계는 마음과 체화된 뇌, 마음은 체화된 뇌와 관계에 영향을 미친다. 마음이 우리의 신경적 본질과 타인과의 관계적 연결의 근원인 에너지와 정보 흐름 체계의 발현적 속성이라면, 인과 과정을 단지 선형적 것(즉, 뇌가 마음을 만든다)이 아니라 "창발적emergent"인 것으로 보는 것이 더 유용한 출발점이 될 수 있다.[107] 우리의 정신적 삶을 알아차리는 것은 의식적 선택을 가능하게 한다. 마음을 알아차리는 것은 의도를 가지고 신경 및 관계 기능 방식을 선택할 수 있다. 이 관점에 힘을 실어 주는 것은 우리가 볼 수 있듯이 깊은 시사점을 가지고 있다.[108]

우리의 정신적 삶을 알아차리는 것은 의식적 선택을 가능하게 한다.

일부 신경과학자는 마음이 단순한 뇌 활동의 결과라고 주장할 수 있다. 뇌가 일차적인 것이라면 마음은 신경 발화의 결과 즉, 신경계 기능의 "이차적 결과"인 것이다. 반면 다른 신경과학자는 정반대를 제안하는데, 우리의 정신적 삶이 물리적 세계와 상관이 거의 없는 현실의 다른 영역이라는 것이다.[109] 앞서 언급했듯이 IPNB에서는 하나의 현상에 적어도 마음, 체화된 뇌, 관계의 세 가지 중요한 측면이 있다고 본다. 이러한 구조에서 각각은 독특하고 더 줄일 수 없는 에너지 및 정보 흐름의 측면이라 할 수 있다. 알아차림, 주관성, 정보 처리, 마음의 조절 측면에서 바라본 우리의 정신생활은 내면의 신경적, 상호 관계적 과정과 그것들의 접점에서 발생하는 창발적 과정이라 할 수 있다. 이러한 정신적 경험의 주관적 측면을 "마음"이라 부르는 핵심적이고 단순화할 수 없는 창발적 속성이라 생각하자. 앞으로 이 책을 통해서 연구에 기반한 데이터를 통해 이러한 다학제적 관점이 좀 더 명확해질 것이다.

앞서 우리는 "마음"을 에너지 및 정보 흐름의 조절과 관련된 창발적 과정으로, "체화된 뇌"를 그 흐름의 내적 기제로, "관계"를 그러한 흐름의 "상호" 공유로 정의하였다. 이것은 세 개의 분리된 요소나 세 개의 다른 세계, 또는 생물심리사회 모델의 세 가지 체크 항목을 의미하는 것이 아니다. 이것은 에너지와 정보 흐름이라는 "하나의 현상"의 요소들이다, 마음, 체화된 뇌, 관계는 에너지 정보 흐름의 하나의 현상에 대한 패턴의 세 가지 측면들이다, 앞서 언급했듯이 이것을 "인간 경험의 3요소"라 부른다 ([그림 1.2] p. 82 참조).

대부분 우리의 정신적 삶은 우리의 인식 밖에 있다. 마음은 의식과 동일선상에 있지 않을 것이다. 정신적 삶은 의식을 포함하지만, 의식에 국한되는 것이 아니다. 마음을 조절하는 것은 알아차릴 수 있지만 그러지 못할 때도 발생한다. 지그문트 프로이트Sigmund Freud는 우리의 정신세계가 인식하지 못한 상황에서 일어나는 과정이 삶의 질에 상당한 영향을 미친다는 것을 지적함으로써 정신세계를 이해하는 데 큰 기여를 했다.[110] 하지만 이 책에서는 "무의식"이라는 용어로 야기되는 여러 역사적이고 제한적일 수 있는 관련성을 피하기 위해 자각하지 않는 과정을 "무의식unconscious"이라는 단어보다 "비의식nonconscious"라는 단어를 사용할 것이다. 프로이트도 동의해주길 바란다.

의식은 선택과 변화를 허용하기 때문에 의식에 들어가는 정보가 중요하다. 의식 내의 항목은 일시적으로 안정되어 정신적, 신경적 조작에 사용할 수 있게 된다. 의식은 "주의"와 동일한 개념이 아니다.[111] 주의의 일부 형태는 의식적인 알아차림 안에 있지만, 일부는 그렇지 않다. 주의는 에너지 및 정보의 흐름을 지시하는 과정으로 정의할 수 있고 이는 알아차림과 상관없이 진행될 수 있다. "비초점적 주의nonfocal attention"는 알아차림과 관련되지 않는 에너지와 정보에 초점을 뜻한다. "초점적 주의focal attention"는 의식적 흐름이 알아차림과 관련되어 에너지와 정보의 흐름을 이끄는 형태이다. 양육이나 교육, 정신 치료나 매일 일상생활에서 주의의 의식적 초점을 사용하는 것, 즉 초점적 주의를 활용하는 것은 지식의 기반 안에 중요한 변화가 일어날 수 있다. 알아차림은 우리가 알고 있는 것을 안정화시킨다. 3장에서 설명하겠지만 초점적 주의는 "명시적 과정"이라 불리는 유연한 형태의 기억이 뇌에서 생성할 수 있게 한다. 의식적 알아차림을 통해 자신과 우리가 살아가는 세상에 대해 깊은 이해를 하고 의도적으로 우리의 삶에 목적을 생성하고 계획하고 참여할 수 있다.

주관적 경험

의식의 한 측면은 내적인 주관적 경험의 질이다. 이것은 "현상적 의식phenomental consciousness" 또는 "1인칭 경험first person experience"이라고 한다. 같은 빨간색을 보더라도 나와 당신의 내적인 주관적 경험의 질은 완전히 동일하지 않다. 모든 개인의 독특한 주관적 세계는 정량화할 수 없으며, 한 사람의 주관적인 정신적 삶을 타인과 비교하는 것은 내적 본질의 차이로 인해 한계가 있다. 이러한 이유로 현재 심리학의 연구를 위해서는 자기 성찰적 보고를 통해 데이터를 얻는 것보다 관찰 가능한 행동이나 자기 보고, 뇌 활성화 스캔 등 통계적으로 분석 가능한 "객관적"이고 정형화하는 방법으로 측정하기를 추구한다. 그러나 과학이 통제된 형태를 "증명"하기 어렵더라도 주관적 세계는 존재한다. 감정이 "실제"하는지에 대한 과학적 증거가 없기 때문에 정신 치료를 배울 수 없다고 생각하는 정신과 수련생과 논쟁을 한 적이 있다. 내가 할 수 있는 유일한 자연스러운 반응은 슬펐다고 말한 다음, 대화를 어떻게 이어가야 할지 확신할 수 없다고 얘기했다. 왜냐하면 그가 "실제"라는 과학적 증거를 우리는 가지고 있지 않기 때문이다.

우리가 확실히 아는 한 가지는 부모가 자녀의 내적인 주관적 경험과 잘 조율될 때 자녀가 잘 성장한다는 것이다. 사실상 이것은 모든 친밀한 인간관계에서 그러하다. 예를 들어 아동이 곤충에 관심이 있을 때, 양육자가 함께 흥미와 관심을 가지고 주의를 공유한다면 아동의 감정은 풍요로워지며 순간 성장할 것이다. 과학적으로 증명된 좋은 성장을 가진 아동은 양육자가 아동의 내적 세계와 잘 조율되며 아동과 주관적 수준에서 공유를 반복했을 때 일어난다. 우리가 아동의 흥분이나 낙담을 정량화할 수 없지만, 아동과 양육자가 실제 만나는 경험을 관찰하고 긍정적 발달로 이끄는 다양한 방식을 측정할 수는 있다. 앞서 언급했듯이 감기 환자들은 공감적이지 않은 의사에게 진찰받았을 때보다 공감적인 의사에 진찰받았을 때, 빨리 회복하고 나은 면역 기능을 보이는 것으로 나타났다.[112] 이것은 측정 불가능한 주관적인 세계의 중요성을 보여주는 과학적인 연구 결과이다. 연구자들은 의식의 상호 주관적 측면을 알아차림이 발달하는 데 영향을 미치는 주요 인자로 보았다.[113] 관계는 알아차림의 내적 경험에 직접적 영향을 준다. 다른 사람의 정신 상태에 대해 알아차릴 때 직접적으로 관여하는 뇌의 회로들은 우리가 의식할 때 활성화되는 뇌 회로들과 중복이 된다.[114]

> 관계는 알아차리게 되는 내적 경험에 직접적 영향을 준다.

의식은 또한 우리 내부의 주관적인 삶과의 관계와 관련될 수 있다. 이것은 내적인 주관적 상태에 우리의 주의를 집중하는 "시간"이며 우리의 내면에서 일어나는 것을 충분히 알아차려 보자. 아동과 양육자와의 상호작용은 아동의 내적인 세계를 어떻게 알아차리고 조절하며 타인에게 표현하게 되는가에 영향을 미친다. 예를 들어 신체적 경험에 의식적으로 주의를 주는 방식은 의식이 어떻게 발생하는지에 상당한 영향을 줄 수 있다.[115] 신체적 통증과 사회적으로 거부당할 때 담당하는 뇌 영역이 전측 대상회로 동일하며, 이러한 연구 결과는 물리적 세계의 신체적 자기감과 인간관계의 관계적 자기감이 중복될 수 있다는 예를 전형적으로 보여준다.[116] 우리 삶이 신경적, 관계적, 정신적 측면들이 밀접하게 얽혀있다는 것을 밝힐 수 있을 것이다.

19개월에 시력과 청력을 잃은 헬렌 켈러Helen Keller는 자전에서 선생님의 "물" 신호가 의미하는 바를 알았을 때, 자신의 "마음이 태어났다"고 기술하였다.[117] 비고츠키Lev Vygotsky가 제안했듯이 인간관계에서 공유된 경험은 우리 마음의 중요한 자원이며 사고 과정과 내적 상태를 직접적으로 발달시킨다.[118] 마음은 체화되고 관계적인 것이다. 다른 말로 하면, 정신적인 삶은 단지 뇌의 시냅스 연결에 영향을 받는 것이 아니라, 두개골 너머로 확장되며 체화되고 관계적인 것이다. 당신이 이 책을 읽을 때 에너지 및 정보의 공유(관계)가 일어난다. 당신은 그 흐름의 뇌 메커니즘을 시냅스 연결로 바꾸면서 경험을 기억한다. 당신은 알아차림 속에서 에너지와 정보의 흐름을 조절하는 방식에 변화를 줄 수 있고, 의도를 가지고 흐름을 이동시킬 수 있다.

아는 것과 내용의 알아차림

의식의 두 번째 측면은 의식의 내용 또는 "알려진 것known"을 아는 감각이다. 짧은 시간 동안 안정적 상태를 유지하기 위해 "마음 앞"에 무언가를 붙잡고 있는 것이라면, 이것이 정확히 의미하는 바는 무엇인가? "인지cognizance"라고 알려진, 알아차림의 접근 방식인 아는 것은 우리가 어떤 것에 대해 지식이나 명확성을 주관적으로 감지하는 방식이다. 우리는 한 걸음씩 나아간다는 것을 알고 걸을 때 우리 앞에 놓인 길에 "주의를 집중"할 수 있다. 이 예에서 초점적 또는 의식적 주의가 우리가 걷고 있는 길을 명확히 볼 수 있게 해준다. 우리는 의식 내 주관적 경험에 대한 현상적이고 질적인 측면을 지니고 있으며 우리 앞에 놓인 길을 아는 접근적 측면을 가지고 있다. 이러한 초점적 주의를 알게 되면, 우리는 의도적이고 알아차림을 통해서 다른 길을 선택하고 방향을 전환할 수 있다. 마음은 초점적 주의와 알아차림을 통해 경험된 것을 의도와 목적을 가지고 선택하고 변화할 수 있게 된다. 우리는 이러한 "주의집중적 손전등attentional flashlight"[119]을 통해, 경험 속의 어떤 부분을 조명하고 인지할 수 있는지 선택할 수 있다. 이러한 방식으로, 의식은 주의력 통제, 인지적 유연성, 목표 설정, 충동 조절, 그리고 복합적 정보 처리 및 계획 같은 "집행 기능"에서 중요한 역할을 한다.[120] 아동의 의식적 알아차림의 발달은 실행 기능을 형성하는 유아기부터의 다양한 경험에 의해 영향을 받으며, 이것은 그들의 삶이 어떻게 펼쳐지는지에 중요한 영향을 한다.[121] 헬렌 켈레Helen Keller처럼, 우리 자신이 누구 인지에 대한 알아차림조차도 상호 간에 형성된 의미와 연결을 공유하는 관계적 경험에 의해 직접적으로 형성된다.

"의식"이라는 용어는 알아차리는 것을 경험하는 것, 즉 현재 어떤 일이 일어나는 것을 알게 되는 내부 상태와 알려진 것을 모두 포함될 때 사용된다. "인지"라는 용어는 상징적 가치를 지닌 에너지 흐름 패턴(앞서 "정보"로 정의함)이 시간 흐름에 따라 움직이는 다양한 방식을 나타내기 위해 사용될 수 있다. 이 흐름은 표상의 변화, 관련된 표상들의 에너지 패턴의 군집화, 지정된 정보적 변화(비교와 대조, 의미 찾기, 비슷한 요소의 회상, 운율 맞추기, 다양한 방법으로 정보의 상직적 표상을 옮기고 재조합하기 등)의 실행과 관련된다. 넓은 의미로 "인지"는 일반적인 정보 처리를 뜻하며, 이는 알아차림이 필요하지 않고 다양한 종에 걸쳐 존재한다.

> 의식은 알아차림의 경험, 즉 현재 어떤 일이 발생하는 것을 아는 내적 상태를 의미한다.

"감각sentience"이라는 용어는 "무엇을 느끼거나 지각하는 능력" 또는 "기본적인 또는 미분화된 의식상태"를 뜻한다.[122] 우리는 내적인 주관적 삶의 핵심으로서 감각적 경험을 가진다. 감각을 느낀다는 것은 장미꽃의 향기를 맡기, 감격스러운 멋진 노을을 감상하기, 한목소리를 내는 합창단의 화음에 대한 장엄한 느낌과 같은 상징적 가치가 없는 에너지 흐름 패턴을 알아차리는 것과 비슷하다. 아마도 이것은 "통로 상태conduition"라고 불릴 수 있는데, 마음이 마치 물을 유도하는 호스지만 물 자체를 변화시키지 않는 것처럼 경험의 통로 역할을 하기 때문이다. 대조적으로, 마음은 또한 건축자 될 수 있는데, 에너지 흐름을 무언가를 나타내기 위한 패턴으로 변화시킬 수 있기 때문이다. 장미 향을 감지하는 것은 통로 역할에 가깝지만, 그 꽃을 "장미"라고 이름 붙이는 건 하나의 건축자 역할이다. 마음은 통로자이자 건축자 모두 될 수 있다. 이러한 마음의 내적 상태를 알아차리는 것은 감각과 정보가 포함되는 것을 직접적으로 알고 느끼는 것이다. 이것은 우리가 의식적 경험 내에서 얻을 수 있는 만큼 "대상 자체"의 감각에 근접해 있고, 그것에 대한 정보를 구성하려는 상징들도 마찬가지이다.

타인의 마음을 지각하고 이해하는 능력은, "상위 인지metacognition"의 한 형태로 "정신화mentalization"라 불리기도 하며, 이것은 생애 첫해에 시작되고,[123] 의식이 발달하는 데 중요한 역할을 한다.[124] 이 능력을 나타내는 다른 용어에는 "마음 이론", "마음 의식", "마음 지각"이 있고 IPNB에서는 "마음보기mindsight"라 불린다. 타인의 마음을 보는 것이 자기 알아차림의 발달을 촉진시키기는 하지만, 의식이 발달하는 방식에 대해 우리가 더 포괄적으로 이해하는 것은 무엇인가? 일부 학자들은 생애 첫해 동안 상호주관적 의식이 출현하며,[125] 좀 더 내면에 기반한 알아차림은 두 번째 해에 나타난다고 제안했다.[126] 이 순간을 우리는 타인과 헬렌 켈레Helen Keller가 경험했듯이 언어를 통해서 "마음(존재)이 태어나는" 특별한 형태의 의미를 공유할 수 있는가? 내면에서 생동감 있게 느끼고 이를 실제로 알아차리는 것은 언제 알 수 있는가? 그리고 우리는 어떻게 알 수 있는가? 우리의 인간관계 세상에서 발생하는 것으로 보이는 많은 "자기"의 측면들은 분명히 존재한다.[127] 일부 사람들은 삶의 특정 순간에 발생하는 "자기 알아차림"의 감각을 명확히 기억하지만, 이 회상하는 기억들은 기억의 속성으로 인해 한계가 있다. 2세 이전 아동에 대한 연구에서 아동들은 그들의 특정 호불호를 공유하는 사람을 결정할 수 있으며, 이러한 선호도는 언어와 경험에 의해 형성될 수 있다고 보고 했다.[128] 다시 말해, 우리는 우리가 알고 있었다는 것을 기억하기 훨씬 이전부터 경험에 의해 형성되는 "자기감"에 대해 명확히 인식하고 알아차릴 수 있었다. 임상적으로, 일부에서는 청소년기 혹은 그 이후에 일어나는 일종의 분명한 심리적 의식의 탄생과 같은 기억을 보고했다. 다른 사람들은 훨씬 전인 초등학교 저학년 시기나 그 이전에, 자기감을 회상했다. 타고난 신경적 특성과 가족과의 상호작용 패턴은 아동기 및 그 이후에 걸친 자신에 대한 알아차림 방식이 어떻게 발달하는지에 대한 본질과 그 시기에 각각 기여할 수 있다.

우리가 "자기"라고 이름 붙인 이 경험에 대한 알아차림은 무엇일까? 처음으로 우리가 사람이고 공간을 점유하며 생각할 수 있다는 것을 인식하는 것은 언제부터인가? 현재 과거 어떤 것을 기억한다는 것을 처음 아는 것은 언제부터인가? 자기 알아차림과 알아차림은 어떠한 차이가 있는가? 그리고 "자기"는 신체적 경계로 제한되어야 하는가? 다시 말해 "자기감"이 "나"와 "너"뿐만 아니라 "우리"까지 포함하는가? 시간에 걸쳐 우리의 삶과 뇌가 변화하고 모든 방식을 고려해 보면 자기라는 단어는 명사라기보다 동사라 할 수 있다. 즉, 우리는 성장하고 변화면서 진화하는 과정인 것이다. 우리가 책을 통해서, 그리고 마지막 장에서 더 깊이 탐색해 보면 정체성과 자신이라는 경험은 관계적 경험에 의해 깊이 영향을 받은 주관적 경험, 견해, 활동과 관련되어 있다. 문제는, 이러한 마음의 근본적인 측면들이 분리된, 혼자로서의 자기 이상으로 확장될 수 있는가이다. 혼자로서의 자기는 현대 문화에 만연되어 있으며, 외로움, 사회적 고립감, 그리고 삶의 단절감과 관련되어 있는 것인가? 이러한 질문은 미래의 연구를 통해 밝혀져야 할 흥미로운 주제들이다.[129] 여기서 이러한 열린 문제들을 고려할 때 중요한 점은 마음, 체화된 뇌, 관계가 생애에 걸쳐 이것이 각자의 발달에 상호 어떻게 영향을 주는지 상상하게 해볼 수 있다는 점이다.

마음챙김적 알아차림과 연민

최근 집중적으로 연구하고 있는 알아차림은 오래전에는 "마음챙김 mindfulness" 또는 "마음챙김적 알아차림mindful awareness"으로 불렸다. 마음챙김에 대한 과학적 정의는 다양하지만, 일반적 관점에서 "마음챙김" 상태란 의도적으로, 판단에 휩쓸리지 않은 상태로 현재 발생하는 경험에 매 순간 주의를 기울이는 것이다.[130] 이것은 우리의 마음이 "자동적으로 조정 automatic plot"되거나 "마음 없이mindless" 행동하는 것과 반대되는 개념이다. "마음챙김" 상태는 현재 일어나는 경험을 수용적으로 알아차리고 존재하는 것을 의미한다. "마음을 깨운다awakening the mind"라는 것은, 생동감 있고 평범한 경험의 세부 사항을 마치 특별한 것처럼 주의를 기울이는 것을 말한다.[131] 마음챙김적 알아차림은 우리의 내적 인식감과 살아 있는 것의 주관적 경험을 통해 새로운 활력감, 구체성, 명확성을 갖게 해준다. 이렇게 현재에 존재하는 것이 정신적, 신체적, 사회적 웰빙을 지지한다는 것이 과학적으로 밝혀졌다.[132]

마음챙김에 대한 연구에서는 개인의 타고난 특성과 의도적으로 형성된 상태 모두를 다룬다. 마음챙김적 특성은 어떤 것이 일어나는 그대로 알아차리는 것, 이전 기대에 의해 지배받지 않은 채 비판단적으로 있는 것,

비 반응적인 것(기존 정서로 쉽게 회복), 내적 세계를 명명하고 설명할 수 있는 것, 그리고 자기 관찰을 하는 것을 포함한다.[133] 이러한 특성들은 현재 매 순간의 경험에서 펼쳐지는 것에 대한 존재 방식을 형성해온 개인의 관계 역사와 기질의 조합과 관련이 있다.

의지를 가지고 "마음챙김적 알아차림 연습"이라고 불리는 마음 훈련의 참여를 통해, 순간을 경험하고 새로운 방식에 열린 마음으로 깨어 있는 상태가 가능하다. 이러한 알아차림의 형태는 위에서 설명한 특징을 가지고 있지만, 자기 연민과 "타인을 향한" 연민적 특성들 또한 가진다고 할 수 있다.

여기에서 우리는 자신의 체화되고 관계적인 기원과 관련된 과학적 근거를 이해할 수 있으며, "자기 연민"은 "내적 연민", 타인을 향한 연민은 단순히 "상호 간 연민"이라고 불릴 수 있다. 이러한 언어적 기호는 단순한 의미 이상이다. 만약 우리가 서로 연결된 삶을 받아들인다면, 마음은 상호적인 측면과 내적인 측면이 있으며, 친절하고 연민스러운 상태는 자신과 관계를 향한 마음을 가진다.

즉 일부 학자는 마음챙김적 알아차림이 자신의 내적 세계와 주변 세계를 친절함을 가지고 알아차리는 방식이라 생각하며 이러한 애정 어린 알아차림과 관심은 자신과 타인에 대한 긍정적 존중의 한 형태라고 할 수 있다.[134] 우리가 친절한 의도를 가지고 자신과 타인에 대해 긍정적 존중의 시간을 충분히 가질 때, 우리 삶이 하나의 특성으로서 마음챙김을 함양할 수 있다.

마음챙김적 알아차림 활동과 마음 훈련은 고대나 현대에 기원을 두며, 서양이나 동양에서 기원할 수 있다. 여기에는 알아차림적 명상, 요가, 태극권, 기공, 침묵 기도centering prayer가 포함된다. 나 자신도 가정에서 마음챙김 설거지를 한다, 각각의 접시, 물의 감각, 수세미의 움직임, 수도꼭지에서 흘러나오는 물소리, 타월의 감촉, 접시를 닦는 수건의 움직 등 이러한 매 순간이 주의의 초점이 된다. 일상생활에서 평범한 방식으로 적용할 수 있다는 점이 마음챙김적 알아차림의 묘미이다. 한 연구에서는 이것이 유연성, 집중력, 웰빙의 증진을 통해 마음의 건강을 향상시킬 수 있음을 명확히 보여주었다. 향상된 공감 능력과 타인에 대한 연민은 관계를 강화하고 도전 상황에서 회피하기보다 직면하는 뇌의 활성도 변화를 가져왔다.[135] 이것은 "신경 회복성neural resilience"의 신호로 볼 수 있다. 예를 들어 마음챙김적 알아차림을 배운 임상가는 그들의 임상 현장에서 상대적으로 덜 탈진되었고 환자에 대한 공감 능력이 증진된 것으로 나타났다.[136] 집중적인 명상 훈련에 대한 연구에서 마음챙김적 알아차림은 텔로머라아제telomerase라는 효소가 증가되었는데, 이것은 염색체 말단의 텔로머telomer를 지지하여 염색체를 보전함으로써 세포생명을 증진하는 것으로 나타났다.[137] 건선에 대한 광치료 동안 마음챙김을 시행한 환자는 그렇지 않은 환자에 비해 회복 속도가 4배나 빨랐다.[138]

이러한 방식으로 마음 훈련에 대한 역량과 알아차림을 지지하는 세 가지 토대 또는 마음을 강화하는 "기둥"이 있다.[139] 마음 훈련의 세 기둥은 집중된 주의력, 열린 알아차림, 연민(또는 친절한 의도) 훈련을 증진시키는 것이다([그림 1.3] 참조). 어떤 사람들에게, 처음 두 가지는 "마음챙김 훈련"의 측면이고, 세 번째는 연민, 또는 애정-친절 훈련의 측면이라 할 수 있다. 또는 이 세 가지 모두를 "마음챙김"이라는 용어 아래 둘 수도 있다. "마음챙김"이나 "마음챙김적 알아차림"이라는 용어의 정확한 의미에 대해 전문가들 사이에 정확히 합의가 이루어지지 않았으므로 용어에 대한 오해를 피우기 위해 이 책에서는 "마음 훈련의 세 가지 기둥"이라는 용어를 사용할 것이다. 집중된 주의력, 열린 알아차림, 친절한 의도 함양이라는 마음 훈련의 세 가지 기둥은 건강과 삶의 질을 지지하는 다음과 같은 결과를

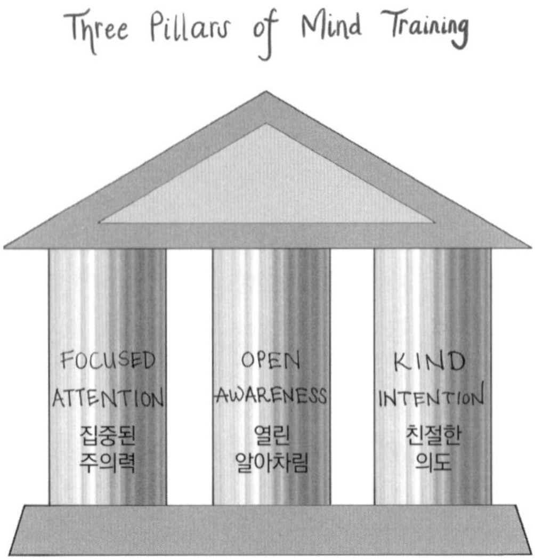

[그림 1.3] 마음 훈련의 세 기둥

보여주었다. (1) 스트레스 호르몬인 코티솔 감소와 더불어 지각된 스트레스 감소. (2) 면역기능 향상. (3) 혈압 및 코티솔 감소와 심박수 변이의 일관성 증가로 나타나는 부교감 및 교감 분지의 통합으로 인한 미주 신경 강화, 이 같은 결과들로 심혈관계 건강 증진. (4) 염증반응을 조절하는 유전자의 후성적 조절을 통한 염증 시스템 감소. (5) 적절한 텔로머라아제를 통해 염색체 말단의 회복과 유지. 정신적 현존으로 삶을 가꾸는 방식인 이러한 세 기둥 훈련 요인(특히 후자)이 실제로 노화 과정을 늦춘다는 제안을 뒷받침하고 있다.[140] 또한 세 가지 기둥 훈련에 여섯째 신체 변화가 입증되었다. 분화와 연결을 통해 뇌의 통합을 증진하는 기능적이고 구조적인 변화가 특정 뇌 구역과 네트워크에서 관찰되었다. (1) 분화된 좌뇌와 우뇌를 연결하는 뇌량. (2) 광범위하게 분포된 기억 체계를 서로 연결하는 해마.

(3) 섬insula을 포함하는 전전두 영역. 섬은 몸, 뇌간, 변연계, 피질, 그리고 사회적 세계를 상호 연결. (4) 커넥톰connectcome의 상호 연결. 우리가 마음을 훈련하여 연민이 많아지고 더 마음챙김을 하면서 뇌의 구조와 기능을 변화할 수 있다.[141] 전체적인 생각은 의도적 마음챙김 상태의 생성이 그 순간 신체에 건강하다는 것이다. 이러한 개인의 마음챙김 특성은 반복적인 연습을 통해 개인의 지속적인 건강을 형성하는 존재 방식이 될 수 있다.

한 연구에서 마음챙김 특성을 가진 부모는 "안정 애착"을 형성하는 마음 상태를 가진다고 제안했다. 이러한 부모는 그들의 자녀가 그들에게 안정적인 애착이 형성되고 잘 발달할 수 있도록 양육하게 된다.[142] 앞으로 알게 되겠지만, 존재 방식으로서 정신적 현존과 건강한 관계에 참여하는 개방적이고 수용적인 방식의 연관성은 통합과정 안에 있다. 우리가 타인을 사랑할 때 인간관계에서 통합된 마음챙김 상태에 있으며, 우리 자신을 연민의 마음과 친절함으로 마주할 때 내적으로 통합된 마음 챙긴 상태에 있게 된다.

수용적 알아차림과 현존하는 삶의 방식은 통합적이고 매우 깊은 내면의 과정으로 여겨지며 한 개인이 광범위하고 분화된 에너지와 정보의 흐름을 받아들여서 열린 방식으로 그것들을 연결하도록 한다.[143] 마음챙김적 알아차림의 세 가지 토대와 자신과 타인에 대한 연민을 결합해서 **알아차림의 수레바퀴**Wheel of Awareness라고 하는 접근을 하게 되었다([그림 1.4] 참조). 이것은 은유적 수레바퀴의 테두리에 알아차림 대상을, 축에는 알아차림 경험, 아는 행위 그 자체를 두고 의식의 통합을 증진하는 방법이다. 수레바퀴 연습은 두 가지 근본적인 생각을 결합해서 시작하게 되었다. (1) 통합이 건강의 기본이다. 그리고 (2) 의도적 변화를 위해서는 의식이 필요할 수 있다. 만약 의식을 통합한다면 어떤 일이 발생할까? 이것을 하는 한 가지 방식은 축의 아는 행위와 테두리에 아는 대상을 분리하는 이미지와

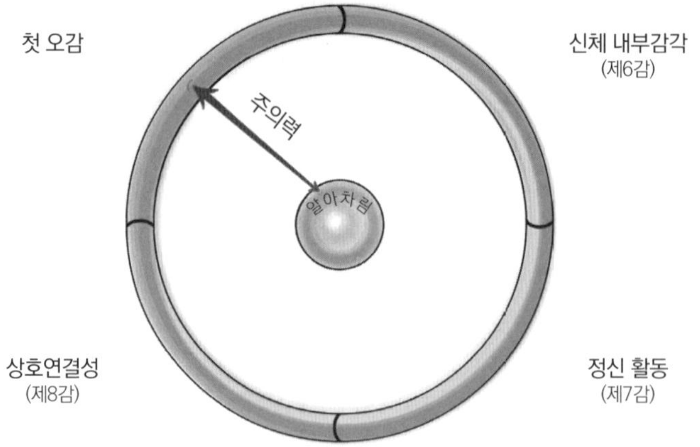

[그림 1.4] 알아차림의 수레바퀴

Illustration by Madeleine Welch Siegel. From Aware: The Science and Practice of Presence by Daniel J. Siegel. Copyright © 2018 Mind Your Brain, Inc. Used by permission of TarcherPerigee/Penguin Random House.

연습이다. 체계적인 주의력의 움직임은 아는 대상을 서로 구별하고 축 자체와 연결한다. 이러한 통합적이고 성찰적인 연습은 알아차림 본질 자체로의 창을 제공한다.[144]

언급되었듯이 마음 훈련의 세 기둥에 대한 연구에서 현존하는 마음챙김적 알아차림과 연민이 웰빙의 삼각관계(마음, 체화된 뇌, 관계)에 걸쳐서 건강을 증진 시킨다는 사실이 증명되었다. 웰빙을 촉진하는 애착 관계는 사람마다 독특하고 차별화된 자질을 존중하는 대화를 수반하는 동시에 연민과 공감의 소통을 통해 파트너와 관계를 도모한다. 마음챙김 상태를 가진 부모는 지각이나 기대를 왜곡하지 않고 아이 그대로의 모습으로 조율하고 수용하게 된다. 이러한 안정적 관계는 양육자와 아동 마음의 통합에 기반하고 있으며 각자의 내면의 세계는 분화와 연결을 통해서 통합이 이루어진다. 여러 면에서 부모의 통합적인 현존 상태가 안정적인 부모 자녀 애착 관계의 통합적 상태를 증진할 수 있다. 안정적 애착의 결과가 마음 훈련의 세 기둥의 연구에서 발견된 것과 유사하다는 것은 놀랄만한 일이다.[145] 마음챙김적 알아차림의 내적 조율과 안정적 애착의 상호 조율 사이에서 공유되는 것은 에너지와 정보 흐름의 통합이며 하나는 내면, 다른 하나는 관계를 통해 이루어진 것일 수 있다.

에너지의 알아차림과 본질: 마음을 개념화하는 새로운 구조.
알아차림 수레바퀴 훈련에 참여한 1만 명이 넘는 사람들을 대상으로 한 설문조사를 통해, 직접적, 주관적 몰입하는 참가자들의 반응을 보면 마음 훈련의 세 기둥 활동을 통해 그들의 명상 과거력, 학력, 문화와 상관없이 1인칭 체험과 유사한 설명을 하는 것으로 나타났다.

수레바퀴 훈련을 도입하기 전, 나는 정신적 웰빙을 회복하는 데 어려움을 겪는 정신 치료 중인 환자들에게 수레바퀴 훈련을 제공했다. 내가 치료 중인 환자들, 그리고 함께 공부하는 상담자의 내담자에게 알아차림의 수레바퀴 훈련을 했으며 그 결과 그들 삶의 불안과 스트레스, 경증과 중등도 우울, 외상 후 증상들이 경감되는 것을 경험했다. 나는 임상가로서 의식의 통합이 내담자들의 마음 건강이 나아지도록 어떻게 도울 수 있는지를 생각하게 되었다.

임상 사례 결과와 무작위 통제된 결과에서 얻은 객관적 데이터는 서로 동일하지 않을 수 있다. 그러나 개별적인 경험들이 점차 쌓아지면서, 마음을 새로운 방식으로 이해하고 삶의 질을 증진시키는 데 도움이 될 수 있다는 부분에 대해서 확신을 가지게 되었다. 자연스럽게 이 상황에서는 통합이 건강을 위해서 그리고 변화를 위해서는 의식이 중요하다는 믿음은 내재된 선입견일 수 있다. 그래서 어떤 사람은 이것은 임상가의 믿을 수 없는 편견이며, 연구자의 “공평한” 관점은 아니라고 주장할 수 있다. 이런 점을 유념하고 과학자는 자신의 환자를 왜곡 없이 이해하려고 최선을 다하면서, 유용한 임상적 태도에 있어서 과학적이고 일치적인 생각을 해야만 하는 것처럼 느낀다. 과학에 기반한 의식의 통합이라는 접근이 여러 실천가들의 내담자에게 긍정적 변화를 일으킬 때에, 과학적 논리가 임상 중재를 발달시키는 데 유용했었던 것으로 보인다. 이것이 임상작업에서 의식을 통합하는 성찰적인 방법으로 알아차림의 수레바퀴를 만들도록 했으며 초기의 긍정적인 치료적 반응들을 뒤따라서 교육적인 워크숍에도 적용이 되었다.[146] 과학자로서 나는 문화의 인구학적 특성, 국적, 교육, 명상 경험, 성별, 나이, 종교를 막론하고 보편적인 결과를 나타낼지 궁금했다. 흥미롭게도 알아차림의 수레바퀴는 이러한 변수들과 관계없는 공통 경험을 불러일으키는 것처럼 보였다. 그것은 정말 놀라웠다. 임상적 중재로서 알아차림의 수레바퀴는 마음 훈련의 세 기둥을 포함하며, 이것은 보통 웰빙을 향한 중요한 변화를 만들어 내는 전통적인 지혜에 기반한 명상에서 유래한다. 발달하는 마음의 본성을 보는 창으로써 알아차림의 수레바퀴가 마음의 네 가지 측면에 관한 정보를 수집하는 데 도움을 주며 에너지 흐름의 양상이 어떻게 드러나는지 또는 드러나지 않는지에 관한 새로운 질문을 던져 준다.

이 책에서 마음의 네 가지 측면(주관적 경험, 의식, 정보 처리, 자기 조직화)을 제안했던 것을 상기해 보면, 각각이 에너지 흐름의 창발하는 양상일 수 있다. 우리는 그 제안을 지지하는 기존의 연구들을 검토해 왔다. 이제 우리는 마음을 탐구하는 기존의 주류 연구 방식의 조합에서 떠나 실제적으로 마음이 어떠한지에 관해 보다 더 이론적 틀을 만들고자 탐색할 것이다. 당신이 어떤 것을 읽든 이 틀을 위해서 회의적인 자세를 유지하기를 권하며, 새로운 지식을 수용하는 건강한 방식이라는 것을 제안하고 싶다. 그러나 우리의 마음과 정신 건강 분야에서 앞서가기 위해서는, 처음은 이해하기 어려울 수 있지만 새로운 것을 제안하는 것에 위험을 감수할 필요가 있을 것이다. 내가 여기서 제공하고자 하는 것들이 완전히 틀릴 수도 있고, 부분적으로 틀릴 수도 있다. 그리고 자연스럽고 불가피하게 불완전하긴 하지만, 대부분 정확할 수도 있다.

이제 나는 각 장의 다양한 순간에서 이용하게 되는 틀(마음의 본질을 개념화하고, 과학에 기반하지만, 선행 연구 결과를 뛰어넘을 정도로 입증되진 않은)에 대해서 소개하고자 한다. 연구자들은 이러한 생각을 건강과 역기능에서 정신 사고 과정을 연구하는 새로운 접근법을 개발하는 데 유용하며 교사와 임상 실습 학생들은 실제적으로 사용하고 적용하여 그들의 분야에서 새로운 방식을 발견할 수 있다. 우리는 이러한 생각들이 실제적인 도움이 되며, 다른 학문의 분야에서 발견하는 것과 일치한다 할지라도, 이것들의 유용성과 일치성은 확실히 입증되기 어렵다. 이 틀의 현실과 일치된 진실성이 입증되기 위해서는 철저하게 통제된 미래 연구가 필요할 것이다. 여기에서 강조하고 싶은 구절은 "과학에 의해 영감을 받고 과학에 의해 지지 되는"이며, 부주의하게 과학적으로 입증되고 광범위 수용되는 것으로 잘못 해석되는 일은 피하고 싶다.

나는 여기에서 이러한 제안을 제시할 것이며 여러분은 열린 마음으로 그것들의 세부 사항과 유용성, 정확성에 의문을 가지고 도전해 보길 바란다. 여러분이 여기에서 제안된 틀을 폐기하기 전에 의도적으로 불신의 마음을 잠시 정지시켜 두는 게 도움이 될 것이다. 다시 말해서 당신은 그 틀을 받아들이고 그것을 당신의 실제적, 직접적, 살아 있는 경험과 비교해 보세요. 그런 다음, 당사자 입장의 경험과 상대방 보고에 대한 경험과 결합하고 이를 잠재적으로 연관된 삼자의 정보와 연결하면, 이러한 관점의 장점 또는 부족한 점에 대해 토론할 수 있다. 이것이 앞으로 이러한 영역에서 나아갈 수 있는 방법에 대한 제안이라고 할 수 있다. 이러한 이유로, 제3판에서 여러분 자신의 정신생활을 탐색하는 것을 포함했으며, 우리가 탐구하는 틀이 돕고자 하는 사람들에게 어떤 가치가 있는지도 고려하였다.

이 틀은 마음이 에너지의 새로운 측면일 수 있다는 우리의 가설을 확장하기 위해 다양한 과학 연구를 통합하는 유용한 방법이 될 수 있다. 이 견해는 알아차림의 수레바퀴 워크숍에 참가했던 참여자와 임상 실무자의 설문조사에서 자신들의 경험에 대한 1인칭 보고서를 제공받았으며 이들로부터 영감을 얻은 제안이다. 당연히 깊은 주관적 경험에 대한 몰입은 말로 표현할 수 없지만, 이러한 언어화된 1인칭 보고서는 우리가 직접적인 정신 경험의 본질에 대한 현상학(내면의, 주관적인 삶에 대한 상세한 설명)을 보다 완전하게 검토할 수 있도록 도와준다.

본문에서 삶의 1인칭 몰입을 탐색하고 마음 훈련의 다양한 실천을 해보기를 권한다. 당신이 알아차림의 수레바퀴를 시도하기로 한다면, 당신에게 유용한 지시문은 이미 준비되어 있다(DrDanSiegel.com과 알아차림의 수레바퀴를 검색하라. 또한 『알아차림』이라는 책을 보라). 이 특별한 연습의 장점은 한 접근법에 연구 기반한 마음의 세 가지 기둥 훈련을 포함된다는 것이다. 또 다른 이점은 수레바퀴의 시각적인 은유에 의해 직접적으로 의식을 통합하는 기회를 가진다는 것이다. 수레바퀴의 테두리는 앎의 대상knowns이 포함되며 축에는 알아차리게 되는 앎의 행위Knowing가 포함된다. 이러한 정신의 요소들을 탐색함으로써 당신은 당사자로서 몰입하고, 상대방 입장에서 정보를 제공하며 삼자 입장에서 마음에 대해 과학적으로 토론해서, 경험되는 마음의 세부 사항을 결합할 수 있을 것이며 이것을 통하여 경험을 더욱 몰입하고 개인적으로 의미 있게 할 수 있다. 우리가 바라는 것은 당사자와 상대방, 그리고 삼자의 정보가 서로 공명할 수 있도록 하는 관점과 틀을 구축하는 것이다. 그러한 일치는 틀의 정확성을 지지하는 것이며 입증하는 것은 아니다.

수레바퀴를 직접 탐색하는 과정에서, 테두리가 네 개의 구역으로 나누어질 수 있음을 발견할 수 있다. (1) 첫째는 오감으로 시각, 청각, 후각, 미각 그리고 촉감이며 (2) 둘째는 신체 내부감각으로 소위 제6감으로 부르는 내부 인지 (3) 셋째는 감정, 생각, 기억, 신념, 의도, 희망, 꿈과 같은 “정신적 활동들”이며 순서대로 파악하기 위해 제7감으로 단순히 부를 수 있으며 (4) 넷째는 타인과 자연, 지구 등 연결의 감각이며 제8감이라 할 수 있다.

심화된 알아차림의 수레바퀴 연습을 해 보면 테두리의 세 번째와 네 번째 사이에서 주의력의 바큇살을 축 자체로 기울여 보면 순수한 알아차림의 본질에 대한 탐색의 기회를 가질 수 있다. 어떤 이는 축에 바큇살만 남겨두거나 또는 바큇살이 전혀 없는 등 바큇살이 없는 이미지를 선호하기도 한다. 시각적으로 당신에게 가장 효과적인 이미지가 무엇이든 간에 생각은 동일하다. “알아차림, 그 자체에 빠져들고” 알아차림을 알아차리게 되는 경험을 하고, 특정 어떤 것을 알아차리지 않고, 단순히 알아차린 것에 머문다.

여기서 우리는 “축 안의 축hub-in- hub” 단계로부터 발견되는 일련의 결과에 대해서 논의해 보고자 한다. 그것은 마음의 본질과 에너지에 대한 탐구를 포함하여 여러 분야를 연결하는 잠재적인 성찰을 창출하는 알아차림의 메커니즘을 밝혀 주는 데 도움을 줄 것이다. 알아차림의 축 안에 있는 것이 무엇인지에 대해서 전 세계적으로 공통된 진술은 알아차림의 수레바퀴 실습 과정 동안 경험하는 비었지만 충만한, 기쁜, 확장된, 시간이 사라진, 열린, 모든 것에 연결된, 신과 같은, 명료한, 불멸의, 무한한, 속박되지 않는, 아주 깊은, 고요한, 평화로운, 자애로운 느낌과 비슷하다.

이러한 묘사들은 의식이 변화되는 요소들로 보일 수 있으며, 알아차림의 수레바퀴를 행하는 응답자들은 실제로 신비 상태와 관련된 특징들에 높은 점수를 주었다. 단순히 테두리로부터 축을 분리함으로써 알아차림의 수레바퀴는 이해를 뛰어넘고 “자기보다 큰” 어떤 것과 함께하는 기쁨, 자애로움, 경외심 같은 것을 불러일으키는 것처럼 보인다.

흥미롭게도 이러한 반응들은 정신의학자 조지 발리언트George Valliant가 전 사회적 감정과 영성 경험에 관해 저술한 내용과 어떤 면에서 일치한다.

> 여기에는 영성이라고 생각하는 것들을 구성하는 8가지 긍정적인 감정들[경외심, 사랑(애착), 신뢰(믿음), 자비, 감사, 용서, 기쁨과 희망]을 포함하고 있기 때문이다. 이러한 감정들은 정신의학에서 지나치게 무시되어 왔다… 영성은 생각, 성문, 신학에 관한 것이 아니라 오히려 감정과 사회적 연결에 관한 모든 것이다… 임상가들이 부정적인 감정에 초점 맞추기보다 긍정적 감정들을 증진시키기 시작한다면 정신 치료에 대한 전체적인 개념은 변할 수 있다.[147]

과학, 영성, 교육에 관한 모임에서 나는 워크숍을 개최한 적 있는데, 거기서 참여자들 각자가 “영성”에 대한 정의를 논의했다. 그들은 사적이고 분리된 자기보다 큰 어떤 것에 일부로 존재하는 것과 생존을 넘어선 의미를 갖는 삶에 대해서 나눴다. 이런 면에서 영적인 삶이란 의미와 연결의 삶일 것이다. 어떤 사람들은 유신론적인 사고를 종교적인 신신념으로써 가지고 있으며, 이것은 영성에 대한 무신론자들의 견해와 중복될 수 있다.

현대 심리학의 거장인 윌리엄 제임스William James의 고전적 저서 『종교 체험의 다양성』에 따르면 다음과 같다.

> 우리가 이성적 의식이라고 부르는 보통 때의 깨어 있는 의식은 사실 특수한 한 종류의 의식에 불가하다. 하지만 이성적 의식과 아주 얇은 막으로 분리된 곳에 이와 완전히 다른 종류의 의식의 잠재적 형태들이 무수히 존재한다… 우리는 그러한 것들이 있다는 것도 모른 채 살아갈 수도 있다, 그러나 정확

> 한 자극을 가하면, 살짝 건드려 주기만 하면 이러한 의식들은 원래 있던 자리에서 그 완벽한 모습을 드러낸다. 이들은 완성된 정신의 유형이며, 어떠한 분야에서 용도와 변형을 가질 것이다, 이러한 유형의 의식을 간과하는 우주적 총체에 대한 그 어떤 설명도 완전할 수 없다.[148]

그래서 이 책에서도 이러한 발견들을 무시하지 않을 것이다. 오히려 우리는 일상적인 방식을 뛰어넘어 깨어 있는 "합리적 의식"의 실제적인 모습에 대한 순전한 알아차림의 통찰을 제공하고자 한다.

윌리엄 제임스는 주의력의 훈련이 자신을 자기 주인으로 만든다는 말을 남겼다.

> 방황하는 주의력을 의식적으로 가져오는 거 및 그렇게 가져오는 능력이야말로 판단력과 인격과 의지의 뿌리다. 이 능력이 없으면 누구도 자기 자신의 주인compos sui이 될 수 없다. 이 능력을 키우는 교육이 뛰어난 교육이다. 그러나 이러한 이상을 설명하기는 쉬워도 그것을 달성하는 실질적 지침을 주는 것은 쉽지 않다.[149]

세 기둥 연습은 제임스를 만족시켰을 것이다. 왜냐하면 그것은 의식을 통합하면서 주의를 집중하는 기본적인 능력을 확장 시키고 나아가서 알아차림을 개방하며, 친절한 의도를 육성해 주기 때문이다. 그리고 알아차림의 수레바퀴는 우리가 테두리(가장 얇은 막의 근원일 수 있는)를 구분하는 순수한 알아차림의 다른 방식들을 보게 하는 은유적 축에 접근할 수 있으므로 제임스의 관심을 끌었을 것이다.

다음으로 의식을 경험하는 창발적 측면의 에너지를 마음이라고 제안하는 틀을 간략하게 살펴볼 것이다. 이 책 전체와 여기서 명심할 것은 이 틀이 단지 제안이라는 점이다. 앞서 언급되었고 여기에서 강조되어 반복하고 싶은 것은 이것이 맞지 않을 수 있으며 어떤 부분은 정확할 수 있고 바른 주장일 수 있다. 어떤 스승이 조언한 것처럼, "지식과 기술을 진보시키기 위해서는 틀리는 용기를 가질 필요가 있다." 이 틀이 당신 자신의 삶의 경험, 바퀴 연습, 당신 마음의 본질을 탐구하는 여러 다른 체계적인 방법들과 어떻게 적용이 되는지 살펴보라. 그런 다음 이 견해가 정확한 틀로서 최소한 마음을 시각화하는 데 유용하고, 과학적 연구와 그 함의를 이해하는 방법으로서도 유용하는지를 살펴보라. 예를 들어 미래의 뇌 연구는 이 틀에서 강조된 몇 가지 양상들의 방법으로 우리 뇌 속의 신경 연결 사이에 전기 화학에너지가 어떻게 흐르는지 조명하도록 도울 것이다. 다시 말해 에너지 흐름은 체화된 뇌 속에서 발생되는 것이며, 에너지 흐름에 대한 이 함수가 단일한 틀에서 마음의 주관적이고 중립적인 측면을 시각화해 줄 것이다. 그것은 이제 막 시작되는 연구, 즉 알아차림의 수레바퀴일 수 있고, 예를 들어 조사 연구를 넘어서 경험적인 연구나 당신 자신의 직접적 경험을 통해 이러한 주장이 증명될 것이다. 그 틀은 교육, 양육, 심리치료, 조직적 기능, 다양한 주제에 관한 워크숍 등 여러 세팅에서 실제적으로 활용되어 왔고 그 유용성을 증명했지만, 정확성은 입증되지 않았다. 이 틀은 단지 마음의 시각적 함수화를 떠나서 마음이 어떻게 체화되고 주관적, 관계적 양상으로 작동하는지에 대한 정확한 메커니즘을 드러낼 것이다.

여기서 우리는 출발점으로 삼을 주요한 항목을 강조하고자 한다. 이 장을 더 진행하면서 이러한 기초적인 개념들을 정교화하여 미래 연구의 유효성을 충족시킬 수 있는 틀을 실현할 것이다. 중요한 점들을 개략적으로 살펴보자.

1. 물리학에서 에너지는 가능성에서 실제성으로의 움직임이다.

2. 에너지에 대한 이러한 견해가 정확하다면, 우리는 그래프로 나타낼 수 있으며, y축의 맨 하단은 가능성(거의 0% 확실성)에서 맨 상단은 실제성(거의 100% 확실성)을 나타낸다.
3. 비록 시간은 흐르는 "어떤 것"이 아닐 수 있지만, 변화의 방향성을 나타내는 용어로 시간의 화살Arrow of Time이라고 사용할 수 있다. 이러한 변화를 가리키기 위해 "시계 시간clock time" 또는 간단히 "시간"이라는 용어를 사용할 수 있으며, 때로는 "흐름"이라고 말하기도 한다. 이러한 변화에 대한 알아차림은 일상적으로 사용하는 "시간"이라는 단어를 의미한다. 그래프의 수평축인 x축에 이것을 나타낼 것이다.
4. 시계 시간의 주어진 순간에 일어날 수 있는 발생의 수는 그래프의 z축에 표시할 수 있고 평면에 출현하고 사라지는 것이다. 이 다양성의 축은 주어진 순간에 일어날 수 있는 사건의 수와 다양성이다.
5. [그림 1.5]는 기본 그래프를 나타낸다.
6. 물리학 용어로 모든 가능성이 나타나는 수학적 공간을 양자 진공quantum vacuum 또는 잠재성의 바다sea of potential라 불린다. 물리학의 관점에서, 이것은 모든 형태의 무형formless의 근원이다. 그것은 잠재적 에너지로 가득하지만, 에너지 자체는 아니다. 이 양자 진공에서 발생하는 에너지는 가능성에서 실제성으로 움직여 간다. 이것은 에너지 흐름을 깊이 느끼고 이미지화하는 하나의 방식이다.
7. 그래프에서 확실성이 가장 낮은 곳을 표현하면 평면의 형태를 가진다. 이 위치에서 존재하는 모든 가능성을 "가능성의 평면plane of possibility"이라고 부를 수 있다([그림 1.6] 참조).
8. 에너지가 평면에서 발생하여 흐를 때 일련의 가능성이 정점을 향해 움직이는 것처럼 보일 수 있다. 때때로 실제화는 최고의 가능성이

나타내는 게 아니고 제한된 가능성에서도 나타날 수 있다. 예를 들어 백만 단어를 공유하면 우리에게 사용할 수 있는 최대 가능성은 백만 분의 일이다. 내가 "대양"이라는 단어를 말하면 당신은 100% 정확성으로 이 단어의 의미를 안다. 이것은 그전 A지점에서 알고 난 후 A-1지점으로 표시할 수 있다([그림 1.7] 참조). 이것이 에너지 흐름이 의미하는 것이다. 가능성인 A에서 실제성인 A-1으로의 움직임. 그러나 만약 오대양으로부터 하나를 선택하는 것이면 당신의 선택은 오 분의 일이다. 이것은 증가된 가능성(백만분의 일보다 큰 오 분의 일)이 향상된 지점인 C점으로 나타낼 수 있다. 그런 다음 대서양을 가리키면 다섯 개의 가능한 단어들의 부분인 C점에서 C-1의 실제성으로 이동하게 된다.

9. 최대 가능성을 평면plane, 상승된 가능성을 고원plateau, 가능성에서 현실로 실제화되는 것을 정점peak라고 명명화할 수 있다. 이것을

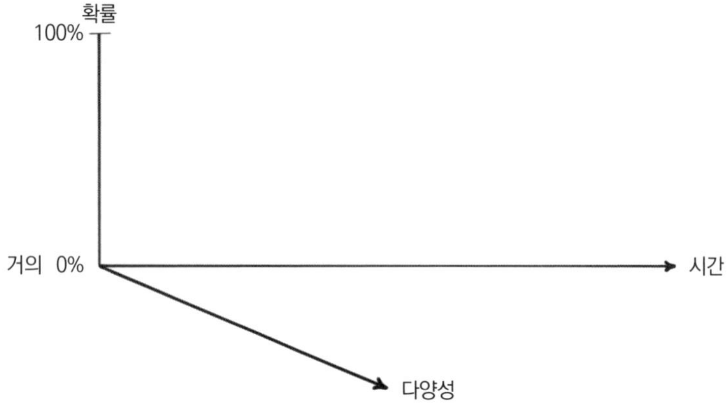

[그림 1.5] 3-P 그래프: 3축

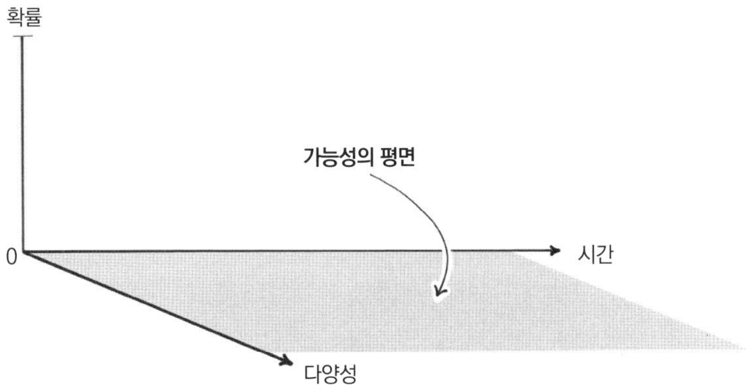

[그림 1.6] 3-P 그래프: 가능성의 평면

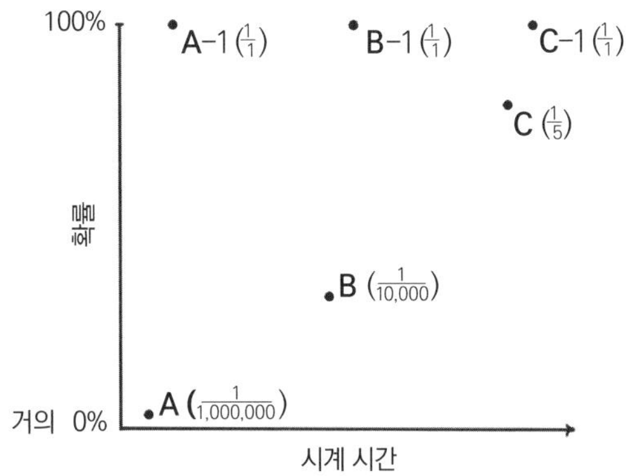

[그림 1.7] 확률 도식화

3-P 그래프three-P diagram로 인용할 수 있으며([그림 1.8] 참조), 이러한 제안을 전체적으로 3-P 틀three-P framework이라고 부른다.

10. 알아차림의 수레바퀴를 훈련을 경험한 10,000명을 조사한 결과 공통적인 것은 정신세계를 3-P 틀 안에서 이해할 수 있고 3-P 그래프로 나타낼 수 있다. 생각, 감정, 기억과 같은 정신 활동은 정점일 것이다. 생각 행위, 감정 행위, 기억 행위와 같은 정신 활동은 하위 정점에 속할 것이다. 의도, 태도, 기억과 같은 정신 상태는 특정 정점 상태에 도달할 수 있는 가능성이 높고, 그래프에서 고원으로 표시된다. 알아차림 수레바퀴 훈련의 축에 대한 순수한 알아차림을 기술하려는 수많은 사람들의 경험은 알아차림, 의식을 아는 행위와 같은 개념과 잘 맞으며 확률의 위치가 가능성의 평면으로 이동할 때 일어난다. [그림 1.9]는 3-P 그래프에서 이러한 제안을 나타내고 있다.

11. 만약 3-P 틀이 정확하다면 본문에서 살펴볼 몇 가지 함축적 의미를 가지고 있다. 이 틀이 무엇을 의미하는지에 대한 개요를 간략하게 살펴보겠다.
    a. 알아차림의 주관적 경험이 가능성의 평면에서 일어나는지 확실하지 않지만, 이러한 생각은 축 안의 축을 포함한 수레바퀴 연습의 여러 측면에 대한 1인칭 보고서와 일치된다.
    b. 알아차림은 정신적 공간을 창조하거나 충동과 행동을 일시적으로 중지한다.
    c. 알아차림은 모든 가능성이 열려 있는 수학적 공간에서 일어나기 때문에 의식화를 통해 선택과 변화가 가능하게 된다는 것을 드러낸다. 다시 말해서 알아차림에 다가갈수록 새로운 선택의 가능성에 다가가고 있는 것이다.
    d. 축에서 경험되는 순전한 알아차림은 물리학자들이 양자 진공에서 일어나는 현실의 '양자'적 측면을 보여 줄 수 있다.

이것이 양자역학의 법칙이 드러나는 현실영역이며, 고전적 법칙이나 뉴턴의 법칙과는 구별되는 특징이다. 이 구분은 확

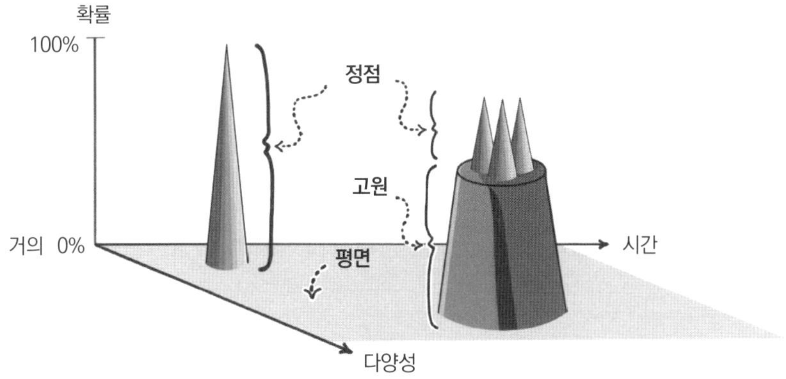

[그림 1.8] 3-P 그래프: 정점, 고원 그리고 평면

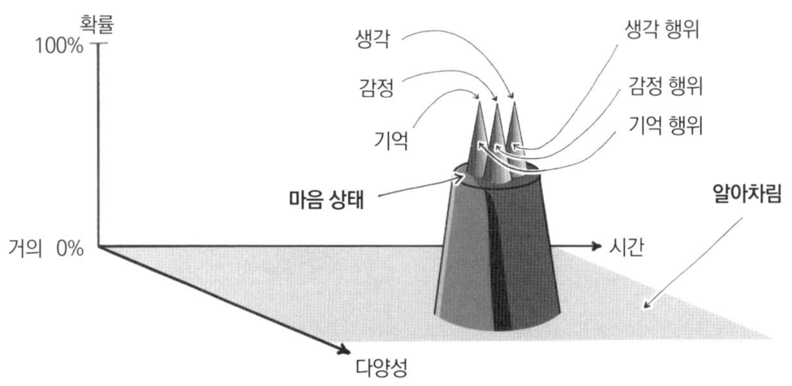

[그림 1.9] 마음 상태를 표현한 3-P 그래프

률적 영역으로 여겨지는 양자 에너지의 미시상태와 행성, 평면, 몸과 같은 커다란 물체의 거시상태로 나타날 수 있다.[150]

e. 이와 같은 방식으로 알아차림 수레바퀴 축은 평면과 일치하며 테두리의 구성 요소들은 고원과 정점에 해당한다([그림 1.10] 참조).

f. 뭔가를 알아차리게 되는 것은 가능성의 평면을 고원과 정점으로 연결시키는 것이다. 이것이 주의력의 진동 과정을 반영하며 연결체의 조화파 연구에서 나타난다. 3-P 그래프에서는 바큇살과 일치하는 주의력의 '고리'로 시각화될 수 있다([그림 1.11] 참조).

〈표 1.1〉[151]에서는 제안하고 있는 틀의 의미를 함축하고 있으며, 여기에서는 주의력을 발휘하고 알아차림 동안에 신경 발화와 부합되는 관계적이면서 체화된 에너지 흐름의 창발된 특성이 마음의 잠재적 일치성을

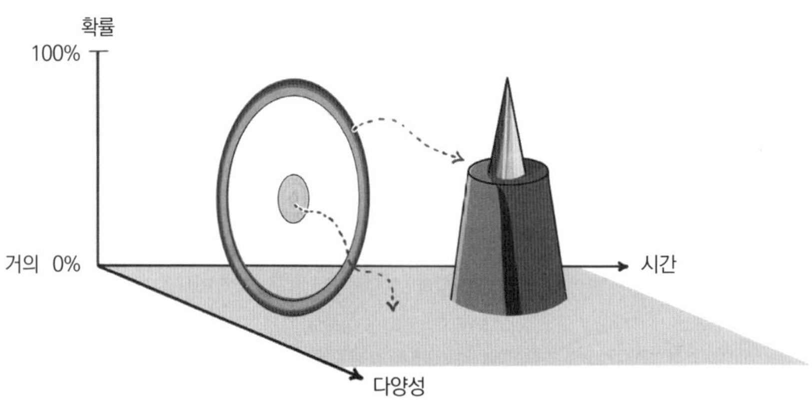

[그림 1.10] 3-P 그래프와 알아차림의 수레바퀴의 만남

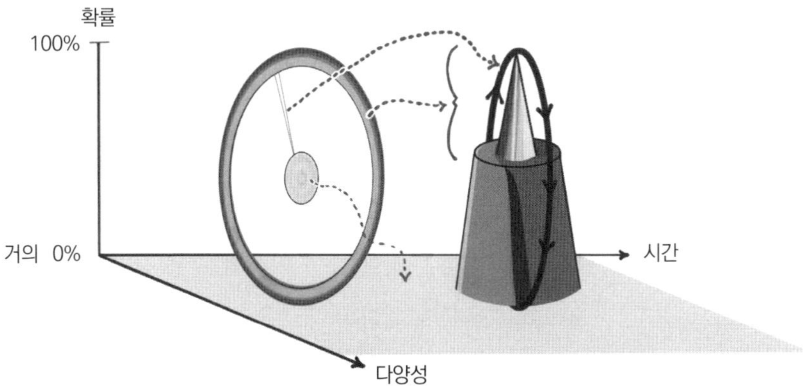

[그림 1.11] 3-P 그래프와 주의력의 고리

〈표 1.1〉 마음의 상관물

주관적 경험으로서의 마음	알아차림의 수레바퀴 은유	3-P 그래프의 메커니즘	신경 상관물/뇌 활동	마음 관련 기타 용어들
알아차림	축	평면	고도의 통합	의식
초점적 주의력	주의력의 바큇살	스윕의 고리	시상에서 피질로의 40HZ 스윕	집중
감각(외부 세계에 대한 첫 오감과 제6감)	테두리의 첫 두 구역	최소한의 필터로 활성화되는 정점들	감각 피질과 뇌섬엽을 포함한 뇌측면 부위의 활성화	전달
정신 활동(제7감)	테두리 셋째 구역	주로 고원에서 솟아 나는 정점	중간선 기본 모드 신경망을 포함한 대뇌 피질 영역들	구성
상호 연결의 감각: 전달 및 구성으로서 느껴지는 관계적 연결(제8감)	테두리 넷째 구역	평면 및/또는 고원에서 일어나는 정점	타인 및 세상의 에너지에 대한 기억 그리고/또는 공명: 열린 체계의 외부 입력	전달과 구성으로 경험되는 연결

[참고] 알아차림: 다니엘 시겔의 『현존의 과학과 수행』 책 참조.

나타내고 있다. 이러한 연관성의 특성들은 제안된 것이므로 향후 연구들을 통해서 확정 여부가 결정됨을 명심해야 한다.

마음의 발달을 이해하는 데 있어서 3-P 틀의 의미는 매우 흥미로우며 앞으로의 여정 동안 다양한 주체로 확장될 것이다. 마음이 에너지와 정보 흐름의 창발적 속성이라고 제안하는 가설에 대한 과학적 발견들의 축적은 우리가 흥분된 정신적 경험을 하는 것에 대한 이해와 인생 전반의 웰빙을 촉진하는 내적, 관계적 속성들을 이해하는 새로운 창을 제공한다.

반영: 에너지, 알아차림, 그리고 몸

각 장의 결론에서는, 지금까지 도달한 마음의 성찰에 대해서 살펴보고 다음으로 어떻게 나아갈지 준비할 것이다. 이 장에서 놀라운 것은 우리가 살아가는 현실은 매 순간 출현하는 기분을 경험하고 형성하는 것에 대해 풍부한 복잡성을 가지고 있다는 것이다. 주체는 알아차림 즉 의식하는 원초적이고 놀라운 능력을 통해 살아있음을 느낀다. 정보의 대부분은 알아차림 밖에서 처리되고 일부만 알아차림 안에서 처리된다. 마음의 자기 조직화 기능들이 에너지와 정보의 표출을 조절하기 시작하면서 각각의 과정들(주관적 경험, 의식, 정보 처리)이 매 순간 만들어진다.

그러면 이러한 정신 과정들은 무엇으로 구성되는가? 이 책의 접근에서 에너지 흐름의 다양한 측면들이 마음의 가능한 "바탕"으로서 관찰된다는 입장을 취했다. 에너지 흐름 즉 우리 뇌에서 흐르는 전기 화학적 흐름이나 이 책에서부터 당신 눈으로 반영되는 빛의 광자가 마음의 물질이 될 수 있는 어떤 특정 성질을 가지고 있다. 어떤 것을 상징화하려고 할 때 마음은 정보를 구성한다. 상대적으로 순수한 형태로 흐를 때, 마음은 도관이 된다. 마음의 복잡한 내적, 관계적 체계의 최적의 흐름은 통합이 자연적으로 표출될 때(체계의 분화된 부분들의 연결) 일어난다.

알아차림의 수레바퀴 연습 즉 테두리의 알아차림 대상에서 축의 알아차림의 행위를 구별함으로써 의식을 통합하는 1인칭의 일련의 경험을 살펴보면 에너지 과학과 중복되는 것처럼 여겨진다. 그런 물리학의 견해는 에너지란 가능성에서 실제성으로의 움직임으로 개념화할 수 있다고 제안했다. 이러한 움직임을 함수화할 때 마음의 "3-P 틀"은 에너지 흐름의 창발적인 현상으로서 마음이 어떻게 작동하는지를 시각화할 수 있다고 보았다. 이 제안은 생애 동안 발달하면서 경험 즉 알아차림, 마음의 상태, 창발된 사고, 감정, 기억 사이의 연결성을 인식하는 것이 마음을 어떻게 결정하는지에 대한 공유된 방식을 보여준다. 각각의 세부 사항은 향후 우리의 여행을 하면서 탐색할 것이다.

다음 장에서 마음의 본질적 상태를 탐색하게 되는데, 경험이 마음의 복잡계를 결정하는 방법, 여러 마음 상태의 신경학적 토대, 마음이 일치된 자기감을 형성하기 위해 중추적 역할에 대해서 알아볼 것이다. 순차적으로 각각의 장을 나아가면서, 때때로 되돌아와서 3-P 틀과 마음이 체화적, 관계적인 과정이며 에너지와 정보 흐름을 조절한다는 기본적인 제안을 구축해 나갈 것이다.

The Developing Mind 02

마음 상태

—

응집성, 주관적 경험과 복잡계

The Developing Mind

마음 상태 정의하기

마음은 순간의 현실을 구성하기 위해 어떻게 정보 처리를 조직화하는가? 뇌 안에서 수조 개trillions의 연결을 이룬 수십억 개의 신경세포들이 어떻게 조직화된 패턴으로 활성화되면서 우리의 정신적인 삶에 영향을 미치는가? 넓게 분산된 신경세포들에서 에너지의 흐름은 실제로 어떻게 조절되는가? 각 질문에 대한 답은 "마음 상태state of mind"란 개념을 통해 찾을 수 있다. **마음 상태는 뇌가 순간적으로 기능하는 데 응집력을 형성하고, 상태가 변하거나 시간이 흘러도 일관성을 유지하도록 한다.**

"마음 상태"는 시간의 특정한 순간에 뇌에서 활성화된 전체 패턴으로 정의될 수 있다. 넓게 퍼진 영역 내에서 "신경망 프로파일neural net profiles"이라고 불리는 활성화된 패턴은 정보 처리를 중재하는 다양한 신경 회로와 네트워크를 말한다. 이렇게 활성화된 부분과 네트워크들은 상호 연결된 망에 널리 퍼져있으며, 특정한 기능을 하는 다양한 세포 군집이 연결되어 복잡한 자극의 입력과 출력을 수행한다.[1] 예를 들어, 가장 기본적인 수준에서 두려움이라는 마음 상태는 관련된 처리 과정들이 응집성 있는 전체로 군집clustering되어 나타나는 것으로 볼 수 있다. 고조된 주의heightened caution, 집중된 주의력focal attention, 행동의 과경계behavioral hypervigilance, 과거 위협 경험에 대한 기억, 보호가 필요한 피해자로서의 자기 모델, 위해에 대비할 수 있게 몸과 마음을 기민하게 하는 정서적 각성 등과 같은 마음 상태들은 모두 행동하기 위해 기능적으로 점화되거나primed 준비된readied 과정들이다. 그러므로 마음 상태는 기능적으로 함께 작용하는 과정들의 군집을 수반하며, 이는 마음이 전체적으로 서로 응집되어 관련된 정신 작용의 집합이 함께 나타날 확률을 높여주는 활동 상태를 형성할 수 있게 한다. 제1장에서 소개한 3-P 틀에서 마음 상태는 고원으로 나타낼 수 있을 것이다. 응집성cohesion은 요소들이 서로 달라붙는 특성이다. 응집성의 장점은 특정한 시점에서 필요한 과정들이 최대한 효과적이고 능률적으로 관여하게 된다는 것이다. 응집된 마음 상태들은 환경에 대해 고도로 기능적이고 적응적이다. 그러나 "응집성"은 시간에 따라 적응적이며 유동적인 "일관성coherence"과는 다르다.[2] 일관성은 복잡성이 증가하면서 통합과 정신 건강의 결과로 나타난다.

앞으로 5장에서 더 자세히 알아보겠지만, 우리는 감정이 어떻게 뇌의 통합 상태의 변화로 개념화될 수 있는지 살펴볼 것이다. 그러므로 마음 상태가 어떻게 신경 처리의 구별되는 요소들을 순간적인 연결된 발화 패턴으로 만드는지 감정을 중심으로 알아보는 것은 당연하다. 이것이 특정한 순간에 함께 연결되고 활성화된 신경세포들의 세트인 신경망 프로파일의 핵심이다. 이러한 복잡한 과정들(마음 상태)을 더 잘 이해하기 위해서, 시스템들이 어떻게 기능하는지 그리고 자기self의 경험이 어떻게 발달하는지 살펴보아야 할 것이다.

연속성과 자기 상태

마음은 상당히 구별되는 마음 상태 내에서 그 기능과 정보의 내용을 모을 수 있다. 이는 우리가 정상적인 발달 과정에서뿐만 아니라 "혼란 애착disorganized attachment"이라고 하는 부모-자녀의 비정상적인 관계 및 그와 관련된 미해결된 외상unresolved trauma과 해리 상태를 통해 확인할 수 있다.

실제로 아동 발달 연구들은 하나의 통합된 연속적인 "자기self"에 대한 개념을 우리 마음이 만들어 내려고 하는 환상이라고 주장한다.[3] 다양한 전형적인 예들을 살펴보면 아동기는 아동이 다른 사회적 맥락(부모, 형제자매, 또래 및 교사와 함께)에 적응하기 위해 다른 역할들을 해야만 하는 "존재be" 임을 알 수 있다. 청소년기는 겉보기에는 개별적인 정체성인 성적 자기, 학생으로서의 자기, 부모로부터 독립된 자기와 함께 새롭게 창발한 "자기들selves"을 처리하는 새로운 도전들로 가득 차 있다.[4] 뇌 연구들은 자기 평가에 있어 성인보다 청소년들이 사회적 회로망을 더 많이 사용한다고 보고한다.[5] 심지어 인지 과학에서도 마음은 먹고 번식하는 것에서부터 애정을 갖고 타인의 마음을 읽는 것까지의 다수의 활동들을 담당하는 많은 독특한 "부분들parts"이 있다고 본다. 우리는 욕구와 신념이 있는 지적 생명체로서 환경과 상호작용하기 위해 상황을 평가하고 우리의 내적 규칙들을 적용하면서 목적을 달성하려고 한다. 우리가 직면한 정보 처리 과정의 많은 단계들은 해결하고자 하는 특수화된 문제들뿐 아니라 독특한 규칙 세트들로 이루어져 있다. 이러한 여러 가지 정보 처리 군집을 **인지 필터**로 각각 나누어 처리하는 것이 세상에서 다른 사람들과 효율적으로 상호작용을 수행하는 데 필요하다. 여기서 우리는 "정보 처리"의 동의어로 "인지cognition"를 사용하며, 정보가 에너지 패턴에서 어떻게 구성되는지를 나타내기 위해 "인지적cognitive"이라는 용어를 사용한다. 예를 들어, 이것이 우리가 뇌에서 유입된 에너지 흐름을 일련의 필터들을 통해 세계를 분류하고 개념화하는 방식이다. 이러한 인지적 필터링이 없으면, 우리는 외부 세계에서 전달된 조직화되지 않은 에너지 흐름에 압도당하기 쉽고, 쉽게 관리할 수 없는 강도와 다양성으로 내면의 경험이 형성된다. 이런 경험은 삶의 감각을 혼란스럽게 만들 것이며, 시스템을 종료하고 단절되게 만들고, 경직된 상태로 들어가게 할 수도 있다. 자기 조직화를 이루고 혼돈과 경직의 중

> 하나의 통합된 연속적인 "자기"에 대한 개념은 우리 마음이 만들어내려고 하는 환상이다.

간적인 흐름[앞서 소개에서 논의했던 유연하며 적응적이고 일관되며(시간이 지남에 따라 탄력적인) 활력이 넘치고 안정적인 더 조화로운 FACES 흐름]에 들어가기 위해서는 현재 순간의 에너지 흐름을 분화하면서 동시에 연결해야 한다. 이 통합 기능은 고원을 구성할 수 있는 핵심 요소에서 볼 수 있으며, 고원은 에너지 흐름을 관리 가능한 에너지와 정보 흐름의 하위 집합으로 필터링한다.

종종 에너지 패턴의 학습된 필터는 우리의 알아차림 내에 있지 않지만, 외부와 의식으로 들어가는 흐름에서 구성된 정보의 본질에 영향을 미치고, **우리가 세상을 인식하는 방법을 형성하며, 경험을 단어로 표시하고 우리의 행동에서 상호작용을 일으킨다.** 이러한 필터는 뇌에서 일어나는 신경 구성으로 볼 수 있다. 그리고 그것들은 또한 우리가 "관계적 의사소통" 또는 "내재된 문화적 의미embedded cultural meaning"라고 부르는 정보 공유 패턴을 가질 수 있다. 예를 들어, 언어학은 언어의 공유 기능에 포함된 인지적 흐름의 인간관계 성질interpersonal nature을 존중한다. 마음의 고원(우리가 경험을 개념화, 범주화 및 명명하는 방식)은 내적이면서 상호적inner and inter이다. 이러한 지각 필터의 집합과 이들이 생성하는 반응의 유형들은 때때로 우리 마음의 "인지 및 정서 성향"이라고 불리는 것에 대한 기초로 볼 수 있다. 이러한 필터는 개인이 특정 반응 패턴을 갖는 이유가 될 수 있으며, 관계에서 우리가 시간이 지남에 따라 해당 관계에 특정하게 유사하고 뚜렷한 방식으로 행동하는 경향이 생길 수 있는 이유이다. 이러한 지각, 사고, 느낌 및 행동 패턴이 시간이 지남에 따라 반복되어 자기감을 형성한다면 특정 필터 집합을 "자기 상태"라고 부를 수 있다. 그러한 패턴은 우리의 신경 연결에서 우리 안에 있을 수 있으며, 그러한 패턴은 다른 사람들과의 관계에 존재할 수 있다. 따라서 우리는 "자기 정의 관계self-defining relationship"를 갖고 우리가 그 연결을 가진 사람 또는 다른 "대상object"을 가지며, 이를 자기 심리학의 관점에서 "자기 대상self object"이라고 한다.[6]

이러한 반복적인 자기 정의 상태는 3-P 모델에서 에너지 흐름의 패턴을 구성하는 필터 집합이며, 고원으로 묘사된다. 3-P 틀에서 고원은 시간이 지남에 따라 반복되는 이러한 마음 상태를 시각적으로 표현한 것이며, 이는 우리가 자기감을 생성할 수 있는 이유이기도 하다. 우리는 자신이 누구인지에 대한 감각을 형성하고 고유한 생각, 감정 그리고 기억 회상을 일으키는 많은 고원을 가지고 있다. 이러한 필터링 고원의 발달은 우리가 성장함에 따라 학습에 반응하여 발생하는 신경가소성 변화의 일부로써 경험뿐만 아니라 기질의 일부로 유전에 의해 영향을 받는다. 고원은 에너지 흐름(가능성에서 실제로의 움직임)이 실제로 나타날 것의 선택된 부분집합으로 성형되는 과정을 나타낸다는 점을 상기하라. 고원은 우리 삶에서 조직화 기능을 제공하며, 이것은 3-P 관점에서 시각적으로 볼 수 있는 마음의 자기 조직적 측면의 필수 요소이다. 우리가 발달함에 따라, 고원은 유전적으로 영향을 받은 기질과 신경가소성 변화로 경험적으로 형성된 우리의 성격을 형성하고, "우리의 존재 방식"을 형성하는 세계에서 정보를 처리하고 상호작용하는 패턴을 결정한다.

서로 다른 내부 또는 외부 맥락에서 활성화될 수 있는 많은 잠재적인 적응적 고원이 있기 때문에, 이러한 관점에서 느껴지는 주관적 경험, 정보 그리고 행동의 "처리"에 대한 이질적인 일련의 조직화 패턴으로 나타나는 여러 상태는 자연스러운 것이다. 즉, 우리는 삶의 다양하고 다채로운 활동을 수행하는 데 필요한 여러 가지 다양한 "자기"를 가지고 있다. 월트 화이트만Walt Whitman은 종종 다음과 같이 말한다. "나는 나 자신과 모순되는가? 아주 좋아, 나는 나 자신과 모순되고, 나는 거대하며 많은 사람을 포용한다."[7] 이와 유사하게 칼 세이건Carl Sagan은 "우리는 우리 각자가 다수multitude이다"라고 말한다.[8] 모순과 다양성을 포용하는 발달하는 마음과 우주를 이해하려면, 우리 본성의 여러 가지 특성과 우리가 누구인지에 대한 여러 측면을 다루어야 한다.

우리는 또한 끊임없이 변화하고 상호의존적인 관계망을 통해 타인과 우리 주변의 자연 세계와 깊이 연결되어 있기 때문에, "자기"는 단수 명사가 아니라 복수 동사라고 말할 수 있다. 우리의 정체성은 단순히 두개골 속에만 있거나 우리 몸에 국한된 고립된 "나"가 아니다. 통합된 정체성은 내적인 자기인 "나I or Me" 그리고 관계적인 자기인 "우리We or Us"를 포함하는 것으로 볼 수 있다. 앞서 소개에서 언급했듯이, 이러한 통합된 정체성을 표현하는 한 가지 방법은 다음 방정식을 사용하는 것이다. 나Me 더하기 우리We는 나우리MWe이다. 나우리MWe는 마음이 사람 내부와 사람 사이에 있음을 상기시켜주는 간단한 용어이다. 우리는 내적이면서 상호적인 나우리MWe의 본성을 지니고 있다. 우리는 생각, 감정, 기억 및 행동의 형태로 에너지가 실현화되어 발생하는 특정 정점을 형성하는 맥락 의존적인 특정한 고원의 활성화로써 3-P 틀에서 이런 이중적 본성을 볼 수 있다. 관계 경험이 반복됨에 따라 우리의 "자기 상태"를 구성하는 이러한 고원은 반복적으로 깊숙이 자리 잡게 되고 시간이 지남에 따라 자신의 역사와 활동 패턴을 발전시킨다. 이러한 반복되는 패턴을 깊이 생각할 때 우리는 삶의 이야기를 형성하는 자전적 "자기감"을 개발할 수 있다. 이 과정은 다음 장에서 더욱 자세히 살펴볼 것이다.

우리도 알다시피, 발달 연구와 인지 과학 모두 사람은 많은 자기를selves 소유하고 있다고 본다. 전문화된 "자기" 혹은 "자기 상태"는 순간적으로 응집성을 가지며 시간에 따라 연속성을 나타낸다. 예를 들어, 한 사람의 성적 자기는 시간이 지남에 따라 타인과의 성적 상호작용을 하면서 경험하는 성적 흥분과 같은 성적 정보를 처리하기 위해 시간의 흐름에 따라 모여진 모든 마음 상태들로 구성된다. 그러면 이 성적 자기는 연결 강도 또는 상호연결된 네트워크 간의 시냅스 강도를 포함하는 개인 내 신체 시스템과 뇌에서 발생하는 변수인 내부 "시스템 제약system constraints"이라고 할 수 있는 것에 의해 연속성을 갖는다. 에너지 흐름의 경로(활동 전위의 활성화)는 특정 신경 집단의 발화를 수천 배 더 빠르게 할 뿐만 아니라, 보다 조정된 방식으로 활성화하는 주어진 신경 연결 내에서 수초 절연에 의해 강화될 수 있다. 그 상태에서 훨씬 더 많은 영향을 미치면서 그 순간에 신경 패턴을 형성한다. 뇌 상태가 빠르게 변할 수 있다는 점을 감안할 때, 우리는 내부 및 외부 요인이 내부적으로 보유한 시냅스 패턴을 활성화하고 그 순간에 특정 뇌 점화 패턴을 형성하는 것을 상상해 볼 수 있다. 주어진 상태의 그 순간에 관여하지 않은 잠재적인 패턴은 활성화를 위해 3천 배의 단점을 가지고 경쟁할 것이며 그 시점의 신경 발화 환경에서 우위를 차지하기 위한 경쟁자가 될 가능성이 훨씬 적을 것이다. 이러한 내적, 신체적 및 외부적, 관계적 요인은 우리가 매 순간 어떻게 나타나는지를 형성하는 내적 및 상호적 inner and inter 마음의 일부가 될 것이다. 시간에 따른 이 연속성 내에서 응집감sense of cohesion이 있다. 즉, 마음의 인지적 필터로서 작용하는 다양한 고원plateaus들은 특정한 목표를 달성하기 위해 정보를 처리하는 전문적 활동을 위해 서로 뭉칠 수 있다cluster. 이러한 전문화된 자기의 응집성은 시간의 흐름에 따라 (자기 상태에서) 감정, 신념, 의도, 기억 등의 연속성을 창발하고, 이것은 진정한 통일감a sense of unity을 형성한다.

한 사람의 정신적인 삶은 시간의 흐름에 따라 하나의 전체적인 기능을 하는 시스템으로 존재하고, 상대적으로 독특하지만, 상호의존적인 많은 상태들로 구성되어 있다. 복잡계이기 때문에, 정신적 삶은 그 자체가 더 큰 인간관계 체계의 하위 구성 요소뿐 아니라 전문화된 자기 상태의 하위 구성 요소로 이루어진다. 마음의 자기들을 살펴봄으로써 상태에 따른 연속성에 관한 주제를 계속해서 살펴보자.

몇몇 용어에 대해 설명해 보자. 우리는 "마음 상태"라는 용어를 특정한 순간에서 뇌 활동(그리고 다음 세션에서 설명할 정신 모듈)의 군집으로 사용할 것이다. 이 "순간"은 짧거나 길 수도 있고, 시간에 따라 마음 상태는 그들의 경계선이 선명함이나 흐릿함의 정도가 다양할 수 있다. 몇 주 그리고 몇 년의 시간이 경과하면서 반복되어 활성화된 마음 상태는 전문화되고 목표 지향적인 응집된 기능 단위가 될 수 있다. 우리는 이것을 "전문화된 자기" 혹은 "자기 상태"라고 부를 것이다.

가장 기본적인 자기 상태의 구분은 사적인 내적 자기와 공적인 외적 자기로 나누는 것이며, 이는 5장에서 자세히 알아볼 것이다. 발달 연구들은 어떻게 사람들이 인생에서 다양한 역할들로 인해 고심하는지와 어떻게 이 역할들이 "참true" 혹은 "거짓false" 자기selfhood로 다양하게 구성되어 있는지를 연구해 왔다.[9] 전문화된 자기의 다른 예들은 성적, 친애적affiliative, 출세 지향적, 생존 지향적, 지적인 자기들을 포함한다. 이들의 구분은 특정한 순간에 마음 상태가 기본 단위로 돌아갈 때까지 계속될 수 있다. 그리고 이것이 핵심이다. 어쨌든 그것이 가능하다면, 어떻게 마음은 마음 상태의 연속성을 형성하는가?

여기서 **기본 마음 상태란 시간의 흐름에 따라 반복적인 활성화 패턴이 지속되는 전문화된 자기들로 군집되어 있는 마음 상태**라고 제안한다. 이러한 전문화된 자기들이나 자기 상태들 각각은 정보를 처리하고 목표를 성취하는 데 있어 상대적으로 전문화되고 어느 정도 자신만의 방식들이 존재한다. 각각의 상태들은 상호의존적이지만 독특한 과정을 보유하고 있어서, 시간이 흘러도 일관적인 정신적 삶의 경험들을 형성하는 연속감을 보인다.

수잔 하터Susan Harter와 동료 발달 연구자들은 특정 자기 상태들이 서로 갈등을 일으킬 수 있다고 제안한다.[10] 그런 갈등들은 특히, 청소년기 동안의 기능 장애의 핵심적인 원인일 줄도 모른다. 또한 전문화된 자기 내에서 "거짓 자기false selfhood"의 정도가 심해질수록 개인들은 타인과 자신으로부터 더욱 단절된 느낌을 경험할 것이다. 한 개인이 그런 갈등을 어떻게 해결하는지는 미래의 정서 회복탄력성에 중요한 결정요인이 될 것이다.[11] 예를 들어, 혼란 애착 유형의 아동들은 후성 조절epigenetic regulation에서 신경전달물질 기능을 형성하는 유전적 변형과 변화에 따라 인간관계 외상의 발달 유형에 대한 그들의 반응이 다를 수 있다.[12] 과거 경험과 선천적인 유전 특징에 의해 형성된 시냅스 그림자synaptic shadows는 전 생애에 걸쳐 지속되는 패턴들을 형성한다. 웰빙과 회복탄력성에 관한 질문은 화합된 **연속성**continuity이 있느냐가 아니라, 어떻게 마음이 시간의 경과에 따라 자기 상태들에서 효과적인 기능을 하는 **일관성**coherence을 통합하느냐이다.

만약 사람들이 고착되고 무능해진다면, 그리고 사람들이 진정성 없이 임시방편적인 전문화된 자기들로만 차 있다면, 혹은 모든 자기 상태들이 극심하고 해결되지 않은 갈등들로 차 있다면, 그땐 시간에 따라 자기들을 통합하는 특정한 과정의 발달이 중요해질 것이다. 임상가들은 종종 이러한 딜레마에 빠진 환자들을 본다. 그런 환자들에게 통합과정의 발달을 촉진시키는 것은 심리치료의 핵심 요소일 수 있다. 다음 장들에서 마음이 어떻게 통합과 자기 조절을 획득하는지와 어떻게 인간관계가 자기 조직화 변형의 필수적인 능력을 개발하는 데 있어 도움이 되는지를 살펴볼 것이다.

모듈, 모드와 시스템

기본적인 수준에서, 뇌의 회로망은 상징(즉, "표상") 역할을 하는 활성화 패턴들을 만든다. 이러한 패턴들은 정보를 표상하고 정신 과정들을 더 유발한다.[13] 결과적으로, 이런 과정 자체가 정보를 표상한다. 요약하면, 뇌 회로망의 활성은 발화 패턴들을 만드는 것 외에 어떤 것에 대한 상징을 만든다. 이것이 바로 마음의 정보 처리 과정이다. 표상은 신경 활성화를 더욱 유발하는 활동적이고 역동적인 과정이다.

각 표상의 차이는 발화 패턴과 신경 회로가 활성화되는 부분이 다르기 때문에 나타난다. 예를 들어, 외부 세계와 몸에 직접적으로 연결된 회로들에서는 감각 표상이 형성된다. 그런 후 이러한 감각 자극 입력으로 형성된 지각 표상이 더 복잡한 표상들로 처리되고 변환된다. 만약 "탁자"를 시각적으로 떠올리면, 눈에서 온 신호가 후두엽occipital cortex으로 투사되고 그곳에서 탁자에 대한 어떤 표상이 활성화될 것이다. 후두엽은 각도와 대비의 패턴과 같은 표상의 시각적 특성을 규명하는 역할을 한다. 그 후에 감각 정보는 개념적 표상으로 처리되고 변환된다. 이렇게 더 복잡하고 추상적인 상징들은 신피질neocortex, 특히 뇌의 앞부분의 활동에 의해 발현된다고 알려져 있다. 언어 표상의 회로(단어와 단어의 다양한 요소와 결합하는 회로)는 주로 좌반구 측면이나 측두엽temporal lobes에 위치해 있다. 음성 언어의 비언어적인 억양의 표현과 이해는 우반구의 활동으로 나타난다고 밝혀져 왔다. 전반적으로, **처리 과정의 국재화localization는 직접적으로 정보의 내용과 그 내용의 주관적인 특성을 형성하면서 심적 표상mental presentation 경험에 대한 특수성을 갖게 한다.** 좌뇌의 더 분석적("부분으로 분해"하는) 회로에 의해 평가된 이미지는 맥락에 더 민감하면서 "전체를 평가하는" 우뇌를 통해 평가된 이미지와는 매우 다른 질감을 가질 것이다. 두 반구는 종종 많은 표상 과정에 참여하는데, 비대칭적으로 서로 구별되는 기능을 통해 에너지 패턴을 주어진 순간에 우리가 "실재reality"로 경험하는 정보로 처리함으로써 전체적인 뇌의 기능에 기여한다.

인지 신경과학에서는 신경해부학적으로 다른 부위에서 발생한 심적 표상이 어떻게 하나의 응집된 전체로 조직화되는지를 설명하기 위해 "모듈modules", "모드modes", "시스템system"과 "과정process"이라는 용어를 사용한다.[14] 이러한 구조는 마음의 중심 기능이 정보 처리에 있기 때문에 그렇다. 정신적 활동은 기본적인 처리 모듈에서 생겨난다. "모듈"은 어떤 특정한 유형의 정보를 전달하고 비슷한 형태의 신경 신호나 코드를 활용하는 신경회로 세트로 정의될 수 있다. 예를 들어, 시각 자극 입력을 처리하는 모듈은 눈에서 후두엽으로 전달된 신호들과 관련된다. 이러한 감각 모듈은 특정한 모양, 대비나 각도를 감지하는 회로들과 관련될 수 있다. 다른 종류의 모듈인 시지각 모듈은, 이러한 감각 표상들을 지각 패턴들(예를 들어 "가구의 형태"나 "얼굴")로 군집화하는 회로들로 구성되어 있다. 동시에 유사한 모듈들이 시각 정보를 더 복잡한 표상으로 처리하면서 시각 "모드"를 형성한다. 이 단계에서, 이전의 경험은 감각이라는 상대적으로 "순수한pure" 정보 상태에서 우리가 "지각"이라고 부르는 좀 더 구성된 에너지 흐름 형태를 이루게 된다. 심지어 감각도 우리 신체의 피할 수 없는 해부학적 제한으로 인해 외부 세계나 몸 자체의 에너지를 가공할 수밖에 없는 한계가 있으며, 이런 한계를 지닌 체 감각이 형성된다. 감각은 도관conduit과 같은 역할을 한다. 감각에서 지각으로 이동하면 정보의 흐름이 구성construction되게 된다. 다시 말해, "순수한 잉태immaculate conception"와 같은 것은 없다. 우리가 지각하는 것을 형성하는 필터는 우리가 감각한 것에 의해 직접적으로 구성되고, 개념과 범주로 조직된 다음, 과거 경험과 우리가 속하고 살고 있는 사회 세계에서 구축된 현실에 대해 암묵적이면서 자동적인 그리고 종종 숨겨진 신념을 만든다.

우리의 3-P 모형에서, "순수한" 도관 근처의 감각은 알아차림이 발생하는 가능성의 평면으로부터 직접 발생하는 정점으로 볼 수 있다. "구성된" 지각은 가능한 실제의 하위 집합으로 에너지를 필터링한 고원에서 발생하는 정점이다([그림 2.1] 참조).

또한 우리는 이 구성의 층에 기본적인 필터가 포함될 수 있음을 알 수

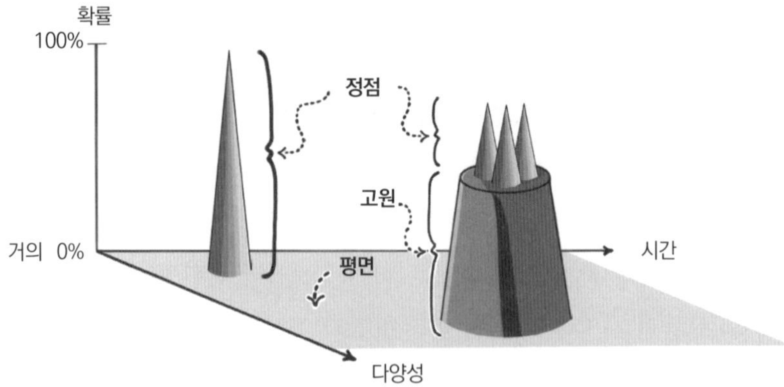

[그림 2.1] 고원, 정점 그리고 평면을 표현한 3-P 그래프

있다(우리 앞에 있는 개를 포유류, 그냥 개canine, 애완견a domesticated dog, 그리고 지금 내 옆에 앉아 있는 개와 같은 킹 찰스 스패니얼 품종이라는 개념과 같은). 하지만 찰리는 또 다른 층이 있을 수도 있다. 이 특별한 애완동물은 지금 내 발 앞에 있다. 하지만, 여러 면에서 나는 동물, 포유류, 그냥 개, 그리고 심지어 "찰리"라는 언어적 상징으로 구성된 개념과 범주를 직접 감지하지 못하고 있다. 찰리는 이 문장에 포함된 언어 기호가 아니다. "찰리는 내 발 옆에 앉아 있다." 이 순간에 에너지 흐름은 이러한 역사적으로 만들어진 모든 범주, 개념 및 언어적 층위의 구성된 것이 아니다. 그러나 정보 처리는 이것이 궁극적인 현실이라는 느낌을 갖도록 만들 수 있다. 내가 이름을 붙인 것은 무엇인가. 우리는 종종 알아차림으로부터 숨겨진 고원에서 발생하는 정점으로 현실의 표상을 보게 되며 이러한 층위를 시각화하여 볼 수 있다([그림2.2] 참조).

이 구성된 정보가 다른 지각 양상(모드)과 조정된다면, 우리는 지각 "시

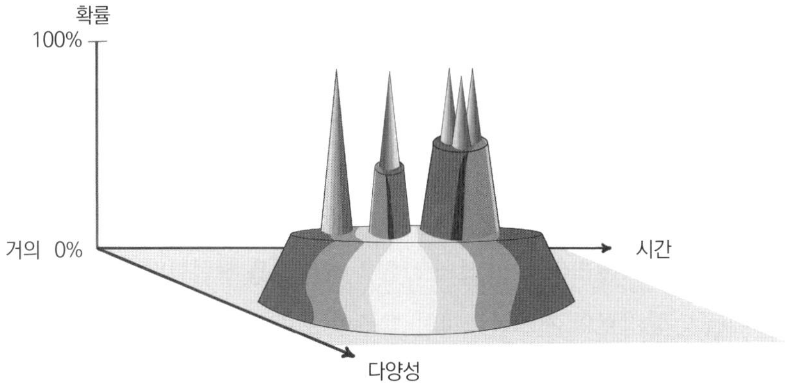

[그림 2.2] 낮게 깔린 고원을 표현한 3-P 그래프

스템"을 갖게 된다. 다른 마음의 시스템에 대한 예는 고전적으로 "암묵 기억"과 "외현 기억"이라고 불리는 다양한 형태가 포함된다.[15] 명시적 기억은 자전적 기억 대 의미 기억 또는 사실 기억에 관한 모드로 구성된 시스템이다. 자전적 모드 내에서는 구체적인 에피소드, 요점gists과 포괄적인 자전적 지식을 부호화하는 모듈이 있다. 예를 들어, 우리가 누군가에게 작년에 대해 기억나는 것을 말해보라고 하면, 그 사람은 명시 기억 시스템의 자전적 기억과 그것의 기본 모듈의 하위 구성 요소 모드를 활성화할 것이다. 다음 장에서 더욱 자세히 토의하겠지만, 이러한 구성 요소들은 자기 인식적 의식autonoetic consciousness 또는 자기를 아는 알아차림self-knowing awareness의 부호화 및 인출 기능과 관련된 특정한 신경 회로망을 지닌다.

상태, 특성과 응집성

우리는 마음 상태의 개념화를 위해 모듈, 모드와 시스템이라는 용어를 사용한다. 여기서 요점은 무엇인가? 요점은 뇌의 활동으로부터 발생하는 마음의 활동이 점점 더 복잡한 정보 처리로서의 패턴화된 양식으로 조직화된다는 것이다. 우리는 마음 상태로 활동 패턴들을 경험한다. 패턴들 자체는 에너지와 정보의 전기화학적인 흐름을 포함한 신경 발화로 만들어진다. 다시 말해서, "마음 상태"는 뇌 활동의 신경망 프로파일에서 발생하고 궁극적으로 주관적인 정신적 삶의 한 측면으로 경험된다. 나는 이러한 것들을 "뇌 발화 상태states of brain firing"로 명명하면서 마음-뇌mind-brain 질문을 피할 수 있다고 생각한다. 하지만 현실에서 우리는 "마음 상태"라는 어구를 "기분mood"이나 "정서적 유인가emotional valence"라는 주관적인 느낌과 함께 흔히 사용해서, 마음 상태는 자연스럽게 우리의 주관적인 정신적 삶의 일부가 된다. 그러한 마음 상태는 또한 주어진 순간에 우리의 관계에서 의사소통 패턴에 의해 형성된다. 따라서 이런 마음의 측면을 체화적이며 관계적이라고 한다. 여러분은 자신 내부와 사람 사이에서 작동한다는 마음의 이런 관점의 유용성을 느끼고, 지각하고, 상상할 수 있는가? 지금까지의 여정에서 우리는 마음의 체화적이며 관계적인 속성(뇌보다 더 넓고 고립된 신체보다 더 크다)에 대해 정의하는 것이 상호 연결된 정신적 삶의 현실을 탐구하고 논의하는 데 어떻게 도움이 되는지 알 수 있었다.

현재 우리가 어떻게 느끼는지를 구체화하는 것 이상으로, 마음 상태는 두 가지의 기본적인 역할을 한다. **순간의 활동을 조정하고, 미래에 더 자주 발생할 수 있는 뇌의 활성화 패턴을 만든다.** 이 발견을 되새기는 한 가지 방법은 다음과 같은 말이다. "주의가 가는 곳에 신경 점화가 일어나고 신경 연결이 커진다." 주의는 우리의 마음 상태에 기여할 수 있으며 반복된 상태는 신경 연결성에 변화를 일으킬 수 있는 신경 발화를 만들 수 있다. 즉, 마음 상태는 하나의 기억된 뇌 활동 형태 또는 신경망 프로파일이 될 수 있다는 것이다. 특정한 상태들(예를 들어, 수치심 상태나 절망 상태)의 반복적인 활성화는 그러한 상태가 미래에 더 활성화가 될 가능성을 증가시킨다. 이러한 방식으로, 상태는 곧 내적 과정과 인간관계 과정 모두에 영향을 주는 개인의 특성이 될 수 있다.[16]

마음 상태는 특정한 시스템의 처리 활동을 군집화한다. 이 군집화의 효과성과 유용성이 상태의 응집성을 좌우한다. 무엇이 상태의 군집화 과정을 조정하는가? 우리는 부분적으로 감정이 이에 대한 답이라고 생각한다. 감정 조절은 뇌의 변화하는 활성화 상태들을 통해 에너지의 흐름을 관장한다. 뇌에는 광범위하게 분산된 시스템들(신체 상태, 각성-평가 중추arousal-appraisal center, 외측 전전두 피질lateral prefrontal cortex을 통한 주의, 감각 피질로부터의 지각, 연합된 신피질 내의 추상적 표상, 내측 측두엽medial temproal lobe을 통한 기억 과정, 기저핵basal ganglia을 통한 운동 반응)의 활동을 조정하는 역할을 하는 것으로 생각되는 전전두엽과 같은 수렴지대convergence zones와 발산지대divergence zones가 있다.[17] 이러한 회로의 활성화(에너지)가 특정한 순간의 뇌의 전반적인 상태를 좌우한다. 회로가 활성화되면, 이러한 회로들은 전문적으로 계산되는 모드 내에서 표상(정보)들을 형성하고 처리한다. 감정의 경험과 조절은 부분적으로 변연계와 전전두엽이라고 불리는 부분에 의해 매개되며, 신체 상태를 포함한 피질하 영역뿐만 아니라 전체 피질 영역이 해부학적으로 더 고위의 영역에 신호를 제공한다. 광범위한 뇌 활동을 조정하기 위한 이러한 영역의 구조적 상호 연결 및 기능적 능력은 뇌 네트워크를 전반적인 감정 상태로 통합할 수 있게 한다.[18] 인간 커넥톰을 조사하는 미래의 연구를 통해, 뇌와 신체에서 상호 연결된 네트워크의 광범위한 전기적 활동(그리고 아마도 관계적인 세계와의 공명을 통해)이 주어진 순간에 우리의 감정 상태를 어떻게 형성하는지에 대한 더욱 세밀한 이해를 할 수 있게 될 것이다. 이렇게 고도로 통합된 상태에 수반되는 주관적인 느낌은 우리가 임상적으로 "느낌feelings"(정서가 외적으로 드러난 표현, 우리가 감정이라고 부르는 전반적인 상태)이라고 부르는 것일지 모른다.[19]

마음 상태의 효과를 조직화하기

"넓은 범위의 뇌 활동을 조정한다"라는 것은 정확히 무슨 뜻일까? 문자 그대로, 이것은 뇌를 구성하는 다양한 시스템들[하위나 더 단순한 체계들(예를 들어, 신체 상태 통제에 대한 자율신경계의 등록과 조절)에서부터 상위의 혹은 더 복잡한 체계들(예를 들어, 사고에 대한 신피질의 개념 표상)까지]이 특정한 마음 상태에서 기능적으로 연결되거나 일시적으로 서로 연합될 수 있다는 것이다. 이러한 맥락에서, "연결된"은 타인과의 상호작용뿐 아니라 시스템들이 동시에 활성화되고 서로에 기능적인 영향을 준다는 것을 의미한다.[20] 이것이 바로 마음 상태다.

마음 상태는 (1) 지각 편향 (2) 정서 톤과 조절 (3) 기억 과정 (4) 정신 모델mental model**, (5) 행동 반응 패턴을 담당하는 뇌 내에 있는 동원 체계들**recruited systems**의 활성화 패턴이라고 할 수 있다.** 마음 상태는 이러한 각 기본 요소들의 활성화로 구성된 지속적인 군집을 유지할 수 있다. 우리는 이를 3-P 모델에서 고원 내에서 작동하는 필터로 나타낸다. 한 사람의 지각, 느낌, 생각, 기억, 태도, 믿음 및 욕망의 요소들과 이러한 것들이 자신의 행동과 타인과의 상호작용에 어떻게 영향을 미치는지에 초점을 두면, 한 개인의 마음 상태의 요소들을 발견할 수 있다. 이런 방식으로, 예를 들어 생각, 감정, 기억 또는 행동에 대한 에너지의 정점으로 특정한 실제화는 그것이 발생하는 특정 고원에 의해 제한된다. 또한 마음 상태는 역동적인 과정이기 때문에, 이를 이해하려면 시간이 지남에 따라 개인의 정신 과정의 변화를 살펴보아야 한다. 한 개인은 평생 동안 성장하고 발전함에 따라 마음 상태의 고원은 변하게 된다.

매 순간 여러 활성화의 결합으로 독특한 마음 상태가 형성된다. 하지만 반복적인 활성화 패턴은 곧 "각인되게engrained" 되는데, 이것은 미래에 재활성화될 가능성이 높아지는 것을 뜻한다. 특정한 마음 상태는 반복적인 활성화와 내적 연결의 기능적 장점 때문에 응집성이 발달할 수 있다. 즉, 유연하고 창발적인 고원의 집합은 우리가 현재 경험하는 것을 형성할 수 있지만, 일부 고원은 고정된 필터링 기준을 사용하여 더 경직될 수가 있다. 한편으로 이러한 고원은 어떤 순간에 안전감과 함께 응집력을 제공한다. 그러나 고원의 기준이 충분히 유연하지 않은 경우, 에너지가 정보로 처리되는 방식을 형성하는 더 자유롭고 적응적인 모드를 차단하고 변화하는 요구에 대응하는 개인의 능력을 손상시킬 수 있다. 우리는 이를 "감옥에 갇힌 고원"이라고 부를 수 있다. 대부분의 고원은 기준이 변화하는 내부 및 외부의 요구에 대응할 수 있을 만큼 유연하기 때문에 감옥이 아니다. 그러나 특정 조건 하(자신의 발달 및 경험 때문에 또는 특정한 기분, 의도 및 태도를 가진 경직된 상태)에서 어떤 고원은 실제로 매우 융통성이 없어서 감옥과 같을 수 있다. 이것이 우리가 내부적으로 구성된 의식의 필터가 자신의 신념 체계를 지속적으로 강화하는 지각과 개념의 감옥이 되기 때문에 우리가 "익숙한 장소에서 길을 잃을" 수 있는 이유이다. 다시 말해, 우리는 우리가 믿는 것(특정 고원으로부터 제한된 출현에 의해 한계가 지워진)만을 (정점으로) 지각할 수 있다. 어떤 사람들은 이것을 우리가 이미 진실이라고 믿는 것을 뒷받침하는 요인들에만 선택적으로 주의를 기울이는 "확증 편향confirmation bias"이라고 부르는 것의 기초라고 볼 수도 있다.[21]

때로는, 마음이 경험을 효과적으로 조직화하지 못할 수 있다. 그러한 경험은 정신의 적응 능력을 압도하고 뇌 내의 근본적인 상호 연결성의 변화와 관련이 있다는 점에서 외상traumatizing과 관련이 있다.[22] 4장에서 더 자세히 알아보겠지만, 혼란 애착의 경우, 어떤 인간관계 경험들은 마음의 응집력을 손상시키고 적응적인 상태가 될 수 없게 한다. 이러한 경우, 마음은 응집력이 부족한 활성화로 혼돈스럽고 비조직화된 상태에 빠져들게 된다. 이러한 상태의 비응집성 자체가 곧 발달하는 뇌의 비통합된 상태를 반영하는 개인의 특성이 될 수 있다.[23] 비조직화나 지남력장애disorientation는 활성화나 마음 상태의 반복적인 패턴이 된다. 이 패턴 때문에 해리dissociation를 혼란 애착의 과거력이 있는 사람들에게서 나타나는 스트레스에 대한 적응으로 설명할 수 있게 된다.

어떤 사람이 어린 시절 반복적으로 방임되었다면, 절망 상태가 활성화되고 각인될 것이다. 이렇게 지나치게 낮은 에너지 상태에서, 세상에 대한 지각으로 거절감이 생기고, 감정은 수치심과 절망으로 가득 차고, 거부당했던 과거 경험들에 대한 기억이 떠오를 것이다. 또한 사랑받지 못하는 자기 모델과 비가용적인 타인 모델이 활성화될 것이고, 위축된 행동 경향이 있을 수 있다. 절망 상태가 반복적으로 활성화되었기 때문에, 친구나 치료자가 제때 회신 전화를 주지 않을 때와 같은 작은 거부 징후에도 이 상태가 활성화될 가능성이 높다. 이러한 환경적 맥락에 대한 반응은 부분적으로 개인사와 관련된다. 그러나 그 순간 초기 자극 수준을 넘는 거대한 거절감과 절망을 느끼고 과거 경험에 명백하게 의식적으로 접근 가능한 연결이 부재한 채로 그 군집 전체가 빠르게 지배적인 정보 처리 모드가 된다.

우리의 주관적인 삶은 사회적 상호작용에 아주 민감한 정신적 상태에서 창발된다. 개방적인 역동적 체계처럼, 우리는 낮은 수준의 하위 구성 요소들로 구성되어 있고 우리 또한 현재 살고 있는 더 큰 사회적 연결 체계의 하위 구성 요소들이다. 우리의 뇌는 사회적 신호들을 주고받을 수 있게 구체적으로 만들어진 회로들을 갖고 있다. 그래서 마음은 이러한 정보를 처리하고 활용할 수 있고, 따라서 우리는 사회적 의사소통에서 적극적인 존재가 될 수 있다. 위의 절망 상태의 예에서 보면, 개인의 과거사는 상대방의 관심 부족에 대한 정보를 포함하는 사회적 신호에 과도하게 민감하고 반응적이게 했다. 단순하게 보면, 그 사람은 쉬이 거부감을 느낄 것이다. 이러한 마음 상태에 있는 것이 아니라면, 그 사람은 적절하게 기능할 수 있을 것이다. 그런 상태는 우리의 3-P 모델에서 외상 경험이 절망과 수치심의 상태를 나타내는 특정 고원으로 시각화할 수 있다. 이 상태에서는 특정 정점만 발생한다. 이는 거절감과 절망감에 대한 민감성의 특정 정점이며 바로 그 마음 상태에서만 발생한다. 고원은 그 순간에 마음 상태가 어떻게 빠르게 활성화되고 현실감, 자기감의 총체성을 형성할 수 있는지를 시각화하는 방법이다. 고원은 어떤 유형의 정점이 발생할 수 있는지 필터링한다(특정 상태의 감정, 생각, 신념, 지각적 편견, 기억 그리고 주어진 마음 상태와 관련된 행동의 집합). 그러나 그 사람의 마음 상태 조절(감정 조절을 포함한)은 그 사람이 빠르게 그리고 부적응적으로 무기력한 절망 상태에 빠지게 하고 이는 그 상태를 강화시키는 방향으로 다른 마음 정보 처리에 영향을 미친다. 그 사람은 그 시간의 마음 상태에 더 깊게 각인되어 지각하고, 느끼고, 기억하고, 상상하며, 생각하고 행동한다. 이것이 바로 마음 상태의 조직화와 자기강화 효과들이다.

> 우리의 주관적인 삶은 사회적 상호작용에 아주 민감한 정신적 상태에서 창발된다.

이제 어떻게 마음 상태가 환경적 단서로 인해 신속하게 변화할 수 있는지에 대한 예를 살펴보자.

맥락 민감성

어떤 남자가 연인과 함께 바람과 파도 소리를 즐기며 해변을 걷고 있다면 그는 물과 하늘 그리고 잡고 있는 연인의 손에 주의를 두게 되고, 깊은 안정감과 연결감을 느끼며, 유사한 로맨틱한 순간들을 쉽게 떠올리고, 소박하고 가치 있는 삶의 정신적 모델을 형성하며, 모래사장을 걸으면서 타인에게 온화하고 편안한 행동들을 보이기 쉬운 특정한 마음 상태에 있을 것이다. 그는 안정감과 연결감을 경험할만한 사랑스러운 사람으로서의 자기 모델을 갖고 있을 것이다.

그런데 만약 누군가가 이 남자의 어깨를 붙잡고 거칠게 "돈 내놔!"라고 말한다면 그의 마음 상태는 갑작스럽게 변할 것이다. 이 사건은 새로운 맥락을 형성한다. 마음 상태는 외적 상황들에 상당히 민감하다. 이러한 환경의 변화는 그의 뇌에도 변화를 일으킨다. 그는 불청객의 어조의 크기, 말하려는 내용과 신체적 접촉을 지각할 것이다. 청각, 시각과 체감각(신체 감각)을 포함한 그의 모든 처리 시스템들은 정보를 수집할 것이다. 초기에, 복잡한 정보 처리 전과 의식적 인식이 일어나기 한참 전인 "낮은" 수준에서 편도체를 비롯한 경고/방어 시스템은 "위험!"이라는 내적 신호를 발화한다. 이러한 피질하 처리는 그의 마음 상태를 변환시키는 데 신속한 효력을 발휘한다. 이러한 상태 변화로 인해 그는 환경 자극을 위협적으로 해석하게 하는 지각 편향을 갖게 된다. 싸움하기-도망가기-얼어붙기 또는 기절하기 반응fight-flight-freeze-or-faint의 행동 반응 패턴은 심장박동이 빨라지고 근육이 수축되면서 활성화될 것이다. 이러한 감각들은 특히 안와 전두피질orbitofrontal cortex과 같은 감정 처리 중추에 피드백을 줄 수 있고, 마음은 자신이 두려움이나 분노를 느낀다는 것을 알게 된다. 그의 주의는 대부분 불청객의 행동에 집중되어 있겠지만, 그는 의식적 경험으로 신체적 반응과 변화된 마음 상태를 알아차릴 것이다. 위협과 두려움을 느낀 다른 순간에서의 암묵 기억과 외현 기억은 상태 의존적 회상 기제를 통해 더 접근하기 쉽게 될 것이다. 이것은 그가 해야 하는 것에 대한 지식과 과거 유사한 상황에서 그가 사용하였던 기술에 접근할 때 유용하다. 이제 세상은 위험한 곳이라는 정신적 모델이 활성화될 것이다. 이때, 자기 모델은 "나는 나를 보호할 수 있어"에서 "나한테 이런 일이 벌어질 줄 알았어. 나는 약하고 무력한 사람이야"까지 다양하게 형성될 수 있을 것이다. 마음 상태의 이러한 요소들은 각각 그 순간에 나타나는 구체적이고 맥락 의존적인 상태에서 고원으로부터 올라오는 특정한 정점으로 시각화할 수 있다.

보통 마음 상태의 변화는 위의 예처럼 극적이지는 않다. 맥락 변화는 아주 미묘할 수 있는데, 예를 들어서 상대방의 어조나 얼굴 표정의 변화에 의해서도 유도될 수 있다. 우리의 마음은 외부 신호들, 특히 사회적 환경에 대해 끊임없이 반응하고 있으며, 이는 특정한 고원이 어떤 순간에 바로 관여하기 때문에 나타나게 된다.

마음 상태 변화를 일으키는 더 흔한 상황은 성인이 된 자녀가 명절에 "부모님 집"에 갈 때이다. 한 사람이 청소년기의 물리적, 사회적 환경에 돌아가는 것은 옛날 마음 상태를 활성화시킬 수 있는 맥락 신호를 제공할 수 있다. 사람은 본의 아니게 그리고 처음엔 자신도 모르게 갑자기 자신이 "어린아이"가 된 기분이 들 것이다. 의존, 부적절감이나 분노의 감각이 자신의 정서 경험을 지배할 수도 있을 것이다. 그 사람은 다시 부모님과 크고 작은 다툼을 하며 또다시 청소년이 된 것처럼 행동할 수 있다. 이 사람은 자신이 이렇게 과거 행동 패턴들을 하는 자신을 보는 동시에, 부모 또한 말썽 피우는 청소년인 것 마냥 자신을 대하는 것을 발견하게 될 것이다. 그 사람에 대한 부모의 행동과 부모에 대한 그 사람의 행동 중 무엇이 먼저였을까? 이러한 과정은 어떻게 일어나는가? 개인이 "가능성의 평면으로 들어갈 수 있는" 도구를 가지고 있을 때(우리의 3-P 틀로 설명하면, 알아차림이 일어나는 곳이다) 그 사람은 의식적인 성찰을 할 수 있고, 충동과 행동 사이에서 멈출 수 있으며, 잠재력의 바다에서 휴식을 취하면서 생각하고 느끼고 반응하는 방법의 다른 선택들을 찾을 수 있다. 그 사람은 만약 지각의 정점이 기존 믿음 체계의 융통성 없는 제약으로 특정한 감옥에 갇힌 고원에서가 아니라 열린 알아차림으로부터, 즉 평면으로부터 직접적으로 일어날 수 있도록 허용된다면 현실을 더 명확하게 볼 수 있다. 다시 말해, 수용적으로 알아차리게 되는 경험은 가능성의 평면에서 생긴다. 새로운 정점은 이 평면에서 자유롭게 발생할 수 있고, 경직되고 맥락 의존적인 것이 아닌 새롭고 더 유연한 고원에서 새로운 정점이 일어날 수도 있다. 그렇게 해서 알아차림과 함께 내적이며 상호적인 경험의 새로운 전개가 만들어질 수 있다. 이것이 의식이 선택과 변화를 촉진할 수 있는 방법이다.

마음 상태와 어떻게 마음 상태가 우리의 현재 경험과 과거의 경험들에 의해 빠르고 복잡하게 영향을 받는지를 이해하기 위해서 이제 우리는 복잡계complex systems에 대한 연구를 살펴보아야 할 것이다.

복잡계

복잡성, 자연 선택, 그리고 연결주의

단일한 뇌는 "복잡계의 비선형적 역동성 이론theory of nonlinear dynamics of complex systems" 또는 더 간단히 말해 "복잡계 이론complexity theory"에 대한 탐색으로 이해될 수 있는 정교한 시스템으로서 기능한다.[24] 이러한 관점은, 예측하기 어렵지만 자기 조직화하는 특성이 있는 개체로 기능하는 복잡계를 이해하기 위해, 다양한 범위의 무생물과 생물 시스템에 적용되어 왔다. 몇몇 이론가들에 의해서 인간의 뇌는 하나의 비선형적인 "역동 시스템dynamic system" 또는 "역동적 시스템dynamical system"으로 연구되어 왔다. 자세한 내용은 이 장에서 다루는 범위를 넘어서지만, 이 접근의 기본적인 개념들을 제시하고자 한다. 이후에는 시스템, 복잡성, 그리고 "병렬 분산 처리parallel distributed processing" 또는 "연결주의connectionism"와 연관된 다양한 이론들을 다룬다.[25] 게다가 이러한 원리들은 단일한 뇌나 마음에 적용될 뿐만 아니라 단일 시스템으로 작동하는 둘 이상의 뇌나 마음의 기능에도 적용될 수 있다. 이러한 이론들의 적용은 전에 다루었던 마음 상태와 내적 경험과 인간관계를 형성하는 데 있어 마음 상태의 근본적인 중요성에 대해 깊이 있게 깨닫게 도와줄 것이다. 우선 몸 내에 두개골 안의 단일한 뇌를 알아보는 것으로부터 시작해 보자.

뇌는 자신의 기능을 조직화하는 복잡계이다. 다시 말해서, 복잡계는 기본 구성 요소들의 상호작용에 의해 발생하는 "창발성emergent property"을 지닌다. 이러한 속성을 "자기 조직화self-organization"라고 한다.[26] 나는 초창기부터 마음은 사회적 상호작용과 체화된 뇌의 활성화에서 나타나는 것이라 주장해왔고, 그래서 마음 자체가 복잡하고 자기 조직화하는 속성을 지닌다는 것은 당연하다.[27] 수많은 신경세포가 포함되어 있고 만들어질 수 있는 마음 상태들이 상당히 다양함에도 불구하고, 이러한 개념적 접근은 마음의 자기 조절 과정을 이해하는 데 유용하다. 우리가 지금까지 논의해 온 것처럼 "자기"라는 것이 우리가 처음에 생각한 것보다 더 복잡하다는 것을 깨닫게 되었을 때, 우리는 또한 그것이 명사라기보다는 동사에 가깝다는 것을 알게 된다. 고정된 실체라기보다는 전개 과정으로서의 자기. 더 나아가, 우리가 본 바와 같이, "자기"가 수반할 수 있는 것의 경계는 뇌보다 더 넓고, 몸보다 더 큰 것이다. 이러한 면에서, 자기는 단수 명사라기보다는 "복수 동사"일 수 있다. 우리가 제안했듯이, 자기와 그것이 발생하는 마음은 복잡계의 새로운 측면일 수 있다.

우리는 "자기"라는 언어적 용어를 사용하여 마음이 창조하는 정체성의 감각을 표현하며, 그 기능과 기초에 많은 측면이 있다는 것을 상기해 보자. 최소한 우리가 "자기"라고 부르는 우리의 정신 경험의 일부는 주관성, 관점perspective, 그리고 대리성agency의 특성을 가질 수 있다. "자기 조절"은 주의, 감정, 기분과 정서, 기억, 생각 그리고 행동이 "각 개인의 자기"에 의해 형성되는 여러 가지 방법을 가리키는 공통적인 과학 용어다. 이것들 각각은 에너지 흐름의 속성으로 보여질 수 있고 그것이 자신 이외의 것을 상징하고, "정보"라고 불리는 에너지의 부분집합으로 볼 수 있기 때문에, "자기 조절"은 사람들 삶 속에서 에너지와 정보가 정리되고 있는 어떤 방법이다. 사람의 마음은 체화되고 관계적이며, 그 마음에서 생기는 자기가 다시 마음의 흐름에 영향을 끼치고 있다는 것을 감안할 때, 우리는 "자기"가 몸이나 뇌에서만 나오는 고립된 실체를 의미하지 않는다는 것을 "우리 자신"에게 상기시킬 수 있다. 비록 새로운 용어가 선택되었을 수도 있지만, 이 접근법에서 우리는 "자기"라는 확대된 개념을 사용하여 우리가 누구인지, 마음의 본질은 무엇인지 그리고 조절의 체화적이고 관계적인 측면을 포함시키고 있다. 그것이 우리가 여기서 제안하는 "자기 조절"의 모든 것이다. 에너지와 정보의 흐름을 신체 내부와 우리를 둘러싼 사람들과 자연의 세계, 즉 우리의 기원과 영향 속에서 깊이 상호 연결된 세계 사이에 형성하는 것이다. 그 조절은 우리의 주관성, 관점 그리고 동인행동주체agency에 영향을 미치는 마음 상태를 포함할 수 있다.

복잡계 이론은 분자 집단이나 구름 패턴과 같은 이화학적 체계physiochemical systems의 행동을 설명하는 원리들에서 수학적으로 도출된 것이다.[28] 마음을 포함한 생물학적 체계에 이 이론을 적용하는 것은 흥미로운 점이 있다. 어떻게 구름을 인간의 정신과 동일하게 볼 수 있을까? 무생물과 생명체는 근본적으로 다르지 않은가? 그러나 생물학적 체계들도 살아있지 않은 기본적인 원자들로 구성되어 있다는 것을 기억하라. 복잡계 이론은 굉장히 유용하고 독특한 방법으로 분자에서부터 사회 시스템까지 이해하는 데 적용되어왔다.[29] 지구에서 살아남기 위해 자연 선택을 통해서 적응적으로 복잡한 형태로 진화했다는 점이 생명체를 독특하게 만든다. 진화는 공식적인 설계자 없이 복잡한 설계를 해왔고 복잡한 형태의 기능이 외부 환경에 개방적이게 하고 여러 세대에 걸쳐 외부 환경에 적응하게 해왔다.[30] 이렇게 보면, 생명체는 환경에 대해 반응하고 적응하는 개방적인 체계open systems이다.

생명체는 환경에 대해 반응하고 적응하는 개방적인 체계이다.

이러한 복잡한 생명체들은 무엇을 하기 위해 진화해 왔을까? 복잡한 생명체들은 생존하고 번식할 수 있도록 진화해왔다. 이것이 자연 선택의 기본적인 원리다. 특정한 환경에서 어떤 특성이 얼마나 적절히 기능하는지는 종species이 후대에 특성을 유지할지를 좌우한다. 이러한 방식으로, 생명체는 목적을 이루고, 자기 자신을 유지하고 유전자를 전달하기 위해 조직화되는 것이다. 인간의 신경계, 특히 뇌는 문제 해결에 전문화되어 진화해 왔다. 여기서 문제라는 것은 익사하지 않는 방법에서부터 음식이나 짝을 찾는 방법을 포함한다. 뇌의 적응적 설계는 생존과 번식이라는 자연 선택의 근본적인 목표를 이룰 때까지 특정한 형태의 정보를 처리할 수 있게 한다. 뇌의 활동과 관계적 상호작용의 결과물인 마음은 이러한 진화 과정을 다양한 방식으로 보여준다.[31]

하지만 뇌는 독특한 진화 역사를 거치면서 고유의 물리적 구조를 지니게 되었다. 후각, 시각과 같은 특정 영역들은 우리 조상들의 것보다 상대적으로 작아졌다. 반면 신피질과 같은 다른 영역들은 더 커졌다. 뇌 자체가 거미줄처럼 분산된 신경들이 복잡하게 상호 연결된 세트로 구성되어 있다는 것은 분명한 사실이다.[32] 이것은 다른 종류의 정보를 동시적(또는 병렬적)으로 처리할 수 있게 한다.[33] 자연 선택 이론은 뇌에 대한 연결주의적 관점과 어떠한 방식으로도 모순되지 않는다. 또한 이 두 관점은 우리가 뇌를 정보 처리자로 이해하는 것을 방해하지 않는다. 초기 컴퓨터 설계에서, 정보는 1bit마다 잇달아 직렬 처리되었다. 병렬 처리기(동시적 처리)가 있는 컴퓨터의 출현으로 컴퓨터는 인간의 뇌와 유사한 학습 능력을 갖게 되었다. 이것은 신경세포와 같이 상호적으로 연결되어 정보를 처리하는 연결주의적 세트의 생득적 구조가 기억하고, 비교하고, 일반화하는 능력을 길러준다는 것을 시사한다. 이런 사실은 어떻게 뇌가 기본적인 정보 처리를 수행하는지 이해하는 데 도움이 된다.

정보 처리에 대한 "국소적 관점localist view"은 표상 또한 "할머니 세포grandmother cell"라 불리는 가장 단순한 단일 신경세포와 같이 더욱 국재화된localized 신경 집합체에 내재되어 있다고 제안한다. 어떤 처리는 국재화되어 구성되지만, 다른 처리는 더 널리 분포되어 있을 것이기 때문에, 국소적 관점과 연결주의 관점은 서로 협력하여 작용할 것이다.[34]

연결주의 모형이 기능하는 한 방법은 뇌의 경우에 신경세포와 같은 기본 요소들 간의 연결에서 "가중치weights"나 "강도degrees of strength"를 두는 것이다. 시냅스 연결의 상대적인 강도가 변하면, 발화 패턴에 포함된 정보는 수정될 수 있다.[35] 시냅스 강도에서 미묘하고 빠른 변화들은 학습의 산물이다. 연결 강도를 갖게 하는 일반적 능력은 생득적이고 뇌 자체에서 다양한 신경 과정뿐 아니라 유전적으로 영향을 받을 수 있다.[36] 어떤 연결 강도는 유전 양식으로 미리 결정될 수 있다. 우리의 뇌는 애착 체계에서 애착 대상의 얼굴과 같은 특정한 형태의 입력을 우선적으로 처리하는 시스템을 만들어 내도록 미리 프로그램화된 것일 수 있다. 이러한 생득적 특성은 진화적인 이득이고 우리의 유전적 소질에 부호화된 채로 보존된다.[37] 평가 시스템은 일상생활에서 정서적 의미를 불어넣는 유전적인 특성일 수 있다. 하지만 시냅스 강도는 학습을 유발할 수 있는 신경가소성 과정process of neuroplasticity에 의한 경험으로 결정될 수 있다. 여기서 우리는 정서적 경험이 학습을 어떻게 강화하는지 알 수 있다. 우리가 알아 왔듯이, **이러한 방식으로 경험은 시냅스 연결 강도를 변화시키면서 뇌에 영향을 준다.**[38]

또한 복잡계들은 시간의 경과에 따라 질서정연함, 응집성과 안정감을 주는 생득적 속성을 지닌다고 알려져 왔다. 전에 언급했듯이, 이러한 창발성을 "자기 조직화self-organization"라고 한다.[39] 자연 선택, 연결주의와 정보 처리 관점들은 모두 자기 조직화라는 측면에서 복잡계나 역동적 관점과 양립될 수 있다. 진화 이론은 시스템이 어떻게 특정한 문제 해결 행동들을 수행할 수 있도록 고안된 적응적으로 복잡한 형태로 진화하는지를 이해할 수 있게 해준다. 연결주의 이론은 정보 처리에서 이러한 기술들이 상호 연결된 신경 조직의 3차원적인 물질 내에서 어떻게 실행되는지를 이해하는 데 도움을 준다. 정보 처리의 고유한 패턴들은 진화의 역사와 뇌 구조의 물리적인 실체에 의해 형성된 마음의 기본 구성 요소들을 보여준다. 이제 우리는 마음이 어떻게 마음의 기능들을 조직화하는지와 마음 상태를 이해하기 위하여 이러한 개념의 혼합에 복잡계 이론을 추가할 것이다.

복잡계의 비선형적 역동성 이론 또는 복잡계 이론은 감정에서부터 인간관계까지 마음에 대한 다양한 관점을 이해하는 능력을 심화시킬 수 있는 몇 가지의 원리를 제공한다. 볼드리니Boldrini와 동료들은 "즉흥성, 예측 불가능성과 비선형성의 역동적 시스템의 자기 조직화 속성들은 인간의 엄청나게 즉흥적이고, 예측 불가능하고, 창의적인 특성을 설명하는 데 매우 적합하다"라고 주장했다.[40] 역동적 시스템은 외부 힘에 대한 개방성, 한 번에 작은 입력도 크고 예측하기 어려운 결과를 초래할 수 있다는 의미의 비선형성, 그리고 혼란스러운 행동에 대한 대응 능력에 의해 정의된다. 역동적 시스템은 세 가지 주요 특징이 있다. (1) 시스템 요소의 상호작용이 상호작용으로부터 시너지 효과를 내며 재귀 효과recursive characteristics를 발휘하는 창발적인 패턴을 가지고 있다. (2) 행동을 예측하기 어려운 비선형적이다. (3) 자기 조직화 특성을 가지고 있다.[41] 이러한 각각의 특징들에 대해 좀 더 자세히 살펴보자.

자기 조직화: 복잡성 최대화를 향한 움직임

살아있는 개체에서 **발달의 원동력은 단순성에서 복잡성을 향한 움직임이다.** 에스테르 텔렌Esther-Thelen은 아동의 발달에서 뻗기, 기기, 걷기와 같은 능력은 점점 복잡해지는 아동 행동의 패턴이라고 했다.[42] 전 생애의 인간 발달을 보면 우리는 증가하는 복잡성을 향한 움직임의 지배를 받는다고 볼 수도 있다. 발달을 단계적인 능력의 증대로 보기보다는, 우리는 아동과 환경 사이의 점점 복잡한 상호작용이 발현하는 것으로 볼 수 있다. 아동은 장난감을 잡으려 하는 등 다양한 행동으로 환경에 반응한다. 특정한 맥락에서 아동은 장난감을 잡으려는 등의 특정한 움직임이 특정한 결과와 짝지어져 있다는 것을 학습한다. 유사한 환경에서 장난감이 숨겨져 있다면 아동은 그 장난감을 이전에 있었던 장소에서 찾으려고 한다. 이러한 노력이 성공적이면, 행동은 강화된다. 역동적 관점에서, 시스템은 옛날 패턴을 조금 변형된 새로운 상황에 적용하면서 행동을 촉진함으로써 복잡성을 최대화하고 이를 통해 안정성도 최대화한다. 실제 일상생활에서 매 순간은 과거 어느 순간과 유사하지만, 결코 동일하지 않은 고유한 패턴의 활동이 나타난다.

신경 활성화 패턴들은 환경과의 상호작용으로 발생한다. 특정 패턴들은 특정한 상황이나 맥락에서 상당히 안정적이다. 이렇게 강화된 활성화 패턴이나 상태들을 "끌개 상태attractor states"라고 한다. 하나의 상태는 시간의 특정한 시점에서 시스템의 각 구성 요소들의 활동으로 구성된다. 특정한 상태는 경험과 특히, 살아있는 뇌의 가치 체계들과 함께 시스템 내에 각인되어졌기 때문에 그 상태는 더 잘 예측될 수 있다. 이로써 이러한 "마음 상태"는 시스템의 "끌개 체계attractor system"로 볼 수 있다. **마음 상태가 활성화될 가능성은 과거사와 현재 맥락이나 환경적 조건에 따라 결정된다.**

마이클Michel과 코에니그Koenig가 묘사한 바와 같이, 의식은 다음과 관련이 있을 수도 있다.

> 정신 활동과 인지를 시공간 활동의 불안정한quasi-stable 패턴으로써 뇌에 반영된 일시적이고 준안정metastable 상태의 사슬로 나누는 것. 신경생리학적 관점에서 이러한 패턴의 안정성은 뇌에서 정보 통합의 핵심 작동기제로 간주된 활동의 위상 고정 동기화phase-locked synchrony 때문이다… 위상 고정 동기하는 시간이 지남에 따라 안정적인 미세 상태를 생성한다.[43]

이런 식으로, 뇌의 미세 상태 위상 동기화는 뇌의 병렬 분산 과정이 일시적이지만, 잠재적으로 지속적인 마음 상태인 끌개 상태를 생성하는 신경 작동기제 일 수 있다.

3-P 모델에서, 신경 발화의 특정 "위상 고정 동기화" 확률의 이러한 증가는 고원으로 간주된다. 마음 상태, 기분, 의도를 지닌 상태에서 신경 발화할 확률이 높아지면 특정 정점이 발생할 수 있다. 고원은 3-P 모델에서 마음 상태와 마음이 뇌와 관계의 에너지 패턴에 의해 조직화되는 방식을 나타낸 것이다.

과거 사건을 기억하는 능력은 끌개 상태의 한 예이며, 시냅스 연결 및 신경 연관 강도를 포함한 여러 신경 요인의 변경에 의해 뇌에서 인스턴스화instantiated되거나 생성되는 향상된 확률을 말한다. 비록 신경의 물리적 연결과 기능적 발화의 직접적인 연관성은 우리가 논의한 커넥톰 역학을 고려할 때 우리가 상상할 수 있는 것보다 더 복잡할 수 있지만, 이러한 신경 연결성의 변화는 관련된 신경의 발화 패턴을 변경한다고 믿어진다.[44] 만약 고등학교에 입학한 후 10일째 되는 날 있었던 일을 기억하려고 하면 아무것도 기억하지 못할 수 있다. 하지만, 고등학교 때 겪었던 가장 당황스러웠던 날을 기억해 보면, 그날에 대한 수많은 시각적 심상들과 신체 감각들이 떠오를 것이다. 역동적 시스템의 이질적인 요소들인 뇌의 다양한 구성 요소들이 활성화되어 그날의 기억을 표상하는 패턴이 조합된다. 뇌의 요소들이 활성화되면 다른 신경 그룹들이 활성화 패턴에 관여하게 된다. 평가 중추를 비롯한 가치 체계들은 무한대로 가능한 신경 활성화 패턴에서 이러한 끌개 상태 힘을 강화시켰을 것이다. 이러한 방식으로 시스템의 자기 조직화 특성들은 수조 개의 잠재적으로 발화될 수 있는 시냅스 연결 없이도 정돈된 복잡성을 만들어낸다.

우리는 뇌에서 감정적 반응이 신경 발화 패턴과 시스템 활성화의 새로운 상태를 형성하는 주요 가치 시스템을 구성한다고 제안할 수 있다. 반복적인 경험과 감정이 더해져 상태가 각인되었기 때문에, 이 상태는 활성화될 가능성이 높아진다. 마음 상태의 정서적 구조는 시간이 흐름에 따라 여러 마음 상태가 조합과 재조합되면서 관련된 변화하는 통합 상태(증가나 감소)가 나타난다. 우리는 5장에서 통합의 심도 있는 변화로써 감정에 대한 이런 관점을 탐구할 것이다. 특정 상태의 응집력 또는 끈적임stickiness은 때때로 통합의 증가와 긍정적인 주관적 경험을 통해 이러한 변화를 반영할 수 있지만, 다른 경우에는 통합이 감소하고 혼돈이나 경직이 발생하기 쉬운 불편하거나 고통스러운 상태가 나타난다. 이러한 끌개 상태는 그 순간에 시스템이 스스로 조직화하고 안정되게 한다. 끌개 상태는 활성화 프로파일에 대한 수많은 선택사항에서 어느 정도의 연속성을 제공하여 시간과 경험에 걸쳐 연결감과 친숙함을 제공한다.

마음 상태인 특정한 프로파일 활성화의 반복된 예시화(활성화)는, 깊게 각인된 끌개 상태 같은 구성을 만들 수 있다. 이것의 진정한 의미는 무엇일까? 비유를 하나 해보자. 봄날 산비탈에 길고 많은 풀이 자라 있다. 눈은 녹고 있고 당신은 이곳에 처음 발자국을 남기는 사람이다. 언덕의 정상에서 내려다보면서 아래쪽의 연못으로 가는 길이 없다는 것을 알게 된다. 당신이 길을 만들어 연못으로 내려가고 몇 시간을 거기에서 보낸 다음 다시 언덕으로 올라갈 때, 더 이상 다른 풀을 밟지 않으려고 이전에 만들어 놓은 흔적을 따라간다. 다음날 다른 등산객이 언덕 정상에 올라가서 연못을 보고 별생각 없이 당신이 만든 길을 따라 연못으로 내려간다. 그 사람은 언덕으로 돌아갈 때도 같은 길로 갈 것이다. 며칠 후, 다른 여행객들이 동일한 길을 지나가면서 이전에 있지 않았던 산비탈 길의 초목은 깎일 것이다. 그럴 확률이 높은 것은 다른 여행객들이 계속해서 다른 잠재적인 길과 구별되는 이 길을 갈 것이기 때문이다. 발이 계속해서 땅을 밟기 때문에 거기서 자라려고 하는 풀은 납작해질 것이다. 자국은 올해 언덕에서 연못으로 가는 공통 경로가 될 것이다.

이것이 마음 상태의 예이다. 반복된 활성화는 마음의 상태가 더욱 깊게 각인되게 하고 그 상태는 기억된다. 이전에 살펴보았듯이, 칼라 샤츠Carla Shatz에 의해 잘 표현된 헵Hebb의 접근에 따르면,[45] "함께 발화하는 신경세포는 함께 연결된다Neurons that fire together wire together" 또한 샤츠는 "함께 발화하지 않으면 연결이 끊어진다out of synclose, lose your link"라는 문구를 기술하면서, 어떻게 이러한 신경 조합들이 그들의 연합을 강화하는지를 강조했다. 연합되고 동시에 발생하는 신경 발화로 뇌는 응집된 마음 상태로서 미래에 이러한 과정들의 군집화를 더욱 활성화시킬 수 있다. 앞으로 살펴보겠지만, 체화된 신경계embodied nervous system와 관계에 대한 창발성이 있는 마음은 마음을 조직화할 때 자기 강화하는 특성이 있어서, 이런 강화를 위한 기제로 작용한다. 포스트Post과 바이스Weiss는 "함께 발화하고 함께 생존하고, 함께 연결되는 뉴런"이라는 헵의 개념에 발달적 관점을 제시했다.[46] 그래서 발달의 초기 민감기에 반복된 활성화 상태는 신경 회로 구조를 형성하게 되는데, 그때 마음 상태의 영구적 패턴에 대한 기능적 기초가 형성된다.

시스템의 안정성은 복잡성을 최대화시키는 방향으로의 움직임으로 형성된다. 복잡성은 임의의 활성화로 발생하는 것이 아니라 시스템의 연속성과 융통성 간의 균형에 의해 증가된다. "연속성continuity"은 이전에 획득한 상태의 강도strength로 정의되고 그래서 상태가 반복될 가능성이 있고, 이는 동일성, 친숙성, 예측 가능성을 내포한다. "융통성flexibility"은 시스템의 환경적 조건에 대한 민감도를 의미하고, 이는 가변성, 새로움과 불확실성을 포함한다. 새로운 변형을 산출하는 능력은 시스템이 환경에 적응하게 해준다. 하지만 과도한 변형이나 융통성은 임의의 활성화를 유발한다. 반면에, 이전에 각인된 상태를 엄격하게 고수하는 것은 지나친 연속성을 형성하여 적응하고 변화하기 위한 시스템의 능력을 최소화한다.[47]

> 시스템의 안정성은 복잡성을 최대화시키는 방향으로의 움직임으로 형성된다.

정신 장애는 어떤 면에서 연속성과 융통성의 불균형으로 인해 복잡성을 향한 시스템의 전반적인 움직임이 제한된 것으로 볼 수 있다. 병리적인 상태는 시스템을 혼란스럽거나 경직되게 하고, 복잡성으로 향하는 하나의 전체로서의 움직임과 환경에 대한 적응을 제한한다. 실제로, 이전에 살펴보았듯이 DSM-5[48]는 혼돈이나 경직의 예를 보여주는 다양한 증상의 증후군 집합으로 볼 수 있다. 다른 부분들의 연결인 통합integration은 마치 합창단이 조화롭게 노래하는 것처럼 유연하고 일관적으로 시스템을 움직이는 과정이다. 당연히 모든 개인은, 심지어 정신 장애인들도, 그들이 발달해 감에 따라 점점 더 복잡해지고, 살아가면서 그들의 뇌와 관계는 더욱 세밀해지고 복잡해진다.

혼잡함complicated**과 복잡성**complex**은 같지 않다.** 과학적 관점에서 "복잡성complexity"이라는 용어는 어떤 것이 "혼잡하다complicated"는 일상적인 개념과 아주 다른 무언가를 의미한다. 예를 들어, 양극성 장애 환자들은 기분이 예측 가능하지 않기 때문에 삶이 아주 혼잡하다. 그들은 우울의 경직에서 조증의 혼돈으로 순식간에 바뀔 수 있다. 아주 혼잡한 인간관계 상호작용과 결과가 수반되지만, 이렇게 되는 것을 일컬어 "복잡한"이라는 용어를 사용하지 않을 것이다. 복잡성은 통합과 적응 기능의 자기 조절self-regulation에서 창발한다. 통합은 복잡계에서 자기 조직화self-organization의 자연스러운 결과이다.[49] 나는 자기 조직화의 역동적 시스템 관점(복잡계에서 수학적으로 도출된 창발성)이 "자기 조절"의 발달정신병리학 관점과 유사한 과정이라고 주장하는 중이다. 발달정신병리 학자들의 입장에서, 정신 장애는 종종 손상된 자기 조절의 한 예로 간주한다. 인간관계 신경생물학Interpersonal Neurobiology과 동일한 접근 방법으로 자기 조직화의 수학적 창발성이 자기 조절의 생물학적이고 심리학적 개념과 동일하지는 않을지라도 관련이 있다는 가설을 세울 수 있다.[50] 만약 이것이 사실이라면 다음 단계로 우리는 복잡성으로 향하는 자기 조직화의 움직임이 가장 유연하고 적응적인 자기 조절을 형성하기 위해 활용된다고 주장할 수 있다. 수학적으로, 복잡계가 그 구성 요소들을 분화시키고 그들 각각이 서로 기능적으로 연결되어 있을 때, 자기 조직화는 최대 복잡성을 향해 움직인다. 통합이 이루어지면 시스템 또한 조화를 향해 움직인다. 자기 조절을 할 수 있는 살아있는 생물학적 시스템에 대해, 우리는 그것이 기능하는 방법을 통합과 같은 개념으로 생각할 수 있다. 개인 혹은 가족과 같은 유기체에서 통합이 손상되었을 때 자기 조절은 제대로 반응하지 못하고 개별 시스템은 혼돈되거나 경직되기 쉽다. 우리는 분노를 폭발하거나 두려움에 얼어붙어 경직된다. 이것들은 모두 개인의 삶이 더욱 혼잡해졌음에도 불구하고 복잡성이 감소된 예이다. 반면에 통합은 분화되고 연결되는 체계의 요소로 조정coordination과 균형을 이루게 한다.

사람이 어떤 수행할 과제가 없을 때에도 작동하는 뇌 활성화 상태인 "기본 모드default mode"에 대한 최근 연구를 통해 건강한 뇌 기능에서 통합의 중요성이 밝혀지고 있다.[51] 이러한 기본 모드 신경망(DMN)은 앞서 언급했듯, 뇌 앞쪽의 내측 전전두medical prefrontal와 뒤쪽으로 향하는 후대상 피질posterior cingulate을 포함하는 대부분 중간선 집합 구조물들midline set of structures이다. DMN은 자기 알아차림 및 공감을 포함한 다양한 프로세스에 관여하여, 자신과 타인의 내면세계에 대한 통찰력을 제공한다. 그러나 이 DMN이 나머지 뇌와 잘 통합되지 않으면 과도하게 분화된 자기감을 갖게 되고, 다른 사람과 격리된 분리감 등의 어려움이 발생할 수 있다.[52] 기본 모드가 양극성 장애의 기능 신경해부학적 관점에서 연구된다면[53], 이 장애에서 손상된 연결에 대한 관점은 정말로 지지될 것이라 본다. 외상 후 스트레스 장애에 관한 어떤 연구는 이 장애에서 과도한 결합(필요한 분화가 없는 과도한 연결)이 나타난다고 주장한다.[54] 최적의 자기 조절을 위한 시스템의 통합은 분화와 연결의 균형이 필요하다. 우리가 살펴봤듯이, 통합은 스무디를 만드는 것보다는 과일 샐러드를 만드는 것과 더 비슷하다. 통합은 요소들의 개별적 독특성을 유지하는 동시에 시스템의 다른 구성 요소에 연결하는 것이 필요하기 때문이다. 몇몇 연구자들은 아동 학대와 방임이 뇌의 통합 섬유 성장을 저해한다는 결과를 보여주었는데,[55] 이는 건강한 상태는 뇌로부터 나오고 뇌에서 통합을 촉진한다는 개념을 지지한다.

여기서 통합이 조절의 기초이며 웰빙의 초석이라고 생각해 볼 수 있다. 즉, 우리는 신경계와 인간관계를 통합하여 자기 조절의 균형을 달성한다. 시스템이 조절될 때, 그것은 통합의 생성을 더욱 촉진한다. 통합은 기능적 과정(분화된 요소의 연결)이자 신경계와 관계의 구조적 특징이다. 조절은 한 시스템이 시간에 따라 움직이면서 창발하는 과정이고 따라서 이것은 뇌의 통합 신경 연결을 확인함으로써 구조적으로 발견할 수 있다는 점에서 기능적 과정이다. 시간에 따른 마음 상태의 흐름은 전체 시스템의 응집된 기능의 중요한 척도로 작용할 수 있다. 인간은 고립되었을 때 아주 잘 기능하는 상대적으로 응집된 상태를 경험할 수 있다. 그러나 시간이 흐르면서 응집성 있는 전체로 마음 상태를 통합하는 개인의 능력은 이렇게 응집된 상태들이 서로 충돌한다면 제한될 것이다.

우리는 신경계와 인간관계를 통합하여 자기 조절의 균형을 달성한다.

비선형성

복잡계 이론의 두 번째 기본 원리에서, 역동적 시스템은 "비선형nonlinear"이라고 불리는데, 이는 자극의 작은 변화가 결과에서 거대하고 예측할 수 없는 변화로 이어질 수 있기 때문이다. 우리가 "예측할 수 없음unpredictable"이라는 용어를 사용할 때 문자 그대로 표면상 시스템에 대한 입력의 결과를 어느 정도 확실하게 예측하는 것이 어렵지만 완전히 불가능하지는 않다는 것을 의미한다. 이러한 예측 불가능성은 일면 시스템 반응의 맥락 의존적인 특성에 기인한다. 또한 부분적으로 예측 불가능성은 전체로서의 시스템이 본래 "소음noisy"을 가지고 있기 때문인데 이것은 환경에 의해 강화될 수도 강화되지 않을 수도 있는 임의적인 활성화가 가능함을 의미한다. 시스템은 행동에 대한 확실하고(예측할 수 있고) 불확실한 특성 모두를 가지고 있다.[56] 이러한 특성들 때문에, **시스템의 미세요소에서의 작은 변화가 유기체의 거대 수준 행동에서 큰 변화를 유발할 수 있다.**

마음을 복잡계의 창발적인 속성으로 볼 때, 우리는 조직화의 한 수준에서 "기능 장애"가 전체로서의 시스템과 시스템의 다른 수준에서 기능하는 데 큰 변화를 초래할 수 있음을 알 수 있다.[57] 마음이 기능하는 데 있어 변화(예를 들어 공포 같은 감정)는 뇌 활동 내에서 이를 담당하는 특정 영역에서 나오는 것으로 예측할 수 있다. 강박장애의 경우, 실제로 위험이나 공포의 요소가 없음에도 불구하고 환경에서 위험에 대한 "확인", 공포의 증거를 찾는 변연계에서 발생한 과도한 신호가 뇌의 다른 시스템에서 심장 박동이 빨라지는 것을 동반한 공황 상태, 죽음에 대한 복잡하고 추상적인 사고로 구성된 강박관념과 비극적인 결말을 피하기 위해 비이성적으로 만들어진 강박행동과 같은 일련의 연속적인 반응이 발생할 수 있다.[58] 기능 장애의 원인은 뇌의 한 구성 요소에서 발생한 비전형적 메시지의 결과로 초래될 수 있음에도 불구하고, 일련의 후속 반응들은 예측할 수 없고, 거대할 수 있고, 전체로서의 뇌와 마음뿐만 아니라 다른 구성 요소들로부터의 반응에 넓게 분포될 수 있다. 이것은 가장 고통스러운, 통제 불능의 최악의 비선형성이다.

비선형성의 장점을 생각하자면, 한 사람의 관점 및 신념과 정신적 연합에서의 작은 변화가 마음 상태와 행동의 상태에서 갑작스러운 큰 변화로 이어질 수 있다는 것이다. 예를 들면, 정신 치료의 기술은, 내담자에게 어떤 변화가 필요하고 시스템의 제약을 어떻게 수정하는 것이 변화를 유발할 수 있는지를 알기 위해서, 치료자로서의 자기 자신을 환자에 맞게 정렬해야 하는지를 아는 것일 수 있다. 가장 어려운 종류의 습성 중 일부는 나쁜 습관, 침습적 기억 또는 고립된 정보 처리 과정을 포함한 뿌리 깊게 박히고 융통성이 없는 끌개 상태로 강화될 수 있다. 어떤 사람에게서 행동이나 기억의 처리 과정에서 작은 변화는 행동과 내적 경험에 있어 큰 변화를 유발하는 정신적 세트(혹은 시스템 상태)의 연이은 변화를 이끌 수 있다. 경직되어 각인된 끌개 상태에서 제약을 수정하기 위해 어떤 시스템 변화가 필요한지를 밝히는 것은 어려운 일이다.

창발하고 재귀적인 패턴

복잡계의 비선형 역학의 세 번째 속성은 조직화 패턴이 창발하고 재귀적인recursive 특성이 있다는 것이다. "창발한다emergent"는 것은 시스템에서 구성 요소들의 상호작용으로부터 발생한다는 것을 뜻하며[59] 앞서 살펴봤듯이, 복잡계에서 창발성은 자기 조직화이다. 유기체에는 프로그래머도 없고 경험이 전개되는 것에 대한 미리 계획된 공식도 없다. 구성 요소들이 통합될수록, 요소들이 분화되고 연결되기 때문에, 시스템은 복잡성을 최대화하기 위해 자기 조직화한다. "재귀적인recursive"은 특정한 마음 상태의 효과가 미래 상태의 창발에 영향을 미치는 것이 반복된다는 것을 뜻한다. 우리는 항상 창조되고 자기 자신을 창조하는 반복적인 상태에 있다. 우리는 결코 같지 않을 것이고, 지금 이 순간에서 바로 그 방식과 이전의 방식은 전적으로 같지 않을 것이다. 우리가 상태에서 상태로 이어지기 때문에 이렇게 창발하는 존재는 어떤 특정한 순간에 시스템 내에 믿을 수 없을 만큼의 상당한 자유와 응집이 있다는 특징이 있다. 인간의 마음 상태가 시스템 자체의 내적 제약과 타인과의 상호 연결된 외적 제약에 의해 결정되는 방식으로 발생하기 때문에, 자기는 끊임없이 창조된다.

우리가 현재 그대로 현실을 지각하는 것에 초점을 맞출 때, 우리는 이러한 창발을 활기차고 신선하게 경험할 수 있을 것이다. 마음 상태에서 재귀적이거나 반복적인 패턴은 새로운 만남에 친숙함을 느끼게 할 수 있다. 이러한 재귀적인 특성은 세상에서 이미 경험한 것들로부터 배운 반응 패턴을 강화한다. 이런 식으로 과거 사건이 현재 순간의 경험에 영향을 줄 수 있다. 이전에 제시했던 사례를 활용해 보면 당신이 어린아이일 때 고양이한테 긁혀서 놀랐다면, 지금 고양이가 다가오는 것을 보면 심장이 뛰고 손바닥에 땀이 날 수 있다. 이것들은 변연계와 뇌간에서 암묵 기억의 재활성화이고 그것들은 과거로부터 발생하고 현재에 영향을 주면서 순환한다. 과거의 영향에서 순환적인 여과를 하는 특성은 어떤 상황에서 적응적일 수 있다. 때때로 과거에 우리를 놀라게 했던 것들은 무슨 수를 써서라도 계속 회피된다. 이러한 경우 우리 피질의 사고 과정이 행동을 결정하기 전에 빠르게 반응해야 한다. 그러나 각인되어 있고 제한된 패턴들이 극에 달하고 통제 불능에 이르면, 마음은 실제 경험의 활기차고 창발적인 독특성을 사라지게 할 수 있다. 고양이에 대한 당신의 순환적인 반응이 통제 가능하다면, 비로소 두려움을 조절할 수 있고 과거에 얽매이지 않는 새롭게 창발하는 결과가 나타날 수 있는 새로운 상황에서 새로운 고양이를 경험하게 될 것이다.

복잡계의 재귀적 특성은 시스템의 상태가 더 전문화되면서 드러난다. 예를 들면, 발달 초기에는 다양한 상태의 구성이 가능한데 시스템이나 유기체가 성장하면서 가능한 상태의 좀 더 제한되고 특수화된 집합으로 발달한다. 이것은 기본 요소들을 조정하는 것을 토대로, 고도로 연합되고 통합된 시스템으로 분화를 증가시킨다. 이러한 분화는 유전적으로 부호화된 정보, 경험을 교류하는 발달적 과정의 전개와 시간에 따라 자기 조직화하는 뇌 상태의 지속적인 창발의 산물일 것이다. 얼핏 보기에는 가능한 상태에서 한계가 있는 분화가 시스템의 흐름을 제한하는 것으로 보일지라도, 실제로 분화된 시스템은 활성화 상태가 좀 더 복잡성을 이룬다. 이번

장 후반부와 후속 장에서 나오겠지만, 분화된 하위 요소들이 기능적으로 더 큰 체계로 연합된다면, 이러한 통합은 복잡성을 최대화하는 방향으로 지속적으로 나아가게 할 것이다. 이렇게 발달의 순환적이고 자기 반복적인 특성이 시스템이 점점 분화되고 통합된 상태로 나아가게 할 것이다.

제약

시스템은 체계에서 "제약constraints"이라고 하는 것을 수정하는 능력이 있어 연속성과 융통성 간의 균형을 이룬다. 이러한 제약은 (시냅스 강도와 같은) 내적인 것과 (환경과의 상호작용 같은) 외적인 것 모두를 말한다. 제약의 수정은 "뇌 속 난쟁이homunculus" 혹은 "기계 안의 유령ghost in the machine"과 같은 숨은 설계자 즉, 유기체가 적응하거나 기능을 조직화하는 데 있어 유용성을 목적으로 하는 마음 안에 있는 마음에 의해 수행되는 것이 아니다. 제약은 시스템의 하위 구성 요소의 활동에 대해 수학적으로 예측할 수 있는 확률에 의해 수정된다.[60] 창발된 마음은 내적 제약이나 외적 제약을 수정하는 능력에 기초하여 자기 자신을 자동적으로 조직화한다. **마음은 마음 그 자체를 형성하기 위해 뇌와 관계를 사용한다.**

마음은 마음 그 자체를 형성하기 위해 뇌와 관계를 사용한다.

적응은 제약의 수정을 통해 일어난다. 자기 조직화는 최대한의 복잡성을 달성하기 위해서 제약의 수정에 의존한다. 자기 조직화에서 기능 장애는 제약 패턴 때문에 어떠한 복잡성을 향하여 움직이지 못하는 것으로 개념화될 수 있다. 우리가 볼 수 있듯이, 제약의 수정 패턴은 어떤 때는 환경적 조건에 적응하는 데 효과적일 수 있지만, 나중에는 최대한의 복잡성을 향한 이동에 있어 한계를 설정할 수 있다. 이러한 일반적 과정은 정신적

역기능의 원인이 될 수 있다.[61]

특정한 마음 상태에서, 역기능은 정신적 과정들의 응집력 없는 군집 때문에 나타날 수 있다. 예를 들면, 외상 후 스트레스 장애에서 기억의 침습, 과경계와 과도한 각성은 분열된 정신적 상태에 의해 경험된다. 성격 장애나 만성 불안과 같은 다른 장애의 특징적인 마음 상태에서는 고립된 요소들이 그 자체 내에서 응집력 있는 기능적 특성을 갖는 준안정적인 semistable 응집성이 있을 수 있다.

애착과 자기 조직화

애착은 우리가 삶의 초기에 양육자와 연결됨으로써 우리의 마음 상태를 형성하는 방식이다. 애착은 또한 청소년기와 성인기에 안정되고 안전하다고 느끼도록 도울 수 있는 "애착 대상attachment figures"과 연결되기 때문에 평생 동안 지속된다. 연구에 따르면, 초기 애착의 본질은 우리가 기능하는 방식에 지속적인 영향을 미치고, 뇌의 발달, 마음, 타인과의 관계 패턴, 심지어 자기에 대한 내적 경험을 형성한다고 한다. 인생 초기에 확립된 이러한 의사소통 패턴(적응하는 방법과 마음을 조절하는 방법)은 4장에서 자세히 살펴볼 자기 조직화에 대한 애착의 영향 중 하나이다. 애착 패턴은 부모-자녀 의사소통 구조에 대한 적응이 어떻게 아동의 마음 상태를 조절하는 특정한 방식으로 아동의 제약들을 수정할 수 있는지 설명한다. 예를 들어, 안정 애착 유아는 (외적인) 어머니와의 의사소통과 자신의 (내적인) 조절 기능을 자기 시스템을 조직화하기 위해 사용한다. 출생 후 초기 몇 년 동안, 이 과정은 타인의 신호에 대한 각각 파트너의 직접적인 반응을 포함한다. 에이트켄Aitken과 트레바르thenTrevarthen은 이것을 "일차적 상호주관성primary intersubjectivity"이라고 정의했다.[62] 출생 후 6~12개월 무렵 어머니나 "가상의 어머니virtual mothe"에 대한 표상 형성 능력은 어머니에 대한 아동의 지각이 정신적으로 구성된 가상의 어머니 표상의 기대를 통해 여과되면서 둘의 상호작용이 이차적 상호주관성secondary intersubjectivity의 특성을 형성한다.

안정 애착 유아의 경우, 부모가 지각적이고 민감하고, 반응적이고 예측 가능한 의사소통을 함으로써 유아의 가상 부모와 실제 부모가 아주 흡사해진다. 아동의 정신 상태를 지각하고 반응하는 부모의 능력을 포함한 협력적인 의사소통은 안정 애착의 중요한 특징이다.[63] 이렇게 상호적으로 조율된 경험은 응집성과 인간관계에서 연결감을 형성하는 데 도움이 되는 유아의 반영 기능reflective function을 발달시킨다. 타인의 심적 상태는 유아의 삶에서 긍정적인 요소가 된다. 안정 애착 유아는 이러한 부모와의 의사소통 경험을 자신의 내적인 상태 조절을 돕는 데 사용할 수 있다. 그래서 자기 조직화는 유아의 외적 제약(애착 관계)과 내적 제약(양육자와 애착 관계 자체에 대한 표상)을 사용하는 데 있어 균형으로 이루어진다. 일상생활에서 우리가 느끼는 사회적 지지의 정도는 우리의 스트레스 반응을 조절하는 것을 도와준다.[64] 사랑하고 신뢰하는 누군가의 손을 잡거나 사진을 보는 것은 고통스러운 충격에 대한 신경 반응뿐 아니라 뇌의 예기 불안을 실제로 감소시킬 수 있다.[65]

반면에 회피 애착 유아의 경우, 시스템의 기능을 유지하기 위해서 기본적으로 자신 고유의 (내적) 제약에 의존해야만 하며, 부모의 존재에도 불구하고 "내가 이 일을 스스로 해야 한다"라는 것이 미래의 인간관계에서 자기 조절 방법으로 사용될 수 있다. 정서적으로 황폐하고 비협력적인 특성의 의사소통 패턴은 반응적이지 않은 가상의(표상적) 부모를 발달시키고 자기 조절을 위해 내적 제약에 과도하게 의존하게 한다. 부모의 정신 상태를 유아가 이용할 수 없기 때문에, 반영 기능이 적절히 발달하지 않는다.

실제 어머니는 상호 조절감을 거의 주지 않고, 가상의 어머니는 내적 조절을 거의 주지 않는다. 학습된 자율성은 개인의 체계가 타인의 체계와 고립되게 한다.

양가적 애착 유아는 비일관적인 애착 대상에 과도하게 반응하고 스스로를 진정시킬 수 없다는 것을 알게 된다. 가상 부모를 신뢰할 수 없고, 애착의 내적 작동 모델은 불확실성으로 가득 차 있고, 자기 조절 능력은 약화된다. 그들의 괴로움은 타인과 상호작용에서 두드러진다. 반영 기능이 (비일관적으로) 양육에 의해 촉진될지라도, 심적 상태는 침입적이고 자기를 조절하는 데 유용하지 않은 것으로 자주 경험된다. 이런 아동들은 괴로움에서 벗어나기 위해 불안-유발 반응의 순환anxiety-provoking cycle이 나타나고, 자기 조직화를 이루기 위해 타인에게 매달리는 행동을 보인다.

혼란 애착 유아는 내부적인 상태를 조절하는 데 내적 제약과 외적 제약을 사용할 수 없다. 그들은 두려움의 외적 원인이 부모의 행동임을 시사하는 혼돈의 내적 세계에 살고 있어서, 애착과 안정감을 느낄 수 없다. 이러한 유아는 분열된 자기 조직화 패턴을 갖는 경향이 있고, 스트레스 상황에서 일관성 있는 마음 상태를 유지하는 것이 상당히 어려운데, 특히 분리와 위협이 포함되는 상황에서 더욱 그러하다.[66] 4장에서 토의하겠지만, 이러한 아동들은 해리 장애를 겪기 쉽고 압도적인 경험에 대한 반응으로 임상 증상이 발생할 가능성이 더 높다. 부모가 어떤 상태에서는 유용한 존재이고 다른 상태에서는 상당히 위협적일 수 있기 때문에, 반영 기능은 상태에 따라 다를 수 있다. 이러한 아동의 분열된 내적 세계는 그들의 마음 발달을 형성하는 분열된 인간관계 의사소통과 유사하게 된다.

다양한 어머니-자녀 쌍의 의사소통 패턴에 대한 비브Beebe와 동료들의 연구에서 다음의 결과가 보고되었다. 회피 애착 쌍에서 음성 리듬 매칭(한 사람의 반응이 상대방의 반응과 일치하는지)은 의사소통 신호에 대한 뚜렷한 독립성을 보여준다. 각 구성원은 거의 마치 상대방의 소리를 듣지 못한 것처럼 의사소통한다. 다른 극단으로, 양가적 애착 쌍에서는 반응에 지나치게 일치하는 패턴이 있다. 개개인은 타인에게 단단히 얽매인 거울처럼 행동한다. 안정 애착 쌍은 신호의 대응이 중간 범위로 균형을 이루고 있지만, 각 구성원은 반응을 다양하게 할 수 있고, 결과적으로 교대로 상대방에 의해 자극이 등록되고 유관적으로contingently 반응할 것이다.[67]

복잡계 이론에 따르면, 의사소통의 유관성contingency에서 중간 범위의 반응이 최대한의 복잡성을 성취할 수 있도록 하는 패턴이라 할 수 있다. 이러한 맥락에서, 우리는 두 시스템의 기능이 단일의 복잡계로 기능할 수 있도록 하는 방식으로 기능적으로 연결되거나 통합된다고 주장할 수 있다. 최대한의 복잡성은 개인적 분화와 인간관계 연결의 조합에 의해 이루어질 수 있다. 반대로, (회피 애착 아동들처럼) 파트너로부터 독립되는 것은 한 개인의 시스템이 연결 없이 과도한 내적 연속성에 의해 복잡성이 고립되고 감소되는 것처럼 작용하는 상황이다. 타인과 단단하게 연결되는 것 또한 복잡성을 감소시킨다. 침입적인 매칭이나 타인의 무감각한 반영은 상호작용하는 시스템들 간의 변이를 줄이고, 분화 없이 과도하게 연결되어 있다.

사람들은 종종 비언어적 방식으로 타인과 다양한 리듬 매칭을 경험한다. 어떤 사람들은 하품을 하거나, 창문을 힐끗 보거나, 걱정스럽게 보는 등의 타인 신호의 아주 미묘한 뉘앙스에 정교하게 반응한다. 적어도 한 관찰자가 보기에 어떤 사람들은 타인의 신호를 의식하지 못하는 것으로 보인다. 이러한 매칭의 범위는 타인과 함께 하는 사람들의 현재 경험과 과거의 의사소통 패턴에 대한 통찰력을 갖는 데 유용할 수 있다. 역동적 체계의 창발성으로 마음은 타인에게 과도하게 반응하거나 심하게 자율성을 보이고 타인의 상태에 합류하는 것을 꺼리는 것은 복잡성을 향한 균형적인 움직임을 제한할 수 있다. 여전히 어떤 사람들은 정신 기능의 부분 요소들이 연합하지 않을 때만 구성되는 해리 상태를 선호할 수 있다.

시간 경과에 따른 마음 상태

뇌 활동과 관계 속에서 정보와 에너지를 공유함으로써 마음이 탄생한다. 우리는 신경 활동이 어떻게 심적 표상이나 복잡한 신경망(정보를 전달하고 변환하는 것을 목적으로 하는 복잡한 신경망)을 통한 에너지의 흐름으로 구성되는지 살펴보았다. 이러한 정보의 처리 과정은 마음이 문제를 해결하는 것을 도와준다. 뇌를 통한 에너지 흐름의 특정한 패턴은 특정한 신경 프로파일이나 마음 상태를 활성화시킨다. 감정과 감정 조절은 신경 활성화의 정도와 위치를 결정하는 데 중요한 역할을 한다. 앞서 설명했고 5장에서 더욱 깊게 탐구하겠지만, 감정은 통합 상태에서 변화를 반영한다. 마음 상태는 분화된 영역들이 서로 연결되는 방식에 있어서 변화에 의해 이루어지는 데 즉, 마음 상태는 통합에서의 변화로 형성되고, 그래서 감정은 마음 상태의 창발과 유지의 핵심이 된다. 뇌에서 감정은 기본적으로 심적 표상에 대한 가치와 의미의 생성을 담당하는 회로와 연결되어 있다. 특정한 감정은 특정한 마음 상태와 관련되어 있다는 것은 놀랍지 않다. 감정은 시간의 특정한 순간에서 마음 상태를 만드는 과정의 기본적인 부분이다.

감정은 시간의 특정한 순간에서 마음 상태를 만드는 과정의 기본적인 부분이다.

마크 루이스Marc Lewis와 동료들은 마음 상태 내에서 에너지 흐름을 자기 조직화하는 시스템을 통한 정보의 흐름으로 볼 수 있다고 했다.[68] 감정은 시스템이 정보 처리 과정에서 활성화 상태를 조절하는 방법을 알려준다. 울터링Woltering과 루이스Lewis에 따르면, "피질과 피질 영역의 처리 과정을 연합하는 중추로서 기능하는 전 대상회 피질anterior cingulate cortex과 안와 전두 피질orbitofrontal cortex 같은 특정 신경 허브hub"가 "감정적인 상황 동안 좀 더 효과적이고 능률적으로 되도록 촉진하는 뇌 영역 간의 조정이 더 활발해지도록"하는 데 중요한 역할을 한다고 말한다.[69] 이러한 자기 조직화는 또한 두 사람 간의 상호작용의 일부분이라는 점에서 양자적dyadic이고, 단지 신체에서 신경 통합의 일부가 아니라는 것이다. 자기 조직화는 마음이 인간관계 상호작용과 신경생리학적 과정 내에서 형성되는 기본적인 방식을 나타낸다.[70] 알랜 쇼어Allan Schore는 "이러한 교류는 감정을 동반하는 인간관계 정보의 흐름을 나타내고, 긍정적 피드백으로 증가된 중요한 변동은 불균형과 자기 조직화로 이어진다"라고 했다.[71] 시스템의 상태는 자기 조직화를 향한 움직임에서 변화의 유도나 불균형에 의해 좌우된다.[72] 이러한 변화는 타인과의 정서 교류로 만들어진다.

마크 루이스Marc Lewis는 다음과 같이 제안하였다.

> 실시간 일어나는 인지-정서 활동의 각 에피소드들은 어느 정도 시냅스 변화의 흔적을 남기기 때문에, 뇌가 고유의 활동 결과를 정교화하고 확장함으로써 발달한다고 할 수 있다. 그리고 시냅스 변화는 재귀적인데, 이는 이러한 활동들이 창발하는 주제를 점차적으로 정교화 하는 고유 패턴의 계통을 형성하면서 그 자체를 반복하려는 경향이 있다는 것을 의미한다. 신경 발달의 이러한 특징은 자연계에서의 자기 조직화를 전형적으로 보여준다. 게다가 뇌 활동은 인간관계 환경을 변화시키기 때문에(예를 들면, 공격성은 고립을, 독립성은 숙달과 존중을 촉진시킨다), 이러한 자기 정교화 과정은 점차 개인 뇌의 특성으로 형성되는 사회적 세계의 맥락에서 발생한다. 마음이 몸에 새겨지지 않는다면 우리는 복잡한 역동적 체계의 특성에 대해 걱정할 필요가 없을 것이다. 그러나 우리의 마음은 전적으로 우리의 뇌에 의존하고, 뇌는 진화에 의해 뇌에 영향을 미칠 수 있는 경험과 정서의 변화 아래에 빠르게 자기 조

직화하도록 고안되어 있다. 그러므로 발달하는 마음을 이해하기 위해서는 발달에 대하여 이해해야 하며, 자기 조직화의 원리는 발달하는 뇌를 이해하기 위한 토대를 제공한다.[73]

임상 장면에서 치료자는 사람들의 융통성 없고, 비생산적이고 역기능적이며 불행하게 하는 행동과 정서 반응을 흔히 보게 된다. 그들의 마음은 적응적인 자기 조직화 능력을 상실하고, 융통성 없는 활성화 패턴들에 사로잡혀 있다. 이러한 것들은 사람들이 심리치료사들에게 도움을 청하러 오는 많은 이유 중 일부이다. 확실히 사람들은 "어디에서든 나타날" 것처럼 보이는 예측할 수 없고 즉흥적인 행동을 보인다. 이러한 것들은 복잡계의 비선형성으로부터 "예측할" 수 있다. 블로드리니Blodrini와 동료들은 다음과 같이 기술했다,

혼돈체계에서, 여러 다른 패턴의 움직임들이 동시에 나타나며 초기 상태에 있어서 매우 작은 변화가 그 시스템의 궤도를 바꿀 수 있다. 시스템은 스스로 급격한 변화를 일으킬 수 있고, 어떤 상황에서 이것은 진화적 이점으로 작용하기도 하지만 다른 경우에는 안정성이 아니라 간헐적 혼돈을 야기한다.[74]

종종 심리치료를 받기 원하는 사람들은 반응 패턴이 고착된 것처럼 느껴지고, 그들은 내적 경험의 변화를 간절히 원하지만 그렇게 할 수 없다. 마음 상태의 흐름에서 그러한 뿌리 깊고 쓸모없는 패턴들을 바꾸기 위해서 치료사들은 뇌가 시간의 경과에 따라 이러한 연속성을 어떻게 형성하는지와 그러한 과정을 바꾸기 위해 어떤 개입이 필요한지 고려할 필요가 있다.

감정은 유용한 변화에서뿐만 아니라 어떤 과정으로 특정 순환 패턴에 고착되는지에 관련해서도 중요하다. 루이스Lewis는 다음과 같은 방식으로

역기능과 변형에 대한 감정의 이중적 특성을 설명한다.

> 그래서 신경의 자기 조직화에서 감정의 역할은 양날의 검으로 작용한다. 한편으로는 증가하는 신경조절물질의 도움으로 변연계와 변연계 주위부에 의해 조정되는 자기증강 피드백self-augmenting feedback은 시냅스 활동을 촉진시켜서 시냅스 변화를 유도한다. 이러한 관점에서, 정서 과정은 새로운 시냅스 구성을 형성한다. 반면 동일한 구조와 신경조절물질에 의해 조정되지만, 좀 더 오래 지속되고 추가적인 하위 체계를 동원하는 자기 안정화 피드백self-stabilizing feedback은 시냅스 활동의 패턴을 공고화하여 시냅스 변화를 최소화한다. 이러한 관점에서, 정서 과정은 시냅스 패턴의 유지에 있어서 중요하다. 그래서 정서 과정은 시냅스 변화를 유도하고 시냅스 동일성을 유지시키는 것으로 양분된다.[75]

시간에 따른 상태의 흐름에서 연속성은 부분적으로 구조와 경험에 의해 형성된 신경 연결인 내적 제약에 의해 만들어진다. 확률 모델에서, 시스템은 새롭고 친숙하지 않은 활성화 패턴에 맞닥뜨렸을 때, 연속성, 동일함과 친숙성의 요소들을 유지하면서 복잡성의 정도를 증가시키는 방향으로 움직인다. 바로 그 구조에 의해 시스템은 연속성의 몇몇 측면을 유지하는 속성을 갖게 된다. 시스템이 결과(환경에 반응하는 행동)를 만들기 때문에, 결과는 외부 세계에 다소 일치하는 반응 패턴을 만들어서 외적 제약을 형성할 수 있다. 예를 들면 수줍어하는 아동이 낯선 것에 대한 반응을 약간 바꿀 수는 있지만, 아동의 망설임은 부모들을 지속적으로 거슬리게 할 것이고 부모의 불만은 아동의 불안을 지속적으로 강화되게 한다. 이 결과는 겉보기에는 외적 (부모) 제약이 "독립적인" 변수들로 보여도 실제로는 아동 자체에 의해 직접적으로 영향을 받는다는 것이다. 6장에서 다루겠지만, 몇몇 연구들에서 행동이 억제되어 있거나 수줍음이 많은 아동은 체질상 우반구가 활성화되어 과도한 위축 상태를 보인다고 한다. 부모의 부정적 반응은 자녀의 이러한 위축 반응을 강화할 것이다. 특정한 특징적인 기질로 시작된 시스템은 시간 경과에 따른 상태의 흐름에서 내적 제약과 외적 제약을 통해 연속성을 갖게 될 것이다.

정보 처리

마음 상태를 보는 방법 중 하나는, 활성화 프로파일이 무엇을 처리하는지뿐 아니라 어떤 정보 처리 모듈이 활성화되는지를 포함한다. 얼굴 표정을 감지하는 능력의 저하와 이 과제 수행 동안 이에 상응하는 우반구에서의 감소된 혈류량을 보여주는 뇌 영상 기법 연구 결과들에서 알 수 있듯이, 어떤 상태에서는 적절히 기능하는 특정 회로들이 우울한 상태에서는 현저하게 손상되는 것을 알 수 있다. 우울할 때는 얼굴 정서를 처리하는 회로들이 정상적으로 기능하지 않는다.[76] 마음 상태의 재귀적인(피드백-고리) 특성 때문에 이 모듈의 장애는 방해물을 만들어낸 바로 그 마음 상태의 강도를 강화시킬 수 있다. 다시 말하면, 우울한 사람은 타인의 얼굴 표정을 이용해 자기 자신의 정서적 상태를 조절하는 능력을 잃어버리는 것이다. 외적 제약은 이용할 수 없고, 그 사람은 고립되고 우울한 기능을 하는 내적 제약에 전적으로 의존해야 한다. 그 사람은 다른 사람들과 단절됐다고 느끼고 실제로도 그러하다. 여기서 다시 한번 우리는 마음의 체화된 그리고 관계적인 특성에 대한 깨달음을 얻는다.

마음의 정보 처리 모듈의 선택적 활성화 혹은 비활성화는 특정한 마음 상태 형성에 있어 고유한 연속성을 만들어낸다. 호퍼Hofer가 말했듯이 "다양한 연령 발달 과제들을 완수하려면 뇌는 반드시 한 기능적 조직의 상태에서 다른 조직의 상태로 변화할 수 있어야 하고, 그러므로 본질적인 모듈

구조 안에서 한 정보 처리의 방식이 다른 정보 처리 방식으로 이동할 수 있어야 한다."[77] 신경세포들의 군집들이 마음 상태 형성에 있어 급속하게 활성화되거나 비활성화되면서, 신경 발화의 패턴은 자기 조직화에서 갑작스러운 변화가 나타날 수 있다. 뇌의 복잡계는 상태의 갑작스러운 변화가 가능하다. 뇌의 자기 조직화 특성의 본질을 설명하는 방법 중 하나는, 이러한 변화의 조화를 통해서이다. 뇌가 우울증과 같이 어떤 상태에 고착되어 있거나 해리처럼 상태에서 적절히 조절되지 않은 갑작스러운 변화가 있다면, 이것은 아마도 역기능적인 자기 조직화 때문일 것이다.

경험의 압축된encapsulated 에피소드인 마음 상태가 자기 조직화의 과정을 통해 어떻게 강화되는가? 특정한 상태 내에서 정보 흐름의 특성이 자신의 경계를 정의하는 데 도움이 된다. 몹시 화가 난 상태는 격분한 상태를 강화하는 특정한 생각, 이미지와 감각으로 이어질 수 있다. 이 과정이 더 유연해지기 시작하면, 상태의 강렬함도 진정되기 시작하고, 그 상태는 더 중립적인 활성화 흐름으로 사라진다. 이런 식으로, 특정 상태들은 매우 명확한 경계와 특징이 있다. 다른 상태들은 기능적 단위로 묶이는 활성화 패턴에서 더 적응적이고 유연하다. 이러한 더 "유동적"이고 "중립적인" 상태에서 시작과 끝이 쉽게 정의하기 어려울 것이다. 따라서 정보 처리 모듈에서 융통성은 단지 그 자체의 정보 처리라기보다는 시간 경과에 따른 상태 흐름을 정의하는 데 유용할 것이다.

연속성과 자기 상태

이러한 정보 처리 모듈을 나누는 것은 세상에 있는 타인들과 효율적으로 상호작용하기 위해 필요하다. 우리는 다양하고 다채로운 "자기들selves"을 가지고 있고, 그것들은 많은 다양한 삶의 활동을 하는 데 필요하다.

우리가 타인과 변화무쌍하고 상호의존하는 사회관계망에 깊이 연결되어 있기 때문에 "자기"는 단수형 명사가 아닌, 오히려 복수형 동사로 볼 수 있다. 우리는 그저 고립되고 독립된 자기가 아닌, 시간에 따라 발달하는 다른 자기들과 연결되어 반복적으로 창발하는 과정의 "자기를 만들어 가는selfing" 존재이다. 이 자기화 과정은 마음의 체화적이고 관계적인 과정을 반영하는 내적within-ness, 상호성between-ness을 지닌다.

앨런 스루프Alan Sroufe는 "자기"를 내적으로 조직화된 태도, 기대, 의미와 느낌들의 군집이라고 정의하였다.[78] 그의 관점에 따르면 자기는 개인이 환경에 반응하고 관여하거나 피하는 방법을 일부 결정하는 "조직화된 양육organized caregiving matrix"에서 파생된다. 또한 관계는 아동들이 어떻게 경험을 해석하는지를 좌우한다.[79] 이 관점을 수산 하터Susan Harter의 전형적인 발달에서의 많은 "자기들"에 대한 연구와 결합한 연장선상에서 보면 우리가 살고 있는 "자기들"은 관계 맥락에 의존한다.[80] 더 나아가, 우리 관계의 역사가 미래에 더 많이 활성화될 수 있는 특정 느낌, 태도와 의미의 패턴들을 형성했을 수 있다. 이런 방식으로, 과거와 현재의 맥락은 특정 순간에 조직화된 어떤 "자기"라도 형성한다. 역기능적 아동기 경험 연구는 어릴 때 문제들이 정신적, 육체적 건강에 오랫동안 지속되는 영향을 미칠 수 있음을 시사한다. 그러나 우리가 알아야 할 것은 그러한 역기능적 경험을 예방하는 방법뿐 아니라 발달 시기에 겪은 어려움을 해결하기 위한 더욱 통합된 해결책을 제공하는 것이다.[81] 우리는 자기 조절과 회복력을 위한 새로운 능력을 개발하여 힘든 과거 경험을 한 사람들의 회복력을 지원하는 방법을 알아야 한다. 회복력 현상 자체는 다양한 면이 있을 수 있다.

인간관계 시스템과 양자적 마음 상태

복잡계에 대한 검토와 애착 경험이 어떻게 자기 조절 패턴을 형성하는지에 대한 사례를 살펴보면, 어떻게 두 시스템이 양자 체계로서 기능하게 되는지에 대한 의문이 든다.[82] 다양한 사회심리와 정신역동 이론들은 학습, 의사소통, 역할 모델링, 내재화, 이상화와 동일시 각각이 아동이 발달하는 데에 어떤 역할을 할 것이라고 본다.[83] 또한 우리는 이 문제를 뇌의 복잡계로부터 부분적으로 창발하는 마음의 관점에서 생각해 볼 수 있다.

다음을 생각해 보자. A라는 사람의 마음은 내적 제약과 외적 제약을 토대로 자체적으로 구성된다. 내적 제약은 체질적인 특징과 경험으로 결정된다. 외적 제약은 환경에 있는 타인이 보낸 신호들을 포함한다. B라는 사람은 A와 관계를 맺고 있다. A는 B로부터 보내진 신호들을 지각하고 A의 시스템은 자신의 상태를 변화시켜 반응한다. 즉각적인 결과로, (1) A의 상태는 B의 상태(혹은 최소한 B의 신호들)의 기능에 의해 변하고 (2) A가 B에게 신호를 다시 보내는 것이 있다. 이번에 B는 최소한 이 두 변화로 A의 신호에 반응하고, 조건 의사소통이 형성된다. 만약 A가 성인이고 B가 아기라면, 반응 패턴들은 단지 B의 현재 마음 상태뿐만 아니라 B의 미성숙한 뇌의 기능과 발달 구조를 형성할 것이다. 그렇다면 이 관점이 뭐가 새로운가?

새로운 점은 B에 대한 A의 반응과 A에 대한 B의 반응의 패턴들이 A와 B 모두에게 형성된 상태들을 만들기 시작할 수 있다는 것이다. A와 B는 AB라는 상위 체계supersystem로 기능하게 된다. 더 이상 A와 B의 상호작용을 A와 B 하위 구성 요소들로 단순화할 수 없다. AB는 환원할 수 없는 시스템이다. 시스템 이론Systems theory은 인간관계를 위계적으로 이해할 수 있게 한다. 누군가와 "인간관계 상태"를 공유하는 것은 삶에서 가장 보람 있는 경험 중 하나이다. 누군가는 그런 양자적 상태가 가끔은 반갑지만, AB 상태가 만들 수 있는 "소실감feeling of disappearance"보다는 어느 정도의 강한 고독감을 선호한다. 그러나 또 다른 사람들은 그러한 연합을 간절히 바라지만, 진정으로 얻을 수 없다고 느낀다. '거의 연합되었을 때조차도', 그들은 그것이 사라질까 봐 두려워하고, 그 두려움 자체로 양자적 경험을 깨버린다. 이것이 단지 다른 애착 유형을 설명하는 또 하나의 방식일까? 분명 애착 접근은 근본적인 "나와 너I-thou" 주제에 변이일 수 있다. 자기들, 타인들과 그들의 관계들이 함께 있다. 그러나 시스템 이론은 우리에게 시스템 자체가 스스로 조직화할 수 있도록 도와주는 제약에 대한 관점과 용어들을 제시한다. 이러한 내적 요인들과 외적 요인들은 한 마음이 더 큰 기능적 시스템을 형성하기 위해 어떻게 다른 마음들과 결합하는지를 이해하는 데 새로운 틀을 제공한다.

부모의 자기 조직화 패턴의 흔적은 자녀의 자기 조절 패턴에서 드러난다. 이런 방식으로, 단일 상위 체계로의 두 시스템의 결합 결과는 심지어 아동이 성인으로부터 떨어져 있거나 아동이 성인이 된 후에도 지속된다. 예를 들면, 혼란 애착 아동과 해리 장애가 있는 성인들에게, 부모와의 혼돈스럽고 무서웠던 경험들은 그들 기억의 일부일 뿐만 아니라 그들의 자기 조절(자기 조절 장애) 구조의 일부가 되었을 수도 있다. 개인이 적응하려는 시도에서 이러한 스트레스가 어떻게 유지하는지에 대해 때때로 사용되는 용어를 "이항상성 부하allostatic load, 스트레스가 쌓여 삶이 마모 또는 손상된 것"라고 한다.[84]

> 부모의 자기 조직화 패턴의 흔적은 자녀의 자기 조절 패턴에서 드러난다.

심지어 스트레스 반응에 관련된 신경 영역에서 유전자 발현의 후성적 조절epigenetic regulation of gene expression도 부정적으로 변화될 수 있다.[85] 신경 구조, 비정상적인 스트레스 반응과 후성적 변화들epigenetic changes은 마음 상태의 건강한 조절의 장애물들을 유지하기 위해 상호작용한다. 이것은 마음 발달에서의 초기 외상의 영향이다.

"트라우마"라고 불리는 압도적인 경험, 또는 심지어 단순한 일상을 통해 발달하는 마음에 대한 경험의 영향을 이해하는 것은 마음이 몸과 뇌에서뿐만 아니라 관계적인 세계에서 에너지 흐름의 창발적 속성을 통해 어떻게 자기 조직화를 형성하는지 알아봄으로써 촉진될 수 있다. 그러한 이해는 우리가 마음의 본질을 내적 및 상호적 시스템의 창발적 속성으로 인식할 수 있도록 도울 수 있다.

이러한 "시스템" 용어로 우리가 어떻게 생각하고 감각하는지에 대해 보다 완전한 통찰력을 얻기 위해 연구자들이 인간의 사회적 본성을 어떻게 보는지 알아보고, 우리의 삶에서 뇌의 역할을 이해하기 위해 시스템 관점에서 고찰해 보았다. 코이Coey, 발레트Varlet와 리처드슨Richardson이 「사회적으로 자리 잡은 신경계의 조정 역학Coordination Dynamics in a Socially Situated Nervous System」[86]이라는 제목의 논문에서 설명했듯이, 복잡계 이론 또는 동적 시스템 접근법이 마음에 관한 선형적인 인과 관계 관점과 어떻게 다른지 조사할 때, 사회적 뇌의 신경 메커니즘은 행동으로 이어지는 것으로 생각되며, 어떻게 행동과 정신 경험이 나타나는지에 대해 다른 사고방식이 필요하다. 다음이 그들의 관점이다.

> 동적 시스템 접근법에 의한 설명 틀은 선형적인 인과성causality의 개념과 다르다. 행동은 "입력inputs"에 대한 효율적이고 기계적인 작업의 "출력output"으로 이해되지 않는다. 오히려 행동은 각 구성 요소의 상호작용과 시스템의 전체적인 행동 상태 사이의 상호 관계를 통해 자기 조직화된다… 자기 조직화라는 용어는 힘의 자유로운 상호작용과 구성 요소 간의 상호 영향에서 자연스럽게 나타나는 행동 순서를 나타내는 데 사용된다. 즉, 행동은 시스템 구성 요소들의 상호작용을 조정하는 제약의 균형으로부터 발생하는 새로운

패턴으로 간주된다. 이러한 패턴과 이를 유발하는 제약의 특성은 시스템의 역학 또는 시스템 행동의 진화를 연구함으로써 이해될 수 있다.[87]

제약은 주어진 순간에 복잡계의 상태에 직접적으로 영향을 미치는 내부 혹은 외부의 변수라는 점을 상기해 보라. 서로 다른 개인이 상호작용을 할 때, 일련의 법칙이나 역학이 그들의 상태를 조정하게 된다. 코이Coey와 동료들은 다음과 같이 말한다.

> 그러나 조정 역학coordination dynamics 연구가 제공한 것은 사회적 상호작용의 특정 측면이 자기 조직화, 동적 과정의 언어로 다뤄질 수 있다는 상당한 증거이다. 요컨대, 부드러운 인간관계 조정에서 중요한 것은 본질적인 차이(즉, 서로 다른 고유 주파수)를 극복할 만큼 충분히 강한 두 진동 요소 간의 결합이다… 따라서, 여기서 제안된 개념적 접근 방식은 신경 구조나 인지적 과정의 중요성을 회피하려는 의도가 아니다. 오히려 우리가 주장하는 것은 사회 인지 과정과 그것들의 기초가 되는 것으로 생각되는 신경 과정이 진화를 통해 유지되는 무수한 자연적 과정에서 적절하게 맥락화될 때만 완전한 의미를 갖는다는 것이다.[88]

이런 식으로 복잡계는 신경 메커니즘과 같은 내부 과정과 사고와 느낌을 포함하는 정신 과정이 시스템 전체로써 자기 조직화에 참여한다. 분화된 영역을 지나 뇌에서 진동하는 율동적 에너지 흐름은 이러한 신경 영역 통합의 내부 과정 중 일부일 수 있다.[89] 이 창발은 사실 단방향이 아니다. 복잡계 내에서 창발은 비선형적이며 전체 전개에 대한 "인과적" 영향의 기초가 되는 여러 제약 조건이 있다. 비선형은 또한 시스템에 대한 초기 입력이 크고 겉으로 볼 때 예측하기 어려운 결과로 이어질 수 있는 속성을 지닌다. 이 저자들은 계속 말한다.

> 다시 말하지만, 동적 접근 방식은 중추 신경계의 활동이 인간 행동의 의미 있는 필수 부분이라는 이론적 개념에 위배되지 않는다. 동적 접근법이 제안하는 것은 이러한 신경 구조의 다른 개념화이다. 전통적인 접근 방식은 이러한 구조를 "메커니즘"으로 개념화하는 반면, 동적 접근 방식은 이를 자기 조직화 시너지로 개념화한다. 즉, 신경 구조와 그 활동은 유기체가 환경과의 기능적 상호작용을 유지하는 시너지 관계의 일부로 간주된다.[90]

자기 조직화 시너지 효과는 상호의존적인 상호작용에 관여하는 복잡계의 시너지를 말하며, 개별 요소들의 협력과 협동을 포함하는 과정은 개별 요소들 각 부분보다 더 큰 것을 산출한다. 코이Coey와 동료들은 시스템이 전개됨에 따라 개인에 체화되고 내장된 이런 방식의 중요함을 강조한다.

> 따라서 내장된 자기 유지 시스템에서 체화된 역동적인 과정은 물리적 협력 또는 사회 운동 조정의 기초가 될 뿐만 아니라, 보다 독특하게 인간적이며 사회적인 행동의 기초가 될 수 있는 현상적 의미(즉, 상황에 대한 정보)에 대한 자연스럽고 기초적인 기반을 구성한다… 우리는 사회적 상호작용의 역학에 대한 미래의 연구가 사회 신경과학에 의해 촉진되는 신경학적 메커니즘을 유지할 것으로 예측하며, 이는 본질적이며 필연적으로 신경학적 메커니즘이 행동 질서를 형성하는 무수한 자연적 제약에 적절하게 위치하고 근거를 두었을 때이다. 요컨대, 우리는 사회 신경과학이 어떻게 신경 구조가 진화하고 존재하는지 자기 조직화의 기능적 체화functional embodiment 관점과 신경계의 활동이 어떻게 동물 생태계의 한 부분으로써 복잡한 인간 행동을 유지하고 지원하는지에 대한 관점을 가지고 조사해야 한다고 믿는다. 이는 실시간으로 사회적 행동의 역학에 의해 신경 과정이 어떻게 나타나고 수정되는지 그 방식을 탐구하고 지각, 행동 및 인지를 스스로 자기 조직화하는 물리적, 정보적 결합을 탐색함으로써 달성할 수 있다.[91]

복잡계의 행동을 이해하는 것은 때때로 타인과의 관계가 발달하는 데 있어 자동화된 방식들에 대한 통찰을 제공한다. 관계를 위한 "자기 조직화"의 근본적인 시너지 단위로써 인간관계 상태를 바라보는 것은 매우 유용할 수 있다. 예를 들면, 고착된 관계 때문에 그들의 인간관계 상태가 복잡성이 증가하며 균형 있게 움직이지 못할 것이라고 예상해 볼 수 있다. 융통성 없는 의사소통 방식과 일차 정서 상태를 깊이 있게 공유하는 것을 꺼리는 것은 관계가 "죽었다deadness"는 느낌을 들게 할 수 있다. 정서적인 관계의 상태는 지금-여기here-and-now의 의사소통 요소들과 과거 맺은 관계 패턴의 잔재를 반영할 수 있다. 사람들은 개별적인 자기보다 더 큰 시스템을 형성하기 위해 서로 교류한다.

양자 관계 내에서 마음 상태 간의 전환은 종종 아주 미묘하다. 예를 들어, 맥락 변화는 친구의 목소리 톤이나 얼굴 표정의 변화에 의해 감춰질 수도 있고 유도될 수도 있다. 고유하게 창발하는 양자 상태로 인간관계 시스템이 형성될 때 타인과 결합하는 방법들은 종종 아주 빠르고 비언어적일 수 있다.

앞에서 제시했던 한 성인이 명절에 집에 갔을 때 어떻게 마음 상태의 변화를 겪을 수 있는지에 대한 사례를 살펴보자. 가족을 하나의 상위 시스템으로, 각각의 구성원을 하위 시스템의 군집으로 생각해 본다면, 우리는 이 일반적 현상을 이해할 수 있다. 우리가 보았듯이, 마음 상태는 재유입 고리를 통한 다양한 과정들의 집합을 포함하고, 각각은 뇌에서 상대적으로 독특한 회로의 활동에서부터 나온다. 마음 상태는 함께 활동하는, 즉 개별적 과정이 재유입 되고 함께 조합되는 세트로 동시에 결합되어, 다양한 하위 시스템이 동원된다. 성인이 된 자녀는 유전자와 반복된 환경과의 접촉, 초기의 특정한 환경 조건들에 민감한 뉴런의 활성화로 조합된 특정한 패턴들과 같은 마음 상태가 강화되어 그녀만의 발달력을 갖게 된다. 부모 또한 그녀를 자녀로 둔 것을 포함하여 그들만의 발달력을 갖는다. 그들의 발달력은 특정한 상태와 반응 패턴들을 형성해 왔다. 부모는 딸이 집을 떠난 후 몇 년 동안은 아주 행복했을 수도 있지만, 명절에 집에 오면서 부모와 딸은 어느 정도 예전 패턴으로 돌아간다.

성인 자녀가 집으로 돌아오는 맥락 변화는(아마 이전과 같은 방에서 자고 부모와 함께 식사하고 형제자매도 있고 예전의 익숙한 환경들을 경험하는) 각각의 가족 구성원의 마음이 반응할 수 있는 풍부한 환경을 재설정한다. 새로운 맥락적 틀은 예전의 끌개 상태들attractor states을 떠올리게 한다. 문자 그대로, 그들 각각의 뇌는 예전 마음 상태의 패턴이 더 잘 유발되도록 각각의 제약들을 변화시키면서 이 새로운 환경에 반응한다는 것이다. 가족 내에서 개개인의 구성 요소의 동원이나 공동구성coassembly은 상위 시스템의 더 큰 구조가 어떻게 그것의 끌개 상태와 고유의 결합 과정으로 자신만의 발달력을 포함하는지 보여준다. 동원은 대개 의식과 의도 없이 자동적이다. 가족은 이제 옛날 끌개 상태들을 회복하면서 전체 체계로서 기능한다. 성인기 자녀에게, 이 경험은 초기 인식이나 통제감 없이 예전 감각과 행동의 패턴들로 되돌아간 것일 수 있다.

마음 상태는 지각 편향, 행동 반응 패턴, 정서 톤과 조절, 기억 처리와 정신 모델의 군집을 포함한다는 것을 기억해라. 성인기 자녀의 부모들에게, 이 모든 것은 딸의 행동을 부모의 행동에 대해 반항적이고 모질고 비판적으로 생각하고, 딸에 대해 두렵고 의심스럽게 느끼고, 딸과의 많은 갈등을 떠올리고, 충동적이고 비협조적인 10대로 딸에 대한 정신 모델을 형성하는 것과 관련된다. 부모의 상태 변화는 아마 딸과 동시에 일어날 것이다. 딸은 부모의 행동을 통제적이고 자신의 욕구에 대해 둔감하다고 생각할 수 있고, 부모에게 충동적이고 무례하게 대답하는 자신의 모습을 알아차릴 수도 있다. 또한 그녀는 화가 나고 실망감을 느끼고 이러한 느낌에 압도되지 않기 위해 고군분투했을 수 있고, 청소년기의 고통스러운 기억들을 쉽게 떠올릴 수 있다. 그리고 그녀는 지지적이지 않은 부모에 대한 정신 모델과 부모의 결점에 의한 피해자로 자신에 대한 정신 모델을 보유할 수 있다.

딸이 부모 집으로 돌아오자마자 일어나는 동시적이고 즉각적인 마음 상태의 빠른 전환은 놀랍다. 상위 체계의 어떤 부분 때문에 이러한 전환이 나타나는 것이 "아니다". 더 큰 체계의 각각의 하위 집합은 현재 맥락에 기초한 상태의 전환과 관련된다. 다른 구성 요소에 대한 한 구성 요소에서의 대개 미묘하고 연이은 반응들은 적응을 위해 이런 전환의 "적절함 appropriateness"을 강화한다. 딸은 "역시 집에 오는 것이 아니었어. 부모님들은 절대 바뀌지 않아. 가망 없어"라고 말하는 자신을 알아차릴 수 있다. 그녀가 맞을지도 모른다. 혹은 그녀는 자신 및 부모, 그리고 특히 관계 시스템에서, 옛날 끌개 상태들을 변함없이 경험할 수 있다. 무력감이 지속되고 빠르게 상호작용하여 예전의 패턴들로 돌아가기 때문에, 오래전의 고통스러운 정신적 상태의 구성이 다시 강화된다. 이 순간에, 그녀는 오래된 상처들을 치유하고 각인된 역기능적인 양자적 자기 조직화의 패턴에서 벗어나기 위해 "변화"를 절실히 원한다.

우리 개개인은 마음이 내적으로 집중할 수 있는 시간이 필요하다. 이 과정은 "타임인time-in"이라고 부르고, 이는 웰빙을 촉진시키는 일상생활의 정신적 영양소라고 고려되는 한 부분을 구성한다. 고독은 마음이 고유의 과정을 조직화하고 내적 상태의 공명을 형성하게 하는 필수적인 경험이다. 이런 상태에서, 자기는 타인과의 상호작용에서의 자극 투입을 직접적으로 감소시켜 제약을 변경할 수 있다. 마음은 연결감과 고독을 필요로 하는 시간이 번갈아 일어나기 때문에, 마음 상태는 외적 및 내적 과정의 결합에 의해 주기적으

> 우리 개개인은 마음이 내적으로 집중할 수 있는 시간이 필요하다.

로 영향을 받는다. 우리는 이러한 초점의 변화가 시간에 걸쳐 마음 상태에서 균형 있는 자기 조직화된 흐름을 보유하게 할 수 있다고 제안할 수 있다. 3-P 모델에서 우리는 이 흐름을 경직되고, 비의식적으로 고원에서 발생하는 반복되는 정점으로부터 그 아래로 이동하는 것으로 생각해 볼 수 있다. 열린 알아차림, 즉 가능성의 평면으로의 이러한 움직임은 "타임인"이 사람들을 더 현존하게 하고 수용적인 알아차림을 통해 더 유연한 존재 상태로 들어갈 수 있게 하는 방법이다. 마음챙김 치료의 몇몇 유형은 내적으로 조율된 주의attuned attention에 대한 타임인time-in 훈련의 예라 할 수 있다.[92] 감동을 주는 시인이자 철학자인 존 오도노후John O'Donohue는 다음과 같이 말한다. "당신이 자신의 온전한 고독을 인정하고 그것의 신비에 머무르면, 다른 사람들과의 관계에서 새로운 온기, 모험과 호기심을 경험할 것이다… 당신이 고독에 용기를 불어 넣는다면, 당신은 두려워할 필요가 없다는 것을 알게 된다… 인간의 고독은 풍요롭고 영원히 창조적이다."[93] 고독의 필요성을 존중하는 것은, 본질적으로 상태의 균형 있는 흐름을 형성하기 위해 마음의 선척적인 자기 조직화 경향성을 발산시켜서 마음이 스스로 "치유"(현재가 머무르는 가능성의 평면으로 들어가는 것)하게 한다. 고독은 자기를 각인된 패턴들에 반영하게 하고 양자적 기능 장애를 지속해 온 외부 사건들에 대한 반사적 반응을 의도적으로 변화시킨다.

우리는 모두 비선형적 역동 체계이다. 이것은 자극 투입에 있어 작은 변화들이 반응에서 크고 예측할 수 없는 변화를 유발할 수 있음을 시사한다. 이것은 또한 인간 행동과 인간 마음의 많은 부분들이 결국 예측 불가능하다는 것을 의미한다. 만약 앞선 예에서의 성인이 된 딸이 이러한 예전 패턴들을 알게 되고 의식적으로 그 패턴들을 무시하기로 결정한다면 그녀는 패턴들이 약간 바뀌기 시작하는 것을 알 수 있다. 고독은 그녀가 이러한 변화의 시작에 필요한 반영을 하게 한다. 그녀가 상태 변화를 위해 적극적으로 노력을 한다면(특히, 행동 반응과 의사소통 패턴) 인간관계 상호작용에서 중요한 변화들이 나타날 것이다. 그것은 성실해야 하지만 예전 가족 패턴에 대한 자동 반사를 제거하기 위해 노력할 만한 가치가 있다. 딸 반응의 변화, 자신과 가족의 과정에 대한 내적 인식과 "나는 옳고 그들이 틀리다"라는 예전 신념들을 버리려는 의지는 각각이 가족 체계 제약에서 변화를 유발하여 가족 체계의 궤도의 패턴, 상태 변화의 패턴과 연이은 행동 패턴들을 바꿀 수 있다.

우리는 이 장을 통해 초기 발달 동안의 의미 있는 정서적 강도를 포함한 반복된 상태의 지속적인 활성화는 미래에 반복될 가능성이 많다는 것을 알았다. 이런 식으로, 개인과 가족 체계 내에서 마음 상태의 과거 패턴들은 고유한 특성이 될 수도 있다. 이렇게 끌개 상태는 우리 내에서 각인되고 과거 인간관계 상태들이 계속해서 자기 조직화의 개인적 패턴들에 영향을 미친다.

견고하게 각인된 상태는 시스템의 변동성을 감소시켜서 환경에서 적응성과 시스템의 복잡성을 최대화하는 능력을 약화시킨다. 자기 조직화는 우리를 항상 복잡성 수준이 증가되는 방향으로 유도하려 하고, 융통성이 감소되면 자기 조직화는 억제된다. 상태가 새로운 가능성의 탐색을 억제할 정도로 각인이 되었을 때, 이에 영향을 받은 사람들은 더 이상 성장하고 발달할 수 없다.[94] 이런 상황에 대한 주관적 경험은 일종의 침체와 불쾌감이다. 고착화된 패턴에 새 생명을 주는 것은 시스템에 에너지를 주입하고, 예전 상태들을 불안정하게 하고 연속성과 융통성 간의 새로운 균형을 형성하는 것을 시사하고 이것들은 복잡성을 증가시키는 상태를 창발시킬 것이다. 반응적 인간관계 내에서 이러한 창발된 마음 상태는 상당한 활력을 불러일으킬 수 있다.

반영: 상태의 흐름

건강한 성장은 시간에 따른 상태의 흐름에서 연속성과 융통성 간의 균형을 향한 역동적 체계의 움직임에 기초한다. 시스템 내에서의 균형 있는 에너지 흐름은 정서 발달의 목표이다. 균형은 어떤 뉴런 집단이 동원될지에 대한 엄격한 제약이 없고 혼란된 활성화도 없다. 매우 엄격하거나 매우 혼돈된 자기 조절은 시스템의 복잡성 수준을 증가시킬 수 있는 방향으로의 안정된 움직임을 제한한다. 이러한 조건들은 정서 조절 장애를 반영한다.

복잡성을 최대화하기 위해 융통성과 연속성들 사이에서 시스템의 균형이 필요하다. 융통성은 상태의 흐름에서 다양한 반응을 생성하고 변화시키는 것에 기초한다. 이것은 변화하는 환경 조건들에 대해 새롭게 적응하기 위해 어느 정도의 불확실성의 여지를 둔다. 대조적으로 연속성은 시스템의 학습 과정에서 생겨나서, 각인된 제약 세트에 의해 결정된 반응 패턴으로 어느 정도의 확실성이 있다. 이러한 융통성과 연속성, 새로움과 친숙함, 불확실성과 확실성 사이의 균형은 역동적 시스템이 복잡성을 향한 궤도를 최대화하기 위해서 뉴런 집단의 더욱 복잡한 층을 구성하게 한다. 마음은 체화되고 관계적이기 때문에, 이 구성 과정은 우리가 발달함에 따라 우리 주변 세계의 타인들과의 상호작용도 포함한다. 우리가 본 바와 같이, "자기"는 분리된 자기의 관점을 기반으로 하는 고정되고 고립된 단수 명사가 아닌, 상호 연결된 복수 동사인 자기로 간주될 때 더 자유롭게 경험될 수 있다. 자기는 우리 마음의 이러한 체화되고 관계적인 본질에서 발생하는 복수형 동사이다.

시간이 지나면서, 응집된 상태들은 자기 상태로서의 연속성을 영구적으로 갖게 된다. 각각의 자기 상태는 특정한 정보 처리 과제를 이행하기 위해 형성되고 유지된다. 환경 조건이 변화하면서 상태의 맥락 의존적 특성은 특정한 순간에 요구되는 특정한 자기 상태의 예시화를 유발한다. 건강하고 적응적인 마음은 각각 고유의 응집성과 연속성을 가진 불연속적인(그러나 최소한적으로 대립적인) 자기 상태의 영역으로 진입할 수 있다.

복잡성 이론은 자기 조직화가 시스템이 점점 더 증가된 복잡한 구성들을 향한 상태로 움직이게 하여 환경 변화에 적응할 수 있게 해준다고 제안한다. 우리는 분화된 요소들의 연결(즉, 통합)을 통해 시스템이 가장 유연하고, 적응적이며, 일관적이고, 활기 있으며, 안정적인 패턴들을 이룰 수 있다는 입장을 살펴보았다. 융통성과 연속성의 균형을 이루며 움직이면서, 시간에 따라 시스템의 흐름은 상태 변화들의 궤도를 정의하는 내적 제약과 외적 제약에 의해 형성된다. 내적 제약은 신경 통로 내에서의 시냅스 연결의 강도와 분포를 포함하고, 외적 제약은 사회적 경험들과 사람들 간의 조율된 정서적 의사소통을 포함한다. 내적 제약과 외적 제약을 조절하면서, 자기 체계는 그 자체에서 응집성과 연속성이 있는 새로운 자기 상태들이 모여 진화한다. 우리의 주관적인 정신적 삶은 또한 뚜렷하고 불연속적인 자기 상태의 실체화로 이어지는 제약의 갑작스러운 변화가 가능하다. 이런 자기 상태들에 따른 안정되고 체계적인 응집성이 있는 마음의 형성은 정서 발달과 자기 조절의 핵심적인 목표 중 하나이다. 뇌의 신경 회로망에 의해 형성된 표상적 처리 과정들은 마음에 의해 조절된 에너지의 소용돌이와 정보 흐름 내에 있다. 이 회로들은 우리의 시시각각의 경험을 알게 되는 방법을 연속적으로 형성하는 데 유전적이고 경험적으로 영향을 준다. 다음 장에서 우리는 경험이 기억을 형성하고 우리가 그 경험을 기억하게 되는 방법에 영향을 주어 우리가 내면과 인간관계를 인식하는 방법을 형성하는 이러한 근본적인 방법에 대해 살펴볼 것이다.

The Developing Mind 03

기억과 내러티브

The Developing Mind

기억의 일반적 정의

우리는 종종 “기억”이라는 것을 과거에 일어난 일들에 대해 의식적으로 회상하는 것이라고 생각한다. 예를 들어, 당신이 지난주 혹은 작년에 무엇을 했는지 생각해 본다면, 당신은 아마 어떤 사건 혹은 사람들과 상호작용한 것을 상상하기 시작할 것이다. 그 경험들은 어떻게 기억되는가? 회상이라는 것이 실제로 어떻게 일어나는 것인가? 이 장에서는, 기억의 메커니즘에 대해 알려진 것들을 살펴봄으로써 이 질문들에 대한 답을 찾을 것이다. 사람들은 수천 년 동안 기억이라는 것에 매료되어 왔음에도 불구하고, 기억의 기본 요소들에 대해 과학적으로 이해가 가능하게 된 것은 최근에 들어서이다.[1]

우리가 기억하는 마음에 대해 살펴볼 때, 당신이 보통 기억에 대해 갖고 있는 기본적 가정들에 대해 주의해 보기 바란다. 많은 부분이 도움이 될 만한 내용일 수 있으나, 어떤 것들은 사실과 다르다는 것을 발견하고 놀라게 될 것이다. 기억에 관한 일반적인 오해들은 다음과 같다. 우리가 경험한 것을 우리는 항상 알고 있다. 우리가 무엇인가를 기억할 때, 우리는 기억한다는 느낌을 갖고 있다. 그리고 마음은 더 이상의 수정되지 않는 경험의 사진photograph of experiences을 만든다. 기억은 이와 같이 기억할 당시의 시점이나 이전 경험들의 편견으로부터 독립된 정보의 제시로 여겨진다. 앞으로 살펴보겠지만, 기억의 구조는 꽤나 복잡하다. 기억은 과거, 현재, 그리고 예기된 미래를 구성하고, 외부와 내부 요인들에 모두 민감하다.[2]

기억은 단순히 우리가 과거 사건들에 대해 의식적으로 회상하는 것 이상이다. 더 포괄적인 정의의 기억이란 과거 사건들이 미래 기능에 영향을 주는 방식이다. 이 관점에서 볼 때, 뇌는 세상을 경험하고, 그러한 상호작용이 반응에 따르는 미래의 방식을 바꾸게끔 부호화한다. 우리가 곧 살펴보게 될 것은 기억의 정의를 통해, 비록 우리가 그 과거 사건들에 대해 의식적 회상이 없을지라도, 어떻게 과거 사건들이 우리가 학습하는 방법과 내용에 직접 영향을 줄 수 있는지이다. 우리의 최초의 경험들은, 그것들이 언제 일어났는지 의식적으로 기억하는 자각 능력이 없이도, 다른 사람들과 관계를 맺는 방법을 통해 우리가 어떻게 행동하는지에 영향을 줄 수 있다.

1장에서 논의했듯이, 뇌는 "신경망 프로파일neural net profiles"이라고 불리는 거미줄같이 무수히 많은 패턴들을 발화하게 하는 신경망으로 이루어져 있다.[3] 이런 회로망의 행동을 연구하는 과학자들은 신경 회로망의 구조가 부호화 과정을 통해 학습한다는 것을 발견하였다. 서로 연결된 신경세포 발화 패턴은 뇌 전체에 분포되어 있는데, 이 중 특정 한 세트를 처음 활성화시키는 부호화 과정이 학습을 만든다는 것이다.[4] 연구자들은 이러한 현상을 "연결주의 이론connectionist theory"과 "병렬 분산 처리parallel distributed processing"로 설명한다. 이는 2장에서 논의되었다. 이 연구들의 중요한 특징은 복잡한 망(즉, 뇌의 구조) 안에 있는 신경세포들의 연결들이 학습이 일어나도록 한다는 것이다.[5] 이 상호 연결성에서의 기형은 자폐증처럼 뇌가 정보를 처리하는 방식에 있어서 심각한 손상을 보이는 장애의 기저가 될지도 모른다.[6] 다른 관점은 "할머니 세포grandmother cell"란 용어에서 드러난다. 이것은 어떤 정보의 유형들은(예, 할머니의 얼굴 재인face recognition) 하나의 신경세포에 내포되어 있다는 연구결과를 말한다.[7] 정보 처리에 대한 이러한 국지적 관점은 실제로 다양한 생물학적 연구들로부터 강력한 지지를 받고 있다. 정보를 표상하는 이러한 세포의 방식은 병렬 분산/신경 정보 처리와는 다르지만, 연구 결과들은 신경 표상의 두 가지 유형 모두가 뇌에서 일어날 수 있다고 보고한다.[8] 단일 혹은 집단 신경망의 구성 요소들의 발화가 미래의 발화 패턴의 확률을 변화시킨다고 추정된다. 만약 어떤 특정 패턴이 과거에 자극되었다면, 미래에 유사한 프로파일을 활성화할 확률은 높아진다. 만약 그 패턴이 반복돼서 발화될 경우, 미래의 활성화 확률은 더욱더 증가한다. 이렇게 확률이 증가하는 것은 신경망 내의 시냅스 연결에서의 변화 때문에 생겨난다. 이와 같은 세포막 수준에서의 변화는 특정 신경세포 조합들의 발화 확률을 변화시킨다.[9] 신경세포 사이의 접속 강화가 일어나는 과정 중 하나는 "장기 강화long-term potentiation"로 설명된다.[10] 특정 패턴의 발화는(즉, 특정 신경망 프로파일 내의 에너지 흐름) 그 자체 내에 "정보"가 포함되어 있다. 따라서, 신경망/네트워크는 과거 경험들로부터 배운다. 비슷한 패턴을 발화시킬 확률의 증가가 신경망이 "기억"하는 방법이다. 이러한 방식으로 우리의 3-P 틀은 마음의 확률 상태를 에너지의 흐름으로 시각화할 수 있다. 이러한 과정은 1장에서 경험이 어떻게 부호화되고 저장되어 인출되는지와 관련된 "가능성에서 실제로의 이동movement from possibility to actuality"으로 논의되었다. 정보는 신경 시스템인 뇌에서 나타나는 에너지 흐름을 조절하는 시냅스 변화들을 통해 부호화되고 인출된다. 이러한 시냅스 변화들은 상호 연결된 신경세포들이 얽힌 신경망의 발화 확률을 변화시킨다. 기억의 확률적 속성과 가능성 상태에서 점차 실제로 실행될 마음의 확률적 관점은 서로 일관성 있게 잘 설명된다.

직접적으로 말하자면, 경험은 뇌 구조를 형성하고 몸과 외부 세계의 상호작용에 따른 에너지 흐름 패턴의 확률에도 영향을 준다. 1장에서 살펴보았듯이, 이런 일반적 과정을 "경험 의존적experience-dependent" 뇌 발달이라고 부른다. 이 용어는 경험이 일어나는 동안 신경세포 연결들이 유지되고, 강화되고, 혹은 형성되는 일반적 과정을 말한다. "경험 기대experience-expectant" 발달을 기억해 보자, 경험이 뇌 발달을 형성하게 된다.

유전적 바탕이 신경 연결에 영향을 주기도 하지만, 나중에 신경 발화 경험들에 의해 기존 연결망이 교정되기도 한다. 우리는 살아가면서 계속해서 학습하고 기억한다. 우리의 뇌와 마음은 일생 동안 계속 발달이 일어난다고 볼 수 있다. 생후 첫 몇 년 동안 매우 분화되고 서로 거미줄처럼 엮인 연결망의 아동기 뇌와 비교해 볼 때, 갓 태어난 영아의 뇌는 시냅스 연결이 거의 없는 신경세포들의 과잉 상태다. 경험, 유전적 정보, 그리고 후성유전적 조절 요인은 발달의 경험 기대experience-expectant와 경험 의존experience-dependent 과정을 통해 신경망 연결들이 어떻게 형성되는지를 결정짓는 데 큰 영향을 줄 것이다. 이러한 과정을 통해 기억이 형성되는데, 화학적 변화는 단기 부호화에 관여하는 신경세포들의 연결을 강화시킨다. 장기 기억 저장을 위해서는 새로운 시냅스 연결의 형성에 필요한 단백질을 생산하는 유전자 조작을 활성화시키는 신경세포의 발화가 실제로 필요하다.

밀너Milner, 스콰이어Squire, 그리고 칸델Kandel은 "감각 피질의 가소성에 관한 최근 연구는 감각 피질을 포함한 뇌의 구조가 개인에 따라 독특하고, 개인 경험의 역사에 따라 달라진다"라고 하였다.[11] 이처럼 뇌의 구조와 기능은 경험에 의해 형성된다. 발달 과정과 기억 과정은 실제로 시냅스를 형성하는 유사한 신경세포적, 분자적 메커니즘mechanism에 기반되어 나타나는 것으로 보인다.[12] 시냅스 연결에 있어서 이러한 변화들은 뇌가 기능하는 방식을 바꾼다. 우리가 보통 생각하는 "기억"이라는 것은, 사건들이 뇌에 영향을 미칠 수 있고 미래 활동을 특정 방향으로 변화시킬 수 있는 방법을 말한다. 우리가 앞으로 살펴보겠지만, 뇌는 경험을 "기억하는" 여러 가지 직접적 방법들을 가지고 있다.

우리가 과거를 어떻게 회상하는지는 어떤 뇌 신경망의 요소들이 미래에 활성화되는지에 따라 결정될 것이다. 예를 들어, 만약 당신이 파리 여행 중 에펠탑을 보게 된다면, 당신의 시각계(그리고 뇌의 다른 부분들)가 에펠탑의 표상이나 이미지를 당신의 마음속에 형성하면서, 회로망을 활성화시킬 것이다. 이것을 기억이 "부호화"된다고 한다. 다음 단계는 기억의 "저장"이다. 이것은 유사한 신경망 프로파일이 미래에 다시 활성화될 확률이 증가하는 것이다. 무엇인가를 넣고 필요할 때 꺼낼 수 있는 "수납장"이 뇌에는 없다는 것을 명심하라. 기억 저장은 미래에 특정한 신경망 패턴이 활성화되는 확률의 변화이다. 당신의 뇌는 시각회로망을 재활성화시킬 잠재력을 가질 것이며(즉, 신경망 프로파일), 그것은 초기의 부호화와 유사할 것이다. 그러니까 기억은 신경세포 발화의 확률을 변화시키는 것에 기초를 둔 처리 과정인 것이다. "인출"이란 과거 활성화되었던 프로파일과 비슷하지만 똑같지는 않은 잠재적 신경망 프로파일의 활성화이다. 따라서, 의도적으로 에펠탑을 기억해 내려고 노력할 때, 당신은 아마 탑 구조의 내적 시각 이미지뿐 아니라 파리 여행의 다른 면들에 대한 것들도 경험할 것이다.

뇌의 신경회로망은 환경에 대한 반응으로 해부학적으로 그리고 연대순으로 연관된 신경세포 세트를 발화시킬 수 있다. 이 신경세포 프로파일은 1949년에 도널드 헵Donald Hebb에 의해 정의된 이론을 토대로 부호화되고, 저장되고 인출된다고 볼 수 있다. 동시에 함께 발화된 신경세포들은 미래에도 함께 발화될 경향성이 있다. 혹은, 칼라 샤츠Carla Shatz의 말처럼, "함께 발화된 신경세포들은 함께 연결된다Cells that fire together wire together."[13] 헵Hebb이 지적했듯이, "이 아이디어는 오래된 것으로, 반복적으로 같은 시간에 활성화되는 어떤 두 세포들, 혹은 세포 시스템들은 점차 '연관'돼서 한 세포의 활동이 다른 세포의 활동을 활성화하게 한다"라는 것이다.[14] 사실, 지그문트 프로이트Sigmund Freud

> 함께 발화된 신경세포들은 함께 연결된다.

가 정확히 이 현상에 대해 "연합 법칙Law of Association"이라고 1888년도에 상정하였다.[15] 기능적으로 신경세포들의 활동을 연결해 주는 이 신경학적 연합은 현재 단기 기억에서는 일시적 신진대사 변화와 연관되는 것으로 보이며, 장기 기억 저장에서는 구조가 더욱 안정적으로 변화되는 것과 연관된다고 본다. 이 연결의 원리는 해부학적 그리고 일시적 신경 활동의 연합 모두와 연관된다. 앞으로 보게 되겠지만, 이러한 신경 수준에서의 시공간적 기능의 통합이 가능하기 때문에, 복잡한 신경망은 활성화 집합을 해부학적으로 분배하고 기능적으로 모으게 된다. 이러한 과정이 기억 과정이다. 새로운 시냅스 연결의 형성 혹은 기존에 있던 시냅스 연결의 수정으로 인한(예로, 신경전달물질의 방출 혹은 수용체 감도의 변화에 의해) 시냅스 연결의 변화 또는 "시냅스 접합 강도synaptic strength"는, 신경 발화의 확률을 직접적으로 변화시킨다. 이것이 신경 회로망이 어떻게 기억하는지에 대한 본질이다.

계속해서 에펠탑 예를 들어보자. 만약 당신이 직접 에펠탑을 봤거나 사진을 본 적이 있다면, 당신은 마음의 눈으로 에펠탑의 형상을 "볼" 수 있을 것이다. 이것은 실제로 무엇을 의미하는가? 최근의 뇌 연구 결과에서는, 사물을 상상하는 과제를 주었을 때 시각적 처리를 담당하는 뇌의 부위가 활성화된다고 보고하였다.[16] 당신이 실제로 그 사물을 보았을 당시에 활성화되었던 신경 회로망 프로파일과 비슷한 신경 회로망이 똑같은 뇌 부위에서 재활성화되는 것으로 보인다. 이것을 "시각적 표상visual representation"이라고 부른다. 따라서 마음은 직접 눈으로 볼 때 신경 발화의 패턴을 만드는 게 가능할 뿐만 아니라 마음으로 상상할 때에도 독립적으로 형상을 만들어 낼 수 있다. 표상은 지각적(에펠탑을 시각화하는 것처럼), 의미적("에펠탑"이라는 단어를 보고 무슨 뜻인지를 아는 것), 그리고 다중 감각적(당신이 에펠탑에 있었을 때 피크닉을 기다리면서 배고픔을 느낀 것과 지금 당신의 마음이 배고픔

과 연관된 감각을 떠올리는 것)인 것을 포함한 많은 형태로 나타난다.[17]

우리의 기억은 신경 활성화 패턴들의 다양한 측면들이 합쳐져서 나타난다. 이러한 "연합의 결합associational linkage"은 인출하는 과정에서 이것들이 동시에 더 활성화되게끔 한다. 표상들은 각각의 개인들에게 고유한 광범위한 내적 신경 과정을 통해 서로 연결되어 있다. 뇌 영상 기법의 연구들은, 경험에 대한 표상은 경험에 의해 처음 활성화되었던 뇌의 특정 부위, 예를 들어 머리 뒤쪽에 있는 신피질 뒷부분의 지각 영역에 저장되어 있을 수 있다고 한다. 부호화와 인출 과정들은 저장과 관련된 영역과는 다른 영역(예로, 눈 바로 뒤 그리고 눈 위에 위치한 전전두엽 피질의 안와 전두 영역과 같은)을 통해 매개되는 것으로 보인다.[18] 특정 영역들이 이 과정을 활발히 매개할 수 있는데, 여기서 신경 패턴들(표상들, representations)은 부호화할 때 혹은 회상하는 도중에 활성화되고 그 후 서로 뭉치게 된다.[19] 저장되는 것은 특정 패턴으로 신경 발화하는 확률probability이지 실제 "그 무엇things"이 아니다. 당신의 에펠탑에 대한 기억과 필자의 것이 다른 데에는 여러 요인의 독특한 면을 포함한 다양한 이유가 있다. 경험의 성격, 뇌가 표상을 형성하는 방식들, 그리고 부호화와 인출 과정이 기능하는 방식이 여기에 포함된다. 예를 들어 파리에서 피크닉을 하는 도중에 당신이 개에게 물렸다면, 당신은 아마 에펠탑을 생각할 때 두려움이나 심지어 고통까지 느끼기 시작할 것이다(감정적 그리고 신체적 표상 각각의). 만약 당신이 프랑스를 많이 좋아했다면, 프랑스를 싫어한다고 했을 때와는 감각 표상이 꽤 다를 것이다. 당신이 기억을 할 때 어떻게 느끼는지는 미래에 인출을 하는 동안 어떤 요소들이 복잡한 결합 표상들로 연관이 되는가에 큰 영향을 미칠 것이다.

기억 연구들에서는, 뇌 안에서 경험의 첫 충격impact을 "엔그램(기억 흔적, engram)"이라고 부른다.[20] 만약 당신이 친구와 함께 에펠탑에 놀러 가서, 피크닉을 하는 중에 실존철학과 인상주의 그림들에 대해 얘기하고 있었다면, 당신의 엔그램에는 의미적(사실적-철학이나 예술, 혹은 에펠탑에 대한 지식과 연관된), 자전적(당신의 인생에 있어서 그 당시 당신 자신에 대한 감각), 신체적(그때 당시 몸은 어떻게 느꼈는지), 지각적(사물이 어떻게 생겼고, 어떤 냄새였는지), 감정적(그 당시의 기분), 그리고 행동적(당신이 몸으로 무엇을 하고 있었는지) 수준에서의 다양한 경험의 양상들이 포함되어 있을 수 있다. 당신의 원래 에펠탑 엔그램은 위의 각각 표상 유형들을 연결하는 연결고리를 포함할 것이다.

과학자들은 이런 기억에 관한 독특한 면을 설명하기 위해서 다른 전문 용어를 써왔다. 어떤 연구자들은 우리가 사실을 어떻게 회상하느냐를 의미하는 "외현적 의미explicit semantic" 기억이라는 용어를 쓴다. 이에 반해 "외현적 에피소드explicit episodic" 혹은 "자전적autobiographical" 기억은 당시의 자신에 대한 기억을 말하는 용어로 쓴다. 우리가 인생의 한 일화를 기억할 때, "에피소드"라는 용어를 쓴다. 그러나, 예를 들어 에펠탑에서의 경험들과 같은 비슷한 종류의 여러 사건을 기억하는 것에는 "자전적" 기억이라는 용어를 우리는 사용한다.[21] 어떤 연구들은 의미적 기억과 에피소드적 기억의 용어들의 차이가 단어가 의미하는 것처럼 뚜렷하게 정의되지 않는다고 한다.[22] 외현 기억의 넓은 범주와 비슷한 개념으로, 기억의 성격에 대해 말words로 표현할 수 있는 "서술declarative" 기억이 있다. 기억의 다른 층으로, 외현적 혹은 서술적 기억의 통합 단계와는 다른 단계에 있는 것들을 "암묵적implicit" 혹은 "비서술적nondeclarative" 기억으로 묶을 수 있다.[23] 이 책에서는, "암묵적" 그리고 "외현적"의 용어들을 아래에 설명된 것과 같이 기능적으로 다른 기억의 형태들로 구별하여 사용한다.

어떤 저자들은 "흔적 이론trace theory" 개념을 기억의 부호화, 저장, 그리고 인출 과정을 설명하기 위해 사용한다. 이런 관점에서 볼 때, 당신의 엔그램engram 혹은 기억 흔적memory trace은 "요지gist"(당신이 프랑스의 에펠탑에 있었다는 전반적인 생각)와 구체적인 정보들 모두를 포함한다.[24] 시간이 지남에 따라, 경험에 대한 세부 정보들은 서서히 사라져버리고 느슨하게 묶이기 시작할 것이다. 그러나, 요지는 인출하기 쉽도록 남아있을 것이고 또한 꽤 정확할 것이다. 우리가 "원래의 기억original memory"을 인출하려고 노력할 때, 사실 우리는 요지를 먼저 상기하고("내 20대 초반에 나는 에펠탑에 있었지"), 그 후에 세부 정보들을 재구성하려고 노력하는 과정일 수도 있다. 이 재구성하는 과정은 현재의 환경에 크게 영향을 받을 수 있는데, 예를 들면 질문하는 맥락 자체, 현재 감정이나 반응을 듣고 있는 타인들의 기대에 대한 우리들의 지각과 같은 여러 요인 등에 의해 영향을 받을 수 있다.[25] 기억은 고정된 것이 아닌 활성화되는 과정의 집합이다. 심지어 건축 구조를 기억하는 것과 같이 사실에 근거한 가장 "구체적인" 경험들도 실제로는 역동적인 표상 처리 과정이다. 기억하는 것은 단순히 이전 엔그램(기억 흔적)의 재활성화가 아니다. 그것은 이전 엔그램, 다른 경험들에서 온 기억 요소들, 그리고 현재 마음 상태의 영향의 특징들이 모여서, 새로운 신경망 프로파일을 만드는 구성 과정이다.

> 기억은 고정된 것이 아닌 활성화되는 과정의 집합이다.

암묵 기억: 정신 모델, 행동, 이미지, 그리고 감정

태어나자마자 유아들은 주변 환경을 지각하기 시작한다. 연구들은 유아들이 행동적, 지각적, 체감각적, 그리고 감정적 학습의 형태로 경험을 기억하고 있다는 것을 보여주고 있다.[26] 이러한 형태의 기억의 예는 많으며 이것들은 유아들이 환경을 지각하고 학습하는 데 있어서 얼마나 능동적 인지를 보여준다. 유아들은 학습된 자극 쪽으로 고개를 돌릴 수 있다. 그들은 시각 패턴들을 지각할 수 있으며 심지어 이 패턴들을 촉각이나 청각과 같은 다른 감각 양식과도 연결시킬 수도 있다. 만약 유아들이 특정 장난감과 연합된 큰 소리에 놀랐다면, 나중에 그 장난감을 보여줬을 때 그 유아들은 두려움을 나타낼 것이다. 이러한 유형의 기억을 "암묵적implicit" 기억이라고 부른다. 암묵 기억은 아주 어려서부터 가능하며, 인출될 때 무엇인가 기억된다는 내부 자각이 없이 일어난다. 그 장난감을 본 유아는 그냥 두려워한다. 유아는 아마 "그래, 나 이 장난감 기억나. 이전에 큰 소리를 냈어. 어쩌면 또 큰 소리를 낼지도 몰라. 싫어!"라고 느끼지는 못할 것이다. 대신에, 신경망/헤비안Hebbian 연합이 장난감의 시각적 입력과 두려움에 대한 내적 감정적 반응을 자동적으로 연결한다.

암묵 기억은 부호화나 인출 시 뇌에서 의식적 자각 과정을 요구하지 않는 활성화 과정이다.[27] 기억이 인출될 때, 재활성화된 신경망 프로파일들은 행동, 감정, 신체 감각, 이미지와 같은 매일의 경험들과 연관된 기본적인 뇌 회로와 관련된다. 이 암묵적 요소들은 순간순간의 경험들을 여과시켜 주관적 감각의 기초를 만든다. 우리는 과거 경험이 현실에 끼치는 영향에 대해 알지 못한 채 활동하고, 느끼고, 상상한다.

암묵 기억에 필요한 뇌 구조는 태어났을 때 이미 온전히 작동되고, 발달하는 동안 성숙되며 일생 동안 계속 사용이 가능하다. 이 구조들에는 편도체와 감정 기억을 담당하는 기타 변연계 영역, 기저핵, 행동 기억을 담당하는 운동 피질, 그리고 지각 기억을 담당하는 지각 피질이 포함된다. 신체 감각(신체의bodily) 기억 또한 암묵적 과정의 한 부분이다. 신체의 외부 감각은 신체 감각 피질somatosensory cortex에서 표상되고 회상된다. 반면에 신체의 내부 상태에 대한 감각은 대부분 안와 전두 피질orbitofrontal cortex, 앞쪽 섬anterior insula, 앞쪽 대상 피질anterior cingulate에 의해 매개된다. 전체로서 신체의 통합적인 지도와 신체 내부 상태의 지도(내부 수용 감각interoception 또는 '제6감'이라고 부르는)는 뇌의 오른쪽에서 우세하게 처리된다.[28]

정신 모델

유아의 두뇌(급속하게 성장하는 신경망/병렬 처리기parallel processor)는 반복되는 경험을 통해 이들 경험 간의 유사점과 차이점을 알아낼 수 있다. 유아의 마음은 이런 비교 과정들을 통해 뇌 부호화 과정에서 반복되는 경험의 "요약summations" 혹은 일반화된 표상을 만들 수 있게 된다. 이것이 학습의 기본적인 과정이다. 유아들은(사실, 우리는 모두) 이러한 일반화를 통해 현재 경험을 해석하고 미래의 경험을 예측하는 데 도움을 주는 "정신 모델mental model" 혹은 "도식schemata"을 형성하게 된다. 정신 모델은 암묵 기억의 기본 요소이다. 상황을 더 빠르게 평가하고 다음에 무슨 일이 일어날지 알아내기 위해 우리 마음은 세상에 대한 정신 모델을 사용한다.

우리의 3-P 틀에서, 정신 모델이 지속적인 에너지 흐름을 여과하여 세계를 지각하는 방식은, 3-P 그래프의 고원plateau으로 시각화될 수 있다. 여기에서 더 진행하여 고원에서 실제화된 감정, 사고, 행동 등의 형태로 솟아오른 정점peak들이 나타난다. 이런 정신 모델들이 의식화될 때, 암묵 기억의 바탕으로 작용하는 신념이나 태도 등이 형성된다.

아닐 세스Anil Seth[29]는 신체 정서 상태가 뇌의 기억과 사고의 측면에서 어떻게 확률적인 가능성으로 나타나는지에 대한 통찰을 제시했다. 수학적인 용어로, 창발적 계에서 가능성이 확률적으로 일어나는 방식을 "베이지안Bayesian" 기능이라고 부른다.

> 예측 기계로서의 뇌 개념은 인지 과학의 베이지안 뇌와 예측 부호화predictive coding 연구들에서 크게 유행하였다. 오늘날, 이런 관점은 주로 외부 수용기 감각(exteroception: 예로, 시각, 청각 등)과 행동에 적용하여 응용하고 있다. 여기서 나아가 나는, 내부 수용 감각의 구심성 신경전달의 활성화 모델로부터 주관적 감정 상태를 반영하는 "내부 수용적 추론interoceptive inference"의 개

> 념을 설명한다. 이 가설은 감정 상태를 생리 상태의 변화로 보고 인지적으로 평가하는 감정의 "평가appraisal" 이론으로 일반화된다. 정상인이나 정신 질환자들의 신체의 자기 소속감이나 의식의 자기다운 느낌의 기저에 작동하는 신경인지적 메커니즘mechanism을 이해하는 데 도움이 될 것으로 생각된다.

이런 관점에서 보면, 내부 수용 감각(신체 느낌bodily feeling)에 따른 추론 과정을 통해 에너지 상태가 특정 정보의 의미 상태로 뇌 안에서 확률 상태가 결정된다고 볼 수 있다. 세스Seth는 이렇게 설명한다.

> 내부 수용 감각 추론의 구체적인 뇌 구조물이 밝혀져야 하겠지만, 지금까지 축적된 증거들에 따르면 내장 운동 조절 및 감정적 알아차림의 핵심으로 뇌섬의 앞쪽 피질(AIC, anterior insular cortex)이 그 기능을 할 것으로 추정된다. 예측하는 자기는 내부 및 외부 수용기적 감각 자극들의 다양한 정보들의 통합과 예측을 거쳐 신체의 자기다운 느낌을 갖게 되는데, 이는 가상 현실 및 생리적 모니터링의 패러다임을 통해 더욱더 지지받고 있다. 이러한 관점은 정신 질환들의 자기다운 느낌이나 감정적 알아차림의 정신병리에 중요한 시사점을 나타낸다. 해리 증상 같은 정신병리의 바탕에는 내부 수용 감각 추론의 장애가 있는 것으로 추정된다….[30]

"정신 모델mental model"이라는 간단한 용어를 통해, 가능한 신경 메커니즘, 신체 상태에 대한 느낌, 과거 경험들, 외부 세계에서 들어오는 자극들exteroception이 우리 경험의 가능성 확률을 조절하는 추론 기능에 기여하고 있음을 알 수 있다. 정신 모델의 지속적으로 활동하는 에너지 흐름은 과거의 경험에 의해 영향을 받고 있는 여과장치에 의해 걸러진다. 이러한 여과장치는 우리의 3-P 틀에서 고원이며, 이는 지각, 감정, 그리고 행동의 바탕에 작동하는 공통의 작용 메커니즘이다.

뇌는 외부 세계에 대한 신경 표상들을 만들기 위해서 많은 지각 경로들을 사용한다. 촉각 방식과 시각 방식을 통합하는 방식과 같이, 지각 방식perceptual modality들을 통합하는 다중양상 모델multimodal models을 사용한다. 예를 들어, 어두운 방 안에서 유아가 자신의 입으로 젖꼭지 모양을 느낄 수 있었다면, 시각적 제시가 주어졌을 때 유아들은 친숙한 젖꼭지를 가려낼 수 있을 것이다.[31] 그들의 마음은 촉각으로부터 심상을 만들어 냈고, 시각으로 친숙한 패턴을 감지해 낸다. 뇌는 또한 여러 가지 경험의 평균값도 계산해 낼 수 있다. 유아들은 다수의 얼굴 이미지들을 본 후에, 그것들의 요약된 것을 가려낼 수 있다. 태어나자마자 유아들의 뇌는 세상에 대한 다중양상 모델을 형성하는 것이 가능하다. 이러한 능력들을 통해 유아는 경험으로부터 일반화를 만드는 데 있어 처음부터 능동적으로 개입한다는 것을 알 수 있다.

이 정신 모델들은 세상과의 접촉을 통해 만들어진다. 정신 모델을 통해 우리의 마음은 친숙한 사물이나 경험들을 찾아낼 수 있고 환경으로부터 무엇을 기대하여야 하는지도 알 수 있다. 평상시와의 차이점을 알아낼 수 있고, 세상은 살기에 친숙하고 협상 가능한 곳이 된다. 아동과 성인에 대한 연구들은, 여기 그리고 지금의 지각적 편향은 이러한 비의식적 정신 모델에 의해 만들어지고 과거 경험의 통계적 분석과 통합 결과에 따른다고 주장한다.[32] 예를 들어, 예전에 많은 도시에 있는 도로들을 봤었다면, 당신은 지금 보고 있는 도로의 미묘한 차이를 상세하게 찾아내지 못하고 아마 이전과 비슷한 관점에서 그 도로를 보게 될 것이다. 반면에, 당신이 만약 도시를 한 번도 본 적이 없다면, 지금 보고 있는 도로를 자동적으로 지각적 추정을 하기보다는 도로를 "그 자체로for what it is" 특별하게 볼 것이다. 뇌는 끊임없이 주변 환경을 살피면서 다음에 무슨 일이 일어날지 알아내려고 하기 때문에 "예측 기계anticipation machine"라고도 불린다.[33] 세상에 대한 정신 모델은 우리의 마음으로 하여금 우리 종족이 생존할 수 있게 하는 중요한 기능을 수행한다. 과거에 무엇이 일어났는지를 기반으로 하여 마음이 어떻게 "미래를 기억remember the future"하는지를 "미래 전망 기억prospective memory"이라고 정의하였다.[34] 매 순간에, 뇌는 자동적으로 정신 모델을 활성화시키고 경험을 분류함으로써 무엇이 일어나고 있는지 알아내려 한다. 이것은 지각이 편향을 갖게 하도록 하여, 우리가 직면하고 있는 환경을 더욱더 빨리 처리하도록 한다. 다음 순간에 세상이 무엇을 줄 것인지를 예측하는 것은 그에 대한 반응으로 무슨 행동을 해야 할지에 대해 준비할 수 있게 한다.

예를 하나 들어보자. 만약 큰 이빨을 가진 동물을 보고 그것이 위험하다는 것을 경험했다면, 그 동물에 대한 기억은 공포와 연합될 것이다. 다음번에 그런 짐승과 맞닥뜨린다면, 우리는 공포로 인해 도망가도록 동기화될 것이다. 만약 우리가 "큰 이빨을 가진 동물들은 위험하다"라는 일반화를 확립할 정신 모델을 형성하는 능력이 없었다면, 약간 다른 종류의 짐승을 만나더라도 우리는 도망가지 못할 것이다. 이런 경우 우리는 매 경험마다 새로운 학습을 해야만 한다. 과거 경험들을 기반으로 일반화하는 이러한 정신 모델들은 학습의 정수다. 과거를 기반으로 만들어진 이 모델들은 현재의 지각적 경험에 영향을 주고 미래를 예측하고 행동할 수 있게 도와준다. 곧 살펴보게 되겠지만, 미래를 예측하는 것anticipating은 암묵 기억의 기본적인 구성 요소이며, 미래를 계획plan할 수 있는 능력과는 다른 것이다. 계획하는 것의 더 복잡하고 의도적인 부분은 뒷부분에서 논의하게 될 외현 기억이 담당하는 것으로 보인다.

덧붙여서, 과거부터 진화적으로 우리의 정신 과정이 어떻게 적응해 왔는지에 대해 연구하는 절차를 "마음의 역설계reverse-engineering the mind"라고 부른다.[35] 결론적으로, 뇌는 유전적 요인들, 후성유전적 요인들, 그리고 생리적 내부 환경 측면들(예를 들어 영양소, 호르몬, 독소, 약물, 혹은 산소 부족), 그리고 경험으로 구성된다고 볼 수 있다. 뇌 기능과 정신 과정에 미치는 유전적 및 후성유전적 영향에 대해 진화 생물학자들은 유전자가 복제될(자식을 낳으면서 전달되는) 확률을 높이는 이 기능들이 세대 간에 전달될 가능성도 높다고 말한다. 이런 식으로, 정신 과정에 대한 유전의 영향은 현재가 아닌, 과거 환경들에 적응하였던 것이 나타나는 것일 수 있다. 유전자 발현의 조절에 대한 최근 연구 결과들도(후성유전학epigenetics 분야) 경험들이 분자 제어를 조절한다는 것을 밝혀냈다. 즉, 유전적 정보가 뇌 성장을 결정하는 데 있어서 경험이 결정적인 역할을 하게 된다는 것이다. 연구 결과들은 이 분자 제어에 대한 조절 변화가 난자나 정자를 통해서 다음 세대까지 직접적으로 전해질 수 있음을 보여준다. 이것은 기억, 주의, 지각, 그리고 정서적 반응과 같은 과정이(적어도 부분적으로는) 현재 조건들, 개인의 초기 경험, 그리고 어쩌면 우리의 직계 조상들의 경험들뿐만 아니라 우리 종의 진화적 역사에서의 과거 기능들을 통해 설명될 수 있다는 것을 의미한다.[36]

후성유전학은 현재의 경험이 각 개인의 뇌 발달과 관련된 특정 유전자에 어떻게 영향을 미치는지 연구하는 중요한 학문이다. 또한 생식세포(정자와 난자)의 성숙 시기에 따라 각 개인의 경험은 DNA 분자가 아닌 히스톤 단백질이나 메틸기를 통한 후성유전적 조절을 변화시킬 수 있다.[37] 이런 식으로 경험에 따른 후성유전적 조절의 변화는 현재의 사건이 미래 사건 발생의 확률을 변화시킨다는 점에서 기억의 형성으로 간주될 수 있다. 이는 세대를 거쳐서도 가능하다. 우리가 곧 살펴볼 암묵 기억의 특징들은 특히나 후성유전을 이해하는 데 관련이 있다. 이러한 형태의 기억은 집중된 주의력이나 해마의 부호화를 필요로 하지 않는 점에서, 암묵 기억의 주요 조건들을 충족시킨다. 경험에 따른 후성유전적 조절은 해마의 기억 회상과는 무관하게 발현한다. 또한 암묵 기억과 같이 후성유전적 영향들은 무언가를 기억하고 있다는 알아차림의 자각 느낌이 없이 일어난다. 이러한 근본적인 방식들이 후성유전적 변화를 암묵 기억으로 간주할 수 있는 근거들이다.

암묵 기억의 발달적 함의

다음의 예들은 일생에 걸친 암묵 기억의 역할에 대한 설명이다. 또한 4장에서 더 자세히 설명되겠지만, 애착에 대해서도 간단히 소개하고자 한다.[38] 건강하고 안정된 애착을 형성한 유아는, 엄마로부터 수용적이며 민감하고 예측 가능한 양육 반응들을 반복적으로 경험함으로써, 유아의 뇌에 암묵적으로 부호화한다. 유아는 엄마로부터 무엇을 기대할 수 있는지 알게 해주는 보호자와의 관계에 대한 일반적인 표상(애착의 정신 모델)을 형성한다. 이 반복되었던 경험들이 예측 가능하였다는 것과, 엄마-유아 의사소통에 혼란이 있었을 때 엄마가 비교적 빠르고 효과적으로 바로잡았다는 사실을 기반으로, 이 운 좋은 유아는 안정되고 조직화된 정서적 관계에 대한 정신 모델을 형성할 수 있게 된다. 유아의 암묵 기억은 미래에도 이와 같은 조건 의사소통contingent communication이 나타날 것이라고 예측한다. 따라서 아동의 마음을 분명하게 보고 애정과 연민으로 반응해 준다면, 아동의 암묵적 자기는 잘 성장할 수 있다.

불안정 애착insecure attachment을 형성한 유아는 부모가 예측하기 힘들고, 정서적으로 멀게 느껴지고, 심지어 두려움을 주는 경험을 해왔을 것이다. 이러한 경험들 또한 암묵적으로 부호화되고 유아의 마음에 불확실함, 거리감, 그리고 두려움으로 가득 찬 관계에 대한 일반화된 표상을 만든다. 혼란과 두려움의 원천인 부모와 홀로 남게 된다면, 이 암묵적 표상들을 재활성화시킬 것이고 유아에게는 굉장히 불쾌하고, 혼돈되고, 두려움이 가득한 내적 세상이 만들어질 것이다. 정서 기억의 일부인 이 마음 상태는 생후 첫해 동안 암묵적으로 학습된다. 이러한 암묵 기억 부호화는 단순한 기억이 아니다. 이것은 성장기 아동의 자기self에 대한 설계architecture를 형성하게 한다. 이것이 암묵 기억의 핵심이다.

이러한 암묵 기억 부호화는 단순한 기억이 아니다. 이것은 성장기 아동의 자기에 대한 설계를 형성하게 한다.

아동이 만 1세가 되면, 이러한 암묵적 학습의 반복되는 패턴들은 뇌에 깊숙이 부호화된다. 사실, 현재의 애착 연구들은 유아가 각각의 부모와 있을 때 행동에 두드러지는 차이가 있다고 보고한다. 유아가 엄마와 있을 때의 마음 상태는, 유아가 아빠와 있을 때의 마음 상태와는 다르게 활성화되어, 유아에게 다른 영향을 줄 수 있다. 4장에서 보겠지만, 이것이 유아가 두 부모와의 애착에서의 차이를 보여주는 기원이다. 18개월이 되면, 뇌의 여러 영역이 성숙되면서 유아가 언어를 이해하고 표현하는 데 있어서 폭발적으로 발달하게 된다. 또한 이 시기쯤 뇌의 앞부분이 급속하게 발달한다. 이를 통해 유아는 마음에 부모에 대한 감각상을 불러일으키게 하는 소환 기억evocative memory이 가능해진다. 이렇게 부모상을 연상함으로써 유아는 스스로를 진정시키고 자신의 감정 상태를 조절할 수 있게 된다.[39] 유아들은 안정 애착을 형성한 부모의 이미지에 주로 진정이 되고, 불안정 애착을 형성한 부모의 이미지에는 불안함, 거리감, 그리고 두려움 등을 느끼게 된다.

유아들의 특정한 마음 상태 패턴들은 암묵적 형태의 기억이라고 볼 수 있다. 공포와 두려움의 반복적 경험은 마음 상태로 뇌의 회로에 각인된다. 이런 경험이 만성적으로 일어나게 되면, 이러한 마음 상태는 미래에 더 쉽게 활성화(인출)되고, 개인 특유의 성격으로 형성된다.[40] 이런 방식으로, 무엇인가를 기억한다는 감각이 없더라도 암묵 기억의 재활성화로 우리의 인생이 만들어진다. 우리는 그냥 이 각인된 상태로 들어가게 되며, 이것들을 현재 경험하는 실제로 체험하게 된다.

초기 경험이 암묵 기억 체계를 형성하는 방법에 대한 통찰을 얻게 됨으로써, 우리는 인간관계에 대한 다양한 측면들을 이해할 수 있게 되었다. 특정한 사람과 함께 있는 것은 우리의 지각, 정서, 행동, 그리고 다른 사람에 대한 믿음에 영향을 미치는 특정한 정신 모델을 활성화시킨다. 인간관계에서 발생하는 복잡한 감정들과 지각들을 이해하기 위해, 암묵 기억이 다른 사람과의 경험에 끼치는 영향에 대해 알아야 한다. 우리 각각은 과거 경험들의 패턴으로부터 형성된 정신 모델을 통해 다른 사람과 상호작용한다. 이 모델들은 때로는 의식하지 못한 채 마음 상태 그리고 다른 사람과의 상호작용에 급격한 전이를 일으키면서 빠르게 변화하기도 한다. 이런 방식으로, "전이transference"(이전 정신 모델의 활성화와 과거의 중요한 인물들과의 관계에서 온 마음 상태의 활성화)는 정신 치료 공간 안과 밖 모두에서 늘 일어난다. 우리의 3-P 틀에서 의식을 여과하는 반복적 고원들이 바로 이러한 전이적 정신 모델이다. 사고, 감정, 기억, 행동 등의 형태로 실제화된 정점들은 이런 여과장치 역할을 하는 고원들의 선택된 부분집합 요소들로서, 2장에서 논의된 것처럼, 정신 모델의 암묵적 부호화로 형성된다. 암묵 기억을 이해하고 (3-P 틀의 가능성의 평면에서) 수용적 알아차림receptive awareness을 할 수 있다면, 아마도 과거에 뿌리를 둔 반복 행동과 자동적 반사 행동들로부터 우리 자신을 자유롭게 할 수도 있다.

외현 기억: 사실, 사건, 그리고 자전적 의식

한 살이 지나면, 걸음마기 아동들은 새로운 능력을 발달시킨다. 그날의 사건에 대해 기억하고 말할 수 있게 되며, 더 이전에 있었던 경험에 대해서도 기억할 수 있게 된다. 이러한 능력들은 아마 뇌의 내측 측두엽(해마 영역을 포함하여), 두정엽, 안와 전두 피질의 성숙을 반영하는 것으로 보인다. 이런 성숙 과정이 "외현 기억explicit memory"을 갖도록 해준다.[41] 외현 기억은 사람들이 일반적으로 기억을 말할 때의 '기억'을 의미한다. 외현 기억이 인출될 때, "나는 기억하고 있다"라는 내적 자각을 갖게 된다. 외현 기억의 두 가지 형태로 '의미적'(사실 기억) 기억과 '일화적'(자전적, 또는 그때의 사건 속에서의 자기 자신에 대한 기억) 기억이 있다. 〈표 3.1〉에 기억의 유형과 특징에 대해 정리하였다.

외현 기억의 독특한 측면들의 발달은 아동 경험의 여러 영역과 관련된

〈표 3.1〉 암묵 기억과 외현 기억

암묵 기억

기억의 초기 형태 – 출생 이전에 나타남.

자기, 시간, "회상"에 대한 주관적인 내적 자각 경험이 없음.

정신 모델과 "점화priming"와 관련됨.

행동적, 감정적, 지각적, 그리고 체감각의 기억을 포함.

부호화하는 데 초점 주의력focal attention을 필요로 하지 않음.

초기 부호화와 관련된 뇌 회로를 통해 매개되고 내측 측두엽/해마와는 독립적임.

외현 기억

기억의 후기 형태 – 생애 첫해부터 나타남.

의미(사실) 기억: 1~2세 사이에 발달 시작.

자전적 기억(일화 기억의 집합): 2세 이후에 시작되며 점진적인 발달을 보임.

부호화에 대한 의식적인 인식을 요구하며, 회상에 대한 주관적 자각(자전적 기억에서 자기와 시간에 대한 감각)이 있음.

부호화하는 데 초점 주의력을 필요로 함.

저장과 초기 인출에 해마 회로 과정을 필요로 함.

피질 공고화cortical consolidation는 선택된 사건을 영구적인 기억으로 만들고 인출에 있어서 해마로부터 독립적이게 함.

다. 순서에 대한 감각은 두 살 경에 발달한다. 이것은 해마hippocampus의 기능이며, '인지 지도 제작자cognitive mapper'의 역할을 하게 된다.[42] 사건에 대한 순서를 회상하는 것은 아동들이 시간과 순서에 대한 감각을 발달시킬 수 있도록 한다. 아동들은 전형적으로 처음에는 무엇이 일어날지, 다음에는 어떤 일이 일어날지를 예상하게 되는 동시에, 기대되는 것과 다른 것이 나타나면, 예외적 변칙에 때로는 강렬하고 격렬한 감정 반응을 보이기도 한다. 사물의 위치에 대한 공간 표상 지도를 만드는 것은 이러한 해마의 능력과 관련이 있다. 예를 들어, 해마의 기능이 손상된 동물들은 미로를 빠져나가지 못한다.[43] 이 결과에서 흥미로운 점은 인지 지도 제작자가 맥락을 고려할 줄 알고, 세상 속에서 시간 경과에 따라 자기에 대한 사차원적 감각을 만들어 낼 수 있다는 점이다. 이러한 시공간 표상을 만들어내는 뇌의 능력은 분명히 엄청난 생존 가치가 있다. 외현 기억은 공간과 시간에 대한 감각을 만드는 데 있어서 중요한 역할을 하며 사람들이 사물이 어디에, 그리고 언제 거기에 있었는지 기억하도록 돕는다.

팔러Paller, 보스Voss, 그리고 웨스터버거Westerberger는 다음과 같이 말하였다.

> 서술적 기억의 모델은 일반적으로 기억이 성공적으로 저장되기 위해서는 뚜렷한 특징이나 요소들이 서로 연결되어야만 한다고 가정한다. 따라서 인출, 시연, 그리고 공고화는 흩어진 피질 연결망에 걸쳐서 동시 활성화를 필요로 한다. 그리고 이 피질에 걸친 동시 발생적인 활성화는 의식적 경험을 더 일반적이게 한다.[44]

이러한 방식으로, 우리는 발달 과정으로 나타나는 의식이 어떻게 직접적으로 기억의 발달과 관련되는지 알 수 있다. 기억과 의식 모두 뇌에서의 통합적 과정을 필요로 한다. 이러한 차별적인 요소의 연결은 양육자와의 관계 내에서, 그리고 우리가 살고 있는 곳에서 상호 관련된 관계의 더 큰 공동체 안에서 에너지와 정보가 공유되는 방법에서도 찾아볼 수 있다.[45] 예를 들어, 기억은 가족이란 미시 문화와 더 큰 사회의 거시 문화 모두에서 나타나는 의사소통 패턴에 사용되는 언어에 의해 영향을 받는다.[46] 이러한 방식으로 우리가 "자기self"에 대해 갖는 의식적인 경험은 부분적으로는 가족과 더 넓은 사회에서의 사회적 경험이 우리의 시냅스에 어떤 영향을 주느냐에 의해 형성된다.

> 의식의 출현은 기억의 발달과 직접적으로 연관될 수 있다.

아동이 12개월 이상이 되면, 세상 속에서 더 복잡한 자기 자신에 대한 이미지를 발달시킨다. 이러한 자신에 대한 감각은 거울에 비친 자기의 얼굴에 보이는 빨간색 점을 보고 어떻게 반응하는지를 조사한 연구에 의해 확인되었다. 그들은 거울 속 모습이 무언가 다르다는 것을 알아차린다. 이것은 아동들의 마음속에 그들이 주로 어떻게 보이는지에 대한 정신적 표상을 가지고 있다는 것을 나타낸다. 18개월이 되면 거울에 비친 빨간 점을 만지기 위해 거울 대신 그들 자신을 만지게 된다. 1~2세 사이의 발달단계에 대한 이러한 연구는 아동들이 물리적 세상, 시간, 순서, 자기에 대한 감각을 발달시키고 있다는 것을 보여준다. 그리고, 이 모든 것은 외현적인 자전적 기억의 기초가 된다.[47] 이 시기 전에도 사건들은 기억될 수 있다("사건 기억event memory"). 그러나, 이것은 자전적 일화episode 기억의 특징으로 볼 수 있는 시간에 따른 자기에 대한 풍부한 감각이 결여된, 의미 기억으로 볼 수 있다.[48]

휠러Wheeler와 다른 연구자들은, 사건을 포함한 사실에 대한 기억(의미 기억semantic memory)이, 시간에 따른 자기에 대한 기억episodic memory과 기능적으로 상당히 다르다는 것을, 뇌 영상 연구들을 통해 보여주었다.[49] 의미 기억은 명제적 표상propositional representation으로 나타난다. 명제적 표상이란 단어나 그림 형태로 서술될 수 있고, "진실" 혹은 "거짓"으로 평가될 수 있는 외적, 내적 사실에 대한 상징을 말한다. 이러한 의미 지식을 "인식noesis"이라고 하며, 우리가 사는 세상 속에서 사실에 대해 알도록 해준다. 반대로, 자전적 기억 혹은 일화적 기억은 "자기 인식autonoesis"이라고 하며 뇌의 전두 피질 영역이 발달되어야 가능한 과정이다. 이 영역은 태어나서 처음 몇 년 동안 (성인기까지 지속되는) 경험에 의해 빠르게 발달하게 되며, 자기 인식적 의식을 매개하는 것으로 생각된다. 툴빙Tulving과 동료들은 자기 인식적 의식의 독특한 결과물로 "정신적 시간 여행mental time travel"을 정의하였다(이는 과거 특정 시간에서의 자기에 대한 기억 자각과 현재에서의 자기에 대한 인식 그리고 상상된 미래에 투영된 자기에 대한 감각을 포함한다).[50] 아동은 2세 반 경이 되면, 이미 양육자와 함께 이야기를 만들게 된다. 아동들은 이런 이야기를 공동구성할 때, 실제 삶의 사건과 상상한 것들을 함께 엮어서 만든다.[51] 자기 지식과 자전적 이야기의 풍부성은 인간관계에서의 대화에 의해 매개되는 것으로 보인다. 이러한 대화를 통해 양육자는 등장인물들의 외적 사건과 내적/주관적인 경험에 대한 내러티브를 아동과 함께 구성하게 된다.

넬슨Nelson은 이 과정을 이렇게 설명한다.

> 학령전기의 중요한 발달적 변화는 소속 사회 안에서 사회적-문화적-언어적 자기로 향하는 움직임으로 볼 수 있다. 이러한 새로운 사회적 인지적 의식 수준으로의 변화는, 실험적이고 매일 일어나는 무수히 많은 상황에서 기능하는 2세~5세 사이의 기능 수준에서의 주요 변화로 나타난다. 이것은 발달 문헌에 잘 기록되어 있다.[52]

넬슨Nelson은 계속해서 이러한 성장에 대한 의미를 분명히 설명한다.

> 관찰되는 변화들은 몇 개의 개별 요인에 의해 일어나지는 않는다. 그것은 인

간 발달에 있어서 독특한 여러 관련된 기술을 습득함으로써 나타난다. 인지적 수준이 갑자기 변화됨으로써 만들어진 것이 아니고 발달하는 기능의 연속적이고 동시적인 과정에 의한 것이다. 이 발달 기간 중에 습득한 기술 중에서 가장 강력하고 기본적인 것은 상급 수준의 사회적 문화적 '언어 기능'의 습득이다. 사회적인 언어 사용 경험과 사회적 관습에 의해 "문화적 자기cultural self"로 변화하게 되지만, 사회적 언어 사용 경험과 관습의 효과는 매우 개인적이어서 아동의 사회적 인지적 인식과 새로운 수준의 정신 표상과 반영적 사고에 대한 능력에 따라 다르게 나타난다. 이 과정은 느리고 상호작용적이다. 궁극적으로 이러한 과정을 통해 문화적 특성이 스며든 자기에 대한 개념과 특정한 자기 역사가 있는 자기에 대한 자전적 기억을 갖게 되며 가치, 기대, 스며든 문화 형태를 반영하는 미래의 자기를 상상할 수 있게 된다.[53]

공유된 경험에 대해 부모의 반영을 증가시키는 개입법은 아동의 자기에 대한 자전적인 감각을 향상시키는 것으로 보인다.[54] 피부시Fivush와 넬슨Nelson이 말한 것과 같이, "부모와 함께 과거 사건에 대해서 아동 자신과 다른 사람의 내적 상태에 대해 논의, 비교, 협상을 하고, 이러한 내적 상태들이 행동의 내러티브를 구성함으로써, 아동들은 과거와 현재 그리고 자신과 다른 사람 간의 관계에 대해 심리적으로 충만한 표상을 만들 수 있다".[55] 이러한 방식으로 애착 경험(즉, 부모나 다른 양육자와의 의사소통)이 직접적으로 아동의 자기 인식적 의식 능력을 증가시킨다는 가설을 세울 수 있다. 이것이 왜 사건에 대해 이야기를 나누는 것이 회상을 강화시키는지에 대한 하나의 이유일 수 있다. 다시 말해서, 우리의 관계들은 단지 우리가 무엇을 기억하는지에 영향을 줄 뿐만 아니라 우리가 어떻게 기억하는지 그리고 기억하는 자기에 대한 감각에 영향을 준다.[56] 잭Jack과 그의 동료들의 연구 사례를 통해 위 주장이 지지받는 예를 볼 수 있다.

엄마와 아동 17쌍을 대상으로, 아동의 두 번째, 네 번째 생일 사이의 여러 사건에 대해 대화하도록 한 뒤 이를 기록하였다. 그리고 이 아동들이 12~13살이 되었을 때, 어렸을 때 기억에 대해 보고하도록 하였다. 그 결과, 아동기 때 엄마가 대화하는 동안 더 많이 반복해서 설명했던 청소년들은 엄마가 더 적게 반복 설명한 청소년들보다 더 이른 시기의 기억을 갖고 있었다. 이 발견은 초기 아동기 동안 과거 사건에 대한 대화가 자전적 기억에 오래 영향을 미친다는 가설과 일치한다.[57]

부모가 얼마나 아동으로 하여금 공유된 반영에 대해 주의를 기울이게 하고, 정교화하게 하는지 여부는 자기self의 자전적 발달에 직접적인 영향을 미치는 것으로 보인다.

자기에 대한 우리의 자전적 감각은 인간관계 경험 안에서 드러난다. 피부시Fivush는 이 과정을 간결하게 요약하였다.

자전적 기억은 과거 경험에 대한 기억을 넓게 펼쳐진 삶의 내러티브에 통합시키는, 인간에게만 있는 독특한 체계이다… (a) 자전적 기억은 아동기와 청소년기를 거쳐서 지속적으로 발달하는 시스템으로, 시간에 따라 연속적인 주관적인 자기에 대한 감각의 발달이 뒷받침되어야 한다. (b) 자전적 기억은 개인, 성별, 그리고 문화적 차이와 같은 특정한 사회적 문화적 맥락 내에서 발달한다. 더 자세하게는, (c) 어린 자녀와 함께 정교하고 평가적인 방식으로 회상하였던 엄마들의 아이들은 더 상세하고, 일관성 있는, 평가적인 자전적 기억을 발달시킨다.[58]

두 가지 형태의 외현 기억(의미적, 일화적 기억)은 부호화를 위해서 해마를 활성화시켜야 한다. 이를 위해서는 초점적, 의식적, 직접적인 주의력이 필요하다.[59] 부호화가 시작되면 자극들은 처음에는 "감각sensory" 기억에 위치해 있는데, 이것은 약 1/4~1/2초 동안 유지된다. 이 감각 "완충기buffer"는 지각 체계의 초기 신경세포 활성화를 포함하고 있다. 수많은 즉각적인 감각 처리 과정으로부터 선택된 것들은 "작업working" 기억으로 가는데, 계속된 반복 시연이 없다면 30초 동안 유지된다. 마음속으로 시연하거나 이러한 활성화된 작업 기억의 회로를 다시 순환시킨다면, 내용들은 이 과정(상대방이 통화 중인 경우 통화를 기다리다 끊어져서 다시 전화번호를 누르는 옛날 방식의 전화 통화처럼)을 통해 더 오랜 시간 동안 유지되거나 장기 저장고(장기 기억)로 넘어간다.

작업 기억은 "마음의 칠판chalkboard of the mind"으로 불린다. 이것은 "우리가 무엇에 대해 생각한다"라고 하는 것과 관련되는 정신적 과정이다. 이것은 현재 인지되거나 과거로부터 회상된 내용들을 반영할 수 있도록 한다.[60] 우리가 의식적으로 어떤 문제나 사건에 대해 생각할 때, 작업 기억은 우리가 다양한 표상을 서로 연결시키고 그것을 우리의 마음속에서 조작할 수 있도록 한다. 이러한 인지 과정에 의한 결과물들은 더 안정적인 상태인 "장기 기억"으로 옮겨갈 수 있다. 주의력 장애가 있는 개인들의 작업 기억은 정상적인 개인들만큼 정보를 많이 그리고 오래 다룰 수 없다. 뇌 영상 연구들은 작업 기억을 매개하는 것으로 생각되는 외측 전전두엽 피질에서의 이상을 확인함으로써 이러한 임상적 결과를 지지해 왔다.[61]

비록 이 전전두엽 영역이 작업 기억에서 중요한 역할을 할지라도, 연구자들은 이 기능이 하나의 영역에 한정되는 것이 아니라 많은 신경 영역들의 상호작용에서 나타나는 분산 과정이라는 것을 제안한다. 북스바움Buchsbaum과 데스포지토D'Esposito는 말한다.

> 이 연구에서 도출된 결론은 작업 기억이 일원화된 것도 아니고 특정한 체계도 아니라는 것이다. 전전두엽 피질(PFC)을 포함한 뇌 영역의 연결망은 목표 지향적 행동에 필수적인 내부 표상을 능동적으로 유지하는 데 있어서 결정적인 것이다. 따라서, 작업 기억은 하나의 뇌 영역으로 국한된 것이 아니라 아마도 PFC와 나머지 뇌 영역들 간의 기능적인 상호작용으로 인해 새롭게

창발된 것이다.[62]

장기 외현 기억은 내용들이 작업 기억을 넘어서 긴 기간 동안 저장되는 과정으로 볼 수 있다.[63] 예를 들어, 친한 친구의 전화번호나 집 주소, 또는 생일을 기억해 내기 위해서는 그것이 스마트폰 같은 보조 기억 장치에 의존하지 않는 한, 뇌의 장기 저장소에 위치해 있어야 한다. 새로 알게 된 사람과의 단 한 번 연락을 위해서는 다이얼을 돌릴 정도의 작업 기억만을 필요로 한다. 그 후에 손에 든 스마트폰에는 그 사람 번호가 남아있겠지만, 우리의 뇌에서는 사라진다. 결국 뇌 안에서는 어떤 형태로든 전화한 후에 새로 알게 된 그 친구의 전화번호는 사라지고 없다. 그러나, 다행하게도 스마트폰이나 저장 클라우드엔 남아있다. 기억하기 위해 또는 길찾기 탐색을 위해, 디지털 기술에 의존하는 것은 신경계의 작업 능률과 이들 간의 연결 강화에 부정적인 영향을 미치는 것으로 보인다. 만약 우리가 쉬지 않고 지속적으로 작업 기억을 계속 사용한다면, 우리 뇌는 별 관련도 없는 과거의 정보들로 인해 과부하가 걸릴 것이다. 그러므로, 무관한 정보가 잊혀지는 것은 우리의 기억 체계에 있어서 매우 중요하다. 필요한 정보만을 장기 기억에 저장해 두는 것은, 우리가 모든 정보가 아닌 중요한 데이터만을 인출 가능하도록 해준다. 우리가 다른 사람에게 지난달 경험을 회상하도록 요구할 때, 그것은 신경망 내에 증가된 발화 확률로서 "저장된" 표상 과정을 활성화시킬 것을 요구하는 것으로 볼 수 있다. 이것은 연결망에 있는 시냅스 연결에 있어서 유전적으로 활성화된 구조적 변화에 의해 매개된다. 반대로, 작업 기억은 유전적으로 활성화된 단백질 합성을 필요로 하지 않는다. 이것은 특정한 신경 발화의 확률을 일시적으로 증가시키는 시냅스 흥분의 증가와 같은, 시냅스 강도에서의 기능적(구조적이 아니라)인 변화에 의해서 가능해진다. 회상은 잠재된 표상의 실제 활성화로 볼 수 있다. 해마는 기억 내용을 부호화하고, 장기 외현 기억으로부터 인출하는 과정 모두에 필수적이다. 이 과정에서 외측 전전두 피질의 회로와 연결하는 작업 기억이 구조적으로 내장된 장기 기억 요소를 활성화시키도록 한다. 그리고 여기서 활성화된 기억들은 의식적으로 점검되고, 조작되어, 다른 사람들에게 보고된다. 그러나 작업 기억과 장기 기억들이 서로 어떻게 구별되는지에 대해서 논란이 있는 것도 사실이다.[64]

> 회상은 잠재된 표상의 실제 활성화로 볼 수 있다.

장기 기억이라고 해서 영원히 지속되는 것은 아니다. 어떤 항목들이 영구적인 외현 기억의 부분이 되려면, 이러한 내용들은 "피질 공고화 cortical consolidation"라고 부르는 과정이 필요하다.[65] 비록 이러한 메커니즘이 상세히 해명되지는 않았지만, 비의식적인 활성화 혹은 반복 과정을 거쳐 피질 공고화는 표상들이 "연합 피질associational cortex"에 저장되도록 한다.[66] 뇌 피질 영역들은 뇌의 다양한 부분들로부터 오는 표상들을 통합하는 것으로 보인다. 공고화는 새로운 엔그램engram을 만드는 것이 아니라 기존의 기억 흔적들을 재조직화한다. 이런 식으로 공고화는 새로운 연합적 연관을 만들어내고 기억 요소들을 새로운 표상 집단으로 응고시킨다. 나아가 이전에 통합되지 않은 요소들을 하나의 기능적인 전체로 포함한다. 피질 공고화가 이뤄지고 나면, 마침내 정보를 인출하는 데 있어 해마의 도움이 없어도 가능해진다. 이 공고화 과정은 낮 동안의 활동을 해석 처리하는 급속 안구 운동 수면 단계(REM 수면 단계)에서 이루어진다.[67] 비록 꿈은 무작위 활성화의 조합, 낮 동안의 경험들, 그리고 더 먼 과거의 요소들로 이루어져 있지만, 꿈이란 마음이 수많은 외현적 회상들을 영구적이고 공고화된 기억으로 만들기 위해 일관된 표상 세트로 공고화하는 기본적인 방법일 수도 있다. 다른 연구들은 REM 수면과 꿈꾸는 것이 기억 공고화나 학습에 필수적이지는 않다고도 한다.[68] 잠 그 자체는 건강에 필수적이지만, REM 수면이나 서파 수면slow wave sleep이 정확하게 어떻게 직접적으로 장기 기억 과정에 도움을 주는지는 분명하게 밝혀지지 않았다.

트라우마를 경험한 환자의 임상 예에서 논의된 기억 관련 과정을 "재공고화reconsolidation"라고 부른다. 기초 연구 문헌을 보면, 이 용어는 부호화된 기억이 재활성화될 때, 특히 모순적인 정보가 유입될 때, 기억 인출이 발생하면 인출 시에 이 "재공고화" 과정을 거쳐, 기존의 저장된 기억이 여러 요인의 영향 아래에 재저장 과정에서 원래의 기억 형태가 제거될 수도 있다. 이런 논란의 여지가 있는 재공고화 메커니즘은 사람이 아닌 포유류 동물들에서 주로 연구되었고, 인간의 기억 과정에도 그대로 적용하기에는 더 많은 연구가 필요하다.[69]

공고화 과정에 대한 연구들은 세부적인 부분에 있어서 아직 걸음마 단계에 머물러 있다.[70] 흥미롭게도, 피질 공고화는 몇 주, 몇 달, 혹은 몇 년 동안에 걸쳐 일어나기도 한다. 예를 들어, 어떤 사람이 1월 초에 오토바이 사고로 머리 부상을 입었다면, 그는 전년도 11월과 12월의 사건에 대해 기억하지 못할 수도 있을 것이다. 그러나 10월이나 그전의 사건은 별다른 어려움 없이 기억해 낼 수 있을 것이다. 이것을 "역행성retrograde" 기억상실증이라고 하며, 아직 공고화되지 않은 기억을 해마가 인출하지 못하는 기능 손상과 관련이 있다. 그는 또한 사고 이후의 사건을 기억하는 것에 심각한 어려움을 겪을 수도 있으며, 이는 "진행성anterograde" 기억상실증이라고 한다. 이것도 새로운 정보를 장기 외현 기억에 부호화시키는 해마의 기능 손상과 관련된다. 이때도 작업 기억은 손상되지 않고 유지된다. 또한 그 사람의 암묵 기억으로부터 부호화하고 인출하는 능력은 온전할 수도 있다. 그는 새로운 기술을 배우고 최근 사건에 대해 감정적인 연결은 할 수 있지만, 그가 언제 새로운 지식을 습득했는지를 기억하거나 회상과 연결된 자기 자신이나 시간에 대한 감각은 없을 수도 있다.

기억상실의 많은 예에서 암묵 기억은 온전하지만, 명시적인 외현 기억 과정에서 손상이 나타난다. 살펴본 바처럼 외현 기억은 초점적이고 의식적인 주의력을 요구하고, 작업 기억의 부호화 기간을 먼저 거쳐 처리된 후에 장기 기억으로 옮겨지면서 피질 공고화가 이뤄진다. 그러나 암묵 기억과 외현 기억이 분리dis-association되는 특정 상황들이 있다. "유아기infantile"나 "아동기childhood" 기억상실증이 하나의 예로(아래에서 논의되겠지만), 정상적인 유아와 어린 아동들의 경우 암묵 기억은 온전하지만 그들의 외현적 회상, 특히 일화적 기억은 손상된 경우이다. 다른 예로, 최면 기억상실hypnotic amnesia, 벤조다이아제핀(신경안정제 종류)과 같은 특정 약물의 효과, 수술 마취, 뇌 손상과 코르사코프 증후군과 같은 신경학적 상태들, 그리고 양분 청취법dichotic listening실험처럼 분할된 주의력 현상divided-attention phenomena 등이 있다. 양분 청취법 실험의 예를 보면, 참가자들은 헤드폰을 쓰고 양쪽 귀를 통해 각각 다른 청각적 목록들을 듣는 동안 오직 한쪽의 귀에만 집중하도록 요구받는다. 예를 들어 왼쪽 귀에는 동물 목록을, 오른쪽 귀에는 꽃의 목록들을 들려준다. 초점적으로 집중된 귀(예로 왼쪽 귀)를 통해 들은 것을 말하도록 요구받았을 때, 대부분의 참가자들은 동물의 목록을 훨씬 잘 인출했다. 오른쪽 귀에서 들리는 것이 무엇인지를 요구받았을 때, 참가자들은 주로 모르겠다고 답했다. "r_ _e"와 같이 부분적으로 철자가 쓰인 것을 채우라는 과제를 받았을 때, 참가자들은 다른 목록을 받았던 참가자들에 비해 훨씬 더 많이 "rose"라고 썼다. 이것은 암묵 기억을 보여주는 간접적 회상의 예이다. 참가자들의 뇌는 암묵적으로 꽃에 부호화되었다. 그래서 뇌에는 단서가 주어졌을 때, 꽃을 기억해 내기 위한 "점화primed"(즉, 미리 준비된) 과

> 초점적 주의력이 없으면, 내용들은 외현적으로 부호화되지 않는다.

정이 있었다. 참가자들은 그들이 들은 것에 대해 의식적인 회상을 하지도 못했고, 자신이 적은 것이 이미 경험한 것에 대한 반영이라는 자각도 없었다. 초점적 주의력이 없으면, 기억 내용들은 외현적으로 부호화되지 않는다. 외부 자극이나 사건에 의해 암묵 기억은 손상받지 않고 온전히 보존될 수 있지만, 외현 기억은 손상될 수 있다.[71]

외현 기억과 암묵 기억의 주관적인 경험

의미 기억이든 일화 기억이든 둘 중 하나가 인출될 때, "나는 어떤 것을 회상하고 있다"라는 내적 감각을 갖는다. 이런 알아차림이 외현 기억과 암묵 기억을 구분시켜 주는데, 암묵 기억은 기억에 관한 주관적인 감각이 없다. 외현 기억에는 여러 가지 형태들이 있다. 의미 기억은 유럽의 주요 국가의 수도와 같은 사실 정보를 회상할 때의 유형을 말한다. 우리가 그러한 도시에 한때 있었다는 것을 기억해 냈지만, 여행 중에 그때의 자기 자신에 대한 느낌을 불러올 수 없다면, 이것은 개인적으로 경험한 사건에 대한 의미 기억을 반영한다고 보인다. 과거에는 이러한 형태의 기억은 전통주의 학자들에 의해 자전적 회상으로 여겨졌다. 그러나 최근의 신경과학적 연구들은, 자기에 대한 감각이 없는 의미 기억이 사실 일화적 회상과 다르지만, 상당히 많이 상호작용한다는 것을 지지한다. 한편 다른 연구들은 의미 기억과 일화 기억이 뚜렷하게 구분되지만, 인출 시에는 동일한 메커니즘을 사용하고 있음을 보여준다.[72] 인식적 의식noetic consciousness(한때 우리가 유럽에 있었다는 사실을 아는 것)은 자기 인식적 의식autonoetic consciousness(여행 경험을 회상하는 것)과 다르게 여겨지는데, 둘 다 주관적 경험이며 후자는 전전두피질과 관련된다. 일화적 회상은 자전적 기억 표상을 활성화시키고 정신적 시간 여행(그때의 자기에 대한 감각)을 불러일으킨다. 이것이 의미 기억과 차별화되는 점이다. 자전적 기억의 내용은 또한 활성화하는 동안 관련된 신경세포 영역들에도 영향을 미친다. 스보보다Svoboda, 매키논McKinnon, 그리고 레빈Levine은 자전적 기억(그들은 약자로 AM이라고 함)에 대해 다음과 같이 말한다. "우리의 연구 결과는 자전적 기억에서 일화 기억과 의미 기억 간의 신경학적 차이를 뚜렷하게 보여준다… 감정적인 사건은 자전적 기억(AM) 신경망에서 감정 중심적 영역(우뇌 쪽으로)을 더 활성화시키고, 인지 과정과 연관된 영역은 비활성화(덜 활성화)된다."[73]

기억의 뚜렷한 경험적 측면들은 뇌의 활성화 중심과 뇌파(EEG)의 패턴이 다를 수 있음을 보여준다.[74] 예를 들어, 연관된 신경 영역들이 매우 의미 있게 겹치기는 하지만, 의미 기억은 일반적으로 우측보다는 좌측 해마의 활성이 더 우세하다. 대조적으로 자전적 기억은 우측 해마와 우측 안와 전두 피질과 더 관련된다.[75] 여기에서 우리는 뇌에서의 구조와 기능이 그날그날 마주하는 주관적 경험들과 관련된다는 것을 알 수 있다. 우리가 '이것은 내가 경험한 삶의 한 부분이다'라는 어떠한 자각의 느낌 없이 어떤 사실을 알 때, 이러한 사실들이 드러난다. 비록 의미 기억과 일화 기억이 많은 부분에서 공통점이 있을지라도 유연하게 접근 가능하고, 실질적으로 데이터를 표상하는 능력에 있어서 한계가 없고, 맥락 특징에 따라 부호화되고, 그리고 언어나 그림을 통해 서술적 방식으로 인출될 수 있다. 이 두 기억은 사실 다른 메커니즘에 의해 매개되는 것으로 보여 진다.[76]

일화 기억은, 단지 개인적으로 경험한 사건에 대한 표상의 자전적 내용뿐만 아니라 더 많은 과정을 포함한다. 자기 인식적autonoetic 알아차림은 정신적 시간 여행 경험mental time travel, chronosthesia by Endel Tulving(1985)과 관련되고, 전전두엽 영역에서 이루어지는 과정들과 직접적으로 연결된다. 자기 인식적 의식은 전전두엽 기능의 다양한 층 내에서 만들어진다.[77] 이것은 통합적인 능력을 포함하는데, 여기에서 나중에 저장된 정보가 조직화되고 의미 있는 일련의 표상으로 배열된다. 실행 기능은 폭넓게 분포된 뇌의 처리 과정들에 대해 전반적 통제를 하며, 또한 자기 반영과 사회적 인식을 매개한다.[78] 우리는 정신적 시간 여행이 과거, 현재, 미래에서의 주관적 자기 느낌 이상이라는 것을 알 수 있다. 이것은 사회적 환경 안에서 자기 자신을 만들어가는 매우 건설적인 정신적 과정이다. 여러 독립적인 연구를 통해, 전전두엽의 정중앙 영역들이(특히 기억 통합[79], 애착[80], 감정[81], 신체 표상과 조절[82], 그리고 사회적 인식[83]의 중심으로, 전전두 피질의 내측 및 안와 전두 피질 영역을 포함한) 매우 중요한 기능을 담당하고 있음이 밝혀지고 있다.

외현적 자전적 기억 내에서, 시간에 따른 이러한 자기 요소들의 수많은 변형을 발견할 수 있다. 예를 들어, 당신은 고등학생 3학년 때의 자기 자신에 대한 일반적인 감각을 회상할 수 있다. 이런 포괄적인 일화 기억은 특정한 일화들이 일어난 그 한 해에 걸친 당신의 지각들을 요약한 일반적 기술어로 볼 수 있다. 어떤 면에서는 그해 동안 당신 자신에 대해 의식적으로 만들어진 자기 개념 혹은 자기 도식이다. 대조적으로, 당신은 고등학교 시절의 마지막 날과 같은 그 기간의 특정 사건을 회상할 수 있다. 이 기억을 인출할 때, 마치 당신이 외부자의 관점을 취한 것과 같이 멀리 떨어져 관찰한 사건처럼 회상할 수도 있다. 이것은 "관찰자observer" 회상으로, 어떤 사람들은 일화적 인출과는 다른 형태의 기억으로 여기고, 어떤 사람들은 의미 회상 내의 사건 기억event memory으로 명명하기도 한다.[84] 반대로, 당신이 실제로 거기 있는 것처럼 사건을 회상할 수도 있다. 이것은 "참여자participant" 혹은 "현장field" 회상이다. 이러한 경우에, 당신은 실제적인 관점에서 사건을 볼 수 있다. 관찰자 회상은 현장 회상보다 체감하는 감정 강도가 약하다. 자기 인식autonoesis은 단순히 인식적 의식의 명제적(사실적) 표상이라기보다는, 자기가 실제 경험했던 요소들을 불러일으키는 것으로 볼 수 있다.

외현 기억으로부터의 표상을 재활성하는 과정은 종종 맥락, 즉, 내부적 외부적 환경의 특징에 영향을 받는다. 인출 단서와 기억 표상이 일치할 때, 그 과정을 "환기ecphory"라고 부른다.[85] 환기는 자극 특징과 표상이 기억에 저장되는 형태에 의해 좌우된다. 인출은 회상할 때의 조건이 처음 그것들을 부호화할 때의 조건과 유사할 때 강화된다. 유사성은 물리적 세계(시각, 소리, 냄새)나 마음 상태(감정, 정신 모델, 일반적 각성 상태)에서 나타날 수 있다. 이런 방식으로 외현 기억은 "맥락 의존적context-dependent"이라고 부른다. 해마는 경험들이 등록되고 저장되는 맥락을 제공함으로써 경험을 인지적 지도cognitive map로 부호화할 수 있다. 그러한 경험들에 대한 실제적 표상은 뇌의 더 뒤쪽 부분에 저장되는 것으로 생각된다. 전전두엽 영역은 일화적 "인출 상태retrieval state"를 만들어 내는 과정을 수행하는 데, 이곳에서 인출 단서와 저장된 표상(환기)간의 비교가 일어난다.[86]

개개인들은 회상은 하더라도, 맥락이 어떻게 특정한 사건을 회상하도록 단서를 주는지에 대해서는 잘 이해하지 못할 것이다. 사람들은 아마도 인출할 당시와 원래 사건 시점에 나타나는 특징들이 일치하는 부분들을 비교하면서 이러한 기억들을 탐색할 것이다. 이러한 탐색은 때때로 기저에 있는 정서적 의미나 특정한 기억의 요지gist를 드러내기도 한다. 하지만 정신적 시간 여행의 감각은 그 자체로 기억이 정확하다는 것을 의미하지는 않는다. 그것은 단지 전전두엽에 의해 매개된 자기 인식적 의식autonoetic awareness 회로가 활성화된 것을 의미하며, 환기ecphory가 일어났음을 의미하는 것은 아니다. 이러한 방식으로 전전두엽 영역은 표상들의 정확한 조합을 생성하려고 시도하는데, 정확성 여부를 떠나서 거기에는 과거를 회상하는 자

> 우리는 사실 어떠한 일이 일어나지 않았지만, 그것이 일어났다는 선명한 느낌을 가질 수 있다.

기감이 포함될 수 있다. 이것을 회상된 기억이 실제로 정확하다는 확신감을 주는 "환기감ecphoric sensation"이라고 한다. 우리는 사실 어떠한 일이 일어나지 않았지만, 그것이 일어났다는 선명한 느낌을 가질 수 있다. 이러한 주관적인 감각은 상상력이나 꿈 혹은 부정확한, 그리고 정확한 기억의 한 부분일 수 있다.

우리가 과거 경험의 회상에서 느낄 수 있는 풍요로움은, 부분적으로 내부적 또는 외부적 맥락 단서에 의해 만들어지고, 이어 단서들은 단계적으로 관련된 기억들을 추가로 이끌어낸다. 초기 환기(인출 단서와 저장된 기억 표상과 일치)는 때로는 예측할 수 없는 연합의 연결들이 뒤따르게 되며, 이 연결들은 기억과 현재 경험 모두에 의해 영향을 받는다. 이러한 연관된 회상과 인출 단서는 기억 과정에 엮일 수도 있고 "재구성된reconstructed" 기억의 일부가 될 수도 있다. 과거와 유사한 표상은 회상하는 과정에서 새롭게 재구성된다. 그렇기 때문에 인출은 로버트 비요크Robert Bjork와 그의 동료들이 제안한 것처럼, "기억 변경자memory modifier"라고 할 수 있는데, 표상을 재활성화하는 과정은 표상이 변경된 형태로 다시 저장되도록 한다.[87] 자기에 대한 통합적, 실행적, 그리고 사회적으로 건설적인 기억을 수행하는 과정에서 전두엽은 자전적 기억과 인생 이야기의 성격에 직접적인 영향을 줄 수 있다. 이러한 과정은 어떻게 우리의 기억들(우리가 사실이라고 간주하는)이 실제로 시간이 지남에 따라 변하고 일생에 걸쳐 진화하는지에 대해 설명해 준다.

종종 단서들은 외현적 그리고 암묵 기억 요소 모두를 활성화한다. 이러한 과정은 자주 나타나며, 초기 주관적인 경험은 종종 내적, 비언어적 감각과 이미지 혹은 행동적 충동들(암묵 기억들)의 파도가 되기도 한다. 이때는 무언가를 회상하고 있는 것처럼 느끼지 못할 수도 있다. 외현 기억 인출이 암묵적 부분들과 연결되면서, 사실적 요소 혹은 이미지에 대한 자각적 감각을 느끼기 시작한다. 즉, 우리는 "나는 지금 무언가 기억하는 중이다"라는 감각을 가지게 된다. 우리는 매일매일 암묵적 그리고 외현적 회로에 부호화된 신경망 프로파일을 적극적으로 재구성하고 있다. 이러한 기억의 독특한 형태인 내적, 주관적 감각은 뇌에서의 해부학적 특성과 상응된다.[88]

외현 기억은 이야기나 사건의 줄거리처럼 서술적 단어들의 형태 또는 그림의 형태로 우리 자신이나 타인에게 종종 전달된다. 만일 기억이 과거의 어떤 시점에서의 자기감을 포함하게 되면, 이것은 외현적 자전적 기억이 된다. 우리는 단어를 듣고 언어적 메시지를 받거나 혹은 그림을 봄으로써 우리가 들은 이야기에 대한 의식적 감각을 갖게 된다. 하지만 회상은 항상 이러한 외현적 요소와 이에 대응하는 암묵적 요소의 연합을 포함한다. 이러한 외현 및 암묵 기억의 상호 연관을 자각하기 위해서는, 암묵 기억은 "무언가 기억되고 있다"라는 감각을 갖지 않는다는 점을 기억(외현적으로)하는 것이 중요하다. 우리는 암묵 기억의 정신 모델을 통해 외현 기억을 느끼고, 지각하고 혹은 걸러낼 수 있다. 우리는 행동과 의사소통의 비언어적 측면에서뿐만 아니라 우리가 말하는 이야기에서 암묵적 "회상recollection"이 끼치는 영향력을 알 수 있어야 한다.

예를 들면, 35세의 여자가 폭력적인 알코올 중독 아버지와의 양육 경험에 대해 묘사하는 사례를 살펴보자. 그녀가 이야기를 시작하자 눈은 눈물로 가득했고 손은 떨리기 시작했으며 치료자를 쳐다보지도 않았다. 그녀는 이야기를 멈추고 공포가 엄습한 것 같이 얼굴이 굳어져갔다. 치료자에게도 방 안의 느낌은 긴장되고 숨 막혔다. 환자는 다시 이야기를 시작했고, 이번에는 아버지의 "긍정적인 특성"에 대해 말하기 시작하였다. 그녀는 눈물을 닦아내며 그녀 스스로 "마음을 진정"하고 "과거에 대해 너무 걱정"하지 않는 듯했지만, 비언어적인 의사소통 측면에서는 여전히 그렇지 못했다. 이것은 어린 시절 경험의 암묵적 요소에 의해 환자가 압도된 것으로 볼 수 있으며, 특히 아버지의 폭력에 대한 이야기를 함으로써 유발되었고 볼 수 있다. 그녀가 자신과 연관된 내러티브로 화제를 전환하기 시작하자, 암묵 기억의 일부는 약해지게 되었다. 그러나 이런 화제 전환에도 불구하고, 그녀는 계속 두려움과 굴욕감을 느꼈다.

이런 사례에서 중요한 점은, 말(단어)만 들을 것이 아니라, 상대방이 무엇을 경험하고 기억하는지 알려주는 의사소통의 비언어적 요소들을 관찰할 수 있어야 한다는 것이다. 우리는 기억의 일부만이, 다른 사람들에게 자신의 삶을 이야기할 때 사용하는 언어 기반의 정보로 번역된다는 점을 명심해야 한다. 의사소통의 여러 층을 여는 법을 배우는 것은 다른 사람의 삶을 이해하는 데 기본적인 방법이다.

아동기 기억상실

청소년들이나 성인들이 생애 첫 일 년을 기억하지 못한다는 것은 백 년 이상 전부터 임상의들에게는 잘 알려져 있다. 초기에는 이러한 "기억 장벽memory barrier"이 5~7세 이전 기간에 대한 것이라고 생각되었다. 과거의 정신 분석가들은 아동기 기억상실childhood amnesia이란 것은 차단되고 외상적이고 압도적인 경험에 의한 것이라고 주장하였으며, 따라서 치료 목표 중 하나가 "억압 장벽repression barrier"을 알아내는 것이었다.[89] 그러나 현대 정신 분석에서는 이러한 주장은 더 이상 받아들여지지 않는다. 발달 심리학자들 또한 아동기의 기억상실을 다른 시각으로 본다. 아동들은 자기감, 시간 감각, 언어 능력, 그리고 서술 능력이 미숙하기 때문에 약 2~3세 이전의 기간에 대해 기억하지 못한다고 제안한다.[90] 신경생물학자는 생애 첫해 동안의 해마/내측 측두엽 및 안와 전두엽 영역의 발달이 아동기의 기억상실을 매개할 수 있다고 하였다.[91] 이 관점은 기억상실의 전형적인 발달의 원인이 신경생물학적인 것에 있을 수 있다고 제시하는 발달 심리학자들의 의견을 지지한다. 즉, 해마의 신경 성숙을 통해 처음에는 외현 기억의 의미 기억이 가능해지고, 이후에는 일화 기억이 가능해지는 것으로 볼 수 있다.

다음의 어린 소녀에 대한 예를 통해 외현 기억의 발달을 살펴보도록 하자. 만 1세에는 모든 종류의 경험에 대한 암묵 기억을 가질 수 있다. 예를 들면, 엄마의 귀가를 알리는 차고에서 나는 차 소리를 듣고 흥분하기, 걷는 법 배우기, 반복되는 경험들에 대한 정신 모델 만들기 등이 포함될 수 있다. 유아는 일반화된 회상을 할 수 있는 능력을 발달시키는데, 이것을 "일반적 사건 지식general event knowledge"이라고 지칭한다.[92] 18개월이 되기 전에 유아는 세상에서 일어나는 사건을 순서대로 기억하는 능력이 발달하기 시작한다.[93] 따라서 특정 경험에 대한 정보를 부호화하고 인출할 수도 있다. 이것은 의미 기억의 형태로 볼 수 있으며, 특별한 사건에 대한 지식은 오랜 시간이 지난 후에도 회상될 수 있다.[94]

18개월이 지나면, 아동은 자기 참조self-referential 행동을 발달시키는 데, 이것은 시간에 따른 자기에 대한 연속성 감각을 갖게 되는 것을 의미한다. 따라서, 만 두 살이 되면 자신에게 일어난 일들에 대해 이야기할 수 있게 된다. 아동이 성숙하면서 자기감은 더욱 발달하게 되고, 점진적으로 일화적 기억이 나타나게 된다. 그리고, 정신적 시간 여행 기능을 갖게 되어, 과거의 어떤 경험에서의 자기 자신을 기억할 수 있게 된다. 전전두엽 영역이 발달하면서 이 능력은 점점 더 복잡하고 정교해진다. 이 영역은 성인기를 거쳐 지속적으로 발달하며, 자기 의식self-awareness과 자기 인식적autonoetic 의식을 강화시키는 것으로 보인다. 두 살 초반이면 아이는 아침에 보았던

개에 대해 말하기도 하고 공원에서 할아버지와 만났다고 말할 수도 있다. 현재의 경험을 서술할 수 있게 되고 미래의 사건에 대한 기대를 말로 표현할 수도 있다. 이제는 최근의 기억에 대해서는 말할 수 있지만, 유아였을 때의 일화적 사건은 기억하지 못할 수도 있다. 그러나 의미 기억에 해당하는 사물의 이름이나 사용법 등과 같은 정보들은 꽤 유용하게 사용되기도 한다. 서술적 외현 기억 혹은 의미적 외현 기억이 나타나는 시기나 그것의 특성에 대한 논란이 존재한다.[95] 어떤 연구자들은 언어 능력을 습득하기 전에도 유아는 경험에 대한 정보를 기억하고 사건별로 분류할 수 있다고 주장한다.[96] 파트리시아 바우어Patricia Bauer와 그녀의 동료들은 유아가 만 1세에서부터 음성 언어가 출현하기 전까지의 기간 동안에 일어난 사건들을 수개월 후 꽤 정확하게 말로 회상할 수 있었다고 하였다. 이러한 기억은 외현적 의미 기억일 수는 있으나, 아직 이용할 수 없는 자전적 과정을 통해서 나타난 것은 아니다.[97]

다른 연구자들은 일반적으로 외현 기억이 손상되어서 아동기 기억상실이 나타난 것이 아니라, 아주 구체적으로 보자면 외현적 처리 과정 내에서 일화 기억이 발달적으로 늦게 나타나기 때문이라고 주장한다.[98] 그 증거로, 두 살 아동들은 새로운 경험에 대해 굉장히 정확한 정보를 갖고 있다는 연구 결과가 있다.[99] 즉, 이 연구는 의미적 외현 기억이 아주 이른 나이에서도 손상되지 않았다는 것을 시사한다.

그럼, 일화 기억은 어떻게 발달할까? 경험이 자전적 기억에 어떤 영향을 주는지에 대한 연구 결과들이 이 질문에 대한 답을 찾도록 도와줄 수 있을 것이다. 자신의 기억을 부모와 이야기하는 경험을 더 많이 가지고 있는 아이들이 나중에 자신의 삶에 대해 더 자세하게 기억할 수 있었다.[100] 부모가 아이의 기억 내용에 관심을 집중하는 과정을 "기억 말 하기memory talk"라고 한다. 또한, 부모와 "정교한elaborative" 형태로 의사소통을 하는 아이들은 자전적 기억 감각이 풍부하다. 정교하게 의사소통을 하는 부모들은 자녀와 함께 읽은 책에 대해 서로 간에 어떻게 생각하는지 이야기한다. 대조적으로 "사실적인factual"(아이의 상상력 또는 반응에 대해서가 아니라 오직 이야기의 사실적 측면만 말하는) 부모의 아이들은 공유된 경험을 기억하는 능력이 덜 발달된다. 마찬가지로 "감정 지식emotion knowledge"에 있어서도 부모가 아이들과 경험의 특성이나 정서적 의미에 대해 자세히 얘기하는 경우, 감정 지식 수준이 높게 나타났다고 보고된다.[101] 아마도 개인의 의사소통 스타일은 이러한 두 카테고리 사이 어딘가에 위치할 것이다. 이러한 연구 결과들은 인간관계의 경험이 외현 기억의 발달뿐만 아니라 마음의 내적 특성을 이해하는 데 직접적인 영향을 준다는 일반적 원리를 지지한다. 바우어Bauer와 그의 동료들은 "아이들과 부모가 사건 전, 사건 동안, 사건 후에 같이 이야기하는 것은 아동이 사건을 조직화하고, 통합해서 기억이 가능하도록 한다"라고 말한다.[102]

> 인간관계 경험은 외현 기억 발달에 직접적인 영향을 주는 것으로 보인다.

이러한 유전학적 연구 결과들이 의미하는 것이, 단지 부모가 선천적으로, 유전적으로, 그들과 같은 특성을 갖는 후손을 낳았다는 것뿐일까? 내러티브 양식에서 나타나는 차이의 원인을 밝히기 위해서는 떨어져서 성장한 일란성 쌍둥이들의 내러티브 연구와 같은 추가 연구가 실시되어야 할 것이다.[103] 원인이 무엇이든 간에 내러티브 경험에 차이가 있는 것은 분명하다. 어떤 가족들은 자주 내러티브와 정교한 기억 이야기elaborative memory talk를 같이 만든다. 부모는 이러한 경험들을 강화하여, 아이들이 자신의 기억을 묘사하는 능력뿐만 아니라 상상력을 촉진한다. 이와 비슷한 맥락으로, 사람들의 정서적인 반응에 대해 토론하는 가정에서 자란 아이들이 다른 사람의 감정에 더 많은 관심을 보이고 더 잘 이해하는 경향이 있다고, 연구 결과들에서 보고된다.[104] 또한, 이러한 아이들은 자신의 마음에 대해 말하는 것이 중요하다는 것을 배우게 된다.

비교 문화 연구는 문화적으로 매개된 의사소통 패턴이 자기감sense of self의 출현에 직접적인 영향을 미칠 수 있다고 제안한다. 한 예로, 일본인들은 수족관을 시각적으로 지각하는 데 있어서 전체적 특징(어떻게 식물, 바위, 물고기가 전체 해양 장면을 형성하는지)으로 묘사한다고 하였다. 대조적으로 미국 태생의 일본인들은 같은 수족관을 보고, 전체의 수중 환경을 지각하기보단, 단일 물고기의 개별적 특성, 그것의 색과 해부학을 강조하여 말했다.[105]

뒷장에서 살펴보겠지만 이러한 지각 편향은 전통적인 일본 문화 대 개인 지향에 중점을 둔 미국 문화에 영향을 받은 좌반구 대 우반구의 편향적 발달을 나타내는 것일 수 있다. 문화는 사회적 관련 패턴을 매개하는 데 중요한 역할을 하며, 따라서 그에 따른 뇌와 마음의 성장에도 중요한 역할을 하게 된다고 볼 수 있다.

가족이 아이들의 마음 발달에 영향을 주는 것처럼, 문화 또한 일생에 걸쳐 마음의 발달에 지속적인 영향을 미친다. 기억 과정, 자기감, 그리고 정체성은 모두 사회적 경험들에 의해 형성된다. 우리와 관계하는 주변 세계는 실제로 우리 개개인의 인생에서 가장 친밀한 감각(즉, 자전적 기억 및 정체성 등)을 형성하는 데 부분적으로 기여한다. 각각의 이런 경험들은 정서 조절 능력을 키워준다.[106] 안와 전두엽 영역은 정서 조절과 일화 기억의 부호화와 인출을 담당하며, 이런 경험 의존적인 안와 전두엽 영역의 발달은 정서 조절과 경험 간의 관계를 매개한다.[107]

생애 첫 일 년 동안 외현적 회상이 나타나지 않는다는 사실은 여러 형태의 기억들이 분화 발달을 한다는 것을 보여준다. 생애 첫해에 암묵적 부호화와 인출은 가능하지만, 외현적 부호화와 인출은 그렇지 않다. 다양한 형태의 암묵 기억을 매개하는 회로들은 출생 시 상당히 잘 발달되어 있다. 1~2세 사이에는 특성상 의미 기억에 가까운 외현 기억이 나타나게 된다.

이러한 능력은 해마 영역을 포함하는 내측 측두엽의 성숙에 의해 매개되는 것으로 보인다. 18개월에서 2, 3세 사이에 일화적 기억이 나타나기 시작하는데, 이것은 전전두엽 영역, 특히 안와 전두엽 피질이 발달함에 따라 가능해진다. 이 영역은 학령전기에 급격하게 발달하는데, 그에 따라 일화적 기억도 성장하게 된다. 이 기간 발달하는 자기감은 이러한 형태의 자기 인식autonoesis을 빠르게 성장하게 하고 보다 더 정교하게 만든다. 자기감이 발달함에 따라 자기 경험도 더 복잡하게 진화한다.

넬슨Nelson과 카버Carver의 설명에 의하면 다음과 같다.

> 학령 전preschool 동안 외현 기억에 있어서 나타나는 변화는 다양한 전전두엽 기능의 발달을 통해서이다. 이 전전두엽 영역은 내측 측두엽(외현적) 기억 시스템을 돕는다. 예를 들어, 학령전기가 되어서야 아이들은 어떤 것을 기억하기 위해 전략(즉, 전형적인 전전두엽의 기능)을 사용하기 시작한다. (이어 설명하기를) 장기 기억과 관련된 신경 회로는 유아기에서 학령전기에 걸쳐 천천히 발달한다. 이 기간에 내측 측두엽으로부터 대뇌 피질에 정보를 전달하는 신경 회로가 발달하게 되는데, 내측 측두엽에서는 초기 부호화와 공고화가 이뤄지며, 대뇌 피질은 기억이 저장되는 영역이다. 이러한 신경 회로가 성숙되고 나면, 유아는 아동기 기억상실에서 점차 "회복recovery"된다.[108]

일반적으로, 아동기의 기억상실은 기억과 망각 현상에 대한 더 큰 이슈를 제기한다. 우리가 누구인지에 대한 내적 감각은 외현적 회상과 암묵적 회상 모두에 의해 만들어진다. 암묵적 회상은 우리의 정신 모델을 만들어내고 이미지, 감각, 감정, 행동 반응의 내적 주관적 경험을 만든다.

감정, 기억, 그리고 망각

경험한 모든 것들을 기억하는가? 아니다. 망각은 외현 기억에서 반드시 필요한 부분이다. 만약 우리가 부호화 한 모든 경험에 쉽게 접근할 수 있다면, 우리의 작업 기억은 관련 없는 정보와 이미지로 넘쳐나게 되고, 효율적으로 기능하지 못할 것이다.[109] 그럼, 어떤 사건들이 더 잘 기억되고 어떤 것은 더 잘 망각되는가? 정서와 기억에 관한 연구들에서는 거꾸로 된 U 모양 곡선의 효과로 설명하였다.[110] 감정 강도가 거의 없는 경험들은 초점 주의를 만들어내지 못하며, "중요하지 않다"라고 입력될 가능성이 높아져, 나중에 쉽게 회상하지 못할 수 있다. 중간에서 높은 정도의 정서적 강도의 경험들은 "중요하다"라고 분류되고(나중에 더 자세하게 논의하겠지만, 아마도 변연계 영역의 해부학적 구조들과 편도체와 안와 전두 피질과 같은 근접하게 붙어있는 영역에 의해) 미래에 더 쉽게 기억된다. 압도적이고 공포스러운 사건의 경우에는, 외현 기억 처리에 있어 해마의 기능을 억제하여 외현적 부호화와 인출을 차단할 것이다. 엘징가Elzinga와 그의 동료들은 스트레스 호르몬인 코티솔cortisol이 기억 회상에 미치는 영향을 연구하였다. "스트레스로 인해 분비되는 코티솔은 특히 서술적 기억의 장기 공고화에 영향을 미친다. 이러한 연구 결과들은 외상적 스트레스가 스트레스 관련 정신 질환자의 기억 기능에 미치는 영향을 이해하도록 도와줄 수 있다"라고 하였다.[111] 코티솔은 해마 기능을 차단하여 외현 기억 처리를 방해하는 반면, 분할된 주의력divided attention과 같은 요소들도 외현 기억의 부호화를 차단한다.[112] 이와 동시에, 암묵적 부호화의 강도는 압도적인 사건 동안 발생하는 요인들 때문에 오히려 증가하게 된다. 엄청난 스트레스에 대한 반응으로 편도체의 활성화와 노르아드레날린 방출이 그러한 요인들이다. 이러한 조건들 아래에서 암묵 기억이 생성되며 심지어 강화될 수도 있다. 반대로, 분할된 주의력과 코티솔 분비는 외상적 사건을 외현적으로 처리하는 것을 방해할 수 있다. 이는 외상이 암묵 기억과 외현 기억에 차별적인 영향을 가진다는 것을 제시하지만, 이러한 두 층의 기억의 정확한 상호작용 메커니즘은 후속 연구에서 밝혀야 할 것이다.[113]

한 번의 사건 발생으로도 시냅스 강도가 바뀔 수 있는데, 반복된 경험과 감정적으로 각성된 경험은 뇌 안의 신경 연결에 강력한 영향을 가진다. 다시 말해 세상과 접촉하면서 경험하는 모든 것이 마음에 동일하게 영향을 미치는 것은 아니라는 것이다. 만약 뇌가 어떤 사건을 "의미 있다 meaningful"라고 평가한다면, 나중에 회상될 가능성이 높아진다는 것은 연구에서 증명되었다. 예를 들면, 극심한 통증에 노출되었던 사람의 경우 또 다시 통증에 노출될 경우 더 심한 반응을 보일뿐만 아니라 타인의 고통을 보고도 격렬한 반응을 나타낼 수 있다.[114] 이러한 연구들은 스트레스와 관련된 신경조절 화학물질인 코티솔과 아드레날린의 상호작용이 기억 부호화와 관련된 영역을 활성화하는 데 직접적으로 관련되어 있을 수 있다고 제안한다.[115] 뇌는 자극의 중요도를 다양한 방법으로 평가하는데, 그중 하나가 편도체의 활성화이다. 만약 편도체가 활성화되면, 특정 시간에 부호화된 엔그램은 중요 표시를 한 것처럼 생각되는데, 해마 활동도 포함하여 이 과정을 "가치 있는 value-laden" 기억이라고 부른다.[116] 이런 가치 있는 기억의 신경 메커니즘은 특정 경험을 할 때, 시냅스 강도가 현저히 증가한다. 5장의 감정에서 살펴보겠지만, 뇌의 가치 체계는 다음의 3가지 과정을 통해 신경 조절 회로의 역할을 한다. (1) 신경의 흥분과 활성화를 강화하는 과정 (2) 신경가소성과 새로운 시냅스 연결을 생성하는 과정 (3) 다양한 뇌 영역을 연결하는 광범위한 신경 분포 과정이 그것이다. 따라서 이러한 감정 강도가 높은,

> 만약 뇌가 사건이 "의미 있다"라고 평가한다면, 미래에 더 잘 회상될 것이다.

가치 있는value-laden 기억은 일생 동안 만들어지는 무수히 많은 엔그램 중에서 재활성화되기 쉬워진다.

감정과 기억의 관계란, 정서적으로 각성된 경험들이 나중에 쉽게 회상된다는 것을 말한다. 제임스 맥고James McGaugh는 다음과 같이 주장했다.

> 이 증거를 통해 여러 신경조절 시스템들이 기억에 끼치는 영향들은 통합될 수 있다는 가능성을 제시한다. 이것은 편도체 내에서 일어나는 상호작용에 의해서이다. 따라서 이 증거는 경험에 의해 활성화된 내인성 신경조절 시스템이 기억을 저장하는 것을 조절하는 역할을 한다는 일반적인 가설을 강하게 지지한다. (더 부연하기를) 기억의 강도는 학습에 의해 유도된 감정적 활성화 정도에 의해 좌우된다. 강한 감정적 자극은 윌리엄 제임스William James(1890)가 "거의 대뇌 조직에 상처를 남긴다"라고 말했듯이 시냅스 연결을 오랫동안 변화시킨다.[117]

다시 말해, 감정은 신경가소성neuronal plasticity의 증가를 통해 새로운 시냅스 연결을 만들어내는 조절modulatory 과정에 관여한다.

그럼, 가소성의 증가를 설명하는 메커니즘은 무엇일까? 신경가소성의 한 부분으로써 새로운 시냅스 형성을 만들게 하는 유전자 활성화와 감정 사이의 정확한 관계는 아직 완전히 밝혀지지는 않았다. 그러나 무척추동물의 기억 분자에 대한 연구는 흥미로운 가능성을 제시한다.[118] CREB-1(즉, cyclic AMP response element binding-1)이라고 불리는 단백질은 시냅스 연결에 필요한 단백질 합성을 하는 유전자를 활성화시킨다. 그리고, 새로운 시냅스의 성장은 일반적으로 기억억제-억압 유전자inhibitory memory-suppressing gene에 의해 제한된다. 이러한 기억억제-억압 유전자는 작업 기억과 같은 단기 저장에서 장기 기억으로의 정보 전송을 조절하는 것으로 보인다. 이러한 억압은 CREB-2라고 불리는 비슷한 단백질에 의해 매개되었을 수도 있다. 만약 이러한 "하등lower"동물에서의 처리 과정이 인간 기억 과정에도 적용된다는 것이 밝혀진다면, 인간의 뇌도 이러한 방법을 통해 관련 없는 자극은 장기 기억에 부호화되지 않도록 할 것이다. 사건을 구조적 기반의 장기 기억에 부호화하기 위해서는 능동적인 과정들이 추가로 필요하다. 이러한 종합적인 과정은 "장기 강화long-term potentiation"의 일부이다. 경험이 뇌 구조를 직접적으로 변화시킨다는 신경가소성의 전반적 과정과, 편도체와 기타 구조들이 기억 부호화를 강화한다는 감정적 메커니즘은, 인간 기억에 관한 흥미로운 결과를 보여준다.[119]

우리가 감정적으로 연관된 경험을 할 때 활성화되는 "뇌의 감정 회로 emotion circuits of the brain"는 또한 평가 센터로서의 역할을 한다. 이것은 우리의 주의 초점과 각성 상태에 직접적으로 영향을 주게 된다. 즉, "정서적으로 의미 있는 경험" 동안에는 우리의 주의력은 집중되고 각성의 상태는 높아져 기저핵[120]과 같은 뇌의 특정 영역이 활성화되고 아세틸콜린의 방출이 일어나고, 동시에 발화하는 신경세포들에서의 유전자 활성화 가능성을 높인다. 주의가 집중되면 유전자 발현을 증가시키고 뇌세포의 시냅스 연결을 촉진하는 뇌유래신경영양인자(Brain-Derived Neurotropic Factor BDNF)의 방출이 국지적으로 증가된다.[121] 즉, 이것은 "감정"이 주의 집중을 돕고 뇌에서의 신경가소성 변화를 증가시키는 신경화학적 조건을 만드는 과정이라는 것을 제시한다. 뇌의 지속적인 성장과 학습에 필요한 이런 조건들이 우울증을 포함한 다양한 정신 질환 상태에서는 손상되었을 것으로 추정된다.[122]

기억과 감정, 그리고 자기에 대한 관계는 복잡하다. 로버트 포스트 Robert Post와 그의 동료들은 다음과 같이 제안한다.

> 편도체는 대상의 정서적 중요성을 알리고, 이것을 다른 기억 체계와 연결하

> 는 곳으로 생각된다. 이러한 기억 체계들은 처음에는 해마에 의해, 그다음에는 무수히 많은 시냅스와 잠재적으로 연관되는 복잡한 대뇌 경로의 도움을 받는다. 다른 경로들에 의해 대상의 특성들이 수렴 합성되는 바로 그 방법으로 대상의 역사적, 정서적 중요성이 "통합"될 뿐 아니라 새로운 경험에 기반하여 편집, 갱신, 그리고 개정된다고 추측할 수 있다. 이러한 방식으로, 보다 복잡한 연관 경험의 특성들과 단서들은 환경에 있는 중요한 대상(부모, 형제, 자매, 심지어 자기 개념과 같은)들과 연결될 수 있다.[123]

의미를 만듦으로써 우리의 정서적 신경조절 시스템은 기억을 조직하고 통합하도록 한다. 우리의 삶은 우리가 인식하지 못하는 기원과 파급력의 암묵적 영향들로 채워져 있다. 아동기 기억상실의 경우, 외현적 회상에는 손상이 있지만 동시에 암묵 기억은 온전한 상태를 유지하게 되는데, 이는 전형적으로 관찰되는 현상이며 외상과는 무관하다. 아동은 살아가면서, 사건에 대해 더 많이 기억하게 되고, 이러한 사건들은 시간이 지나면서 더 큰 그림의 자기 내러티브로 엮인다. 가치 있는 기억으로서 이런 내러티브narrative는 공고화되고 영구적인 외현적 자전적 기억 시스템의 일부로 된다. 모든 경험이 일화적으로 회상되는 것은 아닌데, 이것은 정상적인 망각의 부분이다. 우리의 마음은 많은 사건을 부호화하고 기억하고, 공고화하는 데 있어서 반드시 선택적으로 억제를 한다. 만약 우리에게 관련 없는 외현적인 세부 내용들이 쏟아진다면 우리는 혼란을 느끼고 압도당할 것이다.

스트레스, 외상, 그리고 기억

스트레스 경험은 매우 정서적인 사건의 형태를 갖거나, 스트레스가 압도적일 때에는 외상적인 경험들의 형태로 나타난다. 스트레스의 정도는 기억에 직접적인 영향을 미친다. 강도가 약한 스트레스는 중성적인 효과neutral effect를 가지고, 보통 수준의 스트레스는 기억을 활성화하며 강도가 큰 스트레스는 기억을 손상시킨다. 이러한 스트레스의 영향은 신경내분비 반응들에 의해 매개되는 것으로 보인다. 예를 들면, 노르아드레날린 분비에 의한 일시적인 효과들(몇 초부터 몇 분까지 지속되는)과 "스트레스 호르몬들"로 알려진 코티솔과 같은 글루코코르티코이드의 좀 더 지속적인 효과들(몇 분부터 몇 시간까지 지속되는)이 여기에 포함된다. 이 물질 간의 상호작용과 메커니즘은 복잡하다. 스트레스 호르몬에 관한 연구들은 HPA축(시상하부-뇌하수체-부신 축, hypothalamic-pituitary-adrenal axis)이 해마에 직접적으로 영향을 주는 스트레스 호르몬들을 분비하게 한다고 보고하는데, 해마는 혈액으로 전달되는 물질들blood-borne agents에 대한 수용체가 가장 밀집되어 있는 기관이다. 이런 호르몬들의 변화는 기억에 직접적으로 영향을 준다.[124] 만성적인 스트레스는 스트레스 호르몬의 기저선을 높이고 비정상적인 호르몬 분비 주기를 만들어낸다. 높은 수준의 스트레스 호르몬이 해마에 끼치는 영향들은 처음에는 회복 가능지만, 지속되면 신경 성장이 억제되고 "수상돌기dendrite"라고 불리는 세포 수용체가 위축된다.[125] 높은 수준의 스트레스는 일시적으로 해마의 기능을 막을 뿐만 아니라, 만성적인 외상 후 스트레스 장애PTSD를 겪는 환자들에서 보이는 것처럼, 스트레스 호르몬들에 지나치게 만성적으로 노출되면 해마의 신경이 결국 죽게 된다(해마 크기의 감소).[126] 두 번째 매개 요인으로, 자율신경계 시스템의 활성화는 아드레날린과 노르아드레날린(카테콜아민으로 알려진)을 분비하게 하는데, 이것은 편도체에 직접적으로 영향을 미친다. 편도체는 우리가 앞서 봤듯이, 경험의 가치를 정하고 해마와 함께 부호화하는 요소들을 통합하는 데 있어서 중요한 역할을 한다. 이전에 제시되었듯이, 과도한 코티솔 분비는 해마가 외현 기억 과정을 돕지 못하게 하는 반면, 노르아드레날린 분비는 편도체에 의해 촉진된 암묵적 부호화implicit encoding를 강화시킨다.[127]

정서적으로 강렬한 사건들은 특정 수준의 스트레스 반응이 나타나게 한다. 생리적이고 인지적인 반응의 특정 연쇄 반응들은 기억에 미치는 스트레스의 효과를 증가시킨다. 바워Bower와 시버스Sivers는 다음과 같이 말했다.

> 여러 요인이 함께 작용하게 되면 정서적으로 강렬한 사건들이 더 잘 기억될 수 있다. 이 중에서도 특히 사건의 개인적 중요성, 특수성 혹은 희귀성 그리고 선택적 반복selective rehearsal을 주목해 볼 수 있다. 정서적으로 흥분될 때, 뇌는 자율신경계와 내분비계로부터의 반응을 유발시킨다. 내분비계 반응으로 스트레스 호르몬이 혈류에 분비되면 지속적인 각성 상태를 만들고, 인지 시스템에서 조금이라도 두드러진다고 생각되는 것이면 무엇이든 재활성화시킨다. 이런 각성은 수 분 동안 지속되고 마치 스트레스가 비자발적으로 재순환하는 것과 유사한 효과를 가진다. 이러한 반복은 부호화되는 사건의 어떤 특성이든 간에 그것들을 학습하는 정도를 향상시킨다. 이러한 수 분간 지속되는 생리적 각성이 지나가도, 우리의 마음은 몇 시간, 며칠이 지난 후에도 감정적으로 흥분했던 사건들의 기억들로 반복적으로 돌아가려는 경향을 가진다. 이러한 경향성은 아마도 혐오적인 사건과 관련된 외부의 단서 혹은 관념적으로 연결된 것에 의해 유발되는 것으로 보인다.[128]

이러한 방식으로, 정서적으로 흥분시키는 사건들은 직접적인 생리학적 효과들(위에서 언급했듯이 시냅스 형성을 유도하는 유전적 활성화)과 기억을 부호화하는 데 영향을 주는 복잡한 인지적 효과들(인출, 반복, 재부호화 과정)의 조합으로 인해 더 잘 기억된다.

어떤 조건들 아래서는 경험을 하는 순간에 외현 기억이 부호화되지 못한다. 외상이 아마 이러한 상황일 것이다. 심각한 외상의 상황에서 다양한 요인들이 외현 기억에 필요한 해마의 기능을 억제할 수 있다.[129] 피해자들은 비외상적인 환경 요인들에 주의를 집중하거나 불완전한 도피의 수단으로서의 상상에 집중한다. 분할된 주의력divided-attention 연구에서는 이러한 현상에 의해 외상 경험이 외현적이 아니라 암묵적으로 부호화된다고 제안한다.[130] 그리고 위협에 대한 반응으로 다량의 스트레스 호르몬이 분비되는데, 이는 해마의 기능을 손상시킬 수 있다. 외현적인 과정과 암묵적인 과정을 분리한 피해자들은 외상의 특정 측면을 기억하는 데 있어서 자전적 기억의 손상이 나타난다(외현 기억의 장애인 "심인성" 기억상실증"psychogenic" amnesia). 사건의 암묵 기억은 온전하고, 달아나고자 하는 행동 욕구, 정서적 반응들, 신체의 감각들, 그리고 외상과 관련된 심상들과 같은, 침습적인 요소들이 여기에 포함된다.[131] 어떤 연구들에서는 지지받지 않았지만 몇몇 연구는, 외상 경험의 시점과 그 이후에 해리를 경험한 개인들이 PTSD로 발전하는 데 있어 가장 취약한 것으로 드러났다.[132] 우리가 논의했듯이, 만성적인 PTSD를 겪고 있는 환자들의 해마의 크기가 줄어든 것으로 보아, 만성적인 스트레스는 실질적으로 해마 그 자체에 손상을 준다.[133] 이러한 조건에서, 외상 이후의 외현 기억 과정과 학습은 만성적으로 손상된다. 게다가, 해마의 손상뿐만 아니라, 어린 아동의 학대는 신체 반응과 뇌 기능을 연결하는 회로들의 구조와 후성유전적 조절(자율신경계, HPA축, 신경면역 과정neuroimmune process)에도 직접적으로 영향을 준다.[134] 이러한 부정적인 아동 경험들이 기억에 각인되는 방식을 통해 아동 학대와 역기능적 가정환경을 경험했던 성인들이 왜 의학적 질환에 취약하게 되는지를 설명할 수 있다.[135]

> 만성 스트레스는 실제로 해마 자체에 손상을 줄 수 있다.

이러한 정보에 근거하여, 외현적 처리를 방해하는 심리적 외상이 또한 경험을 피질에 공고화하는 능력도 손상시킨다고 제안해 볼 수 있다.[136] 아동 학대 사례에서 많이 관찰되듯이, 어떤 경험을 했는지에 대해 다른 사람들과 논의하지 못하게 억압하거나 해리 상태에 놓이게 되면, 기억이 공고화되는 경로가 차단될 수 있다. 이런 관점에서 보자면, 해결되지 않은 외상 경험은 피질 공고화 과정의 손상과 관련되는 것이며, 이로 인해 사건들의 기억들이 영구 기억에 들어가지 못하게 된다. 하지만 이런 사람들은 과거 공포의 침습적인 암묵적 이미지를 계속해서 반복 경험하는 경향이 있다. 악몽은 꿈꾸는 단계에서 발생하고 활성화된 REM 수면 장애와 관련되는데, 이것은 차단되었던 기억의 구성 요소들을 처리하고 공고화하려는 뇌의 헛된 시도로 보인다. 꿈과 서파 수면slow-wave stage of sleep 모두, 기억을 재구성하고 기억과 정서 사이의 연결을 강화하는 데 있어서 중요한 역할을 하는 것으로 알려져 있다.[137]

꿈과 기억, 그리고 외상 연구의 독립적인 영역들이 연관되어 연구되지는 않았으나, 꿈 연구, 기억 조사 연구, 그리고 외상에 대한 적응의 연구들을 통해, 기억과 외상의 중요한 과정들을 이해해 볼 수 있다. 엔델 툴빙Endel Tulving과 동료들은 "반구 부호화-인출 비대칭성hemispheric encoding-retrieval asymmetry"이라는 모델[138]을 제시했는데, 이 모델은 비록 모든 연구에서는 아니지만,[139] 상당히 지지받고 있으며 후속 연구를 통해 더욱 정교화되고 있다.[140] 간단히 살펴보면, 이 모델은 좌측 전전두엽이 일화 기억을 부호화하는 데 중요한 역할을 하고, 우측 전전두엽은 일화 기억을 인출하는 데 필수적이라고 설명한다. REM 수면 중에 나타나는 꿈들과 뇌 활성화의 증가는 서로 관련된다. 안구 운동은 반대쪽 뇌의 활성화와 연관이 있다(즉, 왼쪽으로 안구가 움직이는 것은 우반구의 활성화와 연관된다).[141] 이것은 사람들이 왜 자전적인 기억을 할 때 왼쪽을 바라보는지 설명해 준다(우측 전전두엽의 활성화).

이러한 관찰 결과들을 통합하면 새로운 연구 문제가 나타나는데, 이 제안은 구체적인 연구를 거쳐 입증될 필요가 있다. 일반적으로 꿈꾸는 동안, 좌반구와 우반구는 교대로alternating, 규칙적으로rhythmic, 동시synchronous에 활성화된다. 전전두엽 피질의 우측 안와 전두 영역이 활성화되면서, 일화 기억 표상을 재활성화하기 위한 "인출 상태retrieval state"를 매개한다. 좌측 안와 전두 영역 활성화는 "부호화 상태encoding state"를 시작한다. 부호화 상태에서는 표상들이 입력되고, 서로 연합되며, 재구조화되거나 공고화 형태로 부호화된다. 서파 수면slow-wave sleep은 기억의 다양한 신경 표상들을 다시 모으고, REM 수면은 시냅스 연결을 강화하는 장기 강화 작용long-term potentiation을 촉진하는 기억 공고화consolidation에 필수적인 과정으로서 기능하는 것 같다.[142] 따라서 기억은 다양한 수면 단계 동안 "재조직화reorganized"된다. 전전두엽 영역은 신피질 영역의 연합 피질을 포함한 여러 부위에 광범위한 신경 분포를 갖는다. 이렇게 새롭게 재조직화된 일화 기억은 연합 피질 내에서 공고화되는데, 이 부위는 해마와 독립적이고 나중에 인출도 가능한 영역이다. 새롭게 재조직화된 기억 표상들은 자기 인식적 의식autonoetic consciousness 내에서 접근할 수 있는데, 이것은 우측 안와 전두 영역에 의해 매개된다. 이러한 과정의 특징은 일화 기억을 공고화된 형태로 인출하고 부호화하기 위해서 좌우 반구가 동시에 활성화된다는 것이다. 그러므로, 꿈은 일화 기억 표상들을 공고화된 부호화가 될 수 있도록 엔그램engram으로 만든다. 낮 동안의 뇌파 반영뿐만 아니라 밤의 서파 수면과 REM 수면에서의, 신경 동기화synchronization는 일반적으로 기억 공고화 과정에 중요한 역할을 한다.[143] 신경 동기화를 통해서 일화 기억은 말 그대로 "공고화"되어 재처리와 더욱 통합된 표상들의 일관성 있는 조합으로 된다. 이러한 통합과 공고화의 결과는, 우리가 제안하듯이, 우리의 인생 내러티브life narrative가 된다.

우리는 또한, "해결되지 않은unresolved" 외상을 경험한 개인들은 자기 인식적 의식autonoetic consciousness에 있어 문제를 보일 수 있다고 제안할 수 있다. 다음 장에서 보게 되겠지만, 이렇게 해결되지 않은 마음 상태는 마음의 기능과 인간관계에서 중요한 의미가 있다. 어떤 사람들은 넘쳐나는 암묵적 회상들에 압도되어, 일화적 회상의 자기 감시self-monitoring 기능이 작동하지 않게 됨으로써, 그들이 과거 사건을 강렬하게 회상하고 있다고 느끼기보다는, 그들이 그 사건 자체에 있다고 느끼게 된다.[144] 또 어떤 사람들은 외상적인 사건에 대한 지식은 갖고 있지만 자기감은 없다. 즉, 경험에 대한 인식적noetic 의식은 가지고 있지만, 자기 인식적autonoetic 의식은 가지고 있지 않다. 좌측 전전두엽 영역의 일화 기억을 부호화하는 능력은, 앞서 설명했듯이, 외현적 부호화의 차단으로 인해 손상되었을 수 있으며, 압도적 상황에 대한 정서, 신체적 감각 표상들이 우반구에 쏟아져 들어옴으로써 손상이 되었을 수도 있다. 외상 환자에 관한 여러 연구에서, 반구 활성화의 비대칭성이 나타났는데, 해결되지 않은 외상 기억들은 과도하게 우측으로 편향되어 활성화되는 패턴을 보인다고 한다.[145] 외상을 겪은 아이들 또한 비대칭적인 뇌의 이상을 가지고 있었으며, 반구 간의 정보를 전달해 주는 조직인 뇌량의 발달에도 이상이 발견되었다고 보고된다.[146] PTSD 환자들이 REM 수면 장애를 보인다는 것과 반구의 비대칭성 증거들은 양쪽 반구들의 협응이 기억을 공고화하는 데 필수적이라는 주장을 지지한다. 즉, 외상적 사건에 대한 기억들의 공고화 실패가 해결되지 않은 외상의 핵심이다. 정보들이 양 반구 간(반구들 간의 에너지와 표상들의 이동)에 통합되지 않는 것이 외상 사건에 따른 심리적 손상의 지표로써 제안될 수 있다고 일반화할 수 있을 것이다.[147]

만성적인 PTSD로 고통받는 개인들은 외상 경험들을 해결하는 데 있어 해마의 구조와 기능의 손상이 문제를 야기하는 것으로 보인다.[148] 다른 연구들에서는 아동 방임과 학대(발달 외상developmental trauma이라 부르는)는 뇌에서 통합 기능을 하는 신경 섬유 조직의 성장에 손상을 줄 수 있다고 주장한다.[149] 따라서, 외상 사건의 해결 과정이라는 것은 외상 경험을 뇌의 더 넓은 연합 신경망associational matrix에 통합시키는 것이라고 말할 수 있을 것이다. 그렇게 함으로써 마음은, 우리가 나중에 조절과 통합의 7장, 9장에서 다룰, "일관성coherence"을 갖게 된다. 결론적으로, 이러한 통합은 더욱 일관된 자전적인 내러티브를 만들고 REM 수면 장애를 해결한다. 이러한 가능성들은 마지막 세 장에서 자세히 살펴보게 될 것이다.

뒷장에서 또 살펴보게 되겠지만, 피질의 공고화 부재는 임상적으로는 외상 경험에 대한 내러티브가 없었기 때문에 생기는 것으로 보인다. 어떤 개인들은 일관성은 좀 있지만 경직된 방식인 "뭉치기stick together" 방법을 사용하여 외상을 해결하려고 하지만, 여기에는 좀 더 유동적이고, 유연하고, 적응적인 "일관성coherence"이 부족할 수도 있다. 이 일관성 기능의 문제는 정신과 인간관계의 웰빙이 어느 위치에 있는지 정도를 결정하는 데 핵심이 된다. 또한 마음의 다양한 상태에 걸친 일관성과 연속성에 대한 감각을 형성하는 데 문제가 있을 수 있다. 외상 상태는 개인이 전형적으로 보이는 통합 기능과는 분리되어 있기 때문에 발달을 저해할 수 있다. 주요한 혹은 사소한 외상 사건들의 암묵적인 요소들은 그 기원에 대해 알지 못한 채로 개인의 삶에 지속적으로 영향을 미치게 된다. 즉, 외상의 암묵적인 영향은 과거의 어떤 사건 때문인지에 대한 자각 없이 개인의 비의식적, 의식적인 경험에 영향을 미친다. 이러한 맥락으로 본다면, 마음 내에서 자연스럽게 작용하는 정보unrestricted flow of information를 차단하는 것은 정신건강을 저해하며, 결과적으로 발달에 부정적인 영향을 주게 된다.

이런 정보의 제한된 흐름은 삶의 이야기를 만드는 데에 손상을 준다. 이러한 제한이 없다면, 감정적으로 중요한 사건들은 영구적이고 공고화된 더 큰 기억의 연합 신경망에 포함되게 된다. 세상에서 자기와 타인에 대한 도식schemata은 기억의 인지틀cognitive framework 같은 구조를 형성할 수 있도록 돕는다. 즉, 암묵적인 정신 모델은 외현적인 자전적 기억의 조직화를 조절한다. 해결되지 않은 외상 기억들은 암묵적-외현적으로 모두 공고화되어 내러티브를 만드는 보다 넓은 연합 신경망의 수준까지는 미치지 못한다. 대신에 잠재적인 암묵적 활성화가 나타날 수 있는 불안정한 상태로 되어, 생존자의 내적 경험들과 인간관계를 방해하게 된다.

우리의 3-P 틀에서 해결되지 않은 그러한 기억 구조는 3-P 그래프에서 반복적으로 발생하는 고원의 역할을 한다고 볼 수 있다. 이는 의식으로 올라오는 부적응적이고 침습적인 암묵적 그리고 외현 기억들의, 제한적이고 반복적인 활성화로 나타나는 에너지 흐름 패턴의 확률을 조절한다. 마음챙김적 알아차림 훈련이나 다른 수련 기법의 개입과 같은, 마음 훈련의 효과는 옥죄는 고원이나 정점 아래의 수용적 알아차림(즉, 가능성의 평면the plane of possibility)에 도달하는 데 효과가 있을 수 있다. 알아차림 훈련을 통해, 폭풍 속에서도 평온감이나 가능성의 평면에 있는 다른 대안들에 다가갈 수 있게 된다. 임상적으로 눈에 띄는 것 중 하나는, 불확실성과 가능성의 평면(수용적 알아차림의 근원)에 대한 열린 태도가, 처음에는 불안정하게 느껴질 수 있다는 점이다. 이는 예측이 불가능하고 불확실성이 극대화되기 때문이다. 하지만 임상과 교육적 연구들은, 인내와 끈기로 트라우마를 가진 사람이 가능성의 평면에 도달하는 일은 안전한 피난처를 만나는 것이라고 알려준다. 다시 말해, 초기의 공포감은 무지의 불확실성이 강한 두려움으로 남아있는 트라우마의 발달 경험으로부터 생성된 낮은 고원처럼 보인다. 이런 과정에서 치유의 길은, 가능성의 평면에서 열린 알아차림의 불확실성을 수용하는 것을 배워가는 지지적 여정이다. 온전한 알아차림의 평면에서 발견된 불확실성의 정신적 등가물은, 자유와 가능성이다.[150] 어쩔 수 없이 방어적으로 습득한 방어기제인 고원에서 내려오고, 공포와 얼어붙는 자동 반응 상태에서 벗어나서, 사람들이 자유롭게 된 상태에서 훈련을 통해 마음의 확률 기능을 새로운 방식으로 작동하도록 만듦으로써, 마음챙김적 알아차림과 연민의 치료적 개입이 어떻게 이전의 트라우마 경험의 끊임없는 감금 상태로부터 해방시켜주는지 상상해 볼 수 있다.[151]

기억의 정확성과 외상의 영향

임상가들, 교육자들, 기자들, 변호사들, 입법자들 모두가 기억과 망각에 대해 관심을 갖는데, 특히 아동 학대 혐의와 관련된 경우일 때 더욱 중요한 문제가 된다. 연구들을 검토하고, 논쟁과 정책들에 대해 살펴봐도 명확하게 밝혀진 바는 거의 없다. 개인들은 외상 사건을 경험할 수 있지만, 나중에 그 사건을 명시적으로 회상할 수 없게 된다. 지난 백 년 동안의 광범위한 연구 결과가 이를 증명하고 있으며, 최근의 연구 결과들은 PTSD 환자의 경우 외상 사건에 대한 암묵 기억이 더 많이 나타난다는 주장을 지지한다.[152] 연구결과들은 이러한 오래된 지식에 대해 신경과학적으로 설명한다.[153] 몇 년이 지나 맥락 변화contextual change가 나타나게 되면, 외상 사건을 의식적으로 회상할 수 있게 되기도 한다.[154] 이것을 "지연 회상delayed recall"이라고 한다. 비록 지연 회상이 매우 정확하다 할지라도, 외현 기억은 회상 조건들에 대해 굉장히 민감하다. 외현적 자전적 기억 내용을 얘기하는 것은 사회적 상호작용에 크게 영향을 받는 사회적 경험으로 볼 수 있다. 그러므로 말로 표현되는 것은 처음에 기억한 것과는 똑같지 않으며, 세부적인 부분에서 반드시 정확하지는 않다.

인간의 마음은 일생에 걸쳐 외부 환경의 영향을 받기 쉬운데, 특히 아동기에는 더욱 그러하다.[155] 이러한 피암시성suggestibility은 우리가 학교에 다니면서 다른 사람의 관점을 받아들일 수 있도록 해준다. 종종 우리는 우리가 제공받은 정보가 믿을 수 있는 것인지, 그래서 이것을 기억 체계에 포함시켜도 될지에 대한 중요한 분석을 한다. 하지만 이러한 결정은 기억 정확성을 평가하는 "상위기억metamemory" 같은 과정들에 의해 이루어지는데, 이것은 약물 상태, 최면, 심문 과정의 집중적이고 반복적인 질문과 같은 다양한 요인들에 의해서 왜곡되기 쉽다. 어떤 사람들은 다른 사람들보다 피암시적인suggestive 영향들에 더욱 민감하다. 피암시성 연구에 의하면 사람들은 실제 회상한 사건이 일어나지 않았음에도 "회상recollection"에 대한 진실성을 굳게 믿을 수 있다고 한다. 따라서 기억의 정확성에 대한 확신 정도는 그것의 정확성과 일치하지 않는다.[156] 내적 증거internal corroboration들을 사용함으로써 과거의 경험이 어떻게 개인의 삶에 영향을 주게 되는지 이해할 수 있게 되는데, 사건 기억의 암묵적이고 외현적인 요소들 사이의 관계나 기억 체계의 구조가 여기에 포함될 수 있다. 외적 증거external corroboration는 다른 가족들에게서 보고된 경험들, 경찰 보고서, 사진 앨범, 일기 등이 포함되며, 이것은 사건의 전체 그림fuller picture을 이해하는 데 유용하다. 기억이라는 것이 사회적이고 영향받기 쉽다는 것과 기억을 인출하게 되면 다시 저장될 때 기억의 형태를 실질적으로 바꿀 수 있다는 사실을 아는 것은 면담하는 사람interviewer과 면담 받는 사람interviewee 모두에게 중요하다.

즉, 실제 사건은 잊혀질 수 있고, 경험하지 않은 "회상"이 진짜 기억이라고 굳게 믿어질 수 있다. 이러한 발견들은 여러 가지 중요한 원리들을 알려준다. 예를 들면, 환자들은 심리치료의 암시적인 상태에 취약하다. 임상가는 반드시 환자의 회상 정확성에 관해서 중립적인 태도를 취해야 한다. 암시성을 높이고, 결정적인 상위기억 과정을 지연시키는 조건들은 반드시 피해야 하고, 매우 주의해서 사용하거나 사전 동의를 구해야 한다. 최면, 아미탈amytal 면담, 조사관의 집중적이고 반복적인 질문이 이러한 조건들에 해당한다. 임상가는 외상과 정신병리에 대한 그들의 관점이 직접적으로 영향을 미치는 전문적이고 개인적인 편견을 알아내기 위해 특별한 노력을 해야만 한다. 이러한 관점은 치료자의 언어적 그리고 비언어적 행동에서 드러난다. 환자 자체보다는 환자의 외상 경험에 대한 과도한 관심은 비의식적으로 환자와 함께 외상 이야기를 정교화하는 데에만 집중하도록 할 수 있다.

> 실제 사건들은 잊혀질 수 있으며, 경험하지 않은 "회상"조차 진짜 기억으로 강하게 느낄 수 있다.

반면에, 마음의 발달과 기능에 대한 외상의 영향들을 알지 못하거나 부인하는 사람들(해리와 기억상실에 적응)은 다른 사람들이 실제 삶의 경험들을 언어적, 비언어적으로 정교화 하는 것을 억제하려는 경향이 있다. 자신의 외상을 알지 못하는 친구나 배우자 또는 치료자와의 관계는 분열되고 공포스러운 외상 기억을 탐색하는 데 있어서 안전 기지가 되어주지 못한다. 외상을 겪은 개인들은 그들이 겪었던 굴욕적이고 고통스러운 과거 경험을 드러내는 것에 대해서 굉장히 신중할 수 있다. 그들은 외상 사건에 대해 깊은 수치심을 가지고 있기 때문에, 다른 사람들의 태도에 민감하게 반응하게 되고 무시되거나 오해받는 느낌에 취약해진다. 특히 아동 학대 피해자들은 "사람들이 믿어 주지 않는다not being believed"는 느낌에 예민하고, 지지적이지 않은 사람에게 그들의 감춰진 고통을 잘 드러내 지 않는다. 예를 들어, 환자가 외상에 대해 정확한 회상(아마도 지연 회상)을 할 수 있다는 가능성을 믿지 않는 치료자들은 알맞은 치료를 제공할 수 없을 것이다.

기억의 정확성과 외상의 영향에 대한 사회의 관심과 논쟁, 오해가 존재한다. 기억 연구자들은 기억에 관한 외상의 영향을 알아내고자 노력을 기울이고 있으며, 개인, 지역 그리고 사회에 미치는 외상의 영향에 대해 우리의 관심을 끌어내고자 한다. 발달과 정신병리Development and Psychopathology 잡지의 특별 호에서는 여전히 우리에게 심도 있는 관련 지식들을 알려주는 주제를 종합 요약하여 다루었다.[157] 트라우마의 영향에 대한 이어지는 고찰들은 기억에 관한 연구에 있어서 선구자적인 몇몇 학자들이 제공했으며, 이러한 논제들을 어떻게 다뤄야 할지에 대해 탄탄한 근거를 마련해 주었다.

외상과 기억에 관한 연구는, 실험실 상황과 매우 스트레스가 높은 실제 자연 상황(예로, 병원 방문, 침습적 의료 시술, 또는 자연재해까지)이 있지만, 가족 내에서 발생하는 아동 학대와는 여러 가지 면에서 본질적으로 다르기 때문에, 매우 도발적인 연구 분야이다. 로빈 피부시Robyn Fivush는 말했다.

> 지금까지 실시된 외상 관련 기억 연구들은, 고통스럽고 스트레스적인 공적public 사건들에 주로 초점을 맞추었으며, 비밀스럽고secrecy 수치스럽고shame 사적인 사건에는 관심이 부족하였다. 그러나 어린 아동들이 겪는 많은 외상은 조용하게 비밀리에 일어난다. 다른 사람들과 과거의 사건들에 대해 이야기하는 능력과 이러한 사건들을 스스로 언어로 시연하는 능력은, 아동들이 그들의 경험을 이해하고 해석하는 능력을 발달시키는 데 있어서 도구적 역할을 할 수 있다. 과거의 사건들을 그 사람의 인생사에 포함함으로써, 세상이 어떻게 작동하고 나는 누구인가에 대한 일관성 있는 감각을 통해 과거 경험을 통합하게 된다. 정신적 외상을 경험했지만, 이것을 다른 사람에게 말할 기회를 갖지 못한 아동들은, 이러한 부정적인 경험을 통합하지 못하게 되고, 따라서 해결되지 않은 매우 부정적인 감정들도 나타나게 되며, 해결되지 않은 채 되풀이되는 기억의 파편들을 지니게 된다.[158]

다른 기억 연구자들도 외상의 영향에 대한 이러한 관점에 공감하면서, 개인과 사회 모두에 외상이 주는 고통을 경감시키기 위해 노력할 것을 촉구한다. 크리스티안손Christianson과 린드홀름Lindholm은 다음과 같이 제안한다.

> 기억되는 외상 경험뿐만 아니라 기록은 있지만 잊어버린 아동기 외상 경험에 있어서, 외상과 관련된 기억 과정은 단순히 우리가 그것을 기억하느냐 잊어버렸느냐의 문제만은 아니다. 그보다 잊는 것과 기억하는 것은 모두 선택적으로 나타날 수 있고, 개개인들은 이러한 기억을 매우 다른 방식들로 표상한다. 아이들은 그들 스스로 외상을 다룰 경험과 자원이 부족하기 때문에, 이러한 경험을 극복하기 위해 부모로부터 많은 지지가 필요하다. 예를 들어 사고나 재난을 경험했던 아동들은 주로 부모들에게 그 일에 대해 이야기함으로써 그 경험을 처리하는데, 이 과정을 통해 그러한 사건을 받아들일 수 있게 된다. 반면, 근친상간 혹은 가정 내 폭력과 같이 가까운 친척이 외상과 관련이 된다면, 아동은 그 경험을 다루는 데 있어서 동등한 위치에 있지 않다. 처리되지 않고 통합되지 않은 아동의 외상 기억은 개인에게 문제와 고통을 가져올 뿐 아니라 다른 사람들에게 심각한 위협을 줄 수 있다. 살인이나 강간과 같은 심각한 범죄의 가해자들은 종종 아동기 때 심각한 외상을 경험하고 아무런 도움을 받지 못했다고 보고된다.[159]

우리 사회에서 폭력의 원인은 다양하다.[160] 아동들에게 미치는 폭력의 영향은 복잡 한데, 그 이유는 세상을 안전한 곳으로 인식하는 아동의 선천적인 정신 모델inherent mental model이 폭력을 목격하는 것에 의해 직접적으로 영향을 받기 때문이다. 린치Lynch와 치체티Cicchetti에 따르면 다음과 같다.

> 지역 사회 폭력에 노출되는 것과 같이 지속적인 스트레스와 외상에 노출되는 아동들은, 세상은 적대적인 곳이라는 도식을 만들게 되고(Cicchetti and Lynch, 1993, Dodge, 1993) 사람들, 삶 그리고 미래에 대한 태도까지 부정적으로 변하게 만든다(Terr, 1991). 양육자와 같은 중요한 인물들이 아동들의 환경에서 나타나는 위험들로부터 안전하게 지켜주지 못하는 것처럼 아동들에게

보일 것이다. 따라서, 아동들은 그들이 안전하게 지켜질 가치가 없다고 느끼게 될 것이다. 만약 그러한 믿음이 지속된다면, 위협적이고 폭력적인 환경 아래 사는 아동들과 양육자 사이에는 불안정한 관계가 발달할 수밖에 없다.[161]

이러한 지역 사회에서의 학습 경험은 양육자에 대한 애착 모델에 직접적인 영향을 미친다. 다음 장에서 살펴보겠지만, 이러한 경험과 관련된 모델들은 기억부터 정서 조절까지의 광범위한 정신 과정에 직접적으로 영향을 미친다.[162] 린치Lynch와 치체티Cicchetti는 다음과 같이 안정 애착에 대한 외상의 단계적인 영향에 대해 설명했다.

안정 애착 아동들은 인간관계적 정보를 더 유연하게 처리하여 타인과 성공적으로 인간관계를 형성할 수 있는 확률을 높이게 된다. 만약 외상을 겪은 아동들이 개방적이고 안정된 표상적 모델을 만들고 유지할 수 있다면, 그들은 성공적인 인간관계를 경험할 것이며, 전반적으로 더 긍정적인 적응을 할 수 있게 될 것이다. 불안정 표상 모델을 갖고 있는 외상을 겪은 아동들은 외상적 스트레스 반응을 경험하기 쉬운데, 그 이유가 성공적이고 지지적인 인간관계를 맺는 것이 어렵기 때문일 수 있다.[163]

다시 말해, 아동들에게 정서적으로 연결된 느낌과 안전감을 줄 수 있는 가정과 지역 사회에서의 애착 관계는 아동으로 하여금 역경에 맞서 더 탄력적이고 유연하게 적응할 수 있는 방식을 갖도록 할 것이다.

외상의 영향은 만성적 스트레스가 뇌에 끼치는 직접적 독성 효과direct toxic effect에 의해 매개된다. 브렘너Bremner와 나라얀Narayan은 다음과 같이 주장하였는데, 성적 학대의 발생률에 대해 보수적으로 낮게 추정하더라도, 우리는 여전히 이러한 아동기의 역경과 청년기까지 이런 성폭행이 미치는 부정적 영향에 대한 중요한 논제에 맞닥뜨리고 있다.

스트레스로 인해 해마가 수축되고 기억에 문제가 야기된다는 연구 결과들은 공공 정책에 있어 커다란 함의를 갖는다. 16%의 여성들에게서 아동기 때 성적 학대 경험이 있었다는 통계를 봤을 때, 아동기 외상은 주요한 공공 건강 문제임이 명백하다. 만약 스트레스가 해마에 손상을 준다면, 이는 아동기 발달에 지대한 영향을 가져올 수 있다. 해마가 학습과 기억에 있어서 중요한 역할을 하기 때문에, 그런 아동들은 학업 성취와 관련해서 어려움을 겪을 것이다. 이러한 학업 성취에서의 문제는 그들의 전 생애에 걸쳐 영향을 미치게 된다. 발달의 다른 단계에서 나타나는 스트레스도 물론 중요한 문제이지만, 특히 아동기의 피해 예방과 치료에 대해 더 주목하고 자원 지원에 대해 더 강조해야 할 것이다.[164]

기억은 암묵적 실제(행동 반응, 감정 반응, 지각적 범주화, 세상 속의 자기와 타인들에 대한 도식, 그리고 신체 기억)와 외현 기억(시간에 따른 사실과 자기에 대한) 모두의 기초를 형성한다. 이러한 방법으로, 다른 사람의 현재와 과거의 경험 그리고 미래에 대한 기대와 계획을 이해하기 위해서는 기억의 다양한 층을 이해해야만 한다. 우리가 앞으로 보게 되겠지만, 외상이 주는 혼란과 해결되지 않은 특성은 세대 간에 전이가 될 수 있다. 정서적 고통, 스트레스로 인한 인지 기능의 손상, 침습적인 암묵 기억으로 인한 내적 혼돈 그리고 잠재적 인간관계의 폭력은 외상의 결과로 나타나는데, 이것들은 시간과 인간 삶의 경계를 넘어 대대적인 파괴력의 연쇄 작용으로 나타난다. 우리가 뒷장에서 살펴보겠지만, 파괴적인 인간관계는 우리의 마음이 일관성 있게 기능하는 것을 방해한다. 이러한 인간관계적 과정과 개인적 과정 간의 연결은 우리의 인생 이야기에 대한 내러티브라는 기억의 중요한 한 가지 측면으로 나타난다.

기억과 내러티브

이야기는 전 세계에 걸쳐 인간 문화의 중심에 위치하며 성인들과 아동들 간의 상호작용에 서 중요한 역할을 한다.[165] 발달의 초기 단계에서부터, 아동들은 그들의 삶에 대해(일상생활에 있어서 사건들의 연속성과 내적 경험들) 내러티브narrative하기 시작한다.[166] 이야기의 어떤 점이 그렇게 특별한가? 왜 우리는 하나의 종species으로서 이야기를 하고 듣는 과정에 의해 그렇게 에너지를 소모하는가?

사회적 경험에 대한 가장 기본적인 창조물로서, 이야기는 공유된 문화적 규칙과 기대를 내포한다. 이야기를 통해 인간 행동의 이유와 문화적 규범으로부터의 이탈의 결과를 탐색하게 된다. 문화적으로 전해 내려오는 이야기에 내포된 의미는 개인이 압도적인 사건들을 어떻게 해석하는지와 그 사건들이 결국 어떻게 처리되는지에 직접적으로 영향을 미칠 수 있다.[167] 이야기는 또한 우리의 주의를 사로잡아서 주인공의 정신적 삶과 경험을 구성하는 데 있어 우리가 능동적으로 참여하게 만든다. 이런 관점에서, 이야기는 이야기를 하는 사람과 듣는 사람 둘 다에 의해 만들어진다고 볼 수 있다.

24개월이 되기 전에, 서술적declarative 혹은 외현적explicit이라고 불리는 더 "나중에later" 형성되는 기억들을 발달시키기 시작한다. 이 기억 형태는 의미(사실에 기반을 둔) 기억과 일화(어떤 시간에 어떤 사건에 있어 자기를 기억하는) 기억 모두를 포함한다.[168] "내러티브Narrative" 기억은 우리가 경험한 사건들을 이야기 형태로 저장하고 회상하는 방법을 나타내는 단어이다. 인류학자들은 전 문화에 걸쳐 "내러티브의 공동구성coconstruction"이 나타나는데, 이는 가족들이 매일의 삶을 이야기하며 함께 참여하는 기본적인 과정이라고 하였다.[169] 이러한 과정을 통해 아동들은 그들 자신을 행동의 주체로서 볼 수 있도록 지지받을 수 있다. 이러한 "주체적 자기초점agentic self-focus"은 기억이 부호화되고 인출되는 방법에 영향을 미친다. 왕Wang이 문화적 관습과 부모 행동의 상호작용을 설명한 것에 따르면 다음과 같다.

> 문화에 상관없이, 자신을 정의함에 있어 주체적 자기초점을 가진 아동들은 주체로서 스스로에 초점을 덜 맞추는 아동들보다 독립적 기억 기술이 더 우수하였다. 다른 요인들을 통제한 경우, 아동들의 문화적 배경은 공유된/독립적인 자전적 기억과 유의미한 관련을 보인다. 매개 분석연구들은 어머니의 자상함maternal elaboration과 평가가 아동들의 공유된 기억 보고에서의 문화적 차이를 설명하는 데 잠재적 매개자로서 기능하고, 어머니의 평가와 아동의 주체적 자기초점은 아동들의 독립적인 기억 보고에서의 문화적 차이를 설명한다고 하였다. 현재의 연구 결과는 자전적 기억 발달을 아동들과 중요한 성인들 사이의 과거에 대한 개인적인 내러티브를 협력적으로 구성한 결과로 보는 사회적 상호작용 주의자 이론에 지지하고 있다.[170]

발달 심리학자 레브 비고츠키Lev Vygotsky는 아동이 부모와 함께 자신의 경험을 내재화하는 것이 생각(사고thought)을 만든다고 말했다.[171] 이러한 관점에서 보면, 부모와 인생의 사건에 대해 내러티브narrative하는 아동들은 그러한 사건들을 그들 스스로에게 내러티브하기 시작할 것이다. 아동들의 상상과 기억의 내용은 그들의 내적 그리고 의식적 세계의 능동적인 부분이 될 것이다. 이러한 관점은 또한 우리의 가장 중요한 개인적 과정(예를 들어 생각 혹은 심지어 자기 반영과 같은)의 기원이 인간관계적 의사소통일 수도 있다는 가능성을 나타낸다. 이는 생존이 다른 이들의 정신 상태를 알아차리고 누굴 믿어야 하는지 아는, 마음보기mindsight

부모와 인생의 사건들에 대해 내러티브하는 아동들은, 그러한 사건들을 그들 스스로에게도 내러티브하기 시작할 것이다.

를 갖는 능력에 달려있다는 것을 말한다.[172] 자기에 대한 우리의 감각은 우리가 살고 있는 커다란 문화 안에서, 우리 부모와의 관계적 경험에 의해 형성된다.[173] 콘웨이Conway와 동료들은 다음과 같이 말한다. "독립적인 초점을 가진 자기 체계self-system는 일관적이고, 정교하고, 정서적으로 충만하고, 자기초점적인 자전적 역사를 조기에 확립하는 것을 특징으로 한다. 반대로, 상호의존적 초점의 자기 체계는 간결하고, 뼈대만 있고, 정서적 표현이 잘 나타나지 않고, 관계 중심적인 자전적 역사가 나중에 형성되게 한다".[174]

독립적 자기초점은 서구 문화의 특징으로 여겨지고, 상호의존적 자기초점은 동아시아 문화에서 주로 나타난다.[175] 콘웨이Conway와 동료들은 더 나아가 결론에 대해 언급하였다.

> 모든 문화에 걸쳐서 아동기 기억상실(5세 이하)과 회고 절정(10~30세)의 시기가 유사하다는 것은 문화적으로 독립적인 과정에 의해 매개된 것으로 볼 수 있다. 이러한 과정들은 문화 공통적인 영향에 의한 것이거나 혹은 신경발달적일 것이다. 반대로, 문화에 걸쳐서 기억 내용에서 보이는 일반적 차이들은 발달하는 동안 자기에 대한 기억의 관련성에 미치는 사회 특수적 영향을 시사한다. 그러므로 문화적(예로, 독립적 대. 상호의존적 자기 초점) 그리고 개인적(신경학적 포함) 요인들은 자전적 기억의 내용, 접근성, 자전적 기억이 인생에 있어서 어느 시기에 더 집중되는지를 결정하는 데 있어서, 더 나아가 문화적 다양성과 개인들의 인생 이야기의 공통성을 만들어내는 데 있어 복잡하고, 역동적이고, 상호작용적인 상관을 보여준다.[176]

우리가 살아가고 있는 문화적 그리고 가족적 환경들은 일생에 걸쳐 "자기self"를 되돌아보도록 하는데, 나 홀로 독립적이거나 타인과 상호의존적인 특수한 네트워크 형태로 만드는 것 같다. 외현적 자전적 기억을 담당하는 해마와 전전두엽(내측 전전두 영역과 안와 전두 영역medial prefrontal and orbitofrontal을 포함하는)의 특정 뇌 영역이 여기에 포함되며, 따라서 이러한 형태의 자전적 기억은 "자기"의 표상을 만드는 통합된 공간적 및 시간적인 뇌 영역들과 직접적으로 연관되어 있다. 정중앙 내측 전전두midline frontal medial prefrontal 영역에서부터 뒤쪽 대상 피질posterior cingulate cortex까지 DMN의 주요 뇌 영역들은 자기 알아차림, 자기 되돌아봄, 탐사, 자전적 기억, 그리고 공감에 있어서 중요한 참여 부위들이다.[177] 앞으로의 연구는 이들 뇌 영역들이 어떻게 "타인과 자기others and self"에 집중하게 하는지의 메커니즘을 알아내야 할 것이다. 또한 다양한 문화적 배경에 따라 분화 발달의 결과가 나 홀로 자기 정체성solo-self identity 또는 관계 속에서 "사람이란 누구인가who a person is"처럼 상호의존적인 정체성 중에 어느 쪽으로 더 초점이 옮겨가는지를 밝혀내야 할 것이다.

외현적인 부호화 과정에서 수백만 가지의 지각 흔적들은 작업 기억을 통해 걸러지고, 오직 선택된 부분만이 장기 기억으로 들어가게 된다. 이렇게 선택된 기억 흔적들memory traces 중, 더 적은 수가 영구적 기억으로 살아남을 것이다. 이러한 대뇌 피질 공고화의 후반부는, 위에서 논의했듯이, 꿈과 일화 기억의 "서술화narrativization"와 기본적으로 관련이 있을 것이다. 꿈꾸는 것은 매일의 경험, 과거의 사건들, 정신 모델 그리고 현재의 지각적 경험과 같이 다양한 요소들을 포함하는 다중양식multimodal적 내러티브 과정이다. 하루의 통합은, 수면의 공고화 과정을 거친 후, 삶의 이야기에서 한 장chapter으로 되게 된다. 매일 매일은 문자 그대로 새로운 학습의 일화episode를 만들 수 있는 기회이고, 여기에서 최근의 경험은 과거와 통합되고 예기되는 미래로 엮여서 들어가게 될 것이다.

이야기는 이야기하는 사람의 관점(1인칭 혹은 3인칭, 과거 혹은 현재), 다양한 인물들의 활동과 정신 상태(정서, 지각, 믿음, 기억, 의도), 갈등과 해결책의 묘사와 모두 연관된다.[178] 내러티브의 여러 가지 장르들이 생애 초기부터 나타난다. 허구적 내러티브, 도식적(사건의 일반적인 기술어) 내러티브 그리고 사실적인 내러티브가 이러한 장르에 해당될 수 있다. 이러한 이야기는 다른 사람들에 대한 것일 수도 있고 혹은 자전적일 수도 있다. 각각의 장르는 실제적으로 다른 장르와 중복될 수 있다. 예를 들어, 허구적 이야기는 화자의 의도는 아니지만, 종종 말하는 사람의 삶의 이야기 요소들이 들어가기도 한다. 자전적 이야기는 종종 반복된 경험으로부터 나온 일반화나 상상된 사건들과 합쳐지기도 한다. 그러므로 이야기의 출현은 내러티브 장르의 다양한 층들과 관련될 것이다.

취침 전에 이야기를 나누는 일과, 신화, 영화, 연극, 소설, 일기 내용, 밥상머리 대화 혹은 심리치료 회기 등과 같은 여러 형태의 이야기는 일생 동안 나타난다. 상호작용의 여러 형태(아동의 놀이와 그림에서부터 성인의 자전적 반영에 대한 공동 주의까지)는 개인들 간에 나누는 기억 대화에 있어서 내러티브의 공동구성co-construction of narrative을 포함한다.[179]

내러티브란 이야기 자체를 다양한 방법으로 나타내는 기본적인 과정으로 볼 수 있다. 그것은 공유될 수 있는 이야기(종종 "내러티브"라고 불리는)를 만들고, 행동("내러티브 실연narrative enactments" 혹은 "수행performances"이라 불리는)의 패턴을 결정하고, 우리의 내적 삶(꿈, 상상, 감각, 마음 상태의 형태)에 영향을 미친다. 뒷장에서 논의하게 되듯이, 내러티브 과정이 정서 양식과 자기 조직화에 직접적인 영향을 미친다고 제안해 볼 수 있다.

이야기를 하는 것과 듣는 과정은 종종 사회적 상호작용과 내러티브의 핵심적인 특징들과 관련이 있다. 화자는 청자가 받아들이는 언어적, 비언어적 신호를 만들어내고, 유사한 형태의 의사소통이 화자에게 다시 보내진다. 이러한 복잡한 댄스는 두 사람 모두 사회적 신호를 읽을 수 있고, 마음의 주관적 경험에 대한 개념을 공유할 수 있는 복잡한 능력을 갖고 있어야 가능하다. 그리고 이러한 의사소통이 문화적으로 받아들여지는 내러티브의 법칙 안에서 이루어져야 한다는 데 동의해야 한다. 이야기는 따라서 사회적으로 함께 만들어지는 것이다. 심지어 "고립되어" 작업하는 작가들도 상상의 청중과 활발한 대화를 가진다고 볼 수 있다. 이러한 정교한 의사소통의 순환을 매개하기 위해서는 이야기 과정에 있어서 뇌의 온전한 사회적 시스템이 필요하다는 것은 놀라운 것이 아니다.[180]

사회적 경험은 내러티브를 일관적이게 만드는 데 도움을 줄 수 있다. 이러한 내러티브의 체계를 살펴봄으로써 우리는 내러티브를 공동구성하는 것과 더 적응적인 자기 조직화를 획득하는 것 사이의 관계를 보기 시작할 수 있다. 이러한 자기 조직화는 마음의 기능을 더 일관적으로 만든다. 다음 장에서, 우리는 애착 관계가 내러티브 과정, 정서적 의사소통 그리고 마음의 발달을 증진시키는 방법에 대해 살펴볼 것이다.

내러티브는 내적 경험에 영향을 주는데, 주로 꿈, 심상 유도법 그리고 일기 쓰기journal writing에서 가장 극적으로 나타난다. 이러한 각 과정에서 나타나는 무수히 많은 표상은 종종 의식적 마음을 놀라게 한다. 꿈은 여러 시점으로부터 나온 광범위한 이미지들을 포함하는 정교한 이야기를 만들어낸다. 심상 유도법은 적극적인 반영과 개인의 특징에 대한 주제를 포함하고, 삶의 도전을 드러내는 생생한 경험을 전면에 나타나게 한다. 저널 쓰기는 간단한 자기 성찰도 이루어지지 않았던 자기 삶에 대한 고민들과 관점들을 드러나게 한다. 내러티브를 구어적 창조 이상으로 정의함에 따라, 우리는 위에서 언급한 이러한 내적 경험들이 삶에서 중심적인 서술 주제들에 의해 어떻게 형성되는지를 밝혀낼 수 있게 된다.

내러티브의 실연enactment은 행동 패턴, 관계 맺기 패턴, 그리고 개인의 삶의 과정을 이끄는 의사 결정하기의 패턴, 등에서 나타난다.[181] 왜 이것을 "학습된 행동learned behavior"이 아니라 "내러티브"라고 부르는 것일까? 인생에 있어서 어떤 한 방향으로 연속적으로 가기 위해서는 주제theme의 역할이 크다. 따라서 주제에 대해 이해하는 것은, 그 사람이 왜 그것을 하고 있는지 그리고 만약 필요하다면 어떻게 행동을 변화시키도록 도와줘야 하는지 이해하는 데 유용할 것이다. 우리의 비의식적 정신 모델은 내러티브 주제로서 드러날 수 있다. 중심적이고 일관성을 만드는 내러티브 과정은 개인 내의 이질적인 기억의 측면들을 연결시키는 통합적인 특성을 가진다. 그리고 실연enactment은 과거, 현재, 미래를 연결하는 이러한 핵심적 내러티브 과정이 행동으로 나타나는 것이다. 무엇을what 경험하는지와 어떻게how 마음 그 자체에 대한 정보가 다뤄지는지, 두 가지 모두에 영향을 주는 인생 초기 경험들의 역할을 인식함으로써, 우리는 마음과 사회적 관계의 복잡성을 풀어나갈 수 있게 된다.

> 우리의 비의식적 모델들은 내러티브 주제로 나타난다.

우리의 3-P 틀로부터, 우리 삶에 대한 내러티브 주제와 이들 아래에 깔린 내재된 정신 모델은 고원plateau으로 시각화하여 볼 수 있으며, 이어서 고원은 생각, 감정, 행동으로 실현되는 정점peak의 서브세트subset를 조절한다. 우리 삶의 이야기(즉, 말로 하고 행동으로 실행한) 주제에 대해 성찰함으로써 알아차림에 이르면, 우리는 가능성의 평면으로부터 고원의 영향력의 객관적 성향을 잠시나마 볼 수 있다. 이는 글쓰기, 꿈, 절친한 친구와의 대화, 치료적 상담에서 일어나는 자기 성찰의 과정으로, 가능성의 평면에서 다양한 선택들이 가능하게 하고 새로운 정점의 조합이 일어날 수 있게 한다. 고원은 좋거나 나쁜 것이 아니지만 고착된, 완고한, 유연하지 못한 정신 모델 또는 파괴적인 주제 등과 같은 구속하는 고원은 자유롭게 할 필요가 있다. 뒷장에서 살펴보겠지만, 우리 인생 이야기의 주제 패턴을 알아차리는 것은 함정을 피하는 데 매우 중요하다. 마음은 종종 자동화 방법으로 내러티브 과정을 통해 우리의 삶을 이해한다. 내러티브는 삶의 부분이지만, 그것들이 우리를 한 가지 또는 다른 줄거리에 가둘 수는 없다. 우리가 누군지에 대한 고정된 인식의 고원에서 아래로 떨어짐으로써, 우리를 변하지 않는 명사와 같이 만드는 단단하고 경직된 이야기 대신에 동사처럼 열린 유연한 상태로 이끌어, 좀 더 자유롭고 건강한 삶의 길이 전개될 것이다. 존재로 통하는 이러한 길은, 마음의 에너지 흐름의 패턴을 열어 더 유연하고 적응적이며 일관성 있는 마음 되기를 포함하며, 마음챙김, 연민, 정신 치료, 그리고 개인적 성장이 각 개인의 삶에 더 나은 웰빙well-being을 가져오도록 한다.

내러티브는 하나의 체계에서의 표상들이 어떻게 다른 것들과 얽히는지를 드러낸다. 그러므로 암묵 기억의 정신 모델은, 외현적인 자전적 기억의 세부details를 통해 표현되는 주제를 조직하는 것을 돕는다. 우리가 직접적으로 정신 모델을 볼 수는 없지만, 내러티브에서 나타나는 정신 모델의 특징들을 통해 적어도 마음의 다른 체계들에 미치는 정신 모델의 영향력을 느낄 수 있다.

기억된 자기와 기억하는 자기

우리 각각은 과거의 특정 감상이나 사건들을 보여주는 셀 수 없이 많은 비화anecdote들을 가지고 있다. 우리들의 기억과 우리 자신ourselves의 성격nature은 계속 변하기 때문에 한 사람의 인생에 있어서 하나의 내러티브는 너무 제한적이다. 사실상, 만약 우리가 오직 하나의 바뀌지 않는 내러티브만을 가진다면, 우리 스스로는 고정되고 경직된 상태로 머물게 되어, 이로 인해 우리는 삶을 통합하는 데 어려움을 겪을 것이다. 우리의 현재 마음 상태는 우리의 내러티브가 얘기하고 있는 사회적 맥락을 반영하기 때문에, 우리는 선택된 회상과 상상된 세부 사항을 함께 엮어서 이야기를 만든다. 이러한 이야기는 과거 사건들에 의해서 그리고 청자listener들과 관계 맺을 필요성에 의해 만들어진다. 그러므로 청중들의 기대는 이야기를 하는 어조에 아주 중요한 역할을 한다. 이러한 내러티브의 사회적 특성은 자기를 기억하는 것이 새로운 사회적 맥락 속에서 끊임없이 그것을 만드는 과정에 있음을 의미한다.[182] 사실, 시간이 지나면서 우리가 계속해서 변화하는 한, 우리의 내러티브 역시 역동적인 삶의 특성과 인간관계가 반영됨으로써 진화할 것이다.

에드워드 리드Edward Reed는 우리가 새로운 관점을 가지고 경험을 지각하고 해석하는 순간의 중요성을 강조하면서 "지각은 자기에 관한 것이고 기억은 자기들에 관한 것이다perception is to self as memory is to selves"라고 했다.[183] 우리가 시간에 따른 생생한 순간들을 축적함에 따라, 우리는 과거에 존재해 왔던 하나의 자기로서가 아니라 다양한 자기들의 형태로서 회상할 수 있게 된다. 그래서 내러티브 회상은 이러한 다양한 상태들이 현재에서 새롭게 구성되는 기회로 볼 수 있다.

이러한 주장을 조금 더 확장시켜보면, 우리는 사실 현재 다양한 차원에서 지각한다고 볼 수 있다. 어떤 주어진 순간에서의 "자기self"는 수많은 정신적 표상의 층으로 채워지는데, 이러한 정신적 표상의 일부분만이 의식적 경험의 부분으로 채택된다. 그러므로, 기억되는 자기란 다층적multilayered이다. 앞서 언급한 것처럼, 고정된 명사(자기self)보다는, 펼쳐져서 전개되는 동사(자기되기selfing)에 가깝다. 시간 경과와 함께 우리가 다양한 상태를 거쳐 변화함에 따라, 우리는 과거로부터 다양한 방식들로 스스로를 회상할 수 있다. 이런 다양한 방식에서, 동사와 같은 이야기 속 살아있는 삶을 향한 여정은 펼쳐지는 자기되기selfing의 주관성, 관점, 행위 능력agency, 등을 포함하는 것을 의미한다. 자기되기selfing는, 명사(자기self)와 같이 시간이 지나도 변하지 않고 경직된, 고립된 개체와 같은 "분리된 자기 self as separate"로서의 부동의 소유가 아닌 무르고 계속 확장되는 방식을 따른다. 동사와 같은 방식으로 산다는 것은 불확실성의 자유로움을 받아들이고 무지에 대한 두려움에서 벗어나, 삶의 예측 불가능한 도전들로부터 살아남기 위한 시도로서 만들어 놓은 확실성에 대한 환상을 내려놓는 것이라고 말할 수 있다. 자연스럽게 사람을 명사화 시켜서 무엇인가에 확신을 갖도록 만드는 많은 도전적인 난관들은, 우리 스스로가 믿을 만하다고 여기는 명사 기반 정체성을 갖게 한다. 이것이 명사-기반의 내러티브가 하는 역할이다. 이것이 "내가 누구인가"이다. 하지만 이야기는 동사-기반이 될 수 있으며 사건이 일어나는 것을 붙잡고 통제하기보다는, 일어나게 놓아둔다는 개념과 같은 것을 의미한다. 다양한 방식으로 삶이 가능성의 평면으로부터 일어나게 놔두는 것은 동사와 같은 전개를 허락한다. 이는 되돌아봤을 때, 일관적이고 유연한 내러티브적 자기를 드러낼 수 있게 한다. 현재 우리의 상태 역시 순간순간 다양한 형태를 갖기 때문에, 인출의 상태 의존적 특성에 의해, 우리 삶을 이야기하는 다양한 자기들의 관점에서 나올 것이라고 제안할 수 있다.

우리의 반응은 환경과 내적 요소에 의해 쉽게 변화함에도 불구하고, 그 무엇이 내러티브 과정의 연속성을 만드는 것일까? 마음의 상태, 사회적 맥락 그리고 선택적 회상이 이야기에 영향을 미치지만, 내러티브 과정의 구조에 있어서 구체적이고 일관적인 패턴이 개인 내에서 나타나는 것으로 보인다. 이야기의 주제를 형성하는 데 있어서 중요한 역할을 하는 정신 모델은 내러티브 과정이 종단적인 연속성을 갖게 하는 특성 중 하나이다. 암묵 기억의 이런 널리 스며 있는 요소들은 우리가 말하는 이야기와 우리가 사는 삶에 암시적인 "행간의between-the-lines" 메시지를 준다. 사회적으로 만들어진 3-P 틀의 고원에 내장됨으로써, 이러한 암묵적 요소들은 일생에 걸쳐 반복되고 자기감에 대한 연속성을 주는 "자기 상태self-state"가 된다. 또 다른 요소로는 개인의 내러티브 과정의 구조 그 자체다. 우리가 다음 장에서 보게 될 것처럼, 초기 애착 경험은 사람들이 그들의 삶을 이야기하는 방식의 구체적인 패턴과 관련이 있다.

반영: 시간에 따른 자기 그리고 타인

인생 초기부터, 뇌는 신경들 사이의 연결을 형성함으로써 경험에 반응한다. 동시에 활성화된 경로들은 서로 관련이 되고 미래에 같이 활성화될 수 있는 확률이 커진다. 이 장 앞부분에서 소개했듯이, 이것이 헵Hebb의 규칙이다. 내측 측두엽에서 해마가 발달하기 전에, 뇌는 오직 암묵 기억만 가질 수 있다. 이러한 형태의 기억은 다양하며, 행동적, 정서적, 지각적 그리고 체감각의 기억을 포함하는 것으로 보인다. 암묵 기억은 미래에 재활성화될 때(인출될 때), 자기, 시간 혹은 무언가 회상되었다는 것에 대한 감각이 없다. 그것은 단지 행동, 감정 혹은 지각에 대한 정신적 경험을 만든다. 그러한 경험들은 암묵 기억의 기초인 도식 혹은 심적 모델을 형성하면서 일반화된다.

한 살에서 두 살 사이에 해마는 기억의 두 번째 형태가 나타날 수 있을 만큼 성숙한다. 외현 기억은 부호화를 위한 주의를 필요로 하며 장기 기억으로 이끈 후, 처음에는 사실적 그리고 이후에는 자전적 기억 요소로서 영구 기억에 남게 된다. 해마에 의존하는 외현 기억의 부호화는 회상의 감각이 있는 인출 형태를 이끈다. 그리고, 만약 이것이 자전적이라면, 과거의 어떤 시간에 자기에 대한 회상 형태로 나타난다. "대뇌 피질의 공고화"라 불리는 과정은 장기 기억에 있는 항목들을 해마로부터 독립적인 신피질 연합 지역 내의 영구적 기억으로 이동시키기 위해서 반드시 필요한 과정이다.

자전적 서술 과정은 암묵 기억과 외현 기억 모두에 의해 영향을 받는다. 자기 인식적Autonoetic 의식은 우리가 과거, 현재, 미래의 자기의 표상을 만드는 "정신적 시간 여행"을 할 수 있게 하는 경험을 말한다. 아동이 세 살이 되면, 안와 전두 피질은 일화 기억 혹은 자기 인식autonoesis을 매개할 수 있게 된다. 개인들은 내러티브 과정을 통해서 자기와 타인들에 대한 정보의 흐름을 조절하게 된다.

우리가 장례식에 참석하여 고인이 된 누군가를 알던 사람들과 그의 삶에 대해서 이야기할 때, 우리는 우리 속에서 고인의 "영혼"을 느낄 수 있다. 그리고 정말로, 장례식에서 우리들 각자 내에서 수많은 신경세포 연결의 활성화 패턴에 있어서 유사성을 갖게 되는데, 이는 고인과의 유사한 경험 때문이다. 살아남은 사람으로서, 우리는 상실을 다루기 위해 시도한다. 우리는 함께 만든 삶의 이야기 속에서 사랑했던 사람과 일관된 감각을 만든다. 장례식에서 이제 고인이 된 그 사람의 "삶과 본질을 알기 위해" 이야기를 나눌 것이다. 이것은 인간의 삶에서 일관성을 만들고 우리의 마음과 타인과 마음을 연결하는 데 있어서 이야기의 역할이 얼마나 중요한지를 나타낸다. 이야기는 세대를 통해 전해지고 인간의 영혼이 살아있게 한다.

신경과학자 마이클 그라치아노Michael Graziano는 다음과 같이 말했다.

> 만약 의식이 정보라면, 만약 그것이 뇌에 내재된 광범위한 정보 모델이라면, 육체의 죽음에서 사실상 살아남을 수 있을 것이다. 원칙적으로 정보는 장치에서 장치로 옮겨갈 수 있다. 물질론적 관점이 죽음 그 너머에 정신의 생존을 지지한다는 것은 아이러니이다. 사후 존재를 고집하지 않고도, 완전히 물질론적 이론인 주의력 스키마 이론attention schema theory은 육체의 죽음 이후에도 마음의 생존은 이미 완벽히 평범한 방식으로 일어나고 있다고 말한다.

우리는 서로 알기 시작하고 서로에 대한 모델을 세운다. 정보는 언어와 관찰을 통해 이 사람의 뇌에서 저 사람의 뇌로 건너간다.[184]

우리의 발달에 있어서 친밀한 부분이었던 누군가의 정신은 계속되는 우리 삶의 이야기 구조와 세부 사항 모두에서 계속 살아 있다. 우리 삶의 경로를 바꾸기 위해서는 내러티브 구조와 주제에 미치는 영향들을 검토해야 한다. 조건 의사소통은 두 개인의 정신 상태를 연결하고, 서로의 삶의 이야기에 대한 공동 주의를 특징으로 한다. 따라서 여러 형태의 인간관계는 조건 의사소통을 통해 개인의 삶에서 터닝 포인트를 만든다. 그리고 이것은 그들의 내러티브 과정 설계에 변화를 가져온다. 사람들이 그들 자신의 마음속에서 그리고 다른 사람들과의 연결 속에서 일관성을 갖는 것은 삶에 있어서 도전하도록 만든다. 그러한 삶의 도전들 속에서 자기self는 농축되고 복잡한 방법으로 계속해서 다르게 나타날 것이다. 다음 장에서, 우리는 정서적 탄력성과 일관된 내러티브 과정의 발달을 촉진하는 인간관계의 특징에 대해 살펴볼 것이다.

The Developing Mind 04

애착과 자기감

The Developing Mind

애착 체계

"애착"이란 포유류의 뇌에 선천적으로 존재하는 체계로 여겨지며, 주 양육자에 대한 정서, 동기 및 기억 형성 과정이 조직화되도록 영향을 주는 방향으로 진화되어 왔다. 애착 체계는 아이에게 동기를 부여해서, 부모(주 양육자)에게 가까이 있어 달라고 요청하게 하고, 부모와 의사소통을 하게 한다. 주목할 점은 인간은 어머니를 향한 애착을 넘어 "동료 양육"이 가능하고, 친부모를 넘어 "동료 부모 양육"이 가능하다. 진화의 기초 단계에서, 이 행동 체계는 영아의 생존 가능성을 높인다.[1] 마음의 관계적인 측면과 체득 과정의 측면에서 보면, 미성숙한 뇌는 애착을 통하여 인간관계 수립하고 성숙한 부모의 신체와 뇌의 기능을 활용하여 체화 과정을 조직한다.[2] 안정 애착의 정서적 상호작용은 아이의 신호에 대하여 정서적으로 민감한 부모의 반응이 필요하며,[3] 이는 아이의 긍정적 정서 상태를 증폭시키고 부정적 상태를 조절하는 역할을 할 수 있다. 특히, 지지적인 양육자는 두려움, 불안, 슬픔과 같은 불편한 정서를 줄이는 데 도움을 줄 수 있으며, 아이들이 화가 났을 때 달래주고 안식처를 제공해 준다.[4] 반복된 경험은 예상대로 암묵 기억에 인코딩된 다음 정신적 모델 또는 애착 도식으로 인코딩되어 존 볼비John Bowlby가 세상에서 "안전 기지"라고 불렀던 내적 감각을 느끼도록 도와준다.[5]

애착과 초기 발달에 대한 연구에 따르면 유아기 동안 애착 관계의 패턴화 또는 조직화는 정서 조절, 사회적 관계, 자전적 기억에 관한 접근, 자기 성찰 및 내러티브의 발달과 관련된 특징적인 과정과 관련되어 있다.[6] 메리 메인Mary Main은 다음 원칙을 요약했다.[7]

1. 최초의 애착은 보통 7개월까지 형성된다.
2. 대부분의 영아는 애착을 형성한다.
3. 애착은 단지 소수의 사람과만 형성된다.
4. 이러한 "선택적 애착"은 애착 대상과의 사회적 상호작용에서 시작된다.
5. 이는 영아의 행동과 뇌 기능에 있어 특정 조직적 변화를 이끈다.

애착 체계는 여러 기능을 제공한다. 영아의 경우, 애착 체계의 활성화에는 신체적 근접성을 추구하는 것이 포함되며, 이를 통해 위험, 굶주림, 불리한 온도 변화, 재난, 타인으로부터의 공격, 집단에서의 분리로부터 영아는 보호된다. 이러한 이유로 애착 체계는 위험 신호에 매우 민감하다. 따라서 활성화된 애착 체계에 대한 내적 경험은 종종 불안이나 두려움의 감각과 연관되어 있으며, 애착 대상과의 분리의 위협뿐만 아니라 다양한 종류의 무서운 경험들에 의해 촉발될 수 있다.[8]

따라서 애착 관계는 많은 종류의 위험으로부터 영아를 보호하는 데 중요한 기능을 한다. 애착의 특성을 설명할 때, 두 가지 광범위한 질적 용어들이 사용되는데, "안정한secure" 또는 "불안정한insecure"으로 기술된다. 다른 중요한 구분은 앞으로 보게 될 "조직화된organized" 애착 패턴과 "와해된disorganized" 애착 패턴 차이이다. 애착 관계는 현재의 경험뿐 아니라 발달 중인 뇌 뉴런의 성장을 조직화하는 데에도 매우 중요하다. 즉, 이러한 두드러진 정서적 관계는 기억, 내러티브, 정서, 표상, 마음 상태와 같이 개념적 기준점 역할을 하는 정신 기능 영역의 발달에 직접적인 영향을 끼친다.

애착 관계는 마음의 발달에 가장 중요한 기초를 형성한다. 애착 대상이 없으면 "반응적 애착 장애reactive attachment disorder"로 이어질 수 있으며, 이는 아동의 정신적 웰빙에 심각한 문제를 야기할 수 있다. 이는 정신병리학적 발달에 심각한 위험 요소로 작용할 수 있는 불안정한 애착의 와해된 형태와 상당히 구별되는 발달 상태이다.[9] 대조적으로 안정 애착은 정서적인 회복탄력성을 부여하는 것처럼 보이지만, 다른 요인들이 웰빙 발달에 중요한 역할을 하기 때문에 결코 정신 건강을 보장하지는 않는다.[10] 경험, 기질, 또래 관계, 기회, 문화, 다양한 유전 및 후성적 요인을 포함한 많은 요인이 개인의 전반적인 발달에 기여한다. 와인필드Weinfield, 스루프Sroufe, 에겔란드Egeland, 칼슨Carlson이 다음과 같이 말했다.

> 애착 관계는 마음의 발달에 가장 중요한 기초를 형성한다.

> 따라서 불안정 애착이 정신병리의 위험 요인으로 간주되지만, 불안정한 애착을 형성 한 모든 혹은 대부분의 영아가 정신병리가 발생하는 것은 아니다. 정신병리는 오랜 시간 동안 수많은 영향 요인들의 상호작용을 포함하는 발달 구조이다. 마찬가지로 안정 애착이 정신 건강을 보장하는 것이 아니라 보호 요인이나 완충 역할로 간주된다.[11]

애착 행동은 주로 어린이에게서 보이지만, 성인들에게도 애착과 관련된 행동과 정신 과정이 평생 계속해서 나타난다. 특히 스트레스를 받을 때 많은 성인이 내적 또는 외적으로 근접 추구 행동(예를 들어, 선택된 소수의 "애착 대상"의 행방을 모니터링하고, 그들을 위로, 조언 및 힘의 원천으로 행동)을 할 것이다.[12] 성인의 경우 이러한 애착 대상은 멘토, 친한 친구 또는 연인이 될 수 있다. 그러나 낭만적인 성인 애착(즉, 성인-성인 쌍 유대pair bonds)과 애착 발달의 형태(즉, 비대칭 부모-자녀 관계) 사이에는 연구와 개념적 차이가 있다.[13] 애착 형태의 연구 데이터를 비교할 때 발달적 애착과 낭만적 애착 차이를 명심하는 것은 중요하다. 성인은 종종 누구에게 애착을 형성할지 선택할 수 있지만, 아동들은 그렇지 않으며, 그러한 선택이 쉽게 이루어질 수도 없다. 더욱이, 아동의 미성숙하고 의존적 상태는 생존을 위해서 연결에 대한 필수 욕구가 있다, 즉 성인 삶의 외부 현실과는 상당히 다른 경우가 많다.

인간의 의사소통, 생체 동조성, 마음의 상태

서른 살의 여성이 치료실 의자에 조용히 앉아 있다. “지난 주말에 어머니에게 방문은 어땠나요?”라는 질문을 반복하자 그녀는 당황해 보인다. 그녀는 입술을 깨물고는 아무 말도 하지 않고 눈길을 돌리고 바닥을 내려다본다. 그녀는 손을 들어 팔로 눈을 가렸다. 그녀의 호흡은 더 빠르고 얕아진다. 그녀는 신경질적으로 다리를 떤다. 침묵. 내 심장이 빨라지기 시작한다. 나는 바닥을 내려다보고 내 다리가 떨고 있는 것을 발견한다. 나 자신의 마음 상태는 표정, 시선, 신체 움직임, 목소리 톤, 언어 신호의 타이밍(다른 대화에서 빠르거나 느린 응답)과 같은 비언어적 신호로 드러난다. 내 목소리의 볼륨은 낮고 천천히 말한다. “오…. 힘든 주말이었군요.” 머리가 터질 것 같은 느낌이 든다. “끔찍해요!” 여자가 갑자기 외친다. 내 머리의 압력은 안도감과 함께 사라진다. 그녀의 근육도 이완되면서 내 얼굴의 근육이 땅겨지고 조여진 상태에서 이완되기 시작한다. 환자의 몸이 덜 긴장된다. “끔찍했어요….” 그녀는 신음하고, 이제 눈물을 흘린다.

나의 환자에 대한이 이야기에서 알 수 있듯이, 직접적인 의사소통은 단순히 두 사람 사이에 전달되는 신호(언어적, 비언어적)를 이해하거나 인지하는 것 이상이다. “완전한” 정서적 의사소통을 위해서는 한 사람이 그의 마음 상태가 다른 이의 마음 상태로부터 영향을 받는 것은 허락하는 것이 필요하다.[14] 이것을 단순히 신체적, 정신적 상태를 포함하는 일종의 일대일 동조성이라고 부를 수 있다. 이는 두 개인이 우리로서 결합될 수 있도록 하는 일종의 생체 동조성Biosynchrony이다. 이 예에서, 이 환자의 신호들에 대한 나의 민감성은 나 자신의 상태를 환자의 상태와 일치하도록 한다. 내 머리가 "터질 것 같은" 느낌에 이어 압력이 풀리는 것은 환자가 당황에서 분노로, 슬픔으로 전환되는 것을 타인이 어떻게 경험하는지 보여준다. 내 상태의 변화는 이러한 직접적인 형태의 정서적 의사소통에서 종종 전송되는 미묘하고 빠른 비언어적 신호를 인식하게 하는 내적 과정의 일부일 수 있다. 나 자신의 상태를 조정하면 그 순간 환자의 주관적인 세계에 최대한 가까운 경험을 할 수 있다. 3-P 틀에서, "존재"라고 부를 수 있는 것을 경험할 수 있는 개방적이고 수용적인 자각 상태인 "가능성의 면"에 자신의 마음을 배치하는 것은 치료사의 존재가 두 마음을 공명하는 우리we로 만나게 하는 방법일 수 있다. 이와 같은 방식으로, 부모의 존재는 애착 대상이 아이에게 "연결감"을 제공하는 과정에서, 세상으로부터 고립된 자기보다 더 큰 우리we의 일부임을 느끼는 과정에서 중요한 역할을 할 수 있다.

가능성의 평면에 있는 나는 내면의 경험에서 고원과 정점으로 발생하는 모든 것에 개방적일 수 있고, 내면의 반응에 민감하게 반응할 수 있으며, 환자의 경험에 대한 나의 인식도 알아차릴 수 있다. "마음 상태"의 고원 또는 나를 성찰해서 알아차릴 수 있는 SIFT(감각 S, 이미지 I, 감정 F 및 생각 T)와 같이 평면에서 발생하는 새로운 특정 정점과 같은 다양한 상태의 향상된 가능성에서, 내 몸의 에너지가 나타나는 과정을 통해 다른 사람과 공명하여 일어나는 모든 일을 열린 현존 상태에서 알아차릴 수 있게 된다. 내부 및 내부 상호 프로세스의 조합은 중요한 경험 정보를 생성한다. 두 가지 정신 상태(체화된 정신적 경험과 관계적 정신적 경험)로 환자 마음에 맞추는 것은 환자가 가장 깊은 의미에서 "이해"되고 있다는 비언어적 형태의 의사소통 경험을 가능하게 한다. 치료가 끝날 때 기분이 호전된 후이 환자는 우리 치료 작업에서 가장 도움이 되었던 것은 치료자에 의해 "느껴짐을 느낀feel felt" 것이라고 이야기했다. 나는 그 빛나는 표현을 절대로 잊지 않을 것이다. 그녀의 상태가 나에게 직접적으로 영향을 미쳤고, 그녀는 자신이 나의 정신세계 안에 존재한다는 것을 알았다. 즉 그녀는 타인에 의해 "느껴짐을 느끼고" 있었다. 이러한 마음 상태의 조율attunement은 협력적이고 조건 의사소통의 비언어적 기반을 형성한다.[15] "정서 조율affect attunement"[16]이라고 불리는 이러한 조율된 형태의 의사소통 능력은 개개인의 신호에 대한 민감성에 따라 달라진다. 정신적 존재에서 나타나는 신호에 대한 부모의 민감성은 안전한 애착에 필수적이며, 두 사람이 서로 "함께 있는" 것과 어떤 연령대에서든 정서적 의사소통과 연결감을 확립하는 방법을 알려줄 수 있다.[17] 이러한 상호작용에서 한 사람의 뇌와 또 다른 사람의 뇌는 서로에게 "공동 조절co-regulation"의 형태로 영향을 끼칠 수 있다.[18]

이 장에서는 이러한 동조성, 공동 조절, 조건 의사소통의 중요성을 보여주는 애착 연구의 발달적 증거들을 살펴보려 한다. 마음 상태의 조율은 한 사람의 뇌 활동이 다른 사람의 뇌 활동에 직접적인 영향을 미치는 근본적인 방법이다. 협력적 커뮤니케이션은 마음이 서로 연결되고 공감할 수 있도록 한다. "연결connect"은 의사소통에서 직접적인 연결을 의미한다. "공명resonate"이란 상대방이 되지 않고 상대방의 상태에 영향을 미치는 것을 의미한다. 이런 식으로 우리는 연결되는 동안 차별화를 유지할 수 있다. 이것이 바로 연결과 공명이 통합된 관계의 기본이 되는 방식이다. 아동기에 그러한 연결 경험은 아동의 자기 조절 능력 개발에 필수적인 뇌 연결이 생성되도록 돕는다.[19] 흥미롭게도, 조절은 안전한 애착에서 나타나고 광범위한 조절 기능(주의력attention, 감정emotion 및 기분mood, 생각, 기억, 행동, 도덕성 및 관계 연결relational connection)이 각각 통합 기능에서 비롯된다는 사실을 앞에서 논의했다. (통합적 관계는 최적의 조절과 회복력 증진의 기초를 형성하는 뇌 통합의 성장을 도모한다.) 연구에 따르면 그러한 통합적인 관계 경험은 의사소통의 패턴에 기반을 두고 있다. 심리적 회복력과 정서적 웰빙의 발달을 촉진하는 인간관계 경험의 형태에 대한 연구 기반 견해를 이해하기 위해서, 유아의 마음이 어떻게 이러한 정서적 관계 내에서 발달하는지 검토해 보자.

연구의 한 가지 중요한 메시지는 발달하는 마음이 자기 상태의 기능을 조직화하기 위해서 애착 대상의 마음 상태를 사용한다는 것이다. 지금까지 살펴본 것처럼 "상태states" 또는 "마음 상태states of mind"는 뇌 활동의 다양한 측면을 포함한다. 대인 간 순간적인 정렬alignmen 상태는 자녀의 신호에 대한 부모의 민감성이 중요하다. 그것은 아이의 마음이 순간적으로 스스로를 조절하고, 미래에 활용할 수 있는 조절 능력을 개발할 수 있도록 돕는다.[20] 아이와 부모 사이, 또는 환자와 치료사 사이의 조율은 정신 상태의 간헐적 조율을 포함한다. 두 개인의 상태가 정렬됨에 따라 우리가 "정신 상태 공명mental state resonance"이라고 할 수 있는 형태가 발생할 수 있다. 여기서 각 개인의 상태는 다른 사람의 상태에 영향을 미치고 영향을 받는다. 사람들이 정렬되지 않고 혼자 있고 싶은 순간이 있다. (조율된 타인은 언제 "물러서서back off" 정렬 프로세스를 중지해야 하는지 알고 있다.) 친밀한 관계는 조율된 의사소통의 원형circular춤으로 나타난다. 이런 소통에는 관여하는 정렬과 거리를 두는 자율성이 교대로 있다. 그러한 조율의 근원에는 관여와 철수 욕구의 신호(종종 비언어적)를 읽을 수 있는 능력이 있다.[21]

사람 내부와 사람 사이의 에너지와 정보 흐름의 패턴은 마음 상태의 기본 요소를 구성한다. 이러한 방식으로 조율된 의사소통은 두 사람 사이의 에너지와 정보의 공명을 포함한다. 언어를 구사하지 않는 영아에게 이 친밀하고 협력적인 의사소통은 단어 없이 매개된다. 비언어적 조율에 대한 이러한 요구는 평생 지속된다. 모든 종류의 성인 관계에서 단어는 공유되는 정보의 형태를 지배할 수 있으며, 이는 표현을 통한 공명의 다른 형태로 이어질 수 있다. 그러한 음성 교환은 각 개인의 내부 상태의 더 주요한 면이 배제되면 공허하게 느껴진다.[22] 영아 애착 연구는 모든 형태의 인간관계에서 조율된 비언어적 의사소통의 중요성을 상기시켜준다. 그것은 단순한 외부 행동 그 이상에 반응하는 방법이다.

애착 이론

20세기 중반, 영국의 정신분석가이자 정신과 의사인 존 볼비John Bowlby는 아동 발달에 대한 전통적인 분석적 견해를 확장하기 위해 동물 행동 연구로 전환했다.[23] 볼비Bowlby는 애착, 분리 및 상실에 대해 저술했고, 고아원과 소아과 병동에 주 양육자가 자리 잡게 하는 영향을 끼쳤다. 그의 생각은 단순하고 강력했다. 즉, 부모(또는 다른 일차 양육자)에 대한 유아의 애착의 본질은 애착의 작동 모델로 내면화된다는 것이다. 이 애착 작동 모델이 안정적이라면, 아기는 세상을 탐험하고 건강한 방식으로 분리 및 성숙해 갈 할 수 있다. 만약 애착 관계가 "불안정"한 경우 애착의 내적 작동 모델은 영아에게 안전 기지에 대한 감각을 제공하지 않으며, 안전 기지 행동(놀이, 탐색 및 사회적 상호작용과 같은)이 발달될 수 없다. 안정적으로 애착된 영아나 어린 아동도 불안정적 애착으로 바뀔 수 있고, 불안정 애착도 안정 애착이 될 수 있다.

"애착의 내적 작동 모델"은 정신 모델 또는 도식의 한 형태이다.[24] 18개월 즈음의 영아는 마음속에 애착 대상의 이미지를 떠올리기 위해 "촉발evocative"[25] 기억이라고 불리는 기억의 한 형태를 이용할 수 있는데, 이는 아동에게 안락함을 준다. 아이는 자기 내면에

"애착의 내적 작동 모델"은 정신 모델 또는 도식의 한 형태이다.

애착 대상을 가지는데, 이는 (얼굴, 목소리, 냄새, 맛, 접촉과 같은) 다중감각적 이미지, 관계에 대한 정신적 표상, 그리고 필요하면 언제든 함께 할 수 있다는 감각으로 존재한다. 이것이 필요한 경우. 3장에서 설명했듯이, 정신 모델의 형성은 암묵 기억이 마음으로 하여금 과거 경험을 일반화와 요약을 할 수 있도록 하는 근본적인 방법이다. 그러한 정신 모델의 한 형태는 인간관계에서 예상되는 행동과 의사소통 패턴에 대한 청사진 역할을 하는 "스크립트script"이다.[26] 이러한 모델은 현재의 인지를 편향하여 진행 중인 인식을 보다 신속하게 분석하고, 다음에 일어날 사건을 예측하는 데 사용된다. 이런 식으로 정신 모델을 형성하는 것은 뇌가 과거로부터 배우고 현재에 직접 영향을 미치고 미래의 행동을 형성하는 필수적인 방식이다.

애착 연구는 애착 관계에 대한 자녀와 부모의 정신적 모델의 특성을 조사했다. 그러한 학습된 암시적 모델을 어떻게 평가할 수 있을까? 정신 모델은 표현되는 행동, 인간관계 의사소통, 정서적 조절, 자전적 기억, 내러티브 과정을 포함하여 관찰 가능한 현상의 배열에 영향을 미친다. 예를 들어, 이 모델은 부모가 자녀와 어떻게 상호작용하는지에 직접 영향을 미친다. 부모와 자식의 상호작용의 정확한 성질이 어떤 것이 될지를 결정할 때 부모의 기대, 인식, 행동은 아이의 타고난 기질과 상호작용한다. 메인Main이 "애착에 대한 마음 상태state of mind with respect to attachment"라고 명명한 것에서도 볼 수 있듯이, 애착 역사와 현재의 태도가 부모의 관계에 대한 기대와 패턴에 크게 영향을 준다는 것을 애착 연구들을 통해 알 수 있다.[27]

애착 관계는 또한 그들이 존재하는 문화적 맥락의 렌즈를 통해 볼 필요가 있다. 인류학자들과 다른 연구자들은 양육자와 유아 사이의 커뮤니케이션 패턴은 가족의 사회적 세계의 문화와 다른 측면에 의해 강력하게 형성된다고 중요하게 지적하고 있다. 예를 들어, 어떤 문화권에 서는 신체적 통제를 많이 사용하는 것이 안정 애착을 지지할 수도 있는 반면, 비슷한 행동이 다른 문화에서는 불안정 애착과 연관될 수 있다.[28] 어떤 문화권에서는 여러 애착 대상을 갖는 것이 일반적일 수 있지만, 또 다른 문화권에서는 생소한 것일 수도 있다. 아동은 한 명 이상의 양육자에게 안정 애착을 형성할 수 있다.[29] 사실, 많은 현대 사회에서 불행한 상황은 다른 사람들로부터 고립된 부모가 한 명 이상의 어린아이들을 양육하는 것이다. 이것은 양육자들의 협력적인 그룹 내에서 생활하도록 생물학적으로 진화해 온 방법과 모순될 가능성이 있다.[30] 그럼에도 불구하고 아동들은 그들에게 주어진 상황에 최선으로 반응한다. 중요한 점은 애착 패턴을 아이들이 부모와의 경험에 반응하는 적응적이고 문화적으로 민감한 방법으로 간주하는 것이 필수적이라는 것이다. 일부 몇몇 사회 과학자들은 "불안정 애착insecure attachment"을 기술적인 용어가 아닌 경멸적인 표현으로 생각할 수도 있다. 앞으로 살펴보겠지만, 조직화된 형태의 불안정한 애착은 단순히 양육자와의 의사소통의 특정 패턴에 대한 적응이며, 혼란된 형태에 비해 이후의 발달에서 정신 건강이 덜 손상되는 결과를 가져온다. 안정 애착은 아무것도 보증하지 않으며, 조직화된 불안정 애착은 정신 기능 장애와 동의어는 아니지만, 경직되고, 혼란스럽거나, 또는 다른 형태의 최적이 아닌 또는 손상된 자기 조절의 경향이 높아질 가능성이 있다. 아이들은 제공받은 조직화된 애착 경험으로 가능한 한 최선을 다하고 있다. 대조적으로, 혼란형 애착은 근접 추구, 안전한 기지, 안전한 피난처라는 애착 시스템의 목표와 양립할 수 없는 것처럼 보인다. 이처럼 혼란형 애착은 정신 기능과 건강을 해칠 위험이 있지만, 조직화된 불안정 애착은 아이들이 살아남기 위해 배운 효과적인 적응 전략을 수반할 가능성이 있다.

애착의 평가

영아의 애착 연구: 낯선 상황

연구 심리학자 메리 에인스워스Mary Ainsworth는 1950년대 런던의 타비스톡 클리닉Tavistock Clinic에서 존 볼비John Bowlby와 협력했다.[31] 심리학자로서 그녀는 애착 안정성을 평가할 수 있는 양적 척도를 개발하는 데 관심이 있었다. 그녀의 아이디어는 생후 1년간의 모자 상호작용을 연구한 다음, 관찰자가 상정된 애착 내면화 작업 모델the proposed internalized working model of attachment에 접근하고 분류할 수 있도록 하는 것이었다. 그녀의 볼티모어 연구[32]는 바로 그 일을 했고 이후 전 세계 다른 연구자에 의해 수백 번 반복되어 왔다. 이 연구는 가정home에서 1년간의 관찰 후, 각 엄마-영아 두 명이 실험실로 방문하도록 하였다. 실험실에서 20분 정도의 절차 동안 영아는 엄마와 함께 있기도 하고, 엄마 그리고 낯선 사람과 함께 있기도 하고, 오직 낯선 사람하고만 같이 있기도 하였으며, 이후 3분 동안은 혼자서 실험실에 있게 되었다. 이러한 절차는 1세 경의 영아가 낯선 상황에서 애착 대상과 분리되거나 낯선 사람과 함께 있을 때 애착 체계를 작동시킬 것이라는 가정에 기반한 것이다. 이러한 절차를 통해 분리와 재결합 시 영아의 반응을 탐색할 수 있었으며, 절차 중 재결합 에피소드가 가장 유용한 평가 지점이라는 것을 밝혀낼 수 있었다.

에인스워스Ainsworth의 이러한 획기적인 초기 연구에서 밝혀낸 것은 재결합 시 영아의 행동들을 특정한 반응 패턴으로 구분할 수 있다는 것이다. 이러한 패턴들은 실험실 평가 이전에 독립적으로 진행된 가정home에서의 관찰평가와 통계적으로 유의미하게 일치하였다. 이 실험 측정은 영아의 낯선 상황 실험이라고 불린다.[33] 초기 연구들은 애착을 세 가지 패턴으로 분류하였다. 현재 우리는 메리 메인Mary Main과 주디스 솔로몬Judith Solomon에 의해 더 발전된 네 분류의 애착 패턴들을 사용하는데,[34] 이는 몇몇 영아들의 행동 특징을 분명히 밝히는 데 더 도움이 된다. 물론 어떤 패턴들은 앞서 이야기한 네 가지 분류 중 어떤 기준도 충족시키지 못하는 "분류할 수 없음unclassifiable"에 속하기도 한다.[35] 〈표 4.1〉의 오른쪽에는 영아의 낯선 상황 실험 행동 패턴의 네 가지 분류에 대한 범주가 나열되어 있다.

재결합할 때, 어머니의 복귀에 대한 영아의 반응은 어머니와의 거리를 줄이는 방법, 달랠 수 있는 용이함 및 놀이로 복귀하는 속도에 의해 코드화된다. 안정 애착의 내적 작동 모델을 개발한 영아는 부모를 이용해서 신속하게 스스로를 안정시켜서 아동기의 과제인 탐험과 놀이로 돌아갈 수 있다는 생각이다. 영아가 불안정한 애착 모델을 가지고 있는 경우, 부모와 재결합할 때 그런 정서 조절 기능을 촉진하지 않고, 아이가 부모를 이용하여 놀이로 돌아가는 것을 허용하지 않는다.

1세경에서 낯선 상황 실험 분류는 아동이 청소년기로 성장하면서 정서적 성숙, 또래와의 관계, 학업 성적 등 많은 발견과 연관되어 있다.[36] 이러한 상관관계는 부모 자식 관계의 패턴이 훗날에 큰 영향을 미치는 것을 시사하고 있다. 이 아이들의 대부분은 같은 부모를 계속 두었기 때문에, 이러한 상관관계는 그 자체로 증명되지 않고, 인생의 첫해가 발달의 중요한 시기라는 일부의 견해를 지지할 뿐이다.[37] 입양과 위탁에 대한 연구는 아이들의 내적인 삶을 이해하는 부모가 안정한 애착의 아이를 갖는다는 개념을 지지한다.[38] 부모 및 기타 양육자는 어린 시절을 통해 우리에게 영향을 주고 있다. 볼비Bowlby는 애착 체계가 변화 가능하다는 것을 강조하기 위해 "애착의 내적 작동 모델internal working model of attachment"이라는 용어를 만들어냈다.[39] 즉, 조건이 변화하면 전 생애에 걸쳐 발달이 진행되는 동안 아동, 청소년, 성인의 애착 작동 모델 또한 바뀔 수 있다. 인생 초기에

〈표 4.1〉 AAI 분류와 이에 상응하는 낯선 상황 실험에서 영아의 행동 패턴

애착과 관련된 성인의 마음 상태	영아의 낯선 상황에서의 행동
안정/자율Secure/autonomous (F) 일관성 있고, 협조적으로 이야기함. 애착을 소중히 여기나, 특정한 사건이나 관계에 대하여 객관적임. 애착과 관련된 경험이 긍정적이든 부정적이든 경험들에 대한 묘사나 평가에 일관성이 있음. 그라이스Grice의 대화 법칙을 위반하지 않음.	**안정Secure (B)** 부모와 분리 전엔 흥미를 가지고 방과 장난감을 탐색함. 분리 동안 사라진 부모를 찾는 기색이 있고, 두 번째 분리 때는 울기도 함. 낯선 사람보다 부모를 명확하게 선호함. 재회할 때 부모를 적극적으로 맞이하고, 보통 신체적 접촉을 시도. 두 번째 재결합 후 어느 정도 접촉을 유지하지만, 곧 안정되며 놀이에 집중함.
무시Dismissing (Ds) 비일관적. 애착과 관련된 경험이나 관계를 무시함. 이야기하는 내용들이 서로 모순되고 주장을 지지하지 않음에도, 과거사에 대해 일반적이고 정상화("아주 훌륭한, 그냥 보통 엄마")해서 표현함, 그래서 그라이스Grice의 법칙 중 질적인 측면을 위반함. 또한 묘사가 과도하게 짧아 양적인 측면도 위반함.	**회피Avoidant (A)** 부모와의 분리에서 울지 않음. 재결합 시에 부모를 무시하거나 적극적으로 피함(예: 부모로부터 멀어지거나 고개를 돌리거나, 들어 올리면 부모에게 기대지 않는 행동). 접촉을 유지하려 하지 않으며, 괴로워하거나 화내지 않음. 부모에 대한 반응은 감정이 없는 것처럼 보임. 실험 내내 장난감 혹은 환경에 집중함.
몰입Preoccupied (E) 비일관적임. 과거의 애착 관계나 경험에 집착하며, 말하는 동안 매우 화가 나 있거나 수동적이거나 혹은 두려운 것처럼 보임. 문장이 때로 길고 문법적으로 복잡하게 얽혀 있으며, 모호한 어구들("dadadada", "and that")을 많이 사용하기 도 함. 그라이스Grice의 법칙 중 관련성과 태도의 측면을 위반함. 묘사가 종종 과도하게 길어서 양적인 측면도 위반함.	**저항 또는 양가Resistant or ambivalent (C)** 부모와 분리되기 전부터도 주변을 경계하고 괴로워하며 탐색도 거의 하지 않음. 실험 내내 부모에게 몰두하며 화를 내거나 수동적으로 보임, 재회 시 부모에게 안주하지 않고 위로를 받지 못하며, 대개는 계속 부모에게 집중하며 운다. 재결합 후 탐색으로 돌아가지 못함.
미해결Unresolved/와해된disorganized (U/d) 상실이나 학대에 대해 논의하는 동안 추론이나 대화를 모니터링하는 데 현저한 실수를 보임. 예를 들어, 죽은 사람을 육체적 의미에서 아직 살아 있는 것처럼 묘사하거나, 어린 시절 생각 때문에 사람이 죽었다는 믿음을 이야기하기도 함. 긴 침묵에 빠지거나 추도의 말들을 하기도 함. 이런 특징들을 제외하면 일반적으로 무시 Ds, 몰입 E, 또는 안정/자율 F의 유형에 부합됨.	**와해된Disorganized/혼란disoriented (D)** 부모와 함께 있을 때 혼란스럽고 와해된 것처럼 보이는데, 이는 행동 전략의 일시적 붕괴를 암시함. 예를 들어, 무아지경 같은 표정으로 양손을 허공에 든 상태로 얼어 붙어있을 수 있고, 부모가 등장했을 때는 엎드려 바닥에 웅크리고 있을 수 있음. 또는 부모로부터 시선을 외면한 채 몸을 빼면서도 심하게 울며 매달릴 수 있음. 이를 제외하면 보통은 회피 A, 저항 C, 또는 안정 B 유형에 부합함.

[참고] From Hesse(1999b, p. 399). Copyright ⓒ 1999 The Guilford Press. Reprinted by permission. 성인 애착 분류 체계에 대한 설명은 Main, Kaplan 및 Cassidy(1985)와 Main 및 Goldwyn(1984, 1998)에서 요약되었다. 유아 A, B, C 범주에 대한 설명은 Ainsworth, Blehar, Waters 및 Wall(1978)에서 요약하고, 유아 D 범주에 대한 설명은 Main and Solomon(1990)에서 요약했다.

확립된 패턴은 기능에 큰 영향을 미치지만, 개인의 경험은 애착의 내부 모델에 영향을 미친다. 이것은 새로운 관계의 경험이 애착에 대해 개인을 더 안전한 마음 상태로 변화시킬 가능성이 있음을 시사하고 있다. 유전학과 옥시토신 관련 네트워크를 포함한 다양한 요인이 유아의 애착 전략과 후년later life 성인의 정신 상태 사이의 연속성에 영향을 미칠 수 있으며, 중재 연구는 관계에 기초한 치료가 변혁적 발달의 발생을 가능하게 한다는 생각을 지지한다.[40]

복잡한 행동을 세분화된 별개의 범주로 줄이는 것은 처음에는 인위적으로 보일 수도 있다. 그러나 연구에서는 통계적으로 의미 있는 패턴을 찾기 위해 참가자를 그룹으로 정리하려고 하는 일이 자주 있다. 이러한 그룹화는 일반적인 패턴이며, 특정 개인이나 관계에 따라 여러 분류의 요소가 드러날 수 있다. 그럼에도 불구하고, 조직 형태에 대해 과학적으로 생각하는 이 방법은 행동의 전반적 패턴에 대해 많은 정보를 제공할 수 있다. 부모와 유아가 평생 발달하는 것을 추적하는 종단 애착 연구는 그러한 분류를 필요로 하며 인간 경험의 본질을 이해하는 데 도움이 되는 몇 가지 매력적이고 강력한 발견을 가져왔다.[41] 특정 애착 범주를 고려할 때 아이는 애착 그림마다 다른 패턴을 가지고 있을 수 있다는 점에 유의하자. 한 개인은 아동기에서 성인기로 성장하면서 각각의 분류 특성에 해당하는 다양한 애착 관계 패턴들을 경험하며, 하나의 내재화된 자기감으로 통합한다. 개인이 많은 관계 패턴에 걸쳐 일관된 모델을 통합하는 방식은 실제로 애착 경험이 일관된 마음을 형성하는 방법의 중심일 수 있다.[42]

영아의 애착 분류에 대한 개관

안정 애착

정서적으로 가용적이며, 통찰력이 있고, 유아의 욕구와 정신 상태에 반응적인 부모, 즉 아이의 신호에 민감한 부모는 대부분의 경우 "안정된" 애착을 가지고 있는 영아가 있다. 에인스워스Ainsworth는 어머니의 따뜻함으로 안정성을 예측할 수 있다고 초반에 가정했지만, 그녀는 볼티모어의 연구에서 어머니의 민감성의 개념으로 견해를 개정했다. 민감성은 보호자가 유아의 내면을 신속하고 효과적으로 인식하고 이해하고 그에 대응하는 것이 필요하다. 이 조건 의사소통contingent communication은 단순히 외적인 행동에 반응하고 따뜻한 성격을 가지는 것뿐만 아니라 아이의 정신생활을 보는 부모의 능력에서 비롯된다. 이처럼 부모의 존재는 정서적 공명과 인지적인 정신화 네트워크가 포함되어 있다고 상상할 수 있다. 이를 통해 우리는 다른 사람의 "정신적 관점을 도입" 그들의 눈을 통해 사물을 보는 자신의 경험이 어떤 것인지를 상상한다. 공감적인 감정적 측면과 인지적 측면을 결합한 정신적 존재로 인해 부모가 아이를 과도하게 식별하지 않고 자유롭게 느낄 수 있다. 즉, 견고하고 사려 깊은 관계를 확립하면서 분화를 유지한다. 3-P 관점에서 이러한 양육은 별로 기대하지 않고 가능성의 열린 평원에서 연결이 일어나게 한다. 기대는 견고한 고원이며, 어린이를 그대로 받아들이는 것을 제한한다. 따라서 부모와 자녀 사이의 이러한 연결은 링크를 촉진하면서 통합적이며, 차이를 존중하는 것이라고 볼 수 있다. 이를 경험을 한 영아는 부모에게 "느껴짐을 느낀다feel felt", "이해됐다understood"라고 언급될 수 있다. 이것은 단순히 아이의 "관찰 되어지는 being seen" 경험이라고 부를 수 있다. 이런 연결에서 자녀는 부모의 반응에 직면하고도 온전성과 전체성의 감각을 잃지 않는다.

아이의 마음을 지각하는 이 중요한 능력은 안전한 애착 관계의 중심에 있다. 정신의 용어로 행동을 이해하는 능력은 부모가 자신 내면의 삶을 이해하는 방법의 일부이다. 이것은 메리 에인스워스Mary Ainsworth가 초기 견해로 부모가 뛰어난 정보 제공자가 될 능력, 즉 아이의 독특한 성격과 정서적 특징의 성격에 대해 상세하게 논의할 수 있는 능력이 안정 애착과 연관이 있다고 본 이유를 설명할 수 있다.[43] 안정적으로 애착된 아이들은 낯선 상황에서 근접성을 찾고 곧 놀이로 돌아간다. 낯선 상황은 애착 시스템을 활성화한다. 그러면 아이는 근접성 탐색 행동을 하게 되고 아이가 안정 애착의 대상과 접촉한 후 활성화는 종료한다.[44] 낮은 위험군의 비임상 집단에서, 엄마에게 안정 애착된 아동은 55~65% 정도로 나타난다.[45]

안정적으로 애착된 아이들은 낯선 상황에서 근접성을 찾고 곧 놀이로 돌아간다.

회피 애착

정서적으로 가용적이지 않고 통찰력이 없으며, 거부적이고 반응적이지 못한 부모들은 "회피avoidantly" 애착된 영아와 관련된다. 이러한 영아들은 낯선 상황에서 부모와의 재회를 무시하는 듯 행동한다. 그들의 관심과 표상 상태는 "비활성화deactivating"되며, 이는 회피성 애착을 관계를 형성한 부모가 나타났을 때 근접 추구 행동이 최소화되는 것으로 나타난다.[46] 낮은 위험군 집단에서, 대략 20~30%의 영아가 양육자와 회피 애착을 형성한다.

저항 혹은 양가 애착

정서적 가용성, 통찰력, 반응성이 일관성 없는 부모들은 영아의 마음 상태와는 상관없이 자신의 마음 상태에 따라 아이에게 침범하려는 경향이 있으며, 아이와 "저항resistant" 혹은 "양가ambivalent" 애착을 형성한다. 이 영아들은 낯선 상황 실험에서 부모와의 재결합 시에 불안해 보이며, 쉽게 진정되지 않고 놀이를 재개하지 못한다. 이러한 경우, 애착 체계가 "과잉 활성화overactivation"되며, 이러한 과잉 활성화된 주의적, 대표적 상태가 되어 영아는 부모와의 접촉에도 불구하고 접근-추구 행동을 지속한다. 다시 말해서, 부모와의 재회에도 애착 행동을 "멈추게" 하지 못하며, 오히려 높은 불안감을 가진 채 애착 대상에게 최대로 집착하는 전략을 유지한다.[47] 비임상군의 낮은 위험군 집단에서 5~15%의 영아가 이러한 형태의 애착 유형을 가진다.

와해된/혼란된 애착

마지막으로, 생후 첫해에 겁을 먹거나 두려움을 주거나 비조직화된 의사소통을 하는 부모는 메인Main과 동료들이 "와해된/혼란된disorganized/disoriented"으로 정의한 애착 유형의 영아를 가지는 경향이 있다.[48] 낯선 상황에서, 이러한 영아는 부모와의 재결합 시 와해되고 혼란스러워 보인다. 예를 들어, 일부 아이들은 원을 그리며 부모에게 다가가다가 피하거나, 혹은 멍한 표정으로 "얼어붙은freezing" 또는 고요함의 트랜스와 같은 상태에 들어가는 것이 관찰되었다.[49] 이러한 애착 유형으로 분류되는 부모와 영아는 앞서 제시한 세 가지 애착 유형 중 하나에 적합할 수도 있다. 이러한 이유로 여기에 보고 된 모든 백분율의 합계는 100이 넘는다. 비임상군을 대상으로 한 연구를 살펴보면, 혼란된 유형의 애착은 20~40% 정도이다. 부모의 학대를 받은 영아의 경우 평균 70%에서 혼란된 애착이 발견된다.[50]

유전학 연구에 따르면 일반적으로 애착 범주는 유전자 또는 아동의 기질과 같은 관련 문제와 무관하다.[51] 유전자는 차선의 애착 경험 환경에서 반응에 취약성을 부여할 수 있다. 한 연구는 도파민 수송 유전자의 특정

"대립유전자" 또는 돌연변이를 가진 아이는 미해결된 상실과 외상에 유달리 민감한 것으로 밝혔다.[52] 전자 변이는 특정한 애착 패턴을 생성하지 않지만, 그 존재는 특정 경험에 대한 적응을 더 어렵게 만들 수 있다.

또한 앞으로 살펴보게 되겠지만, 애착 경험은 유전 표현형을 통제하는 조절 분자의 "후성적인epigenetic" 변화로 인한 유전자의 조절에도 영향을 준다. 예를 들어, 마이클 미니Michael Meaney의 연구소는 "핥아주는 빈도가 낮은low-licking" 엄마 쥐는 아기 쥐에게 뇌 구조를 변화시키고 스트레스에 대한 반응에서 후성적인 변화를 가져오는 경험들을 제공한다는 것을 알아냈다. 미니Meaney의 연구팀은 또한 생이의 초기에 학대에 노출된 어린이들이 HPA축에 관여하는 뇌의 영역에 후성적인 조절의 변화를 겪는다는 것을 밝혀냈다. 이러한 변화는 스트레스에 대한 반응을 강화시킬 수 있다.[53] 이러한 후성적인 변화는 개인의 현재 경험에 영향을 미칠 뿐만 아니라, 부모의 정자와 난자를 통해 계승되어, 자손의 신경 구조를 형성하는 데에도 영향을 미친다.[54] 미래의 연구는 아동의 환경적응에 취약성을 증가시키는 후성적인 유전자 변이의 영향을 밝힐 필요가 있을 것이다. 아동의 특정한 애착 패턴은 환경에 따라 발달해 있는 것처럼 보이지만, 그 아이의 반응은 유전적 그리고 후성적 요인에 의해 악화될 가능성이 있다.[55]

이 문제에 대한 종설에서 보코르스트Bokhorst와 동료들은 다음과 같이 말했다.

> 157명의 일란성 쌍둥이와 이란성 쌍둥이의 표본에서 유아의 애착과 기질에 대한 유전적, 환경적 영향을 정량화하였다. 고유한 환경적 요인 또는 측정 오차만이 에인스워스Ainsworth의 낯선 상황 절차에서 평가된 와해된 대 조직화된 애착의 변량을 설명할 수 있었다. 안정 대 불안정 애착에서, 안정 애착에서 52%의 변량이 공유 환경에 의해 설명되었고, 48%의 변량은 고유한 환경적 요인과 측정 오차로 설명되었다. 혼란된 애착과 안정 애착에서 유전적

요소의 역할은 무시해도 될 정도였다. 기질적 반응성에서 유전적 요소는 변량의 77%를 설명하였고, 독특한 환경적 요인과 측정 오차는 23%였다. 기질적 반응성에서의 차이는 애착 유형의 일치 정도와 관련되지 않았다.[56]

스트레스가 많은 사회 경제적 조건과 같은 환경적 요인은 혼란된 애착의 가능성을 높일 수 있다.[57] 그럼에도 불구하고, 혼란된 애착에 대한 전파 경로는 아직 완전히 밝혀지지 않았으며, 이러한 애착의 기원을 밝히는 데 도움이 될 수 있는 많은 (아직 알려지지 않은) 아동의 삶에서 요인을 추적할 필요가 있을 것이다.[58]

애착 이론은 아동의 애착 체계가 애착 대상과의 경험에 적응한다는 것을 시사한다. 낯선 상황 실험으로 분류된 각각의 유형은 부모와 아동 간의 의사소통 패턴에 의해 형성된다. 이런 식으로, 유전적으로 사전 프로그래밍 된 선천적 애착 시스템은 경험에 의해 형성된다. 이러한 적응은 아이의 마음이 발달하는 방식에 특징적인 조직적 변화를 일으킨다. 즉, 에너지와 정보의 흐름을 조절하는 구체화된 관계적 과정으로서의 마음은 관계적 환경과 진행 중인 환경에 대한 시냅스의 적응에 의해 직접적으로 형성된다. 성인 양육자의 마음과 의사소통의 패턴은 발달하는 아동 뇌의 조직화를 직접적으로 형성한다.

성인 양육자의 마음과 의사소통의 패턴은 발달하는 아동 뇌의 조직화를 직접적으로 형성한다.

특히, 아이의 마음 상태에 영향을 미치는 아동의 뇌 기능 패턴은 특정한 관계의 맥락에서 활성화된다. 대부분의 뇌 기능과 마찬가지로 "문맥 의존적context-dependent"이다. 이 신경과학 원리는 한 아동이 각 양육자에 대해 서로 다른 애착 전략을 갖는 방법을 설명할 수 있다. 이러한 방식으로, 우리는 특정 양육자와의 인간관계가 상호작용을 통에서 활성화되는 아동의 뇌의 신경생물학적 상태를 직접적으로 형성한다고 제안할 수 있다. 이러한 상태는 고통을 최소화하고, 행동을 조절하며, 아동이 자기를 조직하는 데 도움이 되는 것으로 생각되는 주의력 및 표상적 활성화 세트를 만든다.[59] 결국 애착 상호작용은 이원적 조절이 자기 조절 과정을 형성하는가 하는 것이다. 즉, 아동은 타인과의 상호작용을 통해 자신의 각성 상태와 내적 과정을 조절하는 방법을 학습한다. 특정한 양육자와 함께 있을 때 특정한 상태가 활성화되는 것은 적응적인 과정이다. 이것은 전형적인 발달이 주어진 관계 속에서 피어나는 방법이다. 아래에서 설명하는 바와 같이, 안정 애착과 불안정 애착의 "조직화된organized" 형태(회피, 양가 애착)는 모두 효과적인 적응 모드이다. 대조적으로, 메인Main과 헤세Hesse는 애착의 혼란된 형태(비조직/혼란)는 영아에게 해결할 수 없는 문제 또는 "역설적 금지 명령paradoxical injunction"이 제시되었다는 것을 드러낸다고 제안하였다.[60] 부모가 공포와 혼란의 원인인 경우, 아동이 조직화되고 효과적인 적응 상태를 달성하는 것은 불가능하다.[61]

성인 애착: 정신표상 수준으로 이동

메리 메인Mary Main은 왜 부모가 자녀와 분명히 다른 패턴으로 행동하는가 하는 문제를 연구하고, 애착 분야를 유아의 행동 연구를 넘어 표상적인 분석 수준에 옮길 수 있었다.[62] 대학원생으로, 그녀는 볼티모어에서 메리 에인스워스Mary Ainsworth의 첫 번째 애착 연구 직후 에인스워스Ainsworth와 함께 일했다. 현재 UC 버클리 교수 메인Main은 제자인 캐롤 조지Carol George와 낸시 카플란Nancy Kaplan과 함께 애착 연구의 부모에게 자신의 어린 시절 경험을 떠올리는 일련의 설문을 만들었다.[63]

1980년대 초반, 메리 메인Mary Main과 루스 골드윈Ruth Goldwyn(당시 런던의 방문 졸업생)은 후에 에릭 헤세Erik Hesse가 더해져, 이 프로토콜의 서술을 분석하는 방법을 만들었습니다. 현재는 성인 애착 인터뷰라고 한다(Adult Attachment Interview: AAI).[64] 그들이 발견한 것은, 반구조화된 인터뷰에서 그녀의 초기 가정생활의 “이야기”를 말하는 부모의 패턴이 그 부모 아이의 낯선 상황의 분류와 상관관계가 있을 수 있다는 것이었다. 이렇게 시작한 메인Main의 연구는 현재 강력히 인정받는 일련의 연구가 되었다. AAI를 사용한 연구는 전 세계적으로 실시되고 있으며, 1만 명이 넘는 AAI가 분석되었고 200개 이상의 심사된 연구가 발표되고 있다.[65] AAI는 성인의 ‘애착에 관한 마음 상태’의 내러티브적 평가이며, 인터뷰 시 그 개인의 특정 조직적인 패턴 또는 뿌리 내린 마음 상태를 반영하고 있다. 앞서 언급했듯이, 이 성인 애착의 발달적 평가는 자기 보고 목록에 의해 측정되는 로맨틱한 형태의 성인 애착과는 전혀 다르다.[66] 성인과 그 자녀와의 관계에 대한 AAI의 강한 상관관계는 발달에 대한 애착이 실제로 그 사람의 생활에서 매우 지속적인 것을 시사하고 있다.[67] 또한 간단한 자기 보고 방법에 의하여 평가된 바와 같이, AAI를 성인의 성격 특성과 연관시키는 시도는 유의한 관련성을 밝히고 있진 않다.[68] 이것은 행동 유전학에서 유전자 비율이 높은 것을 알려진 성격 척도의 일부가 AAI의 소견과 관련이 없다는 것을 보여준다. 따라서 AAI는 주로 개인의 경험에서 도출된 성인의 특성을 측정한다는 개념을 지지한다.[69] 메인Main과 골드윈Goldwyn의 AAI의 분석을 사용하여 조심스럽게 실시된 종단적 연구의 결과는 실제 에인스워스Ainsworth의 낯선 상황에서 관찰된 영아의 안정 애착 상태와 불안정 애착 상태가 나중에 성인 애착을 예측할 수 있는 것을 발견했다, 하지만 모든 연구에서 연관성이 밝혀지지는 않았다.[70]

모든 징후는 경험적 요인의 중요한 역할을 가리킨다(특정 AAI 결과에서 경험적 요인은 아이의 애착과 최근의 인간관계의 경험을 포함한다. 나중에 논의된다). 그러나 쌍둥이 및 입양 연구 등 표준 행동 유전학 접근법을 이용하는 미래의 연구에서 유전적 요인의 가능한 기여를 더 조사해야 한다. 그런 연구는 일부 이미 진행되고 있다.[71] AAI가 성인의 정신이 어떻게 형성되고, 초기 애착 경험을 감지했는지를 밝히는 연구-지원 방식 때문에 이 방법은 심리치료를 시작할 때 개인의 기본적인 평가에서 귀중한 도구이다. 나는 30년 이상 임상 진료에서 AAI를 사용해 왔으나, 이것은 임상 연구의 평가 단계와 치료 계획 단계 모두에서 매우 유용한 수단이다.[72]

부모의 AAI의 결과와 유아의 낯선 상황의 결과 사이의 상관관계의 강도는 사회 경제적 및 문화적 집단에 걸친 많은 연구 결과에 의해 지지되고 있으며, AAI는 강력하고 시간이 지나도 지속되는 성인의 몇 가지 특징을 측정하고 있음을 시사하고 있다. 그리고 다른 변수로부터 독립하고 있다. 이 방법의 심리 측정 특성은 AAI가 1개월에서 4년의 기간 동안 반복되는 평가에서 안정적이었으며, 대부분의 지능측정치와도 무관하다는 것을 포함한다.[73] 그것은 또한 장기 및 단기 기억, 사회적 바람직함 또는 면접자의 스타일과는 무관하다.[74] AAI는 앞선 연구에서 양육 행동을 직접 관찰하여 예측하는 것보다 낯선 상황의 결과를 더욱 잘 예측한다. 마리누스 반 이젠도른Marinus van IJzendoorn과 그의 동료들은 이것을 "전이 간격transmission gap"[75]이라고 부르고 있다. 이것은 아직 완전히 이해되지 않은 발견이다. 예비적인 제안 중 하나는 부모의 "마음을 공감함mind-mindedness" 또는 "반영 기능reflective function"이 양육자에게 존재하는 중요한 특징이 될 수 있지만, 많은 이전의 연구에서 표준적 부모의 "민감도sensitivity"관찰은 직접 측정할 수 없었다.[76] 본질적으로 "반영 기능reflective function"은 부모가 내면의 정신세계를 지각하는 능력이며, 마음보기mindsight 또는 정신화mentalization를 가져, 그 결과 아이는 부모의 초점이 될만한 주관적인 삶의 내적 중심이 있는 존재로 간주된다.[77] 실제 부모의 감수성 측면은 당초 애착 안정성에 관련된 중요한 요소라는 메리 에인스워스Mary Ainsworth의 첫 공식화 기본적인 부분이며, 민감한 부모는 "아기의 관점에서 사물을 볼 수 있다"라고 가정했다.[78] 전이 간격의 개념은 AAI가 부모의 의사소통과 자녀와의 상호작용에 궁극적으로 영향을 미치는 부모의 기본적인 정신적 과정을 평가하고 있다는 개념을 강화한다. 아직 결정되지 않은 많은 요인도 부모의 행동 출력[79]과 환경의 영향에 대한 아이들의 감수성의 차이 모두에서 신경생물학 요인(일부는 유전학 관련)을 포함하여 이 간격에 영향을 미치는 역할을 하고 있을 가능성이 있다.[80] 이러한 모든 결과는 기억, 사회적 의사소통, 정신의 일관성을 만드는 통합과정 등 AAI의 기초가 되는 과정을 이해함으로써 마음 발달의 인간관계성을 더욱 완벽하게 탐구할 수 있을 것을 시사하고 있다.

AAI는 반구조화된 자전적인 내러티브이며, 성인, 때로는(일반적으로 부모 또는 부모가 될) 청소년에게 자신의 어린 시절에 대해 일련의 질문을 한다.[81] 이 질문에 다음 내용이 포함되어 있다. 성장할 때 어땠나요? 각각 부모와의 초기 관계는 무엇이었나요? 분리되거나, 동요하거나, 위협되거나, 두려워하거나 한 경험은 무엇이었나요? 상실의 경험은 있었나요? 그렇다면, 개인이나 가족 전체에 어떤 영향이 있었나요? 그 사람의 부모와의 관계는 시간에 따라 어떻게 변화했나요? 이 모든 것이 개인의 성격과 육아 방법과 성인기로의 발전에 어떻게 형성을 주었을까요?

AAI의 내러티브는 개인의 회상에 대한 주관적인 설명이다. 과거에 일어난 일을 정확히 설명하고 있다고 주장하지 않는다. 메인Main과 그녀의 동료에 의해 개발된 인터뷰 분석 방법은 부모와의 경험을 회상하고 추론하며 시작된다. 피검자의 부모는 각각 점수가 매겨지고 평가자는 부모가 애정, 거부, 개입/역할 전도, 방치, 성취에 대한 압력을 주었는지 평가한다.[82] 그러나 인터뷰 분석의 가장 중요한 측면은 피검자가 자신의 역사를 제시하고 평가하는 방법에 달려있다. AAI가 애착, 기억, 내러티브 사이의 관계에 대한 고유한 관점을 제공하는 것은 여기에 있다.

AAI 평가자는 또한 면접자와 피검사 사이의 소통 패턴 기록을 확인한다.[83] 담화에서 그리고 실제로 우리의 일상생활에서 우리가 사람들과 말하는 방법은 우리의 내부 프로세스와 다른 사람과의 대화의 사회적 상황에 대한 우리의 반응을 반영하고 있다. 분석해서 '애착에 대한 마음 상태'를 평가한다. 이 애착에 대한 마음의 상태는 전반적인 내러티브의 일관성, 부모에 대한 이상화, 회상의 어려움에 대한 강조, (압도된) 분노의 표현, 수동적인 태도나 모호함, 상실에 대한 두려움, 비하의 거부, 상위 인지 모니터링, 그리고 전반적인 마음의 일관성을 포함한다. 일부 사람은 (죽음에 의한 가족의) 상실 또는 학대의 주제에 초점을 때, 추론 또는 담화에 와해된 또는 혼란이 나타날 수 있다. 이것은 미해결된 상실이나 외상 척도에 의해 평가된다.[84]

기록을 몇 번 자세히 읽은 후 확인된 최종 분류는 (담화 분석을 통해) 피검자의 현재 마음 상태에 대한 분류와 애착에 대한 마음 상태 영역들을 점수화한 프로필을 분석하는 것에 기반을 둔다. 이 인터뷰에는 자전적인 내러티브의 미묘한 측면을 이끌어 내기 위한 엄청난 능력이 있다. 인터뷰 대상자는 낯선 사람과 45~90분의 인터뷰가 그들의 초기 역사의 그런 개인적으로 의미, 그리고 종종 이전에는 알아차리지 못한 측면을 어떻게 이끌어 낼 수 있는지에 자주 놀라게 된다. 낯선 상황 실험과 유사하게, AAI 참가자는 그런 친밀한 애착 문제, 초기 기억, 그리고 이러한 경험이 성인의 발달을 어떻게 형성했는지에 대한 고찰을 통해 "무의식이 놀랍다"라는 생소한 경험을 하게 된다.[85]

에릭 헤세Erik Hesse가 제안대로 AAI는 피검자가 협조적인 커뮤니케이션과 기억의 검색이라는 두 가지 작업을 수행할 것을 요구하고 있다.[86] 전형적인 대화를 유지하면서 어린 시절의 추억을 찾는 것은 그라이스Grice의 대화의 4대 법칙을 위반하기도 한다. 위반은 내러티브의 비일관적인 형태로 나타난다.[87] 이런 법칙은 AAI 평가의 핵심 특징을 형성한다. "1) 질 — 진실되며, 말의 근거가 있어야 함. 2) 양 — 간결하지만, 완전하다. 3) 관계 — 연관성이 있거나 명확하게 이해하도록 말해야 한다. 4) 매너 — 명확하고 깔끔하다."[88] 메인Main과 골드윈Goldwyn에 따르면, 최적의 담화는 "진실되고 협력적"이라고 간단히 설명할 수 있고, 그라이스Grice 법칙의 위반은 면접자 내부의 일관성(질)에 연관 있고, 조사자나 인터뷰에 협조(양, 관계, 태도)적인가와 연관이 있다.[89] AAI의 평가는 인터뷰에서 자전적인 반영을 하는 동안, 피검자의 마음 상태가 진실되고 협조적인 대화를 하는 능력을 어떻게 촉진하거나 방해하는지를 평가한다.

> AAI는 피검자가 협조적인 커뮤니케이션과 기억의 검색이라는 두 가지 작업을 수행할 것을 요구하고 있다.

내러티브가 그런 과정을 반영하는 방법은 기록의 전체적인 일관성을 평가하는 척도에 담긴다. 내러티브 프로세스의 특징을 알아내는 다른 요소를 추가하여 전체적인 "마음의 일관성"의 평가가 이루어진다, 이는 애착에 관한 전반적인 마음의 상태를 평가한다. 부모 각각에 대한 애착을 평가하는 것이 아니라, 애착에 관한 마음의 상태를 표현하는 피검자의 태도를 기록하는 것이 중요하다. 아이의 낯선 상황의 분류와는 대조적으로, 성인은 관계 특이적 분류가 아니라 하나의 "마음의 상태"로 분류된다. 헤세Hesse는 약 5~10%에서 나타나는 "분류할 수 없는" 저위험 분류에 대해 설명했다, 이것은 애착에 대한 통일된 전반적인 자세를 달성할 수 없는 개인을 표현한다.[90] 이 책의 9장에서 자세히 보겠지만, 자전적 기억과 사회적 의사소통을 포함한 다양한 정신 기능 요소들을 통합하는 능력은 다양한 상태와 정신 과정들을 일관성 있게 만들어 내는 마음의 기본적인 통합과정으로 볼 수 있다.

다음은 인터뷰 대상자의 AAI의 결과는 〈표 4.1〉의 왼쪽에 표시된 바와 같이, 일반적으로 4개의 범주 중 하나로 분류된다. 부모의 안정-불안정 분류의 65~85% 경우 영아의 애착의 질과 일치하는 경향이 있다.[91] 이러한 비율은 100%의 예측 가능성은 아니지만, 통계적으로 매우 유의하다.[92] 미래의 연구에서는 부모의 내러티브 기능과 부모의 민감성에 관련된 다른 변인의 역할을 연구하여 이들이 AAI의 결과와 1살짜리 아이의 애착 분류의 상관관계 변인으로 어떻게 작용하는지를 확인해야 한다. 현재, 지적 기능, 성격 평가, 사회 경제적 요인의 측정을 포함하여 사용 가능한 모든 측정치에서 AAI는 유아가 부모에게 얼마나 애착하는지에 대한 가장 강력한 예측 인자인데,[93] 이것은 아마도 AAI가 일관적인 자전적 반영과 마음을 반영하는 능력을 드러내 주기 때문일 것이다.

AAI는 임신기간, 낯선 상황 실험을 하는 1세, 6세 등 아이들의 삶의 여러 단계에서 부모에게 시행되었다.[94] 이러한 상황의 각각에서 AAI는 영아와 부모의 애착 특정 분류와 견고한 상관관계를 보여준다. 이것은 AAI의 조사 결과가 강력하고, 시간이 지남에 따라 안정적이며, 영아가 태어나기 전에도 예측 능력이 있다는 것을 의미한다. 태아의 조사 연구는 AAI가 기질 등 아이의 타고난 특징에 대한 부모의 반응뿐만 아니라 부모의 변수를 측정하고 있다는 아이디어를 지지하고 있다.[95]

영아의 애착은 각 부모에게 고유하며, 거의 독립적인 방식으로 각 부모의 AAI 분류할 수 있다.[96] 이 부모의 고유성은 성인과 영아의 상관관계가 아이의 유전적 특징 및 기타 특성으로만 결정되는 것이 아니라, 부모와 자식의 상호작용 누적 경험도 영향이 있음을 시사하고 있다. 각 부모(또는 다른 양육자)의 애착에 대한 마음의 상태에 따라 다른 애착 상태를 갖는 것은 이러한 애착 패턴의 발달을 이해하는 데 중요한 요소이다. 전반적으로, 이러한 연구 결과는 아동기 애착이 인간관계에 근거한다는 관점을 지지한다.[97]

또한 낯선 상황 실험에 참여했던 영아가 이후 청소년이 되어 AAI에 참여한 연구들을 살펴보면, 영아기 낯선 상황의 결과가 대략 20년 후에 성장한 아동들의 AAI 분류를 예측하였다.[98] 이러한 예측에서 벗어난 일부의 경우를 살펴보면 아동기 후기나 청소년기 동안 외상이나 상실과 같은 부정적인 인생의 사건들을 겪었던 것으로 보인다.[99]

기질은 부모로부터 특정 반응을 이끌어내는 데 역할을 하지만, 자녀와 부모의 관계에서 애착 분류를 결정하는 주요 변수는 아니다.[100] 부모의 유전적으로 결정된 특징과 기질은 명백한 행동에서 확실한 역할을 한다. 예를 들어, 육아 행동에 대한 몇 가지 연구는 정서적 가용성과 부모 훈육의 특정 패턴에 대한 강한 유전적 영향을 시사하고 있다.[101] 앞서 언급 한 바와 같이, 유아의 애착과 AAI의 향후 연구에서는 이러한 다양한 애착 패턴에 대한 유전적 기여와 그런 경험이 어떻게 개인을 다양한 발달 경로로 이끄는지 구체적으로 살펴볼 필요가 있다. 지금까지, 이란성 쌍둥이와 비교한 일란성 쌍둥이 연구와 입양 연구는 애착에서 유전적 요인의 아주 작은 역할을 한다는 통계학적 발견을 밝히는 데 도움이 되었다.[102] 이 시점에서 애착 연구의 결과는 아이뿐만 아니라 관계의 결과가 아이의 애착에 영향을 준다는 개념을 지지하고 있다.

아이가 각각의 양육자에 각각 다른 애착 패턴을 형성하는 있는 경우[103] 이것은 아이의 미래의 성인 애착 상태에 어떻게 영향을 미칠까? 가장 지배적인 경험(예를 들어, 주 양육자와의 경험)은 성인의 내러티브와 애착의 상태에 가장 영향을 미치는 경향이 되는 경험이 될 수 있다.[104] 낯선 상황과 이후의 AAI 분류 간의 연구의 상관관계는 영아의 주된 애착 관계에 기초하고 있으며, 대부분의 경우 어머니와의 관계를 기반으로 한다. 사회적 상황에 따라 다른 애착 패턴이 향후 활성화될 수 있다는 것이 하나의 개념이다. 이것은 심리 치료의 다양한 순간에 임상가가 다양한 '애착에 관한 마음 상태'가 발생하는 것을 찾아서 치료 환경에서 드러날 수 있다. 낭만적인 애착의 명확한 발견은 발달적인 애착 형태와 성인 대 성인의 짝으로 개인이 낭만적인 다양한 상대와 행동 패턴 간의 중복의 여러 요소를 드러낼 가능성이 있다.[105]

애착 관계의 중심성을 메리 에인스워스Mary Ainsworth는 다음과 같이 말하였다.

> 가장 격한 감정 중 많은 것들이 애착 관계를 형성하고, 유지하고, 붕괴되고, 다시 회복하는 동안에 일어난다. 관계를 형성하는 것은 누군가와 사랑에 빠지는 것으로, 관계를 유지하는 것은 누군가를 사랑하는 것으로, 파트너를 잃는 것은 애도하는 것으로 설명할 수 있다. 마찬가지로, 상실의 위협은 불안을 일으키고, 실제의 상실은 슬픔을 일으킨다. 그렇지만, 이러한 모든 상황에서 분노를 일으킬 수 있다. 관계를 확고하게 유지하는 것은 안정감의 근원이며, 관계의 회복은 기쁨의 근원으로 경험된다.[106]

긴밀한 애착 관계에 참여하고 이러한 유대를 안전과 기쁨의 원천으로 유지하는 다양한 방법은 부분적으로 발달 역사와 성인이 될 때의 기질에 따라 달라질 수 있다. 친밀한 관계를 위한 이 능력에 발달적인 애착이 미치는 영향은 애착 이론과 연구의 주요 초점이다.

동일한 부모도 각기 다른 자녀와 다른 관계 패턴을 맺을 수 있으며, 다른 애착 유형을 가지게 될 수 있다. 이런 다양성은 왜 성인 애착 면담AAI이 낯선 상황 실험을 100%에 상응하지 않는지 이유를 설명하고 있을 수 있다.[107] 그것은 또한 육아, 연애, 우정, 또는 심리 치료의 새로운 형태의 감정적인 관계 수립 등 인생 경험에 의해 AAI가 어떻게 변화하는가 하는 중요한 문제를 제기한다.[108] 이처럼 다른 관계는 사람의 관계가 서로 각각 다른 패턴을 불러올 수 있다. 다른 사람과의 커뮤니케이션 패턴에 따라 활성화되는 멘탈 모델을 포함하여 우리가 경험하는 마음의 상태는 새로운 관계를 구축하는 방법을 형성할 수 있다. 우리는 자신과 다른 관계의 맥락에서 자신의 매우 다른 경험을 하는 자신을 발견할 수 있다.

이러한 사회적 맥락에 따른 변화는 새로운 상황에 적응하는 정신 능력을 반영하고 있다. 그러나 애착 연구와 임상 경험은 개인의 유사한 특징을 장기간 유지하는 꾸준한 프로세스의 존재를 시사하고 있다. 이러한 특성의 일부는 잠재적 기억의 요소(자신과 타인의 정신 모델, 행동 반응 패턴 및 감정적 반응)로 볼 수 있다. 개인이 시간이 지남에 따라 자기를 되돌아보면, 이러한 성격적인 특징은 AAI의 자전적인 내러티브의 과정에서 볼 수 있다. 메인Main의 "애착에 관한 마음 상태"라는 용어는 뿌리내린, 시간적으로 안정된, 자기 조직화된 정신 상태를 말한다.[109] 이것은 일시적으로 무작위로 활성화된 상태가 아니다. 오히려 양육자와 반복의 경험에서, 그것은 그 개인의 특징적인 자기 정의defining 상태 또는 "특성trait"이 되었다.

우리의 3-P 틀에서 자기 조직화된 정신 상태는 특정 정신 상태에서의 정점peak으로 생기는 지속적인 감정, 생각, 신념 및 행동을 수반 고원으로 시각화된다. 이 장의 뒷부분에 있는 애착의 신경생물학에 대한 장에서 더 자세히 논의하겠지만, 뇌 용어로, 신경 영역의 위상 고정 동기화phase-locked synchronization는 이러한 "애착에 해당되는 마음 상태"에 기초 할 수 있는 특정 패턴의 신경 활동을 유도한다. 안정된 마음 상태는 가장 유연한 고원, 유동적 봉우리 및 가능성의 평면에 대한 준비된 접근과 관련이 있다고 가정한다. 가능성의 차원은 부모 존재의 근원이다. 우리는 불안정한 다양한 성인 마음 상태가 고원의 유연성과 평면 접근이 손상되거나 제한될 가능성이 있다고 가정할 수 있다.

이제 어린이와 성인 모두와 함께 애착 연구 결과를 더 자세히 검토하여 이러한 주제를 더 완벽하게 탐색하고 이러한 마음 상태의 발달 기원과 삶의 시기에 따라 관계의 맥락에 따라 변화할 수 있는 잠재력을 이해하도록 검토하자. 우리가 보았듯이, 뇌는 경험에 의해 구성되고 사회적 환경 내에 위치하며, 과거의 경험은 순간의 특정 사건의 의미를 형성하고, 가까운 미래에 느끼고, 생각하고, 기억하고, 행동할 수 있는 확률을 변화시킨다. 이 매력적이고 중요한 연구 분야의 전체 리뷰는 이 장의 범위를 초과하지만, 그러한 조사는 많은 유용한 참고 자료로 사용할 수 있으며, 애착의 신경생물학의 간단한 요약은 이 장의 다음 장에서 제공된다.[110] 애착 연구는 인간의 커뮤니케이션과 정신적 일관성에 대해 엄격하게 수집 된 데이터 집합을 제공한다. 이것은 전술 한 바와 같이, 인간관계 속에서 마음이 어떻게 발달하는지에 대한 중요한 원칙을 알려준다. 다음의 상세한 논의는 마음의 기능뿐 아니라 마음의 발달 과정을 이해할 수 있는 중요한 연구들의 함의에 대해 탐구할 것이다.

애착, 마음 및 정신병리학

인생을 통해 경험은 마음의 기능을 형성한다. 인생 초기에 발생하는 것은 시냅스 연결을 형성하고 세계와의 지속적인 상호교류를 설정하고 그것이 그들의 정신적 기능을 향상시킬 수 있다. 애착에 관한 종단적 연구는 특정 초기의 인간관계의 경험이 역경에 직면했을 때의 정서적 웰빙, 사회적 능력, 인지 기능 및 회복력을 촉진한다고 제안하고 있다.[111] 그러나 발달 과정이기 때문에 초기의 인생 경험에도 최적이 아님에도 불구하고 후기 아동기, 청소년 및 성인기는 성장하고 변화하는 수 있을지도 모른다.

불안정 애착은 정신 장애와 동등하지는 않지만, 심리적 및 사회적 기능 장애의 위험을 만들어낸다.[112] 예를 들어, 회피성 애착을 가진 아동들의 사회적 능력이 손상될 수 있다. 회피성 애착을 가진 아동들은 통제적이고 공격적이고 또래로부터 반감을 사는 것을 발견할 수 있다.[113] 저항 애착이 있는 아동은 사회 불안의 소인을 가지고 있을 수 있다.[114] 비조직/혼란 애착은 해리성 증상과 관련이 있을 수 있으며, 그런 개인이 후년에 압도적인 경험에 노출되면 PTSD 발병 경향이 있다. 맥도널드MacDonald와 그 동료들은 다음과 같이 설명한다.

> 혼란하지 않은 애착 상태와 비교하여 12개월의 혼란 애착 상태는 더 높은 회피 클러스터 PTSD 증상과 높은 재경험 클러스터 PTSD 증상 모두를 유의하게 예측했다. 이러한 조사 결과는 초기의 양자 관계의 질이 아동들의 외상 사건 후 외상 후 스트레스 증상의 발생 차이와 관련이 있을 가능성이 있음을 시사하고 있다.[115]

유아기에 심각 학대를 경험한 다른 사람들과 유사하게 혼란 애착에 속한 이들은 주의력과 감정 조절과 행동의 충동 조절에 결함이 있다.[116] 아동에게 양육자와 안전한 애착을 키우는 기회를 제공하는 개입 연구는 정서적, 사회적, 그리고 인지적 능력의 발달에 긍정적인 결과를 가져왔다.[117]

예를 들어 유아가 보호자로부터 예측 가능하고 따뜻하고 감정적으로 사용할 수 있는 커뮤니케이션을 받지 못하면 미래에 타인에 대한 의존을 피하고 애착 시스템을 비활성 하여 적응할 수 있다.[118] 양육자의 행동에 긍정적인 변화를 볼 수 없는 경우 또는 다른 안전한 애착이 우세하지 않은 경우, 이 적응은 타인의 친밀하고 따뜻한 관계를 구축하려는 시도에서 철수할 가능성이 있다. 5세, 10세 또는 20세 때 그러한 개인은 다른 사람에게 '쌀쌀'하게 경험될 수 있다. 이러한 특성을 과거의 환경에 적응하는 것이 아니라 기질이라고 해석하는 사람도 있을지도 모른다. 렌테시Rentesi와 동료들은 생후 9일 된 쥐에게 어미와 24시간 분리가 미치는 영향을 연구했다. 그들은 "이 연구는 초기의 모성 상실이 HPA 축과 세로토닌 활동의 장기간 변형을 가져온다는 것을 보여주는데, 이는 어린 시절의 스트레스 사건들이 성인기의 불안과 같은 정신 장애 발달과 명확하게 관련된다는 것을 보여주는 것이다"[119]라고 주장했다. 주목해야 할 몇 가지 연구는 이러한 행동 및 사회적 이상이 세로토닌 약물에 의해 개선될 가능성이 있음을 시사하고 있다.[120] 이 장의 다음 절에서 설명하는 바와 같이, 많은 신경망과 다양한 신경 전달 물질은 평생 동안 애착 경험에 참여하고 있다. 일반적으로 이러한 발견은 초기 애착 경험이 두뇌 발달에 직접적인 영향을 준다는 개념을 지지하고 있다.[121] 투약 중단 후 행동의 문제가 재발한다는 사실은 이러한 뇌의 변화가 신경 경로에, 아마도 행동, 정서 조절, 사회관계 등 기본적인 기능 형성에 관한 후선적 조절 메커니즘에 뿌리내리고 있다는 견해를 지지하고 있다.[122] 또한 그런 발견은 약물치료에 대한 개인의 호의적인 반응이, 역기능은 "경험이 아닌 유전에 의함"을 의미하지 않는다는 것을 우리에게 중요하게 상기 시킨다. 초기의 경험은 뇌의 구조, 기능 및 후성적 조절을 형성한다. 이것은 유전자 발현이 경험에 의해 결정되는 기본적인 방법을 보여준다.[123]

브로드스키Brodsky와 롬브로소Lombroso가 다음과 같이 언급하였다.

> 사실 유전학과 환경에 대한 이론도 대부분의 정신 장애의 병인의 기본적인 이해를 제공해 주지 않는다. 최근의 연구에서 뭔가를 배운다면, 그것은 유전과 양육의 사이에 미묘한 상호작용이 존재한다는 것이다. [일란성 쌍둥이의 유전 질환 연구에서조차 완벽한 일치가 거의 없다는 일관된 발견이 계속되고 있다.] 이러한 결과는 유전적 요인이 장애의 근본적인 같은 소인 또는 취

약점을 제공할 수 있음을 시사하고 있지만. 환경적 요인은 증상의 최종 발현에 중요한 역할을 한다.[124]

환경 요인은 출생 후 시냅스 결합의 확립에 중요한 역할을 한다.[125] 최대 성장기인 영아기의 애착 관계는 뇌 발달을 형성하는 가장 주요한 환경적 요인이다. 그러므로 뇌 발달이 유전적으로 프로그램되어 있지만, 경험 의존적이라는 점에서 본다면, 양육자는 건축가에 비유될 수 있을 것이다. 유전 가능성은 사회적 경험의 설정 내에서 표현되며, 이는 뉴런이 서로 연결하는 방법에 직접 영향을 미친다. 인간관계는 뉴런의 연결을 만들어낸다.

> 최대 성장기인 영아기의 애착 관계는 뇌 발달을 형성하는 가장 주요한 환경적 요인이다.

어린 시절 트라우마를 경험한 아이의 발달에서 정서 장애의 위험 사례를 볼 수 있다.[126] 글레이저Glaser와 동료가 다음과 같이 제안한다.

일상생활의 자연스러운 흐름 속에서 발생하는 작은 스트레스에 노출된 개인이 지속적으로 강하게 반응하는 것처럼, [어린 시절의 트라우마]는 성인의 심리적 기능에 장기적이고 지속적인 영향을 미칠 수 있다. 인생 초기에 외상을 경험 한 피험자에서 감정적인 스트레스 반응성이 가장 현저하다는 발견은 트라우마가 젊은 나이에 발생했을 경우, 외상의 영향이 더 유해하다는 것을 시사하는 이전의 증거를 증명하고 있다.[127]

알랜 쇼어Allan Schore는 이와 관련된 신경생물학적 측면에 대해 다음과 같이 말했다.

시냅스의 과잉 생산의 결정적 시기는 유전으로 작동되지만, 시냅스 연결의 가지치기와 유지는 환경으로 작동된다. 이것은 분명 유전으로 코딩된 시냅스의 과소생산을 포함한 피질변연계의 발달에 과도한 가지치기는 고위험 상태 시나리오를 나타내고 있다는 것을 의미한다.[128]

"발달적 과잉 가지치기developmental overpruning"는 어린 영아의 뇌에 강력한 스트레스를 주는 해로운 효과와 관련된다. 스트레스 호르몬의 방출은 (감정 조절을 관장하는 영역인) 신피질과 변연계를 포함한 중요한 경로상에 있는 뉴런들의 과잉 소멸을 일으킨다.[129] "유전자적 원인으로 시냅스의 생성 부족"인 아이 또는 도파민 등의 관련 신경전달물질의 생성을 조절하는 데 장애를 주는 유전적 변이가 있는 아이는 압도적인 스트레스에 노출되면 특히 리스크가 높아질 가능성이 있다. 이를 통해 우리는 유전과 환경이 장애의 위험 요소 발달에 어떻게 상호작용하는지 알 수 있다. 이러한 위험은 궁극적으로 뇌의 신경 연결에 표현된다.

개인의 성격은 유전적으로 결정된 체질적인 특징과 환경, 특히 가족과 문화에 의해 형성된 사회 환경과의 경험적인 교류의 지속적인 상호작용에서 생성된다.[130] 장애에 대한 취약성은 유전자와 경험의 각각의 영향이 아니라 상호작용을 통해서 발생한다. 마음의 적응적인 능력이 성인기까지 유지된다면, 우리가 평생 가지는 정서적인 관계는 더 나은 발달을 촉진할 수 있는 매개체로 간주될 수 있다. 이러한 애착 관계나 다른 형태의 밀접한 감정적으로 관계하는 인간관계는 시냅스의 연결이나 후성적 변화가 성인기까지도 지속적으로 일어나게 할 수 있다.

나중에 설명할, '사회적 뇌'의 개념은 진화와 개별 발달에 있어서 뇌가 그 성장에서 관계적으로 '자리매김'하고 있다고 단순히 생각나게 한다.[131] 머리의 신경망의 클러스터를 포함하는 우리의 구체화된 신경계의 조절 대부분은 우리의 관계의 연결에 의해 형성되어 있다. 실제로 전체 뇌가 사회적 뇌라고 제안할 수 있다. 우리의 웰빙을 위한 우리의 관계에 대한 개방성과 의존성이, 마음의 구체화되고 관계적인 본성이 우리의 관계적 및 신체적 연결을 어떻게 결합하는지 알 수 있게 한다.

우리의 신경망에는 해부학적으로 구별되는 다양한 영역에 걸쳐 정보를 전송할 수 있는 "허브"라는 중앙 연결 영역이 있다. 이러한 네트워크는 "이항상성allostasis"이라는 과정에서 사회적 의사소통과 생리적 규제에 모두 관여한다. 신경 과학 연구원 아질Atzil과 동료들은 다음과 같이 제안한다.

> 사회적 처리에 관련된 연결 허브는 사회적 처리에만 국한되지 않는다. 사회적 정보는 이항상성allostasis 예측에 매우 유용하지만 다른 유형의 "비사회적"정보(예: 음식)도 이항상성allostasis을 예측하는 데 유용할 수 있다. 이것은 반드시 사회적 경험과 관련이 없는 일반적인 정서적 경험에서 이러한 연관 피질과 변연 영역의 일관된 관련을 설명할 것이다.[132]

일반적으로 뇌는 다음에 올 것을 준비하는 예측 기관이다. 저자가 틀에서 제안하면서 "일관된 사회적 돌봄 제공은 신경가소성에 영향을 미치고 이 부분 간의 신경 연결을 이항상성의 목적으로 후천적인 시스템을 구현하는 '핵심' 대규모 네트워크로 촉진할 수 있다. 따라서 '사회적 뇌'는 실제로 이항상성 조절을 목표로 하는 사회적 경험의 기능으로 발전하는 예측하는 뇌이다."[133] 이런 식으로 아이가 애착 대상과 갖는 관계는 감정, 기억, 생각과 같은 신체 기능과 경험을 차례로 조절하는 기본 회로를 조절하는 직접적인 능력을 형성한다. 또한 저자는 우리가 현실을 어떻게 생각하고 생리를 조절하는지에 대해 평생에 걸친 긴밀한 관계의 중요성을 설명한다.

> 따라서 사회적 돌봄은 단순히 '사회적 뇌'를 형성할 책임이 있을 뿐만 아니라. 우리는 두뇌를 키우기 위해 사회적 돌봄이 필요하다고 제안한다. 결과적으로,

지속적인 사회적 거래에 의해 잠재적으로 조각되는 전체 뇌는 사회적 뇌로 생각할 수 있다. 인간의 두뇌는 상호작용적이며 다른 인간 두뇌의 맥락 밖에서 고려 될 수 없다. 거래하는transactive 뇌는 지식[Wegner (1987)], 기술 및 생물학을 포함하여 인간의 많은 기능을 유지하는 집합적이고 유연한 시스템을 형성한다… 따라서 사회적으로 매개되는 학습은 평생의 과정이다[Lantolf et al. (2015); Padilla and Perez (2003)]… 따라서 사회적 제휴는 이항상성allostasis 및 개념화를 지원하는 다기능 신경 시스템 내의 연결에 의존한다.[134]

그러나 뇌는 얼마나 "가소적"일까? 뇌는 어려서부터 더 발전할 수 있는가? 새로운 연결을 구축할 수 있는 회로는 어떤 회로이며, 개발 초기에 상대적으로 "고정"된 회로는 무엇인가? 이것들은 신경 과학에서 열린 질문이지만, 우리는 성인의 뇌가 평생 동안 계속해서 변한다는 것을 발견하고 있다.[135] 차선의 애착 관계를 경험한 일부 개인의 경우 뇌는 더 많은 성장과 발달에 대해 열려있을 수 있다. 다른 사람들에게는 애착 경험이 부족하거나(심각한 방치에서와 같이) 압도적인 외상 경험(신체적, 성적 또는 정서적 학대에서와 같이)이 포함된 초기 생애 역사가 오래 지속되고 개선이 어려운 방식으로 뇌의 신경생물학적 구조를 현저하게 변경할 수 있다.[136] 질문해야 할 질문은 다음과 같다. 그러한 경험을 어떻게 예방할 수 있을까? 그리고 그들이 이미 발생했다면 어떻게 이러한 개인들의 지속적인 개선을 이룰 수 있을까? 애착 연구와 효과적인 치료 연구의 주요 주제는 애착 관계를 매개로 한 개입이 지속적이고 의미 있는 결과를 창출하는 가장 생산적인 접근 방식이라는 것이다. 애착 연구는 신호에 대한 민감성, 마음 상태의 중요성에 대한 반영, 마음 상태의 비언어적 조율을 포함하는 조건적 협력적인 의사소통을 통해 관계가 건강한 뇌 기능과 성장을 어떻게 촉진할 수 있는지에 대한 방향을 제시한다.[137]

정신병리학에 대한 애착의 관계에 대한 연구는 많은 발견을 제안한다.[138] 반 이젠도른van IJzendoorn과 베이커스맨-크라넨버그Bakermans-Kranenburg가 수행한 AAI 연구에 대한 메타 분석에 따르면 불안전 애착은 불안(양가 애착) 및 해리 장애(혼란 애착)를 포함한 정신 장애의 더 높은 유병률과 관련이 있는 것으로 보인다.[139] 일반적으로 양가 애착은 불안 문제에 대한 취약성이 예측되는[140] 반면, 회피 애착과 혼란 애착의 개인은 행동 문제를 일으키는 경향이 있다.[141] 그리고 혼란 애착은 또한 해리 및 성격 장애 증상이 예측된다.[142] 카를로 슈엔겔Carlo Schuengel과 그의 동료들이 수행한 연구에 따르면 애착과 관련하여 안정적 상태를 가진 부모인 경우 보다, 일차적으로 불안한 정신 상태를 가진 부모에게 해결되지 않은 상실이 존재하는 것은 자녀에게 더 적은 최적의 결과를 가져다준다고 주장한다.[143] 따라서 성인의 애착 안정성은 외상이나 상실에도 불구하고 적어도 자녀에게는 일종의 탄력성을 전달하는 것으로 보인다. 이 결과는 애착이 삶의 경험에 적응하기 위한 틀을 제공한다는 일반적인 결론과 일치한다. 안정성은 탄력성을 전달하는 반면 불안정성은 위험을 전달한다. 또한 유전적 변이는 부모의 해결되지 않은 상실이나 외상이 있는 최상의 상태가 아닌 부모에 대한 아동의 반응을 더욱 강하게 만들 수 있다.[144] 반 이젠도른Van IJzendoorn의 메타 분석에 따르면 정신과 내담자 집단에서 AAI의 불확실성이 훨씬 더 널리 퍼지고 안정성("안전/자율적" 상태, 아래 참조)이 일반 인구보다 훨씬 적다.[145]

따라서 성인의 애착 안정성은 외상이나 상실에도 불구하고 적어도 자녀에게는 일종의 탄력성을 전달하는 것으로 보인다.

여기서 핵심적인 문제는 어떻게 애착 대상과의 의사소통 패턴을 통해 마음이 그들과의 근접성을 유지하고 자기 조직화 과정을 확립할 수 있게 했는지이다.[146] 이런 방식으로 메인Main은 '최소화'(회피) 또는 '최대화'(저항) 행동 전략의 유지가 결국에는 주의 끌기 또는 조종에 의존하게 될 뿐만 아니라 주변 상황에 대한 기억, 감정 및 인식의 측면을 무시하거나 변경한다."[147] 애착의 역사는 감정과 행동의 조절에 핵심적인 다양한 정신적 과정과 관련이 있다. 이 발견은 이러한 기능을 통합할 때 동일한 애착 경험 의존 영역과 연관된 신경생물학적 연구의 맥락에서 이해할 수 있다.[148] 이런 식으로, 애착의 불안정과 정신병리학의 위험 사이의 연관성은 적절한 발달을 위해 생애 초기의 의사소통 패턴에 의존하고 다양한 과정(기억, 지각 및 감정 포함)의 조절 및 통합을 담당하는 뇌 영역 내에서 발견될 수 있다. 이 중앙 통합과정의 조절 장애는 성공적인 자기 조직화를 저해할 것이며, 이는 감정 조절에 다양한 형태의 장애를 일으키고 정신적 고통을 초래할 수 있다.

애착의 신경생물학

인생의 초기에 우리의 사회적 관계와 애착 관계에 관여하는 시스템은 많이 있지만 몇 가지 주요 네트워크에 초점을 맞춤으로써 사회적 관계의 맥락에서 우리 뇌의 발달에 광범위한 프로세스가 어떻게 관여하는지에 대한 유용한 관점을 제공할 수 있다. 루스 펠드만Ruth Feldman은 이러한 정교하게 상호 연결된 네트워크를 가리키는 기초 연구에 대한 유용한 설명을 제공한다. 펠드만Feldman은 "미성숙한 포유류 뇌의 태어날 때 사회적 장착은 이를 근본적으로 변증법적 기관으로 형성하고 초기 애착 프로그램이 뇌의 기본 행동 방식에 대한 새로운 이해를 제공할 수 있는 메커니즘을 설명한다"라고 제안한다.[149]

유아로서의 우리의 관계는 평생 동안 지속적인 관계의 무대를 설정한다. 우리는 어린 시절뿐만 아니라 평생 동안 매우 사회적 종족이다.

펠드만Feldman은 다음과 같이 말한다.

> 유대 형성에는 관련 시스템 간의 활동 증가와 더 긴밀한 혼선crosstalk이 포함된다. 애착 형성 기간 동안 제휴, 보상 및 스트레스 관리를 뒷받침하는 시스템 간의 활성화 및 긴밀한 연결이 관찰된다[Ulmer-Yaniv et al. (2016)]… 인간의 애착은 평생 동안 항상성, 건강 및 웰빙을 촉진한다. 사회적 애착은 건강과 행복을 향상시키는 반면 사회적 고립은 스트레스, 건강 손상 및 사망을 증가시킨다[Cacioppo et al. (2015)].[150]

관계와 사회적 지원 네트워크는 평생 우리의 웰빙에 있어 핵심 요소이다. 어릴 때부터 다른 사람들과의 연결은 우리의 구체화된 뇌의 성장과 기능을 형성한다.

> 애착 패턴은 세대에 걸쳐 전달된다. 어린 시절에 경험한 행동 패턴은 유아의 뇌에서 OT(옥시토신) 가용성 및 수용체 위치를 구성하여 다음 세대를 양육할 수 있는 능력을 형성한다[Weaver et al. (2004); Abraham et al. (2016)]… 인간의 뇌는 모 유아의 애착과 모체와의 근접성에 의해 형성되어 사회 생태계 내에서 기능하는 위치 기관이다. 어린 포유동물의 태어날 때 미성숙한 뇌와 수유모와의 근접성에 대한 필요성은 뇌를 "상황에 맞는" 기관으로 만들어 사회에 지속적으로 반응한다[Akers et al. (2008)]. 인간의 장기적인 성숙 과정에서 인간 뇌의 상호작용적인 특성과 사회적 관계의 끊임없는 필요성이 형성된다.[151]

우리의 관계에 관련된 주요 네트워크는 상호 연결과 신경전달물질을 공유한다. 여기에는 옥시토신(OT)과 도파민(DA)이 포함되며, 이는 측부핵Nucleus accumbens(NA)에서 볼 수 있는 보상 회로에서 지배적이다. 이러한 시스템의 연결은 우리가 서로 연결을 추구하고 유지하도록 동기를 부여하는 내적 및 인간관계의 신경적 상관관계를 보여준다. 펠드만Feldman은 다음과 같이 계속 말한다.

> 전반적으로, 결합을 형성하는 동안에 NA에서 OT-DA 혼선crosstalk이 더 조밀하게 되면 뇌 보상체계의 가소성과 새로운 결합을 자기에 통합할 수 있는 유연한 적응이 가능하게 된다… 이러한 발견은 부모에서 쌍 결합으로의 연속성을 형성하고 장기 애착의 보호 기능을 강화하는 데 있어 측부핵 옥시토신accumbens OT의 역할을 강조한다. 마지막으로, 쥐를 대상으로 한 연구에서는 편도체를 장기적으로 억제하는 OT의 역할을 설명한다. 이는 혐오적인 사회적 자극에 대한 편도체 반응을 약화시킨다[Gamer et al. (2010); De Dreu (2012)]. 이러한 장기적인 억제는 두려움을 줄이고 유대감에 필요한 접근 방향을 촉진한다[Maroun and Wagner (2016)]. 따라서 DA가 활력과 동기를 부여하는 반면, OT는 시상 하부-뇌하수체-부신 축 활동에 대한 조절 효과를 통해 유대 형성에 필요한 진정과 평온을[Carter (2014); Feldman (2012)] 그리고 불안 완화 특성[Neumann (2008)]을 제공한다.[152]

여기서 우리의 신경계와 신체 전체 상태의 기본적인 조절이 우리의 초기부터 사회적 관계와 얼마나 깊이 묶여 있는지를 볼 수 있다.

"영향교환Trophallaxis"은 관계 과학에서 사용되는 기본적인 동물 연구의 용어이며, 접근 반응으로 이어지는 사회적 신호의 감각 교환을 말한다. 우리는 서로 연결하고 소통하도록 촉구된다. 포유류로서 우리는 영향교환을 사용하여 서로 다가가고, 연결하고, 접촉을 유지한다. 영장류로서 이 시스템은 더욱 복잡하여 집단의 소속과 우리의 관계 계층을 평가하기 위한 복잡한 방법을 가질 수 있다. 인간의 영장류는 개념과 범주화의 다양한 능력을 가지고 있기 때문에 우리는 언어 기호와 피질의 깊은 의미 형성 과정을 사용하여 이러한 프로세스의 성격과 중요성을 명확하게 표현하고자 하는 시도를 상징화하고 언어로 전달한다. 저녁 식사이든, 시와 소설, 사랑의 노래, 낭만적인 소네트이든 우리의 인생에서 스토리텔링의 역할에 대해 생각해 보자. 성묘에 가서 묘비에 적힌 글을 읽거나 추모식에서 찬사를 들을 때 우리는 서로의 관계의 중요성에 대한 깊은 인상을 받는다. 그런 많은 추념사에서 말하듯이 사망한 개인은 사랑하는 배우자, 부모, 조부모, 또는 친구, 사랑하기 위해 살았고 살기를 사랑하는 사람, 항상 기억되고 아끼는 사람으로 회상된다. 펠드만Feldman은 인간관계의 경향, 즉 영양 교환 본성에 관련된 신경망을 강력하게 조명한다.

> 인간은 OT를 생성하는 시상 하부, 확장된 편도체 네트워크 및 선조체striatum[선조체로 투사하는 VTA(복측 피개 영역ventral tegmental area) 및 그것에서 투사를 받는 VP(배쪽창백ventral pallidum)를 포함]로 구성된 이 변연계 회로의 활동을 통해 사회적 소속을 위해 연결된다. 이 변연계 네트워크는 중요한 생존 및 동기 부여 기능을 조절하고 사회생활을 위해 이들을 재배치한다[Sokolowski and Corbin (2012)]… 특히, 인간 애착에 대한 거의 모든 영상 연구에서 선조체 활동이 발견되었다. 그러나 선조체/VTA 활성화는 일반적으로 피질하(편도체 및 시상 하부hypothalamus) 및 피질 구조, 특히 보상 시스템의 전측 대상회 피질anterior cingulate cortex(ACC), 내측 선선두 피질medial prefrontal cortex(mPFC) 및 안와 전두 피질orbitofrontal cortex(OFC), 정신화를 지원하 구조인 상측두고랑superior temporal sulcus(STS) 및 측두두정 접합temporoparietal junction(TPJ), 체화된 시뮬레이션 기능을 뒷받침하는 구조인 전측뇌섬엽anterior insula(AI), 하측두정소엽inferior parietal lobule(IPL), 하측전두이랑inferior frontal gyrus(IFG) 및 운동 보조 영역supplementary motor area(SMA)과 연관되어 있다.[153]

이러한 라틴어 용어를 암기할 필요는 없지만 이러한 접속점 간의 상호 연결로 구성된 전체 네트워크와 상호 연결성에 대해 잘 알고 있으면 초기에 두뇌 발달에 있어 심오한 중심적 역할 애착의 복잡성과 통합적 측면에 대하여, 그리고 생애 동안 관계가 뇌 기능을 형성하는 방법에 대하여 느낌과 이해를 얻을 수 있다.

주목할 점은 보상 시스템이 우리의 사회적 행동뿐만 아니라 근본적인 조절 시스템과 어떻게 얽혀 있는지이다. 옥시토신의 대규모 영향을 고려할 때 펠드만Feldman은 다음과 같이 제안한다. "OT 전달은 뉴런 사이가 아니라 뉴런 집단 사이에 있는 먼 거리에 걸쳐 작용하여, 행동에 일관되고 오래 지속되는 자립된 효과를 낳는다[Feldman et al. (2010); Abraham et al. (2016); Champagne (2008)]."[154] 즉, 이것이 우리의 관계형 네트워크가 여러 뇌 영역의 동기화에 기여하는 방법이다. 펠드만Feldman은 다음과 같이 말한다.

> 유아기부터 성인기까지 인간을 대상으로 한 종단 연구에서는 부모로부터 친구 및 연인에게 애착을 전달하는 데 OT가 관여한다고 설명한다[Feldman et al. (2013a); Lee Raby et al. (2013)]. 인간 연구에서 사회적 동조성에 의해 매개되는 유대 관련 단서에 대한 반응으로 OT와 DA 사이의 긴밀한 연결성이 나타나고 있다. 예를 들어, 유아 자극에 대한 반응으로 OT와 DA가 풍부한 뇌 영역의 동반활성[Atzil et al. (2011); Strathearn et al. (2009)], OT 투여 후 연인에 대한 VTA의 반응증가[Scheele et al. (2013)], 또는 부모와 낭만적인 결합을 하는 동안 말초 바이오마커의 결합 증가[Ulmer-Yaniv et al. (2016)]. 이것은 운동 "활력"의 피질하 시스템이 반복적인 애착에서 추출하여 사랑의 표현을 경험하고 평생 동안 다른 유대관계로 전달하여, 모성-유아 유대의 신경생물학을 인간 애착과 그 너머에 걸쳐 확장할 수 있게 한다.[155]

뇌 신경 활성화의 시기는 신경 기능과 구조의 연결로 유도된다. 이러한 방식으로 펠드만Feldman은 다음과 같이 방법을 밝힌다.

> OT 및 DA의 맥동/시간 민감도가 인간 애착의 두 가지 주요 특징인 선택적 인식 및 장기 기억에 필요한 신경가소성에 어떻게 관여하는지 보여준다…

이것은 본질적으로 반복되고 예측 가능한 애착 경험이 선조체 DA 뉴런의 보상 계산에 특히 두드러진 표적이 될 수 있다는 가설을 뒷받침한다… 영장류를 대상으로 한 연구에 따르면 선조체 DA 뉴런은 자신과 파트너에서 비롯된 보상을 구별하고 예측 가능한 사회적 상호작용을 예상하며 자신과 파트너의 행동을 일치시켜 보상을 이끌어 낼 수 있다[Báez-Mendoza and Schultz (2013)]… OT는 사회적 자극의 중요성을 증가시키기 때문에[Bartz et al. (2010)], 선조체에서 OT와 DA의 통합은 사회적 동기화의 경험을 향상시켜 보상이 있고 따라서 반복적으로 DA로부터 동기와 활력을 얻고 OT로부터 사회적 초점과 평온을 받는 애착 유대 내에서 조정된 순간의 주기를 유도한다… 이 기능 모드는 일단 활성화되면 반복적인 리듬 버스트를 방출하는 준비된 애착 경험에 의해 트리거되는 자동 조절, 예상 조절feed-forward 방출로 이어진다. 이 같은 시간에 민감한 메커니즘은 초기 애착 경험이 유아의 뇌의 특정 부위에서 OT의 궁극적인 조직을 형성하는 방식, 미래 애착에서 이를 유발할 자극, 다음 세대의 양육 행동의 양식으로 나타날 세대 간 전파를 도식화한다[Feldman (2015)].[156]

이 빛나는 관점에서 볼 수 있듯이, 발달하는 마음은 뇌 사체의 통합적 연결을 형성하는 사회적 상호작용에 의해 형성된다. 복잡한 피질의 참여와 함께, 우리는 감정, 기억, 내러티브의 기능을 가지고 있으며 이러한 기복적인 프로세스는 서로 얽혀 있다.

인간의 대뇌 피질의 복잡성은 피질 아래 변연 네트워크와 고대 OT 및 DA 시스템을 표현과 기억에 기반을 둔 사랑으로 통합하고, 다감각 경험을 고차원적 연결로 변환하고, 문화적 규범에 적응하여 세대를 넘어 유대를 전달하고 의미 체계에 바탕이 되고, 자신과 타인의 중첩과 자율성을 모두 인식한다[Gallese (2015)]. 장기적인 관계를 유지하기 위해 공감과 신뢰의 사회인지 능력을 통합하고, 그것의 부재(예: 죽은 부모) 속에서도 사랑을 느낄 수 있도록 여기와 지금을 확장하여 추상적인 개념(신, 조국), 인류 및 기타 종(애완 동물)

으로 초월한다.[157]

요약하면, 3개의 중요한 광범위한 신경 시스템은 특정 개인 내에서 인간 애착 경험의 기본이다. 일부 신경 영역은 여러 시스템에 참여하고 있으며, 해부학적 및 기능적 연결이 중복되어 있다. 이러한 시스템에는 보상 및 동기 부여, 신체 감지 및 조절, 통찰력 및 공감을 위해 자신과 타인의 마음 지도 작성 또는 정신화와 직접 관련된 시스템이 포함된다. 이러한 네트워크의 얽히는 기능의 한 예로서, 자신의 신체에서 느낌을 인식할 수 있도록 하는 영역이 다른 사람의 내부 상태를 감지하는 방법, 즉 통찰력과 공감을 연결하는 직접적인 정보를 제공하는 방법을 알 수 있다. 이런 식으로, 상호 수용 네트워크는 자신과 타인의 내부 상태(마음)를 매핑하는 것뿐만 아니라 자신의 내부 상태를 감지하고 조절하는 것의 일부이다. 이러한 보상, 소마틱 및 마음보기 네트워크는 우리가 애착 관계 연결 내에서 경험하는 가운데 차별화되고 연결되어 통합된다. 그리고 우리의 신경망은 이러한 경험을 생성, 반응 및 학습한다. 또한, 서로 다른 개인 내에서 신경계를 동반하는 동기 활성화를 수반하는 진동 과정은 "동기화"에서 중심적인 역할을 할 수 있다. 이것이 우리가 느껴짐을 느끼고, 연결되고, 조화를 느끼고, 우리 관계에서 더 큰 전체의 일부라고 느끼게 되는 방법이다.

탐험의 시작부터 언급했듯이 여러 면에서 마음과 "자기"는 내부와 사이within and between, 내면과 상호간inner and inter에 있다. 우리의 근본적인 신경 기능과 구조가 우리의 내면과 에너지와 정보의 상호 흐름에 의존한다는 것을 애착의 신경 상관관계에 대한 이 간략한 토론에서 볼 수 있다. 우리의 '자기'라는 감각이 마음에서 나타날 때, 신경의 상관관계가 어떻게 마음과 동일하지 않은지 알 수 있다. 그렇다, 마음은 머릿속의 뇌를 포함하여 우리 몸 전체와 신경계의 과정을 포함한다. 그러나 마음은 또한 우리의 영양적tropholactic 본질인 에너지와 정보 흐름의 사이이다. 우리의 정체성은 우리의 관계에 의해 형성된다. 그렇다, 이러한 경험은 체화된 뇌를 포함하지만, 또한 우리를 서로 연결하고 내재화하는 의사소통 패턴도 포함한다. 마음은 완전히 체화되고 완전히 관계적이다.

다음은 펠드만Feldman이 이러한 애착 시스템과 관련된 신경 영역과 "다른 사람과의 유대관계를 구축, 유지 및 향상시키기 위해 통합되는" 기능의 동기화를 간결하게 요약하는 방법이다.[158]

1. 첫 번째는 선조체(NA, caudate, putamen), 편도체, VTA, OFC, 복내측 전전두 피질(vmPFC) 및 ACC를 포함하는 "보상 동기 부여" 시스템으로, DA 및 OT가 풍부한 경로를 사용하고 있고, 사회적 지향, 사회적 추구, 장기간에 걸친 접촉 유지와 같은 여러 애착 관련 동기 행동을 지원한다. 애착은 즉각적인 쾌락 반응과 접근 동기 부여, 목표 지향적 행동 및 학습을 결합하는 내재적 동기 부여 가치를 가지고 있다. 전두엽 피질과 편도체 모두에서 선조체와 그 거대한 투영은 애착 관련 단서를 감지하고, 유인가valence를 평가하고, 자극의 정서적 속성을 코딩하여 행동을 안내하는 데 관련된다. 특히, 선조체 내에서도 유대의 안정화와 함께 피질선조corticostriatal 연결성에서 배 쪽(NA)에서 등 쪽 선조체(caudate)로의 전환이 있으며, 이는 보상 관련 추동 및 새로움에서 익숙함 처리 과정 및 예측 가능성으로의 전환을 반영한다. 미상핵Caudate-대뇌 피질의 연결성은 장기적인 관계, 습관 형성 및 부부간의 동반자 관계, 친구간의 사회적 협력 및 신뢰와 관련이 있고, 열정, 성적 욕망 또는 취약한 유아가 경험한 부모의 반에서 연결성이 적다. 미상핵은 강화 학습, 목표 지향적 행동 및 결과의 상대적 가치를 평가하는 데 관여하며, 저자는 복부에서 등 쪽 선조체 기능으로의 전환이 공동 목표, 상호 주거지 및 상호성이 자리 잡을 때, 애착이 수반되고 OT에 의해 이루어진다는 것을 제안한다. 해마 및 편도체-선조 투영과 함께 피질에서 선조체로의 수렴 투영의 존재는 선조체를 인간의 애착을 지원하는 정서적/동기 부여 정보를 처리하기 위한 중앙 입구로 배치한다.

   인간의 애착은 학습, 기억, 계획 및 예측을 포함하고 보상 회로, 특히 vmPFC, OFC 및 ACC의 전두엽 연결에 의존하는 복잡한 고차 프로세스가 필요하다. 이러한 연결을 통해 보상 관련 기대, 연상 및 표현의 인코딩이 가능하다(애착 자극의 정서적 유인가valence 평가, 행동을 안내하는 유연한 표현의 유지). 그러한 피질 선조 연결은 보상, 열정, 근접성 추구, "활력" 및 무의식적 동기를 하향식 제어, 신뢰, 공감 및 애착의 헌신하고 돌보고 유지하는 것과 같은 고차원 능력과 결합할 수 있는 인간 능력의 기초를 제공한다. 인간 두뇌의 최신 진화 구조이자 보상 경로의 종점인 OFC는 장기적인 관계를 유지하기 위한 노력과 목표 지향적 행동의 표현과 "쾌적함"을 의미한다. OFC는 보상 중에서 선택하고, 장기 애착 목표를 위해 즉시적 보상의 견딜 수 있게 하며, 안정적이고 원시적인 방식으로 문화, 의식 및 개인적 선호도에 대한 제휴를 형성한다. vmPFC는 사랑의 표현과 연상의 전체 "잔물결", 인간의 사랑에 중요한 "그리움"(사랑이 없는 상태에서 사랑을 유지), 안전에 대한 평가, 그리고 애착 파트너와 분리 또는 겹침, 상호주관성intersubjectivity의 경험을 정의하는 겹침과 같은 자기의 감각을 가능하게 한다. vmPFC는 변연 영역에 대한 억제 제어를 발휘하여 안전한 환경과 장기적인 애착에서 불안/회피를 줄인다.

2. 인간의 애착을 뒷받침하는 두 번째 시스템은 뇌섬, ACC, IFG, IPL 및 SMA를 포함하는 "체화된 시뮬레이션/공감 네트워크"이다. 체화된 시뮬레이션은 자동 삽입 및 내부 표현을 통해 한 사람의 뇌에서 다른 사람의 상태를 재현하는 진화적인 고대 메커니즘이다. 체화된 시뮬레이션은 두뇌에 "공유된 세계"를 구축하는 데 중요하며 애착을 구축하고 유지하는 인간의 능력을 뒷받침한다. 이러한 형태의 인간관계 "매칭"은 지각-운동 결합을 통해 내부 신체 형식의 경험과 다른 사람의 유사한 상태에 대한 인식을 모두 포함하는 신경 경로에 의존한다. 이 네트워크를 통해 부모/파트너는 내부 수용적인 그리고 정서적인 정보를 통합하고, 정신 상태나 감정을 공명하고, 그리고 현재의 순간 경험을 구축하여 색채, 즉시성 및 "상황"을 부여할 수 있다. 폰 에코노모von Economo 뉴런, 전측 대상회 피질과 전측 섬 피질anterior cingulate and frontoinsular cortices의 V층에 위치한 투영 뉴런은 신체 상태에 대한 의식적 인식과 관련이 있으며 그들이 살아가는 동안 사회적 순간의 통합된 표현을 제공한다….

3. 마지막으로, 내부 수용 메커니즘은 표상에 기반한 인간 애착을 지원하기에 불충분하다. 인간의 유대는 "정신화" 과정, 즉 "함께"에 대한 완전한 감각을 만들어내기 위해 다른 사람에게 신념, 생각 및 의도를 부여함으로써 다른 사람의 정신 상태에 대하여 복잡한 하향식 추론을 포함하는 고차원 인지 과정에 의존한다. 정신화 프로세스는 개인이 여러 관점을 이해하고 파트너의 목표와 동기를 이해하며 자신의 가치와 관심사를 염두에 두는 능력을 바탕으로 애착 형성을 뒷받침한다. 전두측두두정Frontotemporal-parietal구조, 특히 STS, 후측 대상회 피질posterior cingulated cortex, TPJ, 측두 극temporal pole 및 mPFC는 "전반적 인간 애착 네트워크global human attachment network"의 세 번째 네트워크인 "정신화 시스템"의 구성 요소이다. STS와 TPJ는 이 네트워크의 중심 영역이며 사회적 인지, 다른 사람의 상태 평가, 사회적 목표 해석, 예측의 작성 및 그 온라인 업데이트에서 중요한 역할을 한다. STS는 체화된 시뮬레이션(거울)과 정신화 속성을 결합하고 빠른 상향식 시뮬레이션(생물학적 운동)과 느린 하향식 이해(마음 이론)를 통합하고 애착 형성 과정에 중요한 지원을 제공한다. 흥미롭게도 STS는 모성을mothering 지원하는 고대 변연 구조보다 유아 신호에 대한 하향식 이해를 기반으로 하는 부성fathering의 발달과 특히 관련이 있는 것으로 나타났다.[159]

(1) 보상, (2) 체화된 시뮬레이션/공감, (3) 정신화라는 세 가지 시스템을 넘어서 우리는 개인 간의 전체적인 동기화synchronization 과정에 도달한

다. 사회적 신호의 공유인 이 영양교환Trophallaxis의 기본이 되는 프로세스는 동조성synchrony일 수 있다. 즉, 둘 이상의 개인에 걸친 신호 조정이다. 생체 동조성Biosynchrony은 공유신호의 조정뿐만 아니라, 각 개인 내에서 생리적 상태의 공명을 포함한다. 펠드만Feldman은 애착에 대한 동조성의 중심성을 탐구한다.

> 사회적 접촉 중 또는 접촉 직후에 인간의 동조성은 행동, 자율 신경, 호르몬, 뇌의 네 가지 시스템에서 명백하며, 다양한 각도에서 이 결합은 네 가지 인간 애착 군집constellations에서 발견된다… 초기 민감한 시기에 경험한 동시적 상호작용은 생애 후기 애착으로 표현된다. 낭만적인 파트너 사이에서 일치하는 상호작용이 관찰되고 유사한 초 단위의 시선과 정서의 조정이 나타난다[Ulmer-Yaniv et al. (2016); Schneiderman et al. (2012)]. 심박수 조정Heart-rate coordination [Helm et al. (2012)], OT 커플링coupling[Schneiderman et al. (2014)], 그리고 뇌-뇌 동기화가 커플들 사이에서 설명되었다. 어머니와 아버지는 자신의 유아 비디오를 볼 때 체화된 시뮬레이션 및 정신화 네트워크(STS, IPL 및 AI)의 구조에서 조정된coordinated 뇌 반응을 보여준다[Atzil et al. (2012)]. 친한 친구 간의 상호작용은 행동적인 상호성reciprocity을 보여준다. 그러나 친구 간의 상호작용은 부모 또는 낭만적인 애착에서 관찰되는 것만큼 밀접하게 결합되어 있지 않다[Feldman et al. (2013a, 2013b)]. 증거에 따르면 OT는 친구와의 접촉 후 증가하지만, 그 증가는 짝을 이루지 않는다[Feldman et al. (2013b)]. 마지막으로, 군사 유닛과 같이 조정된 행동과 집단 결속을 위해 훈련된 팀은 동기 집단 활동, 특히 (a) 전투에서 조정된 유닛을 묘사하는 삽화에 대해 알파 밴드의 사회적 두뇌 전반에 걸쳐 폭넓은 반응을 나타낸다[Levy et al. (2016b)]… 생물학적 행동 조정을 위해 일치하는 것에 익숙해야 하는 다른 포유류와는 달리, 인간은 낯선 사람에 대해 행동적 동조성을 보인다. 인간은 낯선 사람과 대화하는 동안 시선과 음성 전환을 조정하고 친밀한 유대감을 위해 터치 동조성은 아껴둔다[Feldman (2016)]. 낯선 사람이 가까이 앉아 공동 작업을 수행할 때, 그들은 또한 심박수 커플링, 알파

> 리듬의 뇌-뇌 동조화, STS 및 IPL과 같은 측두엽 구조에서 조정된 뇌 반응을 표시한다[Hasson and Frith (2016); Dumas et al. (2010); Golland and Levit-Binnun (2013)]. 고통에 처한 낯선 사람에 대한 공감은 OT의 관리에 의해 영향을 받고 협력 행동에서 그룹을 관찰하면 OT의 반응을 이끌어낸다….[160]

이 근본적인 내부 반응은 애착뿐만 아니라 일반적인 관계 세계에도 적용된다.

이 장의 나머지 부분은 마음의 관계적 본질과 우리 삶을 형성하는 데 있어 애착 관계의 중요성을 기반으로 한다. 우리는 아이와 부모 사이의 상호작용을 더 완벽하게 탐구하기 위해 AAI의 애착에 관한 각 낯선 상황 실험 분류와 해당 부모의 마음 상태를 면밀히 살펴볼 것이다. 애착에 대한 신경생물학의 관점에 이렇게 몰입하면, 우리의 사회적으로 구성된 관계적 뇌의 신경가소성 변화의 렌즈를 통해 애착이 발달하는 마음에 미치는 광범위한 영향을 이해할 수 있음을 알 수 있다. 우리의 인간관계 연결은 우리의 신경 연결을 형성하고, 이는 결국 우리의 내면 경험, 우리의 행동, 그리고 평생 다른 사람들과 상호작용하는 패턴을 형성한다. 양육자와 영아 사이에 에너지와 정보를 공유하는 패턴인 이러한 상호작용은 신경 성장에 영향을 미치고 아동의 발달하는 마음을 직접 형성한다.

안정 애착

낯선 상황 실험에서, 안정 애착의 1세 영아("B"로 분류됨)는 분리 후 근접성을 찾고, 빠르게 진정되고, 빠르게 놀기로 돌아간다. 에인스워스Ainsworth와 그녀의 동료들이 생후 1년 동안 가정 관찰 연구를 살펴보면, 안정 애착된 영아의 부모는 아동의 신호에 민감하였다.[161] 이 부모들은 유아의 감정적 마음 상태에 "맞추고 있다tuned in"고 말할 수 있다.[162] 피터 포나기Peter Fonagy와 메리 타겟Mary Target은 이 능력을 성인의 "반영적 기능reflective function"의 산물로 설명한다. 이 기능에서 부모는 느낌, 지각, 의도, 신념, 행동에 영향을 미치는 마음의 상태를 (언어를 사용하여) 반영할 수 있다.[163] 이러한 이유로 반영 기능은 안정 애착 관계의 핵심이라고 제안되었는데, 부모가 특히 초기 어린 시절을 불우하게 보낸 경우에 더욱 그렇다. 이 반영 능력의 비언어적 구성 요소는 쌍의 각 구성원의 감정 표현이 다른 구성원의 감정에 조건적으로 반응하는 정서 조율attunement 능력에서 볼 수 있다.[164] 조율은 상호작용의 순간에 마음 상태의 정렬을 포함하며, 그동안 감정은 표정, 발성, 몸짓 및 눈 맞춤으로 전달된다. 이 조정은 모든 상호작용에 대해 발생하지 않는다.[165] 오히려, 그것은 영아와 보호자 사이의 강렬한 의사소통의 순간에 자주 나타난다.[166]

따라서 건강한 조율은 자녀의 신호에 대한 부모의 민감성과 앞서 두 사람의 마음 상태 사이의 "공명"으로 설명된 것을 불러일으키는 협력적이고 조건적 의사소통을 포함한다. 그러한 조율은 정렬이 요구되지 않는 순간에는 해방됨을 포함하고 두 사람의 상태 간의 연결을 수용할 때 재결합을 포함한다. 정렬되는 상태는 실제로 뇌 활동의 정신생물학적 상태이다.[167] 각 개인은 관계의 생체 동기화를 드러내는 공명 상태의 상호 공동 조절에 참여한다.[168]

로맨스, 친밀한 우정, 심리 치료, 학생-교사 관계를 포함한 다양한 종류의 정서적 관계에는 친밀감을 추구하는 기본 요소가 있는 애착의 측면이 있을 수 있다. 화가 났을 때 자신을 내재화하고 안정된 기반을 제공하는 정신적 이미지로 다른 사람을 내면화한다. 연구자 피터 포나기Peter Fonagy도 제안한 바와 같이, 부모와 자녀 사이의 안전한 관계에는 애착 대상이 전달하는 현실에 대해 아는 방식이 실제 세상과 정확하게 일관성이 있어서 신뢰할 수 있는 "인식론적 신뢰" 과정이 포함된다.[169] 이러한 후기 형태의 애착은 아동기에 안정적인 애착이 발달하도록 하는 것과 동일한 방식으로 확립될 수 있다. 처음 두 가지 "대칭적symmetrical" 형태의 관계(우정과 연애)의 경우, 각 구성원은 일관되고 예측 가능하며 민감하고 지각적이며 효과적인 의사소통을 보여준다. 치료자-환자 및 교사-학생 관계(부모-자녀 관계와 마찬가지로 "비대칭asymmetric")에서 신호에 대한 민감성은 안전한 피난처를 제공하는 유일한 "애착 인물attachment figure" 역할을 하는 전자 인물의 주요 책임이다. 그리고 상대방을 위한 안전한 기반. 조화, 공명, 인식적 신뢰는 우리 삶 전체에 걸쳐 이러한 관계적 애착 각각에 존재할 수 있다. 다른 사람의 정신 상태를 반영하는 개인의 능력은 여러 형태의 친밀하고 정서적으로 매력적인 관계에서 필수적인 요소일 수 있습니다. 정신 상태에 대한 이러한 성찰은 개념적 능력 이상이다. 그것은 두 개인의 마음이 서로가 서로를 "느껴짐을 느끼는feel felt" 공명의 형태로 들어가게 한다. 인식적 신뢰를 통해 우리는 신뢰감이 세계가 어떤지에 대한 정확한 관점을 갖도록 성장하는 개인의 능력과 관련이 있다고 제안할 수 있다. 이것은 느낌의 감정적 공명을 기반으로 하는 정신화의 한 측면이다. 강렬하고 친밀한 형태의 연결은 언어와 의사소통의 비언어적 측면(얼굴 표정, 눈 맞춤, 목소리 톤, 신체 움직임, 강도 및 응답 타이밍) 모두에서 나타난다. 이런 의사소통이 일어날 때, 그것은 마음의 조율된 상태를 드러낸다.

의사소통의 언어 구성 요소에는 많은 문제가 포함될 수 있다. 3장에서 논의된 것처럼 다른 사람의 지각, 기억 및 상상에 초점을 맞추는 "기억 이야기memory talk" 또는 정교한 담화 스타일과 같이 다른 사람의 마음의 내용에 관한 의사소통은 기억과 자기 반영의 정신 과정을 향상시킨다.[170] 친밀하고 정교한 대화는 또한 정신 상태의 다른 필수 특징인 생각, 감정, 의도,

신념 및 인식에 초점을 맞춘다. 따라서 가장 기본적인 수준에서 두 개인이 에너지 흐름(감정 상태)에 대한 비언어적 초점을 공유하고 정신생활의 정보(기억과 내러티브의 표상 과정)에 대한 언어적 초점을 공유함으로써 아동기와 성인기의 안정적인 애착이 확립된다. 마음의 문제는 안정적인 애착을 위해 중요하다.

마음의 문제는 안정적인 애착을 위해 중요하다.

애착에 대한 성인의 안정/자율적 마음 상태: 반영의 자유

안정 애착 아동은 애착과 관련하여 현재 마음의 상태가 "안정적/자율적"인 AAI 분류를 가진 부모를 갖는 경향이 있다("F"로 코딩됨, "자유로운" 생각).[171] 안정하게 애착된 아이의 부모는 다음과 같이 말한다.

> "어머니는 매우 배려심이 깊은 분이셨고, 매우 가깝게 느껴졌던 기억이 납니다. 어머니는 제가 학교에서 집으로 돌아온 후 하루 동안 무슨 일이 있었는지 물어보곤 했습니다. 어느 날 제가 너무 속상했던 기억이 납니다. 그녀는 매우 바쁜 분이셨는데, 제가 방에 들어서자, 그녀는 책을 내려놓고 우리가 개인적으로 이야기할 수 있도록 저와 함께 제 방으로 간 것으로 기억합니다. 그녀가 무슨 말을 했는지 정확히 기억나진 않지만, 그녀가 나를 얼마나 기분 좋게 해줬는지는 기억합니다."

이 성인의 AAI 내러티브 중 이 부분은 지나치게 이상화하지 않는 균형 잡힌 관점을 보여준다. 일반적인 자전적 지식(예: 어머니는 배려심 있고 그런 어머니에게 친밀감을 느꼈음)에 쉽게 접근할 수 있으며, 이러한 용어를 뒷받침하기 위해 구체적인 자전적 세부 사항을 제공한다. 이 내러티브 부분은 발생한 일에 대한 일반적인 지식과 말하고 있는 내용에 대한 증거가 있음을 보여준다. 내러티브의 전체적인 일관성은 매우 높으며 그라이스Grice의 대화의 원칙을 만족시킨다. 헤세Hesse가 언급했듯이 그러한 내러티브는 성인이 애착과 관련된 경험의 기억을 조사하면서 동시에 협력적이고 일관성 있는 대화에 참여할 수 있는 능력이 있음을 보여준다.[172] 이 성인들에게서 자주 발견되는 또 다른 측면은 이러한 내러티브 설명 내에서 정신적 과정을 성찰하는 능력이다.[173] 마음이 다른 마음을 나타낼 수 있는 그러한 반영 기능은 성인이 포나기Fonagy와 동료들이 제안하는 "정신화mentalizing" 능력을 가지고 있음을 드러낸다.[174] 이것은 부모가 자녀의 마음 상태를 인지하고 반응하기 위한 필수적인 능력일 수 있다.

일부 내러티브에는 이상적이지 않은 양육 경험에 대한 설명이 포함될 수 있지만, 내러티브 대화의 흐름에는 마음의 일관성이 반영된다. 이러한 일관성은 과거에 대해 객관적으로 이야기하는 용이함과 부모를 성인 발달에 영향력 있는 사람으로 볼 수 있는 능력을 나타낸다. 위에 인용된 부모는 자신의 아버지에 대해 이렇게 말했다.

> "아버지는 실직으로 많이 괴로워하셨습니다. 몇 년 동안, 저는 그가 우울했다고 생각합니다. 아버지 주위에 같이 있는 것이 별로 즐겁지 않았습니다. 그는 일자리를 찾으러 나갔고, 일자리를 못 찾으면 우리에게 소리를 지르곤 했습니다. 어렸을 때는 그게 많이 속상했던 것 같습니다. 저는 그와 가깝다고 느끼지 않았습니다. 제가 나이 들어감에 따라 어머니는 아버지가 처한 상황이 그와 저에게 얼마나 고통스러웠는지 이해하도록 도와주셨습니다. 10대 이후에 아버지와 관계가 개선되기까지 저는 아버지에 대한 분노를 처리해야 했습니다. 오늘날 저의 마음 상태는 그 기간이 우리 모두에게 다소 힘들었기 때문이라고 생각합니다."

그녀의 관계에 대한 이러한 성찰은 그녀의 경험의 긍정적인 측면과 부정적인 측면의 균형을 맞추는 능력을 보여주고, 어린 시절을 지나 성인이 되어서 그들이 그녀에게 어떤 영향을 미쳤는지에 대해 숙고할 수 있는 능력을 보여준다.

안정하고 자율적인 마음 상태를 가진 성인은 내러티브, 자기 성찰 및 기억에 관한 접근이 유동적일 수 있다. 그들은 지각과 행동 계획에 있어 융통성을 발휘할 수 있도록 하는 애착 관계에 대한 다양한 정신적 모델을 가지고 있을 수 있다. 메인Main이 설명했듯이 그들의 주의력/표상 상태는 애착 관련 문제를 해결하기 위한 최소화 또는 최대화 전략이 필요하지 않다.[175] 비공식적 관찰은 그들이 높은 수준의 감정적 강렬함을 즐기고 조절하며 다른 사람들과 보람 있는 감정적 연결을 경험하는 능력을 가진 것으로 볼 수 있음을 시사한다.

안정되고 자율적인 부모의 내러티브는 애착의 내부 작동 모델이 안정적이고 애착 관계의 중요성을 인정하며 현재에 자유롭게 살 수 있음을 보여준다. 작동하는 애착 모델이 안정적이면, 아마도 부모의 내러티브나 자녀에 대한 양육 방식을 방해하는 "남은 과업leftover business"은 거의 없을 것이다. 안정하고 자율적인 부모는 과거의 문제, 현재의 부정, 미래에 대한 애착과 관련된 걱정 없이 현재를 온전히 살 수 있는 삶의 이야기를 가지고 있다는 느낌이 있다. 그러한 개인의 마음은 에너지와 정보의 조직적이고 손상되지 않은 흐름을 가지고 있다고 설명할 수 있다. 우리는 이 개인 그룹에서 볼 수 있는 내러티브의 일관성이 시간이 지남에 따라 자기의 측면을 통합하는 잘 기능하는 능력을 반영할 수 있다고 제안할 수 있다. 주제는 9장에서 더 자세히 탐구할 것이다.

안정/자율 성인의 비공식 하위 집합은 "획득된earned" 안정/자율 상태를 가진 사람들로 구성된다.[176] 이들은 설명된 어린 시절의 경험이 어떤 형태의 불안정한 애착(회피, 양가적 또는 혼란)을 일으키기 쉬운 개인이다. 그러나 기록의 일관성은 내러티브의 유동성과 성찰 능력의 유연성을 나타내므로, 애착에 대한 현재 마음 상태는 안정/자율성으로 평가된다. AAI 내러티브에 포함된 정보에 따르면, 이러한 개인은 종종 가까운 친구, 낭만적인 파트너 또는 치료사와 상당한 정서적 관계를 맺은 것으로 보이며, 이를 통해 불안정한 상태에서 벗어나 안정하고 자율적인 AAI 상태로 발전할 수 있다.[177] "획득된earned" 안정/자율, "지속적인continuous" 안정/자율 그리고 불안정한 부모를 비교하는 연구에서 몇 가지 결과가 나타난다.

한 가지 전반적인 발견은 "획득된" 및 "지속적인" 안정/자율 범주에서 부모에 대한 자녀의 애착이 구별할 수 없는 것으로 보인다는 것이다.[178] 부모-자녀 상호작용을 평가했을 때, 상당한 스트레스 조건에서도 이 두 그룹은 서로 비슷했다. 이것은 현재의 평가 방법의 한계일 수도 있고, 초기 불안을 초래한 어려운 어린 시절의 경험에도 불구하고 현재 기능을 크게 변경할 수 있는 방법에 대한 발견일 수 있다. 또 다른 일반적인 발견은 "후향적으로 획득된retrospective earned"(AAI에서만 과거 기억에 의한) 하위 그룹 그룹이 "전향적으로 획득된prospective earned"(불안정한 아이 애착으로 기록된, 현재는 성인 안정) 또는 "지속적인 안정/자율continuous secure/autonomous" 그룹보다 더 우울한 증상을 보고하는 경향이 있다는 것이다. 그리고 불안정한 그룹만큼(또는 그 이상) 증상이 있다. 이것을 어떻게 설명할 수 있을까? "획득된 안정"의 개념을 해석하는 방법에는 여러 가지가 있으며, 연구자들은 이러한 중요한 문제를 명확히 하기 위해 향후 평가에서 이 개념의 후향적 및 전향적 성격을 탐구해야 한다.[179]

논의의 관점에서 볼 때, "획득된" 안정/자율적인 성인을 대상으로 한 이러한 발견은 시간이 지남에 따라 자기에 대한 지식의 흐름을 반영할 수 있다. 어린 시절 경험의 암묵적 요소는 자녀 및 배우자와의 관계와 같은 강렬한 정서적 관계에서 빠르게 활성화된다. “전향적 획득” 범주가 애착과 관련하여 불안정한 마음에서 안정/자율적인 마음 상태로의 개인의 정서적 발달을 진정으로 나타낸다면, AAI 내러티브의 일관성은 부모의 불안정한 애착 패턴이 다음 세대를 통과하지 못하게 차단한다.[180] 이 집단에 대한 추가 연구는 차선의 애착 이력에 직면하여 마음이 일관된 통합을 달성하기 위해 사용할 수 있는 요인과 메커니즘을 이해하는 데 도움이 될 수 있다.

회피 애착

낯선 상황 실험에서 회피 애착으로 분류된 생후 1년의 영아들(〈표 4.1〉에서 “A”로 코딩됨)은 부모가 돌아와도 두드러진 반응을 보이지 않으며, 이 영아의 부모들은 “무시” 유형일 가능성이 높다.[181] 그들은 마치 부모가 떠나거나 돌아오지 않은 것처럼 계속 놀고 행동합니다. 그러나 심장박동의 변화 등으로 신경계의 반응을 측정해 보면 신경계에서는 의미 있는 반응이 나타나는 것으로 밝혀졌다.[182] 외적으로는, 관찰자가 보기에 부모가 돌아오는 것을 회피하는 것처럼 보인다.

에인스워스Ainsworth와 동료들은 생후 1년 동안 관찰한 결과, 이들의 특징이 정서적 거리감과 부모의 무시와 거부 행동으로 특징지어진다는 것을 발견했다.[183] 이 부모들은 자녀의 마음 상태에 상대적으로 둔감하고, 도움이 필요한 자녀의 요구를 지각하지 못해 정서적으로 이용할 수 없고, 인식된 그 요구들을 충족시키는 데 효과적이지 않은 것처럼 보였다. 이후의 연구들에서 그러한 부모들은 낮은 정서 조율 수준, 얼굴 감정과 무관한 언어 표현, 그리고 문제 해결 과제와 같은 다양한 상황에서 아동의 발달 수

준에 맞춰 아동과 관계를 맺는 데 어려움이 있다는 것을 보여준다.[184]

그러한 아이의 내적 애착 모델에 대한 견해는 부모가 아이의 정서적 요구를 충족시키는 데 유용하지 않았으며, 그의 마음 상태에 맞지 않는다는 것이다. 그러므로 행동적으로, 재결합 시 부모를 찾는 것은 아무 소용이 없다. 회피 애착 유형의 부모-자녀 쌍에서는 상호작용, 혹은 정서적 연결이 제한되어 있으며, 안정 애착 쌍과 비교했을 때 상대적으로 부모와 자녀가 서로 고립되어 있는 모습을 볼 수 있다. 이러한 방식으로 조직화된 적응 전략은 근접 추구를 최소화하고 기대를 줄이며 그에 따라 다른 애착 관련 행동과 정신적 과정을 형성하는 주의/표상 상태를 갖는 것이다.[185] 이 상태에서 자기감이 단절된다.

회피 애착된 양자 관계에서 부모는 아동의 마음을 개념화하는 능력이 현저하게 부족하다.[186] 이러한 결핍은 부모, 그리고 자녀가 타인이나 자신의 정신 상태를 반영하는 경향이 감소된다는 점에서 분명히 드러날 수 있다. 어떤 사람들은 자신이 잘 인식하지 못하는 단절감을 느낄 수 있다. 다른 사람과 자신과의 거리감이 그들의 경험을 지배할 수 있다. 그것은 또한 그들이 자신의 감정에 대한 자각을 설명하는 방식에서도 분명할 수 있다. 비공식적 관찰은 그들이 감각적이거나 직관적인 요소가 결여된 건조하고 논리적이며 분석적인 사고를 하는 경향이 있음을 시사한다. AAI가 무시형으로 분류한 성인에 대한 논의를 아래에서 살펴보겠지만, 자전적 내러티브와 자기 성찰에는 풍부함과 깊이가 부족한 특징이 있다.[187]

이 장의 시작 부분에서 설명하고 수년 전에 볼비Bowlby가 제안한 것처럼,[188] 일반적으로 유지되는 견해는 인간의 영아는 지상에 사는 다른 영장류처럼 양육자에게 애착을 갖게 하는 선천적, 유전적으로 결정된 동기 부여 시스템이 있다는 것이다. 영아는 돌보는 사람이 민감하고 반응이 좋은지 여부와 관계없이 돌보는 사람에게 애착을 갖게 된다. 주 양육자가 안전한 애착의 요소를 제공하지 않으면 아동은 차선의 상호작용에 적응해야 한다. 회피 애착 아동의 경우, 그러한 경험은 기대를 형성하고 좌절을 최소화하는 행동 반응을 포함하는 조직화된 적응을 생성하는 것으로 보인다. 아동은 마치 부모가 절대로 떠나지 않는 것처럼 행동하고 부모가 필요하다는 외적인 징후를 보이지 않는다. 그러나 동시에 회피 애착 아동과 그들을 버리는 부모에 대한 생리학적 연구는 애착에 부여된 내적 가치가 온전하고 강렬하게 남아 있음을 분명히 보여준다.[189] 영아의 행동적 적응, 그리고 나이 든 아동과 성인의 인지적 적응(자전적 기억과 내러티브의 부족, 발달과 인생에서 관계의 중요성에 대한 믿음)은 지속적으로 애착에 대한 내적 무의식적 중요성이 부여된 것과 대조적이다.

> 주 양육자가 안전한 애착의 요소를 제공하지 않으면 아동은 차선의 상호작용에 적응해야 한다.

애착에 대한 성인의 마음 상태 — 무시: 감성적인 사막의 기억

"부모님은 제가 성장하는 데 많은 도움을 주셨어요. 그들은 저에게 학교 수업과 정규 교과 과정 이외의 수업에 대한 훌륭한 경험을 주었습니다. 저는 외국어를 배우고 두 가지 악기를 능숙하게 다룰 수 있었습니다. [어릴 때부터 부모님과의 관계에 대한 질문에 그녀는 이렇게 말했다.] 저희 부모님은 매우 관대한 분이셨습니다. 아버지는 매우 재미있었고 유머 감각의 중요성을 가르쳐 주셨습니다. 어머니는 매우 단정하셨고 정리의 장점을 가르쳐 주셨습니다. 전반적으로 우리 가족은 매우 좋았습니다. [그녀의 어린 시절에 대한 구체적인 기억을 묻는 질문에 그녀는 다음과 같이 말했다.] 저는 어린 시절에 대한 아주 좋은 기억이 있습니다. 구체적인 경험은 기억나지 않지만,

우리가 아주 좋은 가정생활을 했다는 것은 압니다. 좋은 시간이 많았습니다. [그녀는 또한 다음과 같이 말했다.] 저는 열심히 일하고 자기 삶의 방식을 찾는 것을 믿습니다. 저는 제 아이들이 저처럼 독립성과 끈기를 성취하도록 키우고 있습니다."

AAI 내러티브에서 발췌한 이 내용은 개인이 어린 시절부터 대인 관계가 부족했음을 보여준다. 이러한 유형의 서사를 가진 어른들은 어린 시절을 회상하지 않는다고 주장하는 독특한 특징을 종종 가지고 있다. 그들의 일반적인 서술 표현은 특정 기억에 의해 뒷받침되지 않으며, 따라서 그들의 녹취록은 담화의 질(일관성)에 대한 그라이스Grice의 법칙에 대한 위반으로 정의되는 비일관성이 있다. 그들의 응답은 또한 일반적으로 지나치게 짧아서 그라이스Grice의 양의 법칙을 위반한다. 예를 들어, 모자 관계에 관한 질문에 대해 "우리 엄마는 좋았어요. 이 말에 증거가 되는 그녀의 행동을 기억할 수 없습니다. 그냥 그녀가 좋았다고 생각해요. 그게 다예요." 종종 인터뷰에서 내포된 의미는 부모와 자녀 사이에 감정적 연결이 별로 없다는 것이다. 또한 피험자들이 부모에 대해 제공되는 긍정적인 일반적인 진술을 뒷받침하기 위해 부모 측에서 행동을 거부하거나 무시하는 것을 설명하는 사례가 보고되었다. 전반적으로, 이러한 내러티브는 인터뷰 대상자와 그들의 주요 애착 인물의 정신적 과정이 최소치였을 수 있음을 시사한다.[190] 부모-자녀 상호작용은 상대방의 정신 상태에 대한 반영의 상호 공유의 질과 양이 최적이 아닌 것으로 보인다.

"무시"("Ds"로 코드화) 성인의 애착의 내부 작동 모델은 회피 애착 아동의 애착 모델과 유사하다고 생각된다. "부모님이 거부하고 있고, 이 부모님께 정서적 위로나 유대감을 기대할 수 없기에 적응하면서 혼자 살겠습니다." 이것은 영아의 의식적이고 의도적인 선택이 아니라 정신적 적응이다. 부모가 아이의 내부 상태에 거의 조율하지 않는 경우, 아이는 부모의 세계에서 정서적으로 고립된 세계를 경험할 것이다. 아이의 자기감 역시 부모와 근본적으로 분리되어 있다.

위에 인용된 과거 경험에 대한 내러티브에는 다음과 같은 기본 주제가 있다. "내 삶은 좋았습니다. 나는 부모님에게서 중요한 것을 배웠다. 제 아이들도 독립하는 법을 배웠으면 좋겠어요." 이 사람의 설명은 실제로 그녀 부모와의 관계의 질에 대한 질문에 대답하지 않는다. 과거를 긍정적으로 요약한 것은 부모가 그녀와 관계나 소통을 하는 것이 아니라 부모가 선물로 준 것들이다. 앞서 언급했듯이 내러티브의 또 다른 특징은 어린 시절의 세부 사항을 기억하지 못한다는 사람의 주장이다. 이 기억상실증은 5세(우리 대부분이 명시적 자전적 기억에 쉽게 접근하기 시작하는 시기)를 훨씬 넘어서는 기간을 포함하는 것으로 보인다. 그녀의 어린 시절 경험에 대한 기억의 "폐쇄"에는 청소년기의 대부분도 포함된다. 우리는 이러한 발견을 적어도 어린 시절 사건에 대해 개인을 무시하는 데 있어 자기 인식 의식이 상당히 덜 발달되었을 가능성을 시사하는 것으로 볼 수 있다.

무시형 성인은 어린 시절을 기억하지 못한다고 강력히 주장한다. 그러나 메인Main과 그녀의 동료들은 대화를 차단하는 역할도 할 수 있기 때문에 해석에 신중하다. 이러한 기억력 부족을 어떤 외상에 대한 기억이 차단된 것으로 잘못 해석되어서는 안 된다. 애착 연구에 따르면 이러한 회상 부족은 신체적 또는 성적 학대에서 볼 수 있는 어떤 형태의 외상 유발 차단보다는 회피적 애착에서 보이는 관계의 무시, 거부 및 정서적으로 단절된 패턴과 관련이 있음을 시사한다.[191] 연구에 따르면 어떤 텔레비전 쇼가 인기가 있었는지 또는 이 성인들의 삶의 특정 시기에 발생한 주요 세계 사건과 같은 개인 지식의 다른 측면은 일반적으로 기억한다.[192] 다시 말해, 지식적 의식은 이러한 개인들에게서 정상적으로 발달한 것으로 보인다.

회피 관계를 지배하는 정서적 거리와 거부는 일종의 영향이 적은 환경을 조성한다. 미네소타의 부모와 자녀에 대한 종단적 연구의 결과에 따르면, 회피 애착 아동은 아동기 전반에 걸쳐 해리 증상을 나타내지만, 성인이 되면서 완화되는 것으로 보인다.[193] 이 프로젝트는 1970년대 후반(어린이가 태어나기 전) 이후 추적된 150명 이상의 어린이와 그 가족의 "위험에 처한" 표본에서 적응을 조사하는 진행 중인 연구이다. 이 아이들은 빈곤과 어머니의 젊은 나이와 같은 다른 요인으로 인해 나쁜 적응 결과에 대한 높은 위험이 있는 것으로 간주되었다. 일반적으로 이 연구 결과는 대인 관계가 마음이 발달하는 방식을 형성한다는 견해를 뒷받침한다. 특히, 회피적 애착으로 이끄는 관계는 정신생활의 요소들 간의 해리 또는 거절을 조장하는 것으로 보인다.[194] 예를 들어, 회피적으로 애착 형성된 두 사람 간의 대인 관계 매트릭스 내에서, 감정적 연결에 대한 필요성은 반복적으로 좌절된다.

왜 이러한 감정적 분위기는 가족생활에 대한 명시적이고 자전적 세부 사항에 대한 접근의 부족을 초래할까? 이러한 이벤트는 인코딩되지만, 접근이 차단될까? 회피 애착 아동과 무시 애착 마음 상태를 가지는 성인의 인코딩 프로세스가 다를까? 감정의 결핍으로 인해 관계 경험이, 더 쉽게 회상이 되는 "가치로 가득 찬" 기억으로 인코딩되지 않는 것일까? 이 가족들은 아이들의 기억과 상상의 내용을 더 충분히 발전시키고 더 쉽게 표현할 수 있도록 하는 일종의 정교한 토론 과정이 없었을까? 이러한 질문에 대한 답변은 연구할 부분이다.

이러한 질문은 회피와 회피적 애착에서 볼 수 있는 회상 부족과 자전적 내러티브 부족에 대한 여러 가지 가능한 경로를 제안한다. 미래의 연구가 그 타당성을 확인한다면, 그것은 또한 이러한 개인의 삶에서 반영 기능을 발전시키는 데 유용할 수 있는 접근 유형, 즉 정서적으로 관여하고, 정교하며, 다른 사람과의 조건적 의사소통에 대한 방법을 제시할 수 있다.

앞서 언급했듯이, 그리고 앞으로의 장에서 살펴보겠지만, 애착에 가장 중심적인 뇌의 네트워크는 자기 인식 의식의 중요한 매개체와 겹친다. 여기에는 내측 전전두 피질, 기타 전전두 영역을 포함한 DMN 부분은 사회적 의사소통, 공감적 조율, 감정 조절, 신체 상태 등록, 자극 평가(표상의 가치와 의미의 설정), 자기 인식 의식의 통합적 조정을 제공한다.[195] 이미 설명했듯이, 애착의 신경망은 보상, 신체 감각과 조절, 마음의 지도 생성 영역의 세 가지 주요 기능이 포함되어 있다, 정신화 회로는 "자기"와 "타인"의 마음을 알도록 돕는다. 그러면 우리는 보상에 대한 욕구, 신체 상태를 감지하고 "형성"을 통한 감정적 공명, 마음에 대한 관점 수용 및 인지적 이해(정신화)가 모두 어떻게 이러한 얽힌 애착 네트워크 내에서 어떻게 수렴하는지 이해할 수 있다. 이러한 흥미로운 수렴적 발견은 애착과 관련하여 일관된 마음 상태를 통합할 수 있는 능력을 활용할 때 초기 감정적 관계가 자기 지식, 자기 조직화 및 자기감을 형성하는 방법에 대한 예비적 관점을 제안한다. 애착은 우리의 자기와 마음에 대한 경험의 출현에 대한 부가물이 아니다. 그것은 우리가 어떻게 우리가 되는지의 핵심이다.

AAI 내러티브의 평가에서는 구체적인 명시적 기억이 일반화된 자전적 주제 및 설명과 어떻게 대응하는지 조사한다. 이렇게 하여 평가자는 피험자의 일화적 회상, 의미론적 지식, 그리고 그들의 인생 이야기 주제들 사이의 불일치를 발견할 수 있다. 삶의 내러티브는 단순히 자전적 세부 사항의 축적이 아니라 반복된 경험에 대한 명시적 기억과 암묵 기억 모두에 의해 유도된다. 우리는 3장에서 삶의 이야기 주제가 과거의 일반화(멘탈 모델과 같은)와 무의식적 소망, 그리고 더 원했던 과거에 대한 환상에 의해서 어떻게 만들어질 수 있는지 논의했다. 기억의 이런 재구성적 측면은 실제로 살았던 과

> 삶의 내러티브는 반복된 경험에 대한 명시적 기억과 암묵 기억 모두에 의해 유도된다.

거에 대한 불안을 줄이는 데 도움이 될 수 있는 서술적 자기감을 생성하는 전략적 적응 기능을 가질 수 있다.[196] 회피하거나 무시하는 유형의 "최소화" 전략은 자기 인식 의식에 대한 접근과 초점에 대한 매우 특수한 적응 양상을 낳을 수 있다. 다음에 보게 되겠지만, 양가적이거나 몰입 애착 유형의 "극대화" 전략은 AAI 동안 과거, 현재, 미래의 표현이 흐려지는 자기 인식 의식의 특징적인 패턴을 생성할 수도 있다. 자기 인식은 정신적 시간 여행을 허용하기 때문에 AAI의 도전적인 설정 동안의 회상 경험에서 상당히 다른 차원을 포함할 수 있다.

우리의 3-P 틀에서 우리는 어린 시절의 통합된 안전 경험이 정신적 활동, 특히 관계에서 중요한 다른 사람들과 관련된 활동이 의미 있고, 연결되도록 참여하는 유동적이고 역동적이며 열린 상태를 키울 것이라고 제안할 수 있다. 우리의 3-P 그래프가 어떻게 그러한 개방적이고 역동적인 상태를 시각적으로 묘사할 수 있을까? 단순하지만 은유적인 용어로 우리는 안전이 가능성의 평면에 대한 접근을 제공한다고 말할 수 있다. 그것은 고정되어 있지 않고 완고하지 않다. 이것은 정신적 존재, 불확실성을 포용하고 그것으로부터 도망치지 않는 열린 자각의 상태를 묘사하는 시각적인 방법이 될 것이다.

대조적으로, 회피는 상호 보상적인 관계를 달성하고 유지하기 어렵게 만든다. 앨런 스루프Alan Sroufe와의 최근 토론에서 우리는 회피 애착의 병력이 있는 아이들이 다른 사람들과 합류하는 데 어려움을 겪는 과정을 탐구했다. 예를 들어 친구가 어느 날 결석했다면 회피 애착이 있는 아이는 유연하게 교실이나 학교 운동장에서 다른 아이들과 연결하는 것이 어려울 수 있다. 이것을 그래프에서 어떻게 묘사할 수 있을까? 어린이의 경우 불확실성을 최소화하고 결과를 통제하려는 제한적인 고원 세트가 관찰될 수 있다. 그런 종류의 제한된 고원은 높고 좁게 보일 수 있다. 아동기에 방어적으로 구성된 좁고 제한적인 필터로 "최소화"된 고원은 다른 사람, 특히 애착 대상과 연결하려는 충동을 줄이는 기능을 한다. 그런 학습된 생존의 고원은 나중에 성인기에 나타날 것이다. 우리는 이러한 애착 전략을 적응 고원을 구성하는 것으로 상상할 수 있으며, 이는 AAI의 특징적인 반응 패턴이다. 이러한 회피 안정기가 성인기까지 지속됨에 따라 인터뷰에서 회상 부족과 관계의 중요성 최소화의 형태로 자신을 보여주는 제한된 봉우리 세트가 발생한다. 양가형의 경우, 넓은 고원에서 여러 봉우리로 올라가고, 각각은 세부 사항이 풍부하며, 세부 사항은 과거의 해결되지 않은 문제에 대한 집착을 나타낸다. 그러한 고원은 애착에 대한 강화된 추동 전략을 나타낸다. 이러한 안정된 애착 또는 비안정 애착의 조직화된 형태와 대조적으로 와해된 애착은 고원의 급격한 변화로 시각화될 수 있다. 또한 이 시각화는 성인이 해결되지 않은 외상, 심각한 상실 및 기타 "혼란" 상태를 처리하는 방법에 대해 다룬다. 고원의 갑작스러운 갈라짐은 이러한 개인들에게 시간이 지남에 따라 발생하는 해리적이고 무질서한 상태를 반영한다. 이 같은 경우에 알아차릴 수 있는 것은 평면이나 고원에서 나온다. 의식의 경험이 자유롭고 융통성이 있는지, 최소화, 최대화 또는 무질서한지는 개인의 애착 역사에 의해 형성될 것이다. AAI가 평가하는 것은 응답의 봉우리일 것이다. 이러한 응답의 특성은 내러티브 출력을 형성하는 기본 "애착에 대한 마음의 상태"에 대한 견해를 제공한다. AAI를 이해하는 열쇠는 제공되는 내용보다 상황이 어떻게 말해지는지에 집중하는 것이다.

우리의 의식적 경험에서 일어나는 것을 형성하는 기억의 층은 삶의 사건과 그것에 대한 우리의 적응에 의해 구성된 이러한 제한적인 고원의 일부 신경 상관관계에 의해 걸러질 가능성이 높다. 다시 말해, 경험은 기억에 인코딩된 과거의 영향을 받을 때 우리의 현재 마음 상태가 어떻게 형성되는지에 영향을 미치는 신경 구조를 형성한다. 이 과정을 그리는 열쇠는 신경 구조에 직접적인 영향이 있고 최적이 아닌 애착 관계에 직면하여 일종의 정서적 평형을 유지하기 위해 개인이 만드는 적응 전략이 있다는 것이다. 이러한 적응은 제한적이거나 혼란스러운 고원과 개인의 마음 상태의 봉우리로 시각화될 수 있다.

우리는 자전적 기억을 세 가지 범주의 기억, 즉 일반 기간, 일반 지식, 특정 사건으로 조직화했다고 생각할 수 있다.[197] 우리는 먼저 "내가 고등학생이었을 때"와 같은 일반적인 기간에서 과거를 회상할 수 있다. 다음으로, "나는 농구를 잘했다"라는 견해와 같은 일반적인 자전적 지식을 가질 수 있다. 마지막으로 "고등학교 3학년 때, 마지막 농구 경기에 갔을 때"와 같은 과거의 특정 사건을 회상할 수 있다. AAI 내러티브는 무시형 성인은 그들의 삶에서 특정 관계의 관련 사건에 대한 세부 사항에 관한 기억이 부족한 것으로 보인다는 것을 보여준다.

이 발견은 자전적 기억과 구별되는 자율 의식에 대한 휠러Wheeler, 스투스Stuss, 툴빙Tulving의 개념으로 이해될 수 있다.[198] 자기 인식은 3장에 설명된 바와 같이 개인적으로 경험한 과거의 자기감으로 정신적 시간 여행을 수행하는 마음의 능력이다. 일반적인 기간에 대한 기억이나 과거의 사건에 대한 일반적인 지식은 자전적 기억의 일부로 존재할 수 있지만, 오직 인식적 의식 내에서만 경험할 수 있다. 즉, 과거의 사건이 발생했다는 것은 알지만 과거에 대한 자각은 없다. 개인적인 과거 사건에 대한 이러한 사실적 지식은 정신적 시간 여행의 일시적인 과정의 일부가 아니라 의미적(사실적) 기억으로 회상된다. 일화적 회상에서 경험된 자기는 기억에 재현된다. 자기 인식적 기억과 인식적 기억을 돕는 뇌 구조가 서로 다르다는 사실은 무시 애착으로 분류된 성인들이 자전적 내러티브를 할 때 다른 신경학적 기제를 사용할 수도 있다는 것을 제안한다. 대부분의 사람들은 자전적 기억을 회상할 때 왼쪽을 쳐다본다. 이 과정은 우반구 회로를 주로 활성화하는 것으로 생각된다.[199] 무시형 마음 상태를 가진 사람들은 AAI 동안 오른쪽을 바라볼까?(이는 의미적 회상이 매개되는 것으로 생각되는 좌반구의 활성화를 암시) 메인Main과 헤세Hesse, 그리고 다른 사람들은 AAI와 버클리Berkeley에서 수행된 자기 시각화 작업과 관련하여 이 질문에 대한 답을 검토해 왔다.[200] 이 가설을 뒷받침하는 베렌스Behrens와 동료들의 탐색적 연구는 다음과 같은 결과를 보여준다.

> 반구 활성화 분석의 경우, 무시 애착형 어머니는 그림 유형과 관계없이 왼쪽 반구에서 훨씬 더 강한 뇌 활성화를 가졌으며, 이는 무시형 애착의 특징인 이상화와 일치하며[Main, et al. (2002)], 부정적인 그림조차 긍정적으로 받아들이는 어머니 인식의 단절을 나타낸다. 몰입형 어머니는 중립 사진을 제외한 모든 사진에 대해 우반구에서 더 강한 활성화를 보였다, 이는 몰입 상태에서 자주 나타나는 분노와 일치하는 양상이다[Main, et al. (2002)].[201]

불안정 애착 패턴 전반에 걸쳐 비대칭 편향에 대한 이러한 초기 지지적 발견을 검증하기 위해 추가 연구가 여전히 수행되어야 한다.

무시형 마음 상태인 사람 중 일부는 자신의 삶에서 일어난 개인적인 사건에 대한 기억이 전혀 없다고 주장한다. 그들은 과거를 회상하지 않는 것처럼 보일 뿐만 아니라, 그들은 경험의 사실조차 기억하지 못하는 것 같다. 단순한 자율신경 장애를 넘어, 관계 관련 경험에 대한 사실을 기억하거나 인코딩하는 데 장애가 있는 것으로 보인다. 회상의 결여에 대한 이러한 주장을 이해하기 위해 우리는 기억과 감정에 대한 일반적인 연구를 살펴보면, 감정이 포함된 경험이 훨씬 더 잘 기억되는 경향이 있다고 한다.[202] 편도체와 안와 전두 피질을 포함하여 들어오는 정보에 우선순위를 할당하는 역할을 하는 뇌 부분은 아마도 가치가 있고 감정적으로 의미가 있고 따라서 기억에 남는 "주의를 환기시키는red-flagging" 경험으로 처리할 것이다.[203] 감정적 경험은 장기적으로 기억될 가능성이 더 높으며, 이는 피질의 통합과정이 다른 기억보다 이러한 기억을 영구적인 저장을 위해 선택함을 시사한다. 이것은 우리의 삶의 이야기가 감정적으로 의미 있는 주제와 그에 해당되는 세부 정보를 포함하게 되는 방식일 수 있다.[204]

회피 애착 아동의 경우, 감정적 개입의 결핍으로 인해 편도체, 안와 전두 피질 및 기타 평가 센터가 관계와 관련 경험을 회상할 가치가 있는 것으로 분류하는 것을 막는 것은 아닐까? 한 연구에서 1세 때 주 양육자에게 회피적으로 애착을 갖는 것으로 밝혀진 10세 아동도 자전적 서술의 세부 사항이 독특하고 현저하게 부족한 것으로 나타났다.[205] 그들은 "나는 내 삶에 대해 무엇을 말해야 할지 모르겠어." 또는 "저는 집에서 형제와 함께 살고 있습니다. 그게 다예요." 그들의 무시형 부모 역시 마찬가지로 인생에 대한 이야기를 최소한으로 정교화하려는 경향을 보였으며, 특히 인간관계에 관한 이야기를 할 때 더욱 그러했다.

부모가 자녀의 마음을 반영하는 데 관심이 없거나 자녀의 마음을 반영할 수 없는 경우, 우리는 그들이 기억에 접근할 수 있도록 하는 데 중요한 것으로 보이는 기억 이야기와 내러티브의 공동구성을 통해 더 적은 정교함을 제공할 수도 있다는 가설을 세울 수 있다. 이러한 감소된 정신화 또는 반영 기능(자신 또는 다른 사람의 마음에 대한 주관적 경험, 서사화, 자전적 기억 및 타인과의 정서적 연결에 대해 생각하는 것)으로 인해 개인의 주관적인 삶의 경험은 다른 애착 그룹과 비교하여 활력이 부족할 수 있다. 전반적으로 자기 인식과 자율 의식 자체는 발달 경험의 이러한 차이를 반영하여 다를 수 있다.

회피 또는 무시형 애착은 에너지와 정보의 흐름에 대한 마음의 제한을 수반하는 것으로 개념화될 수 있다. 정서적으로 멀리 떨어진 의사소통 패턴에서 얻은 이러한 애착 패턴은 기억에 있는 감정적 경험과 정보에 대한 접근을 줄이기 위해 마음을 조직화한다. 이러한 제한은 다른 사람과의 관계에서 시간이 지남에 따라 통합된 자기감을 개발하는 마음의 능력을 손상시킨다. 자기에 대한 관점은 인간관계의 영향과 상당히 독립적인 것으로 보이는 비감정적 영역으로 제한된다. 이것이 정신 기능의 손상이 아니라 이전 경험에 대한 "적응"일 뿐이라고 확실히 주장할 수 있지만, 감정과 인간관계를 배제한 마음의 조직은 매우 유연하지 않다. 감정과 관계가 평생 동안 의미와 정신 건강을 결정하는 데 중요한 역할을 한다고 믿는다면, 세상을 살아가는 데 있어 그러한 제한적인 접근을 하는 것은 마음의 건강한 기능에 장애가 있는 것으로 간주할 수 있다.

양가 애착

불안정한 애착의 두 번째 형태는 "저항성resistant" 또는 "양가적 애착ambivalent"("C")이라고 한다. 나는 "양가적"이라는 용어를 사용하는 것을 선호한다. 왜냐하면 그것은 종종 이러한 형태의 관계와 관련된 혼합되고 불안한 감정을 나타내기 때문이다. 기묘한 상황에서 양가 애착 영아는 재회하면 부모에게로 돌아가지만, 쉽게 진정되지 않고 빨리 놀이로 돌아가지 않는다. 그들은 울고, 안도를 보였다가 다시 울었다. 그들은 위로하기 어려운 것처럼 보인다.

에인스워스Ainsworth와 동료들은 생후 1년 동안 가정에서 관찰한 결과 이런 관계의 부모가 가용성, 민감성, 통찰력, 그리고 효과성의 측면에서 상당히 비일관적이라는 것을 발견했다.[206] 그러한 부모는 영아의 정신 상태에 감정적 침범을 보이는 것처럼 보이는 간섭의 순간을 가질 것이다. 이들은 일반적으로 본질적으로 적대적이지 않았다. 부모는 갑자기 즐겁게

노는 아이를 붙잡고 흥분해서 포옹하고 키스하고 예고 없이 아이를 샤워시켜서, 아이의 주의 집중과 정신 상태를 방해할 수 있다. 즉, 부모는 연결을 시도하지만, 자녀의 의사소통과 관련이 없는 방식으로 연결된다. 양가적으로 애착된 부모-자녀 쌍에서, 부모의 감정과 정신 상태는 지속적이고 정확하게 유아의 감정과 정신 상태를 지각하는 능력을 반복적으로 방해하는 것으로 보인다. 결과적으로 영아는 자신의 감정 상태와 그에 따른 욕구가 조정되고 충족될 것인지 불확실한 상태로 남아 있다. 때때로 그들은 만족할 것이고 때로는 그렇지 않을 것이다. 메리 메인Mary Main이 제안한 것처럼, 이것은 애착 시스템에 초점을 "최대화"하는 주의/표상적 상태로 이어진다.[207] 정신 상태의 공명 또는 조율은 이러한 두 사람 사이에서 발생하지만, 이는 예측이 불가능하며 때로 부모의 마음 상태가 아동의 마음 상태를 침범하여 지배하는 특징이 두드러진다.

우리 각자는 다른 사람들과의 연결하려는 욕구와 혼자 있고 싶은 욕구의 주기를 경험한다. 민감한 양육자는 자녀가 다른 사람과의 의사소통에 대한 외부 초점과 고독의 시간에 대한 내부 초점 사이의 이러한 자연스러운 변화를 감지할 수 있다. 의사소통을 위해 어린이(또는 성인)에게 다가가야 할 때를 아는 것과 "한발 물러나" 다른 사람에게 정서적인 공간을 제공할 때를 아는 것은 조화의 기본 부분이다. 양가적 애착에서는 이러한 자연스러운 주기를 인식하고 존중하는 부모의 능력에 상당한 불일치가 있는 것으로 보인다.

부모와의 상호작용이 어떻게 자녀에게 양가적 애착 전략을 만들어 낼까? AAI 연구 결과(다음 절에서 곧 논의할 것임)를 조사하면 과거의 요소가 "몰입된preoccupied" 부모의 내러티브에 크게 침투하여 현재의 경험을 형성한다는 것을 알 수 있다. 과거가 현재를 형성하지 않는 사람이 있을까? 당연히 없다. 우리의 두뇌는 다음 순간을 예상할 때 항상 자동으로 과거 경험과 현재 인식을 비교한다. 이 비교 과정은 기억, 지각, 의식 사이의 상호작용의 자연스러운 결과이며 뇌를 "예상 기계anticipation machine"로 정의한다. 그러나 부모가 아이에게 불러일으키는 상태는 단순히 인지적으로 표현의 형태를 비교하고 우리의 기대에 일치시키는 것 이상의 도전을 만든다. 이러한 부모의 마음 상태는 사실 아이의 행동에 대한 반응이며 일부에서는 주장할 수도 있다. 그러나 그들은 우발적일까? "몰입한" 부모의 문제는 AAI와 자녀의 행동에 대한 반응이 자신의 과거와 얽혀 있다는 점이다. 외부 세계에 대한 그들의 반응은, 그 순간에 아동이 보낸 신호와는 상관이 없이, 간헐적으로 자신의 내적인 정신 처리 과정을 통해 형성되기도 한다.

이런 식으로 양가적 애착인 아동은 일관성 없는 부모의 민감성을 경험하게 되며, 부모가 안정적으로 달래주지 못하는 고통의 경험을 겪는다. 회피 애착 아동이 부모의 정신 상태를 무시하고 비활성화 전략을 개발하는 것과 달리, 양가형 애착 아동은 스스로의 고통에 보다 몰입하고,[208] 예측 불가능한 애착 관계에 대한 주의를 최대화한다.

> 양가적 애착인 아동은 일관성 없는 부모의 민감성을 경험하게 된다.

이 발견을 개념화하는 한 가지 방법은 에이트켄Aitken과 트레바르덴Trevarthen의 "상호주관성intersubjectivity" 논의에서 볼 수 있다.[209] 이러한 관점에서 조율된 의사소통은 처음 몇 개월 동안 초기 단계에 있으며, 그때 영아와 양육자 사이에 직접적인 형태의 조건적 의사소통이 있다. 이것을 "일차primary" 상호주관성이라고 한다. 약 9개월이 되면 영아의 점점 더 복잡해지는 표상 능력은 에이트켄Aitken과 트레바르덴Trevarthen이 "가상 타자virtual other"라고 부르는 부모의 내부 이미지를 개발할 수 있도록 한다. 이것은 "이차적secondary" 상호주관성인데, 이제 영아(관계 시작부터 부모처럼)가 "가상 타자" 표상의 이차 과정을 통해 다른 사람에 대한 인식을 걸러낸다는 점에서, 이 중간 단계는 마음이 과거 경험의 기억을 지속적인 인식과 연결하는 전형적인 방법이다. 인생의 전반기를 지나면 우리 각자는 다른 사람들과의 상호작용 중에 지속적으로 불러일으키는 일련의 "가상 타자"를 갖게 된다. 과거의 애착 경험이 불확실성과 침입적 경험으로 가득 차 있다면, 가상의 타자(애착 인물의 내부 표상)는 다른 사람이 연결을 제안하는 시도를 명확하게 인식하는 능력을 방해할 수 있다. 우리는 경고와 불확실성을 만드는 가상 타자에 비추어 다른 사람의 행동을 (잘못) 지각할 수 있다.

다니엘 스턴Daniel Stern은 그러한 상호작용이 유아의 경험에서 표현되고 일반화되는 방식을 자세히 설명했다.[210] 이러한 일반화는 내적 작동 모델의 구성 요소를 형성한다. 메인Main은 볼비Bowlby의 원래 의미를 명확히 했다. 여러 모순된 애착 모델을 생성하는 양육은 불안정감을 만들고[211] 불안정한 애착은 여러 "일관되지 않는" 애착 모델에 의해 생성된다.[212] 이상한 상황에서 아이는 이 특별한 상황에서 완벽하게 조화를 이루고 위안을 주는 방식으로 행동할 수 있는 부모가 돌아온다고 해서 쉽게 달래지지 않는다. 아동의 기억 속에 암호화된 과거는 암묵적 정신적 모델과 상호작용하는 동안 아동의 마음에 가상의 다른 사람의 이미지를 생성하는 "촉발 기억evocative memory" 모두를 직접적으로 형성한다. 우리는 이러한 과정이 상태 의존적이며 특정 기분 상태(예: 위협받는 느낌) 또는 특정 사람들과의 상호작용 내에서 활성화될 수 있다고 제안할 수 있다. 가상의 타자는 개인의 마음에서 너무 지배적이어서 실제 타자는 현재 경험 중에 직접적이고 정확하게 지각될 가능성이 거의 없다. 비공식 관찰에 따르면 그러한 사람의 자녀는 "존재감 없이unseen" 혹은 "멍한 상태absent"로 대부분의 상호작용을 하며, "거짓 자기false self"를 형성할 수 있다. 그 결과 이 애착의 역사는 세계, 타인, 자기에 대한 아동의 인식과 기대를 양가적인 방향으로 형성한다. 결과적으로 혼란스러운 자기감을 형성한다.

양가적 애착이 있는 아이는 부모가 예측할 수 없는 방식으로 자신의 정신 상태를 침범할 수 있다는 것을 배웠다. 아이의 에너지와 정보의 흐름은 부모와의 의사소통에 의해 예측 가능하게 향상되기보다는 예측할 수 없을 정도로 중단된다. 그럼에도 불구하고, 발달 중인 아동은 안정감을 느끼기 위해 심리적으로 접근할 수 있는 애착 대상을 가질 필요가 있다. 아이러니하게도 양가적 애착이 있는 아이는 내적 불확실성에 대한 감각을 갖게 되며, 이는 그에게 외부 상호작용으로부터의 위안에 대한 더 긴급하고 지속적인 필요성을 제공한다. 이런 식으로 예측할 수 없고 방해가 되는 의사소통 패턴은 아동의 자기 조절 능력을 양가적으로 형성하게 한다. 부모의 계속되는 집착과 아이가 보내는 신호에 대해 일관되지 않은 민감성이 결합하여, 부모-자녀 쌍에서 (잘못) 조율된 의사소통은 마음 상태를 강렬하고, 비일관적이며, 침투적인 방식으로 정렬되도록 유도한다.

성인의 애착에 관한 마음 상태 — 몰입: 현재에 대한 과거의 침입

"우리는 친밀한 가족이었습니다. 우리는 항상 놀고, 즐기고, 돌아다녔습니다. 큰소리 나는 상황은 없었고, 때로는 그렇기도 했습니다. 하지만 괜찮았습니다. 한번은 삼촌과 디즈니랜드에 갔을 때, 정말 재미있었어요. 그런데 지난주에 부모님이 형의 아이들을 그곳으로 데려갔고 우리에게 전화조차 하지 않았습니다. 그들이 왜 이러는지, 저는 잘 모르겠어요. 지금은 신경 쓰이진 않지만, 신경 쓰이기도 합니다. 제 생각에는 괴로운 거 같아요. 부모님이 저보다 형을 편애하지 않기를 바랍니다. 그런데 신경 쓰는 건 지긋지긋해서 전부 그만뒀어요. 언제 멈출까요?"

위의 내용은 "어릴 때 기억을 통해 당신의 가족에 대해 이야기해 주십시오"라는 요청에 대한 답이다. 그녀의 설명은 애착과 관련하여 "몰입형"("E"로 코딩된) 마음 상태의 AAI 분류를 가진 성인을 보여준다.[213] 내러티브는 과거가 현재로 나타나고 있음을 보여준다. 초기 기억에 관한 질문에 대한 응답에는 명백한 적대감, 두려움 및 수동성을 포함하는 현재 관계에 대한 문제가 포함되기 시작한다. 메인Main과 골드윈Goldwyn에 따르면, 언어 분석은 양, 방식, 관련성이라는 대화의 원칙을 위반한 것으로 드러났다.[214] 이 여성과 같은 개인은 현재의 삶에 여전히 적극적이고 심오한 영향을 미치는 어린 시절의 기억에 쉽게 접근할 수 있다. 현재의 현실은 과거와 혼합되기 시작한다(직접 언급되든 그렇지 않든).

몰입형 성인의 모순적인 애착 모델에는 애착 대상이 자신의 요구를 충족시킬 수도 있고 충족하지 못할 수도 있다는 우려가 포함된다. 친밀함에 대한 강력한 소망과 때로는 그것을 잃는 것에 대한 두려움이 동시에 존재한다. 이 몰입형 상태는 애착 관련 문제를 중심으로 한 정서적 혼란으로 가득 차 있다. 관계의 정신적 모델은 우리가 본 것처럼 현재의 인식과 기대를 편향시켜 이러한 사람들이 자신의 자녀를 포함한 다른 사람들과의 관계에서 불확실성이라는 최악의 악몽을 꾸게 할 수 있다. 이 성인들의 일관되지 않은 정서적 이용 가용성과 침범은 이전 애착에 대한 몰두의 결과로 볼 수 있다. 에이트켄Aitken과 트레바르덴Trevarthen의 "가상 타자" 모델을 사용하여[215] 나는 이러한 몰입을 개념화하는 한 가지 방법은 성인의 애착 대상의 가상 타자가 너무 지배적이어서 자녀를 직접 지각하는 부모의 능력을 왜곡시키는 것이라고 제안한다. 이런 식으로 아이는 지배적인 가상 타자에 대한 부모의 몰입이라는 필터를 통해 반복적으로 보일 수 있으며, 따라서 부모-자녀 관계 내에서 비진정성이 발달할 위험이 있다. 위에서 언급한 바와 같이, 그러한 과정은 아동의 "거짓 자기" 감각의 발달을 조장할 수 있다. 이러한 방식으로 부모와 자녀 모두 우발적이고 협력적인 의사소통을 방해하는 자기와 타자의 표현으로 가득 차게 된다. 그들의 내면세계는 다양한 관계 내에서 활성화될 침입적인 감정적 관심("나는 충분히 사랑받고 있는가? 내가 버림받을 것인가?")에 의해 지배될 수 있다.

부모의 정서적 혼란, 과거에 대한 집착, 자신의 정신 상태에 대한 집착은 자녀와 일관되지 않은 조정 패턴을 반복적으로 만들 수 있다. 이것은 또한 마치 아이가 어린 나이에 자신의 반영인 것처럼 아이와 관계를 맺도록 반복적으로 이어질 수 있다. 이런 식으로 자신의 어린 시절과 얽히는 것은 자녀와 관계를 맺는 방식을 방해한다. 이것은 AAI가 과거의 외상적 경험에 대한 빈번한 언급을 드러내는 "트라우마에 사로잡혀 있거나 압도된preoccupied/overwhelmed by trauma" 성인 분류의 한 특정 하위 범주에서 특히 사실일 수 있다.[216] 이러한 반복적인 언급은 방향을 흐트러뜨리지 않았지만, 그 성인이 계속해서 자신의 내러티브 담화에 트라우마를 침범하고 있음을 보여준다.

양가형으로 애착을 갖는 아이들과 몰두형 부모들에게서, 타인과의 자기에 대한 정신적 모델은 과거와 현재 사이의 모호한 경계로 가득 차 있다. 성인의 경험은 어린 시절의 불안정 애착 모델의 활성화에 영향을 받는다. 이러한 불확실성의 필터를 통해 인식과 감정적 의미가 확립됨에 따라 자기 충족적 예언이 생성된다. 새로운 관계는 다시 일관되지 않고 신뢰할 수 없는 것으로 경험된다. 양가형으로 애착된 개인의 마음에서 감정적 연결 또는 연결을 갈망하지만 일관되게 달성되지 않는다.

부모의 과거에 대한 몰입은(예: 어머니에게 버림받았다는 느낌이나 아버지가 그녀에게 실망한 모습) 계속해서 그녀의 현재 인식에 영향을 줄 수 있다. 아이와 함께 있을 때 부모의 마음속에 과거의 이미지와 생각이 가장 강렬하게 얽힐 수 있다. 부모는 오래된 마음의 상태에 들어가고 두려움, 거부감, 실

> 부모의 과거에 대한 몰입은 계속해서 그녀의 현재 인식에 영향을 줄 수 있다.

망 또는 분노의 감각으로 가득 차게 될 수 있다. 부모는 종종 과거에 대한 이러한 몰입을 무력화시키는 것이 현재 효과적인 부모로서의 역할을 하는 데 얼마나 큰 영향을 미치는지 알지 못한다.

기억의 관점에서, 그러한 부모는 어린 시절 경험을 회상하도록 "준비primed"되어 있는 상태이다. 준비됨은 기억의 정상적인 부분으로, 특정 상황의 단서에 따라 부분이 검색될 가능성이 더 높아집니다.[217] 몰입형 부모의 경우, 어린 시절의 특징(예: 수줍음 또는 부모의 거부) 중 일부를 가지고 있는 자녀와 함께 있다는 맥락은 부모가 자신의 어린 시절의 어려움을 다시 경험하기 시작하는 맥락을 만든다. 결혼 생활의 어려움은 또한 오래된 기억을 되살리는 경향이 있는 감정 상태를 불러일으킬 수도 있다. 예를 들어, 아버지는 아내가 멀리 떨어져 있고 감정이 없는 관계를 맺는 패턴 때문에 거부감을 느낄 수 있으며, 그로 인해 그의 젊은 시절의 거부되고 좌절된 마음의 상태와 유사한 정신 상태가 그 안에 생성된다. 아이에 대한 아내의 관심은 또한 아버지 자신의 어린 시절 역사에서 형제가 태어났을 때의 느낌과 유사한 거부감을 불러일으킬 수 있다.

"상태 의존적State-dependent" 기억은 부모의 어린 시절 기억이 준비되는 두 번째 근본적인 방법이다. 이것은 특정 정신 상태로 인코딩된 사건이 미래에 사람이 유사한 상태에 있을 때 더 많이 회상되는 방식을 나타낸다.[218] 기억의 이 전형적인 특징은 일생 동안 두드러지며 특히 부모가 되는 것이 어떻게 어린 시절과 유사한 상태를 유도할 수 있는지와 관련이 있다. 이것은 애착 역사와 관계없이 모든 사람에게 발생한다. 그러나 이러한 기억을 경험하는 방식은 애착 이력에 따라 상당히 다를 수 있다. 예를 들어, 몰입형 부모는 암묵 기억 내에서 정서적 및 행동적 반응으로 넘쳐날 수 있다.

그들은 다양한 발달 단계를 통해 자녀를 키울 때 자신의 어린 시절 기억의 특정 측면을 명시적이든 암묵적이든 기억하기 시작할 수 있다. 명시적 기억은 자녀 양육이나 기타 자전적 사건에 대한 사실 또는 과거의 일반적인 지식의 형태로 돌아올 수 있다. 암묵적 회상은 학습된 행동 반응, 감정적 반응, 정신적 모델, 태도와 신념, 지각적 이미지, 그리고 아마도 내부 신체 감각을 포함하여 "성격"의 많은 구성 요소의 형태를 취할 수 있다. 암묵 기억의 활성화 자체는 회상 감각을 수반하지 않는다. 상황이 명시적 대응물 없이 암묵 기억을 활성화할 때, 부모는 단지 지금 여기에서 행동하고, 느끼고, 지각하고, 감지한다. 이러한 암묵적 회상은 일반적으로 "내가 왜 이런 행동을 하거나, 이런 느낌을 느끼고 있는 걸까?"와 같은 자기 성찰의 과정을 거치지 않는다. 사람은 내가 누구인지 자신을 정의할 때, 이런 경험들을 느낄 수 있다.

과거 경험이 암묵 기억을 형성하는 방식과 아동과 함께 있는 상황에서 이러한 경험이 재활성화되는 방식 사이에는 직접적인 관련이 있다. 부모가 이러한 연결 관계를 인지하지 못한다면, 과거로부터 학습된 행동이나 정서적 반응을 의식적으로 인식하지 못한 채, 반복하고 재연해서 자녀의 애착 경험을 만들 위험이 있다. 이러한 암묵 기억이 건전한 관계 형태라면, 그 결과는 안전한 애착이 될 것이다. 대신 부모가 최적의 경험보다 적은 경험을 했고, 자기 반영적 노력이 없었다면, 부모는 모방된 패턴이나 이러한 관계에 대한 적응을 전달할 위험에 처할 수 있다. 이것은 자녀가 신뢰할 수 있는 정서적 친밀감을 경험하지 못하게 한다(안정적인 애착이 필요함).

몰입형 애착은 애착과 관련된 맥락에서 정보와 에너지의 흐름에 장애가 있는 것을 반영하는 것으로 설명될 수 있다. 과거의 정보(기억)가 현재 상황으로 침입하면 어린이와 우발적으로 협력하는 의사소통을 할 수 있는 성인의 능력이 손상된다. 여기서 우리는 기억의 이러한 침입이 사회적 의사소통에 영향을 미치는 한 가지 메커니즘이 앞서 설명한 전두엽 영역의 통합 회로 내에 있다고 제안할 수 있다. 자기 인식적 의식이 과거, 현재, 미래의 자기를 경험하기 위해 시간을 여행하는 마음의 능력을 매개함에 따라 AAI의 환경, 정서적 관계 또는 지속적인 양육 경험은 전전두 피질을 활성화시키는 애착 관련 맥락을 불러일으킬 수 있다. 자율적 표현의 검색. 몰입형 마음 상태의 경우, 자율적 자각은 과거, 현재, 미래의 몰두 사이를 이동하는 상태로 쉽게 빠져드는 강렬한 정신적 표상의 범위를 불러일으킨다. 이것이 특징적인 AAI 패턴이 생성되는 방식일 수 있다.

애착과 관련된 보상, 신체 감지 및 조절, 정신화 네트워크는 각각 전전두엽 영역에 영향을 주어 애착 활성화 경험 동안 정서적 신호의 인식과 사회적 인지의 전개를 형성할 수 있다. 헤세Hesse[219]에 의해 설명된 AAI의 이중 작업(기억을 검색하는 동안 협력적이고 일관된 대화를 수행하는 것)은 애착과 관련하여 불안한 마음 상태에 있는 전전두엽 영역에 특히 어려울 수 있다. 몰입형 사람의 경우, 그러한 도전은 일상적인 표현의 홍수로 이어질 수 있으며, 전전두엽의 정서적 인식 및 사회적 인지 기능을 손상시키는 것으로 가정될 수 있다. 더욱이, 양육의 맥락에서, 그러한 범람은 또한 아동의 신호에 대한 민감성을 조정하고, 조화로운 의사소통을 달성하고, 부모 내의 감정 상태를 조절하는 (이를 통해 아동이 일관되고 예측 가능한 사회적 참조를 달성하도록 한다.) 전전두엽의 능력을 손상시킬 수 있다. 양가적으로 애착된 부모-자녀 쌍에서, 자녀가 종종 부모의 비언어적 반응을 보고 "어떻게 느끼는지 배운다know how to feel"[220]는 과정은 자녀가 자신의 내부 상태를 조절하는 법을 배우는 데 일관적인 도움을 주지 못한다. 이러한 관계는 양가적으로 애착된 아동이 몰입된 부모와의 상호작용에서 경험하는 비일관성과 침범의 핵심적인 부분이다. 이러한 왜곡된 "반영mirror"은 아동의 혼란스러운 자기감을 심화할 수 있다.

와해된/혼란형 애착

낯선 상황 실험에서 재결합 이후에, 18개월 된 여자아이는 아버지의 주의를 끌려고 했고, 아버지의 무릎에 올라탔지만 계속 울고 쉽게 놀이로 돌아가지 않았다. 이 행동은 어머니에 대한 안정적인 애착과 매우 달랐다. 어머니에게는 가까이 있기를 원한 다음 쉽게 진정되고 방에서 탐험으로 돌아갔다. 불행하게도, 이 어린 소녀와 그녀의 아버지에 대한 낯선 상황 실험은 양면적인 애착의 이러한 요소보다 더 많은 것을 드러냈다. 그가 방으로 돌아왔을 때, 그녀는 먼저 놀다가 일어나서 그에게서 멀어진 벽 쪽으로 움직였다. 그러자 그녀는 그를 향해 걸어가는 것 같았지만, 시선은 그녀가 걷고 있는 곳과 반대 방향에 집중되어 있었다. 메인Main과 동료들은 낯선 상황 실험에서 부모를 이런 식으로 회피하는 유형의 접근 방식을 "와해된/혼란형disorganized/dis-oriented"("D")으로 분류했으며, 일차적 또는 가장 적합한 대안 분류는 양가적으로 기록되었다.[221]

이상한 상황에서 재회하는 동안 와해된/혼란형 애착을 가진 영아는 자주 무질서 및/또는 혼란스러운 행동을 보인다.[222] 이 예로는 먼저 어머니나 아버지에게로 갔다가 뒤로 물러나는 것을 포함할 수 있다. 더 심한 경우에는 아이들이 빙글빙글 돌거나, 넘어지고, "얼어붙는" 상태의 트랜스에 빠지거나, 시선을 피하고 앞뒤로 흔들 수 있다. 이런 유형의 양자 관계에서 생애 첫해에 나타나는 특징은 양육자가 영아와 일상적이지 않은 의사소통을 한다는 것이다. 이것들은 "역설적 금지명령paradoxical injunction"의 성질을 가지고 있다.[223] "이리와. 가버려"는 온화한 버전이다. 그들은 또한 유아에 대한 부모의 겁먹거나, 혼란스럽거나, 무서운 행동들을 포함할 수 있다. 이러한 의사소통은 아동에게 해결할 수 없고 문제가 있는 상황을 제공한다. 메인Main과 헤세Hesse는 이러한 양자간 상호작용이 본질적으로 무질서하다고 제안했다.[224] 유아는 부모의 반응을 이해할 수 없다. 더욱이, 아이는 스스로 진정시키거나 방향을 잡기 위해 부모를 사용할 수 없다. 왜냐하면 부모는 사실 두려움이나 혼란스러움의 원인이기 때문이다. 아동을 위한 조직화된 적응이 없다. 애착 체계는 보호자가 아이에게 안전을 부여하도록 의도되어 있기 때문에 영아의 내적 마음 상태는 내적 일관성이 결여된 것으로 생각된다. 헤세Hesse는 학대나 학대를 수반하지 않지만, 부모가 겁먹거나, 해리되거나, 방향 감각을 잃은 행동을 보이는 많은 상황에서 와해된 애착이 나타난다고 지적했다.[225] 또한, 유아의 낯선 상황 실험 참여조차도 이후의 낯선 상황 실험에서 후속 와해된 반응 발견을 증가시킬 수 있다는 증거가 있다. 아마도 이전 평가와 관련된 공포의 맥락 의존적 활성화 때문일 것이다.[226] 또한, 나의 동료와 나는 임상의와 정책 입안자를 위한 리뷰에서 다음과 같이 썼다.

> 와해된 영아 애착은 학대받은 영아들 사이에서 더 흔하지만, 반드시 학대를 나타내는 것은 아니다. 현재 상태로는, 와해된 애착 분류는 학대를 선별하는 데 사용할 수 없다. 이는 학대받는 영아의 상당 부분이 낯선 상황 실험에서 와해된 애착을 보이지 않고, 낯선 상황 실험에서 와해된 애착을 보이는 영아들도 상당수 학대를 받지 않았기 때문입니다. 따라서 학대 외에도 와해된 애착에 이르는 다른 경로가 있다.[227]

이와 같은 이유로, 와해된 애착 분류 및 행동을 학대에 해당하는 진단 지표로 사용해서는 안 된다.

또 다른 극단extreme에는 신체적, 성적 또는 정서적 학대를 경험하고 와해된/혼란형 애착을 발달시키는 아동이 있다. 부모로부터 학대를 받은 고위험 유아에 대한 연구에서 약 70%의 표본에서 와해된 애착이 발견되었다(가정 개입의 맥락에서 그 비율은 55%였다).[228]

이 환경에서 아이는 애착 대상을 안전한 피난처, 위로받는 안식처로 사용할 수 있는 순간의 능력 상실뿐만 아니라 애착 대상에 대한 두려움이나 공포를 느낀다. 영아는 두려움의 근원인 부모에 의해 두려움의 감정이 조절될 수 없는 구속을 경험한다. 싸우거나 도망칠 선택이 없으면 접근과 회피 사이에 끼어[229] 유아는 트랜스와 같은 고요 속으로 "얼어붙을" 수 있으며, 이는 임상 해리 경향의 시작일 수 있다. 정신이 혼미해지고 정보 처리가 파편화된다.[230] 부모의 무서운 학대 행동 또는 부모가 아동의 신호와 무관하게 놀라거나 혼란형 정신 상태로 갑자기 전환하는 행동은 와해/혼란 애착의 주요 매개로 생각되었다. 이제 연구자들은 애착 인물이 보살핌을 장기적으로 중단하거나 가정에서 불안한 에피소드를 아이가 목격하는 것도 혼란형 애착의 다양한 원인 중 하나로 포함한다.[231] 아동의 자기감은 파편화되어 있다고 설명할 수 있다.

와해되거나 혼란형 애착을 가진 아동은 정서적, 사회적, 인지적 손상으로 인생 후반부에 가장 어려움을 겪는 것으로 밝혀졌다.[232] 이 아이들은 또한 정서 조절 문제, 사회적 어려움, 스트레스를 받는 문제에 대한 추론 및 (위에서 제안한 대로) 해리 증상을 포함하여[233] 미래에 임상적 어려움을 겪을 가능성이 가장 높다. 부모의 의사소통 패턴에 대해 "조직화된" 접근 방식인 다른 형태의 불안정한 애착과 달리, 이러한 형태의 혼란형 애착은 일관된 마음의 발달에 심각한 문제를 수반하는 것으로 보인다. 이 아이들의 마음 상태의 갑작스러운 변화는 인지, 감정, 행동 기능의 일관성을 잃게 한다. 그들의 사회적 상호작용이 손상된다. 연구에 따르면 이 아이들은 또래에게 적대적이고 공격적일 수 있다. 그들은 사회적 관계를 어렵게 만드는 통제적인 상호작용 스타일을 개발하는 경향이 있다. 학령기 아동의 이러한 또래

> 와해되거나 혼란형 애착을 가진 아동은 인생 후반부에 가장 어려움을 겪는 것으로 밝혀졌다.

상호작용은 종종 아동이 가정환경에서 해결할 수 없는 역설이나 해결책 없이 압도적인 감정을 유발하는 지속적인 어려움을 겪을 때 발생한다. 와해된 애착은 갈등을 협상하는 능력 장애와 같은 심각한 가족 기능 장애와 관련이 있다(만성 및 심각한 산모 우울증, 아동 학대, 그리고 부모의 통제, 무기력, 강압적 행동).[234] 아동이 계속해서 이런 경험을 하면서 발달한다면, 아동에게 심각한 어려움을 일으키는 상당한 비일관성이 강화될 것이다. 혼란스러운 관계는 내적 혼란을 초래하여 다른 사람들과의 미래 상호작용을 손상시키며, 이는 마음의 발달을 더욱 혼란스럽게 한다.

이러한 양자 간의 상황에서 아이는 무서운 사건을 경험하고 신뢰할 수 있는 애착 대상을 상실하는 이중 트라우마를 겪는다. 영아기 기억상실증의 전형적인 기간 동안(명시적 일화 기억이 이용 가능하기 전) 생애 초기에 발생한 두려운 경험은 암묵적인 방식으로만 처리될 것이다. 이러한 경험이 나중에 발생하면 가족에 대한 거부 및 기억 대화 부족으로 명시적 회상이 차단될 수 있으며, 이는 결과적으로 통합과정을 손상시키고 경험이 영구적인 명시적 자전적 기억의 일부가 되는 것을 방해할 수 있다.[235] 대신 이러한 사건은 해결되지 않고 통합되지 않은 형태로 남을 수 있다. 이 상태에서, 그들은 암묵 기억에 자동으로 영향을 미치고, 그 기원에 대한 의식적 인식 없이 감정적, 행동적, 지각적, 그리고 아마도 신체 반응의 요소를 생성할 가능성이 더 높다.[236] 이러한 기억의 측면을 통합하는 마음의 능력은 해결되지 않은 트라우마와 와해된/혼란형 애착 상태에서 심하게 손상되어 해리적 경향성과 마음의 비일관성으로 이어진다.

성인의 애착에 관한 마음 상태 — 미해결/와해된 애착: 일관성 없는 삶의 이야기와 마음 상태의 급격한 변화

메인Main과 동료들의 성인 애착 연구에서 AAI에서 상실 또는 학대에 대한 토론을 시도하는 동안 추론이나 담화에서 현저한 비조직화되며 혼란스러운 에피소드는 "미해결/와해형unresolved/disorganized" 상태로 분류된다. 메인Main과 헤세Hesse가 처음 발견한 것처럼, 미해결형 부모는 낯선 상황 실험에서 와해된 유아를 낳는 경향이 있다.[237] 반 이젠도른van IJzendoorn과 동료들이 수행한 메타 분석에 따르면 전체 기존 연구에서 와해된 애착을 가진 아동(〈표 4.1〉 오른쪽 "D")이 실제로 종종 AAI 미해결(트라우마 또는 슬픔)/와해형("U/d"로 코딩됨)분류를 가진 부모를 둔 것으로 나타났다.[238] 아동 분류와 마찬가지로 성인에게도 가장 적합한 일차적, 대안적인 성인 분류(F, Ds, E; 〈표 4.1〉 왼쪽 참조)가 주어진다.

인터뷰 중 혼란 또는 와해형은 죽은 사람을 마치 살아 있는 것처럼 언급하는 것(상실) 또는 부모와 두려운 경험을 논의할 때 혼란스럽고 혼돈스러워지는 것(외상)이 포함될 수 있다.[239] 인터뷰 중 울거나 주제가 너무 고통스러워 주제에 대해 논의하고 싶지 않다고 말하는 것은 미해결로 분류되지 않는다. 이 후자의 두 가지 예는 상실이나 트라우마의 정서적 고통이 여전히 활성화되어 있고 그 사람의 의식적 마음에 가용적일 수 있지만, 이것을 혼란 또는 와해형에 대한 신호로 볼 수는 없다. 이러한 관점에서, 해결되지 않은 트라우마나 상실은 일관된 대화에 필요한 재현 과정의 붕괴로 나타난다.[240] 미해결 상태에서 기억에 있는 표상의 다양한 측면을 일관된 전체로 통합하는 마음의 능력이 손상된다고 제안할 수 있다. 정중선 전전두 피질은 통합에서 이러한 손상에 중심 역할을 하는 것으로 가정할 수 있다.[241] 정신 상태의 급격한 변화, 암묵적 및 명시적 기억의 방해적인 "해리된dissociated" 요소, 협력적인 사회적 의사소통을 수행하는 능력의 일시적인 차단, 이러한 프로세스 전반에 걸친 의식의 유동적 흐름을 유지하는 어려움은 AAI에서 평가되는 미해결 상태의 근원일 수 있다.[242]

주제에 대한 질문(AAI에서와 같이) 또는 부모의 어린 시절과 유사한 관계 맥락은 이러한 급격한 변화를 초래한다. 후자는 제한 설정, 아동의 고통에 조율하기, 아동의 한계 검증에 응답하기, 취침 시간 및 기타 분리 협상과 같은 양육에서 중요한 많은 순간을 포함할 수 있다. 헤세Hesse와 반 이젠도른van IJzendoorn은 초기 성인기의 비임상 표본에서 부모가 출생 후 2년 이내에 자녀 또는 다른 사랑하는 사람을 잃은 경험이 있는 개인이 해리 반응의 한 요소인 "몰두absorption"할 더 높은 비율을 갖는 경향이 있음을 발견했다.[243] 양육자가 어린 영아를 양육하는 시기에 경험한 상실은 그때 바로 해결되기가 쉽지 않은 것 같다. 이러한 발견들은 불충분한 해결이 와해된 애착과 해리의 경향을 발달시키는 데 기여할 것이라는 연구 결과들을 지지한다.

상실이나 외상의 유병률만을 조사한다면(해결 부족의 지표가 아니라), 자손의 와해된 애착 상태 또는 다른 발달 특징과 통계적 상관관계가 거의 없다.[244] AAI는 독특한 방식으로 미해결된 상실에 대해 이전에 연구되지 않았던 특징을 밝혀냈는데, 상실은 그 자체가 아니라, 미해결된 경우에 영아의 비조직화된 반응 패턴을 이끌어낸다는 것이다. 과거의 트라우마나 상실에 대한 해결 부족은 감정 조절에 직접적인 영향을 미친다.[245] 헤세Hesse와 메인Main은 화자에게서 관찰되는 추론이나 대화의 오류에서 통합되지 않은 두려움의 역할을 강조했다.[246] 해결되지 않은 트라우마나 슬픔은 이들 개인과 그들의 자녀 모두에게 고통과 고통을 준다. 이러한 이유로 사람들이 트라

> 과거의 트라우마나 상실에 대한 해결 부족은 감정 조절에 직접적인 영향을 미친다.

우마와 슬픔을 해결하도록 돕는 것은 현재와 미래 세대에게 매우 중요하다. 해결 부족을 확인하지 못하면 와해된 애착의 파괴적인 영향 내에서 기능 장애가 세대에 걸쳐 계속될 수 있다. 다시 말하지만, 이 아이들은 감정적 반응과 마음 상태의 흐름을 조절하는 데 현저한 무능력을 가지고 있다. 이것은 해리 경향, 파괴적 행동, 인지 및 대처 능력 손상, PTSD에 대한 취약성에 영향을 준다.[247]

실제로 해결되지 않은 슬픔이나 트라우마를 갖고 있지만, AAI 내러티브에서 혼란을 드러내지 않을 수 있는 많은 개인이 있을 수 있다는 것이 분명하다. 미해결 범주의 비율은 실제보다 과소 평가된 것으로 보인다. 이런 절차상의 불가피한 한계에도 불구하고, 미해결 범주는 와해/혼란 애착 유형의 영아들과 강력한 상관이 있다.[248]

한 아버지는 자신의 아버지의 알코올 중독에 대해 토론하는 동안 혼란이 뚜렷이 드러났다. 그의 내러티브에서 이러한 비일관성은 해결되지 않은 트라우마를 암시한다. 부모로부터 위협을 느꼈을 때를 묻는 질문에 그는 다음과 같이 말했다.

> "어머니의 우울증이 싫은 건 알지만, 그렇다고 위협을 느꼈다고는 생각하지 않아요. 그녀는 어떤 때는 괜찮았고 어떤 때는 그렇지 않았습니다. 대부분 실망하고 슬펐던 것 같아요. 제 아버지에 관해서는, 글쎄요. 그것은 다른 종류의 것입니다. 저는 그것에 대해 많이 생각하지 않으려고 노력해요. 그는 항상 예측할 수 없었습니다. 제 생각에는 그가 자신을 통제할 수 있다고 생각하지만, 때로는 통제할 수 없으며 언제 그가 그럴지 알 수 없었습니다. 그래서 저는 예측할 수 없습니다… [20초 멈춤]. 어떤 일들이 일어났어요… [17초 멈춤]. 그리고 그 일들은 별로 재미가 없었습니다. 제 말은, 그 일들이 무서웠습니다. 예, 두려움을 느낍니다. 그는 매우 크고 매우 위협적입니다. 그래요."

과거를 설명하기 위해 현재 시제를 사용하는 것에 주목하자. 이는 혼란스러움의 신호이다. 불완전한 문장과 긴 멈춤은 인지 와해의 또 다른 신호이다. 인터뷰 동안 나타나는 이러한 특징들은 이 아버지의 마음속에 일어난 어떤 것들이 완전하게 처리되지 않았으며, 기억을 탐색하며 일관되게 이야기할 수 있는 일상적 능력이 손상되었음을 의미한다.[249]

와해된 애착 아동과 해결되지 않은 트라우마 또는 슬픔을 가진 그들의 부모는 각각 비일관적이고 갈등적이거나 불안정한 정신 모델을 활성화할 가능성이 있다. 정신 상태의 급격한 변화는 이러한 개인 내에서 발생할 수 있으며, 이는 외부적으로는 와해된 형태의 행동을, 내부적으로는 의식이 해리되는 경험을 하게 된다. 위의 것과 같은 AAI 내러티브는 설명이 없는 담화 중단의 길어짐과 담화 내용의 비일관성에서 일반적인 의사소통 흐름의 단절을 나타낸다. 해결되지 않은 트라우마적 경험이나 사랑하는 사람의 상실에 대해 해결되지 않은 슬픔은 이러한 내러티브 흐름의 무질서함을 통해 드러날 수 있다.

세상을 이해하려고 하는 어린 유아는 마음 상태가 갑자기 변하는 부모에게 특히 취약하다. 이러한 부모의 상태 변화는 아동의 행동에 직접 조건화되고 예측 가능한 반응이 아니라 주로 부모의 해결되지 않은 외상이나 슬픔의 내부 과정의 기능이다. 부모의 행동을 예측하는 아동의 능력은 심각하게 손상되며, 정신적 모델을 통해 매개된 기대는 조직적인 방식으로 형성될 수 없다. 두 개인의 상호작용이 일어날 때, 아동의 상태는 기울어지는 모래 같은 부모의 빠른 변화에 맞추려고 시도할 것이다. 이러한 비우발적 변화로 인해 아동의 마음은 원활한 전환을 발달시킬 수 없으며, 일반적으로 생후 1년 사이에 주로 볼 수 있는 갑작스럽고 때때로 혼란스러운 상태 변화를 계속할 수 있다. 생후 2년까지 마음 상태는 상당히 부드럽게 전환된다, 하지만 무섭거나 갈등적인 부모의 반응과 같은 방해 요인이 있으면 이러한 발달 이정표를 방해하게 된다.[250] 또한 아이들은 학습되어 뿌리내린 반복되는 뉴런의 활성화 패턴으로 무질서한 상태가 시작할 수 있다. 아이는 부모 상태의 혼란스러운 변화에 맞춰 부모의 일관성 없는 행동을 재현하는 법을 배운다.

헤세Hesse와 메인Main이 가설을 세운[251] 그리고 여러 연구자가 입증한 것처럼[252] 부모의 미해결된 상태로 인해 모순되고 혼란스럽게도 공포나 공포를 유발하는 행동을 할 수 있다.[253] 예를 들어, 위의 AAI의 아버지의 경우 아내 또는 딸 중 하나에 의해 처음으로 거절되었다고 느낄 때, 극적으로 다른 정신 상태로의 급격한 전환이 자주 발생한다. 그는 그 경험을 마치 "뭔가 터질 것 같은" "미친 느낌"을 불러일으키는 일이 일어나는 것처럼 묘사했다. 그는 머리에 압력이 가해지고 팔이 떨리는 것을 느꼈을 것이다. 그는 정신이 나가서 폭발할 준비가 되어 있고 (세상으로부터 멀어지고) 마치 터널에 있는 것처럼 사람들에게서 멀어지고 있다고 느낄 것이다. 이 순간 그는 더 이상 그 과정을 멈출 수 없었다. 그는 자신의 얼굴이 화를 내며 팽팽하게 당겨져 있고, 몸의 근육이 뻣뻣하다는 것을 알고 있었다. 때때로 그는 딸을 때릴 것이다. 때때로 그는 그녀의 팔을 쥐어짤 것이다. 어떤 때에는 통제할 수 없는 분노로 가득 차서 그녀에게 고함을 지르곤 했다.

아버지는 반복적이고 갑작스러운 그의 무서운 분노 상태로의 전환을 부정하려 했다. 그는 이러한 폭발에 너무 부끄러움을 느꼈고 그러한 끔찍한 상호작용 동안이나, 후에 딸과 관계 회복에 참여하지 않았다. 그들의 의사소통에서 회복되지 않은 이러한 반복적인 단절은 아버지와의 혼란스럽고 신뢰할 수 없는 관계에 대한 정신적 모델을 그녀에게 만들어 냈다. 이러한 무서운 경험에 대한 암묵적인 기억은 그녀가 나이가 들면서 나타나며 자신의 마음 상태의 급격한 변화, 타인에 대한 행동 반응, 분노의 폭발 또는 격노한 아버지의 이미지로 드러날 수 있다. 그녀는 그녀가 무언가를 필요로 할 때마다 다른 사람들이 짜증을 내고 그녀를 배신할 수 있다는 감각을 일반적으로 가지고 있을지 모른다.

이러한 부모의 행동은 어린 시절의 해결되지 못한 외상 경험을 반영한다. 어떻게 이런 일이 발생하는 것인가?

외상 경험은 종종 피해자의 신체적 또는 심리적 완전성에 대한 위협을 가져온다.[254] 트라우마를 주는 사람이 부모, 친척, 친구 또는 교사와 같이 신뢰할 수 있는 위치에 있는 사람이라면, 외상적 경험에서 배신감은 중요한 역할을 의미할 수 있다. 위에 언급된 아버지는 어린 시절에 술에 취하고 화난 아버지의 알코올 중독 행동에 반복적으로 노출되었다. 그의 위축된 어머니는 그를 보호할 수 없었고, 그는 아버지의 예측할 수 없는 변덕에 취약했다. 아들은 아버지의 이러한 급격한 변화를 아버지가 마신 술의 양에서 예상할 수 있다는 것을 알게 되었다. 그는 아버지가 매일 밤 얼마나 많은 술을 마셨는지 주의 깊게 관찰할 것이다. 너무 많으면 아버지가 정신을 잃었을 것이다. 조금만 마셨다면, 그는 질책을 받았을 것이다. "적당한 양"이라면 쫓기고 구타당할 위험이 있었다.

이 남자가 자라서 딸을 낳고 딸이 (아이들이 흔히 하는 것처럼) 자신의 방식대로 하겠다고 고집을 부릴 때, 그는 유연해지기 어렵다는 것을 깨달았다. 그에 대한 딸의 짜증(또한 전형적인 어린 시절의 반응)은 그에게 거부로 느껴졌고, 그의 정신 상태의 급격한 변화의 패턴과 와해된 애착 패턴을 확립한 분노한 반응의 패턴을 촉발했다. 기억의 용어로, 그녀의 짜증에 대한 그의 현재 인식은 그의 마음에 지각적 표상 또는 기억심상engram으로 표현되었다. 이 기억심상은 짜증 나는 얼굴의 인식과 관련된 다른 표상과 연결된다. 우리는 이것을 어린 시절의 가상 타자의 일부로 개념화할 수 있다. 아버지의 경우, 이러한 연결에는 거부당한 느낌의 감정적 표상과 과거 경험과 관련된 암묵 기억, 즉 도망치고 싶은 행동 충동, 분노한 아버지나 우울한 어머니의 지각적 이미지, 긴장과 고통에 대한 신체적 감각이 포함된다. 이러한 연결은 신속하게 그의 인식에서 이루어졌다. 그는 아무것도 떠올리고 있지 않다고 느꼈다. 암묵 기억으로서 그것들은 그의 현실 일부로서, 지금 이 순간에도 경험되었다. 이러한 암묵적인 과정은 그의 주관적인 세계를 만들고 그의 내부 경험을 조직화했다.

딸의 반응에 대한 그의 인식이 암묵 기억의 순차적 활성화를 촉발시킨 중요한 순간에, 그의 마음 상태는 빠르게 변화시키는 감정적 반응으로 넘쳐날 것이다.[255] 이러한 급격한 변화는 의식의 흐름, 즉 해리의 불연속적 경험의 신호일 수 있다. 때때로 그러한 변화는 얼어붙은 트랜스와 같은 마음 상태로 들어가는 것처럼 보일 수 있다. 다른 때에는 이러한 변화가 폭발적인 분노의 갑작스러운 시작을 드러낼 수 있다. 아버지는 정신이 나간 것 같은 느낌, 곧 폭발할 것 같은 느낌을 설명했다. 이 상황에서 그는 암묵적인 기억에 압도되어 갑자기 오래되고 너무나 익숙한 거부감, 두려움, 분노, 절망감으로 가득 찬 어린 시절의 정신 상태로 변했다. 그의 무력감과 단절감은 수치심으로 느껴졌다. 딸의 짜증을 자신에 대한 분노로 인식한 뒤에 내면에서 수치심을 느꼈다. 이 사태에서 빠져나오기도 전에 그는 분노할 것이다. 이 변형되고 해리된 상태에서 그는 딸에게 겁을 주는 방식으로 행동할 것이다. 그는 말 그대로 통제 불능 상태였다.

어렸을 때 이러한 마음의 상태에 반복적으로 들어가면 이러한 상태가 이 아버지의 신경망에 뿌리를 내렸을 수 있다. 그것은 수치심과 굴욕감(고통, 절망, 두려움)으로 가득 찬 무서운 상태였다. 반복적으로 활성화되는 마음의 상태는 개인의 특성으로 될 수 있다.[256] 이 남자의 해결되지 못한 트라우마적 경험은 그가 이 두려운 상태에 빠져드는 것을 통제할 수 없는 위험에 놓이게 한다. 그의 내적 경험의 이러한 와해됨은 이제 딸과의 상호작용을 직접적으로 형성하고 있었고, 딸은 자신의 와해된 내적 세계를 경험하게 된다. 이 가족과의 치료 작업은 이러한 상태의 급격한 변화와 과거의 관계 패턴과의 연결에 대한 이해가 필요하다. 해결되지 않은 트라우마가 있는 사람들의 치유를 도울 수 있다면, 대단히 파괴적인 정서적 고통을 만들고 영속시키는 관계 장애의 세대 간 전달 주기를 바꿀 수 있다.

균열과 복구

적절한 발달을 위해서는 아동과 애착 대상 사이의 반복적이고 예상 가능한 인간관계 패턴이 필요다. 항상 연결이 끊어지는 시간이 있으며, 그 후에 복구 및 재연결이 뒤따를 수 있다. 각각의 불안정한 애착의 형태는 연결과 회복에 문제가 있다. 회피적으로 애착된 양자 사이는 연결이 항상 드물고 위로가 되지 않는다. 회복이 없다. 양가적으로 애착된 양자간 관계에서 연결은 예측할 수 없으며 때로는 압도적이고 감정적으로 침범적이다. 상호작용에 대한 욕구와 혼자 있음의 욕구 간의 순환에 비일관적인 면이 있다. 이러한 상황에서 회복하는 것은 지나치게 자극적일 수 있다, 예를 들어, 아이가 스트레스/각성을 조절하려고 시선을 피하려고 할 때 침범적인 부모가 이를 허락하지 않고 재연결을 시도하려는 것이다. 실제로 그러한 노력에서 물러날 것이 요구될 때, 직접적인 접촉이나 정렬을 고집해서 시도하는 부모는 자녀를 압도하고, 부모와의 연결에서 신뢰할 수 있는 위안이 없다는 것을 자녀에게 가르치게 될 것이다.

> 각각의 불안정한 애착의 형태는 연결과 회복에 문제가 있다.

와해된/혼란된 애착이 있는 양자 사이에 상호작용은 압도적인 공포와 절망의 원인이 될 가능성이 있고 부조화와 연결 및 복구 기회의 상실을 훨씬 넘어선다. 이 경우, 아이는 실제로 고통의 근원인 보호자의 위로도 없이 과도하게 자극된 고통 상태에 놓이게 된다. 와해된 애착은 양육자가 아이에게 겁을 주거나 놀라게 하는 반복적인 경험에서 발생한다. 라이언스-루스Lyons-Ruth와 야콥비츠Jacobvitz가 관찰한 바와 같이,[257] 이러한 상호작용 이후에 부모와 아동의 관계에서 소통 균열의 회복은 일어나지 않는다. 대개 이러한 두려운 상황이 일어난 후에 부모는 상당히 혼란되거나, 아동이 회복의 기회를 받지 못한 것에 대해서 부인한다. 아이는 단절된 상태로, 아이와 부모 사이에 그토록 크고 무서운 거리를 만든 압도적인 공포감에 얼어붙은 채로 남아 있다.

반영: 애착과 정신 건강

인간관계 소통 및 부모-자녀 관계와 같은 복잡한 프로세스가 실제로 매우 간단한 방식으로 이해될 수 있다는 것은 놀라운 일이다. 애착의 핵심은 자녀의 신호에 대한 부모의 민감성과 반응성에 기반을 두고 있고, 이로써 협력적인 부모-자녀 의사소통을 가능하게 한다. 조건 의사소통은 안전한 애착을 일으키고 쌍 구성원 간의 협력적으로 신호를 주고받는 특징이 있다. 조건 의사소통은 아동과 양육자 간의 내부 경험 또는 마음 상태의 정렬에 달려있다. 상호 공유하고 상호 영향을 미치는 이 일련의 상호작용(정서적 조율 또는 정신 상태 공명)은 건강하고 안정적인 애착의 본질이다. 이러한 경험에 의해 활성화되고 형성되는 신경망에는 보상, 신체 인식 및 조절, 마음 지도의 세 가지 주요 시스템이 포함된다. 우리의 애착 관계 경험은 이러한 신경가소성 변화를 삶으로 가져올 때(새로운 성장과 학습에 열려 있음), 마음 내면과 마음 상호 간의 주요 특징과 상관관계가 있는 뇌의 구조를 형성한다. 그리고 일생에 걸쳐 내적 세계와 인간관계 생활을 형성한다.

최적이 아닌 애착은 비조건적 의사소통의 반복된 패턴에서 발생한다. 회피 애착에서처럼 부모의 의사소통과 내적 상태는 종종 자녀의 내적 상태와 정렬하지 않는다. 대조적으로, 양가적으로 애착된 아이는 부모의 의사소통이 일관되지 않게 연결된 것으로 경험한다. 때때로 그것은 침범적이지만, 때로는 내부 상태와 정렬이 있다. 부모가 혼란이나 공포의 근원이라면, 아이는 와해된/혼란된 애착을 발달시킬 것이다. 그러한 양자 간에서는 의사소통이 비연결적일 뿐만 아니라 부모가 보낸 메시지가 내부 혼돈 상태와 부모에 대한 압도적인 두려움을 아이 안에 만든다.

자녀와의 관계의 이러한 특성은 각 부모와의 특정 관계에서 나타나는 특성이다. 또한, 부모의 "애착에 대한 마음의 상태"는 부모-자녀 관계가 어떻게 발전할 것인지에 대한 가장 강력한 예측 변수이다. AAI의 내러티브 프로세스는 부모의 일관성 있는 또는 일관성 없는 마음 상태가 각각 자녀의 안정적인 애착 또는 불안정한 애착과 관련되는 특징적인 방식을 보여준다. AAI에서 "획득된earned" 안전/자율적 상태(전향적이든 소급적이든)는 일관된 기능을 이해하는 데 중요한 요소이다. 어떤 경우에는 치료적이고 개인적인 관계는 한 개인이 비일관적인 마음 상태에서 더 통합된 마음의 기능을 가지도록 변화시킬 수 있는 것으로 보인다. 이런 성인들이 스트레스 상황에서도 민감하고 세심하게 자녀를 돌볼 수 있다는 사실은 이러한 "획득된" 상태가 단순히 "말만 번지르르한talk the talk" 능력 이상을 시사한다. 그들은 또한 자신의 어린 시절에 그러한 경험이 없음에도 불구하고 자신의 자녀와 정서적 연결을 "실제 행동으로walk the walk" 할 수 있다. 우리는 안전한 애착을 촉진하는 보다 성찰적이고 통합적인 기능을 서로가 달성할 수 있도록 하는 데 있어 현세대와 미래 세대에게 중요한 역할을 할 수 있다.

또한 조율된 관계의 변화는 다음과 같은 기본 요소를 포함하는 것을 제안할 수 있다(연결되고 협력적인 의사소통, 심리 생물학적 상태의 조화, 긍정적인 감정 상태의 증폭과 부정적인 감정 상태의 감소를 포함한 상호 공유된 상호작용, 정신 상태에 대한 고찰, 그리고 미래의 상호작용에 대한 감정적인 조절과 긍정적인 기대를 가능하게 하는 정신적 안전 모델의 후속 개발).

어린 시절에 정서적 방치와 거부가 우세했던 성인들은 애착에 대해 무시하는 태도를 보일 수 있다. 이 성인들은 자녀들과의 관계에서 종종 회피적 애착 특징을 가지고 있다. 의사소통은 신호 또는 감정적 조화에 거의 민감하지 않은 것으로 보인다. 그러한 성인의 내면세계는 독립성을 기치로 하여 기능하는 것 같다. 즉, 인간관계의 얽힘과 아마도 자신의 신체에서 보내는 감정적 신호로부터 자유로운 삶을 사는 것이다. 그들의 내러티브는 이러한 고립을 반영하며, 어린 시절의 경험을 회상하지 않는다는 주장이 특징이다. 인생은 과거나 타인이 자기의 발달에 기여한다는 인식 없이 살아간다.

일관성 없는 보살핌과 침투적인 정서적 의사소통을 경험했을 가능성이 있는 성인들에게는 불안, 불확실성, 양가감정으로 가득 찬 애착에 대한 몰입적인 자세가 있다. 이러한 성인의 자녀는 종종 부모가 자신의 필요를 일관되게 인식하는 능력이 부족할 때, 이러한 몰입 상태를 경험한다. 타인에 대한 정신 모델은 다른 사람으로부터 임박한 손실이나 침입에 대해 주의를 기울일 수 있다. 이 성인들의 내적 경험에 대한 결과는 다른 사람들에게 의존하는 것에 대한 의심과 두려움에 끊임없이 압도당하는 것이다. 그들의 AAI 내러티브는 현재에 명확하게 초점을 맞추려 할 때 과거 상태의 침입으로 표시된다. 이러한 내러티브 침입은 자녀와 지속적으로 조건 의사소통을 하는 능력을 손상시키는 감정 상태의 이동을 반영한다. 이런 방식으로, 비일관적이고 침범적인 경험으로부터의 학습이 타인과 관계 맺는 방식, 그리고 내러티브의 과정 내에서 직접적으로 나타난다.

마지막으로, 애착 연구들이 부모의 미해결된 외상과 상실이 아동의 와해된/혼란된 애착의 주요한 요인과 관련되는 것에 대해 어떻게 설명해 왔는지 논의했다. 기억 과정의 특성을 연구하면 다음과 같은 기본 질문을 다룰 수 있다. 미해결은 인간 정신의 기능에 진정으로 무엇을 의미하는가? 이 질문에 답하는 것은 이러한 성인과 그 자손이 경험할 수 있는 장애를 감안할 때 시급한 문제이다. 이 부모들은 자녀들을 공포에 떨게 하는 마음 상태로 급격한 변화를 겪는 것처럼 보인다. PTSD에 대한 연구에서, 외상 중 또는 외상 후에 해리 메커니즘(변화된 마음 상태로 들어가는 것)을 사용하는 개인은 나중에 어려움을 겪을 가능성이 가장 높은 것으로 보인다.[258] 미해결된 상실이나 외상이 암묵 기억과 명시 기억을 포함하여 다양한 과정의 해리와 어떻게 연관되는지를 이해하는 것은 이후에 부모의 행동 중에 어떤 것이 위협적인지에 대한 통찰을 얻는 데 중요하다.

심각한 정신 장애를 일으킬 가장 큰 위험에 처한 개인은 와해된/혼란된 애착과 해결되지 않은 트라우마 또는 슬픔을 가진 사람들이다. 마음 발달과 정신 건강이라는 개념에서 본다면, 이러한 불안정 애착은 자기self가 감정 상태의 에너지를 조율하고 정보를 조직화하는 데 어려움이 있다는 점에서 가장 심각한 장애라고 볼 수 있다. 가장 기본적인 수준에서 이 개인들은 마음 안에 일관성을 통합하는 능력이 가장 심각하게 손상된 것으로 보인다. 그들은 과거, 현재, 미래를 가로지르는 자기의 연속성 또는 자기와 타인의 관계에 대한 감각을 만들 수 없다. 이 손상은 정서적 불안정, 사회적 기능 장애, 스트레스에 대한 열악한 반응, 이 애착 그룹의 어린이와 성인 모두를 특징짓는 인지 와해 및 혼란에서 나타

심각한 정신 장애를 일으킬 가장 큰 위험에 처한 개인은 와해된/혼란 애착과 해결되지 않은 트라우마 또는 슬픔을 가진 사람들이다.

난다. 우리가 논의한 바와 같이, 와해된 애착을 가진 아이들은 다른 사람들과의 행동을 통제하는 경향이 있고 또래에게 적대적이고 공격적일 수 있다. 많은 연구들은 와해된 애착 아동과 미해결/와해된 애착의 성인은 폭력적인 행동을 하는 경향이 있다고 제안해왔다.[259] 사회로서 이러한 고위험 개인을 식별하고 해결되지 않은 트라우마를 치유하고 그러한 혼란스러운 애착 역사의 파괴적인 영향을 회복하는 것을 돕는 방법을 발견한다면, 우리는 그들이 조금 더 일관된 내적 기능을 발달할 수 있도록, 그리고 사회적으로 조금 더 적응적이고 가치 있는 인간관계를 가질 수 있도록 도울 수 있을 것이다.

특정 초기 경험이 자기 조직화에 근본적인 손상을 초래한다는 것은 분명하다. 불안정한 애착 관계의 형태로 인간관계 통합에 대한 결점은 아이 두뇌의 통합적 성장을 제한한다. 통합 기능의 이러한 제한은 신경 능력의 비통합적 상태에서 발생하는 내부 및 상호 조절 장애의 결과로 혼돈과 경직성을 만든다. 한쪽 극단에는 지나치게 제한적이고 경직된 과정으로 나타나는 거부 또는 회피 애착이 있으며, 다른 한쪽에는 과거의 요소가 현재에 침투하는 몰입 혹은 양가적 애착이 있다. 미해결된 또는 와해된 애착에서는 자기를 조직하는 데 일차적인 어려움이 있으며, 이는 융통성 없는 경직과 혼란스러운 내부 범람 및 인간관계의 혼란으로 이어진다. 시간이 지남에 따라 자기감과 자기에 대한 감각을 다른 사람과 통합할 수 없는 것은 신경 기반의 핵심 자기 조직 과정의 와해 때문일 수 있다. 초기 외상 및 방치에 대한 연구에 따르면, 뇌 내의 신경 구조와 기능이 심각하게 영향을 받을 수 있으며 스트레스에 적응하는 뇌의 능력에 장기간 지속되는 광범위한 영향을 미칠 수 있다.[260]

우리는 조건 의사소통이 안정 애착의 핵심인 반면, 균열된 연결을 복구하는 것은 가장 어려운 시기에도 재연결이 가능하다는 것을 아이에게 가르치는 기초 과정임을 알았다. 우리가 검토한 다양한 형태의 불안정한 애착에서 단절이 지속적이고 가변적이거나 무서운 방식으로 존재함을 알 수 있다. 안정 애착을 통해 연결되지 않은 의사소통의 순간과 놓친 합류 기회를 찾아내고 복구한다. 에드 트로닉Ed Tronick이 강력하게 입증했듯이 연결이 끊긴 후 복구하는 것은 건강한 관계에 매우 중요하다.[261]

다음 장에서 우리는 마음이 어떻게 자신의 기능을 조절하는지, 그리고 자신의 역사를 이해하는 것이 일관된 마음과 건강한 관계를 키울 수 있는지에 대한 보다 심층적인 논의를 위한 토대를 마련할 것이다. 이것은 관계의 본질, 표상 과정, 감정 및 약속된 관계를 복구하는 방법을 계속 탐구하는 보다 일반적인 맥락이다.

우리의 관계가 우리 삶에서 감정적으로 의미가 있음을 알 수 있다. 서로 느껴짐을 느끼고 연결되게 하는 의사소통에 균열이 생기면 정서적 고통이 야기된다. 이러한 중요한 관계의 유대를 복구하면 깊은 안도감과 명료함, 정서적 웰빙의 느낌을 갖게 된다. "감정emotion"이라는 용어가 포함된 이 단락의 문장에서 당신과 나는 그 상징적 언어 용어가 의미하는 바에 대해 암묵적으로 공유하고 있다. 하지만 "감정"이 정확히 무엇을 의미할까? 정서적으로 고통스럽거나 치유되거나 의미 있는 것을 갖는다는 것은 무엇을 의미하는가? 우리가 "마음"이라는 용어와 마음의 발달이 실제로 구체적이고 심오한 의미로 무엇을 의미하는지 함께 접근하며 초점을 맞춰온 것처럼, 감정에 대하여 같은 방식을 적용하여 감정이 무엇을 의미하는지에 대한 근본적인 질문을 탐구하는 것이다. 감정은 무엇이며, 평생 동안 마음이 어떻게 발달하는지에 감정이 왜 그토록 중요할까?

The Developing Mind 05

통합의 변화로서 감정

The Developing Mind

감정의 정의

우리는 타인과 "감정 소통"을 통해 연결한다. 우리는 "감정적으로 가깝다emotionally close" 또는 "감정적으로 여유가 있다emotionally available" 혹은 "감정적 유대emotional bands"를 가진다와 같은 관용구를 이용하여 의미 있는 관계를 나타내고 거기서 우리 개인적 자기보다 더 큰 어떤 무언가가 경험되는 것을 느낀다. 감정 그 자체가 실제 무엇인가라는 측면에서 이런 관계적 관용구들이 의미하는 것은 무엇일까? 우리 과거가 어떻게 우리 현재에 영향을 주고 우리 미래를 형성하는지를 돌이켜볼 때, 왜 우리는 애착 관계의 "감정적 의미"에 초점을 맞추게 될까? 왜 이런 "감정적 이해"는 일관된 성인의 애착 내러티브에서 아이가 그 부모에 얼마나 애착을 갖게 될지에 대한 가장 좋은 예측지표가 될까? 왜 우리는 이런 중요한 "감정적 관계"의 파열을 일컬어 "감정적으로 고통을 준다emotionally distressing"라는 용어를 사용할까?

감정 연구에서 비언어 행동은 감정이 소통하는 기본 모드primary mode로 제안한다.[1] 표정, 시선, 어조, 신체 동작, 반응의 타이밍과 강도는 모두 감정 메시지에 토대가 된다. 예를 들면, "사회적 참조" 과정에서 아이는 부모의 신호 중 표정과 비언어적 측면을 보고 애매한 상황에서 어떻게 느끼고 반응할까를 결정한다.[2] 이런 표정이 문화마다 표현하는 방식에서 보편적이지 않을 수 있지만, 그것은 상호 간 의미를 전달하는 맥락에서 한 개인의 내적 경험의 의미와 마음 상태를 타인과 공유하는 감정 경험의 일부이다. 또한 아이들은 또래나 낯선 이들의 표정과 다른 비언어적 단서에 집중하여 그들의 행동과 감정 반응을 형성한다.[3] 사회적 참조하기는 비언어

소통이 마음 상태를 정렬하는 매개체라는 것을 보여주는 근본 방식이다. 마음이 상해 "감정이 격해진" 타인에게서 우리는 그것을 보고 감정을 안다. 하지만 이것이 정말 무엇을 의미하나? 이 장에서 감정을 정의하고 인간관계와 마음 발달에서 그 중심 역할을 탐구하려고 한다.

중요하게 주목하는 보편적 결론에선 세계 모든 문화에서 어떤 유형의 정서 표현들이 표현되기도 하고 인식되기도 한다는 것이다. 하지만 전문가들은 종종 이런 정서 표현이 실제 무엇을 표현하는지, 그리고 사실상 문화 전반에 걸쳐 한 사람의 내적 상태를 표현하는 공유된 방법이 있는지에 대해 상당히 다른 개념을 가지고 있다.[4] 감정을 문화가 형성하는 방식, 나아가 감정 과정의 본질적 특성을 정의하는 방식에서 폭넓은 생각들이 존재한다. 증가하는 문헌들이 시사하는 바는 우리의 경험, 정확히 말해 애착 관계 내, 그리고 우리가 사는 큰 차원의 문화 내에서 우리 경험들은 감정 경험과 표현 범위에 관련된 신경 회로망을 형성한다.[5] 경험이 뇌를 형성하고 감정생활에 영향을 준다는 것은 분명하다. 하지만 "**감정생활**"이란 것이 정확히 무엇인가? 이런 질문을 해결하기 위해 따라오는 정의는 감정의 몇 가지 근본적인 측면을 설명하기 위한 노력의 일환으로 연구와 임상적 개념을 합쳐 놓았다. 이런 정의를 제공하는 구체적 목적은 (1) 감정의 기본 기능과 근본 성격을 분명히 하고 (2) 감정의 어떤 특성이 타인들 간에 공유되고 어느 것은 매우 독특한 것으로 존재할 수도 있는가를 규명하는 것이다.

100년 이상 동안 감정이 실제 존재하는지에 대해 다양한 수련 배경에 따라 과학자들 간에 미묘한 논쟁이 있었다.[6] 예를 들어, 어떤 생리인지 심리학자들은 감정을 한 개인 안에 존재한다고 보는 반면, 좀 더 인간관계 지향의 사회심리학자들과 문화 인류학자들은 감정을 사람들 사이에 생성되는 것으로 본다.[7] 정서 및 사회 신경과학 분야에서조차 뇌 안의 감정의 성격에 대해서는 열띤 논란이 있을 정도이다.[8] 예를 들어, 수십 년 동안 일반적으로 받아들여지기로는 감정은 "변연계"라는 뇌 부분에서 나온다고 했었다. 다양한 저자들은 이런 체계를 "원시적" 혹은 "오래된 포유류의" 뇌라고 정의하고 그것을 편도, 해마, 안와 전두 피질, 앞쪽 대상회 같은 구조를 포함하는 것으로 기술하였다. 여러 연구 패러다임들이 이 흔히 인용되는 체계의 경계와 고유 기능을 구분하려고 시도하였지만, 그 기능적 구조적 한계를 찾아내는 데 빈번히 실패하였다.[9] 여기서 본질적 핵심은 감정은 한때 그 회로나 영역이 뇌의 감정 센터라고 생각했던 뇌의 어떤 특정 회로나 영역에 국한되지 **않는다**는 점이다. 대신에, 이 동일한 "변연" 영역이 뇌 기능과 감정 과정의 대다수 관점에서 광범위한 효과를 가지는 것 같다.[10] 윌슨-멘덴홀Wilson-Mendenhall과 동료들이 신경영상 연구에 대해 말하면서 "결과들이 시사하는 바로는 그 신경 회로들이 명확한 감정들 너머 좀 더 초보적 과정들을 실현한다는 것이다. 여기 관여된 뇌 영역은 세상을 다루는 몸을 조정하여 감정과 많은 다른 심리 현상의 중심에서 정서 변화를 일으킨다"라고 하였다.[11] 이런 중첩의 한 예가 감정 경험, 사회적 소통, 인지 평가 과정이다. "변연" 영역은 의미나 자극의 가치를 평가하는 데 특성화되어 있다. 또한 이것은 심리적 모듈이나 정보-처리 시스템과 상호 연관된 센터로 안면인식, 소속, "마음 이론(다른 사람이 마음의 주관적인 경험을 갖는다는 견해)"을 포함하는 사회적 인지를 수행한다. 몇몇 저자들은 이런 연구 결과를 이용하여 감정의 사회적 구성적 특성에 대해 논쟁을 한다.[12] 또한 이런 연구 결과에서 감정은 전체 뇌에 걸쳐 발견되고 우리가 사는 근본 방식에 대한 과정, 즉 우리가 신체적 혹은 사회적 웰빙과 생존에 대한 도전에 직면해서 항상성을 이루고 유지하는 방법에 직접 연관될 수 있다는 것을 시사한다.[13]

인지심리학에서 "개별" 혹은 "기본" 감정의 중요성에 대해 논란이 있다. 즉, 그것이 무엇인가 그리고 우리가 감정 경험을 이해하는 데 얼마나 중요한가. 몇몇 저자들은 이런 개별 감정들에 대해 "기본적"이란 거의 존재하지 않는다고 하는 반면,[14] 다른 저자들은 이런 보편적으로 표현되는 상태의 발현을 연구하는 것이 인지 과정과 인간관계 둘 다 안에서 감정의 역할을 이해하는 데 있어서 결정적이라고 제안한다.[15] 발달 심리학과 정신병리학의 영역에서, 감정과 감정 조절은 같은 동일한 옷에 서로 짜여 있는 것처럼 보인다.[16] 이런 방식으로, 감정은 조절적 기능을 수행하기도 하고, 조절되기도 한다. 자크 판크세프Jaak Panksepp는 감정이라는 것이 수백만 년에 걸쳐 포유류에서 진화되어온 기본 동기적 욕구와 정교하게 짜여 있다고 보았다.[17] 스티븐 포지스Stephen Porges는 감정의 "다미주 이론"을 개발하였는데, 이로써 싸움-도주-얼어붙음-기절의 반응적 상태와 함께, "사회적 관계 형성 체계"를 활성화시켜 개인이 다른 이와의 상호작용에 대해 개방적이게 하는 보다 더 수용적인 상태를 발견하였다.[18] 우리는 계속 "신경지neuroception"에 접근하여 위험을 평가하려 하고, 이는 다미주 체계와 관련이 있다. 어떤 사람은 감정이라는 것은 마음 과정에서 어디든 존재한다는 견해에서 짐작할지도 모른다. 예를 들자면, 케네스 도지Kinneth Dodge는 말하기를 "모든 정보 처리는 감정적인데, 감정이 인지 활동을 조종하고 조직하고 확대하고 약화시키는 에너지이고, 또한 역으로 이런 활동의 경험이며 표현이다"라고 했다.[19] 이런 견해는 감정이 보편적 성격을 지니고, 일상적으로 인지와 감정을 구분하는 것은 인위적이고 우리가 정신 과정들을 이해하는 데 있어서 잠재적으로 도움이 안 되는 방식임을 기술하였다.

이런 논란에도 불구하고 감정에 대한 대부분 이론은 몇몇 공통적인 주제를 가지고 있다. 그중 하나는 감정이 환경과 계속적 상호작용하는 복잡한 계층 과정을 수반한다는 것이다. 최소한 이런 상호작용들은 (의미 평가 같은) 인지 과정과 (내분비, 자율신경계, 심혈관 변화 같은) 신체 변화와 연관되고, 이는 시간 경과에 따라 어느 정도 반복된 패턴을 보일 수 있다. 앨런 스루프Alan Sroufe는 기술하기를, 감정들은 "중요 사건에 대한 주관적 반응, 즉 생리적, 경험적, 뚜렷한 행동의 변화를 특징으로 한다"라고 했다.[20] 한 유사 견해가 감정은 신경생물학적이고, 경험적이며, 표현적 요소들에 관련된 것으로 볼 수 있다고 제안한다.[21]

우리의 목적상, 열린 마음으로 감정의 단일화된 정의에 접근하는 것이 유용하다. 감정의 친숙한 최종산물, 즉 우리가 보통 일상적 생각을 화, 공포, 슬픔, 기쁨이라는 통상적인 느낌으로 생각하는 것이 실제로는 감정의 초기 경험에 핵심적인 것이 **아니라고** 가정해 보자. 또한 감정이라는 것은 보통 우리가 그것을 생각하는 것처럼, 즉 "그냥 네 느낌에서 벗어나라"라는 말에서 함축되어 있듯 경험되고, 식별되고, 표현되는 한 분획화 신체 감각으로 가정을 해보자. 대신 **감정은 뇌의 사회적으로 영향받는 가치-평가 과정 내에서 생성되는 역동적 과정과, 개인과 환경의 상호작용을 표현한다**고 생각해 보자. 감정은 마음이 신경생리학적 과정과 관계 사이 접점에서 보이는 필수 방식을 반영한다. 이는 일련의 통합과정 역할을 하는데, 다양한 체계들을 영역과 시간을 관통하여 역동적 흐름 안에서 결합시킨다. 감정은 행동하기 위해, 내적 또는 외적 유형의 동작을 유발(e-motion)하기 위해 우리를 준비시킨다. 뇌 내에서 감정은 다양한 체계를 함께 결합하여 일련의 마음 상태를 형성한다. 감정은 인간관계에서 하나의 마음을 다른 마음과 결합하는 일련의 과정이다. 앞장에서 '통합'은 한 체계의 분화된 부분들을 결합시킨 것으로 정의했다. 그런 이유로, "감정"은 "통합 상태의 변화"라고 제안한다.

> "감정"은 "통합 상태의 변화"라고 제안한다.

통합이 향상될 때, 우리의 웰빙 상태도 향상되고, 우리 삶이 좀 더 조화로운 방식을 향해 나아간다. 우리는 우리가 "감정적 건강"을 가졌다고 한다. 두 사람이 "감정적으로 가깝다"라고 느낄 때, 둘은 흔히 그들의 연민 어린 소통이 그들의 연결을 자라나게 하는 동시에 차이에 대해선 존중받았다고 느낀다. 대조적으로, 우리가 감정상 걱정스러운 경험을 갖는다면, 통합의 정도는 하향 이동하고, 대신에 혼란과 경직으로 향하게 된다. 이는 감정 고통 혹은 감정 웰빙의 손상에 대한 일례이다. "감정"과 그 파생물들은 이후에 통합 상태가 변화되는 방식을 말해준다.

감정은 사고와 느낌에 대한 고전 개념들을 함께 엮어내는 과정이다. 페소아Pessoa가 제시하길,

> 인지-감정 복합 행동은 뇌 영역 네트워크의 역동적 연합에 바탕을 두는데, 어느 뇌 영역도 특정해서 정서적이라거나 인지적이라고 개념화할 수 없다. 인지-감정 상호작용에 핵심적인 것은 허브라고 하는 고도의 연결성을 가진 뇌 영역이다. 이는 영역 간에 정보의 흐름과 통합을 조절하는 데 결정적이다.[22]

우리가 제안하는 바 감정은 개인 내부와 개인들 사이의 통합 변화와 관련이 있다.

어떤 감정이 개인 내에 존재할 수 있는가에 대해 우리가 조사하면서, 애착 관계와 마음 상태의 조합에 대해 우리가 배운 것을 명심하자. 이 수준에서 강조할 점은 우리는 사회적 의미에서 고립된 상태보다는 관계 맥락 안에서 개인의 마음에 대해 생각하는 도전적인 작업을 계속해야 한다는 것을 요구한다. 감정은 그 모든 무수한 표현 속에서 내적인 것과 인간관계의 상호작용을 나타낸다.

초기 정향, 평가와 각성

뇌에서 고양된 활동 신호는 "초기 정향 반응initial orienting response"이라 불릴 수 있다. 이런 용어는 어떻게 뇌와 몸의 다른 체계가 경계 상태의 증가로 들어가 "여기 지금 뭔가 중요한 일이 일어나고 있다"라는 내적 메시지를 가지게 되는가를 말해준다. 이런 초기 정향 반응은 "지금 주의를 기울여라!"라는 인지적 경각심 기제를 활성화하는데, 이는 의식적 인식이 필요 없고 시초에 긍정적 혹은 부정적 어조를 지니지도 않는다.[23] 매우 빠르게(마이크로 초 안에) 뇌는 이 초기 정향 과정에서 생긴 몸과 외부 세계의 표상들을 처리한다. 이런 일이 일어남에 따라, "정교한 평가"와 "각성"이라는 과정이 시작되어 그 시스템 전반에 걸쳐 에너지 흐름을 지시한다.

정교한 평가는 한 자극이 "좋다" "나쁘다"를 평가하고 그 유기체가 거기서 나아가야 할지, 멀어져야 할지를 결정한다. 거기엔 세상에서 일어나는 사건에 대한 재빠른 평가의 핵심 과정을 취하는 진화적 이득이 있다. 즉, 이로써 왜 이런 평가와 각성 과정이 그렇게 뇌 기능에 중심적 역할을 하는지를 이해할 수 있게 한다.[24] 그 회로가 이런 "좋음-나쁨" 평가에 반응하여 활성화됨에 따라, 마음은 접근 혹은 철수에 관련된 다양한 정신 과정을 통해 에너지 흐름을 보다 세련되게 가다듬게 된다.[25] **감정적 처리 과정은 뇌와 나머지 신체가 행동할 준비를 하게 한다.** 정교한 평가와 각성은 "주의를 기울여라!"에서 "움직여라!"로 초기 정향 과정들을 확장한다. 이런 평가 과정은 자극의 정보적 의미를 평가한다. 즉 각성 과정은 시스템을 통한 에너지 흐름의 방향을 지시한다. 더불어, 그것들은 어떤 회로는 활성화하고 다른 회로는 불활성화할지의 흐름을 지시함으로써 마음 상태를 조절하는 역할을 하게 된다.

정서신경과학 영역에서, 이런 평가 과정이 순수하게 연달아 발생하는 것인지, 아니면 어느 정도 동시에 일어나는 일인지에 대해 토론이 활발하게 집중되고 있다.[26] 그것들이 연속적이든 동시적이든 간에, 브래들리 Bradley는 다음과 같이 제안한다.

> 정향과 주의의 토대는 그 개인의 생명을 보호하고 지속하도록 진화된 방어적이고 욕구적인 동기 체계의 활성에서 유래한다고 가설을 세웠다. 동기 활성화는 지각과 운동 과정을 연달아 시작하게 하여 적절한 행동의 선택을 용이하게 한다.[27]

이런 잇따른 반응들은 감정이 얼마나 인간 뇌의 기능에서 편만한 과정인가를 설명하는 연속적 혹은 동시적 평가의 진전된 형태로 볼 수 있다. 감정은 이항상성allostasis, 즉 어떻게 우리가 생존할 뿐 아니라 번성할지에 대한 토대가 된다. 이런 방식으로 초기 정향은 연속적인 정교한 평가-각성 회로를 개시하여 그 개인 내에 펼쳐진 마음 상태들을 분화시키는 역할을 한다.[28]

평가는 복잡한 망 형태의 평가 기제와 관련되는데, 그 안에서 외부적 내부적 요소가 모두 능동적 역할을 한다. 평가의 특이한 특성은 자극의 과거 경험을 통합한다는 것이다. 즉 기억의 감정 요소와 표상 요소, 내적 감정 상태와 외적 사회 환경의 현재 맥락, 강도와 친밀성 같은 자극의 요소, 미래에 대한 기대를 포함한다.

앨런 스루프Alan Sroufe는 환경적 주변에 감정 개입을 생성하는 데 있어 "괴리discrepancy"의 중심적 역할에 대해 기술하였다.[29] 괴리는 한 자극의 외적 특성이 내적 기대와 조화를 이루지 못할 때 일어난다. 스루프Sroufe의 용어로, 그런 부조화에 대한 반응으로 일어난 감정 각성은 "긴장tension"이라 부른다. 감정과 그 조절은 "긴장 조절 가설tension modulation hypothesis"내에서 검토된다. 그런 긴장은 줄일 필요는 없지만, 개인이 환경, 특히 사교

세계에서 중요한 타인과 상호작용을 하며 처리된다. 감정 형태의 각성은 운동이나 카페인 음료를 마시는 것 같은 다른 형태의 각성과 구별되는데, 그것이 의미의 주관적 감각을 반영하고, 이런 감각은 (내적, 상호적) 경험이 개입된 반응으로 평가된다는 점에서 그렇다. 여기서 제시된 틀은 감정적 긴장이라는 이 견해와 조화를 이루고, 나는 마음 내의 이런 감정 관여 틀에 "각성arousal"이라는 일반 용어를 사용한다.

일차 감정

우리는 앞에서 기술한 대로 초기 정향과 정교한 평가-각성 과정에서 기인한 뇌 상태의 변동을 기술하기 위해 "일차" 감정이라는 용어를 사용할 수 있다. 이런 개념은 "기본basic" 또는 "개별discrete" 감정과 구분이 되는데, 때로 이것은 "범주적categorical"이라고 불리며, 이는 화, 두려움, 슬픔 같은 분화된 감정 상태를 일컫는다. 이런 상태의 궁극적 명명이 우리의 관계 경험에 따라 문화적으로 형성될 수도 있지만, 피질 범주화 기제에 대한 피질하 입력 연구에서 시사한 바로는 우리가 실제로 연달은 감정을 생성하는 또 다른 근본적 욕구들을 가진다는 것이다.[30] "일차primary"라는 용어가 강조하는 것은 이런 본질적 감정 특징 중 시초의 핵심적, 편재적 특성들이다. 또한 "일차primary" 색상처럼, 그 용어는 다양한 일차 감정 요소들을 조합하여 감정 경험의 스펙트럼 내에서 다양한 질감을 구성한다.

이런 일차 감정에 대한 감각은 언어 없이 존재하고 의식 없이 존재할 수 있다. 그것은 그 체계의 변화 상태를 통해 활성과 불활성deactivation의 흐름, 즉 에너지 흐름과 정보 평가에서 변화shift에 대한 비언어적 감각을 반영한다. 일차 감정은 직접 마음 상태의 변화, 즉 다양하게 분화된 과정들이 결합하는 정도의 변화를 반영한다. 즉, 이런 변화는 미묘할 수도, 혹

일차 감정은 직접 마음 상태의 변화를 반영한다. 즉, 다양하게 분화된 과정들이 결합하는 정도의 변화를 반영한다.

은 강렬할 수도 있으며 그들은 순식간일 수도 있고 지속될 수도 있다. 그들은 해변에 찰랑거리는 파도처럼 계속 부드러운 감각으로 계속되거나, 아니면 해변에 몰아치는 파도처럼 더 크고, 전반적 변화로 점차 바뀔 수도 있다. 일차 감정은 역동적 변화 과정이다. 다시 말하지만, 그들은 감각의 개별 분획화가 아니고 차라리 에너지의 통합과 마음의 정보 흐름의 변동이다.

어떤 사건이 개인에 대해 의미를 가질 때는 그것이 이전 경험과 괴리가 있거나, 다른 평가 과정이 그것이 중요하다고 표시할 때인데, 그때 뇌는 경계 상태가 된다, "이것은 중요해! 주의해!"라고 첫째 지점에서는 정향이 그 체계에 대해 일종의 충격jolt 역할을 한다. 일차 감정 경험은 일종의 에너지와 경각심의 증가이다. 둘째로 뇌는 더 나아가 그 자극과 각성된 상태 자체의 의미를 평가해야만 한다. 그 순간에 일차 감정은 "쾌락 톤"이나 "유인가valence"를 발전시키는 것으로 경험되는데, 이는 긍정 혹은 부정의 내적 특성을 의미한다. 예를 들어, 세밀한 평가와 각성 과정은 "이런 중대한 일이 잘못되고 있어. 조심해! 여기 위험해"와 같은 감각을 생성할 수 있다. 그래서 이 체계를 통한 에너지 흐름은 조심스러운 과경계 태세로 흐르게 한다. 대조적으로 세밀한 평가와 각성이 초기 정향을 좋은 것으로 평가할 수 있는데, 그러면 자극은 보다 더 추구해야 할 어떤 것으로 평가되고, 이로써 열망의 일차 감정 상태를 생성한다. 이런 식으로 평가와 각성은 어떤 방식으로 개인이 행동하도록 미리 준비된 마음 상태를 생성한다. 가장 기본 수준에서 유인가는 좋은 것으로 표시하여 접근하도록 하거나, 나쁜 딱지를 붙여서 물러나게 한다.[31]

이런 자극에 더해, 일차 감정 자체를 뇌의 가치 체계가 평가할 수 있다. 이런 방식으로, 마음은 그 자체의 평가 및 활성 과정에 대한 가치 값을 계산하기 시작한다. 이런 "평가에 대한 평가"를 계속하는 반복 특성은 마음의 복잡계에서는 실제 매우 흔한 일이다(이 특징은 6장에서 다시 설명하겠다). 이는 반복적 사고와 우울, 불안 같은 파괴적 감정 상태를 확고히 하는 재강화 고리를 생성하는 데 중심적 역할을 한다. 지지적 인간관계 치료 관계의 세팅 안에서 그런 상태를 재구조화한다면 이런 재진입 고리를 변경하여 한 사람을 그들의 감금적 특성과 자기 파괴적 내러티브에서 벗어나게 할 수 있다.[32] 이는 또한 기질과 학습 둘 다 얼마나 핵심 감정 반응성에 대해 직접 영향을 줄 수 있는지에 대한 이슈를 불러일으킨다.[33] 수줍은 사람의 경우처럼, 어떤 사람은 자신의 강렬한 각성에 대해 부정적 평가와 행동적, 인지적으로 위축시켜 그들의 감정 상태에 대해 상세한 표현을 못 하는 성향으로 반응할 수 있다.[34] 다른 이는 어떤 강렬한 감정 상태에 대해 다른 사람들이 감내하지 못한다는 것을 학습했을 수도 있다.[35] 그런 강렬한 상태에 대해 동조 받지 못함으로써 그들은 "조절 불능" 상태에 있고, 그래서 "나쁘고" 피해야 한다는 것을 감지한다. 그런 개인들은 감정적 강렬함을 피하도록 학습된다. 대조적으로 제롬 캐건Jerome Kagan은 수줍은 아이가 새로운 상황을 탐구하도록 지지하고 격려하는 부모들은 아이들이 새로운 경험에 대해 감내하는 능력을 실제 향상시킨다는 것을 보여줬다.[36] 이 어떤 사례이든 간에, 각성 상태의 평가는 인간관계 경험에 영향을 받아서 평가-각성 회로를 더 세련되게 하며, 이것은 직접 일차 감정 상태의 개방에 영향을 준다.

분화와 범주적 감정

초기 정향과 정교한 평가-각성이라는 첫 두 단계 이후에 세 번째 단계가 감정을 경험할 때 일어난다. 이것은 "분화" 혹은 활성 경로를 내는 것이다. 보다 더 고도로 특성화되고 정교화된 활성이 일어남에 따라 일차 감정 상태의 분화를 보인다. 때때로 "중립적neutral"이라고 느끼고, 어떤 특별히 언어화할 수 있는 느낌을 찾지 못할 수도 있다. 다른 경우에는, 우리의 일차 감정 상태, 즉 우리 마음의 부각emerging을 통한 에너지의 흐름과 변화는 특정한 회로를 끌어들여 명확한 상태로 분화된다.

일차 감정 상태를 공포 같은 특정 분류의 감정으로 세분화하는 것은 "범주적 감정categorical emotion"이라는 좀 더 친숙하지만, 아직 논란이 있는 이론으로 우리를 이끈다.[37] "범주적", "기본적", "개별의discrete" 같은 용어는 어떤 이들이 슬픔, 화, 공포, 놀람, 기쁨 같은 인류 문화에 보편적으로 발견된다고 제안하는 이런 느낌 분류에 흔히 이용된다.[38] 우리가 토론해왔듯이 그런 분명한 감정이 존재한다고 하더라도 아직은 논란의 여지가 있다. 배럿Barrett이 기록한 바로는 다음과 같다.

> 사람들은 감정을 보면 알 수 있다고 믿고, 결과적으로 감정은 어느 정도 정확성을 가지고 인식될 수 있는 명백한 사건들이라고 생각한다. 하지만 과학자들은 감정이 존재하는 시기와 존재하지 않는 시기를 나타내는 분명하고 일관성 있는 기준을 만들어내지 못하고 있다.[39]

이런 내적인 감정 상태는 자주 표정으로 소통되고, 각 표정의 특정 모드의 "보편성"이 논란이 되고 있지만 각 문화는 감정의 독특한 표현을 기술하는 말(단어)을 가진 것 같다.[40] 그것들은 또한 감정 자체를 드러내는 독특한 생리적 프로파일을 가지는 것 같다. **범주적 감정은 특유의 고착화된 패턴의 활성으로 진화한 마음의 분화 상태로 생각할 수 있다.** 범주적 감정의 표현 형태가 문화 간에 유사하다는 것은 인간의 뇌와 몸이 이런 마음 상태의 정교화를 위한 특징적이고, 선천적이며, 생리학적으로 매개된 경로를 가질 수 있는 것을 시사한다.

뇌는 그 구성에서 물리적 현실을 가지고 있어서 그것을 통해 내적 상태가 유전과 경험으로 형성된 신체를 경유하여 표현된다. 문화를 넘어 감정의 보편성에 반대하는 구성주의적 견해는 배럿Barrett이 이어가고, 다른 이들[41]이 지지하는데, 이는 우리가 특별한 감정을 어떻게 표현하느냐에 대한 본질적인 타고난 패턴은 실제로는 없다는 것이다. 우리의 감정과 그것을 외부로 표현하는 것은 우리가 가진 경험, 즉 우리 가족과 확장된 문화 내에서 형성된다. 대조적으로, 에크만Ekman은 전 세계 어디를 막론하고 인간은 범주적 감정의 표현에 대한 공통적 경로를 공유한다고 제안했다.[42] 각각의 문화에서 생득적 감정 관점이 시사하는 바로는, 우리는 "기본" 감정[43], 예를 들어 슬픔, 화, 두려움 같은 것들의 특징적인 표현을 식별할 수 있다는 것이다. 슬픔은, 얼굴이 아래로 처진 입술과 반쯤 감긴 눈, 거기다 신체 동작은 느림을 보일 것이다. 화는 확장된 동공, 커진 눈, 올라간 눈썹, 골이 파인 이마, 오므린 입술과 관련된다. 공포는 올라간 눈썹, 평평해진 이마, 열린 입이 조합되어 있다. 이런 관점에서, 우리는 감정을 한 개인 내에서 그리고 문화들을 관통하여 범주화할 수 있을 때조차[44], 이것이 슬픔이나 공포 같은 한 사람의 범주화된 감정이 다른 개인의 그것과 똑같다는 의미는 아니다. 구성주의자 관점에서, 이런 표지들은 구성된 상징들인데, 거기서 이 개념과 범주들은 인간관계적 소통 내 경험에 의해 만들어지고, 해당 문화에서 이용되는 공유된 언어적 용어들에 체화된다. 이와 비슷하게 갈등적 감정 개념을 이해하는 한 가지 방법은 우리는 진화적으로 얻어진 **피질층**으로 올라가는 신경 처리 과정의 피질하 패턴을 가진다는 점인데, 경험이 밀접하게 직접 이 피질층을 형성한다. 이런 신체적, **피질하** 기원의 일차 감정 상태는 후에 범주와 개념, 때로는 언어적 상징으로서 피질 구성물이 되어 출현한다. 이런 방식으로 감정이 해당 개인에서 펼쳐지는 독특한 방식은 고대 진화적 피질하 영향과 나아가 지금-여기의 피질 구성 신경 처리 과정 둘 다를 가지며, 둘 다를 결합하여 현재의 감정 상태를 형성한다. 감정 경험의 생리학적 신경적 연관을 형성하는 데 있어 각기 다른 뇌 영역의 나눠진 역할뿐만 아니라 유전과 경험의 기여를 인정하는 것이 감정 상태의 경험과 표현상의 특성에 대해 그럴듯하면서 모순적인 두 가능성에 대해 가교를 놓을 수 있을 것이다.

정서와 기분

내적인 감정 상태가 외적으로 드러나는 방식을 "정서적 표현affective expression" 혹은 단순히 "정서affect"로 부른다. 정서는 음조, 표정, 신체 동작 같은 비언어적 표지들로 나타난다. 이런 외적 표현들을 "활성 정서vitality affect" 혹은 "범주적 정서categorical affect"[45]로 정의할 수 있고, 각각 감정 상태의 일차적 혹은 분화된 특성을 나타낸다. 많은 연구자에게, 정서는 본질적으로 사회적 신호이다.[46] 감정 표현의 목적은 사회적 소통이라고 하는데, 이는 개인들이 혼자 있을 때보다 사회적 틀 안에서 좀 더 정서를 드러내는 일반적 결과에 의해 뒷받침되었다.

흥미로운 것은 얼마나 자주 사람들이 범주적 감정을 그들이 알고자 하거나 타인과 소통하려는 유일한 감정 과정으로 생각하는가이다. 감정의 3단계 즉 초기 정향의 상태, 세밀한 평가와 각성, 범주화된 감정은 "당신 기분이 좀 어떠세요?How are you feeling?"라는 질문에 반응하는 방식에 새로운 사고방식을 제공한다. "느낌feeling"이라는 용어는 감정이나 정서 둘 중 하나에 대한 의식적인 알아차림을 묘사하기 위해 사용될 수 있다.

우리는 (범주적으로) "슬프다" 혹은 "화가 나 있다" 혹은 "행복하다"라고 느낄 수 있다. 우리는 우리가 우리 마음이나 신체를 어떻게 감지하는지 혹은 우리 얼굴에 무엇이 감지되는지에 따라 이를 인지하게 될 수 있다. 우리는 아이들이 자주 그렇듯이, 단지 "나쁘다" 혹은 "좋다" 혹은 그냥 "정상"(중립적)이라고 인식할 수도 있는데, 이는 범주적 감정으로 더 이상 분화시키지 않고 우리의 초기 평가를 반영하였다는 것이다. 자주 우리는 에너지가 넘침, 처지는 느낌, 이런저런 종류의 이미지, 산만하게 안개 낀 듯 함diffuse fogginess 혹은 신경질적 초조처럼, 덜 분화된 일차 감정 상태만 느낀다고 인식할 수도 있다. 우리 마음 상태의 이런 흐름, 즉 우리 뇌 안에서 활성과 통합에서의 변화들은 여기서는 우리의 일차 감정이라고 정의되고, 외부적으로는 활력 정서vitality affect라고 했던 용어로 볼 수 있다. 일차 감정은 우리의 기본적 "느낌feeling"의 흔한 부분이다.

부모들은 유아가 표현할지도 모르는 범주적 정서뿐 아니라, 활력 정서로 드러나는 아이의 각성 상태에서의 미묘한 변화에 맞추어 준다.[47] 사실상, 이런 활력 정서를 통한 내적 상태의 표현은 생의 초기에 유아와 돌보는 사람 사이 소통의 주요 방식이다. 이런 정서 표현은 특정 순간에 마음 상태의 프로파일이나 에너지 수준을 드러낸다. 이 프로파일에는 그 개인의 내적 상태가 얼굴의 활성화, 몸의 움직임, 목소리 톤과 강도에서 변화 상태에 따라 어떻게 표현되는지에 대한 그림을 그 안에 포함한다.

개인들은 여러 감각 양식들을 교차하여 활력 정서에 맞출 수 있다. 예를 들어, 기쁜 표정은 얼굴 근육의 강도를 반영하는 소리 강도의 강약으로, 다른 사람의 목소리 톤이라는 반응 내에 반영mirrored될 수 있다. 일차 감정 경험은 우리가 우리 자신을 아는 방법과 서로 연결하는 방법 둘 다를 드러내는 것일 수도 있다. 부모-자녀 관계에서 부모가 우울하다면, 활력 정서는 "우울한" 상태를 나타내고, 낮은 에너지와 전반적인 부정적 쾌락의 톤hedonic tone을 갖게 된다. 또한 연구에서 보면 우울증은 타인의 감정 표현을 인식하는 능력의 이상과 연관된다는 것을 시사한다.[48] 표정을 지각하지 못한다는 점은 그 지각 능력을 맡은 뇌 부분의 활동 변동과 상관관계가 있다.[49] 한 우울한 부모와의 2자 관계에 대한 연구에서 보면 그 아이의 감정 발달에 심대한 영향을 보여준다.[50] **자신의 감정적 상태를 표현하고 이런 신호에 타인이 지각하고 반응해 주는 경험은 뇌 발달에 결정적으로 중요하다는 것을 보여준다.** 이것이 아이의 내적 상태를 양육자가 지각하고, 이해하고, 반응하는 조건 의사소통contingent communication이 모든 문화를 불문하고 보편적으로 발견되는 이유일 수 있다.[51] 그런 일차 감정의 공유는 단순히 아이가 "좋다"하는 느낌을 허용하는 수준이 아니고, 아이로 하여금 "느껴지고 있다고 느끼도록feel felt" 허용하고 전형적인 발달을 가져오도록 한다. 몇 연구에서 보면 유아의 내적 세계에 부모가 맞추어 주는 것이 아이가 어떤 과업을 성취할 가능성을 높이고 스트레스에 반응하여 감정 상태를 조절할 수 있게 한다.[52]

일차 감정은 개인의 마음 상태가 특정 시기에 유일무이한 상태인 것처럼 그 순간에 독특한 방식으로 표현된다. 이런 상태의 흐름은 시간에 따라 전진하고 절대 반복하지 않는다. 이는 독특하다. 대조적으로 범주적 감정의 외부적 표현은 신체가 그 상태를 드러낼 수 있는 매우 고유한 경로를 반영하는 것 같다. 슬픔, 화, 두려움 같은 다른 범주적 감정들은 각기 다른 특징적인 회로들을 구성한다.[53] 여기서 이런 견해가 제안하는 바는 일차 감정에서 범주적 감정으로의 전환 과정에서 마음 상태를 형성하는 독특한 신경 처리 과정 요소가 직접 영향을 준다는 것이다. 다른 말로 어떤 시간에 정신 상태의 활성화는 일차 감정에서 범주적 감정으로의 각성과 의미의 정교화를 형성하는 것 같다. 하지만 더 흔히, 우리의 일차 감정은 꼭 더 강렬해지거나, 의식에 들어오거나, 아니면 범주화된 감정 상태로 더 분화되지 않고 썰물처럼 빠져나갈 수도 있다.

"기분"이라는 용어는 일정 시간에 걸친 일반적 감정의 톤을 말한다. 기분은 어떤 범주화된 감정을 향하여 그 체계가 편향이 있다고 생각할 수 있다. 기분은 지각 처리 과정의 해석을 형성하여 사고, 자기 반영, 회고에 "편향된 관점slant"을 제공한다. 예를 들어, "우울한" 사람은 사사건건 실패의 증거를 찾고, 미래를 암울하게 보며, 자신을 "실패자"로 보고 그 일생에서 실수했던 수많은 시간을 떠올린다. 이런 인지 기능 전반에 대한 기분의 영향 아래에서 일반 감정 톤이 되먹임 고리 내에서 어떻게 자체적으로 강화되는가를 보여준다. 이는 우울증이나 만성 불안 상태에서 기분이 상대적으로 경직되고 무능한 상태가 되는 것처럼, 감정 장애의 끈적끈적한 특성을 설명할 수 있다. 어떤 사람들은 일차 감정 상태의 유연한 흐름을 유지하는 능력이 매우 손상되어 있어서 그들의 감정적 상태를 조절하는 데 어려움을 겪는다.

사회적 처리 과정과 감정의 수렴

일차 감정과 범주적 감정이라는 보다 친숙한 개념 사이의 구분을 명확히 함으로써, 다른 사람들과의 의미 형성적 상호작용의 초기 단계에 대해 우리는 좀 더 민감하게 될 수 있었다. 다음 쪽에서 볼 수 있듯이, 감정은 일반적으로 복잡한 처리 과정의 연속이고, 마음에서 중심적 중요성을 갖는다. 이는 마음의 본질적 이중 특성과 관련된다. 즉, 에너지의 흐름과 정보의 처리 과정. 관련된 해부학을 간단히 복습하는 것이 정보의 사회적 처리 과정과 감정 과정이 어떻게 수렴하는가를 시각화하는 데에 도움이 될 것이다.[54]

뇌의 평가 센터는 분산된 변연 지역에 위치하는데 이는 [그림 5.1]에 나와있다. 이들 센터는 편도, 앞쪽 대상회, 안와 전두 피질 같은 영역을 포함한다. 외적 자극이 뇌에 들어갈 때는 시각, 청각, 촉각 같은 감각계를 경유한다. 이런 지각 과정에서 형성된 표상은 시상을 통해 걸러지고, 편도와 그 외 지역으로 통과하여, 거기서 평가되고 초기 가치를 부여받는다. "주의를 기울여봐, 이게 좋은 거야? 나쁜 거야?" 편도는 이런 기본적 평가와 지각 과정에 직접 영향을 준다. 또한 이러한 표상을 보내 앞쪽 대상회와 안와 전두 피질이 추가적 평가를 하도록 한다.[55] 편도와 같이, 이런 센터들도 사회적 환경, 즉 표정, 시선 방향, 다른 마음 상태를 드러내는 비언어적 행동에 대한 정보를 처리한다.[56] 사회적 맥락에 대한 정보는 평가 과정에 직접 영향을 준다.[57]

사회적 맥락에 대한 정보는 평가과정에 직접 영향을 준다.

내가 "공명 회로"라고 했던 상호 연결된 한 조(組)의 신경 영역이 우리를 타인에 조율하여 그들과 우리 내적 상태를 맞추게 한다. 이런 회로는 안와

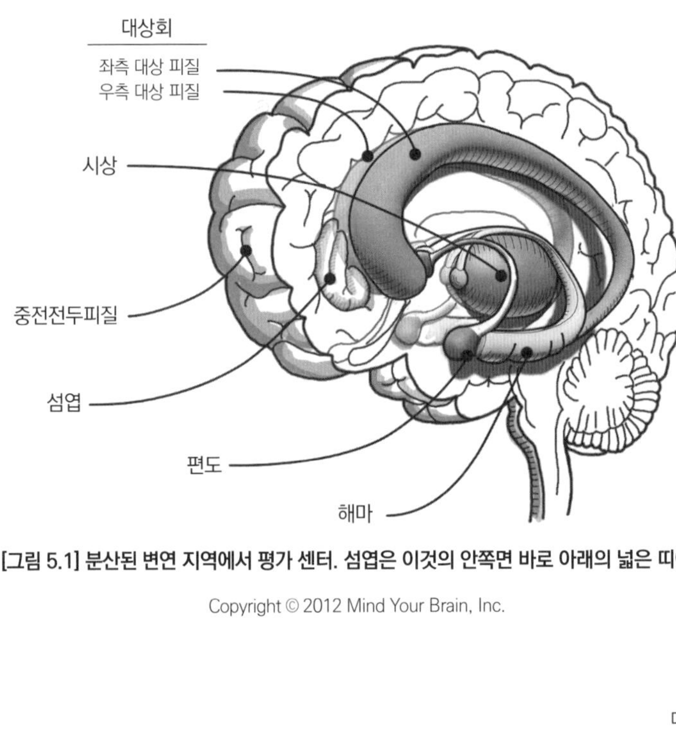

[그림 5.1] 분산된 변연 지역에서 평가 센터. 섬엽은 이것의 안쪽면 바로 아래의 넓은 띠이다.

Copyright © 2012 Mind Your Brain, Inc.

전두 피질, 앞쪽 대상회, 더 나아가 상호작용하는 다른 중앙선 구조를 포함하는데, 여기에는 복외측(수평 중앙선)과 내측 전전두(수직 중앙선) 피질 영역이 해당한다.[58] 이런 공명 회로의 다른 부분은 "거울 뉴런"과 관계가 있는데, 그것은 우리가 다른 사람의 의도적 상태를 지각하고 나아가 타인의 행동을 "**흉내 내고**" 타인의 내적 상태를 "**시연**"하게 한다. 거울 뉴런 특성은 앞쪽 대상회와 더 나아가 앞쪽 섬엽이라고 하는 복외측 지역의 일부에서 발견된다. 또한, 섬엽은 내부 내장 상태의 평가에 관련되는 것으로 밝혀졌고, 이전에 "내부 수용 감각interoception"[59]이라 부르던 과정을 경유하여 자기 몸에 대한 감각과 감정에 대해 인식하는 데 중요한 역할을 한다. 이런 공명 회로는 자각self-awareness을 위해 우리가 타인과 조율하고, 더 나아가 자신의 내적 상태까지 조율하게 한다. 이런 영역들은 또한 몸의 상태를 등록해서 직접 그 활성에 영향을 미친다.[60] 이런 영역에서 나오는 정보는 "인지적 지도화cognitive mapping"를 위해 해마로 통하고, 어떤 경우는 외현 기억으로 전달된다. 안와 전두 피질과 그 외 전전두 영역은 또한 이런 평가와 각성 과정들이, 좀 더 복잡한 "고차적 사고higher thinking" 표상, 사회적 인지social cognition와 조화를 이루도록 하는 데 중요한 역할을 한다.[61]

인풋input과 뇌-신체 반응의 신경생리학적 협응에 대해 간단히 여기서 복습을 통해, 마음에 관한 이 책 전체에 걸쳐 만들어진 전반적 주장을 강조하여 설명하고자 한다. 즉, 신경 과정neural process과 사회적 관계는 모두 정신생활의 창조에 기여한다. 애착 경험 내에서 보상, 신체somatic, 마음보기mindsight 네트워크 사이의 중첩에 대해 마지막 장에서 우리가 복습하겠지만, 이는 우리 삶에서 사회적 신경적 네트워크가 서로 잘 짜인 복잡한 방식의 사례가 된다. 마음은 체화되어 있기도 하고 관계적이기도 하다. 이렇게 짜인 네트워크는 사회적 정보, 자전적 의식, 의미의 평가, 각성의 활성화, 몸의 반응과 고차 인지 처리 과정의 협응을 통합하는 역할을 한다.

이러한 과정들은 정보 처리와 에너지 흐름의 수렴으로 나타나는데, 이것은 뇌의 기본적 과정과 고도로 복잡한 과정들에 광범위하게 직접적으로 영향을 미친다.

감정은 뇌 전체에 걸쳐 분포된 이런 의미 형성, 사회적, 신체적, 마음 지도화 영역의 통합에 토대가 된다. 이런 식으로 우리는 감정을 "한 영역"이나 다른 영역에 두는 것이, 얼마나 복잡한 과정을 신경의 단일 해부학적 뉴런 군집에 꼭 짚어 고정하려는, 정확하지도 유용하지도 않은 시도인가를 알 수 있다. 뇌의 기능은 상호작용적인 네트워크로 형성되어 있고, 고립되어 작동하는 어떤 단일 영역이 아니다.

비의식과 의식적 감정

감정은 주로 비의식적nonconscious 과정이다. 본질적으로 감정은 "동작motion"을 위해 활동act 준비 상태를 생성하여, 그 환경에서 특정한 방식으로 우리가 행동하기 쉽게 한다. 감정 반응은 뇌의 광범위한 회로의 활성을 결정하여 뇌와 신체의 다른 부위 내의 각성 상태를 변화시킴으로써 이런 성향disposition을 조성한다. 편도는 외부 세계로부터 인풋input과 내부 감정 반응 사이에서 보내고 받는 정거장 역할을 하는 신경 군의 한 예이다. 뇌 내의 협응 센터로서 편도는 안와 전두 피질, 앞쪽 대상회 같은 관련 영역과 함께, 지각과 기억과 행동을 협응하도록 하는 데 결정적인 역할을 한다. 외부 세계에서 오는 인풋은 피질하 뉴런 활동에 충격을 가하고, 그러면 피질을 향해 올라가는데, 이 해부학적 고차 영역은 우리의 경험에 의해 형태가 만들어지지만, 또한 그 하위 신경 영역의 영향을 받는다. 이런 영역은 특히 사회적 상호작용에 민감하다. 비의식적으로 그들은 자극에 중요성을 부여한다. 즉 그들의 활동은 의식적 알아차림 없이 광범위한 정신 과정에 영향을 준다. 이런 회로는 광범위하게 전반적 체계로서 전체 뇌의 기능에 직접 영향을 미치는 다른 영역과 연결되어 있다.

사실상, 전전두 영역의 중앙선 측면들은 또한 신체 상태를 등록하고 자율 신경 조절을 경유하여 몸의 활성 상태에 직접 영향을 미친다.[62] 이런 식으로 전전두 피질은 사회적 처리 과정, 자극 평가와 신체/뇌간/변연("감정적") 각성의 원천으로 역할을 한다. 즉 이들은 특정한 변연과 뇌간 영역에서 기인하는 것 같지만, 거기엔 그들의 영향에 대한 분명한 경계선이 없고, 그 영향은 피질과 몸 전반으로 이동한다.[63] 다시 한번 얘기하지만, 감정은 단순히 변연 영역의 중심이라고 정의된 영역에 국한된 기능이 아니라는 것이다. 차라리 감정은 생리적 조절부터 추상적 추리까지 직접 뇌와 신체 전반의 기능에 영향을 미친다.[64] 이런 식으로 다시 우리는 어떻게 "감정 처리 과정"이 뇌 전반, 정확히 말해 신체의 인풋과 사회적 세계에 연관되는지를 알 수 있다.

편도는 다른 어떤 평가 센터보다 더 잘 연구되었고 투쟁 도피 반응에서 결정적 역할을 담당한다. 몇 연구에서 그 역할에 대해 조사를 하였고, 특히 공포 상태에 관해 연구하였다.[65] 의식이라는 필요조건 없이도 일어나는 평가 과정의 정교한 되먹임 기제의 한 예로서 편도를 살펴보자. 편도에 대한 연구들은 평가가 어떻게 시작되어 이후에 지각적 편향으로 이끌어서 초기 평가의 특성을 강화하는지를 조사하였다. 뇌의 회로들의 활성화 흐름은 다양한 활성의 조합을 촉진시키는 과정을 시작하고, 이는 이후에 특정 반응에 대해 개체를 준비시킨다. 편도는 직접 시각 체계에 신호를 주고받으며, 의식의 개입 없이 시각 자극에 반응한다. 편도는 신호를 시각 처리 체계의 동일한 층과 훨씬 이전의 층으로 되돌린 다음, 뇌의 주의 및 지각 장치의 초기 정향을 생성함으로써, (말하자면 개와 같은) 초기 시각적 표상에 반응한다. 즉 "조심해, 이건 중요해!" 편도가 또한 시각적 인풋을 위험하다고 등록하면, 뇌에서 공포 상태를 생성하는 정교한 평가-각성 과정을 확립할 수 있는데, 뇌는 나중에 이 상태를 시각 체계로 되돌리게 된다. 편도는 빠르게 지각 장치에 편향을 일으켜 자극을 위험한 것으로 해석하도록 한다. 이 모든 것은 수초 내에 일어나고 의식적 알아차림을 의존하지 않는다.

적어도 공포 반응에 대해서는, 뇌는 "자기 충족적 예언"을 비의식적으로 생성하도록 배선되어 있다. 편도는 과도하게 예민하여 "위험해!" 신호를 발한다면, 자동적으로 지각의 작동을 변경하여 그것들이 위협적인 것으로 보이게 된다. 이는 공포증과 다른 불안 장애에서의 편향성에 해당될 수 있다.[66] 예를 들면, 아이에게 개가 으르렁거리다가 갑자기 달려든다면, 그 아이는 아마도 공포 반응을 가질 것이다. 편도는 직접 (뇌간과 전뇌에 위치한) 각성 센터를 활성화하여 뇌의 노르아드레날린과 몸의 아드레날린 같은 물질을 유리시켜 전반적인 흥분 증가 상태를 낳을 것이다. 모든 아이들은 과각성되어 있고 "위험"을 다룰 준비가 되어있다. 이런 과정은 아마도 스티븐 포지스Stephen Porges가 "신경지neuroception"라 했던 것에 의해 매개되는 것 같은데, 그때 이것이 다미주 체계를 활성화하여 투쟁-도피-얼어붙음이라는 반응 세트에 관여하게 한다.[67] 특정한 정신 표상이 이런 각성 시기에 작동한다면, 이후에 그들은 위험하다는 느낌과 기억 속에서 연결될 것이다. 이런 연관성은 프로이트의 연상 법칙과 헵Hebb의 공리, 즉 함께 발화되는 뉴런들은 함께 배선되어 있다(3장을 보라)는 점을 통해 생긴다. 지금 습득된 되먹임 고리는 확립돼 개가 편도 활성과 뇌간 반응의 원천이 될 수 있다. 뇌는 동물에 대한 신체의 과각성 반응을 학습하고, 개에 대한 공포와 회피 행동 전반이 그때에 전개될 수 있다. 이런 공포에 대한 초기 기억들이 신경 물질대사의 특정 유전적 변이에 의해 강화될 수 있으며, 뇌

내의 다양한 영역에서 유전 발현의 후성적 조절을 변경시켜, 개인이 미래에 어려움을 겪을 수 있다.[68]

이런 신속하고 자동적인 과정이 어떻게 의식되는가? 의식은 오랫동안 호기심에 찬 철학자들과 최근에는 신경과학자들이 흥미를 갖는 도전적인 주제이다.[69] 알아차림의 느낌이거나, 아니면 주관적 경험의 특성이거나, 의식 경험에 대한 보편적으로 받아들여지는 설명은 없지만, 몇몇 매우 도움이 되는 확증적 견해가 있다. 그런 견해 중 하나가 의식을 뇌의 정보 통합과 관련되는 것으로 보는 것인데, 이는 어떤 식으로든 안다는 경험, 알아차림의 경험을 "일으키는" 여러 다른 뉴런 점화 패턴들의 결합이다.[70] 의식의 다른 신경적 상관관계는 알아차림awareness을 "마음의 칠판"이라는 작업 기억을 담당하는 뇌의 조작 체계operating system와 연관된 것으로 본다. 이런 관점에서 외부와 내부 자극에서 나온 지각 표상들은 기능적으로 배외측 전전두 피질이라는 뇌의 영역과 연결된다. 이곳은 주의가 조절되는 영역인데, "주의 스포트라이트"가 집행 기능의 일부로서 "전체 작업 공간global workspace" 내에서 뇌 안의 특정한 표상 프로파일에 초점이 맞춰질 수 있다.[71] 작업 기억은 한정된 양의 정보 단위만을 다루는데, 보통은 순차적 방식으로 수행한다. 신경 활성 프로파일은 배외측 전전두 피질의 활동과 연결되어 있고 의식의 주의 초점 내에 있다는 내적 감각을 제공한다. 배외측 전전두 피질은 전전두 피질의 중앙선의 바로 옆에, 뇌의 앞쪽 부분의 바깥 편에 위치한다. 그것은 의식적 알아차림 내에서 여러 항목을 함께 결합함으로 작동하는 것으로 생각되고, 의식적 알아차림 안에서 이런 항목들은 국소적으로 주의를 기울이고 조작될 수 있다.[72]

정확히 신경 활성 프로파일들이 "결합linked"되어 있다는 것이 무엇을 의미하는지는 뇌와 마음을 연구하는 과학자들에는 중심적인 관심사이다. 동시에 활성화된 과정들이 어떻게 서로 엮여 경험의 연속성을 형성하는가? 이런 질문에 대한 접근 중 하나가 규칙적으로 뇌를 관통하여 쓸려가는 전기적 활동 흐름에 대한 연구이다. 초당 40 사이클("40-Hz") 패턴이 기록되는데,[73] 이는 뇌가 뒤에서 앞으로 활동하게 된다.[74] 이 활동은 뇌의 양 반구에서 발생했고, "시상피질thalamocortical" 스위프sweep로 알려졌고, 시상 같은 심부에서 고위 피질 영역으로 올라간다. 한 견해에서는 스위프 시기에 "켬on" 상태인 표상적 과정들(시간 흐름 속 특정 순간에 활성화된 신경망 프로파일)은 의식 경험의 명백한 연속 흐름으로 함께 엮어진다. 이런 견해에서 우리는 1장에서 토론한 대로, 의식 현상이 어떻게 시각, 청각, 사고, 신체 상태, 자기 반영self-reflection 같은 매우 단속적인 표상 과정들의 조합인 것에서 연속성sense of continuity을 창출하는가를 알게 한다.[75] 이런 "40-Hz" 견해에서 우리는 외측 전전두 피질이 특정한 표상들의 조합, 즉 스위프 동안 활동하는 그것들에 어떻게 "결합"될 수 있나에 대한 통찰을 얻을 수 있다. 작업 기억의 주의 포커스는 이런 표상들에서 그 시간에 다루어질 수 있는 제한된 수를 선택할 수 있다. 그 스위핑의 특성 때문에, 각 반구는 다른 반구와 매우 독립적으로 의식적인 알아차림에 영향을 주는 기능을 할 수 있다. 아마도 서로에 대해 매우 독특한 의식의 좌반구 형태와 우반구 형태가 있는데, 이는 각 반구의 표상 과정의 독특한 성격과 반구의 스위핑 과정 내에서 이런 활성화가 어떻게 "휩쓸어swept up"지는가에 바탕을 둔다. 이런 과정은 아래에서 짧게 탐구되고 다음 장에서 깊게 다뤄질 것이다.

귤리오 토노니Giulio Tononi와 동료들은 관련된 견해를 제공하는데, 산재한 신경 조합들이 신속하고 강력한 방식으로 활동적으로 되어, 그것들이 어느 정도 기능적 군집을 성취할 수 있을 때, 복잡성의 일시적 안정 상태가 이루어진다는 것이다.[76] 의식은 그때 뇌 전체에 분포된 "역동적 핵심dynamic core"의 기능적 군집의 창발 특성emergent property이다. 이런 조합이 어느 수준의 통합을 이룰 때, 이들은 시상피질계에 "결합"될 수 있고, 결과적으로 그들의 정신 과정이 의식의 일부가 된다. 또한 앞으로 보게 되겠지만, 둘(혹은 그 이상) 사이의 공유된 인식awareness은 복잡성의 증가와 함께 의식 내의 요소들을 보다 안정시킬 수 있다. 이런 견해는 심부 시상피질 40-Hz 스위핑 과정에 대한 개념과 배외측 전전두 영역의 활동의 결합이라는 면에 부합한다. 뒷장에서 더 자세히 다루겠지만, 이런 의식 모델이 정신생활의 다양한 관점을 이해하는 데 도움이 된다. 에너지의 창발 특성으로서 마음 관점과 결합할 때, 이 3-P 틀 작업은 앎의 형태로서의 알아차림과, 의식에 대해 알려진 사례인 감각 혹은 정신 과정이 에너지 확률값의 연속선을 따라 어떻게 일어날 수 있는지에 대한 가능성 있는 통찰을 제공한다.[77]

감정이 어떻게 의식화되는가에 대한 한 견해는 그것의 영향력이 배외측 전전두 피질에 관련하여 일정 수준의 복잡성을 이루게 하는 주의 스위핑 기제attentional sweeping mechanism의 활동과 연결되어 진다는 것이다.[78] 예를 들자면, 우리가 어떤 것에 대해 "직관적 느낌gut feeling"을 갖는다고 말할 때, 우리는 뇌의 몇몇 측면에서 신경 발화에 비례하는 자극에 대한 "내장 반응gut response" 즉, 문자 그대로 신체 반응에 대한 뇌의 신체 표상에 대해 언급할 수 있다.[79] 우리가 내부 수용 감각, 혹은 우리 내적 신체 상태에 대한 인식을 가질 때, 섬엽과 앞쪽 대상회가 활성화된다. 흥미롭게도, 폰 에코노모von Economo 뉴런(혹은 신경의 "방추세포")은 독특하게 이 지역에 존재하여 앞쪽 대상회와 섬엽에 대해 서로 연결한다. 전전두 영역 내의 통합은 돌고래와 코끼리뿐만 아니라 인간과 인간 외 영장류의 자기 인식self-awareness과 연관이 있는 것으로 보인다.[80] 그런 자기 인식에 대해 평가하기 위해 사용되는 테스트가 거울 상의 동물 혹은 사람 신체에 대해 표식을 기록하는 것이지만, 신체적 자기에 대한 확대 개념적 인식은 신체의 상태를 전전두 영역으로 입력하는 것에 달려있다. 여기서 기억할 배울 점은 인간

의 신체 상태에 대한 인식이 우리의 감정을 의식하게 하는 관문일 수 있다는 것이다.[81]

신체 반응의 되먹임 고리가 감정 반응으로 이끈다는 것은 연구자들이 오랫동안 붙들고 있는 관점인데, 이는 신체 통합에 대한 도전이라는 생사적 의미와 컴퓨터 체계, 즉 로봇 인공지능의 일부 근본적 디자인이 되는 항상성을 통합하여 그들이 느낌feeling을 가질 수 있다는 시도는 많은 과학적 타당성을 지닌다.[82] 하지만 결정적으로 주목할 것은 우리 뇌가 흔히 의식적 인식의 관여 없이 신체의 정보를 받는다는 점이다. 의식을 엮는 것은 많은 상황에서 "부차적 현상epiphenmenon"일 수 있고, 다른 신경 반응이 순차적으로 일어나는 데 필수적이지 않은 어떤 것일 수 있다. 우리는 흔히 다른 영향에 대해 알아차리지 못하면서 결정 과정에 크게 영향을 주는 무의식적 "직관적 반응gut reaction"을 갖고 있다. "느낌"이란 용어는 이들 신체 상태를 알아차리는 데 사용될 수 있는데, 알아차림의 그 이전에 수면 밑에서 자주 일어나는 우리의 감정에 관련된 신체 과정들을 수반한다. 이런 방식으로 감정의 의미는 해당 순간에 그 사람의 의식 경험 내에 존재할 수 있다. 그런 통합과정의 조합이 알아차림에서 일어날 때, 우리는 우리의 주관적 경험의 일부로서 비로소 "그것을 느꼈다feel it"고 할 수 있다.

우리는 흔히 무의식적으로 의사 결정 과정에 크게 영향을 주는 "직관적 반응"을 갖고 있다.

우리는 어떤 것이 "의미 있다"고 느끼는 감각을 알아차릴 수 있다. 이런 경우, 우리는 자극의 중요성을 평가하는 가치 체계로서 감정을 의식적으로 엿보았다. 감정 처리 과정의 어떤 면은 의식 안에 구속된다. 감정이 우리의 의식 경험의 일부가 되는 또 다른 예는 우리 자신이 "감정의 바다"에서 길을 잃어가고 있다고 느낄 때이다. 우리 마음은 감정 과정에서 밀려오는 자극으로 융단 폭격을 받을 수 있으며, 그것은 우리를 압도적 감정으로 가득 채운다. 이러한 감각은 일차 감정(흥분 상태의 내부적 변화 등)을 반영하거나 범주적 감정(분노, 공포, 슬픔, 흥분 또는 기쁨으로 명명할 수 있는 것으로 경험)으로 나타날 수 있다. 감정은 우리가 그것을 깨닫든 못 깨닫든 간에, 우리 인생에 의미를 낳는 것이다.

어떤 사람들은 사물에 대한 감정 반응에 대해 거의 알아채지 못한다. 어떤 남자는 남들과 교류하는 생각은 쉽게 의식하고 있었지만, "좋은"이나 "나쁜" 혹은 "잘 모르겠어"라는 단순한 말을 넘어 아내에게 말로 "어떻게 느꼈는지"를 알리는 데 어려움을 겪었다. 우리는 어떤 이유에서인지 그의 감정 상태(신체의 반응이나 정신 상태의 변화 같은 것)의 표상이 그의 배외측 전전두엽을 스위핑 하는 주의 과정과 결합되지 않았다고 말할 수 있다. 외부자로서, 우리는 그가 실제로 그들의 마음속에 있었는지 없었는지 말할 수 없다. 자기 성찰을 한다 해도 그는 알지 못할지도 모른다. 어떤 의미에서 이 사람은 감정적으로 맹목적이었다. 불행히도 그는 아내의 감정 상태뿐만 아니라 자기 자신의 감정 상태에도 눈이 멀었다.

감정 과정을 포함한 많은 육체적, 정신적 경험들이 주로 비의식적이라는 것을 인식하는 것이 중요하다. 어떤 사람들, 특히 이 남자의 아내는 그가 "느낌이 없다no feeling"고 말할지도 모른다. 4장에서 보았듯, 회피 애착은 부모에 대한 아이의 감정적 단절을 키운다. 이러한 단절은 이 남자가 자신의 일차 감정의 비언어적 경험에 대해서 의식적인 접근을 하지 않음에도 불구하고 뚜렷해질 수 있다는 점에서 어떤 시사점이 있다. 하지만 의식과 평가-각성 체계 사이의 연결이 부족하다고 해서 감정이 부족하다고 볼 수는 없다. 대신에, 우리는 의식과 감정의 결속력이 결여되어 있다고 말할 수 있다. 즉, 아마도 신체와 피질하 과정들과, "감정 상태"가 알아차림으로 진입하는 데 필요할 수 있는 고차적 피질 네트워크를 결합시키는 스위핑 과정의 차단이 있다고 할 수 있다. 우리의 3-P 틀 안에서, 이것은 어떻게 가능성possiblilty의 평면plane에 대한 알아차림이 기분이나 의도의 고원plateaus으로 발생하는 과정과 감정과 행동의 비례하는 정점peak에 어떻게 연결되지 않는지 시각적으로 볼 수 있다. 상기할 것은 이런 틀에서 에너지는 가능성(평면)에서 개연성(고원)과 실현성(정점)까지의 이동이라는 것이다. 우리가 보았던 대로, "고리 과정looping process"은 진동이나 신경 스위프와 비례하는데, 이는 네트워크들을 결속하여 의식 상태를 이룬다. 비의식적 신체의 감정 처리 과정에서 이는 고원과 정점, 그리고 기분과 감정으로서 묘사될 것이다. 이것들이 주의의 스위프에 의해 평면에 결합되지 못했고 그들이 의식의 일부가 되지 못할 것이다.

의식은 "반사" 반응 이상의 행동 패턴의 의도적 변경에 필요하다. 달리 말해서, 단순히 충동적으로 반응하지 않기 위해서는 알아차리고 있는 것이 도움이 된다. 이것이 내가 다루었던 모든 형태의 정신 치료가 사람들을 돕는 접근 방법의 중심에 의식을 포함한다. 또한 우리의 3-P 관점에서, 의식은 가능성의 평면, 즉 다른 잠재적인 선택이 존재하는 바로 그 "위치"를 이용한다. 다시 말해, 의식은 선택과 변화를 위해 필요할 수 있는데, 이는 다른 선택지를 볼 수 있는 개연성의 위치로 개인을 이동시키기 때문이다. 즉, 선택을 위해 가용한 새 경로를 만드는 것이다. 의식을 개입시키지 못하거나 타인과 자신의 감정을 인지하지 못한다면, 미래를 위해 능동적 계획을 세우거나 고정된 행동 패턴을 변경하거나 타인과 의미 있는 감정적 연결을 가지지 못할 수도 있다.

의미 평가를 위한 가치 체계로서 감정

신경 회로의 복잡한 체계로서 뇌는 몇 가지 방식으로 그 점화가 유용한지, 중립인지, 해로운지를 결정한다. 그런 평가 기제 없이는 모든 자극이 똑같이 중요하다고 평가될 것이다. 그 유기체는 그것의 행동을 조직화하지 못하고, 생존을 가능하게 하는 과업들을 이뤄나가지 못하며, 아니면 그것의 특성들trait을 전하지 못하게 될 것이다.[83] 뇌는 그것의 기능을 조직화하기 위해선 가치를 확립하는 어떤 방식을 소유해야만 한다. 가치는 우리가 특정한 방식으로 행동하도록 만든다. 감정적 반응의 첫 단계에서 초기 정향은 유기체가 중요한 어떤 것에 주의를 기울여야 한다는 것을 "알게" 해준다. 두 번째 단계인 정교한 평가와 각성은 자극에 좋고 나쁨의 가치를 부여한다. 좋은 일은 추구해야 하고, 나쁜 일은 피해야 한다. **뇌 기능의 가치 체계는 각성 상태를 형성함으로 기능한다.** 평가 회로는 뇌와 신체 전체에 걸쳐 광범위한 신경분포를 가진 신경조절체계로서 과흥분과 신경가소성의 증가를 초래할 수 있다. 화학적으로, 이것은 뉴런을 과민하게 하여 더 쉽게 활성화시킨다. 주의 기제를 시작함으로써, 각성은 특정한 자극에 대한 주의 초점을 증진시킨다. 이처럼 주의는 정보 처리의 흐름을 지시하는 과정으로 여겨지는 경우가 많다. 예를 들어, 지각 처리의 경우, 이것은 한 사람이 어떤 대상에 더 많은 주의를 기울인다는 것을 의미한다. 기억을 위해서, 각성은 신경가소성을 향상시키고, 새로운 시냅스 연결을 만들고, 나아가 장래에 인출 가능성을 증가시킴으로 부호화encoding를 강화한다.[84]

뇌 안의 활성이 변하면서, 에너지는 그 체계에 두루 흐른다. 그 체계의 상태 변화가 그 에너지 흐름의 변화다. 평가 외에도 많은 요소가 시간의 경과에 따라 체계 상태가 어떻게 변할지 결정한다. 이런 결정 요소들은 외부 세계나 다른 몸의 구성 요소들에서 오는 현재의 인풋input, 거기에 더해

(헵Hebbian 연결 같은) 이전의 경험과 현재 평가에서 확립된 제약을 포함한다. 더욱이, 많은 형태의 각성이 존재하는데, 이들은 다른 회로군과 연관된다. 접근-회피 구분을 낳는 몇몇 평가들은 사실상 타고난 것이고 경험으로 얻어진 게 아닐 수 있다. 감정적 평가에 기여하는 명확한 영역의 사례에는 변연 영역이 있는데, 그것은 타인의 감정에 대한 인풋을 사용하여 직접 그 사람의 내적 상태와 외적 반응을 조정한다. 거울 뉴런은 그런 과정에 중요한 역할을 할 수 있고, 우리가 잠시 뒤에 다룰 것이다. 감정적 처리는 광범위한 신경망 내에 널리 분포한다는 것을 우리가 살펴봤다.

가치 체계의 어떤 면은 타고난 것이고, 어떤 면은 경험을 통해 획득한 것이다. 선천적 대 후천적 신경 과정이라는 개념은 정서신경과학 분야의 활발한 토론거리이다.[85] 가치 체계의 가능성 있는 일부 구성 측면은 애착과 새로움 추구라는 동기 체계를 포함한다. 우리가 살펴봤던 대로, 이런 선천적 동기 욕구가 있을지라도, "사회적 뇌"는 애착을 위해 포유류로서 타고난 필요에서 나오는 상호작용적 경험에서 구성되는 것으로 볼 수 있다.[86] 뇌 안에는 눈 맞춤과 표정에 반응하여 점화하는 세포군들이 있다.[87] 이런 사회적으로 반응하는 뉴런군들은 뇌의 공명 회로와 편도와 인지적 피질 같은 다른 영역들 내에 위치한다. 예를 들면, 어떤 견해는 시사하기를, **양육자에 접근해서 눈을 맞추면서 대면 소통을 하려는 동기적 요구는 태어날 때부터 전형적인 뇌 안에서 선천적 혹은 유전적으로 "견고하게 배선되어**hard-wired**" 있는 것으로 볼 수 있다**. 이것은 학습된 게 아니다. 유사하게, 유아는 "타고난 탐험가"라서 새로운 자극을 추구하고 환경을 찾아가는 능력이 점차 세련되어 진다.[88] 감정 행동에 대한 유전적 결정인자에 대해 다루는 것이 우리의 가치 체계가 우리 행동을 조직화하여 생존 가능성을 높이는 방식에 대한 통찰에 도움을 준다. 진화론에서 시사하는 바로는, 뱀을 두려워하거나, 적절한 상대에 흥분하게 되는 것과 같은, 이런 평가에 대해 유전적 특이성을 부호화한 유기체들은 미래 세대로 그들의 유전적 정보의 전달 가능성을 상당히 높일 것이다.[89] 기억에 대해 이 장에서 다루었듯이, 인간이 아닌 동물들조차, 몇 가지 연구에서 시사하는 바, 이전 세대의 경험이 그들의 생식세포 내의 후성적 변형을 통해 전달되어져서 뇌가 유사한 경험에 대해 공포를 유발하고 활성화시키는 방식에 영향을 준다.[90] 유전자와 후성적 조절은 분명하게 뇌의 가치 체계를 형성하는데 커다란 역할을 한다.

가치 체계의 타고난 측면은 생의 초기부터 자리하지만, 그 체계 역시 경험에서 나오는 학습에 의해 형성된다. 행동, 학습, 발달은 일생에 걸쳐 상호 연결된 현상의 조합으로 볼 수 있다.[91] 예를 들어 전형적으로 발달 중인 아이는 자연스럽게 부모와 눈을 맞추고 이것을 "좋은" 상호작용으로 평가한다. 그러나 이런 눈 맞춤을 통해 아이가 부모로 인해 압도되고 침해된다고 느낀다면, 다음에 그런 상호작용은 부정적 가치와 연결될 수 있다. 그 아이는 눈 맞춤은 회피해야 한다고 학습한다. 뇌는 학습을 통해 타인과의 과거 경험에 근거해서, 좋은 것 나쁜 것에 대한 평가 체계의 초기 기준을 변형시킬 수 있다. 과거 눈 맞춤을 하다가 혼란스러운 활성의 범람으로 이끌었다면, 이 사람에게는 미래에 그런 경험을 회피하는 것이 "자기"를 조직화하는 데 도움이 될 것이다. 아마 자폐증 아이의 눈 맞춤에 대한 선천적 신경 반응은 너무 강렬해서 자신의 내적 상태에서 균형을 얻기 위한 자동적인 시도로 미래에 그런 접촉을 회피함으로써 적응하는 것일 수도 있다.

자극 평가와 의미 창조는 감정의 각성 과정에서 일어나는 핵심 기능이다. 들어오는 자극은 그들의 가치에 따라 평가되고, 그러면 이런 자극의 표상이 "좋다" "나쁘다"는 감각과 연결된다. 아이가 발달함에 따라, 더 복잡한 표상 체계를 갖게 되어 보다 더 미묘한 평가 감각을 갖게 된다. 이런

"좋거나 나쁘다"는 주제에서의 다양함이 우리가 느끼는 다양한 감정과 우리가 행동하는 행동 패턴으로 이끄는 것이다. 우리는 우리 가치 체계와 상호작용적 이력이 한 가지밖에 없는 조합이기 때문에 정확하게 독특한 개인들이다. 가치 체계 반응과 환경적 조우의 서로 엮인 특성이 펼쳐짐에 따라, 우리 각자는 계속해서 모습을 드러내고 자신을 정의한다.

어떻게 내적 "나me"가 상호적 "우리we"가 되는가: 거울 뉴런망과 내적 상태의 공유

1990년대 중반에, 인간이 아닌 영장류의 운동 피질을 연구하는 이탈리아 신경과학자들이 운동과 지각 과정 사이의 연관성을 밝혀주는 신경 발화의 특성을 발견했다.[92] 한 원숭이가 연구원이 땅콩을 먹는 것을 바라보는 시점에서 뜻밖의 발견이 있었다. 원숭이가 땅콩을 먹을 때 활성화되었던 뉴런은 원숭이가 다른 사람이 땅콩을 먹는 것을 지켜볼 때도 활성화되는 것이었다. 원숭이의 운동 영역과 동일 행동에 대한 지각 영역 사이에 "거울 역할하기mirroring" 혹은 "반영reflection"이 존재하였다. 과학자들은 이를 "거울 뉴런mirror neuron"이라 불렀다. 이 흥미로운 발견에서 새로운 방식으로 지각과 행동의 통합을 볼 수 있다. 그 최초의 발견 이후, 수많은 연구 그룹이 이 신경 특성을 추적하였고 이 기능이 인간의 마음 발달, 인간 뇌의 사회적 특성, 이런 거울 체계의 네트워크 특성에 대한 중심성을 이해하는 데 특정 뉴런 자체의 독특한 세포 수준의 특징보다 중요하다는 것을 알아냈다.[93] 여기서 나는 짧게 이런 몇 가지 발견을 설명하고 이것이 우리의 중심 주제 즉, 마음, 체화된 뇌, 관계의 상호 연결과 어떻게 연관되는지 알아볼 것이다.

우선 '거울 뉴런'으로 불리기 위해서는 세포가 운동기능과 지각기능을 모두 갖춘 네트워크의 일부여야 한다. 많은 뉴런이 운동과 지각 과정 사이의 연결에 반응할 수 있지만, 그것들이 직접 지각과 운동에 대한 미러링 기능에 관련되지 않는다면, 거울 특성을 가졌다고 할 수는 없다. 둘째, 거울 뉴런이 반응하는 작용은 매우 구체적이다. 이것들은 배후에 의도나 목적을 가지고 행동하는데, 즉 예측 가능한 순서를 가진 행동들이다. 내가 무작위로 손을 당신 앞에서 움직이면 당신의 거울 뉴런이 반응하지 않을 것이다. 내가 컵을 손에 들고 술을 마시기 시작하면 거울 뉴런이 반응할 것이다. 왜냐하면 컵의 의미를 "알고" 있기 때문이다. 당신은 사람들이 마시는 것을 보았던지, 아니면 과거에 당신이 컵으로 마셨었다. 거울 뉴런 체계는 경험을 통해 배운다.

> 거울 뉴론 체계는 경험에서 배운다.

마르코 이아코보니Marco Iacoboni와 동료들은 인간의 뇌 기능에서 거울 성질에 대한 연구를 해왔는데, 제안하기를, 피질의 전두엽과 두정엽 부위의 거울 뉴런 시스템이 상측두신경세포superior temporal neuron와 긴밀히 작업하여 지각되는 사람이 의도하는 상태의 신경 표상을 만들어낸다는 것이다.[94] 의도는 마음 상태의 한 측면이기 때문에, 거울 뉴런과 관련 영역들 사이에서 일어나는 발화는 타인의 **정신 상태**에 대한 신경 이미지를 만들어낸다. 여기서 중요한 세 번째 원칙을 보게 되는데, 즉 다른 사람의 예측 가능한 동작에 대한 지각은 그 사람의 마음에 대한 이미지를 만드는 데 사용된다. 이것은 매우 기본적인 수준에서 뇌가 마음을 이미징 하는 가능성 있는 방법이다. 원래 원숭이에게서 발견되었지만, 이러한 거울 속성은 살아있는 인간의 뇌에서 단일 뉴론 활동에 대한 직접적인 연구를 통해 발견되었다.[95]

네 번째 기본 개념은 타인의 의도적 상태에 대한 이런 이미지는 추후에 **행동 모방**과 **내부 시뮬레이션**을 시작하는 데 이용되곤 한다는 것이다. 모방은 내가 컵에서 마시는 동작을 흉내 내서 당신이 물을 마실 수 있게 해준다. 시뮬레이션은 당신이 내가 물을 마시는 것을 본 후에 나의 내적 상태가 물 한 모금을 마시게 했구나 상상한 것을 시뮬레이션하면서 당신도 목이 마를 수 있는 한 이유다. 인간의 흉내와 모의 동작은 행동 순서를 학습하고 언어를 습득하는 토대를 형성한다. 이런 이유로 이런 학습은 인간 상호작용에 상당히 좌우되고, 단순히 환경 자극만으로 그렇게 되지 않는다.[96]

거울 속성은 또한 내부 시뮬레이션을 어떻게 가능하게 하는가? 비록 이 과정의 세부 사항들이 아직 상세히 만들어지고 있지만, 한 가지 제안은 피질의 거울 뉴런과 관련 영역이 섬엽을 경유하여 하부의 피질하 영역(변연, 뇌간, 체부)의 활성화 상태에 영향을 미친다는 것이다. 내부 피질하 상태가 변화함에 따라 이러한 이동은 또한 섬엽을 통해서 다시 위쪽으로 되돌려 보내지고, 공명 회로군의 중앙 전전두 영역, 특히 앞쪽 섬엽 및 대상회에 등록된다. 이는 우리가 내부 수용 감각, 즉 내부에 대한 지각을 갖기 위해 우리 자신의 몸 안에서 무엇을 느끼고 있는지를 아는 방법이다. 내가 컵에 물을 마시는 것을 보면 당신은 목이 마르고 심지어 목구멍으로 액체가 흘러내리는 느낌까지 느낄지도 모른다.

마지막으로, 다섯 번째 개념은 거울 속성은 뇌 안에서 우리가 다른 사람 내부에 일어나는 일에 대해 공감적으로 상상할 수 있게 한다. 내부 시뮬레이션, 즉 다른 사람의 내부 상태를 흡수하고 공명하는 과정은 공감적 공명, 혹은 타인에 "함께 느끼어" 그들의 고통을 감지하고 공감적 관심을 가지고 그 고통을 완화시킬 뭔가를 하도록 준비하는 첫 단계로 생각된다. 이것이 바로 동정compassion으로 알려진 과정이다. 동정심을 가능하게 하는 이런 공감의 관문은 분명히 선행한 학습과 현재의 입력 모두에 달려있다. 만약 당신이 뉴욕에서 왔고 내가 당신 앞에서 손을 든다면, 당신은 내가 택시를 부르고 있다고 상상할지도 모른다. 만약 당신이 현재 학생이라면, 당신은 내가 질문을 하려고 한다고 생각할지도 모른다. 당신이 학대를 당했다면, 내가 당신을 때릴 것 같다는 생각이 들지도 모른다. 선행 학습은 공감적 해석과 내부 시뮬레이션을 형성한다.

대체로, 뇌의 거울 특성 발견은 우리 신경계의 심오한 사회적 특성에 대해 들여다보게 한다. 여느 새로운 발견처럼, 거울 뉴런은 가열된 토론, 논란, 열광과 오해를 낳았다. 수술 동안 인간 뇌에 대한 연구에서 밝혀진 바로는 "인간의 다중 체계는 미러링이라는 신경 기제가 부여되어 있어 자신과 타인들이 수행한 행동의 지각과 운동 둘 다에 대해 통합과 분화를 하게 한다."[97] 초기 발견에서 밝혀진 바로는 인간의 뇌가 다른 사람의 행동을 통해 다른 사람의 내적 상태를 감지할 수 있고, 그다음 반응하여 행동과 인간 자신의 내적 상태를 모두 바꿀 수 있다는 것을 보여준다. 우리는 아마도 이것들 각각을 외적 행동과 감정 과정을 포함한 내적 신체 상태라고 실용적으로 생각할 수 있다. 그것이 우리가 타인에게서 지각한 것을 안팎으로 옮기는 방법, 즉 미러링이다. "거울 뉴런"이라는 용어를 사용하지 않더라도, 우리는 여전히 우리 인간이 서로 연결되는 방식에서 심오한 행동 모방과 상태 공명을 가진다는 것을 분명히 알고 있다. 자세한 것은 미래의 주의 깊은 연구로 자연스럽게 밝혀지겠지만, 이런 양상은 마음, 체화된 뇌, 인간관계를 연결하는 몇 가지 기본 과정을 설명하는 데 도움이 된다.

어떻게 우리가 타인을 이해하게 되는지는 우리 자신의 내부 상태에 대한 알아차림과 직결된다. 우리가 "누구"인지 아는 방법은 우리가 다른 사람들과 나눈 의사소통에 의해 형성된다. 만약 그 소통이 혼란과 예측할 수 없는 행동들로 채워졌다면, 혹은 적대적인 의도로 채워졌다면, 일관성 있는 내면의 자기에 대한 우리 내부의 감각은 제 기능을 못 하게 될 것이다.

이와는 대조적으로, 인생 초기에 양육자가 신뢰할 만한 방법으로 우리 어린 내적 세계에 공명하고 곁에 있으면, "거울 경험"을 우리에게 제공하여 우리는 세상에서 우리의 내적, 인간관계적 자기에 대해 일관되고 유연한 감각을 가질 수 있게 한다. 이러한 일관성은 회복탄력성을 지닌 마음의 통합적 핵심이라 할 수 있다.

반응 유연성, 관계, 그리고 감정

의미와 감정을 생성하는 과정에 중심적인 것이 전전두 피질이다.[98] 1장에서 언급한 대로, 뇌의 전전두 영역은 섬엽와 같은 복측 영역, 안와 전두 피질 복내측 전전두 피질 같은 내측 구조들, 그리고 앞쪽 대상 피질 또한 포함한다고 한다.[99] 대체로 전전두 영역은 몸과 감각으로부터 인풋input을 들여오는 것과 관련한 "하부" 영역과 정보를 통합해서 복잡한 사고와 계획을 가능하게 하는 "상부" 영역 사이의 접면에 자리를 잡는다. 이 통합적 전전두 영역은 자극 평가(의미, 가치, 자극에 주어진 감정적 유인가valence, 價),[100] 정서 조절(정신생리적 상태를 조절하는 뇌의 능력),[101] 사회적 인지(한 사람이 "마음보기mindsight"를 개발하는 복잡한 과정, 혹은 타인의 마음 상태를 지각하는 능력),[102] 그리고 자기 인식적 의식autonoetic consciousness(정신적 시간 여행과 자신의 마음 지도를 만드는 능력)과 관련된다.[103] 안와 전두 피질, 앞쪽 대상회, 편도 같은 평가-각성 구조와 관련된 다른 과정들은 감정적 기억(특히 공포),[104] 공감(다른 사람이 느끼는 것을 느끼고 타인의 관점을 이해하는 것을 포함),[105] 그리고 범주적 감정[106]을 포함한다. 이 영역, 특히 우측 안와 전두영역의 중앙 측면이 사회인지의 주요 장애인 자폐증에서 비전형적 구조를 가지는 것으로 가정한다.[107] 일반적으로 어떤 영역(안전두, 앞쪽 대상회의 복외측, 복내측, 복측면, 상당 부분의 앞쪽 섬엽)이 배 쪽에 있을수록, 이것이 하부 변연계과 신체 과정에 대해 더 긴밀하게 상호작용을 한다.[108] 보다 더 등 쪽의 영역(배외측과 배내측 전전두 영역과 앞쪽 대상회의 배쪽면)일수록 더 사고에 관련된 분석적/인지적 과정에 역할을 한다.

전전두 피질의 중앙선 영역은 또한 "반응 유연성response flexibility"이라는 과정을 매개하는 데 있어 중심적 역할을 보였다. 노브레Nobre와 그 동료들은 시각 자극 실험에서 이 부위가 "자극-반응 연합에 대한 변환switching 혹은 역전reversing"을 매개하고 "중추신경계의 자동적 기본 모드 조작과 맥락과 관점의 변화에 유연한 적응을 가능하게 하는 신경 과정 사이에 접점interface"에 놓여있다는 것을 밝혀냈다.[109] 다른 말로 하면, 변화하거나 예기치 않은 상태에 있을 때, 이 중앙선 전전두 영역은 자동적인 반사 반응을 하는 대신에 새롭고 유연한 행동과 인지적 반응의 창출을 주도한다.[110]

이런 방식으로 반응 유연성의 능력은 자기 인식적 의식, 사회적 인지, 감정적으로 조율된 소통과 작업 기억 같은, 이미 언급했던 전전두엽 매개 정신 과정과 기능적으로 연계될 수 있다. 메슬람Mesulam이 말한대로, "전전두 피질은 이런 주의와 감정 조절에 결정적 역할을 하여 신경 반응이 감각 사건에 대해 표면적 특성보다는 중요성을 반영하도록 한다"라고 했다.[111] 이리하여 반응 유연성에 대한 전전두 매개는 감각, 지각, 평가 기제를 통합하여 새롭고 개인적 의미가 있는 반응을 행하도록 하는 협력 과정에 반드시 필요할 수 있다. 우리가 제안하는 것은 그런 통합적 기능이 예를 들면 한 개인이 인생 결정, 관계, 더 나아가 자기 반영을 수반하거나 과거, 현재, 미래적 숙고에 대한 감각을 수반한 내러티브 반응을 허용할 수 있다는 것이다. 이렇게 개발되고 통합된 기능의 결과는 개인의 진행 중인 발달, 주관적 경험 그리고 인간관계에서 중심적 역할을 하도록 제안될 수 있다.

반응 유연성은 마음이 들어오는 자극 혹은 감정 상태를 평가한 다음, 내적 반응뿐 아니라 외적 행동까지 변화시킬 수 있다. 그런 능력을 협력적이고 조건 의사소통contingent communication의 중요 요소로 제안할 수 있다. 반응 유연성의 능력은 또한 AAI에 대한 조리 있는 토론 과정에서 드러날 수 있다. 메인Main이 제안한 바로는,[112] 일관된 내러티브는 애착 관련 이슈에 대해 유연한 주의 집중을 요구한다. 뒤집어 말하면, 반응 유연성을 드러내지 못하는 것은 불안정 애착의 성인에서 발견되는 일관성 없는 내러티브에 기여한다고 할 수 있다. 그런 손상은 또한 헤세Hesse가 기술한 "분류할 수 없는" 성인 범주에서 보이는 내러티브 전략narrative strategy의 붕괴에서 볼 수 있다.[113] 그래서 반응 유연성은 아이-부모 애착과 성인 내러티브 사이의 기여적 결합 관계에 있다고 할 수 있다. 이런 기능이 개발되지 않았거나 다른 과정들(특히, 전전두 영역이 매개하는 과정들)과 통합이 실패한 상황에서, 우리는 시간을 넘어 개인의 내적, 대인적 경험에 대해 확고하고 전반적인 효과를 예견할 수 있다. 반응 유연성은 "마시멜로 효과"라는 고전적 연구 배후의 매개 과정일 수 있는데, 여기서 어린아이가 달콤한 뇌물을 먹지 않음으로써, 만족을 지연하는 능력이 아이가 건강하고 전도유망한 성인으로 발전할 것이라는 확고한 인자였다는 것이다.[114]

반응 유연성은 아이-부모 애착과 성인 내러티브 사이의 기여적 결합 관계에 있다고 할 수 있다.

다른 정신 과정처럼, 반응 유연성은 상태 의존적일 수 있다. 즉 내적, 인간관계적 맥락이 그들이 만드는 통합 기제를 증진할 수도, 저해할 수도 있다. 이런 방식으로 반응 유연성은 고정된 발달상의 성취이기보다는 어떤 조건 아래에서 얻어지는 통합적 능력으로 볼 수 있다. 이런 이유로 한 개인은 어떤 상황에선 적응적 유연성을 보이고 다른 상황에선 그렇지 못하다. 마지막 세 장에서 논하겠지만, 감정 상태가 유연하게 통합되고 광범위하게 분포된 내적, 인간관계적 과정들을 조직화하는 방식, 즉 에너지와 정보의 흐름이 적응적으로 조절되는 방식은 감정 조절, 관계성, 일생에 걸친 발달에 직접적인 효과를 가지는 것으로 볼 수 있다. 미래 연구들은 반응 유연성의 특성, 전전두영역의 매개, 경험 의존적 발달의 가능성, 부모-아이 소통의 양상에 대한 일관성 없는 내러티브와의 관계 가능성을 분명히 하는 데 도움을 줄 것이다.

반응 유연성과 다른 통합적 과정은 부분적으로 전전두 피질에 의해 분화된 영역의 결합을 통해 매개되는데, 이것이 어떻게 많은 사람 간의 관계성 안에 내재된 감정 소통에 의해 영향을 받는가? 전전두 피질은 지각을 담당하는 감각 피질로부터 직접 입력을 조율한다(신체 감각을 등록하는 신체 감각 피질과 뇌간, 몸의 기능을 조절하는 자율신경계, 주의 과정에 관여하는 배외측 전전두 피질, 외현 기억과 관련된 내측 측두엽, 추상적 형태의 사고에 관여하는 연합 피질). 이런 방식으로 우리는 사회적-감정적-의미 형성 과정이 통합적 전전두 영역에서 나와 어떻게 광범위한 정신 기능의 조율을 돕는지를 알 수 있다. 이런 기능의 적응적 통합의 결과물이 반응 유연성에 대한 제안했던 과정들일 수 있다.

알랜 쇼어Allan Schore는 전전두 영역의 일부인 안와 전두 피질의 발달이 어떻게 눈 맞춤, 대면 소통, 정서적 조율의 형태로 애착 대상과의 감정적 연결에서 오는 자극에 의존하는지를 기술하였다.[115] 이런 사회적 신호의 바탕이 되는 측면이 뇌의 이 영역을 특정하여 활성시킨다. 안와 전두 피질은 또한 몸의 상태와, 추론 과정, 동기, 감정적 의미 창조에 토대가 되는 광범위하게 분포되면서도 연결된 표상들을 통합하는 데 결정적이다.[116]

감정은 생애 초기부터 생애 전체에 걸쳐 애착 관계의 토대가 되는 부분이다. 소통의 가장 초기 형태가 일차 정서 상태에 관련된 것이다. 기본적 평가와 각성 과정을 이렇게 공유하는 것은 한 사람이 정서 관계 안에서 타인과 연결하는 바탕을 설정한다. 또한, 우리가 제안하는 바는 조건 의사소통 안에서 상호적 협력을 통해 병렬적이고 전전두엽이 매개하는 과정, 즉 반응 유연성의 발달을 용이하게 한다는 것이다. 이는 한 개인이 적응적인 "내적 협력internally collaborative" 방식으로 맥락의 변화에 대해 반응하는 것을 가능하게 한다. 그런 내적 협력은 광범위하게 분포된 신경 과정들의 유연한 마음 상태, 즉 외적 요소뿐 아니라 일정 범위의 내적 요소에 적응적인 마음 상태를 채용하는 방식으로 보여질 수 있다. 이런 방식으로 친밀하고 상호적인 인간의 소통은 직접적으로 신경 회로군을 활성화하여 의미를 제공하고, 유연하게 반응하게 하며, 감정적으로 활기찬 삶에 대한 주관적 경험을 형성한다. 기본적 생각은 다음과 같다. 통합적 소통이 뇌의 통합적 (신경)섬유들의 성장으로 이끈다.

감정과 신체 반응

신체 신호는 또한 직접 우리 감정을 형성한다. 몸의 상태 변화에 대한 우리의 인식 즉, 근육의 긴장, 얼굴 표정의 변화, 심장이나 장에서 오는 신호 같은 것들이 우리가 어떻게 느끼는지를 알려준다. 이런 몸의 되먹임은 부지불식간에 일어난다. 환경에 대한 지각은 분명 뇌에서 일어나는데, 몸의 순차적 반응이 직후에 뒤따르고 이런 지각이 우리에게 무엇을 의미하는지에 대해 알려주는 "자료"가 된다. 이런 방식으로 우리의 평가 기제는 몸의 반응에 의존하여 차후에 상세화 방향을 결정한다. 마음 상태는 뇌와 다른 신체 부분의 심리 생물학적 상태 내에서 만들어진다.[117]

예를 들어, 특징적으로 부정적(찡그림) 혹은 긍정적(미소) 얼굴 표정은 자료를 해석하는 데 있어 상응하는 편향을 만든다.[118] 이런 양상을 설명한 실험이 있는데, 참여자들이 특정 패턴으로 그들의 근육을 뒤틀도록 지시되었다. 그들 모르게, 이런 모양새는 다양한 범주의 감정 즉 분노, 공포, 혹은 슬픔 같은 것을 나타냈다. 그들에게 표준화된 이야기를 제시했을 때, 의미 평가가 그들이 어떤 근육 패턴을 활성화했는가에 직접 영향을 받았다. 그들의 근육이 슬픔 방식으로 유지되면, 제시된 이야기를 슬프다고 해석했다. 그들의 얼굴이 기쁨을 보여주는 방식으로 유지된다면 같은 이야기에 행복한 반응을 보인다. 얼굴에서 온 신체 감각 자료는 뇌에 등록되고 직접적으로 뇌의 활성 상태에 영향을 주어서 결국 정보 처리가 이런 자료의 효과를 통해 형성된다.

우리 사지와 얼굴의 근육 변화는 감정 반응에 대해 매우 민감한 요소이며, 이는 뇌에 직접 입력을 보내 신체 감각 피질이라 불리는 영역에서 표현된다. 주목할 것은 **우반구**의 신체 감각 피질 부위가 **좌반구**보다는 얼굴을 포함한 신체에 대해 좀 더 통합적 표상을 갖는다고 하고, 이는 몸 상태의 처리 과정에서 우측 뇌가 더 직접적 역할을 한다는 견해와 일치한다.

6장에서 보겠지만, 뇌의 비대칭성은 감정과 마음을 이해하는 데 중요한 역할을 한다. 다른 형태의 신체 반응은 위, 장, 심장, 폐 같은 내장에서 일어난다. 내장의 변화는 전전두 피질의 신경망, 특히 우반구에서 앞쪽 섬엽과 앞쪽 대상회 영역 안에 등록이 된다. 이들은 내부 수용 감각에 중심적 역할을 하는 영역인데, 이로써 우리가 몸의 중공 장기hollow organ에서 오는 신호에 따라 우리 장기 상태에 대한 지역 지도를 만들 수 있게 한다. 흥미롭게도, 뇌의 이 영역들이 이런 내장 반응을 모니터할 뿐 아니라 조정도 한다.[119] 휴고 크리츨리Hugo Critchley와 동료들은 다음과 같이 말한다.

> 내부 수용 감각 주의가 몸 상태에 대한 구심성 정보를 받아들이는 다수의 피질 영역의 활동을 향상시키는 반면 우측 앞쪽 섬엽의 활동만이 내부 수용 감

각 정보에 대한 외현적 알아차림을 반영한다. 더 나아가 우리는 이런 영역을 내부 수용 감각적 알아차림을 위한 기질substrate로 인식하는데, 여기에는 열이나 내장 자극으로 유발된 반응들을 지도화하는 연구들에 필수라 할 수 있는 자극 교란이나 각성 수준의 변화는 없다… 또한 제안된 바로는 느낌 상태의 외현적 표상에서 우측 앞쪽 섬엽의 역할은 영장류에 독특한 진화적 특화를 보여줄 수 있는데, 결과적으로 상세한 내부 수용 감각의 정보를 나르는 박막-Ⅰ 시상피질 신경 경로(lamina-Ⅰ thalamocortical pathway)의 발달을 가져온다… 이 시상피질 체계의 섬엽 투사는 통증, 가려움, 온도와 내장 변화를 포함한 몸 정보의 수렴을 도와서 자기 표상을 나타내는 내적 상태에 대한 풍부한 지도화를 제공한다… 요약하면, 우리는 기능적 구조적 신경영상 기술을 이용해서 내적 몸의 과정들에 대한 주의와 인식에 기여하는 뇌의 영역 찾아냈다. 우리가 알아낸 것들이 시사하는 바는 섬엽이 내적 몸의 과정들에 대해 주의를 매개하고, 우측 앞쪽 섬엽/이마덥개operculum는 내적 몸의 과정의 외현적 알아차림을 매개한다. 더 나아가 내부 수용 감각적 알아차림, 주관적 감정 경험과 우측 앞쪽 섬엽 활동 사이의 관계성은 자기 의식 표상의 바탕이 될 수도 있는 느낌 상태에 대해서 신경해부학적 기질이라는 것을 시사한다.[120]

자기의 내부 수용 감각에 대해 우반구 우세라는 견해를 확장시켜, 실비오 이온타Silvio Ionta는 다음과 같이 말했다.

우측 TPJ(측두두정 접합부temporoparietal junction)와 우측 섬엽 사이의 기능적 연결성은 자기 위치 및 1인칭 관점의 변화에 대해 가장 높은 선택성을 나타냈다. 최종적으로, 기능적 연결은 반구 간 차이를 드러냈는데, 이는 자기 위치와 1인칭 관점이 우측 TPJ, 우측 뒤쪽 섬엽 그리고 우측 부차적 운동 영역 사이, 그리고 좌측 TPJ와 우측 앞쪽 섬엽 사이에서 연결을 조절한다는 것을 보여준다. 현재 이 자료는 건강한 인구와 신경학적 결함에 대한 임상적 관찰에 관하여 이전의 증거들을 확장하여 양측성이지만, 우반구 우세의, 몸의 자기 의식에 대한 (신경)망에 대하여 지지한다.[121]

우리 뇌는 몸의 변화에 대한 표상을 만든다. 이런 신체적 지도는 이전 경험에 의해 형성되고 현재 반응에는 무관할 수 있다. 이런 견해에서 우리가 어떻게 느끼는가에 대한 지식은 크게 이들 신체 지도의 특성에 기초한다.[122] 이것이 암묵적 신체 감각 기억이 현재 경험의 알아차림에 대해 침투할 수 있는 방법이다. 어떤 생각은 내적으로 생성된 암묵적 신체 반응을 담고 있는 감정 반응과 연결될 수 있다. 이것은 우리 뇌가 상상과 과거 경험에서부터 생성한 몸 상태의 변화이다. 감정 경험에 대한 기억들은 자동적이고 암묵적인 활성을 야기하여, 실제 몸의 반응만큼이나 실제 같은 느낌을 줄 수 있고 기억 속 연관 이미지들을 매우 생생하게 할 수 있다. 어떤 경우(우리가 과거에 공포스러웠던 사건을 기억할 때처럼), 우리는 또 (맥박이 빨라지고, 땀이 나고, 눈동자가 커지는 것 같은) 실제 몸의 변화를 경험할 것이다.

한 성인이 어렸을 때 고양이한테 할퀴었다면, 그때의 공포와 각성 상태는 뇌 안에 공포에 대한 암묵적 신체 기억으로 등록될 것이다. 이는 고양이에 대한 이미지와 아이디어에 연합될 것이다. 장래에 고양이를 보면 유사한 공포스러운 몸의 상태를 활성화할 수 있고, 처음 고양이한테 할퀸 것과 유사한 신체 회상을 순간적으로 하게 되고 또한 원래 할퀸 것에 연계된 연상적 기억 과정들을 활성화하게 된다. 암묵적 몸의 기억은 어떻게 생각, 이미지, 또는 다른 기억이 감각 반응을 이끌어낼 수 있는가 하는 것이며, 이런 감각 반응은 상당히 심약하게 만드는 공포 관련 연상의 폭포수 같은 흐름을 시작한다. 이는 미해결된 외상 후 상태가 오래전의 공포 반응을 계속 지속하게 하는 한 방식일지도 모른다. 그런 사람들은 계속해서 반복적으로 해를 당하는 것처럼 느낀다.

감정 경험의 개인차

어떤 커플들은 그들이 처음 만났을 때, 일종의 "천생연분compatibility"이라는 것을 느끼고 경험한다. 그들은 선호하는 존재 방식, 즐기고 쉬는 것에 대한 필요성, 또는 일하는 데 선호하는 시간에서 서로 닮았다. 몇 커플에서는 파트너의 애착력attachment history에서 조화되지 않는 조합이 있다. 즉, 그들 개인의 평가 체계 사이의 괴리가 소통에 어려움을 줄 수 있다. 예를 들어, 애착에 관해 무심한 마음 상태를 지닌 남편은 아마도 감정적 친밀함에 대해 긍정적 효과를 강화하지 않는 그의 어머니를 경험하였을 것이다. 유아기에 눈 맞춤과 대면 접촉에 대한 그의 조우는 아마도 달래주는 느낌과 연결되지 않았을 것이다. 회피 애착 커플에 대한 연구에서 분리 중일 때(아이의 경우) 또는 애착 문제에 대해 토론할 때(성인의 경우) 몸은 계속해서 고통을 기록한다는 것을 상기하자. 이런 양상은 정서적 연결에 "좋은" 의미를 부여했던 원래의 가치 체계가 아마도 실망과 거절을 반복한 경험에도 손상되지 않고 그대로 남아 있음을 시사한다. 학습된 것은 적응이다. 뇌는 정신 기능의 다른 측면에서 그런 고통의 표현을 극소화함으로써 그 경험 자체에 적응하는 것을 학습하였다. 기억이나 내러티브 같이, 그 사람의 행동과 복잡한 인지 반응의 발달은 현재 이런 지속되는 고통에 대한 의식적 접근을 극소화하도록 돕는 역할을 할 것이다.

이 커플에서 부인이 그 남편에 대한 경험한 바로는, 그는 그녀가 존재하는 것을 조용히 즐기는 것 같았다. 그가 그녀의 감정 상태에 대해 초점을 두지 않으니 이는 그녀에게 처음엔 안정감을, 나중엔 좌절감을 주었다. 그녀는 어머니와 양가적인 애착을, 아버지와 와해된 애착을 가졌었던 것 같다. 그녀는 현재 미해결된 성인 애착 상태를 가졌고, 대안적 분류로 몰입형에 딱 적합하였다. 약간 비언어적 수준에서, 그녀는 남편이 직접 그런 말을 하지 않았지만, 그녀와 "가깝게" 지내는 것을 좋아한다고 느꼈다. 그녀는 아마 현실적인 어떤 것을 감지하였는데, 즉 남편 안의 온전하지만 두려움에 떠는 사회적, 감정적 체계(애착에 대해 진정으로 계속 가치를 두고 있는)였다. 그러나 그의 표면상의 행동과 의식적 경험 모두에서 그는 그러한 연결의 중요성을 부정했다. 사실, 그 남편은 자신의 자율성에 대해 자부심을 갖고 있는 듯하여, 건강한 발달의 표시로 자신은 "아무도 필요 없지만, 그냥 원하는 것"이라고 자주 말했다. 그의 부인은 자기가 필요한 존재인지 느끼지 못했고, 때때로 그녀를 원하는지는 더더욱 느끼지 못했다.

많은 커플에서, 각 파트너들이 처음에 상대에게 매력적이라고 느꼈던 바로 그 특징들이 참을 수 없는 좌절감을 만들어 그들을 치료사에게 도움을 청하는 특성이 된다. 이 커플은 아내가 먼저 남편의 "자율성과 독립성"에 대해 매력 있어 했다. 그녀는 그의 감정적 거리로 인해 안전하고 위협을 받지 않는다고 느꼈다. 남편은 아내의 "예민함과 감정을 표현하는 능력"에 대하여 좋아했다. 그녀는 그가 전에 갖지 못한 것을 제공했다. 하지만 시간이 흘러감에 따라, 그녀는 너무 고립되었다고 느끼기 시작했고 그의 자율성이 그녀를 극도로 화가 나게 한다고 느꼈다. 그는 그녀의 감정적 반응을 그의 인격에 대한 공격으로 느끼기 시작했다. 이 커플은 감정적으로 판에 박힌 생활을 하게 되었다.

이 사례에서, 부인이 의식 수준에서 감정을 경험하는 능력은 남편과는 다르다. 그녀는 근육들이 뭉치고, 메슥거림을 느끼고, 손의 떨림 같은 몸의 감각 변화를 감지할 수 있었다. 그녀는 얼굴이 웃기 시작하거나 아니면 볼에 눈물이 흐르는 것을 감지하여 느낄 수 있다. 이런 각각의 몸의 메시지에서 그녀는 몇 가지 그녀의 감정 상태를 알아챘다. 분노, 공포, 슬픔, 기쁨. 이런 신체적 되먹임을 감지할 능력은 수많은 연구자들이 몸의 반응에서 우리는 우리가 어떻게 느끼는지를 안다고 상정하게 하는 일종의 자기 인식self-awareness이다. 이를 "내부 수용 감각"이라 부를 수 있는데, 우측 앞쪽 섬엽의 활동과 관련된 것으로 보인다.[123] 이미 언급했듯이, 섬엽은 직접 다른 중앙선상의 전전두 영역, 앞쪽 대상회에 신경 방추 세포 혹은 폰 에코노모von Economo 뉴런을 통해 결합되고, 이는 구조물들 사이의 빠른 소통을 위한 것이고 이로써 어떤 형태의 자기 인식을 가능하게 한다. 섬엽은 또한 안와 전두 영역과 밀접하게 작동하고, 신경적 처리를 내측 전전두 피질에 함께 전달할 수 있고 거기서 자기에 대한 감각이 좀 더 정교해져 자기 반영의 과정을 형성한다. 자신의 내부 몸의 상태와 정서적 각성을 알아채는 능력, 곧 우리의 감정은 타인과 관계 안에 머무는 능력에 직접 영향을 준다.

> 몸의 반응은 우리가 어떻게 느끼는지 알게 해준다.

이 커플에서 부인은 몸으로 느끼기 때문에 강렬한 "감정적 경험"을 하고 있었다는 것을 자주 감지할 수 있었다. 남편에게는 삶이란 이런 감각으로 채워지지 않았다. 그는 어떤 종류의 편향도 일어난다는 감각 없이 결정을 내리고, 세계를 지각하고, 어떤 일들을 상기할 것이다(혹은 상기하지 못한다). 하지만 그의 부인의 감정은 그녀의 의식적 경험에 더 쉽게 접근하기는 하지만, 그가 부인보다 숨겨진 가치 체계에 덜 영향을 받는다고는 말할 수 없다.

작업 기억은 많은 과정을 포함하고 의식적 알아차림 안에서 그것들을 조작할 수 있다. 이런 과정들은 현재의 지각 표상들, 장기 기억 항목들, 그리고 몸의 상태를 포함한다. 그러나 암묵 표상들은 우리가 깨닫지 못하는 사이에 인지 편향, 기억 과정들과 이성적 결정에 영향을 줄 수 있다. 고통을 줄이고 기능을 극대화하기 위해 무시형으로 애착된 남편의 뇌는 애착과 관련된, 몸이 생성하는 감각에서 의식적 주의의 초점을 멀리 떨어뜨려 놓으려는 도전을 받았을 수 있다. 이렇게 주의의 방향을 돌리는 것은 어렸을 때 (유아 분리 연구에서 보듯) 엄마가 돌아오지 않는 것처럼 행동하는 것과 같은 외적인 사건들과 (AAI에서 보듯이) 부모 관계의 중요성을 극소화하는 것과 같은 내적 사건들과 관련이 있을 수 있다(4장을 보자). 고통스러운 반응은 대부분 땀, 심장박동, 호흡, 근긴장의 증가라는 몸의 상태에서 쉽게 볼 수 있다. 이런 반응은 각각 회피 애착 아이와 무시형 성인과의 애착 상황에서 활성화될 수 있다. 기능 손상을 피하기 위해, 이런 반응의 표상은 작업 기억에서 멀리 떨어뜨려 놓아야만 함이 틀림없다. 그런 과업을 이룬다는 것은 신경 상호작용의 일정 패턴을 생성해서 그 안의 신체 표상이 외측 전전두 피질의 작업 기억 과정에 연결되지 않는다는 것을 의미한다. 내부 수용 감각이 차단된다.

이런 과정에 놓였을 때, 우리는 이 남편이 그런 적응에 얼마나 영향을 받았을지에 대해 가설을 세울 수 있다. 신체적 근육 반응의 피질 표상은 우반구에 고도로 통합되어 있다. 내장 반응은 앞쪽 섬엽과, 인근에 연결된 앞쪽 대상회에 의해, 또한 일차적으로는 우측 편에서 감시된다. 배외측 전전두 피질은 정확히 전전두 피질의 중앙선 측면에서 바로 옆에 위치하여, 직접적 연결을 주고받는다. 우측 배외측 전전두 피질로의 인풋의 감소는 오른편 신체 감각과 안와 전두 피질의 표상을 받아들이는 것을 회피하는 데 매우 도움이 될 것이다.

이것이 이 남자에게, 그리고 일차 양육자와 감정적 소통이 소원했던 유사한 애착 경력을 가진 다른 이들에게 무엇을 의미하는 것일까? 신체 표상의 오른편 자원의 입력을 받지 못한다는 것은 기능적으로 그런 개인들이 의식적으로 자신의 몸의 반응에 대해 알지 못하게 할 것이다. 그러므로 그들은 그들이 어떻게 느끼는지 아는 것이 쉽지 않을 수 있다. 더 나아가 우측 외측 전전두 피질이 보다 광범위하게 차단된다면, 예상할 수 있는 바는 우반구의 다른 기능들이 의식적 자각에 접근하기 어려울 수도 있다는 것이다. 이 사례에서 보자면, 이 남편은 어떤 일들의 요지나 맥락을 보는 데 어려움이 있다. 또한 그는 부인의 마음 상태에 대해 그녀가 비언어적 신호로 표현하는 대로 읽을 수가 없는 것 같다. 그런 어려움은 우반구의 기능에서 전체적 문제이다. 우리는 아래와 6장에서 마음의 뇌 반구적 특성화 이슈로 돌아갈 것이다.

통상적으로 감정, 특히 감정 상태의 공감적 나눔에서 남녀 사이에 일정한 패턴의 성차가 있다고 믿는다. 발달 연구들은 학령기 동안의 교우관계에서 성차에 초점을 맞추었다. 일반적으로 이런 연구들은 대부분 소년과 소녀들이 각기 드러내는 "남성적", "여성적" 스타일을 보여준다. 남성적 스타일은 개인의 재능과 기교에 대해 상호 실력행사의 형태로 그려진다. 소년들의 운동 기량에 대한 관심은 이것의 공유된 실력행사의 일 예이다. 이런 전략은 "싸움 혹은 도주" 반응 패턴으로 이끈다. 여성적 스타일은 상호 공감의 하나로 묘사되어 왔는데, 소녀들의 서로에 대한 상호작용은 서로의 감정 경험에 대해 공유된 표현을 하고 공명하는 데 초점을 맞추는 경향이 있다.[125] 쉘리 테일러Shelley Taylor와 동료들은 스트레스를 받는 소녀들에게 "친해지고 친구가 되어주는 것"이라는 부가적인 반응을 제안했다.[126] 그러나 분명히 많은 소녀들은 남성적 스타일의 요소들을 가지고, 많은 소년들은 여성적 스타일의 요소를 갖는다. 어떤 류의 일반화든지 주의깊은 조사가 반드시 있어야 하지만. 유전적, 호르몬적, 발달적, 그리고/혹은 그런 관찰 가능한 성 차이에 기여하는 가족들과 문화들 내의 사회적 요소들을 이해하려고 노력하는 것은 중요하다.[127]

남녀 뇌 사이의 차이에 대한 최근 토의들이 대중 미디어에서 과장되는데, 이는 우리에게 성별 간 근본 공통점에 대해 오도할 가능성이 있다. 태반에서 남성 안드로겐에 노출되면 "남성적" 뇌가 생성되고, 더욱이 최근 연구에서 시사하기로는 남성과 여성 둘 다 테스토스테론 수준은 청소년기 뇌의 성숙 발달에 영향을 준다고 한다.[128] 유전과 호르몬 영향은 중요하다. 가족과 문화적 관행을 통한 강화는 그런 차이를 좀 더 정교화하고 자신이 어떻게 정의되는가에 대해 간극을 좁히는 역할을 한다. 다른 말로, 사회적 기대들이 양성 간의 초기 차이를 증폭시킬 수 있고, 각각의 성을 가진 구성원들이 발달상 경험할 수 있는 자유에 제약을 가한다. 성별을 둘 중 하나로 엄격히 나는 것조차 뇌를 범주화하는 우리의 산물로 볼 수 있고, 뇌가 생성하는 개념과 언어적 상징들로 볼 수 있다. 유전적으로 XY 혹은 XX 염색체라는 두 상태와 그에 따른 남근과 질이라는 성기 해부학으로 남녀의 양단간의 선택에 대한 강요는 태반 내 발달과 출생 후에 뇌가 자연스럽게 가지는 광범위한 변이와는 대조적이다. 어떤 사람은 뇌가 느끼는 성적 주체성에 일치하지 않는 염색체나 해부학적 분류를 가질 수 있다. 염색체가 X나 Y, 성기가 남성이거나 여성일 수 있을지라도, 정체성에 대한 신경학적 체화는 세계에서 자기감의 가능성의 범위를 비양성nonbinary으로 넘어 펼쳐진다. 그런 생물학적 현실을 존중하는 것은 내부적으로 그리고 대인적으로 통합하는 데에 크게 중요한 부분이다. 어떤 문화에서는, 이런 현실을 인정해서 전통적인 양성적 용어인 "she, her and hers"와 "he, him, and his"에 더해 "they, them, and their"이라는 용어를 이용하도록 심어주고 있다.

애착은 성-중립적이라는 것을 또한 기억하라. 이는 전통적으로 알고 있는 소년, 소녀 모두에서 양육자들과 친밀한 관계를 맺고 그들 자신이 섬세한 양육자가 될 수 있다는 것을 의미한다. 단순히 소녀들이 활동적인 경쟁적 스포츠 이벤트에 참여하거나 소년들이 예술적 탐구에 몰두하는 것을 관찰하는 것만으로 과잉 일반화하여 모든 아이들이 자유롭고 충분하게 발달하려는 기본적 필요를 이해하지 못하는 일이 없도록 해야 한다.

감정적 소통: 공감과 정서 표현

감정의 중요한 측면은 그것의 사회적 기능이다. 감정은 일차적이고 범주적이며, 한 사람이 다른 사람의 마음 상태를 이해하도록 하는 도구로 역할을 한다. 다른 사람의 경험을 느끼는 능력은 많은 명명命名를 가지는데, 이를테면, "공감" "연민" "동정" "미러링" "조율" 그리고 "마음보기"처럼 말이다. 본질적으로 한 사람 마음이 다른 사람 마음의 요소를 지각하고 경험하는 능력은 인간 경험의 심오하게 중요한 관점이다.

이것이 왜 그렇게 중요한가? 여기에는 몇 가지 이유가 있다. 어떤 사건에 대해 다른 사람의 의도, 주의 초점, 평가를 인식하는 능력으로 인해서 우리는 사회적 상호작용을 이해하고 다른 사람의 행동에 대해 예측한다. 어린 유아들은 세상 속의 생물과 무생물을 구분하면서 전자에겐 의도와 감정 반응을 보이지만 후자에겐 그렇지 않다. 의도를 부과할 수 있음으로 해서 우리 마음은 외부적 행동을 함축된 내적 동기 상태와 비교할 수 있다.[129] 이 능력으로 해서 우리는 "사기꾼"을 구분하여 속이려 할 때 알아챈다. 더 추가적인 진화적 이득을 볼 수 있는데, 우리 조상들은 한 집단 구성원들이 위험을 발견할 때 그 얼굴 표정, 동작, 목소리 톤으로 재빠르게 감지할 수 있었다. 그리고 우리는 대리양육 과정에서 아이 양육을 분담하기 때문에 대리양육자의 의향, 주의를 기울이는 능력, 알아차림의 초점을 평가하기 위해서 우리 공동체 내의 대리양육자의 마음을 정확히 읽어 냄으로써 우리 자손을 위한 믿을 만한 양육자의 효과적 선택에 도움이 될 수 있었다. 우리가 이것을 성취할 마음보기를 갖고 있다면, 우리 아이들은 더 잘 생존할 것이다. 이런 마음보기를 갖고 있는 사회적 존재들은 더 빈번히 위험을 벗어나고, 다른 사람의 파괴적 동기로 해서 속임을 덜 당하고, 대리 양육적 돌봄에서 아이들을 생존 상태로 키워서, 결국 보다 잘 생존하고

그런 상태마다 소통 능력을 전수하는 것이 가능하였을 것이다.[130]

발달 관점에서 이런 이득 중 가장 실용적 부분은 양육자들이 자녀들의 내적 욕구를 감지하여 자손들의 생존 가능성을 극대화할 수 있다는 것이다. 공감적 조율의 다른 이점은 그것으로 인해 부모-자녀 간에 애착 결합이 생기고, 이것은 아이가 점증적으로 세상의 도전에 맞닥뜨렸을 때, 자라나는 아이에게 외적, 나아가 내적 안전감의 다층적 증가를 제공할 수 있다는 점이다. 이해받는다는 경험은 중요하고 목표한 것은 이룰 수 있다는 정신 모델, 혹은 내적 기대를 발달시킨다. 아이의 체계에서 아이 자신의 마음을 조직하도록 도울 양육자의 조율이 필요하다. 긍정적 감정 상태는 증폭되고 부정적인 상태는 이 같은 조율된 의사소통 내에서 조절된다. 아이가 자라면서, 이러한 정신 상태 조합을 반복함으로 인해 아이는 자율 조정에 대한 자기-조직 능력을 개발한다. 인간의 유아들은 심각하게 발달하지 않은 뇌를 가지고 있다. 양육자와 접근을 유지하는 것은 필수불가결하다. 생존을 위해서도 그렇고, 그들 자신의 정신 기능의 조직을 돕기 위해 그들의 뇌가 그 애착 대상의 성숙한 상태를 이용하기 위해서도 그렇다.

이런 감정 연결의 주관적 측면을 보면 소속감은 개인 안에서 자라난다는 것이다. "느껴진 것을 느끼는 것"은 정신 상태 조율의 주관적 경험을 연결하는 단순하고 심오한 방법이다. 그런 마음의 공명에 대해 호의적 반응이 우리 뇌에서 진화 역사의 유전적 유산으로 확립됐을 수 있다. 그러한 감각을 갖는 것은 집단행동을 격려하는데, 이는 우리의 진화 과정에서 우리 종에 대해 크나큰 생존적 가치가 있다. 또한 이것은 대규모 그룹들이 작은 그룹과는 매우 다른 경험을 하는 이유일 수 있는데, 작은 그룹 안에서는 대면 시선 접촉과 비언어적 소통 공유의 다른 측면을 더 쉽게 이용할 수 있다는 것이다. 12명 이상으로 된 위원회들은 다루기 힘들고 비효율적이다(소규모 그룹일수록 반드시 더 잘 운영되는 것은 아니다). 어떤 그룹에 대해서는 느껴지는 것을 느끼기 위해 훨씬 더 작은 그룹 구성이 필요할 수 있고, 많은 사람들의 경우에 일대일 상황이 이상적이다.

사회적 창조물로서, 우리는 방대한 종류의 얼굴 표정 능력을 지니고, 이는 직접 우리 신경계가 조절한다.[131] 우리의 엄청나게 풍부한 신경분포로 인해 정교히 섬세하고 빠른 표정 변화가 가능하다. 이런 표현 능력에 맞추어 영장류는 얼굴에, 또 특정 표정에 반응하도록 특화된 뇌 내에 신경 집단을 가진다. 우리가 논하였듯이, 이런 신경 그룹들은 종종 편도와 안와전두 피질 같은 우리 뇌의 가치 체계 회로 내에 자리 잡고 있다. 우리는 눈 맞춤과 표정 지각에 따라 형성되는 의미와 감정을 파악하도록 구조화되어 있다.[132] 우리는 또한 얼굴을 통해 감정 상태를 표현하도록 구조화되어 있다.

우리는 눈 맞춤과 표정 지각에 따라 형성되는 의미와 감정을 파악하도록 구조화되어 있다.

감정 과정의 복잡한 신체 측면들은 쉽게 말로 옮겨지지 않는다. 얼굴, 목소리 톤, 제스처를 포함하는 비언어적 표현들은 말하는 것보다 더 충분하고 빠르게 내적 상태에 대한 정보를 전달할 수 있다. 말은 여기까지가 한계다. 누군가가 “기분이 어떠세요?” 하고 물을 때, 그런 미묘하고 역동적 신경 과정을 언어적 진술로 변환하는 것은 엄청난 번역적 도전이다. 감정은 동작에 대해 에너지를 불어넣는 추동drive으로 볼 수 있다. 그들에게 뭘 느끼는지 묻기보다는 한 사람이 뭘 하고 있는지를 보는 것이 그 사람의 감정적 상태를 아는 좀 더 빠른 길일 수 있다. 그럼에도 불구하고 우리는 자주 다른 사람에게 어떻게 느끼냐고 묻지 않을 수 없다고 느낀다. 서로에게 “느낌에 대해 얘기하는 것”이라는 사회적 과정은 단순히 언어적 메시지를 말하는 것 이상의 좀 더 상호작용적인 사건이다. “슬프다”거나 “화가 난다” 같은 말들은 “당신 기분 어때요?”라는 질문에 대한 반응으로 서로에 보내는 매우 제한되고 냉담한 상징들일 수 있다. 메시지는 우리가 어떻

게 반응하는가라는 매개체에 안에 존재하고 있으며, 단지 말하는 것들 안에 있지 않다.[133]

감정과 행동 사이의 연결은 이런 과정들에 대한 평가-각성의 토대 위에 있다. 그것들의 핵심에서, 평가는 무엇이 좋고 나쁜지, 어떤 것에 다가가고, 피해야 하는지를 정의한다. 어린아이는 자주 그들이 겪고 있는 것으로 보이는 범주적 감정을 정의하려고 애쓰기보다는 일차 감정 상태의 쾌락적 어조hedonic tone를 더 편해한다. 아이가 "기분이 나빠요" 혹은 "기분이 좋아요"라 말할 때, 이는 그들의 평가 체계와 일차 감정 경험에서 나오는 매우 직접적인 진술 일 수 있다.

감정과 반구

정서affect는 표정을 통해, 목소리의 톤과 운율의 조절을 통해 표현될 수 있다. 이런 언어 소통의 비언어적 측면은 표현과 지각 모두 우반구가 우세하게 매개하는 것 같다.[134] 또한 몸의 자세와 움직임은 타인들이 쉽게 알아보는 정서적 신호를 보낸다는 면에서 목소리와 표정에 뒤섞인다. 놀라운 것은 몸으로부터의 인풋, 즉 근육, 뼈, (심장과 장 같은) 내장에서 나오는 신호를 포함한 인풋은 좌반구보다는 우반구에서 고도로 통합된다는 발견이다. 이는 신경학 분야에서 알려져 수십 년간 의대생들에 가르쳐졌던 것이다. 예를 들어 어떤 영역에서 "우반구 뇌졸중"이 있다면 "편측 무시 hemineglect" 상태에서 몸의 감각 능력의 차단이 일어난다. 좌반구의 유사한 손상은 몸의 인식에 대해 유사한 충격을 가져오지 않는다. 다른 말로 해서, 몸 전체는 우반구에서 통합된 방식으로 표상된다. 짧게 언급했듯이, 자신의 내적 상태와 타인의 의도 상태에 대한 인식뿐 아니라 자율신경계의 조절까지도 주로 우측 뇌의 기제에 의해 매개된다.[135] 그러므로 우반구는 자신과 타인에서 감정 상태를 표현하고 감정 경험을 의식적으로 인식하는 것을 용이하게 할 뿐 아니라 감정 과정의 조정을 매개하는 데도 주요 역할을 담당한다.

감정에 대한 이번 토론에서 약간 배경지식을 제공하는 것이 중요하다. 평가와 각성은 다른 감정 과정이 그렇듯 뇌 **양쪽** 반구에서 일어난다. 그러나 뇌의 각 반구에서 일어나는 주관적 경험과 감정의 특성은 매우 다를 수 있다. 다양한 이론에서 감정과 뇌 비대칭의 상이한 관점을 제안한다.[136] 한 견해는 유인가 가설valence hypothesis인데, 이는 불쾌한 감정은 우측에서, 즐거운 감정은 왼쪽에서 처리된다고 제안한다.[137] 이런 제안에 상통하는 것으로 철퇴 상태 및 과정은 오른편에서 매개되고, 접근 상태 및 과정은 왼쪽에서 조절된다는 견해이다.[138] 다른 견해는 죄책감이나 사회적 노출 규칙의 제정 같은 사회적으로 매개되는 감정은 좌반구에서, 좀 더 근본적이고 자발적인 감정은 우반구에서 처리된다.[139]

더 나아가 두 반구 사이의 소통을 차단한 환자 연구에서, 좌뇌는 다른 사람의 표정을 등록할 수 없는 것으로 나타났다. 우뇌는 표정과 목소리 톤을 통해 메시지를 지각하기도 하고 보내기도 한다.[140] 그러므로 비언어적 우반구는 우리가 정의할 때 주관적 인식과 일차 감정 표현의 주요 장소인 것 같다고 제안하는 것이 타당하다. 하지만 그런 감정 처리 과정은 양쪽 반구에 의해 매개될 가능성이 크다.

발달 연구에서 시사하는 바는 사실상 각 반구는 환경에 관여하는 데 있어 서로 다른 과정을 매개할 수 있다. 전에 말했듯이 이는 접근은 좌반구, 철퇴는 우반구에 의해 매개된다는 것을 의미한다. 예를 들어, 행동이 억제된(수줍음) 아이는 기저선에서 우측 앞이마의 전기적 활동에서 우세를 보이고 반면 모험적인 아이는 좌측 앞이마의 활성 상태를 보인다. 나단 팍스Nathan Fox와 리처드 데이비슨Richard Davidson은 각각 제안하기를 그런 양상이 특징적 감정 스타일이 전두엽 활성화의 프로파일을 반영할 수 있다는 개념을 지지한다는 것이다.[141] 좌측 전두엽 활성화는 능동적 접근, 긍정적 정서, 탐구, 사회성과 연관되어 있다. 좌측 전두엽 활성화의 부재는 긍정적 정서의 부재와 우울 경험으로 이끈다. 대조적으로 우측 전두엽 활성화는 능동적 후퇴, 부정적 정서, 공포/불안으로 이끈다. 우측 전두 영역의 저활성은 접근의 탈억제로 이끌어 충동성과 과잉행동을 수반한다. 그런 견해는 수줍은 아이나 공격적인 아이의 일부 특징을 설명하며, 맥락적으로 아이들의 상태가 변한다면 그 아이들의 전두엽 활성 프로파일을 변경시킬 수 있을 것이다.

이언 맥길크리스트Iain McGilchrist[142]는 뇌 비대칭성에 대한 수십 년 동안의 연구를 종합적으로 검토하면서 뇌의 비대칭에 대한 대중적 토론에서 보이는 과도한 단순화를 피하는 한 가지 기본적 방법은 뇌의 각 측면에 대해 서로 다른 주의 메커니즘을 강조하는 것이라고 지적한다. 즉, 깐깐한 주의 초점은 좌뇌 우세적 과정을 특징짓는 반면, 좀 더 광범위한 초점은 우반구를 지배한다. 이런 바탕이 되는 구분에서 출발하여 좌우 신경 과정에 기여하는 많은 기능들이 이해될 수 있다. 예를 들어 비언어적 신호의 포착에 있어서 우반구의 우세는 광범위한 인풋에 대한 넓은 초점을 갖고 특정 상황의 맥락을 이해하는 데 잘 맞는 것 같다. 대조적으로 언어의 생성 및 수용 측면에서 대부분 사람의 좌반구 우세는 언어 인풋에서 의미를 추출하기 위해 단어 하나하나에 깐깐한 주의 초점을 기울이게 할 것이다.

더 나아가, 발달 연구에 따르면 체질/기질 및 경험/애착 특성은 이런 전두엽 활성 패턴을 직접 형성한다.[143] 예를 들어 우울증 어머니의 경우 긍정적 정서 상태의 공유가 감소되어 있고 유아(와 그 어머니)는 위축되어 보인다. 부모와 자녀 모두에서 좌측 전두엽 활성이 눈에 띄게 감소하고 우측 전두엽 활성이 증가한다. 만약 그런 우울증이 생후 1년 이상 지속된다면 유아들은 향후 수년에 걸쳐 이런 패턴의 전두엽 활성도를 계속해서 나타낼 수 있다.[144]

일부 저자들은 현대의 뇌 스캔 연구가 이전에 한쪽 또는 다른 한쪽에서 지배적이라고 여겨졌던 과제들을 수행하는 동안 뇌의 양쪽에서 활성이 나타난다는 것을 시사하는데, 운동 피질이 반대 측 손을 통제하는 것조차 그러하였지만, 의학 분야, 특히 신경학과 신경외과에서 기능의 편재화lateralization를 아는 것은 환자를 돌보는 데에 임상적 필요가 있다는 점을 주목하는 것이 중요하다. 이러한 기초과학적 발견을 임상적 지식과 구분하여 해석하는 데 있어서 일부 도전적 특성은 어떤 과업을 수행할 때 뇌의 각각의 편에서 증가된 것으로 밝혀진 혈류 변화나 신경전기적 활동조차 이러한 신경 기능이 뇌의 각각의 편에서 동일하다는 것을 의미하지는 않는다는 것이다. 그 개인이 특정 과제를 수행할 때 한쪽에서 활성 과정에 관여한다면 다른 쪽에서는 저해 기능을 수행할 수 있다. 이런 식으로 뇌의 양쪽 활성화에 대한 최근 발견에서 뇌의 비대칭성에 대해 말하는 것은 "비과학적"이라는 것을 밝혀냈다는 논쟁은 주의 깊게 비판돼야 하고 뇌의 양측이 "동일하다"라는 확신으로 자동 번역되지 않아야 한다. 지속적인 세심한 기초 연구로 뇌의 양쪽의 비대칭적 과정을 알아가는 것은 우리의 발전하는 마음을 이해하는 데 있어 임상경험과 결합되어야 한다.

주관적 경험

감정은 본래 주관적이고 인간관계적 경험이며 환경과의 상호작용과 의미 평가에 관련이 있다. 경험은 우리 안에 주관적 상태들을 짜 맞추어 우리의 삶이라는 옷을 만든다. 음악에 대해 말하기를 존재하는 모든 것 중 가장 순수한 감정 표현 중 하나라고 하였다. 이는 소리의 음조, 공백, 다양한 강약, 변조로 가득 차 있다. 다니엘 레비틴Daniel Levitin의 연구에 따르면 음악은 고도로 통합적이다. 멜로디는 피질의 표상과 결합되어 있고, 리듬은 토르소torso를 피질의 과정과 결합한다.[145] 우리가 감정을 "통합 내에서 변화shift"라고 정의했던 것을 상기하라. 즉, 음악에 대한 이런 견해는 감정의 근본적인 통합 기능을 설명한다. 음악으로 야기된 활성은 기쁨이나 슬픔 같은 범주적인 감정으로 생각할 수 있지만, 아마도 더 적절하게는 이들은 활력 정서vitality affect에 해당하는 각성의 프로파일을 반영한다. 일차 감정은 "마음의 음악"이라 할 수 있다. 음악을 창작하고 듣는 과정은 심오하게 통합적인 감정 경험과 정서 소통의 한 형태이다.

여러 연구와 수십 명의 아이를 통한 내 개인적 비공식 조사에 따르면 비전문가인 개인들은 음악을 들을 때 왼쪽 귀에 대해 보편적인 선호를 나타냈다.[146] 왼쪽 귀로 듣는 소리는 보다 더 전체적인 감각을 자아내고, 음악의 흐름에 따라 유영하기를 유도하여 오른쪽 귀로 듣는 음악이 주는 감각과는 또렷이 구분되었다. 어떻게 이럴 수 있을까? 좌측 청신경은 일단 우반구로 간다. 거기서 약간 교차는 있지만, 우뇌의 청각 자극은 오른쪽 귀에서 좌뇌로 가는 그것과는 다른 감각을 야기하는 것 같다. 스스로 한번 시도해 보라.

감정은 산재한 신경 집단들을 모집하여 뇌의 체계들을 마음의 현재 나타나고 있는 상태로 조직한다.[147] "모집한다recruitment"는 것을 일반적으로 여기서 정의하자면, 독자적이고 분화된 요소들을 기능적인 전체로 일시적으로 결합하는 과정이라고 할 수 있다. 뇌에서 모집한다는 것은 일정한 순간에, 시간을 뛰어넘어 공간적으로 산재한 신경 회로들의 활동을 묶는 것이다. 감정은 널리 산재한 신경조절체계의 관여를 통해 통합적 역할을 수행한다고 할 수 있다. 이런 체계들은 신경세포의 흥분과 활성, 신경가소성과 시냅스 연결의 증가, 일정한 범위의 뇌 내 과정의 협응에 대해 직접적 영향력을 지닌다.

여기서 제안할 수 있는 것은, 아마도 가장 활동적 표상들은 모집된 다음에 의식적 인식의 스포트라이트에 들어갈 가능성을 가진 표상들일 수 있다. 사실상 의식은 뇌의 양쪽에서 매우 독특하게 다를 수 있다. 어떤 저자들은 우반구가 사회적 맥락을 표현하는 데 있어 능한 반면, 좌반구는 맥락적 의미가 결여된 세부 사항에 초점을 맞추고 있다고 주장한다.[148] 상황에 대한 사회적 맥락이 평가 체계의 활동을 결정한다. 또한, 내적 맥락, 즉 현재 그리고 최근의 표상 활동의 이력이 직접적으로 평가 체계가 작동하는 방식에 영향을 준다. 뇌의 양쪽에서 표상 과정들의 영향력은 평가 과정에 대해 매우 독특한 맥락적 영향을 생성하고 의식적 알아차림에 대한 독특한 감각을 가지게 한다.

> 사실상 의식은 뇌의 양쪽에서 매우 독특하게 다를 수 있다.

우리는 모든 종류의 표상으로 가득 차 있다(즉, 감각과 우뇌가 매개하는 맥락이 풍부한 형태의 이미지, 그리고 좌뇌가 매개하는 선형적, 논리적인 상세 지향 모드의 언어적 상징들).[149] 이런 견해가 사실이라면, 우리의 일상적 대화는 왼편과 오른편의 소통 혼합물로 가득 차 있다. 어떤 저자들은 감정적 조율attunement은 근본적으로 우뇌 대 우뇌의 소통이라고 주장을 한다.[150] 이런 견해는 너무 환원론적이고 단순하여서 옳지도 유용하지도 않은 것 같다. 하지만 조율의 근본적인 개념, 즉 타인의 경험에 대한 느낌에 대해 살펴보자. 단순히 타인을 이해한다는 것은 타인의 경험에 대한 지적 파악이 필수적이다. 타인의 마음을 개념화하는 능력은 타인의 주관적 세계가 어떨 것이라는 것을 지각하는 것과 더불어, 4장에서 논한 대로 일종의 반향 기능을 가능하게 하는 특별한 도구를 요구한다. 이런 도구들의 신경학적 근거는 수천 년에 걸쳐 진화해서 뇌의 사회적 과정의 토대가 되는 부분이다. 우리가 제안하고자 하는 바는 우리의 내적 상태의 초기 처리 과정과 타인의 상태에 대한 지각이 우반구에서 우세하고 이들은 감정 경험과 밀접히 관련된다는 점이다. 타인의 경험을 느낀다는 것은 그 사람이 생성하는 특정한 신호들을 통해 타인이 실제로 어떻게 느끼는가를 받아들이는 능력이다. 그때 이런 자료는 직접 수용자의 마음 상태에 영향을 준다. 한 반구의 신경세포적 과정들이 그 반구에 의해 외적으로 가장 잘 표현되고, 이후 같은 반구는 맞지만, 다른 사람의 같은 반구에서 가장 잘 인식된다니 얼마나 놀라운 일인가? 당신이 어떤 고통스러운 소식으로 힘들어하고 장은 꼬이고 심장이 아파진다면, 그런 응급 상황에서 당신은 그런 죽을 것 같은 상황을 헤쳐 나갈 방법을 어떻게 찾을 것인가? 한 가지 방식은 엄격한 태도로 당신의 심장과 장을 포함하지 않은 에너지와 정보에 집중하는 것이다. 이런 것들은 통합 방식으로 주로 오른편에 등록되기 때문에 당신은 주의 초점을 특히 알아차림이라는 면에서 왼편으로 옮겨 당신이 그 경험으로 해서 얼마나 죽을 지경인지에 대해 극소화 시킨다. 통증성 질환의 처치를 배우는 의대생 시절, 나 자신과 동료들의 반응에 근거한 나의 진단적 인상 impression은 우리 중 많은 사람이 "왼편으로 이동"하여 좀 더 언어에 바탕을 둔, 사실적이고 지적인 대처를 시도했다는 것이다. 그래서 우리는 서로 대화가 가능했고, 새로운 현학적 임상 언어를 사용하여 숙달하려고 애를 썼다. 결국 한 사람의 좌반구가 생성한 언어들은 듣는 사람의 좌반구에 가장 잘 지각되고 이해됐다. 우리 모두 안전한 기반 위에 존재했다. 타인의 고통을 느끼는 바로 우리 뇌의 해당 부위, 그리고 우리 자신의 두려움과 무력감으로부터 연결을 끊을 수 있었다.

정말 우리가 말하고자 하는 바는 마음이 처리되는 정보 형태이다. 상기해 보면, 정보라는 것은 상징적 의미를 가진 에너지 흐름의 소용돌이라고 할 수 있다. 6장에서 더 충분히 논하겠지만, 정신 표상의 유형들, 즉 이러한 에너지 흐름의 상징적 소용돌이들은 양쪽 반구에서 또렷이 구분된다. 이런 차이들의 성격에 대해 배우는 것은 감정 경험과 마음 간의 소통에 대해 더 잘 이해할 수 있게 한다.

두 살 때까지 우리는 우리의 진실한 내적 감정 상태를 나타내는 표정이 아닌 다른 표정을 보여주는 기교를 배운다.[151] 이런 형태의 사회적 속임수를 통해 우리는 사회적으로 적절하고 승인된 방식으로 행동하게 된다. 근본적으로, 이런 행동은 개인적이고 내적으로 경험되는 자기와 공적이고 외적으로 표현되는 자기 사이에서 분할을 낳는다. 대부분 우리는 매일 우리의 사적 공적 생활에서 이 이중적 역할을 수행한다. 확실히 그것은 의학적 사회화 과정에서 있음 직한 일이다. 하지만 우리가 공적 자기에 "사회적으로 적절"해지려고 과도하게 많은 시간을 허비하거나, 또는 우리가 실제로 느끼는 방식에 대한 접근을 차단하고 진정한 감정이나 생각을 표현하지 않는다면, 우리는 우리의 실제적인 일차 경험에서 매우 동떨어진 "거짓 자기"를 발달시키는 데 취약해질 수 있다. 주목할 것은 좌반구가 사회적 규칙에 순응하는 감정의 외적 소통에 좀 더 중요한 역할을 한다는 것이다.[152]

앞서 언급했듯이, 말이라는 것은 우리의 내적 상태를 전달하는 능력에 있어 빈번히 크게 한계를 보인다. 서로의 감정 소통의 비언어 수단들을 조율하는 것은 타인들과 함께하는 훨씬 더 직접적이고 만족스러운 방식이다. 그러나 우리는 감정과 인간 마음의 성격에 대해 이해하려면 말을 사용해야만 한다. 어떤 이는 주장하기를, 말이 없다면 우리는 우리 마음의 개념적 성격에 대해 반영할 수 없다고 하였다. 4장에서 보았듯이, 정신 상태를 반영하는 능력을 가진 부모는 그들에게 안정적으로 애착을 보이는 자녀들을 가질 가능성이 있다. 이런 반영 기능은 정서적 조율과 인간 경험에서 정신 상태의 중요성에 대한 언어적 진술로 구성된다.[153] 실제로 믿음, 느낌, 태도, 의도, 사고 같은 정신화 개념mentalizing concept을 전달하는 말을 이용하는 능력, 즉 정신 상태 언어mental state language는 안정적 애착을 갖는 아이들의 부모들과 연계되어 있다.[154] 마음챙김 특성, 즉 현재 순간 경험을 알아채고, 자신과 타인에 대해 열린 입장을 가지고, 감정적 평정심을 유지하고, 마음의 내적 세계를 묘사할 수 있는 성향[155]과 안정 애착은 같이 갈 수 있다.[156] 당신은 다른 사람의 신호뿐만 아니라 자신 몸의 비언어적 현실을 느끼는 것과 균형을 맞추고, 이들을 언어적 상징으로 말할 수 있는 좌반구의 중요한 능력과 결합하는 것이 얼마나 통합적일지 느낄 수 있는가? 예를 들어 한 연구에서는 마음챙김 특성을 지닌 사람에서, 감정을 명명하는 것이 변연계의 활성을 감소시킬 수 있다는 것이다.[157] 달리 말해서, 그들은 "그것을 길들이기 위해 그것을 명명할" 수 있다. 이런 아이디어는 아이들의 감정 발달을 돕기 위해 그들과 "반영 대화"를 형성하는 접근 방식에 영감을 줄 수 있었다. 비언어적 우반구와 언어적 좌반구 둘 다를 사용하여 우리는 우리 자신과 타인의 중요한 주관적 감정 경험을 소통하는 방법을 찾을 수 있다. 매우 중요하게 고려해야 할 것은 좌우의 과정을 통합해 감정 경험을 파악하고 이름을 붙이는 것은 감정이 어떻게 보다 더 긍정적이 되고 자유롭게 되어 다른 사람과 공유될 수 있는지를 반영한다는 것이다. 이후의 장에서 통합에 대해 다루겠지만 기쁨, 사랑 같은 긍정적 감정은 통합의 증가와 같이 경험되고, 소위 공포 분노 슬픔 같은 "부정적 감정"은 통합의 저하와 연관될 수 있다. 이런 식으로 반구들을 통합하고 인간관계적으로 통합하는 것은 좋은 것으로 느끼게 하는데, 그것이 전반적 통합 상태에서 증가와 연관되기 때문이다. 이 장에서 명심하도록 제안하는 중심 주제는 이것이다. 감정은 우리가 분화된 요소들을 서로 어떻게 연결시킬 것인가에서 변화shift와 관련된다. 즉 통합 상태의 변화. 곧이어 보겠지만 감정은 그 통합적 기능을 통해 조절적 목적을 수행한다.

감정적 조절

감정은 참으로 복잡한 과정들의 조합이다. 이 장에서 살펴봤듯이 감정은 내적 대인적 과정들의 중심축에 위치하여, 살아있다는 것에 대해, 자신의 정체성에 대해, 흔히들 “자기self”라 불리는 것에 대해 주관적 경험을 형성한다. 우리는 이런 “자기”가 발생하는 마음은 내적인 것과 상호적인 것 둘 다라는 것을 알았다. 이런 식으로 우린 우리가 누구인가에 대한 시각을 갖게 되고 우리는 내적 자기와 상호적 자기로 경험한다. 이런 내적과 상호적 자기의 조직화는 감정이 조절되는 방식에 달렸다. 연구에 따르면 일련의 과정으로서 감정은 조절되기도 하고 조절을 하기도 한다. 즉, 감정 과정은 다른 과정에 영향을 주지 않고 존재할 수 없고, 그런 다른 과정에 스스로가 영향을 받지 않고 존재할 수 없다. 이래서 감정에 대한, 그리고 감정 조절에 대한 연구는 나란히 함께 간다.[158]

자기 조절, 즉 “자기”라고 부르는 과정이 자신의 과정을 조절하는 방식은 부분적으로 감정의 조절로 구성된다. 스루프Sroufe는 감정 발달의 “쌍둥이 과제”를 정서의 표현과 그것의 관리라고 하였다. 그는 “높은 각성이나 긴장에 직면해서 유연하게 조직된 행동을 유지하는 능력은 성격 형성에서 안정된 개인차의 가장 중요한 측면이다”라고 말한다.[159]

수잔 칼킨스Susan Calkins는 감정 조절의 경로를 내적 자원과 외적 자원으로 기술하였다.[160] 내적 특성들은 (신경내분비적, 자율신경적, 전두엽 체계 같은) 신경조절적 구조, (조심성, 적응성, 반응성, 양순함, 사교성 같은) 행동적 특성, (사회적 참조, 신념과 기대, 조절 필요에 대한 인식, 전략을 적용하는 능력 같은) 인지적 요소를 포함한다. 외적 특성들에는 (응답성, 협력, 호혜성, 접근성, 지지, 수용 같은) 상호작용적 양육 패턴과 (모델링, 강화, 훈련 같은) 외현적 훈련을 포함한다.

일반적으로 감정 조절 기술은 우리가 폭넓은 고도의 감정 경험을 가능하게 하여 유연하고, 적응적이고 조직화된 행동을 유지하게 한다. 감정 조절의 과정이든 감정 불조절의 과정이든 약간 기본적 수준의 감정 즉, 생리학 Physiology, 주관적 경험, 행동 변화와 관련될 수 있다. 7장에서 상세히 논하겠지만, 감정 조절은 마음 상태의 조절과 연관이 된다. 3-P 관점에서, 이는 활성화된 고원plateau의 변화로 간주되어 보다 광범위한 정점peak이 발생할 수 있도록 할 수 있다. 잠재적으로 억제적이고 지속적인 고원의 통제를 느슨하게 함으로써 편안함과 불확실성을 포용하는 주관적 느낌을 가질 수 있다. 어떤 이들은 아마도 이것을 "감정의 자유"라고 묘사할 것이다.

> 감정 (불)조절의 과정은 어떤 기본적 수준의 정서와 관련될 수 있다. 즉, 생리, 주관적 경험, 행동 변화.

상태 흐름의 조절은 내적(생리적, 인지적) 그리고 상호작용적(사회 환경과 관련된) 요소들을 포함할 수 있다. 예를 들어, 주의 초점의 변경, 지각의 편향, 혹은 의미의 평가는 일차 감정 상태의 세밀화 과정을 좀 더 분화된 범주적 감정으로 직접 변화시킬 수 있다. 우리는 감정의 바로 그 과정을 이용하여 그 흐름을 조절할 수 있다.

우리는 감정을 통합 상태의 변화로 정의해 왔다. 통합이 존재하면 조화가 존재한다. 통합이 손상되면 혼돈 및/또는 경직성이 발생한다. 알게 되겠지만, 신경계 내의 통합은 내부 조절의 필수적인 과정을 포함한다. 사람들 사이의 통합은 사회적 형태의 조절로 이어진다. 마음의 핵심 측면은 에너지와 정보의 흐름을 조절하는 구체적이고 관계적인, 새로운 자기 조직화 과정이다. 마음은 이러한 통합적이고 감정적인 과정을 통해 평생 조절 기능을 달성한다. 건강한 감정 발달은 우리를 의존에서 독립으로 이동시키지 않는다. 대신에, 우리는 의존과 보살핌을 받는 것에서 상호의존성과 돌봄의 수혜자이자 제공자가 될 수 있는 능력으로 이동한다. **핵심 제안은 다음과 같다. 통합이 건강의 본질이기 때문에, 감정은 내면적으로, 인간관계적으로 우리의 웰빙에 중심적 위치에 있다.**

이러한 복잡한 조절 과정의 세부 사항을 보다 완전하게 이해하기 전에, 우리는 뇌의 복잡한 시스템 내에서 어떻게 마음 상태가 생성되는지(2장)와 표상 과정을 가지고 어떻게 현실을 구성하는지(6장)에 대해 살펴본 내용을 검토해야 할 것이다. 그때 우리는 뇌가 어떻게 자신의 기능을 조직하는지에 대한 질문과 씨름할 준비가 될 것인데, 뇌 안에서 그리고 다른 사람들과의 연결 속에서 감정 상태를 조절하는 방법이 그 안에 포함된다.

반영: 감정과 마음

정신 치료를 공부하는 학생이나 교사에게 "감정이란 무엇인가?"라는 질문을 던졌을 때 때로는 재미있는 반응이 강의실 내에서 오가게 된다. 때로 반응하기를 "느낌", "그건 감정이죠", "그것은 당신이 감정적일 때 느끼는 것이라는 것입니다", "감정은 느낌을 생성합니다"라고 한다. 이 끝없는 쳇바퀴를 벗어나는 첫 번째 방법은 중심적 감정 과정이 인간관계에 대해 어떻게 존재하는지에 대한 지식에서 나온다. 감정은 인생 초기 인간관계의 내용과 과정이며, 그것들은 평생 동안 그러한 의사소통의 톤과 질감을 만들어 낸다. 적어도 이런 관점은 개인에서 벗어나 사람들 사이의 상호작용 속으로 감정을 이끌어낸다. 그럼에도 불구하고, 이것은 우리가 감정을 정의하는 방법이라는 도전적인 과제에 대해 조금 더 명확히 하도록 여지를 남긴다.

감정에 대한 일상적인 묘사는 외견상 한정적이고 과학적으로 유도해낸 개념과 정의를 만들려고 하는 것보다 더 호소력을 보일 수 있다. 감정은 우리가 사랑에 빠지도록 하는 것이다. 그것은 시, 예술, 그리고 음악의 재료이다. 감정은 우리가 다른 사람들과 연결감을 느낄 수 있게 한다. 그것은 가족을 함께 연결해주고, 우리 삶에서 누가 중요한지 상기시켜준다. 감정은 삶을 가치 있게 한다. 어떤 사람들에게는, 감정에 대해 과학적이 되는 것은 주관성이라는 본질적이고 열정적인 것들을 차갑고 쓸데없는 신경 회로 기반의 설명으로 축소시킬 위험이 있다. 하지만, 우리의 느낌을 이해하는 데 신경 과학적 원칙을 적용함으로써 실제로 우리 자신의 감정적 마음의 주관적 경험을 확장하고 풍부하게 할 수 있다. 사회적 상호작용, 평가, 그리고 감정적 각성의 신경해부학적 융합을 이해하는 것은 어떻게 마음이 다른 마음들과의 상호작용에 의해 생성하고 생성되는지를 아는 데 도움을 준다. 우리는 이제 순환적 정의에서 벗어나 감정의 은유들을 깊이 열정적이고 통합된 방식으로 받아들일 수 있다.

이 장은 우리가 인간의 경험을 보다 완전하게 이해할 수 있게 해줄 수 있는 감정에 대한 폭넓은 특정적 정의의 조합을 제공하였다. 이 견해는 감정을 뇌와 다른 신체 부분들을 통한 에너지 흐름, 혹은 각성과 활성의 상태로 본다. 이 과정은 의미 평가를 통한 마음속 정보 처리의 진전에서 생겨나고 또 거기에 직접 영향을 미친다. 세 단계로 구분할 수 있다. 첫째, 자극(내부 또는 외부)은 초기 지향 상태를 환기시켜 "중요한 일이 일어나고 있다. 지금 집중하라!"라는 감각을 일으킨다. 이러한 주의 집중은 자동적이고 의식적인 자각을 수반할 필요가 없다. 다음으로, 뇌의 가치 체계는 정교한 평가와 각성 과정과 특정 회로의 활성화를 통해 그 자극과 초기 방향 그 자체의 의미를 계속 평가한다. 이 시점에서, 그 느낌은 "이것은 좋다" 또는 "이것은 나쁘다"가 될 수 있다. 감정적 반응의 처음 두 단계는 에너지의 급증과 같은 활성화 프로파일을 포함하는데, 이것은 "일차" 감정으로 정의될 수 있다. 본질적으로, 일차 감정은 어떻게 마음이 의미를 생성하는지의 시작이다.

외적으로, 일차 감정들은 몸의 활성화, 표정, 비언어적 몸짓, 그리고 목소리 톤에 의해 표현되는, 활력 정서vitality affects로 볼 수 있다. 이러한 활력 정서는 유아와 부모 사이의 주된 연결고리를 형성한다. 이런 결과들은 사회적 상호작용에 대한 평가 센터의 예리한 민감성을 드러내고 우리와 다른 사람들과 관계 속에서 감정이 어떻게 처음 생성되는지를 보여준다.

감정 반응의 세 번째 단계는 보다 일반적으로 "감정"으로 생각되는 것이다. 즉, 초기 정향과 각성 및 평가의 정교한 상태를 일부 사회적으로 구성되고 더 쉽게 이름 붙일 수 있는 범주적 감정으로 분화하는 것이다. 그러한 감정의 예로는 슬픔, 분노, 혐오, 놀라움, 기쁨, 두려움, 그리고 수치심이 있다. 뇌와 다른 신체 시스템은 별개의 범주적 감정 상태가 생리적으로 표현되는 공통 경로를 가지고 있을 뿐만 아니라, 범주적 정서로 표현되고 명명되는 방법에 영향을 미치는 사회적 경험에서 구성되는 것으로 보인다.

이러한 감정 활성화는 뇌의 가치 체계에 의해 생성되므로 모든 정신 기능에 고루 미쳐서 문자 그대로 삶의 의미를 낳는다. 이런 식으로, 우리는 감정과 의미가 같은 과정에 의해 창조된다고 말할 수 있다.

정보 처리는 인지적 표상의 생성과 조작을 포함한다. 주의 메커니즘은 정보 처리의 흐름을 지시한다. 지각과 기억 내에서, 뇌의 평가 시스템은 표상을 유의미하거나 가치가 있는 것으로 표시해야 한다. 이러한 방식으로, 평가와 각성 과정, 즉 감정의 핵심 특징들은 "생각"의 표상 과정과 상호 연관되어 있다. **생각과 감**

> 우리는 감정과 의미가 같은 과정에 의해 창조된다고 말할 수 있다.

정 사이의 인위적인 또는 교훈적 경계를 만드는 것은 본질적으로 서로 얽혀 있는 본성의 경험적, 신경생물학적 실상을 모호하게 한다.

에너지 흐름은 일차 감정의 기본 측면이다. 개개인의 마음 상태가 출현하면서, 그것을 생성하는 변화 활동들은 종종 일차 감정으로 경험된다. 감정 조절, 즉 뇌 내부 및 개인 간의 정보 및 에너지 흐름의 조절은 내적, 그리고 상호적 자기에 대한 경험을 생성한다. 사건의 개인적 중요성을 평가하고 자동반사적인 반응을 변화시키는 능력은 우리가 "반응 유연성"이라고 부르는 과정에서 전두엽 영역이 수행한다. 그러한 능력이 감정과 기억 처리의 다른 측면과 통합될 때, 그 개인은 자기self가 유연한 형태의 조절이 가능하게 하는 일련의 내부적이고 인간관계적 경험을 생성할 수 있을 것이다. 곧 우리는 조절 자체가 통합의 핵심 과정에서 나온다는 제안에 대해 좀 더 깊이 파고들 것이다. 다음 장에서 우리는 어떻게 마음이 내부적 및 상호간의 에너지와 정보의 흐름을 조절하는지에 따라 마음 그 자체가 어떻게 조직되는지를 조사할 것이다. 이런 방법으로 우리는 감정과 그것의 조절이 정보 처리와 에너지 흐름의 기본적 부분이라는 것을 알 수 있다.

The Developing Mind 06

표상과 정신적 실재

—

처리 모드와 경험의 구성

The Developing Mind

2장에서 살펴보았듯이 우리가 현실을 지각하는 방식은 뉴런 군집이 어떻게 활성화되는가에 따라 조형되며, 이를 통해 "마음 상태"를 구성하게 된다. 뉴런은 기능적 단위로 군집화되어 시각이나 미각, 단어 또는 감각, 추상적 사고 혹은 지각적 이미지와 같은 다양한 경험을 표상한다. 사람들이 주관적으로 경험하는 현실은, 그 개인이 자신의 내부에서 혹은 다른 사람들과 상호작용하면서 특정한 뉴런들을 어떻게 조합하는지에 의해 영향을 받는다. 마음의 발달에 대한 우리의 관점에서, 이러한 에너지 흐름의 양상은 경험을 상징화하는 방식을 '배열하여in-formation' '정보information'를 구성한다. 범주, 개념, 상징을 나타내는 에너지 흐름은 세계를 '재현re-presentation'하고 이로써 세계를 '표상representation'한다. 인간은 이렇게 흐르는 에너지의 전달에만 머물지 않고, 정보가 되는 에너지 패턴을 구성한다. 사람들과의 관계 내에서 의사소통을 하는 것 또한 어느 정도는 정신적 표상을 공유하는 것이라 볼 수 있다. 이렇게 체화된 뇌에서의 에너지 흐름의 양상으로 구성되고, 의사소통의 양상으로 공유된 신경사회적 표상들이 우리가 경험하는 세계를 만들어낸다. 유전적인 영향을 받는 뇌의 양상과 관계 속에서의 의사소통이 직접적으로 마음을 빚어낸다.

남편에게 실망한 아내는 그 남편을 향해서 "당신은 내가 무슨 말을 하는지 절대 이해하지 못해. 아는 것이라고는 책에서 배운 것밖에 없으니까. 그러면서 평생 내 표정도 제대로 읽어낸 적도 없었어!"라고 화를 낼 수 있다. 이 상황에서 만약 남편이 "당신 이야기를 들어보니, 당신은 나와 있는 것이 행복하지 않군. 하지만 알다시피 세상에는 두 부류의 사람이 있지. 지나치게 요구적인 사람과 그렇지 않은 사람"이라고 대답한다면, 아내는 일어나 그 방을 나가버릴 것이다.

도대체 사람들은 어떻게 타인과 의사소통을 하는 것일까? 어떻게 다른 사람이 보낸 신호를 "읽고" 그 의미를 해석할 수 있을까? 언어와 비언어적인 속성들(목소리 톤, 얼굴 표정)은 어떻게 뇌에서 다르게 처리되는 것일까? 위에서 예를 든 남편은 아내 말의 숨겨져 있던 감정에 왜 반응하지 못한 것일까? 이러한 질문에 답하기 위해서는 개개인의 마음이 현실을 어떻게 구성하는지에 대해서 이해해야 한다. 이 장에서는 마음이 어떻게 표상을 만들고, 정보를 처리하는지에 대해 고찰함으로써, 마음이 현실을 구성하는 방식을 탐색하고자 한다. 위에 제시된 부부는 현실을 경험하는 방식에서 서로 큰 차이가 있다. 우리가 봤듯이, 에너지 흐름은 그 도관으로써 가장 순수하고 직접적인 감각 경험을 통해서 드러날 수 있다. 이러한 가장 단순한, 그리고 여전히 신체적으로 제한된 형태의 부자유스러운 감각 모드를 넘어서 인간은 표상의 지각적 개념적 구성을 가지게 된다. 이 부부의 깊은 문제의 기원을 이해하려면, 세상과 타인의 표상을 구성하는 데 영향을 미치는 정신적 모듈을 살펴보아야 할 것이다.

5장에서 간략히 논의했듯이, 사람의 뇌는 두 영역으로 나누어지며 서로 분명하게 다른 정신적 표상 및 처리 모드를 갖고 있다. 파충류나 조류에서뿐만 아니라, 거의 모든 포유류에서 뇌는 비대칭적이다. 이러한 비대칭성은 태아의 뇌에서도 관찰되며, 복잡한 인지가 형성되기 오래전인 영아의 행동에서도 기능적으로 명백하게 드러난다.[1] 뇌의 양 반구의 비대칭성의 기원은 유전적, 진화론적 역사에 깊이 뿌리내리고 있다. 이 장에서는 이러한 비대칭성이 우리의 내적, 인간관계 경험에 영향을 미치는 방식에 대해 다룰 것이다. 뇌의 두 반구는 해부학적이고 기능적인 측면에서 서로 분리되어 있고, 때때로 두 반구의 처리 과정은 상당히 독립적으로 진행되며, 이러한 처리 과정은 주관적인 경험을 구성하는 데 직접적인 영향을 미친다. 뉴런의 활성화 양상이 반복되면, 그 개인의 현실 표상은 시간에 따른 연속성을 확립할 수 있다. 두 사람이 각자의 세계에 대한 표상을 어떻게 공유할 수 있는가의 문제는, "이해받는다는 느낌"과 대인 간 연결감을 갖는 데 핵심적인 부분이다.

이 장에서는 **애착 양상에 따라 뉴런 집단의 활성화 패턴 또한 달라질 수 있다고 제안한다.** 예를 들어, 무시형 부모와 회피형 애착 아동은 정서적으로 소원한 관계를 맺는데, 이러한 관계 양상은 주로 순차적이고, 논리적이며, 언어에 기반을 둔 좌반구에서 우세하게 관찰되는 신경 처리와 관련되어 있을 수 있다. 주어진 경험을 처리하는 데에는 보통 두 반구가 같이 관여하지만, 세부적인 것에 집중하느라 "전체 그림"을 보지 않는 경향은 왼쪽 반구 기능이 우세할 때 나타나는 것처럼, 특정한 신경학적 경향이 신경 처리 과정에서 한쪽의 우세성이 작용되는 방식이라는 것을 알게 되면, 인간이 세계를 어떻게 경험하는지에 대해서 좀 더 실제적이고, 과학적이며, 임상적으로 유용한 방식으로 이해하는 데 도움이 될 것이다. 예를 들어, 좌반구 처리 모드가 우세한 사람은 타인의 비언어적 의사소통을 이해하거나, 자신 및 타인의 정서 표현을 감지하는 능력이 상당히 부족하다고 알려져 있다. 의대생으로서, 신경과 병동의 뇌졸중이나 뇌종양 혹은 뇌손상 환자들을 본다는 것은, 종종 **자전적 기억**에 잊을 수 없는 흔적을 남기는데, 이는 우반구에서 우세한 처리 모드이다. 이 경험이 반복적으로 이루어졌다는 **사실**을 아는 것은 좌측 우세 양상이다. 이런 방식으로, 사실에 대한 기억(좌반구 우세 모드)이나, 한 사건 속 자신에 대한 기억(우반구 우세 모드)은 내적 경험과 대인 간 공유에서 상당히 다르다는 것을 알게 될 것이다. 주로 좌측 모드에 기반해 가르치는 교사들은 사실들을 감정적 의미나 질감 없이 이야기할 것이다. 학생으로서 그러한 형태의 수업을 경험하는 동안 그들 역시 좌측 모드의 처리만 활성화시키게 되면서 신체적으로 풍부한, 날것의 감정들, 개인적 의미의 자전적 감각 등의 우측 우세 모드와는 상당히 달라질 것이다. 이런 사람과 교사로서뿐만 아니라, 인간관계의 감정적 관계를 가지게 되면 어떨지 상상해 보라. 아마도 이것이, 부분적으로는 앞에서 예로 제시한 아내가 결혼생활에서 맞닥뜨린 문제일 것이다. 어떠한 표상적 처리 과정이 경험에 의해 강화 받게 되면, 이는 그 사람이 세상을 경험하는 방식에 깊이 배어들게 된다. 교육자들이 이러한 두 모드의 차이를 배우게 되면, 처음엔 그들 자신의 뇌의 양측과 그 처리 모드를 개발하고, 그러한 학습이 준비되면, 그들 학생들의 뇌의 양 반구 역시 이러한 변화에 참여하게 될 것이다. 이러한 "뇌 전체"에 대한 교육은 양육, 우정, 임상적 연결에도 적용될 것이다. 앞으로 보겠지만, 인간관계에서의 새로운 형태의 경험은 새로운 표상적 과정을 일으킨다. 비록 정신적 경험에 양측 뇌가 모두 같이 참여하는 경우가 많지만, "처리 모드"라는 표현은 마음의 기능 중 일부(사실에 입각하는 것과 자전적 기억, 언어와 비언어적 소통)에서는 비대칭적인 우세성 및 처리 장소의 "편측성"을 가진다는 실증적이고 임상적인 근거들이 있다는 신경학적 사실에 주목하게 만든다. 이 책을 읽는 것도 그러한 경험 중 하나일 것이며, 나에게서 독자에게 그런 에너지와 정보가 흘러가면서, 주의를 집중하면서 우리의 여정의 초기에 나왔던 이 문구를 상기해 보자. 주의력이 가는 곳으로, 신경 점화가 흐르고, 신경학적 연결이 일어난다. 우리가 주의를 집중할 때, 특정 신경망으로 에너지 흐름을 유도하고 있는 것이다. 우리가 통합적이고 복잡한 새로운 신경망을 연결하면, 이전에는 상당히 분리되어 있든 좌반구와 우반구와 이 두 가지 모드 **모두**를 활성화시키게 되면서 좀 더 통합적인 처리를 할 수 있게 된다. 그러한 통합이 존재하지 않으면, 혼돈과 경직성에 빠질 것이다. 이것이 이 부부의 표상 과정의 부조화에 대한 부부 치료의 목표들 중 하나일 것이다. 이들 부부의 경험을 구성하는 방식을 통합하려면, 우측과 좌측, 양쪽의 처리 모드를 구분하면서 그것들을 이들 개인 속에서, 그리고 이들 사이에서 연결해야 할 것이다.

정보 처리와 정신적 표상

마음이 과연 무엇인가에 대한 논쟁은 많지만, 마음이 정보를 처리하는 선천적인 능력을 갖고 있다는 점에 대해서는 논쟁의 여지가 거의 없다. 우리 뇌에는 양방향으로 연결된 신경망으로 이루어진 회로들이 존재해서, 정보를 정교하게 처리할 수 있다. 우리는 뇌의 복잡한 발화 패턴을 통해서 학습하고, 유사점 및 차이점을 확인하고, 일반화하고, 범주화하고, 연결 짓고, 분석하고, 정보의 새로운 조합을 만들어낼 수 있다. 우리는 범주화에서 개념화로, 상징화로 이동할 수 있다. 이는 무작위로 일어나는 것이 아니며, 특정한 정보 처리를 수행할 수 있는 신경 연결망 배열을 통해 이루어진다. 예를 들어, 우리는 시각 정보를 처리하는 회로와 추상적인 사고의 표상을 처리하는 회로를 각각 갖고 있다. 이들은 모두 뇌의 표상적 과정으로, 일부는 선천적으로 유전자와 기질적인 특정 성향에 의해 만들어지고, 일부는 학습된 것으로 타인과의 상호작용을 통해서 결국 반복적이고 자기 강화적인 방식으로 만들어진다.

만일 당신이 개에게 물리는 고통스럽고 무서운 경험 후 "개는 나쁘다"라는 생각을 만들게 되면, 다음번에 개를 맞닥뜨렸을 때, 개 역시 당신의 공포를 느끼고, 불안감에 당신에게 짖을지도 모른다. 더 나쁘게는 당신에게 달려들어 더 심한 공포를 만들게 될 수도 있다. 이런 반복적인 경험은 개의 위험한 본성에 대한 믿음을 강화하고, 이미 형성된 좋고 나쁨에 대한 분류에서 "개는 나쁜 종류의 것에 속한다"라는 개념과 "나는 개가 싫어"라는 생각의 언어적 상징이 한층 굳어진다. 이러한 반복적인 에너지 흐름이 내적인 동시에, 상호적이라는 성질을 기억해 두자.

인지 과학은 마음의 정보 처리 체계가 어떻게 내적 경험의 기본 토대를 형성하는지에 대한 개념화를 해왔다. 단순하지만 강력한 개념적 모델을 살펴보면, 뇌의 정보 처리 속성은 크게 두 가지 개념으로 요약된다. 말하자면, **심적 상징**(관련 신경계 및 뉴런 집단의 활성화 양상)**은 정보를 담고 있고, 여기서 어떤 효과가 발생한다.**[2] 정보란 에너지 흐름의 양상이며, 그 자체보다는 무엇인가 다른 것을 나타낸다는 것을 기억해 보자. 그것은 현실의 재현이나 상징이지, 현실 그 자체가 아니다. 우리가 경험하는 욕구와 신념은 정신적 표상의 의미로부터 생겨난다. 이러한 마음의 표상적 언어의 본질은 무엇일까? 인지에 대한 기본 관점에 따르면, 신경 발화 양상은 정보를 전달하는 상징 또는 부호의 기능을 하며, 뇌에서 어떤 사건을 발생시킨다. 이러한 과정 자체가 신경의 집단적 활성화라 할 수 있고, 이를 통해 추가적인 정보가 차례로 전달된다.[3] 정보 처리의 핵심인 상징 및 부호의 처리 과정은 표상적이며 인과적인 상징 자체의 속성에 기반을 두고 있으며, 분류, 개념, 상징, 사건들의 이러한 연쇄 반응은 기억이나 추상적 사고와 같은 "인지 과정"으로 이어진다. 다시 말해, 뇌는 상징을 만들어내고, 정보를 전달하는 상징의 활동 그 자체가 표상적이다.

> 뇌는 상징을 만들어내고, 상징은 정보를 전달한다.

리사 펠드먼 배럿Lisa Feldman Barrett은 이러한 측면을 다음과 같이 표현했다. "우리의 지각적 경험은 너무 강렬해서 마치 우리가 세상을 있는 그대로 경험하고 있다고 믿게 하지만, 사실 우리는 우리 자신이 만들어낸 세계를 경험하고 있는 것이다."[4] 앞에서 봤듯이, 이렇게 우리가 경험하는 세계를 만들어내는 과정은 에너지 흐름을 단순한 전달의 상태에서 구성이라는 단계로 움직인다. 배럿Barrett을 좀 더 인용해 보겠다.

> 범주화는 뇌의 일상적 작업으로, 감정이 어떻게 만들어지는지 설명된다… 철학자들과 과학자들은 범주를 어떤 목적에 부합하는 사물, 사건, 행동의 집합

으로 정의한다. 개념은 범주의 정신적 표상으로 정의한다. 전통적으로 범주들은 이 세계 속에 존재하고, 개념은 머릿속에 존재한다고 가정되어 왔다.[5]

어떻게 뇌가 이런 일들을 할 수 있을까? 뇌는 신경의 발화율을 변화시킴으로써, 위에서 말한 상징의 역할을 하는 일련의 신호 또는 부호를 만들어낼 수 있다. "정신적 표상"이라는 용어는 신경의 발화 패턴에 의해 형성된 심적 상징을 지칭하는 데 사용되어 왔다.[6] 발화율의 변화(주어진 뉴런이나 그 군집이 커넥톰connectome을 가로지르는 율동감 있는 파동을 따라 진동하는 동안 생기는 기저 발화율의 증가나 감소)는 주어진 순간의 활성화 양상을 만들어낸다. 표상은 그 자체가 뇌의 역동적 과정이다. 이러한 표상들에 의해 시작된 발화 패턴은 스스로 형태를 바꾸면서 이어지는 신경 활동을 만들어낸다. 이렇게 복잡한 변형 양상이 "인지 과정"이며, 이 과정은 표상 간 새로운 연합을 형성하고, 유사점과 차이점을 확인하고, 오랜 시간 표상 양상에 기반하여 일반적인 원칙 및 논지를 추출할 수 있다. 이러한 방식으로 뇌는 특정 과정에 작용하는 표상의 새로운 양상과 조합을 생성한다. 이는 계산론적 마음 이론의 기본 틀이며, 뇌의 특정 신경 경로에서 발생한다.

뇌는 정보를 구성하는 이러한 과정에 범주와 개념, 사고와 언어적 상징을 통해 관여하지만, 이 과정은 결코 굳어져 고정된 것이 아니라 지속적으로 펼쳐져 드러나는 사건들의 합과 같다. 배럿Barrett은 이를 지적한다.

> 뇌는 분류와 개념, 생각과 언어적 상징을 통해 정보를 구성하는데, 이 과정은 경직되거나 고정된 것이 아닌, 펼쳐지면서 드러나는 사건들의 합에 가깝다. 배럿Barrett은 이를 가리켜 개념들은 뇌에 고정된 정의가 아니고, 가장 전형적이거나 빈번한 예의 원형도 아니다. 대신에 뇌는 많은 것들(자동차, 무늬의 패턴, 슬픔… 혹은 다른 것들)을 가지고 주어진 순간에, 목적을 따라서 그들 사이의 유사성을 드러낸다… 목적 기반의 개념들은 상황에 있어 가장 유연

하고 적응적이다.[7]

신경 발화의 물리적 속성과 주관적인 정신 경험이 서로를 어떻게 형성해 나가는지는 그 누구도 "알지 못한다"라는 사실을 상기해 보자. 상관관계는 인과 관계를 뜻하지 않는다. 서로 관련되어 있는 "주관적인" 정신 경험과 "객관적인" 신경 발화가 어떻게 서로를 발생시키는지에 대해서 우리는 아직 알지 못하며, 어쩌면 앞으로도 결코 알지 못할 것이다. 어째서 정신적 경험이 "단순히" 뇌의 활동이라고 말할 수 없는 것일까? 하나의 이유를 들자면, 우리가 심상을 통해 의도적으로 주의를 집중하면 뇌를 특정 방식으로 발화시킬 수 있으며, 심지어 뉴런들 사이의 연결 구조도 변화시킬 수 있기 때문이다. 또한 우리가 인식하는 주관적 경험의 속성(예: 노을의 인상)과 활성화된 뉴런의 물리적인 속성은 서로 다른 현상이다. 더욱이, 인식이란 자신이 알고 있다는 느낌을 주관적으로 경험하는 것이다. 다른 말로 하면, 주관적인 정신 활동에는 두 가지 차원이 있는데, 하나는 알아가는 경험과 다른 하나는 알게 된 것을 경험하는 것이다. 이러한 주관성의 측면들은 뉴런 발화와도 동일하지 않다. 마음이 스스로를 조직화하는 특성이나 그 과정은 뉴런 구조와 역할에 대한 객관적 연구 결과와도 다르다. 뇌가 마음을 변화시킬 수 있는 만큼, 마음 또한 뇌를 변화시킬 수 있다.[8]

거듭 말하지만, 에너지와 정보가 서로 분리된 "현실의 영역"으로 유입되는 것은 아니다. 우리는 뇌와 마음이 서로 독립적이라고 말하는 것이 아니라, 하나의 현실에 두 가지 측면이 있다고 보는 것이다. 기본적인 측면에서 봤을 때, 자살 위기에 이른 누군가가 전화로 도움을 요청하고, 그 절박한 요청을 수신한 사람이 그 순간 가능한 신경 처리에 따라, "자, 지금 당신의 보상 회로의 도파민 수치가 상당히 낮고, 애착 신경망의 세로토닌이 부족하다는 것을 알겠군요"라고 이야기한다면 아마도 전화를 건 사람은 훨씬 더 악화될 것이다. 대신, 내적, 주관적 경험의 주파수를 맞추고, 발신자의 마음의 느낌과 의미에 집중하여 이렇게 말할 수도 있다. "나는 당신의 절망을 느낄 수 있고, 얼마나 힘들지 그리고 외로울지 알 것 같아요… 그리고 이런 느낌은 아무것도 달라질 수 없다고 느끼게 하겠지요. 나는 그런 단절감에도 불구하고 나에게 전화를 준 것이 고맙고 반가워요. 당신이 느낄 수 없는 순간에도 여기엔 희망이 있어요." 마음, 체화된 뇌, 그리고 관계는 에너지와 정보의 흐름의 한 부분이다. 뇌는 에너지와 정보 흐름을 바탕으로 체화된 기제이며, 마음은 그 흐름을 조절하는 체화되고 관계적인 과정이다. 여기서 관계란 흐름을 공유하는 것이다. 그러므로 우리의 주된 관심사는 인간 발달에서 에너지 및 정보 흐름의 속성이다. 어떻게 우리는 그것들을 만들어내고, 어떻게 그것을 느끼고 조절하는지, 그리고 어떻게 그것을 공유하는가. 우리는 마음, 뇌, 관계성 간의 삼자 관계를 탐색함으로써 하나의 현실의 세 가지 측면에 집중하고자 한다.

정보 처리에 대한 한 관점은 진화 심리학에서부터 시작되었다.[9] 진화론적 요구에 따라 뇌는 문제 해결에 특화되었다. 우리는 유전적으로 미리 설계되어 있는 특정 종류의 정보 처리 능력을 물려받았는데, 이것이 타고난 표상적 처리 측면일 것이다. 이것은 뇌가 모든 종류의 정보를 처리할 수 없다는 뜻이기도 하다. 우리에게 주어진 마음의 모듈은 특정 종류의 정보를 특정 방식으로만 처리할 수 있다. 예를 들어, 물리적 세계 속에서 살아가기 위해서는 이 3차원적 공간 속에서 길을 찾을 수 있어야 한다. 명시적 기억이 진화된 이유 중 하나는 시공간 상의 물체를 표상하기 위해서인데, 이 능력을 통해서 우리 선조들은 숨겨진 음식을 찾거나 적이 잠복할 만한 장소를 기억해 낼 수 있었다. 자전적인 기억 또한 물리적 세계 속에 놓여있는 자신에 대한 시간적이고, 공간적인 표상 능력을 반영할 수 있다. 다른 쪽 극단에서, 마음은 이들 특정 사건 및 사실을 좀 더 일반화된 표상으로 변형시킬 수 있어야 하는데, 이를 통해 학습 및 반복적인 경험에의 적응이 가능하다. 이러한 능력은 암묵 기억 체계, 전반적인 자전적 지식(예: 나는 17살 때 불행했다), 의미론적 상징, 개념, 범주화 등에서도 나타난다. 구체성과 보편성이 갖고 있는 속성 간의 차이는 여러 문제 해결 방식에서 드러난다. 우리는 지각에 기반을 둔, 입력 중심의 표상화 과정을 통해서 일반화 및 추상화로 갈수록, 우리의 구성 과정은 점점 더 복잡해진다. 예를 들어, 우리가 '자유'와 '정의'에 대한 개념을 가질 때, 이들 개념이 물리적 현실에 그 기원을 두고 있더라도, 시공간 표상이 허용하는 수준보다 훨씬 더 복잡하고 추상적인 속성을 내포한다.

감각 및 지각 처리에서부터 추상적인 추론과 마음의 개념화에 이르기까지, 이를 처리하는 마음의 모듈은 각기 다르다. 우리는 이러한 정보 처리에 있어 선천적 특성을 가지고 있으며, 세상을 표상하기 위해 어떻게 에너지를 "배열하는지"에 대해 학습된 특성도 가진다. 인지적 관점에서, 철학자들은 우리가 이 과정을 4가지 E를 통해 볼 수 있다고 제안한다. 정보의 처리는 일어나고enacted, 체화되고embodied(이것은 우리의 내적 마음에서 일어난다), 확장되고extended, 심어진다embedded(이것은 마음 간에 일어난다). 이런 인지의 내적, 상호적 관점은 이러한 처리 전략이 특정 종류의 문제를 풀기 위해 만들어졌음을 시사한다. 특정한 종류의 표상을 만들고 다루기 위한 것이다. 특정 모듈 사이의 상호작용은 정보를 변형시키는 것을 가능하게 하는데, 예를 들면 시각과 청각이 함께 작용하거나, 명시적 기억 과정에 암묵 기억이 영향을 미치는 것을 생각해 볼 수 있다. 예술가나 시인은 감각 경험에서 의미를 추출하며, 이를 시각적, 언어적 매체를 통해 다시 강렬한 상징으로 변화시킨다. 이러한 과정을 통해, 지각상에서 추상적 개념에 이르는 표상 과정의 다양한 층은 하나의 경험으로 수렴될 수 있다. 음악을 듣거나, 시를 크게 읽는 것을 듣거나, 영화에 푹 빠져들어 있는 상황을 상상해 보자. 마음은 이러한 정보 처리 모듈 기능의 지배를 받으면서, 서로 상호작용한다. 우리 세상을 알아간다는 느낌을 경험하면서 이들 정보의 상이한 형식과 수준을 고려해야 한다. 지금 이 순간의 뇌의 구조가 직접적으로 우리의 주관적 삶의 경험을 만들어낸다.

선천적으로 그리고 습득된 것으로써, 우리가 정신적 실재를 어떻게 구성하게 되는지는 우리의 유전적 진화와 삶의 경험 모두로부터 만들어지게 된다. 심지어 "문화적 진화"라고 불리는 사회 안에서 심어진 에너지와 정보 공유의 패턴도 우리에게 영향을 준다. 사회 생물학자인 윌슨E. O. Wilson이 진화 과정에서의 우리의 유전적 문화적 관계에 대해 언급했다.

> 문화적 진화는 온전히 인간 뇌의 산물이기 때문에 매우 특별하다. 뇌는 인간 출현 이전부터 구석기 동안 유전자-문화 공진화(유전자와 문화가 서로의 진화의 궤도에 영향을 주는)라는 매우 특별한 형태의 자연 선택을 통해 진화해왔다. 뇌의 독특한 능력은 최초에 전두엽의 기억 저장고에 잠복해 있다가, 200~300만 년 전 호모 하빌리스의 정주 시기부터 6만 년 전 그 후손인 호모 사피엔스가 전 세계로 퍼져나갈 때까지 계속해서 발달해왔다. 문화적 진화를, 우리가 흔히 하듯이 외부에서 들여다보자면, 내적인 느낌과 인간 마음의 구성에 대한 이해가 필요하다. 인간과의 친밀한 접촉과 수없이 많은 개인사에 대한 지식이 필요한 것이다. 생각이 상징으로 나아가거나, 인공물로 구현되는 방식도 알 수 있다. 이 모든 것이 인간성을 통해 가능하다. 인간성은 문화의 자연사이자, 가장 내밀하고 귀한 유산이다.[10]

문화적 존재로서 인간 삶의 경험은 타인과 우리가 소통하며, 우리가 자신들의 에너지와 정보의 흐름 안에서 살아가고 있는 방식에 존재한다. 이것은 내적이면서, 상호 간의 마음이다. 수년 전 내러티브 과학 분야의 스승이었던 제롬 브루너Jerome Bruner가 말하길, 인간의 내러티브는 순차적으로 이루어진 행동과 의식을 모두 포함하는 사건들의 연속이다. 외부 사건들과 내적인 정신적 삶은 이야기의 핵심으로써, 우리가 우리 자신들이 누구인지에 대해 표현하고, 정의한다. 이러한 산물, 즉 우리가 자신 및 서로 공유하는 삶의 이야기들은 사회적 삶의 부분이자, 내적인 여과기이다. 그리고 3-P 틀의 안정기로, 선천적이자 학습된 것으로써, 에너지 흐름과 표상들의 조화가 펼쳐지는 자기 강화의 화면이다.

마음의 발달을 이해하려면 유전적, 문화적으로 조형된 이런 복잡한 힘이 어떻게 생기게 되었는지 알아야 할 것이다. 윌슨E. O. Wilson은 다음과 같이 말한다.

> 내재적인 사회적 활동의 진화적 기원은 생물학적 질문에서 매우 중요하다. 그 답을 찾으려면 생물학적 조직의 단계에서의 커다란 이행(작은 생물체에서 초생물체로, 말하자면 한 마리 개미에서 개미 군집으로, 외로운 한 마리 영장류에서 인류의 조직사회로)을 설명해야 한다. 가장 복잡한 형태의 사회적 조직은 높은 수준의 협동에서 나온다. 또한 일부 군집원들의 이타적 행동으로 확장된다. 높은 수준의 협동과 이타성은 사회적인 것으로, 실제 일부 군집원들은 그들의 개인적 생식을, 사회적 목표에서 특별한 계급의 생식을 늘리려 포기하기도 한다… 아프리카의 전 인류가 발전된 사회 조직의 문턱까지 접근했던 방식 중 일부는 좀 더 하등의 동물들과 다를 바 없었지만, 이들은 아주 다른 방식을 획득했다. 뇌의 크기가 두 배 이상이 되면서, 집단에서는 훨씬 양적으로 향상된 기억에 기반한 지능을 사용하게 되었다. 초기의 사회적 곤충들이 본능적으로 사회적 조직의 분류를 이용하여 일들을 분배했지만(유충과 성충, 유모와 약탈자들) 초기 인간들은 다양한 본능 기반의 행동들을 수행하면서 각 그룹원의 상세한 지식을 이용했다.[11]

앞서 마음보기와 애착에 대한 우리의 논의에서 보듯, "타인의 마음을 아는" 우리의 능력은 누구를 믿고, 누구를 조심해야 하는지를 파악하게 함으로써, 우리에게 가장 중요한 자산인 '자손'을 지키는 데 필수적이다.

동종 돌봄을 통해 최상위 계급은 이렇게 아이들을 협동해서 양육하는 이 공동체의 일원이 된다. 그러한 정신화 능력(공통체 구성원들의 마음을 느낄 수 있는 지각력)을 가지게 되면 우리의 내적 삶의 통찰에도 적용된다. 그럼으로써 비로소 우리의 내적 삶도 상호 연결 능력을 가지게 된다.

윌슨E. O. Wilson은 진화의 이런 협력적 본성에 대해서 다음과 같이 이야기하고 있다.

> 개인적이거나 내밀한 상호적 관계에서 집단으로의 이행은 인간성의 아주 독특한 성취이다. 친족에서의 유전자 유사성이 집단 형성의 필연적인 결과이긴 하나, 친족 선택이 그 원인은 아니다. 친족 선택의 극단적인 한계나, 포함의 적절성이라는 보이지 않는 자질은 인간이나 사회성이 높은 곤충이나 다른 동물들에게도 똑같이 적용된다. 인간의 조건의 기원은 사회적 상호작용의 자연 선택으로 설명된다. 유전적으로 물려받은 경향은 의사소통하고, 알아차리고, 평가하고, 뭉치고, 협력하고, 경쟁하고, 그리고 이 모든 것에서 우리만의 특별한 집단에 속해 있다는 깊고, 따뜻한 기쁨을 느낀다. 집단 선택에서 강화된 사회적 지능은 호모 사피엔스를 지구 역사상 처음 나타난, 전적으로 우세한 종으로 만들었다… (그리고 그는 우리가 누구인지 이해하기 위한 결론으로 간다) 과학과 인간성은 사실상 기본적으로 서로 생각하는 것이 다르다. 그러나 기원적으로 서로 상보적이며, 인간 뇌의 같은 창조적 과정에서 생겨났다. 만일 과학의 체험적이고heuristic 분석적인analytic 힘과, 인간성의 자기 성찰적인 창조성이 합쳐질 수 있다면, 인간의 존재는 훨씬 더 생산적이고 즐거운 의미를 갖게 될 것이다.[12]

우리가 어떤 존재인지는 내면적이면서도 관계적이다. 우리는 이러한 현실을 분명히 느낄 수 있고, 경험적 방식으로 연구해 나갈 수 있을 것이다. 과학적 정보와 주관적 경험에 항상 열린 마음을 유지하면, 앞으로의 우리의 여정에 중요한 통합들이 촉진될 것이다.

표상 형식과 주관적 경험

정보 처리에 대한 주관적 경험은 마음을 이해하는 데 도움이 될 것이다. 표상에 포함되어 있는 정보는 다양하다. 예를 들어 스티븐 핑커Steven Pinker와 동료들은 표상을 4가지로 나누어 설명한 바 있는데, 첫째로 이차원적 패턴이나 모자이크를 포함하는 시각상, 둘째로, 음절을 연결시키는 선과 같은 음운 표상, 셋째로 명사와 동사, 구와 절, 어간, 어미, 음소와 음절 정보를 전달하는 문법 표상, 마지막은 "추상언어mentalese"인데 이는 개념적 지식에 대한 언어로서 생각의 골자가 포함된 매개체이다.[13] 이러한 틀 안에서 생각해 보면, 마음이란 사물과 언어, 그리고 다른 복잡한 실체들의 부호를 포함하고 있다. 다른 연구자들은 표상이 감각-지각적, 개념적(범주적), 언어적 형태의 세 가지 부분으로 나누어 제시하기도 했는데, 이것은 앞서 우리가 살펴본 대로, 인간의 뇌는 에너지 입력으로부터 범주, 개념, 상징의 구성까지 가는 흐름에 관여한다는 것이다.[14]

어떤 관점을 취하든, 마음은 에너지 그 자체보다 좀 더 다른 것을 상징하는 "(배열된) 에너지 정보in-formation", 즉, 무언가를 상징하는 에너지 패턴이자, 특정 형태의 표상을 처리하는 각각의 모드라는 특정 정보를 가진다는 것은 명확하다. 우리는 구성된 범주, 개념, 상징을 통해 세계를 재현한다. 이러한 정보들이 각기 활성화하고, 각각의 에너지 양식들이 서로 상호작용하며, 다양한 상태에 이르게 된다는 점이 주관적 경험의 기본적인 속성들을 밝히는 데 도움이 될 것이다. 이러한 표상들은 명사처럼 고정된 특성을 가진 것처럼 보이기도 하지만, 설령 바위에 대한 표상을 생각하더라도, 그 상징 자체가 가진 주관적인 견고함보다는 보다 동사적인 사건으로, 에너지 흐름이

> 마음은 정보를 상징화할 뿐 아니라 이들 특정 형태의 표상들을 처리하는 구별된 방식을 가진다.

펼쳐지는 것과 비슷하다. 너무나도 다양한 정신적 과정과 이러한 동적인 펼쳐짐, 경험의 개인차, 다른 사람의 주관적 경험을 파악하는 데 있어 기본적인 한계 등의 문제를 생각하노라면, 마음이 어떻게 정보를 표상하여 우리가 느끼는 것이 현실이라는 경험을 구성하는지를 밝혀내기란 거의 불가능한 작업처럼 여겨진다. 나아가 절대적인 실재라는 게 존재하는가? 아니면 '진짜 세계'를 구성하는 것처럼 보이는 우리의 주관적 경험은 단지 구성 단계의 영향 아래에 있는 것인가? 우리가 부르는 "자기the self"는 명사 혹은 동사인가? 삶이나 마음의 삶에서 무언가 확실한 것이 존재하는가? 이에 대해 철학자들은 논쟁해 왔고, 신경과학자들은 마음의 과정과 신경의 연결을 탐구해 왔으며, 임상가들은 서로에게 속하고, 이해받는다는 느낌에 관한 경험을 만들어내기 위해 필수적인, 각자의 주관적 현실과 공명하는 방법에 대해 초점을 맞추어 왔다. 에너지 흐름이나 에너지-정보 과정의 어느 단계에서든, 이런 **표상적 공명**representational resonance이 우리가 서로 연결된 느낌을 가질 수 있게 한다. 어떻게 우리의 체화된 뇌와 관계가 우리 안과 우리 사이의 에너지 흐름을 펼칠 수 있게 되는가에 관한 마음의 정보 처리의 기본적인 측면들에 대해서 이야기할 수 있는 공통 언어가 필요하다. 우리가 기억해야 할 중요한 개념 중 하나는 마음과 삶은 명사처럼 구분된 것으로 가정하기 보다, 동사적으로 펼쳐지는 매우 역동적이고 상호 연결된 사건들이라는 점을 받아들이는 것일지도 모른다.

감각과 지각

"감각 표상"은 감각을 나타내는 정보를 내포하고 있는데, 이는 외부 세상 및 몸과 뇌 자체에서 유입된 정보를 포함한다. 외부 감각 정보는 시각과 청각, 후각, 미각, 촉각을 포괄한다. 이러한 정보는 각자 영역의 감각 수용체를 통해 들어오고, 이후 이 신호들은 뇌 쪽으로 전달되면서 보통 첫 번째로 뇌간 최상위 쪽의 시상에서 처리되고, 그다음에는 대뇌 피질의 각 특정 감각 영역에서 처리된다. 감각 피질 수준에서, 뇌는 유입되는 정보를 이전 경험의 기억과 비교 및 분석하여 감각을 지각으로 범주화한다. 내적 감각은 몸의 움직임과 생리적 상태(예: 각성, 체온, 근긴장도)를 포함한다. 이들 감각은 미주신경을 거쳐 'Lamina I'라는 척수의 층으로 전달된다. 에너지 흐름은 뇌간 및 시상하부로 분배되고, 그다음에는 전측 대상회와 뇌섬으로 전달되는데, 이때 주로 오른편으로 향한다. 일반적으로 감각 표상은 최소한의 범주화만을 거친다고 여겨진다. 즉 뇌에 등록되는 정보들은 하향식top-down 처리 방식이 상대적으로 거의 사용되지 않는다. 갑작스러운 소리, 밝은 빛, 팔의 피부에 느껴지는 압력 등은 우리가 감각할 수는 있지만, 이전에 경험한 표상들로는 분류할 수 없는 것들로, 이전 경험들과 비교 및 대조(하향식 처리)하기는 어려울 수 있다. 말하자면 우리는 이러한 자극을 "느낄" 수 있지만, (아직은) 그것이 무엇인지 분류하거나, 이름을 붙일 수 없다.

엄밀하게 말하면, 감각 표상일지라도 "상징"이 뜻하는 문자 그대로의 정의, 즉 무언가 다른 것의 정보를 전달시킨다는 측면은 만족시킬 수 있다. 우리가 차가운 물에 손을 넣었을 때 얻게 되는 감각 신경 정보는 손 피부의 온도 수용체와 연결되어 있는 신경 발화가 만들어내는 신호이다. 이러한 발화 패턴은 그 자체로 "차갑다"는 아니다. 그렇더라도 이는 피부의 온도를 탐지하는 수용체에서 발생하므로, "차갑다"를 **나타낸다**고 볼 수 있다. 이러한 양상은 감각 매개체와 직접적으로 연결되어 있는 기본 부호이다. 좀 더 확장된 정의에 따르면, 어떤 과학자들은 이러한 "전상징적 presymbolic 표상"을 보다 직접적인 부호로 간주하기도 한다. 이는 입력된 정보를 기존 개념이나 과거 경험에 기반한 하향식 범주화나 조작 전에 얻을 수 있는 것에 가깝다. "전상징적"이라는 용어는 정보 처리가 마음속에서 일어난다는 점을 상기시켜 주며, 이러한 상향식bottom up 표상과 언어로 좀 더 쉽게 옮겨지는 하향식top-down 표상을 구분할 때도 유용하다.

어떤 이들은 이러한 뇌 활동은 종종 무의식적 수준에서 일어나며, 뇌의 "자동적인" 기능에 지나지 않으므로, "마음"의 일부가 아니라고 주장한다. 그러나 이러한 전상징적 표상은 상대적으로 덜 복잡한 부호임에도 마음의 여러 정보 처리 과정에서 필수적인 기능을 한다. 조절이라는 관점에서, 감각 표상은 자기 조직화, 주관적인 경험, 그리고 때때로 알아차림Awareness에도 영향을 주고 있다. 그러므로 인간관계 신경생물학(IPNB) 측면에서, 감각 표상은 정신 기능의 구성 요소로 간주된다.

"지각" 표상은 감각 표상보다 좀 더 복잡하게 처리되는 정보 단위이다. "기본" 감각과는 대조적으로 지각은 "상징화"된다. 지각이란 현재 감각 경험과 과거 기억을 합성하거나, 경험에 기반한 일반화를 통해 구성한 정보의 조각으로, 이것이 하향식 처리의 핵심이다.

감각이 지각으로 처리되는 과정은 그것을 느끼는 시점의 마음 상태에 영향을 받는다. 이는 상향식으로 입력된 정보가 어떻게 기억이나 기대, 정서와 같은 하향식 처리에 의해 걸러지는지를 설명해 줄 수 있다. 마음챙김 자각mindful awareness이란 자기 자신과 진행되는 모든 경험에 대해 개방적인 자세로 현 순간에 머무르려는 의도를 가진 정신 상태이다. 이 상태는 감각과 지각을 구분할 수 있도록 도와주고 일상의 자동적인 하향식 처리에 휩쓸리지 않는 법을 배우게 해준다.[15] 마음 상태는 우리가 상징적 표상화 수준에서 현실을 구성하는 방식에 상당한 영향을 미치게 된다. 마음은 감각을 통해 얻은 선택적 정보의 파편들과, 정신 모델, 의도와 목적, 감정 상태와 같은 극도로 주관적이고 맥락에 민감한 정신 과정을 결합하여 현실을 지각한다. 이 과정이 우리가 지각하고, 생각하고, 행동하는 양상에 따라 우리가 순간을 경험하는 데 영향을 주며, 이러한 패턴들을 우리의 "성격"이라 부를 수 있을 것이다.[16] 누군가는 "외부 세계가 우리 마음속에 정확하고 직접적인 방식으로 존재하나요?"라고 물을 수 있는데, 좋은 질문이라고 생각된다. 내적 정신 경험은 사진을 찍는 것과는 다르다. 실제로 내적 현실이란 체화된 뇌에서 구성되는데, 그 순간의 환경과 과거의 경험적 맥락, 미래에 대한 기대 등이 상호작용하면서 형성된다. 지각적 범주화 단계에서 우리는 외적 세계의 층에서 멀지만 단지 몇 인치 안쪽의 뇌와 피부로 감싸진 몸 안쪽에 위치하는 표상의 세계로 도달할 수 있다. 이것이 바로 개개인이 이 세상을 각기 독특한 방식으로 "마음화minding"할 수 있는 이유이다.

개념적(또는 범주적) 표상

우리는 말로 묘사하는 능력이 없을 때도, 많은 것들을 느끼거나 지각할 수 있다. 의식의 이러한 요소들은 감각적이고 지각적인 상징인데, 이는 "전언어적"인 표상으로 간주된다. 전언어적인 표상의 또 다른 유형은 "개념적" 표상인데, 이는 생각의 핵심이나, 이야기의 '행간을 읽는 것', 또는 자유나 정의에 대한 개념들과 같은 좀 더 고도로 처리된 정보들을 부호화하는 방식이다. 이렇게 복잡한 개념적 표상은 마음의 정보 처리 과정에서 중요한 역할을 한다. 개념적 표상은 외적 세계 및 감각-지각적 표상과는 직접적인 관련성이 없지만, 세계와 다른 사람들과 상호작용을 하는 마음의 연산에 의해 형성된다. 따라서 감각-지각적 표상은 물리적 세계를 상징화하려 하고, 개념적 표상은 마음이 만들어낸 생각 및 마음 그 자체에 대한 개념을 상징화하려고 한다. 우리는 자신과 타인, 인간관계에 대한 복잡한 표상을 형성할 수 있다. 이러한 개념적 표상은 비언어적이며, 우리의 사고와 신념, 의도, 명시적 기억에 관한 기본적인 구성 요소로 간주된다. 이처럼 복잡한 표상을 형성하는 정신 능력이 어떻게 타인의 마음이나, '자신'의 범주, 자신의 경계에 대한 개념화에 영향을 미치는지 이 장 뒷부분에서 다룰 것이다.

비록, "개념"이라는 단어가 이 영역의 틀에서의 표상의 범위를 온전히 아우르지는 못하지만, "지각"이라는 용어와 대비하기에는 효과적이다. 예를 들어, '자유'나 '정의'라는 개념이 간단하게 표상될 수 있을까? 어떤 예술가는 이러한 개념을 시각적인 형태로 그려낼 수도 있겠지만, 그러한 개념적 생각이나 범주에 관한 마음의 상태를 지각적 표상으로 연결시키기는 쉽지 않을 것이다.

또 다른 설명은 마음은 지각적 표상을 조직화하고 정의하는 데 범주적 구조를 활용한다는 것이다. (실제로, 아래의 설명처럼 몇몇 저자들은 "개념적"보다는 "범주적" 표상이라는 용어를 사용한다.) 예를 들어, 우리는 바다에 사는 포유동물, 혹은 물고기, 물에 떠 있는 생물, 물속에 사는 식물 등의 목록을 만들 수 있다. 이들 각각의 범주에서 그 범주 자체를 구성하는 단 하나의 개체는 존재하지 않는다. 예를 들어 "포유동물"이라는 동물은 없으며, 일반적인 분류 기준에 맞는 여러 각각의 종이 존재할 뿐이다. 우리의 범주화, 개념화, 상징화하는 마음에서 척추동물의 범주를 포유류나 파충류, 양서류로 구분하는 이러한 동물들의 분류에 대한 개념은 어떻게 '현실 세계'에서 드러나게 되는 것일까? 우리는 포유류의 한 예로 "개"를 들 수 있지만, 이 거대하고 경이로운 "지구"라고 우리가 서로 간에 부르고 있는 행성 어디서도 "포유류"라는 동물을 실제로 발견할 수는 없다. 당연히, 말 그대로, 지구의 포유류들은 진화적으로 서로 연관되어 있고, 포유류와 조류들이 공통된 파충류 조상에서 나온 기원을 추적할 수 있지만 포유류나 조류라는 범주의 개념은 정신적 산물이며, 우리가 지각하고 품게 되는 현실의 본질을 나타내기 위해 사용하는 상징이다. 이렇게 집단으로 묶는 것은 확실히 인간의 마음이 관찰한 패턴에서 말미암는데, 그렇기에 이런 방식은 마음의 추상적인 하향화의 산물이지, 실제 세계의 직접적 지각은 아니다.

언어적 표상

"언어적" 표상은 사회적으로 공유되는 "단어"를 통한 감각과 지각, 개념, 범주에 대한 정보를 포함한다. 단어는 보고, 듣고, 느끼고, 말하고, 쓸 수 있으므로 그 자체로 물리적인 속성을 가진다. 친애하는 친구이자, 시인, 철학자인 존 오도노후John O'Donohue는 그가 쓰고 암송하는 시에 나오는 단어들을 살아 있는 것들처럼 조합할 것이다. 존에게 단어, 특히 시의 단어들은 단순한 상징 이상으로써, 그 정수와 진실과 함께 살아 있는 것이다. 언어는 물리적 세계를 넘어설 수 있으며, 사람들 각자의 정신적 표상을 연결시킨다. 우리는 정신적 표상을 마음 밖으로 꺼내어 말로 표현하거나, 인쇄나 전자 기기를 사용하여 이를 수신한 사람의 마음에도 유사한 언어적 표상을 활성화시킬 수 있다. 인간 언어를 통해 각 개인이 공유할 수 있도록 정보 처리가 가능해진다. 노래나 시, 친구로부터의 가슴을 울리는 표현, 연결, 정신 치료에서의 공명을 가지는 대화 등 이 모든 것들이 우리를 분리된 자신들보다 큰 어떤 존재로 묶어준다. 진화의 선물로 얻어진 이러한 언어라는 공유 능력을 장착하여 비로소 우리는 사회적 존재로서 복잡한 문화 및 역사를 창조하고, 시공간, 세대, 시간, 심지어 두 사람의 신체 사이의 그 거대한 간격을 넘어 지식을 전달할 수 있게 되었다.

정보 처리는 보통 자동적이다. 대부분은 의식적 자각 없이 일어나며, 흔히 언어적 표상으로 변환되지 않는다. 하지만 어떤 사람들은 다른 이들보다 특정 정보를 더 잘 인식하는데, 예를 들어 "관계의 본질"을 개념화하는 능력은 사람에 따라 상당히 다를 수 있다. 어떤 사람들은 자신이 다른 사람들과 관계 맺는 방식에 대해 오랜 시간 자세히 설명할 수 있다. 하지만 또 다른 이들은 같은 것에 대해서 단순히 "좋다" 혹은 "나쁘다"로 대답할 수 있을 뿐으로 이들의 경우, 관계에 대한 복잡한 표상을 형성할 수는 있지만, 이를 언어로는 옮기지 못하는 것이다. 즉, 이들은 복잡한 사회적 상황 내에서 매우 정교하게 반응할 수는 있지만, 그러한 반응을 이끌어내는 내적 과정에 대해서는 서술하기 어려워할 수 있다. 또한 어떤 사람들은 상당히 "구체적concrete"이어서 추상적인 표상을 만들어내지 못하기도 한다.

사람들이 내적인 정보 처리 과정을 각기 다르게 인식한다는 또 다른 예는 몸에 대한 자각이다. 신체 반응은 정서 및 의미를 결정하는 데 중요하므로, 정보 처리에 필수적이다. 몸에 대한 내적 감각의 자각, 즉 내부 수용 감각은 자기 이해의 증진뿐 아니라 공감 및 동정심과도 관련된다.[17] 기능적으로 구분되어 있는 표상적 처리 모드가 다른 것들과 어떻게 상호작용하는지를 아는 것은 정신 장애에서의 정보 처리 결함을 이해할 수 있는 중요한 열쇠이다. 그러한 정보 흐름의 결함의 한 예로 외상 후 스트레스 장애 환자가 보이는 기억 손상을 들 수 있는데, 이들의 경우 이러한 정보 처리 흐름을 변화시키는 것은 정신 치료에서 핵심적인 부분일 것이다. 또한, 표상을 언어화함으로써 자신에 대한 느낌을 만들어가는 경험 속에서 개인사를 돌이켜보고, 표상의 영향으로 인한 미래 결과를 변화시킬 수 있게 될 것이다.

몸에 대한 내적 감각의 자각, 즉 내부 수용 감각은 자기 이해의 증진뿐 아니라 공감 및 동정심과도 관련된다.

의식과 표상화 과정

제럴드 에델만Gerald Edelman에 따르면, 마음은 자신의 점화 패턴을 스스로 강화하는 정적 피드백 고리에 기반하여 작동한다.[18] 이는 "재진입reentry"이라고 불리며, 상호 순환적인 발화 원리에 기반을 두고 있다. 즉, 뉴런의 한 집단이 다른 집단을 활성화시키고, 그 집단이 다시 원래 집단을 활성화시키는 것으로 이는 뇌의 주요한 조직 과정이다. 우리는 이것을 뉴런 집단 간의 "공명"으로 상상해 볼 수 있다. 재진입은 신경 발화 패턴을 안정화시켜, 그 순간을 처리하는 주관적 경험을 가능케 한다. 특정한 시기에 이러한 안정화 과정은 의식을 활성화시킨다.[19] 에델만Edelman과 줄리오 토노니Giulio Tononi는 "재진입을 통해 통합에 이르게 된다… 통합은 아무 데서나 아니라, 일관된 과정을 통해서만 이루어진다"라고 말한 바 있다.[20] 기능적, 해부학적으로 분리된 뇌 영역을 서로 연결시켜 통합이 이루어지면 이들은 하나의 통합된 단위로 작용할 것이다. 그렇지만 모든 통합 상태가 자각된다는 의미는 아니다.[21]

에델만Edelman은 "일차 의식"이란 우리의 기본적인 감각-지각적 과정이 개념적인 과정과 공명할 때 발생한다고 보았다. 이는 "기억된 현재"로서 알아차린다는 느낌을 주는데, 무언가 친숙함을 느끼긴 하나 그것을 명명하거나, 과거나 미래를 포함하는 시간적인 관점에서 볼 수는 없는 것이다. 에델만Edelman 모델에서 표상적 과정을 담당하는 세 가지의 주요 뉴런 집단이 있는데, "지각적" "범주적" "언어적" 형태이다. 지각과 관련된 뉴런들은 외부 환경 및 신체로부터의 감각에 반응해 활성화한다. 만약, 마음이 이러한 감각을 이전에 경험하고 좀 더 큰 정보화된 의미로 범주화해놓았다면, 그 범주와 관련된 뉴런 집단도 활성화될 것이다. 예를 들어 이전에 개를 본 적이 없는 아동이라면, 개에 대한 아동의 시각적 감각은 "이것은 무엇이다"라는 감각과 연결되지 못할 것이다. 그러나 실제로 개를 보거나, 그림으로 접했던 아동이라면, 그것을 기억해 내고, 일반화된 범주, 혹은 "도식schema"을 만들어낼 수 있다. 이 경우, 범주 혹은, "개"라는 개념을 표상하는 뉴런 집단도 같이 활성화할 것이다. 지각적 뉴런 집단(개를 보는 것)과 범주적 뉴런 집단(개에 대한 범주를 만드는 것)이 동시에 활성화되면 "일차 의식"이라 불리는 내적 감각이 생겨날 수 있다. 즉, 친숙한 동물이라는 것을 자각하면서 그것을 보고 있는 "순간에 머무는 것"이 내부의 의식적 감각을 높이는데, 이것이 바로 기억된 현재이다.

에델만Edelman에 따르면, 언어가 발달해가면서 언어 처리에 관여하는 뉴런 집단은 다양한 형태의 의식을 출현시키게 된다. 아이가 나이를 먹고 언어를 배우며 좀 더 경험이 많아지면, 개를 볼 때, 지각적 뉴런 집단과 범주적, 언어적 뉴런 집단이 동시에 활성화될 것이다. 이를 통해 "고차 의식"이 가능해지며, 아동은 드디어 기억된 현재의 감옥에서 벗어나 시간을 앞뒤로 돌려볼 수 있게 된다. 이런 관점에서, 우리는 고유한 언어능력을 통해 과거를 돌아보는 역사가도, 의식적으로 미래를 계획하는 보험 설계사도 될 수 있는 것이다.

에델만Edelman과 토노니Tononi는 자신들의 이론을 좀 더 발전시켜 의식을 구성하는 요소들이 군집 내에서 일정 수준의 복잡성을 이루어내면, 의식 속에서 일시적으로 안정화한다고 제안하였다.[22] 또한, 휠러Wheeler, 스투스Stuss와 툴빙Tulving 등은 이렇게 시간을 넘나드는 표상은 자기 인식적 autonoetic 의식, 또는 자기-앎 알아차림에 필수적인 부분이라고 여긴다.[23] 우리는 더 나아가서, 이러한 정신적 시간 여행이 언어 표상에 의존하기보다는, 시시각각 경험하는 자기를 표상하는 마음의 능력에 달려있다고 제안한다. 예를 들어 자기 인식적autonoetic 의식은 언어 능력만으로 얻어지는 것이 아니라, 경험적 알아차림을 가능케 하는 지각 과정에 대한 이해가 증가하고, 아동의 자기-알아차림이 발달하면서 가능해지는 것이다.[24] 이렇게 자기 인식적 의식은 마음을 이해하는 기능으로써, 사회적 인지와 반응 유연성, 작업 기억을 포함하는 전전두엽의 통합 기능에 연결되고, 여기에는 연관된 기본default 모드 영역인 뒤쪽 대상 피질도 포함된다. 하지만 부크너Buckner가 제안했듯 자기 인식적 의식의 측면들은, 전전두엽 영역의 특정 회로들의 각각 다른 과정들을 통해 매개될 수 있다.[25] 일반적으로 시간을 넘나들며 자기감의 경험을 반영하는 능력은 언어적 표상의 유무와 관계없이 매우 진화된 고차 의식이다. 앞으로 살펴보겠지만, 이러한 능력의 발달은 초기 인간관계 경험에 의해 밀접히 영향받을 수 있다.

1장과 5장에서 살펴보았듯이, 의식이란 주제는 철학자부터 신경과학자에 이르기까지 많은 흥미와 열정적 논쟁을 불러일으켰다. 1장에서 의식이란 적어도 세 가지 측면을 가지고 있다고 말한 바 있는데, 각각 '정보에 대한 접근'(알고 있는 것들), '경험의 현상학적 혹은 주관적 특성'(느끼는 감각), 그리고 '알아차리고 있다는 경험'(안다는 것)이다. 각각의 영역에서, 에너지 흐름, 정보 처리, 정신적 표상들은 우리 의식 경험의 본질을 결정하는 중요한 역할을 한다. 예를 들어, 우리는 의식을 통해 감각과 지각을 알아차릴 수 있고, 감정 처리 경험 및 신념, 소망, 의도를 포함하는 내적 세계의 측면에도 초점을 맞출 수 있다. 이러한 표상들에 대한 감각성이나 현상은 그 통합된 속성과 부호화하는 정보에 따라 달라지는데, 기억으로부터 연상할 수도 있고, 음악의 톤이나 사포지의 거친 표면에 대한 의식적 자각과 수영을 배웠던 기억을 연합할 수도 있다. 완전히 알아차림의 상태라면, "현재"가 가진 드넓은 열린 감각을 경험할 수도 있다.

사람마다 의식 속에서 삶을 경험하는 방식들은 질적으로 다르다. 예를 들어, 회피성 애착 패턴을 가진 사람은 자신을 포함한 타인의 일차 감정을 드러내는 비언어적 신호에 거의 반응하지 않음으로써, 종종 타인의 감정뿐 아니라 자신의 감정도 잘 알아차리지 못한다. 자신과 타인의 감정 상태를 인식하는 데 관여하는 표상 과정을 알 수 있다면, 이들에게 결여되었거나 손상된 부분에 대해서도 이해할 수 있을 것이다. 내적 주관적 경험은 특정한 순간에 어떤 표상 체계가 활성화하고, 그중에 어떤 것들이 의식에 닿게 되는지에 따라 달라진다. 정의에 따르면, 주관적 경험은 고유하고 내적인 자체의 특성을 포함한다. 그러나 우리가 앞서 봤듯이, 우리가 무언가 지각할 때, 알 수 있는 것은 단지 주관적 경험이고 느껴진 감각이다. 신체 신호들은 머릿속 뇌로 전달되지만, 이들 각각의 입력을 통합하는 연결이 없다면, 우리는 그런 감각을 알아차리지 못하고 결국 감정 상태의 신체적 근원도 알지 못하게 될 것이다. 우리는 어떻게 느끼는지에 대해 질문받으면 단순히 "모릅니다" 혹은 "아무것도 느끼지 않는다"라고 대답하지만, 이것은 실제로 아무런 감정이 일어나고 있지 않다는 것이 아니라, 단순히 의식상에서 감정을 알아차리고 있지 않다는 뜻이다. 3-P 관점에서 본다면, 이것은 감정에 대한 주의력의 부족일 것이다. 이것은 감정의 특정한 안정기로부터 생겨나는 신체 감각의 경험과 가능성의 지평선에서 알아차림을 경험하는 것을 연결하는 "고리"의 부재 때문이다. 이것은 비의식적이어서, 주관적으로 느낄 수 없고, 의식에 속하지 않은 것으로 경험된다. 감정을 포함하여 이렇게 일어나는 정보 처리들은, 우리의 의식적 삶의 일부로 경험되지 않는다.

개개인들이 왜 근본적으로 다른가에 대해 더 깊이 이해하기 위해서, 이들 표상 과정이 어떻게 통합되어 고도의 복잡성을 달성하는지, 그리고 그 후 어떻게 40-Hz 스위핑sweeping(우리의 3-P 그래프의 루프) 과정과 외측 전전두엽 피질 및 시상과 다른 영역들이 활성화되는지에 대해서 앞서 1장과 5장에서 다뤄진 바대로 **이해해야** 할 것이다.[26] 자기에 대한 진정한 느낌, 즉 자기 인식적 의식은 시공간을 넘나드는 존재로서의 자신에 대한 인식을 만들어내는데, 이는 가족 및 문화적 경험 속에서 형성된다. 예를 들어, 대학 시절 베트남인이었던 친한 친구는 자신을 마치 큰 숲에 속한 하나의 나무처럼 여겼다. 하지만 미국에서 태어난 나는 하나의 나무로서의 나를 생각했고, 내가 자란 숲을 동일시하기 전에 나의 뿌리와 줄기, 가지에 주목하였다. 문화는 단지 우리의 감정이나 타인과 관계 맺는 방식뿐 아니라 세상 속에 존재하는 우리 자신에 대한 지각을 형성한다.[27]

발달 과정, 관계, 뇌의 비대칭성

지금까지 정신 경험이 어떻게 그 순간의 뇌 안의 다양한 회로의 활성화와 관련 있는지 살펴보았다. "감정"은 타인과의 소통의 핵심 요소일 뿐 아니라 활력에 대한 각성 및 정보에 대한 일련의 평가 과정이다. 마음이 어떻게 표상을 형성하며, 그 표상에 가치를 부여하느냐의 문제는 한 인간의 내부 및 인간 사이에서의 감정적 과정과 불가분의 관계에 있다. 우리가 보아온 것처럼, 이 전반적인 과정은 널리 구별되는 과정들을 연결하는 통합적인 과정이며, 유전적인 신경 구조와 함께 가족들이나 문화 속에서의 경험 (예: 소통이 정보 흐름의 전개에 어떻게 영향을 미치는가) 등을 통해 형성된다. 정보와 에너지의 흐름은 개인의 내부에서, 두 사람 혹은 그 이상의 사람들 사이에서, 더 나아가 문화 전체를 아우르며 유동적으로 움직인다. 우리는 시냅스적으로, 의미론적으로, 사회적으로 서로 연결되어 있다.

이 책에서는 설명을 위해서 "인지"와 "정서"라는 용어를 나누어 사용하지만, 실제로 이 둘을 양분하기 어렵다. 우리의 뇌의 구조 및 기능과 사회적 관계가 서로 엮이어 때때로 "인지" 혹은 "감정"이라고 이름 붙이는 정신적 삶의 통합적이고 복잡한 특징들이 나타난다. 유아 대상의 연구들에 따르면, 발달 중인 뇌의 내재된 특성이 어떻게 특정 형태의 표상을 만들어내는지 알려면, 출생 시부터 존재하는 대뇌 비대칭성과 같은 신경적 특수성을 고려해야 한다. 수십 년간 유아와 뇌의 비대칭성을 연구한 콜윈 트레바르트덴Colwyn Trevarthen은 다음과 같이 말한 바 있다.

> 대뇌 기능의 편재화를 과학적으로 분석하기 시작하면서 심리학과 뇌과학은 한배를 타게 되었다. 기능의 비대칭성은 좌반구와 우반구가 분리되어 있다는 점과 관련되는데, 이는 고차원적 정신 활동을 이해하는 데 중요한 초석이 된다. 수년이 지난 후에야 성숙되는 인지적, 자발적 과정은 문화적 삶에서 특히 중요한데, 이러한 과정은 뇌에서 비대칭적인 경향이 있다. 이러한 비대칭성은 매우 초기 단계, 아마도 태아 때부터 시작되는 것으로 보이며, 뇌가 발달하면서 점차 정교화된다. 뇌가 경험을 통해 학습을 시작하는 아동기 동안, 심지어는 성인의 의식이 적응하는 매 순간에도, 피질하 구조는 조절 과정을 지속한다. 이러한 조절 과정은 두 반구가 보완적인 역할을 알 수 있는 양 반구 체계를 발달시키는 데 도움이 된다.
>
> 결정적으로 아동의 뇌 성장의 내재적 조절인자가 감정적 의사소통을 통해서 좀 더 지식이 많은 성인 뇌의 조절 인자와 연결되도록 적응되었음이 입증된 바 있다. 문화적 학습이 단독 뇌에서 일어나지 않고 공동체 집단에서 일어나는 것은 인간의 뇌 특유의 전략으로 보인다. 뇌과학의 발달은 앞으로 인간 마음의 성장 및 공동체에서의 생각과 믿음의 변천을 이해하는 데 매우 중요할 것이다.[28]

트레바르트덴Trevarthen은 "내재적 동기 체계intrinsic motive formation"를 제안한 바 있는데, 이는 배아의 뇌간에서 처음 나타나 뇌 피질의 발달과 기능에서의 비대칭성을 조절한다.[29] 뇌간에는 중간뉴런interneuronal 시스템이 있어서 감각 통합을 수행하며, 동기적 상태와 움직임 양상을 조절하고 중요한 조절 기관인 시상하부, 기저핵, 편도체의 연결을 발달시킨다. 이들은 내재적 동기 체계를 구성하는 뇌 회로로서, 피질 뉴런이 발달하기 전부터 존재한다고 간주된다. 정서, 행동, 동기 체계의 필수적인 비대칭적 요소들은 "고차적" 표상의 신피질이 형성되기 오래전부터 존재한다. 우리 삶을 이해하려면, 위와 아래, 왼쪽과 오른쪽에 걸쳐진 이와 같은 과정들에 깊은 관심을 가지고 있어야 한다.

실제로, 가장 뚜렷한 비대칭성을 가진 인지 시스템은 입출력 회로 사이와 뇌의 변연계 중심 쪽에 있다고 여겨진다. 이러한 관점은 다시금 감정과 인지 과정이 서로 얽혀있다는 점을 강조하는데, 트레바르덴Trevarthen을 다시 인용해 본다.

> 경험을 받아들이고 저장하는 신피질 인지과정에서의 뇌의 비대칭성은 보다 깊고 원시적인 동기 조절 구조의 비대칭성으로부터 발달하는데, 이들은 태아 뇌의 형태 발생을 통제할 뿐 아니라 유아가 숙련된 행동을 하고, 협력적 집단에서 구성원 간의 동기와 생각을 이해할 수 있도록 해준다. 어린 아동과 양육자 사이, 그리고 또래 사이에서 표현되는 동기와 감정은 인간 세상에 대한 감각을 획득을 조절한다.[30]

많은 연구 결과들에 따르면, 주의, 행동, 접근-회피, 자기 조절에 관여하는 신경전달물질은 각 반구에 따라 우세하게 작용하는 정도가 다르다.[31] 대뇌 비대칭성은 실증적 증거들에 대한 조심스러운 해석을 통해 접근해야 하는 흔한 논쟁 주제로, 수백만 년에 걸친 우리 척추동물의 진화 동안 같이 이루어져 왔다는 점에서 중요하다. 진화적으로 좀 더 오래되고, 해부학적으로 좀 더 깊숙이 위치한 구조들이 자궁 내에서 발달하는 동안 어떻게 좀 더 다른 방식으로 펼쳐지는지를 보면 이러한 비대칭성의 적절함을 알게 될 것이다. 이 구조물들은 출생 이후 피질이 성숙하기 오래전에 주요하게 나타난다. 양측 뇌의 신경 네트워크 간 소통은 유전적 산물과 더

불어 지속적인 경험을 통해 형성된 복잡한 방식으로 이루어진다. 우리가 이러한 기원의 오랜 비대칭성과 뇌의 하위 영역이 전반적 기능에서 가지는 중요성을 이해하는 것은, 집단적인 진화적 유산과 배아에서 성인기까지의 개별적인 발달력을 함께 수용하기 위한 중요한 틀이다. 배아 단계에서부터 "내재적 동기intrinsic motivation"에서 현저한 차이가 나는데, 내재적 동기는 그 순간의 처리 과정뿐만 아니라 전반적인 발달 궤도를 이끈다. 트레바르텐Trevarthen에 따르면, 좌반구는 타인 및 세상에 활동적으로 관여하는 "적극적assertive"인 동기 상태를 갖는데, 이는 어머니 말에 반응하는 초기 옹알이 또는 유아의 오른손 움직임에서 찾아볼 수 있다(이 둘 모두 좌반구에 의해 매개됨). 반면, 우반구는 보다 "수용적acceptive"인 특성이 있는데 즉, 잘 받아들이며 자기 조절적이다. 이는 유아가 왼손으로 스스로를 어루만지는 것, 그리고 우반구가 좌반구보다 모성어의 운율, 말하자면 어조의 음질 같은 특성에 더 발달적으로 자극이 되고, 반응적이라는 점에서 뒷받침된다. 이러한 관점은, 행동 표현이나 도파민에 의해 매개되는 "접근" 활동 시, 좌반구가 더 활발해진다는 점에 의해서 지지받는다. 반면 우반구는 새로운 자극에 집중하고 반응하며, 완전히 낯선 상황에서는 "철회" 반응을 매개하는 것으로 보인다. 또한, 우반구는 주의를 기울이거나 스스로 살피는 상황에 더 많이 관여하는데, 이는 노르아드레날린의 활동으로 조절된다.[32]

> 좌반구는 적극적 동기 상태를 갖는 것에 반해 우반구는 좀 더 수용적이다.

더욱이 각 반구는 주의 과정 내에서도 서로 다른 역할을 하는 것으로 보인다. 우반구는 각성, 주의 유지, 경계 등을 포함한 다양한 주의력의 영역에서 우세한 듯하다. 우뇌가 에너지 흐름에 초점을 맞추는 방식은 좀 더 광범위한 주의를 만들어낸다. 반면, 좌반구는 고도로 집중된 주의력, 즉 어떤 것에 선택적으로 주의를 기울일 것인가 하는 주의 변별력에서 우세

하다.[33]

터커Tucker, 루Luu와 프리람Pribram은 표상의 비대칭성과 회로와의 관계에 대해 좀 더 보충적으로, 전두엽을 경유하여 이루어지는 대뇌 피질과 더 깊은 하위 구조 간 정보의 "흐름"의 발달에 대해 연구하였다. "원시피질 방향Archicortical trend"이나 "배측 경로dorsal pathway"에서는 특정 유형의 세포 및 노르아드레날린 활동이 중요하고, "구피질방향paleocortical trend" 또는 "복측 경로ventral pathway"에는 다른 영역들이 관여하며 도파민 활동이 우세하다. 이러한 방향성이 뇌 양측에 모두 존재하기는 하지만, **배측 경로는 우반구에서 우세하고 복측 경로는 좌반구에서 우세한 것으로 나타난다.** 터커Tucker와 동료들은 다음과 같이 말한 바 있다.

> 이러한 두 변연계-피질 경로는 서로 다른 동기적 편향을 가져오고, 이는 전두엽의 작업 기억 표상에도 직접적으로 연결된다. 대상회를 거치는 배측 변연계에는 쾌/불쾌의 평가 및 사회적 애착에 의해 영향받을 수 있고, 총체적이며 충동적인 운동 조절 모드의 시발점이 된다. 반면, 편도체에서 안와 전두 피질까지의 복측 변연계 경로는 엄격하고 제한된 운동 조절 모드를 이행하는데, 이는 스스로를 보존하기 위한 적응적 통제를 반영한다. 인간 뇌에 있어서, 반구의 전문화는 배측과 복측 경로의 비대칭적 정교화를 이끌어낸다. 우반구와 좌반구가 정상적/병리적인 자기 조절에 서로 다른 영향을 미친다는 최근 증거들을 해석하기 위해서는 피질-변연계 구조에 내재되어 있는 비대칭성을 이해하는 것이 중요할 것이다.[34]

터커Tucker와 동료들에 따르면 좌반구에서 우세한 복측 경로가 사물의 구체적인 특성에 동기적 편향을 가지고 산출된 행동을 엄밀히 관찰하는 현재 감각의 표상에 대한 피드백 체계에 관여한다. 이러한 피드백 과정은 대상 지각 및 분석적인 처리 과정에 적합하며, "특히 대상 기억 및 신피질 표상의 미세한 조율에 관여하는데, 그 대상은 지각적이거나 개념적일 수 있다."[35] 반대로, 정보의 배측 경로는 우반구에서 우세하며 운동 조절의 "예상 조절Feed forward" 또는 투사적 모드에 기반하는 공간적, 맥락적 표상에 관여하며, 이는 새로운 상황에서의 주의 각성 및 기억 과정을 활성화시키고, "충동적"이거나 자발적인 행동을 선호한다. 이러한 투사적 모드는 미래에 대한 표상과도 관련된다고 여겨진다. 배측 경로는 몸 자체로부터의 정보, 이를테면, 자율반응, 내장이나 불수의근의 상태 등의 정보도 받아들이므로, "내적 상태까지 고려한 자극의 동기적 중요성을 평가하는 데 적합하다."[36]

우반구는 자기에 대한 감각(내적/신체적 상태), 맥락, 시간 등과 같이 과거로 표상되거나 미래로 투사되는 것들을 포함하는 자기 인식적 의식에서 우세한 역할을 한다. 우반구에서 우세한 배측 경로는 시간 속에 존재하는 자신에 대한 자기 인식적 표상을 형성하는 데 동기를 부여한다. 이러한 관점을 통해, 우리는 "인지적 표상"의 개념을 발달적 시각에서 이해할 수 있게 된다. 지각과 행동 간의 실제를 표상하는 신피질 능력은 뇌의 구조 및 기능 안에 설계된 강력하고 비대칭적인 선천적 동기에 의해서 발생한다. 이러한 동기 체계는 배아의 성장에 영향을 미치며, 출생 후에는 인간관계 경험에 기반하여 분화를 지속한다. 앞으로는 유전적으로 형성된 비대칭성이 현실의 다양한 경험에 대한 우리의 정신 구성에 미치는 주관적이고 인간관계적인 영향에 대해 살펴볼 것이다.

처리 모드: 대뇌 비대칭성과 "이원론"

뇌의 양 반구에 대한 연구들은 세상을 인식하는 별개의 두 가지 방식의 근원에 대해 밝혀주었다.[37] 이에 대한 초기 연구는 발작을 통제하기 위해 두 반구 간 연결을 잘라내는 수술을 받은 간질 환자들을 대상으로 이루어졌다. 이들은 "뇌가 분할된 환자들"로 뇌량이 절단되어 결과적으로는 좌반구와 우반구가 기능적으로 분리되었다. 이 경우 연구자들은 환자의 한쪽 반구에 자극을 제시한 다음 과연 어떠한 반응이 나타나는지를 관찰하였다. 두 번째로 많이 알려진 연구 방법은 한쪽 반구에 뇌종양이나, 뇌졸중과 같은 해부학적 병변이 있는 환자들을 대상으로, 이들이 보이는 기능 저하의 패턴으로 특정 반구에 특수한 주요 기능을 파악할 수 있었다. 셋째로, 장애가 없는 일반인들을 대상으로 연구 설계상 한쪽 반구에만 자극이 노출되도록 하여 통찰을 얻기도 하였다. 이 경우에서도 "한쪽에 치우친" 반응이 나타나 각 반구가 전문화되어 있다는 관점이 힘을 얻었다.

넷째로, 뇌 영상법을 활용하여 다양한 방식으로 장애가 없는 뇌 활동을 추적하여 대뇌 편재성을 확인하였다. 일부 뇌 영상 연구는 기존 결과를 확증해 주는 활성화 패턴을 찾아내기도 했지만, 두 반구 간 차이가 크지 않다는 결과를 보인 연구들도 있었다. 이러한 연구 결과는 주의 깊게 해석되어야 하는데, 최근에 발견된 사항들은 상당히 복잡하기 때문이다. 예를 들어, 기능적 자기공명영상fMRI으로 측정했을 때 증가된 혈류량은 실제로는 특정 과제에 반응하여 보다 활성화된 한쪽 반구에 대한 반대쪽 반구의 억제 활동을 반영할 수도 있다. 이처럼 실제로 같은 방식으로 과제에 참여하지 않았음에도, 억제적 발화로 인한 종합적인 결과는 마치 두 반구 모두 인지적 과제에 관여되는 것처럼 나타날 수 있다. 혈류량이 같은 정도로 변한다고 해서, 두 반구가 유사한 정보 처리를 한다는 의미는 아닌 것이다. 이러한 도전적 상황들이 어쩌면 많은 신경학자들이 좌반구와 우반구의 기능이 구별된다고 말하기 어려워했던 2000년대의 흥미로운 연구 결과들을 설명할 수도 있을지 모른다. 그러나 생물학적 진실은, 척추동물로서 우리의 신경계는 3억 년이 넘도록 비대칭적이었다는 것이다. 이를 지지하는 여러 자료들이 있는데, 예를 들어, 뇌의 한쪽 반구에 장애가 있는 사람들을 대상으로 진행된 100여 년이 넘는 임상 연구들은 뇌의 각 반구가 서로 구별되는 처리 과정을 갖고 있다는 것을 밝혀왔다. 따라서 우리가 대뇌 비대칭성의 진실과 마음의 발달에 미치는 중요성을 깊이 이해하기 위해서는 기술의 한계를 넘어서는 폭넓은 과학적, 임상적 결과들을 고려해야 할 것이다.

앞장에서 언급된 이언 맥길크리스트Iain McGilchrist는 대뇌 양측성 연구에 사용된 다양한 연구 방법 및 결과를 검토하였다. 그는 초기의 스프링거Springer와 도이치Deutsch의 입장과 마찬가지로,[38] "이원론"이라는 동향을 경계하였는데, 이는 과학적인 결과를 그 함축하고 있는 것 훨씬 너머로 확장시키는 것이기 때문이다. 예를 들어, 다양한 정신적 과정에 보통 양측 반구가 모두 관여한다는 사실에도 불구하고, 여러 문화권에서 "좌뇌형"이나 "우뇌형"으로 단순화하는 우를 범해왔다. 두 가지의 뚜렷이 구분되는 처리 모드에 대한 유혹은 역사적 뿌리를 갖고 있어서, 철학자들도 대립하는 존재 및 앎의 방식에 대해 오랫동안 논해 왔다. 즉, 창조적, 통합적, 감정적, 직관적 무의식적 양상은 비판적, 분석적, 지적, 이성적, 의식적 양상과 대조되어 왔다.[39] 이처럼 인간의 경험을 이분법적으로 파악하려는 오랜 역사에는 매우 기본적인, 그만한 이유가 있을 것이다. 앞서 살펴봤듯, 두 반구의 해부학적 구조와 신경 화학적 측면은 어느 정도 구별된다.[40] 하지만 단순한 해부학이나 생리학을 넘어, 각 반구 기능에 우세한 처리 과정에 대한 연구 결과들은 전반적으로 철학자들의 관점을 지지한다.

뇌는 편도체와 안와 전두 피질(자극에 의미를 부여하는 역할), 해마(서술적, 외현 기억 과정 통합의 중심), 외측 전전두 피질(초점 주의 및 의식적 주의의 중심)을 포함하며, 두 반구로 나누어진다. 좌반구와 우반구는 다양한 지점에서, 뇌량이나 전교련(간접적이지만, 중요하게는 소뇌도 포함)과 같은 띠 형태의 조직으로 연결된다. 뇌의 가장 윗부분은 대뇌라고 불리며 신피질이라는 영역을 포함하는데, 이 영역의 복잡한 사고는 신경 발화와 연관되어 있다고 여겨진다. 대뇌의 양쪽은 "대뇌 반구"라고 불린다. 이 책에서, "우측" "좌측"이라는 용어는 뇌, 피질, 반구, 면, 모드에 적용되는데, 일반적으로 전체 뇌에서 해당하는 쪽의 특화된 해부학적 구조 및 기능을 일컫는다. 이는 뇌의 가장 상부에서 일어나는 추상적 처리 과정에서부터, 아래쪽 피질하 구조들로부터 생겨나는 훨씬 기본적인 생리적, 감각적 처리 과정을 모두 포괄한다. 이러한 본질적인 차이는 비대칭적인 주의력과 표상 능력 및 신피질의 보다 추상적인 과정에 직접적인 영향을 미칠 수 있다. 각 반구에서의 복측이나 배측 경로의 우세성 여부는 정보의 흐름에서 주의 및 기억에 관한 발달적, 동기적 편향을 가져올 수 있다. 비록 각 반구에서 전문화된 기능들이 있지만, 마음의 대표적인 기능은 두 반구 간의 "상호작용cross-talk"에 관여하는 것이다. 두 반구를 연결하는 조직은 양측에서 "상응하는homologous" 영역에서의 상호 활성화와 억제에 있어 중요하다. 정신적 삶은 이들 분화된 조직의 활성화와 함께 "흘러가고" 때때로 뇌의 각 측면의 신경 회로와 연결된다.

> 마음의 대표적 기능은 뇌의 두 반구 간 "상호작용"에 관여하는 것이다.

우리가 세상에 존재하는 방식, 그리고 우리의 주관적인 지각은 이처럼 좌우측/상하위로 분화된 뇌의 영역에서 창발하는 과정들에 의해 만들어진다. 비대칭성에 대해서는, 단순히 한 영역이나, 한 측에서 무엇인가를 "한다"라기보다는, 편측성을 전체적인 존재의 방식, 즉 그 순간에서의 에너지 패턴의 형성에서 우세한 특정한 정보 흐름을 처리하는 "모드"로 보는 것이 나을 것이다. 예를 들어, 좌반구가 언어적인 측면에서 "우세하다"라고 하기보다는 좌반구와 우반구 모두 언어를 "다룬다". 마찬가지로, 좌반구 또한 비언어적 팬터마임의 몇 가지 형태는 처리할 수 있는데, 이는 기존에 우반구에서만 처리할 수 있다고 간주했던 유추적 형태의 정보 처리이다.[41] 흥미롭게도, 이 연구자들은 (계획적이거나 의도적이지 않고) 즉흥적이고 비언어적인 의사소통이 대부분 우반구에서 처리된다는 사실 또한 확인한 바 있다. 그럼에도 불구하고 현재 진행 중인 연구들은 각 반구에서 우세한 처리 과정이 있다고 시사하고 있어, 정보 처리 과정에서 우측 또는 좌측 "모드mode"라는 개념을 사용할 수 있을 것이다. 뉴런, 뉴런 네트워크의 복잡한 조합들은 서로 연결된 영역 및 다른 네트워크로의 연결 안에서 신경 점화가 진동하는 파동처럼 기능한다는 것을 기억해두면 유용할 것이다. 이러한 네트워크들이 양쪽 반구와 연결되어 있는 경우, 영상 연구는 대뇌반구 양측 모두의 신경 활성화를 보여준다. 앞서 이야기되었듯, 이러한 전기화학적 에너지 흐름의 양상이 만드는 진동성의 파동 집합은, 우리가 알지 못하는 어떤 방식으로 정신적 경험을 "일으키거나", 적어도 그것과 "관련되어 있다". 이러한 네트워크 활성화에 있어서 비대칭적 우세성을 파악하는 것은 내적인 신경 패턴이 어떻게 우리의 주관적 경험과 다른 이들과의 상호 관계에 영향을 주는지에 대한 큰 그림을 그리는 데 유용하다. 이러한 비대칭적 모드를 명확히 하고, 이름 붙일 수 있다면, 전체로서 마음의 내적, 상호적 측면을 좀 더 깊이 이해할 수 있을 것이다. 각 처리 모드가 서로 협력하는지, 대립하는지, 아니면 굳게 단절되어 있는지 여부는 정신 기능과 웰빙의 질적인 경험에 있어 크게 영향을 줄 수 있다. 이러한 부분들은 우리가 세상을 지각하는 렌즈로써, 존재와 인식에 대한 내적 감각을 조형한다.

다음은 각 반구에 특화되어 있는 처리 과정에 대해 일반적으로 알려져 있는 사실들이다. 우반구에서는 신속하고, 병렬적(동시에 활성화되는)이며, 총체적인 처리가 일어난다. 우측 모드는 주의력의 초점이 넓어 광범위한 세부 사항들을 포괄한다. 우반구는 감각, 이미지, 그리고 단어의 비언어적이고 다의적인(복합적인) 의미 표상에 전문화되어 있다. 이렇게 비언어적이며 종종 자발적으로 발생하는 표상은 "유추"라고 불리며, 우반구에 전문화되어 있는 유추 기능의 한 예는 시공간 지각이다. 앞서 언급했듯이 좌반구와 우반구를 언어 기능과 비언어 기능으로 단정적으로 구분하는 것은 전적으로 정확한 구분이 아니다. 그러한 한 예로써, 언어에 포함된 은유와 역설, 그리고 유머를 이해하는 데 우반구가 기여한다. 또한, 과학적 문서를 읽을 때는 좌반구가 주로 활성화되지만, 이야기를 읽을 때는 양 반구가 모두 활성화된다.[42]

좌반구에서는 점진적, 선형적, 순차적, 시간에 따른(시간에 종속적인) 처리 과정이 일어난다. 좌측 모드는 좀 더 좁은 초점의 주의력을 가지고 있어, 특정 세트의 에너지 패턴의 세부를 파악할 수 있다. 보통 "디지털" 표상이라고 불리는 단어의 언어적 의미가 좌반구의 주된 처리 모드이다. 좌반구는 정보의 단의적 "뭉치"를 기본 표상으로 이용한 후, 좀 더 느리고, 점진적인 방식으로 처리한다. 선형적 처리를 예로 들면, 이 문장의 단어를 읽고, 의식적인 주의를 집중해서 이야기 내에서의 사건들의 순서를 알아내는 것이다. 언어적 의사소통에서는 "한 묶음의" 상징을 수신하고 표현하는 선형적 방식이 두드러지는데, 이러한 상징은 제한된 정의를 전달하고, 상대적으로 명확하게 구별이 가능한데, 이는 예술가의 그림이나 사진에서 나타나는 유추적 표상과는 상당히 다른 것이다. 비록 우리가 이 세상의 비유적 요소를 언어의 분석적 형태로 변형시킬 수 있더라도, 그러한 변형은 결코 완벽하지 못할 것이다. 이러한 맥락에서, 몇몇 학자들은 우반구가 이 세상을 좀 더 있는 그대로 온전히 볼 수 있다고 간주한다. 좌반구는 이 세상을 마음속에 정의되어 있는, 종종 사회적으로 구성된 정보의 단위에 맞추어 축소시켜야 하기 때문이다.

이러한 차이의 발달적 기원은 유아기 때로 거슬러 올라간다. 우반구는 "모성어"의 운율적인 측면에 우세하고, 수용적이며 자기 조절적인 활동에 더 관여하는 듯하다. 반면 좌반구는 오른손을 통해 적극적이고 자기주장적인 의사소통과 관련이 있다. 이는 좀 더 외부 지향적이고, 접근적/적극적인 운동 활동이다.[43] 누군가는 여기서 단순하지만 유용한 일반화, 즉 좌반구는 외부에 초점을 둔 주의와 활동에 의해 동기화되며, 우반구는 내적인 주의와 활동에 의해 동기화된다는 제안을 할 수 있을 것이다. 이러한 관점에서, 우측 모드는 내성감각과 자전적 회상에 특화되어 있다. 우리의 내면성은 우측 모드의 전문성이다. 좌반구는 이 과정에 기여할까? 물론 그러하지만, 내적인 삶은 우측 모드에서 좀 더 우세하다. 신피질 표상은 사고 및 기억 과정의 지각(입력)과 행동(출력) 사이에서 나타나기 때문에, **이러한 동기적 요소에서의 핵심적인 비대칭성은 각 반구가 서로 다른 복잡한 표상 능력을 발달시키는 데 편중을 가져왔을 것이다.** 좌반구는 세계 속 대상의 의미적 기억 표상을 다루는데, 이렇게 구별된 정보의 분획화를 통해 다른 사람들을 조종하거나 소통할 수 있다. 우반구는 자신과 타인들의 마음의 내적 세계로서, 사회적 인지 및 일화 기억 내 기억 표상의 주요 주체이다. "마음 이론" 또는 "마음보기" 능력 또한 우반구 표상에 기반하게 된다. 의도, 신념, 태도, 지각, 기억 및 감정은 정보의 분석적 단위로 변형되기가 쉽지 않아, 비유적 형태로 표상된다.

편재성에 대한 연구는 피험자들이 적고, 그로 인해 관련 결과를 지지할 자료도 적은 편이지만, 다음과 같은 결과들이 시사되었다. 우반구는 패턴 인식의 중심으로 작동하며 입력된 자극의 게슈탈트와 맥락을 처리 과정의 연합 모드를 통해 평가한다. 반면 좌반구는 실재의 구체성에 기반한 표상을 구성하기 위해서, 논리적이고 분석적인 처리 과정을 사용한다. 이러한 처리 과정의 차이점 때문에 우반구와 좌반구의 차이는 흔히 직관 대

논리, 맥락 대 문자, 단어의 의미에 대한 다의적 대 단의적 차원으로 요약되곤 했다.[44]

가자니가Gazzaniga와 동료들은 좌반구가 사건에 대한 인과적 설명을 탐색하고, 제한된 정보에 기반한 결론에 이르는 "삼단논법" 추리를 담당한다고 제안하였다.[45] 우반구는 설명하려는 동기가 부족하지만, 대신에 "사물을 거의 변형시키지 않고 있는 그대로" 본다.[46] 가자니가Gazzaniga는 "해석자the interpreter"라는 용어를 통해서, 좌반구가 제한된 정보 내에서 인과관계를 설명하기 위해 논리를 사용하는 과정을 기술하고자 하였다. 예를 들어, 뇌가 분할된 환자의 좌반구는 지각된 것을 설명하기 위해서 비현실적인 이야기를 엮어내곤 한다. 가자니가Gazzaniga와 동료들에 따르면, 이러한 내러티브는 상당히 제한된 자료에 직면했을 때조차도 설명을 해내고자 하는 해석자의 욕구에 의한 것으로 볼 수 있다. 일반적인 상황에서는 삼단논법 추리를 통해서 사물이 어떻게 기능하고, 세상이 왜 그런지 설명할 수 있다. 즉, 좌반구는 사건을 설명하고자 시도하는 인지 장치의 핵심이며, 가자니가Gazzaniga의 관점에서 내러티브 사고가 주된 동기이다. 나중에 우반구의 처리 과정을 포함, 자전적 내러티브 및 애착 양식에 영향을 주는 "해석자interpreter" 개념을 다시 다룰 것이다.

일부 학자들은 이러한 이분법을 덜 일반적인 철학적 개념으로 확장했는데, 예를 들어, 우반구는 동양적, 좌반구는 서양의 철학적 사고의 기원이라는 것이다. 정신분석 측면에서는 우반구가 "무의식", 좌반구는 "의식"의 기원이라고 제안하기도 했었다.[47] 이러한 관점들은 사실 유용할 수도 있고, 어떤 면에서는 진실을 반영할 수도 있지만, 이를 무비판적으로 받아들인다면 주관적 경험을 이해하는 과학적 결과를 좀 더 세심하게 적용시키는 데 어려움을 겪을 수도 있을 것이다. 가장 대표적인 예는 감정에도 이러한 편재성을 무비판적으로 일반화시키는 것이다.

비대칭성과 감정

대중적인 심리학 문헌에서 가장 흔하게(그리고 단순화되어) 찾아볼 수 있는 개념은 직관적이고 비언어적인 우반구가 모든 정서의 근원이라는 것이다. 만약 이러한 개념을 있는 그대로 받아들인다면, 양 반구의 모든 내적 처리 과정을 통해 이루어지는 다양한 감정 반응을 분석할 여지가 없어진다. 감정은 뇌의 양측에 존재한다. 감정에 관한 연구에 따르면, 주의와 지각에서부터 기억과 도덕적 추론에 이르기까지 모든 인지과정에 감정이 깊은 영향을 미친다.[48] 감정의 속성 및 편재성에 대한 과학적 자료를 검토하다 보면, 흥미로운 정보를 얻을 수 있을 뿐 아니라, 더 나아가 마음의 발달을 이해하는 데도 도움이 된다.

> 감정은 뇌의 양측에 존재한다.

감정과 대뇌 전문화에 대한 여러 연구들에 따르면, 우반구는 타인의 사회적, 정서적 단서를 해석하고, 자신의 정서를 표현하는 데 주된 역할을 한다고 알려져 있다. 예를 들어, 우반구에 의해 주로 통제되는 왼쪽 얼굴은 오른쪽 얼굴에 비해 감정을 더 많이 표현한다.[49] 우반구 손상이 있는 환자를 대상으로 한 연구에 따르면, 주의 기제는 우측 전전두 피질에 기반하는 것으로 보인다.[50] 감정 반응의 두 번째 단계이자, 가장 핵심적인 과정인 평가와 각성은 뇌를 각성시켜서 중요하다고 분류된 자극에 좀 더 주의를 기울이도록 한다. 해부학적으로 우반구는 좌반구에 비해 뉴런의 상호연결 밀도가 좀 더 높다. 앞서 언급했듯이, 특히 흥미로운 부분은 우반구가 전체 몸에 대한 통합된 체지각 표상을 더 많이 가지고 있는 것으로, 팔이나 다리의 자세뿐 아니라 수의근의 긴장 상태까지 포함한다. 더욱이, 신체 "지도", 즉 몸의 내장기관(심장, 폐, 장)으로부터 입력된 표상은 우측 뇌섬엽과 우측 중앙 전전두 피질에 존재한다. 이러한 결과들은 우반구가 우리 몸의 상태를 더 잘 지각한다고 볼 수 있다. 신체로부터 발생하는 신호는 변연계 평가뿐 아니라 피질의 주의 초점 통제 방식에도 영향을 미치므로, 어떤 것이 중요한지에 대한 "직감적 반응"이나 "심장에서 느껴지는 감각 heartfelt sense"을 느낄 수 있는 것은 사실상 우반구일 것이다.[51] 감정은 몸 상태 변화에 대한 우반구 표상에 의해 직접적으로 영향을 받는다. 우반구에서 본능적으로 표상화되는 내부 수용 감각은 좌반구 언어로 옮기기가 상당히 어렵다. 그러므로 "우반구 언어", 즉 비언어적 표상은 일차적인 감정 반응을 인식하고 표현하는 것보다 보다 더 직접적인 수단일 수 있다.

전전두 피질을 경유하는 우반구는 좌반구에 비해서 몸의 각성 상태를 조절하는 데 더 유능한 것으로 보인다.[52] 신체 감각이나 타인의 비언어적 감정 표현(특히 부정적일 때)은 우반구 처리 과정에 직접적인 영향을 미치는 요인으로, 이는 언어에 기반한 의식이 관여하기 전의 감정 상태와 밀접하게 관련되어 있을 수 있다.[53]

이렇게 볼 때, 우반구는 주의 조절 및 감정 경험을 구성하는 요소인 신체 입력 정보들의 등록에 좀 더 관여하며, 신체 반응의 통제 또한 주로 우측에서 담당할 것이다. 이러한 이유로 일차 감정, 예를 들면 초기 지향성, 평가, 각성에 기반을 둔 감정 상태는 좌반구보다 우반구에서 좀 더 즉각적으로 경험되기 쉽다. 하지만 평가 및 각성 회로와 같은 뇌의 가치 평가 부분은 두 반구 모두에 위치하고 있으므로, 뇌의 양측 모두가 의미와 감정 처리 과정에 관여한다고 봐야 할 것이다. 각 반구가 신경 활성화에 영향받는 방식, 즉 일차 감정의 본질은 각 반구에 고유한 표상 과정에 의하여 상당히 다를 수 있다.

감정과 양측성에 대한 연구들은 여러 가지 다른 이론적 모델을 제시해 왔지만, 현재로서는 감정이 비대칭적으로 처리되는지에 대한 명확한 입장은 존재하지 않는다. 그중 한 가지 관점은 감정 강도에 기반한 것으로,

우반구는 좌반구에 비해서 더 강렬한 감정을 산출하고 경험할 수 있다고 본다. 강렬한 기쁨에서 분노에 이르는 높은 각성 상태는 종종 우반구의 산물로 여겨지지만, 현재까지 이러한 생각을 분명히 지지하는 자료는 없다. 아마도 "강도"라는 개념이 잘 정의되지 못했거나, 각성이나 활성화 수준을 뇌의 한쪽에만 제한시키지 못했을 수 있다. 대신에 우리는 "감정 경험"의 파동이 우반구에서 좀 더 다양하다고 제안할 수 있는데, 좌반구에 비해서 우반구에서 더 자발적이고 넓은 범위의 내적 느낌을 가질 수 있을 것이다. 긍정적 성향의 정서 상태와 좀 더 조절된, 약간의 관심을 유지하는 평온한 상태는 좌반구 영역의 정서 경험으로 여겨진다.[54]

기분 좋은 정도, 유인가에 기반을 둔 감정과 비대칭성 모델은 뇌 영상 연구에서 엇갈리는 결과를 보였다. 논란이 있기는 하지만, 부정적이고 불쾌한 정서는 우반구의 산물로서 우반구에서 더 잘 인식된다고 생각된다.[55] 예를 들어, 우반구 기능이 과활성된 환자는 강렬한 슬픔 또는 분노, 불안을 경험할 것이며 타인의 부정적 정서 표현을 더 잘 인식할 것이다. 그 반대로, 좌반구가 과활성화되면 행복과 만족감을 느낄 수 있다. 이러한 연구를 대중적으로 확장시키면, 우반구는 비관적이며 좌반구는 낙관적이라 할 것이다. 이러한 구분에 대해서는 논란이 분분한데, 연구 결과에 따르면 단순히 뇌 한쪽이 활성화된다기보다는, 피질-변연계 배측과 복측 경로가 비대칭적으로 억제된다고 제안되기 때문이다.[56] 예를 들어 알파노Alfano와 시미노Cimino는 다음과 같이 말한 바 있다.

> 감정의 지각/식별의 비대칭성에 대한 여러 증가는 기분의 유인가 모형Valence model과 일관적이지 않으므로 어느 정도 조정될 필요가 있다… 하지만 감정 자극의 지각에 있어서 이들 비대칭적인 유인가 효과에 깔린 메커니즘에 대해서는 아직 알려지지 않았다. 정서적 편향이 지속되면, 이는 결국 그 개인이 환경 내 자극을 평가하는 데 영향을 미칠 것이다. 정서적 경험과

표현과 같이, 감정적 자극의 지각이나 회상조차도 뇌 반구의 앞쪽(혹은 그 외) 영역에서 구별되어 영향을 받을 것이다.[57]

앞으로의 연구들은 감정이 뇌에서 처리되는 비대칭적 과정에 각성, 유인가, 지각, 표현, 기억 등의 다양한 측면들이 어떻게 각각 기여하는지를 밝히는 것이 필요할 것이다.

더욱이, 각 반구들은 반대쪽의 억제에도 관여한다. 예를 들어 우측의 부정적 정서를 설명해왔던 뇌 손상 연구들은, 실제로는 손상된 반구 반대쪽의 내재되었던 감정의 분출을 보여주는 것인지도 모른다. 이는 사실상 매우 복잡한 문제이다.

그럼에도 불구하고, 접근approach 행동을 만드는 감정은 좌뇌에서, 회피나 철수를 만드는 감정은 우뇌에서 처리된다고 어느 정도 합의가 이루어졌다.[58] 이러한 비대칭성의 측면은 전두엽 영역에서 가장 증거가 많은 편이다. 그러한 구별은 상충되게 보이는 결과들의 본질을 밝히는 데 도움이 된다. 예를 들어, 많은 사람이 "부정적"이라고 간주하는 감정적 분노 상태에서, 유인가 가정에 따르면, 분노 상태의 마음은 우측 반구의 활성화와 관련되어 있다고 예상할 것이다. 그러나 하먼 존스Harmen-Jones와 동료들은 다음처럼 언급한다.

> 접근 행동을 나타내는 감정은 좌뇌에서, 회피와 철수를 만들어내는 감정은 우뇌에서 처리된다는 데에는 어느 정도 합의가 이루어졌다.

몇몇 연구에 따르면 분노는 상대적으로 큰 좌뇌 활성화와 관련되어 있다. 게다가, 분노의 접근 동기의 조작적 증가는 좌뇌 전두엽의 상대적 활성화를 더 크게 만든다. 이러한 결과들은 상대적으로 큰 좌뇌 전두엽 활동이 접근 동기와 관련되었고, 긍정적인 정서의 유인가와는 관련되어 있지 않다는 것을 뒷받침한다.[59]

우리가 무언가, 혹은 누군가로부터 물러나기보다는 접근할 때, 좌측 전두엽 영역의 접근 상태를 활용할 것이다.

우리의 직관에 반하는 또 다른 예는, 마음챙김 명상 연구 참여자들로부터 중요한 "좌측 이동left shift"이 나타난다는 것이다. 마음챙김 자각은 지금-여기서의 경험의 감각적이고 비언어적 측면에 몰입하는 것으로, "우측 반구 활동"으로 여겨져 왔다. 그러나 실제로 정신 훈련은 그 사람을 자극으로부터 회피시키기보다는 흥미로운 자극에 접근할 수 있도록 만든다.[60] 이렇게 증가된 좌측 전두엽 활성화(또한 연관된 면역 기능의 증강)는 정보 처리와 같이 다른 좌반구 우세 기능들이 마음챙김 자각과 더불어 증가한다는 뜻은 아니다. 그보다, 마음챙김은 순간순간의 현재 경험에 머무르는 능력을 향상시키고, 이를 통해 삶의 도전을 회피하기보다는 이에 충분히 접근할 수 있도록 도와준다. 이러한 연구는 좌반구와 우반구 모두 특정 영약에 전문화된 여러 수준의 처리 과정을 수반한다는 점을 상기시켜 준다. 우리가 삶의 다양한 과제를 다룰 때, 뇌 양쪽의 서로 다른 영역을 사용하는 것은 빈번한 일이다. 이러한 관점은 동기적 요소가 태내 발달에서부터 비대칭적이며, 각 반구의 가치 체계가 경험 및 발달을 특정 방향으로 이끈다는 견해를 지지한다.

또 다른 관점은 "사회적" 감정과 "기본" 감정을 구분하는 것이다.[61] 사회적 감정은 좌반구의 기능으로써, 사회적 상황에서의 요구를 충족시키기 위해 감정적 상황을 적응시키는 것이다. 이 모델에서, 기본 감정은 일차적 감정과 범주적 감정을 포함하는데, 이는 5장에서 기술된 바 있다. 이러한 기본 감정은 내적, 혹은 외적 사건에 대한 가치에 기반한 반응으로 우반구의 산물이라 생각된다. 상기 관점에서 슬픔, 분노, 두려움, 혐오감, 놀람, 흥미/흥분, 즐거움/기쁨, 수치심은 모두 우반구 처리 과정의 일부이다. 사회적 상황에서 어떤 감정을 어떻게 표현해야 하는지에 관한 표현 규칙은 문화적으로 전수되는데,[62] 이는 정서 표현의 사회적 적합성을 결정하며 아마도 좌반구에 의해 매개될 것이다. 이러한 관점은 좌반구의 주의 초점은 태생적으로 바깥을 향하는 경향이 있는 반면, 우반구는 내적, 주관적인 경험을 반영하는 경향이 있다는 이전부터의 입장들과 일치한다.[63] 자발적인 운동 반응 및 정서적 신호를 통한 내적 상태의 직접적인 표현들은 우반구의 산물이다. 이 모델에서, 좀 더 엄밀하게 통제된, 반복적인 사회적 표현 규칙의 산출은 좌반구의 산물로 좌반구는 하안면부를 사회적이고 의도적인 감정을 표현하도록 통제한다. 반대로 우반구는 상안면부의 표현을 조절하여 좀 더 자발적이고, "진정한" 내적 상태를 직접적으로 반영한다.[64]

의식과 편재성

비록 많은 저서들이 우반구를 "무의식의 자리"로 칭해왔지만, **각 반구는 고유의 의식적, 무의식적 과정을 모두 포함하고 있다.** 양 반구는 종종 상당히 다른 독립적인 방식으로 기능하지만, 또한 기능적으로 통합되는 때도 있다. 전반적으로 의식은 좌반구와 우반구에서 질적으로 다를 수 있는데, 외측 전전두엽이 담당하는 작업 기억의 연결과 40-Hz 시상-피질 스위핑sweeping 과정은 각 반구의 특징적인 표상을 동원할 수 있게 한다. 의식적 경험의 기저를 이루는 이러한 연합 과정은 뇌의 양 반구에서 상당히 다르다. 그러므로 의식 수준에서 우뇌형과 좌뇌형을 제안해 보는 것이 합리적이다. 두 반구는 "상위 시스템supersystem"으로 포괄될 수 있고, 이 단계에서 의식은 양 반구의 연결을 통해 다양한 신경세포 군집을 구성함으로써, 양 반구를 아우르는 의식형태를 이끌어낸다. 우리는 이러한 의식 형태를 "반구 간 공명"이라고 부른다.

좌반구는 논리적, 언어적, 선형적 처리 과정의 중심이다. (당신은 좌반구의 도움으로 바로 전 문장들의 모든 "ㄱ"받침을 명시적 기억을 통해 알아차릴 수 있다. 혹자는 좌반구가 상당히 글자 그대로의 측면에 치중한다고 말한다.) 좌반구의 처리 과정은 하나의 표상이 다른 것을, 그리고 또 다른 것을 이끌어내는 것처럼 순차적이다. 이는 우뇌의 병렬적 처리 과정에 비해 선천적으로 느리다. 좌반구에서 일어나는 의식적 표상의 가장 기본 형태는 단어이며, 언어적 표상으로 가득 찬 우리의 사고는 좌반구의 의식을 형성한다. 우리가 "생각"이라고 부르는 것은 흔히 좌반구의 의식적 언어적 처리 과정을 의미한다. 의식적 감각 및 이미지를 알아채는 것은 우반구가 관여하는데, 우리가 그것들을 이름 붙일 때는 양 반구의 표상적 흐름을 통해 왼쪽의 언어적 중추를 사용한다.

주목할 만한 것은, **좌반구는 타인의 비언어적, 사회적, 정서적 단서를 파악하는 데는 능숙하지 않다는 점이다.** 표정 인식을 담당하는 곳은 우반구이다. 이로 인해 우반구의 "현실", 즉 우반구가 표상화한 세계는 타인의 내적 상태로부터 얻은 정보를 포함하고 있다.[65] 우반구의 언어는 비언어적인 감각이나 이미지의 형태를 가진다. 요약하자면, 우반구가 "더 정서적"이라는 일반적 인식은 지나친 단순화이다. 그보다는 우반구의 정서적 경험은 타인(우리 서로 간의 마음)과 "자신"(우리 안의 마음)의 내적 경험에 보다 더 조율되어 있다고 말하는 것이 정확할 것이다. 우반구의 비언어적 표상은 정서의 본질에 관여하는 반면, 좌반구는 세상에 대해 그러한 비언어적, 비논리적인 관점을 의식하거나 구성할 수 있는 타고난 능력이 거의 없다. 만약 좌반구가 "자신"의 표상적 관점을 단지 피부로 둘러싸인 신체로 한정한다면, 그것은 좌측 모드로 구성된 현실에서 우리가 볼 수 있는 것들도 그러한 관점 아래 놓일 것이다. 그러나 좌반구는 사회적 표현 규칙을 중재하고, 복잡한 사회적 상황도 어느 정도 평가가 가능하다.[66] 이와 같이, 독립된 자기는 사회적 관계의 세계로 깊숙이 들어가는 것처럼 보인다. 디폴트 모드 과정에서 나타나는 것으로 보이는 포모FOMO(fear of missing out, 유기 공포)는 우리가 "자신"에 대해서 내적으로 어떻게 느끼는지(우뇌)를 알기 위해 타인들의 삶을 보면서(좌뇌) 비교하는 과정으로 좌뇌와 우뇌 모두가 관여한다. 남들과 우리를 비교하는 기본 모드 신경망의 경향과 관련된, 스스로 부적절하다고 느끼는 감정에 포비FOBI(Feeling of being inadequate, 부적절감)라는 또 다른 약어를 만들 수도 있다. 우리는 좌뇌와 우뇌 양측에서 올라오는 강렬한 감정을 느낀다. 그 긴급한 감정적 경험은 다음과 같은 질문들과 연결되어 있다. "내가 적절한가?" "내가 여기 속해 있는가?" "내가 충분한가?" 감정적 과정은 양 반구의 근본적인 부분으로 뇌의 어떤 한 반구나, 영역에 국한되지 않는다. 포모FOMO나 포비FOBI는 양측성의 사건이다. 우리는 대뇌 양측 반구들을 통해서 감정적일 수 있다. 우리는 또한 뇌의 두 반구와 함께여야 창조적일 수 있다. 주요 감정 상태를 지각하고, 그것들을 의식하고, 창조적으로 반영하고, 다른 사람들에게 그것을 직접적으로 표현하는 우리의 능력은 반구 간 경험하는 감정의 질적인 차이를 밝혀줄 것이다. 궁극적으로 우리는 전체로서의 삶을 살기 위해 우리 뇌 전부를 필요로 한다.

애착, 편재성, 표상 과정

감정은 근본적으로 양 반구의 평가-각성 기제와 관련되기 때문에, 지각에서부터 합리적 의사 결정에 이르는 인지의 모든 측면에 영향을 미친다. 앞서 봤듯이, 초기 애착 경험은 다양한 기본 처리 과정에 직접적인 영향을 미치는데, 여기에는 기억, 내러티브, 정서 조절, 인간관계 행동 등이 포함된다. 연구들에 따르면, 좌반구와 우반구는 정서 반응의 각기 다른 측면을 경험할 수 있다고 한다. 그렇다면 친밀한 정서의 조율, 즉 아동과 주양육자의 마음이 공명을 이루는 상태는 어떻게 두 반구에 각기 고유한 방식으로 영향을 미치는 것일까? 여기서 제안하는 바는 애착 관계 유형의 차이는, 부모의 한쪽 반구와 아동의 같은 반구 간 의사소통 방식에서의 차이로 어느 정도 이해될 수 있다는 것이다. 위 생각의 이론적 근거로 좀 더 성숙한 어른의 마음 상태가 아동에게서도 유사한 정신 과정을 동원하는 경향을 들 수 있다. 이러한 과정이 발달 초기의 결정적 시기에 반복되면, 이렇게 공유된 상태가 아동의 하나의 특성으로 자리 잡을 수 있을 것이다.

부모 자녀 관계가 아동 뇌의 비대칭적 발달에 관여한다는 증거는 무엇일까? 제럴딘 도슨Geraldine Dawson과 동료들, 티파니 필드Tiffany Field와 동료들, 그리고 그 외 연구자들은 기쁨이나 흥분과 같은 긍정적 정서에 관여하는 좌반구 기능이 어머니의 우울 같은 경우에는 특히 취약해진다고 보고했다.[67] 다른 연구들은 반대로, 이러한 변화를 유발하는 것은 어머니의 우울 자체가 아닐 것이라고 하거나,[68] 산전 우울증의 영향 가능성을 지적하거나, 적어도 출생 전 태아의 조절 회로의 전형적인 발달상의 변화와 관련되어 이후의 정서적 어려움의 소인이 연관될 것이라고 본다.[69]

지속적으로 우울증을 겪고 있는 어머니와 아동 간 관계에 대한 뇌파검사EEG연구에서, 어머니와 아동 모두 좌반구 기능이 감소하고, 상대적으로 우반구가 활성화된 것으로 나타났다. 어머니의 우울증이 1년 이상 지속된 경우, 아동은 좌반구 활성화에 있어 향후로도 장기적인 손상을 입을 가능성이 높았다. 우울한 어머니는 정서 조율 능력이 감소할 뿐만 아니라, 흥분이나 관심, 즐거움과 같은 긍정적인 느낌으로 고조된 상태 간의 공명을 공유하는 능력도 감소한다.[70] 이런 관점에서, 우반구는 공포, 슬픔, 분노와 같은 부정적인 정서에 관여한다. 전반적으로 이러한 결과들은 감정의 비대칭성에 대한 유인가 기반의 관점, 즉 비대칭성의 정서 경험의 쾌/불쾌 정도를 결정한다는 입장에 서 있다. 흥미롭게도, 우울한 어머니가 유아에게 지속적인 모유 수유를 한 경우 이러한 뇌 기능 저하가 발견되지 않았는데, 연구자들에 따르면 이러한 긍정적인 상호작용이 어머니의 우울증으로 인한 부정적인 영향을 부분적으로 완화시켰을 것으로 생각된다.[71]

생애 초기의 부모-자녀 의사소통 방식이 뇌 기능의 편재화에 직접적인 영향을 준다는 연구들도 있다. 뉴먼Newman, 바벨리어Bavelier와 동료들은 수화(청력이 손상된 사람들이 의사소통하기 위해 신호들을 시각적으로 제시하는 것)를 언제 학습했는지에 따라, 이를 담당하는 뇌의 영역이 달라진다고 하였다.[72] 예를 들어, 선천적인 청각 장애인은 수화를 할 때, 보통 구어에 관여하는 좌반구를 사용하며, 우반구 관련 영역도 추가적으로 이용한다. 뉴먼Newman과 동료들은 청각 장애가 있는 부모를 둔 청력에 이상이 없는 아동들, 즉 수화를 첫 번째 "언어"로 배운 아동들과 수화를 나이 들어 배운 일반인들과 비교하였다. 그 결과, 생의 초기에 수화로 의사소통하는 법을 배운 사람들의 경우, 일반적으로 구어를 담당하는 좌반구가 수화의 기능 역시 포괄하였다. 하지만, 청소년기 이후에 수화를 배운 성인들의 경우에는 좌반구가 수화의 역할을 포괄하지 않았다. 초기에 수화를 사용한 사람들만이 뇌의 두 반구를 모두 관여시키는 것이다.[73]

수화에 능숙한 부모에게서 양육된 청각 장애 아동과 수화에 익숙하지 않은 부모로부터 길러진 청각 장애 아동을 비교한 연구에서도 중요한 발달적 특성이 발견되었는데, 수화를 정교하게 사용할 수 있는 부모에게서 양육된 아동만이 정신적 용어로 생각할 수 있는 능력(마음을 인식하거나 마음 이론theory of mind을 갖게 되는)을 발달시키는 것으로 나타났다. 이 결과가 시사하는 바는, 아동이 뇌의 정신화 네트워크를 아우르는 이 중요한 마음보기 능력을 발달시키기 위해서는 느낌, 생각, 기억 등에 초점을 맞추는 마음 상태 언어를 사용하여 내적인 정신적 삶에 대해 소통하는 경험이 필요하다는 것이다.[74]

이 연구들에 따르면 뇌는 신경 회로를 변화시킴으로써 경험에 반응하는데, 입력된 자극에 따라 대체 가능한 감각 모드에 신경 회로를 동원할 수 있다. 아울러 그 자극에 언제 노출되었는가의 문제는 뇌가 얼마나 "가소성 있게" 회로를 적응시킬 수 있는지에 직접적으로 영향을 준다. 더 나아가 우리는 정보 처리의 사회적 속성, 즉 대인 간 의사소통 과정의 형식이 뇌의 분화에 중요한 결정 요소임을 제안할 수 있다. 이는 생의 초기에는 언어가 매개되는 방식이 시각적이거나, 청각적이거나와 관계없이 비슷한 뇌 영역이 언어 처리 과정을 담당할 것임을 뒷받침한다. 의사소통의 비언어적 측면에 관여하는 감정적 의사소통 또한 경험 의존적인 발달 과정을 통해 뇌의 편재화의 발달 과정에 직접적으로 영향을 미칠 수 있을까? 이에 대해서 추후 연구가 이루어져야 할 것이다.

> 뇌는 신경 회로를 변화시킴으로써 경험에 반응한다.

우반구의 활동 및 발달은 생애 첫 3년간 우세하다.[75] 이 시기에 심각한 정서적 박탈을 경험한 아동은 뇌량의 연결 섬유가 감소하면서, 좌반구와 우반구 연결의 구조적 요소를 발달시키지 못할 가능성이 높아진다.[76] 이러한 신경 통합의 손상에 대한 취약성은 자녀와 양육자 간 연결 및 의사소통에 핵심적인 정서적 조율의 결과로 여겨진다. 관계적 통합은 신경적 통합의 성장을 자극한다. 아울러 이는 활력 정서를 가져오는 일차 감정이 통합적 신경 기능과 밀접한 관련을 맺고 있다는 생각도 지지한다. 그러므로 각 반구의 기능적 특성, 특히 정서 조절 및 사회적 의사소통과 연관된 우반구의 특성을 탐색한다면, 서로 다른 애착 경험을 가진 사람들 간의 차이를 이해할 수 있을 것이다.

이러한 주제들은 뇌의 발달이 활발할수록 경험의 시기 적절성이 뇌에 큰 영향을 줄 것이라는 점을 떠올리게 한다.[77] 최적일 수도 혹은 충격적일 수도 있기에 경험의 시기에 따라 기회를 최대화할 수도 있고, 취약성을 극대화할 수도 있다. 로버트 대처Robert Thatcher와 동료들에 따르면 어린 시절 동안 뇌는 발달 단계의 주기를 겪는데, 한 반구씩 차례로 성장과 발달의 활성화 상태로 진입한다.[78] 임상가와 연구자들은 이러한 압도적인 경험이 뇌성숙의 타고난 진동성과 맞물리면 발달상 차이가 초래될 수도 있다는 가능성을 인식하는 것이 필요할 것이다.

만약, 아동이 출생 후 3년간 양육자와 인간관계에 관련된 우반구 공명을 거의 하지 못했다면, 우반구뿐 아니라 우반구와 좌반구의 연결 또한 발달이 저해될 수 있다. 이러한 아동들의 우반구에서 일어나는 "경험 의존적 성숙experience-dependent maturation"에서 비언어적 의사소통 및 얼굴 표현, 어조의 미묘함, 감정의 조율 등은 모두 거의 나타나지 못할 것이다. 이들은 초기 발달 동안뿐 아니라 성인기에도 우뇌의 경험적인 자양분이 되는 것들이다. 부모의 애착 유형은 우반구의 정서 조율에 직접적인 영향을 미칠 수 있는데, 이를테면 자신의 애착 유형에 따라 특정 감정을 선택적으로 강화하고, 다른 감정들은 비조율함으로써 무시하기도 한다.[79] 위에서 언급한 연구들은, 통합적인 의사소통이 서로 분화되어 있는 유아와 양육자의 자기를 연결할 수 있고, 뇌의 연결 섬유의 성장 또한 촉진할 수 있다는 관점을 지지한다. 이러한 신경 회로들은 신체 내 분화된 신경 영역들을 연결할 뿐 아니라, 각각 다른 사람들을 서로에게 연결시킨다. 이는 조절 과정으로서, 체화되고 연결된 세계 속에서 아동의 기능이 균형을 이뤄 조절되도록 도와준다. 우반구, 특히 중앙 전전두 영역은 사회적, 신체적, 뇌간, 변연계, 그리고 피질을 전체적으로 하나로 기능하도록 하기 때문에, 우리 삶의 통합과 조절에 중요한 역할을 한다.

포나기Fonagy와 동료들은 어떤 애착 관계는 "마음 이론" 형식의 정보 처리에 관여하는 요소들의 발달을 강화시키지 않는다는 것을 발견하였다.[80] 이러한 결과는 애착이 편재화 효과를 가진다는 관점을 지지한다고 볼 수 있다. 한 사람이 다른 사람의 마음을 "정신화mentalize"하거나 표상화하는 것을 "반영적 기능"이라고 보는데, 이러한 기능은 주로 우반구에 의해 매개되는 처리 과정이다. 캐리건Carrigon과 베일리Bailey는 40개의 마음 이론 연구를 메타 분석한 후, 보통 신경 영역의 핵심 네트워크로서의 주된 역할은 우반구에서 우세하다고 제안하였다.[81] 반영적 기능은 자기 인식 및 자기 및 타인과 함께하는 자기에 대한 정보 처리의 토대로써, 전전두 영역의 인접 부위에 의해 매개된다. 우반구의 사회적 정서 처리 과정은 얼굴의 정서 표현 인식, 타인 마음에 대한 인지적 표상, 자기-타인 관계 표상, 타인의 정신 상태에 반응하는 능력 등을 모두 매개한다고 제안된다.[82] 이러한 과정들을 하나의 일관된 반영적 기능으로 통합하기 위해서는 우반구와 과반구 처리 과정 간 협응이 잘 발달되어야 한다. 포나기Fonagy와 동료들의 애착 연구에 따르면, 초기 양육자와 아동 간 인간관계 경험이 이러한 반영적 능력의 발달을 촉진시키거나, 손상시킬 수도 있다.[83]

성인애착면접AAI에서 불안정 애착으로 나타난 성인들의 경우, 반구의 통합이 이루어진 마음의 구조가 달성되지 못하는 경우가 많다. 이처럼 제한된 마음의 성인이 부모가 된 경우, 아동과 공명을 할 수 있는 능력도 손상될 수 있다. 예를 들면 부모는 각 반구의 활동을 강화시켜주지 못하거나, 아동이 반구 사이 통합을 형성하도록 도와주는 데 어려움을 겪을 수 있다. 안정 애착 성인의 경우 성인애착면접에서 보고하는 일관성 있는 내러티브들은 그들의 "정신화"하는 우반구와 "해석"하는 좌반구 기능이 잘 협응하고 있음을 보여준다. 우리는 우반구와 좌반구의 표상적 과정과 동기적 상태의 통합이 어떻게 "양 반구적 일관성"을 만들고, 그것이 일관성 있는 삶의 자전적 내러티브에 드러나게 되는지 살펴볼 것이다. 마음이 이러한 과정들을 통합하고, 일관성을 획득하는 방식에 대해서는 9장에서 좀 더 자세히 살펴볼 것이다.

우반구는 고유의 비언어적 "언어"를 갖고 있는데, 이는 경험의 골자, 맥락, 또는 사회적 의미에 초점을 둔다. 좌반구가 제대로 성장하기 위해서 언어학적인 언어 자극에 노출되어야 하는 것처럼, 우반구가 올바르게 발달하기 위해서는 환경으로부터의 정서적 자극이 필요하다. 애착 연구에 따르면, 양육자와 유아 간 의사소통은 아동이 정보를 처리하는 방식을 배우는 데 직접적으로 영향을 준다. 에이트켄Aitken과 트레바르트덴Trevarthen은 다음과 같이 말한다.

> 인간의 인지 발달 및 병리는 태어나면서부터 타인의 동기에 관여하려는 아동 뇌의 매우 구체적인 동기에 의해 조절된다. 감정은 주의, 의도 및 학습으로 구성된 선천적 시스템으로, 사람들 간의 관계 내에서 조율될 수 있다.[84]

이처럼, 감정적 의사소통과 정서적 조율은 아동의 인지적 역량이 발달하는 매개체이다.

'0세부터 3세까지'라는 조기 발달 관련 학회의 표어는 "아동의 정신을 성장시키려면, 아이의 마음을 보살펴라"이다. 스탠리Stanley와 그린스판Greenspan, 브레젤튼T. berry Brazelton은 초기 감정적 관계가 다른 모든 표상 과정 발달의 초석이 된다고 제안함으로써 위의 관점을 지지하였다.[85] 에이트켄Aitken과 트레바르트덴Trevarthen 또한 아래와 같이 제안한 바 있다.

> 주관적 과정과 상호 주관적 과정은 서로를 조절한다. 초기 유아기에는 효율적이고, 의식적인 통제 하에서 대상을 조작하지 못하므로, 현실을 이해하고 학습하는 데 애정 어린 양육자와의 정서적 의사소통이 주요한 역할을 한

다… 신생아 뇌는 변화하기 시작하는 유기체로써 양육자의 자극에 상당히 반응적이라는 증거들이 충분히 누적되어 있다. 이러한 경험의 영향력은 신생아 뇌가 적응적인 가소성을 갖고 있을 뿐 아니라, 양육자의 표현 행동에 동기를 부여하는 상당히 정교하고 선택적인 체계가 존재함을 입증한다.[86]

다시 말하자면, 유아는 타인의 세계에 반응할 뿐 아니라 타인이 반응하는 방식에도 적극적인 역할을 미친다. 이는 신경 처리 과정이 다른 신경 경로의 발화를 선택적으로 활성화시키는 "동원recruitment"과정으로 생각되는데, 이 경우, 관계하는 타인의 뇌에서도 일어나는 것이다.

신경 회로가 활성화되면 상호 연결 고리를 만들어낸다는 점을 기억해 보자. 그 점을 기억한다면 회피 애착 아동들과 우반구가 잘 발달되도록 양육된 안정 애착 아동들 간에서 왜 삶의 경험들에 대한 의식, 일상에 대한 주관적 느낌 등이 그토록 다를 수밖에 없다는 것을 이해할 수 있을 것이다. 한번 신경 활성화 패턴이 자리를 잡게 되면, 미래에도 유사한 패턴을 동원하게 된다. 회피 애착 유형의 경우에는 양 반구 간 통합 기능이 부재할 수 있고, 이는 애착 관계 내 정서적 단절과 유사하다. 회피적인 어머니-자녀 쌍과 성인의 "묵살"과 관련된 마음 상태에 관한 연구들에 따르면, 애착 관계에서 이들은 비언어적 의사소통을 표현하거나 공유하기가 쉽지 않았다.[87] 이러한 상호 간 단절은 아동의 마음속에서도 되풀이되게 된다. 이렇게 하여, 하나의 반구는 뇌의 자율적인 하위 체계로 기능하기 시작한다. 극단적으로 보자면, 이런 사람들은 "상대가 나를 느끼고 있다는 느낌feeing felt" 같은 강렬한 정서나 다른 사람들의 마음의 내용보다는, 추상적인 사고 및 세상에 대한 지적인 관점을 공유하는 것을 보다 편하게 느낄 것이라고 예상할 수 있다. 그리고 시간이 흐를수록, 한쪽 반구의 상대적 우세함과 편재

> 감정적 의사소통과 정서적 조율은 아이의 인지 능력이 발달하는 데 매개체가 된다.

화된 정보 처리의 기능적인 고립은 그 개인이 살아가는 주관적 경험 속에서 점차 두드러지게 될 것이다.

유전, 사회적 성, 그리고 경험

이 책에서는 특정 애착 경험은 한쪽 모드의 처리 과정의 발달을 다른 쪽보다 강화시킴으로, 결과적으로 내적, 상호적인 정신적 삶을 가능하게 만드는 양 반구의 통합적 기능을 손상시킬 수 있다고 제안한다. 이러한 생각을 받아들이기에 앞서, 개인의 발달에서 선천적이고 비경험적인 요소들의 영향에 대해 알려진 것들을 좀 더 포괄적으로 살펴볼 필요가 있다. 예를 들어, 기존 연구들에 따르면 성별이 한 반구의 우세성을 결정짓는 데 큰 역할을 한다고 알려져 왔다.[88] 하지만, 일반적인 가정을 반박하는 연구들도 몇몇 있는데, 한 연구는 남성이 사회적 인지를 처리할 때, 여성에 비하여 우반구의 중앙 전전두 영역을 더 우선적으로 사용하는 것 같다고 보고하였다.[89] 성별에 관한 연구들을 너무 단순화하지 않도록 주의를 기울여야 하지만, 그럼에도 다양한 연구들은 평균적으로 여성이 남성이 비하여 언어 유창성, 발화 속도, 문법과 같은 언어 사용에서 더 뛰어나다고 여겨진다. 지각 속도나 손을 쓰는 일들의 정확성, 산술과 같은 과제에서도 여성들이 더 우수하다. 반면, 남성은 모양 맞추기, 토막 짜기, 심상 회전, 미로 찾기, 기계 조작 기술과 같이 공간적 속성의 과제를 더 잘 수행한다. 또한 남성은 여성보다, 수학적 추리, 움직이는 물체 잡기, (믿거나 말거나) 길 찾기에서 여성보다 우수하다. 이러한 차이점은 흥미로울 수 있는 경향을 보여주는데, 즉 여성이 전통적인 좌반구 처리 과정에서, 남성은 우반구 처리 과제에서 더 유능하다는 것이다. 그러나 실상, 애착에 대해서는 성별과 관계없이 동등하게 분포되어 있어, 남성과 여성 모두 공감적이고 민감한 보살핌을 필요로 하며, 이를 자녀 및 연인에게 제공할 수 있다.

태아 시기에 테스토스테론과 같은 호르몬에 노출되는 것은 반구 기능의 전문화에 직접적으로 영향을 미치는 요인 중 하나일 수 있으며, 이는 아동 성장에 따른 반구 간 초기 차이를 어느 정도 설명할 수 있다. 5장에서 언급했듯이, 테스토스테론 수치는 청소년기 뇌의 형성에도 영향을 미친다.[90] 기존 연구들은 편재화가 출생 전부터 발생한다는 것을 발견하고, 타고난 유전적 요인과 다른 구조적인 요인들(태내 조건으로 형성된)이 초기 두 반구 간 분화의 차이에 큰 역할을 한다는 것을 개념을 지지하였다.[91] 신생아가 성장하면서 뇌의 전문화가 지속되는데, 이때에는 경험이 각 반구가 어떻게 성장하고, 서로를 통합하는지를 배우는 데 직접적으로 영향을 준다. 반구 전문화에 있어서 사회화의 역할은 아직 명확히 밝혀지지 않았지만, 가족 및 보다 큰 문화권에서의 경험들은 아동의 뇌가 어떻게 발달하는지 있어 명확히 중요하다.[92] 일반적으로, 사회적 경험들은 신경 연결망을 형성할 뿐만 아니라 유전자의 발현을 후성적으로 조절한다.[93] 성별에 따라 다른 양육방식은 여러 문화권에서 나타나는데, 이는 선천적인 성차를 정교화 및 강화시키며, 뇌 발달에 있어 후성적 요인과 시냅스 연결에도 영향을 미칠 수 있다. 이러한 부분들은 추후 연구에서 밝혀 나가야 할 중요한 주제이다.

여성들이 정보 처리 시 양 반구를 좀 더 활용하는 경향이 있다는 것도 일반적인 견해 중 하나로, 예를 들면 여성의 경우 단어가 (보통) 좌반구뿐 아니라 우반구에도 표상되곤 한다. 이처럼 여성의 두 반구가 좀 더 통합된 기능을 보인다는 결과는, 남녀 간 많은 차이를 보여주는 해부학적 연구들이 뒷받침한다. 이 연구들에서 여성의 좌우 반구가 상호 접근성 및 유사성이 좀 더 높다는 개념이 지지받지만 입증된 것은 아니며[94] 모든 연구가 위의 관점을 지지하는 것은 아니기에 주의를 요한다. 남성과 여성은 두 집단으로서의 전반적 차이는 있지만, 개체로서는 상당히 유사하다.[95] 대뇌 혈류에 관한 연구들은 대체로 여성에 비해 남성의 기능이 더 비대칭적이라는 관점을 지지한다. 요약하자면, 여성이 남성에 비해서 "덜 편재화"되었다는 것인데, 그럼에도 남성과 여성 모두 좌반구와 우반구 간 해부학적 차이는 뚜렷하다.[96]

게다가, 가장 흔한 XX 여성 유전자형과 XY 남성 유전자형의 분류에도 불구하고, 남녀라는 속성의 범주 범위에 따라 뇌 발달의 차이 역시 범주 내 차이가 존재할 것이고, 전통적으로 오직 남녀라는 "이항" 방식의 범주화에 반하는 생물학적인 기반도 여기에 있다. 뇌는 "여성 상태"로 시작해서, 자궁 내 호르몬 노출 등의 수많은 변수로 남성화되어가기 때문에 뇌의 성별, 사회적 성을 판별할 때, 엄격한 남녀 두 그룹의 분류에는 잘 들어맞지 않는 경우가 많다. 앞선 연구들은 단순히 대상자들을 여성이나 남성 상태로 나누었고, 어떻게 개체들에서 범주 영역 내 변수들을 평가했는지는 알 수가 없다.

이러한 제한점들에도 불구하고 이들 이항 성별 연구들에서 남녀가 편재성에서 차이를 보이는 이유는 무엇일까? 제르 레비Jerre Levy는 남성의 편재화가 더 큰 이유는 사냥 시 요구되는 높은 수준의 시공간 능력을 보존하기 위해서라고 제안하였다. 여성의 경우, 자녀 양육을 위해서 내적인 상태를 소통할 수 있는 언어, 사회적 민감성과 비언어적 의사소통 능력 등 좀 더 양측화된 기능들이 필요했을 것이다.[97] 이러한 가설은 사회적 성 역할에 대한 인류학적 관점을 성별과 비대칭성 간의 관계 연구 결과에 통합시키는데, 즉 인류에게 어떠한 진화적 압력이 있었는지에 따라 뇌의 전문화 양상 또한 달라질 수 있었다는 것이다. 이는 개인의 경험이 어떻게 특정 기능을 "이끌어낼 수 있는가"가 초점이 아니다. 미래 세대에서 문화적 역할들이 진화해 감에 따라 인지에서의 사회적 성차도 바뀔 것이다.

하지만, 성별 간 편재성의 차이가 일관적이지 않음을 시사하는 연구들도 있다.[98] 남성의 테스토스테론과 여성의 에스트로겐 및 프로게스테론의 변화는 전 생애에 걸쳐서 정신적 과정과 행동적 상호작용이 발현되는 방식에 큰 역할을 한다. 코티솔 분비 증가와 관련된 스트레스 수치는 해마 기능을 억제하여 외현 기억을 통합하고, 학습 용량을 변경시키는 해마와 관련된 인지 기능에 영향을 줄 수 있다. 가장 간명한 관점은, 남녀가 그 어떤 호르몬적, 유전적 성차를 보이더라도, 이러한 차이는 인간이 발달 과정 내에서 보일 수 있는 다양한 결과 범위 안에 존재한다는 것이다. 선천적으로 높은 인간 뇌 가소성에 더불어, 아동이 성장하면서 겪는 다양한 경험과 기대들은 많은 자유와 유연성을 가능케 한다. 따라서 우리는 모든 아동이 남, 여, 혹은 이런 이분법이 아닌 어떤 분류에 속하든지, XX, XY 염색체에 갇힌 존재가 아닌, 우리가 기대하는 것만큼 풍부한 가능성을 지녔다고 생각한다.

뇌는 어떠한 이유로 남녀 모두에게서 유전적으로 오른쪽과 왼쪽이 다르게 계획되었을까? 우리는 왜 기능적으로 차별화된 두 반구를 갖게 되었을까? 이러한 질문에 대해서는 여러 추측성 답이 있는데, 그중 하나의 관점은 한 반구의 기능이 다른 반구 기능과 충돌할 수 있다는 것이다. 이는 "인지 혼합 가설cognitive crowding hypothesis"로서 두 반구가 동일한 기능을 한다면 경쟁이 일어나게 되고 결국 인지적 역기능이 초래될 수 있다는 관점이다.[99] 반면, 분리된 반구가 서로 다른 처리 과정을 가진다면, 각 반구의 기능이 보존될 수 있다. 결과적으로 양측 기능의 전문화를 발달시킨 유기체는 생존력이 증가하여, 이러한 특성을 후손에게 물려줄 수 있었을 것이다. 실제로 비대칭성은 여러 종에서 오랜 역사를 지니고 있다.[100]

경험은 어떻게 반구 전문화에 영향을 미치는가?

인간의 뇌는 우선 한 반구가 발달한 후, 다른 반구가 발달하는 발달적 단계를 거친다.[101] 앞서 설명했듯, 생애 첫 몇 해 동안은, 우반구가 더 활성화되어 있으며, 더 빠르게 성장한다. 처음 1년 이후 좌반구의 활동 및 발달이 우세해진다. 세 살이 끝날 무렵에는 뇌량을 통한 두 반구 간 정보 전달이 가능해진다. 마음의 발생은 부분적으로 이들 분리된 회로들의 활동과 회로 간 상호작용, 그리고 뇌와 신체와의 전체적인 상호작용을 통해 만들어진다. 이것이 체화된 뇌이다. 앞서 봤듯이, 내재적 동기 체계는 표상을 구성하는 신피질 능력이 발현되기 전부터도 존재한다. 아동의 마음이 발달하는 과정은 이미 해부학적으로 내재된 정보 처리 방식을 반영한다. 네 살이 넘으면, 아이들은 자신의 내면 상태와 욕구를 설명하기 위해 단어를 좀 더 능숙하게 사용할 수 있는데, 유치원에서는 이러한 능력의 발달을 활용하여, 아이들이 느끼고 원하는 바를 언어로 표현함으로써 또래와 상호작용할 수 있도록 돕는다. 이러한 과업의 성취는 두 반구의 협력이 필요하므로 더 어린 나이의 아동들에게서는 가능하지 않을 것이다.

신경학적인 손상을 입은 아동 및 성인 대상의 연구에 따르면, 뇌는 경험적 요구에 적응할 수 있다.[102] 예를 들어, 심각한 간질을 앓고 있어 전체 반구를 제거하는 수술을 받은 아동의 경우, 남아 있는 반구가 없어진 반구의 기능(예: 언어 기능)을 수행할 수 있는 것으로 나타났다. 하지만, 뇌졸중을 앓고 있는 성인의 뇌는 그다지 "가소성"이 없거나 전문화된 기능의 상실에 적응하지 못할 수도 있다.[103] 그렇지만 긴 재활 과정을 통해서, 경험은 필요한 이전 기능을 새로운 회로 안에서 창발시킬 수 있다. 시각과 같은 특정 감각 모드가 손상된 경우에도 동일한 현상이 나타나는데, 촉각과 같은 다른 감각 모드가 손상된 감각 모드에 전문화되어 있는 해부학적 영역

을 활용할 수도 있다.[104]

전문적인 음악가는 음악 공부를 통해 일반 청중과 다른 방식으로 뇌의 일부가 성장 및 발달하는 것으로 보인다. 몇몇 연구들에 따르면, 음악 관련 교육이나 정식 훈련받은 사람들은 음악을 경험할 때 좌반구의 언어 기반적, 분석적 모드가 특히 더 우세한 것으로 나타났는데, 이는 음의 길이, 반복 진행, 리듬 등에 대한 판단과 관련되는 듯하다. 반면, 우반구는 음조 기억, 주된 가락의 인식, 강약 관련 영역에서 더 우세한 것으로 나타났다. 하지만 다양한 형태의 음악 교육이 어떻게 뇌 조직화에 영향을 주는가 하는 문제는 복합적이므로, 이를 일반적인 편재화로 결론 내리기는 어려우며, 특히 발달적 나이를 고려한다면, 더욱 그러하다.[105] 음악과 뇌에 관해 이전에 검토된 한 가지 관점은 음악의 박자는 피질의 신경 영역과 신체를 적절히 연결시키고, 음악의 가락은 음악적 심상을 잡아내는 과정에서 친숙한 것들과 낯선 것들을 통합시키는 신피질의 예기 능력을 만들어낸다.[106]

특정 신경 경로가 반복적으로 활성화되면, 뉴런 집단 간 연결이 강화된다. 활성화되지 않은 뉴런 회로는 강화되지 않아 서서히 사라질 수 있다. 어떤 연구자들은 "기회의 창"이 있다고 제안하는데, 이것은 특정 기능 영역이 지속적으로 발달하려면, 그 기능의 활성화가 필수적인 시기가 있다는 것이다. 예를 들어, 새끼 고양이가 어떤 결정적 시기 동안 수평선을 경험하지 못하면, 시각 피질은 추후에도 그러한 정보를 처리할 수 있는 능력을 잃게 된다.[107] 생후 첫 몇 년 동안 음성 언어에 노출되지 못한 유아 또한 전형적인 언어 기능을 습득할 수 있는 능력을 잃을 수 있다.[108] 이와 유사하게, 늦어도 생후 3년 동안 애착 관계를 가져보지 못한 유아(애착을 형성할 만한 사람이 거의 없는 고아원에서 자란 경우)는 나중에도 애착을 형성하는 데 상당한 어려움을 겪을 수 있다.[109] 애착의 동기적 시스템, 즉 관련 회로와 발달적 잠재성이 미래의 성숙을 위해 준비된 가능성에 영향을 줄 수 있다.

초기 아동기 이후에 뇌는 얼마나 "가소성"이 있을까? 신경가소성 분야의 최근 연구 결과에 따르면, 인간의 뇌는 전 생애에 걸쳐 경험에 의한 변화가 가능하다. 뇌는 새로운 시냅스 연결 및 새로운 수초를 만들 수 있고, 심지어 뉴런의 줄기세포로부터 새로운 뉴런을 만들어내어 몇 주 안에 완전히 성숙된 통합 뉴런으로 발달할 수 있다.[110] 이러한 결과는 전 생애에 걸친 마음의 발달을 이해하는데 중요한 암시를 준다. 예를 들어, 특정 애착 경험이 정서 신호의 비언어적 측면을 처리하는 우반구와 두 반구의 비대칭적 과정을 조정하고 협응시키는 능력을 저해한다고 가정하면, 그러한 조건 아래에서 성장한 성인을 새로운 경험이 얼마나 변화시킬 수 있을까? 뇌 활동성의 기본 모드란 특정한 과제가 주어지지 않은 휴지기를 말하는데, 이런 기본 모드를 활용하면, 부적응적 애착 경험이 통합 기능을 손상시키는지 여부를 알아볼 수 있다. 통합 능력의 손상은 조울증, 조현병, 자폐증 대상 등 경험적으로 유도되지 않은 질환들의 일부 예비 연구들에서도 발견된 바 있어[111] 연구들은 병인과 관계없이 뇌 고유의 통합적 기능이 적절한 치료적 개입 후 향상되었는지의 결과를 조사한다. 연구 결과들은 신경학적 손상이 있는 경우일지라도 성인의 뇌에는 우리가 생각했던 것 이상의 가소성이 있다.[112] 갑자기 사지를 움직일 수 없게 되는 경우처럼, 환경으로부터 입력되는 자극이 변하면, 뇌 특정 영역의 표상화 과정도 재구조화될 수 있다는 것이다.

> 인간 뇌는 삶에 걸친 경험에 반응하여 항상 변화한다.

성인의 뇌가 좀 더 발달할 수 있다고 우리가 낙관하는 또 다른 이유는 일부 정신 장애가 종종 뇌의 양 반구에 걸친 전반적인 통합 기능의 손상에 기인한다는 것이다.[113] 이러한 손상은 상대적으로 독립된 처리 과정들을 연결시키는 연합 신경 경로를 발달시키는 데 실패한 결과로 여겨진다. 이는 지난 30년여 동안의 생각, 즉 정신 건강은 뇌 기능의 통합에서 생길 수 있고, 정신 장애는 이러한 통합의 문제라는 관점과 일관적이다. 임상적 평가에서 이러한 통합적 손상(경직되거나 혼란스러운 상태로 나타나는)을 명확히 하고, 통합의 촉진에 치료적 초점을 맞춰야 한다는 입장을 지지하는 증거들이 나와 있다.[114] 새로운 신경의 통합적 연결을 만드는 것은 성인기에도 학습 가능한 과정이다. 포스트Post와 바이스Weiss는 신경 체계의 발달에서 나타나는 창발성에 대해 다음과 같이 언급하였다.

> 시냅스 관계망은 지속적으로 재배열된다. 이러한 변화는 신경전달물질 및 수용체 하위 유형과 같은 미세 분자 단위뿐 아니라, 자신이나 타인과 같은 개체 및 먹이를 포함하는 환경 내 대상들을 연합하는 더 큰 통합 단위에서도 일어난다.[115]

우리 뇌는 어느 정도 지속적으로 재형성될 수 있는 능력을 갖고 있으며, 창발적 특성 덕분에 새로운 경험을 통해 배우고 성장할 수 있다.

예를 들어, 임상적 관찰에 따르면 일부 사람들은 성인기에도 우반구 고유의 능력을 활성화시킬 수 있는 능력이 남아 있다.[116] 이러한 비언어적 기능을 내적, 관계적 경험에 적극적으로 통합시키는 것은 주요한 과제가 될 수 있는 데, 특히 회피 애착의 역사를 가진 사람들에게 더 그러할 것이다. 다른 이들은 이런 변화를 경험하는 데 덜 유능하거나, 덜 적극적일 수도 있다. 한 가지 의문점은 뇌가 잘 발달하지 않거나, 적응적인 기능을 충분히 활용하지 않는 것들이 어떻게 통합 기능의 손상으로 이어지느냐 하는 문제이다. 예를 들어, 비언어적 표상에 내재되어 있는 정보는 정의하거나 예측하기 어렵고, 더 통제하기 어려운 속성을 갖고 있어서 어떤 사람들에게는 이러한 정보를 처리하는 것이 위협적일 수 있다. 종종 한쪽 반구가 우세한 면을 갖는 것은 방어적으로 적응한 기능일 수 있다. 이런 경우, 양반구적 기능을 향상시키기 위해서는 새로운 발달은 촉진시키고, 방어적인 회피 전략은 약화시키는 노력을 동시에 해야 할 것이다.

우반구 처리 과정이 의식 및 타인의 관여를 차단시키는 것은 아마도 불안감이나 통제 불능감에 대한 적응적인 "방어"일 수 있다. 좌반구처럼 세부 사항에 충실하고, 규칙적인, 하향식 처리 과정과 "안정적인" 감정 양식을 지향하는 것은, 불확실성과 지나치게 과도한 자극으로 가득 찬 세상에서 선호되는 정신적 체계일 것이다. 상당히 반응적인 기질을 가진 사람이나, 혼란스러운 가정에서 양육된 경우 등이 그런 예시일 것이다.

사실 두 반구 간 비대칭성은 특정 기질적, 정서적, 인지적 양식과 관련되어 있다.[117] 예를 들어, 5장에서 논의되었듯, 우반구가 우세한 영아는 나중에 수줍어하는 기질을 보였다.[118] 이러한 체질에서 동반되는 행동적 억제는 회피 행동을 매개하는 우반구의 과도한 반응성에 기인한다고 생각된다. 새로운 자극을 대했을 때, 이러한 활성화는 내적으로 주의를 돌리게 하여, 바깥세상으로부터 물러나도록 한다. 배측 피질-변연계 경로는 우반구에서 우세하며, 새로운 자극을 지향하고, 내적인 자기 조절 메커니즘을 활성화하며, 자기와 신체에 대한 표상과 미래에 대한 "예상 조절feed forward" 표상에 관여한다는 점을 기억해 보자.[119] 이러한 내용을 종합해 보면, 배측 경로/우반구가 삶의 초기에 지나치게 활성화된 사람은 새로운 자극에 대한 주의와 반응성이 증가할 뿐 아니라, 곤경에 처한 자신에 대한 표상이 깊이 배어 좀 더 조심스럽거나, 위축된 모습을 보일 것이다. 이러한 아동은 성장함에 따라, 배측 경로에서 활성화된 미래의 표상으로 인해 불확실한 세계를 예측하기 위해 실제 경험을 정교화된 공포스러운 기대와 자꾸만 연결함으로써 그러한 조심스러운 태도가 점점 더 커질 것이다. 이렇게 세상을 예측하려는 시도는, 친해지는 데 시간이 걸리는 행동들, 수줍은 아이가 친구의 생일 파티에서 부모 곁에만 붙어 있으려는 행동들에서 찾을 수 있다. 초기에는 우반구가 과도하게 우세할 뿐이었지만, 이제는 상당히 부적응적인 행동 억제를 유발하게 된 것이다. 체질적으로 이렇게 수줍은 아이들의 발달 초기 동안 부모 및 다른 양육자와의 상호작용은 그러한 발달 궤도를 약화시킬 수 있다. 앞서 논의했듯이, 연구 결과에 따르면 아이의 감정적 경험을 지지하는 사람들과의 상호작용과 아동이 감내할 수 있는 범위의 불확실성과 탐색에 도전할 수 있도록 하는 양육이 아동의 발달 및 성장에 가장 효과적일 것이다.[120]

인식 방식

우리가 현실을 인식하는 경험적인 방법에 비대칭성의 존재가 의미하는 바는 무엇일까? 한 가지 관점은 언어가 있음에도, 뇌는 외부 세계 및 신체와 관련된 정보를 보다 빠르고 직접적으로 처리할 방법을 유지할 필요가 있었다는 것이다. 이것이 우반구가 지속적으로 하는 작업이다. 반대로 좌반구는 신체 정보가 거의 입력되지 않지만, 언어 표상을 추상적으로 다룰 수 있기에 "고차 의식"이 가능해진다. 언어를 통해 우리는 과거와 현재를 숙고하고, 미래를 계획할 수 있다. 이런 능력들은 세상 사물뿐 아니라 우리 마음속에 있는 것들도 새로운 방식으로 연합할 수 있게 한다. 우리는 건물을 짓고, 비행기를 띄우고, 시를(혹은 뇌와 관련된 책을) 쓸 수 있다. 좌반구의 논리적, 선형적, 구체적, 언어적 특성은 인간의 창조성뿐 아니라 기술 발전에도 필수적이다. 또한, 정보를 사회적으로 전달 가능하여 공유할 수 있는 형식으로 만드는 데도 중요하다. 그렇다면 우반구의 기능은 무엇일까?

우반구는 좌반구가 감지하지 못하는 공간적 배열에 주의하면서, 전체적인 틀에서 패턴들을 인식한다. 우반구는 경험의 요지나 맥락, 사건의 전체적 의미를 파악할 수 있다. 우반구의 비언어적 부호는 대부분 감각과 이미지에 기반하는데, 빠르게 연합되는 이미지는 이 세상과 우리 자신에 대한 좀 더 직접적이고 즉각적인 표상을 제공한다. 이러한 방식은 세상이 "어떠한 것인지" 상향식으로 지각할 수 있는 이점을 준다. 반면, 좌반구는 하향식 관점에서 기존 경험에 근거한 범주화 지각을 할 수 있다. 레비Levy는 우반구의 공간적 능력은 좌반구의 언어적 표상과 직접적으로 대립된다고 주장했다.[121] "인지 혼합 가설cognitive crowding hypothesis"에 따르면 우반구와 좌반구 모드가 분리되어 있기 때문에 이처럼 극히 다르지만, 필수적이고 주요한 두 가지 인식 방식이 가능해진다. 즉, 두 반구가 분리되어 있어야만 각 반구의 고유한 정보 처리 모드를 유지할 수 있다.[122]

> 우뇌와 좌뇌의 분리를 유지하는 것은 극히 다르지만, 생생하고 중요한 두 가지 인식 방식을 만들어낸다.

기억 과정 역시 각 반구에 전문화되어 있다.[123] 기억을 연구하는 대니얼 섹터Daniel Schacter는 다음과 같이 말한 바 있다.

> 신경학자 및 신경심리학자들은 한 세기 넘게 언어와 언어적 능력은 주로 좌반구에, 비언어적이고 공간적 능력은 우반구에 의지한다고 알고 있었다. 기억도 이와 유사하게 편재되어 있다. 좌측 해마와 내측두엽에 손상을 입은 환자는 언어 정보를 명시적으로 회상하는 데 어려움을 겪었지만, 시각적 형태나 공간적 위치를 기억하는 데는 문제가 없었다. 우측 해마와 내측두엽 손상을 입은 환자는 이와 반대되는 양상을 보이는 경향이 있다.[124]

골드버그Goldberg와 코스타Costa는 뇌의 전문화에 대한 기능적, 해부학적 연구들을 통해 우반구가 **영역 간 통합**에 더 유능하다고 보았다.[125] 즉, 우반구는 더 많은 연합 고리를 가짐으로써, 우반구 내에서 "수평적 방식horizantal fashion"으로 정보를 통합하고, 세상의 맥락적 패턴을 파악한다는 것이다. 우반구는 맥락과 복잡한 정보를 더 잘 다루며, 한 과제 속의 다양한 표상방식(시각, 소리, 촉각)의 통합에도 유능하다. 이로 인해, 우반구가 병렬적 처리에 더 적합하다고 간주되기도 한다.

반면 좌반구는 반구의 피질 원주 내에서 영역 내 연결을 통해 한 가지 표상 모드를 상세히 평가하는 "수직적 통합vertical integration"을 한다. 예를 들어, 지각 표상이 언어적 범주에 해당되면, 좌반구는 하향식 처리 방식에 따른 절차화된 반응을 보인다. 이렇게 발달된 선형적 관계는 특정 정보를 특정 결과와 연합시킨다. 좌반구는 관례적인 자극에 대해 범주적 반응을 보인다고 간주된다. 다시 말해, 좌반구가 경험하는 현실은 문자적으로 형성되는데, 이는 언어적 표상단위, 즉 단어의 좀 더 완고한 정의에 기반한다. 반면 우반구는 새로운 자극에 대해 새롭게 연합된 반응을 보인다. 이러한 뇌의 비대칭성은 두 반구 간 기능적 대비를 가져오는데, 즉 우반구는 새로운 것을 다루고 좌반구는 익숙한 것을 다룬다.

실재를 파악하는 이들 두 가지 모드의 차이를 경험하는 실제적인 예가 베티 에드워드Betty Edwards의 책인 『우뇌에 대한 새로운 그림The New Drawing on The Right Side of the Brain』에 기술되어 있다.[126] 이 책에서 저자는 대뇌 편재화의 개념을 소개해 주고, 두 인식 방식을 경험할 수 있는 방법을 제공한다. 만약 좌반구가 무엇을 다루고 있는지 범주화하지 못하는 "침묵" 상황이라면, 우반구가 시각적 현실을 구성하는 상향식 모드로 그 빈자리를 채울 수 있는데 결과는 놀랍다. 예를 들어, 아동기 이후로 그림을 그려본 적 없는 사람들조차 그들의 우뇌가 얼마나 활동적인지에 기꺼이 경탄할 것이다. 에드워드Edward의 책에 기술된 것처럼, 대부분의 사람들은 주로 관례적인 지각과 행동 같은 좌반구 모드의 하향식 범주화를 통해 살아간다. 이 책이 촉진하는 시간을 초월한, 경험의 직접적인 특성은 우반구가 세상을 인식하는 방식으로서, 독자들에게 생생히 살아있는 느낌을 갖게 한다.

그런 경험들이, 이들 두 가지 인식 방식이 얼마나 서로 다른지를 확실히 알게 해준다. 뇌의 편재화는 많은 연구로 뒷받침되어 왔지만, 최종 분석 시 "좌반구인가 우반구인가" 하는 주제는 그다지 중요하지 않다. 우리의 관심사는 마음의 주관적인 경험으로서, 단순히 뇌의 기능적 해부학이 아닌, 서로 다른 존재 및 지각 방식이다. 마음이 정보를 처리하는데 상당히 다른 두 방식이 있다는 점은 부인하기 어려우며, 우리의 의식적 경험의 다양한 순간마다 둘 중 어느 것이든 우세해질 수 있다. 이러한 마음의 모드들이 뇌의 각 반구와 견고한 상관관계를 갖고 있다는 결과들은, 수백 년 동안 알려져 온 것들의 신경생리학적 메커니즘들을 이해하는 데 도움을 줄 뿐이다.[127]

신경과학은 대뇌 양측성에 대한 지나친 일반화를 경계하는 데 도움을 준다. 우리는 일상생활 속에서 서로 다른 인식 방식을 혼합해 사용한다. 좌반구와 우반구는 끊임없이 에너지와 정보의 흐름을 공유하며 연결되어 있다. 창조성은 한쪽에서만 생겨나지 않는다. 행복이나 기타 감정들도 단순히 시간 초월적이고 비언어적인 현실 구성 모드의 삶에서 생겨나는 것은 아니다. 성공도 또 다른 모드의 언어적이고, 통제된, 잘 정의된 규칙에서만 얻는 것도 아니다. 연구 결과들을 종합해 제안하자면, 우리가 여러 인식 방식에 관여하는 두 반구의 기능에 개방적일 때, 생생하고 유연한 삶이 가능해질 것이다. 뇌는 그 기능들을 통합하기 위해 설계된 것이다.[128]

마음보기의 발달: 마음이 마음을 창조한다

마음이 구성하고 처리하는 정보의 기본 형태 중 하나는 마음 그 자체를 감지하는 것이다. "마음을 창조하는" 마음의 능력은 생의 초기에 발달한다.

많은 경우, 고도의 복잡한 사회적 종으로서 인간의 초기 진화는 타인의 마음을 마치 들여다보는 것처럼 읽는 우리의 능력에 의해 이루어졌을 것이다. 많은 연구들로 우뇌의 활성화된 전두엽 피질의 내측 영역이 자신과 타인의 지도를 그리는 데 중요한 역할을 한다고 알려졌다.[129] 이 영역은 타인과 자기에 대해 조정하는 디폴드 모드 네트워크의 일부이다. 생의 초기에는 우반구가 더 우세한 활동성 및 성장을 보인다는 점을 기억해 보자.[130] 태어나서 첫해 동안 아동은 생물과 무생물의 차이를 감지하게 되고, 의도나 주의, 느낌 같은 마음의 고유한 특성들을 생물의 범주로 간주할 수 있게 된다. 아동은 일찍부터 누가 그들과 비슷하고, 그렇지 않은지도 배운다. 세 살쯤에는 상징 놀이를 할 수 있는데, 무생물에 의도나 감정 반응과 같은 생물의 특성을 부여할 수 있다.[131] 이런 '~인 척하기' 놀이에 몰두할 수 있으려면 사회적 상호작용이 가능해야 하고, 그 상호작용하는 인물의 주관적인 마음 상태를 포함하는 이야기를 꾸밀 수 있어야 한다. 포나기Fonagy와 타겟Target은 다음과 같이 말한 바 있다.

> 아동이 자신과 타인의 마음 상태를 지각하기 위해서는 양육자의 정신세계를 관찰해야 한다. 아동은 양육자의 행동이 어떤 상태를 의미하는 범위 내에서, 그 정신적 상태를 지각할 수 있다. 이 지각은 양육자가 아동과 가장 역할 놀이pretend mode of playing를 할 때, 일어날 수 있고(그래서 가장하기와 초기 정신화가 관련됨), 일상적인 여러 상호작용(신체적 돌봄, 위로하기, 또래 간 대화)을 통해서도 심리 상태를 공유할 수 있다. 이를 통해 자연스럽게 상호 주관적으로 생각할 수 있는 마음 상태 개념을 갖게 되며, 공유된 경험은 마음 상태 개념의 핵심 부분이다… 자신을 정신화하는 능력의 발달에서 가장 중요한 것은 믿음, 감정, 의도에 의해 동기화된, 다시 말하자면, 정신화된 자기 자신의 상을 마음속에서 발견하게 해주는 세심한 양육자의 마음 상태를 탐색하는 것이다.[132]

초기의 정신적 경험 공유는 이후의 마음 발달을 위한 초석으로써, 복잡한 인지적 능력의 습득도 포함이 된다. 어떻게 이것이 가능할까? 정신화 능력을 이해하기 위해서는 정신 기능의 다른 측면들과 마찬가지로, 정보 처리 과정을 살펴보는 것이 유용하다.

초기의 정신적 경험 공유는 이후의 마음 발달을 위한 초석으로써, 복잡한 인지적 능력의 습득도 포함이 된다.

일반적인 아동의 뇌는 타인의 주관적 정신 상태에 관한 정보를 이해할 수 있다. 타인의 마음의 지도를 그리기 위한 신호를 읽는 이러한 기술은 진화와 개인 발달을 통해서 자기 자신의 마음을 읽는 능력으로 발전한다. 이러한 신호에는 앞서 살펴본 비언어적인 영역, 즉 눈 맞춤, 얼굴 표정, 어조 등이 포함된다. 의사소통의 주요한 측면은 대화 중인 상대방이 아닌 다른 대상을 쳐다보거나, 가리키는 행동 등과 같은 "공동 참조joint reference" 신호와 관련되는데, 이러한 신호는 신호를 보내는 사람이 특정 방향이나 특정 사물에 주의를 집중하고 있다는 정보를 포함하고 있다. 생의 초기에 공동 참조는 의사소통의 공유된 형태가 된다. 이 시기 동안, 아동은 타인의 의도를 감지하기 시작하며, 비로소 농담을 이해하고 즐기게 된다. 싱크대로 뛰어드는 시늉, 책을 먹으려는 척하는 것들을 이해할 수 있다. 삶의 이러한 시기를 지나면서, 마음은 다른 사람들도 주의의 초점, 의도, 감정을 포함한 마음을 갖고 있다는 것을 알게 된다. 요약하면, 아동도 타인의 마음에 대한 개념을 갖게 되는데, 타인의 의도, 주의, 알아차림 등을 아우르는 "마음의 이론"이라 불리는 것이다. 앞서 논의했듯, 마음 이론 모듈은 "반영적" 혹은 "정신화"라는 좀 더 큰 능력의 구성 요소로써, 안정 애착을 만드는 부모의 필수적인 특성으로 생각된다.

자폐와 같은 전반적 발달 장애에서는, 타인의 마음을 "감지하는" 능력이 손상된다. 자폐증의 장애는 애착의 결과라기보다는 이런 중요한 사회적 능력을 중계하는 뇌의 특정 모듈의 변화로 인한 것으로 생각되며,[133] 변화를 일으키는 요소들은 여전히 규명 중이다. 사이먼 바론 코헨Simon Baron-Cohen은 타인의 마음을 읽지 못하는 것을 일컬어 "마음맹mindblindness"이라는 용어를 사용한 바 있는데, 이러한 관점은 많은 의문과 주요한 논쟁을 불러 일으켰다.[134] 우리는 반대로 자신과 타인의 마음을 지각하는 타고난 능력을 "마음보기mind sight"라는 용어로 사용해왔다. 바론 코헨Baron-Cohen은 이러한 과정을 매개하는 중심 역할을 하는 우측 안와 전두 피질에 대해 논하였는데, 자폐증 아동에게서 이 부분은 구조적인 비정형성을 보인다. 몇몇 연구자들은 자폐 및 관련 장애를 가진 사람에게서 거울 뉴런 체계가 잘 작동하지 않거나, 적어도 전형적 방식으로 활성화되지 않는 것을 발견하였다.[135] 그러나 사회적 인지를 구성하는 이런 요소들이 잘 기능하지 않는다는 것이 반드시 기능 장애를 의미하지는 않는다. 어쩌면 타인이나, 자신의 마음을 지도화하는 신경 기제를 활용하려는 동기가 변화했을 수도 있다.[136] 어떤 신경 과정이 관여하지 않는다고 해서, 그 회로의 구조나 기능이 선천적으로 손상된 것은 아니다. 우리가 말할 수 있는 것은, 그 기제가 무엇이든 간에, 인간 상호작용의 정신적 측면에 대한 과정이 없으면 사회적 장애와 어려움이 생긴다는 것이다.

타인의 신호를 처리하거나, 타인의 마음을 정신적으로 표상화하지 못하는 사람의 경우, 문자 그대로 그런 현실이 실재하지 않는다. 즉, 타인의 마음이란 것이 존재하지 않는다. 지각자의 마음속에서, 마음 그 자체의 표상적 기제를 통한 타인의 마음이 형성되지 못한 것이다. 이처럼 마음을 표상화하는 능력이 손상된 경우 지각자 자신의 마음을 반영하는 능력도 부족해진다.

하지만, 어떻게 마음이 마음을 개념화할 수 없는 것일까? 만약 우리가 마음을 정보 처리자로 간주한다면 대답은 간단해진다. 마음의 뉴런 상징

안에 마음의 표상이 없다면, 마음속에 마음에 대한 정보가 없는 것이다. 즉 타인의 주관적인 경험이나 타인의 마음이란 존재하지 않게 된다. 한편, 우리는 정보 처리 틀을 가지고 마음보기가 마음 및 정신 건강에서 어떤 의미를 갖는지 좀 더 일반적으로 이야기해 볼 수 있다. 개인 내적인 측면에서 살펴보자면, 마음보기가 발달하면서 혼돈과 경직으로 가득한 삶의 영역들을 식별할 수 있게 되고, 그런 다음 이 영역들을 통합시키는 성장을 촉진할 수 있다. 이 과정은 10장에서 좀 더 자세히 다뤄져 있고, 이러한 개념의 적용과 과학에 대한 좀 더 깊이 있는 책들이 있다.[137]

자폐증이 아닌 대부분의 사람의 경우, 마음을 형성하거나 마음보기의 매핑 과정은 아마도 신경학적으로 온전할 것이다. 하지만, 마음맹은 느낌만으로 가득 찬 그런 것이 아니다. 마음맹은 마음보기의 광범위한 손상이 있는 것으로 보이며, 신경학적으로도 어느 정도 근거가 있다.

마음보기의 정신화 측면이 경험에 의해 손상될 수 있을까? 포나기Fonagy와 타겟Target의 대답은 '그렇다'는 것이다. 불안정 애착의 특정 형태에서, 부모가 아동의 마음 상태에 주의를 기울이지 않거나 부모의 마음이 지나치게 침습적이거나 와해되어 있을 경우, 아동의 마음 이론 습득에 장애가 발생한다. 포나기Fonagy 등은 앞서 4장에서 살펴보았듯, 정확한 현실감을 위해서 타인에게 의지하는 "인식의 믿음epistemic trust"이 발달하지 못하는 것이 또한 중요한 문제라고 보았다.[138] 토마스 바이스너Thomas Weisner는 다음과 같이 제안한다.

> 문화권에서 애착과 관련된 보편적인 사회화 과제는 개별 아동과 한 명의 양육자라는 양자 간 관계에서의 "안정" 애착의 보장보다는 신뢰를 배우는 것에 관한 것이다. 많은 부모와 공동체에서 중요한 질문은 "이 아동(개인)이 안정적으로 애착을 맺고 있는가" 보다는, "어떻게 하면 내 아이가 누굴 믿어야 할지를 알게 하고, 어떻게 타인과 적절한 사회적 연결을 공유할 수 있게 만들

것인가? 어떻게 내 아이가 안전한 상황에서 타인들과 함께할 수 있게 할 것인가?"라는 것이다.[139]

제니퍼 프레드Jennifer Freyd[140]는 배신 트라우마 이론betrayal trauma theory을 썼는데, 이는 신뢰하던 사람에게서 받은 상처가 심한 스트레스와 정신적 웰빙에 지대한 손상을 준다는 것이다. 그런 트라우마는 애착 관계 수준에서도 일어날 수 있고, 실제 학대나 방임과 같은 다양한 발달상의 트라우마가 있다. 이러한 경험에 대한 한 가지 적응은 "배신맹betrayal blindness"이라 불리는 것으로, 해리나 억압에서 보이듯 그런 행동의 발생을 인식하지 않는 것이다. 프레드Freyd와 동료들은 또한 기관의 배신에 대해서도 언급했는데, 이는 회사, 학교, 정부와 같은 기관에서 그들의 고용인, 학생, 시민을 위험하고 고통스러운 원천으로부터 보호하지 못하는 것을 말한다. 기관맹은 힘의 우위를 가진 쪽에서 생길 수 있으며, 그는 이러한 배신행위를 부정, 공격, 피해자-가해자 역할의 전복으로 기술하였다. 집안 내 가족에 국한되거나 좀 더 큰 범위의 국가에서든, 보호자의 위지에 있는 누군가에게 배신당한다는 것은 우리의 마음의 작용에 커다란 장애를 가져온다. 우리의 인식의 믿음은 훼손되고, 세상은 마치 "꺼져버린" 느낌이 든다. 사실상, 정말 그렇기 때문이다.

반대로, 우리가 타인과 연결되어 경험하는 실재의 느낌을 신뢰하는 것을 배울 때, 우리는 타인의 행동이나 의사소통에서 보이는 안전성을 평가하기 위해 마음보기 기술을 사용한다. 우리는 전달되는 정보적인 측면과 보호해 주려는 행동들의 측면 모두를 통해 우리를 둘러싼 세계를 신뢰하는 것이다. 이런 마음보기 기술이 없이는 인식적 신뢰를 가지지 못하고 복잡한 사회적 세상을 탐색할 수 없게 될 것이다. 배신맹은 우리로 하여금 스스로 현실 지각을 부정하도록 만들게 된다. 우리의 마음보기 렌즈는 왜

곡되거나 가리어지게 된다.

어떻게 마음보기의 이런 손상이 생기는 것일까? 혼란형 애착과 트라우마의 분열을 겪고 묵살된 성인의 둔감한 마음보기 능력이 이러한 손상된 형태일까? 아동기에 충분히 활성화되지 못한 탓일까? 이러한 발달적 장애는 나중에 개입하여 나아지게 할 수 있을까? 이러한 질문들에 대해서는 앞으로의 연구자들이 답해야 할 것이다.

마음보기의 적응적 손상

> 관계에서의 사건들은 통합적이고 반영적인 기능의 발달을 저해할수 있다.

반영적 기능은 심리 사회적 맥락에 의해 활성화되거나, 비활성화될 수도 있다.[141] 이런 맥락-특이적인 반영적, 정신화 기능을 매개하기 위해서, 우리의 마음은 필수적인 연합 신경 경로의 통합 기능을 손상시킴으로써 구성 모듈을 분리시킬 수도 있다. 우리가 맺어온 관계의 역사는 통합적인 반영 기능의 발달을 손상시킬 수 있고, 이러한 손상은 광범위할 뿐 아니라, 상징 놀이나 공동 참조 등에서 어려움을 보이는 것처럼, 아동의 정신화 기능도 전반적으로 떨어뜨릴 수 있다.

마음보기의 손상 또한 상황-의존적이라고 볼 수 있다. 말하자면, 아동(또는 성인)은 특정 상황에서 반영적 기능에 필수적인 요소들을 연결 해제함으로써 이 중요한 능력을 막아버린다. 어떻게 마음이 이러한 일을 할 수 있을까? 이러한 한 가지 예로 감당하기 어려운 특정 상황에 적응하기 위해서 마음보기를 손상시키는 메커니즘으로 두 반구를 연결하는 뇌량 섬유 및 우반구 내 상호 연결을 차단하는 경우를 볼 수 있다. 발달적인 측면에서, 이것은 각각 의사소통이 정서적으로 공허하거나 위협적인 회피성이나 혼란성 애착 관계에 해당할 것이다. 두 상황 모두, 아동은 반영적 기능을 억제함으로써 특정 관계 맥락에 적응하게 된다.

이러한 결과들은 어째서 전쟁범죄나 인종청소와 같은 짓을 저지르는 사람들이, 가족이나 친구들과는 공감적인 관계가 가능하면서도 범죄를 저지를 때에는 냉담하고 단절된 상태로 들어갈 수 있는지 설명해 줄 수 있을 것이다. 우리는 마음속에서 타인의 주관적인 정신 경험에 대한 인식으로부터 자신의 행동 및 생각을 분리시킬 수 있는데, 이 점이 반사회적 행동의 여러 가지 측면을 이해하는 데 도움이 된다. 마음보기의 상황 의존적 손상이나 발달상의 보다 광범위한 결핍은 실제로 우리 사회의 폭력성에서 매우 빈번하게 일어난다.

반영적 기능은 손상되었지만, 논리적, 언어 기반 사고의 기능은 제한적으로 유지하고 있는 경우, 정상적으로는 서로 연결되어 있는 반구의 정보 처리 모드가 어떻게 분리될 수 있는지를 보여준다. 특정 상황에서는 마음보기 능력을 부분적으로 손상시키는 것이 현명한 일이기도 하다. 이러한 한 예로, 일부 의사들이 보이는 주지화 현상이 있는데, 수련 기간에 특히 두드러진다. 실제로 몸이 아픈 환자를 처음 대면하는 의대생은 비정신화 모드를 사용함으로써 공감적이고 상호 연결된 정보 처리 과정을 적응적 차원에서 억제한다. 이를 통해 지식에 근거한 선형적, 논리적 정보 처리가 가능해지고, 치료의 세부적 사항에 집중할 수 있으며, 환자의 질병과 관련된 복잡한 정서적 의미는 회피할 수 있다. 이것을 단순히 말하면, 정신 경험을 반영하는 우반구 기능은 차단시키면서도, 좌반구의 삼단논법적 인지 과정은 유지하는 것이다.

만약 의대생이 근무가 끝난 다음날, 혹은 일주일, 한 달, 일 년이 지난 후에도 우반구의 정보 처리 모듈을 재통합하지 못한다면, 삶에서 어떤 부분들은 잃어버리게 될 것이다. 이러한 적응은 그 학생의 현 상황에 반구가 적응하는 것이긴 하지만, 부분적으로는 과거의 애착 경험에 의해 영향을 받을 수도 있다. 즉, 이렇게 학습된 적응은 부분적으로는 과거 경험에 의해 형성되어 온, 좀 더 익숙해진 단절 패턴의 결과라는 것이다. 이 학생의 경우, 이러한 현재와의 단절은 쉽게 떠올릴 수 있는 자전적 기억이나 삶의 의미를 만들어내는 자발적인 일차적 정서를 상실하게 만들 수 있다. 인간관계 또한, 부자연스러워질 수 있는데, 의사소통 과정에서 맥락과 상관없는 세부 사항이나, 두 사람 간의 감정적 메시지보다 논리적, 언어적 기반의 대화가 우세해지기 때문이다. 이런 의대생, 혹은 감정 노동자의 경우 우반구를 일시적으로 차단시키는 것이 직무를 효율적으로 수행하기 위해 필요한 적응일 수 있다. 하지만, 좌반구가 우세한 고립된 내적 세계에서는 고도로 범주화된 규칙성과 하향식 처리 과정을 경험할 순 있지만, 자발성과 생동감을 느끼기 어렵다. 만약 그 이후에도 우반구와 좌반구가 통합되지 못하면 처음의 그 적응은 결국은 비기능적인 것이 되어 일터에서도 안팎으로 심각한 문제가 발생할 것이다. 그러므로 의대생이나 그 외 감당하기 어려운 경험에 대처해야 하는 사람들의 경우, 이러한 통합적인 처리 과정에서의 적응적 단절을 이해하는 것이 도움이 될 것이다.

이러한 예에서, 스트레스 상황에서 타인의 마음 표상에 대한 접근을 (최소한 의식적으로) 감소시키려는 적응적 욕구는 우반구에서 우세한 마음보기 모듈의 단절 및 제한을 초래할 수 있다. 연합을 형성하는 통합 신경 경로가 차단되면 해부학적으로 흩어져 있는 여러 과정들이 기능적으로 단절된다. 이러한 단절은 뇌 반구 사이의 정보 전달 수준에서 나타날 수도 있고, 한쪽 반구 내(이 경우 우반구)의 정보 처리 과정에서도 나타날 수 있다. 다른 분리 형태와 마찬가지로, 특정 모드가 고립되면, 관련 기능 또한 손상된다. 예를 들어, 중앙 전전두 피질은 마음보기, 자극 평가, 자율신경계 활성도, 신체 표상, 정서 조절, 자기 인식적 의식 등의 광범위한 기본 처리 과정을 통합하는 주요 영역으로, 마음보기 표상 과정을 적응적으로 차단시키면, 해부학적, 기능적으로 관련된 전전두엽의 다른 중재 과정을 의도치 않게 손상시킬 수 있다.

마음이 명시적 회상과 암묵적 회상을 분리시킬 수 있는 것처럼, 우반구와 좌반구의 기능 역시 분리시킬 수 있다. 반구 간 단절은 한 반구의 모드가 다른 반구의 모드보다 우세한 상황으로 이해할 수 있을 것이다. 단의적이고, 언어적인 좌반구는 논리 및 이성의 법칙에 기반한 정보 처리 모드를 가지고 상징과 언어로 된 외부 세계와 교섭할 수 있기에 바깥세상과 상호작용하는 데에 주로 이용된다. 좌반구의 의식적 경험은 감정적 맥락과 독립된 추상적인 개념의 세계를 다루는 데 더 적합하다. 반면, 우반구는 다의적 이미지, 타인 감정에 대한 인식, 신체 감각, 단어로 정의하기 어려운 직관적 통찰로 가득 차 있다. 이러한 우반구의 정신적 표상은 맥락의존적일 뿐만 아니라, 신체 감각, 자신과 타인에 대한 느낌, 자전적 기억, 정서적 의미를 수평적이고 다층적인 차원에서 연합한다. 우반구가 "화자"의 역할을 하기는 쉽지 않으며, 특히 오직 (자신이나 타인의) 좌뇌만이 청자일 때는 더욱 그러할 것이다.

반영: 현실 표상과 심리적 웰빙

마음은 현실에 대한 경험을 구성한다. 마음은 뇌와 인간관계의 상호작용으로부터 감각과 이미지에서 개념과 단어까지 아우르는 다양한 표상 요소들을 만들어낸다. 우리가 관계 속에서 가지는 연결과 신체 속에서 층

> 마음은 현실에 대한 경험을 구성한다.

층이 이루어지는 신경 활동들은 주관적 삶을 엮어낸다. 이를 통해 우리는 느끼고, 행동하고, 생각하고, 계획하고, 소통할 수 있게 된다.

우리는 우리 자신의 마음이 구성한 세계 속에서 살아가므로, 인간 경험을 깊이 이해하고자 한다면 표상 과정에 대해 아는 것이 필수적이다. 좌반구와 우반구 간 표상의 양상은 서로 상당히 다름에도 불구하고, 이러한 차이는 임상적인 정신의학이나 심리학에서 잘 인지되지 못하였다. 좌반구는 논리적인 "해석자" 기능을 한다고 알려져 왔는데, 획득한 표상적 자료로부터 인과 관계를 추론하기 위해 삼단논법 추리를 사용한다. 우반구는 맥락적 표상 및 정신화 능력에 전문화되어 있다. 우반구는 정서적 얼굴 표정을 인식하고 표현할 수 있으며 "마음 이론"을 발달시키고, 신체 상태를 인식 및 조절하며, 자전적 표상을 가질 수 있다.

이러한 양 반구의 과정은 어떻게 인간관계와 연결되는 것일까? 삶의 초기에 뉴런을 연결시키고, 에너지와 정보를 공유하기 위해서는 의사소통이 필수적이다. 뇌의 두 반구에서 각성 수준(에너지)과 정신적 표상(정보)은 매우 다르다. 이러한 각성과 표상을 공유하는 것은 마음이 연결되기 위해 필수인데, 이 과정 역시 두 반구가 서로 다르다. 실제로, 우반구는 타인의 우반구에서 산출된 신호를 인식하지만, 좌반구는 본인 좌반구의 신호만을 인식하는 듯하다. 그렇다면, 친밀한 정서적 관계(친구나, 연인, 부모와 자녀, 심리치료사, 교사와 학생 등)에서 이런 상황은 어떻게 나타날까? 좌반구는 무엇인가를 이해하기 위해 언어 기반적, 논리적, 순차적인 진술을 보내고, 이러한 신호를 받은 좌반구는 언어적 표상을 해독하여 새롭게 도착한 부호의 의미를 파악하려 노력한다. 동시에, 우반구는 표정, 몸짓, 운율, 어조 등을 통해 비언어적 신호를 보내는데, 이것이 타인의 우반구에서 인식된다. 그렇다. 그래서 뭐가 어떻다는 거지?

여기서 "뭐가 어떻다"는 것이 우반구가 취합하는 정보이며, 우반구는 비언어적 의사소통의 사회적 지각을 소수의 아주 중요한 처리 과정에서 직접적으로 활용한다. 우반구는 타인의 마음의 상을 만들어낼 수 있고("마음보기"), 변화하는 몸 상태를 신체적으로 표상화하는 동시에 신체 반응을 조절할 수 있다. 기억 속에서 자전적 표상을 만들어내기도 한다. 이 모든 사건의 의미를 평가하고, 각성 수준에 직접적인 영향을 미치고, 결과적으로 일차 감정 반응을 만들어낼 수 있다. 그러므로, 자발적이고 일차적인 감정 상태는 우반구를 통해 중재될 가능성이 높다.

위의 연구 결과들을 애착 연구 측면에서 살펴보면 특정 양상들을 발견할 수 있다. 생애 초기 정서 조율 및 정신적 상태의 맞춤은 부모와 아동의 반구가 상호 조절된 상태로 볼 수 있다. 이러한 관점에서 회피성 애착의 경우, 부모와 아동의 우반구 간 상호작용이 상당히 결핍되어 있었다고 제시할 수 있다. 이 결과를 편재성 연구로 확장시킨다면, 회피성 아동과 무시형 부모 간의 의사소통 시에 좌반구가 우세하다는 가능성이 높아진다. 4장에서 언급한 베런Behren과 동료들의 연구 결과 또한 회피/무시형 애착 형태에서 좌반구가 우세하다는 일관성을 보여준다.[142] 1989년 진행된 마인Main과 헤세Hesse 또한 이 관점을 지지하는데, 연구에 참여한 버클리대 대학원생들은 한쪽 뇌 우세성을 대략적으로 파악하기 위해 오른손잡이 또는 왼손잡이 정도를 확인하였다.[143] 더불어, 이들은 마음을 "무시하는" 상태를 평가하는 자기 보고식 문항을 고안하여 실시하였다. 이 척도는 성인애착면접(AAI)의 분류를 통계적으로 예측하지 못하여[144] 출판되지 않았지만, 오른손잡이의 정도가 마음을 "무시하는" 상태의 척도 점수가 올라가는 것과 유의한 관련성을 보여 위의 가설이 지지받았다.

이러한 관점을 인간관계로 확장시키면, 왜 어떤 연인들은 정서적으로 만족스러운 "의사소통을 하지 못하는지"에 대해 고찰할 수 있다. 우반구와 좌반구의 서로 다른 언어에 대해 알게 되면, 왜 상호작용이 좌절감을 줄 수 있는지에 대해서도 가설을 세울 수 있다. 인간은 중요한 상대가 표현한 특정 언어를 어떻게 이해해야 할지 모를 수도 있다. 이러한 어려움을 겪는 패턴을 이해하는 데 있어 과거의 애착 경험을 통합해 고려한다면, 파트너로 하여금 오래된 관계의 패턴에서 벗어날 수 있도록 도울 수 있는 이해의 문이 열릴 것이다.

뇌의 편재화-애착 가설이 맞는다고 가정하면, 각 반구의 처리 능력 및 두 반구 간 통합 기능을 발달시키는 경험은 그 개인의 내적, 인간관계적 삶을 향상시킬 것이다. 이처럼 좀 더 조화된 반구 간 기능을 위한 움직임은 많은 사람들, 특히 무시형 배우자로 인해 외로웠거나 좌절했던 사람들에게 도움이 될 수 있다.[145] 두 반구의 기능 통합을 저해하는 발달력 및 경험을 지닌 사람들은 감정적, 사회적 문제에 취약할 수 있다. 해결되지 못한 외상이나 슬픔, 정서적 방임의 과거력은 반구 간 정보 처리의 흐름을 제한할 수 있다. 불안정 애착 아동이 심리적 역기능에 취약하다는 결과 또한, 반구 간 연결 차단이 정서 문제에 핵심적인 역할을 한다는 관점을 지지한다.

각 반구의 발달을 증진시키고, 반구 간 활동을 자유롭게 연결시키는 감정적 관계는 심리적 웰빙을 강화시킬 수 있다. 이러한 관점에서, 안정 애착이란 아동과 부모 사이는 물론 아동의 두 반구 간에도 기능의 통합을 제공하는 발달적 관계라고 볼 수 있다. 가장 기본적 수준에서, 우반구와 우반구 사이의 의사소통은 정서적으로 조율된 의사소통으로서, 비언어적 신호를 통한 일차 감정 상태의 공유를 가능케 한다. 좌반구와 좌반구 사이의 맞춤은 세계 내 대상에 대한 공유된 주의로 볼 수 있을 것이다. 타인(관계의 두 구성원을 포함하는)의 마음 상태에 초점을 맞춘 언어를 사용하는 반영적 대화는 아동과 부모 모두의 반구 간 통합 기능을 강화할 수 있다. 그러므로, 안정 애착 유형에 내재된 탄력성은 관계를 통해 촉진되는 통합 기능에 어느 정도 기반한다고 생각된다. 통합이란 궁극적으로 자기 조절을 가능케 하며, 우리 삶이 좀 더 유연하고, 적응적이고, 일관적인 방향으로 나아갈 수 있도록 한다. 다음 장에서 마음이 자기 조직화하는 과정을 통해 조절로 나아가는 움직임을 살펴볼 것이다. 추가로 이렇게 중요한 인간 삶의 측면에 대해 뇌와 인간관계가 어떤 역할을 하는지 알아볼 것이다.

The Developing Mind 07

조절과 일관성

The Developing Mind

“자기 조절”에서 감정의 주요 역할

“자기self”는 우리가 임상, 과학, 일상에서 자주 사용하는 상징적 용어로, 이는 우리의 현대 문화 속에서 정체성의 개념, 존재의 중심이라는 함의를 가지는 무언가의 범주, 그리고 내러티브 중력narrative gravity의 내적 무게중심의 원천임을 드러낸다. 자기란, 존재한다는 주관적 느낌이자 살아있다고 느껴지는 감각이며, 주체 의식sense of agency(어떤 행위의 출발점이라는 내적 감각)이자, 우리의 세상에 대한 관점과 견해가 자리하는 곳이다. 이런 “자기”의 개개의 근원적인 요소들 속에서 당신의 자기는 당신 안에 있고, 아마도 당신의 마음에 의해서 만들어지고 당신의 경험에 의해 빚어졌을 것이며, 시간이 흘러 당신의 몸을 이루는 모든 분자들이 변한다 하더라도 당신의 인생에서 계속 나아갈, 그 무엇이다. 주관적 경험, 행위능력agency, 견해는 내면에서 바깥으로 창발한다. 우리 연구에서는 따옴표 없이 자기라는 용어를 사용할 수 있지만 잊지 말아야 할 것이, 이런 언어학적 용어로서의 자기는 실제적으로는 그것이 정확하게 무엇인지에 대한 어떤 절대적이고 고정된 의미와 명확하게 정의된 특징이나 공유된 인식은 없다는 것이다. 사실, 자기가 무엇을 의미하는지 정확하게 안다고 여기는 것은 자기란 어떤 한 개의 명사 같은 성격의 것이라는 그릇된 인상을 줄 수 있다. 이와는 대조적으로 **자기의 경험**experience of self은 한 개보다는 다수의, 고립된 명사의 성격보다는 서로 연결된 사건들이 펼쳐지는 동사의 느낌일 수 있다.

자기와 연관된 “정체성” “성격” “자전적 내러티브”와 같은 다른 용어들도 있다. 또 연구나 임상에서 쓰이는 “자기 조절” “자기 알아차림” “자기 이해” “자기감sense of self” “자기 연민” “자기 상태”와 같은 단어에서는 자기가 무엇인지 우리가 정확하게 알고 있는 것처럼 쓰이는데, 이는 명확한 경계가 있는 한 개의 명사로서의 의미에 초점이 맞춰져 있는 것 같다.

자기는 마음과 연관이 있는 것으로, 마음의 결과나 혹은 마음과 동일한 것으로 보일 수 있다. 그러나 과연 자기가 단순히 머릿속 뇌의 활동의 결과일까? 또 만약 그것의 내적 위치가 있다면 몸 전체가 여기에 포함되는 것은 아닐까? 우리는 자기의 발달에 대해 말하면서 마음의 발달에 집중하고 있다. 자기는 (마음처럼) 적어도 전신에서 기원한 무엇으로 보일 수 있는데, 머릿속의 뇌로부터 나온다 하더라도 전신에 퍼져있는 신경망과 생리학적 과정을 근본적으로 포함하고 있다.

미국의 비공식적 연구에서 아이에게 자기나 마음이 어디에 있냐고 물으면 아이는 흔히 자기 몸이나 심장, 머리를 가리킨다고 한다. 우리의 자기에 대한 주관적 경험인 **자기감**은 즉각적인 순간순간의 자각, 가족이나 더 큰 문화와의 관계적인 연결과 같은 인생에서의 이전 경험들, 우리의 미래에 대한 준비에 의해 형성되고 그 안에서 경험할 수 있다. 이런 방식을 통해 자기는 지금 즉각 나오는 에너지 흐름의 통로가 될 뿐만 아니라 우리가 지금의 바로 다음을 예견하고 미래를 계획할 때 과거로부터 흘러온 에너지와 정보의 구조에 의해서도 형성된다. 일관적인 자기감의 발달에는 시간에 걸쳐 경험한 자기들 사이의 연결이 필요할 수 있다. 우리가 자기 인식적 의식(“자기를 알고 있다는 자각self-knowing-awareness”) 안에서 과거, 현재, 미래를 연결할 때, 자기는 엔델 툴빙Endel Tulving이 “정신 시간 여행”이라고 불렀던 것을 갖게 된다.[1]

자기는 마음의 활동을 조직하는 과정에서 생겨나는데, 이는 긴 시간에 걸쳐 체화된 뇌 및 뇌와 세상과의 상호작용에서 창발한다. 2장에서 살펴봤듯이, 이러한 “자기 조직화”는 복잡계가 기능하는 기본적인 방식이다. 이 시스템의 수학적 연구에서조차 시스템의 일관적인 존재(긴 시간에 걸쳐 서로 협력하여 일관성 있게 상호작용하는 과정)를 규정할 때 자기라는 용어를 사용하는 것을 볼 수 있다. 인간으로서의 우리의 삶에서 어떤 순간의 여러 정신 활동들은 정신 상태 안에서 조직되는데, 이는 목적-지향적 과정의 일관적 세트를 만들어내는 기능을 하며, 과거의 사건들로부터 영향을 받고, 현재 상황에 의해 형성되고, 다음에 무엇이 일어날지에 대한 기대로 성립된 것이다. 우리 인간의 자기 조직화는 과거, 현재 그리고 예기된 미래의 우리 경험에 매우 영향을 받는다.

여기 제시된 관점에서 보자면, 이러한 시간에 걸친 자기의 경험은 우리의 체화된 뇌에서뿐만 아니라 에너지와 정보의 관계 흐름으로부터도 나온다. 마음은 몸 안에 있으면서 동시에 관계적이다. 마음의 한 측면으로서 창발하는 자기는 단순히 몸에 국한되지 않는다. 이런 식이라면 "자기"라는 용어는 명확하게 정의하기가 매우 어려운데, 흔히 몸 안에, 심지어 머리 안에 위치하는 것으로 매우 자주 인용되기 때문이다. 오랜 시간에 걸쳐 우리는 주어진 자기 상태 안에서 어떻게 연속성이 만들어지는지 이해할 수 있게 되었는데, 자기 상태는 현재 순간의 주관적 경험과 세상에 대한 관점을 형성할 때 과거의 시냅스 그림자synatic shadow를 통해 그것의 역사적 트랙을 유지한다. 그렇다면 이러한 자기감(자기 자체가 아니고 자기를 느끼는 우리의 감각)은 내부적 위치internal locus, 즉 몸 안에서 비롯된 장소를 갖게 된다. 우리는 간단히 이러한 내부적 위치를 암시하기에 적합한 단어, 즉 "내부적 자기internal self"를 쓰기 시작할 수도 있다. "관계적 자기relational self"는 우리 삶의 상호 교통적인 성향을 포함할 것이다. 우리가 누구인지는 우리 몸의 과정 이상의 것이다. 복잡성, 연결주의, 정보 처리의 과정 등 여러 원칙을 통해 우리는 어떻게 우리의 내적, 관계적 과정이 함께 우리의 자기 경험을 형성하는지 알게 되었다. 이들 과정의 통합이 바로 감정이다.

뤽 촘피Luc Ciompi의 말대로, 감정은 여러 영역들을 연관시키는 데 있어

"중심 조직자이자 통합자"로서 작동한다. 모든 유입 자극들에 특정한 의미와 동기 부여의 방향을 제공하고, 상태 의존적 기억 과정에 관여하며, 정신 과정을 (어떤 시간 안에서 그리고 시간에 걸쳐) "공시적" "통시적"으로 연결한다. 감정적 의미를 공유하는 추상적 표상 과정에서 더욱 복잡한 상호 연결을 만들어내며, 신경생리학적으로 매개된 말초 효과를 통해 과거 경험에 근거하여 총체적 유기체를 당면한 상황적 요구에 동시적으로 적응시킨다.[2] 그러한 조직화 특성은 전통적으로 정신적, 사회적, 생물학적 영역으로 간주되던 것들을 밀접하게 연결한다. 그렇다면, 앨런 스루프Alan Sroufe가 지적했듯이, 감정은 그 기능에 있어 본질적으로 통합적이다.[3]

우리가 마음의 본질에 대해 더 탐구할수록, 뇌와 인간관계 그리고 내부 세계의 관계들 사이의 접점에서 이뤄지는 자기의 생성에 대해 이해하려면, 감정이 경험되고 조절되는 근본적인 방식에 집중해야 한다는 것을 알게 될 것이다. 많은 연구자가 제안한 바와 같이, 감정은 조절되는 동시에 조절력을 지닌다. 신경생리학적 사건, 주관적 경험, 인간관계 표현으로 표출되는 가운데 감정은 마음 내에서와 마음들 사이의 다양한 시스템들을 상호 연결한다. 감정 조절에 주목하는 것은 마음이 어떻게 조직되고 통합되는지에 대한 탐구를 가능하게 한다.

이번 장에서는, 마음을 조직하는 조절 과정을 고찰하는 여러 방법을 탐구할 것이다. 발달적 관점에서, 영아의 첫 도전은 뇌간 심부 구조의 활동을 통해 내적 항상성을 갖는 것으로, 이는 수면-각성 주기와 다양한 기본적인 신체 기능(심박수, 호흡, 소화 같은)에 관여한다. 마이런 호퍼Myron Hofer는 이런 초기 단계에서, 부모가 영아의 이러한 기본 기능들을 직접적으로 돕는 "숨겨진 조절 장치" 역할을 하는 방식에 대해 설명했다.[4] 성숙해가며 아동이 더 복잡한 마음 상태를 관찰하고 수정할 수 있게 되는 데에는 "양자 조절dyadic regulation"의 역할이 중요해진다.[5] 애착은 그 안에서 자기 경험이 조절되는 중요한 역할을 한다. 아동의 평가 기제가 더욱 활성화되고, 기억 과정이 아동으로 하여금 불일치에 반응하게 함으로써, 주관적 의미는 사회적 환경과 연관해서 만들어진다. 친밀한 조율은 상호 조절적인 마음 상태의 공명을 가능케 한다. 잘못된 조율은 조절 장애를 초래하므로 아동이 평형상태를 되찾기 위해서는 "상호작용적 회복interactive repair"을 필요로 한다.[6] 감정 조절의 획득은 사회적 상호작용에 달려있다. 스루프Sroufe에 의하면, 이 이른 시기에, 아동은 단지 반응하는 존재가 아니라 감정적 존재여서 환경과의 관계에서 주관적 의미를 만들어내는 평가적 감정evaluative appraisal을 통해 각성 혹은 긴장이 형성된다.[7] 영아가 걸음마기로 이행하면서, 양자 조절은 "양육자 유도 자기 조절 caregiver-guided self-regulation"로 대체되고 어른은 아동이 마음 상태를 자율적으로 조절하기 시작하도록 돕는다.[8] 아동의 뇌가 학령 전기로 성숙해짐에 따라, 점점 더 복잡한 층으로 구성되는 자기 조절의 출현이 가능해진다.

> 애착은 그 안에서 자기가 조절되는 중요한 역할을 제공 한다.

감정은 평생 동안 계속 통합적인 방식으로 기능하면서, 다양한 양상 modalities에 걸친 우리 자신의 처리 양식 안에서, 또 우리의 마음과 타인의 마음 사이에서 우리 마음이 시스템 간의 통합을 수행할 수 있는 지속적 과정을 보여준다. 안토니오 다마지오Antonio Damasio가 다음과 같이 말했다.

> 감정, 그리고 감정 경험은 복잡한 유기체에서 이뤄지는 생체조절의 최고의 직접적인 표현이다. 감정을 빠뜨리면 생체조절을 포괄적으로 이해하는 가능성을 놓치게 된다. 그것이 사회나 문화같이 유기체와 환경의 가장 복잡한 면 간의 관계에 관한 것이라면 특히 그렇다.[9]

복잡성에 대한 논의로부터 감정과 감정 조절의 발달은 자기가 시스템 내 그리고 시스템 간 기능을 하는 데 있어, 보다 복잡한 상태가 될 수 있게 만든다는 것을 알 수 있다.

통합은 최적의 조절로 이어진다. 5장에서 논의했듯이, 감정은 "통합 안에서의 이동"으로 볼 수 있다. 본질적으로 "감정 조절"은 통합을 증진시키기 위해 우리가 마음, 몸, 그리고 관계적 과정을 어떻게 사용하는가의 문제이다. 조절, 즉 순간과 시간에 걸친 일관성의 통합적 상태를 얻기 위해서는 마음은 내적으로 그리고 인간관계적으로 흐르는 에너지와 정보의 흐름을 분리하고 연결하도록, 관찰하고 수정한다. 이것이 의미하는 바는 시스템의 분화된 요소들을 연계시키는 과정(개인 안에서 혹은 개인들 사이에서)은 조절의 중심부에서 통합을 만들어 낼 수 있다는 것이다. 이런 식으로, 우리는 뇌와 관계, 둘 다를 활용하여 "자기"를 조절한다. 환경과의 상호작용에서 마음이 유연한 방식으로 창발하게 하는 감정 조절은 최적의 상태 조절을 반영한다. 우리는 일관성이라는 용어를 사용해서 통합 시스템의 이 특별한 상태를 반영하고 있다. 앞 장들에서 논의했듯이, 전전두가 매개하는 반응 유연성 능력이 그러한 균형 잡기 기술의 중심 요소일 수 있다. 이들 조절적 전전두 영역은 넓게 분포되어 있는 영역들을 서로 연계시킨다. 즉 이곳은 피질, 변연계, 뇌간 및 신체 고유로부터 오는 분화된 입력과 심지어 다른 신경계의 사회적 신호를 연결하는 신경 통합을 만들어내는 영역이다. 안토니오 다마지오Antonio Damasio[10]가 다음과 같이 상세히 언급했다. "마음(그리고 때때로 느낌)을 만드는 것은 신경계와 개체의 **상호작용**을 기반으로 한다. **신경계 단독으로 마음을 만드는 것이 아니고 개체의 나머지 부분과 협력하여 만드는 것이다.** 이것이 뇌가 마음의 유일한 원천이라는 전통적인 시각에서 벗어나는 출발점이다"

감정 "조절 장애"는 내외부 환경에 적응적인, 유연하고 조직화된 반응을 가능케 하는 능력의 손상으로 볼 수 있다. 우리는 이런 조절 장애를 개체의 비이상적인 상태를 반영하는 여러 형태의 비일관됨으로 경험할 수 있다. 통합이 손상되면, 조화와 균형을 이루지 못하고 시스템은 혼돈, 경직성 혹은 둘 다를 향해 나아간다. 앞으로 논의할 것이나, 이런 반복되는 조절 장애 패턴은 체질적 요소, 상호작용적 경험, 그리고 마음의 두 가지 기본 요소인 이 둘 간의 교류에 그 원인이 있을 수 있다.[11] 마음은 에너지와 정보의 흐름을 조절하는 과정이고, 체화되어 있으면서 관계적이다. 자기 조절은 내적인 것과 상호적인 것의 접점에서 조절의 이런 지속적인 창발을 필요로 한다. 자기가 진정 단수보다는 좀 더 복수의 것이고, 어떤 불변의 명사보다는 동사같이 흘러가는 과정에 가까운 것임을 이러한 아주 직접적인 방식 안에서 알 수 있다. 자기는 고정된 실체라기보다 창발하는 사건으로서 보는 것이 나을 수 있다.

우리의 에너지가 펼쳐지는 과정을 기억하는가? 통로에서부터 범주, 개념, 상징의 구성까지. 이제 우리는 고정된 명사 같은, 어떤 범주적 개념으로 흔히 인용되는 상황에서 벗어나게 하려는 시도로서 언어적 상징인 자기의 인용을 역가공 하고 있다. 자기는 동사이다, 아마도 복수형 동사일 것이다(자기와 정체성의 연결에 대한 자세한 내용은 10장에서 설명). 최적의 자기 조절은 안에서 그리고 사이에서의 통합의 과정을 수반한다.

자기 조절의 역기능적 패턴

뇌의 구조는 뇌로 하여금 감정을 조절하고 감정의 활성 상태를 조직하는 선천적 능력을 갖게 한다. 종종 “정서 조절” 또는 “감정 조절”로 일컬어지는 이 능력은 개인의 내적 그리고 인간관계적 기능에서 필수적이다.[12] 다수의 정신적 문제들은 자기 조절 장애라 할 수 있다.[13] 앞서 언급했듯이, DSM-5[14]에 기술된 다양한 증상과 증후군도 혼돈, 경직, 혹은 그 둘 모두를 보여주는 손상된 통합의 예로 볼 수 있다. 뇌 활동의 기본 모드default mode에 관한 마커스 레이츨Marcus Raichle과 동료들의 연구는 다양한 정신적 문제에서 통합적 뇌 기능이 손상된다는 것을 지적하여 이 제안을 지지해 주고 있다.[15] 여기에는 기분 장애가 속하는데, 이 경우 감정 상태가 심하게 조절되지 않아 우울 혹은 조증 상태를 초래한다. 이러한 마음 상태에서는 지각, 기억, 신념, 행동에서 특징적인 기능 장애가 나타난다. 이 장애들은 기분의 극심한 불안정성이 독특한 특징이다. 불안 장애 또한 역기능적 마음 상태를 야기하는 각성의 홍수를 보여준다. 공황 장애나 강박 장애에서처럼, 이런 어려움을 지닌 사람은 환경에 과도하게 민감하거나, 재앙이 곧 닥칠 듯이 느끼는 자율 신호를 지니고 있을 수도 있다. 더불어 자신의 마음 상태를 조절하지 못하는 현저한 무능력도 나타난다. 이러한 혹은 다른 장애(아래 참조)를 갖고 발달한 사람은 상태 불안정성이 자기 조절에서 독특한 특성이나 경향이 될 수 있다. 실제 양극성 장애 환자 연구에 따르면, 치료되지 않은 조증과 우울증 사이의 기복은 "점화 효과kindling effect"를 만들어내기 시작해 급속한 주기로, 더욱 빈번하고 심하게 증상이 발현된다. 이런 방식으로, 불안정성은 개인의 자기조직화 기능 장애의 반복적이며 "고정적인" 특성이 될 수 있다.[16]

만성 정신 질환(마음의 기능 장애)에서 자기의 경험은 내부 및 타인과의 사이에서 펼쳐지는 에너지와 정보 흐름의 조절 장애에 의해 형성되는 것을 볼 수 있다. 우리가 누구냐 하는 것은 에너지 흐름의 전개되는 과정이라 할 수 있다. 이러한 장애를 가진 많은 사람들에게 약물치료와 심리 치료적 개입이 권고될 수 있다. 기능 장애의 원인이 뇌의 심부 혹은 변연계에서 몇몇 신경세포 회로의 신경 불안정성에 있는 것으로 보인다 하더라도, 사람의 마음은 일부분 뇌 활동에 의해 만들어진다. 2장에서 살펴봤듯이, 시스템의 한 개의 하위 요소에서의 기능 장애는 다른 하위 요소뿐 아니라 시스템 전체에 엄청나고도 예측 불가한 영향을 가져올 수 있다. 한 개인이 더욱 균형적이고 기능적인 형태의 자기 조직화를 이루는 것을 돕자면, 뇌, 몸 전체, 그리고 관계를 포함한 여러 층의 개인적 기능에 대한 개입을 목표로 하는 것이 필수적일 수 있다. 이런 이유로, 초점 주의와 열린 알아차림의 양성 모두를 포함한 마음챙김 훈련과 같은 정신 훈련을 활용한 접근법 역시, 자기 조절을 향상시키는 데 있어 코어에서 경험을 밀어내거나 매달리기보다는 받아들이는 능력을 가질 수 있도록 할 수 있다. 에밀리 린제이Emily LIndsay와 데이빗 크레스웰David Creswell은 다음과 같이 제안했다.

> 주의력 모니터링 기술은 수용 기술acceptance skills이 수반될 때만이 유익한 정신 및 신체 건강 결과를 가져온다. 새로운 실험적 해체 작업은 마음챙김 치료에서 수용 훈련을 생략하면 스트레스, 긍정적 감정, 그리고 사회적 관계 결과를 개선하는 효능이 감소한다는 것을 보여준다. 결국 수렴하는 증거는 수용이 알아차림 치료의 결정적인 감정 조절 기제라는 것을 보여준다.[17]

마음챙김 알아차림 훈련이 현재 조울증 환자 치료 측면에서 연구되고 있지만, 병의 정도, 즉 양극성 장애 I형이냐 II형이냐는 치료 효과와 관련이 있을 수 있고, 주어진 경험적 데이터 상태로는 효능에 대한 일반화는 무리다. 따라서 각 환자는 임상적으로 평가해서 주의 깊게 적용해야 한다.[18] 개인이 알아차림을 사용하여 두뇌의 "내적 제약"을 조절할 때 수용에 대한 초점 주의와 열린 알아차림 관찰은 자기 조절의 신경 회로를 동원할 수 있다.[19] 뇌 질환의 일부 상태는 약물치료가 필요할 수도 있다.[20] 임상 장면에서 치료자와 환자 간의 관계는 개인의 자기 조직화 능력에 변화가 일어나도록 돕는 "외적 제약"[21]이 될 수 있다.

자기 조절 손상의 발달적 기원이 불안정 애착에 있는 경우도 있다. 회피 애착을 경험하게 되면 마음은 사회적 맥락에서 발생한 정서 상태를 덜 자각함으로써 황량한 심리적 세계에 적응하는 법을 배운다. 그러한 억지스러운 패턴이 지닌 경직성은, 지속적인 생리적 반응에도 불구하고 사회적 상호작용의 중요성을 인지적으로 차단하는 방식으로 드러난다. 혼란 애착을 경험하면서, 아동은 과정을 분리dis-association함으로써 스트레스에 반응하는 능력을 체득하지만, 이로써 해리 상태에 이르게 된다. 어떤 상태는 매우 혼돈 상태이고 응집력이 없으나 반면 기능적인 응집력의 형태를 보이는 경우도 있다. 여기서는 응집성coheison이라는 용어를 사용하여 주어진 시간에 어떤 것들이 얼마나 잘 결합되어 있는지를 나타낸다. 시간의 경과에 따라 유창하고 유연하게 함께 유지한다는 의미인 일관성coherence과는 대조적으로, 후자의 상태도 더 면밀히 조사해 보면 마음 전체에 흐르는 에너지와 정보의 전반적인 처리 과정을 제한하는 뚜렷한 인지적 차단을 발견할 수 있다. 회피와 혼란 애착 패턴은 외견상 다르지만, 실제로는 마음 상태의 흐름을 제한한다는 특성을 공유한다. 순간의 응집성이 있는 것처럼 보일 수 있으나 시간의 경과에 따른 일관성은 없다. 부모와 아동에 관한 미네소타 종단 연구에서 보여주는 청소년기 이전의 생애 초기에 회피 및 혼란 애착을 경험한 아동들이 제일 심각한 정도의 해리 증상을 보인다는 결과는 이 공유지점을 지지해 준다.[22] 이러한 결과는 정신적 웰빙에 대한 손상이 창발하는 일관적 마음 상태 형성에 있어 에너지와 정보의 균형 잡힌 흐름을 저해하는 일종의 적응으로 봐야 한다는 제안을 지지한다.

> 자기 조절 손상의 발달적 기원이 불안정 애착에 있는 경우도 있다.

위에서 언급했듯 많은 정신적 문제는 정서 조절 장애를 수반한다. 여기에는 기분 장애(우울증이나 양극성 장애 같은)와 불안 장애(공황 장애, 공포증, 강박 장애, 외상 후 스트레스 장애를 포함하는)뿐만 아니라 해리 장애와 경계성, 자기애성 성격 구조와 같은 특정 성격장애도 포함한다.[23] 이러한 장애 모두를 상세히 살펴보는 것보다, 정서 조절 장애의 본성에 관해 추가적인 통찰을 줄 한 가지 사례를 살펴보자.

> "어쩔 수 없었어요. 그의 실수에 너무나 격분했어요. 방해하지 말고 꺼지라고 했죠. 물론 상냥한 말은 아니었어요. 엄청나게 화가 났었거든요. 그런 짓을 다시는 못 하게 할 참이었어요. 다른 사람한텐 괜찮을지 몰라도 나한텐 안 돼요. 사람들은 왜 그렇게 바보 같죠?"

이 35세 변호사는 회의 중 서류 제출 기한을 놓친 동료한테 소리를 지르고 명백한 위협을 하고 난 뒤, 10년 된 고객한테 해고당했다. 그녀의 감정이 "망쳐 버린" 것은 이번이 처음이 아니었다. 그녀는 자신의 "불안정성"으로 인해 과거 여럿 남자 친구들을 잃었고 이제 다시 혼자가 될 위기에 처한 데에다 가장 중요한 고객을 잃었다. 이런 반응적 분노의 상태는 응집성은 있었을 수 있으나(격분의 상태에서는 그녀를 지탱할 수 있는) 시간의 경과에도 통합적인 일관성은 없었다. 이 환자에게는 자신의 감정을 조절하고 내면과 관계의 마음을 만들어 내지 못하는 것이 그녀의 개인과 직업적 삶 모두에서 주된 문제였다.

이 여성은 다른 사람들과의 상호작용에서 왕왕 "강렬한 감정의 갑작스러운 폭발"을 겪어 왔다. 이제 이 문구가 그녀에게 의미하는 바가 무엇일지 감정 과정을 이해하는 우리의 틀에서 살펴보자. "갑자기"란 하나의 과정이 막 일어나려는 혹은 일어나는 중이라는, 어떤 경고나 단서도 없이 어떤 것이 나타나는 것처럼 보이는 개념을 일컫는다. 최소한 그녀는 외적으로 표현될 자신의 감정 반응에 대해 의식적으로 알지 못했다고 추측해 볼 수 있다. "강렬한 감정"은 일반적인 용어이므로 우리는 마음에 관한 용어로 해석할 수 있다. "강렬한"은 아마 강한 정도의 활성화나 각성을 의미할 것인데, 이 여성의 경우에는 격노rage라는 범주의 감정으로 표현되었다. 우리는 과하지 않을 정도로만 좀 더 이 문제를 살펴보았다. 그런데 이것은 합리적인 사고는 보류되고 분노나 다른 감정이 지각을 흐리게 하고 행동에 영향을 끼치는, 감정적 "납치hijacking"나 "폭발"과 같은 친근한 개념들을 묘사하기 위해 새로운 용어를 사용한 것뿐인가?[24] 뒤에서 살펴보겠지만, 그 이상이다.

이 여성이 통제 불능의 분노 폭발을 보이는 것은 단지 "유전적 유산" 때문이라고 말할 수도 있다. 그럴지도 모른다. 하지만 마음의 기제와 상호작용 경험의 기여도를 이해한다면 상당한 유전적 요소를 가지는 정신적 상태에서도 뇌가 기능하는 방식을 바꿀 수 있는 치료를 제공하는 것을 도울 수 있다.[25] "유전 대 학습" 또는 "본성 대 양육" 같은 "이것 대 저것"의 조건으로 인간 행동을 환원하는 것은 그다지 유익하지 않으며 특히 치료를 설계할 때 쟁점에 대한 생각을 흐릴 수 있다는 것을 기억하라. 본 장의 중반쯤 변호사의 사례로 돌아가 체질적이고 경험적인 요인들이 어떻게 특정한 종류의 감정 조절 장애로 이어질 수 있는지 이해하는 방식을 살펴볼 것이다.

감정 조절의 개념적 틀

본 장의 나머지 부분에서는 감정 조절의 몇 기본 요소들을 이해하기 위한 개념적인 틀을 제공한다. 여기에는 강도intensity, 민감성sensitivity, 특이성specificity, 용인 범위window of tolerance, 회복 과정recovery processes, 의식에의 접근access to consciousness과 외적 표현external expression의 조절이 포함된다. 이것은 감정 조절이 지닌 무수한 현상들을 전부 복습하려는 것은 아니다. 그러한 복습은 다른 수많은 유용한 자료들에서 볼 수 있을 것이다.[26] 그보다는 우리의 마음 연구에 도입된 실용적인 틀로서 사람들이 어떻게 감정적 과정을 조절하는 유연하고 적응적인 능력을 가지게 되는지를 설명하기 위한 것이다.

뇌는 각성 상태를 조절하도록 돕는 풍부한 회로를 발달시켰다. 감정 조절에서 이러한 과정의 성질은 개인마다 매우 다양할 수 있고, 체질적 특성과 경험에 대한 적응 둘 다의 영향을 받을 수 있다. "기질"은 선천적 특성의 어떤 측면을 설명하는 데, 환경에 대한 민감성, 감정 반응의 강도, 전반적 기분의 기저선, 생물학적 주기의 규칙성, 그리고 새로운 상황에 대한 끌림 혹은 철퇴 등이 포함된다. 신경계의 이러한 선천적 특징들은 유전적 또한 자궁 내 요인들에 기인한 결과로서 인생 전반에 걸쳐 강력한 형성 효과를 미칠 것이다. 기질은 특정한 양육 반응을 불러일으키고 그 자체로 자기 충족적 강화를 일으킬 수 있어서, 타고난 신경적 성향을 더 증폭시킨다. 더딘 혹은 수줍은 아동의 어머니가 자녀의 망설이는 모습에 인내심을 발휘하지 못하는 사례는 타인의 반응이 어떻게 기질적 특징을 뿌리 깊게 하는지를 보여준다.[27]

애착 연구는 부모와의 소통 방식이 아동의 신경계 발달을 직접적으로 형성하는 연쇄적 적응을 만들어낸다는 관점을 지지해 준다. 종적 애착 연구와 조기 개입에 대한 조사는 모두 부모가 아이와 함께 무엇을 하는가가 아동의 발달 결과에서의 차이를 만든다는 생각을 지지해 준다.[28] 기질, 애착 과거력, 그리고 여타 경험적 요소들이 각각 감정 조절 능력의 현저한 개인차에 기여한다는 것을 깨닫는 것이 중요하다.

만약 감정이 우리 정신 과정의 상당 부분을 지배하는 마음 상태의 흐름에 영향을 미친다면, 우리는 어떻게 그 감정을 일종의 균형 형태로 유지하는가? 감정 과정을 조절하는 마음의 능력은 각성과 활성화의 흐름을 회로 전반에 걸쳐 관찰하고 수정하는 뇌의 능력에 일정 부분 의존한다. 일차 감정 과정, 범주적 감정, 정서 표현, 기분 모두는 뇌에 의해 조절되고 우리의 관계적 경험에 의해 영향받는다. "감정 조절"은 감정 처리의 다양한 구성 요소를 바꾸는 마음의 전반적 능력(내적, 관계적 마음)을 일컫는다. 이들 요소에는 내적 기제 세트와 상호작용의 관계적 세트가 있어 서로 우리의 순간의 감정적 상태의 전개를 형성한다. 여러 면에서 마음의 자기-조직화는 감정 상태의 내부 그리고 관계의 자기 조절에 의해 결정된다. 우리가 어떻게 세상을 경험하고, 다른 사람과 관계 맺고, 인생의 의미를 찾는지는 우리가 어떻게 우리의 감정을 조절하게 되었는가에 달려있다.

왜 감정과 감정 조절이 자기 조직화에 그렇게 중추적이라 생각해야 하는가? 5장에서 논의했듯이, 감정은 마음이 외적 그리고 내적 사건에 가치를 부여하여 주의 자원들attention resources을 이들 표상의 추후 처리에 할당하도록 지시하는 근본적인 방식을 반영한다. 이런 식으로 감정은 마음이 통합의 상태 안에서 움직이면서(최적의 조절을 위해 높이고, 감정의 조절 장애 상태에서는 낮추고) 정보와 에너지의 흐름을 지시하는 방식을 반영한다. 이러한 관점에서, 감정 조절은 마음의 자기 조직화에서 중심부에 있다고 볼 수 있다.

감정에 관한 광범위한 연구 덕분에, 이런 생각들을 설명할 수 있는 감정 조절의 최소 7가지 양상을 여기에서 제안해 볼 수 있다.[29] 이것들은 과학적 개념과 임상적 관찰을 통합해서 나온 것이다. 조절의 다른 측면도 제안될 수 있지만, 이 7가지 영역은 마음이 자신의 기능을 조절하는 다양한 방식, 즉 마음이 체화된 뇌 안과 우리의 관계 안에서 에너지와 정보의 흐름을 통합을 형성하는 다양한 방식을 이해하는 실용적인 틀을 제공한다.

강도

감정 처리의 토대는 평가-각성 시스템으로, 이는 다양한 정도의 강도 intensity로 반응할 수 있다. 뇌는 발화하는 신경세포의 수와 자극에 대한 반응으로 방출되는 신경전달물질의 양을 바꿈으로써 반응의 강도를 조절하는 것으로 보인다. 각성의 정도는 범위가 넓다. 만약 초기 평가와 각성 기제가 신체와 뇌를 최소한으로 활성화시키면, 정교한 평가-각성 반응 역시 미미할 것이다. 예를 들어, 명상을 하거나 신체적 반응 및 생리적 각성을 줄이는 약을 투여받은 참가자들은, 이런 신체 반응 억제제를 사용하지 않은 참가자에 비해 자극을 "그다지 중요치 않게" 해석하고, 일차 감정을 강렬하게 느끼지 않는다는 연구가 있다.[30] 신체의 각성 상태는 자율신경계를 통해서 뇌에 의해 조정된다. 2, 4, 5, 6장에서 논의했듯이, 뇌는 순서대로 몸 상태를 관찰하고, 생리적 상태에서의 몸의 변화를 나타내는 신체 지도로부터 감정의 의미를 받아들인다. 이 지도는 전전두 영역에 제시되고, 내부 수용 감각 인식으로 경험된다.

높거나 낮은 강도의 반응을 보이는 개인 특유의 패턴은 체질적 또한 경험적 요인 둘 다의 산물일 수 있다. 우리는 감정과 그 조절은 대체로 피질하 영역과 관련이 있을 것 같은 선천적인 특징뿐만 아니라, 보다 피질 쪽이 매개될 수 있는 학습된 특징들(특히 가족, 친구, 더 큰 문화와의 관계적 경험을 통해 구축된), 둘 다에 의해 형성된다고 말할 수 있다. 단 하나의 신경 영역만을 분리하는 것은 우리의 풍부한 감정 세계가 뇌의 낮은 영역으로 흘러 들어간 뒤, 경험 의존적이고 사회적으로 구성된 고등 뇌의 과정에 의해 형성되어 우리의 몸 전체에서 창발되어 나온다는 요점을 놓치는 것이다. 예를 들어, 수줍은 기질을 가진 사람들은 새로운 상황에 격렬하게 반응하고, 새로움에 직면했을 때 물러나는 선천적 경향을 가질 수 있다. 하지만 제롬 케이건Jerome Kagan이 증명했듯이,[31] 부모들이 수줍은 아이들과 관계를 맺는 방식은 그들의 성격이 어떻게 발달할지에 직접적으로 영향을 미칠 것이다. 우리의 감정은 분명히 선천적이고 경험에 의해 형성된다. 둘 중 하나가 아니고 둘 다에 의한 것이다.

제럴딘 도슨Geraldine Dawson과 동료들에 따르면, 감정 반응의 강도는 양측 전두 활성화와 관련되고 반응의 질quality 혹은 유인가valence의 경우는 이와 대조적으로 비대칭적(접근 상태에는 왼쪽 활성, 철수 상태에는 오른쪽 활성)으로 나타난다.[32] 수줍어하는 사람들은 새로운 것에 대해 더 강한 오른쪽 반구 반응을 보인다. 다른 사람들은 아마 새로운 것에 대한 반응으로 더 약한 강도의 감정을 경험할 것이다.

6장에서 언급했듯이, 도슨Dawson의 연구팀과 다른 연구자들이 행한 연구에서도 임상적으로 우울한 어머니를 둔 영아들은 즐겁고 신나는 경험을 하는 능력이 현저하게 저하되고, 만약 어머니의 우울한 상태가 생후 첫 해를 지나서도 지속된다면 특히 그러한 것으로 나타난다.[33] 이처럼 경험은 아동에게서 감정 활성화의 전반적인 강도와 유인가를 직접적으로 형성할 수 있다. 특히, 우울한 부모를 둔 아동의 경험에서는 긍정적 감정 상태의 공유라는 경험이 빠져있을 수 있다. 보편적인 환경에서 그러한 상태의 공유는 유쾌한 감정을 증폭시켜 강렬하게 엮인 긍정적 정서의 파도와 함께 아동과 부모를 "궤도 속으로" 보낸다.[34] 이렇게 증폭된 긍정적 감정 상태를 공유한 경험이 없다면(우울한 커플처럼), 이런 강렬한 상태를 견디고 (즉 균형 잡힌 방식으로) 즐기는 능력이 충분히 발달되지 않을 수 있다. 상호작용의 경험은 아동으로 하여금 높은 수준의 "긴장" 혹은 감정적으로 엮인 각성을 경험하게 하는 것뿐 아니라,[35] 그러한 상태를 다룰 수 있도록 뇌 회로를 가동시키는 것을 가능하게 한다.[36] 강렬한 각성 상태에서도 편안하게 느끼고 다른 사람과의 접촉을 유지하는 데에는 개인의 체질적, 경험적 특성 둘 다 원인이 될 수 있다. 안정된 관계라는 것은 영아가 강렬한 고통을 경험할 때 함께 머물며 달래주는 존재가 되어주는 것뿐 아니라 긍정적인 참여의 경험을 공유하는 즐거움의 상태를 증폭시켜주는 양육자의 능력도 포함한다 볼 수 있다.

앞으로 보겠지만, 각성의 강도는 위장될 수 있다. 종종 우리가 이해받고자 하는 욕구가 최고조이고 가장 취약함을 느낄 때는 바로 감정이 가장 강렬해질 때이다. 이런 노출감sense of exposure은 많은 사람들, 특히 과거 의사소통과 관련해 불만족스러운 경험을 한 사람들로 하여금, 자신이 느끼는 것을 솔직하게 드러내는 것을 주저하도록 만든다. 강렬한 순간에 이해받지 못하고 감정적으로 연결되지 못하면 이는 엄청난 수치심을 가져올 수 있다.[37] 상태 동조alignment의 기회(감정적 공명, 즉 "느껴졌다고 느끼는feeling felt")를 놓침으로써 발생한 수치심은 철수로 이어질 수 있다. 그다지 강렬하지 않은 상태에서도, 이해받지 못했다는 것은 고립감으로 이어질 수 있다. 이 취약성과 의도치 않은 단절의 순간이 불가피하다는 사실을 인식하는 것은 우리로 하여금 그러한 동조 상태의 파열을 복구하게 해준다. 그러한 상호작용적 회복 경험은 우리에게 새로운 수준의 감정 강도와 그것에 수반될 수 있는 취약하다는 느낌을 견디는 것을 배울 수 있게 해준다. 에드워드 트로닉Ed Tronick의 "정면 패러다임Still Face Paradigm"에 대한 중대한 연구 결과에 따르면, 단절 후 재연결을 가능케 하는 이 중요한 능력은 우리의 관계적인 삶에서만 흔한 것이 아니라, 심지어 빈번한 단절의 순간으로부터 안정 애착 관계가 구축되고, 그런 다음 회복의 기술 및 재연결 가능성의 단초를 양성할 수 있게 하는 "혼잡한" 방식에서도 중요한 부분을 차지한다고 할 수 있다.[38]

민감성

우리 모두에게는 "반응 역치" 혹은 평가 시스템을 활성화하기 위해 필요한 자극의 최소량이 있다. 예민한 반응 기제를 지닌 사람들은 삶이 도전적 상황으로 가득 찰 것이다. 그들의 뇌는 "이것은 중요해. 주의를 기울여!"라는 메시지를 자주 발사할 것이다. "더 둔감한" 사람들은 각성에 선뜻 반응하지 않을 것이고, 같은 자극에 감정적으로 덜 민감할 것이다.

강도와 같이, 민감성sensitivity은 체질적이며 또한 경험에 의해 조정될 수 있다. 이 두 변인은 또한 특정 순간의 마음 상태에 의존적일 수도 있다. 일상생활 중 우리는 "신경이 예민해서" 기존에는 위험하지 않았던 사건에도 재빨리 반응하는 때가 있을 수 있다. 우리가 무언가에 정신이 팔렸거나 우리 자신을 감정적으로 방어할 때는 그렇지 않을 때보다 덜 민감할 수 있다. 우리의 반응 역치를 변경하는 것은 뇌가 감정 반응을 조절하는 중요한 방식일 수 있다.

마음은 어떻게 민감성을 변화시킬 수 있는가? 평가안에서 감정의 토대로 관심을 돌려보면 우리가 어느 정도 알고 있는 가설을 만들 수 있다. 가치 센터가 활성화되는 데 필요한 자극의 양을 증가시킴으로써, 뇌는 환경에 대한 민감성을 직접적으로 감소시킬 수 있다. 평가 시스템 자체의 조정으로도 민감성을 증가시키거나 감소시킬 수 있다. 예를 들어, 만약 당신이 충격과 살인이 난무한 폭력적인 영화를 최근에 보았다면, 당신의 마음은 큰 소리 나 어두운 골목에 예민해진다. 만약 어두운 주차장에 있는 차로 돌아갈 때 갑자기 큰 소리를 들었다면, 당신은 각성되어 그러한 상황을 위험한 것으로 평가할 가능성이 더 클 것이다. 만약 당신이 시끌벅적하고 불꽃놀이를 한 파티에 막

> 최근 경험은 민감성에서의 맥락-특유의 변화에 대해 마음을 준비시킨다.

다녀왔다면, 당신의 마음은 위험 신호를 덜 경계하거나 어두운 주차장에서의 갑작스러운 큰 소리에 덜 민감할 것이다. 최근 경험은 민감성에서의 맥락-특유의 변화에 대해 마음을 준비시킨다.[39]

강렬한 감정 경험의 반복은 민감성의 정도에 만성적인 변화를 초래할 수 있다. 예를 들어, 극도의 공포, 특히 어린 시절에 겪은 외상과 관련된 특정 자극에 대한 개인의 민감성을 영구히 바꾸어 놓을 수 있다. 만약 고양이가 어린아이를 할퀴고 물었다면, 그 후 여러 해 동안에는 멀찌감치 있는 고양이조차도 이 사람에게 공포라는 강한 감정 반응을 불러일으킬 것이다. 더욱이 어린 시절의 외상은 일상생활 경험의 반응에서 코티솔의 비정상적 분비와 연관이 있을 수 있다.[40] 또한 HPA 축(시상하부-뇌하수체-부신축)을 담당하는 유전자의 후성적 조절 역시, 생애 초기의 스트레스 요인에 의해 부정적인 영향을 받을 수 있다는 것을 보여주는 연구가 많다.[41] 다른 연구와 마찬가지로, 이러한 발견은 어린 시절의 방임이나 학대가 뇌의 통합적 섬유에 손상을 끼치거나 성장 장애를 초래할 수 있음을 시사한다.[42] 조절은 통합에서 나오므로, 이러한 연구들은 조기 외상과 방임 후 조절이 심각하게 저해될 수 있다는 관점을 지지한다. 스트레스 반응과 평가 과정에 관련된 뇌의 특정 부위의 회로 및 후생적 조절의 조기 변화는, 감정적 경험과 그 조절에 직접적으로 영향을 미치는 평가 기제에 깊은 영향을 미칠 수 있다.

각성 시스템이 발사되도록 민감하게 만들었던 어떤 초기 경험들은 영영 충분히 둔감해지지 않을 수도 있다.[43] 환자들은 만성적으로 과민한 상태로 남을 수도 있다. 그러나 과도하게 민감한 전반적인 각성 단계에 대한 특정한 평가는 바뀔 수 있다. "인지적 제어장치cognitive override" 기제의 사례를 살펴보자.

어린 시절 개한테 물린 40세 남자가 있었다. 그 사고로, 그는 왼쪽 귀의 일부를 잃었고, 팔과 가슴에 깊은 흉터가 남았다. 그는 성장하면서 자연스럽게 개를 피하게 되었다. 아버지가 되자 그는 아이들이 애완견을 키우자 하는 날이 올까 봐 매우 두려워했다. 그날이 실제 오게 되자 그는 상담실을 찾았다. 무엇을 할 수 있을까? 개를 볼 때마다 심장이 뛰곤 했다. 땀을 비 오듯 흘리며 가슴을 움켜쥐면서 죽을 것처럼 느끼곤 했다. 이 공황은 한 때 약물에 반응이 있었지만, 그는 너무 졸렸다. 아이들을 위해 개를 키우고 싶었지만, 그런 공포와 함께 살 수는 없었다.

어떤 이들은 부모가 아이들에게 할 수 있는 것과 할 수 없는 것의 한계를 알려주어야 했다고 적절하게 말할 수도 있다. 그들은 이 경우 아버지한테는 개가 없는 환경이 필요하다는 것을 서로 논의하고 존중했어야 한다고 느꼈을 수도 있다. 또 다른 가능성(이 남자가 선호했을)은 그의 두려움을 "다루는" 시도를 해 보는 것이었다. 그 사고는 그가 두 살일 때 일어났다. 그 시절에 대한 어떤 것도 거의 기억하지 못했다 물론 우리는 이것이 전형적인 아동기 기억상실의 일부라는 것을 안다. 즉, 해마와 안와 전두엽 영역의 미성숙으로 인해 외현적 자전적 부호화가 아직 가능하지 않았다. 따라서 그 사건에 대한 그의 일차적인 기억 형태는 암묵적이었다. 그는 사고에 대해 감정적(공포와 공황)이면서 행동적인(회피) 기억을 보였다. 다행히 그는 부모님에게서 들었던 이야기와 자신의 의미 기억을 통해서 그 경험에 대해 알고 있었다. 이 지식은 인식적 형태였다. 그는 사실을 알고는 있었지만, 과거 그 시점에서의 자신에 대한 감각을 갖고 있지 않았고, 따라서 그것은 자기 인식적이지는 않았다. 거울로 흉터가 남은 귀를 보는 것 또한, 그때마다 무언가 무서운 일이 일어났었다는 것을 상기시켰다.

이 환자의 편도체는 아마도 개를 보는 것에 정밀하게 민감해졌을 것이다. 5장에서 논의했던 것과 같이, 지각 시스템 및 편도체를 포함한 전의식 피드백 고리는 그가 개를 봤다고 자각하기도 전에 투쟁-도피-경직-기절 반응fight-flight-freeze-faint response이 일어나는 것을 가능하게 했을 것이다. 이러한 기능적 회로는 인간인 우리에게는 진화적으로 유용했었다. 일단 다치고 나면, 다시는 그 일이 일어나지 않게 하려고 우리의 편도체는 할 수 있는 것은 다 할 것이다.

공포 반응과 그 기저에 있는 신경 회로의 성격에 대한 교육이 그에게 도움이 되었다. 개의 자기-발생적 심상에 노출되는 심상 유도 치료와 이완 기술이 제공되었다. 그럼에도 불구하고, 개를 처음 마주할 때 깜짝 놀라는 그의 반응은 여전했다. 그래서 "인지적 제어" 전략이 시도되었다. 즉, 이 환자가 현재 개에 대한 편도체의 반응과 과거의 외상(초기 각성 기제)에 대한 연관성에 대해 알게 했다. 그러자 그는 자신에게 말했다. "나는 네가 나를 보호하려고 노력하는 것이고 이게 위험한 일이라고 생각하는 것을 알아"(구체적 평가 단계). 그다음 그가 말했던 것은 결국 그가 아이들에게 (작은) 개를 사 줄 수 있게 만들었다. "나는 이 공황 감각을 무언가에 대한 공포나 초조감이라 생각할 필요 없어." 그런 후 그는 자신의 해마가 안도의 숨을 내쉬며 경고할 의무로부터 벗어나는 것을 상상했고, 뭔가 닥쳐오리란 기분은 사라졌다. 이렇게 내적으로 제어하는 토론을 몇 주간 시행한 후, 그는 애완동물을 구매할 준비가 됐다고 느꼈다. 6개월 뒤, 그와 가족들은 새로운 식구와 잘 지내고 있었다.

이 사례는, 특정 자극에 대한 민감성이 변할 수 없어도 한 개인의 초기 각성에 대한 반응이 전환되어 좀 더 유연한 생활로 이어질 수 있음을 보여준다. 이 사례에서는 환자의 전전두가 매개하는 반응 유연성 과정의 발달과 참여로 가능해졌다. 이 사람의 과거 외상은 정보 처리와 에너지의 흐름에서 경직된 패턴으로 이어져 왔다(개를 보는 것이 엄청난 각성과 공포감을 일으켰다). 정보와 에너지 흐름의 뿌리 깊은 패턴을 바꿈으로써, 환자의 행동은 더욱 유연해졌고, 자신의 인생에서 좀 더 적응적으로 나아갈 수 있었다.

계속 더 탐구하겠지만, 정신 건강의 장애는 종종 정보 처리와 에너지 흐름의 막힘으로 보일 수 있다. 정신적인 삶 전반에 걸쳐 이러한 근본적인 요소들이 더 유연하고 적응적으로 흐르도록 혹은 "순환하도록" 해주는 경험들은 감정적 웰빙에 크게 기여한다

특이성

감정 조절은 각성을 통해 뇌의 어떤 부분을 활성화할지 결정할 수 있다. 자극에 할당된 가치와 의미를 결정함으로써(평가의 특이도specificity) 뇌는 시스템이 변화하는 상태에 따라 에너지의 흐름을 조절할 수 있다. 예를 들어, 낮잠을 자다가 어떤 소리에 깨는 것은 아마 당신의 몸을 초기 정향initial orientation이라는 각성된 상태에 들어가게 할 것이다. 당신의 뇌가 이 자극받은 상태를 처리하기 시작하면서, 소리의 다양한 측면에 의미를 부여할 수 있다. 만약 당신이 쉬면서 배우자가 돌아오기를 기대하고 있다면, 배우자의 귀가를 기대하는 맥락이 떠오를 것이고, 그러면 그 소리를 흥분의 원천으로 해석할 것이다. 반면 당신이 누가 올 거로 생각하지 않고 있었다면, 그 소리는 있을 법한 불청객이나 위험의 신호로 해석될 수 있고, 당신은 두려움을 느낄 수 있다. 상황의 맥락을 포함하여, 어떤 특정 순간에 활성화된 표상은 유도된 자극의 평가에서 구체적 방향을 형성하도록 돕는다. 정교해지고 분화된 평가의 특이성은 직접적으로 각성을 형성하고, 이로써 전개되는 감정 경험의 구체적 유형을 결정한다.

각성의 형성을 통해, 평가의 특이성은 일차 감정을 범주적 감정으로 분화하는 데 직접적으로 영향을 미친다. 평가 기제에서 보이는 개인 간 특징적 차이는 생성되는 감정의 종류를 직접적으로 결정할 수 있고, 기분과 성격의 전반적인 "성질nature"에 영향을 미칠 수 있다. 이것이 한 사람의 몸에

깊이 밴 기질의 측면이 성인기까지 지속되는 한 가지 방식일 수 있다. 평가의 특이성은 우리가 자극 사건에 부여하는 의미뿐만 아니라, 자기-환경 맥락의 의미, 그리고 창발하는 감정 과정 그 자체의 형태와 의미도 만든다. 따라서 특이성은 진행 중인 평가-각성 과정뿐만 아니라 사건의 의미를 감정appraise하는 복잡하고 반복적인 평가 과정이다. 평가의 특이성은 자극을 평가하는 여러 요소에 의해 영향을 받을 수 있는데, 예컨대 현재 혹은 미래 목표 성취와의 관련성에 대한 개인의 평가, 통제 소재로서의 자기를 유지하고 대처하는 개인의 능력에 대한 위협, 또한 자기와 다른 사람과의 관계에서의 자기에 관한 전반적인 사안에 대한 의미와 같은 것들이다.

아동이 발달함에 따라 일차 감정으로부터 범주적 감정으로의 분화는 점점 더 정교해진다. 이러한 방식으로, 쾌 혹은 불쾌와 같은 아주 초기 상태에서 두려움, 화, 혐오감, 놀라움, 흥미로움, 수치심, 즐거움과 같은 기본적 혹은 범주적 감정으로 발전한다. 스르푸Sroufe는 기쁨, 걱정, 좌절감/고통과 같은 "전구 감정precursor emotions"이 즐거움, 두려움, 화와 같은 더욱 분리된 감정 상태의 발달에 선행하는 것으로 설명한다.[44]

아동이 발달을 지속하면서, 향수, 질투, 자부심과 같은 더욱 복잡하고 "사회적으로 파생된" 정서들이 발달되기 시작한다. 린다 캄라스Linda Camras는 역학적 체계 이론dynamical systems theory이 감정 표현의 발달을 검토하는 데 유용할 것이라고 주장했다.[45] 이 관점에서는, 영아의 마음이 내적 과정과 부모와의 상호작용적 반응을 통합하는 기능을 한다. 감정 과정에서 나타나는 분화는 신경생리학적 측면, 주관적 경험, 인간관계, 그리고 정서 표현의 영역이 상호작용하면서 일어난다. 더욱 분화된 개별 정서들은 내외적 제약을 결정해온 끌개 상태로서 기능하게 된다. 캐롤 말라테스타-마가이Carol Malatesta-Magai가 설명한 것처럼, 그러한 과정은 "감정 사회화"의 한 형태로, 정서가 사회적 신호로서 역할을 하는 근본적인 방식을 반영하고, 부분적으로 인간관계의 이력을 반영하는 것으로 발달한다.[46] 그러한 감정 사회화는 아동-양육자 관계 및 또래-또래 상호작용 안에서 발생하며, 문화에 따라 상당히 다양한 차이를 보여줄 수 있다.[47]

가족 안에서와 더 넓은 문화권 안에서 아동들이 하는 경험은 사회적 상호작용의 규칙이 정해지는 방식을 직접적으로 형성한다. 그러므로 내적 상태의 공유는, 중요한 타자와 순간순간 나누는 감정적 상호작용을 통해 배울 수 있는 의사소통의 한 측면이다. 예를 들어, 한 연구는 인도 브라만 계급의 아동들이 미국 아동들에 비해 부정적인 감정에 관해 소통할 가능성이 더 낮다는 것을 밝혀냈다.[48] 비고츠키Vygotsky가 언급했듯이, 이러한 상호작용적인 사회적 행동이 정신생활의 내적 경험의 차이가 될 수 있다. 즉, 사회적 의사소통은 우리가 "생각"이라 부르는 내적 과정을 위한 주형이 될 수 있다.[49] 다른 연구에서는 미국 이외의 다른 개인주의 국가 출신의 사람들 또한 부정적 정서를 더 소통하거나, 문제 해결에 더 외적으로 초점을 맞출 가능성이 있다고 제안했다. 반면에, 집단주의 국가 출신의 사람들은 자기 반영적 감정을 덜 갖는 것으로 나타났다.[50] 우리는 우리 문화에 의해 형성되고, 우리는 우리 문화를 형성한다.

감정 경험의 특이성은 자극에 대한 반응으로 활성화되는 평가의 특정 복합층에 의해 결정된다. 이러한 평가 과정은, 뇌에서 사회적으로 민감한 가치 회로에 의해 중재되어, 개인의 체질과 상호작용의 역사 안에서 창발한다. 이것이 두 사람이 동일한 상황에 대해 종종 질적으로 다른 반응을 보이는 까닭이다. 독특한 개인적 의미는 감정 반응의 특이성에 의해 만들어진다.

연구자들은 광범위한 감정에 다양한 범주로 이름을 붙였다.[51] 이 중에는 흥미/흥분, 즐거움/기쁨, 놀람/경악, 슬픔, 화남, 역겨움, 경멸, 두려움, 불안, 수줍음, 사랑이 포함된다. 유쾌함과 유머뿐 아니라, 당혹스러움, 자부심, 수치심, 죄책감 같은 "자기의식적 감정"과 같은 또 다른 유형도 기술되었다. 사람들은 각자 인생의 어떤 지점에서 이러한 정서들을 많이 혹은 모두 경험했을 수 있다. 그들이 특정 범주의 감정(예를 들어, 슬픔)을 경험할 때마다 그것이 독특한 동시에 보편적인 측면을 지닌다는 것 또한 알아차렸을 수 있다. 시스템의 상태가 갖춰지면, 그것은 내적 과정과 외적 맥락 모두의 독특한 특징을 지닌다.

> 독특한 개인적 의미는 감정 반응의 특이성에 의해 만들어진다.

일차 감정 상태가 범주적 감정으로 분화하는 것은 마음이 전개된 상태에 따라 뇌의 여러 층이 어떻게 영향을 받는지를 보여주는 속성 과정이다. 본질적으로 감정은 하나의 마음 상태라는 우산 아래, 여러 회로를 모으는 것을 포함하는 일련의 과정이다. 그러므로 평가와 각성 과정은 신경망 활성화 프로파일(마음 상태)을 만들고, 그다음에는 그 특성이 후속 평가와 각성 과정을 직접적으로 조형한다. 이 복잡한 피드백 기제는 왜 감정 반응 패턴이 한 개인에게서 그렇게 끈질긴지 알 수 있게 해준다. 특이성에 있어 연속성의 요소들은 자기 강화적이다.

우리는 특정한 마음 상태의 반복을 "자기 상태"라 부를 수 있다는 것을 안다. 왜냐면 이들이 시간에 걸쳐 자기감을 정의하고 발전시키기 때문이다. 우리의 3-P 틀에서 이들은, 활성화되어 의식에 쓰일 것을 걸러낼 때 발생하는, 특징적인 정점peak을 가진 영속적인 고원으로 보일 것이다. 그런 후 자기 알아차림은 "자기 강화" 고리가 되는데, 여기에서 가능성의 평면으로부터 나온 알아차림은 단단히 자리 잡은 고원 및 그 자기-정의한 정점peak과 고리를 이룬다. 모순적이게도 우리의 마음은 어떤 경우에는 가능성의 샘이 아닌 제한적인 감옥이 될 수 있는 스스로의 자기감을 만들어 낸다. 알아차림의 수레바퀴 같은 훈련은 그런 고원의 장악을 느슨하게 하고 바퀴의 중심과 연관된 가능성의 평면에서 직접 발생하는 정점peak에 더 많이 접근함으로써 영향력을 가질 수 있다. 당신 자신의 경험 속에서 삶의 자유는, 평면 내에 존재하는 불확실성의 초기 감각을 더 편안하게 느끼는 것과 직접적인 상관관계가 있다는 것을 알게 될 수도 있다. 그러나 그 불확실성은 가능성의 동의어이기도 하다. 자신과 다른 사람들이 삶이 전개되도록 내버려 두고 쉬도록 하는 데 도움을 주는 것은 우리가 누구인지, 우리가 무엇이 될 수 있다고 생각하는지를 제한할 수도 있는 명사와 같은 고원으로부터 "자신을 자유롭게 하는 것"의 내적 측면일 수 있다.

특정 평가의 경직된 패턴 안에서 변화를 만들자면 정보와 에너지 흐름의 구조에서 근본적인 변화가 필요하다. 이는 우리 3-P 그래프에서, 고착된 고원의 장악력이 느슨해지는 것으로 보일 것이다. 결국 아이들에게 개를 사 준 남자의 사례에서 본 것처럼 개 이미지에 대한 민감성의 변화는 평가의 특이성이 변화된 수준에서 이루어졌다. "개"와 "공포" 둘 다에 대한 특정 평가 반응은 새로운 패턴의 감정 반응이 형성되기 전에 수정될 필요가 있었다.

가치 회로는 "이것이 좋다" 혹은 "이것이 나쁘다"라는 기본적인 쾌락 색조hedonic tone와, "접근" 혹은 "철수"와 같은 행동 세트를 만들어 구체적인 평가를 결정한다. 또한 가치 회로 역시 이들 초기 활성화의 의미를 계속 평가하는데, 이것들은 범주적 감정을 포함해 좀 더 분명한 감정 상태로 정교화된다. 무엇이 평가/가치 과정 자체의 특성을 결정하는가? 무엇에 집중해야 할지, 무엇이 좋고 나쁜지, 그리고 슬픔이나 분노에 어떻게 반응해야 하는지를 마음은 어떻게 "아는"가?

인간 진화의 관점에서, 이 복잡한 평가 과정의 구조는 선조들의 생존에 이익을 주었을 것이다. 진화의 원칙에 따르면, 지금의 평가 과정을 형성하는 유전자는 초기 인류의 생존을 도왔을 것이고, 따라 전해져 오늘날 존재하는 것이다. 예를 들어 어떤 사람들은 이전에 한 번도 본 적이 없는 데도 왜 뱀을 보고 놀라는지가 하나의 설명이 될 수 있다. 또한 이는 영아들이 애착 경험을 중요하게 평가하는 "천부적인(타고난)" 시스템을 갖고 있는지도 설명할 수 있다. 다시 말해서, 평가 과정에는 천부적인, 유전적 측면이 있다.

평가 기제에 관한 두 번째 주요한 진화적 영향은 개인의 경험에서 배울 수 있다는 점이다. 예를 들어, 불에 손을 대면 덴다는 것을 배울 수 없었던 사람은 반복해서 다칠 가능성이 더 있었을 것이고, 따라서 생존해서 그들의 유전자를 물려줄 가능성은 더 낮았을 것이다. 뇌가 평가 기제를 바꿀 수 있었던 사람들은 살아남을 가능성이 더 높았을 것이다. 그러므로 **이 평가 시스템은 유전적 기반을 가지며 또한 경험에 반응적이다. 그것은 학습한다. 감정적 관여는 학습을 증진시킨다.**

용인 범위

우리 각자는 "용인 범위windows of tolerance"라는 것을 갖고 있어서 그 안에서 시스템의 기능이 훼손되지 않고 다양한 강도의 감정적 각성이 처리될 수 있다. 어떤 사람들은 고도의 각성을 편안하게 느끼고 균형과 효율성을 유지하며 생각하고, 행동하고, 느낄 수 있다. 이 개념과 용인 범위라는 용어는, 어떤 상황이 통합적 일관성으로 이어질지, 아니면 혼돈과 경직성의 형태로 비통합적 비일관성을 가져올지를 결정하는 내외적 맥락에 대한 관찰 결과를 이해하는 과학적 틀 제작에 한발 다가가는 데 도움이 되었다. 용인-범위 개념에 대한 연구는 그것이 외상의 특성과 그 여파를 밝히는 데 유용한 경험적 타당성을 가질 수 있음을 시사한다.[52] 외상 치료에 대한 임상적 접근 또한 이 개념이 심리 치료의 전략을 조직하는 데 유용하다는 것을 보여주었다.[53] 예를 들어, 어떤 감정(분노나 슬픔과 같은) 혹은 심지어 모든 감정은 외상적 경험이나 학대, 방치 같은 발달적 외상 후에 왔을 때는 비록 경도로 활성화된다 하더라도 기능에 상당한 지장을 줄 수 있다. 각성의 강도 문제(하이퍼hyper 대 하이포hypo)는 종종 혼돈 또는 경직 상태와 관련이 있을 수 있는 반면, 조화 기저에 깔린 통합적 복잡성으로부터 떨어진 복잡계의 현재 상태에서의 이들 후자 측면은 사실 정확히 동일하지 않을 수 있다. 특정 감정 상태의 강도는 알아차림 밖의 각성 및 평가 기제를 포함할 수 있지만, 그들은 또한 그 순간 그들이 기능하지 않은 더 근본적인 측면에서 경직이나 혼돈의 상태에 관여할 수도 있다. 예를 들어, 비기능적 상태의 신호는 저강도 각성은 결코 아니며, 낮은 혹은 높은 각성 상태 모두에서 극단적인 경직성이 나타날 수 있다. 마찬가지로, 혼돈은 낮은 또는 높은 각성 조건에서 나타날 수 있다. 달리 말하면 혼돈과 경직성 사이에 놓여있는 조화로운 기능의 범위를 나타내는 용인 범위의 원래 개념은, 낮고 높은 정도의 각성이나 활성화 사이의 간격 같은 다른 범위의 개념 버전보다 더 정확하고 유용할 수 있다. 향후 연구는 통합 상태와 이들의 각성 상태와의 상관관계를 구분하는 생리 및 신경 과정을 명확히 하는 데 도움이 될 수 있다.

[그림 7.1]에서는 시스템의 분화된 측면을 연결함으로써 달성되는 조화의 통합적 흐름이 한쪽에는 혼돈의 둑을, 다른 한쪽에는 강직의 둑을 두고 흐르는 강의 중심과 비슷하다는 우리의 은유적 관점을 볼 수 있을 것이다. 용인 범위는 시간에 걸친 강의 폭이거나 주어진 순간의 특정 정신 상태에 대해 같은 그림일 것이다. 그러한 상태는 슬픔, 두려움, 분노, 기쁨, 고양감 또는 경외의 감정일 수 있다. 주어진 상태의 맥락(주어진 순간의 내부와 외부 조건)이 범위의 너비를 형성할 수 있다.

앞서 보았듯이 비의식적 평가 활동은 뇌가 정보를 처리하는 방식에 영향을 끼친다. **각성이 용인 범위의 경계를 벗어나면, 생각이나 행동이 혼란**

[그림 7.1] 통합의 강

에 빠질 수 있다. 어떤 사람들은 이 범위가 매우 좁을 수 있다. 그런 사람들은 그 강도가 범위의 경계에 다다르고 시스템의 기능이 와해되기 직전에 이르러서야 감정 과정을 인식할 수 있다. 또 다른 사람들은 광범위한 감정(기쁨, 흥분, 사랑과 같은 유쾌한 감정에서부터 화, 슬픔, 두려움과 같은 불쾌한 정서까지)을 견뎌낼 수 있고 의식할 수 있다.

최근 연구에 따르면, 우리가 논의해왔던 전전두 피질 영역의 일부는 우리가 사건의 의미를 평가하고 감정적 삶을 균형적으로 유지하는 방식에 활발하게 관여한다.[54] 웨거Wager, 오스너Oschner와 그 동료들은 다음과 같은 결론을 내렸다. "요약하자면, 이 연구는 분산되어 있는 외측 전두, 내측 전두, 그리고 안와 전두 영역 세트가 함께 감정적 사건의 의미에 대한 재평가를 조율하고 있다는 증거를 보여주었다."[55] 이 전전두 영역의 한 측면인 복외측 전전두 영역(특히 우측 뇌)은 이 과정에서 특히 중요한 역할을 하는데, 피질 활동과 변연계 편도체 및 뇌간 일부와 같은 피질하 영역의 발화를 연결시킨다. 웨거Wager와 동료들은 다음과 같이 말했다.

> 만약 우리의 감정으로 인간의 삶이라는 직물을 짠다면, 감정을 조절하는 우리의 능력은 이 삶이라는 직물이 풀리지 않도록 해준다. 최고의 상황은 성공적인 조절로 가장자리가 조금 해어진 느낌을 남기는 것이다. 최악의 상황은 조절의 실패로 심각한 대가가 요구되며 많은 정신적 장애의 발생과 증상을 가져온다.[56]

전전두 피질의 중요한 통합 기능은, 감정-유발 피질하 신경 활동과 피질 기능인 생각과 반영의 사이에서, 조정과 균형에 주요 역할을 한다는 것을 알 수 있다. 유전적, 경험적 요인 둘 다 통합적인 전전두 영역이 발달하는 방식에 영향을 미친다. 이러한 전전두 신경 통합의 조정과 균형 없이는 감정-유발 피질하 발화에 의해 유발된 활성화 상태는 기능 장애로 이어질 수 있다. 용인 범위에 대한 우리의 논의와 관련하여, 연구자들은 우리가 제1장에서 소개한 바와 같이 "임계성criticality"과 "준안정성metastablity"의 개념을 이용, 신경 기능과 정신 과정에 시스템 과학을 적용하여, 혼돈과 경직 사이의 영역에서 뇌가 복잡계로서 어떻게 작동하는지를 탐구한다.[57]

한 개인의 용인 범위의 폭은 당시의 마음 상태, 특정 감정 유인가, 그리고 그 감정을 불러일으킨 사회적 맥락에 따라 달라질 수 있다. 예를 들어, 많은 사람은 안전하며 자신을 이해한다고 여기는 사랑하는 사람들과 함께 있을 때 스트레스 상황을 더 잘 견딜 수 있다. 용인 범위의 경계 안에 있을 때 마음은 계속해서 잘 기능한다. 경계를 벗어나면 우리는 혼돈과 경직성으로 향하고 기능은 손상된다.

가장 기본적인 수준에서, 이들 상태의 한 표현은 활성도와 관련 있을 수 있다(그러나, 앞에서 언급했듯이, 이는 항상 그런 것은 아니다). 이는 자율신경계 가지의 활동 측면에서 이해될 수 있는데, 자세한 것은 다음 장에서 논의될 것이다. 이런 특정 상황에서는 용인 범위를 넘어서서 과도한 교감신경가지의 활성이 항진된 에너지-소모 과정으로 이어질 수 있어, 심박수와 호흡이 늘고 머리가 "박동치는pounding" 느낌으로 나타난다. 다른 극단에서는 과도한 부교감신경가지의 활동이 항진된 에너지-보존 과정으로 이어져, 심박수와 호흡이 줄고 마음이 "멍하고" "멈춘" 감각으로 나타난다. 다른 자율신경 조합도 가능한데, 가장 일반적으로는 이 두 가지들이 모두 동시에 활성화되는 것이다. 이때 머리는 "폭발하고", 몸은 "긴장되는" 내적 감각이 만들어지는데, 이는 마치 브레이크와 악셀을 동시에 밟으며 운전하는 것과 같다. 어떤 사람들은 이런 상태를 "폭발적인 분노"라 일컫는다.

이런 상태에서는 추상적인 사고, 자기 반영 등의 "상위" 인지 기능이 멈춘다. 이들 피질 과정과 고도로 방출 중인 변연계 중추를 연결하는 전전두 회로는 기능적으로 막혀버리고, 이성적인 사고가 불가능해진다. 용인 범위를 벗어난 마음 상태에서는 전전두가 중재하는 반응 유연성 능력이 일시적으로 멈춘다. 통합적 처리라는 "상위 양식"이 반사적 반응이라는 "하위 양식"으로 대체된다. 우리는 투쟁, 도피, 경직, 기절의 반응적 상태로 들어갈 수 있다. 반면 다른 사람들은 이와 똑같은 각성의 상태에서 혼돈이나 경직성으로 나아가지 않고 기능적으로 통합된 상태에 머물 수 있는 실로 다른 능력을 보여줄 수도 있다. 환경과의 유연한 상호작용을 허용하는 자기 조절 능력의 바탕이 되는 감정의 통합적 기능은 유지가 되기도, 제한되기도 하는데, 이는 그 정도의 각성이 얼마나 신경 활성의 강도에 영향을 주느냐 뿐만 아니라 분화된 영역이 얼마만큼 기능적으로 연결된 채로 남아있는지(즉, 얼마나 통합적 기능을 유지하는지)에 달려있다. 범위 밖으로 떠밀려지는 그런 조건 아래에서는 역동적 시스템이 과도한 경직성 혹은 무작위성을 특징으로 하는 상태로 들어감으로써 복잡성을 극대화하는 쪽으로의 움직임에서 벗어나는 것처럼 보인다고 제시해 볼 수 있다. 이런 상태는 유연하지 않고 혼돈 상태이며 내외적 환경에 그다지 적응적이지 못하다. 이것은 단순히 높고 낮은 각성의 정도의 문제가 아니고 순간의 통합적 기능의 정도의 문제임을 주목하라. 범위 안에서는, 통합이 펼쳐지고 범위 밖으로 가면 통합은 일시적으로 손상되고 혼돈과 경직성이 나타나려 한다. 마음이 자신의 부적응적인 패턴을 강화할 수 있는 차선의 조직적인 흐름으로 들어서 버린 것이다. 이것이 바로 정서 조절 장애의 상태이다.

이러한 분별을 이해하는 한 방식으로 합창단 비유를 들어 보겠는데 통합에 관한 9장에서 더 깊이 있게 논의할 것이다. 1,000명의 합창단 가수들로 이루어진 그룹을 상상해 보라. 첫 번째 상황은 가수들이 각각 20분 동안 같은 음을 부른다. 변화는 없지만 시끄러운, 분화는 없고 연계만 있는 예시가 될 것이다(통합은 손상되고 통합적 흐름을 유지하지 못하는 강직성을 가진 상태로). 이와는 대조적으로, 같은 일련의 가수들이 귀를 막고 1,000곡의 다른 노래를 한꺼번에 쏟아낸다고 상상해 보라. 서로 들을 수 없다고 하면(귀를 막게 하면), 이때는 시끄러운, 분화는 있으나 연계는 없는 소리이다. 여기서 다시, 고강도의 요란함이 있지만, 불협화음 속에 혼돈이 나타난다. 최적의 자기 조직화를 위해 허용 범위 내에서 흐르려면 통합이 필요하다. 우리 합창단 예에서 1,000명의 가수가 강력한 음량(고강도의 각성)을 가질 수 있지만, 이번에는 조화로운 간격의 분화가, 함께 부르고 있다는 연계와 혼합되어, 하모니를 이룬다. 10명의 가수로 이루어진 그룹에서도 정확히 세 가지 예를 볼 수 있다. 10명인 가수들의 볼륨은 낮을 수 있지만, 여전히 볼륨 수준과 상관없이 혼돈, 경직성 또는 조화를 드러낸다. 여기서 유의할 것은 "각성 수준"의 등가(소리의 시끄럽기)는 범위 안에 있을 것이냐 말 것이냐를 결정하는 요소가 아니라는 것이다. 하모니는 합창단의 통합 복합 시스템의 유연하고flexible, 적응적이며adaptive, 일관되고coherent, 에너지가 넘치고energized, 안정적인stable(FACES) 흐름이다.

용인 범위는 체질적인 특성과 경험적인 학습에 따라 결정될 수 있다. 허기나 기진맥진과 같은 현재의 생리적 상태 역시 개인의 용인 범위를 현저하게 제한할 수 있으며 예민함과 "감정 폭발"에 더 취약하게 만든다. 용인 범위는 개개인의 체질적인 특성에 의해 형성될 수 있다. 수줍은 기질을 가진 사람은 많은 종류의 정서 강도를 매우 불편하게 느낄 것이며, 자신들에게 익숙하고 불편하거나 혼란스러운 내적 감각을 불러일으키지 않는 환경을 찾을 것이다. 그런 사람들은 자신들이 안정적인 관계를 맺고 있는 애착 대상과 함께 있을 때에야 충분히 안전하게 느끼고 새로운 상황에 접근할 수 있다. 그런 맥락이 없다면, 그들은 물러나 사회적으로 고립될 수 있다. 더 적응적인 민감성을 지닌 사람들에게 새로움이란 상당히 즐겁고, 균형감을 방해하지 않는 흥분을 불러일으키는 것일 수 있다. 이 대담한 사람들에게 익숙함은 때로 매우 지루하고, 그들에게 내적 초조함을 일으킬 수 있다. "순한" 기질을 지닌 아동은 그러한 열린 접근 방식이 특징이다. 전반적으로 그들은 부모님에게 덜 요구적인 인생을 산다. 더 예민하고, 예측 불가능하고, "까다로운" 기질을 가진 아동은 "변덕스럽고" 용인 범위를 벗어난 반응을 자주 보인다. 결과적으로 나타나는 폭발은 많은 부모에게 도전적인 관제이다. 점차 성숙해지면서, 많은 아이들은 자신의 감정을 조절하는 보다 세련된 방법들을 발견하며, 용인 범위를 넘어가는 빈도와 강도는 점차 줄어든다.

> 용인 범위는 체질적인 특성과 경험적인 학습에 따라 결정될 수 있다.

경험의 역사는 용인 범위에 직접적인 영향을 줄 수 있다. 만약 어렸을 때 아동들이 반복적으로 놀라는 경험을 했다면, 두려움은 그들의 시스템에 혼란을 주는 극심한 수준의 공포와 연결될 수 있다. 통제 불능한 감정을 반복적으로 경험하며 그들을 진정시키려 하는 누군가의 도움을 느껴 본 적이 없다면, 그런 사람들은 커서 스스로를 진정시키지 못하는 사람이 될 수 있다. 이러한 자기 진정 능력의 결여는 직접적으로 좁은 용인 범위로 이어질 수 있다. 그런 사람이 범위를 벗어나면, 그 결과는 매우 혼란스러운 "통제 불능"감이며, 그 자체로 더욱 고통스러운 상태를 만들어낸다.

한 사람의 현재 마음 상태도 용인 범위를 좁히거나 넓힐 수 있다. 감정적으로 지쳐있거나, 신체적으로 기진맥진하거나, 상호작용으로 인해 놀라게 되면, 용인 범위가 좁아질 수 있다. 그런 경우, 다른 상황에서라면 아주 가벼운 반응만 보였을 일에도 감정적으로 흥분하거나 눈에 띄게 화를 내게 될 수도 있다.

이 장 앞부분에 나왔던 변호사의 사례로 돌아가 보자. 우리는 그 일이 일어난 시간적, 사회적 맥락을 벗어나서는 그녀의 동료들과의 상호작용을 생각할 수 없다. 변호사가 동료에게 줬던 서류는 그녀의 가장 중요한 고객 중 한 명인 60대 후반의 여자 임원에게 배달됐는데, 변호사는 그녀를 어머니 대상으로 보고 있었다. 변호사는 항상 그 고객을 기쁘게 해주고 싶었다. 그 이유는 (훗날 치료에서 토로하기를) 자신의 어머니가 한 번도 그녀를 지지하거나 마음에 들어 한 적이 없었다고 느꼈기 때문이었다. 변호사가 휴가를 떠나기 전 이를 상기시켜 줬음에도 불구하고, 동료는 정해진 시간에 서류를 보내지 못해 그 소송 건이 위태로워졌다. 동료의 실수는 그 변호사에게 "또다시" 자신의 어머니를 만족시킬 수 없을 거라는 느낌을 갖게 했다. 이는 화난 어머니와의 관계 속에서의 그녀 자신에 대한 내적 이미지, 즉 인지적 표상을 활성화시켰다. 그녀는 어머니를 기쁘게 해주고 싶으나 그러지 못해 만들어 낸 마음 상태, 즉 수치심을 어린아이로서 경험했고 이제 어른으로서 다시 경험하고 있었다. 더 심각하게는, 어머니가(변호사의 마음에 있는 고객의 이미지도) 그녀에게 자주 화를 내고 적대감을 드러냈었는데, 이는 그녀에게 수치심과 굴욕감을 주었다.

이 환자의 회상이 얼마나 정확했는지, 정확하다면 어떻게 유전적 효과와 경험적 효과를 구분할 수 있는지 의문이 생길 수도 있다. 환자가 치료를 시작한 후, 길 건너에 살며 이들 몇 건의 굴욕적인 상호작용을 목격했던 사촌에 대해 회상해냄으로써, 어릴 때 사건들에 대한 환자의 기억은 따로 뒷받침되었다. 심지어 별로 흔치 않은 확증 방식이지만, 딸의 요청에 따라 치료자가 어머니를 직접 면담할 수 있었다. 환자가 말했던 대로 어머니 역시 그 일들에 대해 상당히 많은 것을 기억해 냈다. 자신의 어머니 역시 "현실 세계"에 대비해 자신을 "단련시키기" 위해 그러한 양육 방식을 "행했었다"라고 말했다. 또한 자신이 딸을 다루는 방식은 자기가 받았던 대우를 의도적으로 "희석시킨 버전"이라 말했다. 이 한 가지 임상 사례가 연구 자료와 동일하지는 않으나, 조절되지 않은 양자 상태의 조기 경험이, 이후 삶에서의 개인의 기능 장애 발달과 어떻게 결부될 수 있는지에 대한 심도 있는 예를 제공한다. 여전히 "관련성association"은 "인과 관계causation"를 의미하지는 않는다. 결국 어머니는 자기 딸에게 특정한 양육 경험을 제공했을 뿐만 아니라 자신의 유전자, 그리고 아마 후성적 조절 기제까지 물려주었을 것이다. 폭발적인 성미(감정 조절 장애의 한 형태)를 지닌 것은 분명히 유전되었거나 습득된 특질이다. 어머니와 딸을 각자 모두 용인 범위를 벗어나는 체질적 경향을 지닌 두 명의 조합으로 보는 것이 이 환자의 어떤 경험을 설명하는 데 도움을 줄 수도 있다. 굴욕감을 주는 양육 패턴의 대물림 역시, 그러한 결과를 설명할 수 있다. 어느 쪽이든 이 여성은 조절 장애라는 현실에 처한 자신을 마주했다.

정신적 표상과 수치심/굴욕감의 마음 상태, 이러한 구성의 반복적인 활성화가 신경 활성화의 반복된 패턴으로 이 상태를 뿌리내리게 해 왔다고 볼 수 있었다. 이 상태의 활성화가 성격 특질이 된 것이라고까지 말할 수 있었다. 변호사는 "부적절한" 때에 이 격분한 굴욕감의 상태로 들어가는 경향이 있었다. 이런 식으로, 그녀는 사회적 환경과의 상호작용에서 더 이상 적응적이지도 않고 새로운 행동 반응을 억제하지도 못하는 경직된 상태로 들어갔다. 이 상태는 변호사의 자율신경계의 부교감신경가지(미리 상기시켰음에도 불구하고 동료가 제시간에 서류를 보내지 못했을 때, 이해받지 못했다거나 자기 말을 흘려들었다고 느끼는 것)와 교감신경가지(고객에게 호통을 듣고 동료에게 분노를 느꼈던 내적 상태)의 갑작스러운 활성화로 인해 유발된 것이라 볼 수 있다. 브레이크와 악셀이 동시에 작동하고 있었다. 그녀의 마음이라는 자동차를 조절할 수 없었다. 다른 사람은 그 상호작용 동안 그 사건이 유발한 정도의 각성 강도를 느끼면서, 다소 불편하더라도 기능적인 유지가 가능할 수도 있겠지만, 변호사에게 있어 이 경험이 갖는 관계적이고 상징적인 중요성은 그 순간 그녀를 범위 너머로 보내버렸다. 그녀를 보내버린 단서는 이론적으로 그 이전의 상태와 관련 있지만, 이들 이유에 대한 논리는 오직 감정적이고 역사적인 가치에서 이해할 수 있다. 그녀의 동료와 고객은 그녀가 보여준 놀라운 분노의 "의미"에 대해서는 그다지 신경 쓰지 않았다. 이 마지막 사건 후 그녀는 즉시 그 고객의 모든 소송 건에서 제외됐다.

각성된 상태의 강도와 의미가 용인 범위를 넘어가면 에너지와 정보 흐름의 움직임은 마음을 경직시키거나 폭격할 수 있으며, 이성적 사고에서 사회적 행동에 이르기까지 많은 과정을 점령할 수 있다. 이때 사람은 경직되고 무감각해지거나, 감정의 혼돈으로 의식적인 알아차림을 범람시킬 수 있다. 어떤 이들은 이것을 감정적 "경직freezing" "압도hijacking" "와해breakdown" 또는 "범람flooding"[58]이라고 불러왔다. 합리적인 사고부터 사회적 행동까지 아우르는 많은 과정을 점령할 수 있다. 이 지점에서 정서는 의식적 자각을 휩쓸어 버린다. 그런 상황에서 이 사람의 행동은 더 이상 자발적으로 느껴지지 않고, 생각이란 얼어붙거나 제어할 수 없는 것이라 느낄 수 있다. 심상은 마음의 눈을 감정적인 감각emotional sensation을 상징하는 시각적 표상으로 채울 수 있다. 예를 들어, 화가 났을 때 어떤 사람들은 "붉은색을 보거나" 혹은 분노의 대상에게 해를 가하는 모습을 시각화할 수도 있다. 그들은 행동 통제력을 잃고, "정상적인" 상황 아래에서의 행동 목록에는 없는 파괴적인 행동을 할 수도 있다. 이 "하위 양식"의 처리 과정에서, 마음 상태는 용인 범위를 넘어섰다. 그 사람은 경직과 혼돈의 둑을 넘어 "손이 닿지 않는" 곳에 있는 것처럼 보일 수 있다. 그런 사람은 "뚜껑이 열린 것"이다.

우리가 봐 온 것처럼, 감정, 의미, 그리고 사회적 상호작용은 뇌에서 동일한 회로를 통해서 매개된다. 뇌 속의 정보는 사실 뇌가 어떻게 구성되었나 하는 생물학적 현실과 무관하게 다뤄지지 않는다. 예를 들면, 감정 처리의 주요 영역 중 하나가 수렴하는 지역, 즉 전전두 피질 안에서 뇌의 구조가 마음의 기능을 형성하는 방식을 볼 수 있다. 해부학적으로 구분된 영역들로부터 나오는 입력이 이 신경 영역에서 수렴된다. 이들 영역에서 나온 "정보"를 전달하는 신경 발화 패턴이 바로 전전두 피질로 보내진다. 이 정보는 사회적 인지, 자기 인식적 의식, 감각, 지각, 다양한 표상들(단어나 관념 같은), 몸의 생리학적 상태를 표상하는 신체 지도, 그리고 자율신경계의 산출물(교감신경가지와 부교감신경가지 활성의 균형 잡기를 통해 "정서 조절"을 가능하게 하는, 종종 "다미주 시스템"에 의해 형성되는)을 포함한다.[59] 우리가 앞서 언급한 대로, 단순히 자동적 반사 반응만 보이는 것뿐만 아니라 한 사건에 대한 개인적 의미에 적응적으로 반응하는 능력은, 이들 다른 전전두 매개 과정과의 통합과 더불어 반응 유연성에 대한 능력도 필요할 것이다. 다시 말해, 범위 내에 머무른다는 것은 이러한 적응적 흐름(복잡계로서의 개인 최적의 자기 조직화)을 얻기 위한 분화된 신경 영역들의 연결이 포함된다.

대개 뇌 안의 에너지 흐름의 방향은 전전두 영역에 의해 조율되고 균형 잡히지만, 통합이 이뤄지지 않을 때는 과도하게 분화된 뇌간, 감각 회로, 변연계와 같은 "하위" 처리 센터들에서 나오는 입력에 의해 더 많이 결정된다. 어떤 감정의 범람의 상태에서, 즉 과각성이라는 초-용인 범위 상태는 신경학적으로 상위 지각과 사고의 억제를 불러온다. 더 기본적인 신체적, 감각적 자극이 선호된다. 이 상황에서는 사람들은 생각하지 않는다. 무언가를 강렬하게 느끼고, 충동적으로 행동한다. 이 의미는, 용인 범위를 벗어난 상태로 들어간 사람은 잠정적으로 "하위 양식"의 처리 과정에 있다는 것으로, 이 경우에는 신체 상태와 원초적인 변연계 및 뇌간의 입력에 대한 반사적인 반응이 과정을 지배할 것이다. 우리는 유념하여mindfully 반응하는 대신 무심하게mindlessly 반응한다.

범위 밖의 또 다른 쪽 상태에서는, 얼어붙고 경직된 상태로 들어가는, 감정의 셧다운 이상의 경험이 존재할 수도 있다. 무감각하거나 반복되는 경직된 행동은, 보통의 통합 상태에서는 잘 연결되어 있던 뇌의 각 영역들이, 지금은 뇌 안에서의 소통에 장애가 있음을 보여주는 것일 수 있다. 이 "셧다운"은 교감신경 활성의 동결 상태(뭉쳐진 근육이 일시적으로 그 사람의 정신적 또는 육체적 행동을 마비시키는)와 연관이 있을 수도 있고 혹은 미주 신경의 한 측면(배측, 수초화되지 않은 가지)의 신경 활성화로 채워지거나 무력감과 절망에 직면하여 정신적 붕괴라는 내적 감각을 동반한 "기절" 혹은 "죽은 척"의 상태가 함께 올 수도 있다.[60] 우리는 혼돈이나 경직 상태가 각각 다양한 신경 각성도와 동반될 수 있다는 것을 알 수 있다. 최적 기능의 유체 흐름을 되찾기 위한 열쇠는 각성에서의 많은 변화(때로는 이 접근 역시 적절할 수도 있지만)가 아니라, 더 조화롭고 균형 잡힌 상태가 펼쳐질 수 있도록, 분화된 영역 간의 연계에서의 변화를 되찾음으로써 얻어질 것이다.

회복 과정

동료와의 상호작용에서, 변호사는 용인 범위를 넘어섰다. 그녀는 자신의 감정에 대해 생각하고, 반사적인 반응으로부터 일정 거리를 유지하면서, 즉각적인 충동 이상의 다른 행동을 선택으로 고려하는, 자기 반영이 불가능한 상태로 들어섰다. 이렇게 사람이 감정적으로 휩쓸리면, 이 모든 피질 과정이 셧다운 되는 것으로 생각된다. 이 환자를 돕는 첫 단계는 자신의 용인 범위의 경계(즉, 다른 사람과의 상호작용에서 그녀를 통제력의 끝자락까지 몰고 갔던 격렬한 상태가 시작됐던 그 지점)를 알게 하는 것이었다. 그녀가 자신의 내적 상태를 더욱 효과적으로 관찰하는 것을 배우는 첫 번째 단계는 자신의 몸 상태(근육의 긴장, 위와 인후의 경직)를 알아차리고, 마음속 분노의 이미지를 감지하는 것이었다. 이것은 “마음보기 기술” 훈련의 한 측면이다. 이것의 목적은 그녀가 에너지와 정보의 흐름을 수정하여 통합할 수 있도록 하는 것에 있었고, 치료에 진전이 있었다. 그녀의 용인 범위를 넘어서는 파열을 예방하는 것이 그녀를 위한 가장 유용한 전략이었다. 또한 그녀는 일단 용인 범위를 벗어난 뒤 회복하는 속도를 증가시키는 기술도 배울 필요가 있었다.

이렇듯 피질의 처리 과정과 생각에 대한 메타인지metacognition가 중단된 상태에서 마음은 어떻게 회복하는가? 회복 과정은 사람마다 다양한데, 현재의 맥락, 체질, 그리고 개인의 이력에 달려있다. 어떤 상태는 다른 상태보다 더 수월하게 회복될 수 있다. 특정 맥락은 회복하기 특별히 어려운 특정 군집의 신경망 프로파일을 활성화시킬 수 있고, 반면 다른 것들은 더 쉽게 회복될 수도 있다. 예를 들어, 만약 어떤 사람이 한 번도 불신을 의심한 적이 없는 가까운 친구에게서 배신감을 느낀다면, 엄청난 분노와 슬픔에서 회복하기란 특히 어려울 수 있다. 한편 미덥지 않은 지인으로 인해 얻은 실망감에서 비롯한 화는 감정 범위 안으로 되돌아가기가 상대적으로 쉽다.

회복이란 감정적 각성을 유발한 특정 일화의 해체 효과를 줄이는 것을 의미한다. 회복은 평가 기제가 활성화 정도 및 성질을 견딜만한 수준으로 이끄는 일차적 생리적 과정일 수 있다. 이러한 조절은 그 당시 마음 상태에서 활성화된 신경 집단의 분포를 재구성하는 것뿐만 아니라 각성 강도를 줄이는 것을 포함할 수 있다. 회복에는 피질이 매개하는 더 복잡하고 추상적인 추론의 재활성화도 포함될 수 있다. 그러한 변화는 경험의 의미에 대한 회고(감정의 핵심 측면)를 가능케 한다. 그다음 이것은 자기 반영과 충동 조절의 메타인지 과정을 가능하게 할 것이다. 자기와 다른 사람의 정신 상태를 생각해 보고 이 지식을 통합하는 능력은, 감정 조절의 이러한 측면을 가능하게 하는 데 중요할 수 있다. 아동에 관한 연구들에 따르면, 혼잣말과 자기 대화를 사용하는 아동들이 스스로를 더 잘 진정시킬 수 있었다.[61] 복귀한 피질 과정은 정교한 감정의 특징을 바꾸고 이전에는 휩쓸렸던 각성 수준을 그 사람이 견디기 시작하게 함으로써 도울 수 있다. 예를 들어, 친한 친구에 대한 격한 분노에 휩싸인 사람이 친구와의 지난 추억을 활성화시키고 상실감과 슬픔을 불러일으키는 것이 감정 경험을 바꿀 수 있다는 것을 깨달을 수도 있다. 집중적인 치료를 통해 우리 사례의 변호사는 어머니와의 상호작용에서 아이로서 경험했었던 슬픔과 깊은 실망감을 인식하기 시작했다. 또한 그녀는 현재 상호작용의 의미를, 어린 시절 반복됐던 경험들을 통해 그녀가(그녀의 가치 시스템이) 배운 것과 연결 짓기 시작했다. 이 과정은 명백하게 그녀가 용인 범위를 넓힐 수 있도록 해주었다. 어떤 이들에게는 슬픔이 격렬한 분노보다 더 견디기 쉽다.

회복이란 감정적 각성을 유발한 특정 일화의 해체 효과를 줄이는 것을 의미한다.

몇몇 개인들은 어떤 종류의 감정적 범람에서 회복되는 데 극도의 어려움을 겪는다. 이들에게는 삶이란 강렬한 감정적 반응을 불러일으키는 상황을 피하려는 노력의 연속이다. 개인의 시스템을 균형 있게 유지하려는 시도라는 측면에서 이러한 회피 작전들은 방어적이다. 특정 감정에 대해 매우 좁은 용인 범위를 지닌 사람들에게 그러한 회피 행동들은 그들의 성격 구조와 다른 사람이나 세계를 대하는 방식을 형성할 수 있다. 만약 회복 과정이 유효하지 않다면, 그런 사람들은 그들 자신의 감정 불안정성의 포로가 된다.

감정은 마음의 자기 조절에서 핵심적이다. 때로 우리 중 누구도 견디지 못하게 감정적 각성이 너무 과할 때가 불가피하게 있다. 이 순간 효과적 회복 과정이 부재하는 감정의 홍수는, 우리 자신 혹은 다른 사람에게 비효율적이며, 잠정적으로 해로울 수 있는 장기적 해체 상태를 야기할 것이다. 회복은 우리가 용인 경계 안으로 되돌아가고, 경계를 부수는 것이 아니라 "한계를 넓히도록" 해준다. 본질적으로 회복이란, 마음의 자기-조직화 과정이 상태의 흐름을 균형으로 향하게 하여, 복잡성을 극대화하게 하는 것(즉, 한 측면은 완전한 예측 가능성 혹은 경직성이고 다른 한 측면은 과도한 무작위성과 혼란이라는 그 두 극단 사이로 시스템을 움직이게 하는 것)을 가능케 한다. 시스템은 더 유연한 방식으로 내외적 변인에 집중함으로써 더욱 적응적으로 되고 이는 복잡성을 향상시켜 마음이 안정을 얻을 수 있게 한다.

회복은 어떻게 일어날까? 마음의 두 근본 요소(에너지와 정보)에 대해 생각해 보는 것이 이 질문에 대한 답을 찾는 것을 도와줄 것이다. 변호사의 예로 돌아가 보자. 회의에서 동료와 상호작용 중의 그녀는 과각성, 초조, 분노 상태에 있었고, 그때 피질 과정은 분명히 정지되었다. 우리가 앞서 논의했던 것처럼, 동료의 마감 실수에 대한 내적 표상은 아마도 어머니와의 상호작용에서 느꼈던 그녀의 수치심, 굴욕감과 연계되었을 것이다.

"연계된"이란 그 상황이 자율신경계의 양쪽 가지들 모두의 과도한 각성과 함께 그녀에게 마음의 모욕적인 상태를 만들었음을 의미한다. 이 친숙한 상태는 금세 용인 범위 너머로 그녀를 범람시켰다. 그녀의 상위 반영 과정은 정지되었다. 그녀는 이해받지 못했다고 느끼면서 목청껏 소리를 지르기 시작했고, 비난했고, 격분했다. 그녀가 회상하기를 자신을 진정시키려 했던 동료의 행동이 잘난 척하는 것으로(그녀의 어머니처럼) 해석되어 그녀를 더 자극했다고 말했다. 그에게 소리를 지른 후 몇 시간 동안이나 그녀는 속이 끓고 동요된 상태로 있었다.

그 일로부터 회복하는 데 오래 걸렸다. 시간이 흐를수록 진정되는 것 같았으나, 그 경험과 고객의 마지막 전화를 떠올리면 그녀는 쉽게 동요되었다. 치료가 진전됨에 따라 치료자와 환자는 용인 범위, 감정, 기억, 마음 상태의 개념 측면에서 무슨 일이 일어났었는지를 검토하기 시작했다. 그녀는 어떻게 자신의 마음이 그녀를 "저버렸는지를" 이해하는 지점에서 매우 의욕적이었다. 그녀는 이런 감정 폭발 패턴을 바꾸기를 갈망했다.

치료 회기 중에도 그녀는 이런 해체되고 과각성된, 즉 용인 범위를 벗어난 상태로 다시 들어가곤 했다. 그러나 이제 그녀의 "통제 불능"이 되는 경험은 치료자와 나눈 반영적이고 지지적인 대화와 결합되었다. 그녀는 동요 속에서도 귀를 기울일 수 있었으나, 여전히 과각성 상태로 남아있었다. 하지만 이제 그녀에게는 주의를 두는 두 개의 대상(내적 상태와 외적 대화)이 있었다. 이 "이중 초점" 주의는 심리 치료의 중요한 형태일 수 있다. 시간이 흐를수록 그녀는 자신의 정신 과정의 특성을 되돌아보기 시작했다. 그녀는 활동이 과도하게 범람하는 자신의 회로를 묘사할 수 있었다. 그녀가 격분했다는 피드백을 마음에 제공하는 자신의 긴장된 근육을 인지할 수 있었고, 동료와 그 실수가 현실에서 갖는 의미를 넘어, 마감 실수가 어떻게 그녀와 그녀의 과거에 있어 무언가를 의미했는지를 보기 시작할 수 있었다.

이 여성은 마음의 에너지 흐름과 정보 처리 과정을 사용하는 새로운 방식을 배움으로써 자신의 회복 과정을 향상시키는 것을 배웠다. 치료는 그녀가 감정적으로 휩쓸린 상태를 경험하도록 허용하였고, **그러한 마음 상태 안에서**, 그다음 새롭게 획득한 능력을 적용할 수 있었다. 그녀는 이완법과 형상화 기법을 사용하여 몸의 긴장과 "뇌 회로의 에너지를 낮출 수" 있었다. 그녀의 메타인지 피질 역량은 강화되었고, 전에는 불가능했던 방식으로 **그녀가 분노하는 있는 동안의** 접근이 더 용이해졌다. 그녀는 고강도의 각성에도 통합된 기능 상태로 남아있을 수 있었다. 그러한 역량은 이전에는 이런 마음 상태 동안 억제되었었던 경로를 사용하여 그녀가 정보를 처리했던 방식을 바꾸게 했다. 정보 처리에서 장애가 되고 에너지 흐름에 억제로 작용했던 것들이 이제는 더 적응적인 마음 상태가 되었다. 감정 조절, 따라서 자기 조절에 대한 그녀의 능력은 더 유연하고 효과적이게 되었다. "이 상호작용은 내 동료에 관한 것이라기보다 나의 수치심에 대한 것이다"라고 그녀 스스로에게 말할 수 있었고, 다른 방식으로 자신의 경험에 집중할 수 있었다.

의식에의 접근

우리의 평가 기제가 작동하고, 이때 우리의 일차 감정이 범주적 감정으로 좀 더 분화하듯이, 우리의 마음은 그 기능의 모든 측면에서 가치 시스템의 영향을 받는다. 이러한 영향들은 의식적으로 인식할 필요 없이 발생한다. 이 책의 개념은 감정이 의미, 사회적 의사소통, 주의 초점, 그리고 지각 처리와 직접적으로 관련된 일련의 중심적 과정이라는 것이다. 감정은 단지 지난날 초기 파충류 진화의 어떤 "원시적" 유물이 아니다. **감정은 그 사람**

의 활성의 흐름(에너지)을 정하고 표상의 의미(정보 처리)를 설정한다. 그것은 하나의 고립된 집합의 과정이 아니다. 그것은 마음 전체에 직접적인 영향력을 미치는 통합된 과정이다. 이런 식으로 감정을 정의함으로써, 우리는 감정, 사고, 사회적 과정에 대한 연구 결과의 광범위한 해석을 이해하기 시작할 수 있다. 의식에 대한 감정의 관계를 논하는 것은 더 나아가 감정에 대한 우리의 생각을 좀 더 묘사할 수 있는 유용한 기회를 제공한다.

방대한 증거들이 "의식적인 자기"가 사실 마음 활동의 아주 작은 부분이라는 관점을 지지한다.[62] 지각, 추상적 인지, 감정 과정, 기억, 사회적 상호작용 모두가 의식의 관여 없이 대부분 진행되는 것으로 보인다. 마음의 대부분은 비의식적이다. 이러한 "인식 밖의out-of-awareness" 과정들은 의식 혹은 다른 어떤 것의 반대 입장에 있는 것으로 보이지는 않는다. 그것들은 사회적 상호작용, 내적 처리, 심지어 의식적인 인식 자체에서의 마음을 위한 토대를 만든다. 비의식적 처리는 우리의 행동, 느낌, 사고에 영향을 끼친다. 비의식적 과정은 우리의 의식적 마음을 침범한다. 우리는 정교한 사고 과정("아하!" 경험에서처럼) 혹은 감정적 반응(우리가 슬픔이라는 감각을 경험하고 있음을 알아차리기 전에 울 때처럼)이 갑자기 끼어드는 경험을 한다. 그러므로 대부분 자기는 의식적 그리고 비의식적 자기 사이의 어떤 선으로 구분되는 것은 아니라고 할 수 있다. 도리어, 자기는 비의식적 과정뿐 아니라, 우리가 "의식"이라고 부르는 어떤 것과 비의식적 과정의 선택적 연합에 의해서 만들어진다. 다르게 말하면, 우리는 우리의 의식적인 과정보다 훨씬 더 그 이상이다.

그러면 의식이 있다는 것은 무엇을 의미하는가? 도대체 우리는 왜 의식을 갖는가? 많은 가능성 중에서, 이러한 질문들에 대한 한 가지 답은 **과정들이 의식 안에서 연계되었을 때, 그것들이 더 전략적이자 더 의도적으로 다뤄질 수 있고, 그 결과가 적응적으로 바뀔 수 있다는 것이다.** 이러한 관점은 의식의 전역 작업 공간 이론the global workspce과 통합 정보 이론the integrated information theory을 포함하는 두 개의 선도적인 각각의 제안과 잘 맞아떨어진다.[63] 3-P 틀의 보완적 견해는 안다는 것의 경험(알아차림의 수레바퀴 은유법상 바퀴 중심에서 표현되는)은 에너지가 "가능성의 평면"이라고 우리가 명명한 확률적 위치로 이동하는 경험으로부터 나온다. 이것은 종종 "잠재적 에너지"(가능성에서 실재로 옮겨갈 잠재력)라고 불린다. 이 평면은 잠재력의 바다인 양자 진공에 대한 물리학자의 개념과 일치한다. 평면은 에너지가 가능성에서 실재로 이동하기 전에 모든 가능한 전개가 놓인 수학적 공간을 나타낸다. 그것은 모든 형태의 형태 없는 기원으로 "다양성의 원천"이다. 이 제안에 의하면, 알아차림이 선택과 변화를 가능케 하는 것은, 우리가 멈추어 성찰하게 해서뿐만 아니라 다른 선택권이 있는 그 위치에 창발하기 때문이다. 달리 말해 의식이 있으면, 전이라면 닿기 쉽지 않았을 수도 있던 선택에 접근 가능한 위치로 마음을 갖다 놓는다.[64]

의식은 우리가 반사적 처리에서 벗어나도록 돕고 우리의 행동에 어떤 "선택"의 측면을 도입할 수도 있다. 이렇게 해서, 사람들은 스스로 "자동조종 장치"에서 내려와, 하향적 제약에 반응하는 것을 멈추고, 자발적인 상향적 유입 감각을 활용할 수도 있다. 정점peak은 이제, 3-P 모델상 좁은 용인 범위를 드러낼 수 있는 경직된 고원에 제약되지 않고, 평면에서 직접 발생할 수 있다. 마음챙김 훈련은 "우리의 감각에 이르게 하는" 이 능력을 강화할 수 있다.[65] 인식을 지녔다는 것은 우리에게 변화의 선택권을 부여한다. 우리는 가능성의 평면에 접근하고 다른 선택이 발생할 수 있게 하며, 이제 뿌리 깊은 고원의 제약으로부터 자유롭다.

인식을 지녔다는 것은 우리에게 변화의 선택권을 부여한다.

예를 들어, 하객들을 어떻게 앉힐지에 대한 비의식적 염려를 가진 곧 결혼식을 앞둔 신랑의 사례를 보자. 이것을 의식적인 관심사로 만들면 약혼녀와 그 문제를 상의할 수 있고 함께 선택지를 검토해 볼 수 있다. 같이 새로운 정보를 모으고 대안을 고려할 수 있어 더욱 만족스러운 좌석 배치가 나올 수 있다. 의식된 과정은 사람들 간에 직접적으로 공유될 수 있고 그 결과는 전략적으로 바뀔 수 있다. 전략적 조작, 선택의 도입, 그리고 정보의 공유는 의식에 의해 가능해진다. 만약 신랑이 결혼식에 대한 불편한 느낌이나 생각의 의미를 의식할 수 없다면, 그는 검토할 문제를 제기하지 않을 것이다.

의식이 어떻게 일어나는지에 대한 신경과학적 설명은 무엇일까? 의식은 초점 주의와 작업 기억을 위해 중요한데, 이들은 정보를 장기적, 명시적 기억 창고로 처리될 수 있게 한다. 쭉 이 책에서 언급한 대로, 작업 기억은 "마음의 칠판"으로 간주된다. 이는 우리에게 여러[원래 7개(±2)라지만, 실상은 5개(±2) 정도!][66] 항목을 동시에 떠올릴 수 있는 능력을 허용한다. 그러한 반영을 통해, 우리는 이들 표상을 조작하고 처리하며(예: 유사점과 차이점에 주목하기, 일반화하기, 패턴 인식하기) 그들 사이에서 새로운 연상을 만들 수 있다. 작업 기억은 자기 반영을 가능케 하고 인지적 "선택"을 생성한다. 즉, 작업 기억은 자동 반사와는 무관한 개인의 의도와 전략적이고 신중한 행동의 가능성을 열어준다.

가장 근본적인 수준에서, 의식은 표상들을 선택적으로 연계 혹은 결합하는 과정을 수반하고, 그러면 그것들은 작업 기억 안에서 의도적으로 조작될 수 있다. 앞에서 논의했듯이 일부 연구자들은 신경 발화 패턴들이 통합되어 "의식 경험"의 측면으로 결합되면서 어느 정도의 복잡성을 획득한다고 제시한다. 한번 안정화되면 의식적 주의가 미치는 공간 안에서 "의도적으로" 조작될 수 있다. 의도라는 개념은 그 자체로 철학적 퍼즐이다.[67] 우리가 말할 수 있는 것은 의식 덕분에 자신이 결정한 전략적인 목적을 위해 새로운 정보가 도입되거나 새로운 조작이 시도될 수 있다는 것이다. 의식 그 자체는 정보 처리를 위해 필요하지 않지만, 그런 처리 과정상 새로운 결과를 얻기 위해 때로 필요하다.

우세한 이들 관점에서, 감정 처리(초기 정향, 평가, 각성, 분화 기제)는 보통 의식이 없이 일어난다고 말할 수 있다. 이러한 과정에 대한 개인의 의식은 에너지에 대한 느낌, 의미, 그리고 범주적 감정으로 경험되는 감정의 질적인 감지sensation를 가능케 한다. 이러한 모든 감각은 느낌feeling이라고 부를 수 있으며, 이는 "어떤 느낌이세요?"라는 보편적인 물음에 다양한 연령대의 사람들이 다양한 반응을 보이는 이유를 설명해 준다. "좋아… 울적해… 신나… 우리 관계가 끝났다는 의미인 것 같아… 도망쳐 숨어버렸으면… 그 사람이 내 의도를 이해하지 못한 것 같아… 안 좋아… 슬퍼… 화가 나… 기뻐." 그러므로 "느낌"은 에너지, 의미, 행동 충동, 혹은 개별 범주의 감정을 포함할 수 있다. 대체 왜 감정 과정은 의식으로 들어가는가? 우리가 통합안에서의 이동을 알아차릴 때 어떠한 정보 처리가 이것을 가능하게 하는가?

의미 생성, 사회적 관련성, 지각 처리 같은 근본적인 어떤 것들과 의식적인 처리를 연계시키는 능력은 분명히 우리의 환경에 대한 반응에 유연성을 증진시켜준다. 감정에 대한 의식을 지니는 것은 사회적 환경에서 특히 중요하다. 감정을 의식할 수 없다면, 우리는 우리 자신이나 다른 사람의 의도와 동기를 알아차릴 수 없을 것이다. 감정 과정에 대한 알아차림, 즉 통합안에서의 우리의 이동은 우리의 사회적 종으로서의 생존에 대한 가치를 갖는다. 우리는 다른 사람의 마음뿐만 아니라 우리 자신의 마음을 알 수 있고, 우리의 필요를 충족시키는 데 있어 향상된 기술과 효율성을 갖고 복잡한 인간 세계와 협상할 수 있다.

의식이 어떤 정도의 복잡성을 달성하는, 분산된 신경세포 활동의 통합을 수반할 수도 있다는 것을 상기하자.[68] 따라서 의식 안에서의 효과적인 처리는 그러한 통합과정의 연장으로 볼 수 있다. 의식은 시상피질계와 외측 전전두 피질을 통해 연계된 표상들이 작업 기억 속에서 활성화되는 것 이상의 것이다. 에너지와 정보의 통합된 흐름을 관장하는 능동적인 실행 기능은, 정신 과정과 반응을 조정하는 데 중요한 역할을 한다. 이러한 실행 기능은 아마도 인접한 중앙 전전두 영역(안와 전두 피질, 내측 전전두 피질, 전대상회를 포함)과 그 밖의 부분(두정엽과 측두엽을 포함)에 의해 매개될 것이다.[69] 예를 들어 노브레Nobre와 동료들은 안와 전두 피질에 대한 연구 결과로 이들의 활동에 대해 다음과 같이 제시하였다.

> 준비된 운동 프로그램을 억제하고 (더불어) 운동 선택과 반응 보류를 필요로 하는 준비 작업에서 중요할 수 있다. 안와 전두 피질은 자극 우발성의 위배를 기초로 한 반응의 재지정redirection과 감정 상태의 가능한 변화 둘 모두에 관여한다… 안와 전두 영역의 활동은 자극 우발성이 변화하면 참여하고, 주의를 지시하는 기본적인 신경-인지 시스템과 역동적으로 상호작용한다. 외측 안와 전두 피질의 해부학적 연결이 이 능력을 지지해 준다.[70]

앞서 우리는 그러한 능력을 "반응 유연성"이라 불렀고, 그러한 과정이 자기 조절에서 그리고 안정 애착에서 관찰되는 유관적, 협력적 의사소통 및 성인의 일관적 내러티브에서 보이는 행동적, 주의적 유연성에서 중요한 요소일 수 있다고 제안했다.

의식 자체는 감정 조절에서 어떠한 역할을 하는가? 의식은 감정 처리의 결과에 영향을 줄 수 있다. 의식적 알아차림은 자기 반영을 가능케 하여, 전략적 사고와 행동을 동원할 수 있게 하고, 따라서 목표의 유연한 달성을 증진 시킬 수 있다. 이는 새로운 수준의 통합을 달성한 것이라 볼 수 있다. 예를 들어, 만약 동네를 떠난 친구 때문에 슬퍼하고 있다는 것을 깨달았다면 친구에게 편지를 쓰거나 전화해 다시 연락할 수 있다. 반면에 슬픔이 의식되지 않는 채로 있다면, 이러한 방식으로 친구에게 연락할 수는 없을 것이다. 평가 시스템의 주어진 근본적인 역할이 좋은 것, 접근해야 하는 것과 나쁜 것, 피해야 할 것을 구별하는 데 있다면, 인지의 일부분에 접근 가능한 감정은 의식적으로 행동을 동원할 수 있다. 감정이 가치 시스템으로서 특정 적응 방식에서 효과적이라면, 이는 매우 핵심적일 수 있다. 의식은 감정이 개인의 행동에서 더 적응적인 역할을 하도록 해준다. 그런데 그것이 어떻게 감정을 조절하도록 돕는가?

> 의식은 감정 처리의 결과에 영향을 줄 수 있다.

의식이 어떻게 감정 조절의 두 기본 요소를 가능케 하는지 설명하기 위해 심리치료를 받던 변호사의 사례로 다시 돌아가 보자. 즉, 뇌의 에너지 흐름의 조절과 정보 처리의 적응적 수정 말이다. 동료에 대한 "폭발"과 소송 의뢰 취하 후, 자신의 사회적 어려움을 이해하려는 그녀의 동기는 최고조에 달했다. 과거 여러 치료자와 몇 차례 짧게 만난 적이 있었지만, 그녀가 이러한 난제에서 자신이 어떤 역할을 하고 있는지 알아봐야겠다고 결심한 것은 처음이었다. 이전에는 세상과 사람들이 얼마나 엉망인지에 초점을 맞췄었다. 생전 처음으로 그녀는 이제 자신이 겪는 어려움의 근원이 자신의 마음속에 있다는 가능성을 의식적으로 인식하게 되었다.

그러한 태도의 변화는 그 자체로 큰 진전이다. 이 여성의 경우, 변화는 자신의 일에서 "바닥을 친 것"에서 비롯되었다. 이 새로운 개방성은 치료가 그녀에게 어떤 새로운 도구를 제공할 수 있는 기회의 창을 열어주었다. 치료 기간 동안 치료자와 환자는, 최근과 먼 과거의 경험에 대한 그녀의 기억을 다루는 대화를 시작했다. 또한 그녀는 현재에서 자신의 내적 과정을 숙고해 보도록(달리 말하면 그녀의 메타인지 능력을 발달시키도록) 지도받았다. 치료자는 그것이 환자가 자신의 감정을 조절하기 위해 배워야 할 필수 도구임을 알기 때문에 이러한 자기 반영을 열심히 격려했다.

경험의 내적 본질을 반추해 보는 구체적인 기술은, 3-P 관점에서 마음을 이해하는 데 실용적 도구로 사용해왔던 "알아차림의 수레바퀴" 같은 마음보기 훈련 기법을 이용해 심리치료에서 습득할 수도 있다.[71] 우리가 알고 있는 대로 알아차림의 수레바퀴는 반영적인, "내면 시간time-in" 훈련으로, 마음에 대한 시각적 이미지로 바퀴라는 은유를 사용한다. 바퀴의 중심은 인식하는 경험을 나타낸다. 바퀴 테두리에 있는 점들은 우리가 인식할 수 있는 어떤 것들을 의미한다. 테두리 자체는 네 부분으로 나뉜다. 첫 부분은 외부 세계로부터 자료를 가져오는 오감을 나타낸다. 두 번째 부분은 신체로부터의 입력("제6감")을 나타낸다. 테두리의 세 번째 부분은 감정, 사고, 이미지, 기억과 같은 우리의 정신적 활동을 나타낸다. 마지막 부분은 사회 혹은 세상에 대한 우리의 관계와 같이, 우리의 신체적 자기 바깥의 다른 사람 및 사물과의 유대감을 나타낸다. 자각의 수레바퀴 훈련은 사람들이 각 테두리의 요소들을 서로 구별하는 기술을 습득하도록, 또한 알려진 경험(테두리)과 알아가는 경험(중심부)을 구별하도록 해준다. 체계적인 주의 집중을 통해, 이 훈련은 의식을 통합하도록 고안되었다. 평소에도 바퀴를 규칙적 반사 운동으로 연습해 왔다면, 많은 사람들이 그렇듯 당신은 이러한 방식으로 의식을 통합시키는 것이, 존재의 기본 상태로서뿐만 아니라 어려운 도전에 직면하였을 때, 감정적 평형 상태를 가져온다는 것을 발견했을지도 모른다. 알아차림의 수레바퀴는 의식과 통합을 모두 포함하는 개입에서, 감정적 균형이 어떻게 발생할 수 있는지를 보여주는 직접적인 예가 될 것이다. 또한 이를 사용하는 것은 자신의 내적 정신 경험을 반추하고, 자각self-awareness과 메타인지를 발달시키는 능력을 향상시키는 방법이 될 수 있다. 마음의 시각적 은유로, 어린이와 청소년 역시 자신의 마음을 이해하는 데 도움이 되는 도구인 수레바퀴에 대해 배울 수 있다.[72]

메타인지는 생후 2년 내에 발달하기 시작하여, 기억으로부터 나오는 다른 표상들을 현재-시점의 경험 안에서 아동이 연결할 수 있도록 해준다.[73] 이 능력은 아마도 의식의 주관적인 특성을 변화시키고, 아동이 새로운 수준의 자기 조절 발달을 시작하도록 해준다. 메타인지는 발달하는 아동(그리고 성인)의 마음에 다수의 고유 과정을 수행할 수 있는 능력을 부여한다. 생각하는 것 자체를 생각하고, 자기 마음의 표상을 형성하고, 자기에 대한 감각, 이미지, 신념을 인식하며 감정과 지각의 특성을 고려한다. 바퀴나 명상의 다른 형태들의 연습을 통해 메타인식meta-awareness, 또는 알아차림의 본질에 대한 알아차림을 발전시키는 것 역시 가능하다. 이러한 알아차림의 내용과 과정을 더 잘 알 수 있는 능력은 그 자체에 긍정적인 영향을 미친다.[74]

공식적인 용어로, 마음은 "외양-실재 구분"에 대한 메타인지 능력을 발달시켜서, 사람들로 하여금 보이는 것이 세상에서 실제로 존재하는 것과 다를 수 있다는 것을 이해하도록 해준다.[75] 한 사람의 지각과 생각은 시간에 따라 변할 수 있고, 또한 다른 사람들이 지닌 것들과 구별될 수 있다는 개념을 각각 "표상의 변화"와 "다양성"이라고 부른다. 메타인지는 감정이 사고와 지각에 영향을 미친다는, 그리고 같은 사람이나 경험에 대해 외견상 대립되는 두 가지 감정을 경험할 수 있다는 알아차림을 포함한다. 변호사의 사례에서, 이러한 영역 각각은 그녀가 더 적응적인 감정 조절 능력을 발달시키는 데 필수적인 것이 되었다.

메타인지 능력은 반드시는 아니지만 빈번하게 의식과 연관된다. 이 환자의 사례에서, 그녀의 부족한 메타인지에 치료적 대화가 집중될 필요가 있었다. 그녀의 발달 중, 이 지점에서 메타인지 능력을 발휘하지 못한다는 것은, 강렬한 감정 처리 과정을 의식적인 부분으로 만들 필요성을 일깨웠다. 처음에는 의도적인 정신적 노력을 기울여야 했지만, 시간이 지나면서 이 새로운 능력은 더욱 자동적이 되어 많은 노력이 필요치 않게 되었다.

치료 전에는 이 환자의 정향, 평가-각성, 그리고 변별 과정이 그녀의 의식적 인식을 빈번히 벗어났다. 어떤 지점에서, 그녀의 분노는 비명을 통해 외적으로 표현되었다. 내적으로, 그녀는 머릿속에서 불타는 듯한 느낌과 자신과 상호작용을 했던 사람의 "사악함"에 자신의 주의가 강하게 쏠리는 것을 통해 스스로의 감정 상태를 처음으로 알아차렸을 수도 있다. 그녀의 감정 처리 요소들은, 통제 불능의 분노와 의혹으로 가득 찬 지각 왜곡의 형태로 용인 범위 밖으로 터져 나올 때만이, 그녀의 의식과 연계되었다. 이 상태에서, 그녀는 말 그대로 다른 사람들이 "자신을 잡으러 나온" 것으로 보았다. 어떤 사람들은 그녀가 자신의 분노를 타인에게 투사하고 있다고 말할 수도 있다. 다른 관점에서는, 그녀가 성난 배신자 어머니를 암묵적으로 상기해냈던 수치심과 굴욕감의 상태로 들어간 것이라 볼 수도 있다. 어떠한 설명이든, 그녀의 의식적 인식은 자기 반영이 불가능했던 격분한 단계에서 시작했다. 과도한 각성 상태에서는 메타인지를 포함하여 더 높은 수준의 인지적 기능들이 중지됨을 상기하자. 이 여성의 발달에서의 열쇠는 그러한 "하위 양식"의 상태를 더욱 균형 잡힌 조절 상태로 이동시키는 것이었다. 감정 과정에 대한 의식적 인식이 항상 그 출발점이다. 이 사례에서 이러한 과정에 대한 메타인지적 반영은 반응 유연성과 자기 조절을 향상시키는 데도 필수적이었다.

치료는 이야기를 공동구성하고, 목격자 역할을 하고, 가르치고, 환자의 롤 모델이 되어주는 것뿐 아니라 애착 관계의 다양한 양상을 포함한다. 이 각각의 것들은 이 겁먹은 사람과 다음 단계로 나아가는 데 필수적이었다. 그녀의 감정이 어떻게 작동했는지, 그것이 자신을 경험하는 것과 다른 사람과의 상호작용에 어떻게 영향을 미쳤는지에 대해 개념적인 틀을 제공하는 것은, 자신에게 결함이 있다는 "비난을 받고 있다고" 느끼지 않게 하는 데 필수적이었다. 수치심의 상태는 그 개인에게 무슨 문제가 있다는 느낌을 수반하는데, 이 감정은 종종 환자들이 자신들의 문제에 대한 자신의 기여를 돌이켜 보는 능력을 발달하지 못하게 한 원천이곤 하다. 그들은 자신에게 결함이 있다는 내적 신념을 가질 수 있고, 다른 사람들에게 이 "진실"을 숨기려고 애쓴다.

치료 동안에 그 환자가 자신의 삶에 대해 얘기할 수 있게 되자 치료자는 적대적인 가정에서 어린 시절을 보낸 그녀의 고통과 취약성에 대한 증인이 될 수 있었다. 이러한 감정 경험을 현재의 만남(그녀의 일상에서의 사람들과 치료자)과 연결함으로써, 그녀는 직장에서 이러한 감정 과정을 직접 경험할 수 있었다. 그녀는 일차 감정들이 용인 범위를 자주 벗어났던 범주적 상태로 변하기 훨씬 전에 이들이 지닌 미묘한 감각을 알아차리게 되었다. 이러한 일차적 감각들은 그녀 자신을 자극하는 것이 무엇인지를 알아차리게 했다("이 상호작용은 지금 나한테 어떤 의미가 있어. 조심해!"). 그것들은 또한 그녀가 행한 상호작용의 구체적인 의미가 어떻게 이중의 층을 갖는지 되돌아보게 했다. 즉, 그 순간의 상호작용이 지닌 의미에 대한 그녀의 평가("지금 이 사람과 무슨 일이 일어나는가?")와 그녀에게 있어 그것의 평행한 역사적 의미("이것은 과거 나의 감정적인 문제와 어떻게 연관되는가?"), 그녀에게 중요한 단계는 일차 감정을 의식과 연결 지어 생각해 보는 것이었다.

그녀의 폭발은 처음에는 반복되었지만, 점차 강도와 빈도가 줄었으며, 점차 그로부터 회복하는 것이 더 수월해지는 듯이 보였다. 실제로 그런 분노 폭발을 멈추었을 때 느낀 성취감은 그녀를 고무시켰다. 이는 평가와 각성의 연쇄적 주기를 자동적으로 강화했던 신체 피드백을 줄여, 그녀가 의식적으로 신체 반응을 바꿀 수 있게 했다. 이것은 자기 마음을 관통하는 활성의 흐름(에너지)을 자신이 의도적으로 바꿀 수 있게끔 하였다.

그녀는 동시에, 이러한 상호작용과 감정 경험의 의미에 대해 메타인지적 분석을 시작했다. 그녀는 "중요한" 무언가가 일어나고 있음을 알아챌 수 있었고, 그다음 무시당하거나 오해받는 것처럼 되풀이되는 주제들을 어머니와의 수치스럽고 굴욕스러웠던 상호작용에서의 경험과 연결할 수 있었다. 즉, 그녀는 유사성에 주목하고, 작업 기억 안에서 일반화 작업을 할 수 있었다. 이후 그녀는 표상의 의미(예를 들어 동료와의 상호작용이 수치심과 관련되었다는 것)를 검토하고, 그것을 과거 경험(예를 들어 어머니와의 상호작용이 굴욕적이고 수치스러웠다는 것)과 비교할 수 있었다. 이전에는 그러한 비의식적 연결이 폭발을 만들었다. 이제, 의식적 반영을 통해서 동일한 비교는 매우 상이한 결과를 도출했다. 그녀는 평가 과정을 바꿔 이들 표상이 갖는 의미의 다른 측면에 주목했다. 이전에는 그녀의 마음이 상호작용의 유사성에 대해 비의식적으로 반응했고, 굴욕감과 폭발의 상태를 만들어냈다. 이것은 시냅스 기억 과정의 자동적 요소로, 과거의 기원에 대해 인식하지 않은 채, 유사한 인출 단서에 의해 과거의 상태가 재활성화 되었다.[76] 이제, 의식적으로 그녀는 메타인지 차원을 추가할 수 있었다. 이로 인해 그녀는 스스로에게 다음과 같이 말할 수 있었다. "지금의 상호작용이 수치심으로 가득했던 내 어린 시절의 상호작용과 유사해서 내가 불안해졌어. 나는 과거의 노예가 아니니 비슷한 방식으로 반응할 필요가 없어." 비의식적이고 반사적이며 자동적인 반응 대신에, 의식은 반응 유연성과 자신의 반응을 선택하는 더 적응적인 방식을 허락했다. 과거, 현재, 미래 간의 관계를 숙고하는 능력을 얻음으로써, 이 환자는 자기 인식적 의식을 위한 능력을 발달시켰다. 그녀는 폭발하지 않기로 선택할 수 있었다. 그녀는 자신을 위한 최선은, 스스로의 초기 충동을 바꾸고 더 생산적인 방식으로 직업적 목표를 달성해 보도록 노력하는 것임을 결정할 수 있었다. 어떤 사람들은 이것을 "좀 더 마음챙김적"이 된 것이라고 부를 수도 있다. 도전적인 순간에 마음챙김이 우리에게 어떤 영향을 미치는지, 90세 되신 우리 어머니의 묘사가 여기 아주 잘 맞을 것 같다. “옛날에는 나를 짜증나게 하던 것이, 이제는 나를 즐겁게 한다.” 우리 어머니는 마음챙김적 알아차림에 COAL이라는 약자를 즐겨 쓰기도 하시는데,[77] 이는 우리가 어떻게 그 순간 우리의 경험에 호기심curiosity, 개방성openness, 수용성acceptance, 사랑love을 가져다 주는지를 상징한다.

평가 과정은 의식 없이도 작동하면서, 새로운 신경세포 집단을 마음의 활성 상태에 조달한다. 그러한 조달 노력에 의식을 부과하는 것은 새로운 일련의 과정을 더 동원할 수 있게 한다. 의식은 마음의 칠판인 작업 기억 안에서, 표상을 새로운 조합으로 조작하도록 해준다. 언어 체계 및 자기 인식과 관련된 의식은, 우리를 살아있는 순간 너머로 이동시켜, 미래를 반영할 수 있게 해준다.[78] 우리는 또한 감정을 인식함으로써 동기 부여가 될 수 있는데, 이는 의식의 개입 없이는 불가능할 것 같은, 더 전략적으로 집중된 성과를 달성하도록 돕는다.

의식은 마음의 칠판인 작업 기억 안에서, 표상을 새로운 조합으로 조작하도록 해준다.

외적 표현

생명이 시작될 때부터 감정은 영아와 양육자 간 의사소통의 과정과 내용을 구성한다. 간단히 말해, 아기의 내적 상태가 부모에 의해 감지되면, 이번에는 부모 스스로가 유사한 방식으로 느낀다. 아기는 부모의 유관적 반응을 지각하고, 정서는 상호 간에 조율된다. 또 그 후 부모가 느낌을 말하는 단어를 사용하면서 영아의 마음 상태에 함께 주의를 갖도록 유도한다. 부모는 영아가 슬픈지, 행복한지 혹은 무서운지 직접적으로 표현할 수 있는데, 이는 감정 경험을 식별하고 공유할 수 있는 상호적인 언어 경험을 영아에게 제공한다. 안전하고 편안한 환경에서 이뤄지는 이 초기의 의사소통 형식은, 감정적 삶이 공유될 수 있고 다른 사람들로부터 위안받을 수 있다는 느낌을 아동에게 제공한다. 안전과 안락의 환경에서 이루어지는 이 초기의 의사소통 형태는, 자신의 감정적인 삶이 공유될 수 있고 다른 사람들로부터 위로의 원천이 될 수 있다는 감각을 아이에게 준다.

영아는 생후 2년까지, 자기가 어떻게 느끼는지를 보여주지 않는 적응적 행동을 배워간다. 강렬한 감정이 경험되는 사회적 맥락은 아동에게 내적 경험을 "숨기도록" 부추길 수 있다. 예를 들어, 걸음마기 아동이 어떤 것을 원하나, 그 대상에 흥미를 보이면 호통을 듣게 될 것이라고 학습했다면, "포커페이스"를 유지하며 자신의 진짜 감정을 보여주지 않는 것이 최선일 것이다. 우리 성인들에게도 복잡한 사회적 상황은 다른 사람들의 비난과 가혹한 반응으로부터 우리의 내적 상태를 숨기는 필수적 능력을 반복적으로 가르친다. 아동이, "표현 규칙display rules"이라 불리는, 감정 표현에 관한, 대개 무언의 규범을 경험적으로 획득하는 데 있어, 문화와 가족 환경이 중요한 역할을 수행한다.[79] 우리가 다른 사람에게(그리고 아마도 심지어 스스로에게) 우리의 내적 상태를 표현하는 방식이 얼마나 "괜찮은지" 혹은 "편안하게" 느끼는지는 문화에 의해 형성된다. 일부 연구자들은 "집단주의적" 그리고 "개인주의적"이라는 용어들을 사용하여 문화의 강조점이 사회적 초점에 혹은 개인적 초점에 있는지를 비교한다. 대개 이런 연구들은 특정 사회의 표현 규칙이 사람들의 의사소통 방식과 그들의 생활에서 감정 표현이 발휘하는 역할에 중요한 영향을 끼친다는 것을 보여준다.[80]

다양한 문화권의 아동 및 성인에 대한 연구들은, 사람들은 친숙하지 않은 사람과 있거나 혹은 혼자 있을 때 상당히 다른 감정을 보일 수 있다는 것을 입증했다. 예를 들어 한 연구에서, 일본 문화권의 피험자가 방안에 혼자 있다고 믿었을 때, 자극적인 영상에 대한 감정 반응을 보이는 얼굴 표정은 매우 뚜렷하게 나타났다. 반면 실험자가 함께 있는 경우, 피험자의 얼굴 표정에는 큰 변화가 없었다.[81] 만약 표현 규칙이 사람들에게 감정을 보여주지 않도록 지시한다면, 이것은 사람들이 자신의 감정 반응을 얼마나 의식하게 될 지에도 영향을 미칠까? 사실 그럴 수 있다. 우리는 우리 자신의 얼굴 반응을 사용해 우리가 어떻게 느끼는지를 알게 된다. 이는 뇌가 각성 상태, 근육 긴장, 그리고 얼굴 표정을 포함하는 신체 상태에 대한 표상을 갖고 있으며, "이들이 어떻게 느끼는지"를 등록하기 위한 내부 수용 감각 정보로써 사용한다는 일반적 관점에 부합한다.[82]

또 다른 연구에서 일본 태생 피험자들은, 감정 표현을 사회적 측면으로 지각했고, 반면 서양 태생들은 감정을 개인의 표현으로 봤다. 이러한 발견으로 사회적 맥락(우반구의 지각 능력)이 감정의 지각에 더 관여한다고 추정될 수 있다.[83] 대조적으로 감정 표현에 대한 비맥락적, 비사회적 관점은 좌반구 반응이 더 우세하게 관여할 수 있다. 이러한 발견은 3장에서 언급된 연구 결과와 일관성을 갖는데, 일본 태생들은 수족관의 해양 환경을 더 큰(우반구가 지각한) 게슈탈트로 지각했으나, 미국 태생 일본인은 보다 좌반구의 반응 형태인, 개별적인 세부 사항들을 지각했다는 내용이다.[84]

자기에게는 적어도 두 개의 맥락 상태 혹은 존재 방식이 가능하다. 사적, 내적, 핵심적 자기와 공적, 외적, 적응적 자기.[85] 어떤 저자들은 "참" 그리고 "거짓" 자기라는 병렬 개념을 사용해 왔다. 그런데 이 용어는 사회적 요구에 적응한다는 것이 다소 거짓된 것임을 암시한다. 그보다는, 다양한 맥락들이 우리 각자에게 다른 상태를 야기한다고 받아들이는 것이 더 유용할 수 있다. 실로 우리는 다양한 환경과 다양한 사람들과의 관계 속에 우리 자신을 계속 재현하며 자연스럽게 창발된, 다수의 "관계적 자기"를 가지고 있다.[86] 내면의 감정을 바깥으로 드러내지 않는 것과 같은 사회적 상호작용 중 반복된 패턴은, 특정 상태를 중요하고 지속적인 적응 상태로 만들 수 있다. 생존 기제에 관한 "거짓된" 것은 없다. 그러나 뇌가 만약 때때로 감정 표현을 자기가 진정으로 느끼는 것의 이정표로 삼는다면, 이러한 위장 과정은 분명히 자신의 "참된" 반응을 알지 못하게 만들 수 있다.

표현의 조절은 사회적 및 정신 내적 기제를 통해 마음이 각성 상태를 조절하는 것을 도울 것이다. 개인은 내적 상태를 감춤으로써 사회적으로 인간관계적 공명 경험을 피할 수 있는데, 여기서 수신자의 반응은 때로 발신자의 초기 상태를 증폭하거나 왜곡할 수 있다. 또한 내적 상태를 숨기는 것은, 오해받는 상황을 피하게 하여, 이전에 유발되곤 했던 수치심과 같은 고통스러운 상태를 피하게 할 수 있다. 한 사람의 내면에서 정서의 조절은, 내적 상태를 얼굴 표정이나 신체 반응같이 외적으로 표현하는 긍정적 순환 고리를 위축시킬 수 있는데, 그러면 마음이 이를 감지하고 초기의 감정 상태를 고조시킨다. 개인적 그리고 사회적 피드백 과정 모두에서, 내적 상태의 외적 표현을 조절하는 것은 각성 상태가 용인 범위를 벗어나지 않도록 하는 데 도움을 줄 수 있다.

이러한 형태의 정서 조절 양상(융통성 없고 "표현하지 않는" 감정 조절)이 너무 몸에 배어, 한 개인의 경직되고 반복적으로 유발되는 상태나 특질이 되면, 아주 어려운 상황이 발생한다. 만약 성장 중인 아동의 삶에서, 다른 사람과의 상호작용에 충분히 참여할 수 있을 때 내적 및 사적 자기가 가용할 맥락이 없다면, 적응적, 외적, 공적 자기는 자신에게조차 내적 상태를 부단히 숨길지 모른다. 이 상태는 스스로가 누구인지를 알지 못하는 느낌으로 경험될 수 있다. 삶이 무의미하다는 느낌이 들 수도 있다. 감정 측면에서 보자면, 자신의 감정에 대한 이 사람의 의식적 접근은 반복적으로 차단되어 온 것이다.

만성적으로 일반적인 정서 표현을 차단하는 것이 지닌 위험은, 그것이 또한 개인의 의식에 대한 감정의 접근을 반복적으로 억제할 수 있다는 것이다. 표현을 막는 정확한 기제는 알려지지 않았지만, 아마도 정서 표현을 통제하는 회로의 일시적인 셧다운과 관련될 것이다. 우리가 살펴본 바와 같이, 이 회로들은 우반구에, 특히 전전두 피질과 편도체에 주로 위치하는 것으로 보인다. 예를 들어 우반구가 손상된 사람들에게서는, 자신의 감정을 표현하고 의식적으로 그것에 접근하는 것뿐만 아니라, 다른 사람의 감정을 지각하는 능력도 감소될 수 있다. 더욱이, 우울한 사람들(얼굴 표정이 감소한)에 대한 영상 연구는 그들이 우반구 얼굴 지각 중추의 활성화에 기능적 이상을 가지고 있음을 밝혔다.[87] 이는 얼굴로 드러내는 정서 표현과 그에 대한 지각이 신경학적으로 연결된 과정일 수 있음을 시사한다.

감정 표현 능력은 사람마다 현저히 다르다. 우리가 이러한 차이를 이해할 수 있는 한 가지 방법은, 비언어적 신호를, 마음의 내적 상태에 대한 외적 표현으로 개념화하는 것이다. 일차 감정은 "크레센도crescendo(증가하는 에너지)" 그리고 "디크레센도decrescendo(감소하는 에너지)" 상태를 포함하여, 활성 프로파일로 기술되는 활력 정서로 표현된다. 사람들은 이런 활력 상태를 다른 사람과의 상호작용에서 얼굴 표정, 목소리 톤, 팔다리의 움직임과 몸짓, 그리고 이러한 신호들을 내놓는 타이밍과 유동성을 통해 드러낸다. 이러한 신호들이 그 사람 자신의 인식에 닿을 수 있고, 또한 자신의 상태를 다른 사람의 상태에 맞추는 데 직접적인 영향을 줄 수 있다. 다른 사람에게서 오는, 그리고 자기가 보내고 있는 외적 신호를 알아차리는 것은 매우 중요할 수 있다. 내적 감각에 대한 반영은 다른 사람이 어떻게 느끼고 있는지를 아는 데 필수적인 도움을 줄 것이다.

"느껴졌다는 느낌"은 애착 관계에서 필수적인 요소일 것이다. 나는 정신과 수련 시 첫 환자로부터 그 말을 처음 들었는데, 그녀는 치료가 끝날 무렵, 어떤 면이 자신의 치료에 가장 도움이 되었는지를 표현하려 했었다.[88] 치료적 관계는 여러 가지 방식으로, 애착 관계에 내재된 신뢰의 토대

위에 구축되며, 이 안에서 우리가 이해받고, 진정되고, 안심하고, 안정되는 것을[89] 경험한다. 누군가 내 느낌을 느끼고 내 소통에 유관하게 반응할 수 있다는 감각을 갖는 것은, 인생 전반에 걸친 모든 종류의 친밀한 관계에 필수적이다. **그러한 애착은 상태의 상호적 공유를 이끌어내고, 이는 긍정적이고 즐거운 정서는 증폭되도록, 부정적이고 불편한 정서는 줄어들도록 돕는다.** 애착 관계 안에서 동조된 소통은, 그러한 상호적인 증폭과 감소가 일어날 수 있게 한다. 그 결과, 그 한 쌍의 각각은 서로 "느껴졌다고 느낄" 수 있다. 발달하는 아동들에게 안정적인 애착 관계는, 즐거운 상태를 고조시키는 증폭을 제공하고, 아동이 불쾌한 상태를 줄이는 데 필요한 자기 조절에 관여하게 한다. 심리치료 중의 마음의 발달에 있어 이 안정적 관계는, 환자와 치료사 관계에서 장애가 발생했을 때, 수리라는 중요한 과정과 함께 이해받고, 진정되고 안심하고, 안정되는 과정이 일어날 수 있게 한다. 궁극적으로 그러한 애착 경험의 "감정적 성장"은, 복원력의 배양과 풍요로운 마음 아래에 그 개인의 뇌 안의 통합을 촉진하는, 배려심 있고 친밀한 관계에서 나타난다.[90]

그러한 애착은 상태의 상호적 공유를 이끌어내고, 이는 긍정적이고 즐거운 정서는 증폭되도록, 부정적이고 불편한 정서는 줄어들도록 돕는다.

내적 상태의 소통이라는 도전은 범주적 감정의 표현에서는 조금 더 용이하다. 더욱 정교해진 이들 활성 상태는 다른 형태의 의사소통을 수반하는 것으로 보인다. 위에서 인용된 연구들은 범주화된 정서의 몇몇 측면들은 사회적 표현 규칙에 의해 조정된다고 제안한다. 사람들은 때때로 낯선 사람 앞에서 특정의 강렬한 느낌을 감춘다. 또 다른 상황으로, 사람들은 다른 사람 앞에서는 특정한 반응(미소나 웃음 같은)만을 드러낸다. 이 결과들은 범주적 정서의 위장이라는 발달적 습득과 결합되어, 이런 형태의 범주적 감정의, 사회적 소통으로서의 면모를 지지한다. 이러한 상태의 공유는 좀 더 "거리가 있는" 성질의 것으로, 다른 사람의 느낌을 느낀다기보다는 다른 사람의 경험을 이해하는 상태로, 공감의 인지적 감각을 좀 더 수반할 수 있다. 다른 사람이 슬픔을 느낄 때 우리도 슬픔을 느낄 수 있고, 다른 사람의 흥분과 즐거움에 우리도 기뻐할 수 있다. 이러한 방식으로 범주적 정서 역시, 분명히 공유될 수 있다. 그러나 범주적 정서는 다른 사람과의 소통에서 우리가 좀 더 적극적으로 말할 수 있게 해준다. 즉, 우리는 공유된 경험을 담아내기 위해, 대략적으로 공유된 정의를 지닌 단어를 사용한다. "그 일로 너무 슬프겠어요", 혹은 "그 일로 그렇게 기뻐하는 것을 보니 정말 좋네요." 범주적 감정의 표현은 이런 방식으로, 일차 감정 상태의 동조인 "느껴졌다는 느낌" 단독보다는, 관계 안에서 공유된 순간으로부터 언어적 거리를 좀 더 허용한다.

물론 범주적 표현은, 진행 중인 일차 감정 과정의 반영물인, 활력 정서의 모든 막연한 비언어적 신호를 늘 동반한다. 하지만 여기서 중요한 점은 분노, 슬픔, 두려움과 같은 전형적인 범주적 정서의 인식이 종종 활력 정서의 비전형적이고 더 미묘한 측면을 가린다는 것이다. 범주적 감정의 소통이 우선할 때의 "위험성"은, 다른 사람 및 관계 자체 둘 모두에 대해 그 순간의 고유 의미에 주목하기보다는, 이 특정 감정 경험이 의미하는 바를 언어적으로 분류하는 데에만 자신의 지적 능력을 사용하기 시작할 수 있다는 점이다.

성격, 정신 훈련, 자기 조절의 변형

자기 조절 패턴은 우리가 흔히 우리의 "성격"이라 간주하는 것 안에서 볼 수 있다. 우리는 감정 조절의 7개 요소가 어떻게 우리의 생각, 느낌, 상호작용 패턴을 형성하는지, 그리고 그것들이 어떻게 타고난 성향(때로 "기질"이라 불리는)과 생애 초기 경험(애착 관계를 포함한)의 혼합물로부터 나타나는지 살펴보았다. 기존의 방법을 사용한 지금까지의 연구들은, 대부분의 사람들에게 있어 아동기의 기질적 경향과 성인기의 성격 특성 사이에, 명백하고 예측 가능한 경로가 없다는 것을 제시한다. 우리 인간은 비선형적 역동 시스템으로서, 내외적 작은 입력으로 자연히 광범위한 결과가 나타나, 우리가 형성기 동안 발달함에 따라 매우 예측 불가능한 생명체가 된다. 하지만 청소년기를 겪고 지나면서, 지속적인 일부 선천적 경향과 우리의 학습된 반응이 시냅스의 형성 과정 안에서 융합되어, 우리는 감정을 조절하고 세상과 상호작용하는 반복적 방식인 성격 패턴을 갖게 된다. 그리고 어떤 사람은, 이들 성인의 특징 기원을 초기 아동기에 두었을 수 있다. 우리가 아주 어릴 때부터 가지고 있었을 어떤 경향들(극단적인 수줍음이라고도 알려진 심한 행동 억제처럼, 특히 극단에 존재하는 것)이 있는데, 우리가 그것들을 극복하도록 외적으로 학습했다 하더라도 그 경향들은 신경 기능 안에서 지속될 수 있다.[91] 정서신경과학 분야의 개척자들은 성격을 바라보는 다양한 방식을 제안해왔다. 자크 판크세프Jaak Panksepp와 동료들은 일생 동안의 변화가 어떻게 일어날 수 있는지 탐구했지만, 또한 어떻게 피질하 과정 패턴이 우리의 감정적 반응, 생각, 행동하는 방식에 계속 영향을 미칠 수 있는지도 제시한다. 이것들은 시간에 걸쳐 나타나 우리 성격의 기질을 보여줄 수 있다. 이러한 기능은 정서신경과학 성격 척도Affective Neuroscience Personality Scale로 측정되거나 성격의 5가지 요인 모델Five Factor Model of Personality을 포함한 다른 접근법에 잘 들어맞는다.[92] 정서신경과학의 다양한 응용은 자기 조절을 구상하는 중요한 새로운 방법을 제공하고, 감정 조절의 7가지 요소인 강도, 민감성, 특이성, 용인 범위, 회복 과정,

의식으로의 접근, 외부 표현에 대한 우리의 논의를 연장하고 확장시킨다. 보자면 이 패턴들은 많은 측면에서 에너지와 정보의 흐름을 조절하는 체화된 동시에 관계적 과정으로서의 마음을 반영한다.

정서신경과학 분야의 또 다른 선구자인 리처드 제이 데이베드슨Richard J. Davidson은, 우리가 어떤 선천적 경향을 가지고 태어난다 할지라도, 일반적으로 이들은 스스로 혹은 특정 의도적 정신 훈련에 의해 발달 과정 동안 변할 수 있고, 또 변한다고 말한다. 다음은 데이비슨이 "감정 양식Emotional Style"이라 부르는 6가지 측면을 기술한 것으로, 그 각각은 데이베드슨Davidson과 동료들이 신경 활동 스캔을 사용하여 관찰할 수 있었던 뇌 기능의 기초적인 양상에서 드러난다.

> 복원력(Resilience): 얼마나 느리게 혹은 빠르게 역경에서 회복하는가, 관점(Outlook): 얼마나 오랫동안 긍정적인 감정을 유지할 수 있는가, 사회적 직관(Social Intuition): 얼마나 능숙하게 주위 사람들의 사회적 신호를 수집하는가, 자기 인식(Self-Awareness): 감정을 반영하는 신체의 느낌을 얼마나 잘 인식하는가, 맥락 민감성(Sensitivity to Context): 자신이 속해있다고 느끼는 맥락을 고려하도록 자기의 감정 반응을 조절하는 데 얼마나 능한가, 주의력(Attention): 초점이 얼마나 예리하고 분명한가.[93]

데이비드슨의 견해에서, 성격과 기질은 이러한 측면들의 상이한 조합을 반영한다. 위에서 언급한 바와 같이, 데이비드슨은 우리가 생각하는 "기질의 고정된 특질"이 실은 아동기 동안 상당히 변할 수 있음을 강조한다. 하지만 이러한 감정 유형의 패턴들이 비록 아동기의 경향으로부터 직접 나오지 않았다 하더라도 성인기 동안 지속적일 수 있다. 그는 심리학 분야의 "빅 파이브big 5" 성격 특질[94]에 대한 논의를 하나의 예로 제시했는데, 여기에는 새로운 경험에 대한 개방성openness to new experience, 성실성

conscientiousness, 외향성extroversion, 친화성aggreableness, 신경증neuroticism이 포함된다. 다음은 데이비드슨Davidson이 감정 양식 측면들을 이 5가지 성격에 어떻게 지정했는지 묘사한 내용이다.

> 새로운 경험에 대한 개방성이 높은 사람은 강한 사회적 직관을 지닌다. 이 사람은 자기 인식적이며 주의력 양식에 초점을 맞추는 경향이 있다. 성실한 사람은 잘 발달된 사회적 직관을 지니며, 주의력 양식에 초점을 두고, 맥락에 대한 예리한 민감성을 갖고 있다. 외향적인 사람은 역경에서 빠르게 회복하고, 따라서 복원력 스펙트럼의 끝부분에 있는 회복이 빠른 단계에 위치한다. 또한 이 사람은 긍정적인 관점을 유지한다. 친화력이 있는 사람은 고도로 조율된 맥락 민감성과 강한 복원력을 지닌다. 또한 긍정적인 관점을 유지하는 경향이 있다. 신경증이 높은 사람은 역경에서의 회복이 늦다. 우울하고, 부정적인 관점을 지니고, 맥락에 대해 비교적 덜 민감하며 주의력 양식에 초점을 두지 못하는 경향이 있다.[95]

감정 양식의 면면들은 성격에 관한 일상적 기술어로 사용될 수 있다. 예를 들어, 낙관적인 사람은 복원력 척도에서는 회복이 빠르고 긍정적인 관점을 가진 사람일 것이다. 만성적으로 불행한 사람은 회복이 느리고 부정적인 관점을 갖고 있어 긍정적인 감정을 오랫동안 경험하지 못할 것이고, 도전에 직면하면 부정적인 상태에 휩싸일 것이다. 수줍은 사람에게서는 낮은 맥락 민감성과 화로부터 회복이 느린 복원력 측면이 결합되어 있을 것이다. 낮은 맥락 민감성 때문에, 이러한 반복적인 내적 고통의 경험은 경험 전반으로 일반화되어, 적절한 상황에서조차 광범위한 조심성을 보이게 될 것이다. 대조적으로, 인내력이 강한 사람은 높은 맥락 민감성을 지니며(그들은 상황과 반응의 중점을 학습하는 데에 매우 특출할 것이다) 또한 감정 양식의 자기 인식 측면이 높게 나타날 것이다.

여러모로 성격은 우리의 경험과 기질의 혼합물이다. 데이비드슨Davidson과 동료들의 연구는 아동기에서 이런 다양한 특질들은 일반적으로 상당히 변하기 쉽다는 것을 보여주었다. 앞서 논의된 바와 같이, 극단적인 것들은 지속될 수 있으나, 대부분의 경우에는 발달하는 동안 상당한 변화가 있다. 이것이 우리가 "기질"이라 부를 수 있는 관찰 가능한 행동 패턴에도 불구하고, 대다수 아동에게 있어, 청소년기 동안 그리고 성인이 되어 그 특질이 궁극적으로 어떻게 "드러날지" 예측하기가 상당히 어려운 이유이다. 삶에서 계속되는 경험들은 신경가소성의 일부로서 우리의 신경 회로를 계속 형성한다.[96] 그리고 우리가 경험에 적응하는 패턴, 예를 들면 초기 애착 관계에서의 패턴은, 추후에 초기 가족 환경을 닮은 주변 사람들로부터 반응을 유도하여, "낯선 곳에서 길을 잃은" 것처럼 갇힌 자기 강화 방식으로 이끌 수 있다는 것을 명심할 필요가 있다.[97] **애착 전략, 그리고 기질에 대한 우리의 타고난 성향은 평생을 걸쳐 변화에 열려있다.**

우리 자신이 성인의 모습으로 고정되어 있다고 느끼게 하는 마음의 집요한 습관에도 불구하고, 의도적인 노력을 통해 깊은 변화가 만들어질 수 있다는 엄청난 희망이 있다. 발달하는 마음은 하나 혹은 또 다른 특질 패턴으로 고정될 필요가 없다. 데이비드슨Davidson의 선구적인 연구에서 나온 중요한 교훈은, 우리가 바꿀 수 없는 어떤 타고난 기질이나 성격에 "정착할" 필요가 없다는 것이다. 사실 데이비드슨Davidson의 연구는 바로 정반대의 상황을 보여줬다. 정신 훈련은 감정 양식의 측면들을 바꿀 수 있다. 그와 다른 사람들이 행한 연구에서, 어떻게 전전두 회로가 하부의 피질하 상태를 조정하고 균형 잡도록 돕는지 밝힌 덕분에, 명상과 같은 과정이 전전두 섬유 및 그것의 하부 구조와의 연결을 바꿀 수 있는 기제를 살펴보는 것이 가능해졌다. 분화된 영역 간의 연계에서 생긴 변화는, 사람들이 자신의 몸속에서 정보와 에너지 흐름을 조정하고 균형을 맞추는 방식을 바꾼다. 요컨대, 마음에 집중하는 것은, 감정을 조절하고, "성격"이라 불리는 것을 형성하는 통합 섬유를 변화시킬 수 있다.

데이비드슨Davidson이 다음과 같이 말했다.

> 뇌에서 추론과 고차 인지 기능이란 위치는 감정에서 변연계가 하는 것만큼이나 중요한 역할을 한다. 명상가에 대한 나의 연구는 정신 훈련이 공감, 연민, 낙관, 웰빙(명상 연구에서 긍정적 감정과 더불어 장래가 유망한 결실임)을 강화할 수 있도록 뇌에서의 활동 패턴을 바꿀 수 있다는 것을 보여줬다. 그리고 정서신경과학의 주류인 내 연구는 뇌 활동의 이러한 패턴을 바꿀 열쇠를 쥐고 있는 것이 바로 이들 고차 추론 영역임을 보여줬다.[98]

이러한 발견에 있어 좋은 소식은, 뇌 안의 에너지와 정보의 내적 흐름을 감지하고 형성하기 위한 토대를 세우는 기술을 통해서 자기 조절이 강화될 수 있다는 것이다. 대니얼 골먼Daniel Goleman과 데이비슨Davidson이 제안했듯이, 정신 훈련은 의도적으로 만든 상태가 그 사람의 삶에서 지속되던 특성들의 변화가 될 수 있게 한다.[99] 에너지와 정보의 흐름을 관찰하고 통합을 향하도록 그 흐름을 조절하는 것은 마음보기의 결과물이다. 이러한 마음보기 기술은 우리의 뇌 속에서, 관계 속에서, 또한 우리의 정신생활 속에서 통합을 촉진할 수 있다는 희망을 제공한다. 마음보기는 한 사람의 인생의 특질이 될 수 있다. 마음보기 기술은 집에서나 학교에서의 경험들로부터, 그리고 개인적인 연습으로 쌓아 갈 수 있다. 그러한 정신 훈련은 마음챙김 자각 훈련과 또 다른 형태의 명상을 포함하는데, 이것들은 전전두 피질의 기능을 변형시키고 자기 내부 안에서의, 그리고 다른 영역과의 구조적 연결을 실제로 바꾸는 것으로 알려졌다.[100] 이렇듯 이들 중요한 "추론과 고차 인지 기능의 위치"가 넓게 분포되고 분화된 신경 영역(그리고 심지어 다른 사람의 신경 기능, 즉 "다른 뇌"까지)을 서로 연결하기에, 전전두 피질은 우리의 가장 통합적인 회로 중 하나이다. 우리는 우리의 삶 전반에 걸쳐 전전두 피질의 통합적 기능과 구조를 향상시키는 마음보기 기술을 발달시킬 수 있으므로, 자기 조절의 변형은 가능하다.[101] 데이비슨Davidson과 다른 학자들이 밝혀냈듯이, 우리는 뇌의 기능과 구조를 바꾸기 위하여, 마음의 에너지와 정보 흐름의 초점을 의도적으로 이용할 수 있다. 성격은 고정되어 있지 않다. 애착 전략은 바뀔 수 있다. 기질은 운명이 아니다. 전 생애에 걸쳐 뇌가 발달한다는 것을 깨닫게 됨으로써, 우리는 관계를 이용하여, 우리 자신과 다른 사람의 뇌가 통합되도록 "재배치하도록 고무시킬" 수 있으며 우리 삶에서 더 많은 웰빙과 연민을 키울 수 있음을 알 수 있다.

반영: 감정 조절과 마음

마음의 평가-각성 과정을 조절하는 능력은 자기 조직화의 토대이다. 따라서 감정 조절은 자기의 핵심에 자리 잡고 있다. 자기 조절의 획득은 생애 초기의 양자 관계로부터 온다. 여러 애착 연구에 의하면 자율적 자기 조절을 용이하게 하는 인간관계 소통 유형은 건강한 의존으로부터 시작된다. 그런 관계에는 아동의 신호에 대한 민감성 및 조건 의사소통과 함께, 아동의 일관성과 정신화 능력을 발달하게 하는 반영적 대화가 수반된다. 자기 조직화는 감정적으로 동조된 인간관계의 경험 안에서 얻을 수 있다. 애착 관계의 감정적 핵심은 공유된 긍정적 상태의 증폭과 부정적 정서 상태의 감소이다. 이런 양자 상태를 경험함으로써 아동은 더 큰 범위의 감정적 강도와 공유된 정서적 소통을 견뎌낼 수 있게 된다.

제안된 감정 조절 모델은 7가지 요소를 포함한다(강도, 민감성, 특이성, 용인 범위, 회복 과정, 의식에의 접근, 외적 표현). 앞서 말했듯이 초기 애착 경험과 기질 같은 체질적 변인들이 이런 감정 조절 과정이 형성되는 것을 돕는다. "후성적" 요인들(특히 유전자 발현 및 뇌의 경험-의존적 성숙을 형성하는 사회적 경험)은 뇌 신경 연결이 어떻게 형성될지에 직접적으로 영향을 미친다. 초기 아동기에, 부모에게서 직접 물려받거나 애착 경험을 통해 얻게 된 그런 후성적 요인들이 감정 변조modulation를 담당하는 신경 경로의 발달에 영향을 미친다. 성인 관계 안에서 지속된 감정 발달은 자기 조직화의 새로운 경로가 발달하도록 돕는 데 있어 같은 애착 요소를 이용할 수 있다.

정신적 웰빙의 결핍은 감정 조절 장애의 흔한 결과물일 수 있다. 이는 분노나 슬픔의 삽화같이 좀처럼 회복되기 어려운, 용인 범위를 뛰어넘는 갑작스러운 감정의 파열로 경험될 수 있다. 이런 파열된 상태에서는 마음은 이성적 사고, 반응 유연성, 자기 반영 능력을 잃는다. 강렬한 각성의 파도, 화, 공포와 같은 "통제 불능인" 감정의 감각sensation들이 마음에 쇄도할 수 있다. 이런 상태에서는 사람은 내적으로나 관계적으로나 모두 기능할 수가 없다. 이런 상태에서는 전전두 영역의 통합적 기능이 일시적으로 무능력해질 수가 있다. 이런 사람을 도우려면 더욱 효과적인 자기 조직화 과정의 발달이 필요하다. 마음보기 기술에 장착되어 있는 메타인지 과정과 정신화 반영 기능이 통합적 처리 양식의 발달에 중요할 수 있는데, 이는 좀 더 유연하고 일관적인 경험을 획득하는 데 필수적이다.

만약 유전된 후성적 영향에 의해 형성된 것을 포함한 체질적 특성들, 외상적 경험, 심하게 부적절한 애착 등이 부적응적 감정 조절을 초래한다면, 그 사람은 처음부터 감정적 복원력이나 행동 유연성을 습득하는 능력이 제한될 것이다. 어떤 상황에서는 "피질 제어cortical override" 기제의 형태가 유용할 수 있다. 피질변연계 구조물의 과도한 분획화parcellation(가지치기pruning)가 일어났다면, 각성 상태를 관찰하고 수정하는 뇌의 능력이 상당히 손상될 수 있다. 반사적 초기 조절 장애 반응을 관찰하고 개입하는 신피질 추론 능력을 이용하는 것을 배우는 것이 때론 유익하다. 이것이 무엇을 의미하는가? 사람들은 자신의 용인 범위를 벗어나게 되면 이성적으로 생각하는 능력을 잃고 기능에 있어 일관성을 잃게 된다. 생애 초기 변연계와 뇌간에 부호화되는 것처럼 이들 초기 반응이 심부 회로에 깊이 새겨진다면, 이들은 바뀌기 어려울 수 있다. 그러나 신피질이 이들 반응을 제어할 수 있고, 심부 구조물을 더 견딜만한 각성 수준으로 이끌 수 있다. 이는 심상, 내적 대화, 소환 기억evocative memory(예, 애착 인물과 같은 진정시키는 심상을 떠올리기)이 활성화될 수 있는 몇 개의 "혼잣말self-talk" 전략으로 달성할 수 있다. 마음챙김 훈련을 포함한 정신 훈련이 이들 조절적 전전두 회로의 기능과 구조를 강화한다는 것이 입증되어 왔다. 이러한 조절력과 함께, 통합이 재확립되고 마음의 일관성이 나타나게 된다. 오랜 시간에 걸친 계속적인 훈련에 의해, 용인 범위를 벗어나는 "낮은 모드"의 반영 상태로 들어가는 횟수와 강도가 상당히 줄어들고, 회복되는 속도가 매우 빨라진다.

왜 근본적으로 자기 조절이 감정 조절의 과정으로 보이는가? 감정은 일련의 마음의 통합과정의 일원으로, 작용하는 모든 층을 연결해 준다. 사실 감정 자체의 연구는 필연적으로 감정 조절의 연구이다. 감정이 신경생물학적, 경험적, 사회적, 행동적 요소를 포함한 주관적 경험으로 정의될 수 있지만 사실상 이는 마음의 정수이다. 우리의 감정생활이 바로 자기의 생활이다. "감정적으로 좋다"라고 느낄 때 우리는 일체감wholenss, 일관성coherence, 편안한 상태라는 느낌a feeling of being comfortable을 피부로 느끼게 되는 것이다. 사회적 존재로서 이러한 일관성 상태는 흔히 소속의 경험, 그리고 자기의 내적 감각의 일부로서의 경험뿐만 아니라 자기 정체성 경험을 통합하는 관계적 자기의 일부로서 경험할 때 동반된다. 생애 초기에 우리가 애착 인물과 가졌던 인간관계 소통 방식이 자기 조절을 매개하는 뇌 구조물의 성장에 직접적으로 영향을 미친다. 앞에서 말했듯이 조절되고 있는 "자기"는 실제로 내적이자 관계적이다(인생 전체에 걸쳐 발달하는 우리의 마음에 내면성interiority을 부여한다). "감정적 소통"은 우리의 마음이 타인과 연결되는 근본적인 방식이다. 이제 인간관계의 연결로 넘어가 보자.

The Developing Mind 08

인간관계 연결 그리고 관계하는 마음

The Developing Mind

이 장은 부모와 자녀 사이의 관계가 어떻게 아동의 뇌가 건강한 감정 조절을 담당하는 회로를 발달시키고 아동의 마음이 일관성 있는 의미, 연결Connection 그리고 정체성Identity을 발달할 수 있게 하는지에 대해 알려진 것을 더 깊이 탐구한다. 여기에서의 의도는 모든, 혹은 심지어 대부분의 개인의 자기 조절과 삶에서 고통받는 경험의 문제들이 애착의 어려움에서 온다고 설명하기 위함이 아니다. 대신, 목표는 인간관계에서 일어나는 우리의 감정 조절에 대한 이해를 돕기 위해 애착에 내재된 감정적 의사소통에 대해 알려진 것들을 검토하는 것이다. 그러한 탐구는 우리가 하나의 마음이 직접적으로 발전과 기능을 형성하는 방법, 즉 인간관계의 본질에 대해 더 깊이 들여다볼 수 있게 해준다.

어떻게 한마음이 다른 마음에 이 같은 영향을 미칠 수 있을까? 정신생활mental life이 구체적이고 관계적인 정보와 에너지의 흐름flow으로 구성된다고 본다면, 우리는 이러한 흐름의 원천을 구별할 수 있고 각각의 흐름에 차례대로 집중할 수 있다. 일단 에너지 및 정보 흐름과 관련된 내부 신체 시스템internal body system부터 시작하여 해당 흐름이 관계에서 어떻게 공유되는지를 살펴보겠다.

우리는 마음을 부분적으론 단일 뉴런의 부분들, 시냅스 연결에서의 뉴런, 특정 회로 안에 조직되어 있는 뉴런의 집합체, 또는 대뇌의 좌·우반구 시스템과 같이 여러 차원을 포함하는 복합신체시스템complex bodily systems에서 방출된다고 상상할 수 있다. 이러한 시스템들을 통해 정보와 에너지 흐름의 양식은 더욱더 복합적인 시스템의 층을 형성하게 한다.[1] 하지만 어떻게 한 사람의 신체 시스템이 다른 사람의 신체 시스템과 직접적으로 접촉하여 "슈퍼 시스템"을 만들 수 있을까? 우리가 다양한 형식(구두에서부터 서면, 팩시밀리 또는 문자, 이메일을 통해 디지털 방식으로 전송된 것에 이르는)으로 정보를 받을 수 있는 것처럼, 마음의 에너지와 정보 역시 단일 뉴런 축색의 전기적 활동 전위, 정형화된 신경전달물질의 방출, 생리학적 신경내분비 환경, 그리고 신경망 프로파일neural net profile 등 복합적 신경 활성화의 방식들을 통해 전달될 수 있다. 우리가 토론의 시작에서 보았던 바와 같이, 이 각각의 것들은 에너지 흐름의 패턴으로 볼 수 있다. 그 에너지 중 일부는 상징적인 가치를 갖는다. 우리가 말한 것처럼 "에너지의 형성energy in-formation"은 그 자체가 아닌 다른 것을 상징한다. 바로 정보이다. 그리고 이런 식으로, 우리는 "에너지 및 정보 흐름"이 마음의 기본적인 과정을 형성한다는 개념을 가지고 작업해 왔다. 여기에는 우리 내부에 있는 신체에 둘러싸인 많은 시스템 안에서 일어나는 일들이 포함된다.

인간의 뇌는 애착과 인간관계 연결에 필수적인 시스템으로 진화되어 왔다. 이렇게 상호 연결된 각 시스템은 우리가 에너지와 정보를 구현하고 공유하는 방법으로 간주될 수 있다. 에너지와 정보를 공유하는 그러한 관계적 세계relational world는 우리의 복잡한 사회적 관계를 발전시킬 수 있는 정교한 신경망을 필요로 한다. 이러한 문제들을 탐구하기 위해, 먼저 우리의 "사회적 뇌Social brain"라고 불리는 것의 광범위한 기원에 대해 살펴보자. 로빈 던바Robin Dunbar가 시사하는 바와 같이(2016): "이 사회적 세계는 물리적 세계보다 다루기가 더 복잡하다. 부분적으로는 물리적 세계가 역동적이며 흐름flux이 일정하기 때문이고 또 부분적으로는 직접 지각할 수 없는 대신 추론해야 하는 현상(다른 개인의 마음 상태)이 수반되기 때문이다."[2] 이런 식으로, 우리의 신경계는 우리가 관계를 맺고 있는 사람들의 정신 경험을 나타내기 위해 다른 마음의 "지도"를 만들 필요가 있다. 이러한 마음보기mindsight 지도는 다른 사람들과 우리 자신에 대한 주관적인 정신 상태를 정신적으로 생각하거나 성찰하는 경험으로, 우리의 여정 내내 논의했던 기본적인 과정의 일부이다.

우리 인간은 이 과정을 발명하지 않았다. 유인원 영장류에서, 인간과 가까운 유인원이나 원숭이 같은 경우, 집단의 크기가 증가하면 피질 크기도 증가한다. 던바Dunbar는 다음과 같은 가설을 세웠다.

> 사실상, 이 종들은 두 가지 질적으로 구별되는 종류의 관계를 동시에 유지할 수 있다. 주요 몸단장 파트너grooming partner(동맹)와의 친밀한 관계와 다른 그룹 구성원들과의 약한 관계. 이런 점에서 원숭이와 유인원 관계는 인간 사회관계의 2단계 구조와 닮아 있는데, 약한 "유대"와 강한 유대의 평행한 구별이 그려지고… 가족과 친구들 사이에서 약자/강자를 가로채고 나눈다… [Curry and Dunbar (2013); Roberts and Dunbar (2011); Roberts et al. (2014)]. 이것은 인간형 영장류에서도 (그리고 다른 포유류의 경우 작은 수의) 인간에게서 발견되는 것과 유사한 계층 구조의 사회 시스템이다[Hill et al. (2008); Zhou et al. (2005); Hamilton et al. (2007); Dunbar (2015)].[3]

이런 방식으로, 마음보기mindsight는 사회적 세계에서 태어났다. 우리의 뇌는 사회적 관계에 위치하며, 인간의 정신이 나타나는 것은 이 실험적인 틀framework 안에 있다. 던바Dunbar는 성찰하는 것에 대한 이 매혹적인 일련의 성찰을 계속한다.

> 아마도 사회적 인식의 원시적(고고학적) 형태인 정신화Mentalizing는 다른 개인의 마음 상태를 동시에 처리할 수 있는 능력이며 자연적으로 반복되는 순서를 형성하는데, 1차적 의도(나는 내 마음 상태를 안다)에서부터 2차적 의도까지(나는 A가 무언가를 알고 있다는 것을 안다. 공식적으론 마음 이론theory of mind이라고 알려진)이며, 대부분의 보통 성인에서는 최대 5번째 순서(나는 A가 C가 D가 무언가를 알고 있다는 것을 B가 알고 있다는 것을 알고 있다)까지 진행된다[Stiller and Dunbar (2007)]. 역량을 정신화하는 것은 (동시에 마음에 둘 수 있는 다른 마음 상태의 수) 전두엽의 핵심 영역의 부피와 관련이 있기 때문에[Lewis et al. (2011); Power et al. (2012, 2014)] 더 큰 사회 집단을 유지하는 것은 이 과제에 관련된 뇌 영역에 신경 자원을 더 할당해야 한다는 것을 요구한다.[4]

포유류, 영장류 그리고 현재 인간으로서 우리의 사회적 본성의 진화적 기원은 우리가 존재하기 위해 사회적 뇌가 "새겨져hard-wired" 있다는 것을 암시하는데, 이것은 우리가 애착과 다른 관계를 위한 특정한 신경망을 만들어낼 수 있는 유전적 코드를 갖고 있음을 의미한다. 우리는 일찍이 네트워크의 성장을 위해서는 경험이 필요하다는 "경험 의존적인experience-dependent" 발전 개념을 갖고 논의해 왔다. 그리고 우리는 시각이나 청각과 같이 특정 회로에 대한 유전적 코드를 가지고 있는 진화에 의해 형성된 "경험 기대experience-expectant" 발전 개념을 갖고 있는데, 그 안에서 경험은 유전적으로 단순하게 구동되는 신경 연결성을 유지, 강화, 증폭시킨다. 조직적인 전체로서의 애착 네트워크는 모든 포유류가 경험 가능한 것으로 기대할 수 있는 애착과 함께 경험 기대인 것처럼 보일 수 있다.

그러나 이러한 관점에 도전하는 또 다른 관점은, 우리의 "사회적 뇌"가 실제로는 애착이나 인간관계를 용이하게 하는 고정된hard-wired, 즉 유전적으로 결정된 네트워크로 채워지지 **않았다**는 것이다. 그러한 대안적 틀framework 중 하나는 쉬르 아질Shir Atzil과 그의 동료들에 의해 제안되었다. 그들의 관점에 의하면 다음과 같다.

> 사회적 동물은 혼자 살아남을 수 없는 동물들로 정의될 수 있고, 그들은 진행 중인 생리(또는 이항상성allostasis)를 조절하는 것을 그들의 집단 구성원에게 의존한다. 생존을 위해 사회적으로 의존하는 것에 다소 단순한 제약이 있음은 사회적 환경을 두드러지게 만들고, 사회적으로 조작된 두뇌 개발과 학습을 위한 궁극적인 원동력을 제공하기에 충분할 수 있다… 여기서 제안된 이론적 변화는 사회성을 포함하지만, 그것에만 제한되지 않는 심오한 인간의 특성은 어린 나이에 습득되는 반면, 뇌 발전을 결정하는 핵심 배선 지침은 사회적 상호작용이 제공한다는 것을 암시한다.[5]

그들의 제안은 신체 시스템(체화된 뇌embodied brain)을 다른 사람들에 대한 우리의 깊은 상호의존성과 나아가 본성nature 그 자체를 이어주는 우리의 연결 본성에 대한 창을 제공한다. "우리"로서 회원 자격은 인간관계일 수도 있고 "내면 관계intra natural"일 수도 있다(개인들 사이에서의 인간관계inter로, 본성 속에서 내면으로intra). 아질Atzil과 동료들은 더 나아가 다음과 같이 제안한다.

> 신경 네트워크와 사회적 역량의 발달 궤적에 대한 경험적 발견들을 통합하여, 뇌 발달과 사회 발달은 동일한 현상의 두 가지 발현이라는 가설을 소개한다. 즉, 사회적 전문가가 되는 것이다. 습득된 기술로서 사회적 제휴의 방식으로 생각하는 것은 과학, 임상, 그리고 사회적 의미를 갖는다… 우리의 틀에 따르면 사회적 동물들은 미리 정해진 "사회적 뇌"를 가지고 태어나지 않고, 오히려 이항상성 의존allostasis dependency의 결과로 사회적으로 되기 위해 생물학적으로 적응한다.[6]

이 "이항상성 의존allostasis dependency"은 우리의 생존과 번영이 우리의 관계적 연결에 달려있다는 것을 의미한다. 다시 한번 이것은 인간관계와 내적 관계 양쪽 모두라는 것을 기억하자. 핵심은 발전하고 기능하기 위해 세 가지의 광범위한 신경 요구가 깊게 연관되어 있음을 이해하는 것이다. 하나는 신체의 상태를 조절할 필요성인데, 그 과정은 우리가 논의한 바와 같이 생존과 번영을 모두 포함하는 **이항상성**allostasis이다. 두 번째는 관련 사항의 결정에 관련된 네트워크이며, 이를 **현출성 회로**salience circuits라고 한다. 그리고 세 번째 중요한 네트워크는 **정신화**mentalizing 시스템이다. 이러한 다양한 네트워크의 마디는 다양한 프로세스에 관여하기 때문에, 때때로 "도메인 일반domain-general" 네트워크라고 불린다.

아질Atzil과 동료들은 그들의 연구를 계속해 나간다.

"사회적 뇌"는 무엇이고 무엇을 위한 것인가? 완전히 발달된 성인 인간의 뇌는 해부학적으로 연결되고 기능적으로 결합된 고유한 네트워크로 구성된다[Barrett and Satpute (2013)]. 이러한 네트워크는 두껍고 장거리의 축색 경로axonal track에 의해 함께 고정된다[Bullmore and Sporns (2012)]. 이항상성Allostasis과 사회적 처리 양쪽 모두에 특히 중요한 것은 현출성 네트워크salience network[ibid.]와 기본 모드 신경망default mode network[Yeo et al. (2011)](정신화 네트워크라고 불리기도 한다[ibid.])이다. 현출성과 기본 모드 신경망은 함께 이항상성을 구현하기 위한 통합 네트워크를 구성하고, 내부 수용 감각interoception이라고 불리는 감각 결과를 재현한다[Kleckner et al. (2017)]. 이 두 네트워크는 사회적 기능[ibid.]을 포함한 다양한 심리 현상에 지속적으로 관여한다는 점에서 도메인 일반domain-general 네트워크로 간주된다. 이러한 도메인 일반domain-general 네트워크는 **"풍부한 클럽 허브**rich club hubs"라고 불리는 피질 교점을 통해 서로, 그리고 뇌의 다른 부분에 연결되어 있다[van den Heuvel and Sporns (2011)]. 그리고 이는 각 네트워크 및 서로 다른 네트워크 간의 정보를 통합한다[ibid.]. **풍부한 클럽허브**Rich club hubs는 또한 서로, 그리고 뇌의 감각 및 운동 네트워크와 밀접하게 연결되어 있다. 또한 뇌 전체에 걸쳐 정보를 통합하기 위해 신경 활동을 동기화하는 대용량 중추 역할을 한다고 생각된다[van den Heuvel et al. (2013)].[7]

이러한 네트워크는 서로 구별된 영역을 연결한다. 그들은 통합 네트워크이다. 우리는 여기서 우리 뇌의 통합적 성질이 우리 관계의 통합적 성질을 반영한다는 개념에 대한 경험적 지지를 볼 수 있다. 아질Atzil과 동료들은 다음과 같은 종합과 가설로 이 개념을 반영한다.

이항상성 조절Allostasis regulation은 보상적 과정이며[Keramati and Gutkin (2014)], 학습과 발달에 잠재적 동기를 부여할 수 있다. 사회적 동물에서 이항상성의 사회적 조절은 성인기의 사회적 기능과 연관이 있는 것으로 알려진 연상 신경망associated neuronal network의 성숙과 사회성 학습에 동기를 부여하기 위해 제안된다. 우리는 영아들이 그들의 이항상성적 요구가 민감하게 조절될 때 네트워크 발전이 촉진될 것이라고 가정한다. 이 가설은 유아의 요구에 부모의 돌봄이 민감하게 조율되는 경우 아동 발달이 최적화되고 가속화된다는 것을 보여주는 문헌에 의해 뒷받침된다[Feldman (2007)].[8]

경험을 통한 뇌의 학습 방법에 대해, 우리는 감각으로서 경험한 에너지의 상향 흐름과 과거의 경험에 의해 여과된 신경표상neural representation의 구성물이라는 하향 흐름의 개념에 대해 논의했다. 이러한 필터들filters이 우리가 지각하는 것, 생각하는 방식, 그리고 외부적으로 보이는 우리의 행동들을 형성하는 소위 "정신 모델"의 기초로 생각된다. 다음은 아질Atzil과 동료들이 이 과정을 바라보는 시각이다.

신경과학에서 점점 더 인기 있는 가설은 뇌가 들어오는 감각 입력, 구동 작용, 지각 및 다른 심리 현상을 위한 베이시안 필터들Bayesian filters로 기능하는 내부 모델을 작동시킨다는 것이다[Barrett (2017); Hohwy (2013); Clark (2013b)]. 이 가설을 종종 예측 부호화라고 부른다[Hohwy (2013); Rao and Ballard (1999); Friston (2010); Clark (2013a); Barrett and Simmons (2015)]. 예측 신호는 "하향식"이라고도 하는 전체 뇌로 구현되며, (1) 신체 내외부에서 다가오는 감각 사건의 모집단과 (2) 그러한 사건을 처리하기 위한 최선의 행동 모집단을 지속적으로 예측한다. 예상치 못한 정보는 예측과 실제 입력의 차이를 추적하는 예측 오류 신호이며, 본체에서는 "상향" 신호라고도 한다. 예측은 무과립agranular 연관 피질에서 생성되고 일차 감각피질까지 전파되며, 항상 다음 순간을 준비한다[Friston (2005)].[9]

연구원들은 더 나아가서 다음과 같이 말한다.

삶의 초기에 영아들의 감각 경로가 온전해짐에 따라, (영아의 감각은 자궁에서 시작하여 출생 후에도 계속된다) 유효한 예측 모델을 형성하기에 충분한 감각 경험 없이, 대부분의 감각 입력은 단지 뇌가 그것을 예측할 수 없기 때문에 "예측 오류"로 간주된다. 이 아이디어는 앨리슨 고프니크Alison Gopnik에 의해 "랜턴 의식lantern consciousness" 또는 아기들이 그들 주변의 모든 것을 받아들이는 방식으로 개념화 되었다[Gopnik (2009)]. 경험을 통해, 영아들은 동시 발생co-occurrence에 기초한 감각 패턴을 감지하고 예측하기 시작한다. 이를 "통계 학습"이라고 한다[Siegelman and Frost (2015); Krogh et al. (2012); Saffran et al. (1996)]. 환경 내에서 구조를 감지하는 것은 무의미한 감지 정보 흐름에서 발생하는 중요한 발전 단계이며, 사례의 집단은 함께 분류되어 개념으로 정신적으로 표현된다. 영아의 경험은 "랜턴 의식"에서 "스포트라이트 의식" 또는 지각 입력의 의도적인 선택으로 이동한다[Gopnik (2009)]… 신생아에서 이항상성에 대한 내부 수용 감각interoceptive 정보는 정기적으로 양육자에 대한 외부 감각exteroceptive 정보와 연관될 것을 제안한다. 이 조건은 영아의 뇌가 사회 정보에 주의를 기울여 내부 환경을 조절하도록 자극한다.[10]

이항상성Allostasis을 연결하는 회로와 사회적 상호작용과의 중첩은 이러한 두 가지 기본 과정이 발달 중에 상호 결합된다는 관점으로 이어진다. "이는 모성 감각 입력에 대한 효율적인 베이시안 모델(유아의 뇌에 의해 계산됨)이 최적의 유대감과 발달을 촉진한다는 것을 시사한다. 따라서 미숙아, 산후 혹은 발달정신병리, 또는 고아와 같이 보호자와 이항상성 사이의 조건화를 방해하는 발달 환경은 사회 발달을 방해할 것으로 예상된다."[11] 이러한 관점에서, 피질-피질 연결은 하향식 베이시안 모델로 이어지는 반면, 시상피질 연결은 상향식 흐름과 더 직접적으로 관련된다는 것을 고려하는 것이 좋겠다.

사회적(및 비사회적) 환경에 대한 베이시안 모델의 형성은 영아 뇌의 시간적 및 다중방식multi-modal 우발성에 따라 달라진다. 다중방식 감각 입력(외부감각과 내부 수용 감각)은 세분화된 연관 피질에 통합되며, 이는 학습된 우발성에 의존하여 베이시안 모델을 생성하고 예측을 발생시킨다[Barrett and Simmons (2015)]. 뇌 전체의 정보를 통합하는 무과립agranular 연관 피질은 예측 가능한 "허브hubs"가 된다[van den Heuvel and Sporns (2011)].[12]

이 무과립 연관 피질agranular association cortices은 무엇일까? 탐구 기간 내내 이 문제에 대해 논의해 왔다는 사실에 놀랄 수 있을 것이다. 아질Atzil과 동료들은 다음과 같이 제안했다.

> 대부분의 신경 예측을 만들어내는 전측 뇌섬anterior insula, 전측 대상회 피질anterior cingulate cortex 그리고 복내측 전전두 피질ventro-medial prefrontal cortex[Barrett and Simmons (2015)]과 같은 무과립 연관 피질agranular association cortices은 흔히 "사회적 뇌"의 주요 마디로 간주되며, 정신적 추론, 공감, 사람 인식 등 사회적 역량과 연계되어 왔다[Barrett and Satpute (2013); Singer and Lamm (2009); Andrews-Hanna et al. (2014); Shamay-Tsoory (2013)]. 같은 뇌 영역은, 현출성 및 기본 모드 신경망의 피질적으로 풍부한 클럽 허브로서, 예측 가능한 이항상성 조절 신경계의 일부로, 자율신경계, 면역계, 신경 내 신경을 조절하는 것이 또한 제안된다…[Kleckner et al. (2017); Barrett (2017); Barrett and Simmons (2015); Chanes and Barrett (2016); Gu and Fitzgerlad (2014); Ganzel et al. (2010)]. 더욱이, 사회적 문제 처리[Bickart et al. (2014)]에서 핵심 영역으로 간주되는 편도체amygalda, 측좌핵nucleus accumbens과 시상하부hypothalamus는 이항상성 조절[Ganzel (2010)]에서 중요한 역할을 하며 예측 오차를 계산하고 행동을 동기화하는 것으로 생각된다.[13]

주의력은 이항상성과 사회적 연결이라는 근본적인 과정들에 의해 만들어진다. 우리가 주의력을 기울이는 내용의 특성은 우리가 단순히 "하향식"이라고 부르는 경험에 의해 형성되는 신경 패턴화의 결과이다. 많은 면에서, 개념을 만드는 하향식, 학습된 범주들 그리고 궁극적으로 언어의 언어학적 상징들이 세상을 경험하는 우리의 방식과 정신적으로 구성된 세상을 다른 사람들에게 소통하는 방식을 형성한다. 우리는 에너지 흐름의 패턴이 이전 경험에 의해 형성되는 이 방식을 **에너지의 형성**energy-information으로 볼 수 있고, 또는 단순히 "정보information"라고 부를 수 있다. 그리고 우리가 "주의력"이라고 부르는 그 에너지의 초점은 또한 우리의 사회적 경험의 일부이다. 우리는 우리의 생존에 가장 중요한 것을 주목하게 되었다. 그리고 우리의 학습된 패턴은 우리가 어떻게 세상을 감지하고 인지하게 되는가에 대한 내적 경험을 구성함을 의미한다.

아질Atzil과 동료들은 사회적 연결에서 주의력의 역할에 대한 이 유용한 관점을 제공한다.

> 주의력은 환경이 주는 경쟁하는 정보의 특정 특징을 편향시키는 신경 연산으로 정의된다[Amso and Scerif (2015)]. 주의력은 학습된 인지기술로서 가소성이 있으며 경험에 의해 형성된다[ibid.]. 일단 주의력이 발달하면, 영아들은 동기화하는 법을 배우고, 약 6개월에 양육자와 그들의 관심을 나누는 정신적 능력을 배운다[ibid.]. 상호 주의력Joint attention을 이용하여 양육자들은 영아의 통계 학습을 적절한 문화 및 사회 정보로 향하게 한다. 상호 주의력은 "마음 이론"과 같은 추가적인 사회적 역량의 전조이다[Baron-Cohen (1991)]. 그러나 상호 주의력은 사회적 인지의 발달뿐만 아니라 인지 발달의 많은 측면에도 기본적인 사회적 역량이다[Belmonte et al. (2004)]. 양육자와 또래와의 상호 주의력이라는 매체 내에서 영아들은 자신의 환경에서 생존하는 데 필요한 모든 지식과 숙련도를 소개받는다.[14]

> 인간의 이러한 기본적인 과정에 관련된 네트워크는

> 연상피질의 확장된 핵심 뇌 시스템에 연결되어 있고[Barrett (2017)], 이는 다

중방식multi-modal 통합을 위한 용량이 증가함을 의미할 수 있다. 이것들은 인간 사회적 틈새의 비교적 복잡한 요구를 지속시키기 위해 진화한 것으로 제안되어 왔다[Finlay and Uchiyama (2017)]. 고급 통합 능력은 인간의 추상화 능력의 기초가 될 수 있다.[15]

이 시스템의 핵심 네트워크 중 하나는 기본 모드 신경망DMN이다. 이것이 삶의 초기에 발달한다는 것은 이 복잡한 신경 및 사회적 과정에서 그것이 중요한 역할을 한다는 것을 의미한다.

기본 모드 신경망의 대부분의 핵심 마디는 생후 6개월까지 동기화되며, 이로써 기본 모드 신경망은 질적으로 성인 같은 공간 위치topology를 달성한 최초의 도메인 일반domain-general 네트워크 중 하나이다[Gao et al. (2015)]. 주요 기본 모드 신경망 마디(후대상회피질과 내측 전전두 피질)의 연결성과 부피는 태어날 때 미숙하다는 것이 입증되었다[Gao et al. (2009)]. 기본 모드 신경망에서 회백질 부피뿐만 아니라 기능적 및 구조적 연결성은 유년기 동안 계속 발전하여 사춘기 후반에 안전한 성숙에 도달하고[Fransson et al. (2007); Supekar et al. (2010)], 사회적 인지 능력과 정신화가 성숙하는 바로 그 시기에 완전한 성숙에 도달한다[Supekar et al. (2010); Blakemore et al. (2007)].[16]

이러한 흐름의 발전은 "신생아에서 볼 수 있는 일차 운동감지회로에서 성인의 연관 네트워크로의 발달 신경 변화는 초기 영아기의 분명하지 않은 원초적 감각 경험에서 성인기의 구성된 인식으로의 인간 경험의 잠재적인 극적인 변화"[17]를 암시한다. 그리고 아질Atzil과 동료들은 다음과 같이 설명을 이어나간다.

사회로서, 우리는 많은 추상적인 개념들을 만들어내는데, 추상적인 개념들은 이항상성에 영향을 미치기 때문에 강력하다. 신, 인종, 돈 또는 사랑과 같은 완전히 추상적인 생각이 구체화되면(즉, 즉각적인 이항상성이라는 의미가 있다) 인간 행동에 강력한 동기를 유발한다. 이는 인간이 사회적 상호작용을 통해 그러한 추상적 개념을 그들의 문화에서 생존하고 번영하기 위해 그들의 이항상성과 연결시키는 것을 배우기 때문이다. 이는 양육자의 즉각적인 양자 관계 결합을 넘어, 사회적 계급이나 경제적 지위를 포함한 확장된 사회적 영향이 어떻게 아동 발달과[Barrett (2017); Johnson and Young (2015); Bornstein and Bradely (2015)] 심지어 두뇌 발달에 강력한 영향을 미칠 수 있는지를[Merz et al. (2018)] 잠재적으로 설명할 수 있다.[18]

비록 개인들 사이와 더 큰 사회관계 생활에서 다른 사람들과의 상호작용 관계 사이의 애착 관계 내에서 이러한 연결 감각은 인간으로서 매우 가치 있는 부분이지만, 우리가 암묵적으로 만들어내는 사회적 범주에는 불행한 단점이 있다. 이러한 정신적으로 구성된 범주들은 개념과 언어적 상징을 이끌어내는데, 그것은 살아있는 관계적 현실에서 어떻게 우리가 우리를 둘러싼 세계를 진짜로 나눈다고 가정하는 범주로서 세계를 인위적인 그룹으로 나누는 경향을 강화시킨다. 수백만 년 동안 우리의 포유류 역사에서, 우리는 누가 우리의 특성을 공유하고 있는지, "누가 우리와 닮았고", "우리와 같지 않은지", 즉 누가 단순히 "내부집단ingroup"에 속하고 누가 "외부집단outgroup"에 속하는지 결정하는 메커니즘을 가지고 있었다.[19]

인류 진화 역사에 의하면 우리는 부족의 일원이다. 부족주의 이전에도 우리 포유류들은 누가 우리의 친밀한 집단이고 누가 외부인인지 확인하는 법을 배웠다. 로버트 사폴스키Robert Sapolsky는 예를 들어 쥐들에게 어떤 개체들이 그들의 우리cage에서 자랐고, 어떤 개체들은 그렇지 않은지를 유전적 관계와 무관하게 결정할 수 있는 방법이 있다고 썼다.[20] 원숭이의 경우, 가족 지위의 위계질서가 강한 종 내 폭력을 형성할 수 있다. 인간으로서, 우리는 국적과 신념 체계와 같은 개념들에도 이러한 내적 또는 외적 감각을 사용한다. 펠드만Feldman은 이 문제를 인류에게서 새롭게 발견된 것으로 다룬다.

> 소속의 신경생물학Neurobiology of affiliation의 이면에는 집단 간 갈등, 인종 간의 편견, 부족 간 증오의 신경생물학이 있는데, 이 두 가지는 같은 오래된 시스템을 활성화시켜 유기체들이 빠르게 친구와 적을 구별하도록 진화시켰다[De Dreu et al. (2010)]. 가해자가 "외부집단outgroup"의 일원일 때, 특히 잠재적 위협으로 인식되는 외부집단일 때 뇌가 대상에게 어떻게 공감하는 반응을 차단하는지가 중요하다. 우리는 최근 그룹 구성원들 사이의 뇌와 뇌 사이의 동기화 강화, OT 생산 증가, 외부집단의 고통에 대한 상향식 자동 대응에 하향식 감쇄top-down attenuating 절차를 부과함으로써 뇌의 공감 센터를 폐쇄하는 것이 가능하다는 것을 발견했다[ibid.; Levy et al. (2016a)].[21]

인간의 마음을 이해하는 것은 부족주의적인 반응성을 넘어 도전적으로 상호 연결된 세계에서 더 많은 정보를 가진 생활방식으로 나아갈 수 있도록 이러한 현출성salience, 육체적 규제, 그리고 정신화 시스템에 대한 우리의 이해를 반영하고 심화시킬 것을 요구한다. 자동조종 모드일 때, 인간의 마음은 엄청나게 파괴적일 수 있다. 깨어난 우리는 이러한 분열된 진화 과정을 인식하고 극복하면서 위대한 창조성과 협력의 잠재력을 가지고 있다. 해결해야 하는 문제는 아마도 어떻게 하면 더 포용적이고 관용적이어서 지구라는 이 복잡하고 불안정한 행성에서 더 긍정적이고 협력적인 삶의 방식을 건설해나갈 수 있는 인간의 마음과 자기의 느낌을 함양할 것인가이다.

윌슨E.O Wilson은 도전과 더욱 지속 가능한 미래를 향한 길을 이해하는 데 도움이 되는 한 가지 관점을 제시한다. 윌슨Wilson은 **인간 존재의 의미**라는 그의 책에서 우리 인류 유산의 공유된 그리고 독특한 특징들을 탐구한다.[22] 한 가지는 우리가 다른 사람들과 공유하고 캠프파이어 주변이나 거실에 모이는 것처럼 자원과 사회적 의사소통의 핵심 근거가 되는 가정을 찾는 몇 안 되는 종 중 하나라는 것이다. 하지만 또 다른 독특한 특징은 우리가 다른 많은 유기체가 사용하는 강력한 화학적 의사소통 경로가 아니라 우리의 청각과 시각의 소리와 빛을 사용한다는 것이다.

> 그 결과는 거의 모든 삶의 나머지로부터 눈과 귀를 분리한 것이었다. 99% 이상의 종들은 크기가 너무 작고 우리의 준비된 관심을 받기에는 우리의 감각보다 훨씬 낮은 수준의 지구에 묶여있다. 결국 우리의 조상들은 페로몬이 아닌 시청각 채널을 사용해야만 했다. 페로몬을 포함한 다른 어떤 감각 채널도 너무 느렸을 것이다.[23]

이것은 우리에게 빛과 청각으로 들어오는 에너지 패턴이 지각과 궁극적으로 우리가 세계를 이해할 수 있게 하는 개념의 구성, 범주, 개념, 그리고 상징을 만드는 감각이라는 점을 암시한다. 요약하자면, **우리의 관념은 감각으로부터 구성되는 우리의 지각에 의해 형성된다.**

윌슨Wilson은 이 진화 역사의 심오한 의미를 다음과 같이 회상한다.

> 간단히 말해서, 우리가 나머지 생명체를 지배하게 만든 진화적 혁신은 또한 우리에게 감각적 파장sensory cripples을 남겼다. 그것은 대체로 우리가 부주의하게 파괴해 온 생물권의 거의 모든 생명체를 알지 못하게 만들었다. 인류가 인구증가 초기 단계에서 지구에서 처음으로 퍼졌을 때, 초기 인류 역사에서 그것은 그다지 중요하지 않았다. 그 당시에도 여전히 적은 수로 존재했지만, 그들은 땅과 바다의 풍부하고 냄새도 나지 않는 생활에서 에너지와 자원만을 걸러냈다. 여전히 큰 오차 한계를 견딜 수 있는 충분한 시간과 공간이 있었다. 그 행복한 날들은 끝났다. 우리는 페로몬의 언어로 말할 수 없지만, 다른 유기체들이 어떻게 그것을 하는지를 더 많이 배우는 것이 좋을 것이다.

그들을 더 잘 구하기 위해서, 그리고 그들과 함께 우리가 의존하는 환경이 대부분이기 때문이다.[24]

우리가 관계하는 마음을 고려할 때, "관계하는relational"이 실제로 무엇을 의미하는지를 고려할 필요가 있다. 우리는 에너지와 정보가 끊임없이 창발하고 상호작용하며 펼쳐지는 사건들의, 간단히 말하자면 "관계장relational field" 안에서 살고 있다. 우리의 생물학적 역사는 우리에게 지구 생명체의 깊게 상호 연결된 본질을 알지 못하게 하는 성향을 줄지도 모른다. 우리에게 내재된 생명의 태피스트리tapestry를 드러내지 못하는 소리와 빛이 우리에게 일차적인 입력이라는 한계를 고려하자면 말이다.

물리학의 수준에서도, 우리는 이제 하나의 현실이 적어도 두 개의 "영역realms"[25]을 가지고 있다는 것을 이해한다. 기초적인 미시상태 분야microstate domain를 형성하는 작은 단위 또는 에너지의 양자의 그것, 그리고 미시상태microstate가 우리의 신체와 같은 물질의 거시상태macrostate로 더 많이 축적되는 그것이다. 350년 전에 아이작 뉴턴Isaac Newton 경은 행성과 별과 같은 고체 물체가 상호작용하는 방법을 예측할 수 있는 수학적 법칙을 가정했다. "고전적인" 뉴턴Newton 세상의 거시상태macrostate는 명사와 같은 것이 이 세상에서 상호작용하는 것처럼, 현실이 독립체entity로 나타나는 영역이다.

그러나 100년 전에, 현실의 본질을 더 깊이 연구한 물리학자들은 전자와 광자와 같은 작은 물질이 뉴턴Newton의 법칙에 따라 작용하지 않는다는 것을 발견했다. 예를 들어 미시상태 영역microstate realm에서는 시간의 화살이라 불리는 변화의 방향성이 없다. 그리고 현실의 경험은 실체가 아닌, 깊게 상호 연결된 관계를 가진 사건 중 하나이다. 미시세계 영역은 깊이 상호 연결된 동사와 같은 사건들로 채워져 있다. 거시세계 영역은 서로 분리되어 있는 것처럼 보이는 명사와 같은 실체들의 출현으로 채워진다.

물리학적 관점에서 보면, 우리는 우리의 거시상태 신체macrostate bodies가 현실의 본질, 분리된 명사 같은 것으로 지각할 수 있는 것이 사실 전체 이야기는 아니라고 할 과학적 이유가 있다. 심지어 명사의 거시상태 외형에도 바탕이 될 수 있는 양자, 미시상태 세계는 펼쳐지며 상호 연결된 관계장relational field 중 하나이다. 여기서 에너지 흐름은 눈이 완전히 볼 수 없는 방법으로 "확률 영역"의 더 큰 시스템에 영향을 미치며, 거시상태 영향을 받는 영구적 시스템macro-state influenced perpetual system은 이해할 수 없을 수 있다. 앙투안 드 생텍쥐페리Antoine de Saint-Exupéry의 **어린 왕자**의 인용문처럼 "본질적인 것은 눈에 보이지 않는다."[26]

바다의 물결을 생각해 보라. 당신은 바다의 100야드 밖에 있는 파도가 분자(작지만, 여전히 거시상태인)로 이루어져 있다고 상상할 수 있다. 그것은 당신을 향해 흘러가는데, 이제 50야드 떨어진 곳에, 이제 10야드 떨어진 곳에, 그리고 이제 여러분의 발에 부딪힐 것이다. 당신의 뉴턴적인 마음은 아마 이렇게 말할 것이다, "나는 저 멀리 물결을 보았고, 이제 그것은 내 발에 부딪히고 있다." 이 관점에서는, 물결은 파도를 지칭하는 명사이다.

그러나 당신은 착각할 것이다.

당신은 당신이 보고 있는 것이 물이라는 현실을 놓쳤을 것이다. 하지만 100야드에서 당신의 발까지 움직인 흐름은 문자 그대로 사실은 물 자체가 아니라 파도의 에너지이다. 그 물결의 본질은 에너지이다. 그 에너지는 분자들을 위아래로 밀어내서 광자들이 당신의 눈에 반사되어 나오는 것이 우주에서 움직이는 것에 대한 정확한 시각적 인식을 당신에게 주었다. 하지만 사실, 그것은 해안 쪽으로 전진하는 에너지이다. 이 에너지는 에너지가 흐를 때 계속해서 새로운 물 분자를 대체한다. 수평선 쪽으로 나가는 것과 같은 물 분자가 아니다.

우리는 명사와 같은 실체entities **그리고** 동사 같은 사건events을 인지하면서, 사실 마음이 우리의 한 현실의 두 가지 영역 모두에 들어갈 수 있는 가능성을 받아들여야 한다. 우리의 관계적 정신은 후자가 될 수도 있지만, 우리는 전자에 의해 혼란스러워질 수 있다. 때때로 뉴턴의 눈에 보이지 않을 수도 있는 우리 삶에 깊게 상호 연결된 관계적 본질을 그리워한다.

공명하는 마음

5장에서 논했듯이, 특정 뉴런은 다른 사람의 활동에 대한 인식을 자신의 행동 모방이나 내부 상태 시뮬레이션과 연결하는 "거울" 속성을 가진 신경망의 일부이다. 이 거울 뉴런들은 우리가 다른 사람들이 하는 것과 느끼는 것을 "스펀지처럼 흡수"하게 해줄 뿐만 아니라, 우리 자신의 행동과 심지어 감정을 형성하게 한다.[27] 이 뉴런들은 우리의 운동 작용(모방)과 피질하 상태(내부 시뮬레이션)의 변화에 직접적인 영향을 미쳐, 우리가 우리 몸 안에서 다른 사람의 것과 유사한 상태를 느끼도록 한다.[28] 우리의 내부 변화는 다른 사람의 내부에서 일어나는 일을 반영하거나 반영하는 내부 수용 감각 지도interoceptive map를 만들기 위해 뇌섬insula을 따라 위쪽으로 이동된다. 본질적으로, 우리는 다른 사람과 "공명"하게 되고, 두 개인, 즉 당신과 나, 두 개인이 그러한 공명 상태를 가진 "우리"로 결합될 수 있다.

마지막 10장에서 좀 더 자세히 살펴보겠지만, 우리의 정체성 경험과 자기본위selfhood에 대한 이러한 신경 지도는 가족과 친구들 그리고 문화 내에서 우리의 경험에 의해 심오하게 형성된다. 우리의 관계적 정신relational mind의 개념은 사람들과 자연 안에서

> 우리는 다른 사람과 "공명"하게 되고, 두 "나"는 "우리"가 된다.

의 우리의 연결, 우리가 누구인지에 대한 인간적이고 내면적인 측면과 우리가 어떻게 우리의 정체성을 느끼는지 그리고 만약 우리가 살아있다는 것의 본질을 확인하도록 요청받는다면 무엇을 말할 것인지를 형성한다. 피코 일러Pico Iyer가 말한 것처럼, "나는 나의 고독한 머릿속에 있지 않는 한 어떤 것과도 조율하지 못한다."[29] 분리되고, 쪼그라들며, 나 홀로 자기solo-self로 살아가며, 우리의 마음과 정체성을 단지 우리 머릿속의 뇌에서 온 것으로 보는 것은 상호 연결과 상호의존성을 박탈하는 것이며, 자연 세계와의 연결이 없는, 조율되지 않은 삶의 방식으로 종결될 수 있다.

신경 지도화neural mapping 관점에서 보자면, 뇌 자체에서는 내측 전전두 및 후대상회피질 마디cingulate cortical node를 포함한 기본 모드 신경망의 영역이 우리의 "자기본위selfhood" 경험에 중요한 역할을 한다.[30] 미래의 연구는 제안된 정체성의 정신 지도가 어떻게 우리가 자기와 정체성의 느낌을 경험하는지, 그리고 연관된 중요한 네트워크의 활동성 및 기능과 상관관계가 있는지를 밝혀낼 것이지만, 현재로서 간단히 말하자면, 주관적인 경험 안에서 나, 당신, 그리고 우리들의 정신적 형성에 신경망이 기초한다는 생각을 뒷받침한다. 만약 우리가 사람과 사람 사이의 관계를 하나의 정신적 표현으로 유지하는 하나의 통합된 정체성을 상상한다면, 이것은 나우리MWe라고 불리는 가장 중요한 정체성이다. 이 모든 연결의 집합은 거울뉴런 네트워크와 같은 용어로 나타난다. 나, 당신, 우리 그리고 나우리MWe의 중앙 전전두 지도와 같은 신경 회로는 연민과 공감, 존재와 소유물의 상관관계를 가지고 있으며, 모두 우리의 "공명 회로"로 구성된다고 할 수 있다.[31]

정신들의 연결은 에너지와 정보의 다른 전달 양상modality을 통해 이루어진다. 한 개인이 다른 개인에게 물리적으로 근접하는 것은 따뜻함과 촉각 자극 같은 것을 전달하는 "숨겨진 조절자"와 같은 직접적인 영향을 미친다.[32] 접촉은 부모-자녀 관계에서 매우 중요한 부분이다.[33] 어떤 연구는 가까운 신체적 근접성이 각 개인의 뇌의 전기적 활동을 직접적으로 형성한다고 제안한다.[34] 그러나 비록 물리적인 거리가 있어도, 한마음은 에너지와 정보의 전달을 통해 다른 사람의 활동과 발전에 직접적으로 영향을 미칠 수 있다. 이 결합 과정은 언어적 행동과 비언어적 행동 모두를 통해 일어나는데, 그것은 한마음에서 다른 마음으로 보내는 신호로 기능한다. 이것이 우리가 우리의 "고독한 머리solitary heads"를 떠나 사람과 자연의 세계에서 우리가 처음에 "타인"이라고 부르는 것의 본질에 맞추면서 우리의 삶에서 관계적인 동기화를 만드는 방법이다. 이러한 타인들은 궁극적으로 우리가 누구인지에 필수적인 부분으로 인식되게 된다. 우리는 조율되고 그 공명 속에서 우리의 내적 경험을 우리의 상호 경험과 동기화하면서 변화한다. 우리의 관계는 "우리에게 영향"을 줄 뿐만 아니라 우리가 된다.

대화에서의 단어와 운율적이고 비언어적인 요소들은 수신자의 마음 속에 표상적인 과정을 창조하는 정보가 된다. 얼굴 표정, 목소리 톤, 몸짓, 반응 타이밍을 포함하는 다른 비언어적 신호는 뇌의 사회적으로 민감한 가치 회로에 직접적인 영향을 미친다. 사회적 신호의 이러한 감정적 요소의 표현은 수신자의 감정적 반응을 매개하는 신경회로를 활성화시키는 역할을 한다. 즉, 주의력의 방향orienting attention, 의미 평가appraising meaning, 각성 생성creating arousal이다. 다른 사람과의 감정 교제는 정교하고 차별화된 일련의 평가 과정을 만들어 내는데, 이는 자신의 뇌 안에서 에너지와 정보 처리의 흐름을 지시하는 역할을 한다. 이것이 송신자가 수신자의 감정 상태를 직접 형성시켜 동기화를 창조하는 방식이다. 복잡성의 측면에서, 다른 사람이 보낸 신호와 같은 "외부 제약external constraints"은 자신의 마음 상태의 궤적이나 흐름에 강력하고 즉각적인 영향을 미친다. 두 명의 구별된 개인들은 공명하는 전체의 한 부분으로 이어질 수 있다. 이것이 인간관계 통합이다. 나는 숲에서 "혼자" 며칠을 보낸 적이 있다. 몇 시간 후, "나"는 "숲속의 댄Dan"에서 단어로는 완전히 전달되지 않는 무언가로 옮겨가는 경험을 했다. "나"는 숲이었다. 그 경험은 혼자 있는 것에서 모든 것이 하나가 되는 것으로 바뀌었다. 아마도 그 표현에서 이상하거나 과장된 것처럼 들릴지 모르지만, 그 점에서 그것은 탁월하고 흥미진진했다. 분리된 나 홀로 자기solo-self의 주관적 경험을 넘어 상호-연결이라는 현실을 감지하는 쪽으로 이동하는 것은 자연 속에서 "내부연결intraconnection"처럼 느끼게 하였다.

숲의 고요함 속에서 육체의 경계를 넘어선 자기라는 교향곡이 생긴다. 그러한 충만함Fullness을 느끼는 것은 우리의 부모가 우리에게 부여한 이름보다 더 넓은 정체성을 향해 마음을 열어준다. 하지만 우리는 나라고 불리는, 개인의 정체성으로서의 "자기"를 우리의 양육자들과의 상호작용, 우리의 초기 시절부터 어떤 에너지와 정보 패턴이 우리의 삶을 채웠는지를 기억하는 바로 그 신경 구조를 형성하는 우리의 애착 인물들과의 관계 안에서 알기 시작한다.

이 장에서 살펴볼 바와 같이, 아동기의 마음 간 에너지와 정보 전달 방식은 관계 안에서 구조화된 전략을 만들어낼 수 있다. 이는 애착 관련 상황에서 특징적인 행동 반응을 통해 잘 드러난다. 아동의 마음은 양육자로부터 받은 정서적 의사소통에 대해 특정한 방식으로 적응해 나가는 것을 배운다. 시간이 흐르면서, 그러한 관계-의존적인 방식은 보다 일반적인 맥락에서 이용되는 전략으로써 몸에 배어들게 될 것이다. 아동의 정서조절(스트레스에 대한 적응과 같은), 인지 과정(기억과 주의력 같은), 그리고 사회적 능력(또래 상호작용을 포함하는)의 측면들은 애착의 이력과 관계가 있었다.[35] 성인의 경우, 애착에 관해 일반화된 마음의 상태에 따라 인간관계 친밀감을 위한 특징적인 접근 방식과 자전적 내러티브 구조를 보일 것이다.

앨런 스루프Alan Sroufe와 그의 동료들은 지난 45년 동안, 앞선 장에서 언급하였던 부모와 자녀에 관한 미네소타 종단 연구the Minnesota Longitudinal Study of Parents and Children라는 중요한 종단적 연구를 수행해 왔다. 이 연구의 중요한 결과들은 초기 인간관계 경험이 어떻게 발달 경로를 형성하게 하는지를 알려준다.[36] 앨런Alan과 내가 "평결이 있다The Verdict Is In"라는 제목의 논문에서 다음과 같이 썼다.

> 안정 애착을 가지고 있는 사람들은 불안(불안정) 애착을 가지고 있는 사람들에 비하여 더 큰 자기주도성을 가지고 있고, 정서적으로 더 잘 조절되어 있으며, 더 높은 자기 존중감을 가지고 있다.
>
> 일반적으로, 애착은 취학 전 또래 집단에서의 관계, 아동 중기의 친밀한 교우관계 능력, 청소년기의 교우관계와 집단 기능성을 조정하는 능력, 그리고, 성인기의 신뢰와 비적대적인 낭만적 연애 관계 형성 능력을 예측했다. 안정 애착을 가진 사람들은 사회적으로 더 유능하고, 더 쉽게 또래의 리더가 된다. 각 결과 분석 시, 기질temperament과 IQ 점수는 통제되었다.
>
> 볼비Bowlby의 이론이 시사하는 바와 같이, 아동 애착의 안정성은 그 아동에 대한 또래와 교사의 반응을 예측한다. 아이들은 회피 애착을 가지고 있는 또래들에 대해서 공격적이거나 "냉담하다"고 묘사한다. 저항 또는 양가적 애착을 가지고 있는 아이들은 사회적으로 능력이 부족한 경향이 있으며, 또래들에게 종종 괴롭힘을 당하고, 다른 사람들에게 가장 덜 선호된다. 안정 애착을 가진 아동들이 가장 선호된다. 이러한 결과를 통해 초기 애착이 아동에게 사회적 기대를 만들고, 부정적 과거 경험의 관점으로 현재를 판단하게 한다는 것을 가장 잘 이해할 수 있다. 이와 같은 아동들의 애착력은 자기 충족적 예언으로 작용하여 아동이 자신의 삶에서 만나는 새로운 사람(또래 또는 교사처럼)에게 오래된 부정적인 관계를 재현하는 방식으로 행동하게 할 수 있다.
>
> 교사들 또한 아동의 개인력에 대해 알지 못하면서도, 애착의 각기 다른 범주에 따라 다른 방식으로 아동을 다룬다. 아동의 개인력을 모르는 상태로 교사와 각 아동의 상호작용에 관한 비디오테이프를 보았던 평가자들은 교사

들이 안정 애착을 가진 아동들을 따뜻하고 존중하는 방식으로 대했다고 평가하였다. 그들은 아동의 행동에 대해 연령에 적절한 기준을 제시했고, (아동에게 무엇인가를 하도록 부탁한 후, 다른 과제를 처리하기 위해 이동하는 것과 같은 행동에서 보이듯) 그들에게 높은 기대감을 가졌다. 아동이 저항 병력을 가지고 있을 때, 교사는 따뜻했지만, 높은 통제 수준을 보였다. 교사는 규칙의 준수를 기대하지 않았고, 낮은 기준치를 설정하였으며, (5세 아동이 스스로 해야 하는 일을 돕는) 과도한 양육을 보였다. 회피 애착 집단에 대해서, 교사들은 통제적이었고, 더 낮은 기대를 보였으나, 더 적은 돌봄을 나타냈으며, 자주 화를 냈다. 즉, 교사의 반응은 다른 관찰자를 통해 이루어진 아동의 애착 평가 결과를 지지하였다.

불안(불안정) 애착이 나중에 당면하는 어려움의 직접적인 원인은 아니지만, 복구 경험이 없다면, 불안 애착은 정신병리 가능성이 증가되는 발달 경로의 시초가 된다. 사실, 불안/저항(양가) 애착은 불안 장애 가능성을 증가시키고, 회피 애착은 품행 문제 가능성을 증가시킨다. 그러나 해리dissociation를 포함한 병리적 결과에 대한 가장 강력한 예측 요인은 '혼란 애착'이다. 이 '혼란' 영아 애착 양식은 이후 26세까지 해리 증상을 예측한다(그리고, 28세까지는 경계선 성격장애 증상까지도).[37]

아마도 관계 경험의 초기 각인이 시냅스 그림자synaptic shadows를 만들 수 있다는 것을 알 수 있는데, 우리의 조절 회로가 처음 발달하고 있었던 바로 그때, 이 그림자는 우리가 중요한 상호작용에 적응했던 방식을 반영한다. 이러한 초기의 영향으로 인해, 우리는 우리의 신경적 성향neural proclivities을 세상 밖으로 드러내게 된다. 그런 다음 우리는 타인과 상호작용할 때, 타인을 유도하여 우리가 성장했던 사회적 세계를 정확하게 답습하는 행동적 반응을 하게 한다. 때때로 우리는 충분한 동조성synchrony 없이 분리된 나separated me로 고립되었을지도 모른다. 때로는 우리가 방해받았을 수 있고, 통합되지 않은 관계적 혼란의 얽히고설킨 패턴 안에서 "당신"과 "나"의 구별이 모호해졌을 수 있다. 우리가 주어진 것에 적응하는 방법은 무엇이고, 심지어 우리의 초기 애착 경험을 넘어서 우리가 어떻게 관계의 세계를 인지하게 되는가. 이러한 발달적 신경 메커니즘이 우리로 하여금 '익숙함에 빠지게' 할 수 있을 뿐 아니라, 타인과 함께하는 세상에서 초기에 학습된 방식을 반복적으로 강화하는 경험을 지속하게 할 수 있다. 궁극적으로, 깊게 느껴진 경험deeply felt experiences이 우리에게 불러일으키는 정서가, 우리 삶에서 타인과 연결되어 있다는(또는, 단절되어 있다는) 주관적 감각의 핵심이다.

애착과 감정 조절

자기를 구성하는 것을 돕는 생물학적 시스템은 삶의 주관적인 경험을 결정하는 핵심이다. 우리의 개인력과 집단적 진화의 기원 양쪽 모두 우리의 자기에 대한 경험의 이러한 신체적 기질somatic substrates에 영향을 미친다. 그것들은 우리가 누구인가라는 본질의 신체적 측면이다. 자기본위selfhood가 생물학적 토대를 갖고 있는 한 가지 이유는 의미를 창출하는 데 있어 감정이 중요한 역할을 하기 때문이다. 앞서 제안하고 여기에서 더 자세히 살펴볼 견해는 인간의 감정들이 뇌가 자신의 기능을 하는 것을 돕는 데 사용하는 기본적인 가치 체계를 구성한다는 것이다. 따라서 감정의 조절은 자기 조직화self-organization의 본질이다. 이것은 부모와 유아 사이의 소통과 그로 인한 감정들이 왜 그리고 어떻게 아동이 자기를 조직화하는 능력을 직접 형성하는지를 시사한다. 감정들은 삶이라는 케이크의 장식품이 아니다. 사실 그들은 케이크도 아니며, 인생의 주된 식사이다. 또한 우리는 감정을 통합에서 전환shift으로 볼 수 있다고 제안하였다. 이러한 관점을 통해 우리는 감정적으로 가까운 관계 내에서의 감정, 감정 조절 및 감정적 의사소통 모두가 내면 그리고 상호 통합과정(즉, 구별된 부분을 연결하는)을 포함한다는 개념을 받아들일 수 있다. 이러한 관점에서 마음의 "감정 발달"과 "감정의 건강함"은 내면의 통합과 외부의 통합을 실제로 함양한다.

정서 조절에 대한 알랜 쇼어Allan Schore의 연구는 신경생물학적으로 어떻게 감정이 발달하는지에 대한 광범위한 리뷰를 제공하므로 마음과 자기의 삶에서 통합이 중심이라는 이 제안을 더 깊이 이해하는 데 사용될 수 있다.[38] 이 장에서는 쇼어Schore의 견해 중 일부를 강조하고 그것을 7장에서 제안한 감정 조절의 틀framework과 통합할 것이다. 아이들에게는 신체적, 정신적 상태를 조절할 능력이 필요한데, 그들은 신체 내에서 그리고 관계 내에서 자기 시스템의 분화된differentiated 요소들을 연결하는 방법을 배움으로써 이것을 수행한다. 쇼어Schore의 관점에서 보면 아이들은 감정적 의사소통 과정과 마음 상태의 맞춤alignment을 통하여 부모의 신경계 활성화 패턴에 직접적으로 반응한다. 부모의 패턴에 대한 아동의 반응은 부모에 대한 아동의 '내재화'로 표현될 수 있다. 기본적인 생물학적 관점에서 볼 때, 뇌 기능과 구조가 발달 중인 아이의 신경계는 부모의 더 성숙한 뇌에 의해 형성된다. 이것은 감정적 의사소통 안에서 일어난다. 감정 상태의 조율은 아이가 성숙함에 따라 발달하는 뇌가 스스로를 더 자율적으로 조직할 수 있는 능력을 획득하는 데 필수적이다.

자율신경계는 뇌에서 각 신체에 뻗어 있음으로써, 신체의 각성 상태를 제어하는 것을 돕는다. 이 시스템은 흥분하고, 각성하며, 에너지를 소비하는 신체 상태를 유도할 수 있는데, 이는 두 가지 중 하나인 "교감"이라고 부르는 가지branch의 활성화에 의해 생성된다. 교감신경가지에 의한 생리적 반응의 예는 심박수, 호흡, 발한의 증가 및 각성 상태이다. 자율신경계에는 또한 "부교감신경"가지라고 불리는 억제하여 각성을 낮추고 에너지를 보존시키는 부분을 포함한다. 부교감신경가지는 심박수와 호흡 그리고 외부 세계에 대한 경계 상태를 감소시키는 반응을 매개한다.[39]

교감가지의 발달은 생애 첫해에 두드러진다. 부교감가지는 2년 차에 연결된다. 이 타이밍은 도움이 된다. 왜냐하면 유아가 보행을 할 수 있게 됨에 따라, 교감가지에 의해 매개되는 흥미/흥분 및 즐거움/기쁨과 같은 일차적 감정 상태는 잠재적 위험 행동의 억제를 위해 조절될 수 있어야 하기 때문이다.[40] 영아기에 흔히 볼 수 있는 이러한 긍정적인 감정 상태는 두 개인들의 교감신경계가 공명할 때 공유되며 더 증폭된다. 이러한 낙관적 상태는 생후 첫해 동안의 영아와 부모 사이의 감정 소통에서 주된 부분이다. 2년 차가 되어 아이가 걸을 수 있게 되면, 아이의 안전을 유지하기 위해서 부모로부터의 금지가 그렇게 활성화되는 감정 상태를 억제할 수 있어야 한다. 아이는 위험에 직면했을 때 움직이지 않는 법을 배워야 한다. 가령, 아이가 계단을 오르고 있다면 "안돼!"를 배우게 하는 것이 필요하며, 그 의미는 "그렇게 하지 마. 지금 하는 일을 중지해"이다. 첫 번째 생일 전에, 부모의 대부분 의사소통은 각성되고 긍정적인 혹은 부정적인 감정 상태와 일치한다. 그 후로 부모의 억제적인 발언은 더욱 두드러진다.

적절할 때 보고, 이해하고, 반응하는 경험을 포함하는 조건 의사소통contingent communication(부모 자녀 간의 마음 상태에 대한 맞춤)에 대한 요구가 어떻게 부모의 행동과 제지의 특성에 영향을 미치는가? 만약 아동이 부모가 자신의 흥분된 어떤 행동을 공감하지 않을 수도 있다는 것을 알게 된다면, 이러한 맞춤은 어떻게 일어날 수 있는가? 정신 상태를 맞춰가는 것과 부모가 제지하는 것 사이에서 균형을 잡는 것은 아동이 건강한 자기 조절 능력을 획득해 가는 중요한 한 부분이다. 이러한 과정에 대한 생물학적 관점 하나를 살펴보자.

쇼어Schore, 콜윈Colwyn, 트레바르덴Trevarthen과 여러 다른 사람들은 수치심shame이란 아동의 각성 상태가 부모에 의해 조율되지 않았을 때 유발되는 감정이라고 하였다.[41] 어느 정도의 수치심은 마음 상태와 행동적 충동성의 자기 조절을 배우기 시작하려는 아동들의 경험에 있어서 필수적인 감정이다. 하지만, 스루프Sroufe는 비록 수치심이라는 수단이 불가피하고 필수적인 것이라 하더라도, 부모가 양육의 전략적 방식으로서의 수치심을 의도적으로 사용하지는 않아야 한다고 하였다.[42] 수치심은 매우 격렬한 교감신경계의 활성화(내부의 "가자")에 직면하였을 때 활성화되는 부교감신경계(외부에서 들리는 "안 돼"라는 소리)에 기초한다고 생각된다. 그것은 마치 가속페달(교감신경계)을 밟은 다음 제동장치(부교감신경계)를 작동시키는 것과 같다.

쇼어Schore는 조율을 위한 아동의 적극적인 노력이 성공하지 못할 때 수치심을 가지게 된다고 제안하였다.[43] 이러한 형태의 거래는 아동이 자기 조절을 배우고, 행동과 내면의 감정 상태를 친사회적인 방식으로 조율하는 데 필요한 것이다. 바로 이러한 특정한 측면에선 수치심이 해로운 것은 아니다. 감정 상태는 활성화 상태가 변화할 때 생겨난다. 부교감 상태 하나만으로 수치심이 초래되지는 않는다. **수치심은 높은 교감신경 활성도**("점점 세게" 상태)**에 뒤따르는 부교감신경계의 시작**("점점 약하게" 상태)**이라는 역동적 프로파일을 필요로 한다.** 수치심은 굴욕감humiliation과는 다르다. 수치심을 유발하는 상호작용이 부모의 지속적인 분노와 연합되면서 그리고/또는 단절disconnection이 회복되지 못하면 굴욕감이 초래되는데, 쇼어Schore와 다른 사람들은 이것이 발달하는 아이의 뇌에 치명적이라고 제안하였다.[44] 다른 학자들에 의해서도 확인된 이러한 관점은 어떻게 잘못된 조율misattunement과 적대감이 어린 아동의 자기감sense of self 발달에 외상적인 영향을 미칠 수 있는지에 대한 통찰을 준다.[45] 또한, 수치심 그리고 그와 관련이 있을 것으로 여겨지는 사회 불안증은 문화에 따라 다르게 경험될 것이다.[46] 그럼에도 불구하고, AAI에서 나타난 바와 같이, 많은 애착 연구들이 제안하는 것은 애착에 대한 부모의 마음 상태가 중요하며, 이러한 마음의 상태가 문화 전반에 걸쳐 부모가 자녀에게 세심한 양육을 제공할 것인지에 대한 강력한 예측변수가 된다는 것이다.[47] 우리의 삶을 이해한다는 것은 우리가 과거의 경험에 내포된 반향echoes 너머로 나아가게 하는 강력한 원동력이 되는 것 같다.

앞서 논의한 바와 같이, 피터 포나기Peter Fonagy와 동료들은 의미를 만드는 것의 일부는 세상이 어떻게 작동하는지를 알게 해주는 다른 사람들과의 상호작용에서 함양되는 인식론적 신뢰 과정이라고 제안하였다. 인식론epistemology(우리가 아는 것을 알게 되는 방법)은 애착 관계 안에서 처음으로 배운다.[48] 우리 자신의 삶의 역사를 이해하는 이 과정의 중심은 과거를 되돌아보고, 현재를 온전히 살며, 잠재적인 미래의 적극적인 창조자가 될 수 있는 정신적 시간 여행mental time travel이다. 내측 전전두 영역medial prefrontal area을 포함하는 DMN은 우리가 우리의 삶을 이해하고 우리 자신의 삶의 이야기에 저자가 되게 하는 데 있어 주요한 통합적 역할을 맡고 있다. 만약 부끄러움이 우리의 양육자와의 반복되는 상호작용에 영향을 미쳤다면, 우리 자신을 감지하는 방식은 자기에게 결함이 있다는 인지적 신념과 더불어 자기의 내면에 뭔가 나쁜 것이 있다는 느낌이다. 반복되며 치유되지 않은 수치심 상태는 우리가 누구인지 이해하는 방식에 직접적인 영향을 줄 수 있으며, 우리 주변의 세상이 어떠한지, 왜 그런 일이 일어나는지를 걸러내는 이야기에 영향을 미친다. 예를 들어 수치심으로 가득 찬 마음에는, 자신이 집단에 포함되지 않은 것을 손상되고 결함을 가진 개인적인 현실이라고 해석하려는 점화priming가 생길 것이다. 매우 종종 빠르게 변화하는 소셜 미디어가 한 사람의 무가치함을 "증명"하는 것으로 경험되기도 하므로, 수치심 상태에 있는 사람에게 그 세계가 미치는 영향을 상상해 볼 수 있다. 사회적 존재로서 우리의 진화 역사를 고려할 때, 뇌는 연결에 대한 오래된 이 필요성을 우리의 애착 경험(우리가 아는 양육자와의 첫 번째 인간관계에서 처음 반응하는)이라는 현대적인 방식으로 전달하는 데 중요한 역할을 한다. 그것이 우리의 신경 연결을 형성하는 경험 의존적이고 경험 기대적 신경가소성 과정을 변경시키는 인간관계의 연결이다.

안와 전두 피질orbitofrontal cortex(눈 바로 뒤에 있는 뇌의 중앙 전전두 영역의 일부이며, 다양한 형태의 사고와 의식을 책임지는 "고차" 연합피질 옆 변연계limbic area 상부의 중요한 곳에 위치)은 정서 조절에 중요한 역할을 한다.[49] 뇌의 이 영역은 대면 의사소통과 눈 맞춤에 특히 민감하다. 그 영역이 평가의 중요한 중심 역할을 하기 때문에, 다양한 감정적 경험에서 각성 상태를 정교화하는 데 직접적인 영향을 미친다. 애착 관계에서 이 영역의 역할에 대한 쇼어Schore의 상세한 개념화는 감정적 조율과 정서 조절 사이에 수반되는 단계들을 기술하는 데 도움이 된다.

이 시점에서 용어에 대한 간단한 단어가 유용할 것이다. 연구자들은 내재된 정서적 상태가 유아-양육자 간의 외현적 의사소통으로 표면화되는 과정을 나타내기 위하여 "정서 **조율**affective attunement"이라는 용어를 사용해왔다.[50] 쇼어Schore는 뇌 발달에 영향을 미치는 상호작용 경험이 가지는 의사소통의 중요성을 강조하기 위해 "조율attunement"이라는 용어를 사용한다. 쇼어Schore, 티파니 필드Tiffany Field, 그리고 다른 학자들은 **조율된다는 것은 상호작용하는 두 사람 모두의 심리생리학적 상태**라고 제안하였다.[51] 이 책에서, 본 저자는 "추적tracking" "맞춤alignment" 그리고 "공명resonance"이라는 세 가지 추가된 관련 용어를 제시하고 있다. 우리가 다른 사람의 신호를 추적할 때, 우리는 개방적이고 수용적인 방식으로 그의 전언communication에 주의를 기울이고 시시각각으로 변화하는 그의 현재 상태에 머무른다. 추적은 우리가 다른 사람과 맞출 수 있도록 우리 자신의 마음 상태를 바꾸게 한다. 맞춤은 한 개인의 상태가 짝 지워진 다른 구성원의 상태와 비슷하게 변화된다는 측면에서 감정 조율의 한 요소이다. 맞춤은 한 개인 상태가 다른 사람의 상태와 일치하도록 변화시키고, 그 변화를 통해 타인의 상태를 예측할 수 있다는 측면에서는, 일방적 과정one-way process이라 할 수 있고, 또는 짝 지워져 있는 각 구성원의 변화를 수반하는 양방향적 과정bidirectional process일 수 있다. 전자의 한 예로, 부모가 들떠 있는 아이들을 재우기 위해 노력하고 있는 것을 상상해 보자. 단순히 아동 스스로 갑자기 진정하기를 기대하는 것보다는 부모가 아동의 상태에 접근한 후 아동이 더 차분해지도록 돕는 것이 더 성공적일 것이다. 아동 상태에 대한 이러한 추적은 아동이 부모와 함께 조율된다는 느낌을 갖게 하는 초기 맞춤을 형성하게 한다. 그러고 나면, "상대가 나를 느끼고 있다는 느낌feeling felt"과 맞춤이 상호 변화를 가능하게 하며, 이를 통해 보다 순조롭게 더 차분한 상태가 된다. 이러한 맞춤이 자주 일어나기는 하지만, 필연적으로 항상 생길 수는 없다. 개인이 맞춰지지 않은 상태일 때 즉, 서로의 상태를 맞추거나 그 상태를 예측하는 직접적인 시도를 하지 않을 때 조율이 필요하다. 따라서 조율은 맞춤보다 더 넓은 개념이며, 맞춤이 발생하지 못할 때의 감응을 포함한다.

> 맞춤은 한 개인의 상태가 다른 사람의 상태와 비슷하게 변화하는 정서 조율의 한 부분이다.

에드 트로닉Ed Tronick의 부모-자녀 의사소통에 대한 중요한 연구는 가장 안전한 관계에서도 연결의 불일치가 어떻게 자주 발생하는지 뿐만 아니라, 돌봄 관계 내의 건강한 발달을 위해 필요한 연결에서 생긴 파열의 상호적 회복 과정에서도 연결의 불일치가 핵심 특징임을 실제적으로 보여준다.[52] 아이들은 사랑의 관계의 불가피한 이러한 "혼란스러움"에서 연결의 기회를 놓친 일이 일어나고 또 회복될 수 있음을 배운다. 이러한 일치-불일치-재연결 과정, 이러한 상호작용적 회복이 웰빙을 배양하고 회복력을 배우는 기반이 된다. 우리가 "조율attunement"이라는 용어를 사용할 때, 이것이 상태의 지속적인 추적 및 일치의 완벽한 과정이 아니라 정렬 및 정렬 불량, 동기synchrony 및 비동기desynchrony의 다양한 정도와 순간을 포함하는 결합이라는 것을 깨닫는 것이 도움이 될 것이고, 그럼으로 재연결과 재통합이 생겨날 수 있다.

전반적인 조율 과정은 각자가 타인에 대한 상호 간의 영향을 주는데, 이는 앞서 "공명"으로 묘사되었던 특성이다. 예를 들어, 정서적 공명은 맞춤 상태보다 더 많은 것을 내포하며, 상호작용이 마음의 다른 측면에서 개인에게 영향을 미치는 방식도 포함한다. 또한, 공명은 맞춤이 끝난 후에도 계속된다. 직접적인 상호작용이 더 이상 나타나지 않게 된 후에도, 맞춤 상태에 대한 상호 영향은 각 구성원의 마음 안에서 지속된다. 또한, 조율은 맞춰진 순간과 맞춰지지 않은 순간들을 모두 생성하며, 더 이상 직접적인 의사소통을 하지 않게 된 후에도 두 사람 사이에서 정서적 공명을 발생시킨다.

건강한 애착 관계(그리고, 정말로 친밀한 모든 관계)는 사람 간의 추적, 맞춤, 조율 그리고 공명을 내포한다. 일상생활에서 인간관계 연결interpersonal connection의 파열ruptures은 필연적이다. 때때로 우리는 주의산만 또는 타인이 가진 연결 욕구에 대한 오해 때문에 추적할 기회를 놓치게 된다. 이러한 흔한 유형의 단절이 일상적인 것은 아니라고 해도 실제로 매우 빈번히 발생한다.[53] 그러나 다른 때, 우리의 내재된 집착이나 왜곡으로 의사소통의 의미를 잘못 해석하게 되면, 우리는 그 순간에 필요한 방식으로 민감하고 연결된 반응을 할 수 없을 것이다. 고통스러운 파열의 다른 유형들은 더 치명적인 결과를 초래하여, 우리가 자제력을 잃거나 한없이 가라앉게 할 수 있다. 중앙 전전두 영역의 통합적 기능을 상실하게 할 수 있다. 바로 그때, 우리 정서와 신체의 평형에서부터 의사소통의 조율, 공감, 자기 이해, 그리고 도덕적 판단에 이르는 중앙 전전두 기능의 무엇이든 손상될 수 있다.[54] 여기에서 우리는 내부적으로 그리고 대인관계적으로 통합되지 않는다. 조화로운 FACES 흐름을 만들기 위해 내부와 외부에서의 분화와 연결이 적절한 균형을 이루지는 못한다. 건강한 관계의 핵심은 그러한 파열을 회복하는 것이다(회복하고, 회복하고, 회복하는). 이것이 건강한 안정 애착에서 가장 중요한 것이다. 회복은 파열이 인식되고, 재연결reconnection이 일어나며, 지지적인 경로를 통한 관계 지속을 가능하게 하는 진정 과정으로써 조율과 공명이 경험되는 상호적 과정이다.[55]

> 삶은 완벽하지 않으며, 관계는 지저분하고, 재연결의 필요성은 실패의 신호가 아니고 인간으로서의 기본적인 한 부분이다.

쇼어Schore는 애착 관계의 결과와 마음의 조율 과정이 안와 전두 피질orbitofrontal cortex에 직접적인 영향을 미칠 것이라고 가정하였다.[56] 다른 학자들은 애착에 있어 이 영역이 담당하는 역할에 대한 경험적 증거들을 제시하였다.[57] 뇌의 이 영역은 감각 입력과 보상, 인지와 정서, 그리고 인간관계 상호작용에 대한 평가와 내적 상태를 연결시키는 중요한 역할을 담당한다.[58] 안와 전두 피질은 중앙 전전두 피질의 다른 영역들과 함께 작동하는데, 이는 교감신경인 "가속장치"를 풀고, 부교감신경인 "제동장치"를 활성화시키는 일종의 정서적 "클러치"를 누름으로써 신체 각성 조절을 용이하도록 위함이다. 부교감신경계가 다시 맞춰지고 비활성화되면, 교감신경계의 재활성화를 통해 적절하게 수정되고 조절된 수준의 각성이 수립된다. 다시 말해서, 제동장치는 단절에 적용되고, 회복 과정은 아동의 에너지를 전용redirect하게 하며, 그런 다음 가속장치는 회복 과정 동안 정서적 연결의 재개에 다시 적용된다. 아동은 기본적으로 "내 부모는 내가 하고 있는 것을 좋아하지 않을 수도 있어. 하지만 내가 내 행동을 바꾼다면, 그들은 다시 나와 연결할 거야. 결국엔 모든 것이 다 잘 될 거야"라는 것을 배운다. 가속장치와 제동장치 간에는 균형이 있다. 이것이 감정 조절의 본질이다.

앞서 본 것처럼 아질Atzil과 동료들[59]뿐만 아니라 루스 펠드만Ruth Feldman은 우리가 의미부여(현출성salience과 보상회로), 신체조절 그리고 정신화에 관여하는 세 가지 네트워크가 어떻게 각각 애착과 같은 우리의 가까운 인간관계에서 서로 엮여 작동하는지를 밝혀주는 경험적인 소견들을 평가review하였다. 이러한 네트워크들은 분화되어 있고 경험에 의해 형성되는 신경마디를 통해 연결되어 있다. 그러므로 우리의 애착 관계는 뇌에서 신경 통합이 건설되도록 하는 경험적 도가니를 만드는 것을 돕는다. 우리가 논의하였고 다음 장에서 보다 심도 있게 다루겠지만, 이 과정을 바라보는 간단한 방법은 관계에서의 통합이 뇌에서의 통합을 유도하는 것을 보는 것이다. 이것이 우리의 감정, 기분, 행동, 사고, 기억 그리고 자기 이해를 형성하는 것을 돕는 조절의 기본이다. 통합된 관계는 개인들이 그들의 다름이 존중받고 공감이 충분한 소통을 통해 연결되어 있는 어떤 것이다.

앞서 논의하였고 일부 연구 문헌을 참조할 때 혼동을 피하기 위해 여기에서 반복할 가치가 있는데, 우리는 신경 통합을 분화되고 연결된 뇌 영역으로 정의하고 있지만, 일부 신경과학 접근법에서는 분화를 "분리segregation"라고 하며, 연결을 "통합Integration"이라는 다른 용어가 사용된다.[60] 그럼에도 불구하고 개념은 동일하다. 신경 영역 또는 기능은 분화/분리된 다음 연결/통합되어 가장 높은 유연성, 적응성, 일관성, 에너지, 그리고 안정성을 갖춘 가장 복잡한 상태로 이어진다. 이 책의 여정 초반에 소개한 FACES 흐름이다. FACES 흐름은 우리가 그 용어를 정의할 때 구조적 및 기능적 통합에서 오는 웰빙의 관점이며, 건강의 강력한 예측 인자인 뇌의 커넥톰connectome의 상호연결성에 의해 예시된다.[61]

적정한 정도의 자율신경계(교감과 부교감가지 모두) 활성화 수준은 사람에 따라 매우 다를 것이다. 어떤 방향으로든, 한 사람의 정서 용인 범위window of tolerance를 넘어서는 활성화 수준은 적응적이고 유연한 방식으로 기능하는 능력의 감소를 일으킬 것이다. 뇌 발달이나 지속적인 기능에 있어, 조절되지 않은 과도한 각성(교감신경 활성화)이나 과도한 억제(부교감신경 활성화) 모두 건강하지 않은 것이다. 통합의 더 큰 틀에서 우리는 그러한 상태가 통합적 조화의 흐름 밖의 경직되거나 혼란스러운 조건에 해당한다는 것을 알 수 있다. 주어진 순간만이 아니라 시간을 넘어서 삶을 바라볼 때, 우리는 1장에서 소개했던 통합의 강River of Integration이 혼돈 혹은 경직성의 강둑 하나에 오랫동안 갇혀 있지 않을 때 중심 흐름을 갖고 있다고 볼 수 있다.

연결 회로

이 절에서는 인간 두뇌의 사회적 본성에 관한 두 관점을 소개한다. 자크 판크세프Jaak Panksepp는 뇌간과 변연계가 인류의 정서적 삶과 동기적 추동의 원천이 된다는 정서신경과학affective neuroscience의 관점을 제안해왔다.[62] 피질 기능에 영향을 미치는 이런 피질하 영역들은 정서와 인지가 신경계의 불가분 과정임을 나타낸다. 특히, 특성화된 회로들specialized circuit은 추구/욕구, 공포/불안, 격분/분노, 성욕/성행위, 돌봄/모성적 양육, 공황/분리, 괴로움/비탄, 그리고, 즐거움/사회적인 신체 놀이라는 8가지 기본 정서 체계에 관여한다. 이러한 기본적인 포유류의 시스템은 우리의 기질 또는 체질의 선천적 신경 성향[63]에 영향을 미치며, 애착, 놀이 행동, 탐험, 숙달, 자원 배분, 그리고 재생산을 위한 우리의 동기적 추동motivational drive을 형성한다. 이러한 피질하 영역에 대한 깊은 탐구 없이 감정을 이해하려는 것은 우리의 일상적인 경험뿐만 아니라 우리 조상의 감정에 대한 충분한 이해를 제한할 것이다. 애착이 포유동물인 우리 삶의 핵심적인 측면인 것은 분명하다. 사실, 포유류 변연계의 진화는 어린 동물이 생존을 위해 부모의 긴밀한 돌봄을 요구하는 애착 행동의 출현과 관련된다. 우리가 이 책에서 줄곧 보아왔던 것처럼, 인간의 애착은 포유류의 기본적인 시스템을 더욱 정교하게 했고, 이에 상응한 더 복잡한 피질의 발달로 인해 어린 개체는 훨씬 더 긴 돌봄을 필요로 하게 되었다. 보상과 현출성salience, 신체적 조절, 마음보기mindsight와 관련된 세 가지 시스템이 우리의 애착 회로에 어떻게 엮여있는지 깨닫게 되면, 긴밀한 관계가 우리 삶에서의 주요 추동력과 얼마나 깊숙이 연결되어 있는지 알 수 있다.[64]

판크세프Panksepp는 우리의 사회적 뇌의 후성유전적 구성epigenetic construction에 관하여 다음과 같이 제안하였다.

> 인간이 인지적 경향성을 이해하기 위해서는 과거의 진화적 역학보다는 발달하고 있는 인류의 사회적/문화적 환경에 초점을 두는 것이 더 중요하다. 고차적인 측면인 인간의 사회적 뇌 기능의 성장과 성숙은 뇌와 신체 구성에 결정적인 유전자 서열보다 발달적/후성유전적 진행에 더 많은 영향을 받는다. 독특하고 완전한 인간의 사회적 특성을 낳는 고차적 뇌 영역을 프로그래밍하는 데 있어서 가족/사회/문화적 역학은 홍적세의 진화적 역학보다 더 중요하다. 고차적인 사회적 뇌의 대부분은 유전적으로 미리 정해진 "적응adaptations"을 통해서라기보다는, 돌봄CARE, 공황PANIC, 놀이PLAY 체계 등의 기본적인 사회적-정서적 도구 사용을 통해 아마도 후성유전적으로 구성되는 것일 수 있다.[65]

우리의 사회적 환경이 더 복잡할수록 우리의 피질 구조도 더 복잡해진다는 관련 연구 결과들이 있다.[66] 포유류로서 우리에게, 이것은 생후 우리의 사회적 경험들이 성장하고 있는 피질구조 내부의 복잡한 연결을 직접적으로 형성한다는 것을 의미한다. 피질하 영역을 조절하는 것은 전전두 영역과 그것의 결합에 달려있는 것으로 보이므로, 인간관계 상호작용이 연결의 성장과 감정 시스템 조절을 관장하는 뇌의 영역에 대한 후성유전적 조절 모두를 형성한다고 보는 것이 마땅하다.

> 우리의 사회적 환경이 더 복잡할수록 우리의 피질 구조도 더 복잡해진다.

스티븐 포지스Stephen Porges는 비교적 최근에 진화한 수초화된 복측ventral 미주신경인 다미주신경polyvagal nerve 가지를 활용하는 "사회 참여 시스템social engagement system"이 사회적 뇌의 한 측면이라고 제안하였다.[67] 전전두엽 영역이 안전하다고 평가하면, 사회 참여 시스템은 한 사람이 세상의 다른 사람들과 보다 더 잘 어울리도록 얼굴 근육과 고막을 조절하는 근육을 이완시킨다. 위험하다고 평가되면, 전전두 영역은 피질하 변연계 및 뇌간 영역과 함께 사회 참여 시스템을 차단하고, 자율신경계의 교감신경 가지를 활성화할 수 있다. 교감신경은 싸움하기fighting, 도망가기fleeing, 혹은 활성화된 얼어붙기activated freezing를 준비하도록 신체를 북돋우는 카테콜아민(아드레날린 또는 노어아드레날린)을 방출한다. 만약 개인의 전전두 영역이 한 상황에 대해 위험을 피할 수 있는 방법이 없다고 평가하게 된다면, 배측미주신경dorsal vagal nerve의 수초화되지 않은 가지인 부교감가지의 일부가 활성화되는데, 그리고 나면, 개인은 혈압과 심박수가 저하되고 실신할 수도 있는 "배측 실신dorsal dive"을 경험하게 된다. 이것이 무기력/무망 상태 또는 "이완된 얼어붙기flaccid freeze"이며, 때때로 해리 반응에도 기여한다. 이것이 포지스Porges의 "다미주신경 이론polyvagal theory"이고, 이 이론은 이 책의 앞에서 간단하게 제시되었던 부교감신경과 교감신경가지의 제동-가속장치 모델의 개념을 확장시킨다. 위협에 대한 우리의 반응은 사실상 교감신경의 **활성화**에 의한 싸움하기-도망가기-얼어붙기 반응과 소위 실신 혹은 죽은척하기로 알려진 부교감신경에 의한 **비활성화** 상태라는 각기 다른 두 요소로 구성되어 있다.

이 관점을 활용하여, 포지스Porges는 청각이 매우 예민한 자폐 성향 아동들에게 수정된 소리가 들리는 헤드폰을 통해 개입하였는데, 그 헤드폰에서 들리는 소리는 위험과 연결된 저주파 진동은 제거되고, 중음역만 남아 있었다. 이 헤드폰을 사용하였을 때, 그 아동들의 사회적 상호작용의 회피가 현저하게 줄어들었다.[68] 사회적 의사소통에서 어려움을 보이는 많은 아동이 청각적 민감성을 가지고 있는 것은 아니라고 하여도, 이러한 결과들은 기대되는 사회활동에 참여하지 않는 아동은 다른 사람들이 위험을 느끼지 않는 환경에서도 위협을 경험할 수 있다는 중요한 개념을 제시한다.

자폐 및 사회적 의사소통 관련 장애에 대한 연구 결과들은 새롭고도 논란의 여지가 많다. 일반적으로 거울 뉴런은 사회적 자극에 반응하며 활성화가 높아지는데, 최근 연구들은 이러한 장애를 가진 개인들의 거울 뉴런은 사회적 자극에 반응하지 않는다고 제안한다.[69] 위의 결과를 통해 그들의 거울 뉴런이 "제대로 기능하지 않거나 존재하지 않는다"라는 해석이 가능하다. 하지만 동기회로가 사회적 참여를 보상으로 평가하지 않기 때문에 거울 뉴런과 결합하지 않는다는 혹은 안전하지 않은 느낌을 주는 압도적인 상황에 반응할 때 동기회로가 일시적으로 차단된다는 다른 관점도 있다.[70] 이러한 다양한 연구를 볼 때, 위에 언급한 장애를 가진 사람들의 사회적 상호작용과 신경 활동이 다른 사람들처럼 기능하지 못한다는 것은 분명하며, 미래의 연구는 그 차이에 대한 기원과 특정 기제를 명확하게 밝혀야 할 것이다. 임상가와 교육자는 사회적 의사소통의 어려움을 가지고 있는 사람들을 돕기 위한 개입을 계획할 때, 성장을 촉진시키는 인간관계 연결을 시작하고 지속하게 하는 창조적 전략을 받아들일 필요가 있을 것이다.[71]

양육방식

아이들은 끊임없이 부모에게 도전한다. 이러한 도전에 대한 부모의 반응은 그들의 상호작용 양식을 결정하게 하고, 마음과 정서 상태를 조절할 수 있는 아동의 능력을 만들어 갈 것이다. 많은 연구들은 아동에게 부모가 반응하는 방식이 부모의 생애 초기 경험, 부모가 자신의 과거에 대해 가져왔던 감각[72] 및 유전적 경향[73]을 반영한다고 제안한다. 아동들도 역시 유전적 차이를 가지고 있으며, 이 차이는 그들의 기질 그리고 아동의 부모가 아동과 상호작용하는 방식을 포함한 환경에 대한 반응에 영향을 미친다.[74]

예를 들어, 램프가 놓여 있는 탁자 위에 올라가고 싶어 하는 14개월 된 남자아이를 가정해 보자. 부모의 가능한 한 가지 반응은 "안돼"라고 소리친 다음, 올라가고 싶은 자신의 추동이 조율될 수 있는 바깥으로 아동을 데려가는 것일 것이다. 또 다른 반응으로, 기어오르려는 것에 주목하지 않다가 램프가 떨어져 깨지는 소리를 듣고, 그것을 집어 올린 다음, 소년에게 다시 그러지 말라고 조용히 말하거나 그저 저녁 내내 그를 무시할 수 있을 것이다. 세 번째 반응은 "안돼"라고 소리치며 소년을 질책하고 나서, 죄책감에서 벗어나고자 소년을 안아준 다음, 부모에게 실망한 소년과 스스로 거리를 두는 것이다. 네 번째로, 격분하여 다시는 절대 그런 행동을 하지 못하도록 소년의 옆 바닥에 램프를 던질 수 있을 것이다. 금지/단절 그리고 회복의 각 양식은 어떤 애착 유형과 연합될 것인가? 상호작용의 각 유형이 여러 번 반복되어 온 것이라면, 시간이 흐르면서 아동이 어떻게 자신의 각성 상태뿐 아니라 정서 상태의 기저선을 조절하는 방법을 배우게 된 것인지 생각해 보자. 자연스럽게 아동의 선천적인 민감성이 아동 반응의 정확도와 특성을 형성하게 하겠지만, 시간이 흐르면서 발달할 조절 양식 학습에 영향을 미치는 것은 제공되는 양육 방식일 것이다. 기질은 아동이 양육자와 함께 발달시켜가는 애착의 유형을 예측하지 못한다는 것을 기억할 필요가 있다. 하지만 기질은 양육 반응의 특정 형태에 영향을 줄 수 있다.[75] 위의 네 가지 부모의 반응은 각기 안정security, 회피avoidance, 양가적ambivalence, 혼란disorganization이라는 애착 유형과 관련될 것이다.

안정

생후 첫 일 년은 영아와 애착 대상 간의 조율로 가득 차 있으며, 그때의 애착 대상들은 종종 흥미/흥분, 즐거움/기쁨 등의 긍정적인 고활력 정동에 초점을 둔다. 교감신경계는 이 기간에 높은 수준으로 활성화되고 발달된다. 부모와 안정적인 애착을 형성한 아동들은 자율신경계 수준에서 적정한 기저선을 가지는 것 같다. 그들은 고강도의 정서 상태를 감내할 수 있다. 특히, 만약 위에서 기술된 첫 번째 반응과 같은 조율 유형이 지속적으로 반복되었다면, 안정적으로 애착된 아동은 부모가 금지 반응(부교감신경 활성화와 수치감을 유발하는)을 하게 하는 각성 상태(오르기에 들떠 있는)와 함께 바로 뒤이어 빠른 회복(초기 각성 상태를 조율하고, 이를 사회적으로 수용 가능한 방식으로 재정향하는)을 경험할 것이다. 이 아동의 전전두엽은 높은 각성 상태(연결을 필요로 하는)조차도 수정될 수 있으며, 그런 다음 연결이 재정립될 것임을 "배운다". 우리는 부모-자녀의 의사소통 양식을 통한 연결-단절-회복 과정이 전전두엽으로 조절되는 반응 유연성 능력을 촉진시킨다고 생각할 수 있다.

파열의 회복뿐만 아니라, 반영적인reflective 대화를 한다는 것은 안정 애착의 중요한 부분이다. 그러한 대화는 아동-부모 쌍에서 각 구성원의 내적 경험에 중점을 둔다. 마음 수준에서의 연결과 마음보기mindsight를 통한 의사소통의 개발은 가족 내에서 공유된 경험에 대한 일관적인 내러티브가 발달하도록 돕는다. 아동에게 민감하게 반응하고 조건 의사소통

contingent communication을 제공하는 부모의 역량은 아동의 신호를 감지하고, 이를 이해하며, 시기적절하고 효과적인 방식으로 반응하는 부모 능력에 근거를 둔다. 먼저 언급했던 것처럼, 메모리 토크에 대한 연구 그리고 정신화mentalizing 경험(행동 이면의 마음을 볼 수 있게 하는)과 관련된 부모의 역량에 관한 연구들은 안전의 핵심에서 마음보기mindsight 기술의 중요성을 뒷받침한다.[76]

회피

회피적인 애착을 형성한 아동은 그리 운이 좋지 못하여 부모의 감정 상태에 대해 별로 배우지 못하게 되는데, 이는 부모 반응이 심한 무관심(방치)일지, 아니면 엄격하고 잘못된 조율(거부)일지 알지 못하기 때문이다. 이 양자 관계에서는, 공유되는 감정의 일반적인 수준이 매우 낮을 것이고, 결과적으로 흥미/흥분 그리고 즐거움/기쁨을 경험하는 아동 역량의 발달이 지연될 것이다. 금지는 행동적으로는 엄격하고, 정서적으로는 단절되어 있을 것이다. 일반적으로 아동의 신호에 대한 낮은 수준의 조율과 민감성을 가지는 이 관계는 대체로 과도한 부교감신경적 특성을 유발할 것이다. 그러한 아동의 초기 경험으로 인해, 감정 표현 및 정서의 의식적 각성에 대한 접촉에 유의미한 손상을 입게 될 것이다. 종합적으로, 회피 애착 아동은 내적인 단절감과 인간관계에서의 단절감을 가지게 될 것이다. 아동은 애착과 관련된 감정 표현을 최소화하는 것을 배우며, 이를 통해 양육자와의 지속적인 상호작용에서 경험하게 되는 압도적인 좌절감에 대한 무력감을 경감시킬 수 있을 것이다.[77]

양가감정

세 번째 방식에서, 아동들은 부모가 보이는 지속적인 불승인의 얼굴 표정,

시선 회피, 단절 또는 분노의 신체 언어를 모두 지각한다. 그러한 아동의 높은 각성 상태가 가끔은 조율되기도 하겠지만, 그렇지 못한다면, 단절과 수치심은 굴욕을 유발할 수 있고, 특히 이러한 단절이 지속되거나 부모의 분노와 연합된다면 치명적일 수 있다.

때로는, 부모가 아동을 따라가지 못하고 조율할 능력이 없어 단절 상황에서 과도한 각성이 초래될 수 있을 것이다. 또 다른 경우, 부모가 자신의 마음 상태에 잠식되어, 아동이 '나 아님not me'을 경험하게 할 수 있는데, 이는 아동이 자신의 초기 의사소통과 조건적이지not contingent 않은 부모의 내적 주관적 세계를 흡수하게 되기 때문이다. 초기 의사소통에 조건적이지 못한 양육자가 될 수 있고, 이러한 부모의 내적 주관적 세계를 흡수하게 되었을 때, 아동은 '나 아님' 경험을 하게 될 수 있다. 이 두 상황은 모두 내적 혼란 상태를 초래할 것이다. 아동이 넓은 범위의 정서적 각성을 감내할 수 있기는 하지만, 정서 내성 범위를 넘어 통제할 수 없는 변동이 나타날 수도 있다. 조율과 회복의 비일관성은 과도한 각성을 초래하고, 감소된 부교감신경계 반응 때문에, 교감신경계가 종종 억제되지 않을 것이다. 반면에 부교감신경계가 과도하게 활성화되면, 지속적인 절망감이 초래될 것이다. 예기 불안과 분리에 대한 공포가 현저해질 수 있다. 양가적 애착 아동의 분리란 비효율적인 감정 조절을 하는 자기에 의존한다는 것을 의미한다. 과도한 각성과 절망으로 인해 감내할 수 있는 수준을 초과하는 경험이 반복되면, 아동들은 감정 조절자로서의 자신을 신뢰할 수 없게 되며, 이것이 비일관적인 애착 대상에게 과도하게 의존하게 되는 역설적인 이유이다. 특히, 타인과의 상호작용과 상실 및 분리 상황 안의 관계에서, 이러한 경험들은 아동의 민감성을 분명하게 증가시킬 것이다. 일반적으로 몇몇 학자들이 제안하는 바와 같이, 애착 관련 감정을 극대화하는 것은 비일관적 부모가 아동에게 주의를 기울이는 기회를 증가시키는 역할

을 할 수 있을 것이다.[78]

혼란

네 번째 양식에서, 아동의 행동은 격분한 부모의 반응을 이끌어내며, 그때 아동은 극심한 두려움을 갖게 된다. 이것은 단순히 결과에 대한 공포가 아니라, 애착 대상에 의해 유발된 안전에 대한 공포이다. 이렇듯 갑작스럽게 발생한 공포(교감신경과 부교감신경 모두가 높은 수준으로 발현)에 대한 아동의 적응은 가속장치와 제동장치가 동시에 사용되어 상충적인 상태에 있는 것을 말한다. 이것이 혼란형 애착의 한 예이다.[79] 계속되는 해리는 붕괴나 "이완된 얼어붙기" 반응을 수반하며, 이때 되풀이되는 무기력 상태에서 미주신경의 배측 가지가 활성화된다. 해결되지 못한 외상이나 상실 경험이 있는 부모(4장에서 기술되었던 것처럼)는 의도치 않게 알아차리지 못한 상태에서 아동에게 혼란스럽고 와해된 반응을 하게 된다. 애착 대상으로서 그러한 부모는 안전과 안정이 아닌 공포와 혼란의 원천이 된다. 이는 적극적 공격성 또는 공포스럽거나 혼란된 마음 상태가 표출된 결과일 수 있다. 부모와 단절된 순간의 무서움과 공포는 회복되지 않은 채로 남게 된다. 부모가 격분과 공황 속에서 자신을 잃게 되면, 아동은 공포 속에서 길을 잃게 된다. 이러한 혼란과 와해의 경험은 아동이 자기 조절적 행동과 감정 상태를 배우는 데 있어서 핵심적인 측면이 된다. 아동들은 부모에 의해 촉발된 혼란과 공포에 휩싸이게 되고, 동시에 안식처와 안전감을 제공해 줄 수 있었던 애착 대상과의 관계를 상실하는 이중 손상을 입게 된다. 타이핑된 노트 옆에 손으로 쓴 주석을 포함한 존 볼비John Bowlby의 미출판된 원고를 통해, 이 애착 이론의 선구자는 우리의 통합(구별되는 부분의 연결) 관점과 궤를 같이하는 개념으로 혼란 애착에 의해 손상되는 안전을 중심 기제로 보고 있었음을 알 수 있다.[80] 해리는 이러한 경험의 결과일 수 있으며, 내적인 자기 분열감을 초래할 수 있다.

관계와 조절

애착 연구의 내용들을 통해 우리는 인간관계가 자기 조절 기능을 발달시키고 유지하게 할 수 있는 강력한 효과에 대해 이해할 수 있다. 연구들은 전전두엽의 조절이 일생을 거쳐 가소성을 유지하며, 결과적으로 전두엽의 조절 기능은 아동기를 지나서도 발달할 수 있다고 제안한다.[81] 이 부분이 사회적 관계, 의미에 대한 평가, 자기 인식적 의식autonoetic consciousness, 반응 유연성, 감정 조절과 같은 인간 경험과 관련된 몇몇 영역들을 통합하는 신경생리학적 기제를 매개한다.[82] 눈 맞춤, 얼굴 표정, 목소리의 어조, 몸짓 등의 비언어적인 사회적 신호는 상대방에게 마음 상태를 전달한다. 그때 발생하는 상호작용이 **바로 그 순간의** 감정 경험에 직접적인 영향을 미친다. 애착 관계의 맥락 안에서, 아이의 발달하는 마음과 뇌의 구조는 **미래에** 감정을 조절하는 능력에 영향을 미치는 방식으로 형성될 것이다.

여기서 제안하는 것은, 인간관계가 일생 동안 발생하는 통합적인 신경생리학적 변화를 가능케 하는 애착 경험을 제공할 수 있다는 것이다. 통합적인 의사소통은 차이를 존중하고, 공감적인 연결을 촉진하며, 통합적인 뇌 섬유 성장을 유도하는 것 같다. 이 가설이 의미하는 것은 에너지와 정보 흐름에 대한 **사람 간의** 통합적 공유가 **신경계 내**의 에너지와 정보 흐름의 통합적인 기제를 구현하게 한다는 것이다. 반대로, 방임neglect이나 학대abuse처럼 손상된 의사소통으로 인한 부적합한 경험은 통

> 인간관계는 평생에 걸쳐 일어나는 통합적인 신경생리학적 변화들을 가능케 하는 애착 경험을 제공한다.

합적인 뇌 섬유의 성장에 장애를 일으킬 수 있을 것이다. 실제로, 방임이나 학대와 같은 극심한 외상을 가지고 있는 사람은 뇌의 통합적 구조에 손상이 있다는 최근 연구들이 이러한 제안을 지지한다.[83] 이러한 통합에 대한 장애는 신경계의 맞춤과 균형에 어떤 영향을 미치고, 적응적 기능이 어떻게 손상되는지를 설명할 것이다.[84]

그러나 이런 상황에서도, 애착 연구를 통해 배우게 되는 원리가 여전히 삶의 스트레스에 대한 인간의 적응에 도움이 된다는 것을 알 수 있을 것이다. 예를 들어, 혼란 애착과 임상적 해리를 가지고 있는 많은 경우에, 치료적 관계는 웰빙well-being을 경험하고 적응적인 자기 조절을 향해 나아갈 수 있도록 돕는다.[85] 보다 덜 극단적인 경우라면, 뇌의 통합적인 구조는 잘 발달될 수 있었겠지만, 마음의 부적응적인 상태는 뿌리 깊게 배어 있을 것이다. 이러한 사람들에게 있어, 치료는 그들의 마음이 더 적응적인 방식으로 정보를 처리하고 그 흐름을 조절할 수 있도록 도울 것이다. 환자와 치료자의 관계는 근접감, 안식처, 안전에 대한 내적 모델을 제공할 수 있다. 치료(또는 연애와 우정과 같이 정서적으로 관여되는 관계) 안에 있는 이러한 애착 관계 요소는 새로운 통합적인 발달을 촉진시키고, 생애 주기를 통해 감정 조절 능력을 향상시킬지도 모른다. 심리치료 관계 안의 특정 기법은 뿌리 깊은 감정 조절 장애를 변화시키는 데 있어 종종 필요하다.[86]

다음의 예시는 마음의 자기 조절 발달을 유연하게 하는 심리치료의 활용을 잘 보여준다. 한 5세 여아가 학교에서 "충동 조절" 문제로 의뢰되었다. 아동의 개인력에 대한 조사에서, 아동이 심각한 시각적 문제를 가지고 있었으며, 이러한 문제가 3세 6개월이 되어서야 발견되었음이 보고되었다. 그러나 적절한 안경을 쓰고, 대상을 정확하게 볼 수 있게 되었음에도, 학교에서의 "감정 폭발"과 충동성은 지속되었다. 상담실에서의 관찰을 통해, 그 아이는 다른 사람들이 자기에게 어떻게 반응할 것인지를 "확인"하기 위해 그들의 얼굴을 살피지 않는다는 것이 분명해졌다. 그 아이는 보통 생애 첫 일 년 동안 나타나는 전형적인 사회적 참조 과정에 손상이 있는 것으로 보였다.[87] 학교에서, 그 아이는 교사나 친구들의 반응을 의식하지 못하는 것 같았다. 이러한 사회적 단절로 인해 그 아이는 표면적으로 반항적이면서 기본적인 사회적 인지(사회적 신호를 수용하고 처리하는 능력)가 결여된 성향을 갖게 되었다. 면대면 의사소통은 조율과 사회적 참조를 통해 한 개인의 정서적 상태가 타인에 의해 수용될 수 있게 하는 경로이다. 그러한 능력은 감정 조절 발달의 핵심이라 할 수 있는 정서적이며 조건 의사소통contingent communication을 가능하게 한다.

치료과정에서, 아동이 치료자의 얼굴을 바라보도록 격려하였다. 그 아이의 부모와 교사는 감정 조절의 발달이라는 관점에서 애착의 본질, 사회적 관계성, 면대면 의사소통의 활용에 관한 조언을 받았다. 그 아이가 가지고 있었던 시각적 손상이 현재는 교정되었지만, 그 아이가 보였던 사회적 어려움의 원인에 대한 잠정적 가설이 제시되었다. 몇 개월간의 개입 후에, 그 아이는 말할 때 다른 사람을 더 자주 바라보기 시작하였다. 놀이를 할 때, 그 아이는 인형의 내적 상태를 찾아내는 데 더 열중하였고, 인형들의 정서는 치료 시간 동안 펼쳐지는 이야기 안에서 더 적극적으로 다루어지게 되었다. 얼굴 지각, "마음 이론theory of mind", 사회적 관계성 능력의 발달로, 그 아이는 사회적 상호작용에 더 적절하게 참여하기 시작하였다. 마음 이론, 정신화 혹은 우리가 마음보기라고 부르는 것의 부분으로서 "타인"의 마음과 마음의 안을 인식할 수 있는 능력을 갖는 것은 돌보는 사람과의 경험, 언어 습득 및 두부에 대한 직접적인 외상에 의해 영향을 받을 수 있다. 이는 두뇌의 사회적 "정신화" 네트워크에 영향을 준다.[88] 비언어적인 면대면 의사소통과 함께 반영적인 대화(느낌, 사고, 기억, 신념, 그리고 지각에 관해 말하는)를 활용함으로써, 그 아이의 마음에서 이전에는 자극되지 않았던 능력의 발달이 가능해졌다. 감정을 조절하는 그 아이의 능력이 향상되는 듯했는데, 감정 폭발의 빈도가 줄었고, 그 강도가 약해졌으며, 충동적 행동은 유의하게 감소되었다. 통합적 의사소통 경험의 기반이 되는 전두엽의 상호적 성숙이 이러한 발달적 성취를 매개하였다는 가설을 제기할 수 있을 것이다.

이론적으로는, 이러한 치료적 접근은 이 어린 소녀가 그녀의 시각적 문제 때문에 대부분 놓쳤었던 비언어적 신호들을 사용할 수 있게 하였다. 그러한 사회적 경험에서 그 아이의 거울 뉴런과 더 큰 공명 회로가 담당하는 잠재적인 역할을 통해, 우리는 의사소통이 어떻게 더 적응적인 내적 조절을 가능하게 하는지를 이해할 수 있게 될 것이다. 듣기와 신체접촉처럼, 두 사람이 자신의 마음 상태를 전할 수 있는 다른 방식modality들 또한 아동기 동안의 의사소통에서 중요하다. 이러한 접근을 사용하여, 이 아동은 다른 사람들 마음에 관한 핵심 정보를 받아들이게 되었고, 타인의 신호나 요구와 관련이 없어 '충동적'인 것처럼 보였던 행동과 심각한 좌절로 가득 찬 고립된 생활에서 벗어나게 되었다.

낭만적 애착 관계와 연동 상태

부부 개개인의 애착 역사를 아는 것은 조율이 잘못 이뤄진 미세한 순간이 어떻게 큰 다툼으로 확대될 수 있고, 부부 양자의 절망과 거리두기가 어떻게 연동Interlocking될 수 있는지를 분명하게 하는 데 핵심이다. 두 사람 중 한 사람에서 미묘한 감정 표현의 변동과 같은 작은 변화가 입력되면, 각 개인 및 양자 관계 안의 비선형 복잡계nonlinear complex systems에서는 크고 빠른 변화가 생겨날 수 있다. 이러한 조절되지 않은 연동 상태는 보통 두 사람 개개인의 애착 모델에 그 뿌리가 있다.

이렇듯 반복되는 양식에 의해 활성화되어 있는 분리된 마음 상태가 관계에 대한 각자의 개인사적 모형을 강화한다는 것, 이것이 바로 이 맥락에서의 "연동"을 의미한다. 배우자는 조율의 결여, 잘못된 조율, 그리고 자신의 애착 역사를 통해 습득한 내용을 반복적으로 확인하며 지속적으로 재경험하게 된다. 연결에서의 이러한 반복되는 파열은 잘 회복되지 않는다. 연동 상태는 이전의 부적응적인 자기 조직화 경로를 더 강화시킨다. 이러한 상태가 초래하는 경직되거나 혼돈된 상호작용 방식으로 인해, 배우자들은 복잡성이 증가하는 양자적 상태로 이동할 수 있는 더 큰 시스템으로 나아가지 못하게 된다. 극단적인 한 예로, 이러한 단조로운 생활을 느끼는 것은 분명하지만 표현할 수는 없는 권태로움, 지루함으로 경험될 수 있을 것이다. 또 다른 극단적인 예로, 이 단조로운 생활은 불안, 침범받는 느낌, 불확실성으로 가득 찰 수도 있을 것이다. 개인과 마찬가지로, 건강한 양자 시스템을 유지하기 위해서는, 복잡한 상태가 계속 출현하는 것을 지향하면서도, 그 안에서 유연성flexibility과 연속성continuity에 대한 균형을 찾아내야 한다. 부부치료는 때때로 이렇듯 매우 좌절스럽고 치명적인 연동 상태를 인식하고 변화시키기 위해서 필요할 것이다.

애착의 초기 모델이 부부 관계 내에서 활성화되었을 때, 초기 경험이 어떻게 암묵적 현실reality을 형성하는지에 관해 배울 수 있는 기회가 만들어진다. 연동 상태에서, 두 배우자의 사적 자기는 결여되어 있으며, 소멸이나 유기 또는 침해에 대한 두려움으로 고통받거나(양가적 애착과 같이), 정서적 거리감과 거부에 적응되어 있을 것이다(회피 애착과 같이). 만약 상호적인 회복이 따라왔다면 그 이전의 단절 경험은 거의 나타나지 않았을 것이다. 단절 경험에서, 개인은 혼자이고 사적인 자신은 내부 규제와 인간관계로의 움직임을 지원하는 관계의 도움을 받지 못한 채 고립된 상태로 남는다. 사적인 자기들을 성장시키려면 부부의 각자는 자신들의 공적 자기가 회복되지 못한 단절 경험에 적응하기 위해서 어떤 노력을 기울여 왔는지를 함께 지지적으로 성찰하는 것을 필요로 한다. 반영적이고 공명하는 양자 상태에서 나타나는 성장은 조율되는 관계 내에서 성취될 것이다. 그런 다음, 그 과정을 통해 부부는 더 만족스럽고 적응적인 수준의 양자적 자기 구성을 성취할 수 있다.

감정 성장의 경로

이 부분에서는 성인 및 아동과의 치료 작업을 통해 얻은 몇몇 통찰력들을 탐색하여, 기억, 애착, 감정에 관한 많은 생각들을 통합한다. 이러한 실례들은 과학적 자료가 아니라, 인간관계 경험이 어떻게 전 생애를 거쳐 마음의 발달을 형성하게 할 수 있는지에 대한 추후 논의를 가능하게 하는 임상적 인상을 제공한다.[89]

마음의 회피와 무시 상태

모든 종류의 감정적 관계는 치유적이며, 건강한 성숙을 촉진한다. 그러나 때때로 심리치료라는 독특한 형태로 "얻어진earned" 안전하고/자율적인 성인 애착 상태를 향한 움직임이 필요하다.[90] 메인Main과 골드윈Goldwyn이 말한 무시형 성인dismissing adult[91]은 성장을 촉진하는 "어떤 삶을 살 수 있을 것인지"에 대한 인식을 가지고 있지 않아 그의 치료자와 배우자 모두에게 상당한 도전이 될 것이다. 한편으로, 개인은 그 자신으로 남아 있을 권리가 있고, 절대적으로 "정상"인 방식에 대한 정의가 없기 때문에 어떤 "객관적인" 치료자도 타인에게 그 방식을 강요할 수 없다. 그러나 고립과 감정적 거리는 사람의 연인 관계, 자녀를 포함한 다른 사람과의 관계, 그리고 자신에게 타격을 주게 된다. 삶에서 강렬한 감정과 즐거움이 심각하게 제한될 것이다. 이러한 잘 드러나지 않는 감정성emotionality은 부분적으로는 자율신경계 중 고양된 각성 상태를 관장하는 교감(가속장치)가지의 분획화parcellation 때문일 것이다. 타인이나 자신의 주관적 정신생활을 느끼는 능력인 그의 마음보기 또한 심각하게 제한될 것이다. 그 결과, 그의 기본적인 감정적 욕구를 다른 사람들이 알지 못하게 된다. 그러나 회피적 애착을 가진 개인은 그렇게 생각하지 않는데, 이는 생존을 위한 그들의 방식이 지금까지 성공적이었던 것처럼 보이기 때문이다. 그의 사적 자기는 심각하게 발달이 지연되고 의식적으로 자각하지 못하는 상태로 남아 있게 된다. 그러한 개인과 밀접하게 작업하는 치료자는 현재에 완전히 머물러야 한다는 특별한 도전에 직면하게 되는데, 이는 궁극적으로 조율과 공명이 일어나게 하기 위함이다.[92]

회피 애착(무시형) 성인은 종종 안정 또는 양가적 애착을 가진 연인의 요청으로 상담을 시작하게 된다. 배우자는 그들의 관계가 너무 냉담하고 정서적으로 황량해서 견딜 수 없다고 느낀다. 역설적으로, 배우자가 초기에는 "누구에게도 의존하지 않는 내담자의 독립성과 자율성" 때문에 환자에게 매력을 느꼈었을 것이다. 이러한 자율성 때문에, 양가적 애착을 가진 배우자가 처음에는 침해(아동기 때 무서웠던 배우자 자신의 경험)를 두려워할 필요가 없다고 느끼게 된다. 그러나 성인 발달 과정에서 양가 애착 배우자가 변화하여 더 많은 감정적 친밀감이 필요하다고 느끼게 될 수 있다. 회피 애착 배우자는 안정 모형으로 빠르게 발달해 갈 가능성이 더 적은데, 이는 변화의 동기를 자극할 수 있는 관계가 가지는 내적 고통이나

회피 애착(무시형) 성인은 종종 안정 또는 양가적 애착을 가진 연인의 요청으로 상담을 시작하게 된다.

불만족감을 그들이 자각하기 어렵기 때문이다.

논리적 토론은 회피 애착을 가진 사람에게는 꽤 자연스러운 것이지만, 한계가 있다. 부드러우면서 침범하지 않는 조율은 그들의 상태 변화를 위한 새로운 가능성을 열 수 있다. 그것이 바로 치료자와 환자의 우반구 대 우반구 연결이다. 이러한 정서 조율에 덧붙여, 우반구 과정의 활성화가 유용할 수 있다. 예를 들어, 심상과 다른 비언어적 과정("뇌의 오른쪽을 그리는" 미술 기법, 신체 감각 인식, 춤, 음악과 같은)[93]을 격려함으로써, 심리치료는 자기를 경험하는 새로운 방식이 창발하도록 도울 수 있다. 그러한 자기 인식은 종종 세상, 특히 타인의 주관적 정신생활을 보는 새로운 방식의 발달을 촉진한다. 이러한 과정은 회피 애착력을 가지고 있는 사람뿐만 아니라, 다른 많은 사람에게도 유용할 것이다.

심상요법은 암묵 기억에 의해 유도되는 과정과 전언어적인 수준의 상징적 상상에 직접적으로 접근할 수 있도록 돕는다. 종종 치료 초기에는 일부 회피/무시형 환자들이 "기이하고" 쓸모없다고 폄하할 수도 있지만, 그 결과는 매우 효과적일 수 있다. 시간이 지남에 따라, 환자가 좋아하게 되는 심상의 형식으로 그들의 감정 상태에 접근하는 것이 가능해진다. 이러한 비언어적, 비합리적, 우반구 과정은 환자의 행동에 영향을 미치고, 그들 주위에 있는 타인의 유사한 상태에 대해 더 잘 인식할 수 있도록 한다. 경우에 따라서, 심리치료는 자신과 다른 사람의 감정적 과정에 대한 새로운 의식적 자각이 발달하게 하는 촉매 작용을 할 수 있다. 심리치료 안에서 조율되고 공명하는 감정적 의사소통이 지속될 때, 자기 자신과 타인의 자기에 대한 새로운 모형의 발달이 점진적으로 시작될 수 있다. 이러한 우반구 모형은 타인과의 감정적 연결이 증진되도록 촉진시킨다. 이러한 공명하는 경험이 펼쳐질 때, 통합적 과정이 나타나고, 더 일관적인 내러티브가 발전하게 되며, 이는 더 복잡하고 풍부한 삶의 의미와 연결된다. 이러한 통합의 특성은 9장에서 심도 있게 탐색할 것이다.

한 예로, 애착에 관하여 무시형의 마음 상태를 가지고 있는 한 남자가 심상요법의 기법을 소개받았고, 베티 에드워드Betty Edwards의 아트북을 따라 그리는 연습을 하도록 요구받았다.[94] 처음에, 이 남자는 어쨌거나 새로운 경험을 중요하게 생각하는 것을 주저하는 것 같았다. 그는 아내의 제안으로 상담에 오게 되었는데, 그의 아내는 남편이 "너무 차갑고 현학적"이라고 말하였다. 그러나 몇 회기가 지나는 동안 심상요법을 계속하였을 때, 이어지는 이야기들은 점점 더 복잡하고 흥미진진해졌다.

치료자는 이 심상과정을 통해 조용하고, 무의식적이며 활동하지 않고 있는 우반구의 실체를 알게 되었다. 그것은 좌반구가 우세한 사람들은 잘 알아차리지 못하는 감각, 강렬한 감정들, 시각적 장면, 주제적 투쟁, 딜레마에 대한 새로운 관점들로 가득 차 있었다. 가령 그는 아내가 기대하지 않았을 때, 아내에게 꽃을 사주는 것이 그의 "시든" 결혼을 "꽃피우게" 하는 데 있어 더 낫다는 것을 경험하였다. 그는 생일이나 기념일과 같은 특별한 "이유"가 없을 때는 아내에게 꽃을 사주는 것과 같은 일을 한 적이 전혀 없었었다. 그는 단지 그렇게 하는 것이 옳다고 "느꼈기" 때문에 장미를 샀다. 그때 그는 그 이유를 설명할 수 없었지만, 단지 그의 직감을 따랐다. 우리가 다음 장에서 보게 될 것처럼, 이것은 하위의 신체적 처리 과정과 상위의 피질 자각awareness을 연결하는 통합의 한 형태이다. 그의 우반구는 아내의 내적 세계를 고려하여, 그에게 아내의 욕구에 대한 은유를 제공하였고, 그가 그녀의 감정을 느낄 수 있게 하였다. 이는 그가 이제 아내와 공명할 수 있게 되었음을 나타낸다. 행동이 합리적이지 않다고 하여도, 그는 다른 사람이 자신을 채워주는 것이 중요하다는 것을 그 자신의 내장gut(글자 그대로, 창자를 통해 느껴지는 감각은 우측 중앙 전전두엽 영역에 나타난다)을 통해 배웠다.

수개월의 치료가 진행된 후, 그는 타고난 우반구 방식의 과정을 위한 노력을 지속하여 “꽃 피웠고”, 그 자신이 서서히 새로운 형식의 내적 감각에 대해 눈을 뜨기 시작하였다는 것을 알게 되었다. 그는 자신의 신체를 통해 아내와의 상호작용에 대해 더 많이 느끼게 되었고, 아내의 얼굴 표정의 변화도 인식하기 시작하였으며, 그 자신이 이러한 내외적인 감정적 단서에 더 많이 반응하고 있음을 알게 되었다. 그에게 특히 큰 영향을 미친 것은 그의 내적 경험들이 변화하는 것 같았다는 점이다. 그는 목표와 결과에 대해 크게 걱정하는 것을 그만두었고, 가정과 직장 두 곳 모두에서 과정에 더 초점을 두게 되었다. 처음에 이러한 변화는 매우 미미하였다. 그가 비록 솔직하게 인정하지는 않았지만, 이러한 새로운 감각을 경험하고 표현하는 것을 매우 어려워하는 것 같았다. 그의 삶은 자신과 아내 모두를 새로운 방식으로 경험하는 것에 열려있는 듯하였다.

마음의 양가감정과 집착 상태

양가적 애착의 개인력을 가지고 있는 사람들에게, 부모의 비일관적이고 침해하는 감정 상태는 정신적 문제에 대해 매우 취약하게 하며 나아가 자기 상실감을 초래한다. 이러한 사람은 연결을 위해 몸부림치기 때문에, 그녀는 타인 또는 자신과의 연결 상실에 대한 끊임없는 위협을 느낀다. 다른 사람의 기대에 부응하기 위해서 카멜레온 같은 연극적 태도로 도피하는 것은 학습된 것이며, 침해적 폭력에 대한 반사적이며 보편적인 적응이다. 심리치료에서, 이는 “완벽한 환자”가 되려는 태도로 나타날 수 있을 것이다. 그가 자신에 대해 설명하고자 할 때, 어린 시절에 가졌던 애착 행동과 비슷하게 물러나거나 접근하는 양상(정신분석의 개념으로는 전이)이 나타날 수 있고, 이것은 심리치료에서 적절하게 이해받기 위한 개방성의 요동

fluctuations을 일으킬 것이다.

그의 내밀하고 사적인 마음 상태에 서서히 접근할 수 있게 되었을 때, 치료자는 조율이 매우 중요한, 결정적이고 미세한 상호작용의 순간에 더 주의를 기울여야 한다. 목소리의 어조, 얼굴 표정, 시선, 몸의 움직임을 포함한 환자의 비언어적 신호에 반응함으로써, 마음 상태 안에 숨겨져 있는 다른 변화가 드러나게 할 수 있다. 이러한 일차적 감정 표현에 공명하려면, 치료자는 단지 개념적으로 감정을 이해하는 것이 아니라, 그 느낌을 느껴야 한다. 공명은 환자와 치료자 사이의 정신생물학적psychobiological 상태의 가지런한 맞춤을 포함한다.

이러한 조율의 한 측면은 모든 사람이 연결의 내부-외부 초점의 순환에 따라 자연스럽게 움직인다는 것을 인지하는 것이다. 한 개인이 내면에 초점을 두어야 할 때가 있는데, 이는 아마도 감정 상태에 대한 내적 자기 조절을 반영할 것이다. 그러나 외부 연결이 양자의 자기 조절에 사용되는 순간에는 외부 초점으로 분명하게 이동해야 하는 순간이 있을 것이다. 이러한 자연스러운 진동은 상태의 흐름과 자기 조직화를 조절하기 위해서 개인 시스템의 내부 대 외부 제약을 수정할 필요가 있음을 제안한다. 이는 또한 우리에게 자기 조직화가 개인의 내적인 과정과 양자 과정 모두의 결과라는 중요한 개념을 생각하게 한다. 이전 장에서 논의되었던 바, 좌반구는 접근 상태를 매개하고, 우반구는 철회 상태를 촉진한다는 반구적 전문화에 대한 연구 결과들을 통해 이러한 진동oscillations에 대한 또 다른 함의를 찾을 수 있다. 이것은 다음 장에서 살펴볼 바와 같이, 차별화된 신경계의 좌우 측면을 연결하는 통합의 형태와 관련된다. 좌우 반구 우세와 내외적 초점의 순환으로 매개되는 초점 변화의 과정을 통해 우리는 다른 사람들이 언제 외적-내적 연결의 순환이 필요한지 알게 될 것이다. "자기"는 내부와 관계 양쪽 모두에 있다.

조율의 문제나 조율의 기회를 놓치는 것은 피할 수 없는 일이고, 그것은 심리치료, 양육 혹은 다른 감정적 관계에서도 발생할 수 있다. 회복이 일어나지 않는다면, 유해한 수치심과 굴욕감이 인간관계의 의사소통에서 심각한 걸림돌이 될 수 있다. 이 두려움의 상태는 단순히 불편하고 좋아하지 않는 상태가 아니며, 영원할 것 같았던 자신을 잃게 되는 블랙홀, 바닥이 없는 절망의 구덩이처럼 느껴질 수 있다. 회복에는 조율 과정에서 파열이 발생하였으며, 관련된 두 개인 사이에서 재맞춤이 필요하다는 것에 대한 인식을 요구한다. 회복 과정은 상호적인 것으로, 파열 후에 재연결을 시도하기 위해서는 두 사람 모두에게 개방성이 요구된다.

공적 자기public self는 수치와 굴욕과 같이 두려워하는 상태를 회피하기 위하여 분투하고, 연결의 실마리를 찾기 위해 사회적 환경을 유심히 살피지만, 종종 이러한 상태가 활성화되는 것을 막을 수는 없다. 누군가의 의식 속에서 두려움 상태가 창발될 때 동반되는 불안은 방어적인 적응을 유도할 수 있다. 소멸과 유기에 대한 공포는 양가적 애착을 가진 사람들에게 일반적으로 나타나는 필사적인 물러남이나 불안하게 접근하는 행동의 기원이 된다. 비일관적이고 침해적인 양육에 대한 적응의 일환으로 부교감적 "제동"이 과도하게 분획화되면, 특히 조절 장애에 취약하게 될 것이다. 다른 사람들의 요구에 부응함으로써 두려운 상태를 회피하고자 할 때, 적응적인 공적 자기가 창발할 것이다. 그러한 공적 자기가 드러내는 적응적 방어는 매우 다양한데, 타인 또는 삶의 사건들에 대한 단절감을 부인하거나 투사하는 식의 원시적인 양식도 포함될 수 있다. 반대로, 어떤 사람들은 타인과의 정서적 연결을 추구하거나 전문적인 직업을 통해 그들의 고통스러운 경험을 다른

소멸과 유기에 대한 공포는 양가적 애착을 가진 사람들에게 일반적으로 나타나는 필사적인 물러남이나 불안하게 접근하는 행동의 기원이 된다.

사람을 돕는 노력으로 승화시키는 보다 더 성숙한 접근을 활용할 것이다 (예를 들자면, 다른 사람의 자존감을 강화하는 데 중점을 두고 가르치기, 아동의 권리를 보호하는 법을 제정하기 위하여 정부에서 일하는 것, 또는 치료자가 되는 것과 타인을 이해하는 것의 중요성을 강조하고 그들의 개성을 존중하기).

양가적 애착을 보이는 (집착형) 사람들은 감정적이고 사회적으로 다양한 맥락들 안에서 원시적이고 "비생산적인" 방어에서부터 성숙하고 "사회적으로 유용한" 방어에 이르기까지 폭넓은 적응 양식을 경험할 것이다. 일터에서는 상대적으로 거리가 유지되기 때문에 승화 과정이 성공적일 수 있겠지만, 아주 가까운 연인 관계 또는 부모 자녀 관계에서는 주기적으로 강력한 침범 혹은 다른 형태의 잘못된 조율이 드러날 것이고, 수치와 굴욕과 같은 두려운 상태가 갑작스럽게 창발하게 될 것이다. 이러한 고통스러운 상태를 피하기 위하여, 공포와 분노가 가득하고 또한 왜곡된 지각으로 타인의 행동을 잘못 해석하는 더 원시적인 양식의 방어가 나타나게 될 것이다. 이때가 매우 취약한 순간이며 양자 간 조절 장애의 위험이 매우 커진다.

마음의 혼란과 미해결 상태

부모로부터의 외상trauma 혹은 상실이 해결되지 않았을 때 혼란된/혼돈된 애착을 초래할 수 있는데, 이는 회피 또는 양가적 애착보다 훨씬 더 혼돈된 형태의 양자 시스템이다.[95] 혼란된 애착 경험을 가지고 있는 사람에게, 부모의 공포 또는 공포를 유발하는 행동은 종종 부모 자신이 외상과 상실에 대한 해결책을 가지고 있지 않다는 사실과 연관되어 왔다. 즉, 부모 자신에게 자기 조직화의 손상이 있으므로 조절이 어렵고 또 혼란스러운 행동을 하는 방식으로 부모 삶의 비일관적인 내러티브가 아동의 경험에 행동적으로 주입되어 왔다. 미래의 후성유전적 연구는 이러한 미해결된 상태로 인한 스트레스가 부모와 자녀 양쪽 모두의 유전자 발현에 어떻게 부정적인 영향을 미치는지에 관해서 밝혀낼 것이다. 예를 들어, 신경전달물질 이동 체계에 관련된 유전자 변형(대립유전자)이 후성유전적 조절 통제 변화와 결합되었을 때, 미해결된 외상이나 상실과의 연관성이 훨씬 높아진다는 예비 연구가 있었다.[96] 우리의 경험은 외부와 단절된 상태에서 일어나지 않는다. 우리는 뉴클레오티드 서열(유전자)과 유전자 발현 제어(후성유전학)의 두 측면 모두에서 취약성을 가지고 있는 신체로 살고 있다. 이러한 약점이 있기 때문에, 압도적인 사건은 우리가 미래의 역경을 극복하는 것을 더 어렵게 할 수 있다. 그러나 어떤 개인에게 있어, 몇 년 전의 역경은 약점이라기보다는 "외상 후 성장posttraumatic growth"의 씨앗이 될 수 있을 것이다.[97]

애착과 관련된 혼란과 해결되지 않은 마음 상태를 갖고 있는 부모는 특별한 일이 없어도 자신의 아이들에게 부정적인 영향을 미칠 수 있다. 안전함과 일관성을 제공할 수 없는 부모의 미해결된 행동이 아동 뇌에서 접근은 활성화시키고 생존 회로를 회피하게 만든다는 것은 "생물학적 역설biological paradoxes"이다.[98] 그들은 직접적으로 아동의 정서 조절, 마음 상태의 변화 그리고 통합적이고 내러티브 기능 발달을 손상시킨다. 그 결과, 아동은 혼돈된 마음 상태를 반복하게 된다. 역동적인 관점에서, 이는 "이상한 끌개 상태strange attractor states"(그 체계 도처에 폭넓게 분포되어 있는 신경망 구조)로 간주될 수 있다. 그들은 해리와 기능 부전이 활성화되어 있는 고질적인 상태가 된다. 다미주신경의 관점에서는, 그들에겐 교감신경계에 의한 싸움하기-도망가기-얼어붙기의 활성화와 배측 미주 신경의 붕괴에 의한 얼어붙기가 동반될 수 있다.

환자가 혼란 애착력을 가지고 있을 때, 특히 치료자는 예측 가능한 감정 환경이라는 안정 애착의 핵심을 제공해야 하는 중대한 도전에 직면하는데, 그 환경에서 환자는 정서 상태의 변화를 위해 치료자를 의지할 수 있음을 배울 수 있다. 치료적 관계와 양자적 자기 조절은 그 후에 치료자와 함께 한 자기 정신 모델mental model of the self의 발달과 새로 습득한 자율적인 감정 조절 능력을 통해 "내재화"된다. 우리가 다음 장에서 논의할 것처럼, 깊은 내적 일관성을 가능하게 하는 통합적인 내러티브 과정은 종종 이 새로운 수준의 자기 조직화의 성취를 촉진한다.[99]

미해결된 외상과 상실

애착 관계 안에서 반복되는 의사소통 방식의 영향에 덧붙여, 압도적인 특정 사건은 발달하는 마음에 현저한 영향을 끼친다. 심리적 외상trauma은 감정 조절 기제를 압도할 수 있고, 평정을 유지하기 위해선 다양한 형태의 적응을 필요로 한다. 스트레스 호르몬의 범람은 자기 조절을 관장하는 뇌 시스템의 발달에 치명적인 영향을 미칠 수 있고, 후성유전적 요인은 스트레스에 대한 아이의 반응을 조절하는 유전자 발현을 저해할 수 있다. 통합 기능은 위태로워진다. 이런 방식으로 어린 시절의 심각하고 오래가는 외상은 미래 스트레스에 적응하는 아동의 능력에 손상을 초래할 수 있다.[100] 개인의 발달 단계에서 생기는 역경[사랑했던 누군가를 잃음, 학대 경험(특히 배반감sense of betrayal을 수반하는), 혹은 폭력 사건 목격]은 가용할 수 있는 적응적 반응에 현저한 영향을 미친다. 일반적으로, 상실과 외상은 아동이 미래에 대해 부정적으로 예측하게 영향을 주고, 직접적으로 예측 모형과 전망적 기억prospective memory을 만들며, 아동의 내러티브 과정을 방해할 수 있다. 역경은 특정한 감정 상태(분노, 공포, 또는 슬픔과 같은)나 특별한 사회적 상호작용(성생활 또는 주장 행동과 같은)에 대한 인내력 범위windows of tolerance를 좁힐 수 있다. 따라서 개인은 상대적으로 좁은 내부 또는 외부 조건과 관련된 매우 구체적인 기능 장애 패턴을 가질 수 있다. 미해결된 외상이 남아 있을 때, 기능을 유지하기 위해 이러한 상황을 회피하는 것은 한 사람의 삶을 극심하게 제한할 것이다. 이것이 혼돈(각성의 과도한 분출) 또는 경직성(특정 경험에 대한 회피)이 어떻게 개인의 삶을 지배할 수 있는지를 보여주는 한 예이다. 이 통합되지 않은 조건을 "해결의 결여"라고 부른다. 이렇듯 해결되지 못한 채 남아있는 이전 사건으로 인한 시냅스의 그림자는 자기 조절 성취와 자기 상태의 통합에 손상을 초래하고, 이러한 방식은 개인에게 너무 중대한 자기감과 내적 상태의 흐름을 조절하는 능력에 악영향을 준다.

학대, 이혼 혹은 사랑하는 사람의 상실 같은 삶의 고통스러운 사건들은 개인의 대처 능력을 압도할 수 있지만, 이러한 사건들이 개인의 삶에 통합될 때는 매우 중요한 강점의 원천이 될 수도 있음을 깨닫는 것이 중요하다.[101] 예를 들어 해결되지 못한 외상 또는 상실이 있는 성인의 애착 연구는 그러한 사건을 경험하는 것만으로 역기능적인 부모가 생기거나 불안정 애착을 가진 자녀가 만들어지는 것은 아니었다. 핵심 쟁점은 이러한 사건들이 지속되고 있는 성인의 삶의 이야기에 일관적인 내러티브로 포함되었는지 아닌지에 달려있다.[102] 삶의 회복탄력성은 관계와 자기 성찰이 기억, 정서, 다수의 신경 처리 과정의 통합을 촉진할 때 창발할 것이다.

뿌리 깊은 정서 조절 문제가 있는 일부의 경우에는, 뇌가 마음 상태의 흐름을 조절하는 능력을 발휘하도록 돕는 정신과적 약물이 필요할지도 모른다. 직접적인 생화학적 효과는 시스템의 내적 제약을 결정짓는 시냅스의 강도를 변화시킬 수 있다. 약물 요법에 대한 긍정적인 반응이 어떤 "유전적 질환"을 확증하는 것은 아니다. 예를 들어, PTSD의 어떤 증상들은 약물에 잘 반응한다. 그뿐만 아니라, 모성 박탈 경험이 있고 이어지는 손상된 행동을 나타낸 동물에 대한 실험 연구에서, 이러한 동물들은 선택적 세로토닌 재흡수 억제제selective serotonin reuptake inhibitors에 잘 반응하지만, 이 약물을 중단하면, 재발한다는 것이 발견되었다.[103] 유전적 요인 그리고 후성유전적 요인들과 초기 외상 경험 때문이든 혹은 유전적 취약성과 스트레스가 많은 환경이 합쳐졌기 때문이든 특정한 개인들은 뇌 구조와 자기 조직화 능력에서 그러한 부적응이 생겨나므로 집중적인 심리치료와 약물치료가 반드시 필요하게 된다. 그러나 특히 전전두엽과 같은 뇌의 조절 영역이 평생 더 발전할 수 있도록 열려있을 수 있으며 그래서 경험 의존적 성숙이 가능하다는 것을 명심하는 것이 중요하다.

만약 생애 초기에 심각한 외상이 발생하거나, 압도적 경험을 하는 동안 분할된 형태의 주의(강렬한 심상 또는 트랜스 상태로 들어가는 것처럼)가 사용된다면, 외상적 경험에 대한 명시적 기억이 손상될 수 있다. 암묵 기억의 강렬하고 무서운 요소는 암호화되어 나중에 자동으로 재활성화될 수 있는데, 그러한 침입의 기원에 대한 지식이나 의식적인 기억이 없어도 외상을 입은 개인의 내부 경험과 외부 행동에 침습할 수 있다. 어린 시절의 학대는 초기 외상 경험의 한 예이다.

더욱이 어릴 때 부정적인 경험들의 영향은 감정과 기분 조절뿐만 아니라 사고와 메타인지(즉 마음 자체를 들여다보는) 과정에도 손상을 준다. 인생의 초기 경험이 성인기 정신 질환의 보편적 원인이라고 보는 것은 너무 극단적이지만, 뇌의 통합 회로의 중요한 발전을 형성하는 데 있어 초기의 애착 역할을 무시하는 것도 타당하지 않다. 예를 들어, 지난 세기 중반에 조현병 환자들은 부모-자녀 상호작용으로 인해 그러한 어려움을 겪었다고 얘기됐지만, 그 세기말부터 새천년 초반에 이르러 조현병은 부모와의 상호작용의 문제나 외상에 의해서가 아니라 아마도 자궁 내에서 감염원에 노출되었거나 혹은 발달 초기에 잠재적인 신경 손상에 의한 "뇌 장애"로 간주되었다. 이러한 "생물학" 대 "경험"이라는 병인론 이분법은 경험이 우리의 신경 구조를 형성한다는 중요한 생물학적 현실을 놓치고 있다. 우리의 제안은 통합 기능과 구조와 신경계가 정신 건강과 정서적 탄력성의 신경계 상관물이라는 것이다. 때때로 정신 장애는 일차적으로 자신의 유전적 구성이나 신경 통합 손상이 생기기 쉬운 다른 체질적 요소들로 인해 생겨난다. 정신 기능 및 회복탄력성에 대한 장애는 통합 장애에 대한 그러한 체질적 취약성과 부정적인 아동기, 특히 삶의 초기에 일어나는, 경험 간의 상호작용으로 인해 발생할 수 있다. 다른 말로 하자면, 성장은 둘 중 하나가 아니며, 예-아니오, 본성 대 양육 또는 복잡한 것을 단순화하는 데 사용하는 또 다른 범주적 나눔이 아니다. 일부 개인들에게 나타나는 조현병을 포함한 정신병의 발생을 보다 포괄적이고 동정적이며 일관성 있게 관찰하는 방법은 인간 두뇌의 취약성과 부정적인 경험을 함께 인식하는 것일 것이다.[104]

무시와 학대 같은 발달적 외상에서부터 아주 중요한 양육자를 잃는 것까지 다양한 삶의 역경이 존재한다. 사랑하는 이, 특히 애착 대상을 상실한 경우, 마음은 내적 작동 모델의 구조를 변경하도록 강요받게 되는데, 이는 자기가 더 이상의 근접성proximity을 추구할 수 없고 양육자로부터 편안함을 얻을 수도 없다는 고통스러운 현실에 적응하기 위함이다. 특히, 아동기 초기의 상실은 마음의 성장에 심대한 타격을 줄 수 있다. 그 충격의 범위는 가족들이 아동의 지속적인 애착 요구를 얼마나 잘 충족시켜주는지와 부분적으로 관련될 것이다. 상실 당시 아동의 발달 단계도 애도 과정의 특성에 영향을 미칠 것이다. 아동이 계속 발달함에 따라, 새롭게 발달한 능력이 상실을 처리할 수 있도록 애도는 재검토될 필요가 생긴다. 아동과 성인 모두에게는 상실을 처리하기 위한 시간과 양육적 환경이 필요하다. 애도 과정에 대한 존 볼비John Bowlby의 관점은, 상실을 고려하기 위해서 애착 모형

> 상실, 특히 아동기 초기의 상실은 마음의 성장에 심대한 타격을 줄 수 있다.

이 크게 변화되어야 한다는 것이다.[105]

지연되거나 병리적인 애도는 애착 체계 안에서 그러한 변화를 만들어내는 능력이 손상된 것으로 간주될 수 있다. 마음의 상태는 실제적인 애착 대상과의 연결이 기대될 때 계속해서 활성화된다. 애도 절차를 공유하는 것을 금지하면, 가족 구성원이 고통스러운 문제에 대해 의사소통을 할 수 없거나 가족 내 개인의 다양한 감정적 요구를 인식할 수 없는 가족에게서 볼 수 있는 슬픔과 같은 애도의 장애가 발생할 수 있다. 만약 사망한 애착 대상을 향한 갈등의 감정이 남아 있다면, 역시 애도가 어려울 것이다.

특정한 압도적인 사건과 관련되어 있는 미해결된 상실 또는 외상의 효과는 극심한 붕괴를 초래할 수 있는데, 종종 의식적 자각으로부터 숨겨질 수도 있다. 가장 기본적인 수준에서, 그러한 해결책의 결여는 마음의 에너지와 정보의 흐름에 장애를 수반한다. 마음은 신경생리학적 과정과 인간관계의 접점에서 창발하기 때문에, 그러한 장애는 신경 경로와 양자적 의사소통 안에서 나타날 수 있다. 개인의 미해결된 애상과 애도는 대단히 파괴적인 결과를 초래할 수 있을 뿐 아니라, 나중에 그들의 자녀에게 애착의 손상을 가져올 수 있기 때문에, 압도적 경험이 미해결된 개인에게 도움을 제공하는 것은 아주 중요한 일이다. 해결책이 결핍된 부모의 자녀에게 나타나는 애착 장애는 조건적이고 협력적인 의사소통의 손상으로부터 직접적으로 기인한다. 위에서 제안했던 것과 같이, 조율된 관계의 정수인 부모와 아동 간의 에너지와 정보 흐름의 손상은 부모가 미해결된 외상 또는 상실이 있는 경우에 발생된다.

미래 전망적prospective 기억은 우리에게 "미래를 기억remember the future"하게 한다. 기억과 관련된 표현에서, 해결책의 결핍은 마음이 종종 자신의 혼란 상태의 기원을 의식하지 못한 채, 그 상태를 반복하는 경향을 가지고 있음을 의미한다. 이러한 상태가 발생하는 것은, 외상적 사건에 대한 갑작스러운 회상 또는 사망한 애착 대상이 여전히 살아있는 것처럼 여겨지는 것과 같이 암묵 기억 요소가 갑작스럽고 원치 않게 활성화되기 때문이다. 이러한 활성화는 특히 반응 유연성, 감정적 조정modulation, 그리고 타인과의 조건 의사소통 영역에서의 기능을 심각하게 손상시킬 수 있다. 미해결된 외상 또는 상실은 개인이 자신의 과거를 이해하고, 현재를 조직화하며, 미래를 그리려고 하는 자기 인식적autonoetic 의식에서 아주 깊은 비일관성incoherence의 느낌을 남긴다. 이러한 해결책의 결핍은 인생 주기 전반에 걸쳐 지속적인 영향을 주고, 세대를 거쳐 자기 조직화에 영향을 미칠 수 있다.

심리치료에서 기억의 이러한 측면과 과거 경험 간의 연결을 만들어냄으로써, 환자는 자신의 장애의 기원에 대해 이해하게 된다. 그러한 성찰reflection은 치료적인 애착 환경setting 안에서 일어나야만 하는데, 그러한 환경들은 마음으로 하여금 조절되지 않은 상태를 강렬하게 경험하게 하고, (처음에는 양자적으로) 그 상태를 참아내고, 그 본질을 성찰하면서 보다 적응적인 방식으로 실제를 조절하는 것을 배우게 한다. 이는 인내심의 범위를 확장시키고, 통합적 섬유의 성장을 촉진할 것이다.[106] 이러한 감정 처리 과정의 대부분은 그 본질상 비언어적이며, 아마도 초기에는 우반구 과정을 통해 매개될 것이다(환자 안에서 그리고 환자와 치료자 사이 두 과정 모두).

3-P 틀과 인간관계에 대한 이 탐구를 바탕으로, 각 개인의 경험들이 주어진 애착 패턴에 대한 특징을 보여주는 특정한 형태의 고원plateau을 구성한다는 것을 그려낼 수 있을 것이다. 예를 들자면, 안전한 애착은 가능성의 평면에서 직접 발생하는 정점peak과 함께 유연한 고원을 갖는 것으로 볼 수 있다. 이것이 "존재"가 자신의 3-P 프로필을 갖고 있다고 여겨지는 그것이다. 그러한 병력이나 혹은 얻어진 안정 애착을 가진 부모는 그 평면에서 오는 수용적 인식인 호기심 있고, 개방적이며, 수용적이고, 사랑하는 (COAL) 상태에 쉽게 접근할 수 있다.

대조적으로, 다양한 형태의 안전하지 않은 애착은 가능성의 평면에 쉽게 접근할 수 있는 애착과 관련된 이 자유로운 자율적 마음 상태에 대한 한계를 드러낸다. 마음의 무시dismissing 상태로 발전하기 쉬운 회피 애착에서는, 평면으로부터의 결합을 방해하는 융통성 없는 고원이 분명할 것이다. "관계는 중요하지 않다"라는 믿음을 가진 지속적인 저지대low plateau는 유연하고 개방적인 연결을 방해할 것이다.

양가적 애착 유형이 커지면서 마음이 상태를 차지하게 되면, 우세한 3-P 프로파일은 높은 고원plateau를 가질 수 있으며, 이는 성인이 욕구를 충족시키고자 하는 열의를 나타내며 확신을 가지고 연결을 안심시킨다. 뉴욕 브루클린 공립 도서관 입구에 있는 "확실성에 대한 어설픈 환상, 나는 방황하기로 결정했다"라는 인용문을 깨닫는 것은 이러한 애착 패턴에서 인간관계의 당황스러운 불확실성을 수용하는 것이 환영받는다는 의미는 사실 아니다.

혼란 애착의 병력과 그것이 잠재적으로 지속되면서 미해결된/방향감각을 잃은 마음 상태에 있을 때, 해리를 향하는 성향은 갑작스러운 봉우리가 발생하는 단편화되고 고도로 고립된 고원plateau으로 보일 수 있다. 일부는 다가가는 방식으로, 다른 사람들은 물러나는 방식으로 이끈다. 일반적으로 혼돈은 그림figure의 평면 안팎으로, z축을 따라서 높은 정도의 다양성을 보이면서 동시에 많은 정점peak이 발생하는 것으로 상상할 수 있다. 경직성은 시간 차원을 따라 확장된 기간 동안 지속되는 것처럼(확률을 나타내는 y축에서 가장 높은 위치) 정점이 확장된 것으로 볼 수 있고, x축에 나란히 표시된다. 해리는 이러한 경직성과 혼돈, 즉 조각나는 정신적 삶의 경험이 결합된 것이다. 해리의 극단은 아주 독특한 마음의 상태(정체기)로 표현되는데, 그것은 우리가 반복되는 특성과 각각 고유한 역사를 가진 자기 상태 또는 성격의 형태를 보아 온 것 같이 꽤 자율적인 기능이다. 자기의 분절은 압도하는 외상 사건들 혹은 상실이 해결되지 않을 때 발생한다.[107] 우리의 3-P 틀에서 정신발달에 영향을 수반하는 혼돈과 경직성을 묘사하는 이러한 방식은 부모의 해결되지 않은 상실 및 외상 상태와 아동의 정신 분절을 개념화하는 한 가지 방법이며, 각각은 혼란 애착과 연관되어 있다.

미해결된 것이 그렇게 재활성화될 때 의식적으로 성찰하는 것은 명시적 기억에 관한 응고화 과정과 자전적 내러티브 안에 있는 외상적 경험의 통합을 가능하게 한다. 우리가 9장에서 탐색할 것과 같이, 이런 통합적 해결은 해리와 비일관적 내러티브의 기초가 되었던 신경계 전반에 걸쳐 이전에 통합되지 않은 표현 과정을 연결하는 두 반구에서 협력적 처리가 일어나도록 할 수 있다. 치료자와의 조율된 공명 관계를 통해 환자는 우반구의 자전적 표상에서 벗어나 언어적으로 매개되는 좌반구의 해석자 주도적 감각interpreter-driven sense을 만들게 된다. 이러한 통합과정은 아마도 일차적 감정 상태를 조절하는 우반구 능력에 직접적인 영향을 미칠 것이다. 우리가 "길들이기 위해 명명하는 것name it to tame it"이 바로 이것이다. 환자의 마음은 치료자와의 안정 애착 발달을 통해 그 과정을 준비하게 된다. 그뿐만 아니라, 자기 인식적 의식의 정교화는 환자가 과거를 반영하고, 현재를 이해하며, 능동적으로 미래를 만들어가게 한다. 이러한 정신화mentalizing하는 성찰적 대화는 안전 애착의 기초적 요소이기도 하다. 이를 통해, 혼란 애착력을 가지고 있는 사람들은 "현재의 감옥"으로부터 자유로워질 수 있는데, 현재의 감옥이란, 두려움으로 압도되는 마음의 상태를 표현하지도 못한 채 반복적으로 그러한 상태를 경험하게 되는 것을 말한다.

반영: 정서적 관계와 마음의 만남

우리는 모두 조건 의사소통contingent communication을 필요로 한다. 정서적으로 조율되고 공명하는 마음 상태를 가지고 타인과 친밀했었던 우리의 개인사를 통해, 우리는 타인과 연결되고 우리 자신의 내적 과정에서 일관성을 가지게 된다. 잘못된 조율이 지속되는 것에 회복되지 않은 상태로 적응하는 것과 그에 따른 수치심 및 굴욕감의 상태는 자기, 타인, 그리고 세상에 대한 우리의 주관적 경험을 형성한다. 이러한 방식의 관계는 우리의 적응적인 공적 자기와 내밀한 사적 자기 사이에 커다란 격차를 초래하게 된다. 이러한 생의 초기의 명시적 기억 이전의 경험을 반영하는 애착 모형은 우리의 감정들과 그에 대한 조절, 반응 유연성, 의식, 자기 지식, 내러티브, 그리고 인간관계 친밀성을 향한 개방성과 추동에 영향을 미친다.

때때로, 자기 조직화에 뿌리 깊은 기능부전 양상을 가진 어떤 사람은 자신의 삶에서 고통의 원천이 되는 감정 조절 장애를 변화시키기 위해서 심리치료와 같이 특수한 인간관계를 필요로 할 것이다. 심리치료는 현재와 과거를 탐색할 수 있게 하는 안전한 환경을 만들어준다. 치료자와 환자는 마음의 공명 상태로 들어가며, 이는 공동 조절co-regulating하는 양자 시스템의 창출을 가능하게 한다. 이 시스템은 두 사람 간의 조율을 통해 점점 더 복잡한 양자적 상태의 창발을 가능하게 한다. 환자의 마음 상태에 대한 미묘한 비언어적 표현이 치료자에게 지각되고, 치료자는 단지 말로서가 아니라, 치료자 자신의 상태가 변화하는 것을 통해 이에 대응하게 된다. 이런 방식으로, 환자의 일차적 감정, 심리생리학적인 상태와 치료자의 그것 사이에 직접적인 공명이 일어난다. 이러한 비언어적 표현은 우선적으로 한 사람의 우반구에 의해 매개되고, 그런 다음 다른 사람의 우반구를 통해 지각된다. 이 방식에서, 심리치료의 핵심적인 비언어적 측면과 함께 거의 모든 감정적 관계가 두 사람 간의 우반구 대 우반구의 공명에서 시작되는 것으로 상상될 수 있다.

양자의 구성원인 두 사람 모두의 좌반구 또한 중요하며, 이는 언어적 교환과 환자의 현재 삶, 과거력, 치료 경험 자체에 대한 논리적인 성찰에 작용한다. 좌반구의 해석 기능은 경험을 "이해"하려고 하므로, 내러티브 처리 과정에서 동기를 부여하는 힘으로 볼 수 있다. 9장에서 더 깊이 탐색할 바와 같이, 일관된 자전적 내러티브(모든 치료의 일차적 초점)는 아마도 화자와 청자 양측의 좌반구 과정과 우반구 과정에서의 공명을 포함할 것이다. 이런 방식으로, 내러티브를 함께 구성하는 것은 치료적 관계에 있는 두 구성원 사이의 반구 간 공명을 반영한다.

개인들 스스로가 점점 더 반구 간 일관된 공명을 획득할 때, 양자 체계 안에서의 상태 흐름은 점점 더 복잡성을 성취하게 된다. 이러한 상태는 우측 대 우측과 좌측 대 좌측의 조율을 통해 성취되는데, 이는 환자와 치료자 사이의 비언어적 그리고 언어적 의사소통으로부터 창발한다. 그러한 공명 상태에 있는 두 개인 사이에서 창발하는 흐름과 연결에 대한 감각은 매우 강렬하다.

시간이 흘러 자기 상태self-state가 창발하면, 마음은 상대적으로 자율적인 이 과정을 일관된 전체coherent whole로 통합하는 과제를 가지게 된다. 심리치료는 에너지와 정보의 흐름을 우반구에서 우반구로, 좌반구에서 좌반구로 공명하는 양자 상태를 가능하게 함으로써 핵심 통합과정의 발달을 촉진시킬 수 있다. 그러한 과정에서, 환자의 마음(그리고 치료자의 마음)은 일차적 감정 상태에 몰두할 수 있으며, 동시에 반영적인 내러티브 탐색에 초점을 맞출 수 있다. 그러한 정서 조율과 성찰적 대화는 양자의 각 구성원 안에서 내적, 쌍방적 형태의 공명을 촉진시킨다. 우리가 다음 장에서 탐색할 바와 같이, 이러한 형태의 공명은 통합하는 과정의 핵심일 것이며,

시간과 자기 상태를 걸쳐서 감정을 조절하게 할 것이다. 일관된 내러티브는 협력적 상태가 활성화되면서 창발하고, 이 과정을 통해서 마음은 통합과 안정된 자기 조직화를 성취할 수 있다.

심리치료와 인간의 발달은 일반적으로 복합적인 과정이다. 유전적인 영향을 받은 정신적 폭풍우와 가족 갈등의 경험들 사이의 상호작용에 의해 뇌는 파괴될 수 있다. 유전된 장애와 다른 체질적 취약성 모두 역경을 포함하는 삶의 경험들에 개인들이 적응하는 것과 상호작용한다. 그것들은 신경생리학적으로 구성된 우리의 주관적 삶의 현실에 복합적인 영향을 미칠 수 있다. 우리의 마음은 뉴런의 연결에 의해 활동이 만들어지는 복합시스템이며, 이러한 뉴런의 연결은 체질과 경험 모두에 의해서 결정된다. 우리의 삶을 살아가는 방법, 친구로서 또 새로운 가족 구성원으로서 우리와 가까워지는 사람들과 연결하는 방법은 에너지와 시간이 필요하며 평생 동안 우리가 발전하는 방식을 형성할 것이다.[108] 연구에 따르면 다른 사람들과 장난스럽게 참여하고 창의력과 기쁨을 공유하는 상태에서 서로 연결하면 신경 상태가 정렬된다는 사실이 밝혀졌는데, 우리가 제안할 수 있는 방식의 전기적 활동 상태는 관계에서 우리의 한 부분이 되는 신경 상관물neural correlates이다.[109] 임상적 개입이 필요할 때, 발달 경로는 의도적으로 변경될 수 있으며, 효과적인 치료에 의해 일단 통합이 발생하면 현재의 어려움에 의한 혼돈과 경직성에서 보다 일관된 조화와 연결 감각으로 이동할 수 있다. 약물 치료, 마음보기 기술 함양 연습, 그리고 특수한 심리치료 기법을 포함한 다른 치료적 도구들은 다양한 시기의 환자들이 자기 조직화를 성취하고 균형 잡히고 질적으로 풍요로운 삶을 영위할 수 있도록 돕는 데 유용할 것이다. 어떤 도구나 기법들이 사용된다고 하여도, 환자와 치료자의 관계에서는 환자의 경험을 이

> 마음은 인간관계와 신경계의 상호작용으로부터 창발한다.

해하고 공명하기 위한 치료자의 깊은 헌신이 요구된다. 치료자는 인간관계 경험이 뇌의 구조와 기능을 형성한다는 사실을 항상 명심해야 한다. 마음은 인간관계와 신경계의 상호작용으로부터 창발한다.

환자의 진화하는 마음 상태와 함께하는 동시에 환자의 감정적 요구에 객관적인 초점을 유지하는 것은 치료자에게 도전이자 엄청난 특권이다. 이러한 공명 상태는 환자와 치료자를 묶어준다. 함께 하기 때문에, 그들은 자기 조직화 과정과 일관된 삶의 역사를 발달시키는 더 큰 시스템의 일부가 된다. 다양한 방법으로, 치료는 모든 인간관계에서의 도전을 반영하는데, 이는 있는 그대로 사람을 이해하고 수용하면서도 나중의 통합과 성장을 육성하는 것을 의미한다. 활력적인 삶을 살고, 우리 경험의 모든 층에 개방성을 유지하는 것의 핵심은 우리 자신 내부의 연결 그리고 타인과의 연결이다.

The Developing Mind 09

통합(내부 그리고 관계의 통합)

The Developing Mind

마음의 가장 강력한 특징 중 하나는 현재 일어나는 다양한 과정들을 연결할 수 있으며, 또한 시간에 따라서도 연결할 수 있다는 것이다. 사회심리학부터 신경과학까지 이르는 다양한 연구자들은 개인 내부에서와 사람 사이에서 발생하는 여러 가지 과정들을 조화롭게 하는 협력적이고 결합하는 기능을 주목하고 있다.[1] 이렇게 분화된 요소들을 결합하는 것을 우리는 "통합integration"이라 부른다. 이전에 언급했듯이 뇌에서 일어나는 이러한 과정을 이르는 용어로는 "커넥톰connectome"(뇌의 다른 영역을 기능적으로 구조적으로 결합하는 것),[2] "분리segregation"(우리가 말하는 분화), "통합integration"(우리가 말하는 결합)[3]이 있다. 이 장에서는 대인 경험, 건강, 마음의 발달의 근본이라고 생각할 수 있는 통합(시스템의 분화된 부분들의 결합)을 여러 가지 측면에서 다루고자 한다.

이 책에서 언급했듯이 통합은 마음, 뇌, 신체, 그리고 관계들을 건강하게 하는 핵심 기제로 간주된다. 복잡계의 수학과 자기 조직에서의 창발성 등과 같은 과학적 관점에서 보면 한 시스템 내에서 분화된 것들의 결합은 그 시스템 내부에 조화로운 흐름을 만들어내게 된다. 이렇게 적절히 자기 조직화된 흐름은 유연하고flexible 적응적이고adaptive 일관적이고coherent 활력이 있으며energized 안정적인stable 특성을 가진다(FACES). 한 시스템의 요소들이 분화되어 있지 않거나 결합되지 않는다면 그 시스템은 통합되지 않고 혼돈이나 경직의 상태 또는 혼돈과 경직이 합쳐진 상태가 되는 경향이 있다. [그림 9.1] 통합의 강을 보라.

우리는 정신 건강 분야에서 질병의 개요를 재구성하여 비통합 상태의 혼돈과 경직성을 드러내 보자고 제안한 바 있다. 증상들이나 증후군을 통합이라는 관점에서 평가해 볼 수 있다. 분화와 결합에서 문제가 생기면 다양한 "통합의 영역들"에서 비통합 상태가 된다.[4] 이런 관점에서 보면, 치료적, 예방적, 공공 정책적, 조직 전략적, 교육적 수단들은 통합을 촉진하

[그림 9.1] 혼돈과 경직의 강둑에 둘러싸인 통합의 강

Illustration by Madeleine Welch Siegel. From Aware: The Science and Practice of Presence by Daniel J. Siegel. Copyright © 2018 Mind Your Brain, Inc. Used by permission of TarcherPerigee/Penguin Random House.

고자 하는 목표를 가지고 행해져야 한다. 즉 신체-뇌 안에서, 관계들 안에서 그리고 체화되어 관계하는 마음의 조절 기능 안에서 통합을 촉진해야 한다.[5] 이것이 간단히 말한 IPNB의 기본이다. 이런 관점의 세부 사항과 의미에 대해서는 다음 두 장에 걸쳐 논할 것이다.

건강과 회복탄력성의 핵심으로서의 통합

분화와 결합의 균형 잡힌 통합이 웰빙과 최적의 삶에 핵심이 된다는 제안을 여러 연구에서 지지하고 있다. 비록 어떤 연구에서는 통합이라는 용어는 쓰지 않더라도, 뇌 연결망 실험, 감정의 주관적 경험 또는 타인과의 의사소통법 등이 연구의 초점이 되고 있으며, 시스템 내의 여러 다른 면들이 기능적으로 구조적으로 결합되어야 한다는 의견을 보이고 있다. 올라프 스폰스Olaf Sporns는 신경계 접근을 간결하게 강조한다.

> 연결망 상호작용은 상호 정보, 통합, 복잡성 같은 통계적 정보이론의 개념들을 사용하여 묘사될 수 있는데, 이러한 방식은 연결망 내의 통계적 상호작용을 전체로서 이해할 수 있게 해준다. 구조적인 결합들이 연결정보를 최대화하는 방식으로 이루어졌을 때, 복잡성은 뇌 연결망 구조와 닮은 양상을 나타낸다. 이러한 결론은 뇌 연결망이 분리와 통합의 균형을 유지한다는 이론적 개념과 일치하며, 이 개념은 복잡성으로 정의된다. 복잡성이 높은 것은 연결망이 많은 양의 정보를 효율적으로 통합할 수 있게 하며, 이런 능력이 의식과 결합되어 있다.[6]

분화는 분리되고 전문화되어야 생겨 나온다는 것이 이런 접근법의 기저 개념이다. 결합은 분리되고 분화된 요소들을 통합할 수 있다. 이런 관점에서 복잡성으로 가려면 분화와 결합이 균형이 있어야 한다. 한 시스템이 복잡성을 최대화하는 방향으로 나아갈 때, 가장 적응적인 흐름이 발생되며, 이러한 상태는 시스템의 요소들이 통합됨으로 가능해진다. 이것은 무엇을 의미하는가? 우리는 통합을 분화와 결합의 균형이라고 규정하였다. 분화는 기능적 구조적으로 분리되고 전문화되어서 결국 독특해지고, 결합은 만나고 연결되어 맺어지는 것이다. 분화와 결합의 균형을 우리는 통합이라고 부른다.

이러한 관점을 바탕으로 할 때, 바바라 프레드릭슨Barbara Fredrickson이 말한 긍정적 감정의 "확장 수립broaden-and-build" 모델이란, 통합에서 나오고 통합을 지원하는 내적 긍정상태를 개발하는 것이라 할 수 있다.

> 확장수립 이론에서는 기쁨, 흥미, 만족, 사랑을 포함하는 긍정적 감정들의 형태와 기능을 설명한다. 이 이론의 핵심 명제는 긍정적 감정이 그 순간의 생각(행동목록)을 확장시켜준다는 것이다. 즉 기쁨은 놀고 싶은 욕구를 촉발하고, 흥미는 탐색하고자 하는 욕구를, 만족은 즐김과 통합을, 사랑은 안전하고 친밀한 관계 속에서 서로 지속하고 싶은 욕구를 촉발한다. 이런 긍정적 정서들로부터 확장된 마음 상태는 부정적 정서에 의해 생기는 축소된 마음 상태(공격 또는 도망 같은 특별한 행동경향)와 대조된다. 두 번째 핵심 명제는 확장된 마음 상태의 결과에 관한 것이다. 놀이, 탐색 같은 활동들을 통해 그 순간의 사고(행위) 래퍼토리가 확장되면, 긍정적 정서들은 새롭고 창조적인 활동, 생각, 사회적 유대를 발견하도록 촉진하며, 결과적으로 신체적, 지성적 자원에서 사회적, 심리적인 자원까지 다양한 범위의 개인적 자원을 수립하게 한다. 중요한 것은 추후에 이런 자원들이 대처와 생존의 가능성을 향상시키는 데 사용될 수 있다는 것이다.[7]

전에 언급했듯이 **통합에서의 변화를 반영하여 감정이 나타난다**. 통합이 증가하면서 긍정적 감정이 나오고, 통합이 감소하면서 부정적 감정이 나타난다. 긍정적 감정 상태에서는 개인은 내적으로 인간관계적으로 더 통합적으로 되고, 그 결과로 조망이 확장되고 분화와 결합이 더 증가한다.[8]

통합이 증가하면서 긍정적 감정이 나오고, 통합이 감소하면서 부정적 감정이 나타난다.

집단에서도 통합된 과정으로 협력하면 문제해결 능력이 크게 향상된다. 집단에서 한 개인이 다른 사람의 관점을 배제한 채 자신의 조망만을 주장하는 상황과 비교해 보자. 이런 비협력적인 통합되지 않은 상태에서는 결합이 약화되고 분화는 과도해진다. 그 집단의 지능은 그저 독단적인 한 개인의 수준에서 그치게 된다. 반면에 협력적 구성원들 집단은 어느 개인의 문제해결 능력을 넘어서는 "집단지능"을 성취하게 된다. 메트 보엘Mette Boell, 오토 샤머Otto Scharmer, 피터 센게Peter Senge, 다이애나 채프먼 월시Diana Chapman Walsh 등과 함께 우리는 연민, 유대감, 창의성을 지원하면서 “생산적인 사회적 장”을 격려하는 집단을 연구한 바 있다.[9] 그런 사회적 장에서 경험된 활력과 유대감은 일종의 소속감 신뢰감을 느끼게 해준다. 여기서 우리는 각 개인의 고유한 강점에서 나오는 차이점을 존중하면서, 이것을 집단의 과업에 유용하게 활용하는 협력을 발견했다. 취약점은 지지받고 긍정감정은 공유되며, 부정감정 상태는 함께 위로한다. 생산적 사회장에는 친절함이 깊이 들어가 있다. 이런 통합적 동지들은 한 개인이 할 수 있는 것보다 또는 집단의 한 지배자가 할 수 있는 것보다 훨씬 더 많은 것을 성취하게 해준다. 이것은 협력적 집단적 지성을 형성한다.[10] 인간관계 통합은 집단의 IQ를 증가시킨다.

통합은 우리의 지능을 향상시킬 뿐 아니라 우리의 삶을 좋게 느끼도록 해준다. 우리는 더 성취하고, 더 연결되고, 더 유연하며, 더 창의적으로 되고, 더 적응을 잘하게 된다. 이것이 생산적 사회장이다. 다른 사람과 소통하는 법(즉 어떻게 집단에 연결되는가)에 따라 통합이 촉진된다. 그런 사회적 장에서 소속감과 신뢰감이 만들어진다. 의미와 효용성이 증가함에 따라 우리의 통합적 삶은 우리에게 긍정감정을 채워준다. 긍정감정 상태는 회복탄력성을 증가시키는데, 이는 프레드릭슨Fredrickson의 견해와 같다.

> 회복탄력성과 긍정감정 간의 연관성은 자기보고서, 관찰연구서, 장기추적연구 등에서 밝혀지고 있다. 회복탄력적인 사람이 삶에 더 낙관적이고 풍요롭고 열정적이며, 새로운 경험에 호기심이 많고, 개방적이며, 높은 수준의 긍정적 감정을 가지고 있다. 놀랍게도, 회복탄력적인 사람들은 스스로 상황에 대처하기 위해 긍정적 감정을 증진시키는 것뿐만 아니라 타인(어린 시절에는 보호자로부터 그리고 이후에는 동료로부터)으로부터 긍정감정을 이끌어 냄으로써 사회적 상황을 지지적으로 만들고 대응력을 증가시킨다.[11]

애착연구에서 발견된 이런 소견과 기본 모드 신경망 연구에서[12] 발견된 소견을 종합해 볼 때 통합이 건강의 핵심이라는 결론에 이르게 된다. IPNB 관점에서 볼 때, 개인이 관계 속에서 분화되었다가 결국에는 연민 어린 돌봄으로 연결이 되면, 그런 관계 경험을 통해서 사람들이 성장한다. 신경계 자체의 연구에서도 통합은 건강의 핵심으로 볼 수 있다. 웰빙은 바로 통합의 결과이다.[13] 긍정상태란 통합이 반영되고 있는 것이라면, 긍정감정은 증가된 통합의 자연스러운 결과물이라 할 수 있다. 바바라 프레드릭슨Barbara Fredrickson은 확장-수립 이론에서 긍정감정에 관해 언급할 때 이렇게 강조하였다.

> 확장수립 이론에서 긍정감정들은 최적의 기능을 위한 필수적인 요소로 본다. 따라서 웰빙의 과학에서 긍정감정은 중요한 주제가 된다. 이 이론에서 긍정감정이 ⅰ) 사람들의 주의와 사고를 확장시키고 ⅱ) 부정감정의 각성이 오래 지속되지 않도록 하며 ⅲ) 심리적 회복탄력성을 불러일으키고 ⅳ) 결과적으로 개인의 자원을 수립하며 ⅴ) 미래의 웰빙 상태를 상향시키도록 촉발하고 ⅵ) 인류 번영을 위한 기초를 세운다고 제안한다. 이 이론은 또한 중요한 교훈을 전하고 있다. 사람은 각자 자신들의 삶과 자신을 둘러싼 타인들의 삶에서 긍정감정을 만들어내기 위해 노력해야 하는데, 이것은 단순히 그 순간의 좋은 느낌을 위해서가 아니라 그렇게 함으로써 사람들이 더 나아지도록 하며, 계속해서 번영하고 건강하게 살아갈 수 있게 하기 위해서이다. 긍정감정의 공급이 부족해지면, 사람들은 곤경에 빠지게 된다. 즉 행동의 자유가 없어지고 너무 예측하기 쉬운 상태가 된다. 그러나 긍정감정이 충분하면 사람들은 도약하게 된다. 그들은 생산적 창조적 회복탄력적이 되며, 가능성이 커지고 훌륭하게 복잡해진다. 어떻게 긍정감정이 사람들을 앞으로 나아가게 하는지, 그리고 더 높은 수준의 웰빙 상태로 이끄는지를 확장수립 이론은 전달하고 있다.[14]

통합은 긍정감정의 핵심이고 회복탄력성과 웰빙의 기초가 된다. 개인의 신경계 내에서, 그리고 인간관계에서 에너지와 정보의 흐름 속에 통합이 어떻게 나타나는지 더 자세히 살펴보자.

신경 통합

뇌 안에서, 복잡한 기능들이 여러 신경회로의 활동 협응으로 발생한다. 정보를 받고 정보를 여러 지역으로 내보내는 뇌의 여러 영역이 신경 통합에 중요한 역할을 한다. 변연계 영역과 관련 회로들, 특히 전전두엽의 회로들이 협응에 중요하다. 신경생물학적 관점에서, 터커Tucker, 루Luu, 프리브람Pribram은 다음과 같이 말했다.

> 신경 수준에 대한 이론적 과제는 단순히 전두엽의 기능을 명명하는 것을 넘어서 신경생리학 메커니즘을 체계적으로 밝히는 것이다. 이러한 메커니즘은 전두엽의 활동과 뇌의 통제 시스템을 결합하는데, 이는 뇌간에서 나온 각성의 조절부터 피질변연계의 기억의 조절까지 다양한 범위에 연결된다. 이러한 것들이 충분히 이해되려면, 단순히 신경조직의 생리뿐 아니라 자기에 대한 표상과 자기의 유지를 조절하는 메커니즘에 대해서도 밝혀져야 할 것이다.[15]

이런 식으로 **신경 통합은 자기 조직화와 자기감을 창조하는 두뇌의 능력에서 핵심이 된다.** 또한 터커Tucker와 동료들은 뇌 내의 통합이 해부학적 측면에서 적어도 세 가지 형태로 구성될 수 있다고 제안한다. "수직vertical" "배측-복측dorsal-ventral" 그리고 "외측lateral"[16]. 수직적 통합은 뇌간 및 변연계의 "하위" 기능을 인지, 운동계획과 같은 전두신피질의 "상위" 작동과

> 신경 통합은 자기 조직화의 기본이다.

통합하는 것이다. 수직적 통합에서는 복잡성의 다양한 층에서 어느 정도 고립되어있는 과정, 즉 "명령order"이 하나의 기능적 시스템으로 통합된다. 이 수직적 과정은 뇌 전반에 걸쳐 일어나며 기억과 언어 형성과 같은 주요 과정에 영향을 준다.[17]

배측-복측 통합은 전두 피질의 두 기원, 즉 부변연계 피질의 원시피질 영역과 구피질 영역에 초점을 맞춘다. 우리가 6장에서 보았듯이, 이러한 차이는 배아에서 시작되며 트레바르덴Trevarthen이 "내재적 동기 형성intrinsic motive formation"이라고 부른 비대칭성에서 기인할 수 있다.[18] 예를 들어 터커Tucker, 파울슨Poulsen, 루Luu가 제안하길, 내재적 동기가 주로 복측 경로에 의해 매개되는 반면 외재적인 동기는 배측 경로에서 주로 매개된다고 제안했다. 연구자들은 다음과 같은 제안을 한다.

> 학습의 한 형태는 아이가 일반적으로 쾌락적hedonic 접근 방식으로 작용하기 때문에, 신경이 환경 영향에 대해 높은 반응을 보이는 외재화 방법이라고 설명할 수 있다. 두 번째 형태의 학습은 내재화 방법이다. 어린이가 회피와 위협의 상황에 직면했을 때, 동기제어를 하여 상황의 즉각적인 영향으로부터 주의와 자기 조절을 분리한다. 외재화의 배피질 네트워크는 배피질(대상, 중격, 외측시상하부, 해마, 복측 선조체) 회로를 중심으로 구성된다. 이와는 대조적으로 내재화의 복측 피질 네트워크는 복측 변연회로(전방측두 및 안와 피질, 확장된 편도체, 배측 선조체, 중간배측시상)를 중심으로 구성된다. 이러한 변연계통의 이중 분할은 각기 다른 뇌간과 전뇌신경조절투사계를 통해 각성 수준을 스스로 조절하게 된다. 배측 피질변연계 네트워크는 청반핵의 노르에피네프린과 뇌간 솔기핵의 세로토닌 투사체계로 조절되고, 복측 피질변연 네트워크는 복측 덮개의 도파민과 전뇌의 아세틸콜린 투사에 의해 조절된다. 각성 조절 시스템은 발달 중 신경가소성의 특정 성질을 조절하는 것처럼 보이기 때문에, 이들 시스템을 분석하면 신경적 및 심리적 자율성의 여러 단계에서 외재화와 내재화의 차이를 설명할 수 있다.[19]

각 반구는 우세한 경로가 있다. 우반구는 배측이고 좌반구는 복측이다. 각 회로 또는 "흐름stream"은 동기 부여 과정과 운동 제어를 다르게 조정하고 뇌의 각 반구에 다른 표상 과정을 일으킨다.[20] 여성에서 반구 전문화가 덜 발견되는 것은 각 반구의 배측 회로와 복측 회로 모두가 뇌의 처리 과정에 참여하기 때문이라고 할 수 있다. 배측-복측 통합은 뇌의 각 측면에서 발생되는 복잡한 표상 과정의 편중화를 감소시킬 수 있다.

외측통합은 유사한 수준의 복잡성 또는 명령에서 회로의 기능을 협응시키는 것이다. 시각을 촉각 및 청각과 결합하여 경험의 "전체적인 그림"을 만드는 것처럼, 감각 양상에 걸친 지각 과정을 협응시키는 것은 외측통합의 한 예다. 이러한 통합은 별개의 시스템을 결합하는 연합뉴런에 의해 매개될 수 있다. 외측통합이 한 반구의 복잡한 표현 과정을 다른 반구에 연결시킬 때, "양측성" 또는 "두 반구 간" 통합이라는 용어를 사용할 수 있다. 뇌의 양쪽에 해부학적으로 기능적으로 구별되는 영역을 결합하는 연합뉴런은 두 반구 간 정보 처리의 협응을 일으키는 수단일 수 있다. 트레바르덴Trevarthen에 따르면, 대뇌 교련(뇌량과 전측교련)은 "지각과 인지, 학습, 수의운동 협응 등의 고차 기능이 하나로 될 수 있는 유일한 통로"이다. 이는 그가 "다양한 감각기능과 운동기능의 피질 지도 사이에 상호 연결되어 보완하게 한다"고 말한 정리 분류 과정을 통해 달성된다.[21] 이러한 형태의 외측통합에서, 각 반구의 분리된 기능은 기능적으로 결합된 시스템으로 협응될 수 있다.

"감각, 운동 및 평가 정보의 가장 큰 통합이 원시 부변연 피질에서 일어날 수 있다"는 사실 때문에 터커Tucker와 동료들은 이 세 가지 형태의 통합이 실제로 상호의존적일 수 있음을 제안하였다.[22] 예를 들어 우반구(특히 부변연 안와 전두 피질)가 자율신경계를 통한 신체 기능의 조절 및 표현과 같은 "하위" 기능을 지배적으로 조절할 때 수직통합이 일어난다. 울터링

Wolteringd과 루이스Lewis가 제안한 모델에서는 다음에 초점을 두고 있다.

> 두 가지 유형의 감정 조절(반응적, 의도적)과 두 가지 유형의 발달 궤적에 대해 초점을 두고 논한다. 우리는 후기에 발달하는 의도적인 통제 능력이 초기에 발달하는 반응적 통제 능력에 기반하며, 함께 발달해가는 것에 대해 논의하였다… 초점은 전측 대상회 피질과 안와 전두 피질과 같은 특정한 신경"중추들hubs"에 맞추고 있다. 이것들은 피질 과정과 피질하 과정을 짝지어주는 중심점의 역할을 한다. 우리는 감정적인 상황에서 뇌 영역 사이의 협응력이 증가하면 보다 효과적이고 효율적인 조절이 이루어질 것이라고 제안한다.[23]

다시 말하자면 분화된 영역 간의 결합(즉, 전두엽 영역의 활동에서 예시된 신경 통합)이 자기 조절의 핵심적인 부분이다.

외측통합은 렘수면과 부호화-인출 과정에서 나타나는데, 이 과정에서 왼쪽과 오른쪽의 안와 전두 피질이 꿈의 표상적 통합과 기억의 통합에 관여한다. 그러면, 최소한 안와 전두와 다른 전두영역(복내측, 복외측, 전측 대상회 피질)은 수직통합을 하며 어쩌면 외측통합도 가능하다[24][5장(p. 404)의 [그림 5.1] 참조)와 1장(p. 75)의 [그림 1.1] 참조]. 이 전전두부의 "중앙"은 피질, 변연계(편도체와 해마), 뇌간, 신체 적절성, 그리고 심지어 다른 사람의 신경계에서 오는 신호까지 공감 지도 형태로 연결한다. 향후 연구는 이러한 영역과 다른 협응 영역이 뇌의 한쪽 또는 양쪽의 배측-복측 통합에 어떻게 역할을 하는지를 더 탐구할 필요가 있을 것이다.[25]

우리가 보았던 것처럼, 뇌의 상호 연결된 네트워크를 묘사하기 위해 사용되는 용어는 커넥톰connectome이다. 커넥톰이 어떻게 통합적으로 발달하는지를 연구하면 어떻게 웰빙과 회복탄력성이 나타나는지 알 수 있을 것이다. 반대로, 이러한 발달의 장애물을 이해하면 부적응이나 질병에 대한 신경계의 영향을 이해할 수 있게 된다. 마커스 케이서Marcus Kaiser는 커넥톰의 발달을 연구하고 다음과 같이 정리하였다.

> 건강한 뇌는 유아기와 10대에 네트워크 구성의 변화를 겪는데, 이것은 남학생들보다 여학생들이 더 일찍 시작한다[Lim et al. (2015)]. 또한, 자폐스펙트럼 장애와 불안 장애에서부터 조현증 및 조울증 우울증에까지 발달 질환의 발병 시기는 출생 후 첫해부터 성인(초기)까지 다양하다. 실제로, 커넥톰 성숙의 지연은 정신 질환과 연관되어있다[Kaufman et al. (2017)]. 시간이 어떻게 조현증과 같은 발달 질환의 여러 하위 유형에 영향을 미칠까?
>
> 18세 이전의 조기 발병 조현증(EOS)은 구조적 기능적 중추와 기본 모드 신경망의 변화가 특징이며, 전측두 네트워크의 회백질이 많은 것이 특징이다[Yang et al. (2014)]. 동시에, 반구 사이의 긴 뇌량 섬유가 감소하고, 양쪽 반구 내 동일 영역에서 상당히 다른 연결패턴을 보인다[Li et al. (2015)]. 마지막으로, 성인 발병 조현병과 비교하여 EOS는 지엽적 및 원격적 중추(허브) 연결이 감소되어 있다[Jang et al. (2015)].
>
> 앞에서 논의한 메커니즘에 비추어 볼 때, 반구 내 교점(node)의 발달이 지연되는 것으로 EOS에서의 연결성 저하를 설명할 수 있다. 느린 성장으로 더 적은 수의 교점이 형성되면 네트워크 중추의 연결이 감소될 것이며, 기본 모드 신경망과 구조적 및 기능적 허브에서의 연결 감소도 설명될 수 있을 것이다. 결국, 늦게 성숙이 시작되면 성숙 기간이 더 길어질 수 있다. 이러한 방식으로 장기간의 조직 성장은 가지치기 효과를 부분적으로 상쇄시키고 회백질 양을 증가시킬 수 있다.[26]

신경 네트워크가 잘 기능하게 하는 방법으로 구조와 기능에서 구별되는 지역을 분리함으로써 더 복잡한 과정이 발생할 수 있게 하는 것이 있는데, 그 지역은 상승작용 방식으로 다른 영역들과 결합되기 때문에 네트워크의 기능과 구조에 훨씬 더 복잡성을 만들어낸다. DMN의 상호 연결된 허브 세트라는 것은 커넥톰의 한 부분이다. 아르트시 파드마나반Aartsi Padmanabhan과 동료들은 자폐스펙트럼 장애가 있는 대상(ASD)에서 DMN의 기능과 구조를 조사하면서 그들의 관점을 다음과 같이 설명한다.

> 우리는 ASD에서 기저에 깔려있는 DMN의 역기능을 면밀히 조사하여, 뇌의 지엽적 신호와 전체적 신호를 변화시키는 비정형 세포조직과 흥분-억제 회로의 불균형에 대해 알아냈다. 우리의 결론은, DMN의 주요 교점의 탈선과 이들의 역학적 기능적 상호작용 때문에, "타인"과 관련하여 자신에 대한 정보를 비정상적으로 통합하고, 그뿐만 아니라 사회적으로 관련되는 자극에 유연하게 대처할 수 있는 능력도 저하된다는 것이다.[27]

통합의 개념은 얼마나 작은 영역이 분리되어야 하는가에 대해서도 관여하고,[28] 또한 흥분과 억제처럼 다른 과정에 관여하는 뇌의 네트워크(두 개의 뇌 반구를 포함하여)를 결합하는 것과도 관련이 있다.[29] "정신병리학"처럼 정신 장애를 이해하기 위한 학문에서는 정신적 고통의 근원을 상상하고 측정하기 위해 다양한 계산적, 개념적 전략을 사용한다. 그중에는 상호연결되기도 하고 단절되기도 하는 네트워크가 포함된다.[30] 전반적으로 사고와 추론과 같은 정신 활동을 수반하는 신경 상관관계를 이해하기 위한 이러한 네트워크 접근법은 뇌 네트워크의 역학관계가 자기 조직화 특성을 가지고 있다는 견해와 일치한다.[31] 통합의 관점에서 보면, 분화와 결합이 어떻게 시스템의 가장 적응적인 흐름을 만들어내는지 우리는 알 수 있다. 마음이(의식을 포함하여) 이러한 자기 조직화 과정에 직접적인 영향을 미칠 수 있다는 개념을 도입해보면, 의도적으로 통합을 배양하면 보다 회복탄력적 방식으로 삶의 성장을 지원할 수 있다는 것을 알 수 있다.

뇌 각각의 영역들이 어떻게 협응되어 통합된 회로들이 되는지는 전두피질과 기저핵의 연결에서 설명될 수 있다. 스티븐 와이즈Steven Wise와 동료들에 의해 요약된 바와 같이, 이 통합 시스템은 다양한 입력값을 평가함으로써 행동을 안내하는 기능을 한다.[32] 그들의 견해에 따르면, 기저핵은 규칙에 따르는 행동을 중재하는 반면, 전두 피질은 상황에 따른 과정을 포함하여 다른 대안을 제공한다. 이것은 또한 기저핵의 암묵적 부호화와 전두엽 피질의 외현적 처리 과정의 통합 예라고 볼 수 있다. 이 전두 피질-기저핵 시스템은 개인이 현재 평가된 상황에서 더 이상 유용하지 않은 부적응 규칙을 거부할 수 있게 한다. 그러한 시스템의 통합적 기능은 새로운 행동 반응과 정신 건강을 획득하고 적용하는 데 강력한 영향을 미친다.[33] "운동"(기저핵) 영역과 "계획"(전두엽) 영역의 통합은 우리의 뇌가 광범위한 시스템에서 통합하도록 진화해온 적응적인 방법일 수 있다.[34] 이 견해는 이전에 언급했던 전전두 피질 특히, 안와 전두 피질이 예상하지 못하거나 변화하는 상황에 맞춰 반응을 바꾸는 유연성을 중재하는 역할을 한다는 의견과 일맥상통한다.[35]

신경생물학의 더 기초적인 수준에서도, 뉴런들이 신경 활성 윤곽을 그리기 위해 신경망 안에서 자신들의 기능을 어떻게 통합하는지를 확인할 수 있다. 살펴봐 왔듯이, 뇌에 연결망을 만드는 뉴런들의 점화 패턴을 형성함으로써, 뇌는 경험을 통해 학습한다. 반 우엔van Ooyen과 반 펠트van Pelt는 다음과 같이 말했다.

> 이러한 활동 의존적 과정의 결과, 한쪽은 뉴런을 만들어 시냅스를 연결하면서 다른 한쪽은 뉴런과 네트워크를 활성화하면서 서로 영향을 주게 된다. 형성된 네트워크는 네트워크의 조직을 수정하는 활동 패턴을 생성하면서, 구조적 또는 기능적 특성을 더욱 수정하는 변화된 활동 패턴 등을 만들 수 있다. 이런 과정은 계속된다. 전기적 활동과 신경전달물질이 정보 부호화에만 관여하는 것이 아니라, 그들이 작용하는 신경 연결망을 형성하는 데도 중요한 역할을 한다는 인식이 점점 커지고 있다.[36]

이러한 방식으로, 기본적인 뉴런연결은 표상 능력을 생성하며 네트워크 활동 자체의 성격에도 직접적인 영향을 미친다. 이것이 의미하는 바는 다른 회로를 결합하는 과정이 새로운 형태의 정보 처리를 만들 뿐만 아니라, 그 자체의 능력에 영향을 미치는 보다 복잡하고 통합된 네트워크를 구축한다는 것이다. 통합된 시스템은 협응된 활동으로 인해 자체적인 특성을 확립한다. 전체는 단순히 개별 부분을 합한 것보다 크다. 이것이 통합의 시너지 효과다. 살펴본 바와 같이 그러한 신경 통합은 자기 조절과 분화된 정신 과정의 결합에 직접적인 영향을 주는 주요 과정이 된다.[37]

정신 연구 분야에서, 두 개의 축약된 개념 시스템이 실제로 그 원리가 중첩되고 통합의 중요성을 강조하고 있다. 한 가지 접근으로, 스티븐 헤이어tmSteven C. Hayes와 동료들은 '관계장 이론'을 기본 개념 구조로 하는 '수용전염치료(ACT)'를 제안했다. 정신적 경험은 개인의 내부 세계와 인간관계의 구성 요소들 사이의 상호작용 관계에서 나온다. 이 접근방법의 유효성을 뒷받침하는 많은 연구에서 보면,[38] 인간관계 신경생물학 렌즈를 통해서 나온 전반적 개념은 분화된 기능의 결합이라고 볼 수 있다. 이를테면, "확산diffusion" 과정에서는 정신적 활동(생각, 기억, 감정을 포함)이 그 사람의 정체성에 녹아들지 않는다. 마음에 대한 또 다른 학문적 접근 방식으로 존 안데르슨John R. Anderson이 탐구한 ACT-R 틀이 있다. 이것은 "사고의 적응적 특성" 또는 "사고(이성)의 적응적 조절"을 의미하며, 지각, 사고 및 행동과 같은 구분되는 인지 모듈이 있다고 제안한다.[39] 이러한 모듈들이 구별되지만 서로 결합되는 방법을 알면, 정신 활동이 어떻게 생겨나서 뇌가 스스로 분화 결합될 수 있는지를 아는 데 도움이 된다.[40]

복잡성은 신경망의 발달과 기능을 명확히 하는 데 도움을 주며 "시공간 통합"의 중심 역할을 한다.[41] 신경 집합에서부터 복잡한 회로들의 상호작용에까지 이르는 다양한 수준의 계층 시스템에는 뉴런 활동의 공간-시간 패턴이 포함된다. 이것이 시사하는 바는 뇌가 과거의 직접적인 영향을 기록한 활동 패턴을 현재 순간에 나타낼 수 있다는 것이다. 앞서 살펴본 바와 같이 기억 조직과 예측 기계로서의 뇌 기능은 "미래 표상represent the future"을 가능하게 한다. 그러한 예측 기제들은 다양한 과정과 시간에 걸쳐 결합이 이루어질 수 있는 방식들을 직접적으로 형성한다.

예를 들어, 신경회로가 경험을 예측하는 방식을 알면 순환하는 상호작용을 통해 마음이 어떻게 발달하는지 이해하는 데 도움이 될 수 있다. 표상 과정이 경험을 예상하기 때문에, 그들은 또한 그들의 기대에 부합하기 위해 특정한 형태의 상호작용을 추구한다. 이와 같이 시스템의 "편향bias"은 시스템이 특정 방식으로 지각하고, 처리하고, 행동하게 한다. 이 편향의 결과는 시스템의 편향이 만들어지는 바로 그 특징을 강화하는 것이다. 발달이 진화할수록 관련 회로는 더욱 분화되고, 그 자체의 특성을 계속 지지하는 통합 시스템에 정교하게 자리 잡는다. 발달의 이러한 순환적이고 예측 가능한 특징이, 아직 밝혀지지 않은 뇌 반구 기능의 편재화에 배측 회로와 복측 회로가 어떻게 영향을 미치는가의 핵심이 될 수 된다. 뇌 반구 편재화와 뇌의 비대칭을 이해하려는 전통적인 이론들은 제한된 최종 결과물 관점limited end-product perspective에서 문제를 바라보고 있다는 것을 영아 연구는 시사한다. 이 서로 다른 시스템의 발달 기원에 대해 명확하게 이해하려면, 세상과의 만남에 대한 기대가 각 반구에 매우 다른 방식으로 영향을 주고 있음을 조사함으로써 알 수 있다. 트레바르덴Trevarthen은 다음과 같이 설명한다.

> 인지에서 본래 갖추어진 운동계획과 장래의 운동 이미지 중 우선순위를 알기, 또한 예측된 자기 조절의 감정 상태를 표현하기, 의도된 행동의 결과를 주관적으로 평가하기 등과 관련된 이론이 변화함에 따라, 알아차림과 기억의 대뇌 비대칭성에 대한 다른 관점이 제시되었다. 이것은 경험을 예상하는 대뇌의 활동들에서 기원된다.[42]

이러한 예측은 일종의 시공간적 통합에서 나오는 것으로 볼 수 있다. 마음은 시공간을 가로질러 변화하는 환경과 상호작용하기 위한 노력의 일환으로 지각(입력)과 행동(출력) 사이의 과정으로서 복잡한 표상들을 만들어낸다. 이것이 바로 우리가 "하향식 과정"이라 부르는 것의 본질이며, 과거가 가까운 미래를 예상하여 현재의 지각을 형성하는 방법이다. 신경과학자인 라이즈 엘리엇Lise Eliot과 지나 리폰Gina Rippon이 독자적으로 지적했듯이, 뇌 기능에 대한 현대적 관점은 태어날 때 존재하는 여성이나 남성 뇌의 작은 선천적 차이들이 경험적으로 조각되고 강화된다고 제안하는데, 이는 사실 성별에 내재된 것이 아니라 문화적 체험으로 조작되는 것이다. 이런 과정을 보면 신경가소적인 뇌가 반복적으로 자기 강화적인 성향이 있다는 것을 알 수 있다.[43] 이처럼 공통적인 경험에 민감한 표상적 과정의 가치는 개인이 자신의 환경에 적응하여 한편으로는 "적합"하고 동시에 다음 순간을 예측하고, 좀 더 적응적인 방법으로 행동하도록 하여, 생존 가능성을 높여주는 것이다. 인간의 마음이 어떻게 진화해왔는지에 대해 알려주는 하향식 과정으로 시공간적 통합을 이룰 수 있다.

발달과 통합과정

개인 안에서 통합과정은 어떻게 발달하는가? 통합을 가능하게 하는 신경기제는 무엇인가? 통합과정 발달에서 경험적 및 유전적 요인은 어떻게 작용하는가? 우리가 제안해 온 것처럼, 이러한 질문에 대답하는 한 가지 접근법은 마음의 기초를 에너지와 정보의 흐름의 패턴에서 나오는 것으로 보는 것이다. 복잡한 시스템은 구성 부분들의 상호작용에서 창발되는 것이라는 점을 기억하라. 마음의 발달로 향하는 여정을 통해 우리는 우리가 마음이라고 부르는 것이 체화되고 관계된 에너지 흐름의 창발된 현상이라는 제안을 탐구해 왔다. 그 에너지의 일부는 상징적 가치를 가지고 있고, 일부는 그렇지 못하며, 그래서 우리는 "에너지 및 정보의 흐름"이라는 모든 것을 포괄하는 문구를 가지고 있는데, 이는 마음이 나온 복잡한 시스템을 나타내는 핵심적인 부분이다. 이 시스템은 어디에 있는가? 신체 내부와 신체 사이와 사람과 자연 세계 사이(즉, 그것은 내부와 관계)에 있다. 우리는 주관적 경험, 의식, 정보 처리, 자기 조직화라는 네 가지 면이 마음을 결정한다고 제안했다. 이러한 면들은 각각 체화되고 관계된 에너지와 정보의 창발된 현상(마음이 일어나는)일 수 있다.

신체 내부와 사람 사이에 흐르는 에너지와 정보의 창발된 특성으로서, 마음의 네 번째 측면은 마음이 출현하는 시스템의 체화되고 관계적인 측면을 자기 조직하는 데 도움을 주는 과정이다. "에너지와 정보의 흐름, 혹은 그 자체의 흐름을 조절하는 과정 중 어느 것이 먼저냐?"라는 질문은 순환적 질문처럼 느껴질 수도 있다. 우리가 본 바와 같이, 조절과 창발에 대한 순환적 피드백은 바로 복잡계의 수학이 제안하는 것과 같다(자기 조직화는 그것을 구성하고 있는 조직에서 비롯된다). 외부 지휘자도, 연출자도 없다. 창발이 있고, 여기서 특별한 창발 과정이 자기 조직화다.

창발된 자기 조직화 과정의 흐름, 즉 마음의 네 번째 측면은 깊이 있고 참신한 상호작용의 패턴이 생애에 걸쳐 펼쳐지면서 생겨난다. 시냅스 네트워크는 이전의 경험을 반영하기 때문에, 우리의 삶은 그들 자신의 역사를 반복적으로 강화하고 있다. 예를 들어, 아이들의 부모에 대한 애착 때문에 선생님에 대해서도 비슷한 애착 반응이 일어난다.[44] 경험은 우리가 반복적으로 논의한 바와 같이, 유전자가 발현될 수 있도록 뉴런을 활성화시키고 뉴런 연결에 변화를 일으킬 수 있다. 정보는 신경 회로군을 통해 전달되는데, 이때 기능적으로 결합하는 새롭게 구성된 활성화된 신경 군집으로 전달된다. 이 정보 전달 자체가 새로운 표상과 정신 상태를 만들어 낸다. 정보 처리의 새로운 요소들을 시스템의 새로운 상태로 받아들일 때, 이러한 분화된 요소들은 하나의 기능적 전체로 결합되고, 이 결합이 통합의 본질이다. 우리가 보아왔던 것처럼, 그러한 유연한 과정은 아동기 외상과 부적절 애착 경험 때문에 붕괴된다. 이와는 대조적으로, 전형적인 발달에서는 보다 분화되고 결합된 상태로 나아가는 것으로 보인다. 이러한 통합은 어떻게 뇌에서 일어나는 것일까?

광범위하게 분포된 뉴런 과정을 결합하는 능력은 해부학적으로 그리고 기능적으로 분포된 뇌의 영역을 상호 연결하는 역할을 하는 신경섬유에 의해 매개된다고 제안할 수 있다. 이와 같이, 분화된 정보 처리 모드(예를 들어 여러 다른 감각 양식처럼 분화된)가 기능적으로 결합될 수 있다.[45] 이 기본적인 뉴런 과정은 예를 들어 공포와 수치심 같은 정신 상태가 복잡한 시스템 흐름 안에서 얼마나 고도로 통합될 수 있는지(또는 통합되지 않는지)를 이해하는 데도 도움이 될 수 있다. 시냅스 패턴은 이러한 신경적 성향을 강화하는 타인과의 관계적 반응을 불러일으킬 수 있다. 이것은 "자기 충족적" 고리이며, 이러한 자기 충족적 고리를 충족하지 않는 삶의 방식들은 "꼼짝 못 하게" 되거나 또는 "얼어붙는" 듯한 느낌을 준다. 예를 들어, 어떤 부적절한 애착 경험은 비일관적 애착 작동 모델을 다양하게 만들어 내고, 유연성이 없는 마음 상태를 뿌리 깊게 만들어낸다. 이런 상태는 시간에 따라 통합되지 못하고 역기능적인 자기 상태를 만들어 낼 수 있다. 우리는 새로운 뉴런 결합이 만들어지면 뇌의 역학 시스템이 가지는 내적 제약을 변화시킬 수 있다고 생각한다. 새롭게 결합된 뉴런들은 해부학적으로 독립적인 과정들을 통합시킬 뿐만 아니라, 유연하지 못한 정신 상태와 같이 기능적으로 격리된

> 감정은 본질적으로 내적 과정들과 개인들을 동시에 결합하는 통합적 기능이다.

과정을 통합하는 역할을 할 수 있다. 심리치료의 과정에서 어떻게 하면 이전에 배어 있던 이러한 시냅스 네트워크의 신경 변화를 유도할 있는가에 있어서 치료자와의 관계는 핵심적인 요인이다.[46]

이 통합의 중심은 감정이다. 앞에서 논의했듯이 감정은 본질적으로 내적 과정들과 개인들을 동시에 결합하는 통합적 기능이다. 이 견해는 자기조절과 인간관계의 의사소통에서 감정이 중요하다는 것을 강조한다. 신경학자 안토니오 다마지오Antonio Damasio는 다음과 같이 지적한다.

> 대규모 신경계통에서 발생하는 작용을 고려하지 않고 뇌 기능의 통합적 측면을 논할 수는 없을 것이며, 그 수준에서 발생하는 중요한 통합적 요소 중에서 감정을 배제하는 것은 이치에 맞지 않는다. 그러나, 20세기 내내, 감정이 존재한다는 것을 거의 인식하지 않고 통합된 뇌와 마음에 대해 논의해 왔다. 감정이 중요한 기능을 담당하고 있고, 감정의 신경적 기반들을 이해하는 것이 큰 이점이 된다는 것은 더더욱 언급되지 않았다.[47]

다행히 정서와 사회 신경과학보다 하위 전문분야가 출현하여 감정의 신경생물학과 인간관계의 본질을 조사하는 데 있어서 큰 진보가 이루어졌다.[48]

감정적으로 의미 있는 사건들은 평생 동안 경험으로부터 지속적인 학습을 가능하게 할 수 있다. 그러한 학습으로 사실상 뇌의 발달이 지속된다고 볼 수 있다. 경험은 기억과 발달 과정 모두에서 새로운 뉴런 연결을 자극하는 주된 역할을 한다. 신경생물학에서 발견된 바에 따르면 그러한 발달이 생애 내내 지속된다고 한다.[49] 특히, 통합을 촉진하는 신경회로는 평생 동안 계속 발전할 수 있고, 지지적인 관계에 의해 촉진될 수 있다.[50] 분산된 지역의 정보를 협응시키는 역할을 하는 신경회로는 유전적 프로그래밍, 타고난 노화 기제, 특정한 형태의 경험을 통해 계속해서 발달될 수 있다. 예를 들어, 광범위하게 분산된 영역들을 연결하는 해마 경로들에서 전 생애에 걸쳐 점점 증가하는 수초화을 연구하면서 프렌신 베네스Francine Benes는 다음과 같이 언급했다.

> 인간 뇌 영역들의 성장과 발육은 유년기뿐만 아니라 청소년기와 성년기 동안에도 일어난다. 수초화는 세포가 축색 주위에 지방질 피복을 획득하는 뉴런 성숙기의 마지막 단계 중 하나이며, 신경세포체에서 말단으로의 전기신호의 전파를 증가시킨다. 이 축색들은 변연계 피질의 작용인 인지 작용과 감정적 행동의 통합에 역할을 할 수 있다. 따라서 이러한 지속적인 수초화에 의해 영향을 받는 기능들은 성인 삶 전반에 걸쳐 "성장"하고 성숙할 수 있다.[51]

이런 방식으로, 타고난 발달 과정과 경험들을 통해 우리의 신경 능력이 우리 삶 전체에 걸쳐 일련의 과정들을 통합할 수 있게 해줄 수 있다. 앞에서 논의한 바와 같이 이러한 회로들의 분화 기제에는 축색들이 광범위하게 분포된 뇌의 영역으로 펼쳐나가는 것, 새로운 시냅스 연결을 만드는 것, 그리고 그들의 수초화를 통한 신경섬유의 전도성 증가와 같은 다양한 과정이 포함된다.[52] 증가된 수초화가 전도 속도를 100배 증가시키고, 발화 사이의 휴식 시간을 30배 감소시켜 수초화 뉴런들 사이의 의사소통을 3천 배 더 효과적으로 만든다는 것을 상기하라. 이러한 기제는 인생의 첫 10년 동안 극적으로 발달되는 뇌량 성숙기에 작용하고 있을 수 있으며, 아마도 평생에 걸쳐 진행하는 발달이라고 말할 수 있을 것이다. 앞으로의 연구에서는 경험이 이러한 통합 신경 과정의 발달을 어떻게 강화하거나 방해하는지를 조사할 수 있을 것이다.[53]

이러한 신경 연결을 향한 통합 움직임은 다음과 같은 복잡계 이론과 일치한다. 고도로 분화되고 기능적으로 결합된 하위 시스템들은 그 시스템이 달성할 수 있는 복잡성을 최대화한다. 이러한 방식으로, 생애 전반에 걸쳐 증가하는 통합 수준은 자연적인 발달의 결과일 수 있다.[54] 일부 사람에게는 그러한 과정의 한 가지 결과가 나이 듦에 따른 지혜의 발달일 수 있다. "나무를 보기 위해 숲을 보는 능력"은 특정한 사건의 세부 사항보다는 시간과 상황에 따른 큰 패턴에 초점을 맞출 수 있는 통합적 능력에서 나타날 수 있다.[55] 우리가 논의한 바와 같이 정신 건강의 장애는 이러한 자연적인 통합 운동을 방해하는 과정이 반복될 때 발생할 수 있다. 시스템에 대한 고정된 제약조건(내부적 또는 외부적)은 통합을 방해할 수 있으며, 개인에게 융통성 없거나 혼란스러운 상태를 초래하는 경향을 야기할 수 있다. 따라서 전형적 발달은 개인의 체질, 경험 또는 분화와 결합을 손상시키는 지속적인 인간관계 요소에 의해 손상되지 않는다면, 평생에 걸쳐 통합을 계속 촉진할 수 있다.

다시 말하자면, 복잡한 시스템은 자연적으로 최적의 자기 조직화를 지향하는 추진력을 가지고 있다. 그것은 시스템 내 구성 요소의 분화와 그들의 자연적 결합에 의해 시간이 지남에 따라 통합적 흐름을 만들어낸다. 만약 통합의 이러한 필요한 측면들 중 하나 또는 둘에 대한 막힘이 발생한다면, 시스템은 조화롭게 통합의 강 안을 움직이는 대신, 혼돈의 둑이나 경직성의 둑 쪽으로 중앙 흐름으로부터 멀어져 간다.

하위 요소 분화와 요소 간 결합을 수반하는 내부 과정과 인간관계는 개인 내부와 사람들 간의 건강하고 지속적인 발달을 촉진하는 과정으로 생각할 수 있다. 합창단의 음악적 비유를 생각해 보자. 각각의 가수들이 서로의 소리를 들을 수 없도록 귀를 막았다고 상상해 보라. 이렇게 극단적으로, 각 개인은 다른 사람들과는 완전히 독립적으로 자신의 노래를 부른다. 개개인을 기능적 전체로 결합하지 못하면 이어서 불협화음이 발생한다. 연결은 없을 것이고, 시간이 흐르면서 발생하는 소리는 앞뒤가 맞지 않을 것이다. 그러한 무작위적인 고립된 상호작용 집합은 비록 분화되었지만, 시스템의 복잡성을 향해 움직이는 데는 거의 도움이 되지 않는다. 복잡하다는 것은 혼란스러운 것과 다르다. 그러나 다른 극단에서는, 만약 가수들에게 같은 (긴) 시간 동안 정확히 같은 방식으로 같은 음을 부르도록 요구한다면, 각 가수의 목소리가 다른 가수의 목소리와 정확히 일치하면, 똑같은 소리가 증폭된다. 비록 소리가 응집력이 있을 수 있지만(그리고 시끄러울 수 있지만), 가능한 한 복잡성을 최대화하는 데는 거의 도움이 되지 않는다. 이 경우는 분화가 안 되어서 변화가 없고 완전히 예측 가능한 소리의 흐름이라는 경직성을 초래한다. 이제 합창단의 중간 흐름을 상상해 보라. 차별화 된 가수들이 같은 노래를 부르면서도 조화로운 간격으로 분화되거나 라운드에서 노래하는 데 동참하면서 공감통합과정에 함께 참여한다면, 이제 우리는 그 조화를 '하모니'라고 부를 수도 있을 것이다. 완전한 독립성이나 똑같은 모방성 모두 복잡성을 야기하지 않는다. 각각의 가수가 개인기를 잘 발전시켰을 때, 통합은 그들이 한편으로는 연속성과 규칙성을, 다른 한편으로는 유연성과 자발성을 가진 채로 기능적 전체에 기여할 수 있다. 이것이 통합된 조화의 활력성과 안정성이다. 그것은 FACES 흐름을 허용한다(유연성, 적응성, 일관성, 활력성 및 안정성이 있다). 우리가 보았듯이, 그러한 혼합은 개인의 마음 내부와 마음들 사이의 최대 복잡성을 향한 이동을 가능하게 한다. 그러한 통합의 중심에는 감정과 시스템을 관통하는 에너지와 정보의 흐름이 있다. 그러한 역동적 상태는 시스템이 다양한 활동 상태를 통해 시간에 따라 흐르면서 안정성을 얻는다. 이러한 상호적이고 협력적인 과정들은 개인의 마음, 양자 관계, 그리고 공동체를 육성하는 건강한 발달의 특징이 될 수 있다.[56] 개인의 분화와 사람 사이 결합의 어우러짐 때문에 우리 각자의 삶은 조화롭게 전진할 수 있으며, 우리의 마음이 사회와 내면의 세계에서 복잡하게 생물학적으로 상호의존하며 영원히 발달하게 된다.

마음의 통합

개인 내부와 개인들 사이의 영역에서, 통합의 개념이 거시적인 정신 활동에서도 적용되어왔다. 예를 들어, 몇몇 저자들은 발달적 성취와 과정들이 한 번에 또는 생애 전반에 걸쳐 서로 연관되는 다양한 방법을 언급할 때 "개인 내부intraindividual" 통합의 개념을 사용한다.[57] "개인들 사이Interindividual" 통합은 어린이와 그들의 보호자 및 또래 사이의 관계에 초점을 맞춘다. 이러한 심리적 관점에서 보면, 애착 분야에서 나온 광범위한 연구결과에서 드러난 바와 같이, 여러 층의 통합은 상호의존적인 것으로 볼 수 있으며, 순간적으로 서로에게 영향을 미치고 사회 세계 내에서 아이의 발달 궤도에 영향을 미친다.[58]

통합은 또한 특정 개인 안에서 "자기들selves"의 개념을 이해하는 데 도움을 줄 수 있다. 일부 성인에게 있어서 발달 방향은 세상과의 일관성 있는 상호작용을 가능하게 하는데, 이러한 상호작용은 다양한 자기 상태들의 출현을 가능하게 하고 이 자기 상태들은 자기들 간의 갈등을 최소화하면서 역할을 수행할 수 있다. 그러한 사람은 내부 동요나 기능 장애 없이 비교적 태평한 생활을 할 수 있다. 수잔 하터Susan Harter와 그녀의 동료들에 의하면 전형적인 청소년기의 발달과업은 특정한 사회적 관계 역할에 의해 정의된 다양한 적응적인 "자기들" 사이의 잠재적 갈등을 해결하는 것이다.[59] 10대는 메타인지적 능력에 중요한 변화를 가져와서, 삶의 초기 단계에서 가능했던 것보다 더 복잡하고 통합적인 방법으로 자신의 생각을 반영하는 새로운 능력을 가지게 된다. 청소년들은 10대 초반에 대립적인 역할 양상을 알아차리게 되지만, 보통 청소년 후반기가 돼서야 이러한 역할에 대한 긴장을 해소할 수 있는 능력을 발달시킨다. 이러한 알아차림의 시작과 해결 능력 사이의 시간차는 청소년 발달에서 일반적인 특징일 수 있다. 다양한 역할의 필요성이 받아들여지고, 10대는 또래와 부모와의 경험 안에서 일어날 수 있는 갈등들을 해결할 방법을 찾으면서, 시간에 따라 또 역할 관계에 따라 다른 자기들의 통합이 가능해진다.[60] 이것이 자기의 일관성을 성취하기 위한 통합 능력의 본질이다.

모든 사람이 여러 개의 자기 상태를 하나의 일관된 자기 경험으로 통합할 수 있는 것은 아니다. 발달 전기에 애착의 다중양상 모델을 해결하는 것이 후기 발달의 결과를 결정하는 요인 중 하나가 될 수 있다. 상이한 양육자들과의 관계 속에서 형성된 특정 형태의 자기 상태들에서는 갈등 상황이 발생할 가능성이 잠재되어있다. 하나의 상태 내에서는 일관된 기능이 있을 수 있다. 즉 하나의 주어진 시간이나 상태에서는 잘 "응집하는" 기능이 있을 수 있다. 그러나 정신 모델, 욕구 및 감정 조절 모드가 본질적으로 양립할 수 없을 경우에는 시공간적 또는 "상태 간inter-state"의 통합은 불가능할 수 있다. 관계 안에서의 경험들, 그러한 경험의 유형들, 정보에 대한 접근, 그리고 마음이 일관된 관점을 만들어내는 방식들이 감정 회복탄력성이나 취약성을 결정하는 데 중요한 변수가 된다. 다시 말하면, 자기 상태들의 통합과정이 웰빙 획득에 필수적일 수 있다.[61] 그러한 내부 통합 능력은 인간관계 경험(애착 관계에서 시작해서 나중에 부모, 교사, 그리고 또래 친구들과의 지속적인 관계에 의해 형성되는 경험)과 밀접하게 관련될 수 있다. 그렇다, 우리는 여러 가지 관점, 측면, 자기 상태들 또는 부분들로 구성된 내적 마음을 가지고 있다. 그러한 내적 상태를 더욱 분화시키고 결합시킬수록 더 많은 내적 일관성을 경험하게 될 것이다. 그리고 우리는 또한 관계적 마음을 가지고 있는데, 그것으로 우리가 어떻게 우리 주변의 사람들과 세계를 연결하는가를 결정한다. 그것이 우리의 웰빙과 존재 경험에서 근본적인 토대가 된다. "관계적 자기relational self"는

> "관계적 자기"는 우리가 누구인지에 대한 근본이 된다.

우리가 누구인지에 대한 근본이 된다.[62]

문화는 가정, 학교, 그리고 지역사회에서 인간관계 중 자기가 어떻게 발달하는지에 중요한 역할을 할 수 있다. 민족적, 인종적 또는 종교적 배경은 더 큰 세계로 나아가는 청소년기의 정체성 조직화 과정에 기여할 수 있다. 발달은 반드시 문화적 맥락에서 이해되어야 한다.[63] 청소년기가 정체성을 수용하게 되는 방법은 부모들이 어떻게 자신의 통합 정체성을 형성하였는지와 관련이 있다.[64] 우리는 모두 우리의 자기감에 직접적인 영향을 미치는 많은 세계에 적응하고 있다.[65] '문화는 우리가 자신의 삶을 기억하는 방법을 어떻게 형성하고 자기 자신에 대한 내러티브 감각을 어떻게 발달시키는가'를 자전적 기억의 연구에서 알 수 있다.[66] 여러 문화를 이 감각에 통합할 필요성이 생기면 정체성 발달은 중요한 도전을 받게 된다. 이것은 특히 두 개 이상의 문화 세계 사이를 전환하면서 사는 사람들에게 해당된다. 첸chen, 베네 마르티네스Benet-Martínez와 본드Bond는 "문화 환경과 집단에 대한 충성도를 다루는 과정에서 두 가지 언어를 구사할 수 있는 능력과 두 가지 문화적 정체성을 통합적으로 인지하는 것이 좋은 심리적 성과를 이루는 데 중요한 선행 요소"라고 말했다.[67]

여기서 우리는 "문화적 통합"에 때로 이질적인 존재의 방식들을 결합시키면서, 동시에 다양한 문화적 배경 안에서 자기 자신의 관점을 유지하는 것이 필요하다. 그것은 또한 다양한 문화적 배경을 가진 다른 세대의 사람들 사이의 의사소통과 개인의 내부 경험의 균형을 맞추는 것도 필요하다. **통합에는 분화와 결합 사이의 균형이 요구된다.** 그래서 종종 옛 세계를 거부하고 새로운 세계의 일부가 되도록 강조하는 "섞여 들어가기blend in"의 압박이 있고, 또는 그 반대로, 한 사람이 살아 온 세계와 현재 그 사람이 사는 다른 세계를 존중해야 한다는 압박이 있다. 연구 결과에 따르면 청소년기가 문화적 정체성에서 비롯되고, 가족의 일원이 되며, 일상의 가족 책임에 참여하는 것은 특정 뇌 영역의 특수성이 활성화되게 하고 가족의 기대치에 대한 스트레스 반응 정도에도 영향을 미친다고 한다.[68] 문화적 변화 앞에서 정체성을 정하는 것은 문화 통합의 한 부분으로 볼 수 있다. 앞서 이 책에서 지적했듯이, 통합을 이루는 것은 혼합된 재료들이 본래의 정체성을 완전히 상실하는 스무디를 만드는 것보다 과일 샐러드를 만드는 것과 더 비슷하다.

주어진 지각 과정의 요소들을 기능 서열화(감각 입력, 패턴 분석, 복잡한 시각적 표상 생성)하는 것처럼 다양한 층의 통합에 대해서도 연구할 수 있다. 우리는 또한 지각적, 언어적 요소를 포함하는 다중양상 표상의 생성과 같이, 광범위하게 분산된 신경회로가 상호작용하여 점점 더 복잡한 처리를 하는 일관성 있는 패턴을 형성하는 방법을 연구할 수 있다. 그러한 프로세스는 위에서 논의한 통합의 수직적, 배-복측적, 측면적 모습을 포함할 수 있다. 예를 들어, 담화할 때 언어적 및 비언어적 운율 요소들의 조합은 표상 과정에서 양측면의 상호 통합을 필요로 한다.[69] 두뇌는 일반적으로 주어진 순간에 즉, "공시적synchronic" 방식으로 널리 분포된 회로들 간에 걸쳐 정보 처리를 통합하고 있다. 시옴피Ciompi가 제안했듯이, 특정 시간("공시적") 및 시간을 통한("통시적diachronic") 통합과정에서 감정이 필수적일 수 있다.[70] 통합의 이러한 측면은 문화가 개인의 발달에 미치는 영향을 이해하는 데 중요한 역할을 할 수도 있다. 데이비드David, 플로레아Florea, 팝Pop은 말했다.

> 내적 다양성을 통합한 문화 체제들은 정체성의 구조물인 문화를 제외하고는 현시대의 핵심 개념인 전 인류성(universal)을 이해할 수 없다는 것을 보여준다. 거시 역사는 또한 "지역사"를 내포하고 있으며, 문화 수준에서 전 인류적인 것은 단순한 수학적 합이 아니라 중요한 가치와 역사적 연대를 내포하고 있다. 현재의 문화적 통일은 구조적 다양성과 가치적 다양성을 통해서만 존

재할 수 있다.[71]

여기서 다시 우리는 통합이라는 중심 개념의 힘, 즉 시스템 요소들의 분화와 결합이 우리 집단적 인간 삶의 본질을 밝히는 힘을 보게 된다. 마음은 우리가 사회 세계에 사는 동안 생겨나며 신경 구조에서 구현된다. 즉 우리가 "체화된 뇌embodied brain"라고 부르는 것에서 구체화되면서 나타난다. 이것이 진정한 "맥락 속의 마음"이다.[72]

한순간 또는 여러 시간에 걸친 통합은 어떤 모습인가? 우리는 다음과 같은 가능성을 제안할 수 있다. 동시간적 통합은 2장에서 논의된 요소들을 포함하며, 이 요소들은 일관적 마음 상태를 형성한다. 신경 활동의 다양한 측면들이 기능적 심리 상태에서 주어진 순간에 수직적, 배-복측적, 측면적 통합의 한 부분으로 함께 모여 있다. 다른 수준에서, 우리는 개인의 마음 상태가 시간에 걸쳐 흐를 때, 이것들을 어떻게든 결합시키는 통시간적 통합은 유연하고 적응적인 기능을 촉진하도록 하는 방법으로 통합된다고 제안할 수 있다. 이것은 시공간적 통합이다. 이와 같은 교차 시간 통합은 상태들의 흐름을 정리하는 역할을 한다는 점에서 자기 조절 기제의 역할을 한다. 2장에서 우리는 주로 복잡한 시스템이 어떻게 순간적으로 화합적 상태로서 기능할 수 있는지, 즉 우리가 여기서 정의하고 있는 동시간적 통합의 한 형태에 초점을 맞췄다. 이 장에서는 통시간적 통합을 통해 시간에 걸쳐 마음이 일관성을 만들어 낼 수 있는 방법을 탐구하고 있다. 시간 자체가 흐를수록 사실 그 순간의 응집성과 시간에 걸친 일관성을 구분하기 어렵다. 물리적 세계에서는 '순간'이 실제로 언제 끝나는가? 그러나 뇌의 복잡한 시스템은 시간의 가장자리를 보다 명확하게 규정하는 능력을 가지고 있다. 비록 시간 자체가 명확한 경계를 가지고 있지 않을 수도 있지만, 이러한 신경의 변화로 상태들 사이의 시간적 차이를 구분할 수 있다. 이런 방식으로, 응집성은 동시적 통합의 한 형태로서 주어진 마음 내에 존재한다. 시스템의 순환하는 특성 때문에 시간에 걸쳐 주어진 자기 상태에서의 연속성이 확립된다. 주어진 상태가 변화함에 따라, 시스템 상태의 일시적 해체와 재조직화를 수반한 단계적 전환을 거치게 된다. 주어진 자기 상태의 응집성과는 대조적으로, 일관성은 통시간적 통합의 한 형태로서 마음 상태 전반에 걸쳐 생성된다. 우리가 논의하고자 하는 것처럼, 일관성을 만드는 그러한 능력은 부분적으로 개인의 경험적 이력에 의해 형성되며, 이것으로 통합과정의 핵심을 획득하게 한다.

애착과 통합

메인Main, 헤세Hesse와 골드윈Goldwyn은 성인애착면접(AAI)에서 밝힌 바와 같이, 성인이 유년기에 관한 정보에 유연하게 접근하는지, 그러한 정보를 일관성 있게 회상하는지를 알아보면 안정 애착된 아동으로 성장했을 가능성을 알 수 있다고 했다.[73] 4장에서 자세히 살펴본 바와 같이, 자신의 어린 시절을 생각하는 능력, 부모의 마음 상태를 개념화하는 능력, 이러한 경험이 개인의 발달에 미치는 영향을 묘사하는 것은 일관성 있는 성인 애착 내러티브의 필수적인 요소들이다. 더욱이, 인간의 행동을 결정하는 데 있어서 정신 상태의 역할을 반영하는 능력은 민감하게 보살피는 양육을 제공하는 능력과 연관되어 있다.[74] 포나기Fonagy와 동료들은 이 반영적 또는 정신화적 기능이 자기 성찰을 위한 능력 이상의 것이라고 제안하였다. 그것은 자기 조직화 과정에 직접적인 영향을 미친다.[75] 이 기능은 부모가 자녀의 자기 조직화 발달을 촉진할 수 있게 한다. 그러한 반영적 기능이 발생할 수 있도록 하는 통합적 과정에 의해 마음의 일관성이 형성된다. 우리가 우리의 삶을 "일관적"으로 이해하는 것은 부모의 마음 상태가 일관되고 안정 애착과 연관되었을 때 일어난다. 개인 내에서의 이러한 통합적 일관성은 생애 초기와 후기의 사람 사이 연결에 달려있으며, 이는 감정적 웰빙을 촉진한다. 이것이 바로 "통합적 건강한" 삶이다.

자기 자신의 마음 상태를 일관되게 유지하면 다른 사람, 특히 자신의 자녀, 친구 또는 친밀한 파트너와의 관계 형성이 허용되어, 관계 내에서 그리고 각 개인의 마음 안에서 통합, 반영적 처리, 감정적 웰빙이 촉진된다. 즉, 내적 통합은 그 연결 자체로 통합적인 중요한 인간관계를 가능하게 한다. 우리는 이 장의 앞부분에서 관계가 통합적일 때 발생하는 생산적 사회장의 개념을 논했다. 안정 애착을 가질 때, 촉진될 수 있는 경험에는 연결됨, 협력심, 연민, 창의성, 소속감 등이 있다. 더 이상 안정된 관계가 일어나지 않을 때 이러한 긍정적인 감정 상태들이 생기지 않게 되는데, 그때 불일치감 대한 회복이 이루어지면 생산적 장으로서의 재연결이 다시 성립된다. 우리가 또한 논의했듯이, 인간관계는 완벽하지 않다. 그것들은 복잡하고 종종 정리되지 않는다. 이러한 연결 실패의 순간을 인식하고, 서로 회복을 도와주며 통합의 상승효과로 관계를 회복해 가는 것이 적응의 일환이다. 바로 분화를 존중하고 결합을 고취하는 것이다.

> 내적 통합은 그 연결 자체로 통합적인 중요한 인간관계를 가능하게 한다.

애착연구에서는 애착을 존중하는 부모의 마음 상태가 아동의 애착에 대한 가장 강력한 예측변수라는 것을 시사한다. 이러한 부모의 일관성은 자전적 내러티브 반영 안에서 관찰되고 측정될 수 있다. 피어슨Pearson과 동료들이 말했듯이, 그러한 내러티브의 "일치성, 통일성, 그리고 자유-유동적 연결free-flowing connections"은 AAI 연구에서 "마음의 일관성"이라고 생각되는 것을 드러내는 중요한 특징들이다.[76] 불안정한 애착 속에서 부적절한 양육이 세대 간 전이되는 것은 애착에 대한 성인들의 비일관적 태도가 지속되기 때문이라고 생각된다. 불안정 애착이 미래의 장애에 대한 위험요인으로 간주될 수 있다는 관점을 감안할 때,[77] 일관성의 본질을 이해하는 것은 조기 개입과 예방조치에 관심이 있는 부모와 정신 건강 전문가들에게 중요한 사안이 되고 있다. 우리가 통합의 본질에 대한 연구를 통해 이 문제들을 보다 심도 있게 탐구할 때는, 연결을 가능하게 하는 정신 상태가 부모-자녀 관계에서뿐만 아니라, 직장, 사회, 그리고 전 지구적 관계처럼 더 큰 시스템에 우리가 어떻게 관계하는 가에도 영향을 줄 수 있다는 것을 명심하는 것이 도움이 된다. 다시 말하면, 통합의 내부 상태와 부모-자녀 애착 속의 관계 통합을 검토하면 어떻게 개인이 더 큰 세계와 연결되고 안되는지, 또 우리가 살고 있는 그 넓은 관계의 장의 생산성에 어떻게 영향을 미치는지에 대한 유용한 창을 제공할 수 있다.

마음의 비일관성이란 무엇이며 어떻게 일관성으로 전환될 수 있는가? 무시형, 집착형, 미해결/혼란형으로 분류된 개인의 AAI 내러티브 내에서 볼 수 있듯이 부조화, 분열 및 제한된 정보 흐름은 이러한 비일관성의 요소들이다. 메인Main 및 골드윈Goldwyn에 따르면[78] 과거에는 부적합한 애착을 형성하였지만, 이후에 안정/자율적 AAI 분류를 "획득한" 것으로 보이는 사람에 대해 연구해 보면, 스트레스가 많은 조건에서도 부모는 민감하고 보살피는 양육을 하였다는 것을 보여준다.[79] 이러한 발견은 현장에서 활발하게 논의 중이다.[80] 이러한 발견의 일반적인 의미는 과거 어린 시절의 어려운 경험에도 불구하고 마음이 통합적 관점을 달성하여, 일관적이고 민감하게 공감할 수 있는 양육자가 될 수 있다는 것이다. 통합이 이루어지면 불안정 애착이 다음 세대로 전이되는 것을 방지할 수 있다. 따라서 마음의 일관성을 달성하는 것은 자신과 자녀 모두에게 감정적 웰빙을 만들기 위한 핵심 목표가 된다. 앞으로 살펴보겠지만 이러한 통합에는 내적 처리 과정들과 인간관계 상호작용을 통한 촉진이 필요하다.

통합은 회복탄력성 또는 취약성에 대한 발달 경로의 궤적에 영향을 미치는 핵심 과정으로 제시될 수 있다. 예를 들어, 청소년기의 기분, 섭식 또는 정체성 장애와 같은 특정 정신 장애의 발병 요인 중 하나는 사회적 및 신경학적 통합의 어려움 때문일 수 있다.[81] 신경적 관점에서 페어Fair와 동료들은 다음과 같이 제안한다.

> 발달 과정에서 경험 의존적으로 발생한 활동과 이와 동시에 발생한 피질 활동의 자발적인 파동은 신경망의 형성과 유지를 지원하는 것으로 생각된다. 이러한 기제들은 시간에 따라 몇몇 영역들이 망 속으로 더 긴밀하게 "통합" 되도록 장려할 수 있고, 동시에 영역의 다른 부분들을 분리된 망으로 "분리" 한다. 성인 통제망의 발달에는 이를 구성하는 뇌 영역의 분리(즉, 단거리 연결 감소) 및 통합(즉, 장거리 연결 증가)이 모두 필요하다는 것을 우리는 발견했다. 분리 및 통합의 발달 과정에서 지연/중단은 자폐증, 주의력 결핍 과잉행동 장애 및 투렛 증후군과 같은 조절 장애와 관련이 될 수 있다.[82]

예를 들어, 자폐증과 관련하여 리폰Rippon과 동료들은 신경 통합 또는 '시간적 결합'의 신경과학 모델을 제시했다. 그들은 "자폐증이 연결성의 감소와 분리된 개별 신경군들 내에서 과도한 연결로 인하여 정보 통합의 이상이 있을 수 있다"라고 제안했다. 이 연구자들은 '상호작용적 전문화 interactive specialisation'와 스트레스, 즉 초기 낮은 수준의 결손과 스트레스는 발달하는 뇌에 연쇄적 영향을 주어서, 이러한 장애가 아동이 성장함에 따른 신경 통합에 전반적 영향을 줄 수 있다고 제안한다.[83] 자폐증은 자녀와 가족 관계의 질에 영향을 미치지만, 부모-자녀 상호작용과 같은 경험에 의해 자폐증이 유발되지는 않는다.[84] 여기서 우리는 발달 중인 아동의 뇌에서 신경 통합의 손상을 유발하는 유전적 또는 독성 원인이 아동 주위의 사회 세계 안에서 인간관계 통합의 손상을 어떻게 초래하는지를 알 수 있다.

때로는 사회 세계에서 아동의 경험이 실제로 아동의 두뇌와 통합 능력 발달에 대한 어려움을 유발하는 데 중요한 역할을 한다. 예를 들어, 테이셔Teicher와 동료들은 부모나 또래에 의한 언어 학대에 노출되면 뇌의 다른 통합구조뿐만 아니라 왼쪽과 오른쪽 반구를 통합하는 뇌량의 발달에 부정적인 영향을 미친다는 것을 증명했다.[85] 아동이 사는 사회 세계는 자기를 건강하게 발달시켜줄 관계적 경험을 제공한다. 개인의 자기감 내에서, 사회적 경험들은 시간이 지남에 따라 통합을 달성하는 능력에 영향을 준다. 일관성을 얻을 만큼 운이 좋지 않은 사람들은 서로 양립할 수 없는 목표를 가진 적응적 자기들을 동시에 가지게 된다. 정신 모듈과 그들이 처리하는 정보를 양립된 자기들 간에 공유할 경우 불안과 갈등이 유발된다. 이 사람들은 자기를 하나의 일관된 전체로 통합할 수 없기 때문에 감정적 불균형이 나타난다. 예를 들어, 어렸을 때 반복적으로 굴욕감을 느낀 사람은 청소년기나 성인기에 극도로 혼란스러워서 거부감을 느낄 수 있다. 타인으로부터 소속과 수용을 필요로 하는 자기 상태는 조직에서 지위를 얻고 지도자의 지위로 올라가고자 하는 자기 상태에 직접적으로 반대된다. 즉, 권위의 위치에 있다는 것은 필연적으로 다른 사람들의 불만을 불러일으키기 때문에, 그러한 사람은 필연적 갈등으로 인해 경력 상승에 방해받을 수도 있다.

대부분의 사람은 내적 욕망과 외적 현실 사이에 어느 정도의 갈등을 경험한다. 이것은 특히 문화 변화를 겪을 때 잘 나타나는데, 내적 일관성을 유지하면서도 사람들 속에서 소속감을 가지려는 욕구는 모든 청소년에게, 그리고 아마도 평생 우리 모두에게 중요한 난제이다. 때때로 이러한 소속에 대한 욕구는 많은 개인이 알아차리지 못할 수 있지만, 매우 뚜렷한 마음 상태의 일부이다. 알아차리지 못하더라도 마음은 우울, 불안, 통제할 수 없는 분노, 무의미함과 단절감("거짓 자기"에서와 같이), 동기 결여 및 인간관계의 어려움이 시작되고 그러한 갈등에 관한 감정적 불균형을 경험할 수 있다. 하터Harter와 키앙Kiang의 연구에 따르면 청소년들은 자신의 역할을 "진짜"가 아닌 "거짓"으로 경험할수록 더 많은 혼란을 느낀다.[86] 자신의 경험을 반영하지 않는 자기 상태를 통해 개인이 적응하도록 강요하는 사회적 상황, 정신적 상태 및 욕구로 인해 이러한 사람들은 "분열"에 취약한 감정 장애의 위험이 더 높아질 수 있다. 소셜 미디어의 디지털세계는 소속감과 수용에 대한 열망을 가지면서, 일관된 자기감을 유지하며, 의미와 목적을 가진 진정한 삶을 사는 데 도전을 더 어렵게 할 수 있다.[87]

애착 관계는 다른 사람과의 상호작용 내에서 진짜 상태와 가짜 상태의 흐름을 촉진하는 정도에 따라 회복탄력성 또는 위험의 촉매제 역할을 할 수 있다. 우리는 안정 통합 소통 방식을 통해 진정성을 강조할 수 있다고 제안한다. 안정 통합은 차이를 존중하는 동시에 자비롭고 배려하는 결합에 의해 촉진된다. 이런 식으로 관계 통합은 소속감과 동시에 진정한 자신의 방식을 육성하는 사회적 장이다. 우리가 "다른 사람과의 관계에서 진정한 자기"라고 부를 수 있는 이러한 일관된 방식이 반복적으로 발생하면 아이는 안정된 마음을 일관성 있게 발달시킨다. 자기 조직화는 이러한 생산적인 사회 경험으로 자연스럽게 형성된다. 반대로, 불안정한 애착은 아이들의 통합적 자기 조직화 과정을 안정적으로 형성하지 못하기 때문에 취약성을 가진다고 볼 수 있다. 우리의 기본 제안을 상기해 보자. 통합적 의사소통은 뇌에서 통합 섬유의 성장을 구축한다. 안정 애착은 부모로부터 자녀의 분화와 둘 사이의 공감적이고 조율된 의사소통을 모두 가능하게 한다. 우리가 살펴본 것처럼 다양한 측면에서 불안정한 부적절 애착은 이러한 분

> 불안정 애착 아이들은 통합적 자기 조직화 과정을 안정적으로 형성하지 못하여 취약성을 가진다.

화와 결합에 대한 장애를 수반한다. 이러한 장애가 발생하면 자기 조절이 신경 통합에 의존하기 때문에 아동은 적당히 타협된 조절 시스템으로 남게 된다. 불안정 애착에서는 관계 속의 자기를 완전히 현재에 드러내는 법을 배우는 것이 일반적으로 취득되는 능력은 아니다. 대신, 밀접한 관계 내에서 연결되고자 하는 욕구를 증가, 감소 또는 혼란시키는 다양한 이해 가능한 적응 메커니즘을 취득했을 수 있다. 발달과 이러한 적응적 생존 메커니즘은 기본 조절 회로가 경험 의존적으로 처음 형성되는 유아기에서 시작될 수는 있지만, 성장과 발달은 확실히 유아기에서 끝나지 않는다. 나중에 동료, 교사, 그리고 더 큰 문화와의 관계로도 발달할 수 있다. 사회적 맥락에 적응하기 위해 나타나는 자기 상태에 대한 인간관계의 영향은 직접적으로 정신 건강을 형성한다. 초기 양육자 이후의 양자 관계가 발달에 계속 영향을 미칠 수 있다는 것이 분명해 보인다.[88] 우리의 조절 능력은 통합을 위한 능력을 반영하는데, 우리는 전두엽 실행 기능을 변연계, 뇌간, 심지어 심장의 신경망과 결합하여 통합한다.[89] 우리의 신체적, 사회적 네트워크는 체화된 그리고 관계적인 뇌의 신경 통합 능력 내에서 결합된다. 치체티Cicchetti와 로고쉬Rogosch가 지적했듯이 회복탄력성은 특질이나 고착된 성취가 아니다. 그것은 자기 조직적 과정과 가족과 문화의 사회적 연결 내에서 상호의존하여 발생하는 새로운 상태 기능이다.[90]

마음 자체의 처리 과정과 마찬가지로 자기 통합 능력은 내부 신경생리학적 과정과 인간관계의 상호작용에 의해 지속적으로 생성된다. 회복탄력성과 정서적 웰빙은 마음이 시간에 따라 그리고 마음들 사이의 에너지와 정보의 흐름을 통합함에 따라 나타나는 핵심 정신 과정이다.

오가와Ogawa와 동료들은 뤠빙거Loevinger의 연구를 의역하여 "통합은 자기의 기능이 아니라 자기 자체이다"[91]라고 하였다.

> 따라서 뚜렷한 경험을 통합하지 못하는 것은 자기 시스템의 심각한 왜곡을 초래한다. 뚜렷한 경험이 간과되거나, 인지되지 않거나, 잊혀질 때, 결과는 자기 구성의 비일관성이 나타난다. 경험들 사이의 상호 연결은 만들어질 수 없으며, 그로 인한 개인 역사의 빈틈은 자기의 복잡성과 통합성을 모두 손상시킨다.[92]

통합하는 자기

일관성 만들기

통합하는 마음은 시간과 맥락에 걸쳐 여러 자기들 사이에 일관적 감각을 만들려고 시도한다. 계산, 복잡성 및 연결성이 찰나의 순간에 마음의 상태 내에서 응집 속성을 만드는 방법에 대해 2장에서 논의한 바 있다. 자기 상태는 반복되는 응집 활동 패턴을 가지고 있으며, 이는 그들의 존재에 역사적 연속성을 부여한다. 우리 각자가 상태의 계속적인 흐름으로 존재했다면 이것이 이야기의 끝일 수 있다. 그러나 우리가 논의했듯이 우리 마음의 복잡한 시스템은 현저하게 다른 상태로 갑작스럽게 전환할 수 있다. 우리가 일반적으로 이것을 일면facets, 측면aspects, 한면sides 이라고 부르는데 즉, 우리가 누구인가의 한 부분이라고 할 수 있다. 우리가 누구인지에 대한 그러한 측면 사이의 상태 전환은 우리의 전반적인 자기감에서 응집력과 연속성을 결여시킬 수 있다. 그렇다면 마음은 어떻게 자기 상태에 걸쳐 일관성을 달성하는가? 어떻게 4차원의 일관성 감각(시간에 따른 일관성)이 상태를 넘어 불연속적인 전이로 만들어질 수 있는가?

복잡한 사회 세계 안에서 이질적인 욕망과 욕구를 충족시키기 위한 투쟁은 자주 갈등으로 가득 차게 된다. 삶의 여러 시기에서 볼 수 있는 예는 기혼 성인이 다른 성인과 성관계를 욕망하면서도 배우자와 가족과의 연대를 유지하려는 욕구, 개인적 성취를 추구하면서 집단의 일부가 되어야 하는 청년의 욕구, 또래 집단의 구성원으로 정체성을 가지면서 동시에 개성과 자율성을 추구하는 청소년들의 욕구 등이다. 친숙한 환경에서 안전함을 느끼고 싶은데 새로운 상황을 습득하려는 아이들의 욕구도 있다. 이러한 개인은 세분화된 자기 상태 경험의 일부인 "대립적 욕구"를 경험하는 것으로 볼 수 있다. 한 개인의 한 측면이 하나의 욕구를 가지고 있는데, 동시에 그 사람의 다른 측면에서는 직접적인 충돌을 유발할 수 있는 다른 욕구를 가지고 있는 경험이다.

5장에서 논의한 예는 다른 사람이 인식하는 외모와 일치하지 않는 성별(남성, 여성 또는 제3의 성)에 대한 내부 정체성이다. 당신이 내면적으로 느끼는 것과 다르게 외부 세계에서 당신을 대하면 그 사회 안에 존재하는 데 긴장감이나 불일치감이 생긴다. 이 내부와 관계의 불일치를 가지고, 자신의 내적 진실에 대해 진정성 있게 통합적 삶의 방식을 찾고 그 사실을 인정하고 수용하는 것이 정신 건강을 얻는 바탕이 된다. 10장에서 광범위하게 살펴볼 또 다른 예는 인종차별과 성차별이라는 너무 흔한 상황에서 소외된 개인들의 경험이다. 대다수 구성원이 당신을 열등하거나 인간이 아닌 것으로 생각하는 세상에서 살기 위해 단절, 무력화 및 소속감 결여라는 비생산적 사회장이 만들어진다. 이 "이방인화othering"과정은 우리가 논의한 바와 같이 우리 진화 역사에 깊은 뿌리를 두고 있으며, 극단적으로 훼손된 통합관계로 볼 수 있다. 이러한 포용 또는 배제 패턴은 진화적 부족주의 역사와 그 내집단/외집단으로 구별하기, 경험에서 형성된 범주, 개념에 대한 학습된 믿음, 그리고 도전, 도피, 굳어버림의 뿌리 깊은 생존 반응에 의해 형성되는 정신 상태에서 발생한다. 우리의 마음 상태는 문화적으로 획득한 하향식 과정과 선천적으로 타고난 상향식 과정으로 이루어진 응집력 있는 결합일 수 있으며, 이는 그 순간에 세상과 우리 자신에 대한 지각, 감정적 반응 및 신념을 형성하는 것이다.

우리가 마음 상태에서 살펴본 특성, 전형적인 아동청소년 발달에 대한 연구, 인지신경 과학의 발견을 살펴보면, 마음의 통상적 기능과 자기의 경험이 실제로는 매우 자동적으로 작동될 수 있으며 내적으로 대립되는 욕구들과 흥미들로 이루어진 많은 과정으로 구성되어 있음을 알 수 있다. 몸이 그 구성 부분들로 형성되어 있는 것처럼, 전체 시스템으로서의 마음은 이러한 여러 자기 상태들의 활동으로 형성된다. 이러한 마음 상태들을 반영하고 알아차리는 능력 때문에, 하나의 종으로서 우리는 우리가 처한 여러 사회 상황에서 기계적으로 자동조종되지 않고, 오히려 우리 자신의 자기 상태들로 살아가는 더 통합적인 삶의 방식을 배울 수 있다. 이러한 능력이 생기려면 분리된 상태들은 흔히 일어나며 또 이것에서 저것으로 서로 간에 교체된다는 사실을 인식할 필요가 있다.

자기 상태 간의 전환에서 뇌의 활동에 일시적 비조직화나 비응집성과 불연속성 등이 있을 수 있으나, 일단 새로운 마음 상태가 들어온다면 응집력이 다시 형성된다. 이를 이해하기 위해, 마음이 자기 조직화 시스템self-organizational system으로써 기능하는 방식을 살펴보자.

마음 수준에서 자기 조직화하려면 시간과 맥락에 걸쳐 여러 자기 상태들을 통합적으로 처리할 필요가 있다. 새로운 자기 조직적 형태가 만들어지는 것은 전환의 순간에 일어난다. 사실, 마음의 일관성을 통합하는 것은 상태 교체shifts의 순간에 일어난다. 일치성과 통일성은 마음의 요소로 정의된 정보와 에너지가 여러 상태에 걸쳐 흐르는 접점에서 나타난다. 그러나 "자기self"(10장에서 보다 심도 있게 탐구할 것이다)라는 용어는 "자기 조직화"가 실제로 무엇을 가리키고 있는지에 대한 이해를 혼란스럽게 할 수 있다.

알랜 쇼어Allan Schore는 이렇게 말했다.

> "자기 조직화"라는 용어는 부정확하고 오해의 소지가 있을 수 있는데, 첫째, 그 과정을 기술하는 데 사용되는 두 단어의 함축적 의미에도 불구하고, 자기 조직화는 다른 자기와 상호작용하여 발생하기 때문이다. 즉, 그것은 독자적이 아니라 양자적인 것이다. 그리고 둘째, 뇌 시스템의 조직화는 단순히 한 패턴이 추가되는 것이 아니라 오히려 조직의 큰 변화를 수반한다. 자기 조합 과정인 발달은 따라서 전향적 현상과 퇴행적 현상을 모두 수반하며, 조직화, 해체화, 재조직화의 연속적 과정들이라고 규정하는 것이 적절하다.[93]

자기 조직화는 시스템의 분화된 부분들의 결합을 활용하여 최대의 복잡성을 향해 나아가는 복잡계의 창발된 특성이다. 즉, 융통성, 적응성, 일관성, 활력성 및 안정성의 (FACES) 흐름으로서 우리가 논의한 조화의 상태가 나타난다. 그러한 FACES 흐름은 때로는 복잡성을 극대화하고 자기 조직화를 최적화하기 위한 끊임없는 움직임으로 혼돈과 경직성의 강둑 사이를 흐를 수 있다. 자기 조직화에 내재된 "조직화, 해체화, 재조직화"가 새롭게 전개되는 것이다. 그러한 과정들은 뇌가 기능하는 방식의 기본이 되고 상태가 어떻게 전개되는지에 대한 경험과 관련될 수 있다. 구스타프 데코Gustavo Deco와 모텐 크링겔바흐Morten Kringelbach는 다음과 같이 말했다.

> 전체 뇌를 컴퓨터화한 모델로 인간 두뇌의 구조적 연결성에 대한 지정학적 분석을 해볼 때, 일관된 소통(Communications Through Consistence, CTC) 가설이 영역 간의 유연한 소통을 지원한다는 생각을 뒷받침하는 증거가 있다. 특히, 건강한 뇌는 최대한 준안정적이어야 하는데, 그래야 효율적인 동적 레퍼토리를 적절히 탐구할 수 있다는 증거가 있다.[94]

앞서 논의한 바와 같이, 이러한 준안정 상태는 복잡성을 극대화하기 위해 두뇌의 분화된 부분의 결합을 반영해야 한다. 이는 미첼 월드롭M. Mitchell Waldrop이 설명한 "임계성criticality"의 수학적 개념과 비교된다. "임계성은 고착과 난장판 사이에서 끊임없이 변화해가는 전투지역이다. 여기는 복잡한 시스템이 자발적이고, 적응적이고, 살아있을 수 있는 유일한 장소이다."[95] 임계성은 유연하고, 적응적이고, 일관적이고, 활력적이며, 안정적이라는 FACES 움직임과 함께 통합의 강을 흐르는 핵심이다. 애착, 교육, 개인 발달 및 심리치료의 성장 과정은 모두 혼돈과 경직 사이의 역동적 흐름이 수반되는데, 일생의 학습과 성장 과정에서 나오는 창의성이 여기에서 발생한다. 최적의 자기 조직화는 시스템의 분화된 요소를 결합하여 통합의 시너지를 창출한다. 통합은 마음이 시간과 맥락에 걸쳐 정보와 에너지 흐름의 일관된 자기 조합을 만드는 방법에 관한 것이다. 이런 식으로 통합은 자기의 주관적인 경험을 만든다. 감정을 통합의 교체를 반영하는 기본적인 과정으로 본다면, 살아있는 경험 자체가 감정적이라는 것을 알 수 있다. 우리가 죽기 전에라도 일상에서 생명력이 사라진다면, 통합은 고착되고, 변화는 일어나지 않으며, 내적 감각의 경직성이 고착될 것이다.

어떤 사람들은 약간 분리된 자기 상태가 있어도, 그들 대부분 시간을 일관성 있게 보낼 수 있다. 만약 이러한 상태들이 서로 충돌하지 않는다면, 즉 한 상태의 욕구, 신념, 목표, 행동들이 다른 상태와 파괴적인 경쟁에 있지 않다면, 무엇이 문제인가? 아마 없을 것이다. 이러한 개인들에게 있어서, 일관된 마음이란 자기 조직화 능력을 발달시키는 진실한 양육 관계, 학교에서의 교사들의 지지 경험, 의미 있는 우정, 또래 집단과의 동일시 등에 의한 자연스러운 결과일 수 있다. **통합은 정보와 에너지 흐름의 유연한 패턴 안에서, 두뇌 안에서, 그리고 다른 사람들과 상호작용하면서 나타나는 마음의 일치성과 통일성을 형성한다. 이것이 일관성이다.**

다른 사람들에게는 서로 다른 욕구들, 정신 모델들, 자기 상태 간의 갈

등이 내부적인 괴로움이나 기능 장애를 일으키는 외부적인 어려움으로 이어질 수 있다. 개인 내의 자기 상태들 사이의 그러한 갈등은 비일관성을 유발할 수 있다. 비일관성은 불안정하거나 갈등적인 애착, 학교나 직업 기대치를 충족시키는 데 있어서의 어려움, 또는 친구나 또래 집단 속에서 동반자를 찾기 어려움 등에서 나타날 수 있다.

자신의 가족이나 학교뿐만 아니라 더 큰 사회 내에서 사회적 배제와 권한 박탈이라는 심각한 도전은 내적인 일관성도 손상시킬 수 있다. 우리는 성별, 성 정체성, 인종, 종교 및 기타 구성된 범주로 인해 개인 집단을 다르게 취급할 수도 있는 사회에서 살아가는 사회적 존재이다. 안타깝게도 이러한 범주화는 다른 사람들을 인간 이하의 "다른 것"으로 구분하고 격리시키는 하향식 정신 인식을 만들어서 소속감과 사회적 일치감을 가지지 못하게 한다. 현대 문화가 인간을 자연으로부터 고립시키는 방식에 대해서도 마찬가지이다. 이는 인간이 다른 생명체를 볼 때, 서로 밀접하게 연결되어 삶을 서로 포용하는 생산적 관계장의 일부로 간주할 가치가 없는 "다른 것들"로 보는 방식이다. 여러 면에서 우리의 내적 일관성 감각은 우리의 관계적 포용 감각과 깊이 얽혀 있다.

비일관성은 정서 조절의 장애, 불안정, 해결되지 않은 외상이나 상실, 역기능적 사회관계 등 다양한 경로에서 드러날 수 있다. 억눌리고 지나치게 통제되는 상태에서, 이러한 비일관성을 경험하는 사람들은 경직성의 강둑으로 내몰리게 될 수도 있다. 통합이 손상된 다른 상태들은 그들을 혼란, 조절 장애, 절망으로 가득 채운다. 전문가와의 관계에서든 친밀한 관계에서든, 또는 사회활동에서든, 더 큰 규모의 사회적 변화에서든, 일관성을 창출하기 위한 적극적인 접근이 필요할 수 있다. 이것은 10장에서 살펴볼 것처럼 우리의 집단적 책임의 하나가 될 수 있다. 생애에 걸쳐 발달하는 마음은 우리의 관계적 연결에 의해 형성된다. 삶의 흐름을 통합의 하모니로 다시 불러온다는 뜻이다.

3-P 틀에서 우리는 사고, 감정, 기억, 믿음, 의도, 행동 패턴과 같이 그 특정한 상태 내에서 발생하는 정신생활의 정점 집합이 매우 잘 정의된 고원으로서의 자기 상태를 상상할 수 있다. 고원은 시각적으로 자기 상태를 묘사할 수 있는데, 그것은 시간이 흐르면서 반복되는 자기 자신의 한 측면이다. 고원은 또한 특정한 생각, 감정, 신념을 가진 아마도 반복되지 않는 기분이나 마음의 틀을 나타낼 수 있지만, 특정한 시간에만 일시적이고 현존하며 지속되지 않기 때문에 그들은 "마음의 상태"로 여겨지지만 자기 상태는 아니다. 리처드 슈워츠Richard Schwartz와 함께 연구된 가족 내부 시스템(internal family systems, IFS) 치료의 접근법을 인간관계 신경생물학(IPNB)의 지식 틀과 비교하는 작업을 하면서, IFS 접근법에서 "S" 자기(Self)가 자신의 여러 부분을 알게 하고 상호작용하게 하는 장소가 된다고 생각했다.[96] 이러한 자기 리더십 관점은 3-P 틀의 렌즈를 통해 볼 때 자기 상태와 통합에 대한 IPNB 관점과 중복된다. IFS의 Self는 치료적 접근 방식에서 기술된 IPNB의 평면과 동일한 특성이 있는데, 알아차림의 바퀴를 조사하면 그 평면에서 순수한 알아차림인 의식이 발생한다는 제안이 있다. 개방감, 기쁨, 친절, 사랑으로 가득 찬, "비었지만 가득 찬" 시간을 초월하는 개방감이 바퀴(3-P 그래프상의 가능성의 평면과 상관관계가 있는)와 IFS에서의 Self, 두 중심hub에서 발생한다.

현존(즉, 감수성 있게 알아차리는 정신 상태)에는 연민과 친절이 그 핵심에 있다. 우리의 3-P 제안에서 현존은 가능성의 평면에서 발생한다. 그 평면은 통합이 이루어지는 포털이다. 이와 같이, 다양한 면, 부분, 측면 또는 자기 상태(즉, 여러분이 어떤 용어를 사용하기를 선호하든 간에)를 나타내는 다양한 고원과 관계없이, 우리는 각각 우리의 정신생활(즉, 우리의 마음 활동)을 구성하는 다양한 평면-위 에너지 가능 위치를 가지고 있다. 그러나 우리는 또한 항상 우리가 닿을 수 있는 곳, 그 고원과 그 특정한 봉우리들 아래에, 심지어 하향식 믿음의 고원으로부터 나오는 그룹 내 분류 아래에 있는 무언가에 대한 접근을 배양할 수 있는 능력을 가지고 있다. 이러한 암묵적 편견의 고원 아래로 떨어지는 방법과 평면에 접근하는 방법을 배우는 것은 우리가 "자동 조종"에서 벗어나 보다 수용적이고 포용적이며 통합적인 생활방식으로 나아갈 수 있는 방법을 개념화하는 한 방법이다. 가능성의 평면 현존에 접근하고 애착 적응이나 문화의 구성 범주를 넘어 지구에서 인류의 생성적 역할에 대한 희망이 될 수 있는 더 넓은 정체성과 포용 의식으로 나아가는 것이 발달하는 마음의 능력이다.

마음챙김 연습은 이러한 존재에 접근하는 데 도움이 된다. 웰빙을 배양하는 것으로 알려진 마음훈련 연구의 세 가지 기둥을 결합한 한 연습은 알아차림의 바퀴이다.[97] 이러한 기둥에는 집중된 주의, 열린 알아차림, 친절한 의도의 발달이 포함된다. 그러한 연습이 웰빙의 성장을 촉진할 수 있는 한 가지 방법은 개인이 중심에 접근하여 테두리의 "알려진 것"(즉, 알아차림의 대상)과 이러한 알아차림을 구별할 수 있게 하는 것이다. 은유로서 중심과 테두리를 구별하는 것은 개인이 평면-위 고원과 봉우리를 평면으로부터 구별하는 법을 배우는 방법일 수 있다. 이것이 왜 유용한가? 평면에 대한 접근을 함양함으로써, 현존은 포용적이고 친절한 배려로 삶을 살 수 있도록 개방적이고 감수성 있는 알아차림을 하게 된다. 이것은 명상과 치료에 대한 몇 가지 접근법에서 공통 메커니즘이 될 수 있는데, 여기에는 ACT와 같은 마음챙김 기반을 가진 치료들이 포함된다. 이들은 정신 건강에서 다양한 어려움을 가진 사람을 돕는 데 확실한 효능을 가지고 있다.[98]

적응하는 마음: 손상된 통합의 예로서 혼란 애착

이전 장에서 언급했듯이, 혼란 애착을 가진 아이들의 부모들은 겁먹고, 겁을 주고, 혼란스럽게 하는 변화를 보인다. 이러한 경험은 아이들에게 갈등적이며 비일관적인 정신 모델로 이어진다.[99] 이런 아이는 부모 행동의 각 측면에 대한 내적 정신 모델을 만들어갈 수 있다. 정신 모델은 우리가 어떻게 세상을 인지하고 이해하는가의 기반을 형성하기 때문에, 그러한 갈등적인 모델들은 마음의 조직화 과정에서 아이의 통합 능력에 심각한 혼란을 일으킬 수 있다.[100] 부모 상태가 갑작스럽게 변하면 아이는 적응하기 위해 갑자기 자신의 상태를 변화시켜야 한다. 이러한 상태 변화는 애착과는 전혀 맞지 않는 경험을 겪을 때나 특히 아이가 신경생물학적으로 극심한 해리 과정을 겪을 때 발생할 수 있다. 이런 경험을 자주 겪게 되면 아이는 부모의 갑작스러운 행동 변화 중에도 상호작용 요구를 충족시키기 위해 빠르게 "변화된 상태"로 들어갈 수 있다. 그러한 변화가 초기에 일어나고, 심각하고, 반복될 때, 이러한 상태는 아이에게 자기 상태로서 깊게 자리 잡을 수 있다. 아이는 갑작스럽고 해리적인 상태 변화의 과정을 배우고 특정한 외부맥락의 단서에 반응하여 활성화될 수 있는 특정한 자기 상태를 발달시킨다. 이러한 내적 상태 이동의 결과로 아이가 부모와 여러 가지 형태의 애착을 갖게 될 수도 있다. 일부는 회피적이고, 일부는 양가적, 일부는 혼란형, 심지어 일부는 안정형 애착까지 발달시킬 수 있다. 이것들은 애착의 무통합 작동 모델로 간주될 수 있다.

부모와 자식 간의 관계의 질은 상호작용 경험의 반복된 결합에 따라 크게 다를 수 있다. 부모와 아이는 독특한 의사소통 스타일로 특징지어지는 다양한 형태의 "양자적 상태"에 들어갈 수 있다. 나중에 파열된 연결을 회복하지 않고 양자적 상태의 존재를 부인하는 부모는 혼란형 애착의 하나인 해리적 적응을 유발할 것이다.[101] 해결되지 않은 외상이나 상실을 가진 부모는 아이를 무섭게 만들지만, 부모는 이를 의식하거나 자각하지 못하는 인사불성 상태에 들어갈 수 있다. 그러한 상태 변화는 조율의 단절을 초래하며, 만약 그것이 손상된 채로 방치된다면, 아이는 수치심과 굴욕감이 깔려있는 심각한 문제를 가질 수 있다.[102]

일부 사람들은 특정 양육자와 안정 애착을 경험하고 다른 사람들과는 혼란 애착을 경험한다. 그러한 경우에, 조율된 양자적 상태를 분리하면 자기 시스템 내에서 반영 기능을 가진 높은 기능을 유지할 수 있을 뿐만 아니라, **안정적으로 애착된, 결합된 시스템 내에서 일관된 자기감**을 통합할 수 있는 능력을 가질 수 있다. 그러한 사람들의 AAI 내러티브는 표면적으로 매우 기능적으로 보이는 통합된 일관성을 드러낼 수 있다. 이것은 그 사람의 삶의 제한된 부분에서만 일관된 이야기를 드러낸다. 특정 심리 사회적 맥락, 스트레스의 순간 또는 덜 통합된 하위 시스템이 나타나면 통합, 반영 기능 및 내러티브 일관성이 손상될 수 있다. 덜 기능적인 사람의 내러티브와 삶에서는 불안정 애착이 더 널리 퍼져서 반영적 또는 통합적 능력이 일반화되지 않는다. 이 사람들은 능력을 촉진하는 상호 소통적 발달 경험이 거의 또는 전혀 없었을 수 있다. 그러한 사람의 경우 내부 또는 인간관계 자원을 활용하는 데 더 많은 어려움을 겪을 수 있으며, 따라서 스트레스에 대처하고 자기 조직화하는 능력에 더 심한 장애가 있을 수 있다.

조반니 리오티Giovanni Liotti는 혼란 애착의 환경에서도 여러 가지 다른 경로가 생길 수 있다고 제안했다.[103] 아이의 삶에서 부모의 행동이 더 예측 가능하게 되면, 심지어 양육과 관련 없는 행동에 대해서도 예측이 가능해진다면, 아이는 부모의 갑작스럽고 혼란스러운 행동 변화의 맥락에 따라 발달된 애착의 정신 모델들 간의 갈등을 최소화할 수 있다. 부모가 더 예측 가능해지면 자녀는 한 모델 또는 다른 모델에 "정착"할 수 있다. 부모가 심각한 충격을 주지는 않지만 계속해서 혼란된 행동을 보인다면, 아이는 미래에 특히 스트레스 조건에서는 해리 가능성이 높아진다. 리오티Liotti가 제안한 세 번째 경로는 부모의 행동이 심각한 충격을 주고 만성적으로 유지되면 혼란 애착이 해리성 장애로 발전할 수 있다는 것이다. 이런 스펙트럼의 극단에는 해리성 정체성 장애(이전에는 다중인격장애라고 함)가 있다.

미네소타주 부모와 자녀에 대한 종단 연구를 한 엘리자베스 칼손Elizabeth Carlson과 동료들은 혼란 애착을 가진 아이들이 나중에 해리 증상을 일으키기 쉽다는 리오티Liotti의 제안에 대해 증거들을 제시했다.[104] 물론 해리 자체가 PTSD를 나중에 잘 일으킨다는 주장도 있다.[105] 칼손Carlson의 연구 결과와 부합된 이 아이디어는 어렸을 때의 혼란 애착 경험이 아마도 부적절한 대처 기제와 손상된 상호작용 능력으로 이어질 수 있음을 시사한다. 존 볼비John Bowlby의 미발표된 저술에는 특히 통합이 손상될 수 있다는 개념에 주목하면서, 아동의 마음 기능에 대한 테러의 충격에 관하여 우려를 나타낸다. 이 주제에 대한 논문에서 사만다 레이즈Samantha Reisz, 로비 뒤진스키Robbie Duschinsky, 그리고 나는 다음과 같이 썼다.[106]

> 혼란 애착을 가진 아이들이 나중에 해리 증상을 일으키기 쉽다.

> 볼비Bowlby는 애착 시스템을 방해하는 두려움을 경험하는 유기체가 "감각 데이터와 뇌 피질의 불일치를 일으키는 외상적 괴로움"(PP/BOW/H.10, "Theory of Defence 1960-1963"이라는 태그가 붙은 파일의 주석)을 겪을 것으로 예상할 수 있다고 제안한다. 외상 때문에 주의, 기대, 정서 및 행동이라는 애착 시스템의 구성 요소가 서로 분리되는 결과가 생긴다. 예를 들어, 주의는 지남력 상실 때처럼 다른 요소들과 분리될 수 있다. 강한 고통은 이러한 요소들의 조정 능력을 압도할 수 있다. 그리고 양육자로부터의 위안을 얻고자 하는 욕구와 거절에 대한 예상 사이에서 모순된 행동을 나타낼 수 있다. 볼

비Bowlby의 경우 통합 차단은 관계적, 경험적, 신경학적 측면이 있을 수 있지만, 항상 균형을 갖추거나 깔끔하게 일치한다는 말은 아니다.

이러한 취약성 때문에 나중에 그러한 스트레스를 겪게 되면, 이 사람들은 외상이나 슬픔을 해결할 수 없게 된다. 혼란 애착에서는 자기의 핵이 균열된 채로 남아 있다. 오가와Ogawa와 동료들은 다음과 같이 진술했다.

> 사실 자기는 경험의 다양한 측면을 통합하고 조직화하는 것을 말하며, 해리는 경험을 통합하지 못하는 것으로 정의할 수 있다. 경험이 인정되고 받아들여질 때, 자기는 경험으로부터 의미와 일관성을 추구해야 하기 때문에 불가피하게 통합이 뒤따른다. 그러나 경험이 해리되면 통합이 불가능하고 해리가 우세한 만큼 자기의 분열이 있다. 일관되고 잘 조직된 자기는 통합에서 나오며, 정신병리학적 해리는 자기의 최적 발달을 위협한다.[107]

다시 말해, 혼란 애착을 가진 아이에게서는 관계 경험으로부터 일관성을 달성할 수 있는 능력이 심하게 방해된 것이다. 정신적 과정이 분열되면, 그 자체가 바로 해리라는 뿌리 깊은 과정이 된다.

해리란 무엇인가? 해리 장애의 개념, 역사, 기원, 평가, 정신병리, 치료에 대해 많은 책이 저술되었다. 이 장의 목적을 위해 해리 상태의 자기 조직화 측면을 간략히 살펴보고, 그러한 상태가 자기의 일관성을 달성하는 능력에 손상을 주는 방식을 살펴보겠다. 이 중요한 영역에 대한 보다 종합적인 검토를 위해 다른 출처를 참조한다.[108]

임상의는 공황장애, 경계성 인격장애, PTSD와 같은 몇 가지 장애의 일부인 정신적 기능의 불연속성을 가리키기 위해 "해리"라는 용어를 사용한다. 지난 장에서 논의한 바와 같이, 해리는 이인증, 비현실감, 심인성 기억상실증의 현상을 포함한다. 이 용어는 또한 해리성 정체성 장애, 해리성 둔주, 해리성 기억상실증, 이인증/비현실성 장애를 포함한 특정 임상 장애 집단을 가리키는 데에도 사용된다. 이런 상태들은 의식, 기억, 정체성, 지각, 신체 표현, 운동 제어, 행동 등 다양한 과정의 통합에 차질이 생긴 것이다.[109]

임상적 해리는 일반적인 마음의 통합적 기능에서 탈-연결로 볼 수 있다. 어떻게 이런 일이 발생하는가? 정신 기능은 해부학적으로 구별되고 어느 정도는 자율적인 회로에서 발생하며, 각 회로는 다른 회로와 분리될 수 있다. 케타민이라는 약물에 대한 연구에 따르면 정상인 참가자에게 이 약물을 투여하면 이인증 및 비현실감과 같은 해리적 증상이 나타나고, 일부 조건에서는 임상적으로 유익한 효과를 나타낼 수도 있다.[110] 이전의 외상 경험이 있는 피험자는 공포와 공황의 증상을 추가로 경험한다. 케타민은 피질의 연합령에 특히 많은 큰 뉴런의 시냅스를 통과하는 신호전달을 차단한다. 한 연구에서 안와 전두, 전대상회 등을 포함한 전두엽 부위의 혈류 감소가 입증되었으며 이러한 변화는 해리 증상과 밀접한 관련이 있었다.[111] 이 발견은 신경 경로를 조정하고 균형을 맞추는 연관 영역의 통합 능력이 차단됨에 의해 해리에서 기능의 탈 연결이 나타날 수 있음을 시사한다.

마음은 표상적 과정의 층들layers을 가지고 있다. 이들은 다른 사람과의 상호작용 및 신경계 내의 더 복잡한 표상 수준에서 입력된 다양한 정보에 의해 생성된다. 뇌 기능에 대한 연구에서 신경 경로에는 입력정보에 대한 층들이 있는데, 이 층들 위에 2차, 3차 연합령이 신경 활동의 흐름을 점점 더 복잡한 활성 네트워크로 결합시킨다는 것이 드러났다.[112] 이러한 처리 과정은 우리의 감정 상태, 신체 반응, 추론, 기억 인출 및 지각 편향의 원인이 되는 광범위하게 분산된 신경 처리 과정 세트에 차례로 영향을 미친다.

선구적인 신경과학자인 프란시스코 바렐라Francisco Varela와 그의 동료들은 "뇌 회로망: 위상 동기화와 광범위 통합(The Brainweb: Phase Synchronization and Large-Scale Integration)"이라는 제목의 마지막 논문 요약에서 다음을 제안했다.

> 통일된 인지 순간의 출현은 산재되어 기능적으로 특화된 뇌 영역의 조각들의 조직화에 달려있다. 우리는 이 광범위 통합의 기제에 대해 검토하였는데, 광범위 통합은 해부학적 및 기능적으로 분리된 뇌 활동을 조직화하는 데 균형을 잡아주고, 이는 일관된 행동과 인지의 출현을 가능하게 한다. 광범위 통합에 관련된 기제는 여전히 대부분 알려지지 않았지만, 우리는 가장 그럴듯한 후보로 다중 주파수 대역multiple frequency bands에 대한 동기화에 의해 조정된 역학적 결합의 형성이라고 주장한다.[113]

주관적인 정신생활에서 매 순간 경험을 전개할 때 우리의 두뇌가 어떻게 기여하는지에 대해 가장 중요한 것은 통합이다. 마음이 체화된 것뿐만 아니라 관계적이라는 관점을 받아들일 때, 우리는 동기화 및 통합의 개념을 "마음망mindweb" 개념으로 확장할 수 있다. 이 개념에는 동시다발적인 발화와 사회적 연결 속에서 정보와 에너지 흐름 속에 다중 결절의 분화된 요소들이 광범위하게 결합되는 것이 포함한다. 크리스타키스Christakis와 포울러Fowler가 통찰력 있는 연구에서 밝혀낸 것처럼,[114] 우리는 모두 3단계의 분리로 서로 연결되어 있으므로 친구의 친구의 친구가 좋든 나쁘든 우리 자신의 행동에 영향을 받는다. 우리의 마음망에서, 친절하고 사려 깊은 공감 행동을 통해 수행되는 우리 자신의 의도에 따른 영향의 파급이 우리가 살고 있는 더 큰 시스템의 전체적인 동기화 및 통합에 어떻게 영향을 미칠 수 있는지 감지할 수 있다.

마음이 체화된다는 측면에서는, 위상 동기화와 큰 규모의 기능 통합이 가능하게 하는 멀리 분리된 신경회로들을 서로 결합시키는 영역들을 조사하는 것이 가능해지고 있다. 당연히 5장에서 설명한 공명 회로의 거울 뉴런 요소들이 큰 역할을 한다. 이 공명 회로 중 한 가지 구성 요소에는 중앙 전전두엽이 있다. 뇌의 이 부위는 시간에 따라 여러 기능을 조정하고 균형을 이루며 통합과정에서 중요한 역할을 한다.[115] 우리가 본 바와 같이, 이러한 전전두엽 부위는 피질, 변연계, 뇌간, 신체, 그리고 심지어 다른 사람들의 사회적 신호까지도 동기화시키고 통합된 하나의 마음망으로 합쳐준다. 오른쪽과 왼쪽의 전전두엽 영역은 각각 서로 다른 통합 방식으로 각자의 기능을 조직할 수 있다.[116] 이 전전두엽에 손상이 발생할 때, 다양한 정신적 과정들이 기능적으로 서로 고립될 수 있으며, 이렇게 통합 회로가 차단된 상태에서는 상당한 역기능 상태, 즉 "정신 질환"이 발생할 수 있다.[117] 데코Deco와 크린게바흐Kringelbach가 제안했다.[118]

> 많은 뇌 질환에서 발견되는 것처럼 기본적인 구조적 연결이 손상되면 일관성을 통한 의사소통(Communication Through Coherence, CTC) 경로가 훨씬 더 제한되며, 이로 인해 심각한 결과가 초래될 수 있다. 예를 들어, 앞쪽 섬엽과 대상 피질은 다음과 같은 6가지 진단군(조현증, 조울증, 우울증, 중독증, 강박장애, 불안증)에서 공통되는 신경생물학적 부위인 것으로 나타났다. 이는 15,892명의 개인을 대상으로 한 193건의 회백질 손상의 신경영상 연구에서 밝혀진 것이다[Goodkind et al. (2015)].
>
> 전뇌 전산화 모델에서 나온 증거를 보면, 이 영역과 다른 영역을 제거하면 건강한 뇌에 비해 기본 레퍼토리가 특히 심하게 감소한다고 한다(Honey and Sporns, 2008). 이는 신경정신 질환자에서 CTC 메커니즘의 손상이, 구조적 연결의 변화에 의해 발생한다는 것을 강하게 시사한다.

간단히 말해서, 시스템의 분화된 부분의 결합은 웰빙의 기초가 될 수 있는데, 이것은 뇌를 관찰하여 연구할 수 있다. 우리가 "통합"이라고 부르고 신경과학에서는 분리와 통합이라고 부르는 "일관성을 가진 의사소통"

과정의 구조적 및 기능적 발현도 시스템의 분화된 부분의 결합으로 연구될 수 있다.[119] 통합이라는 용어를 사용할 때 우리는 복잡계가 한편으로는 혼돈과 다른 한편으로는 경직성 사이를 이동하는 것과 직접 관련이 있음을 알 수 있다.[120] 손상된 통합이 정신 역기능의 공통적인 메커니즘이라는 의견은, 커넥톰의 상호 연결된 형태로 신경 통합이 되어야 건강하다는 연구와 일치한다.[121] 통합의 손상은 기능 장애에서 존재하지만, 통합은 웰빙 상태에서 발견된다. 즉, 이러한 발견은 통합이 건강과 웰빙의 핵심 메커니즘이라는 여기에 제시된 인간관계 신경생물학의 근본적인 가설을 뒷받침하지만, 증거는 아니다.

체화된 뇌의 기능과 구조에 대한 연구는 신체 내부의 신경 통합이 건강과 관련이 있다는 개념을 뒷받침하며 우리가 "마음이 체화된 측면"이라고 부르는 기능을 보여준다. 우리가 살펴본 바와 같이 신경 통합의 연관 기능에는 신체 조절, 조율된 의사소통, 감정적 균형, 반응 유연성, 두려움 조절, 자율의식(통찰), 공감, 도덕성 및 직관이 포함된다.[122] 이러한 기능이 분리되고 손상되는 것이 해리 경험 때 비일관성의 핵이 된다. 마음의 관계적 측면은 최적의 건강이 발생하기 위해 통합에 의존할 수도 있다. 여러 면에서 학대와 방임이라는 발달적 트라우마와 혼란 애착의 경험은 인간관계 통합의 장애가 되는 극단적인 예이다. 인간관계 통합의 장애는 신경 통합의 성장을 방해하는 원인이 될 수 있다. 그리고 일단 신경 통합이 손상되면, 통합적인 관계 커뮤니케이션, 즉 상호 이해와 감정적 조율과 더 큰 우리의 일부로서 관계하는 참여 감각을 특징으로 하는 커뮤니케이션을 육성하는 데 어려움이 발생할 수 있다.

통합 관찰

일관성과 복잡성

정보와 에너지의 마음 흐름이 복잡성을 최대화하도록 움직임이면서 균형을 이룰 때, 통합이 일관성을 창출한다고 제안할 수 있다. 마음 상태의 흐름에서 이러한 움직임에는 개인 내부 활동과 타인과의 관계에서의 활동이 포함될 수 있다. 이 균형은 시스템의 한편으로는 동일성과 경직성이 있고, 또 다른 한편으로는 새로움과 혼란이 있는 사이에서 움직인다는 것을 의미한다. 앞서 살펴본 바와 같이, 시스템은 합창단이 조화를 이루듯, 최대의 복잡성을 향해 나아가는 과정에서 이 두 극단 사이를 오가며 "준안정성metastability"[124]의 "임계치criticality"[123]를 달성한다. 시간이 지나도 잘 유지되는 특성이 있는 준안정적인 일관성이 있다. 이 최적의 흐름 안에서 처리 과정들은 하나의 마음속에서 연결되고 마음들 사이에서도 연결된다. 그것은 굳어져서 변화가 불가능한 "안정성"이 아니라, 서로 상승적 영향으로 그 자체가 잘 열려 나가는 그런 종류의 안정성이다. 음악적 용어로, 사람들은 이것을 "리듬 속에 있는"이라고 부를 수도 있고, 춤이라고 한다면, 그것은 "흐름 안에"라고 부를 수도 있고, 혹은 글쓰기에서는, 뭔가 저 너머로부터 안내를 받아서 쓰는 느낌, 즉 그 사람의 글이 "분리된 자기"로 남아있기보다는 더 큰 무언가를 쓰고 있다고 느끼는 것이다. 철학자 겸 시인인 존 오도노휴John O'Donohue는 그의 짧은 시에서 이 상태를 아름답게 포착했다. "나는 강물이 흐르는 것처럼 살고 싶다. 나 자신이 펼쳐가는 놀라움으로 휩싸이며 흐르고 싶다."[125] 통합은 내적 및 인간관계적 과정들을 동원하여 상호 활성화하며 함께 조절해가는 것이다. 이것은 "공명"이라 할 수 있는데, 서로에 대한 영향을 주는 상호작용 시스템의 속성이 있기 때문이다. 따라서 우리는 통합으로 향하는 마음의 움직임이 어떻게 일관성을 가져오는지 이해하기 위해 내적 과정과 인간관계 과정 모두에서 공명을 살펴볼 것이다.

두 사람 간의 감정적으로 조율된 조건 의사소통은 인간관계의 공명을 만들어낸다. 양쪽의 각 구성원은 서로의 영향을 받는다. 뇌 내에서 "재유입reentry"의 신경 과정은 별개의 한 회로가 어떻게 유동성 있게 공명하는 상태에 관여할 수 있는지 이해하는 데 도움이 될 수 있다.[126] 회로 A는 B에 신호를 보내고 다시 B는 A에게 신호를 보내는 식이다. 그러한 회로의 재유입 활동은 A와 B를 그 순간에 통합 시스템으로 결합한다. 이러한 방식으로 A와 B는 상태 의존적인 처리 과정의 일부가 된다. 다른 상태에서는 A의 활동은 B의 활동에 거의 영향을 미치지 않을 수 있다. "공명"은 상호작용하는 요소에 대한 시스템의 조건적, 재유입적, 상호 조절적 영향의 특성을 설명하는 데 사용할 수 있는 용어이다. 그것들이 신경세포들, 회로들, 시스템들, 반구들 또는 (인간관계 의사소통에서와 같이) 전체 뇌들과 신체들의 군집들이든지 상관없이 사용할 수 있다. 공명에서 하위 구성 요소는 통합 시스템에서 기능적으로 결합된다.

"통합" "일관성" "응집성" 및 "공명"이라는 용어 간의 관계를 정의해 보겠다. 우리는"통합"을 마음에 일관성을 만드는 분화된 요소의 결합으로 정의했다. "일관성"은 신경 기능의 여러 계층이 활성화되고 시간이 지남에 따라 서로 유연하게 결합되는 시스템의 상태이다.[127] 복잡계 이론은 이러한 결합 프로세스가 발생하는 이유에 대한 몇 가지 통찰력을 제공한다.

> 통합은 시간이 지남에 따라 변화하는 자기 경험을 형성한다.

복잡성을 최대화하는 시스템 상태는 안정성을 얻는다.[128] 이러한 방식으로 통합은 시간이 지남에 따라 변화하는 자기 경험을 형성한다. 마음은 신체와 사회 세계의 에너지 및 정보 흐름 시스템이 복잡성을 향해 움직일 때, 다양한 과정 계층들을 모아서 응집된 마음 상태로 모집한다. 따라서 응집은 특정 시점에 하위 구성 요소가 서로 결합되는 상태이다. 시간이 지남에 따라 마음이 떠오르면 응집 상태는 일관성 있는 흐름의 일부가 될 수 있다. 하위 구성 요소의 결합은 통합과정을 통해 달성된다. 주어진 순간에 결합(응집성)이 되든지, 시간이 지남에 따라 결합(일관성) 되든지 간에 말이다. 통합은 기본적인 재유입 과정을 통해 분화된 하위 구성 요소 회로를 모집하여 더 큰 기능 시스템으로 연결한다. 서로 조절하고 상호 영향을 주는 재유입 상태를 "공명"이라고 한다. 즉, **통합은 응집 상태와 시간에 따른 상태 흐름을 일관성 있게 구현하기 위해 서로 다른 하위 시스템의 공명을 활용한다. 이러한 처리 과정은 더욱 복잡하고 기능적으로 결합된 시스템을 생성하며, 이 시스템은 더 크고 복잡한 시스템의 하위 구성 요소가 될 수 있다.**

이 비의식 과정을 종종 말로 번역하는 것은 꽤 어려운 일이다. 예를 들어, 특정한 감각 방식에는 의식적으로 주의를 기울인 대상에 대한 "연결"의 느낌이 있을 수 있다. 꽃을 보는 것이 의식 경험 안에서는 자신과 꽃의 경계를 잃어버리는 역동적이고 강렬한 과정이 될 수도 있다. 많은 활동에서 보이는 창조 행위는 마치 마음속의 어떤 강력한 에너지와 정보의 흐름이 의도함 없이 자체의 생명력을 가지고 저절로 일어나고 있는 것처럼 느낄 수 있다. 인간관계 내에서 소통과 자발성의 충만함으로 통합이 경험될 수 있는데, 그때는 생명력 있고 예측 불가능하며 그러면서도 신뢰할 수 있는 양자적 연결의 흐름 속에서 자기가 완전히 존재하기도 하고 상실되기도 한다.

이러한 경험은 개인이 신체적으로 한정되고 분리된 자기보다는 더 큰 과정의 일부가 되는 "합류joining"의 특성을 가지고 있다. 통합이 이루어짐에 따라 일관성의 생성은 "질서와 혼돈 사이의 비옥한 땅"[129]에 시스템 상태들의 흐름을 나타내며, 이는 경직성과 무작위성 사이에 균형 잡힌 궤적을 갖는 공명 경로다. 상태들이 흐르는 특정한 "시스템"은 뇌의 국지적 회로, 더 큰 신경계, 양쪽 반구, 두 명 이상의 사람들, 자연 일부로서 우리의 상호 교류 등에 관여한다. 통합과정에 의해 생성된 공명에서 활성화된 시스템 요소의 특성에 따라 일관성의 주관적 경험은 달라질 것이다.

통합과 합류 경험 생성 사이의 관계에 대한 실증적 증거가 있는가? 확증할 수 있는 한 가지 가능한 증거는 미하이 칙센트미하이Mihaly Csikszentmihalyi의 "최적 경험"에 대한 연구로부터 확인할 수 있다.[130] 이 연구에서, "흐름"의 경험(즉, 어떤 활동에서 창조적으로 자신을 잃어버리는 과정)을 한 참가자들은, 운동, 음악, 글쓰기 같은 활동에 집중하고 완전히 몰입하는 기술이 잘 발달되어 있는 것 같았다. 칙센트미하이Csikszentmihalyi 교수는 이러한 흐름 경험은 한편으로는 지루함 다른 한편으로는 불안의 경계 사이를 이동하는 것과 관련이 있다고 제안했다. 우리는 이러한 경험들이 경직성/질서(지루함)와 무작위성/혼란(불안) 사이의 이동에서 개인 상태의 복잡성을 최대화할 것이라고 제안한다. 우리는 또한 그러한 경험이 다양한 맥락에서 합류할 수 있는 능력을 향상시키는 개인 내 통합과정의 발달을 촉진하기 때문에 실제로 자기 보상이 될 수 있다고 제안한다. 그러한 합류과정의 능력은 인간관계의 협력적 의사소통뿐만 아니라 개인의 몰입 활동("흐름")에서도 나타날 수 있다. 이러한 가능성은 흐름을 경험한 사람이 고도로 전문화된 개인적 기술과 사회적으로 타인과 통합될 수 있는 능력을 겸비하는 경향이 있다는 칙센트미하이Csikszentmihalyi의 발견에 의해 뒷받침된다. 활동 내에서 그리고 인간관계 내에서 합류할 수 있는 능력이 서로 관련이 있으며, 그뿐 아니라 전 생애에 걸치는 통합과정의 발달과 감정적 웰빙과도 관련된다는 것을 설명할 수 있는 방식을 찾아내는 것이 향후 연구과제이다.

내러티브 과정

통합과정을 보다 완전히 이해하게 하고 그것이 우리 삶에서 중요한 역할을 한다는 제안을 더욱 지지해 주는 다른 증거는 있는가? 몇 가지 자료가 있다. 첫 번째로 살펴볼 것은 내러티브의 통합 기능이다. 아동 발달에 관한 연구에 따르면 생후 3년이 되면 "내러티브" 기능이 어린이에게 나타나고 생애 중에 마주친 사건에 대한 이야기를 만들 수 있다.[131] 이러한 내러티브는 사람들과 사건들에 대한 수많은 경험을 일반화하거나 대조된 이야기로 응축하여 순차적으로 설명한다. 새로운 경험을 이전 경험과 비교할 때 유사점이 나타나면 일반화된 규칙을 만들고, 이러한 규칙에 대한 차이점이 있을 때 기억할 만한 예외로 강조된다. 이야기들은 개인의 사건과 정신적 경험을 이해하는 것에 관한 것이다. 다른 사람들과 상호작용하는 맥락에서 등장인물과의 내적 경험 요소로 가득 찬 이러한 이야기는, 시간에 걸쳐 개인이 세상에 대한 일관된 이해를 만들어내도록 하는 기능을 한다.

이것은 자신의 마음의 이질적인 측면들 사이에서 일관성을 창조하려는 욕구와 관련이 있을까? 우리의 내적 삶의 여러 측면뿐만 아니라 우리가 누구인지에 대한 내부와 관계의 측면 모두를 포함할 때는 그렇다고 주장할 수 있지만, 반드시 그런 것은 아니다. 내러티브는 때때로 자신의 내부 경험이 아니라 다른 사람의 마음과 외부 상황에 선택적으로 초점을 맞출 수 있다. 아이들은 전기 작가로 시작하여 자전 작가로 발전한다. 데니 울프Dennie Wolf가 논의한 바와 같이, 아이는 2살이 될 때까지 "작가적 자기"를 발달시키기 시작한다. 그녀의 관점에서 "작가성은 상황의 실제와 관계없이 독립적으로 작용하는 능력이다." 그러한 과정은 "자신의 입장 변화와 자신의 본질을 명확히 표시하는 능력의 출현"뿐만 아니라 경험의 다양한 버전을 "분리"할 수 있는 능력을 필요로 한다.[132] 이 견해는 다음과 같은 개념에 근거한다. 아이는 자기 경험에 대해 다른 관점이나 버전을 채택할 수 있다. 울프Wolf가 말했다. "우리는 최근에 일관되고 독특하게 자기를 정의했다. 그릇으로서 신체, 선택의지의 중심축, 감정의 단일한 원천(아무리 혼란스럽더라도) 또는 매우 개인적인 역사가 축적되는 책."[133] 아동이 자기 경험의 다른 영역(또는 우리가 정의한 "자기 상태")을 경험함에 따라 작가적 자기는 이러한 다른 "자기 버전"을 자전적 내러티브 과정에 포함해야 한다. 우리가 앞서 다른 영역에서 보았듯이 그러한 개인적 과정의 발달은 사회적 경험에 크게 의존한다.[134]

이런 식으로 내러티브 과정은 세상과 자신의 마음과 다양한 상태를 이해하려고 시도한다. 그러나 일부 어떤 사람은 전체적인 마음으로 포괄적인 일관성을 만들지 않고 특정 자기 상태를 반영하는 내러티브를 본다. 그 내러티브는 논리적 지속성에서는 응집력이 있지만, 시간과 상태에 따른 유연성이 부족하여 비일관적이 될 수 있다. 따라서 내러티브 과정은 통합 모드의 기본 단위이지만 시간이 지남에 따른 자기 상태에 걸쳐 일관성을 만들기에는 그 자체로는 불충분하다. 세상에 자기 경험의 층이 많다면, 다른 자기 상태에 대한 다양한 이야기가 있을 수도 있다. 이러한 방식으로, 서술자와 그 사람의 내부, 주위 및 주변에서 일어나는 일들이 있는 전체적인 "내러티브 자기"가 만들어진다. 그러나 개인의 그 측면이 다른 자기 상태나 개인을 둘러싼 사회 또는 자연 세계로부터 분리된다면 자전적 이야기는 분리될 것이다. 시간에 걸쳐 자기를 결합하는 것은 내러티브의 통합적 기능의 하나이며, 이런 식으로 "자기 개성selfhood" 또는 "자기감sense of self"의 실제 경험은 내러티브 과정 자체에 입력될 뿐만 아니라 그런 이야기 창조의 결과물이 되기도 한다. 통합의 본질과 내러티브 과정의 잠재적 관계를 탐색하는 데 도움이 될 수 있는 다른

> 내러티브 과정은 통합 모드의 기본 단위이다.

세 가지 자료를 살펴보자.

숨은 관찰자

통합과정에 관한 두 번째 정보는 최면 또는 무아지경 상태에 있는 건강한 피험자에 대한 연구에서 나왔다. 이 상태에서 대다수의 참가자는 "숨은 관찰자" "관찰하는 자기" "내적 자기 조력자" 또는 "내면의 안내자"라고 불리는 삼자적 관찰 능력을 가진 것으로 보인다.[135] 숨은 관찰자는 그 사람에 대해 논평을 하는 정신적 결과물의 한 형태로 최면이나 안내된 심상 아래에서 자신을 드러낸다. "댄Dan은 너무 많이 일하고 있어. 그는 속도를 늦추고 더 긴장을 풀어야 해." 또는 "이 과업을 끝내려는 욕구 때문에 그녀의 실행 능력은 방해받고 있어. 그녀는 과업에 너무 매달리지 말아야 해." 이 기능은 마음의 상태를 표현하고 시간이 지남에 따라 경험을 맥락에 맞게 처리하는 마음의 능력, 즉 마음보기를 나타낸다. 이런 식의 논평은 내면에 집중하는 최면 상태에서 만들어지는데, 개인의 모든 기능을 변경하기 위한 것이다. 이것은 단순히 관찰 기능(정보 설명)이 아니라, 이 정보를 사용하여 행동의 다른 측면을 변경하려는 노력(정보 처리 및 추가 효과 유발)인 것으로 보인다. 따라서 우리는 숨은 관찰자를 시간과 맥락에 따라 자기 상태의 전반에 걸쳐 일관성을 생성하려는 마음의 통합적인 시도로 간주할 수 있다.

숨은 관찰자는 최면 상태 이외에도 존재하는가? 몇몇 정보 출처들은 그렇다고 주장한다. 첫째로, 우리가 방금 본 바와 같이, 아이들은 삼자 관찰자 관점을 포함한 다면적인 관점에서 자신의 삶을 서술할 수 있는 능력을 일찍부터 발달시킨다.[136] 둘째, 기억 연구에서는 사람들이 자신을 보면서 먼 시각에서 자신을 회상하는 관찰자적 회상 능력을 가지고 있다는 것을 보여준다.[137] 마치 먼 곳에서 자신을 지켜보고 있는 것처럼 과거의 한 장면 속의 자신을 본다. 더 나아가 여러 가지 질환을 가진 환자에 대한 연구에서는 진행 중인 경험에 대해 논평하는 내적 작용을 밝혀냈다. 해리성 장애 환자들의 경우 마음의 이질적인 활동 중 일부를 조정하려고 시도하는 "내적 자기 조력자"는 꽤 흔한 자기 상태이다.[138] 우울증을 앓고 있는 사람은 모욕적이고 비관적인 "내면의 소리"를 경험할 수 있으며, 이는 부정적인 우울 기분을 더욱 고착시킨다.

숨은 관찰자는 우리에게 인간관계 경험에 대해 무엇을 말해주는가? 브라이언 반덴버그Brian Vandenberg는 최면과 발달 과정 사이의 관계를 조사하면서 첫째, 최면은 "사회적 교류와 정신 내 기능이 어떻게 상호 침투하고, 자기 것과 타인의 것이, 인지적인 것과 사회적인 것이, 개인과 문화가 어떻게 밀접하게 얽혀 있는지"를 드러낸다. 둘째, 그것은 "생각과 경험이 항상 연속적이고, 원활하며, 자율적이며, 내부적인 것이 아니라 상황적 요인에 의해 구조화된, 불연속적이고, 분리되며, 변화하는 것과 관련된다"라고 제안한다. 그리고 셋째, 최면 상태는 "불안정성에 대한 어린 시절의 경험과 불확실한 세상에서 안정을 제공하는 권위 있는 다른 사람의 '말을 받아들이는receiving speech' 아동기 경험"을 반영한다.[139] 다시 말하면, 부모와의 의사소통은 내적, 외적 세계의 혼란스러운 변화에 직면할 때 아이가 일관성을 얻을 수 있게 한다. 조건 의사소통과 성찰적 대화를 통한 아이들의 초기 관계 경험은 삼자의 관점에서 자기를 다루고 일관성을 통합하는 데 도움을 주는 '내부 목소리'의 개발을 촉진하는 것일 수 있을까? 이런 사고 형태가 레브 비고츠키Lev Vygotsky가 제안한 대로 인간관계 대화의 내재화일 수 있을까?[140] 마음챙김의 특징들 중 몇 가지에는 판단을 미루고 마음의 내적 경험에 이름을 붙이는 능력이 있고, 또 지금 일어나고 있는 자기 관찰력, 정서적 평정, 사건들에 대해 알아차리는 능력이 있다. 흥미롭게도, 일부 실행 기능은 정신화 능력 및 부모와의 관계적 경험과 관련이 있는 것으로 밝혀졌다.[141] 부모의 민감성과 정신화가 실행 기능의 발달과 관련이 있다면,[142] 그리고 다른 방법론을 사용한 광범위한 연구에서처럼, 마음챙김 특성과 어른의 안정 애착은 상관관계가 있다고 한다면,[143] 이러한 내적 및 인간관계적 기능들이 각각 어떻게 통합의 메커니즘을 공유할 수 있는지 알 수 있다. 앞으로 연구에서 부모-자녀 애착, 실행 기능, 담화, 내러티브, 그리고 숨은 관찰자 사이의 관계를 조사하면, 이러한 통합과정의 발달 기원을 더욱 명확히 하는 데 도움이 될 것이다.

반구 편측성

통합처리 모드의 존재를 뒷받침하는 세 번째 정보 소스는 뇌의 두 반구의 특화된 기능에 대한 연구로 구성된다. 다음과 같은 결과(대부분이 이전에 검토됨)는 "분할 뇌" 환자 연구에서 뇌 기능 영상을 포함한 연구에 이르기까지 다양한 조사에서 일관되게 얻어졌다. 정보가 좌반구에만 제공될 때 언어적 산출물은 이야기를 만들거나 보고 듣는 것을 이해하려는 노력을 반영한다. 마이클 가자니가Michael Gazzaniga와 동료들은 앞서 언급했듯이 이것을 좌반구의 "통역자" 기능이라고 불렀다.[144] 분리된 좌반구만 가진 사람은 작화증을 보여서, 요점이나 상황적 맥락과 무관한 이야기를 만들어낸다. 이 연구에서 좌반구는 우반구의 역할인 맥락적 표현에는 부족한 것처럼 보이지만, 그럼에도 불구하고 제한된 정보를 사용하기 위해 내용을 설명하는 이야기를 만든다. 좌반구는 인과 관계를 명확히 하기 위해 대전제와 소전제를 기술하고 제한된 자료에서 논리적 결론을 추론하는 삼단논법을 사용한다. 예를 들어, 분리된 좌반구를 가진 피험자가 소년과 그의 아버지를 보여주는 사진에 대해 질문을 받으면 좌반구가 장면의 세부 사항을 가져와 두 사람이 하는 일에 대한 조작된 설명을 만든다. 그림의 다른 부분이 야구 경기를 드러낸다는 사실이나 두 사람의 얼굴 표정과 같은 주변 기능은 무시된다. 이러한 맥락적 요소는 좌반구에서 인식되지 않는 것처럼 보이거나 적어도 장면이 무엇인지 설명할 때 무시된다. 좌반구의 통역사 기능은 주로 인과 관계에 대해 추론할 때 필요가 있는 것으로 보인다. 좌반구는 "진실"에 대한 조직적이거나 일관된 견해를 갖거나, 다른 사람들의 내적 정신적 의도를 이해하는 데는 관심이 없는 것 같다.[145] 일부 저자는 좌반구가 과거 경험에 대하여 왜곡된 "거짓" 기억을 생성하는 데 주로 책임이 있다고 제안했다.[146]

좌반구와는 대조적으로, 우반구는 지각할 수 있는 것의 본질적인 의미를 이해할 수 있는 것으로 보인다. 맥락적 정보가 지각되고 처리되며, 상황의 요점은 평가되고 이해된다. 우반구는 인과 관계에 대한 결론을 추론하기 위해 삼단논법을 사용하지 않고 오히려 환경에 대한 정보를 나타낸다. 좌반구의 좁은 초점보다 더 넓은 관점으로, 우반구는 개별적인 나무만이 아닌 "숲을 보는 것"이 주 역할이다. 정신적 과정과 공간적 관계의 요소들로 상호 연결된 현실의 특성에 관한 정보에는 경험의 다양한 요소 간의 관계성이 포함된다. 우반구는 주로 비언어적이기 때문에, 그 처리의 결과는 그림을 그리거나 그림으로 된 세트를 가리키는 것과 같이 비언어 기반 방식으로 표현되어 외부 세계에 그 결과를 알릴 수 있다.

이전 장에서 상세히 논했듯이, 이러한 반구적 차이는 발생학적 기원을 가지며, 양쪽 뇌의 각각에서 배측 또는 복측 회로에서 처리 과정의 우세를 반영한다. 많은 연구들이 마음보기의 능력은 우반구에서 주도한다는 견해를 지지한다. 이것은 좌반구가 신경세포적 표현으로 마음 지도를 만드는 데 적극적으로 참여하지 않는다는 것을 의미하지는 않는다. 그것

> 마음보기 능력은 우반구에서 주도한다.

은 단지 의사소통의 기초가 되는 정신 상태를 감지할 수 있게 하는 사회적 상호작용의 비언어적이고 빠르게 움직이는 신호를 감지하는 것이 우반구에서 주도적으로(배타적인 것은 아님) 매개될 수 있다는 것을 의미한다. 신체 상태의 자각과 조절, 정서 상태의 비언어적 신호의 지각과 표현, 뇌의 평가영역에서 사회적 감정적 입력의 조정, 자전적 기억의 인출 등은 모두 우반구에 의해 주로 중재되는 것으로 보인다. 신체로부터의 입력은 오른쪽 앞쪽 섬엽과 오른쪽 앞쪽 대상회와 같은 주로 오른쪽 피질 영역에 등록되기 때문에, 우반구는 내부감각 자료의 영향을 더 직접적으로 받는다. 이러한 신체 입력, 즉 "몸의 지혜"는 우리의 감정 상태를 형성하고 우반구 의식에 대해 접근 권한을 가지고 있다. 우리는 비언어적 우반구 표상 처리 방식을 통해 비논리적 세계를 인식하게 된다. 우리는 "나는 직감을 가지고 있다" 또는 "내 심장이 내게 뭔가를 말해주고 있다"라는 말로 표현할 수 있고, 이러한 내부감각적 지각은 주로 우반구에서 시작되지만, 좌반구의 언어중추에서 언어적 상징으로 번역된다. 그래서 결국, 이러한 분화된 구조와 그 특화된 기능들의 결합은 최적의 정신 건강을 이룰 것이다. 분화된 기능의 특징을 설명하자면, 두 기능 중 한 가지가 더 선호된다는 것이 아니라, 통합을 이루는 데 필요한 결합을 가진 균형 잡힌 분화를 강조하는 것이다. 마음속의 마음 상태를 표현하는 능력은 아마도 우반구의 능력에 의해 주도되지만, 우리가 누구인지와 우리의 관계적 세계를 "이해"할 수 있도록 경험에 언어를 넣는 능력이 있는 좌반구와 함께 화음을 이룰 때 (통합이) 가능할 것이다. 따라서 우리는 정신화를 허용하는 반영 기능이 주로 우뇌에 의해 매개될 가능성이 높지만, 좌뇌와 함께 표현될 수 있다고 제안했다. **통합이 관건이다.**

이러한 편측성 연구들은 마음의 기능과 관련된 몇 가지를 제안한다. 좌반구는 자신이 받는 정보에 대한 설명을 만들어내려고 하지만, 이 정보의 맥락을 처리하는 능력이 부족하기 때문에, 관계적 의미 없이 세부 사항에만 근거하여 결론을 내린다. 이것은 선형적인 방법으로 세계를 이해하는 데 한 자료가 될 수 있다. 좌반구의 통역자는 피상적으로 논리적이지만, 좌반구가 우반구의 정보로부터 고립되어 작용하고 있다면 문맥적 실체가 없는 경우가 많다. 우반구는 한 장면의 전체적인 요지를 처리하고 상황에 맞는 풍부한 표현적 "이해"를 만들어낸다. 이것이 큰 전체의 요소들이 서로 연결되어 상호작용하는 방식으로 우리의 시스템 수준을 육성하는 방법이다. 많은 뇌 영상 연구의 메타분석은 양쪽 반구가 다른 사람의 정신 상태를 지각하고 다른 사람의 마음을 표상하는 능력을 매개하는 데 모두 참여하지만, 각 반구는 타인의 마음속 사회 세계를 반영하는 이해에 대해 독특한 기여를 할 수 있다는 것을 시사한다.[147]

마음 이해

여기까지 검토한 3가지 연구의 중요한 시사점은 사람들이 끊임없이 자신이 경험하는 것을 "이해"하려고 한다는 것이다. 이해한다는 것은 무슨 일이 일어나고 있고 왜 그런 일이 일어났는지 원인-결과 관계를 알려고 노력하는 것을 의미한다. 왜 마음이 이것을 하려고 하는가?(마음이 이런 질문을 던지는 것조차 마음 자체를 포함한 사물을 이해하려는 인간 마음의 욕구를 반영하고 있다!) 솔직한 대답은 진화적 사고의 역설계적 접근에서 나온다. 인과 관계를 이해할 수 있는 두뇌를 가진 사람들은 더 많이 생존하고 그들의 유전적 물질을 더 물려줄 가능성이 있었다. 왜일까? 왜냐하면, 만약 마음이 세계의 사건들을 인지하고, 기억하고, 인과 관계를 알아내고(이해하고, 이치를 알고), 이러한 과정을 이용하여 세계의 미래 행동의 결과에 영향을 줄 수 있다면, 그것은 살아남을 가능성이 더 높을 것이기 때문이다. 우리가 이 책을 통해 알게 된 바와 같이, 뇌는 예측 기계로서 기능한다. 뇌는 지각된 세계의 데이터를 가져오고 다음 사건을 준비한다. 예측에 능한 두뇌를 가진 사람들은 단지 지금 이 순간만 살고 있는 두뇌를 가진 사람들보다 더 잘 살아남는다. 예를 들어, 만약 사람들이 으르렁거리는 소리(원인)가 잡아먹을 사자의 존재(결과)를 나타낸다는 것을 알게 된다면, 사자를 피하는 것이 더 쉬웠을 것이다. 이것이 학습의 기본이다. 그런 것이 세상의 이치를 이해하는 바탕이 된다.

마음의 사회적 세계를 이해시키는 것은 좀 더 복잡하지만, 인과 관계라는 동일한 기본 문제를 수반한다. 다른 사람의 찡그린 얼굴은 무엇을 "의미"하는가? 언어적이든 비언어적이든 타인의 미묘한 신호는 무엇이 일어나고 다음에 일어날 수 있는 것은 무엇인지 어떻게 밝혀낼 수 있을까? 누구를 믿고 누구를 경계해야 할지를 아는 것은 사회적 상호작용의 세계 속에서 자신의 길을 협상하는 데 필수적이다. **다른 사람들의 마음 상태(그들의 의도, 신념, 태도, 감정)는 개인이 특정한 방식으로 행동하도록 유도한다. 타인의 행동을 예측하는 능력은 다른 사람의 마음을 이해하는 능력에 달려있다.**

복잡한 사회망 속에서 역할을 하는 것은 개인으로서 생존하고, 번식하고, 그러한 능력을 공유하는 같은 마음을 가진 집단을 만드는 사람들의 능력을 향상시킨다. 이것은 사람 간 통합의 한 형태로 볼 수 있다. 공유된 정신화 능력을 통해 결합된 개인으로 구성된 응집력 있는 집단은 시스템으로 기능할 수 있다. 이를 통해 "집단 상태"를 달성할 수 있으며, 이는 경쟁으로 가득 찬 세상에서 문제를 해결할 수 있는 매우 효과적인 해결 시스템의 개발을 가능하게 한다. 이것은 우리가 이전에 "생산적 사회장"이라고 불렀던 것이다. 그러한 집단의 일원이 되면 개인에게 안전, 보안 및 안정감이 부여된다. 이것이 우리가 더 큰 마음망mindweb에 참여하는 방식으로,

여기서 서로 연결된 많은 개인의 교류로 에너지와 정보가 생성될 수 있다. 인터넷은 인간의 마음망이 어떻게 우리의 삶에 개별적이고 집단적으로 부정적인 영향과 긍정적인 영향을 끼치면서, 새로운 속성을 가진 하나의 연결된 전체로서 기능할 수 있는지를 보여준다.

우리가 발달 기간에 따른 우리의 삶을 조사할 때, 많은 연구이 초기 애착 역사, 선생님과의 경험, 친구와의 관계, 그리고 또래 집단에서의 사회적 역량 사이의 복잡한 관계를 조사하도록 제안한다.[148] 예를 들어, 이런 연구 중 하나는 동료를 포용하는 것과 리더십 능력이 안정 애착과 연관되어 있다는 것을 보여주었다.[149] 인생 초기와 말기 둘 다, 우리의 삶이 전개됨에 따라 관계는 분명히 달라진다. 전반적으로, 이러한 발견들은 개인이 인간관계와 집단관계 내에서 사회적 경험뿐만 아니라, 일련의 내적 과정과도 상호작용하면서 계속 발전한다는 개념을 뒷받침한다.

인생 과정을 통해 사람의 마음은 일관성 있는 내부적, 인간관계적 및 집단적 경험을 생성하려고 시도한다. 그러한 통합과정은 개인의 마음 시스템을 복잡한 사회적 힘의 맥락 속에 둔다. 그 사회적 힘의 맥락은 종종 예상하지 못한 방식으로 삶의 경로를 직접 형성한다. 글렌 엘더Glenn Elder는 다음과 같이 설명했다.

> 생애과정 이론과 연구는 우리에게 삶이 진행되는 세상, 사람들이 가능한 한 최선을 다해 발달의 길을 만들어가는 이 현실 세상에 대해 알게 해준다. 그것은 삶이 생물학적, 역사적 시간에 어떻게 사회적으로 조직되는지, 그리고 그 결과인 사회적 패턴이 우리가 생각하고 느끼고 행동하는 방식에 어떤 영향을 미치는지 알려준다.[150]

이런 식으로 우리의 마음은 우리가 시간에 따라 발전하도록 내적, 사회적 경험 모두를 지속적으로 처리하고 있다.

자연선택은 우리의 마음이 마음보기 능력을 발전시킬 수 있게 했다. 치열한 사회 세계를 헤쳐 나가려면 다른 사람의 마음을 이해할 수 있는 능력이 필요하다. 사실, 우리가 본 대로, 우리는 유사한 신경망을 이용하여 우리 자신의 마음을 인식하기 전에, 진화적으로 먼저 "다른 사람의 마음을 읽는" 법을 배웠을지도 모른다.[151] 주의, 의도, 알아차림, 지각, 기분, 감정, 태도, 신념 등의 내면의 세계는 오직 마음보기를 통해 볼 수 있는 현실의 영역이다. 우리가 눈으로 보거나 귀로 듣거나 촉각으로 느낄 수 있는 신체적 신호를 통해 나온, 그 "신체 감각"의 정보를 사용하여 우리가 마음을 감지할 수 있는 하나의 지도를 만들 수 있다. 이것이 우리가 먼저 마음보기 지도를 만드는 방법이고, 그다음에 우리가 진화하면서 그리고 개별적으로 발달하면서 우리 자신의 내면의 주관적인 마음의 삶을 만든다. 이러한 정신화된 지식의 더 정교하고 복잡하게 학습된 측면을 다른 사람들에게 전달하면 한 개인의 지혜와 경험의 이점이 그룹 내의 다른 사람들과 공유될 수 있다. 이 지식은 스토리텔링에 의해 그룹 내의 한 개인으로부터 다른 개인에게 전달된다. **타인의 마음을 이해하는 것은 내러티브의 필수적인 것이다.** 이는 우반구의 정신화 표상이 정보의 표현과 수신에서 좌반구의 해석과 통합할 필요로 한다는 것을 의미한다. 우리 자신의 내적 삶(즉, 우리 자신의 마음)을 이해하는 것이 자전적 내러티브의 추진 장치이다. 이야기들은 그러한 통합과정에 대해 우리에게 무엇을 알려줄 수 있는가?

이야기에 대한 인간관계 신경생물학 관점

내러티브와 신경 통합

내러티브는 사회적 대화의 근본적인 부분으로서 시작되었을지도 모른다. 인간의 마음 사이의 사회적 맥락 안에서 이야기가 창조된다는 것을 기억하라. 따라서 내러티브 과정은 본질적으로 사회적이다. 이야기의 내용은 인간의 삶, 즉 물리적 사건이 펼쳐지고 정신적 경험이 발생하는 것이다. 이야기에 대한 IPNB 관점을 설명하는 것은 내러티브가 어떻게 마음속의 일관적인 통합을 용이하게 하는지에 관련된 기본적인 과정을 설명하는 데 도움이 될 수 있다. 먼저 이야기와 관련된 신경 통합의 몇 가지 측면을 검토해 보자.

해마는 "인지 지도 제작자"로 간주된다. 그것은 공간과 시간에 있어서 자기감을 뇌에 부여하고, 지각 범주화의 순서를 조절하며, 정신적 표상을 감정평가센터와 결합시키고, 심지어 우리의 사회적 세계를 지도화하는 데까지 참여한다.[152] 이것들이 통합의 여러 층이 된다.

많은 저자들은 광범위하게 분포된 다양한 표상 과정을 결합하는 전두엽 영역(내측 전두엽 및 안와 전두 피질 포함)과 같은 신피질의 연관 영역이 내러티브의 기본이며 시공간을 넘어서 자기의 감각 운동 통합을 확립하기 위해 역학적인 전체 지도를 만들고 복잡한 표상을 형성한다고 제안한다.[153] 이 능력은 미래의 사건을 예상하고 계획할 수 있게 한다. 이것은 자기 인식적 의식이다. 이러한 시공간적 통합과정은 인지의 내러티브 모드의 근본이라고 제안된다. 이 지도화 과정은 자전적 내러티브의 핵심이 될 수 있으며, 마음이 다양한 상태들 간의 일관성(과거, 현재, 예상되는 미래의 자기를 이해하려고 노력하는 등)을 달성하려는 방식이다. 우리는 시간과 다양한 상황에 걸쳐 자기의 전반적 지도를 만드는 마음의 능력(자기 인식적 의식을 가지려고 하는 능력)이 평생 계속해서 발달하려는 통합의 필수 특징이라고 제안할 수 있다.

내러티브는 정보를 처리하는 데 우반구와 좌반구 모두 요구하는 것으로 보인다. 우반구의 지각적으로 풍부하고, 유추적이고, 상황에 따라 달라지며, 자기 인식적이며, 정신화되는 표상은 내러티브 과정의 많은 심상과 주제를 만든다. 이러한 표상에 대한 논리적이고 선형적이며 "이치에 맞는" 해석과 내러티브 세부 정보의 전달은 표상에 대한 좌반구의 해석 및 언어 처리에서 비롯된다. 뇌의 각 부분에서 이러한 과정은 다양한 표상 과정의 수직적 통합을 반영할 수 있다. 배측 과정(우반구에서 우세)이 복측 과정(왼쪽 반구에서 우세)과 상호 연결됨에 따라 배-복측 통합이 발생하기 시작한다. 이러한 통합형태 내에서 우측 과정이 좌측 과정과 통합되기 시작한다. 우리는 내러티브에 대해 다음과 같은 양자 통합과정을 제안한다. 인과관계를 이해하려는 좌반구의 추진력은 내러티브 과정의 주요 동기이다. 그러나 일관된 내러티브는 해석하는 좌반구와 정신화 우반구 모두의 참여를 요구한다. 일관된 내러티브는 두 반구 간 통합을 통해 생성된다.

일관된 내러티브는 두 반구 간 통합을 통해 생성된다.

여러 계층의 회로를 구성하는 통합은 뇌 전체(그리고 두 뇌 사이)의 다양한 표상 형태를 결합하기 때문에 가장 복잡한 상태를 생성할 수 있다. 수직적, 배측-복측, 외측, 반구 사이, 시공간적 통합 형태는 모두 내러티브 과정 내에 존재한다. 이러한 다차원적 통합 계층을 기반으로 하는 "마음을 이해하려는 추진력"은 부분적으로 뇌가 다양한 표상 과정 사이에서 더 안정된(복잡한) 결합을 달성하려는 방법으로 볼 수 있다. 원인-결과 관계를 찾기 위한 왼쪽 반구의 노력은 오른쪽 반구의 자전적 정신화 표상을 검색함으로 나타난다. 이러한 다층 통합은 내레이션과 독립적으로 존재할 수 있다. 다시 말해, 마음은 마음 자체 내에서 일관성을 달성하려는 기능이 있어서, 이러한 표상 과정의 계층을 결합하도록 내부적으로 추진력을 갖게 된다. 이러한 내적 일관성은 반응 유연성을 일으키는 중간 전전두엽 피질의 능력 안에서 나타나고, 다양한 전전두엽 매개 과정의 통합을 반영하기도 한다. 자전적 이야기 내에서 공유 가능한 표현 세트를 전달하려고 할 때, 우리 삶의 내러티브를 표현하기 위해 좌반구의 언어 번역과 해석을 사용해야 한다. 이러한 의사소통 과정은 마음이 경험을 통합하는 근본적인 방법인 우리 자신을 알고, 타인과 공유하는 것을 가능하게 한다.

3장에서 논의했듯이 엔델 툴빙Endel Tulving과 동료들은 뇌의 각 반구의 전두엽에 대한 이중 역할을 가정했다. 그들의 "반구상 부호화-인출 불균형hemispheric encoding--retrieval asymmetry" 가설에서, 좌반구는 자전적 부호화의 주요 매개체로 간주되는 반면, 우반구는 인출을 주로 담당한다. 연구에 따르면 이것이 언어적이거나 비언어적이거나 입력 유형과 무관하다고 제안한다.[154] 자기 인식적 의식은 과거, 현재, 미래의 자기를 표상할 수 있는 '정신적 시간 여행'을 수행할 수 있는 능력을 부여한다.[155] 이러한 연구는 과거를 이해하는 능력과 우리의 미래를 창조할 수 있는 능력은 밀접하게 관련되어 있다는 것을 시사한다. 또한 기억이 영구 저장되기 위해서는 REM 수면과 꿈이 필요할 수 있으므로 두 반구의 동시적 활성화가 필요하다고 할 수 있다. 이렇게 양측 뇌가 활성화되면, 우측 전두엽 활성화로 우뇌 후방에서 더 많은 자전적 표상을 인출할 수 있는 주기적인 과정이 가능해진다. 이 정보를 좌전두엽 영역으로 전송하면 재부호화가 발생할 수 있다. 본질적으로 이것은 인출된 기억으로부터 새로 조립된 표상의 부호화일 수 있다. 이러한 방식으로 장기(영구적이 아님) 저장소에 있는 항목은 인출되고(우측), 상상, 현재 지각 및 무작위적 활성화뿐만 아니라 최근 및 과거 경험의 정보까지 통합하는 과정으로 부호화(왼쪽)될 수 있다. 윈슨Winson 등이 제안한 바와 같이, 수면의 REM 단계의 전기적 활동과 신경내분비 환경 때문에 시냅스 연결의 장기적인 강화 유도를 통해 기억의 응고화가 이루어질 수 있다.[156] 양측 부호화-인출 과정은 새롭고 강화된 결합 고리의 생성을 촉진할 수 있다. 이 과정은 또한 양측 활성화의 환경에서 기억 인출이 "기억 수정자" 역할을 하는 방법을 보여주어 그날의 경험에 대한 최근의 기억이 건설적이고 주제적인 내러티브 과정 내에서 이전 기억 요소와 합성될 수 있도록 한다.

이 주장에서 반구 간 통합은 기억 응고화에 필수적이다. 꿈, REM 수면 및 피질 통합은 자전적 내러티브를 매개하는 통합과정이 된다. 이러한 통합과정이 막히면 해결되지 않은 트라우마의 핵심이 되고, 자전적 내러티브에서 비일관성 형태로 드러날 수 있다. 따라서 과거, 현재 및 미래에 걸쳐 자신의 표상을 통합하는 능력이 부족하여 방해받으면 자기 인식적 의식은 손상될 수 있다. 내러티브, 응고화 및 반구 통합에 관한 이 제안은 통합 프로세스의 정확한 메커니즘을 아직 이해하지 못하기 때문에 검증이 필요한 가설이다.[157]

인간관계 경험이 암묵 기억과 외현 기억을 형성하는 방식은 우리 삶의 이야기에 직접적인 영향을 준다. 내러티브는 유연하게 접근할 수 있는 외현 기억을 기반으로 하지만, 암묵 기억을 반영하여 인출할 때 영향을 받는다. 우리의 꿈과 이야기에는 과거의 기원에 대한 알아차림 없이도 우리 삶의 암묵적인 측면이 포함될 수 있다. 사실, 스토리텔링은 암묵적으로 기억하는 마음속에 숨겨진 내용을 다른 사람뿐만 아니라 우리 자신과도 언어적으로 소통할 수 있는 주된 방법이다. 이야기는 이전 경험의 잔여물로서 의식적으로 사용할 수 없는 암묵 기억의 감정적 주제에 대한 조망을 가능하게 한다. 이것은 종종 내러티브 과정인 수필 쓰기와 타인과의 친밀한 의사소통이 마음에 강력한 조직화 효과를 주는 이유 중 하나일 수 있다. 그것들은 우리가 감정을 조절하고 세상을 이해할 수 있게 한다. 일관된 내러티브에서 관찰되는 통합은 자기 조절을 직접 형성한다.

내러티브와 인간관계 통합

내러티브 과정은 또한 인간관계 통합을 가능하게 한다. 스토리텔링을 통한 내러티브의 외현적 표현은 본질적으로 청취자의 기대에 영향을 받는다. 이런 방식으로 초기 애착 경험은 아이들이 자신의 삶을 이야기하고 자기 인식적 의식을 개발하는 법을 배우는 데 직접적인 영향을 준다. 협력적 의사소통의 패턴을 통해 아이들은 트레바르덴Trevarthen이 "협동적 알아차림의 내러티브narratives of cooperative awareness"[158]라고 부르는 것을 발달시키고 포나기Fonagy가 말한 세상을 이해하는 법을 배우게 하는 "지식적 신뢰epistemic trust"라고 부르는 것을 지원할 수 있다.[159] 부모들이 안정 애착을 가진 자녀들에게 주관적 경험을 공유할 수 있는 정신 상태로 반응할 때, 부모와 아동은 마음 기능 방식을 이해하는 데 중요한 상호 건설적인 과정을 만들어낸다. 안정 애착의 고유한 기능인 상호 협력적 의사소통 또한 인간관계로 아동의 내부 통합을 촉진할 때 핵심 요소가 된다. 우리는 부모가 "반영적 대화"(느낌, 지각, 의도, 목표, 신념 및 욕망과 같은 인간의 행동과 표현에서 정신 상태의 중요성에 초점을 두는 대화)에 참여하는 것이 안정 애착에 중요하고 내러티브의 공동구성의 통합과정에도 중요하다고 제안한다. 사회적 유능감과 자율성, 숙달, 자기 결정감은 안정 애착을 촉진하는 회복탄력성의 한 부분이 된다.[160] '통합은 양육적이고 반영적인 초기 관계에서 발달하는 능력'이라고 우리는 제안한다.

안정 애착은 다양한 형태의 인간관계적 공명을 허용함으로써 발달 중인 아동의 통합을 용이하게 한다. 좌반구에서 좌반구로의 공명은 선형적이고 논리적인 대화모드 내에서 언어적 의사소통의 형태를 취한다. 우반구 대 우반구 공명에는 음성톤, 제스처 및 얼굴 표정과 같은 비언어적 의사소통 구성 요소가 포함된다. 이야기를 함께 구성하면서 부모와 아동은 쌍방 간 공명 상태로 들어간다. 이때 두 사람은 대인 간 의사소통에 의해 촉진되는 두 반구 간 통합 상태에 들어간다. 이러한 방식으로 안정 애착은 왼쪽에서 왼쪽, 오른쪽에서 오른쪽, 두 사람의 두 반구에서 두 반구로 의사소통을 포함하는 공명 과정의 친밀한 춤을 춘다. 이처럼 복잡한 형태의 협력적 의사소통을 통해 두 사람은 매우 공명적인 상태로 이동할 수 있으며, 또한 아동의 마음이 스스로 통합할 능력을 발달시킬 수 있다. 그러한 능력은 자기 조절의 핵심이 될 수 있다. 본질적으로 통합적 의사소통은 통합 신경회로 내에서 활동을 시작하고 연결을 강화한다. 통합 의사소통은 신경 통합을 촉진한다.

> 이야기를 함께 구성하면서 부모와 아동은 쌍방 간 공명 상태로 들어간다.

불안정 애착에서는 조건적이고 공명적인 소통이 종종 발생하지 않고 신경 통합은 손상된다. 예를 들어, 회피 애착 아이와 방임적인 어른의 경험은 부모와 아이가 주로 좌반구 형태의 의사소통을 하는 것으로 이해될 수 있다. 이러한 상호작용은 주로 좌반구 해석자의 정신화되지 않은 표상에 접근하려는 부모의 경향에서 기인할 수 있다. 사실, 정서 표현(우반구)과 언어적 의사소통(좌반구) 사이의 대응에 대한 연구를 보면 이들 양자 간에 탈 연결을 볼 수 있다.[161] 대화의 비언어적/운율적 요소와 의미적/언어적 뜻의 요소를 혼합하는 능력은 두 반구 간의 조화로운 협력이 필요하다.[162] 스루프Sroufe가 지적했듯이 "공유된 감정은 사회적 관계의 기본 구조"이며 "인간 상호작용 및 의사소통에 운율이나 구두점을 제공한다."[163] 따라서 회피 애착은 두 마음이 충분히 의사소통하도록 하는 능력에서 감정적 장애를 유발한다.[164] 복잡한 반구 간 방식에서 공명과 경험을 통합하는 능력은 상당히 제한된다. 공유된 감정의 부재는 부모와 자녀가 달성할 수 있는 인간관계 연결 수준에 심각한 제한을 초래한다. 이는 감정이 마음 내에서 그리고 마음 사이에서 통합과정의 중심 역할을 한다는 것을 반영하는 것이다.

개인 내에서는 다양한 형태의 창조적 과정에서 반구 간 통합이 일어날 수 있다. 정신 치료나 다른 감정적 관계를 통하여 불안정 애착을 가진 사람의 애착에 대한 마음 상태를 변화시키려는 연구에서 보면, 인간관계의 새로운 경험으로 그들은 새로운 수준의 정신적 일관성을 성취할 수 있다.[165] 이 새로운 통합 능력은 인간관계와 내적 모두에서 활력과 창조적인 에너지와 아이디어의 방출을 만들어 낼 수 있고, 개인적 표현을 활기차게 해준다. 이러한 자발적이고 활력이 넘치는 과정 덕분에 회화, 음악, 무용, 시, 창작, 조각 등 다양한 활동에 참여하게 될 수 있다. 그것은 또한 다른 사람들과의 소통, 거리를 걷는 것, 풍부한 지각에 대한 새로운 이해, 순간의 흐름과 연결되는 느낌 등 삶의 "일상적인" 경험 안에서 더 깊은 창조성과 이해를 만들어 낼 수 있다. 앞서 논의에서 지적한 바와 같이, 안정 애착과 마음챙김 특성은 서로 상관관계가 있는 것으로 나타났다.[166] 이 발견은 안정 애착, 마음챙김, 그리고 심지어 정신적인 웰빙이 모두 공통적인 기본 메커니즘으로서 신경 통합을 공유한다는 것을 시사한다. 삶은 그저 단순한 결과물이 아니라 하나의 과정이다. 단순한 교류만 하는 고립된 존재로서 명사 같은 삶이 아니라 펼쳐져 나가는 동사 같은 삶을, 이 책의 다음 장에서 더욱 심도 있게 탐구할 것이다. 우리는 분리된 자기를 넘어 우리라는 더 큰 단위 안에서 흡수된 자기감을 가지기 전에, 먼저 통합적이고 일관성 있는 자기감을 내부에 구축해야 할지도 모른다. 여러 가지 면에서, 이러한 합류는 창조적인 협동의 한 부분이며, 완고함을 버리고 명사적이 아닌 동사적이며, 현재 더 복잡한 상태의 존재 출현을 여는 것이다. 이러한 창의성의 경험은 부분적으로 한 방식에서 활성화된 요소들이 다른 방식의 요소들을 자유롭게 구성하는 방식에서 파생된다. 이것이 바로 통합이 우리의 삶에서 연결을 확장하고 수립하는 진정한 방법이다. 이 중 상당수는 비의식적이지만, 과정들 사이의 새로운 공명은 창발적이고 일관적인 마음의 활발한 흐름을 알아차리게 할 수도 있다. 많은 사람은 이러한 생동감, 강렬함, 명료함이 상당히 신나는 것이라고 느낀다.

공명의 통합 경험은 또한 두 사람 사이에 그것이 발생할 때 자발성과 창조성을 불러일으킨다. 이러한 마음 사이의 활기찬 연결은 사랑하는 연인, 친구, 동료, 교사와 학생, 치료사와 환자, 부모와 자녀 등 다양한 종류의 감정적 관계 안에서 볼 수 있다. 두 사람은 시간을 통해 만든 여행에서 동반자가 된다. 인간관계 통합은 자발적이고 공명적인 의사소통 중에 볼 수 있다. 한쪽은 연속성, 친숙성, 예측 가능성이 있고 다른 한쪽으로는 유연성, 새로움, 불확실성이 있는 사이에서 자유자재로 흐르면서 균형을 이루는 의사소통이다. 양자 관계에서 어느 한쪽도 상대를 완전하게 예측하지는 못하지만, 서로 아주 친밀하다. 서로를 배려하면서 소통을 하는 동안, 서로의 차이점을 존중하고 격려한다. 둘 사이의 협동적 의사소통은 단순한 반사거울이 아니라, 혼자서는 달성할 수 없는 둘 간의 강렬한 상태로 이동하는 상호 간의 조건적 과정이다. 그 결과로 생긴 프로세스는 복잡성과 일관성이 있는 새로운 통합된 마음을 만들어낸다.

우리는 또한 자연 속에서 연결되는 결합감을 만들 수도 있다. 우리는 내면적인 일관성, 인간관계의 결합감, 그리고 모든 생명체의 하나로 소속되는 내면의 본성적 감각을 가질 수 있다. 내면의(inner), 사이의(inter), 소속의(intra), 이 단어들이 통합되고 일관성 있는 자기감과 정체성의 3가지 면이다. 여기에 다음 마지막 장의 초점이 있다.

통합은 인간의 마음이 평생에 걸쳐 어떻게 발전하는가에 대한 주요 원리이다. 그것은 우리가 교육, 가족,[167] 심리치료,[168] 그리고 명상을 이해하게 하고,[169] 아이 양육법에 대한 정보를 준다. 우리의 삶에 유연해지고 완전히 현재에 존재하는 법을 배우는 것, 그리고 타인, 우리 자신, 자연에 대해 친절하고 자비로워지는 것은 통합적인 삶을 살 때의 궁극적인 결과물이다.

반영: 마음 통합하기

마음이 자기 상태의 흐름 내에서 나타날 때, 그것은 우리가 "통합"이라고 정의한 과정에 의해 이러한 상태들에 일관성을 만들어낸다. 통합은 마음이 에너지 흐름과 정보 처리 과정에서 상호 공동 조절을 경험할 수 있게 하여, 적응적이고 협응된 기능을 가능하게 한다. 시간이 경과하면서 마음 내에서 유연하지 않고, 부적응하며, 제한된 에너지 및 정보 흐름이 있다면 비일관성이 생긴다. 인간관계 과정은 마음이 마음 자체를 조직화할 때 제한적인 방식으로 하는 것을 변경함으로써 통합을 촉진할 수 있다.

일관성을 만드는 것은 평생의 프로젝트이다. 통합은 최종 성취가 아니라 끊임없이 펼쳐지는 과정이다. 이 과정은 아마도 상대적으로 독립적이고 분화된 둘 이상의 독립체들 사이에 상호 영향을 주는 시너지 상호작용으로 정의되는 "공명"의 한 형태에서 가장 잘 보일 것이다. 이 공명은 두 시스템이 서로의 활동을 증폭하고 함께 조절하도록 한다. 하나의 마음에서 통합은 뇌와 신체 내에서 에너지와 정보의 자율적인 흐름을 허용한다. 이 자율성은 무작위로 활성화되는 것이 아니라, 각 처리 과정의 계층들이 서로에 대해 유연하게 영향을 준다는 것을 의미한다. 반대로, 불안정 애착은 일관성이 없다. 적절하지 않은 양육 경험을 겪으면 자신의 마음 안에서 그리고 다른 사람과의 공명 능력에 현저한 어려움이 생긴다.

자전적 내러티브는 통합 또는 비일관성을 나타낼 수 있다. 일관된 내러티브는 좌반구와 우반구의 처리 과정의 조합을 보여준다. 해석하는 좌반구는 그것이 아는 것에 대한 이야기를 짜도록 유도된다. 우반구의 표상 과정에 대한 접근이 제한되면 그러한 이야기는 일관성이 없어진다. 우반구 뇌가 일차 감정, 신체 감각, 자전적 과정을 그릴 때, 좌반구 뇌는 일관된 삶의 이야기를 통합함으로써 "이해"할 수 있게 한다. 양쪽의 통합은 일관적인 내러티브를 증진시킨다.

조건적으로 의사소통하는 두 사람 상태의 다층적 공명은 각 개인이 새로운 통합 능력을 획득할 수 있도록 한다. 두 사람은 각자의 양측 뇌로 양쪽에서 에너지와 정보의 흐름을 통해 공간을 가로질러 연결된다. 이 흐름은 의사소통의 패턴에 저장된다. 애착 관계에서 볼 수 있듯이, 마음의 발달은 조건적이고 협력적인 의사소통을 기본으로 할 때 발달한다. 일관성 있게 통합하는 능력은 두 사람의 의사소통에서 획득된다. 감정적 조율, 반영적 대화, 내러티브의 공동구성, 추억 대화, 연결 장애를 서로 회복하기 등은 모두 안정 애착의 기본 요소이며, 인간관계를 향상시키는 효율적인 성장의 기본 요소이다.

따라서 마음들 사이의 연결은 완전히 체화되고 관계된 두 개의 뇌를 통해 에너지와 정보가 자유롭게 흐르는 두 사람 간 공명의 형태를 필요로 한다. 고도로 활성화된 상태에서 이러한 과정이 일어날 때, 연결의 느낌은 아주 즐거워진다. 인간관계의 의사소통에 "완전히 참여"될 때(마음의 결합이 완전한 힘을 발휘할 때)에는 즉각적으로, 선명하게, 진실성의 강렬한 느낌이 생긴다. 이 고조된 몰입의 순간, 이 양자적 공명 상태에서, 사람은 마음을 성장시키고 치유하는 관계의 힘을 음미할 수 있다.

The Developing Mind 10

소속감, "자기", 그리고 나 더하기 우리 = 나우리로 통합된 정체성

—

통합 촉진에 관한 기초 연구

The Developing Mind

마음의 발달을 향한 우리의 여정을 마무리하는 시점에서, 나는 이 책에서 설명된 통합에 대한 접근 방식을 우리 삶의 다양한 측면에 충분히 적용하는 방법에 대해 몇 가지 간단한 제안을 하고 싶다. 개인, 양자dyad, 가족, 집단, 조직 또는 사회가 혼돈 및/또는 경직성을 경험하게 되면, 우리는 통합이 저해되는 것을 알게 된다.[1] 시스템이 웰빙으로 나아가는 핵심 요소는 어떤 요소가 분화되지 않으며/또는 연결되지 않았는지 확인하는 것이다. 이러한 탐색 및 통합과정search-and-integrate process은 시스템이 개인 혹은 우리 지구이든지 간에, 시스템을 건강하게 하는 노력의 초점이 될 수 있는 "통합의 영역domains of integration" 체계를 분류함으로써 도움을 받는다.

이어지는 9가지의 영역은, 이 책의 앞서 나온 9개 장에서 다양한 관점으로 기술된 것처럼, 웰빙을 창조하기 위해 에너지와 정보가 통합된 길로 흐르게 하는 중요한 영역이다. 이 분야들은 통합이 막힐 수도 있는 영역이다. 이 영역들은 분화와 연결의 경계를 설명하는 합당한 방법을 제공한다. 9가지 영역은 의식의 통합, 반구 간 통합, 수직적 통합, 기억 통합, 내러티브 통합, 상태 통합, 인간관계 통합, 시간 통합, 정체성 통합이다. 이 후반 영역은 우리 여정의 마지막 장의 두 번째 부분에서 강조될 것이다. 게다가, 이 영역들은 IPNB를 적용하고 당신의 일상생활에 내적 웰빙과 건강한 관계를 조성하는 실제적이고, 희망컨대, 유용한 방법으로 통합의 큰 틀을 시작하는 방법을 제시한다.

이 각각의 영역들에서, 우리는 다음과 같은 일반적인 질문을 할 수 있다. 이 영역들의 어떤 측면들이 분화할 수 있도록 기능적으로, 시간적으로, 공간적으로 분리될 수 있는가? 어떻게 이 분야의 하위 요소들이 분화되며, 또는 이러한 분화가 조성되고 정제되는가? 한번 분화된 다음에, 어떻게 연결이 되는가? 연결이 심하게 제한되면, 통합을 저해하는가? 분화의 장기간 지속한 분해를 동반한 연결은 하위 요소의 본질적인, 독특한 특색을 잃어버리는가? 연결은 자연적으로 "동시성 상태phase synchronization"를 포함하여 그 순간에 공명에 도달하지만, 통합은 스무디를 만들기보다는 과일 샐러드를 만드는 것과 더 비슷함을 다시 한번 기억하자. 개별적인 요소들이 믹서기 안에서 사라지지 않는다. 이질적인Heterogeneous 기능은 동질적인 homogeneous 혼합물의 동일성보다 조화로운 의미의 통합으로 이끈다.

이 영역들을 아우르는 통합을 통하여 발생한 웰빙은 내적within이고 사이between에 소속되는 완전한 느낌이 들게 한다. 이렇게 살아가는 길은 의미, 연결, 친절과 동정을 가지는 것으로 "행복Eudaimonia"이라 불리며 강한 즐거움에 몰두하는 "쾌락hedonia"과 대비된다.[2]

통합의 아홉 영역

의식의 통합

의식 내에서 무엇이 분화될 수 있을까? 1장에서 탐색했듯이, 인식의 주관적 경험(아는 것의 질)과 인식의 대상(알게 된 것)은 우리 의식의 경험에서 분리될 수 있는 요소들이다. 게다가, 인식의 다양한 대상들은 시각부터 촉각까지의 오감, 신체 내부의 제6감, 정신 활동의 제7감, 그리고 다른 사람들과의 상호 연결, 자연과 내적 연결의 제8감으로 구분될 수 있다. 의식의 이러한 측면들이 분화되지 않을 때, 알아차림의 경험은 초점이 맞지 않는 사진처럼 흐릿한 성질을 가질 수 있다. 이미지의 결과는 깊이, 명확성, 세부성, 안정성이 없다. 우리가 보는 것이 주의 초점에서 흐려진다. 우리는 인식의 대상과 알아차림을 구분하지 않을 때 주의의 대상을 우리 정체성의 모든 것으로 볼 수 있다. 강렬한 감정은 그 순간에 일시적으로 느끼는 것이 아니라 우리가 된다.

의식의 통합을 촉진하는 실제적인 접근은 1장과 7장에서 이야기된 통합적이고 마음챙김 방식으로 주의를 집중하는 형태인 인식의 수레바퀴 훈련이다. 마음의 은유에서 축은 인식을 상징하며, 수레바퀴의 테두리에 있는 지점들은 우리가 인식할 수 있는 것들(시각, 청각에서부터 우리의 신체 감각, 우리의 생각과 감정들, 관계적 연결에 대한 우리의 감각까지)을 상징한다. 이것은 서로 분화되고 연결될 수 있는 의식의 요소들이다. 은유적인 바큇살은 체계적으로 축에서부터 테두리의 어느 지점까지도 보낼 수 있다. 마음의 통합적 시각화 및 반추적인 수레바퀴는 어린이들부터 청소년을 포함하여 광범위한 사람들에게 매우 유용하다는 것으로 밝혀졌다. 의식의 통합 연습을 위해 고안되었으나, 마음챙김 연습의 모든 기준을 충족한다. 호기심, 관찰, 수용 그리고 자신과 타인에 대한 사랑의 자세를 촉진한다. 덧붙여, 수레바퀴 연습은 다양한 독립적 연구에서 신체적 웰빙의 특별한 증진과 두뇌 속 통합의 성장을 촉진하는 것으로 밝혀진 마음 훈련의 세 기초적 기둥에 관여한다(p. 128 [그림 1.3] 참고).[3]

수레바퀴 경험 연구의 데이터에 부합하는 한 가지 가능한 메커니즘은, 마음을 에너지 흐름과 가능성에서 현재성으로 넓게 이동하는 에너지 자체의 출현하는 현상으로 보는, 우리의 여정 동안 탐색했던 3-P 틀이다.[4] 에너지 흐름은 거의 제로 값에서부터 백 퍼센트의 가능성까지 확률 분포 곡선으로 표현되는 수직의 y축의 그래프로 묘사될 수 있다. 은유적인 수레바퀴의 축에 들어가는 개인의 경험은 우리 확률의 평면 그래프에서 거의 제로 위치(물리학에서 양자 진공 혹은 확률의 바다)의 에너지 확률에 상응할 수 있는 순수한 인식의 상태임을 추정하게 한다. 통합된 의식은 평면에서 높아진 확률의 고원과 실현된 정점 사이의 유동적 흐름일 수 있다. 고원은 마음, 기분의 상태 또는 의도를 묘사할 것이며, 정점은 기억, 정서 또는 사고를 표현할 것이다. 평원(축)에서 인식의 알아차림을 고원과 정점(수레바퀴의 테두리)의 아는 것과 구별할 수 있게 되는 것과 그것들을 서로 유연하게 연결함은 수레바퀴 같은 마음 훈련 연습으로 촉진될 수 있는 통합적 의식의 메커니즘일 것이다.

반구 간 통합

앞서 보았던 것처럼, 좌우 반구는 서로 상당히 구별된다. 두 반구는 자궁 내에서부터 양측으로 분화되는 "내적 요인"을 가지고 있다. 6장에서 살펴본 바와 같이 분화의 장애물은 선천적인 원인(예: 자폐증과 비언어적 학습 장애) 또는 경험적 원인(예: 불완전 애착)으로 나타날 수 있다. 분화의 손상은 분화와 연결의 균형을 위해 서로 다른 요소들을 연결해야 할 상황에서 통합이 제한될 것을 의미한다. 예를 들어, 자폐증에서 분화의 초기에 미성숙한 폐쇄가 있을 수 있다. 그 결과, 뇌는 실제로는 크지만 다양한 영역이 독특하게 전문화되어 있지 않았다.[5] 회피 애착에서, 좌반구는 과도하게 분화되고, 우반구는 미분화되었다는 가설이다. 치료는 먼저 분화를 촉진하고, 그리고 연결을 촉진할 수 있다.

좌뇌와 우뇌의 연결은 대부분 사람에게 자연적으로 일어나기 때문에, 우리는 뇌가 일반적으로 통합된 전체로서 작동한다고 말할 수 있다. 그러나 일부 사람들은 이것이 일어나지 않는다. 비일관적 내러티브, 역기능적 인간관계 상호작용, 정서와 신체 감각의 내적 인식에 차단된 접근으로 손상된 양 반구 통합을 알 수 있다. 체계적 프로그램은 좌측과 우측, 아는 것과 존재하는 것의 각각의 방법들의 협력 작업을 촉진하기 위해 만들어질 수 있다.[6] 통합에 대한 전반적인 접근 방식의 핵심은 분화된 부분들의 연결이 복잡성을 최대화하도록 스스로를 조직하는 시스템의 자연스러운 추진력임을 기억하는 것이다. 양 반구 통합에 대해, 이것이 종종 의미하는 것은 동등한 가치를 지닌 각자 알아가는 방식, 각자 정보 처리 방식을 막는 근본적인 과정을 발견하는 것이다. 이것은 사건에 대한 반응, 감정에 대한 회피 또는 믿음일 수 있다. 이 새로운 인식으로, 뇌량을 교차하는 협력이 이루어질 수 있다. 이것을 기억하는 것이 흔히 도움이 된다. 신체 감각의 개방성과 동반되는 정서의 파도는 비이성적이고 종종 취약한 느낌을 만들 수 있는 모호한 경험이다. 이러한 우측의 주관적 느낌들은 더 이성적이며, 논리에 기초하고 언어로 정의된 좌측에 비해 상당히 취약하게 느껴질 수 있다. 우측 방식은 불확실성과 예측 불가능한 느낌이 들 수 있다. 좌측 방식은 확실함에 대한 욕구를 가질 수 있으며 경험의 결과를 조절할 수 없더라도 예측할 수 있다. 우측의 주의력의 넓은 초점과 관계적 맥락에 대한 인식은 좌측의 세부 사항에 대한 좁은 초점과 논리적, 직선적인과 관계의 인식과 뚜렷이 구분된다. 한 관점은 확실성의 질을 가질 수 있고, 다른 관점의 개방성과 호기심은 취약성의 느낌을 준다. 비록 좌반구의 처리가 우측을 약점으로 인식할 수 있지만, 취약성은 사실은 강함의 표현이다. 각 방식은 중요하며, 통합은 일상생활에서 그들의 연결을 촉진하며 차이점을 존중하는 것을 의미한다. 너무 확실한 (그리고 독단적인) 좌측에 비해 가끔 소심한 우측을 보호하는 것은 양 반구 통합을 촉진하는 데 중요하다. 어떤 때와 어떤 사람들의 경우에, 과도하게 폭주하는 우측 방식은 좀 더 신체적으로 멀리 있는 좌측 방식의 명확하고 이성적인 진정이 필요하다. 어느 방식도 다른 방식에 비해 낫지 않다. 창의적이고 성취감 있는 삶을 살기 위한 열쇠는 삭제가 아니라 협업이다. 반구와 그들의 우세 방식을 가로지르는 통합은, 중요하지만 구별되는 두 가지 앎의 방식 간의 협업적 연결을 촉진하는 동안 차이점을 존중하는 것을 수반한다.

수직적 통합

의식이 특히 피질에서, 다양한 신경 과정들을 포함한 일시적인 위상 동기화에서 신경 발화의 복잡한 조합들과 부분적으로 연관되어 있다면, 수직적 통합은 피질하 입력의 인식을 수반한다. 글자 그대로, 이것은 신체 본연, 뇌간, 변연계에서 나오는 데이터에 의식적 주의 집중을 의미한다. 이들 부위가 해부학적으로 피질보다 "아래에" 있기에, 우리는 이를 "수직적 통합"이라 부른다. 이 축을 따른 분화는 태아 신경계가 바닥에서 위로, 그리고 뒤에서 앞으로 자궁 내 성장하는 것으로 대개 잘 확립되어 있다. 신경계는 우리의 근육과 뼈에 도달하고, 중공 기관에 분포하며, 심장, 폐, 장의 내장 입력을 주며 우리 몸 전체를 지배함을 기억하자. 이 모든 "몸의 지혜"는 미주 신경과 척수 추간판 I 에서 나오고, 뇌간과 변연-시상하부 조절 영역에서 중간 기착하고, 주로 우측 뇌의 전 대상회anterior cingulate와 뇌섬insula의 전전두엽 피질 영역으로 나온다. 나는 여기서 "뇌"라는 단어를 두개골 안의 뇌, 또는 "두뇌"를 의미하기 위해 사용한다. 장의 입력을 "장뇌gut brain" 심장 입력을 "심 뇌heart brain"라 부르는 것이 합당하다. "뇌"는 진정으로 체화된 뇌embodied brain이다. 수직적 통합은 의식적 경험의 일부로 이 현실을 만든다.

간단한 연습으로 수직적 통합의 직접적 경험이나 결여를 제공한다. 단호하게 7번 "아니요"를 말하고 부드럽게 "네"를 7번 말해보라. "아니요"는 종종 투쟁, 도피, 얼음 또는 기절 같은 반응적 뇌간 상태를 유발한다. "네"는 수용성receptivity의 하나인 반응적 상태의 변연계와 전전두엽 조절이 개입하는 개방성과 사회적 참여를 활성화한다.[7] 반응적 대 수용적 감각의 신체 느낌의 인식은 말 그대로, 수직 통합을 촉진하는 내부감각interoception의 일부이다. 종종 누군가 내부감각에 어려움이 있다면, 중요한 원인이 있다. 그리고 이 영역에 부드럽게 접근하는 것이 도움이 된다. 신체 상태 인식의 허용 범위가 초기 애착 경험이 지지적이지 않았거나 선천적으로 예민하거나 신체 신호가 관심의 초점이 될 때 강한 반응이 나올 때는 상당히 좁을 수 있다. 우리는 우리 신체에 살지만, 때때로 신체를 평화, 기쁨, 명료함, 지혜와 직관의 성역sanctuary보다는 머리를 향하는 운송 수단처럼 다룬다.

기억 통합

3장에서, 우리는 기억 층이 지각, 신체적 감각, 감정과 행동 반응의 암묵적 형태로 초기 인코딩에서 외현적인 사실적 기억과 자전적 기억 저장소의 조합된 퍼즐 조각으로 이동하는 것을 탐구했다. 아이가 성장함에 따라, 시간을 가로질러 자기감sense of self을 가지는 중요하고 사회적으로 형성된 능력을 개발한다(이 장의 마지막 부분에서 더 자세히 살펴볼 것이다). 이것은 암묵적 회로에 내장되어 있고, 해마에 의해 외현 기억으로 통합된다. 때때로 이 과정은 외상으로 차단된다. 분화된 암묵 기억이 순전한 형태로 남아 있을 때, 정서와 이미지의 홍수, 자동화되고 때때로 경직된 역기능적 행동 습관, 침습적 신체 감각으로 나타날 수 있다. 암묵 기억은 우리의 지각을 필터링하는 이전 경험에 기초한 정신 모델을 포함한다. 암묵 기억의 중요한 한 가지 측면은 과거의 무언가가 우리의 삶에 영향을 미친다는 것을 알지 못한 채로 회상되어 우리의 의식 경험에 영향을 미칠 수 있다.

기억 통합은 분화된 암묵 기억을 의도와 선택을 할 수 있는 사실적이고 자전적 기억의 외현적 형태와 연결한다. 이것은 우리의 삶을 더 유연하게 만든다. 기억 통합은 PTSD의 손상과 외상 후 성장의 차이를 만들 수 있다. 기억 통합을 이해하는 것은 압도적인 과거 사건을 명료하고 해결하게 도움을 준다.

내러티브 통합

우리 인간은 이야기하는storytelling 종이며, 우리가 "아는 것을 알고 있다knows we know"(호모 사피엔스 사피엔스). 적어도 4만 년 동안 우리의 초창기 동굴 벽화 시절부터 우리는 우리의 눈으로 본 것을 다른 사람과 공유하고 끌어내서 우리의 세상 감각sense of our world을 만들어 왔다. 내러티브 발달은 어떻게 우리의 인간관계가 우리가 무엇을 어떻게 기억하느냐 뿐만 아니라 타인에게 우리의 경험을 이야기 형태로 이야기하기 위해 어떻게 단어들을 조합하는 법을 배우는지에 의해 형성되는지 많은 사례가 있다. 이야기는 일련의 사건들에 대한 선형적인 이야기이며, 따라서 자연스럽게 삶에 있어 원인-결과를 설명하려는 좌반구의 언어적, 논리적, 선형적 추진력이 관여된다. 그러나 자전적 저장과 우리의 정신적 삶을 이해하는 능력은 주로 우반구의 일이므로, 우리의 삶의 일관된 이야기를 위해서는 세상을 보는 것과 현존하는 것으로 분화되고 편측화된 두 방식의 협력이 필요하다.

내러티브 통합은 우리의 살아있는 경험의 이해를 위해 좌측의 힘과 우측의 저장을 연결하는 방법이다. 일관된 내러티브의 출현은 양 반구 통합과 반구 내 통합을 따라서 생긴다. 때때로 일관된 내러티브가 (예를 들어, 어떤 사람이 골칫거리 문제를 해결할 때) "갑자기 나타난appeared out of nowhere" 것처럼 보일 수 있다. 제임스 페니베이커James Pennebaker와 동료들은 저널에 글을 쓰는 행위만으로도, 설령 아무에게도 보여주지 않는다고 해도, 몸과 정신의 웰빙에 상당한 긍정적인 효과를 가질 수 있음을 보여주었다.[8] 내러티브 통합은 우리의 삶을 이해하는 것에 관한 것이고, 이 연구는 이해하는 것이 이해가 된다는 것이 분명하다.

상태 통합

그동안 우리가 살펴본 것처럼, 마음의 출현은 신체와 관계적 과정의 상호작용에서 나타난다. 가족 내에서, 또는 특별한 친구들과 함께, 우리는 좀 더 특정한 방식으로 행동할 수 있다. 우리는 삶의 동반자와 친구를 현명하게 선택해야 하는데, 그들은 우리가 무엇을 행동하고 말하는지 뿐만 아니라 실제로 우리가 어떤 사람이 될지에 깊은 영향을 주기 때문이다. 우리는 관계적 존재이며, "자기"는 부분적으로 관계 내에서 창조된다. 그러나 지금 우리의 존재 상태 즉, 발생하는 자기 상태는 과거의 경험에 적응했던 방식을 반영하는 시냅스 흔적에 의해, 그러한 경험들이 어떻게 직접 영향을 주었는지에 의해, 또한 유전자, 후상적epigenetic 조절, 독성 노출 같은 선천적으로 결정된 신경 발달 과정에 의해 형성된다. 다시 말해, 신경 연결은 경험과 성격을 만드는 체질 둘 다에 의해 형성된다. "성격"은 자기 조절 및 우리의 정서적 삶을 직접 형성하는 특정 발달 단계를 따라가는 성향으로 설명할 수 있다.[9]

어떻게 존재 상태, 또는 마음 상태를 다른 상태와 구별할 수 있을까? 만약 내가 고독을 필요로 한다면, 자신에게 홀로 시간을 갖도록 허락하는가? 혹은 나의 사교적인 상태가 우세해서 사회적 활동 참석 초대에 "아니요"라고 말하는 것에 죄책감을 느끼는가? 별개의 자기 상태 간의 다르고 종종 충돌하는 요구를 인식하고 존중하는 것은 "상태 간" 통합의 한 부분이다. 이는 주어진 상태 내에서 일관된 기능을 촉진할 수 있다. 따라서 나는 자신에게 항해를 배우도록 허락하고, 물 위에서 시간을 보내고, 얼굴에는 바람을, 손에는 키를 쥐고 죄책감 없는(또는 최소한의 죄책감) 즐거움을 촉진한다. 물에 있거나, 떠 있거나, 아래 있거나, 근처에 있는 것이 우리 정신 건강에 좋다는 것을 아는 것도 해로울 것이 없다.[10] 이는 "상태 내" 통합의 한 부분이다. 풍요롭고 충만한 삶을 사는 것은 최소한 이들 두 분화(상태 간inter-state 그리고 상태 내intra-state)의 측면을 수반하고 우리가 누구인가를 정의하는 많은 자기를 연결하는 것이다. 우리는 "인간관계 상태"도 가지고 있는데, 이는 다음 통합의 영역을 포함한다.

인간관계 통합

"나"에서 "우리"로 존재가 이동하는 것은 개인적인, 각각의 자기가 분화하고 이 자기를 다른 자기와 연결하는 것을 포함한다. 지금까지 살펴본 바와 같이 이 장에서 더 탐색할 것은, 분화와 연결의 조합을 기억하는 한 가지 방법으로 이 공식이 있다. 나 **더하기** 우리Me plus We=**나우리**MWe. 균형 잡힌 관계는 통합된 전개unfolding 또는 개별 부분의 합보다 더 큰 출현이다. 이것이 통합의 시너지 효과다. 종종 사람들은 관계의 어려움으로 의학적 도움을 받으러 온다. 그들은 타인과 혼돈과 경직된 관계를 발견한다. 다툼, 감정적 폭발, 충동적이고 때로는 파괴적 행동이 관계를 지배할 수 있다. 다른 사람은, 또는 다른 때에는, 너무 뻔한 침체되고 지루함이 관계 전반을 채운다. 둘 다, 통합은 손상된다. 분화 그리고/또는 연결의 손상을 찾아보면, 관계의 두 구성원에게서 자주 발견된다.

관계 갈등의 시냅스적 측면은 AAI가 제공하는 내러티브 통찰에서 드러날 수 있다. 이를 커플에서 탐색해 본다면, 종종 우리는 어떻게 파트너가 익숙한 장소에서 길을 잃는지 안다. 다른 말로 하면, 그들은 아이였을 때 바로 그 조건을 강화하는 자기 충족적 예언을 가지고 있다. 인간관계 통합은 타인과 연민적 연결을 촉진하면서 분화를 존중하고 즐기는 것을 포함한다. 불가피한 어긋남 또는 더 심한 불화 이후에 연결의 복구, 재건은 건강한 관계의 중요한 부분이다. 이것은 가장 조화된 연결에서도 정상이다. 이러한 상호적 복구는 연결의 확립을 추구하면서 분화를 존중하는 것을 포함한다. 인간관계 통합 변화를 만드는 데 어려움 중 하나는 사람들이 타인의 요구에 휩쓸리는 것을 두려워할 수 있거나, 친밀감에 대한 자신의 욕구가, 알아차린 후에, 충족되지 않는 것이다. 고립으로의 후퇴는 종종 편안함과 연결을 위한 타인 필요감sense of needing의 인식에 압도당하기보다는 조절 가능하다고 느낄 수 있다.

논의했던 것처럼, 어떤 사람에게는 수치심이 지하에 있지만(인식의 레이더 밑에) 여전히 관계의 세계를 지배할 수 있다. 수치심과 함께, 자기를 결함이 있는, 연결의 가치가 없는 "하자품damaged goods"이라는 숨겨진 믿음을 가질 수 있다. 사람들은 수치심이 손상된 애착에 발달적 뿌리가 있음을 개념적이며 본능적으로 배우면 초기 관계 상처를 치유할 길이 열린다. 아이의 부모가 문제가 있다는 것을 알기보다는 아이 자신이 결함이 있다고 생각하는 것이 온전한 정신을 보존하는 길이었을 수도 있다. 어린아이는 부모가 자신을 보호해 주지 못한다고 믿게 된다면 죽음의 공포로 마비될 수도 있다. 이러한 성찰은 수치심을 이해하고 풀어주는 관문이 된다. 이러한 내적 변화에 따라, 인간관계 통합의 기회가 제공된다. 사람들은 분리되어 있으면서도 타인과 깊고 친밀하게 연결될 때 온전한 전체whole를 느낄 수 있다. 이러한 주관적이고 관계적 경험이 나우리MWe이다.

시간적 통합

우리가 타인과 연결된 삶을 살아가는 동안, 우리는 또한 일생 동안 우리의 몸의 집안에서 살아간다. 우리는 신체적 자기를 가질 뿐 아니라 시간 지도를 포함한 모든 종류의 지도를 만들 수 있는 피질을 가지고 있다.[11] 이 글을 쓰고 있는 내 옆에 있는 개들은 (우리가 생각하기에) 시간의 지도를 만들 피질 구조를 가지고 있지 않다. 해가 뜨면, 내가 곧 먹이를 줄 것을 알고, 흥분한다. 매번의 식사는 처음 먹는 것 같다. 그러나 우리 인간은 종종 이전에 일어난 것과 지금 일어난 것을 비교한다. 우리는 오늘이 유일무이하다는 것을 알지만, 삶이 가져오는 어떤 것도 확실할 수 없음 또한 안다. 우리는 확실한 것을 갈망할지 모르지만, 상황의 결과를 완벽하게 예측하거나 조절할 수 없음을 안다. 우리는 또한 시간 지도 피질 원추time-mapping cortical columns 때문에, 아무것도 영원할 수 없다는 것도 안다. 모든 것은 일시적이다. 우리는 모두 죽는다. 내 개는 아마도 이 모든 것을 걱정하지 않는 축복을 받았다. 내 개는 청소년기가 시작될 무렵부터 내 마음을 차지하기 시작한 우리 삶의 일시적인 성질에 사로잡힌 것 같지 않은, 공명을 추구하는 나의 마음보기 회로와 함께, 만족스럽고 사랑스러운 눈으로 나를 쳐다본다.

시간적 통합은 확실성, 영구성, 불멸에 대한 우리의 열망을 삶의 불확실성, 일시성, 죽음의 현실과 분리하고 연결하는 방법이다. 사람들이 이 일시적인 상황의 한 면이나 다른 면을 부정할 때, 경직성이나 혼란이 뒤따를 수 있다. 소중한 친구의 암이 성공적으로 제거되었음에도, 그녀는 심각하게 우울해졌다. 50세의 그녀는 내게, 질병이나 죽음을 마주할 것으로 생각해 본 적이 없다고 이야기했다. 많은 사람이 죽음을 부정하고 죽음이 절대 닥치지 않을 것처럼 살아가기에, 실제로 그녀는 특이한 것은 아니다. 수술로 완전한 회복을 했음에도 불구하고, 그녀의 우울은 손상된 시간적 통합에서 비롯된 강직성의 예이다. 이러한 실존적 주제는 우리 인류 공통의 주제이며 세계 주요 종교의 근본적 부분이다. 삶의 현실에도 불구하고 우리의 확실성과 불변성에 대한 열망을 포용하는 것을 배우는 것은 우리 인간 삶의 핵심에서 시간적 통합을 포용하는 데 본질이다.

이 장의 뒷부분에서 살펴볼 시간적 통합의 다른 측면은 인식의 수레바퀴를 포함한 여러 훈련에서 발생하는 것과 대비된다. 많은 사람에게, 축과 가장자리에서 시간의 주관적 감각은 뚜렷이 구분된다. 신체 외부와 내부에서 오는 감각과 사고, 감정, 기억의 정신적 활동에서 시간의 펼쳐짐의 성질은 시간의 화살(변화의 방향성)이라는 물리학적 사고와 맞아떨어진다. 우리는 생각을 사고한다. 생각은 떠올랐다가 사라진다. 우리는 달걀을 깨뜨리고 다시 붙일 수 없다.

그러나 축에서 흔한 경험은, 테두리에 대한 초점이 이완되고 "완전한 인식에 머무를 때rests in pure awareness" 시간 감각이 사라지고, 변화가 방향성directionality을 갖는 느낌이다. 우리가 간략히 설명했으며 좀 더 깊이 탐색할 예정인, 물리학은 방향성 종속Arrowbound 시간과 방향성 자유Arrow-free 시간에 대한 통찰을 제공할 수 있다. 현실 영역의 큰 물체에서는, 종종 뉴턴이나 고전 물리학이라 불리는, 변화의 방향성이 있다. 그러나 작은 사물의 영역에서는, 광자나 전자 같은 확률 분야의 미시상태 영역 에너지의 기본 단위나 양자에는 시간의 화살이 없다. 그리고 사실 명사 같은noun-like 단위들처럼, 실제로 분리된 것은 아니다. 깊이 연결된 사건인 동사 같은 verb-like 사건이 있다. 시간적 통합은 또한 우리의 삶인, 우리의 단 하나의 현실 세계의 시간 종속time-bound과 시간 없는time-less 영역을 이해하는 방법이다. 우리는 시간적 통합의 개념을 우리가 개체의 뉴턴적 분리뿐 아니라 양자가 깊게 상호 연결된 사건 같은 전개를 포용하는 것을 알기에 "시공간spatiotemporal"까지 확장해야 할지도 모른다. 시간의 이러한 분화되었지만, 마찬가지로 실제적인 측면을 연결하고 우리의 삶에 연결하는 것은 우리가 삶에 온전히 살 수 있도록 하는 시간적 또는 시공간적 통합의 한 부분이 될 것이다. 이제 우리는 통합의 각 영역을 포함하는 전체적인 더 넓은 의미의 우리의 정체성identity으로 자기감sense of self(내적inner, 인간관계적, 자연 내부intra nature)을 탐색할 수 있다.

정체성 통합

지난 35년간 심리치료사로 일하면서 나는 이러한 통합의 모델을 사용하는 것이 인간 발달을 재개념화하는 강력한 방법이라는 것을 알게 되었다. 치료에서 나와 작업했던 사람들은 지금 논의된 8개의 영역을 깊이 다루었을 때 그들의 삶에 공통된 변화가 생겨났다. 이는 통합의 9번째 영역에 대한 개념화 필요성을 시사했다.

정체성 통합은 통합의 다른 영역 "전체를 호흡breathing across"하는 상태를 의미한다("통합의 통합 같은 느낌"). 이러한 형태의 통합은 더 큰 전체와 연결되어 있다고 느끼는 감각을 포함한다. 여기서 "더 큰 것"은 (수직적 통합에서와 같이) 단지 신체적으로 정의된 자기감보다, 심지어 인간관계 통합 같은 친구와 가족보다도, 더 큰 무언가에 속해 있다는 느낌을 말한다. 정체성 통합은 세상에 돌려주기 위해 타인과 연결하는 것이 "자기 자신"을 돌보는 것만큼 자연스러운 느낌이 든다. 앞에서 보았듯이, 자기 자신의 단어 언급은 이 통합의 마지막 영역을 정확히 인식하는 데 있다. 정확히 우리는 누구인가, 무엇인가, 어디인가? 우리의 정체성은 무엇인가? 8개의 영역을 더 완전히 통합하는 과정에서, 개인은 매일의 삶의 선택과 감정에서 더 넓어진 정체성의 감각을 경험하기 시작했다. 예를 들어, 지역 환경을 깨끗이 하고, 배고픈 자를 줄이고, 아동 노예와 젊은 여성 인신매매를 줄이기 위한 깊은 욕구를 발견한다. 이러한 경험은 다른 사람들(심지어 그들과 비슷하지 않은 사람들까지도)과 자연의 더 큰 세계가 실제로 한 부분이라는 감각을 포함한다. 심지어 이러한 노력의 결과가 수십 년간 알려지지 않더라도, 사람들은 여전히 자신보다 더 큰 무언가(우리가 함께하는 가정, 지구, 다음 세대를 위한 더 나은 장소를 만드는 무엇)의 일부가 되고 싶은 욕구를 느낄 수 있다.

자기감에서 이런 변화가 일어나면 더 큰 발달적 질문이 생긴다. “자기”는 무엇이고 “자기감”은 무엇인가? 비록 이 질문들은 심리학뿐 아니라 철학과 문학에서도 오래된 질문이지만,[12] 다음 절에서 이러한 근본적 질문에 인간관계 신경생물학적 관점을 제공하여 정체성 통합의 토론을 확장한다.

“자기”의 통합, 발달과 상호 연결의 현실

“자기”

“자기”라는 단어는 오해의 소지가 있다. 어떤 사람들에게 “자기”는 신체에 국한된 개인화된 정체성이다. “내”가 “자신”에게 저녁을 준다는 것은 이 신체가 음식을 먹는 것을 의미한다. 그러나 우리가 인식의 수레바퀴 훈련을 하는 것처럼 의식의 통합을 경험할 때, 우리는 아는 경험(수레바퀴의 축)과 아는 것(수레바퀴의 테두리)을 구별하게 된다.[13] 많은 사람이 분화된 내부 축(즉, 우리가 계속 탐구해온 마음의 3-P 가능성의 평원 체계)에 포함된 인식의 무한한 가능성을 느끼게 된다. 이러한 인식은 테두리의 한 지점으로 경험하는 몸이 아는 감각이 실제 “자기”가 무엇인지 정의하는 많은 방법 중의 단지 하나일 뿐이라는 것을 알게 한다. 자기 경험의 인식은 단순히 “자기감”으로 구분될 수 있다. 일부 전통에서는 자기는 구조construction로 생각한다. 기껏해야 환상illusion이고, 심하면 망상delusion이다.[14] 신경과학에서는 종종 자기감은 우리가 탐색해온 기본 모드 신경망(DMN)의 일부분에서 출현하

는 신경적 구조물로 본다.[15]

자기라는 주제는 연구하는 데 평생 걸릴 수 있다. 여기서 우리는 지금까진 탐색해온 개념을 강조할 것이다. 여기까지 읽었다면(또는 마지막 이 장부터 시작했더라도) 수련법을 연결하려는 우리의 일치된 노력을 지속하는 아이디어의 생산과 개인의 삶 또는 가정, 학교, 치료 안에서 인간관계에 직접 적용하는 과학적 기반의 접근법뿐 아니라 인류 가족 안에서의 서로와 전체로서 지구에서 자연과의 관계로 삶의 종을 가로지르는 더 넓은 관계를 결합하기 위해 지적으로 협력하는 준비를 부디 부탁한다. 자기와 자기감이 무엇을 의미하는지 검토하고 가능성을 확장하고 확대하는 것은 이 지구에서 우리의 삶을 보존하고 증진하는 데 필수적이다.

우리 현대 문화에서는 자기를 **단지** 우리를 제한하는 신체에서만 오는 개인적인 것으로 규정하는 것 같다. 분리되고 혼자인 개인 자기는 고립된 정체성이다. 자기와 자기감의 더 넓은 견해는 더 큰 연결된 전체 중 일부다. 자기는 이전에 논의되었듯이 복수 동사plural verb처럼 볼 수 있다. 심지어 물리학에서도 뉴턴 또는 고전 현실 영역인 우리 삶의 거시적 상태 측면에서 명사 같은noun-like 분리된 실체들에서 이 차이를 본다. 그러나 같은 현실의 양자 영역인 미시상태 측면에서는 동사 같은verblike 상호 연결된 사건도 있다.[16] 마음의 개념을 우리 신체와 우리 관계 속의 에너지와 정보의 흐름에서 출연하는 과정으로 반추해 보면, 우리의 개인적 경험이 우리를 통하는 에너지와 정보 흐름의 "접속점node"이며, 우리가 상호 연결된 개인으로서 더 큰 "마음연결망mindweb"의 일부이고 자연 내에서 현재와 시간에 걸쳐 연결되어 있다는 것을 알게 된다.

과학은 우리의 깊게 연결되고 신경적으로 체화된embodied 마음을 보여준다. 우리가 이 관점을 수용할 때, 우리는 우리의 인간관계적 그리고 개인의 신체적 자기를 통합함으로써 건강이 어떻게 나타나는지를 볼 수 있다. 통합은 그 둘을 존중하고 연결한다. 연구들은 행복, 건강, 심지어 지혜가 사회적으로 연결되고, 타인을 돕고, 사회에 환원하는 것과 연관되어 있음을 보여준다.[17] 우리는 사적, 개인적 관심사를 넘어서는 무언가를 위해 헌신할 때 깊은 의미와 성취감을 얻는다. 통합은 건강을 창출하고 삶에서 우리가 누구인지에 대한 감각을 넓히고, 넓은 감각의 우리 자신ourselves으로 우리와 타인을 연결하게 한다. 우리가 타인이라고 부르는, 우리가 우리 자신ourselves이라 부르는, 개인에게 연민을 갖는 것은 건강한 마음의 발달로 자연스러운 결과이다. 간단하게 이렇게 말할 수 있다. 친절과 연민은 통합이 눈에 보이게 한다. 우리가 지금까지 함께 탐색해 본 것처럼, 통합은 내부와 관계에서 웰빙의 공통 핵심으로 보인다. 우리가 많은 영역에 걸친 통합의 도전을 받아들이면, 우리는 지금 여기 사람들의 삶과 다가올 미래 세대에게 의미 있는 차이를 만들 수 있다.

시스템 인식

우리는 어떻게 마음의 발달이 우리의 상호 관계적 삶의 현실을 수용할 수 있도록 지지할 수 있을까? 우리가 과도하게 분화되고, 이곳 지구, 개인, 사회, 자연 세계에서의 삶의 연결을 수용하지 않을 때 경직성과 혼동으로 고통받는다. 안과 밖에서 우리 삶의 건강은 우리가 살고 있는 시스템의 상호 연결된 본성의 현실을 깨닫는 데 달려있다. **시스템 사고**는 우리가 단지 개인의 신체나 작은 집단이 아니라 더 큰 전체와 연결된 심오한 길을 깨닫는 정신적 과정이다. 피터 센게Peter Senge, 메테 보엘Mette Boell과 동료들에 따르면 다음과 같다.

> 상호 연결성에 대한 이러한 인식은 모든 윤리적 행동의 근원인 우리의 행동

> 의 폭넓은 결과를 항상 이해하게 하는 일생에 걸친 연구를 뒷받침할 수 있다. 이 연구는 소비자, 시민으로서의 나의 선택과 지역과 국가 정책에 대한 일상적 선택까지 말 그대로 세계의 반대편 사람에까지 영향을 미칠 수 있다는 것을 포함한다. 우리가 우리의 행동이 펼쳐지는 모든 지역과 세계적 시스템을 절대 완전히 알 수 없게 때문에, 연민 시스템 체계는 내가 아는 것과 모르는 것에 대한 깊은 겸손과 진정한 호기심의 정신과 배움에 대한 열린 마음을 불어넣는다. 이것이 시스템 사상가systems thinker의 진정한 특징이며, 연민적 시스템 사상가의 상호 연결성 경험으로 고양된다.[18]

"시스템 사상가systems thinker"가 되기 위한 배움은 우리가 내재하고 있는 비언어적 관계 연결성을 감지하는 능력뿐 아니라 우리의 사회적 연결망에 접근하는 평생 과정이다. 센게Senge, 보엘Boell과 동료들은 이 "연민 시스템"이 어떻게 우리가 더 큰 전체의 한 부분인 것으로 보도록 영감을 주고 어떤 사람들이 "관계 장relational field"이라 부르는 관계 연결을 느끼는지 초점을 맞춘다. 이들 과학자는 이어서 이야기한다.

> 수년 동안, 신경과학에서 심리학까지 다양한 학문이 우리의 감정 상태와 반응을 더 잘 이해하기 위한 목표로 공감, 동감, 연민과 정서 지능의 작용을 연구해 왔다. 많은 면에서, 그것들은 다른 영적 전통에서 양성된 수천 년의 지식을 바탕으로 한다. 이와 함께, 복잡한 사회 현실을 이해하는 것은 어떻게 인간으로서 우리가 지속해서 내적, 외적 구조를 형성하고 결국 우리를 형성하는지 보여준다. 연민 시스템에 관한 현재의 연구는 연민을 우리 모두 필연적으로 가족과 관계 시스템, 복잡한 조직, 더 큰 사회적 시스템에서 개념적이고 공감적인 배우 같은 것으로 이해하는 능력으로 본다. 여기에는 시스템 감지("다른 사람 입장에 서보기walk in someone else's shoes")와 시스템이 어떻게 작동하는지 좀 더 객관적으로 이해하려는 시스템 사고가 포함된다.[19]

왜 시스템 사고가 감정, 공감, 연민의 과정을 수반하는가? 지금까지 함께 논의한 바와 같이 감정은 복잡한 시스템 내에서 분화와 연결의 균형의 변화인 통합의 변화로 개념화할 수 있다. 타인의 내적 경험을 느끼고 다른 사람의 관점이 무엇일지 상상하는 것이 연민(어떻게 우리가 다른 사람의 고통을 느낄지, 친절함으로 고통을 완화할 방법을 찾는지)의 관문 역할을 하는 공감의 두 핵심 요소이다. 센게Senge, 보엘Boell과 동료들은 시스템 사고와 연민의 이 연결에 다음과 같은 방식으로 접근한다.

> 연민 시스템에 관한 연구에서, 우리는 연민을 마음의 필수적인 시스템적 성질로 논의하게 되었다. 연민을 함양하는 것은 사람들의 행동에 영향을 미치는 시스템적 힘, 즉 "다른 사람의 입장이 된다"는 것을 인식할 수 있게 되는 것이다. 연민은 외부에서 시스템을 보는 것을 넘어, 일종의 지적 훈련이지만, 시스템 안에서 행위자가 되는 것이 어떤 것인지 실제로 느낀다. 이러한 변화는 위에서 언급한 "시스템 감지"이며, 시스템이 어떻게 기능하는지 객관적으로 이해하려는 시스템 사고와 상호 보완적이다. 일부 정신적 전통에서 시스템 감지(이러한 역설들을 수용하는 능력)는 열린 마음의 지표로 본다. 연민 시스템 체계에서, 시스템 사고와 감지는 우리가 "시스템 인식"으로 이해하는 것을 형성하기 위해 결합하는 더 깊은 이해의 필수적 상대들이다. 우리는 더 큰 시스템을 보고 감지하는 능력을 함양하는 것은 마음의 근본적인 연민 상태라고 이야기한다.[20]

마음의 발달에서 자연스럽게 연민 상태를 얻는 것을 방해하는 것은 무엇인가? 만약 우리가 정말로 깊이 상호 연결된 시스템 안에서 살고 있다면, 왜 시스템 인식은 원인 결과 용어cause-effect terms로 우리의 일반적인 선형 사고방식의 일부가 되지 않는가? 이 근본적인 질문은 단지 지적인 것만은 아니다. 인류가 현재 이 지구를 형성하고 있는 인류세 시대Anthropocene era에 절박한 질문이다.[21] 현재 시대에서 마음의 발달은 우리가 복잡하게 상호 연결된 세상에서 연민의 방법으로 살고, 양육되도록 함양되고 지원해야 할 필요가 있다. 어떻게 이 책에서 탐색한 이러한 마음의 발달 교훈을 가져와 세상의 건강을 재생하는 데, 시기적절한 행동을 촉진하도록 돕는 데 사용할 수 있을까?

연민적 시스템Compassionate Systems 접근법은 이 중요한 질문을 해결하는 몇 가지 방법을 제안한다.

1. 우리 모두에게 **타고난 시스템 지능**innate systems intelligence이 존재하는데, 아주 어린 시절부터 갖고 시스템에서의 보편적 경험과 부모, 형제, 또래, 기타 친척과 보호자 간의 복잡한 관계를 통해 전개되기 시작한다.
2. 이 시스템 지능은 환원주의적 이해 방식, 정답 위주의, 체화된 이해embodied understanding에 대조되는 지적intellectual 이해만을 강조하는 주류 교육에서 **체계적으로 낙후**systematically underdeveloped되어 있다.
3. 교육적 관점에서, 상호 연결성과 변화의 렌즈를 통해 현실을 이해하는 것은 **다양한 주제를 통합**integrate diverse subjects하는 강력한 방법이다.
4. 이 타고난 시스템 지능을 함양하고 과목 간의 상호 연결성을 조사하기 위해서는 **실용적인 도구**practical tools와 방법이 필요하다. 그중 상당수는 지난 20~25년간 개발되었으며 아직 널리 보급되지는 않았지만, 유아원 교육에서 광범위하게 사용되고 있다.
5. 우리가 가장 유용하다고 판단한 이러한 접근 방식은 학습자와 교사가 **자신의 현실 모델을 구성**constructing하고 **테스트**testing하는 데 있어 자신의 관점을 **성찰**reflecting하고 좀 더 명확해지도록 관여한다.
6. 복잡성과 시스템을 열심히 사용하면 개념적 기술skill과 이해가 향상된다. 학생들은 복잡한 환경에서 서로 다른 요소를 연결하는 일관

성 있는 설명을 구성하고, 상호 연결된 주제에서 자신의 추론을 설명하며, "자신의 모델my model"에서 빠진 것을 분석하는 것과 같은 자신의 이해를 테스트(부정disconfirm) 하거나 개선하는 능력을 강화한다.

7. 복잡성과 시스템을 사용하면 좀 더 통합적인 학습 양식으로 연결된다(이성적이고 직관적인rational and intuitive, 일반적이고 개인적인general and personal, 개념적이고 실행적인/체화된, 사고와 감각의 통합 같은).
8. 학교 환경에 뿌리를 내리기 위해서, **성인과 학생 모두**adults and students alike 시스템 사고와 성찰을 연습할 필요가 있다. 특히, 이러한 기술이 성인들에서 거의 미발달under-developed되어 있고, 성인 교육자들이 거의 기술이 없으면서도 시스템 사고를 이해한다고 선언하는 경향이 있다. 이러한 이유로, 우리는 학교 관리와 리더십이 교실과 자연스러운 적용에 필수적 상대라는 점을 강조하게 되었고, 두 가지 모두에 얼마나 많은 같은 도구와 연습이 적용될 수 있는지 보여준다.[22]

시기적절한 조치를 위한 절박한 필요성

연민은 시스템 사고를 위해 기본적이지만, 누가 "내집단ingroup"이고 "외집단outgroup"으로 평가되는지에 따라 차단될 수 있다.[23] 시스템 인식의 한 부분인 통합을 촉진하는 심오한 시스템 감각과 행동을 막는 메커니즘mechanisms을 이해하는 것은 어떻게 문화적 요소가 인간의 번영과 지구의 건강을 계속 저해하는지 고려하면 매우 중요하다. 이 요소들은 무엇인가? 연민 연구자 폴 길버트Paul Gilbert는 다음과 같이 제안한다.

연민과 기본적인 비인간적인 돌봄을 구별하는 것은 인간의 연민이 특정한

> 일련의 인지 능력을 요구한다는 것이다. 이는 지난 2백만 년에 걸쳐 진화해 온 능력이다. 여기에는 다양한 형태의 자기 인식, 상징적 및 체계적 사고, 정신화mentalising, 과거에 대한 성찰, "정신적 시간 여행"이라 불리는 미래에 대한 행동에 근거한 예측을 가능하게 하는 복잡한 추론 능력이 포함된다("만약 내가 그렇게 한다면, 결과가 이렇게 나올 거야").[24]

우리는 수백만 년 동안 연민 시스템의 일부가 되기 위한 준비를 해왔을 수 있으며, 길버트Gilbert가 밝혔듯이 이러한 능력은 우리의 근본적인 사회적 본성에서 비롯되었다.

> 연민은 포유류의 보살핌 동기 체계(들)에서 진화했다. 사회적 사고방식으로서 그것은 동기 부여된 상호작용으로 이해될 수 있다. 한 사람은 괴로움, 고통 및 욕구를 인식하고 그러한 영역을 해결하려 고심하는 동안, 다른 사람은 고통과 필요를 알리고 다른 사람의 도움을 끌어내며 도움을 주어지면 확실하게 반응하는 일종의 사교춤이다. 따라서 연민의 진화는 함께 진화된 과정이다. 포유류의 보살핌을 연민으로 바꾸는 것은 인간의 진화된 인지 능력과 특정한 유형의 자기와 마음 인식 능력에 의해 특별하게 만들어진다.[25]

왜 우리의 복잡한 세상에서 연민이 그냥 자연스럽게 발생하지 않는 이유가 무엇인가?라고 묻는 것은 논리적이다. 연민과 친절함이 진정 통합을 가시화하고, 통합이 최적화된 자기 조직화를 향해 나아가는 복잡 시스템의 자연스러운 방향이라면, 왜 그저 자연스럽게 발생하지 않을까? 도대체 무슨 일이 벌어지는 걸까? 한 가지 이유는 부족으로서 우리의 진화가 우리의 영장류 유산인 사회적 위계를 기반으로 "누가 나와 같은 가who is like me"와 "누가 나와 같지 않은가who is not like me"를 평가하는 과정으로 이루어져, 개인을 내집단ingroup 또는 외집단outgroup 구성원으로 구분한다. 연민은 진화 역사의 유산으로 전자와 연관되고 후자와는 차단될 수 있다. 길버트Gilbert는 다음과 같이 설명한다.

> 또한, 연민이 상황에 민감한 것은 명백하므로 적들보다는 친척이나 친구에 연민을 가질 가능성이 크다. 실제로, 이 동기 부여 시스템은 꺼질 수 있다. 가정 학대, 왕따, 로마 검투사 게임, 노예 제도, 홀로코스트, 발칸반도와 르완다 사례는 얼마나 쉽게 개인이 연민 대신 매우 해로운 행동을 하도록 자극되는지 아주 분명하게 보여준다.[26]

현대에서, 나 홀로 자기solo-self에 대한 강조는 세상이 상호작용된 실체인 "명사nouns"로만 구성되어 앞서 이야기된 체화된 시스템의 출현하는 사건들과 상호 연결되지 않으며 밀접하게 상호 연결된 과정인 "동사verbs"로 구성되지 않는 개념적 견해로 이어질 수 있다. 우리의 여정을 통해 마음의 발달을 여는 한 가지 방법은 3-P 체계에서 가능성의 영역에 접근하는 것임을 논의했다. 명상 연습 같은 마음 훈련으로 촉진될 수 있는 열린 인식이다. 영국에 이러한 접근 방식을 도입하는 데 결정적 역할을 한 제이미 브리스토우Jamie Bristow는 다음과 같이 제안한다.

> 마음챙김 훈련의 인기는 종종 현실 도피navel-gazing하는 개인주의 모습으로 오해된다. 그러나 짧은 입법 기간에도 정치인들에게 변혁적 이점은 광범위한 결과를 가진 광범위한 정책적 요구를 초래했다. 이제 우리는 중요한 추가 발달을 목격하고 있다. 마음챙김을 전신 정책whole body politic 즉, 사회 전체에 도움이 되는 것으로 고려하는 것입니다.[27]

마음챙김은 우리가 사는 시스템의 구조인 상호 연결성을 감지하는 데 도움이 되며, 우리가 전염병과 기후 위기에 직면할 때 완전히 명확해진다.

정체성 통합을 향한 마음 발달 안내

지금까지 살펴본 것처럼 마음 훈련은 뇌의 구조와 기능을 바꿀 수 있다. 한 영역이나 다른 영역이 강화된다고 생각하기보다는 어떻게 그러한 훈련을 통해 커다란 네트워크 통합이 증진되는지 고려하는 것이 더 도움 될 수 있다. 루더스Luders와 커스Kurth가 다음과 같이 제안한다.

> 일부 예외가 있지만, 대체로, 장기적 명상가들은 대조군과 비교하면 더 큰(작은 것보다는) 해부학적 측정치를 보여준다(예: 더 많은 회백질, 더 두꺼운 피질, 더 높은 부분 이방성fractional anisotropy). 장기 명상 수련가의 특별한 해부학적 특징은 특정 핵심 영역(또는 몇 개의 특수 키 영역)에만 국한된 것이 아니라 대뇌 피질, 피질하 회백질 및 백질, 심지어 뇌간과 소뇌까지 포함하는 대규모 대뇌 연결망을 포함한다. 따라서 명상은 뇌의 물리적 구조를 전체적으로 변화시키는 잠재력을 가진 강력한 정신 운동일 수 있다.[28]

우리의 3-P 체계에서 사고, 감정, 기억, 의사 결정, 추론과 행동의 더욱 유연한 정신 과정 세트가 그러한 대규모 신경망 통합의 변화를 수반하는 것을 볼 수 있다. 우리는 이것들로 과거 경험에 하향식으로 얽매이지 않고 현재 상황에 좀 더 적응적인 더 넓은 범위의 정점을 가진 유연한 고원의 유동적 상승을 가지는 것으로 그려 볼 것이다. "가능성의 평면에서 사는 것"은 그러한 신경가소성 변화를 동반할 수 있는 마음의 상태일 것이다.[29]

주의 집중, 열린 알아차림, 친절하고 연민의 의도를 고양하는 마음 훈련 연습을 탐구하는 연구자들의 연구에서 나타나는 결과 중 하나는 기본 모드 연결망, DMN 활성화의 감소다.[30] 고립된 자기에 대한 집착의 감소를 느끼는 주관적 경험은 과도하게 분화된 DMN 활동의 이러한 감소와 관련이 있다. 인식의 수레바퀴 훈련을 수행하는 참가자를 대상으로 한 연구에서 심리학자 켈트너Keltner는 종종 경외감의 "신비한 경험"과 "자기보다 더 큰" 무언가의 일부가 되는 자기 초월적 상태에 대해 질문했다. 특히 참가자들이 순수한 인식의 경험인 바퀴의 축에 집중할 때 반응이 긍정적이었다.[31] 최근 몇 년 동안, 이런 신비로운 상태를 고취하는 물질 사용에 관한 관심이 되살아나면서 말기 질환 진단 직면의 고통, 외상 후 스트레스 장애, 불안, 우울과 같은 인간 쇠약 고통의 다양한 원인을 치료하기 위해 실로시빈psilocybin 같은 환각제psychedelics의 임상시험을 신중하게 실행하게 했다. 이러한 물질의 제한된 횟수의 임상적 투여는 치료를 받는 개인에게 임상적으로 의미 있고 지속적인 호전이 나올 수 있는 유망한 초기 결과를 보인다.[32] 이러한 임상적으로 인상적인 사례들의 작용 메커니즘의 한 가지 제안은 두뇌의 기능 상태의 열림을 유도하고 "엔트로피entropy"를 자유롭게 하거나 극심한 공포와 외상 후 집착 사고, 불안한 걱정, 우울한 기분의 "하향식top-down" 이미지 같은 제한된 사고로부터 에너지를 자유롭게 해서 가능한 신경 발화 패턴의 배열을 확장하는 것이다. 로빈 카르하트-해리스Robin Carhart-Harris는 "엔트로피 뇌entropic brain"라는 개념을 제안했으며, 임상적으로 감독받는 훈련된 개인이 참여하는 적절한 "설정과 설정하기set and setting"의 몇 차례 회기만으로 개인이 더 자유롭고 상호 연결된 자기감과 삶의 방식을 향하게 돕는다고 설명하는 통제된 연구를 드러내기 시작했다.[33]

"자기 초월적self-transcendent" 감정 경험에 관한 연구는 앞서 논의한 켈트너Keltner와 동료들이 매우 효과적으로 연구한 연민, 감사, 경외심이 출현하는 신체에 국한된 사적 자기를 넘어 세계와 상호 연결된 느낌과 유사한 감각을 연상시킨다.[34] 자연 속에 현존하는 경험과 그것이 정신 건강에 미치는 긍정적 영향에 관한 연구는 또한 우리의 보다 더 큰 무언가에 대해

연결된 감각이 작고, 분리되고 고립된 "자기self"보다 웰빙의 핵심이 될 수 있음을 시사한다.[35]

만약 이러한 결과들이 소속되지 않은 경험인 고립과 단절이 불안, 우울, 외로움, 절망의 형태로 우리 건강의 장애와 연관됨을 보여준다면, 그러한 고통의 내적 경험을 이해하는 것뿐만 아니라 그러한 인간 고통의 현재 증가율에 원인이 될 수 있는 진화적, 가족적, 교육적, 사회적 요인들을 개념화하는 데 도움이 되는 마음에 대해 우리는 무엇을 알고 있을까? 이 질문에 답하는 한 가지 접근 방식은 자기, 정체성과 소속감의 서로 밀접하게 연관된 경험을 통해서이다.

우리가 세상에서 경험하는 위협에 대한 인식은 내집단/외집단ingroup/outgroup 메커니즘을 활성화하고 삶에 스트레스를 만든다.[36] 우리가 본 것처럼 삶의 도전에 직면하여 회복탄력성을 고취하는 것은 사회적 연결망뿐 아니라 마음의 집중, 인식, 연민과 친절을 계발하는 특정 훈련으로 뒷받침될 수 있다. 급성 스트레스 요인에 직면하더라도 마음 훈련 수행이 염색체의 끝을 유지하고 복구하기 위해 텔로머레이스telomerase 수준을 최적화함으로써 웰빙과 회복력을 어떻게 향상시킬 수 있는지를 설명하면서, 콘클린Conklin과 동료들은 다음과 같이 제안한다.

> 급성 스트레스 반응은 신체적 또는 사회적 자기[Dickerson and Kimeny (2004)]에 대한 위협을 인식하는 것으로 활성화되지만, 이러한 인식은 사람마다, 그리고 신체적, 사회적, 문화적 맥락에 따라 다르다. 인지적 편견biases은 자기와 타인에 대한 정신 표상representations과 주변 환경에 대한 인식을 포함하여 자신의 세계에 대한 해석에 영향을 미치는 습관적 정신 필터이다. 이러한 인지적 편견은 삶의 경험으로 형성된다. 예를 들어, 삶의 초기에 역경을 겪으면 부정적 사건을 예상하고 중립적 자극을 부정적으로 해설할 수 있다[e.g., Chen et al. (2015)]. 실제 또는 인지된 위협으로 인해 개인이

자신의 환경에 과도하게 경계하도록 하는 인지 편향은 신체 적응allostatic상태를 강화할 수 있다. 안전하지 못함을 주기적으로 느끼는 것은 세포 중재자cellular mediators에게 세포 회복에 에너지를 투입하는 것보다 생물학적 스트레스 각성에, 위협에 경계 상태로 있기를 높이 유지하는 것이 더 중요하다는 간접적 신호일 수 있다. 이러한 맥락에서 비관주의, 신경증과 적대감과 같은 성격적 특성은 장기간의 스트레스 반응과 짧은 텔로미어telomeres[Lin et al. (2012)]와 연관이 있으며, 세상에 대한 습관적 해석이 스트레스 노출과 텔로미어telomeres 조절 사이의 관계에 이바지함을 시사한다.[37]

우리는 이러한 "습관적 정신 필터"를 3-P 그래프에 고정된 고원으로 묘사할 수 있으며 어떻게 세 기둥 정신 훈련, 집중된 주의력, 열린 알아차림, 친절한 의도를 함양하는 정신 훈련이 개인에게 가능성의 평면에 더 쉽게 접근하게 하고 더 유동적으로 상승하는 고원과 연민의 정점을 가지게 하는지 보았다.[38] 다시 말해서, 우리는 위협 상태의 제약과 마음의 능력을 방해하는 선행 학습에서 벗어나 더 상호 연결된 자기감을 가능하게 하는 대안 경로를 활용하여 마음의 발달을 함양할 수 있다. 이것이 우리가 의도적으로 마음을 도움이 되지 않는 경직성 또는 카오스 상태에서 통합에서 발생하는 복잡성을 최대화하는 최적의 흐름으로 바꾸는 방법이다. 이것이 우리가 의식적 존재로서 자기 조직화를 최적화하기 위해 마음을 사용할 수 있는 방법이다.

달Dahl과 다비드손Davidson은 다음과 같이 제안한다.

과학적으로 관심을 가질 만한 세 가지 형태의 사색적contemplative 훈련은 첫째, 감사, 친절, 연민 같은 친사회적prosocial 자질, 둘째, 자기 이해와 통찰력, 셋째, 삶의 목적과 의미와 관련된 것들이다. 친사회적 덕목은 웰빙과 관련된 가장 널리 연구되는 현상 중 하나이다. 광범위한 연구에 의하면 인간관계의 질이 심리적 웰빙의 주요 결정 요인이며[Ryff (2014); Eisenberger and Cole

(2012)] 연민과 감사 같은 자질이 더 배려하는 관계와 연관되어 있음을 보여준다[Stellar et al. (2017)]. 최근 연구는 명상과 같은 사색적 훈련을 통해 그러한 자질이 강화될 수 있음을 입증하기 시작했다[Leiberg et al. (2011); Zeng et al. (2015); Shonin et al. (2015); Galante et al. (2014); Weng et al. (2013)].[39]

연민 시스템은 연결, 창의성, 소속감의 감각뿐 아니라 이러한 친사회적 가치를 증진시키는 앞서 논의한 "생성적generative 사회 분야"의 일부분일 수 있다.[40] 그러한 시스템의 느낌은 현존presence, 수용, 공명, 신뢰를 수반하는 인간관계 분야에서 사람들이 수행하는 구성원으로 받아들여지는 것 중 하나이다. 헤이스Hayes가 더 많은 정신적 유연성flexibility을 촉진하는 ACT 접근법에서 발견했듯이, 이 상태는 호기심과 개방성으로 가득 차 있다.[41] 린제이와 크레즈웰Lindsay and Creswell은 실증적empirical 결과를 이렇게 설명한다.[42] "체험적experiential 수용이 정서적, 스트레스, 사회관계 결과 개선을 위한 마음챙김 개입의 중요 구성 요소임을 보여주는 축적된 근거가 있다."

3-P 관점에서 가능성의 평면에서 살게 되는 것은 통합 의식이 어떤 모습인지 영상화하는 시각적 방법이며, 아마도 수용이 마음의 발달에서 웰빙에 대해 "어떻게" 영향을 미치는지도 영상화한다. 인식의 존재 경험 은유적 수레바퀴 축과 인식의 메커니즘인 가능성의 평면과 인식하는 것은 은유적 수레바퀴 테두리와 상응하는 메커니즘인 고원과 정점을 구별하는 (알고 있는 것knowns에서 아는 것knowing을 구별하는) 이 방법은 수용의 함양을 포함하여 마음챙김 훈련의 긍정적 이점의 중심이 되는 통합과정일 수 있다. 이러한 훈련은 우리가 때때로 마치 사고, 감정, 또는 기억 같은 정신 과정이 아니라 절대적 현실처럼 살아서 테두리에 융합되는 경향이 있는 자동적 방식과 분리de-couple시켜 마음을 자유롭게 한다. 정신적 삶을 정신적 삶으로 확인하는 것은 우리가 통찰, 공감, 마음보기mindsight의 통합 요

소라는 이름의 기본이다. 정신화Mentalizing, 마음 이론, 마음-마음자세mind-mindedness, 심리적 마음가짐은 겹쳐지는 과정이다. 일부에서는 탈중심화decentering 같은 다른 연관된 용어를 사용한다. 번스타인Bernstein, 하다시Hadash, 프레스코Fresco는 다음과 같이 이야기한다.

> 탈중심화decentering는 개인의 주관적 경험을 경험에 대한 체험적experiential 관점으로 전환하는 능력을 반영한다. 이것은 다양한 심리 중재psychological interventions의 근본적 유익한 효과의 유연한 원인 중재 과정causal mediating process의 기능으로 이론화되었다. 우리는 내부 경험으로부터 탈동일시disidentification와 사고 내용에 대한 반응성reactivity의 감소가 메타인식meta-awareness에 의해 시작된다고 제안했다. 메타인식meta-awareness은 주관적 경험을 관찰하는 것이 관찰하는 자기observing self 또는 의식과 관찰된observed 주관적 경험을 구분 즉, 탈동일시하기 때문에 내부 경험에서 탈동일시를 유발할 수 있다. 마찬가지로, 메타인식meta-awareness은 사고 내용에서 현재present 순간moment 경험으로 주의를 떼어 냄으로써 사고 내용에 대한 반응성을 감소시킬 수 있다. 더욱이, 사고 과정에 대한 메타인식은 현재/과거/미래 상황과 경험의 사실적 표상factual representation보다는 해석된 표상interpreted representation으로 사고 내용을 구성하게 할 수 있다.[43]

마음의 발달이 마음보기mindsight의 이러한 측면을 함양함에 따라, 개인적 문제든 공유된 지구 전염병pandemics이든 삶의 도전에 직면하여 평정과 회복력을 함양할 수 있다.

마음보기, 두뇌, 문화적 진화

정신적 변화가 뇌의 연결성에 어떤 신경neural 변화를 동반할 수 있는지 상상할 수 있다. 우리는 뇌 신경망 내의 에너지와 정보 흐름에서 신경전달물질의 중요한 역할과 시냅스 연결을 강조해왔지만, 일부 연구에서는 뇌 안에서 전기연접 연결ephaptic coupling[44]의 형태로 비시냅스nonsynaptic 전달의 잠재적 역할뿐 아니라 뇌 건강과 기능에서 "지지supportive" 신경교glial 세포의 중요한 역할을 제안한다는 것을 주목해야 한다.[45]

일부 연구자들은 문화가 각각 **독립적**independent이고 개별 자기의 고유성uniqueness에 초점을 두거나, 또는 **상호의존적**interdependent이고 상호성reciprocity과 조화harmony 상태의 가까운 개인과 상호 연결된interconnected 자기에 초점을 둘 수 있는 "자기 구성적self-construal" 과정을 통해 우리의 자기감sense of self을 형성하는 방식을 볼 것을 제안했다. 마르쿠스Markus와 키타야마Kitayama는[46] 이러한 자기 구성self-construal과 다양한 문화가 자기를 형성하는 방법 중 하나 또는 다른 방법을 주로 선호하는지 표현했다. 그 후 다른 연구자들은 이러한 차이점들이 사고와 감정을 처리하는 별개의 방식을 이끌어내고,[47] 마음은 정신생활에서 이러한 변화로 이어지는 독립적이거나 또는 상호의존적인 자기 구성self-construal에 관여하도록 "촉진primed"될 수 있다.[48] 자기 구성self-construal은 신경 전략neural strategies을 형성하고 인지, 기억, 추론, 감정과 관련된 신경 과정neural processes을 변화시키는 정신 자세mental stance를 활성화하는 것으로 생각된다.

우리는 히포크라테스 시대부터 2천 년 넘게 두뇌를 바라보며 마음의 위치를 찾아왔다. 그러나 우리가 지금까지 함께 본 것처럼, 마음이 매 순간 어떻게 발달하고 출현하는지는 두개골skull 안에서 일어나는 일에만 국한되지 않는다. 우리는 우리가 누구이고 누가 되는지를 형성하는 에너지와 정보의 흐름의 관계적이고 완전히 체화된embodied 시스템에 몰두한다. 직계 가족 관계를 넘어 우리가 살고 있는 문화를 바라보면서, 우리는 어떻게 연구가 사회 내 경험으로 형성되는 "자기감sense of self"을 경험하게 되는 방법을 드러내는지 알 수 있다. 우리가 "타인"과 분리된 무언가가 있다는 구성constructed 범주에서 유래된 "자기" 개념과 우리가 "자기와 타인" 또는 "댄과 다나Dan and Dana" 같은 언어적 상징linguistic symbols으로 표현하는 것은 우리에게 정말로 고정된 "나" 또는 "너" 또는 "우리" 또는 "그들"이라는 이름의 명사 같은noun-like 실체가 있다는 강한 인상을 준다. 물론, 우리는 몸속에서 태어난다. 그리고 우리는 그 몸에 이름을 부여한다. 나의 경우는 다니엘Daniel이다. 그리고 그 이름으로, 사회적으로 강화된 경험은 다니엘Daniel이 진짜이고, 정말 중요하다고 알려준다.

그러나 분리된 나 홀로 자기solo-self라는 명사 같은noun-like 감각인 자기selfhood의 실체-본질entity-nature에 대한 우리의 믿음을 변화시키는 작은 변화가 일어날 수 있다. 예를 들어, 약 12명의 동료와 나는 일주일간의 피정retreat 중 3일을 산에서 보냈다.[49] 처음에 그 경험은 "혼자alone"만의 시간, 우리 자신이 되고 무엇이 일어나는지 경험하는 시간으로 여겨졌다. 우리가 자연에서 시간을 보내고 나왔을 때, 우리는 모두 매우 유사한 경험을 했다. 우리는 각자 우리를 둘러싼 지역에서 분리된 느낌이 사라지고 "혼자"됨에서 나무, 하늘, 개울과 함께 "모두 하나all one"됨으로 전환되었음을 묘사했다. 약물도, 최면도, 해야 할 일도 없는, 도구도 사회적 연락도 없는 산속의 순전한 침묵의 존재였다. 나만의 시간에서, 나는 의도치 않게 교훈적인, 자연과 연결되지 않음이 아니라 자연 속에서 내적 연결된intra connected 존재로서의 느낌을 경험한 휴가로써 짧은 휴식을 취했다. 우리 일행 중 한 명이 손을 뻗어 "안녕하세요"라고 말해야 한다고 느꼈다. 그리고 주위에 아무도 없는 첫째 날이 끝나가는 시점에서, 갑작스러운 그녀의 방해로 나는 나의 언어로 인사를 하고 잠시 생각한 후에 다른 사람들을 방해하지 말라고 충고했다. 그녀가 자신의 지정된 지역으로 돌아간 후, 익숙한 "자기 집착적self-preoccupying" 마음의 수다chatter가 진정되기까지 몇 시간이 걸렸고, 다음 날 아침, 해가 뜨고 새가 노래 부르고 개울이 흐르고 나뭇잎이 바스락거리는 것 각각이 나를 감싸고 느껴지는 것이 아니라, 말 그대로, 이것이 완전히 나였고this was all me, 완전히 내가 이것이었다all me was this.

그 피정 직전에 나는 판도 포퓰러스Pando Populus라는 유타Utah주의 숲에 종교 지도자들과 함께 방문했다. 그곳에, 약 57,000개의 사시나무quaking aspen "몸통trunks"이 숲을 가득 메운다. 눈으로 볼 수는 없어도, 놀랍게도 이 나무들은 분리된 생명체가 아니다. 토양 표면 6인치(약 15cm) 아래에 거대한 뿌리 뭉치를 가진 하나의 나무이다. 이것은 지구에서 가장 오래되고 가장 큰 생물 중 하나이다. 표면에서는 분리를 볼 수 있지만, 그 표면 바로 아래 우리가 볼 수 있는 것 너머에는 (아마도 어린왕자Little Prince가 언급한) 삶의 서로 연결된 현실의 본질essence이 있다. 우리는 그 본질을 우리 눈의 신체적 보기physical sight가 아닌 마음보기mindsight로 볼 수 있다. 자연에서 며칠만 보내면, 분리된, 나 홀로 자기solo-self의 감각은 사라지고 상호 연결inter connection, 내부 연결intra connection된 "자기 초월적self- transcendent" 또는 "자기 확장적self-expanding" 경험이 연민, 감사, 경외감으로 나타난다. 더욱이 영원한 사랑과 소속감이 생긴다. 이러한 경험은 자연 전체에 얽힌 사건으로 우리 "자기"의 현실이 깊이 상호 연결된 "동사verb"로서 펼쳐지는 자연스러운 상태처럼 느껴진다. 분리된 명사 같은 자기selfhood를 초월하는 이 같은 느낌은 많은 고원과 정상의 표면 수다chatter 아래에 있는 공통점일 수 있는 가능성의 평면인 수레바퀴 훈련의 축에서도 발생한다. 평면은 다양성의 생성기이며, 물리학자들이 양자 진공으로 설명한 "모든 형태의 형태 없는 원천formless source of all form"이며, 가능성의 바다이며, 수학적 공간으로 가능성이 증가된 가능성으로 고원으로 출현하고 정상으로 실현되기까지 잠재되어 있다. 숲속에서, 일상생활의 분리된 자기 구성에서 벗어나서, 다양성의 생성기에 빠져들어 간 느낌이었으며, 시시각각 출현하는 사건, 단지 사건 발생을 경험하는 것처럼 느꼈다.

집단으로 소통하는 경험은 우리가 타인과 어떻게 연결되느냐 뿐만 아니라, 우리가 무엇이 현실인지 공동구성된co-constructed 시각을 공유하게 되는가를 형성한다. 공유 언어는 문화적 의미를 형성하며, "문화적 진화evolution"를 낳는다.[50] 우리가 이것을 패러데이Faraday의 전자기장electromagnetic fields과 유사하게 변화하는 상호 연결의 "장field"으로 보든,[51] 집단 소통 패턴의 한 부분과 "인간 지적 활동noosphere" 또는 지식의 기운atmosphere과 유사한 공유된 지식으로 보든,[52] 뇌보다 넓고 신체를 넘어 확장되는 자기의 본성에 대한 새로운 이해는 "혼자 피부에 국한된 자기보다 더 큰" 무언가에 소속되는 공유된 감각을 창조한다. 혼자alone이고 "모두 하나all-one"였던 그 시간 이후로 나의 동료 집단에게, 이것은 우리의 공유된 지식의 인간 지적 활동noosphere이 되었다.

만약 고립된 나 홀로 자기solo-self가 고통과 질병을 만든다면,[53] 어떻게 우리는 앞서 논의했던 것처럼, 우리가 서로 그리고 자연과 분리되어 있다는 에드워드 윌슨E. O. Wilson이 말한 지각적 착각perceptual illusion과 알버트 아인슈타인Albert Einstein의 의식의 시각적 망상optical delusion을 우리 사회에서 사라지게 도울 수 있는 상태를 촉진할 수 있을까? 이러한 착각과 망상이 단순히 거짓된 믿음과 개념의 잘못된 집합의 고원이며 이름과 분리의 정체성이 잘못된 정점을 일으키는가? 우리는 현대에서 자기가 명사 같은noun-like 별개의 독립체entity로 남게 하는 자기 대 타자self-versus-other에 대한 메시지를 받고 있는가? 우리는 분리된 자기의 언어가 내적으로internally, 그리고 인간관계적으로interpersonally, 많은 방법으로 아이들, 청소년, 성인들이 분리의 인간 지적 활동noosphere에서 살도록 강화할 것이라 상상할 수 있다. 만약 가정에서 부모, 학교에서 교사, 사회의 의사소통, 과학의 이론, 소셜 미디어 형식에 내재한 두려움들이 종종 연결의 착각을 제공하지만 실제로는 많은 사람에게 고립의 경험을 제공하는 자기는 **단지** 신체에만 있고, 마음은 **단지** 두뇌에만 있다는 암묵적 또는 명시적 메시지를 준다면, 어린아이, 자라나는 청소년, 성인이 달리 **그들이 누구**who they are라고 생각하게 될까? 우리는 내면에서 느끼고 서로 공공연하거나overt 은밀하게covert 소통하며 표현한다. 이러한 메시지들은 평생에 걸쳐 마음의 발달을 형성하는 각 부분이다. 의사소통이 자기 구성self-construal의 신경 상관neural correlates을 변화시키는 것을 보여주듯이, 이러한 메시지들은 우리가 어떻게 자기를 경험하는지를 변화시키기 위해 변화될 수 있다.

다행스럽게도, 우리가 긍정적인 방향으로 의도적인 영향력을 가질 수 있는 이러한 요소들은 "문화적 진화"로 불리는 과정의 기본이다. 콜로드니Kolodny와 동료들은 제안했다.

> 문화는 개인의 시시각각minute-by-minute의 행동에서부터 인구 수준의 차이를 유발하는 수천 년에 걸친 문화적 축적에 이르기까지, 다양한 시간적 척도의 동력dynamics에 따라 진화한다. 이러한 동력은 개인, 인구, 전체 종뿐만 아니라 행동 순서, 아이디어, 가공물artefacts을 포함한 다양한 실체에 작용하며, 뇌의 뉴런에서부터 인구 집단 간inter-population 상호작용까지 다양한 수준의 메커니즘mechanisms을 포함한다. 이러한 복잡한 현상을 연구하려면 다양한 분야의 관점 통합과 전통적으로 이질적인disparate 분야들 간의 간격gaps을 연결해야 한다.[54]

만약 우리가 더 통합된 정체성(마음과 우리 정체성의 내적inner 그리고 상호 간inter 양 측면을 포함하는)의 기반이 되는 신경 구조를 변화시키는 우리 문화 내 소통으로 연민 시스템 인식compassionate systems awareness을 촉진할 수 있는 방법을 받아들인다고 상상해 보자. 그것은 우리가 서로 연결하고 소통하는 방식에 내재될 수 있는 아이디어, 개념이다. 한Han과 험프리Humphreys는 다음과 같이 제안한다.

공유된 신념과 행동 대본scripts으로 구성된 문화는 개인과 인구 모두에게 특정 문화적 맥락에서 행동에 동기를 부여하는 의미 체계meaning system를 제공함으로써 인간의 삶에 막대한 영향을 미친다. 문화는 사회적 규칙과 규범을 설정함으로써 행동을 구조화하는 틀framework로 기능한다. 개인들은 특정한 문화적 믿음/가치/규범을 배우기 시작하고 어린 시절부터 문화적으로 특정 행동 대본을 실행한다. 문화적 학습과 경험은 일상 행동 양식을 만드는 데 도움 될 뿐만 아니라 정신적 (인지적 그리고 정서적) 활동 스타일을 형성하는 데 도움이 된다.[55]

우리의 문화는 우리의 피질과 우리가 누구인지 느끼고 생각하는conceive 방식을 형성한다. 여러분이 이 책의 여정을 통해 배운 모든 내용을 바탕으로 좀 더 연민과 돌보는 세상에 기여하는 내면의 정체성과 관계적 정체성에 영향을 미치는 데 도움 되는 권한 있는 리더십을 취할 수 있는지 고려하라. 한Han과 험프리Humphreys는 이어서 이야기한다.

자기 구성Self-construal, 즉 개인이 자기를 어떻게 인식하고 이해하고 해석하는가는 인간의 행동에 영향을 미치는 가장 중요한 문화적 특성의 하나이며 행동과 인식/감정의 문화적 차이를 설명하는 데 사용됐다… 자기 구성Self-construal은 신경 전략neural strategies을 제한하고 인지와 감정의 기초가 되는 신경 과정neural processes을 조절하는 인지적 틀framework을 활성화하는 문화적 특성의 핵심이다.[56]

문화 신경과학 연구는 우리가 내재되어 있는 사회 시스템이 장기적으로 우리 뇌 구조를 형성하고 지금 당장의 뇌 기능을 형성한다. 한Han과 험프리Humphreys는 이 발견을 다음과 같이 설명한다.

문화 신경과학 연구 결과는 동일한 자극을 포함하는 동일한 작업을 수행하는 것이 서로 다른 사회의 개인에서 별개의distinct 뇌 활동 패턴이 발생할 수 있으며, 이러한 뇌 활동의 집단 차이는 특정 문화적 가치에 의해 영향받을 수 있다. 더욱이, 자기 구성 원동력priming은 기본 처리 스타일을 사고의 상호의존적interdependent이거나 독립적independent인 방식으로 일시적인 전환을 유도하여 결국 뇌 활동의 변화와 관련된다. 이러한 결과들은 작업 중 자극에 대한 뇌 반응이 (장기적인 문화적 경험으로 인해) 지속되고 일시적인 문화적 틀(문화적 가치에 단기간 노출로 인해)에 의해 어느 정도 제한된다는 것을 나타낸다. 이 틀은 특정 사회 문화적sociocultural 맥락에 쉽게 맞출 수 있는 행동을 안내하는 특정한 방식으로 반응하도록 뇌를 편향biases시킨다.[57]

개인은 출신 가족과 유전적으로 형성된 성향에 따라 문화적 몰입에 얼마나 반응하는지 다르다. 한Han과 험프리Humphreys는 이 발견을 더 자세히 살펴본다.

이러한 결과는 문화가 뇌 활동에 미치는 영향이 유전자형genotypes이 다른 개인에 따라 다른지, 어떻게 다른지에 대한 질문을 제기한다. 마지막으로, 문화적 틀이 시간이 지남에 따라 변하는 문제가 있다. 예를 들어, 인터넷과 대규모 이민 같은 최신 요소는 전 세계에 걸쳐 좀 더 공통적인 문화적 경험을 만들어 낼 수 있다. 이러한 평생의 변화는 미래에 문화 의존적 사고와 뇌 활동을 어떻게 조절할 수 있는가? 우리는 문화를 정적인 요소가 아니라 지속해서 진화하는 가장 중요한over-arching 틀로 생각해야 한다. 문화 신경과학 결과는 우리에게 다음 세대를 위한 사회 적응의 신경적 기반neural basis을 제공하는 뇌의 기능적 조직의 새로운 변화를 추측하고 예측할 수 있게 한다.[58]

유아들이 발달하면서, 그들의 두뇌가 자신의 신체와 다른 사람과 주변 환경의 상호작용을 배치maps out하는 과정에서 "자기"와 "타인"의 개념을 배운다. 이러한 지도화mapping는 자기 구성의 시작일 수 있다.[59] 신체적 자기에 대한 지도화mapping는 매우 가소성이 좋다. 경험에 따라 변화된다는 의미이다. 예를 들어, 도구나 악기를 사용하는 법을 배우거나 자동차 운전을 배우는 사람은 초기에는 노력을 기울여야 하지만, 이후에는 비교적 편안하게 자동으로 하게 되는, 한때 몸 밖에 있던 것이 우리의 감각과 운동 경험의 일부가 될 수 있어 간단하게 우리가 "자기화selfing"라 부르게 된다. 우리가 누구인지 대한 감각의 출현이다.[60] 이런 식으로 신체 주변 공간의 신경 표상representation, "주변 개인 공간peripersonal space"은 우리 삶 전반에 걸쳐 발달할 수 있도록 실제로 열려 있다. 홈즈Holmes와 스펜스Spence는 말한다.

> 만약 당신이 오늘 밤 집에 가는 길에 나뭇가지가 튀어나와 있으면, 당신 두뇌의 주변 개인 공간peripersonal space 표상representation이 당신을 보호할 것이다. 당신의 후 두정엽posterior parietal 5영역area은 공간에서 당신 신체의 위치를 업데이트한 "모델"을 유지할 것이고, 그동안 당신의 시각 피질은 당신 앞의 시각 세계의 물체와 사건을 처리할 것이다. 이 두 상호 연관된 정보의 흐름은 후 두정엽posterior parietal cortex과 배측 전운동 피질ventral premotor cortex에서 통합되고 처리되어 당신의 신체와 관련된 공간에서 사물의 위치를 지속적으로 관찰하여 필요할 때 회피 동작을 준비한다. 한때 생각했던 것처럼, 단일 뇌 영역이 신체나 대략적인 공간 표상의 유지에 책임이 있는 것은 아니다… 오히려, "신체 도식body schema"과 "주변 개인 공간peripersonal space"은 피질과 피질 중심의 상호작용 망network의 출현된 특성이다. 각 센터는 정보를 받아들이고 응답해야 하는 신체 부위에 적합한 기준 틀reference frame로 다감각multisensory 정보를 처리한다.[61]

내 동료들과 내가 숲에서 겪었던 그 경험에서, 우리의 내부 신경 시스템이 나무와 하늘 주변 개인 공간peripersonal space 표상을 "우리가 누군가의 일부part of who we are"로 내장embedding할 수 있었을까? 고요함과 자연 속에서, 우리 각자는 자연과 신체의 분리가 더는 정체성이나 소속감belonging의 경험과 관련이 없는 비슷한 자기화selfing 감각을 가졌다. 두뇌가 우리 존재감sense of our being을 전체의 근본적fundamental 부분으로 지도화map out할 수 있을까? 아니면 "신체적 나bodily me"의 신경 표상의 이완된 두뇌 구성으로 실제로는 지금so that now으로의 이동shift일 수 있는 (신체 국한된 자기의 고원의 필터를 거치지 않고) 유창하게 흐르는 에너지 흐름의 현실이 출현하는 직접 감각 경험으로 빠져들 수 있을까? 우리가 DMN의 분리된 자기 구성을 완화할 때, 대부분 우리의 자전적 회로autobiographical circuitry의 중간 접속점, 특히 감각과 지각의 측면 영역이 신경계 입력으로 남아 있을 수 있는, 이들의 진화적 기원은 피질적으로 분리된 자기가 아니라 순전히 자연의 통로였다.

우리가 어떻게 하면 우리 삶의 상호 연결된 실제의 개방성을 지원하는 두뇌 망networks에서 변화shifts를 자극할 수 있을까? 어떻게 하면 우리가 태어난 신체에 국한된 신체 지도와 개인 주변 공간의 신경망을 넓혀서 우리 내집단ingroup의 특정 특성을 공유하는 사람들뿐 아니라 다른 사람들과의 연결도 넓힐 수 있을까? 우리가 인간 가족뿐만 아니라 모든 자연에 대한 소속감을 넓히는 데 필요한 변화shifts를 어떻게 상상할 수 있을까? 우리의 자기 경험을 형성하는 신경 상관관계neural correlates 및 사회적 신호social signals에 대한 과학으로 돌아가면 이러한 중요한 질문에 답할 수 있는 초기 단서가 제공된다. 바넘Varnum과 동료들이 마음의 독립적independent이거나 상호의존적interdependent인 자기 구성self-construal 상태를 활성화하는 뇌의 반응에 관한 연구에서 다음과 같이 밝혔다.

> 다른 사람의 보상에 대한 신경 반응이 자신에 대한 보상만큼 강할 수 있을까? 비록 이전 fMRI 연구에서 다른 사람이 보상받는 것을 지켜보는 것이 자신의 보상 센터를 활성화될 수 있지만, 이러한 대리 보상 활성화는 자신의 보상 반응보다는 **항상 덜 강력했다**. 현재 연구에서 우리는 참가자의 자기 구성self-construal(독립적 대 상호의존적)을 조작했고 독립적인 자기 구성이 주

> primed가 되었을 때, 피험자들은 도박 게임 동안 자신을 위해 돈을 획득했을 때 (친구를 위했을 때 보다) 양측 복측 선조체ventral striatum에서 더 큰 활성화를 보였다. 그러나 상호의존적 자기 구성self-construal이 주priming가 되었을 때 자신과 친구를 위해 돈을 획득하는 것에 대한 반응으로 이들 영역에서 비슷한 활성화의 결과였다. 우리의 연구 결과는 상호의존interdependence이 사람들이 자신에 대한 보상을 경험하는 것만큼이나 강하게 가까운 타인에 대한 보상을 경험하게 할 수 있음을 시사한다.[62]

우리가 어떻게 하면 직계 가족이나 친구와의 상호의존을 넘어서 더 상호 연결된 자기 구성self-construal을 주가 되게 할 수 있는지 상상해 보자. 만약 우리가 상호 연결성interconnectedness의 현실을 받아들여 문화적 진화를 형성하는 데 도움 줄 수 있다면, 이는 "윈-윈-윈win-win-win"상황이 될 것이다. 연구 결과에서 보듯이, 개인은 사회 분야 내의 관계가 소속감과 연결감을 가지고 더욱 완전하고 잘된다고 느낄 것이고, 세상의 자연적으로 상호 연결interconnected된 시스템은 우리의 창조적이고 의식적conscious인 종에게 배려care와 연민을 가질 것이다.

이제 우리가 생성적generative 사회 환경의 몰입immersions과 자연에서 시간 보내기 같은 문화적 환경(우리가 단순히 "관계적 분야relational fields"로 간주할 수 있는)을 제공할 수 있음이 명백했으며, 정식 명상 훈련에 더하여 오로지 개인적 관심사에만 국한된 우리의 자기감을 넘어서 확장되도록 도울 수 있다. 캉Kang이 다음과 같이 시사했다.

> 자기 초월에 들어가도록 하는 개입은 방어적인 자기 중심self-focus을 줄이고 긍정적 타인 중심other-focus을 증가시킴으로써 사회적 결과에 긍정적 영향을 미칠 수 있다. 특히, 사회적 관계에 해를 끼칠 수 있는 심리적 장벽 중 하나는 자기 향상 동기self-enhancement 또는 긍정적 자기관self-views을 보호하고 유지하려는 자기 중심적self-focused 욕구이다.[63]

사적이고, 고립된 자기가 위협받을 때, 우리의 3-P 틀에서 분리된 자기 견해를 지키기 위해 활성화되고 사회 세계에서 안정적 지위를 가지려는 보호적 고원protective plateaus이 있을 수 있다. 아이러니하게도, 자기 가치self-worth를 보존하려는 그러한 고립된 자기는 개인의 건강과 집단의 기능에 의도치 않게 해로울 수 있다. 캉Kang이 계속한다.

> 만약 방어적인 자기중심이 사회관계에 해롭다면, 자기 증진 욕구를 줄이는 전략이 사회적 유대를 이루는 장벽을 극복하는 데 도움 될 수 있다. 특히, 명상 훈련은 사람들이 축소하고 자기를 넘어서 가치에 집중하고, 다른 말로, 자기 초월을 통해서 자기 중심의 방어적이고 잠재적으로 해로운 패턴을 극복하는 데 도움을 줄 수 있다… 탈중심화decentering 과정에 참여함으로써, 자기 초월은 방어적 반응성을 감소시키고 자기상self-image에 잠재적 위협이 될 수 있는 후속 정보에 대한 정확한 이해와 공감 반응을 촉진하는 데 도움 될 수 있다.[64]

비록 단어들은 단순히 의미를 전달하는 기호symbols지만, "자기"라는 단어는 당신 마음속에, 내 마음과 마찬가지로, 질문을 던진다. "자기"는 유용한 단어인가? 만약 그렇다면, 그것은 단지 신체의 개인만을 의미할까? 만약 이것이 사실이라면, 경외와 감사 같은 "자기 초월적self-transcendent" 감정은 정말 별개의 실체로서 자기를 초월한다. 그러나 만약 그 대신 신체 속의 자기가 단지 자기의 한 측면이라면, 우리는 자기화selfing의 한 원천으로서 육체적 경험의 중요성을 인정하기 위해 "내적 자기internal self" 같은 자격증이 필요할지도 모른다. 이 경우에 있어서, 경외와 감사, 연민과 친절은 자기 초월이 아니라 자기 확대self-extending 또는 자기 확장self-expanding이다. 그러면 "자기"는 내부적일 뿐만 아니라 상호관계적interrelational이 된다. 그렇다, 이는 미묘한 언어적 차이처럼 보일 수 있다. 그러나 그 중요성은 우리가 앞으로 나아가면서 확대하고 확장할 기호symbols 아래의 개념과 범주에 있다.

우리 세계에서 이러한 변화는 이전 장에서 간략히 논의되었던 나와 동료들이 "생성의 사회적 분야generative social field"라고 칭하는 것의 일부인 공동 노력이 필요할 수 있다. 연민과 이해로 서로의 연결과 창의성을 지원하는 방식이다. 오토 샤머Otto Scharmer가 이러한 접근 방식을 육성할 "학교"에 대해 다음과 같이 제안했다.

> 그 새 학교는 "기관의 반전institutional inversion"이 특징이다. 반전은 안쪽을 바깥쪽으로 바깥쪽을 안쪽으로 뒤집는 것을 의미한다. 이러한 경우에 "안쪽을 바깥쪽으로 뒤집는Inside out" 것은 학습자가 강의실을 떠나 자신들의 도시, 지역, 생태계에서 사회 혁신의 주요 핫스팟에 참여하는 것을 의미한다. 요약하면 도시, 지역, 지국 생태계가 교실이다. "바깥쪽을 안쪽으로 뒤집는Outside in"것은 세계의 문제, 도전을 학문과 과학적 조사의 중심이 될 수 있는 캠퍼스로 다시 가져오는 것을 의미한다. 요약하면 세계의 도전과 사회변혁들이 교육 과정이다.
>
> 이 반전의 원동력은 "생태계 호흡 과정ecosystem breathing process"으로 생각할 수 있으며 행동 학습자와 행동 연구자가 현실 세계로 이동하여 사회 변화의 최전선에 참여하고("날숨breathing out"), 여러 부문과 시스템의 변화를 주도하는 사람들이 정기적으로 캠퍼스에 자신의 경험을 가져와 새로운 운영 방식을 고유하고, 반영하고, 같이 느끼고, 같이 창조한다("들숨breathing in"). 새로운 대학은 도시, 지역, 지구 공동체 같은 더 큰 사회 생태계의 "살아있는 기관living organ"으로 기능함으로써 생태계 호흡 과정에 참여하게 되며 집단적 기회의 다음 파동wave을 함께 형성하기 위해 자신을 느끼고 이해하는 데 도움이 된다.[65]

우리는 이 소중한 행성에 인류로서 도전을 직면하는 중요한 시기에 있다. 도전을 부담이나 두려움이나 죄책감 같은 것이 아니라, 완전히 통합하고 연민하고 체계적으로 삶을 사는 방식으로 마음을 발달시키는 동기 부여로 경험해야 한다. 우리는 전환점에 있다. 나의 가장 깊은 희망은 이 여정에서 우리가 함께해온 무언가가 이러한 많은 영역에서 통합되게 사는 전반적pervasive 리더십의 충만한 잠재력을 알아차리도록 마음을 발달하는 데 도움 되는 영감의 불꽃을 함께 제공할 것이다. 전반적pervasive이란 우리 각자가 자신의 길에 맞는 방식과 삶의 방식이 무엇이든 리더십 역할을 맡을 수 있다는 것을 의미한다. 시대를 초월한 지혜는 시기적절한 행동을 촉진하기 위해 여정의 의도와 방향성에 초점을 맞추도록 상기시켜준다. 우리는 결과에 집착할 필요 없고 오히려 상호 연결의 진실을 보기 위해 의도, 주의, 인식해야 한다. 또한, 통합은 적절한 수면, 영양, 신체 운동으로 신체적 웰빙을 양육하는 분화된 내적 자기 경험internal self-experience을 포용하는 동시에 사람과 지구와의 연결을 강화하여 우리의 관심, 보살핌, 연민의 범위를 확장하여 더 큰 인류 전체와 우리의 자연 내 상호 연결성을 포용하는 관계적 자기 경험relational self-experience을 촉진하도록 초대한다.

자기, 정체성, 소속감

어떻게 마음의 발달이 진정으로 자기란 무엇인가의 내적 측면과 관계적 측면 모두에 대한 통합된 감각을 촉진할 수 있는가? 어떻게 우리는 통합된 정체성을 촉진할 수 있을까? 이 여정 동안 여러분은 때때로 몇몇 아이디어가 연상되는 것으로 표현된다는 것을 알아차렸을 것이다. 몇 가지 기본 개념을 단어 문자열의 구조로 기억하는 데 도움 되기를 바란다. 이러한 용어에 PART는 현존present, 조율attuned, 공명resonant, 신뢰할 수 있는 trustworthy이라는 문구가 포함되고, COAL은 수용적이고 마음챙김적 인식으로 현존하는 호기심curiosity, 개방성openness, 수용성acceptance, 사랑love이 포함되고, FACES는 유연flexible하고, 적응적adaptive이고 일관coherent되고 에너지 넘치며energized 안정적인stable 통합된 시스템의 흐름이다. 다른 용어로는 아이들의 애착 관계에서 보이는seen, 안심safe, 진정soothed, 안전secure이라는 4개의 S이고, 학생의 존재 전체를 촉진하기 위한 학교의 접근 방식에서 성찰reflection, 관계relationships 및 탄력성resilience 증대를 포함하는 교육의 3개의 R이다.

여기, 마음의 발달의 여정의 끝에 도달함에 따라, 함께 탐구해 온 것의 많은 부분을 요약하는 데 도움이 될 수 있는 탐구할 만한 용어가 하나 더 있다. 우리가 지구상의 인류와 생명체가 직면하고 있는 많은 도전을 생각할 때, 현대 문화 구조의 나 홀로 자기solo-self를 넘어서는 어떤 방법들은 유익할 것이다. 자연과 분리되어 우리는 지구를 쓰레기통 취급한다. 서로 분리되어 싸우고 구축을 넘어 파괴한다. 분리 경험과 단절의 괴로움은 우리가 고립되어 혼자 있는 "자기감"을 만들어 낼 수 있다. 아마도 우리가 물려받은 신경계로부터 나오는 "우리 대 그들"이라는 사고방식인 위협 상태를 기반으로 구축된 세계는 공유된 생태계, 우리의 공동의 고향, 지구라고 명명한 이 놀라운 행성이 직면하고 있는 위기에 도전하기 위해 협력적이고 집단으로 대응해야 하는 이 시점에 더욱 분열된 것처럼 보일 수 있다.

가족 구성원들이 항상 잘 지내는 것은 아니다. 하지만, 형제간의 경쟁도 극복할 수 있고 형제자매들의 사랑이 우리를 하나로 묶을 수도 있다. 영어에서, 형제는 유용한 연상기호가 될 수 있다. 이 약어는 우리가 이 세상을 이롭게 하도록 희망 있게 유익한 방법으로 행동하고 기억하는 데 도움을 줄 수 있는 중요한 개념들을 의미한다. 이 일곱 글자로 된 단어가 우리가 발견하고 고민한 것을 기억하는 데 효과적인 수단이 되기 바란다. SIBLING은 다음을 의미한다.

S: 자기Self. 자기는 우리가 누구인지에 대한 감각으로, 명사와 같은 실체나 사건을 전개하는 동사와 같은 감각으로 경험할 수 있다. 어디에나 존재하는 "절대적 자기"는 없을 수 있다. 기본 모드 신경망(DMN)의 활동을 포함한 신경 상관관계는 과거를 생각하거나 미래를 계획할 때 활성화된다. DMN은 또한 다른 사람들이 우리에 대해 생각하는 것에 맞춰져 있다. 그래서 나는 이것을 "타인과 자기others and the self"와 관련된 "OATS" 네트워크의 일부라 부르고 싶다. DMN이 과도하게 활성화되어 뇌의 나머지 부분과 과도하게 분화되면, 자기 집착, 고립, 불안, 우울과 관련이 있다. "나, 나에게, 나의 것I, me, and mine"은 과도하게 활성화된 DMN의 초점이다. 뇌의 다른 부분 특히 삶이 펼쳐질 때 직접적인 감각 몰입을 허용하는 옆 또는 측면 영역과 잘 통합될 때, 이 중요한 영역은 통찰, 공감, 연민을 위한 우리 능력에 작용한다. DMN 접속점은 마음의 지도 마음 이론, 정신화, 마음보기 지도를 만들기 때문에 어떻게 마음의 내부와 세계와의 감각을 만드느냐가 중요하다.

자기감은 우리가 다양한 단계의 시스템에 살고 있다는 사실에서 나온다. 만약 우리가 분리되어 있다는 반복되는 메시지를 받는다면, 우리는 시스템으로부터 받는 메시지가 사실이라고 알려주는 신경회로(DNM에 의해 매개될 가능성이 있는)를 구성할 것이다. 이 시스템에는 우리의 가족, 학교, 친구, 더 큰 사회를 포함될 수 있다. 이들 단계에서, 자기는 많은 측면을 가지고 있고, 우리는 우리의 상황, 맥락에 따라 별개로 발생하는 내적 생활의 여러 층이나 측면을 가지고 있다. 간단한 단어인 "자기"는 단순한 명사는 절대 아니며 우리가 보아온 것처럼 함축적 의미(우리가 자주 이야기한 것처럼 분리된 개별 독립체가 아니라 다층적으로 펼쳐지는)를 전달한다. 자기화selfing의 주관적 경험의 복잡한 복잡성의 현실을 깨닫는 것은 우리의 마음을 통합하고 우리 삶에 웰빙을 창조하는 경로의 일부이다.

현대에서 우리의 자기감이 나타나는 방식은 우리가 상호 연결된 월드 와이드 웹world wide web, 인터넷(또는 무한히 압도되고 불안전한 느낌이 유지되어 내가 "인피넷infinet"이라 부르기 좋아하는)에 참여하는 방식을 포함하여 우리가 서로 소통하는 문화적 방식에 의해 형성될 수 있다. 인터넷 사용과 스마트폰 사용은 더 높은 수준의 불안과 우울과 관련이 있을 수 있으며, 심지어 우리가 신체적 존재physical presence에 있을 때도 타인과 사회적 상호작용이 더 적을 수 있다.[66] 우리가 사는 시스템 내에서 서로 의사소통하는 방법은 자기화의 경험에 있어 기본이다.

I: 정체성Identity. 만약 자기가 절대적이지 않다면, 우리의 정체성 감각은 또한 우리가 구성된 정신 과정으로 볼 수 있다. 인간으로서 우리는 이러한 정체성을 형성하는 다양한 특성, 즉 "우리가 누구인지"에 대한 내적 개념과 "우리가 누구의 일부인지"라는 관계 메시지로 확인할 수 있다. 자궁에서, 우리는 심지어 가족과 상호작용하기 전이나 나중에 친구와도 어떻게 두뇌가 형성되는지 많은 과정을 가질 수 있다. 그 초기부터 우리는 우리의 성별, 가족 구성원, 종교, 인종 및 사회 경제적 지위에 대한 메시지를 받고 또한 우리가 몸을 가지고 있다는 것을 알게 된다. 우리 몸은 특징을 가지고 있으며, 부모, 다른 애착 인물, 형제자매, 친구, 선생님, 나중에 미디어와 더 큰 사회이든 간에 우리가 "타인"으로부터 받는 메시지와 맞지 않을 수 있다. 신체는 내면의 정체성과 일치할 수도 있고 아닐 수도 있다. 그리고 우리가 살고 있는 문화는 우리가 내면에서 무엇을 느끼느냐에도 불구하고 우리 몸의 겉모습에 근거해서 우리에게 힘을 실어 주거나 우리를 버릴 수도 있다.

만약 정체성이 내면과 관계 모두라면, 우리는 정체성을 통합하는 문제가 우리 관심의 절실한 초점이 된다는 것을 알 수 있다. 통합이 없다면, 우리는 연결 없이 과도하게 분화되고, 나 홀로 자기로 외로움을 느낄 수 있고, 또는 "나 같은" 사람에게만 편안함을 느끼도록 제한될 수 있다. 유아기 초기에 우리는 누가 우리와 비슷해서 어울리는지, 아닌지를 평가해서 전자를 좋아하고 후자를 싫어한다.[67] 만약, 정체성이 단지 명사라고 느끼는 사람이라면, 끊임없이 펼쳐지는 자기의 현실이 하나의 특성, 하나의 고정된 정체성으로 묶여야 한다는 확신을 필사적으로 추구할 수도 있다. 이런 식으로, 정체성과 씨름하는 마음은 웰빙을 형성하고 매일 삶의 내적 측면과 상호적 측면을 모두 포함한다. 우리가 누구인지, 우리의 정체성에 대해 무엇을 믿느냐가 우리가 삶의 의미를 만들고 목적을 찾고 어떻게 사는지 의미를 찾는 것의 핵심이다.[68]

통합은, 지금까지 보아온 바와 같이, 고유한 요소를 잃지 않으면서 경험의 분화와 연결을 모두 제공한다. 만약 우리의 자기 층이 정체성의 층을 제공한다면, 우리는 문화 속에 어떻게 수용적인 연결의 인간 생활권noosphere을 장착할 방법을 알 수 있을까? 마음은 추정된 분할의 범주를 구성하고, 이러한 가정에서 개념을 만들고, 우리가 소통의 표면 아래 있는 의미를 관계에서 서로 공유할 수 있도록 상징을 생성한다는 것을 기억하라. 정체성은 우리가 초기부터 사용하는 언어적 상징에 내재되어 마음의 발달이 현실의 본질을 이해하는 방식을 형성하고 우리가 구성하는 범주와 우리가 듣는 단어 아래에서 창조되는 개념을 형성한다.[69] 세상의 다른 사람들에 대해 내면화되는 복잡한 요소들이 있으며, 종종 행동 아래의 의도는 우리가 다른 사람들과 우리 주위의 세계에 대한 암묵적implicit 이해에서 중요한 역할을 한다.[70] 우리의 정체성은 우리 주변 세계로부터 받는 의사소통에 깊은 뿌리를 두고 있다.[71]

B: 소속감Belonging. 우리는 사회적 존재, 인간, 포유류이다. 수백만 년 동안, 사회 연결망 내의 우리의 연결은 우리의 생존의 기반이었다. 기본 욕구를 충족하기 위해 서로가 필요하지만, 현명함(의미 있는 것), 신체적 조

절(항상성 달성)과 마음보기(마음을 아는 경험)를 위해 신경망을 자극하는 연결에 대한 필요성도 존재한다. 우리의 친부모 이상에 의해 양육된 대행 부모alloparenting의 역사를 가진 인간으로서 복잡한 사회 연결망에 참여하려면 마음을 알아야 하는 것이 필수적이었다. 연구에서 지지적 사회 연결망의 일부가 되는 것이 정신 건강, 의료 건강, 장수 및 행복의 네 가지 영역에서 긍정적 결과와 관련된 가장 강력한 요소로 명백히 밝힌 것이 놀라운 일인가?[72] 고립과 외로움은 흡연만큼 건강에 해롭다.

우리는 누구이며 무엇에 속하는가? 여러 면에서, 연결되고자 하는 갈망은 소속감에 대한 것이다. 한 시스템 안에서 자신의 삶이 복잡하게 얽혀 있는 듯한 느낌의 경험은 소속감을 주고 "우리가 누구인가"라는 감각을 확장 시킨다. 우리가 논의한 바와 같이, 복합적 시스템의 관점에서, 우리의 정신 상태의 복합성 확장은 긍정적이다.[73] 소속감의 경험은 우주에서 고향에 있는 느낌이다. 법학 교수인 존 포웰john a. powell(그렇다, 분리된 자기에 대한 강조를 줄이기 위해 소문자 사용)은 우리가 "우리를 넓히는widen the we" 방법은 다른 사람의 반대가 "동일인saming"이 아니라 소속감임을 깨닫는 것임을 고려하라고 촉구했다.[74] 만약 "누가 나와 같은 사람"이라고 생각하는 방식을 넓혀서 우리의 피부색이나 심지어 종species 보다 많은 것을 포용할 수 있다고 상상하자. 자연의 모든 것에 대한 넓은 소속감(결국, 우리는 자연에서 모두 살아있는 존재이며, 생물 다양성biodiversity 속에서 우리의 통일성을 포용하기 위해 "나와 같은like me" 가치를 사용해 보는 것은 어떨까)은 순간순간 통합적 전체 안에서 우리의 분화의 현실을 수용할 수 있게 해준다. 우리는 분화하여 다를 수 있고, 소속되어 연결될 수 있다. 소속은 개인의 정체성보다 더 큰 것의 일부가 되는 것으로 우리의 고유의 개성을 잃는 것과 관련이 없으며 그래서도 안 된다.

소속감은 호흡이 신체에 필요한 만큼이나 마음에 필수적일 수 있다.

소속감을 경험할 때, 우리는 혼자서는 감당하기 힘든 많은 도전에 직면할 수 있다. 만약 현대 문화가 다른 인간 및 자연과의 상호작용을 형성하는 데 소중한 가치로 소속감의 지위를 높이지 않는다면, 그 문화는 대체 무슨 종류인가? 단절의 문화는 혼란과 경직을 조장하는 분야다. 운영방식과 구성원에게 보내는 메시지를 구조화하는 시스템에 통합되지 않는다. 우리의 관계적 마음을 거의 인식하지 않는 생활권noosphere에 휩싸이면, 소속감 대신에 갈증을 해소하고, 공허함을 채우려는 심지어 이름조차 붙일 수 없는 열망에 가득 찰 수 있다. 아마도 이제는 자기를 분리된 것으로 국한하고, 마음을 단지 두개골 안의 뇌에서만 오는 것으로, 우리의 자기가 오직 다른 나머지와 분리된 무언가라는 것에서 벗어나야 할 때이다. 아마도 그 환상을 해소하고 고립된 사적인 세계에만 존재하는 나 홀로 자기의 망상에서 회복해야 할 때일지 모른다. 이러한 변화에 활력을 불어넣고 일으킬 생명력, 동기 부여 연료는 무엇인가?

L: 사랑Love. 과학에서 교육은 사랑의 중요성을 무시하는 것처럼 보일 수 있다. 우리의 연구, 토론, 소통과 연결을 나누는 방식, 문화를 형성하는 방식에서 삶의 생명력을 배제하는 방식은 문제인 것 같다. 수레바퀴 훈련을 가르치는 교육 워크숍에서, 한 정부 관계자가 이전에 느껴 본 적 없는 "더 많은 사랑과 연결"을 경험하는 데 축이 도움 되었음에도, 자신을 "약하다weak"고 생각할까 두려워서 동료들과 공유하지 않기로 했다. 나는 그에게 국가 정책을 결정할 때 어떻게 하는지 물었다. 법률을 제정할 때 사랑과 보살핌, 친절 연민을 판단에서 제외하는지? 그는 말할 수 없었다. 다른 이들은 내게 사랑이라는 용어는 에로틱, 성적인 느낌과의 연관성, 오해에 대한 두려움으로 공개적이나 직업적 상황에서는 사용하기를 좋아하지 않는다고 말했다. 그러나 인식의 수레바퀴 워크숍 참가자들은 반복적으로 축에서 발생하는 세 가지 감각, 현존, 상호 연결, 사랑을 보고한다. 수

년에 걸쳐 여러 대륙에서 이런 반복적인 1인칭 시점의 이야기를 들은 후, 과학자로서 현존, 상호 연결, 사랑이 어떤 공통점을 가지는지 궁금했다.[75]

자기는 수천 년 동안 많은 사람이 연구한 복잡한 경험이다.[76] 우리가 시인, 신비주의자, 종교, 사색, 지혜로운 전통을 찾아보든 간에, 일관된 발견들(세계에 대한 지식의 인간적 방법, 지식에 대한 독립적 추구에 공유된 보고들)은 명백하다. 사랑과 상호 연결은 우리 인간 경험의 현실의 본질로 반복적으로 발생한다.[77] 그러나 많은 사람이 자기 확장 활력소 근원에 정기적으로 접속하지 못한다. 사랑은 소속감의 에너지이다. 사랑과 연결의 삶을 살고, 우리가 간단히 현존이라 부르는 수용적으로 인식하며 존재하면, 우리의 상호 연결된 현실의 구조fabric로 보이는 이러한 구성 요소에 직접 몰입하게 한다. 언론인, 작가, 활동가인 마리아 슈라이버Maria Shriver가 다음과 같이 말했다. "사랑은 보편적이다. 원초적이다. 인간적이다. 개별 세계를 더 큰 세계 질서로 이동시킨다. 나는 이것이 더 나은 무언가를 위한 최고의 희망이라 믿는다. 우리가 서로 사랑하고, 조국을 사랑하고, 자신을 사랑하기를 원한다면 그것은 가장 좋은 희망이다… 우리는 모두 누군가의 품 안에서 태어나고, 운이 좋으면, 누군가의 품 안에서 죽을 것이다. 그 사이의 모든 것은 우리 공통 인류애의 탐색이다. 그것은 오직 사랑에 뿌리를 두고 있다."[78]

사랑은 간단한 단어이다. 우리는 그것을 우리의 삶에서, 사적에서 공적으로, 인간관계에서 행성에 이르기까지, 광범위한 경험에 사용한다. 사랑은 아이에 대한 사랑, 낭만적인 파트너에 대한 사랑, 신념에 대한 사랑, 세계에 대한 사랑 같이 용어에 사용하는 특정한 적용보다 더 넓고 깊은 무언가에 대한 언어적 상징이다. 학자이자 환경 운동가인 조안나 메이시Joanna Macy가 제안하듯이, 우리는 이 삶을 "세상을 우리 자신으로, 세상을 우리 연인으로" 사랑하며 살아갈 수 있다.[79] 이 사랑은 우리를 깊은 소속감으로 몰입시킨다. 메이시Macy가 쓴 것처럼.

> 두려움, 감사, 그 모든 것에 완전히 참여하는 것은 상호 소속감 훈련이다. 지구 생명체의 살아있는 구성원으로 우리는 그런 종류의 소속감에 근거한다. 우리는 이 깊은 앎을 기억하고, 축복하고, 확인할 더 많은 방법을 찾을 것이다. 우리는 서로에게 속하고, 지구에도 속한다. 우리가 대변동cataclysmic을 겪을 때라도, 그 무엇도 우리를 분리할 수 없다. 우리는 이미 고향에 있다. 상호 소속의 훈련은 작은 자기의 질병을 치료하는 약이다….[80]

사랑은 우리가 하는 모든 것과 활력과 보살핌, 친절과 관심, 연민과 연결 감각의 모든 것을 불어넣는 거의 형언할 수 없는 생명력으로 사용할 수 있는 용어일 수 있다. 사랑은 우리가 위축되고, 분리되고, 나 홀로 자기를 벗어나게 한다. 마음의 발달을 형성하면서 사랑을 배제하는 것은 말이 되지 않는다. 마음은 두뇌에, 신체에 고립되어 있지 않다. 사랑, 상호 연결, 현존은 이 삶에서 풍성함의 본질이며, 우리가 완전히 존재할 수 있게 한다.

I: 상호 연결Interconnection. 우리 마음, 자기, 정체성의 **사이**between-ness는 상호 연결 interconnection, 상호 관계interrelational, 상호 존재interbeing, 상호 섞임interwoven, 상호 관련interlinked, 상호의존interdependent, 상호 얽힘interlaced이라는 용어의 "상호inter" 이다. SIBLING의 두 번째 "I"는 **내부**intra 연결일 수도 있으며, 상호inter보다는 그렇게 많이 연결된 느낌은 아니지만, 안에서는 근본적인 것, 내부intra가 된다. 아마도 이것이 상호 소속감의 진정한 의미일 것이다. 우리는 서로에게 소속되고 지구에 속한다. 기근, 가뭄, 질병에 직면한 나미비아Namibia 여행에서, 내가 만난 마을 사람들은 공동체와 자연에 소속되어 있다면 행복하다고 대답했다. 우리가 미국에 소속될 때, 우리가 행복하냐고 물었을 때, 나는 확고하게 그렇다고 대답하기 바랐다. 많은 이에게, 많은 "물질stuff"은 있지만, 소속감은 거의 없다.

우선은, 단순히 내부와의 상호 연결을 우리의 신체 한정된 자기를 넘어선 무언가의 일부로 언급해보자. 이 상호 접두사는 우리가 누구인지에 분리된 측면이 있으며, 우리의 육체적 자기의 내부 본질이 존재한다는 것을 암시하며, 아마도, 이 내부는 사회 분야와 자연 내에서, 생명 자체와 상호 연결될 것이다. 우리가 구성하는 독립된 범주는 명사의 언어적 특성을 가질 수 있는 단어로 표현될 수 있다. 이 사람, 댄Dan은 여기 이 몸 안에, 여러분은 여러분이 태어난 몸 안에 분리되어 있다. 나는 내 것이 있고, 당신은 당신의 것이 있다. 그렇다. 신체가 있다. 그리고 세상에는 시공간에서 분리된 것처럼 보이는 실체와 같은 것들이 있다. 우리가 보았던 것처럼, 이것은 특히 우리의 제한된 시각과 청각 입력으로 나타나는 뉴턴의 거시적 현실 영역의 삶의 감각이다. 우리의 귀와 눈은 분리를 감지하는 원시raw 감각 데이터를 제공한다. 그러나 생물학적으로나 물리적으로 완전한 분리는 환상이고 부정확한 감각이다. 당연히 환상에서 파생된 범주와 개념은 현실 전체의 한 측면에서만 형성된다. 분리의 감각은 잘못 이해되지 않았더라도, 최소한 제한적이다.

지금까지 살펴본 것처럼, 더 깊고 현실 자체의 다른 영역에서 온 생명의 본질은 눈에 보이지 않을 수도 있다. 시력과 음향 감각 외에도 우리 인간은 눈과 귀가 감지하지 못하는 에너지와 정보 흐름을 감지하기 위해 마음보기mindsight를 사용하여 빛과 소리를 넘어 감각과 지각하는 엄청난 능력을 갖추고 있다. 이 에너지는 진짜이다. 우리의 처음 오감에 의해 명확히 인식되지는 않는다. 여기 우리가 익숙한 시력을 이용한 유추 점이 있다. 우리가 눈부신 빛 속에서, 우리의 눈 뒤의 세포, 망막의 다른 측면으로 전환할 때, 우리는 항상 존재했지만, 단순히 지각할 수 없는 입력을 감지하기 시작할 수 있다. 야간 시력이 주간 시력이 감지할 수 없는 낮은 강도의 하늘의 별들로부터 오는 더 미묘한 신호를 포착할 수 있게 해주는 것처럼, 우리는 또한 상호 연결된 삶의 현실을 감지할 수 있는 능력을 갖춘 마음보기 시력을 획득하는 방법을 배울 수 있다. 이것이 피터 센게Peter Senge, 메테 보엘Mette Boell과 동료들이 제안한 시스템 감지systems sensing이다. 우리가 그런 감각이 우리의 지각을 형성하도록 할 때, 우리는 시스템 인식systems awareness을 배양한다. 그리고 우리가 상호 연결, 상호의존, 서로 소속된 상호 관계의 세계가 무엇을 의미하는지 고려하기 위해 우리 마음을 작동시킬 때 우리는 시스템 사고systems thinking를 사용하는 것이다. 이것들은 모두 우리의 마음보기 렌즈를 선명하게 하고 이 기다리는 세상에서 상호 관계로 삶의 방식을 인도하는 능력 사용의 일부이다.

그러한 능력이 할 수 있는 것은 우리 마음의 개념과 상호 관계적 삶의 범주가 우리가 모두 몰입할 수 있는 생활공간의 일부가 될 수 있도록 직접 볼(우리 자신 안에서 느끼고 감지하고 이해하게) 수 있도록 하는 것이다. 현실에 대한 비통합적 관점은 우리에게 분리의 환상을 제공하는 생물학적으로 제한된 시각과 청각인 명사 같은 실체인 뉴턴 거시상태 세계를 분화할 뿐이라는 것을 이해할 수 있다. 하지만 우리가 통합적 관점을 채택하면, 이 명사 같은 세계와 동등하게 현실적인, 단지 눈에 보이지 않는 에너지의 미시단위 영역, 명사 같은 실체보다는 사건, 깊이 상호 연결된 동사 같은 사건의 전개인 과학이 확률 장probability field으로 묘사하는 양자quanta를 모두 포함하게 된다. 우리가 수영을 배우면서 머리가 물속에 있기도 하고 물 위에 있기도 하듯이, 우리는 우리 삶의 명사-실체와 동사-사건의 양면 모두를 인식하는 것을 배울 수 있다. 통합적 접근은 자기를 그렇지 않음에도 분리되어 있다고 보는 잘못된 지각과 병적 믿음 즉, 지각적 환상과 의식적 망상을 해소하는 데 도움이 될 것이다. 그렇다. 우리는 다른 사람의 신체와 다른 사물, 다른 실체와 상호작용하는 분리된 신체를 가지고 있다. 그러나 우리는 깊게 서로 연결되어 발생하는 사건이기도 하다.

판도 포퓰러스Pando Populus 숲에서처럼, 우리의 눈만을 사용하여 별개의 나무를 인식하기는 쉽다. 우리는 심지어 우리 앞에 보이는 숲에 수천 그루의 독립된 나무들이 있다고 주장할 수도 있다. 그러나 우리는 틀렸고, 충분한 현실을 보지 못했다. 수천 그루의 별개의 나무 말고 또 무엇이 있는가? 표면 아래, 시야를 넘어서, 상호 연결된 전체로서의 삶의 본질이 나타난다. 마찬가지로, 단지 현실의 출현이 마치 명사 같은 분리된 실체들만의 세계에서, 시간의 흐름에 묶여, 끊임없이 죽음을 향해 나아가는 분리된, 나 홀로 자기 같은 이 커다란 뉴턴 신체에서 살기 쉽다. 그러나 우리가 마음보기를 사용하여 거시적 상태 아래의 깊이 연결된 동사 같은 사건으로 구성된 우리 현실 영역인 미시적 상태를 인식하면, 공간적으로 구별된 사물의 상호 연결성interconnectedness뿐만 아니라 방향성에서 자유로운Arrow-free 우리 세계의 영역에서 시간을 가로질러 연결 느낌이 들게 된다. 다행스럽게도, 우리 삶의 이 상호 연결된 현실을 짧게라도 경험하게 도와주는 훈련이 있다. 가능성의 평면에 접근하여, 인식의 수레바퀴 훈련에서 테두리와 순수 인식의 축을 구분하는 것을 배우는 것은 우리 모두를 연결하는 이러한 상호 연결의 영원한 뿌리를 경험하게 한다.

N: 노에시스Noesis. 이 그리스 용어는 사고와 추론을 위한 우리의 인지 능력, 지적 이해를 폭넓게 의미한다. 우리는 지적생활권noosphere이 우리가 몰입하는 지식과 사고의 분위기라는 것을 보아왔다. 이러한 방식으로, 인지cognition의 4E는 구현embodied, 실현enacted, 확장extended, 내재화embedded이며 각각 내부와 사이에서 우리의 노에시스noesis 경험을 반영한다. 마음의 발달 탐구 시작 이래로, 우리는 다양한 분야의 광범위한 연구를 통하여 노에시스적noetic 이해에 집중해 왔다. 이것은 우리가 보아온 것처럼, 인간관계 신경생물학의 접근 방식으로, 지식의 여러 방식에 걸쳐 통일성을 찾고 있다.

그러나 이 지식조차도 우리의 사회적 소통으로 깊이 형성된다. 토마셀로Tomasello가 썼듯이.

> 모든 영장류는 하나 또는 다른 형태의 사회적 학습에 참여한다. 인간은 문화적 학습에 참여한다. 개체 발생적ontogeny으로 매우 초기부터 인간 유아와 어린아이들은 다른 사람들로부터 유용한 것을 배우기만 하는 것이 아니라, 어울리고 문화 집단과 동일시하기 위해 순응한다. 문화 집단은 그런 순응conformity을 규범적으로 기대하며, 어른들은 아이들이 확실히 하도록 적극적으로 지도한다. 어린아이들은 이 교육에서 세상을 어떻게 보고 문화에서 어떻게 작용하는지 배운다. 이러한 특별한 형태의 문화 학습은 축적된 문화적 진화의 강력하고 종-고유species-unique 과정을 가능하게 한다.[81]

아이디어로 가득 차서, 우리는 노에시스noesis의 내재되고 확장된 측면에서 언어적 상징[82]을 어떻게 공유하는지 서로 배운다. 월시Walsh와 윤Yun에 의하면 "전승 문화는 지식, 의미, 가치의 정신적 표상을 비유전적 수단을 통해 세대에 걸쳐 사람에게서 사람으로 전파하는 것이다."[83] 이러한 아이디어는 시간이 지남에 따라 변화하고 문화적 진화가 진행되면서, 노에시스적noetic 세계와 신체somatic 시스템이 서로 얽혀 세대에 걸쳐 우리가 누구인지 형성하고, 우리 마음에 영향 미치고, 생리학을 바꾸고, 유전자와 상호작용한다.[84] 코로디Kolodny와 동료들은 다음과 같이 말했다.

> 인간 생태학과 진화에서 문화의 역할에 비추어[Creanza et al. (2017)], 우리는 **문화적 진화를 제외하고는 인간에게 아무 의미가 없다**는 도브잰스키[Dobzhansky (1973)]의 비유가 과장이 아니라는 것을 제안한다. 그러나 문화적 진화는 많은 시간이 필요하며 개인, 행동하는 개인의 집단, 기술 실체, 문화적 아이디어 같은 다양한 수준의 원동력에 의해 추진된다.[85]

우리는 우리가 고려하는 아이디어, 이러한 아이디어를 표현하는 데 사용하는 언어, 서로와 자연 세계와 사는 방법을 공통으로 형성하여 의도적으로 문화적 진화를 촉진할 수 있다. 이것은 우리가 실제로 자기가 무엇인지에 대한 **생각**을 고려하는 변화를 포함한다. 우리의 정체성이 오직 신체에만 기반하며 어쩌면 우리가 "나와 같은?" 것으로 동일시되는 "우리와 같은" 신체를 가진 사람들에게 확장되는 것일까? 우리의 소속감은 가까운 친척과 친구에게만 있는 것일까? 아니면 우리가 현실의 기초라 생각하는 겉모습, 심지어 들을 수 있는 단어나 보이는 행동으로 표현되는 신념 같은 실체의 표면적 측면만 보는 시야의 결과를 넘어서 그 아래에 무언가 있는가? 만약 마음이 단지 머릿속의 뇌의 활동이 아니고 피부에 갇힌 신체에 국한된 것도 아니라면, 단지 체화된 것뿐 아니라 완전한 관계가 깊이 포용될 수 있다면, 이것이 자기, 정체성, 소속감의 지적생활권noosphere으로 변화되지 않을까? 마음의 본질과 마음이 내부와 그 사이에서 어떻게 발달하는지에 대한 이러한 탐구는 사이와 내부 마음이라는 노에시스적noetic 기반의 개념을 뒷받침하는 수천 개의 과학적 참조 문헌으로 가득 차 있지만, 지적 추론 및 연구 결과 이상의 것이 필요할지도 모른다. 그 이상 무엇인가는 깊고 직접 느껴지는 사실적 지식을 넘어서는 앎을 일으키는 직접 경험일 수 있다.

G: 영적 인식Gnosis. 다양한 사전에서, 이 그리스 용어는 일반적으로 "영적 신비에 대한 지식"을 의미하며, 지식의 원래 단어에서 유래되었다. 여기서 우리는 노에시스noesis의 사실적, 지적 앎과 영적 인식의 직접적, 1인칭first person, 경험적 앎을 대조하고 있다. 어떤 사람들은 이 느낌을 "아는 것knowing"과 이성의 "아는 것knowing"을 구분하기 위해 믿음이라는 용어를 사용할 것이다. 여기서 사용하는 언어적 용어인 영적 인식은 직접 경험에서 오는 앎이다. 나의 최근의 소중한 동료이며 게일어Gaelic 신비주의

를 연구하고 가르치는 존 오도노휴John O'Donohue는 나에게 "신비주의자는 보이지 않는 것의 현실을 믿는 사람이다"라고 말했다. 존John과 나는 이 두 가지 앎의 방법 영적 인식과 노에시스noesis를 탐구하는 멋진 시간을 보낼 것이다. 각각은 이 삶에서 통합된 앎에서 자기 자리를 차지한다. 그 무렵, 영성, 교육에 관한 컨퍼런스에서 가르치는 동안, 워크숍에서 "영적spiritual"이 의미하는 바에 대한 합의된 견해는 두 가지의 결합한 경험을 포함한다는 것이다. (1) 분리된, 육체적 자기보다 "큰" 무언가에 연결된 느낌을 가지고 사는 것과 (2) 생존 이상을 넘어선 의미와 목적을 가지고 사는 것이다. 우리가 이것들을 함께 배치하면, "영적 신비에 대한 지식"을 의미하는 영적 인식이 시각을 넘어서 보는 것("보이지 않는 것the invisible")과 연결, 의미, 목적을 가지고 사는 것으로 번역된다는 것을 알 수 있다. 여러 가지 방법으로, 이것이 우리가 마음보기mindsight에 대해 설명해 온 것이다. 즉, 눈에 보이는 것 너머로 마음의 내부 및 상호작용을 보는 것이다.

지금까지 각 장에서 소개된 것을 서로 조합하면 인식의 수레바퀴 훈련의 참고문헌이었다. 만약 직접 경험으로 앎이 영적 인식을 의미한다면, 이것은 이 탐색에 당신 자신의 영적 인식을 가져오도록 초대하는 것이다. 우리의 토론을 마치려는 지금과 우리가 나아갈 미래 모두. 마음을 상상하는 간단한 방법의 한 예로 은유적 수레바퀴 훈련은 개인이 마음의 본질에 직접적인 1인칭 주관적 몰입을 할 수 있게 한다. 지금까지 논의한 것처럼, 개인마다, 회기마다 훈련의 결과는 다르지만, 흥미로운 공통점을 보여준다. 순수한 인식의 축의 은유는 의식의 알아가는 것knowing을 테두리의 아는 것knowns과 구별할 때 마음의 전개를 직접 경험할 수 있다. 우리가 듣거나 읽는 것만으로 배울 수 있는 그 어떤 것보다, 개인적 훈련의 직접성은 노에시스적noetic 정보로 대신할 수 없다. 수레바퀴 같은 훈련의 영적 지식은 이전에는 보이지 않고 모르던 것을 마음보기로 인식하고 알게 한다. 그리고 어떤 의도나 계획 없이, 이 의식 통합 훈련에 참여한 많은 사람이 공통된 설명은 그것이 그들의 삶에 깊은 연결, 의미, 목적의 경험을 준다는 것이다. 이러한 이유로, 여러분은 지금 당신 삶에 어떤 종류가 맞든지 간에, 알아가는 것knowing의 영적 인식과 우리가 탐구해온 순수 지성을 엮어서 우리의 직접 경험에 참여하도록 초대받는다.

만약 우리가 현대 문화에서 상호 연결의 현실을 공유할 수 있도록 직접 알아가는 것knowing과 마음 발달의 과학을 결합하는 방법을 제공할 수 있다고 상상해 보자. 만약 우리가 모든 인간, 모든 생명체가 그 상호 연결에 소속하도록 우리의 에너지와 능력을 집중할 방법을 찾을 수 있다고 상상해 보자. 그리고 또한, 우리가 누구인지, 자기와 정체성을 일으키는 우리 마음이 내부와 사이 모두에 있다는 생각과 현실을 받아들일 때 우리의 정체성 감과 자기감이 통합을 찾을 수 있다고 상상해 보자. 만약 문화적 진화가 이러한 개념을 전달하기 위해 사용되는 사고와 언어에 의해 형성된다면, 그러한 세상을 만들기 위해 창의적으로 협력하는 것이 연결되고 의미 있고 목적이 충만한 삶이 아닐까? 이것은 우리가 서로 소속되고 우리 공동의 집인 지구에 속한 형제자매로 모두 연결되는 SIBLING 방식을 수용하는 것이다.

나 그리고 우리=나우리MWe: 상호 연결의 현실 그리고 정체성의 통합

단어는 표현하려는 내용을 충분히 전달할 수 없다는 점에서 제한적이며, 복잡한 사고를 내적으로 깊이 생각하게 해주고 외적으로 공동 대화에서 그런 개념을 공유할 수 있게 해준다는 점에서 자유롭기도 하다. 마음의 발달을 이해하기 위한 여정에서 두드러진 점은, 때론 어떻게 학문 분야, 전문적 활동, 정당, 문화에 속한 사람들의 집단이 단어를 현실의 불변하고 의심할 수 없는 응축된 상징으로 사용하는가이다. 이러한 언어적 용어는 우리가 전달하거나 이해하려는 것에 근접하지만 절대로 완전하게 담아내지 못하는 공유 가능한 표상으로 상징이다. 그런데도, 그것들은 우리가 개인적으로 생각하는 것과 집단으로 세상을 이해하는 방법을 형성하는 개념과 범주의 숨겨진 꼭대기 층에 있는 순수 지성 도구이다.

많은 언어에서, "나" "나를" "너" "그들"이라는 용어는 특정 명사 같은 의미가 있다. 영어에서, 예를 들어, 우리 몸을 가리키며 "나 여기 있다"라고 말할 수 있다. 나는 멀리 있는 집단의 몸을 가리키며 "저기 그들이 있다"라고 말할 수 있다. 개인 자기는 명사 같아서 신체에 국한되며(때로는 신체의 두뇌에만) 태어나고, 살고 죽는다. 이 대명사들은 어떤 사람이 주소를 말하고, 청구서 지급하고, 운동 수업에 등록하고, 언제 자야 하는지 아는데 도움이 된다. 만약 묘지에 누군가를 묻으면, 그곳에 "누가" 묻혔는지 확인하기에 이름이 유용하다. 그러나 만약 당신이 묘지를 방문하여, 묘비를 살펴보면 생이 마감된 독립된, 나 홀로 자기가 아닌 관계에 대한 단어들이 씌워진 것을 알 수 있다. 왜 그럴까? 그동안 우리는 내내 우리의 관계는 케이크 장식도 아니고, 디저트도 아니고, 메인 식사 자체이며, 마음의 풀코스이고 우리의 정체성이라고 제안했다.

그래서 "우리"는 나와 우리 둘 다, 우리, 우리 몸과 뇌를 포함하여 상호연결되고, 상호의존적이고, 상호 관계적인 집합이며, 그렇다, 우리의 존재는 뇌보다 넓고 육체보다 큰 무언가와 상호 연결되어 있다. 우리의 관계가 우리가 누구인가이다. 우리가 본 것처럼, 인류학자들은 자기 구성이 우리 가족과 더 큰 문화에서 경험하는 것에 의해 형성된다고 가르쳐왔으며, 개인주의적이거나 상호의존적인 자기감은 여전히 부족주의적 생존 기반 진화 역사로부터 유래한 "우리" 대 "그들"의 감각을 지니고 있다. 우리는 우리 신체적 자기의 기원의 현실을 무시할 수도, 무시해서도 안 된다.

내가 준비한 최근 학회에서, 참석자는 전 세계 원주민들의 가르침을 발표하면서 우리의 상호 연결성의 현실 인정과 자연과 "모두 하나allone" 되는 경험의 중요성을 토론했다. 현대에 고대의 가르침이 빛을 발하는 것을 듣는 것은 아름다웠다. 다른 참석자는 미국의 인종 차별과 영향력 상실에 초점을 맞췄고, 참석자 준비에 몇 달간의 논의가 있었다. 그날 오전, 참석자 토론 전에, 워크숍은 아프리카에서 공동체와 가족으로부터 납치되어 북아메리카의 유럽인에게 팔려 가 미국을 건설하게 된 첫 번째 노예선이 도착한 이후 400년을 중점적으로 다루었다. 미국의 많은 부분을 형성하고 제한했던 수백 년을 다루는 힘찬 아침이었다. 이후, 두 번째 토론에서, 나는 두 명의 아프리카 아메리칸 여성과 가르쳤는데, 그중 한 명이 첫 번째 토론에서 제안한 대로 "모두 하나 되는 것being all one"으로 빠르게 이동하여 우리 개인의 기원 역사를 부정하는 것은 부적절하고 미국의 유색인종에 대한 지속적인 억압의 현실을 무시했다고 이야기했다. 이 두 토론자의 대조되는 가르침으로 매우 감동적인 학습의 순간에 통합이 두 토론자의 지혜를 혼합하는 데 어떻게 도움이 될 수 있는지 강조하는 데 유용했다. 통합은 연관된 연결을 만들기에 앞서 차이를 존중해야 한다는 것을 상기시킨다. 우리 개인의 조상 역사를 기리기 전에 "모두 하나all-one"로 가는 것은 미국 생활에서 슬프게도 너무 자주 볼 수 있는 혼란과 경직성을 만드는 통합에 대한 모독일 뿐이다. 대신, 통합은 차이를 인식하는 것뿐 아니라 그로 인해 번창하는 것의 중요성을 알게 해준다. 그리고 우리 각자가 가지고 오는 독특한 개인적이고 역사적인 이야기를 포용한 **다음에** 우리는 연민적 연결 방법을 찾을 수 있다. 이러한 통합으로(차이를 존중하고 연결을 촉진하는) 우리는 번창할 수 있다.

여러 면에서 현대 문화는 그러한 차이를 진정으로 존중하지 않고 개인의 분화를 지나치게 강조했지만, 동시에 우리가 서로, 그리고 자연 세계에 연결될 수 있는 소속감을 경시해왔다. 여기 우리가 탐구해온 간단한 아이디어가 있다. 우리는 단지 내부within에만 있는 것이 아니라 우리는 사이between에도 있다. 우리는 분화될 수 있고 그 차이를 수용 받으며, 사람들과 지구와 연민으로 연결되어 있기에 소속될 수 있다.

마음은 내부와 사이 둘 다에 있다. 그러나 우리 현대 문화에서는 너무 자주 개인에게만, 외롭게 자리 잡아 왔다. 현대의 공유된 문화적 사고에서 마음에서 발생한 자기는 나머지와 분리되고 그 자체로 고립된 나 홀로 자기이다. 정체성은 더 큰 상호 소속감의 일부가 아니라 개별 문제가 된다. 상호 연결된 삶의 현실은 무시되고 대신 상호작용하는 분리된 실체들의 명사 같은 관점으로 대치되지만, 그렇다, 본질에서 서로 근본적으로 연결되어 있지 않다.

어떤 면에서 이것은 뇌의 도전이며 예측 기계의 기능이다. 생존은 이전에 일어난 일에 기초하여 다음에 일어날 일을 준비하는 것을 의미한다. 살펴본 것처럼, 우리는 들어오는 경험을 우리의 예상에 일치하는 편향된 표상으로 필터 하는 고원과 유사한 하향식 모델, 정신 스키마를 구성한다. 개를 볼 때마다 우리는 각각의 특징을 새로 볼 필요 없다. 나는 지금 내 옆에 앉아 있는 개가 "찰리Charlie"라는 것을 알고 있다. 이 하향식 처리는 예측을 위한 구성적 노력일 수 있으며 다가오는 일을 확실히 알고자 하는 욕구일 수 있다. 문제는, 이 구성되었지만 "확실성에 대한 빈약한 환상"에 집착하는 것은 실제로 우리를 해방하지 못하고 우리를 구속한다. 우리는 이것을 하향식 고원의 감금 세트라 불렀다.

"나는 누구인가"라는 고정된 관념을 갖는 것은 확실함, 예측 가능함을 가진 명사 같은 자기의 환상을 만들어 낼 수 있으며, 만약 내가 우리 모두를 푹 빠지게 만드는 현대 문화의 언어를 듣는다면, 아마도 내 신체, 심지어 내 두뇌 속에만 위치할 수도 있다. 확실성에 대한 욕구는 이해할 수 있으며, 우리 중 많은 사람이 경험한다. 하지만 우리가 결론에 의문을 제기하지 않으면 문제가 발생할 수 있다. 무엇이 문제인가? 고립, 공허함, 거짓된 삶, 우리가 감각하는 것을 실제로는 현실이 의미 없다는 개념으로 만드는 지각 필터로 왜곡하는 시도. 간단히 말해, 그것은 "자기"가 명사일 뿐이라는 견해를 받아들이는 것이다. 자각하면, 이러한 메시지, 우리의 마음에 대한 인식론적 믿음이 우리가 실제로 누구인지 알지 못하게 구성되는 깊은 위반임을 깨닫게 될 수 있다.

분리의 상징으로 우리를 몰아넣는 지적생활권noosphere에 사는 것은 어렵다. 우리가 매일 생활하는 특정 현실 영역 너머를 볼 수 있는 마음을 가진 뉴턴Newtonian의 신체에서 사는 것도 힘들다. 때때로 우리는 침묵 속에 시간, 자연에서 시간, 순수 자각 속의 시간, 우리 자신을 몰입시킬 시간이 필요하다(영적 인식과 직접 경험으로 알기). 우리가 누구인가 하는 현실이 명사 같은 확실한 인상일 뿐 아니라 깊이 상호 연결된 동사 같은 일련의 사건들이다. 어떻게 "나I"가 동사일 수 있을까? 나의 자기selfhood가 "확실히" 거기 있지 않은가? "나" 밑에 명사가 있지 않은가? 우리는 통합이 핵심이며 논쟁의 편을 들지 않고 다양한 경험을 수용하고, 삶의 역설에 내재한 반대를 포용하는 것을 보았다. 그래서 일관된 "자기감sense of self"을 가지고 개인의 역사 의미를 만드는 것, 애착 경험, 조상의 역사, 삶의 자전적 이야기에서 과거, 현재, 미래를 연결하는 것이 모든 것이 "당신you"이다. 당신이 누구인가에 대한 이러한 개별적인 측면을 이해하는 일관된 방법을 갖는 것이 중요하다. 우리의 상식은 이를 뒷받침하며 우리는 우리 삶에서 일관성 있는 자전적 내러티브의 중요성을 뒷받침하는 모든 연구를 보아왔다. 우리 삶의 내적 측면을 부정하는 것은 분화를 중단하는 것이다. 그러나 그것은 하나의 중요하지만, 우리가 완전하게 누구인가에 대한 부분적 측면일 뿐이다. 예를 들어, 애착에 관한 연구에서 부모에게 가장 중요한 과제는 자녀에게 완전히 현존하기 위해 자기 삶의 의미를 찾는 것이다. 역설적으로, 우리가 삶의 의미를 찾을 때, 과거의 남은 쓰레기를 정리하고, 상실과 트라우마 경험을 해결할 때, 우리는 개방적으로 되고 현존할 수 있다. 우리는 내면의 삶의 의미를 만들고 과거를 "내버려 둠let it go"으로 타인과 자유롭게 연결된다. 그리고 당연히 우리가 신체로 태어난 현실을 받아들이는 것을 포함한다. 이 신체는 개인적이고 조상의 역사를 가지고 있다. 그리고 이 신체는 시간의 방향성을 가지고 뉴턴의 거시적 상태 영역에 살고 있다. 우리는 일기와 사진첩에 기록된 개인적이고 공유된 성찰을 제외하고는 달력을 되돌릴 수 없다. 평생 우리의 뉴턴 자기의 명사 같은 측면조차도 우리 삶의 내재한 혼란, 예측 불가능, 불확실성을 받아들일 때 가장 잘 이해될 수 있는 유동적 현실을 하고 있다.

이 간단한 생각의 한 측면은 이렇게 표현될 수 있다. 우리는 명사일 뿐만 아니라 동사이기도 하다.

명사-실체이면서 동사-사건 모두라는 이런 견해는 일부 사람들에게는 이해하기 어렵다. 다른 사람에게는 그저 이상한 일이다. 어떤 면에서 이것을 이해하는 것은 마음의 발달의 모든 여정의 도전이다. 어떻게 우리가 명사와 동사 둘 다이며, 안과 사이 둘 다이며, 삶을 확실하게 경험하며 또한 불확실성으로 채우며, 시간에 얽매이며 시간을 초월할 수 있을까? 과학에서 비롯한 다양한 접근 방식을 이용하여 몇 가지 단서를 얻었다. 통합이 이 여정 내내 우리가 논의한 기본 과정이다. 그것은 우리가 역설을 받아들이는 방법을 볼 수 있게 해주며, 공존할 수 없는 것처럼 보이는 상황이 실제일 뿐 아니라 진실이고 정말 중요하다는 것을 알 수 있게 해준다. 나는 사람들에게 축의 동사와 같은 상호 연결과 테두리의 명사와 같은 감각을 경험한 인식의 수레바퀴 워크숍을 마친 후 말했듯이, "만약 당신들이 자동차를 운전하여 집으로 가는 경우 당신은 명사이자 동시에 동사임을 기억하는 것이 도움이 될 것이다. 만약 당신이 빨강 신호등에서 뉴턴의 발로 거시적 상태의 브레이크를 밟지 않으면 교차로에 있는 모든 것과 하나가 될 것이다." 우리는 이러한 역설을 포용하고 이러한 짝을 이루는 것이 불가능해 보이는 양측을 완전히 수용함으로써 통합할 수 있다. 그것이 우리가 인생의 샛길을 통해 안전하고 즐겁게 운전하는 방법이며, 이 웅장한 삶의 대양의 파도에서 머리를 위아래로 두며 수영하는 방법이다.

당신과 나는 이 여정을 따라 많은 걸음을 내디뎠다. 우리의 개인적, 인간관계적, 공공의, 지구의 건강을 향상하기 위해 이러한 아이디어를 세상으로 가져오는 것은 노에시스noesis와 영적 인식gnosis을 택하는 방식이며, 세계에서 적시에 행동으로 나아가는 방법이다. 어떻게 이 모든 것을 간단하고 효과적으로 설명할 수 있을까?

우리가 본 것처럼, 언어는 제한적이기도 하고 자유롭게 하기도 한다. 문화적 진화뿐 아니라 개인의 발전도 우리가 사용하는 단어에 의해 만들어진 언어에 의해 형성된다.[86] 스리가네시Sriganesh와 폰냐Ponniah가 제시한 것처럼, "문화적 언어 습득은 다양한 언어 기능에 상응하는 뇌 영역의 새로운 신경 연결의 발달을 촉발하여 뇌의 구조와 기능을 변화시킨다."[87] 언어는 어떻게 그러한 개념을 요약하고 통합과 정체성에 대한 아이디어를 우리 자신의 신경망 변화뿐만 아니라 세계의 상호 연결된 사회 망으로 가져오는 데 도움이 될 수 있을까? 타마리즈Tamariz와 커비Kirby는 이 질문에 몇 가지 통찰을 제공한다.

> 궁극적으로, 인간 언어의 정확한 이유를 밝히는 설명은 언어가 특정한 인지 적응의 결과라는 사실을 고려할 필요가 있다. 이러한 인지적 적응이 언어의 문화적 전달을 가능하게 하고 형성한다. 그리고 문화적 진화의 과정에서 무엇이 나오든 간에 그 자체로 인간 진화에 작용하는 선택 압력을 바꿀 것이다.[88]

만약 우리가 개인에서 공공과 행성에 이르기까지 마음의 발달을 최적화하는 방법에 대한 아이디어를 갖기 시작한다면 어떤 일이 일어날지 상상해 보라. 이를 수행하기 위한 한 가지 방법은 앞서 언급한 간단한 개념인 나우리MWe이다. 우리는 각각 완전히 내부, 신체-기반의 "나me"이며 사람과 행성에 연결된 관계적 "우리we"이다. 나Me+우리We=나우리MWe. 우리의 정체성과 연대의 삶에서 출현할 수 있는 통합의 전개는 우리의 공유된 세계에 더 많은 연민과 친절을 가져오게 도울 수 있는 약속을 한다. 우리의 공동 노력으로, 통합된 정체성과 상호 연결의 현실을 이 압축되고 단순한 상호성의 상징, 나우리MWe, 이것은 문화적 진화 과정을 현명하고 시기적절하게 상승적인 전환이 가능하게 할 수도 있다. 건강의 깊은 원천으로서 통합과 마음의 발달을 위한 소속감으로 나우리MWe는 현재 우리 각자와 다가오는 다음 세대를 위해 연결, 의미, 목적을 향해 우리 삶을 얼마나 더 잘 인도할 수 있을까? 우리 함께, 나우리MWe는 이 간단한 아이디어를 우리 삶의 살아있는 현실로 만들 수 있다.

가능성의 평면(Plane of possibility): 알아차림의 수레바퀴와 관련된 이론적 메커니즘의 은유적 표현의 일부이다. 평면은 물리학의 양자 진공 또는 전위 바다의 개념에 해당하며, 실제 에너지로 나타나기 전에 가능성이 존재하는 수학적 "공간"에 해당한다. 여기서 제시된 가설은 가능성의 평면이, 순수한 인식의 경험인 알아차림의 수레바퀴의 중심에 해당한다는 것이다.

감각 표상(Sensory representation): 외부 세계, 신체와 뇌 자체로부터의 감각을 상징화한 정보를 포함하는 정신적 경험이나 신경 발화 패턴.

감정(Emotions): 통합 상태의 변화들. 뇌 안에서, 감정은 정신 상태를 형성하기 위해 다양한 체계들 함께 연결한다. 그것은 또한 한 마음을 다른 마음과 연결하는 역할을 한다.

감정 조절(Emotion regulation): 정서 조절 참조.

감정 과정(Emotional processing): 감정 과정은 뇌와 몸의 나머지가 "감정 유발"에 대한 행동을 준비하게 만든다.

개념(혹은 범주) **표상**(Conceptual(or categorical) representations): 마음 그 자체를 말하는 개념처럼, 마음이 창작하는 관념을 상징하는 언어 이전의 표상. 이는 외부 3차원 세계와 직접 관계가 없으며, 그래서 추상적이다. 예를 들어 자유 또는 열정이라는 개념을 말한다.

결합(linkage): 기능 및 구조적 방법으로 상호작용inter-action이 있는 연결.

경험 기대(Experience-expectant): 유기체의 시냅스는 유전 정보를 토대로 성장하며, 빛, 소리, 양육과 같은 "기대된" 자극에 노출되어 그 자극이 시냅스를 유지하도록 영향을 미치는 신경 발달의 형태. 자극이 부족하면 유전적으로 설계된 연결이 손실된다.

경험 의존(Experience-dependent): 새로운 경험이 유전자를 활성화하고 단백질을 만들게 유도하여 결과적으로 새로운 시냅스 구성이나 강화가 나타나는 신경 발달의 형태.

공감(Empathy): 타인의 정신 상태를 지도화하는 능력으로 감정 공명, 전망 파악, 공감 이해, 공감 기쁨, 공감 배려 등 최소 5가지 기능을 담고 있다. 대부분의 사람에게 공감이란 연민의 필요조건이다. 통합(아래 참조)이 이루어지면 분화를 잃지 않고 타인의 경험에 혼합되지 않으면서 공감 연결이 단단해진다.

공명(Resonance): 상호작용 체계의 상호 영향력. 둘 혹은 그 이상의 독립체가 기능적 전체의 한 부분이 되도록 한다.

공명 회로(Resonance circuits): 거울 뉴런을 포함한 상호 연관된 신경 영역으로, 한 사람이 타인의 생각이나 감정을 알게 하며, 자신의 내적 상태를 타인의 상태와 맞추는 것을 가능하게 한다. 공명 회로는 뇌섬을 포함하는데, 이 회로는 정보들을 피질에서 변연계, 뇌간, 그리고 신체 자체로 하향해서 가져온다. 그리고 이러한 더 낮은 입력은 척수를 통해 뇌섬의 앞쪽, 그리고 "나", "너", "우리"에 대한 마음보기 지도가 만들어지는 중앙 전전두 피질의 다른 영역들에까지 도달한다.

교감신경계(Sympathetic nervous system): 자율신경계의 두 가지 중 하나. 교감신경계는 흥분시키고 각성하고 생산한다. 예로 심박수 증가, 호흡 증가, 발한 상태를 만들고 명료한 상태를 높인다. 또한, 부교감신경계를 참조하라.

교세포(Glial cells): 신경계에 수조 개가 있는 기본 세포로, 대개 뉴런보다 작고, 수초 생산과 혈류 조절을 하여 뉴런을 지지하는 등 많은 기능을 한다. 미세 교세포는 염증 정도를 조절하는 중요한 면역체계 기능도 수행하며, 신경세포의 치료와 성장, 뇌 내 연결 등에 참여한다.

기본 모드 신경망(Default mode network, DMN): 개인에게 수행할 작업이 주어지지 않을 때 활성화되는 뇌 기능의 일반적인 휴식 상태를 말하며 대부분 뇌의 앞과 뒤를 잇는 중간 부분 영역이 역할 하므로 중심 혹은 중앙선 허브라고 한다. DMN은 "마음 방황"에서 자전적 성찰에 이르기까지 다양한 기능에 관여하고 통찰력을 위한 개인의 마음과 공감을 위한 다른 사람의 마음 지도를 만든다.

기분(Mood): 시간이 흘러도 유지되는 감정의 전반적 무게, 색. 특정한 범주적 감정에 대한 시스템 내의 성향. 기분은 지각 처리 해석에 개입할 뿐 아니라, 생각, 자기 반영, 기억에 "편향된 관점"을 제공한다.

기억(Memory): 과거 사건이 미래 기능에 영향을 미치는 방식. 특정 신경망 패턴이 미래에 활성화될 기능성. 암묵 기억과 명시적 기억을 참조하라.

기억하기(Remembering): 과거 기억흔적의 특징과 다른 경험의 기억 요소뿐 아니라 현재 마음 상태의 영향을 통한 새로운 신경망 프로파일의 구축

기억흔적(Engram): 경험이 뇌에 미치는 최초 영향. 새로운 기억을 부호화함.

기저핵(바닥핵, Basal ganglia): 뇌 바깥 부분인 피질 아랫부분에 있는 뉴런의 군집 또는 세트로, 습관처럼 규칙이 관계하는 행동을 중재하는 것으로 보인다.

분획화(Parcellation): 시냅스 연결의 가지치기. 세포사멸이라고도 불린다.

끌개 상태(Attractor states): 특정 조건이나 맥락에서 마음이 상당히 안정되고 강화된 패턴을 가지거나 혹은 활성화된 상태를 말함. 이러한 상태는 그들 스스로 창조물을 강화시킬 수 있는 특정 신경 발화 패턴을 "이끈다". 시스템은 끌개 상태가 되어 스스로 조직화하고 잠시 안정을 얻는 한 가지 방법을 구성한다.

나우리(MWe): 쉽게 덧셈으로 설명하는 두 가지 정체성 측면이 내장된 용어. 나Me+우리We=나우리MWe로 표기한다. 나우리MWe는 정신에서 분화된 내부 및 관계적 측면을 통합하는 언어 기호이다.

내부 수용 감각(Interoception): 우리가 무엇을 느끼는지 아는 능력으로 내적인 신체 상태 및 정서의 각성을 알아채는 것. 이러한 인식은 전전두 피질 내 오른쪽 전측 뇌섬의 활동과 관련되어 있는 것으로 보이며, 다른 사람의 감정에 공감하는 능력과도 관련되어 있다.

내부 작용 모델(Internal working model): 경험으로부터 얻어지는 정신적 모델. 애착 대상과의 반복되는 상호작용은 아동의 정신적 모델 및 미래의 상호작용에 대한 기대를 형성한다. 이 작용 모델은 전 생애에 걸쳐 변화할 수 있다.

노에시스[1](Noesis): 어의적 지식과 함께 비개념적으로 알고 있음을 포함하는 알고 있음의 한 가지 방식이다. 이것은 세계와 자신에 대해 안다는 느낌이다.

뇌(Brain): 여기서는 몸 전체에 걸쳐 분포된 확장된 신경계이며, 몸 전체의 생리와 밀접하게 연관된 것으로 본다. 이것은 에너지와 정보의 흐름을 조성하는 체화된 신경 기제이다.

1) Noesis(형용사: noetic): 알고 있음knowing, 철학자 Husserl의 중심 개념이지만 정확한 의미에 대해 논란이 있다. 간단히 말하자면, noesis는 의식 주체(subject)가 대상(object)에 대해 지향성을 갖게 되는 행위를 말한다. 심리학에서는 인식을 의미하며 의식적 사고 형태로 학습, 지식의 기반을 가지고 있으며 지각, 인지와 관련된 외부 수용체와 연결된다. 자기(자동) 인식의 형태로 발달한다(역자 주).

뇌간(Brainstem): 뇌의 하위 구조로 두개골 깊숙이 위치하고 있다. 이것은 정신의 각성과 명료함을 담당하며, 신체(체온, 호흡, 심박)의 생리 상태를 조절한다. 또한, 싸움-도망-얼어붙기-기절의 생존 반응을 활성화하는 신경 군집을 조성한다.

뇌량(Corpus callosum): 뇌들보. 뇌의 좌반구와 우반구를 결합하는 신경섬유다발.

뇌섬(Insula): 신체 수준의 처리 과정을 상위 피질 영역으로 결합시키는 복외측 전전두 피질 내 구조. 신체로부터의 정보는 척수의 Lamina I 으로 올라가 뇌간에 도달하고 그다음 뇌섬에 닿는다. 내부 수용 감각 과정(위 참고)에 맨 처음에는 뇌섬의 배측이 관여하고 그다음에는 오른쪽 전측 부분이 관여하는 것으로 보인다. 뇌섬은 방추세포를 통하여 전측 대상회와 같은 다른 중앙 전전두 영역과 직접적으로 연결되어 있는데, 이는 자기 인식의 형태와 연관되어 있다.

뇌의 기본 모드(Default mode of the brain): 개인이 수행할 일이 없을 때 존재하는 뇌 기능의 휴식 상태.

뉴런(Neuron): 신경계 세포의 기본형. 세포체, 정보를 수용하는 수상돌기, 시냅스 연결을 통해 다른 뉴런에 도달하게 하는 긴 축색으로 구성되어 있다.

다미주신경 이론(Polyvagal theory): 스티븐 포지스Stephen Porges가 만든 가설로, 이 가설에 따르면 인간은 싸움하기-도망가기-얼어붙기-기절하기로 자극에 반응하는 상태를 가지며, "사회 참여 시스템social engagement system"을 작동시키면 좀 더 수용적인 상태를 만들어 한 개인이 타인과 상호작용의 문을 열어 준다는 것이다. "신경지각Neuroception"은 이 가설에 따라 가정된 과정으로, 우리는 생존에 대한 위협이 있는지 지속적으로 상황적 맥락을 평가한다는 것이다.

인간관계 신경생물학(Interpersonal neurobiology, IPNB): 과학의 모든 분야를 포괄하는 통합 분야로서, 마음과 웰빙에 대한 우리의 이해를 확장시키고자 서로 다른 앎의 방식들을 아우르는 공통적이고 보편적인 발견을 찾고자 한다.

동원(Recruitment): 구별되고 차별되는 요소를 일시적으로 기능적 전체로 연결하는 과정. 감정은 분산되어 있는 신경세포를 집단 동원하여, 한순간에 응집 상태로 함께 발화하도록 한다.

마음(Mind): 적어도 네 가지 기본적인 측면을 포함하는 과정. (1) 개인적, 주관적 경험 (2) 인식 (3) 정보 처리 (4) 확장된 신경계와 관계의 창발적, 자기 조직화, 체화, 관계화 과정을 조절하는 기능. 이러한 마음의 핵심적 측면을 바탕으로 우리는 "마음"에 대한 실무적인 정의를 "에너지와 정보의 흐름을 조절하는 구체적이고 관계적인 과정"으로 제안한다. 이런 관점에서, 뇌의 활동은 정신의 중요한 부분이지만, 정신은 뇌보다 넓고 개인 신체보다 크다. 정신은 충분하게 체화되어 있고 완전하게 관계적이다.

마음 상태(State of mind): 정서, 사고 패턴, 기억, 행동 계획과 같은 정신 과정들이 기능하면서 응집할 수 있는 전체로 모여지는 전반적 방식. 마음 상태는 특정 순간에서 뇌 활성화의 전체적 패턴에 의해 조성된다. 이것은 그 순간의 활동을 조직화하며, 미래에 발생할 가능성이 더 높은 뇌 활성화 패턴을 만들어낸다. 마음 상태는 뇌가 기능적 응집성을 얻을 수 있게 도와준다.

마음챙김 자각(Mindful awareness): 어떤 판단도 하지 않고, 의도와 목적을 가진, 현재-순간의 경험에 대한 자각. 자기 자신과 다른 사람에 대해 열린 태도, 정서적 평정, 그리고 마음의 내적 세계를 묘사하는 능력을 포함한다.

마음보기/마인드사이트(Mindsight): 행동을 관찰하는 것뿐 아니라, 자기와 다른 사람의 내적 세계를 볼 수 있는 능력. 마음, 뇌 그리고 관계의 구조 안에서 에너지와 정보의 흐름을 느낄 뿐 아니라 조성하고, 그 흐름을 통합으로 나아가게 한다. 마음보기를 통해 통합이 이루어지면 친절과 연민의 감정이 나타난다.

마이크로바이옴(Microbiome): 연구를 통해 밝혀진 박테리아와 균류 등이 포함된 장내 비인간 유기체의 구성 물질로 뇌의 기능에 직접적인 영향을 미치고 있다.

마음보기 맵(Mindsight maps): 마음과 마음 사이의 표상들을 만드는 것. 나(통찰), 너(공감), 우리(보다 큰 전체에 대한 소속감)라는 세 가지 마음보기 맵이 있다.

메타인지(Metacognition): 생애 초기에 발달을 시작하는 "생각에 대해 생각하기"의 한 형태. 이것은 그대로의 실제와 실제의 외양이 구분된다는 것("외양-실제의 구분"), 기분은 생각과 행동에 영향을 미친다는 것("감정 지능의 일부"), 당신이 믿고 또한 지각하는 것 그리고 내가 믿거나 혹은 지각하는 것이 서로 타당성을 지니지만 다를 수 있다는 것("표상적 다양성"), 우리가 이 순간 믿고 있는 것이 미래에 변할 수 있다는 것("표상적 변화")에 대한 학습을 포함한다.

모듈(Module): 특정한 형태의 (보통은 국지적인) 정보를 전달하고 유사한 신경 신호나 부호를 사용하는 신경 회로의 집합. 모듈은 모드를 조성하기 위해 서로 결합될 수 있고, 여러 모드는 함께 시스템을 만든다.

마이엘린(Myelin): 뉴런의 긴 축색 둘레에 축 방향으로 형성된 단열재로 신경교세포가 만들어내는 지방 피복이다. 이는 뉴런 발화 속도를 100배 높이고 휴식기 또는 불응기는 30배 줄인다. 따라서 마이엘린은 연습의 결과로, 상호 연결된 뉴런들 사이의 효과적인 의사소통을 3,000배 증가시켜 기술 형성에 필요한 기능을 향상시킨다.

반영 기능(Reflective function): 자신과 타인의 정신세계를 지각하고 반영하는 한 사람의 능력. 자신이나 타인의 마음의 표상을 생성할 수 있는 능력.

반응 유연성(Response flexibility): 자동으로 반사적으로 반응하는 것 대신 새롭고 변화하는 조건에 유연하고 창의적으로 반응하는 능력. 중앙 전전두 피질에 의해 중재되며, 반응 유연성은 개인이 충동과 행동 사이를 정지시키고 공간을 두도록 한다.

배측(Dorsal): 복측 반대쪽으로 어떤 것의 뒤, 등 쪽을 가리키는 용어. 복측 참조하라.

배측 실신(Dorsal dive): 원시 미주신경의 배측 분지가 활성화되면, 혈압과 심박수 모두 떨어지면서 무력감을 느끼고 축 처져서 얼어붙거나 죽은 척하는 반응이 일어날 수 있다. 이런 반응은 기절로 이어질 수 있다.

범주 정서(Categorical affects): 범주 감정의 외적 표현

범주 감정(Categorical emotions): 감정 반응의 3단계로 초기 지남력과 평가-각성의 분화와 관련된다. 범주 감정은 슬픔, 분노, 두려움, 놀람, 기쁨 등이다. 일차 감정을 참조하라.

변연계 영역(Limbic regions): 내 측두엽이라고 불리는 뇌의 중심부에 위치한 것으로, 이 영역은 편도체와 해마를 포함한다. 이 영역은 하위의 뇌간 및 신체 고유 감각기로부터 입력된 정보 흐름과 상위 피질 영역으로부터 입력된 정보를 조정한다. 변연계 구조는 의미를 평가, 사회적 신호의 처리, 정서의 활성화와 같은 여러 정신 활동의 통합을 가능하게 한다. 이러한 변연계 영역은 우리의 포유류 진화 시에 진화하였으며, 애착에 필수적인 것으로 간주된다. 변연계는 많은 뇌 영역과 광범위하게 연결되어 있기 때문에, 일부 연구자들은 이것을 "시스템"이라기보다는 뇌의 일반적인 영역 집합이라고 생각한다.

병렬 분산 처리(Parallel distributed processing): 거미줄처럼 만들어진 뇌 신경망이 서로 다른 자극을 빠르고 매우 복잡한 방식으로, 서로 다른 신경망을 넘어 동시적으로 처리하는 과정이다. 종종 "PDP"로 줄여 쓴다. 움직이는 것이든 움직이지 않는 것이든 PDP 처리 과정으로 경험을 통해 학습할 수 있다.

복측(Ventral): 등 쪽(배측)의 반대가 되는 "배꼽 쪽"을 말함. 배측을 참조하라.

부교감신경계(Parasympathetic nervous system): 자율신경계의 두 분지 중 하나로, 부교감신경분지는 억제적이고 각성을 저하시키며, 예를 들어 심박동, 호흡 및 명료함의 저하를 가져오게 한다. 교감신경계를 참조하라.

부호화(Encoding): 경험하는 동안에 신경 활성화가 시냅스 강도를 변화시키는 과정

상태 의존(State-dependent): 내적, 외적 맥락이 특정 처리 과정 능력에 영향을 미치는 과정.

세포막(Cell membrane): 세포를 둘러싼 단백질 층. 신경계에서 세포막은 전기화학적 흐름을 활동 전위(이온이 막을 통해서 안팎으로 흐름)의 형태로 바꾸고 축색 끝에서 신경 전달물질을 통해 화학적 분비를 한다.

세포 사멸(Apoptosis): 자극 경험이 없을 때, 시냅스 연결의 감소 또는 가지치기하는 것. 분획화parcellation라고도 한다.

소교세포(Microglia): 신경 기원이 아닌 면역체계에서 파생된 아주 작은 교세포. 다른 소교세포 종류로는 슈반 세포, 희소돌기 교세포, 성상 교세포가 있다. 미세 교세포는 면역과 뇌 내 염증 반응에서 중요한 기능을 할 수 있다.

소뇌(Cerebellum): 두개골 뒷부분의 뇌 영역으로 신체적 정보를 정서적, 인지적 과정과 통합하는 데 중요한 역할을 한다.

수상돌기(Dendrites): 신경세포의 돌기로 뉴런의 정보를 수신하는 말단 구조.

수초(Myelin): 교세포에 의해 만들어지는 지방질 싸개로, 뉴런의 축색 둘레에 절연을 조성하여 신경 점화의 속도를 100배 증가시키고 휴지기 또는 불응기를 30배 감소시킨다. 그 결과, 수초는 상호 연결된 뉴런 간 효과적인 의사소통을 증가시키고, 기술 습득에 필요한 향상된 기능을 창출한다.

시냅스(Synapse): 두 뉴런 간 결합의 접점. 시냅스는 뉴런의 축색 말단과 다른 뉴런의 세포체나 수상돌기 사이의 작은 공간이다. 시냅스 전 뉴런에서 방출된 신경전달물질이 시냅스 후 뉴런의 세포막에 내장된 수용기에 수용되는 공간이며, 뉴런은 이러한 작용을 통해 서로 의사소통한다.

시상(Thalamus): 뇌간 맨 위에 자리 잡은 구조로 자극이 들어오는 감각 정보의 관문이며, 신피질을 포함한 다른 대뇌 영역과 광범위하게 연결되어 있다. 시상피질 회로 활동은 의식 경험을 중재하는 중심 과정일 것이다.

시상하부(Hypothalamus): 뇌하수체 근처에 뇌의 하부 영역에 위치하는 구조로, 호르몬 조절의 중추로 생리학적 항상성을 담당한다.

시상하부-뇌하수체-부신 축(Hypothalamic-pituitary-adrenocortical, HPA axis): 스트레스와 시간의 흐름에 따른 스트레스의 작용에 반응하는 체계로, 정신적 외상은 오히려 정신과 몸에 해를 끼칠 수 있다.

신경세포(Neuron): 신경계에 있는 세포의 기본 형태. 이것은 세포체와 수상돌기라고 불리는 수신하는 끝과 시냅스 결합을 위해 다른 뉴런에 도달하는 긴 축색으로 구성되어 있다. 네 종류의 글리아 세포는 신경세포를 둘러싸고 상호작용하며 신경세포보다 더 작고 훨씬 더 많다.

신경 경로(Neural pathways): 기능적으로 연결된 뉴런 회로를 나타낼 때 사용되는 용어.

신경가소성(Neuroplasticity): 우리가 물체에 주의를 집중할 때 일어나는 뇌의 변화처럼, 경험에 의해 뇌 연결의 변화가 일어나는 전체적인 과정을 말한다.

신경망(Neural network): 서로 연결된 뉴런의 한 세트.

신경망 프로파일(Neural net profile): 국소화된 기억 표상이나 더 광범위하게는 마음 상태 안에 활성화된 여러 신경 회로를 끌어들여 만든 활성화 패턴.

신경생물학(Neurobiology): 뉴런의 작용과 신경계 기능에 관한 학문.

신경 통합(Neural integration): 뇌 안의 서로 분화한 뉴런들의 결합. 이것은 이질적인 영역들의 균형과 조정을 통해 이루어진 최적의 자기 조절이 가능한 기능적 전체로 이끈다. 다양한 신경과학 접근법에서, 약간 다른 명명법이 유사한 과정에 사용된다. 이러한 대체 용어는 우리가 사용하는 "분화differentiation"에 대응하는 "분리segregation"와 우리의 "통합integration"에 대응하는 "결합linkages"이 있다. 또 다른 용어는 커넥톰(아래 참조)을 포함하며 기능적으로 또는 구조적으로 결합된 뇌의 분화된 영역을 지칭하기 위해 "상호 연결 커넥톰interconnected connectome"이라는 문구를 사용한다.

신체 지도(Somatic maps): 신체가 휴지기일 때 생리학적 상태의 뇌에서 표상. 일차 신체 지도는 배 측 뇌섬에서부터 시작되어 이차 신체 지도가 전측 뇌섬까지 구성되어 있고, 신체의 신호를 감지할 뿐 아니라 신체의 입력(내부 수용)을 중지하거나 반영하고 그것을 변경하기 위해 의도적으로 어떤 행위를 한다.

신피질(Neocortex): 대뇌 반구의 바깥층을 말하며, 피질(또는 "대뇌 피질")이라고도 알려져 있다. 신피질은 고도로 주름진 층으로 신경 군집과 매우 밀접하게 연결되어 있는 "피질 기둥"으로 가득 차 있으며, 보통 6개의 세포층으로 구성되어 있다. 각 기둥 영역 간의 의사소통은 점점 더 복잡한 기능을 만들어낸다. 이러한 신피질은 지각, 사고, 추론과 같은 정보 처리 기능을 중재한다.

안와 전두 피질(Orbitofrontal cortex): 눈 바로 뒤에 있는 전전두 피질의 부위로, 이 중요한 영역은 관계적 경험에 의해 만들어지며 애착과 자기 인식을 조성할 때 중앙 전전두 피질의 다른 영역들과 상호작용한다.

알아차림(자각)**의 수레바퀴**(Wheel of Awareness): 저자가 창안한 수레바퀴 형체와 바퀴의 테두리를 은유와 상징의 이미지로 사용하여 의식을 통합시키려는 명상 훈련의 한 가지 방법이며 반영적 훈련. 중앙 허브는 존재를 알고 있음knowing of being aware을 표상하고 테두리는 경험으로 알고 있는 5가지 감각에서부터 정신 활동인 감정, 생각, 기억을 표상한다.

암묵 기억(Implicit memory): 부호화나 인출 시 의식적이고 초점화된 주의가 필요하지 않은 뇌의 영역에 의한 기억 작용. 지각, 정서, 체감각과 행동 반응 패턴은 모두 암묵적 형태의 처리 과정이다. 정신적 모델(도식 또는 반복되는 경험의 일반화)과 점화[2] priming(반응하기 위해 준비하는 것)는 기본적인 요소이다. 통합되지 않은 형태의 암묵 기억은 무엇인가가 과거로부터 회상되고 있다는 것에 대한 인식이 결여되어 있다.

양식(Modality): 시 지각을 끌어들여 시각 모드를 구성하는 것처럼 유사한 표상 모듈을 모드에 결합하는 대뇌 조직의 기능적 과정. 시각과 청각을 결합하는 교차-양식 지각 시스템과 같은 '시스템'을 구성하기 위해 모드 혹은 양식은 스스로 조정될 수 있다.

얼굴(FACES): 유연성, 적응성, 일관성, 활력 및 안정성 등 이마엽의 각 기능을 영문 앞 글자만 따서 상징화한 것. 대뇌 피질의 전면에 있는 이마엽, 그것들은 널리 분포된 과정들 사이의 결합으로 기본적으로 더 높은 사고와 계획을 담당한다.

연민(동정)Compassion: 고통을 감지하고, 고통을 줄이기 위해 무엇을 할 수 있을지 상상하고, 그 목적을 위해 효과적인 조치를 취할 수 있는 능력. 연민이 자신 내면의 경험으로 향할 때 "자기 연민"이라 하고, 타인을 향하면 "타인을 향한 연민"이라 부른다. 연민의 이 두 방향의 흐름은 또한 "내면의 연민"과 "상호 연민"이라고 부를 수 있다.

에너지(Energy): 어떤 것을 하도록 하는 능력을 의미하는 물리학 용어. 가능성에서 실재로의 움직임을 뜻하기도 함. 에너지는 운동, 온도, 원자력, 전기, 화학과 같은 다양한 형태가 있다. 신경계는 전기화학 에너지의 흐름을 통해 기능한다. 에너지의 흐름과 하위 수준의 에너지인 정보는 IPNB가 생각하는 마음으로, 그의 일차 관심사이다.

외측 전전두 피질(Lateral prefrontal cortex): 이 영역은 "배외측 전전두 피질dorsolateral prefrontal cortex"이라고도 알려져 있는데, 주의와 명령을 수행하는 뇌의 다른 영역의 활동들과 연결되어 있기 때문에 초점 주의 및 의식적인 주의의 일차 센터로 생각된다.

2) 특정한 정서와 관련된 정보들이 그물망처럼 서로 결합되어 있으므로 한 가지 정보가 자극을 받으면 관련된 기억들이 함께 떠오르는 것, 신피질의 암묵 기억의 역할(역자 주).

외현 기억[3](Explicit memory): 회상하는 동안 기억하는 것의 내적 감각과 결부된 기억의 층. 의미 기억(사실)과 일화 기억(자전적이라 일컫는 반복적 삽화)의 두 종류가 있다. 외현 기억의 부호화나 저장은 주의력의 초점과 의식이 필요하다. 초점화된 주의가 없거나 코티솔과 같은 스트레스 호르몬이 지나치게 방출되면, 투입 자극은 외현적으로 부호화되지 않고 암묵적으로 부호화된다.

용인 시기(Window of tolerance): 한쪽은 혼돈 상태이고 다른 한쪽은 경직성 상태 사이의 흐름이 최적으로 기능하는 시기다. 이러한 흐름은 통합 프로세스에서 발생하며 FACE의 특징인 유연성, 적응성, 일관성, 활력, 안정성이 있다.

유전자 발현(Gene expression): 유전자와 같은 염색체 정보가 RNA로 전사되고 이후 단백질로 전환되고 결과적으로 해부학적 구조 변화가 일어날 수 있는 염색체의 정보 전달 과정. 신경계에서, 시냅스의 성장은 유전자 발현에 기인한다. 후성적 요인은 유전자 발현을 조절한다.

응집(Cohesion): 요소들을 함께 뭉치는 특성. 응집은 공시synchronic(그 순간) 통합의 형태로서 주어진 마음 상태 내에 존재한다. 응집성 있는 마음의 상태는 한경에 적응하여 최고의 기능을 발휘할 수 있지만, 만일 시간의 흐름에 대해 과도하게 경직되고 융통성이 없다면, 역기능 반응을 이끌 수 있다.

의미 기억(Semantic memory): 사실을 다루는 서술(외현, 명시) 기억의 한 유형.

의식(Consciousness): 알고 있음the knowing에 대한 주관적 경험인 알아차림(인식)being aware과 우리가 대상을 생각하고 있다는 것the knowns을 알아차리는 경험. 의식의 두 가지 차원은 정보에 대한 접근, 그리고 경험에 대한 현상 또는 개인의 주관적 질적 경험이다. 인식을 참조하라.

3) 같은 의미로 명시 기억, 서술 기억이라는 용어도 사용한다(역자 주).

인간관계 신경생물학(Interpersonal neurobiology, IPNB): 과학의 모든 분야와 현재의 사색적 전통과 교양과 같은 현실을 이해하는 다른 학문적 방법도 포용하는 우호적인 생물학의 분야로서, 우리의 마음과 행복에 대한 이해를 넓히기 위해 필요한 지식을 독립적 방법으로 확보하고 이를 통해 공통되는 보편적 발견을 추구한다.

인식(Awareness): 의식의 정신적 경험. 인식은 알고 있다는 감각sense of knowing과 관련되며, 감각과 인지를 통해 생활에서 알고 있는 것knowns을 의식하게 해 준다.

인지(Cognition): 뇌 신경계의 정보 전달 과정. 철학에서 이 과정은 체화embodied, 재연enacted하며 개인의 몸 너머로 확장하여 우리를 둘러싼 세상을 내재embedded하는 과정이다.

인출(Retrieval): 경험으로 인해 처음 부호화된 기억흔적과 유사하지만, 결코 동일하지 않은 신경 발화 패턴을 재활성화하는 과정.

일관성(Coherence): 여러 요소들이 시간에 따라 적응하고 통합하여 유연한 흐름을 갖는 상태. 일관성은 마음 상태에 따라 만들어지며 시간의 흐름에 따른 통시diachronic 통합의 형태이다.

일차 감정[4](Primary emotions): 초기 지남력과 정교한 평가 및 각성 과정의 결과, 뇌 상태의 전환이 이루어진 것을 말한다. 일차 정서는 마음이 어떻게 의미를 만들어내기 시작하는지 보여준다. 이들은 범주화된 감정 혹은 기본 감정과 혼동되지 않아야 한다. 감정과 범주화된 감정을 참조하라.

일화 기억(Episodic memory): 특정한 순간에 경험했던 자기감의 부호화, 저장과 인출.

---

4) 시겔에 의하면 일차 감정은 본질적 감정 특징 중 시초의 핵심적, 편재적 특성들이며 신체적, 피질 밑의 기관에서 유래한다. 정서, 감정연구의 대가인 야크 판크셉의 정의는 좀 더 구체이며 일차 과정 정서(Primary-Process Affect)를 배고픔, 목마름 등의 지각을 담당하는 균형 정서(Homeostatic Affect), 통증을 느끼는 등의 감각 정서(Sensory Affect), 그리고 감정 정서(Emotional Affect)로 분류하였다(역자 주).

자기(자동) **인식**[5]**/자기 인식적 의식**(Autonoesis/autonoetic consciousness): 스스로 자기를 알아차리는Self-knowing awareness 의식의 형태. 일화 기억, 자전 기억과 관련되고 과거, 현재, 미래를 예측하는 정신의 시간 여행이 가능하다. 노에시스(인식)가 발달한 상태.

자율신경계(Autonomic nervous system): 머리에서 몸으로 연장되는 체계로 심장박동, 호흡, 여러 신체 기능을 조절한다. 자주 "ANS" 약자로 표현한다. ANS의 기본 체계는 두 종류로 교감신경계(가속기)와 부교감신경계(제동장치)로 이루어져 있다. 교감신경계와 부교감신경계를 참조하라.

작업 기억(Working memory): 잠시 마음을 차지하는 생각의 대상이 되는 기억, 정신 표상이다. 이로 인해 주의 집중을 받을 수 있게 되고, 그 이후 정보 처리 과정을 통해 분류되고 변화될 수 있다.

장기 강화(Long-term potentiation): 신경 발화가 시냅스 연결을 상호 간에 강화하여, 패턴이 반복될 가능성을 증가시키는 방식이다. 때때로 "LTP"로 약칭한다. 이것은 사건을 장기 기억으로 부호화하는 동안 신경들을 결합하여 경험이 구조적 변화를 가져오는 하나의 과정이다.

재귀하는(Recursive): 자신의 활성화 패턴을 강화하기 위해 스스로를 피드백하는 질적 과정.

재진입(Reentry): 대뇌 신경세포 발화 또는 관계 내 의사소통 패턴에서와같이 긍정적 피드백 고리가 초기 활동 패턴을 강화하는 과정. 재진입은 그 순간에 신경세포 발화 패턴을 재귀하여 안정화시키고, 그 과정이 의식 경험의 일부가 되도록 한다.

---

5) 자전적 기억을 최초 명명한 미국의 심리학자 엔델 툴빙Endel Tulving의 용어로 그는 비인식, 인식, 자기(자동) 인식으로 인식의 발달을 말했다. 자기가 집중하는 사물과 그를 인식하는 자신이 동시에 인식되는 상태로 말할 수 있고 '사과와 사과를 보는 자신을' 동시에 인식한다는 뜻(역자 주).

전기연접 연결(Ephaptic coupling): 신경전달 물질을 이용하지 않고(비 시냅스) 신경세포가 직접 소통하는 과정.

전두엽(Frontal lobes): 대뇌 피질에 위치한 엽lobe으로, 고등사고와 계획하기에 기본적으로 넓게 분포된 처리 과정 간의 연결고리를 만든다.

전 상징 표상(Presymbolic representation): 가능한 한 입력된 정보에 가까운 감각 입력으로부터의 활성화된 신경망 프로파일을 의미하는 것으로, 이전 경험으로부터의 하향식 영향을 최소화한다. 감각 표상을 참조하라.

전전두 피질(Prefrontal cortex): 의미와 감정을 만들어내는 과정의 중심에 있고, 반응을 유연하게 해 준다. 이 피질은 신체에서 입력 신호를 받는 하위 영역(뇌간과 변연계)과 정보의 통합과 연관이 있는 상위 영역(피질)의 중간에 위치해 있다. 여기에는 배외측 전전두 피질dorsolateral prefrontal cortex, 뇌섬insula과 같은 복측ventral 영역, 내측 구조물은 안와 전두 피질orbitofrontal cortex, 복내측 전전두 피질ventromedial prefrontal cortex, 그리고 어떤 이에 따르면 전측 대상회 피질anterior cingulate cortex까지 포함한다.

전측 뇌섬(Anterior insula): 뇌섬의 가장 앞부분. 뇌 피질과 피질하 영역(변연계 영역과 신체 고유 지각을 포함하는) 사이에서 수직으로 정보를 전달하는 복외측 전두엽 영역 VLPFC 역할을 한다.

전측 대상회 피질(Anterior cingulate cortex): 전두엽 영역의 바닥과 변연계의 위에 위치한 곡선 구조물로 주의 집중, 통증과 같은 신체 상태 정보 등록 및 거절과 같은 상호작용의 사회적 표현을 포함한 많은 과정을 조정한다.

정교한 평가(Elaborative appraisals): 자극이 "좋음"인지 "나쁨"인지를 평가하고 유기체가 자극 쪽으로 움직여야 하는지 또는 자극에서 멀어져야 하는지를 결정하는 뇌의 과정.

정렬/맞춤(Alignment): 한 개인의 내적 상태가 타인의 내적 상태를 반영하도록 변경되는 과정.

정보(Information): 상징적 의미를 갖고 있는 에너지의 패턴. 정보 또한 능동적인 과정이라 할 수 있는데, 그 이유는 결합된 의미와 연상이 연쇄 반응하여 시간이 지남에 따라 창발하는 등 추가적 처리 과정를 초래하기 때문이다.

정서(Affect): 내부의 감정이 외부로 표출되는 방식, 자극에 대한 감정, 인지, 행동의 변화와 표현을 말함. 또한, 정서 표현affective expression이라고도 부른다.

정서 조절(Affect regulation): 감정과 그 표현이 조절되는 메커니즘.

정신화(Mentalization): 다른 사람의 마음을 이해하는 능력, 메타인지의 형태. 이것은 마음 이론, 마음-마음가짐, 마음 지각, 심리학적-마음가짐, 반영적 기능, 그리고 마음 보기(마음보기)의 한 측면과 관련된다.

제약(Constraints): 연속성과 유연성의 균형을 맞추기 위해 복잡계가 조정하는 요소들. 제약은 내적(예, 시냅스의 강도)인 것과 외적(예, 인간관계)인 요소가 있다. 제약은 마음을 조성하는 맥락을 만든다.

조건 의사소통(Contingent communication): 한 사람으로부터의 신호가 적절하게 효과적 방법으로 (1) 인식되고 (2) 느껴지고 (3) 반응되는 방식. 이는 다른 사람의 비언어적인 신호에 대한 정서적 조율과 민감성에 기초한다.

조성(shape): 동물(인간)의 어떤 행동 측면을 강화하여 요구하는 반응에 가장 가깝게 유도하는 것.

주의(Attention): 정보의 흐름을 조절하는 과정. 주의는 "초점 주의focal attention"로서 인식 내에 있을 수 있거나 "비 초점 주의nonfocal attention"로서 인식 외부에 있을 수 있다.

중앙 전전두 피질(Midline or Middle prefrontal cortex): 내측, 복측, 안와 전두, 전측 대상회 피질로 구성된 대뇌 피질의 일부. 이 상호 연결된 영역의 신경 회로는 사회적 정보, 자전적 의식, 의미 평가, 각성 활성화, 신체 반응, 그리고 상위 인지 처리를 통합하는 기능을 한다. 중앙 전전두의 9가지 기능은 신체 조절, 의사소통 조율, 정서적 균형, 공포 조절, 반응 유연성, 통찰, 공감, 도덕성, 그리고 직관이다. 이들은 마음챙김 명상 훈련과 안전한 애착 관계(처음 여덟 가지)의 결과다.

중추신경계(Central nervous system): 두개골에 둘러싸인 뇌 신경계 요소로, 말초신경계(신체 전체에 퍼져 있는)와 연결되어 있다. 가끔, "CNS"로 줄여서 표현한다.

지각적 표상(Perceptual representations): 지각은 현재의 감각적 경험이 과거 기억과 경험에서 기원한 정신 모델 안에 포함되어 있는 일반화된 기억과 합쳐서 만들어진 일련의 정보를 보여 주는 것이다. 이것은 하향식 과정의 핵심으로, 우리가 지각한 것은 과거 우리가 경험한 것에 의해 조성된다.

진동(Oscillations): 뇌를 통과하여 기능적으로 넓은 영역을 서로 연결하는 전기 흐름의 파동. 커넥톰 고조파 참조.

청소년(Adolescence): 어린 시절 의존 상태에서 성인으로서 책임을 가지는 전환을 거치는 범위에 있는 동물의 발달 기간.

창발/창발성(Emergence/emergent property): 복잡계의 기본적인 부분들의 상호작용하는 과정에서 발생하는, 하위계층(구성 요소)에는 없는 특성이나 행동이 상위계층(전체 구조)에서 자발적으로 돌연히 출현하는 현상. 창발은 전체를 부분의 합보다 크게 만든다.

축색(Axon): 신경세포체에서 확장되어 다른 신경세포들과 시냅스 연결을 만들게 하는 신경세포의 긴 줄기.

코르티코스테로이드/코티솔(Corticosteroids/cortisol): 코티솔은 때로 "스트레스 호르몬"으로 알려 있으며, 스트레스를 받는 동안에 신진대사를 이에 적응하는 방식으로 바꾸기 위해 코티솔이 방출된다.

융합[6](Consilience): 융합은 저자가 시작한 IPNB 분야의 지적 접근법이다. 독립적인 학문들로부터의 공통된 결과들을 발견하는 것. 미국의 사회생물학자인 에드워드 윌슨 E. O. Wilson이 1998년 쓴 "컨실리언스consilience"를 융합, 또는 통섭이라고 번역한다.

이항상성 부하(Allostatic load): 개인이 반복적으로 또는 만성적인 스트레스에 노출됨에 따라 축적되는 "신체의 마모와 손상" 혹은 개인이 경험한 스트레스의 현재 합계. 1993년 맥이웬McEwen과 스텔라Stellar에 의해 만들어졌다. 이항상성이란 다른allo 상태stasis를 의미하는 조어로, 생체 내에 어떤 혼란이 발생했을 때 변화를 하면서 "동적으로" 안정을 유지하고 적응한다는 개념이다.

커넥톰(Connectome): 머리 안에 위치한 상호 연결된 뇌의 신경망. 커넥톰의 분화된 부분의 결합 정도는 웰빙과 상관관계가 있는 것으로 밝혀졌고 이 통합 상태가 손상되면 이와 관련된 건강에도 장애가 발생한다.

커넥톰 고조파(Connectome harmonics): 광범위하게 분리된 영역을 기능적 전체로 연결하는 에너지 패턴의 파동이자 신경 발화의 진동oscillations.

---

6) 최재천 교수가 원효대사의 화엄사상을 빌려 '통섭'이라고 번안한 바 있고 이는 논란이 있다. 정신의학에서는 1950년 초 미국의 정신의학자 설리반의 '인간관계'의 시도가 유명하며 그는 사회 속에서 자기의 발달을 연구한 미드George Herbert Mead의 사회 심리학, 말리노우스키Bronislaw Malinowski의 문화인류학 등 타 학문의 개념을 대상관계에 도입하였다(역자 주).

통합(Integration): 일반적으로 분화된 요소 간의 결합. 분화되어 있는 부분들(정보 처리의 서로 다른 모드)을 기능적인 전체로 결합시키는 마음의 과정을 건강의 핵심적인 기제로 제시한다. 통합이 이루어지지 않는다면 혼돈이나 경직이 나타나거나 둘 다 발생할 수 있다. 통합은 과정이기도 하고 구조적 차원이기도 하며, 신경계의 기능적, 해부적 연구를 통해 확인할 수도 있다. (주의: 일부 신경과학자들은 "통합"이라는 용어를 결합을 의미하기 위해 사용하고, "분리"는 분화를 지적하기 위해 사용한다.)

편도체(Amygdala): 뇌의 중앙에 위치한 변연계의 일부로, 아몬드 모양의 뉴런 집단이다. 의미의 평가, 사회적 신호 처리 및 정서의 활성화에 관여한다. 안와 전두 피질 및 전측 대상회와 함께 작업하면서, 기억과 행동에 관련된 지각을 조정하는 중요한 역할을 한다.

평가-각성(Appraisal-arousal): 정서 반응의 두 번째 단계로서 초기 지남력orientation에 이어 발생하고, 감정의 범주 생성에 선행한다.

표상(Representations): 정신의 상징 역할을 하는 신경 발화 패턴. 다른 종류의 표상들은 뇌의 다른 부분에서 처리된다. 이 개념은 "신경 표상"(무언가를 상징화하는 신경망 프로파일)이나 "정신 표상"(무엇인가 아는 것에 대한 주관적 경험)으로 사용된다.

피질(Cortex): 신피질을 참조하라.

피질의 공고화(Cortical consolidation): 부호화된 기억들이 장기저장 기억으로 전환하기 위해 피질의 표상으로 통합되는 과정, 그러면 기억의 검색을 위해 해마가 필요하지 않게 된다. 꿈과 수면의 기본적인 역할과 결과일 수 있다.

피질하(Subcortical): 신경계의 두개골 안의 뇌 피질 아래 신경 영역인 변연계와 뇌간을 말하는 용어임. 그리고 때로는 신체 고유한 부위의 신경 처리 과정을 일컫는 용어이다.

해마(Hippocampus): 뇌의 중심부에 위치한 이 해마 모양의 구조는 내측두엽 변연계 영역의 일부이다. 해마는 사실과 자전적 세부 사항을 회상할 때 기억을 융통성 있는 형태로 만드는 데 중요한 역할을 한다. 뇌가 공간과 시간에서 자기감을 갖도록 하고, 지각적 조직화의 순서를 조절하고, 심적 표상과 정서 평가 중추를 결합한다.

활동 전위(Action potential): 전하 입자인 이온이 세포막의 안팎으로 이동하여 신경세포의 긴 축색을 따라 동등한 전기 흐름을 생성하는 과정을 의미한다.

활력 정서(Vitality affects): 일차 감정 상태를 외적으로 표현하는 것을 말한다.

회로(Circuit): 지각 또는 행동과 같은 구체적인 기능들을 수행하기 위해 유전자와 경험을 결합시키는 일련의 상호 연결된 뉴런들.

후성유전(Epigenesis): 경험이 염색체에 있는 다양한 분자(히스톤 및 메틸기)를 변화시키는 방향으로 유전자 표현의 조절을 변화시키는 과정. 어떤 후성유전적 변화는 정자와 난자를 통해서 다음 세대로 전달될 수 있다.

환기(Ecphory): 인출 단서와 기억 표상의 사이에서 일치가 있을 때 명시(서술) 기억을 재활성화하는 과정.

환기감(Ecphoric sensation): 회상 기억이 정확한 것인지, 아닌 것인지에 대한 느낌. 환기감은 과거로부터 어떤 것이 나오고 있다는 신호를 준다. 신경학적으로 데자뷔Déjà vu는 정확한 회상이 없을 경우에 환기 감의 예일 수 있다.

Notes

INTRODUCTION

1. Wilson (1998); Slingerland and Collard (2011).
2. Hippocrates (1923).
3. Ackerman (2014).
4. *Webster's New World College Dictionary* (1997), p. 1085.
5. Choudhury and Slaby (2012).
6. Meaney (2010); Zammito (2016).
7. Doidge (2007, 2016).
8. Lieberman (2013).
9. Doty (2007); Schmidt-Hellerau (2002); Shulman (2001); Siegel (2017).
10. Hippocrates (1923), p. 175.
11. James (1890).
12. Gazzaniga (2004).
13. Siegel (2012), p. AI-72.
14. Deco et al. (2015); Lord et al. (2017).
15. Sporns et al. (2005).
16. Luijk et al. (2010); Meaney (2010); Cassidy and Shaver (2018).
17. Waldrop (1992), p. 12.
18. Smith et al. (2015).
19. Siegel (2010a).
20. Siegel (2018).
21. American Psychiatric Association (2013).

CHAPTER 1

1. Kandel et al. (2013).
2. Green et al. (1998), p. 427.
3. Martinez-Banaclocha (2018); Han et al. (2018); see also LeBaron et al. (2008).
4. Bassett and Sporns (2017); Palva and Palva (2018, 2017); Bertolero et al. (2018).
5. Doidge (2007); Costandi (2016).
6. Tognoli and Kelso (2014), pp. 44–45, 35.
7. Hellyer et al. (2015), p. 9050.

8. Hellyer et al. (2015), p. 9050.
9. Nomi et al. (2017), pp. 869, 870.
10. Smith et al. (2015).
11. Atasoy et al. (2017); Cabral et al. (2017); Deco and Kringelbach (2014, 2017).
12. Kandel (2018).
13. Tognoli and Kelso (2014), p. 35.
14. Atasoy et al. (2017), p. 283.
15. Atasoy et al. (2017), p. 290.
16. Damasio (2018).
17. Lieberman (2013); see also Powell et al. (2010, 2012); Atzil et al. (2018).
18. Porges (2011); Porges and Dana (2018).
19. Llinas (2002).
20. Damasio (1994/2005); Edelman (1993); Graziano (2013); Seth (2013); Oizumi et al. (2015).
21. Damasio (2018).
22. Zhang and Meaney (2010); Zammito (2016).
23. Jasanoff (2018); Shi and Toga (2017).
24. Raichle and Snyder (2007); Fair et al. (2008); Buckner et al. (2008); Spreng et al. (2009); Andrews-Hanna et al. (2014); Fransson et al. (2007); Gao et al. (2009).
25. Smith et al. (2015).
26. Teicher (2010); Teicher and Samson (2016); Teicher et al. (2004, 2006, 2016); see also Li et al. (2015); Huang et al. (2012); Whittle et al. (2013); Gorka et al. (2014); McCarthy-Jones et al. (2018).
27. Zhang and Raichle (2010); see also Benedetti et al. (2014).
28. Kandel et al. (2000); L. F. Barrett (2016); L. F. Barrett and Simmons (2015); Panksepp and Biven (2012); Sokolowski and Corbin (2012).
29. Achard et al. (2005).
30. Teicher (2002); Marusak et al. (2015).
31. McGowan et al. (2009); Price et al. (2013); Li et al. (2015); Marusak et al. (2015).
32. De Bellis (2005); Rees (2010).
33. Dube et al. (2003).
34. Jackson Nakazawa (2020), pp. 45–46.
35. Jackson Nakazawa (2020), pp. 45–46.
36. Jackson Nakazawa (2020), pp. 45–46.
37. Hebb (1949); Hyde et al. (2009).
38. Greenough et al. (1987); Galvan (2010).
39. Meaney (2010); Sweatt (2009); Ogren and Lombroso (2008); Champagne (2008); Szyf (2015); Lim and Brunet (2013); Dias and Ressler (2014); Szyf et al. (2010); Hill and Roth (2016).
40. Brown et al. (2003); Hotting and Roder (2013); Mišić et al. (2014).
41. Siegel (2017, 2018).
42. Jha et al. (2007); Goleman and Davidson (2017).
43. Gräff et al. (2014); Kwapis and Wood (2014); Silberman et al. (2016).
44. Szyf (2015); Szyf et al. (2010); Meaney (2010); Cicchetti et al. (2015); Hill and Roth (2016).
45. Doidge (2007); Fuchs and Flügge (2014).
46. Rowlands (2010).
47. Siegel (2010a); Jasanoff (2018); Kandel (2018).
48. Wiesel and Hubel (1963).
49. Bowlby (1969, 1988b).
50. Schick et al. (2007).

51. Kornfield (2008); Guastello et al. (2009); Howe and Lewis (2005); Lewis (2005a).
52. Zhou et al. (2006); Kauffman (1996); Guastello et al. (2009); Sporns et al. (2000).
53. Zhou et al. (2006).
54. Damasio (2018).
55. Chanes and Barrett (2016); Montag and Panksepp (2017); Panksepp and Biven (2012); see also Grillner et al. (2013).
56. Kauffman (1996); Guastello et al. (2009).
57. Teicher (2010); Teicher et al. (2004, 2006).
58. Zhang and Raichle (2010).
59. Smith et al. (2015).
60. Bookheimer et al. (2000); Damasio (2000, 2018); Fosha et al. (2009).
61. L. F. Barrett (2016, 2017).
62. Halpern et al. (2005); McGilchrist (2009).
63. Siegel (2010a, 2010b, 2017).
64. Kagan and Snidman (2004).
65. Perry (2002); Sroufe and Siegel (2011).
66. Worthman et al. (2010).
67. Ridley (2003).
68. Doidge (2007); Begley (2007).
69. Yagmurlu and Altan (2009).
70. Howe and Lewis (2005).
71. Meaney (2010); Lewis (2005a, 2005b); Lanius et al. (2011).
72. Triandis and Suh (2002).
73. Someya et al. (2000); Eliot (2010).
74. Eliot (2010); Simpson et al. (2014).
75. Eliot (2011); Rippon (2019).
76. Isles and Wilkinson (2008).
77. Caspi et al. (2003); Kilpatrick et al. (2007); Munafo et al. (2009); Risch et al. (2009); Caspers et al. (2009).
78. van Winkel et al. (2008); Matheson et al. (2011); Palacios-Barrios and Hanson (2019); Blair and Raver (2016); Bornstein and Bradley (2014); Chen et al. (2015); Gao et al. (2015); Cicchetti and Lynch (1993).
79. Juster et al. (2016); Szyf (2015).
80. Natterson-Horowitz and Bowers (2019).
81. Siegel (2013).
82. McGowan et al. (2009); Karr-Morse and Wiley (2012).
83. Pollak (2005); Heim et al. (2008); Dube et al. (2003); Burke-Harris (2018).
84. Guastello et al. (2009).
85. Holsboer (2001); Joëls et al. (2004).
86. Gross (2002).
87. McGowan et al. (2009).
88. Kagan and Fox (2006); Kagan and Snidman (2004).
89. Bradley et al. (2001); Pettit et al. (2001).
90. Rakel et al. (2009).
91. Ainsworth et al. (1978); see also Fonagy and Target (2005) and Slade et al. (2005).
92. Schore (2001, 2003a, 2003b); Tronick (2007).
93. Meinz and Main (2011).
94. Fonagy and Target (2005).
95. Schore (2001, 2003a, 2003b); Tronick (2007).
96. Cozolino (2008); Blackburn and Epel (2017).
97. Siegel (2010a, 2010b).

98. Siegel (2010a, 2010b); Siegel and Hartzell (2003); Siegel and Bryson (2011, 2020).
99. Guastello et al. (2009).
100. Chalmers (2007).
101. Edelman and Tononi (2000a); Merker (2007).
102. Merker (2007); Crick and Koch (2003); Edelman and Tononi (2000b); Tononi and Koch (2015); Oizumi et al. (2015).
103. Crick and Koch (2003); Derakhshan (2010).
104. Doidge (2007); Pascual-Leone et al. (2005).
105. Haggard (2008).
106. Koch and Preuschoff (2007); Damasio (2018); Jasanoff (2018).
107. Siegel (2010b, 2017).
108. Siegel (2018).
109. Wallace (2010).
110. Freud (1895/1966).
111. Koch and Tsuchiya (2007); Siegel (2018).
112. Rakel et al. (2009).
113. Cortina and Liotti (2010); Trevarthen and Reddy (2006); Tronick (2007).
114. Graziano (2013).
115. Daprati et al. (2010); Merker (2007); Abraham et al. (2016).
116. Eisenberger and Lieberman (2004).
117. Keller (1903/2010).
118. Vygotsky (1934/1986), p. 41.
119. Posner and Rothbart (1998).
120. Anderson (2002).
121. Perner and Dienes (2003); Ferrari et al. (2001); Zelazo (2004); Zelazo et al. (2007); Rakison (2007).
122. *New Oxford American Dictionary* (2005); Princeton University (2010).
123. Saxe (2006).
124. Perner and Dienes (2003).
125. Trevarthen (2009a).
126. Perner and Dienes (2003).
127. Stern (1985/2017).
128. Hamlin et al. (2012); Mahajan and Wynn (2012); Powell and Spelke (2013); Prentice and Miller (2007); Rhodes and Gelman (2009); Rhodes et al. (2012); Shutts et al. (2013); Waxman and Markow (1995).
129. Rakison (2007); Immordino-Yang (2011); Siegel (2017); Han and Humphreys (2016); see also Báez-Mendoza and Schultz (2013).
130. Kabat-Zinn (2005).
131. Siegel (2007a, 2018).
132. Brown and Ryan (2003); Davidson and Begley (2012); Blackburn and Epel (2017); Goleman and Davidson (2017); Siegel (2018); Gilbert (2010); Welch (2020).
133. Baer et al. (2006).
134. Kornfield (2008, 2017); Shapiro et al. (2005, 2006, 2011); Singer and Lamm (2009).
135. Urry et al. (2004); Singer and Lam (2009); Shamay-Tsoory (2011).
136. Krasner et al. (2009); Epstein (2017); Halifax (2018); Shapiro and Carlson (2013); Lin et al. (2012); see also Siegel and Siegel (2020); Siegel et al. (2020).
137. Jacobs et al. (2011); Blackburn and Epel (2017); Lin et al. (2012); Conklin et al. (2019).
138. Kabat-Zinn (2005, 2013).
139. Lippelt et al. (2014); Siegel (2018).

140. Blackburn and Epel (2017); Siegel (2018); Villamil et al. (2019).
141. Brewer et al. (2011); Creswell et al. (2012, 2014, 2016); Davidson and Kazniak (2015); Davidson and Dahl (2017, 2018); Fox et al. (2014); Garrison et al. (2013); Hasenkamp and Barsalou (2012); Luders and Kurth (2019); Luders et al. (2011, 2012a, 2012b, 2009); Weng et al. (2013).
142. DiNoble (2009).
143. Siegel (2007a, 2018).
144. Siegel (2017, 2018); Villamil et al. (2019).
145. Siegel (2007, 2010a, 2018).
146. Siegel (2017, 2018).
147. Valliant (2008), p. 48.
148. James (1902), pp. 292–293.
149. James (1890), p. 463.
150. Folger (2018).
151. Siegel (2018), p. 277.

CHAPTER 2

1. Plaut and McClelland (2010); Szu-Han and Morris (2010); Rogers and McClelland (2008); Tse et al. (2007); McClelland and Rogers (2003); Raffone and Van Leeuwen (2001); Bowers (2011).
2. Thagard (2002).
3. Harter (1988, 2012); Harter et al. (1997); Gecas (1982); Gecas et al. (1974); Kerpelman and Pitman (2001).
4. Harter et al. (1997); Pfeifer et al. (2009); Sebastian et al. (2008).
5. Pfeifer et al. (2009).
6. Kohut (1971).
7. Whitman (1855), p. 55.
8. Sagan (1980), p. 28.
9. Sroufe (1996).
10. Harter et al. (1997); Harter (2016).
11. Harter (2012).
12. Walsh et al. (2010); van IJzendoorn et al. (2010); Bakadorova and Raufelder (2015).
13. Belsky et al. (2007); Bakermans-Kranenburg and van IJzendoorn (2007, 2011); Bakermans-Kranenburg et al. (2008); Ellis et al. (2011); Juster et al. (2016).
14. Eggermont (2005); Globerson et al. (2009); Brenner et al. (2000); Jacobs et al. (2009); Bell (2007); Furber et al. (2007).
15. Anders et al. (2008); Pulvermüller and Garagnani (2014).
16. Perry et al. (1995).
17. Voss and Paller (2008, 2009); Reber (2013); Damasio (1989); Meyer and Damasio (2009); Johnson and Young (2015).
18. Perry (2002); Baccus and Horowitz (2005); Horowitz (2001); Fleeson and Jayawickreme (2015); Tang (2017); Tang et al. (2015).
19. Fuster (2006, 2009); Damasio (1998, 2000, 2001); Feldman (2017); Smith et al. (2015).
20. Kawasaki et al. (2005); Kragel et al. (2016); Kragel and LaBar (2016); Erk et al. (2006); Longe et al. (2009); Ochsner et al. (2009); Opialla et al. (2015); L. F. Barrett (2017); Damasio (2018).
21. Nickerson (1998); Hergovich et al. (2010); Hart et al. (2009); see also Raschle et al. (2017) and Beer et al. (2006).

22. van der Kolk et al. (2005); van der Kolk and Courtois (2005); Bluhm et al. (2009); Digangi et al. (2016); Patriat et al. (2016).
23. Herringa (2017); Krogh et al. (2012).
24. Livneh and Parker (2005); Vallacher et al. (2002); Witherington (2007); Singer (2013); Bar-Yam (2003); Waldrop (1992); Kelso (2002, 2009, 2012); Jarbo and Verstynen (2015).
25. McClelland et al. (2002); McClelland and Rogers (2003); Boldrini et al. (1998); Richardson et al. (2008, 2010).
26. Kröger (2007); Neme and Mireles (2008); Cicchetti and Rogosch (1997b); Karus et al. (2014).
27. Siegel (2007b, 2010a, 2010b, 2012, 2017, 2018); Kauffman (1996); Lewis and Granic (2000); Cicchetti and Rogosch (1997a); Kröger (2007); Fonagy and Target (2005); Lickliter (2008a, 2008b); Coey et al. (2012).
28. Guastello et al. (2009).
29. Guastello et al. (2009); Sulis and Trofimova (2001); Ward (2002).
30. Doebeli (1993); Ispolatov and Doebeli (2014).
31. Pinker (2005); Sherwood et al. (2008); Frankenhuis and Ploeger (2007); Goldsmith (2009); Buller (2009); Sutcliffe et al. (2011); Damasio (2018).
32. Bowers (2009); Plaut and McClelland (2010); Botvinick and Plaut (2009); Dovgopoly and Mercado (2013); Li and Zhao (2013).
33. McClelland and Rumelhart (1986); Munakata and McClelland (2003); Krogh et al. (2012); Kirkham et al. (2002); Keramati and Gutkin (2014).
34. Plaut and McClelland (2010); Bowers (2009, 2017); Sporns (2010); Page (2000).
35. Mercado (2008); Gilson et al. (2009); Bullmore and Sporns (2009); Stam and van Straaten (2012).
36. Rimol et al. (2010); Caroni et al. (2012).
37. Sherwood et al. (2008); Riegler (2008).
38. Holtmaat and Svoboda (2009); Trachtenberg et al. (2002).
39. Robertson and Combs (1995); Robertson (2007).
40. Boldrini et al. (1998, p. 25).
41. Globus and Arpaia (1993); van Geert (2014).
42. Thelen and Smith (1994); Thelen (1989); see also Dawson-Tunik et al. (2004).
43. Michel and Koenig (2018), p. 583.
44. Atasoy et al. (2017).
45. Shatz (1990); personal communication (October 15, 2011) with Shatz; Hebb (1949).
46. Post and Weiss (1997), p. 911, emphasis added.
47. Fogel et al. (2002); Anderson (2002).
48. American Psychiatric Association (2013).
49. Sporns (2010).
50. Cicchetti and Rogosch (2009, 2012); Kim-Spoon et al. (2013).
51. Zhang and Raichle (2010); Raichle (2010); Raichle and Snyder (2007); Fox and Greicius (2010); Brier et al. (2012); Doll et al. (2015).
52. Brewer et al. (2011); Goleman and Davidson (2017).
53. Chepenik et al. (2010); Strakowski et al. (2012); Mamah et al. (2015).
54. Bluhm et al. (2009); Sripada et al. (2012); Digangi et al. 2016; Patriat et al. (2016); Herringa (2017); Teicher et al. (2003, 2004).
55. Teicher (2000, 2002); Teicher et al. (2002, 2003, 2004); Andersen and Teicher (2004).
56. Guastello et al. (2009); Fogel et al. (1997); Globus and Arpaia (1993); Chamberlain (1995); Jackson (1991); March and Mulle (1998); Neri (2009).
57. Robertson (2014).

58. Fairfax (2008); Simon et al. (2010); Ursu and Carter (2009); Hertenstein (2012); Simon et al. (2014).
59. Coan (2010); Caffrey et al. (2016).
60. Sanders (2016).
61. Garcia-Toro and Aguirre (2007); Normann et al. (2007); Marsden (2013).
62. Aitken and Trevarthen (1997); see also Ammaniti and Trentini (2009).
63. Shmueli-Goetz et al. (2008); Fonagy et al. (2007); Fonagy and Target (2005).
64. Eisenberger et al. (2007).
65. Coan et al. (2006); Eisenberger et al. (2011).
66. Fonagy et al. (2003); Hesse and Main (2000, 2006).
67. Beebe et al. (2005); Friedman et al. (2010); Ritter et al. (2007); Crown et al. (2002).
68. Lewis et al. (2006); Howe and Lewis (2005); Lewis (2005b); Lamm and Lewis (2010); Newton (2017).
69. Woltering and Lewis (2009), p. 160.
70. Fogel (2000a, 2000b); Hsu and Fogel (2003).
71. Schore (1997), p. 600; see also Schore (2009a).
72. Shinbrot et al. (1993).
73. Lewis (2005b), p. 272.
74. Boldrini et al. (1998), p. 25.
75. Lewis (2005b), p. 272, emphasis in original.
76. Ridout et al. (2009); Guyer et al. (2007); Surguladze et al. (2004); Gollan et al. (2008); Chan et al. (2016).
77. Hofer (1990), p. 74.
78. Sroufe (1996).
79. Kim et al. (2009); Kim and Cicchetti (2010); Alink et al. (2009).
80. Harter et al. (1997); Harter (2016).
81. Dube et al. (2003); Walsh et al. (2010); van IJzendoorn et al. (2010); Bakadorova and Raufelder (2015); Teicher et al. (2020).
82. Tronick (2007).
83. Cicchetti and Rogosch (1997b).
84. Juster et al. (2016).
85. McGowan et al. (2009).
86. Coey et al. (2012).
87. Coey et al. (2012), p. 3.
88. Coey et al. (2012), pp. 7, 8.
89. Fries (2015).
90. Coey et al. (2012), p. 8.
91. Coey et al. (2012), pp. 8, 9.
92. Siegel (2007a, 2018).
93. O'Donohue (1997), pp. 101, 118.
94. Chamberlain (1995); Howe and Lewis (2005).

CHAPTER 3

1. Kandel (2006).
2. Schacter et al. (2007); Clark (2013a, 2013b).
3. Matyushkin (2007).
4. Tang et al. (2010); McClelland et al. (2002); Bowers (2009).
5. Kandel (2001); Barnes and Finnerty (2010).
6. Minshew and Williams (2007); J. Hughes (2007).

7. Bowers (2011).
8. Bowers (2009, 2011).
9. Barnes and Finnerty (2010); Bailey and Kandel (2009); Abraham and Robins (2005); Tang et al. (2010).
10. LeBaron et al. (2008); Rosenzweig et al. (2002).
11. Milner et al. (1998), p. 463.
12. LeDoux (2003a).
13. Hebb (1949); Shatz (1992, 1996); see also Tsien (2000) and Cooper (2005).
14. Hebb (1949), pp. 69–70.
15. Freud (1888), cited in Amacher (1965); see also Doidge (2007).
16. Mechelli et al. (2004); Ganis et al. (2009).
17. Peters et al. (2009).
18. Babiloni et al. (2006); Chiu et al. (2006); Hoscheidt et al. (2010).
19. Mendelsohn et al. (2010); Raposo et al. (2009).
20. Govindarajan et al. (2006); Schafe et al. (2005).
21. Nelson and Fivush (2004).
22. Hoscheidt et al. (2010).
23. Easton and Eacott (2009); Voss and Paller (2007, 2008); Squire (2004); Paller and Wagner (2002); Paller et al. (2009).
24. Brainerd and Reyna (2004).
25. Gonsalves and Paller (2002).
26. Gerhardstein and West (2003); Repacholi and Meltzoff (2007); Hayne (2004); Repacholi et al. (2016).
27. Voss and Paller (2008); Thomson et al. (2010); Voss et al. (2012).
28. Salomons et al. (2004); Barnes and Finnerty (2010); Gallace and Spence (2009); Craig (2002); Marshall and Meltzoff (2015); Damasio (1994/2005, 2000).
29. Seth (2013), p. 565.
30. Seth (2013), p. 571.
31. Bahrick and Hollich (2008); Bahrick (2004).
32. Johnson-Laird (1983); Saffran et al. (1996); see also Van de Cruys et al. (2014); Schultz and Dickinson (2000); Siegelman and Frost (2015); Tenenbaum et al. (2011); Friston (2005, 2010); Hohwy (2013).
33. Hampe and Grady (2005); Schacter et al. (2007); Freyd (1987); see also Seth (2020); Koch (2019).
34. Bayen et al. (2007); Arnold et al. (2015).
35. Pinker (2005).
36. Zhang and Meaney (2010); Caldji et al. (2011); Ripoli (2017); Kwapis and Wood (2014); Lupfer et al. (2003); Callaway (2013).
37. Gaydos et al. (2014); Seong et al. (2011); Heard and Martienssen (2014); Lim and Brunet (2013); Szyf (2015); Kishimoto et al. (2017).
38. Belsky and Fearon (2008).
39. Fonagy et al. (2002, 2007); see also Cassidy and Shaver (2016).
40. Perry et al. (1995).
41. Carver and Cluver (2009); Newcombe et al. (2007); Marsh et al. (2008); Reagh and Ranganath (2018).
42. Johnson (2001).
43. Levita and Muzzio (2010).
44. Paller et al. (2009), p. 196.
45. Christakis and Fowler (2009).
46. Fivush and Nelson (2004).
47. Bauer (2006); Mullally and Maguire (2014).

48. Bauer (2006); Bauer et al. (2010); Saive et al. (2015); Yee et al. (2017).
49. Howard et al. (2007); Vandekerckhove (2009); Wheeler (2000).
50. Tulving (2005); Oddo et al. (2010).
51. Nelson and Fivush (2004); Nelson (2003a).
52. Nelson (2003a), p. 3.
53. Nelson (2003a), pp. 3–4.
54. Reese and Newcombe (2007).
55. Fivush and Nelson (2006), p. 235.
56. Fivush (2011).
57. Jack et al. (2009), p. 496.
58. Fivush (2011), p. 559.
59. Ballesteros et al. (2006); Wiltgen et al. (2004); Chun and Turk-Browne (2007).
60. Baddeley (2003); Buchsbaum and D'Esposito (2009).
61. Ehlis et al. (2008); Wendelken et al. (2008).
62. Buchsbaum and D'Esposito (2009), p. 255.
63. Ranganath et al. (2005); Khader et al. (2007); Ruchkin et al. (2003); Winocur et al. (2010).
64. Baddeley (2010); Öztekin et al. (2010).
65. Paller and Voss (2004); Alberini (2011).
66. Wiltgen et al. (2004); Hayashi et al. (2004).
67. Born (2010); Diekelmann et al. (2009); Ackermann and Rasch (2014).
68. Vertes and Eastman (2003); J. M. Siegel (2001); Boyce et al. (2016).
69. Gisquet-Verrier et al. (2015); Tronson and Taylor (2007); Nader et al. (2000); Bonin and De Koninck (2014); Gräff et al. (2014); Debiec et al. (2006); Schiller et al. (2010); Lane et al. (2015).
70. Wiltgen et al. (2004); Xia and Storm (2017).
71. Wiltgen et al. (2004); Dorahy et al. (2016); Sbicigo et al. (2017).
72. Vandekerckhove (2009); Wheeler (2000); Neath (2010); Zion-Golumbic et al. (2010); Ryan et al. (2008); Burianova et al. (2010); Vandekerckhove et al. (2014); Robinson and Clore (2002); Kelly et al. (2014).
73. Svoboda et al. (2006), p. 2189.
74. Zion-Golumbic (2010); Ryan et al. (2008); Burianova et al. (2010); Svoboda et al. (2006); Addis et al. (2004); Willoughby et al. (2012).
75. Addis et al. (2004); Markowitsch (2003); McCormick et al. (2017); Viard et al. (2007).
76. Addis et al. (2004); Ryan et al. (2008); Markowitsch (2003).
77. Markowitsch (2003); Oddo et al. (2010).
78. Natsoulas (2003); Mitchell et al. (2005); Tulving (2005); Graziano (2013).
79. Ramus et al. (2007); Schnell et al. (2007); Tsukiura and Cabeza (2008); Euston et al. (2012); Nieuwenhuis and Takashima (2011); Tsukiura and Cabeza, (2011).
80. Lyons et al. (2002); Hane and Fox (2006); Minagawa-Kawai et al. (2009); Noriuchi et al. (2008).
81. Rempel-Clower (2007); Whittle et al. (2009).
82. Schore (2010); Kalin et al. (2007); Schwartz et al. (2010).
83. Willis et al. (2010); Beer (2007); McDonald (2007).
84. Sutton (2010).
85. Polyn et al. (2009); Steinvorth et al. (2005).
86. Markowitsch et al. (2003).
87. Storm et al. (2005).
88. Squire et al. (2007).
89. Freud (1895/1966); see also Christianson and Lindholm (1998).

90. Wang (2008a); Howe (2003, 2004); see also Tustin and Hayne (2010).
91. Bauer (2008); Hayne (2004); Madsen and Kim (2016).
92. Hudson and Mayhew (2009).
93. Bauer et al. (2010).
94. Bauer (2007).
95. Thompson and Madigan (2007).
96. Bauer et al. (2010); Dahl et al. (2013).
97. Thompson and Madigan (2007); Bauer et al. (2010).
98. Morrison and Conway (2010).
99. Hayne and Simcock (2009).
100. Reese and Newcombe (2007).
101. Bergen (2009).
102. Bauer et al. (1998), p. 677.
103. Oliver and Plomin (2007).
104. Strayer and Roberts (2004); Saarni (2007).
105. Nisbett and Miyamoto (2005).
106. Morris et al. (2007).
107. Lyons et al. (2002).
108. Nelson and Carver (1998), pp. 798–799; see also Howe et al. (2009) and Wang et al. (2007).
109. Levine et al. (2009).
110. de Quervain et al. (2007); Kensinger (2004); Fastenrath et al. (2014); Ponzio and Mather (2014).
111. Elzinga et al. (2005), p. 211.
112. Clarke and Butler (2008); Prull et al. (2016).
113. Turk-Browne et al. (2006); Degonda et al. (2005); de Quervain et al. (2009); Clarke and Butler (2008); Chun and Turk-Browne (2007); Elzinga et al. (2005); Packard et al. (2014).
114. Eidelman-Rothman et al. (2016).
115. van Stegeren et al. (2010).
116. LaBar and Cabeza (2006); Ritchey et al. (2012).
117. McGaugh (1992), pp. 261–262.
118. Cicchetti and Curtis (2006); Barco et al. (2008); Sweatt (2004); Doidge (2007); Kandel (2001, 2012).
119. Doidge (2007); Weinberger (2008); McGaugh (2013).
120. McLin et al. (2002).
121. Doidge (2007); Amso and Scerif (2015).
122. Kuhn et al. (2014).
123. Post et al. (1998), p. 849; see also Fitzgerald et al. (2006).
124. de Quervain et al. (2009); Alkadhi (2013); Antypa et al. (2019); Finlay and Uchiyama (2017); Finsterwald and Alberini (2014).
125. McEwen (2008); Lupien et al. (2004).
126. Wang et al. (2010); Frodi et al. (2010); Shin et al. (2006).
127. Siegel (1995a, 1996a, 2001b); Sigman and Siegel (1992); Elzinga and Bremner (2002); Rodrigues et al. (2009); Roozendaal et al. (2007); Phelps (2004); Kim et al. (2015).
128. Bower and Sivers (1998), p. 631.
129. Lupien et al. (2004); Kim and Diamond (2002); Elzinga and Bremner (2002); Packard and Cahill (2001); Goodman et al. (2017).
130. Clarke and Butler (2008).
131. Amir et al. (2010); also see Stoller (1985); Tatnell et al. (2016); Terr (1991).

132. Lensvelt-Mulders et al. (2008); Marmar et al. (2006); Briere et al. (2005); van der Velden and Wittmann (2008); Wittmann et al. (2006); Kumpula et al. (2011); Siegel (1995b, 1996a, 1996b).
133. Wang et al. (2010); Frodi et al. (2010); Shin et al. (2006).
134. Heim et al. (2008); Cattaneo et al. (2015).
135. Heim et al. (2008); Talbot et al. (2009); Nelson et al. (2011); Burke-Harris (2018); Dube et al. (2003).
136. McGaugh et al. (2006); Wiltgen et al. (2004).
137. Sterpenich et al. (2009); Diekelmann et al. (2009); Payne and Kensinger (2017); Cowdin et al. (2014).
138. Tulving et al. (1994); Wheeler et al. (1997).
139. Babiloni et al. (2006); Habib et al. (2003).
140. Spaniola et al. (2009).
141. Kinsbourne (1972).
142. O'Neill et al. (2010); Diekelmann and Born (2010); Axmacher et al. (2009); Dudai et al. (2015).
143. Axmacher et al. (2009).
144. Gaensbauer and Jordan (2009); Dalgleish et al. (2008); Rubin et al. (2011).
145. Schore (2009a); Hostinar et al. (2017).
146. Teicher et al. (2004); Jackowski et al. (2009); Karl et al. (2006); Rinne-Albers et al. (2016).
147. Spaniola et al. (2009); Eustache and Desgranges (2008).
148. Bremner (2007); Shin et al. (2006); Akiki et al. (2017).
149. Jackowski et al. (2009); Teicher et al. (2006).
150. Siegel (2018).
151. King et al. (2013); Kearney et al. (2013).
152. Elzinga et al. (2005); Amir et al. (2010); Holz et al. (2014).
153. de Quervain et al. (2009); Rauch et al. (2006); Liberzon and Sripada (2007); van der Kolk (2014).
154. Brewin (2007); McNally and Geraerts (2009).
155. Karpinski and Scullin (2009); Otgaar et al. (2016); Chae et al. (2014).
156. Loftus (2006); Geraerts et al. (2008); Panter-Brick et al. (2015); Neuschatz et al. (2017).
157. Cicchetti and Toth (1998).
158. Fivush (1998), p. 713.
159. Christianson and Lindholm (1998), pp. 774, 776.
160. Henry (2009); Fox and Hoelscher (2010).
161. Lynch and Cicchetti (1998), p. 744.
162. Teicher (2010); Teicher and Samson (2016).
163. Lynch and Cicchetti (1998), pp. 756–757.
164. Bremner and Narayan (1998), pp. 881–882.
165. Hauser et al. (2007); McAdams (2001); McAdams and McLean (2013).
166. Bruner (2003); Nelson (2006); Bauer et al. (2010); Bird and Reese (2006).
167. Anderson-Fye (2010).
168. Wang (2006).
169. Fivush et al. (2010); Svob et al. (2016); Ross and Wang (2010).
170. Wang (2006), p. 1804.
171. Vygotsky (1934/1986).
172. Graziano (2013); Hrdy (2009); Siegel (2017).
173. Hammack (2008); McLean et al. (2007); Conway and Pleydell-Pearce (2000); Wang (2007, 2009).

174. Conway et al. (2005), pp. 337–338; see also Wang (2001, 2004) and Wang and Brockmeier (2002).
175. Markus and Kitayama (1991).
176. Conway et al. (2005), p. 747; see also Conway et al. (2002) and Wang and Conway (2004).
177. Buckner et al. (2008); Fair et al. (2008); Spreng et al. (2009).
178. Bruner (2003); McAdams (2001).
179. Nelson (2006).
180. Mar (2004); Colle et al. (2007); Gal et al. (2009); Mar (2011); see also Hasson et al. (2012).
181. Riessman (2003).
182. Mar (2004, 2011); Pasupathi et al. (2007).
183. Reed (1994), p. 278.
184. Graziano (2013), p. 222.

CHAPTER 4

1. Hrdy (2009); Abraham et al. (2017, 2018); Main (1999); Simpson and Belsky (2008); Cassidy and Shaver (2016).
2. Hofer (2006); Hendrix et al. (2018); Lickenbrock and Braungart-Rieker 2015).
3. Ainsworth (1988).
4. Siegel and Hartzell (2003).
5. Bowlby (1958, 1969, 1988a).
6. Main et al. (2005); Cicchetti et al. (1995); Sroufe et al. (2005); see also Akers et al. (2008).
7. Main (1996).
8. Main et al. (2005).
9. Boris and Renk (2017); Gleason et al. (2011); Greenberg et al. (2001); Groh et al. (2012); Lyons-Ruth and Jacobvitz (2016).
10. Weinfield et al. (2008); Margalit (2004); Sroufe (2016); Cicchetti (2013); Lee et al. (2018); see also Teicher et al. (2020).
11. Weinfield et al. (2008), p. 90.
12. Gillath et al. (2006); Edelstein and Gillath (2008); see also Nolte et al. (2013).
13. Cassidy and Shaver (2016); Mikulincer and Shaver (2007); Hazan et al. (2006); Roisman et al. (2007a, 2008).
14. Trevarthen (1993).
15. Trevarthen (1993).
16. Stern (1985/2017); Haft and Slade (1989).
17. Ainsworth (1988); Tronick (2007).
18. Fosha et al. (2009); Ferber (2008).
19. Schore (2001).
20. Schore (2000).
21. Tronick (2007); Zeegers et al. (2017).
22. Stern (1985/2017); Sroufe et al. (2005).
23. Bowlby (1988b); see also Ainsworth (1993).
24. Bowlby (1988a).
25. Schore (1994).
26. Bretherton and Munholland (2008).
27. Main (1995); Hardman et al. (2016).
28. Belsky and Fearon (2008); Farkas et al. (2017).

29. van IJzendoorn et al. (2006); Ferreira et al. (2016).
30. Hrdy (2009).
31. Main (1999).
32. Ainsworth et al. (1978).
33. Ainsworth et al. (1978); Bernard et al. (2012).
34. Main and Solomon (1986); Granqvist et al. (2017).
35. Main et al. (2003); Solomon and George (2008); Hesse (1999a).
36. Sroufe et al. (2005); Jimerson et al. (2000); see also White et al. (2012).
37. Simpson and Belsky (2008); Dozier and Rutter (2008); Dozier and Rutter (2016); Steele et al. (2008); Simpson et al. (2012).
38. Dozier et al. (2001); Dozier and Rutter (2016); Beijersbergen et al. (2012); Barone and Lionetti (2012).
39. Bowlby (1988a).
40. Cicchetti et al. (2006); Stronach et al. (2013); Lee Raby et al. (2013); Neumann (2008).
41. Sroufe et al. (2005); Waters et al. (2000); Main et al. (2005); Grossmann et al. (2005); Fraley et al. (2013).
42. Siegel (2001a); Hofer (2006); see also Sroufe and Siegel (2011).
43. Hesse et al. (2010); Ainsworth (1988).
44. Ainsworth et al. (1978).
45. van IJzendoorn and Bakermans-Kranenburg (2008).
46. Main et al. (2005).
47. Main et al. (2005).
48. Main et al. (2005); Granqvist et al. (2017); Duschinsky (2015); Reisz et al. (2017); Solomon et al. (2017).
49. Hesse and Main (2006); Main et al. (2005).
50. Main et al. (2005); van IJzendoorn and Bakermans-Kranenburg (2006).
51. Vaughn et al. (2008); Vaughn and Bost (2016); Moriceau and Sullivan (2005); Bokhorst et al. (2003).
52. van IJzendoorn and Bakermans-Kranenburg (2006).
53. McGowan et al. (2009).
54. Polan and Hofer (2008); Gervai (2009).
55. Lickliter (2008b); Pappa et al. (2015); De Bellis and Zisk (2014); Morey et al. (2016).
56. Bokhorst et al. (2003), p. 1769.
57. Cyr et al. (2010); Stronach et al. (2011).
58. Madigan et al. (2006); Duschinsky and Solomon (2017).
59. Schore (2003a, 2003b); Tronick (2007); Cozolino (2006); Feldman (2017); Atzil et al. (2018).
60. Main and Hesse (1990).
61. Liotti (1992); Main and Morgan (1996).
62. Main et al. (1985).
63. George et al. (1996).
64. George et al. (1996); Steele and Steele (2008); Main and Goldwyn (1984).
65. Steele and Steele (2008); Hesse (2008); Bakermans-Kranenburg and van IJzendoorn (2009); Cassidy and Shaver (2016).
66. Brennan et al. (1998); Roisman et al. (2007b, 2008).
67. Steele and Steele (2008); Main et al. (2005).
68. Hesse (1999b); de Haas et al. (1994); see also Hesse (2016).
69. Hesse (2008).

70. Waters et al. (2000); Weinfield et al. (2008); Sroufe et al. (2005); Main et al. (2005).
71. Bokhorst et al. (2003); Dozier et al. (2001, 2008); Steele et al. (2003); Bakermans-Kranenburg and van IJzendoorn (2016).
72. Siegel (2010a, 2010b, 2013); see also Steele and Steele (2008) and Slade (2016).
73. Hesse (2008); Main et al. (2005).
74. Sagi et al. (1994); Bakermans-Kranenburg and van IJzendoorn (1993).
75. Madigan et al. (2006).
76. Fonagy and Target (2005); Grienenberger et al. (2005); Oppenheim and Koren-Karie (2002); Oppenheim et al. (2004); van IJzendoorn et al. (2006); Bernier and Dozier (2003); Goldberg et al. (2003); Lyons-Ruth et al. (2005); Berlin et al. (2008).
77. Siegel and Hartzell (2003).
78. Meinz and Main (2011).
79. Bakermans-Kranenburg and van IJzendoorn (2008).
80. Ellis et al. (2011).
81. Main et al. (2005).
82. Main et al. (2003).
83. Steele and Steele (2008); Main et al. (2005).
84. Main et al. (2005).
85. Main et al. (2005).
86. Hesse (1996).
87. Grice (1975).
88. Main and Goldwyn (1998), p. 46.
89. Main and Goldwyn (1998).
90. Hesse and Main (2000); Hesse et al. (2003); Hesse (2008).
91. Gloger-Tippelt et al. (2002).
92. Gloger-Tippelt et al. (2002).
93. Slade et al. (2005); Steele and Steele (2008); van IJzendoorn and Bakermans-Kranenburg (2008); Hesse (2008).
94. Main et al. (2005); Hughes et al. (2006).
95. Main et al. (2005); Bailey et al. (2017).
96. van IJzendoorn et al. (2008); Barone (2003); Reijman et al. (2017).
97. Main et al. (2005); Vaughn et al. (2008); Sroufe et al. (2005).
98. Weinfield et al. (2004).
99. Sroufe et al. (2005); Main et al. (2005); Zeegers et al. (2017).
100. Vaughn et al. (2008); Belsky and Fearon (2008); Mangelsdorf et al. (2000).
101. Wade and Kendler (2000).
102. Bokhorst et al. (2003); Dozier and Rutter (2016); Stovall-McClough and Dozier (2004).
103. van IJzendoorn et al. (2006).
104. van IJzendoorn et al. (2006).
105. Hazan et al. (2006); Behrens et al. (2016).
106. Ainsworth (1988), p. 1.
107. Main et al. (2005).
108. Ammaniti et al. (2000).
109. Main (1995); Benoit et al. (1992); Crowell et al. (1992); Greenberg et al. (1997).
110. See Coan (2016) and broad overview in Cassidy and Shaver (2016).
111. Dozier and Rutter (2016); Schore (2001); Hofer (2006); Groh et al. (2014); Dwiwardani et al. (2014); Houston and Grych (2016).
112. Wallis and Steele (2001); Riggs and Jacobvitz (2002); Patrick et al. (1994); Kobak et al. (1991); Fonagy et al. (2008); Gumley et al. (2014); Lewis-Morrarty et al. (2015).

113. Sroufe et al. (2005); Bateman and Fonagy (2008); Muris et al. (2004); DeKlyen and Greenberg (2008).
114. DeKlyen and Greenberg (2008); Kerns and Brumariu (2014); Schimmenti and Bifulco (2015).
115. MacDonald et al. (2008), p. 493; see also Schore (2002); Hesse et al. (2003); and van der Kolk (2003).
116. Noll-Hussong et al. (2010); Trickett et al. (2010); Swain et al. (2007); Dozier et al. (2006); Solomon and Siegel (2003); Fearon et al. (2010); Brumariu (2015); Cook et al. (2017); Roskam et al. (2014).
117. Berlin et al. (2008); Cicchetti et al. (2006); Fonagy et al. (2008); Kinniburgh et al. (2017).
118. Main (1995).
119. Choy and van den Buuse (2007); Llorente et al. (2010a); Rentesi et al. (2013); Cortes Hidalgo et al. (2019).
120. Rentesi et al. (2010), p. 7.
121. Llorente et al. (2010b); Lovic (2010).
122. Polan and Hofer (2008); Rentesi et al. (2010).
123. Chen et al. (2010).
124. Brodsky and Lombroso (1998), pp. 2, 3.
125. Doidge (2007); Greenberg (2010).
126. Teicher and Andersen (2009); Andersen et al. (2008).
127. Glaser et al. (2006), p. 229; see also Weltz et al. (2016).
128. Schore (1997), p. 618; see also Cisler et al. (2013).
129. Schore (1996); Howell and Sanchez (2011).
130. Worthman et al. (2010); Padilla and Perez (2003); Mesman et al. (2016); Briley and Tucker-Drob (2017); Keller and Bard (2017); Otto and Keller (2014).
131. Rice et al. (2016).
132. Atzil et al. (2018), p. 629.
133. Atzil et al. (2018), p. 629.
134. Atzil et al. (2018), p. 632.
135. Doidge (2007); Forsyth et al. (2015).
136. MacDonald et al. (2008); Schore (2002); Palaszynski and Nemeroff (2009); Melville (2017).
137. Berlin et al. (2008); Main et al. (2005); Berlin et al. (2016); Murphy et al. (2015); Juffer et al. (2005, 2017); Facompré et al. (2017).
138. Dozier et al. (2008); Green and Goldwyn (2002); Brown and Wright (2003). DeKlyen and Greenberg (2016); Dozier and Rutter (2016); Obsuth et al. (2014); Stovall-McGlough and Dozier (2016).
139. van IJzendoorn and Bakermans-Kranenburg (2008).
140. Warren et al. (2000); Sroufe et al. (2005).
141. Renken et al. (1989); Vanwoerden et al. (2017).
142. Carlson (1998).
143. Madigan et al. (2007); see also Zajac and Kobak (2009); van IJzendoorn and Bakermans-Kranenburg (2006); Meins et al. (2001); and Moran et al. (2008).
144. Madigan et al. (2006); van IJzendoorn and Bakermans-Kranenburg (2008).
145. van IJzendoorn and Bakermans-Kranenburg (2006); see also Berlin et al. (2008) and Meloy (2003).
146. Main et al. (2005); Schore and Schore (2008).
147. Main (1995), p. 451.
148. Schore (2000).
149. Feldman (2017), p. 74.

150. Feldman (2017), p. 81.
151. Feldman (2017), p. 81.
152. Feldman (2017), p. 82.
153. Feldman (2017), p. 84.
154. Feldman (2017), p. 84.
155. Feldman (2017), pp. 84–85.
156. Feldman (2017), p. 85.
157. Feldman (2017), p. 87.
158. Feldman (2017), p. 92.
159. Feldman (2017), pp. 92, 93, 94.
160. Feldman (2017), pp. 88.
161. Ainsworth et al. (1978); see also de Wolff and van IJzendoorn (1997); Solomon and George (2016).
162. Fonagy and Target (2005); Slade et al. (2005); Bowlby (1988a).
163. Fonagy and Target (2005); see also Hendrix et al. (2018).
164. Fonagy and Target (2005); Legerstee et al. (2007); Markova and Legerstee (2006).
165. Tronick (2007, 2009).
166. Tronick (2007); Fosha et al. (2009).
167. Schore (2003a, 2003b).
168. Tronick (2009); Palombo et al. (2009).
169. Ainsworth (1988); Hazan et al. (2006); Fonagy and Allison (2014).
170. Peterson et al. (2006); Ostlund et al. (2017).
171. Main et al. (2003).
172. Hesse (1996).
173. Siegel and Hartzel (2003); Hesse et al. (2003); Hesse (2008); Wallin (2007).
174. Fonagy and Target (2005); Allen et al. (2008).
175. Main (1995).
176. Main et al. (2003, 2005); Roisman et al. (2002); Saunders et al. (2011).
177. Pearson et al. (1994); Benoit (2009); Roisman et al. (2002).
178. Pearson et al. (1994); Benoit (2009); Roisman et al. (2002).
179. Roisman et al. (2002, 2007a); Hesse (2008); Conradi and de Jonge (2009); Pearson et al. (1994).
180. Pearson et al. (1994); Conradi and de Jonge (2009); Roisman et al. (2002).
181. Main et al. (2005); Smith et al. (2016).
182. Fox and Hane (2008); Hill-Soderlund et al. (2008).
183. Ainsworth et al. (1978).
184. Main et al. (2005); see also Lyons-Ruth et al. (2013).
185. Solomon and George (2008); George and West (2003).
186. Fonagy and Target (2005); Main et al. (2005).
187. Main et al. (2003).
188. Bowlby (1969).
189. Hill-Soderlund et al. (2008).
190. Allen et al. (2008); Fonagy and Target (2005); Fonagy (2001).
191. Edelstein and Gillath (2008); Haggerty et al. (2010).
192. Edelstein and Gillath (2008); Haggerty et al. (2010); Courage and Howe (2010).
193. Sroufe et al. (2010).
194. Sroufe et al. (2005).
195. Siegel (2010a); Murray et al. (2007).
196. Tyron and McKay (2009).
197. Schacter (1996); Rubin (1986); Burt (2008).
198. Wheeler et al. (1997).

199. Wheeler et al. (1997); Kinsbourne (1972).
200. M. Main and E. Hesse (personal communication, 1999).
201. Behrens et al. (2011), p. 1003.
202. LaBar and Cabeza (2006); Schmidt and Saari (2007).
203. Sergerie et al. (2006); Paz et al. (2006).
204. Thomsen and Berntsen (2008).
205. Main (1996).
206. Ainsworth et al. (1978).
207. Main (1995).
208. Sroufe et al. (2005); Siegel (2004); Siegel and Hartzell (2014); Raby et al. (2015).
209. Aitken and Trevarthen (1997); see also Mitchell (2014).
210. Stern (1985/2017).
211. Main (1991); Bowlby (1973).
212. Main (1991).
213. Main et al. (2003).
214. Main and Goldwyn (1998); see also Aitken and Trevarthen (1997).
215. Aitken and Trevarthen (1997).
216. Hesse et al. (2003); Siegel (2004).
217. Johns and Mewhort (2009); Huber et al. (2008); Miyoshi et al. (2014).
218. Lang et al. (2001).
219. Hesse (1996); see also Bretherton and Munholland (2008).
220. Coan (2008); Schore (2001).
221. Main et al. (2003).
222. Solomon and George (2008).
223. Liotti (1992); Main and Hesse (1990).
224. Main and Hesse (1990); see also Lyons-Ruth and Jacobvitz (2008).
225. Hesse (1999b); Main (1995); see also Lyons-Ruth and Jacobvitz (2008).
226. Granqvist et al. (2017); Duschinsky (2017).
227. Granqvist et al. (2017), p. 535.
228. Lyons-Ruth and Jacobvitz (2008); see also Cyr et al. (2010) and Main et al. (2005).
229. Lyons-Ruth and Jacobvitz (2008); Main et al. (2005).
230. Putnam and Carlson (1998).
231. Main et al. (2005); see also Padron et al. (2014); Duschinsky (2015, 2018); Lieberman (2014); Lieberman and Amaya-Jackson (2005).
232. Sroufe et al. (2005); Zilberstein and Messer (2010); Taillieu (2016).
233. Atkinson and Goldberg (2004); Fosha (2003); Lyons-Ruth (2003); Lyons-Ruth and Jacobvitz (2016).
234. Toth et al. (2009); Lyons-Ruth et al. (2006); see also Granat et al. (2017).
235. Main et al. (2005).
236. Siegel (2001b).
237. Hesse and Main (2000, 2006); see also Abrams et al. (2006); Madigan et al. (2006); Iyengar et al. (2014).
238. Madigan et al. (2006).
239. Main et al. (2005); Hesse (2008).
240. Main et al. (2003).
241. Siegel (2001b, 2010a).
242. Moran et al. (2005, 2008).
243. Hesse and van IJzendoorn (1998).
244. Riggs et al. (2007).
245. Walker (2007).
246. Hesse and Main (1999).

247. MacDonald et al. (2008); Madigan et al. (2007).
248. Madigan et al. (2006).
249. Hesse (1996).
250. Siegel (1996a, 1996b).
251. Main and Hesse (1990); Hesse and Main (2000).
252. Jacobvitz et al. (2006); Madigan et al. (2006).
253. Abrams et al. (2006).
254. Keller et al. (2006).
255. Siegel (1996a).
256. Perry et al. (1995).
257. Lyons-Ruth and Jacobvitz (2008).
258. Yehuda and McFarlane (1995).
259. Lyons-Ruth and Jacobvitz (2008); Ben-David et al. (2015); Rholes et al. (2016).
260. Schore (2001); Meaney (2010); Teicher et al. (2003).
261. Tronick and Gold (2020); Tronick (2004, 2007); see also Hayley and Stansbury (2003).

CHAPTER 5

1. Carlson (2007); Carlson et al. (2013).
2. Frederick (2009); Campos et al. (2013); Gendron et al. (2014); Montag and Panksepp (2016).
3. Walden and Kim (2005); Nichols et al. (2010, 2015).
4. L. F. Barrett et al. (2009, 2012); L. F. Barrett (2016, 2017).
5. Fosha et al. (2009); Immordino-Yang et al. (2014, 2016); Immordino-Yang and Yang (2017).
6. Panksepp (1998); Davidson et al. (2003b); Davidson and Begley (2012); Damasio and Carvalho (2013); Adolphs (2017); Lindquist et al. (2013); Scherer and Ekman (2014).
7. Hariman and Lucaites (2008).
8. Panksepp (1998); Borod (2000); Lindquist et al. (2012); L. F. Barrett and Satpute (2013).
9. LeDoux (1996); Brothers (1997); Walla and Panksepp (2013).
10. Pessoa (2008); Davidson et al. (2003c); Davidson and Begley (2012).
11. Wilson-Mendenhall et al. (2013), p. 947.
12. Lewis et al. (2008); L. F. Barrett (2012, 2017).
13. Davidson et al. (2003c); Kober et al. (2008); Damasio (2000, 2001, 2018); Damasio and Carvalho (2013); Gu and FitzGerald (2014).
14. Stemmler (2003); Wilson-Mendenhall et al. (2013).
15. van Kleef et al. (2010).
16. Bar (2009); see also Lieberman (2018).
17. Panksepp (2009).
18. Porges (2009, 2011, 2017); Porges and Dana (2018).
19. Dodge (1991), p. 159.
20. Sroufe (1996), p. 15.
21. Saxbe et al. (2012).
22. Pessoa (2008), p. 148.
23. Bradley (2008); Carlson (2007).
24. Ellsworth and Scherer (2003); Bradley (2008).
25. Ellsworth and Scherer (2003); Davidson et al. (2003a); Balconi and Mazza (2009).

26. Ellsworth and Scherer (2003).
27. Bradley (2008), p. 1.
28. Newman and Lorenz (2003); see also Ramsay and Woods (2014); Ganzel et al. (2010).
29. Sroufe (1996).
30. Panksepp and Biven (2012).
31. Davidson et al. (2003a).
32. Siegel (2010a).
33. Derryberry and Reed (2003); Kagan (2003); Montag and Panksepp (2017).
34. Rubin et al. (2009).
35. Matsumoto et al. (2009).
36. Kagan (2010).
37. Ellsworth and Scherer (2003); L. F. Barrett et al. (2009); Davidson et al. (2003b); Celeghin et al. (2017); Kunzmann et al. (2014).
38. Ekman and Lama (2009); Levenson (2003); Montag and Panksepp (2017, 2016); Harmon-Jones et al. (2017).
39. L. F. Barrett (2006), p. 20.
40. Damasio et al. (2003); Scherer and Ekman (2014); Fujimura et al. (2012).
41. L. F. Barrett (2006, 2016, 2017); see also Masuda et al. (2008) and Immordino-Yang and Yang (2017);
42. Ekman et al. (1972); Sauter et al. (2009).
43. Ellsworth and Scherer (2003).
44. Damasio et al. (2003); L. F. Barrett et al. (2009).
45. Roberson et al. (2007).
46. Sauter et al. (2009).
47. van Bakel and Riksen-Walraven (2008); Haley and Stansbury (2003).
48. Leppänen (2006); Venn et al. (2006); Milders et al. (2010); Phillips et al. (2003); Fuchs and Koch (2014).
49. George et al. (1997).
50. Johnson et al. (2000); Harkess and Tucker (2000); Weissman et al. (2016).
51. Trevarthen (2009a); Behrens et al. (2007); Bornstein et al. (2015).
52. van Bakel and Riksen-Walraven (2008); Haley and Stansbury (2003).
53. Damasio et al. (2000); Damasio and Carvalho (2013).
54. Schore (1998); LeDoux (1996).
55. Rolls and Grabenhorst (2008); Holbrook et al. (2011).
56. Wataru et al. (2004); McDonald (2017).
57. Mesquita et al. (2010); Killgore and Yurgelun-Todd (2005).
58. Siegel (2007a).
59. Schmitz and Johnson (2006); Craig (2010, 2011); Critchley et al. (2004); Damasio (2018).
60. Craig (2002); Davidson et al. (2003a).
61. Rolls and Grabenhorst (2008); Bechara et al. (2000).
62. Critchley (2005).
63. Berridge (2003).
64. Carlson (2007); Rolls and Grabenhorst (2008); Bechara et al. (2000).
65. Davis (1992); Lieberman et al. (2005); LeDoux (2003b).
66. Debiec and LeDoux (2009).
67. Porges (2011).
68. Carlson (2007); van IJzendoorn et al. (2010); Parade et al. (2017).
69. Koch et al. (2016); Koch (2019); Oizumi et al. (2015); Tononi and Koch (2008).
70. Velmans (2009); Tononi et al. (2016); Siegel (2018).

71. Baars (2005); Raffone and Pantani (2010); Sinnet et al. (2009); Miller and Cohen (2001); Ochsner and Schacter (2003).
72. Tanji and Hoshi (2008).
73. Llinas (2008); see also Atasoy et al. (2017); Deco and Kringelbach (2017); Kringelback and Phillips (2014).
74. Crick (1994); Llinas (1990).
75. Grossberg (1999); Raffone and Pantani (2010).
76. Edelman and Tononi (2000a, 2000b); Oizumi et al. (2015); Tononi and Koch (2008); Tononi et al. (2016).
77. Siegel (2018).
78. Miller and Cohen (2001).
79. Kringelbach (2005); Fuster (2008); Mayer et al. (2000).
80. Craig (2009).
81. Craig (2009).
82. James (1884); Panksepp (1982); Panksepp and Biven (2012); Davidson and Begley (2012); Kringelbach and Phillips (2014).
83. Ellsworth and Scherer (2003); Ellsworth (2013).
84. Poldrack et al. (2008); Roozendaal et al. (2007, 2009).
85. Feldman (2015, 2017); L. F. Barrett (2016, 2017); Lindquist et al. (2013).
86. Atzil et al. (2013, 2018).
87. Haxby et al. (2002).
88. Gopnik et al. (1999); Gopnik (2009).
89. Forgas (2008).
90. Heard and Martienssen (2014); Szyf (2015).
91. Dias and Ressler (2014); Diamond (2006); Posner et al. (2005); Pollak (2005).
92. Gallese et al. (1996).
93. Mukamel et al. (2010); Ferrari and Rizzolatti (2014); Rizzolatti and Fogassi (2014); see also Damasio and Meyer (2009); Marshall and Meltzoff (2015); Immordino-Yang (2008).
94. Carr et al. (2003); see also Giese and Giacomo (2015).
95. Mukamel et al. (2010).
96. Meltzoff et al. (2009); Shimada and Hiraki (2006).
97. Mukamel et al. (2010), p. 750.
98. Berridge (2003).
99. Siegel (2007a).
100. Siegel (2007a); Ochsner and Schacter (2003).
101. Happaney et al. (2004); Ochsner and Schacter (2003); Perlman and Pelphrey (2010); Davidson et al. (2003a).
102. Siegel (2010a); Decety and Michalska (2010).
103. Happaney et al. (2004).
104. Ochsner and Schacter (2003).
105. Cheng et al. (2010); Jackson et al. (2006); Siegel (2007a).
106. Janig (2003).
107. Hardan (2006); Girgis et al. (2007); Trevarthen and Delafield-Butt (2013); Osipowicz et al. (2015).
108. Perlman and Pelphrey (2010).
109. Nobre et al. (1999), p. 12.
110. Siegel (2007a); Ghahremani et al. (2010); Weathers et al. (2013); Zimmerman et al. (2018); Nelson et al. (2007).
111. Mesulam (1998), p. 1013.
112. Main (1991, 1995, 1996, 2000).

113. Hesse (1996).
114. Shoda et al. (1990).
115. Schore (2005).
116. Happaney et al. (2004).
117. Carlson (2007); Ochsner and Schacter (2003).
118. Kühn et al. (2010); Stemmler (2003); Mori and Mori (2009).
119. Critchley et al. (2004), p. 193.
120. Ionta et al. (2014), p. 1904.
121. Kringelbach (2005); Critchley (2005, 2009); McGilchrist (2009); Critchley and Garfinkel (2017); Tsakiris and Critchley (2016).
122. Blakeslee and Blakeslee (2007).
123. Critchley (2005).
124. Rose and Rudolph (2006).
125. Rose and Rudolph (2006).
126. Taylor et al. (2000, 2002).
127. Hines (2011); Simpson et al. (2014).
128. Sowell (2011).
129. Iacoboni (2009a, 2009b); Semin and Echterhoff (2016).
130. Green and Phillips (2004); Bloch (2008); Hrdy (2009); see also Graziano (2013); Hackel et al. (2014).
131. Carlson (2007); Nummenmaa et al. (2013); Levenson (2014).
132. Trevarthen (2009a); Grossmann (2015).
133. Mehrabian (2008); Reilly and Seibert (2003); Burgoon et al. (2016).
134. Carlson (2007); Damasio et al. (2003).
135. Schore (2003b, 2009b); see also Ortigue et al. (2009) and Narumoto et al. (2001).
136. Springer and Deutsch (1993); Nass and Koch (1991).
137. Krohne (2003); Rotenber (2004).
138. Krohne (2003); Davidson and Begley (2012).
139. Ross et al. (2007).
140. Damasio et al. (2003).
141. Fox (1994); Davidson and Begley (2012).
142. McGilchrist (2009).
143. McManis et al. (2002).
144. Diego et al. (2006); Field and Diego (2008).
145. Levitin (2006).
146. Alossa and Castelli (2009).
147. Pessoa (2008).
148. Buckner and Carroll (2006); Lebreton et al. (2008); McGilchrist (2009).
149. McGilchrist (2009).
150. Schore (2009b).
151. Lewis (1995); Fox (1994).
152. Ross et al. (2007).
153. Schore (2009b); Cozolino (2006); Badenoch (2011).
154. Mcquaid et al. (2008).
155. Baer et al. (2006).
156. DiNoble (2009); Pepping et al. (2013, 2015).
157. Cresswell et al. (2007).
158. Gross and Thompson (2007); see also Livingstone and Isaacowitz (2020).
159. Sroufe (1996), p. 159.
160. Calkins (1994); see also Nordling et al. (2016).

CHAPTER 6

1. Liu et al. (2010); Perani et al. (2010); Halpern et al. (2005); Andescavage et al. (2016); Dubois et al. (2014).
2. Morris et al. (2006); Shing et al. (2016).
3. Jermakowicz and Casagrande (2007); Schmidhuber (2015).
4. L. F. Barrett (2017), p. 86.
5. L. F. Barrett (2017), pp. 86–87.
6. deCharms and Zador (2000); Crane (2016).
7. L. F. Barrett (2017), pp. 89–90; see also Barsalou (2008) and Barsalou et al. (2003).
8. Doidge (2007); Goleman and Davidson (2017); Siegel (2017, 2018).
9. Pinker (1999); for an opposing view, see Fodor (2000).
10. Wilson (2014), pp. 56–57.
11. Wilson (2014), pp. 61, 74–75.
12. Wilson (2014), pp. 75, 187.
13. Sahin et al. (2009); Binder and Desai (2011).
14. Barsalou et al. (2003); van Dantzig et al. (2008); Binder et al. (2009); Jamali et al. (2019).
15. Farb et al. (2007); Siegel (2007a, 2007b, 2010b, 2018).
16. Mesquita et al. (2010); L. F. Barrett (2017); Montag and Panksepp (2017).
17. Uddin et al. (2007); Iacoboni (2008); Craig (2010); Farb et al. (2012).
18. Edelman (1993).
19. Edelman and Tononi (2000a).
20. Edelman and Tononi (2000b), p. 144; emphasis in original.
21. Mudrik et al. (2014).
22. Edelman and Tononi (2000a); Oizumi et al. (2015); Tononi et al. (2016).
23. Wheeler et al. (1997); see also Lemmon and Moore (2001); Quoidbach et al. (2008); and Piolino et al. (2009).
24. Vandekerckhove (2009); Lemmon and Moore (2001).
25. Buckner (1996); see also Ferbinteanu et al. (2006); Kircher and David (2003); and LeDoux and Brown (2017).
26. Siegel (2018).
27. Nisbett and Miyamoto (2005); Chiao and Immordino-Yang (2013); Immordino-Yang (2015a, 2015b); Ambady and Bharucha (2009); Kastanakis and Voyer (2014); Ji and Yap (2016); Immordino-Yang and Yang (2017).
28. Trevarthen (1990b), p. 357; see also Fonagy et al. (2007) and Trevarthen (2005a).
29. Trevarthen (2001, 2009a).
30. Trevarthen (1996), p. 583.
31. McGilchrist (2009); Halpern et al. (2005).
32. Trevarthen (1996, 2005a, 2009b); McGilchrist (2009); Hugdahl and Davidson (2003).
33. McGilchrist (2009); Hugdahl and Westerhausen (2010).
34. Tucker et al. (1995), pp. 233–234; see also Scherf et al. (2007).
35. Tucker et al. (1995), p. 222.
36. Tucker et al. (1995), p. 223; see also Tang (2003).
37. McGilchrist (2009); Hugdahl and Westerhausen (2010); Corballis (2014).
38. Springer and Deutsch (1993); McGilchrist (2009).
39. McGilchrist (2009); Hugdahl and Davidson (2003); Hugdahl and Westerhausen (2010).
40. Toga and Thompson (2003).
41. Buck and VanLear (2002).

42. Ornstein et al. (1979); Buck and VanLear (2002).
43. Stroganova et al. (2004).
44. Hugdahl and Westerhausen (2010); Yoshida et al. (2007); Evert and Emen (2003).
45. Gazzaniga (2004); Leclercq (2002).
46. Gazzaniga (1996).
47. Sato and Aoki (2006); Gainotti (2005).
48. Damasio (2001); Adolphs and Damasio (2000).
49. Indersmitten and Gur (2003); Heilman et al. (2000); Porges (2011); Costanzo et al. (2015).
50. Eckert et al. (2009); Vanderhasselt et al. (2007).
51. Craig (2002).
52. Ustinova et al. (2001); Schore (2003b); Wager et al. (2008).
53. Kimura et al. (2004); Sato and Aoki (2006); Tapiero and Fillon (2007).
54. Balconi and Lucchiari (2008).
55. Alfano and Cimino (2008); Hofman (2009); Tondowski et al. (2007); Smith and Bulman-Fleming (2004, 2005, 2006); Balconi and Lucchiari (2008).
56. Smith and Bulman-Fleming (2005); Schultheiss et al. (2009); Bauer et al. (2019).
57. Alfano and Cimino (2008), p. 219; emphasis in original.
58. Harmon-Jones et al. (2010); Hane et al. (2008); Maxwell and Davidson (2007); Balconi and Mazza (2009).
59. Harmon-Jones et al. (2010), p. 61.
60. Urry et al. (2004).
61. Ross et al. (1994).
62. Ross et al. (2007).
63. Keenan et al. (2001).
64. Ross et al. (2007); see also Ross and Monnot (2011).
65. Narumoto et al. (2001); Sim and Martinez (2005); Zhang et al. (2016).
66. Goel et al. (2004); Fournier et al. (2008); Mason and Macrae (2004); Carrington and Bailey (2008); Hecht (2014); see also Schurz et al. (2014).
67. Ashman et al. (2008); Forbes et al. (2006); Allen and Kline (2004); Jones et al. (2004); Atzaba-Poria et al. (2017).
68. Lusby et al. (2014, 2016); Soe et al. (2016).
69. Qiu et al. (2015).
70. Ashman et al. (2008); Field et al. (2005); Martinez-Torteya et al. (2014).
71. Jones et al. (2004); Murgatroyd et al. (2015).
72. Newman et al. (2002); Wei et al. (2015); Vannasing et al. (2016).
73. Newman et al. (2002).
74. Schick et al. (2007); Stanzione and Schick (2014); see also Mahy et al. (2014).
75. Thatcher et al. (1987); Chiron et al. (1997).
76. Teicher et al. (2006, 2016).
77. Teicher et al. (2006, 2016).
78. Thatcher (2007); Deoni et al. (2011).
79. eOliveira et al. (2005); Moran et al. (2008); Coppola et al. (2016); Stacks et al. (2014).
80. Fonagy et al. (2007); see also Meins et al. (2013).
81. Carrington and Bailey (2008); Irish et al. (2014); Veluw and Chance (2013).
82. Carrington and Bailey (2008).
83. Fonagy et al. (2007); Gergely and Unoka (2008).
84. Aitken and Trevarthen (1997), pp. 653–654.
85. Brazelton and Greenspan (2002); see also Dunn (2003).
86. Aitken and Trevarthen (1997), pp. 655, 664.

87. Ritter et al. (2007); Cerezo et al. (2016); Fenniger-Schaal et al. (2018).
88. Rueckert and Naybar (2008); Amunts et al. (2007); Tranel et al. (2005).
89. Tranel et al. (2005).
90. Sowell (2011); Beking et al. (2018).
91. Chura et al. (2010); Bourne and Gray (2009); Cohen-Bendahan et al. (2004); Jones et al. (2011).
92. Worthman et al. (2010); Kungle et al. (2016).
93. Szyf et al. (2010); Meaney (2010).
94. Cela-Conde et al. (2009); Godard and Flori (2010).
95. Kaiser et al. (2007); Sommer et al. (2004).
96. Coney (2002).
97. Levy (1969); see also Ecuyer-Dab and Robert (2004).
98. Kaiser et al. (2007); Sommer et al. (2004).
99. Levy (1969).
100. Rogers (2000); Csermely (2004).
101. Thatcher (2007).
102. Cramer and Riley (2008); Dancause et al. (2005); Desmurget et al. (2007); Duffau (2006); Denes (2015).
103. Begley (2007); Doidge (2007).
104. Hall and Lifshitz (2010); Thompson et al. (2009); Mizelle (2008).
105. Seung et al. (2005); Altenmüller (2001); Levitin (2006); Cheung et al. (2017).
106. Levitin (2006).
107. Hubel (1967).
108. Spencer (2004).
109. Stanislawa (2000); Chisholm (2000).
110. Begley (2007); Doidge (2007); Kempermann et al. (2002); Fuchs and Flügge (2014).
111. Zhang and Raichle (2010); Straube et al. (2013).
112. Hall and Lifshitz (2010); Thompson et al. (2009); Doidge (2007).
113. Zhang and Raichle (2010); Hoffman and Morcom (2018).
114. Siegel (2010a); Quirin et al. (2018).
115. Post and Weiss (1997), p. 925; see also Grabrucker et al. (2018).
116. Siegel (2010a).
117. Kagan and Fox (2006); Goldsmith et al. (2000); Davidson and Begley (2012); Wacker (2018).
118. Schmidt (1999); Spere et al. (2005).
119. Shulman et al. (2010).
120. Miller and Coll (2007); Findlay and Coplan (2008); Kagan and Snidman (2004).
121. Levy (1969).
122. Bloom and Hynd (2005); McGilchrist (2009); Cozolino (2017); Schore (2019a, 2019b).
123. Engle and Smith (2010); Evans and Federmeier (2009); Slotnick and Moo (2006).
124. Schacter (1996), p. 141.
125. Goldberg and Costa (1981).
126. Edwards (1999).
127. McGilchrist (2009); Stark et al. (2008).
128. Stark et al. (2008); Sporns (2010).
129. Varela et al. (2001); Decety and Chaminade (2003); Shamay-Tsoory et al. (2003); Ritblatt (2000).
130. Thatcher (2007).
131. Gopnik and Meltzoff (2006).
132. Fonagy and Target (1997), pp. 690–691.

133. Wasserstein and Stefanatos (2000); Lindner and Rosén (2006); Ivanti and Nuske (2017); Rozga et al. (2018); Capps et al. (1994); Belmonte et al. (2004); Gökçen et al. (2016).
134. Baron-Cohen (2008); see also Shanker and Stieben (2009); Uddin et al. (2008).
135. Dapretto et al. (2005).
136. Uddin et al. (2008); Bird et al. (2010).
137. Siegel (2010a, 2010b).
138. Fonagy and Target (1997); Fonagy and Allison (2014); Fonagy et al. (2015); Orme et al. (2019); see also Lemche et al. (2007); Woods-Jaeger et al. (2018); and Lyons-Ruth et al. (2016).
139. Weisner (2014), p. 263.
140. Platt and Freyd (2015); Platt et al. (2017).
141. Fonagy and Target (1997).
142. Behrens et al. (2011); for a distinctly different approach, see Cohen and Shaver (2004).
143. M. Main, personal communication (January 1999).
144. Hesse (1999b).
145. Siegel (2010a); see also Escobar et al. (2013).

CHAPTER 7

1. Tulving (2005).
2. Ciompi (1991).
3. Sroufe (1996).
4. Hofer (1994).
5. Calkins and Hill (2007); Gross and Thompson (2007); Panksepp (2001); Tronick (2007); Tronick and Gold (2020); Perry et al. (2012, 2013).
6. Feldman (2007); Reck et al. (2004); Tronick and Gold (2020).
7. Sroufe (1996).
8. Schore (2003a).
9. Damasio (1998), p. 84.
10. Damasio (2018), p. 28.
11. Schore (2003b); Fosha et al. (2009).
12. Fonagy et al. (2002); Gross and Thompson (2007); Baumeister and Vohs (2004).
13. Cole and Deater-Deckard (2009); Beauregard et al. (2006); Austin et al. (2007); Etkin and Wager (2007).
14. American Psychiatric Association (2000).
15. Zhang and Raichle (2010); Raichle (2010); Raichle and Snyder (2007).
16. Phillips et al. (2008); Dickstein et al. (2008); Post et al. (2001).
17. Lindsay and Creswell (2019), p. 120.
18. Miklowitz et al. (2009, 2015); Perich et al. (2013); Pandya (2018); Chu et al. (2018).
19. Siegel (2007a, 2007b); Vago and Silbersweig (2012).
20. Chu et al. (2018); Miklowitz et al. (2015).
21. Siegel (2010a, 2010b, 2017).
22. Sroufe et al. (2005); Sroufe et al. (2010).
23. Cole et al. (2009b); Johnson et al. (2003); Waller and Scheidt (2006); Hofmann et al. (2012); Carpenter and Trull (2013).
24. Goleman (2006); Siegel (2010a).
25. Saxena et al. (2009); Siegel (2010b); Moody et al. (2017).
26. Gross (2007); Schore (2003a, 2003b); Fosha et al. (2009); Davidson and Begley

(2012); Wilson-Mendenhall et al. (2013); Wacker (2018); Úbeda-Contreras et al. (2018).

27. Kagan and Snidman (2004, 2007); Lengua and Kovacs (2005); Coplan et al. (2007); Miller et al. (2010); Suveg et al. (2010); Guyer et al. (2015).
28. Heinicke et al. (2006); Sroufe et al. (2005, 2010); Sroufe and Siegel (2011); Rudd et al. (2017).
29. Gross (2007); Schore (2003a, 2003b); Fosha et al. (2009); Lewis (2005b).
30. Aftanasa and Golosheykina (2005); Lutz et al. (2008); Waugh et al. (2010).
31. Kagan (2010).
32. Dawson et al. (2008); see also Úbeda-Contreras et al. (2018).
33. Ashman et al. (2008); see also Tronick and Reck (2009); Field and Diego (2008); and Diego et al. (2006).
34. Stern (1985/2017); Field (1994); Atzil et al. (2011); J. Barrett et al. (2012); Hovasapian and Levine (2018).
35. Fonagy et al. (2007); Tronick (2004).
36. Schore (2001, 2019a); Strathearn (2011); Atzil et al. (2011).
37. Schore (2003b); Platt and Freyd (2015); Platt et al. (2017).
38. Tronick (2004, 2007); Tronick and Gold (2020).
39. Platt and Freyd (2015); Platt et al. (2017); Wig et al. (2009); Henson et al. (2014).
40. King et al. (2001); Heim et al. (2000, 2002); de Kloet et al. (2006); Houtepen et al. (2016).
41. McGowan et al. (2009); Provençal and Binder (2015); Silberman et al. (2016).
42. Teicher (2000, 2002, 2010); Andersen et al. (2008); Teicher et al. (2014, 2016); McCarthy-Jones et al. (2018); see also van den Heuvel et al. (2013); Mamah et al. (2013); Lee et al. (2018); McCabe et al. (2012).
43. Kim and Jung (2006); Myers and Davis (2007); LeDoux (2003b); Gorka et al. (2014); Andersen and Teicher (2008b).
44. Sroufe (1996).
45. Camras (1992); Camras and Shuster (2013); see also Campos et al. (2004).
46. Malatesta-Magai (1991); see also Cole et al. (2009a); Cunningham et al. (2009); and Mirabile (2014).
47. Zahn-Waxler (2010); Brand and Klimes-Dougan (2010); Parr et al. (2016).
48. Cole et al. (2003); Raval et al. (2007); Anolli et al. (2008); Soto et al. (2005).
49. Vygotsky (1934/1986); see also Bodrova and Leong (2015).
50. Eid and Diener (2009).
51. Lewis et al. (2008).
52. Corrigan et al. (2011).
53. Stanley (2019).
54. Northoff and Bermpohl (2004); Winecoff et al. (2013); Golkar et al. (2012).
55. Wager et al. (2008), p. 1048; see also Etkin et al. (2011).
56. Wager et al. (2008), p. 1037.
57. Hellyer et al. (2015); Kelso (2012); Tognoli and Kelso (2014); Palva and Palva (2018).
58. Goleman (2006).
59. Porges (2011, 2014, 2017); Porges and Dana (2018); Siegel (2007a); Fossati et al. (2003); D'Argembeau et al. (2007); Mano et al. (2011); Schmitz and Johnson (2006); Dana (2018); Demanuele et al. (2015).
60. Porges (2011, 2017).
61. Cole et al. (2003); Winsler (2009).
62. Hassin et al. (2005); Velmans (2009); Mudrik et al. (2011); Van Opstal et al.

(2011); Pereira (2014); Schore (2019a, 2019b); see also the presentation offered by Immordino-Yang (2020).

63. Baars (2005); Raffone and Pantani (2010); Tononi et al. (2016); Tononi and Koch (2008).
64. Siegel (2018).
65. Kabat-Zinn (2005); see also Siegel (2007a, 2007b, 2018); Kang (2019); Condon (2019); Saunders et al. (2015); and Lymeus et al. (2016).
66. Cowan (2010, 2016).
67. Hanna et al. (2011); Paulson et al. (2011); Voorhoeve et al. (2011); Knobe and Nichols (2008); Slingerland and Collard (2011); see also Lau et al. (2004); Blakemore et al. (2007).
68. Edelman and Tononi (2000a, 2000b); Sporns et al. (2000); Sporns and Tononi (2007); Block (2007); Velik (2009); Tononi et al. (2016).
69. Nobre et al. (2007); Taylor et al. (2007); Alvarez and Emory (2006); Koechlin and Summerfield (2007); Melloni et al. (2007); Mayer et al. (2012); Obhi et al. (2011); Koch et al. (2016).
70. Nobre et al. (1999), p. 12; see also O'Doherty (2007); Bechara et al. (2000); and Rolls (2004).
71. Siegel (2010a, 2010b, 2012, 2018).
72. Siegel and Bryson (2011); Siegel (2013).
73. Zelazo (2004); Lyons and Ghetti (2010); Sodian (2011).
74. Cole et al. (2009a); Sodian and Frith (2008); Siegel (2018); Feurer et al. (2015).
75. Hansen and Markman (2005); Bialystock and Senman (2004); Courtin and Merlot (2004).
76. Lang et al. (2001); Voss et al. (2008); Dolcos et al. (2017); Gagnepain et al. (2017).
77. See Siegel (2007a, 2018).
78. Oatley (2007, 2009); Tulving (2005); Voss et al. (2012).
79. Malatesta-Magai (1991); McDowell and Parke (2000); Chiao et al. (2008); see also Ekman (2009); Immordino-Yang and Yang (2017).
80. Raval et al. (2007); Parkinson et al. (2018); Geangu et al. (2016); Chiao and Immordino-Yang (2013); Immordino-Yang (2015a); Immordino-Yang et al. (2016).
81. Masuda et al. (2008).
82. Craig (2002); Critchley et al. (2004); Critchley (2004).
83. Masuda et al. (2008).
84. Nisbett and Miyamoto (2005).
85. Harter (2012).
86. Chen et al. (2006).
87. Milders et al. (2010); Wager et al. (2008); Aktar et al. (2016).
88. Siegel (2010a, 2010b).
89. Siegel and Bryson (2020).
90. Siegel (2009a, 2010a).
91. Kagan and Snidman (2004).
92. Denissen and Penke (2008); McCrae and Allik (2002); McCrae and Costa (1994); Montag and Panksepp (2017); Davis and Panksepp (2018); Montag and Panksepp (2016); Montag et al. (2017); Polderman et al. (2015); Pingault et al. (2012); Deris et al. (2017); see also van der Westhuizen and Solms (2015); Penke and Jokela (2016); see also "Traits" chapter of Siegel (2010b).
93. Davidson and Begley (2012), p. xii.
94. Goldberg (1990); Denissen and Penke (2008); McCrae and Allik (2002); see also Chapman and Goldberg (2017); John et al. (2011); and Davis and Panksepp (2018).
95. Davidson and Begley (2012), p. xiv.

96. Begley (2007); Doidge (2007); Goleman and Davidson (2017).
97. Sroufe and Siegel (2011); Sroufe et al. (2010); Siegel (2010a).
98. Davidson and Begley (2012), p. xvii.
99. Goleman and Davidson (2017).
100. Berkovich-Ohana et al. (2012); Davanger et al. (2010); Fox et al. (2014); Ives-Deliperi et al. (2010); Jang et al. (2011); Jha et al. (2007); Kilpatrick et al. (2011); Lazar et al. (2005); Manna et al. (2010); Luders and Kuth (2019).
101. Siegel (2010a, 2010b, 2012, 2013, 2017, 2018, 2019).

CHAPTER 8

1. Sporns (2010); Fox et al. (2005); Lewis (2005b); Chai et al. (2017).
2. Dunbar (2016), p. 6; see also Dunbar (2015).
3. Dunbar (2016), p. 6.
4. Dunbar (2016), p. 7.
5. Atzil et al. (2018), p. 624.
6. Atzil et al. (2018), p. 625.
7. Atzil et al. (2018), p. 625.
8. Atzil et al. (2018), p. 627.
9. Atzil et al. (2018), p. 627.
10. Atzil et al. (2018), p. 627.
11. Atzil et al. (2018), p. 627.
12. Atzil et al. (2018), p. 627.
13. Atzil et al. (2018), pp. 628, 629.
14. Atzil et al. (2018), p. 630.
15. Atzil et al. (2018), p. 630.
16. Atzil et al. (2018), p. 630.
17. Atzil et al. (2018), p. 630.
18. Atzil et al. (2018), p. 632.
19. Levy et al. (2016a, 2016b); see also Ulmer-Yaniv et al. (2016); Dumas et al. (2010); Kühn et al. (2010); Curry and Dunbar (2013).
20. Sapolsky (2017).
21. Feldman (2017).
22. Wilson (2014).
23. Wilson (2014), p. 90.
24. Wilson (2014), pp. 90–91.
25. Rabinowitz (2008); Dakić and Brukner (2011); de Groote (2011); Dirac (1945); Bohm (1980); Hobson (2017); Carroll (2016).
26. de Saint-Exupéry (2018), p. 79.
27. Rizzolatti et al. (2001, 2006); Gallese (2005, 2015); Iacoboni et al. (2005); Kilner and Lemon (2013); Rizzolatti and Sinigaglia (2016); Immordino-Yang (2008); Oberman and Ramachandran (2008); Lamm and Majdandžić (2015); Eddy (2018); Van Der Weiden et al. (2015).
28. Iacoboni (2008); Treur (2016).
29. Iyer (2019), p. 179.
30. Llinas (2008); Markowitsch (2003); Matyushkin (2007); Mitchell et al. (2005); Northoff and Bermpohl (2004); Obhi et al. (2011); Pfeifer et al. (2009); Spreng et al. (2009); Supekar et al. (2010); Allen et al. (2019).
31. Siegel (2007a).

32. Hofer (2006); see also Coan et al. (2006); Goldstein et al. (2018); Kinnert et al. (1983).
33. Ferber et al. (2007); Ferber and Makhoul (2004); see also Piazza et al. (2020).
34. McCraty et al. (1998); Ruxer et al. (2015)
35. Cicchetti and Rogosch (2009); Knitzer and Raver (2002); Greenberg et al. (1993); ochanska and Aksan (2004); Sroufe et al. (2005); Sroufe and Siegel (2011); Karr-Morse and Wiley (2012); Lyons-Ruth (2003); Dutra et al. (2009); Brumariu (2015); Lyons-Ruth and Jacobvitz (2016); Cassidy and Shaver (2016).
36. Sroufe et al. (2005, 2010); Raby et al. (2015a, 2015b).
37. Sroufe and Siegel (2011), pp. 5–8.
38. Schore (2009a, 2009b, 2019a, 2019b).
39. Brodal (2010); Porges (2014, 2017); Porges and Dana (2018); Dana (2018).
40. Panksepp (1998, 2009, 2010); Panksepp and Biven (2012).
41. Schore (2003b); Gilbert and Andrews (1998); Trevarthen and Aitken (2001, 2003); Tangney and Dearing (2002); Rogoff (2003); Sander (1964); Stern (1985/2017); Trevarthen (2005b, 2005c); Trevarthen et al. (2006); Nathanson (2009); see also Trevarthen (2015, 2017a, 2017b); Trevarthen et al. (2014); Trevarthen and Delafield-Butt (2017); and Narvaez et al. (2013).
42. Sroufe (1996); Waters and Sroufe (2017); see also Narvaez (2014).
43. Schore (2003a, 2003b).
44. Schore (2003a, 2003b, 2019a, 2019b); see also Bruce (2006); Rutter (2005); Taylor (2015); Teicher et al. (2003).
45. Trumbull (2008); Taillieu (2016); Burke-Harris (2018).
46. Zhong et al. (2008); Mei et al. (2008); Hoffman and Asnaani (2010); Sznycer et al. (2012).
47. Behrens et al. (2007); van IJzendoorn et al. (2006); Bakermans-Kranenburg and van IJzendoorn (2009).
48. Fonagy and Allison (2014).
49. Banks et al. (2007); Schore and Schore (2008), Zikopolous et al. (2017); Timbie and Barbas (2015).
50. Legerstee et al. (2007); Zikopoulos et al. (2017).
51. Field (1985); Schore (1994); Hibel et al. (2015).
52. Tronick (2009); Tronick and Gold (2020); MacLean et al. (2014); Mantis et al. (2014).
53. Tronick (2007); see also Tronick and Gold (2020); Eisenberger and Cole (2012).
54. Siegel and Hartzell (2003).
55. Farber and Siegel (2011).
56. Schore (2003a, 2003b).
57. Minagawa-Kawai et al. (2009); Bartels and Zeki (2004); von der Lippe et al. (2010); Nitschke et al. (2004); Swain et al. (2014).
58. Zimmerman et al. (2018); Golkar et al (2012); Rolls and Grabenhorst (2008); Beer (2007); Happaney et al. (2004); Bechara et al. (2000); see also Scheele at al. (2013); Strathearn et al. (2009), Bartz et al. (2010); Carter (2014); De Dreu (2012); Donaldson and Young (2008).
59. Feldman (2017); Atzil et al. (2018); Schneiderman et al. (2012, 2014); Kleckner et al. (2017).
60. Deco et al. (2015); Fair et al. (2007).
61. Smith et al. (2015).
62. Panksepp and Biven (2012).
63. Panksepp (1998, 2009); Panksepp and Biven (2012); Davis and Panksepp (2018); see also Rigon et al. (2016); Minzenberg et al. (2008).

64. Feldman (2012, 2017); Feldman et al. (2010, 2013a, 2013b); Abraham et al. (2016).
65. Panksepp (2010), pp. 485–486; capital letters in original.
66. Dunbar (2003, 2016); Stiller and Dunbar (2007); Norman et al. (2009); Burish et al. (2004); Barton (1996); Holekamp et al. (2015).
67. Porges (2009, 2011, 2014, 2017).
68. Porges (2011); Porges et al. (2014).
69. Iacoboni and Dapretto (2006); Dapretto et al. (2005); Inui et al. (2017).
70. Scott-Van Zeeland et al. (2010); Saffin and Tohid (2016); Quattrocki and Friston (2014).
71. Wana et al. (2010); see also Purvis et al. (2007); Hughes and Ensor (2005).
72. Main et al. (2005); Hesse (2008); Bakermans-Kranenburg and van IJzendoorn (2009); see also Siegel and Hartzell (2014).
73. Swain et al. (2007); van IJzendoorn et al. (2008); Bakermans-Kranenburg and van IJzendoorn (2008).
74. Ellis et al. (2011); Cho et al. (2016).
75. Sroufe and Siegel (2011); Kim at al. (2017).
76. Laible and Panfile (2009); Ensink et al. (2016); Oosterman et al. (2010).
77. Sroufe et al. (2005); Strathearn (2011).
78. Sroufe et al. (2005); Cassidy and Shaver (2016); Atzil et al. (2011); Esbjørn et al. (2012).
79. Hesse et al. (2003); Porges (2011); Beebe et al. (2012).
80. Reisz et al. (2017).
81. Blakemore and Choudhury (2006); Doidge (2007); Erraji et al. (2005); Davidson and Begley (2012); Blakemore (2012).
82. Northoff and Bermpohl (2004); Siegel (2007a).
83. Andersen and Teicher (2004, 2008a, 2008b); Andersen et al. (2008); Teicher et al. (2004, 2009); van Harmelin et al. (2010); McGreenery et al. (2006); Teicher et al. (2012, 2016); Teicher and Samson (2013); Dannlowski et al. (2012).
84. Noll and Shenk (2010); Andersen and Teicher (2008a); Stoltenborgh et al. (2011, 2014); Purvis et al. (2007); Li et al. (2015).
85. Fonagy et al. (2002); Allen et al. (2008); van der Kolk (2014); Kinniburgh et al. (2017); Schore (2019b).
86. van der Kolk (2014); Siegel (2010a, 2010b); Ogden (2015); Shapiro (2018); Hayes (2019); Stanley (2019); Levine (2015).
87. Walden and Ogan (1988); Walden (1991); Feinman (1992/2013); Walden and Kim (2005).
88. Ryan et al. (2015); Yang et al. (2015); Carrington and Bailey (2008); Feurer et al. (2015); Irish et al. (2014); Meins et al. (2013); Spreng et al. (2009).
89. See Siegel (2010a) for a more in-depth exploration and case examples and Siegel (2010b) for a conceptual approach focused on clinical care and clinicians' own inner experience of therapy.
90. Sroufe et al. (2005); Liotti (2007); Taylor et al. (2015); see also Petrowski et al. (2013); Pos (2014); and Schore (2017).
91. Main and Goldwyn (1998).
92. Siegel (2010b).
93. Edwards (1999); see also Schore (2014, 2019b).
94. Edwards (1999).
95. Dutra et al. (2009); MacDonald et al. (2008); Reisz et al. (2017).
96. van IJzendoorn et al. (2010).
97. Tedeschi and Calhoun (2004); Calhoun and Tedeschi (2006); Haidt (2006); see also Curtis and Cicchetti (2003); Birmingham et al. (2016).

98. Hesse and Main (2006).
99. Main et al. (2008); Siegel (2001a, 2010a); Neimeyer and Levitt (2001); Mackenzie (2009); Klein and Boats (2010); Hesse (2008).
100. Heim et al. (2002); Nader (2006); Sowder et al. (2018); Burke-Harris (2018); Woods-Jaeger et al. (2018); Lee et al. (2018); Richardson et al. (2012).
101. Calhoun and Tedeschi (2006); Nader (2006).
102. Hesse (2008); Waters and Fivush (2015).
103. Vicentic et al. (2006); Khoury et al. (2006).
104. Kirkbride et al. (2017); Coey et al. (2012); Green et al. (2017); Allen et al. (2019); Kaufman and Torbey (2019); McCabe et al. (2012); Pérez et al. (2016); Steenkamp et al. (2019); Nettis et al. (2019).
105. Bowlby (1980).
106. Siegel (2010a, 2010b).
107. Liotti (2004); Lyons-Ruth et al. (2006); Mosquera et al. (2014); Steele et al. (2017); Chefetz (2015); Dell and O'Neil (2009).
108. Alsup et al. (2020); Roberts and Dunbar (2011).
109. Piazza et al. (2020).

CHAPTER 9

1. Lewis (2005b); Berkman et al. (2000); Damasio (1998); Varela et al. (2001); Velik (2009); L. F. Barrett and Satpute (2013); Yang et al. (2015); Tucker et al. (2000); Cacioppo et al. (2015).
2. Smith et al. (2015); Hänggi et al. (2014); Hellyer et al. (2015); Meola et al. (2016); van den Heuvel and Sporns (2011); Cabral et al. (2017).
3. Deco et al. (2015).
4. Siegel (2010a, 2010b, 2017).
5. Siegel (2012); Siegel and Bryson (2011, 2020).
6. Sporns (2010), p. 54; emphasis in original.
7. Fredrickson (2004), p. 1367.
8. Fredrickson and Siegel (2017); Kiken et al. (2017); see also Wacker (2018).
9. See Timeless Wisdom, Timely Action Conference (2019), recordings at MindsightInstitute.com; also see Senge et al. (2005, 2019).
10. Wooley et al. (2010); see also Markova and McArthur (2015).
11. Fredrickson (2004), p. 1372.
12. Zhang and Raichle (2010); Sripada et al. (2012); Allen et al. (2019).
13. Smith et al. (2015); see also Gloria and Steinhardt (2014); Alsup et al. (2020).
14. Fredrickson (2004), p. 1375; see also Fredrickson and Siegel (2017).
15. Tucker et al. (1995), p. 214.
16. Tucker (2007); Tucker et al. (2008, 2000).
17. Tucker et al. (2000, 2008); Hauser et al. (2002).
18. Trevarthen (2005c, 2009b); see also Cowley (2008).
19. Tucker et al. (2015), p. 321.
20. Stephan et al. (2007); Knyazeva et al. (2009); see also Blakemore et al. (2017) for impact of emotion.
21. Trevarthen (1990b), p. 49; see also Trevarthen (2007).
22. Tucker et al. (1995), p. 218; see also Tucker (2002).
23. Woltering and Lewis (2009), p. 160.
24. Tucker and Luu (2006); Tucker et al. (2008).

25. Rosa et al. (2009); Stephan et al. (2007); Saur et al. (2008); Stark et al. (2008); Kelso (2012).
26. Kaiser (2017), p. 713.
27. Padmanabhan et al. (2017), p. 476.
28. Lord et al. (2017); Deco et al. (2015); Fair et al. (2007).
29. Serrien and Sovijärvi-Spapé (2013); Schmeichel et al. (2016); Grimshaw and Carmel (2014); Floegel and Kell (2017); Bloom and Hynd (2005); D'Alberto et al. (2017); Rogers et al. (2013).
30. Borsboom et al. (2018, 2019); Borsboom and Cramer (2014); Bringmann and Eronen (2018); Carver et al. (2017); Menon (2013).
31. Singer (2013).
32. Wise et al. (1996); see also Enger and Singer (2015); Keuken et al. (2018).
33. Hikosaka and Isoda (2010); Cameron et al. (2009); Jahanshahi et al. (2015); Tarcijonas et al. (2019).
34. Genovesio et al. (2005); Levy and Dubois (2006); Nambu (2008); Watanabe and Munoz (2009).
35. Ragozzino (2007); Kim and Ragozzino (2005); Genovesio et al. (2005); Boorman et al. (2009); Ghahremani et al. (2010); Weathers et al. (2013); Hellyer et al. (2015); Timbie and Barbas (2015); Zikopoulos et al. (2017).
36. van Ooyen and van Pelt (1994), pp. 245–246.
37. Woltering and Lewis (2009); Atasoy et al. (2017); Cabral et al. (2017).
38. Hayes (2019).
39. Anderson et al. (1996, 2004); Anderson and Lebiere (1998).
40. Kelso (2012); Stark et al. (2008); Panksepp (2009); Panksepp and Biven (2012).
41. Guo et al. (2007); Pillow et al. (2008); Huk and Shadlen (2005); Oosugi et al. (2016); Cabral et al. (2017); see also Panagiotidi et al. (2017).
42. Trevarthen (1996), pp. 571–572; emphasis in original.
43. Eliot (2011); Rippon (2019).
44. Sroufe et al. (2005); Sroufe and Siegel (2011).
45. Budinger et al. (2006); Yu and Ballard (2004); Fuster (2006); Damasio (2018).
46. Damasio (2018); Siegel (2010a, 2010b, 2017, 2018).
47. Damasio (1998), p. 83.
48. Cacioppo et al. (2006); Davidson (2003); Izard (2010); Davidson and Begley (2012); L. F. Barrett (2016).
49. Doidge (2007); Craik and Bialystok (2006); Lindenberger (2001); Cozolino (2006); Sohur et al. (2006); Choi et al. (2018); Livingstone and Isaacowitz (2020).
50. Brody et al. (2017).
51. Benes (1998), p. 1489.
52. Coyle (2009); Markham and Greenough (2004); Wallace et al. (2010).
53. Deak et al. (2007); Smith et al. (2015).
54. Casey et al. (2005); Tucker-Drob (2009); see also Siegel (2013).
55. Cozolino (2008); Goleman and Davidson (2017).
56. Guastello et al. (2009); Siegel (2019); Chung (2018).
57. Amiot et al. (2007).
58. Cassidy and Shaver (2016).
59. Harter (2012).
60. Siegel (2013).
61. Showers and Zeigler-Hill (2007); Ditzfeld and Showers (2014); Böckler et al. (2017); Engert et al. (2017); Kok and Singer (2017).
62. Chen et al. (2006); Siegel (2017, 2020).
63. Hill et al. (2007); Kiverstein and Miller (2015); Immordino-Yang et al. (2016).

64. Mann (2004); Kiang and Harter (2008).
65. LeVine (2010); Haberstadt and Lozada (2011).
66. Wang (2008b); Kaplan et al. (2016).
67. Chen et al. (2008), p. 803.
68. Fuligni (2011); see also Fuligni et al. (2005); Pfeifer et al. (2009).
69. Van Lancker Sidtis et al. (2006); Kelly et al. (2010).
70. Ciompi (1991); see also Posner et al. (2005); Sutton (2006).
71. David et al. (2010), p. 1158.
72. Mesquita et al. (2010); Kiverstein and Miller (2015); Immordino-Yang and Gotlieb (2017).
73. Main et al. (2008).
74. Meinz and Main (2011).
75. Fonagy et al. (2007); Iyengar et al. (2014).
76. Pearson et al. (1994), p. 360.
77. Brumariu and Kerns (2008); Sroufe et al. (2005); Raby et al. (2015).
78. Main and Goldwyn (1998).
79. Brumariu and Kerns (2008); Sroufe et al. (2005); Iyengar et al. (2014).
80. Roisman et al. (2002, 2007a); Hesse (2008); Shibue and Kasai (2014); see also Narayan et al. (2019); Labella et al. (2019).
81. Berkman et al. (2000); Zhang and Raichle (2010); Saxbe et al. (2016); see also Teicher et al. (2020).
82. Fair et al. (2007), p. 13507.
83. Rippon et al. (2007), p. 164.
84. Frith (2004); Stoner et al. (2014); Mandy and Lai (2016); Rozga et al. (2018); Capps et al. (1994); Dapretto et al. (2005).
85. Teicher et al. (2010, 2016); Teicher (2007).
86. Harter (2012); Kiang and Harter (2008).
87. Gil-Or et al. (2015); Michikyan et al. (2014); Turkle (2015).
88. Sroufe et al. (2005); Feeney and VanVleet (2010); Laurent and Powers (2007); Cassidy and Shaver (2016); Byrd-Craven et al. (2011); Pietromonaco et al. (2013).
89. Thayer et al. (2009); Park and Thayer (2014).
90. Cicchetti and Rogosch (1997b); see also Flores et al. (2005); Cicchetti (2013); and Southwick et al. (2014).
91. Ogawa et al. (1997), p. 871, paraphrasing Loevinger (1976).
92. Ogawa et al. (1997), pp. 871–872.
93. Schore (1997), p. 607.
94. Deco and Kringelbach (2017), p. 9.
95. Waldrop (1992), p. 12.
96. Schwartz and Siegel (2015); see also Kok and Singer (2017); Singer and Enger (2019); Engert et al. (2017).
97. Siegel (2018); Villamil et al. (2019).
98. Hayes (2019); see also Singer and Engert (2019); Tang (2017); Vago and Silbersweig (2012); Adair et al. (2018).
99. Lyons-Ruth and Jacobvitz (2008); Hesse and Main (2000); Bernier and Meins (2008); Fearon et al. (2010); Granqvist et al. (2017); Beebe et al. (2012); Crawford and Benoit (2009); Cyr et al. (2010); Juffer et al. (2005); Main and Solomon (1990).
100. Harter and Leary (2003); Stovall-McClough and Dozier (2016); Lyons-Ruth et al. (2005).
101. Sroufe et al. (2005); Judd (2005); Fonagy et al. (2015); see also Strathearn et al. (2009).
102. Fosha et al. (2009); Hane and Fox (2006); Harrist and Waugh (2002); Meins et al. (2001); Nicolosi (2009).

103. Liotti (1992).
104. Carlson (1998); Sroufe et al. (2005).
105. Bryant (2007); Bronner et al. (2009); Simeon et al. (2006); Rholes et al. (2016).
106. Reisz et al. (2017), p. 116.
107. Ogawa et al. (1997), p. 856.
108. Dell and O'Neil (2009); Dutra et al. (2009); Moskowitz et al. (2019); Carlson et al. (2012); Steele et al. (2017); Siegel (1995b, 1996a, 1996b).
109. American Psychiatric Association (2013); see also Moskowitz et al. (2019).
110. Curran and Morgan (2000); Schönenberg et al. (2008); Feder et al. (2014).
111. Deakin et al. (2008).
112. Sporns et al. (2004); Ciaramelli and di Pellegrino (2011); Deco and Kringelbach (2016); Damasio (1989).
113. Varela et al. (2001), p. 229.
114. Christakis and Fowler (2009).
115. Siegel (2007a); Ciaramelli and di Pellegrino (2011); DeOliviera-Souza et al. (2011).
116. Goel et al. (2007).
117. Siegel (2010a); Damasio (2005).
118. Deco and Kringelbach (2016), pp. 133–134.
119. Deco et al. (2015).
120. Waldrop (1992); Palva and Palva (2018).
121. Smith et al. (2015).
122. Siegel (2007a, 2010a).
123. Waldrop (1992).
124. Deco and Kringelbach (2017).
125. O'Donohue (2001), p. 41.
126. Tucker et al. (2008); see also Whitelaw (2020).
127. Thagard (2002).
128. Guastello et al. (2009); Sporns (2010).
129. A quote from the bulletin board of the First Presbyterian Church Preschool, Los Angeles.
130. Csikszentmihalyi (1990/2008); see also Piazza et al. (2020).
131. Nelson (2003b, 2006).
132. Wolf (1990), p. 185.
133. Wolf (1990), p. 183.
134. Fivush and Nelson (2004); Hammack (2008); McLean et al. (2007); Rueda et al. (2005); Zelazo et al. (2008); see also Starmans and Bloom (2011); Hanna (2011); Izenberg (2011); Kaplan et al. (2016); Immordino-Yang et al. (2016); Starmans (2017); Immordino-Yang and Gotlieb (2017).
135. Hilgard (1977); Lynn et al. (2015).
136. Nelson (2006).
137. Piolino et al. (2007); Crawley and French (2005); Rice and Rubin (2009).
138. For example, see Dell and O'Neil (2009).
139. Vandenberg (1998), pp. 265–266; see also Wickramasekera (2015).
140. Vygotsky (1934/1986).
141. Hughes and Ensor (2005, 2009); Chasiotis et al. (2006); Devine and Hughes (2014).
142. Bernier et al. (2010, 2011).
143. DiNoble (2009); see also Stevenson et al. (2017); Snyder et al. (2012); Davis et al. (2016).
144. Gazzaniga et al. (1996); see also Leclercq (2002).
145. Ortigue et al. (2009).

146. Abe et al. (2008).
147. Schurz et al. (2014).
148. Sroufe et al. (2005); Dwyer et al. (2010); Benson et al. (2006); Xue (2018).
149. Sroufe et al. (2005).
150. Elder (1998), p. 9.
151. Graziano (2013); Hrdy (2009).
152. Iaria et al. (2007); McNaughton et al. (2006); Baldassano et al. (2017); Schafer and Schiller (2018); Omer et al. (2018).
153. Herzog et al. (2006); Douglas and Martin (2007); Marini et al. (2011); Race et al. (2011); Sanford and Emmott (2012); Wallentin et al. (2011); Milivojevic et al. (2015); see also Maroun and Wagner (2016).
154. Tulving et al. (1994); Gagnon et al. (2010); Habib et al. (2003); Babiloni et al. (2006).
155. Quoidbach et al. (2008); Buckner and Carroll (2006).
156. Winson (1993); Anton et al. (2009); Ravassard et al. (2009); Stickgold and Walker (2007); Payne and Kensinger (2017); Xia and Storm (2017); Ackermann and Rosch (2014).
157. Milner et al. (1998); Wiltgen et al. (2004); Szu-Han and Morris (2010); Tronson and Taylor (2007); Tse et al. (2007); Alberini (2011); Anton et al. (2009); Axmacher et al. (2009); Born (2010); Boyce et al. (2016); Dudai et al. (2015); Elsey et al. (2018); Gisquet-Verrier et al. (2015); Lane et al. (2015); McGaugh (2018); Nieuwenhuis and Takashima (2011); Payne and Kensinger (2017).
158. Trevarthen (1990a, 1993); see also Shai and Meins (2018).
159. Fonagy and Allison (2014); Orme et al. (2019).
160. Alink et al. (2009); Cicchetti and Rogosch (2009); Moller et al. (2008); Teicher et al. (2006).
161. Beebe and Lachman (1994).
162. Ross (1996); Ethofer et al. (2005).
163. Sroufe (1996), p. 17.
164. Strathearn (2011).
165. Siegel (2010a, 2010b).
166. DiNoble (2009); Davis et al. (2016); Pepping et al. (2013, 2015).
167. Siegel and Bryson (2011, 2020); Siegel and Hartzell (2003).
168. Siegel (2010a, 2010b).
169. Siegel (2007a, 2007b, 2010b, 2017, 2018).

CHAPTER 10

1. Ryff (2014).
2. Siegel and Bryson (2011); Siegel and Hartzell (2003); Zuckerman et al. (2005); Siegel (2006, 2009b, 2010a, 2010b, 2018); Siegel and Pearce-McCall (2009); Epstein et al. (2009); Badenoch (2011).
3. Villamil et al. (2019); Siegel (2018); see also Bauer et al. (2019).
4. Siegel (2018).
5. Frith (2004).
6. Siegel (2010a).
7. Siegel and Bryson (2018).
8. Ramirez-Esparza and Pennebaker (2006).
9. Davis and Panksepp (2018); Daniels et al. (in press).
10. Nichols (2014).

11. Buonomano (2017).
12. van Huyssteen and Wiebe (2011); Hood (2012); Siderits et al. (2011).
13. Siegel (2010b, 2012, 2017, 2018).
14. Siderits et al. (2011); Ricard and Singer (2017); Hood (2012).
15. Damasio (2010); Lu et al. (2004); Vago and Silbersweig (2012); see also Kang et al. (2017); Brewer et al. (2013); Kang (2019).
16. Siegel (2018).
17. Alsup et al. (2020); Eisenberger and Cole (2012).
18. Senge et al. (2019), p. 7.
19. Senge et al. (2019), p. 2.
20. Senge et al. (2019), p. 5.
21. Ackerman (2014).
22. Senge et al. (2019), p. 6
23. Mahajan and Wynn (2012); powell (2012); Macy (2007); Derby (2005).
24. Gilbert (2019), p. 108.
25. Gilbert (2019), p. 112.
26. Gilbert (2019), p. 113.
27. Bristow (2019), p. 90.
28. Luders and Kurth (2019), pp. 174–175.
29. Siegel (2018).
30. Brewer et al. (2011, 2013); Garrison et al. (2014); van Lutterveld et al. (2017).
31. Keltner (2019); see also Siegel (2017, 2018).
32. Griffiths et al. (2016); Carhart-Harris et al. (2016); Carhart-Harris and Goodwin (2017).
33. Carhart-Harris (2018); Carhart-Harris et al. (2017); Carhart-Harris and Friston (2010).
34. Stellar et al. (2017, 2018); Keltner (2009).
35. Seltenrich (2017); Bratman et al. (2012); Frumkin et al. (2017).
36. Sampasivam et al. (2018); Riek et al. (2006).
37. Conklin et al. (2019), p. 97.
38. Siegel (2018); Villamil et al. (2019).
39. Dahl and Davidson (2019), p. 61. Cited in quote: Ryff (2014); Eisenberger and Cole (2012); Stellar et al. (2017); Leiberg et al. (2011); Zeng et al. (2015); Shonin et al. (2015); Galante et al. (2014); Weng et al. (2013).
40. Senge et al. (2019); see also Atkins et al. (2019).
41. Hayes (2019).
42. Lindsay and Creswell (2019), p. 123; see also Young (2016); Lindsay and Creswell (2017); and Lindsay et al. (2018, 2019).
43. Bernstein et al. (2019), pp. 245–246; see also Vago and Silbersweig (2012) and Jankowski and Holas (2014).
44. Chiang et al. (2019).
45. Jackson Nakazawa (2020).
46. Markus and Kitayama (1991).
47. Su et al. (2012); Ren et al. (2014).
48. Lin and Han (2009); Kühnen and Oyserman (2002).
49. Milton (2018).
50. Kolodny et al. (2018); Creanza et al. (2017).
51. Faraday (1860).
52. Levit (2000); Teilhard de Chardin (1966).
53. Luo et al. (2012); Alsup et al. (2020).
54. Kolodny et al. (2018), p. 5.

55. Han and Humphreys (2016), p. 10.
56. Han and Humphreys (2016), p. 9.
57. Han and Humphreys (2016), p. 12.
58. Han and Humphreys (2016), pp. 12–13.
59. Marshall and Meltzoff (2015); see also other issues of the default mode and of self-construal in Lin and Han (2009); Han and Northoff (2008); Gardner et al. (1999); Kühnen and Oyserman (2002); Hong et al. (2000); Spreng et al. (2009); Supekar et al. (2010); Allen et al. (2019).
60. Choi et al. (2015).
61. Holmes and Spence (2004).
62. Varnum et al. (2014), p. 164, emphasis in original.
63. Kang (2019), p. 116.
64. Kang (2019), p. 116.
65. Scharmer (2019).
66. Kushlev et al. (2019); Peterka-Bonetta et al. (2019).
67. Hamlin et al. (2012); Mahajan and Wynn (2012).
68. Heiphetz et al. (2017); Dahl and Davidson (2019).
69. Waxman and Markow (1995); Baron et al. (2014); Roberts et al. (2017a); Egyed et al. (2013); Gelman et al. (2005); Graham et al. (2012).
70. Gonzalez et al. (2017); Noyes and Dunham (2017); Roberts et al. (2017b); Heiphetz et al. (2017).
71. Mahajan and Wynn (2012); Song et al. (2014).
72. Alsup et al. (2020); Luo et al. (2012).
73. Fredrickson and Siegel (2017); see also Adair et al. (2018).
74. powell (2012).
75. Siegel (2017, 2018).
76. van Huyssteen and Wiebe (2011); Ricard and Singer (2017); Damasio (2010); Hood (2012).
77. Katz (2017); Davis (2009); see also Vieten and Scammell (2015).
78. Quoted with permission from Maria Shriver's online Sunday Paper, December 8, 2019.
79. Macy (2007); Macy and Brown (2014); Kaza (2020).
80. Macy, Afterword in Kaza (2020), p. 360.
81. Tomasello (2016), p. 1.
82. Tamariz and Kirby (2016); Kirby et al. (2015).
83. Walsh and Yun (2016).
84. Walsh and Yun (2016).
85. Kolodny et al. (2018), p. 7786.
86. Roberts et al. (2017a); Heiphetz et al. (2017); Moya and Henrich (2016).
87. Sriganesh and Ponniah (2018), p. 1486.
88. Tamariz and Kirby (2016), p. 41.

참고문헌

Abe, N., Okuda, J., Suzuki, M., Sasaki, H., Matsuda, T., Mori, E., et al. (2008). Neural correlates of true memory, false memory, and deception. *Cerebral Cortex, 18*(12), 2811–2819.

Abraham, E., Gilam, G., Kanat-Maynom, Y., Jacob, Y., Zagoory-Sharon, O., Hendler, T., & Felman, R. (2017). The human coparental bond implicates distinct corticostriatal pathways: Longitudinal impact on family formation and child well-being. *Neuropsychopharmacology, 42*, 2301–2313.

Abraham, E., Hendler, T., Zagoory-Sharon, O., & Feldman, R. (2016). Network integrity of the parental brain in infancy supports the development of children's social competencies. *Social Cognitive and Affective Neuroscience, 11*, 1707–1718.

Abraham, E., Raz, G., Zagoory-Sharon, O., & Felman, R. (2018). Empathy networks in the parental brain and their long-term effects on children's stress reactivity and behavior adaptation. *Neuropsychologia, 116* (A), 77–85.

Abraham, W., & Robins, A. (2005). Memory retention: The synaptic stability versus plasticity dilemma. *Trends in Neurosciences, 28*(2), 73–78.

Abrams, K. Y., Rifkin, A., & Hesse, E. (2006). Examining the role of parental frightened/frightening subtypes in predicting disorganized attachment within a brief observational procedure. *Development and Psychopathology, 18*(2), 345–361.

Achard, S., Bullmore, E., Salvador, R., Suckling, J., & Whitcher, B. (2005). A resilient, low-frequency, small-world human brain functional network with highly connected association cortical hubs. *Journal of Neuroscience, 26*(1), 63–72.

Ackerman, D. (2014). *The human age: The world shaped by us*. New York: Norton.

Ackermann, S., & Rasch, B. (2014). Differential effects of non-REM and REM sleep on memory consolidation? *Current Neurology and Neuroscience Reports, 14*(2), 430.

Adair, K. C., Fredrickson, B. L., Castro-Schilo, L., Kim, S., & Sidberry, S. (2018). Present with you: Does cultivated mindfulness predict greater social connection through gains in decentering and reductions in negative emotions? *Mindfulness, 9*, 737–749.

Addis, D., Moscovitch, M., Crawley, A., & McAndrews, M. (2004). Recollective qualities modulate hippocampal activation during autobiographical memory retrieval. *Hippocampus, 14*(6), 752–762.

Adolphs, R. (2017). How should neuroscience study emotions?: By distinguishing emotion states, concepts, and experiences. *Social Cognitive and Affective Neuroscience, 12*(1), 24–31.

Adolphs, R., & Damasio, A. (2000). Neurobiology of emotion at a systems level. In J. Borod (Ed.), *The neuropsychology of emotion* (pp. 194–213). New York: Oxford University Press.

Aftanasa, L., & Golosheykina, S. (2005). Impact of regular meditation practice on EEG activity at rest and during evoked negative emotions. *International Journal of Neuroscience, 115*(6), 893–909.

Ainsworth, M. D. S. (1988, January). *On se-*

curity. Unpublished position paper from the Stony Brook Winter Attachment Conference, Stony Brook, NY. Retrieved from Stony Brook Attachment Lab website December 5, 2019: *http://www.psychology.sunysb.edu/attachment/pdf/mda_security.pdf*.

Ainsworth, M. D. S. (1993). Attachments and other affectional bonds across the life cycle. In C. M. Parkes, J. Stevenson-Hinde, & P. Marris (Eds.), *Attachment across the life cycle* (pp. 33–51). New York: Routledge.

Ainsworth, M. D. S., Blehar, M. C., Waters, E., & Wall, S. (1978). *Patterns of attachment: A psychological study of the Strange Situation*. Hillsdale, NJ: Erlbaum.

Aitken, K. J., & Trevarthen, C. (1997). Self–other organization in human psychological development. *Development and Psychopathology, 9*(4), 653–678.

Akers, K. G., Yang, Z., DelVecchio, D. P., Reeb, B. C., Romeo, R. D., McEwen, B. S., et al. (2008). Social competitiveness and plasticity of neuroendocrine function in old age: Influence of neonatal novelty exposure and maternal care reliability. *PLoS One, 3*, e2840.

Akiki, T. J., Averill, C. L., Wrocklage, K. M., Schweinsburg, B., Scott, J. C., Martini, B., et al. (2017, February 1). The association of PTSD symptom severity with localized hippocampus and amygdala abnormalities. *Chronic Stress, 1* (Epub ahead of print).

Aktar, E., Colonnesi, C., Vente, W. D., Majdandžić, M., & Bögels, S. M. (2016). How do parents' depression and anxiety, and infants' negative temperament relate to parent–infant face-to-face interactions? *Development and Psychopathology, 29*(3), 697–710.

Alberini, C. M. (2011). The role of reconsolidation and the dynamic process of long-term memory formation and storage. *Frontiers in Behavioral Neuroscience, 5*, 12.

Alfano, K. M., & Cimino, C. R. (2008). Alteration of expected hemispheric asymmetries: Valence and arousal effects in neuropsychological models of emotion. *Brain and Cognition, 66*(3), 213–220.

Alink, L. R. A., Cicchetti, D., Kim, J., & Rogosch, F. A. (2009). Mediating and moderating processes in the relation between maltreatment and psychopathology: Mother–child relationship quality and emotion regulation. *Journal of Abnormal Child Psychology, 37*(6), 831–843.

Alkadhi, K. (2013). Brain physiology and pathophysiology in mental stress. *ISRN Physiology, 2013*, 1–23.

Allen, J. G., Fonagy, P., & Bateman, A. W. (2008). *Mentalizing in clinical practice*. Arlington, VA: American Psychiatric Association.

Allen, J. J. B., & Kline, J. P. (2004). Frontal EEG asymmetry, emotion, and psychopathology: The first, and the next 25 years. *Biological Psychology, 67*(1–2), 1–5.

Allen, P., Sommer, I. E., Jardri, R., Eysenck, M. W., & Hugdahl, K. (2019). Extrinsic and default mode networks in psychiatric conditions: Relationship to excitatory-inhibitory transmitter balance and early trauma. *Neuroscience & Biobehavioral Reviews, 99*, 90–100.

Alossa, N., & Castelli, L. (2009). Amusia and musical functioning. *European Neurology, 61*, 269–277.

Alsup, S., Vogel, T., Weissbaum, E., & Siegel, D. J. (2020). Family relations, friendships, and love. In W. W. IsHak (Ed.), *Handbook of Wellness Medicine*. Cambridge, UK: Cambridge University Press.

Altenmüller, E. O. (2001). How many music centers are in the brain? *Annals of the New York Academy of Sciences, 930*, 273–280.

Alvarez, J. A., & Emory, E. (2006). Executive function and the frontal lobes: A meta-analytic review. *Neuropsychology Review, 16*(1), 17–42.

Amacher, P. (1965). Freud's neurological education and its influence on psychoanalytic theory. *Psychological Issues, 4*(4), 5–93.

Ambady, N., & Bharucha, J. (2009). Culture and the brain. *Current Directions in Psychological Science, 18*(6), 342–345.

American Psychiatric Association. (2000). *Diagnostic and statistical manual of mental disorders* (4th ed., text rev.). Washington, DC: Author.

American Psychiatric Association. (2013). *Diagnostic and statistical manual of mental disorders* (5th ed.). Arlington, VA: Author.

Amiot, C. E., de la Sablonniere, R., Terry, D. J., & Smith, J. R. (2007). Integration of social identities in the self: Toward a cognitive–developmental model. *Personality and Social Psychology Review, 11*(4), 364–388.

Amir, N., Leiner, A. S., & Bomyea, J. (2010). Implicit memory and posttraumatic stress symptoms. *Cognitive Therapy and Research, 34*(1), 49–58.

Ammaniti, M., & Trentini, C. (2009). How new knowledge about parenting reveals the neurobiological implications of intersubjectivity: A conceptual synthesis of recent research. *Psychoanalytic Dialogues, 19*(5), 537–555.

Ammaniti, M., van IJzendoorn, M. H., Speranza, A., & Tambelli, R. (2000). Internal working models of attachment during late childhood and early adolescence: An exploration of stability and change. *Attachment and Human Development, 2*(3), 328–346.

Amso, D., & Scerif, G. (2015). The attentive brain: Insights from developmental cognitive neuroscience. *Nature Reviews Neuroscience, 16*, 606–619.

Amunts, K., Armstrong, E., Malikovic, A., Hömke, L., Mohlberg, H., Schleicher, A., et al. (2007). Gender-specific left–right asymmetries in human visual cortex. *Journal of Neuroscience, 27*(6), 1356–1364.

Anders, J. R., Fincham, J. M., & Stocco, A. (2008). A central circuit of the mind. *Trends in Cognitive Sciences, 12*(4), 136–143.

Andersen, S. L., & Teicher, M. H. (2004). Delayed effects of early stress on hippocampal development. *Neuropsychopharmacology, 29*(11), 1988–1993.

Andersen, S. L., & Teicher, M. H. (2008a). Desperately driven and no brakes: Developmental stress exposure and subsequent risk for substance abuse. *Neuroscience and Biobehavioral Reviews, 33*(4), 516–524.

Andersen, S. L., & Teicher, M. H. (2008b). Stress, sensitive periods and maturational events in adolescent depression. *Trends in Neurosciences, 31*(4), 183–191.

Andersen, S. L., Tomoda, A., Vincow, E. S., Valente, E., Polcari, A., & Teicher, M. H. (2008). Preliminary evidence for sensitive periods in the effect of childhood sexual abuse on regional brain development. *Journal of Neuropsychiatry and Clinical Neurosciences, 20*(3), 292–301.

Anderson, J. R. (1996). ACT: A simple theory of complex cognition. *American Psychologist, 51*(4), 355–365.

Anderson, J. R., Bothell, D., Byrne, M. D., Douglass, S., Lebiere, C., & Qin, Y. (2004). An integrated theory of the mind. *Psychological Review, 111*(4), 1036–1060.

Anderson, J. R., & Lebiere, C. (1998). *The atomic components of thought.* Mahwah, NJ: Erlbaum.

Anderson, P. (2002). Assessment and development of executive function (EF) during childhood. *Child Neuropsychology, 8*(2), 71–82.

Anderson-Fye, E. (2010). Ethnographic case study: Cultural change and posttraumatic stress in the life of a Belizean adolescent girl. In C. M. Worthman, P. M. Plotsky, D. S. Schecher, & C. A. Cummings (Eds.), *Formative experiences: The interaction of caregiving, culture, and developmental psychobiology* (pp. 331–343). New York: Cambridge University Press.

Andescavage, N. N., du Plessis, A. D., McCarter, R., Serag, A., Evangelou, I., Vezina, G., et al. (2016). Complex trajectories of brain development in the healthy human fetus. *Cerebral Cortex, 27*(11), 5274–5283.

Andrews-Hanna, J. R., Smallwood, J., & Spreng, R. N. (2014). The default network and self-generated thought: Component processes, dynamic control, and clinical relevance. *Annals of the New York Academy of Sciences, 1316*, 29–52.

Anolli, L., Wang, L., Mantovani, F., & De Toni, A. (2008). The voice of emotion in Chinese and Italian young adults. *Journal of Cross-Cultural Psychology, 39*(5), 565–598.

Anton, S. J., Seibt, J., Dumoulin, M., Jha, S. K., Steinmetz, N., Coleman, T., et al. (2009). Mechanisms of sleep-dependent consolidation of cortical plasticity. *Neuron, 61*(3), 454–466.

Antypa, D., Rodrigues Cabrita, D., Vuilleumier, P., & Rimmele, U. (2019). Cortisol suppression after memory reactivation impairs later memory performance. *Psychoneuroendocrinology, 106*, 226–232.

Arnold, N. R., Bayen, U. J., & Smith, R. E. (2015). Hierarchical multinomial modeling approaches. *Experimental Psychology, 62*(3), 143–152.

Ashman, S. B., Dawson, G., & Panagiotides, H. (2008). Trajectories of maternal depression over 7 years: Relations with child psychophysiology and behavior and role of contextual risks. *Development and Psychopathology, 20*, 55–77.

Atasoy, S. G., Deco, M. L., Kringelbach, M. L., & Pearson, J. (2017). Harmonic brain modes: A unifying framework for linking space and time in brain dynamics. *Neuroscientist, 3*(24), 277–293.

Atkins, P. W. B., Wilson, D. S., & Hayes, S. C. (2019). *Prosocial: Using evolutionary science to build productive, equitable, and collaborative groups.* Oakland, CA: Context Press/New Harbinger.

Atkinson, L., & Goldberg, S. (2004). *Attachment issues in psychopathology and intervention.* Mahwah, NJ: Erlbaum.

Atzaba-Poria, N., Deater-Deckard, K., & Bell, M. A. (2017). Mother–child interaction: Links between mother and child frontal electroencephalograph asymmetry and negative behavior. *Child Development, 88*(2), 544–554.

Atzil, S., Gao, W., Fradkin, I., & Barrett, L. F. (2018). Growing a social brain. *Nature Human Behaviour, 2*, 624–636.

Atzil, S., Hendler, T., & Feldman, R. (2011). Specifying the neurobiological basis of human attachment: Brain, hormones, and behavior in synchronous and intrusive mothers. *Neuropsychopharmacology 36*, 2603–2615.

Atzil, S., Hendler, T., Zagoory-Sharon, O., Winetraub, Y., & Feldman, R. (2012). Synchrony and specificity in the maternal and the paternal brain: Elations to oxytocin and vasopressin. *Journal of the American Academy of Child and Adolescent Psychiatry, 51*, 798–811.

Austin, M. A., Riniolo, T. C., & Porges, S. W. (2007). Borderline personality disorder and emotion regulation: Insights from the polyvagal theory. *Brain and Cognition, 65*(1), 69–76.

Axmacher, N., Draguhn, A., Elger, C., & Fell, J. (2009). Memory processes during sleep: Beyond the standard consolidation theory. *Cellular and Molecular Life Sciences, 66*(14), 2285–2297.

Baars, B. J. (2005). Global workspace theory of consciousness: Toward a cognitive neuroscience of human experience. *Progress in Brain Research*, 150, 45–53.

Babiloni, C., Vecchio, F., Cappa, S., Pasqualetti, P., Rossi, S., Miniussi, C., et al. (2006). Functional frontoparietal connectivity during encoding and retrieval processes follows HERA model: A high-resolution study. *Brain Research Bulletin, 68*(4), 203–212.

Baccus, J., & Horowitz, M. J. (2005). Role-relationship models: Addressing maladaptive interpersonal patterns and emotional distress. In M. W. Baldwin (Ed.), *Interpersonal cognition* (pp. 334–358). New York: Guilford Press.

Baddeley, A. (2003). Working memory: Looking back and looking forward. *Nature Reviews Neuroscience, 4*(10), 829–839.

Baddeley, A. (2010). Long-term and working memory: How do they interact? In L. Backman & L. Nyberg (Eds.), *Memory, aging and the brain: A festschrift in honour of Lars-Göran Nilsson* (pp. 7–23). New York: Psychology Press.

Badenoch, B. (2011). *The brain-savvy therapist's workbook.* New York: Norton.

Baer, R. A., Smith, G. T., Hopkins, J., Krietemeyer, J., & Toney, L. (2006). Using self-report assessment methods to explore facets of mindfulness. *Assessment, 13*(1), 27–45.

Báez-Mendoza, R., & Schultz, W. (2013). The role of the striatum in social behavior. *Frontiers in Neuroscience, 7*, 233.

Bahrick, L. E. (2004). The development of perception in a multimodal environment. In G. Bremner & A. Salter (Eds.), *Theories of infant development* (pp. 90–120). Malden, MA: Blackwell.

Bahrick, L. E., & Hollich, G. (2008). Intermodal perception. In M. Haith & J. B. Benson (Eds.), *Encyclopedia of infant and early childhood development* (Vol. 2, pp. 164–176). Oxford, UK: Academic Press.

Bailey, C., & Kandel, E. (2009). Synaptic and cellular basis of learning. In G. G. Bernsten & J. T. Cacioppo (Eds.), *Handbook of neuroscience for the behavioral sciences* (Vol. 1, pp. 528–551). Hoboken, NJ: Wiley.

Bailey, H. N., Tarabulsy, G. M., Moran, G., Pederson, D. R., & Bento, S. (2017). New insight on intergenerational attachment from a relationship-based analysis. *Development and Psychopathology, 29*(2), 433–448.

Bakadorova, O., & Raufelder, D. (2015). Perception of teachers and peers during adolescence: Does school self-concept matter?: Results of a qualitative study. *Learning and Individual Differences, 43*, 218–225.

Bakermans-Kranenburg, M. J., & van IJzendoorn, M. H. (1993). A psychometric study of the Adult Attachment Interview: Reliability and discriminant validity. *Developmental Psychology, 29*, 870–879.

Bakermans-Kranenburg, M. J., & van IJzendoorn, M. H. (2007). Genetic vulnerability or differential susceptibility in child development: The case of attachment. *Journal of Child Psychology and Psychiatry, 48*(12), 1160–1173.

Bakermans-Kranenburg, M. J., & van IJzendoorn, M. H. (2008). Oxytocin receptor (OXTR) and serotonin transporter (5-HTT) genes associated with observed parenting. *Social Cognitive and Affective Neuroscience, 3*, 128–134.

Bakermans-Kranenburg, M. J., & van IJzendoorn, M. H. (2009). The first 10,000 Adult Attachment Interviews: Distributions of adult attachment representations in clinical and non-clinical groups. *Attachment and Human Development, 11*(3), 223–263.

Bakermans-Kranenburg, M. J., & van IJzendoorn, M. H. (2011). Differential susceptibility to rearing environment depending on dopamine-related genes: New evidence and a meta-analysis. *Development and Psychopathology, 23*(1), 39–52.

Bakermans-Kranenburg, M. J., & van IJzendoorn, M. H. (2016). Attachment, parenting, and genetics. In J. Cassidy & P. R. Shaver (Eds.), *Handbook of attachment: Theory, research, and clinical applications* (3rd ed., pp. 155–179). New York: Guilford Press.

Bakermans-Kranenburg, M. J., van IJzendoorn, M. H., Pijlman, F. T. A., Mesman, J., & Juffer, F. (2008). Experimental evidence for differential susceptibility: Dopamine D4 receptor polymorphism (DRD4 VNTR) moderates intervention effects on toddlers' externalizing behavior in a randomized controlled trial. *Developmental Psychology, 44*(1), 293–300.

Balconi, M., & Lucchiari, C. (2008). Consciousness and arousal effects on emotional face processing as revealed by brain oscillations: A gamma band analysis. *International Journal of Psychophysiology, 67*(1), 41–46.

Balconi, M., & Mazza, G. (2009). Brain oscillations and BIS/BAS (behavioral inhibition/activation system) effects on processing masked emotional cues: ERS/ERD and coherence measures of alpha band. *International Journal of Psychophysiology, 74*(2), 158–165.

Baldassano, C., Chen, J., Zadbood, A., Pillow, J. W., Hasson, U., & Norman, K. A. (2017). Discovering event structure in continuous narrative perception and memory. *Neuron, 95*, 709–721.

Ballesteros, S., Reales, J., García, E., & Carrasco, M. (2006). Selective attention affects implicit and explicit memory for familiar pictures at different delay conditions. *Psicothema, 18*(1), 88–99.

Banks, S. J., Eddy, K. T., Angstadt, M., Nathan, P. J., & Phan, K. L. (2007). Amygdala–frontal connectivity during emotion regulation. *Social Cognitive and Affective Neuroscience, 2*(4), 303–312.

Bar, M. (2009). A cognitive neuroscience hypothesis of mood and depression. *Trends in Cognitive Sciences, 13*(11), 456–463.

Barco, A., Jancic, D., & Kandel, E. (2008). CREB-dependent transcription and synaptic plasticity. In S. S. Dudek (Ed.), *Transcriptional regulation by neuronal activity: To the nucleus and back* (pp. 127–154). New York: Springer.

Barnes, S., & Finnerty, G. (2010). Sensory experience and cortical rewiring. *The Neuroscientist, 16*(2), 186–198.

Baron, A. S., Dunham, Y. C., Banaji, M. R., & Carey, S. (2014). Constraints on the acquisition of social category concepts. *Journal of Cognition and Development, 15*(2), 238–268.

Baron-Cohen, S. (1991). The development of a theory of mind in autism: deviance and delay? *Psychiatric Clinics of North America, 14*, 33–51.

Baron-Cohen, S. (2008). Theories of the autistic mind. *The Psychologist, 21*(2), 112–116.

Barone, L. (2003). Developmental protective and risks factors in borderline personality disorder: A study using the Adult Attachment Interview. *Attachment and Human Development, 5*(1), 64–77.

Barone, L., & Lionetti, F. (2012). Attachment and emotional understanding: A study on late-adopted pre-schoolers and their parents. *Child Care, Health and Development, 38*(5), 690–696.

Barrett, J., Wonch, K. E., Gonzalez, A., Ali, N., Steiner, M., Hall, G. B., & Fleming, A.

S. (2012). Maternal affect and quality of parenting experiences are related to amygdala response to infant faces. *Social Neuroscience, 7*(3), 1–17.

Barrett, L. F. (2006). Solving the emotion paradox: Categorization and the experience of emotion. *Personality and Social Psychology Review, 10*(1), 20–46.

Barrett, L. F. (2012). Emotions are real. *Emotion, 12*(3), 413.

Barrett, L. F. (2016). *How emotions are made: The new science of the mind and brain.* New York: Houghton Mifflin Harcourt.

Barrett, L. F. (2017). The theory of constructed emotion: An active inference account of interoception and categorization. *Social Cognitive and Affective Neuroscience, 12*, 1–23.

Barrett, L. F., Gendron, M., & Huang, Y.-M. (2009). Do discrete emotions exist? *Philosophical Psychology, 22*(4), 427–437.

Barrett, L. F., Mesquita, B., & Gendron, M. (2011). Context in emotion perception. *Current Directions in Psychological Science, 20*(5), 286–290.

Barrett, L. F., & Satpute, A. B. (2013). Large-scale brain networks in affective and social neuroscience: Towards an integrative functional architecture of the brain. *Current Opinion in Neurobiology, 23*(3), 361–372.

Barrett, L. F., & Simmons, W. K. (2015). Interoceptive predictions in the brain. *Nature Reviews Neuroscience, 16*, 419–429.

Barsalou, L. W. (2008). Cognitive and neural contributions to understanding the conceptual system. *Current Directions in Psychological Science, 17*(2), 91–95.

Barsalou, L. W., Simmons, W. K., Barbey, A. K., & Wilson, C. D. (2003). Grounding conceptual knowledge in modality-specific systems. *Trends in Cognitive Sciences, 7*(2), 84–91.

Bartels, A., & Zeki, S. (2004). The neural correlates of maternal and romantic love. *NeuroImage, 21*(3), 1155–1166.

Barton, R. A. (1996). Neocortex size and behavioural ecology in primates. *Biological Sciences, 263*(1367), 173–177.

Bartz, J. A., Zaki, J., & Bolger, N. (2010). Oxytocin selectively improves empathic accuracy. *Psychological Science, 21*, 1426–1428.

Bar-Yam, Y. (2003). *Dynamics of complex systems.* Boulder, CO: Westview Press.

Bassett, D. S., & Sporns, O. (2017). Network neuroscience. *Nature Neuroscience, 20*(3), 353–364.

Bateman, A., & Fonagy, P. (2008). Mentalization-based treatment and borderline personality disorder. In J. F. Clarkin, P. Fonagy, & G. O. Gabbard (Eds.), *Psychodynamic psychotherapy for personality disorders: A clinical handbook* (pp. 187–208). Arlington, VA: American Psychiatric Association.

Bauer, C. C. C., Caballero, C., Scherer, E., West, M. R., Mrazek, M. D., Phillips, D. T., Whitfield-Gabrieli, S., & Gabrieli, J. D. E. (2019). Mindfulness training reduces stress and amygdala reactivity to fearful faces in middle-school children. *Behavioral Neuroscience, 133*(6), 569–585.

Bauer, P. J. (2006). Constructing a past in infancy: A neuro-developmental account. *Trends in Cognitive Sciences, 10*(4), 175–181.

Bauer, P. J. (2007). *Remembering the times of our lives: Memory in infancy and beyond.* Mahwah, NJ: Erlbaum.

Bauer, P. J. (2008). Amnesia, infantile. In M. M. Haith & J. B. Benson (Eds.), *Encyclopedia of infant and early childhood development* (pp. 51–62). Boston: Elsevier/Academic Press.

Bauer, P. J., Kroupina, M. G., Schwade, J. A., Dropik, P. L., & Saeger Wewerka, S. (1998). If memory serves, will language?: Later verbal accessibility of early memories. *Development and Psychopathology, 10*, 655–680.

Bauer, P. J., San Souci, P., & Pathman, T. (2010). Infant memory. *Cognitive Science, 1*(2), 267–277.

Baumeister, R., & Vohs, K. D. (Eds.). (2004). *Handbook of self-regulation: Research, theory, and applications.* New York: Guilford Press.

Bayen, U., Smith, R., McDaniel, M., & Einstein, G. (2007). *Prospective memory: An overview and synthesis of an emerging field.* Thousand Oaks, CA: Sage.

Beauregard, M., Paquette, V., & Lèvesque, J. (2006). Dysfunction in the neural circuitry of emotional self-regulation in major depressive disorder. *NeuroReport, 17*(8), 843–846.

Bechara, A., Damasio, H., & Damasio, A. R. (2000). Emotion, decision making and the orbitofrontal cortex. *Cerebral Cortex, 10*(3), 295–307.

Beebe, B., Jaffe, J., & Lachmann, F. (2005). A dyadic systems view of communication. In J. S. Auerbach, K. N. Levy, & C. E. Schaffer (Eds.), *Relatedness, self-definition and mental representation* (pp. 23–42). New York: Routledge.

Beebe, B., & Lachman, F. M. (1994). Representation and internalization in infancy: Three principles of salience. *Psychoanalytic Psychology, 11*, 127–166.

Beebe, B., Lachmann, F. M., Markese, S., Buck, K. A., Bahrick, L. E., Chen, H., et al. (2012). On the origins of disorganized attachment and internal working models: Paper II. An empirical microanalysis of 4-month mother–infant interaction. *Psychoanalytic Dialogues, 22*(3), 352–374.

Beer, J. (2007). The importance of emotion–social cognition interactions for social functioning: Insights from orbitofrontal cortex. In E. Harmon-Jones & P. Winkielman (Eds.), *Social neuroscience: Integrating biological and psychological explanations of social behavior* (pp. 15–30). New York: Guilford Press.

Beer, J., John, O., Scabini, D., & Knight, R. (2006). Orbitofrontal cortex and social behavior: Integrating self-monitoring and emotion–cognition interactions. *Journal of Cognitive Neuroscience, 18*(6), 871–879.

Begley, S. (2007). *Train your mind, change your brain: How a new science reveals our extraordinary potential to transform ourselves.* New York: Ballantine Books.

Behrens, K. Y., Gribneau-Bahm, N., Li, Y., & O'Boyle, M. W. (2011). Electroencephalographic responses to photographs: A case study of three women with distinct Adult Attachment Interview classifications. *Psychological Reports, 108*(3), 993–1010.

Behrens, K. Y., Haltigan, J. D., & Bahm, N. I. G. (2016). Infant attachment, adult attachment, and maternal sensitivity: Revisiting the intergenerational transmission gap. *Attachment and Human Development, 18*(4), 337–353.

Behrens, K. Y., Hesse, E., & Main, M. (2007). Mothers' attachment status as determined by the Adult Attachment Interview predicts their 6-year-olds' reunion responses: A study conducted in Japan. *Developmental Psychology, 43*(6), 1553–1567.

Beijersbergen, M. D., Juffer, F., Bakermans-Kranenburg, M. J., & van IJzendoorn, M. H. (2012). Remaining or becoming secure: Parental-sensitive support predicts attachment continuity from infancy to adolescence in a longitudinal adoption study. *Developmental Psychology, 48*(5), 1277.

Beking, T., Geuze, R. H., van Faassen, M., Kema, I. P., Kreukels, B. P. C., & Groothuis, T. G. G. (2018). Prenatal and pubertal testosterone affect brain lateralization. *Psychoneuroendocrinology, 88*, 78–91.

Bell, A. (2007). Towards a cross-level theory of neural learning. *AIP Conference Proceedings, 954*(1), 56–73.

Belmonte, M. K., Cook, E. H., Jr., Anderson, G. M., Rubenstein, J. L., Greenough, W. T., Beckel-Mitchener, A., et al. (2004). Autism as a disorder of neural information processing: Directions for research and targets for therapy. *Molecular Psychiatry, 9*, 646–663.

Belsky, J., Bakermans-Kranenburg, M. J., & van IJzendoorn, M. H. (2007). For better and for worse: Differential susceptibility to environmental influences. *Current Directions in Psychological Science, 16*(6), 300–304.

Belsky, J., & Fearon, R. M. P. (2008). Precursors of attachment security. In J. Cassidy & P. R. Shaver (Eds.), *Handbook of attachment: Theory, research, and clinical applications* (2nd ed., pp. 295–316). New York: Guilford Press.

Ben-David, V., Jonson-Reid, M., Drake, B., & Kohl, P. L. (2015). The association between childhood maltreatment experiences and the onset of maltreatment perpetration in young adulthood controlling for proximal and distal risk factors. *Child Abuse & Neglect, 46*, 132–141.

Benedetti, F., Bolletinni, I., Radelli, D., & Poletti, S. (2014). Adverse childhood experiences influence white matter microstructure in patients with bipolar disorder. *Psychological Medicine, 44*, 3069–3082.

Benes, F. M. (1998). Human brain growth spans decades. *American Journal of Psychiatry, 155*(11), 1489.

Benoit, D. (2009). Efficacy of attachment-based interventions. In R. E. Tremblay, R. G. Barr, & R. DeV. Peters (Eds.), *Encyclopedia on early childhood development* (pp. 1–6). Montréal, Quebec, Canada:

Centre of Excellence for Early Childhood Development.

Benoit, D., Zeanah, C. H., Boucher, C., & Minde, K. K. (1992). Sleep disorders in early childhood: Association with insecure maternal attachment. *Journal of the American Academy of Child and Adolescent Psychiatry, 31*, 86–93.

Benson, M. J., McWey, L. M., & Ross, J. J. (2006). Parental attachment and peer relations in adolescence: A meta-analysis. *Research in Human Development, 3*(1), 33–43.

Bergen, P. (2009). The effects of mother training in emotion-rich, elaborative reminiscing on children's shared recall and emotion knowledge. *Journal of Cognition and Development, 10*(3), 162–187.

Berkman, L. F., Glass, T., Brissette, I., & Seeman, T. E. (2000). From social integration to health: Durkheim in the new millennium. *Social Science and Medicine, 51*(6), 843–857.

Berkovich-Ohana, A., Glicksohn, J., & Goldstein, A. (2012). Mindfulness-induced changes in gamma band activity: Implications for the default mode network, self-reference and attention. *Clinical Neurophysiology, 123*(4), 700–710.

Berlin, L. J., Zeanah, C. H., & Lieberman, A. F. (2008). Prevention and intervention programs for supporting early attachment security. In J. Cassidy & P. R. Shaver (Eds.), *Handbook of attachment: Theory, research, and clinical applications* (2nd ed., pp. 745–761). New York: Guilford Press.

Berlin, L. J., Zeanah, C. H., & Lieberman, A. F. (2016). Prevention and intervention programs to support early attachment security: A move to the level of community. In J. Cassidy & P. R. Shaver (Eds.), *Handbook of attachment: Theory, research, and clinical applications* (3rd ed., pp. 739–758). New York: Guilford Press.

Bernard, K., Dozier, M., Bick, J., Lewis-Morrarty, E., Lindhiem, O., & Carlson, E. (2012). Enhancing attachment organization among maltreated children: Results of a randomized clinical trial. *Child Development, 83*(2), 623–636.

Bernier, A., Carlson, S. M., Deschênes, M., & Matte-Gagné, C. (2011). Social factors in the development of early executive functioning: A closer look at the caregiving environment. *Developmental Science, 15*(1), 12–24.

Bernier, A., Carlson, S. M., & Whipple, N. (2010). From external regulation to self-regulation: Early parenting precursors of young children's executive functioning. *Child Development, 81*(1), 326–339.

Bernier, A., & Dozier, M. (2003). Bridging the attachment transmission gap: The role of maternal mind-mindedness. *International Journal of Behavioral Development, 27*, 355–365.

Bernier, A., & Meins, E. (2008). A threshold approach to understanding the origins of attachment disorganization. *Developmental Psychology, 44*, 969–982.

Bernstein, A., Hadash, Y., & Fresco, D. M. (2019). Metacognitive processes model of decentering: Emerging methods and insight. *Current Opinion in Psychology, 28*, 245–251.

Berridge, K. C. (2003). Comparing the emotional brains of humans and other animals. In R. J. Davidson, K. R. Scherer, & H. H. Goldsmith (Eds.), *Handbook of affective sciences* (pp. 25–51). New York: Oxford University Press.

Bertolero, M. A., Thomas Yeo, B. T., Bassett, D. S., & D'Esposito, M. (2018). A mechanistic model of connector hubs, modularity and cognition. *Natural Human Behavior, 2*(10), 765–777.

Bialystock, E., & Senman, S. (2004). Executive processes in appearance-reality tasks: The role of inhibition of attention and symbolic representation. *Child Development, 75*(2), 562–579.

Bickart, K. C., Dickerson, B. C., & Barrett, L. F. (2014). The amygdala as a hub in brain networks that support social life. *Neuropsychologia, 63*, 235–248.

Binder, J. R., & Desai, R. H. (2011). The neurobiology of semantic memory. *Trends in Cognitive Sciences, 15*(1), 527–536.

Binder, J. R., Desai, R. H., Graves, W. W., & Conantnt, L. L. (2009). Where is the semantic system?: A critical review and meta-anaylysis of 120 functional neuroimaging studies. *Cerebral Cortex, 19*(12), 2767–2796.

Bird, A., & Reese, E. (2006). Emotional reminiscing and the development of an autobiographical self. *Developmental Psychology, 42*(4), 613–625.

Bird, G., Silani, G., Brindley, R., White, S., Frith, U., & Singer, T. (2010). Empathic brain responses in insula are modulated by levels of alexithymia but not autism. *Brain, 133*(5), 1515–1525.

Birmingham, R. S., Bub, K. L., & Vaughn, B. E. (2016). Parenting in infancy and self-regulation in preschool: An investigation of the role of attachment history. *Attachment and Human Development, 19*(2), 107–129.

Blackburn, E., & Epel, E. (2017). *The telomere effect: A revolutionary approach to living younger, healthier, longer.* New York: Hachette.

Blair, C., & Raver, C. (2016). Poverty, stress and brain development: New directions for prevention and intervention. *Academic Pediatrics, 16*(3), S30–S36.

Blakemore, R. L., Neveu, R., & Vuilleumier, P. (2017). How emotion context modulates unconscious goal activation during motor force exertion. *NeuroImage, 146*, 904–917.

Blakemore, S. J. (2012). Development of the social brain in adolescence. *Journal of the Royal Society of Medicine, 105*(3), 111–116.

Blakemore, S. J., & Choudhury, S. (2006). Development of the adolescent brain: Implications for executive function and social cognition. *Journal of Child Psychology and Psychiatry, 47*(3–4), 296–312.

Blakemore, S. J., den Ouden, H., Choudhury, S., & Frith, C. (2007). Adolescent development of the neural circuitry for thinking about intentions. *Social Cognitive and Affective Neuroscience, 2*, 130–139.

Blakeslee, S., & Blakeslee, M. (2007). *The body has a mind of its own: How body maps in your brain help you do (almost) everything better.* New York: Random House.

Bloch, M. (2008). Truth and sight: Generalizing without universalizing. *Journal of the Royal Anthropological Institute, 14*, S2–S32.

Block, N. (2007). Consciousness, accessibility, and the mesh between psychology and neuroscience. *Behavioral and Brain Sciences, 30*(5–6), 481–499.

Bloom, J. S., & Hynd, G. W. (2005). The role of the corpus callosum in interhemispheric transfer of information: Excitation or inhibition? *Neuropsychology Review, 15*(2), 59–71.

Bloom, P. (2001). Precis of "How children learn the meanings of words." *Behavioral and Brain Sciences, 24*, 1095–1103; discussion, 1104–1134.

Bluhm, R., Williamson, P., Osuch, E., Frewen, P., Stevens, T., Boksman, K., et al. (2009). Alterations in default network connectivity in posttraumatic stress disorder related to early-life trauma. *Journal of Psychiatry and Neuroscience, 34*(3), 187–194.

Böckler, A., Hermann, L., Trautwein, F. M., Holmes, T., & Singer, T. (2017). Know thy selves: Learning to understand oneself increases the ability to understand others. *Journal of Cogntive Enhancement, 1*, 197–209.

Bodrova, E., & Leong, D. J. (2015). Vygotskian and post-Vygotskian views on children's play. *American Journal of Play, 7*(3), 371–388.

Bohm, D. (1980). *Wholeness and the implicate order.* London: Routledge.

Bokhorst, C. L., Bakermans-Kranenburg, M. J., Fearon, R. M., van IJzendoorn, M. H., Fonagy, P., & Schuengel, C. (2003). The importance of shared environment in mother–infant attachment security: A behavioral genetic study. *Journal of Personality Disorders, 74*(6), 1769–1782.

Boldrini, M., Placidi, G. P. A., & Marazziti, D. (1998). Applications of chaos theories to psychiatry: A review and future perspectives. *International Journal of Neuropsychiatric Medicine, 3*, 22–29.

Bonin, R. P., & De Koninck, Y. (2014). A spinal analogue of memory reconsolidation enables the erasure of hyperalgesia. *Nature Neuroscience, 17*(8), 1043–1045.

Bookheimer, S. Y., Hariri, A. R., & Mazziotta, J. C. (2000). Modulating emotional responses: Effects of a neocortical network on the limbic system. *NeuroReport, 11*(1), 43–48.

Boorman, E. D., Behrens, T. E., Woolrich, M. W., & Rushworth, M. F. (2009). How green is the grass on the other side?: Frontopolar cortex and the evidence in favor of alternative courses of action. *Neuron, 62*(5), 733–743.

Boris, N. W., & Renk, K. (2017). Beyond reactive attachment disorder: How might attachment research inform child psychiatry practice? *Child and Adolescent Psychiatric Clinics of North America, 26*(3), 455–476.

Born, J. (2010). Slow-wave sleep and the consolidation of long-term memory. *World Journal of Biological Psychiatry, 11*(1), 16–21.

Bornstein, M. H., & Bradley, R. H. (2014). *Socioeconomic status, parenting, and child development.* New York: Routledge.

Bornstein, M. H., Putnick, D. L., Cote, L. R., Haynes, O. M., & Suwalsky, J. T. (2015). Mother–infant contingent vocalizations in 11 countries. *Psychological Science, 26*(8), 1272–1284.

Borod, J. C. (2000). *The neuropsychology of emotion.* New York: Oxford University Press.

Borsboom, D., & Cramer, A. O. J. (2014). Network analysis: An integrative approach to the structure of psychopathology. *Annual Review of Clinical Psychology, 9*, 91–121.

Borsboom, D., Cramer, A., & Kalis, A. (2019). Reductionism in retreat. *Behavioral and Brain Sciences*, 42:e32.

Borsboom, D., Cramer, A., & Kalis, A. (2018). Brain disorders? Not really . . . Why network structures block reductionism in psychopathology research. *Behavioral and Brain Sciences*, 1–54.

Botvinick, M., & Plaut, D. (2009). Empirical and computational support for context-dependent representations of serial order: Reply to Bowers, Damian, and Davis (2009). *Psychological Review, 116*(4), 998–1002.

Bourne, V. J. J., & Gray, D. L. (2009). Hormone exposure and functional lateralisation: Examining the contributions of prenatal and later life hormonal exposure. *Psychoneuroendocrinology, 34*(8), 1214–1221.

Bower, G. H., & Sivers, H. (1998). Cognitive impact of traumatic events. *Development and Psychopathology, 10*, 625–654.

Bowers, J. S. (2009). On the biological plausibility of grandmother cells: Implications for neural network theories in psychology and neuroscience. *Psychological Review, 116*(1), 220–251.

Bowers, J. S. (2011). What is a grandmother cell?: And how would you know if you found one? *Connection Science, 23*(2), 91–95.

Bowers, J. S. (2017). Grandmother cells and localist representations: A review of current thinking [Special issue]. *Language, Cognition and Neuroscience, 32*(3).

Bowlby, J. (1958). Separation of mother and child. *The Lancet, 271*(7029), 1070–1071.

Bowlby, J. (1969). *Attachment and loss: Vol. 1. Attachment.* New York: Basic Books.

Bowlby, J. (1973). *Attachment and loss: Vol. 2. Separation and anger.* New York: Basic Books.

Bowlby, J. (1980). *Attachment and loss: Vol. 3. Loss: Sadness and depression.* New York: Basic Books.

Bowlby, J. (1988a). *A secure base: Parent–child attachment and healthy human development.* New York: Basic Books.

Bowlby, J. (1988b). Attachment and loss: Retrospect and prospect. *American Journal of Orthopsychiatry, 52*(4), 664–678.

Boyce, R., Glasgow, S. D., Williams, S., & Adamantidis, A. (2016). Causal evidence for the role of REM sleep theta rhythm in contextual memory consolidation. *Science, 352*(6287), 812–816.

Bradley, M. M. (2008). Natural selective attention: Orienting and emotion. *Psychophysiology, 46*(1), 1–11.

Bradley, R. H., Corwyn, R. F., Burchinal, M., McAdoo, H. P., & Coll, C. G. (2001). The home environments of children in the United States: Part II. Relations with behavioral development through age thirteen. *Child Development, 72*(6), 1868–1886.

Brainerd, C., & Reyna, V. (2004). Fuzzy-trace theory and memory development. *Developmental Review, 24*(4), 396–439.

Brand, A. E., & Klimes-Dougan, B. (2010). Emotion socialization in adolescence: The roles of mothers and fathers. *New Directions for Child and Adolescent Development, 128*, 85–100.

Bratman, G. N., Hamilton, J. P., & Daily, G. C. (2012). The impacts of nature experience on human cognitive function and mental health. *Annals of the New York Academy of Sciences, 1249*, 118–136.

Brazelton, T. B., & Greenspan, S. I. (2002). *The irreducible needs of children: What every child must have to grow, learn, and flourish.* Cambridge, MA: Perseus.

Bremner, J. D. (2007). Neuroimaging in post-traumatic stress disorder and other stress-related disorders. *Neuroimaging Clinics of North America, 17*(4), 523–538.

Bremner, J. D., & Narayan, M. (1998). The

effects of stress on memory and the hippocampus throughout the life cycle: Implications for childhood development and aging. *Development and Psychopathology, 10*, 871–888.

Brennan, K. A., Clark, C. L., & Shaver, P. R. (1998). Self-report measurement of adult attachment: An integrative overview. In J. A. Simpson & W. S. Rholes (Eds.), *Attachment theory and close relationships* (pp. 46–76). New York: Guilford Press.

Brenner, N., Strong, S., Koberle, R., Bialek, W., & Van Steveninck, R. (2000). Synergy in a neural code. *Neural Computation, 12*(7), 1531–1552.

Bretherton, I., & Munholland, K. A. (2008). Internal working models in attachment relationships: Elaborating a central construct in attachment theory. In J. Cassidy & P. R. Shaver (Eds.), *Handbook of attachment: Theory, research, and clinical applications* (2nd ed., pp. 102–130). New York: Guilford Press.

Brewer, J. A., Garrison, K. A., & Whitfield-Gabrieli, S. (2013). What about the "self" is processed in the posterior cingulate cortex? *Frontiers in Human Neuroscience, 7*, 647.

Brewer, J. A., Worhunsky, P. D., Gray, J. R., Tang, Y., Weber, J., & Kober, H. (2011). Meditation experience is associated with differences in default mode network activity and connectivity. *Proceedings of the National Academy of Sciences, 108*(50), 20254–20259.

Brewin, C. (2007). Remembering and forgetting. In M. J. Friedman, T. M. Terence, & P. A. Resick (Eds.), *Handbook of PTSD: Science and practice* (pp. 116–134). New York: Guilford Press.

Brier, M. R., Thomas, J. B., Snyder, A. Z., Benzinger, T. L., Zhang, D., Raichle, M. E., et al. (2012). Loss of intranetwork and internetwork resting state functional connections with Alzheimer's disease progression. *Journal of Neuroscience, 32*(26), 8890–8899.

Briere, J., Scott, C., & Weathers, F. (2005). Peritraumatic and persistent dissociation in the presumed etiology of PTSD. *American Journal of Psychiatry, 162*, 2295–2301.

Briley, D., & Tucker-Drob, E. (2017). Comparing the developmental genetics of cognition and personality over the life span. *Journal of Personality, 85*(1), 51–64.

Bringmann, L. F., & Eronen, M. I. (2018). Don't blame the model: Reconsidering the network approach to psychopathology. *Psychological Review, 125*, 606–615.

Bristow, J. (2019). Mindfulness in politics and public policy. *Current Opinion in Psychology, 28*, 87–91.

Brodal, P. (2010). *The central nervous system: Structure and function*. New York: Oxford University Press.

Brodsky, M., & Lombroso, P. J. (1998). Molecular mechanisms of developmental disorders. *Development and Psychopathology, 10*, 1–20.

Brody, G. H., Gray, J. C., Yu, T., Barton, A. W., Beach, S. R. H., Galván, A., et al. (2017). Protective prevention effects on the association of poverty with brain development. *JAMA Pediatrics, 171*(1), 46–52.

Bronner, M. B., Kayser, A., Knoester, H., Bos, A. P., Last, B. F., & Grootenhuis, M. A. (2009). A pilot study on peritraumatic dissociation and coping styles as risk factors for posttraumatic stress, anxiety and depression in parents after their child's unexpected admission to a pediatric intensive care unit. *Child and Adolescent Psychiatry and Mental Health, 3*, 33.

Brothers, L. (1997). *Friday's footprint: How society shapes the human mind*. New York: Oxford University Press.

Brown, J., Cooper-Kuhn, C. M., Gage, F. H., Kempermann, G., Kuhn, H. G., van Praag, H., et al. (2003). Enriched environment and physical activity stimulate hippocampal but not olfactory bulb neurogenesis. *European Journal of Neuroscience, 17*(10), 2042–2046.

Brown, K. W., & Ryan, R. M. (2003). The benefits of being present: Mindfulness and its role in psychological well-being. *Journal of Personality and Social Psychology, 84*(4), 822–848.

Brown, L. S., & Wright, J. (2003). The relationship between attachment strategies and psychopathology in adolescence. *Psychology and Psychotherapy: Theory, Research, and Practice, 76*(4), 351–367.

Bruce, D. P. (2006). Applying principles of neurodevelopment to clinical work with maltreated and traumatized children. In N. B. Webb (Ed.), *Working with traumatized youth in child welfare* (pp. 27–52). New York: Guilford Press.

Brumariu, L. E. (2015). Parent–child attachment and emotion regulation. *New Directions for Child and Adolescent Development, 148*, 31–45.

Brumariu, L. E., & Kerns, K. A. (2008). Mother–child attachment and social anxiety symptoms in middle childhood. *Journal of Applied Developmental Psychology, 29*(5), 393–402.

Bruner, J. S. (2003). *Making stories: Law, literature, life.* Cambridge, MA: Harvard University Press.

Bryant, R. (2007). Does dissociation further our understanding of PTSD? *Journal of Anxiety Disorders, 21*(2), 183–191.

Buchsbaum, B. R., & D'Esposito, M. (2009). Is there anything special about working memory? In F. Roesler, C. Ranganath, B. Roder, & R. H. Kluwe (Eds.), *Neuroimaging of human memory: Linking cognitive processes to neural systems* (pp. 255–261). New York: Oxford University Press.

Buck, R., & VanLear, C. A. (2002). Verbal and nonverbal communication: Distinguishing symbolic, spontaneous, and pseudo-spontaneous nonverbal behavior. *Journal of Communication, 52*(3), 522–541.

Buckner, R. L. (1996). Beyond HERA: Contributions of specific prefrontal brain areas to long-term memory retrieval. *Psychonomic Bulletin, 3*, 149–158.

Buckner, R. L., Andrews-Hanna, J. R., & Schacter, D. L. (2008). The brain's default network: Anatomy, function, and relevance to disease. *Annals of the New York Academy of Sciences, 1124*, 1–38.

Buckner, R. L., & Carroll, D. C. (2006). Self-projection and the brain. *Trends in Cognitive Sciences, 11*(2), 49–57.

Budinger, E., Heil, P., Hess, A., & Scheich, H. (2006). Multisensory processing via early cortical stages: Connections of the primary auditory cortical field with other sensory systems. *Neuroscience, 143*(4), 1065–1083.

Buller, D. (2009, January). Four fallacies of pop evolutionary psychology. *Scientific American*, pp. 74–81.

Bullmore, E., & Sporns, O. (2009). Complex brain networks: Graph theoretical analysis of structural and functional systems. *Nature Reviews Neuroscience, 10*, 186–198.

Bullmore, E., & Sporns, O. (2012). The economy of brain network organization. *Nature Reviews Neuroscience, 13*, 336–349.

Buonomano, D. (2017). *Your brain is a time machine: The neuroscience and physics of time.* New York: Norton.

Burgoon, J. K., Guerrero, L. K., & Floyd, K. (2016). *Nonverbal communication.* London: Routledge, Taylor & Francis Group.

Burianova, H., McIntosh, A., & Grady, C. (2010). A common functional brain network for autobiographical, episodic, and semantic memory retrieval. *NeuroImage, 49*(1), 865–874.

Burish, M. J., Kueh, H. Y., & Wang, S. S.-H. (2004). Brain architecture and social complexity in modern and ancient birds. *Brain, Behavior and Evolution, 63*, 107–124.

Burke-Harris, N. (2018). *The deepest well: Healing the long-term effects of childhood adversity.* New York: Houghton Mifflin Harcourt.

Burt, C. D. (2008). Time, language, and autobiographical memory. *Language Learning, 58*(S1), 123–141.

Byrd-Craven, J., Granger, D. A., & Auer, B. J. (2011). Stress reactivity to co-rumination in young women's friendships: Cortisol, alpha-amylase, and negative affect focus. *Journal of Social and Personal Relationships, 28*(4), 469–487.

Cabral, J., Kringelbach, M. L., & Deco, G. (2017). Functional connectivity dynamically evolves on multiple time-scales over a static structural connectome: Models and mechanisms. *NeuroImage, 160*, 84–96.

Cacioppo, J. T., Cacioppo, S., Capitanio, J. P., & Cole, S. W. (2015). The neuroendocrinology of social isolation. *Annual Review of Psychology, 66*, 733–767.

Cacioppo, J. T., Visser, P. S., & Pickett, C. L. (2006). *Social neuroscience: People thinking about thinking people.* Cambridge, MA: MIT Press.

Caffrey, L., Wolfe, C., & McKevitt, C. (2016). Embedding research in health systems: Lessons from complexity theory. *Health Research Policy and Systems, 14*(1), 54.

Caldji, C., Hellstrom, I. C., Zhang, T.-Y., Diorio, J., & Meaney, M. J. (2011). Environmental regulation of the neural epigenome. *FEBS Letters, 585*(13), 2049–2058.

Calhoun, L. G., & Tedeschi, R. G. (2006). *The handbook of posttraumatic growth:*

Research and practice. Mahwah, NJ: Erlbaum.

Calkins, S. D. (1994). Origins and outcomes of individual differences in emotion regulation. In N. A. Fox (Ed.), *The development of emotion regulation: Biological and behavioral considerations. Monographs of the Society for Research in Child Development, 59*(2–3, Serial No. 240), 53–72.

Calkins, S. D., & Hill, A. (2007). Caregiver influences on emerging emotion regulation: Biological and environmental transactions in early development. In J. J. Gross (Ed.), *Handbook of emotion regulation* (pp. 229–248). New York: Guilford Press.

Callaway, E. (2013, December 1). Fearful memories haunt mouse descendants. *Nature. www.nature.com/news/*

Cameron, I. G. M., Coe, B. C., Watanabe, M., Stroman, P. W., & Munoz, D. P. (2009). Role of the basal ganglia in switching a planned response. *European Journal of Neuroscience, 29*(12), 2413–2425.

Campos, J. J., Frankel, C. B., & Camras, L. A. (2004). On the nature of emotion regulation. *Child Development, 75*(2), 377–394.

Camras, L. A. (1992). Expressive development and basic emotions. *Cognition and Emotion, 3*, 269–283.

Camras, L., & Shuster, M. (2013). Current emotion research in developmental psychology. *Emotion Review, 5*(3), 321–329.

Capps, L., Sigman, M., & Mundy, P. (1994). Attachment security in children with autism. *Development and Psychopathology, 6*, 249–261.

Carhart-Harris, R. L. (2018). The entropic brain-revisited. *Neuropharmacology, 142*, 167–178.

Carhart-Harris, R. L., Bolstridge, M., Rucker, J., Day, C. M., Erritzoe, D., Kaelen, M., Bloomfield, M., Rickard, J. A., Forbes, B., Feilding, A., Taylor, D., Pilling, S., Curran, V. H., Nutt, D. J., (2016). Psilocybin with psychological support for treatment-resistant depression: an open-label feasibility study. *Lancet Psychiatry, 3*, 619–627.

Carhart-Harris, R. L., Friston, K. J., (2010). The default-mode, ego-functions and free-energy: a neurobiological account of Freudian ideas. *Brain, 133*, 1265–1283.

Carhart-Harris, R. L., & Goodwin, G. M. (2017). The therapeutic potential of psychedelic drugs: past, present, and future. *Neuropsychopharmacology, 42*, 2105–2113.

Carhart-Harris, R. L., Erritzoe, D., Haijen, E., Kaelen, M., & Watts, R. (2017). Psychedelics and connectedness. *Psychopharmacology (Berlin), 235*, 547.

Carlson, E. A. (1998). A prospective longitudinal study of disorganized and psychiatric relapse: A meta-analysis. *Archives of General Psychiatry, 55*, 547–552.

Carlson, E. B., Dalenberg, C., & McDade-Montez, E. (2012). Dissociation in post-traumatic stress disorder Part I: Definitions and review of research. *Psychological Trauma: Theory, Research, Practice, and Policy, 4*(5), 479–489.

Carlson, N. R. (2007). *Physiology of behavior* (9th ed.). Boston: Pearson Education.

Carlson, N. R., Miller, H. L., Jr., Heth, D. S., Donahore, J. W., & Martin, G. N. (2013). *Psychology: The science of behavior* (7th ed.). London: Pearson Higher Education.

Caroni, P., Donato, F., & Muller, D. (2012). Structural plasticity upon learning: Regulation and functions. *Nature Reviews Neuroscience, 13*(7), 478.

Carpenter, R. W., & Trull, T. J. (2013). Components of emotion dysregulation in borderline personality disorder: A review. *Current Psychiatry Reports, 15*(1), 335.

Carr, L., Iacoboni, M., Dubeau, M. C., Maziotta, J. C., & Lenzi, L. G. (2003). Neural mechanisms of empathy in humans: A relay from neural systems for imitation to limbic areas. *Proceedings of the National Academy of Sciences of the USA, 100*, 5497–5502.

Carrington, S. J., & Bailey, A. J. (2008). Are there theory of mind regions in the brain?: A review of the neuroimaging literature. *Human Brain Mapping, 30*(8), 2313–2335.

Carroll, S. (2016). *The big picture: On the origins of life, meaning, and the universe itself.* New York: Dutton/PenguinRandomHouse.

Carter, C. S. (2014). Oxytocin pathways and the evolution of human behavior. *Annual Review of Psychology, 65*, 17–39.

Carver, C. S., Johnson, S. L., & Timpano, K. R. (2017). Toward a functional view of the p factor in psychopathology. *Clinical Psychological Science, 5*, 800–889.

Carver, L., & Cluver, A. (2009). Stress effects on the brain system underlying explicit memory. In J. A. Quas & R. Fivush (Eds.), *Emotion and memory in development: Biological, cognitive, and social considerations* (pp. 278–312). New York: Oxford University Press.

Casey, B. J., Tottenham, N., Liston, C., & Durston, S. (2005). Imaging the developing brain: What have we learned about cognitive development? *Trends in Cognitive Sciences, 9*(3), 104–110.

Caspers, K. M., Paradiso, S., Yucuis, R., Troutman, B., Arndt, S., & Philibert, R. (2009). Association between the serotonin transporter promoter polymorphism (5-HTTLPR) and adult unresolved attachment. *Developmental Psychology, 45*(1), 64–76.

Caspi, A., Sugden, K., Moffitt, T. E., Taylor, A., Craig, I. W., Harrington, H., et al. (2003). Influence of life stress on depression: Moderation by a polymorphism in the 5-HTT gene. *Science, 301*(5631), 386–389.

Cassidy, J., & Shaver, P. R. (Eds.). (2008). *Handbook of attachment: Theory, research, and clinical applications* (2nd ed.). New York: Guilford Press.

Cassidy, J., & Shaver, P. R. (Eds.). (2016). *Handbook of attachment: Theory, research, and clincal applications* (3rd ed.). New York: Guilford Press.

Cattaneo, A., Macchi, F., Plazzotta, G., Veronica, B., Bocchio-Chiavetto, L., Riva, M. A., et al. (2015). Inflammation and neuronal plasticity: A link between childhood trauma and depression pathogenesis. *Frontiers in Cellular Neuroscience, 9*, 40.

Cela-Conde, C. J. J., Ayala, F. J., Munar, E., Maestú, F., Nadal, M., Capó, M. A., et al. (2009). From the cover: Sex-related similarities and differences in the neural correlates of beauty. *Proceedings of the National Academy of Sciences of the USA, 106*(10), 3847–3852.

Celeghin, A., Diano, M., Bagnis, A., Viola, M., & Tamieto, M. (2017). Basic emotions in human neuroscience: Neuroimaging and beyond. *Frontiers in Psychology, 8*, 1432.

Cerezo, M. A., Pons-Salvador, G., Trenado, R. M., & Sierra, P. (2016). Mother-infant verbal/nonverbal interaction as predictor of attachment: Non-linear dynamic analyses. *Nonlinear Dynamics, Psychology, and Life Sciences, 20*(4), 458–408.

Chae, Y., Goodman, G. S., Larson, R. P., Augusti, E. M., Alley, D., VanMeenen, K. M., et al. (2014). Children's memory and suggestibility about a distressing event: The role of children's and parents' attachment. *Journal of Experimental Child Psychology, 123*, 90–111.

Chai, L. R., Khambhati, A. N., Ciric, R., Moore, T. M., Gur, R. C., Gur, R. E., et al. (2017). Evolution of brain network dynamics in neurodevelopment. *Network Neuroscience, 1*(1), 14–30.

Chalmers, D. (2007). The hard problem of consciousness. In M. Valmans & S. Schneider (Eds.), *The Blackwell companion to consciousness* (pp. 223–235). New York: Blackwell.

Chamberlain, L. (1995). Strange attractors in patterns of family interaction. In R. Robertson & A. Combs (Eds.), *Chaos theory in psychology and the life sciences* (pp. 267–273). Mahwah, NJ: Erlbaum.

Champagne, F. A. (2008). Epigenetic mechanisms and the transgenerational effects of maternal care. *Frontiers in Neuroendocrinology, 29*, 386–397.

Chan, S., Sussmann, J., Chan, W., Sussmann, J., Romaniuk, L., Stewart, T., et al. (2016). Deactivation in anterior cingulate cortex during facial processing in young individuals with high familial risk and early development of depression: fMRI findings from the Scottish Bipolar Family Study. *Journal of Child Psychology and Psychiatry, 57*(11), 1277–1286.

Chanes, L., & Barrett, L. F. (2016). Redefining the role of limbic areas in cortical processing. *Trends in Cognitive Sciences, 20*, 96–106.

Chapman, B. P., & Goldberg, L. R. (2017). Act-frequency signatures of the Big Five. *Personality and Individual Differences, 116*, 201–205.

Chasiotis, A., Kiessling, F., Hofer, J., & Campos, D. (2006). Theory of mind and inhibitory control in three cultures: Conflict inhibition predicts false belief understanding in Germany, Costa Rica and Cameroon. *International Journal of Behavioral Development, 30*, 249–260.

Chefetz, R. A. (2015). *Intensive psychotherapy for persistent dissociative processes.* New York: Norton.

Chen, E., Langer, D. A., Raphaelson, Y. E., & Matthews, K. A. (2015). Socioeconomic status and health in adolescents: The role of stress interpretations. *Child Development, 75*, 1039–1052.

Chen, J., Yamahachi, H., & Gilbert, C. D. (2010). Experience-dependent gene expression in adult visual cortex. *Cerebral Cortex, 20*(3), 650–660.

Chen, S. X., Benet-Martínez, V., & Bond, M. H. (2008). Bicultural identity, bilingualism, and psychological adjustment in multicultural societies: Immigration-based and globalization-based acculturation. *Journal of Personality, 76*(4), 803–838.

Chen, S. X., Boucher, H. C., & Tapias, M. P. (2006). The relational self revealed: Integrative conceptualization and implications for interpersonal life. *Psychological Bulletin, 132*(2), 151–179.

Cheng, Y., Chen, C., Lin, C. P., Chou, K. H., & Decety, J. (2010). Love hurts: An fMRI study. *NeuroImage, 51*(2), 923–929.

Chepenik, L. G., Raffo, M., Hampson, M., Lacadie, C., Wang, F., Jones, M. M., et al. (2010). Functional connectivity between ventral prefrontal cortex and amygdala at low frequency in the resting state in bipolar disorder. *Psychiatry Research: Neuroimaging, 182*, 207–210.

Cheung, M., Chan, A. S., Liu, Y., Law, D., & Wong, C. W. Y. (2017). Music training is associated with cortical synchronization reflected in EEG coherence during verbal memory encoding. *PLoS One, 12*(3), e0174906.

Chiang, C. C., Shivacharan, R. S., Wei, X., Gonzalez-Reyes, L. E., & Durand, D. M. (2019). Slow periodic activity in the longitudinal hippocampal slide can self-propagate non-synaptically by a mechanism consistent with ephaptic coupling. *Journal of Physiology, 597*(1), 249–269.

Chiao, J. Y., Iidaka, T., Gordon, H. L., Nogawa, J., Bar, M., Aminoff, E., et al. (2008). Cultural specificity in amygdala response to fear faces. *Journal of Cognitive Neuroscience, 20*(12), 2167–2174.

Chiao, J. Y., & Immordino-Yang, M. H. (2013). Modularity and the cultural mind: Contributions of cultural neuroscience to cultural theory. *Perspectives on Psychological Science, 8*(1), 56–61.

Chiron, C., Jambaque, I., Nabbot, R., Lounes, R., Syrota, A., & Dulac, O. (1997). The right brain is dominant in human infants. *Brain, 120*, 1057–1065.

Chisholm, K. (2000). Attachment in children adopted from Romanian orphanages: Two case studies. In P. M. Crittenden & A. H. Claussen (Eds.), *The organization of attachment relationships: Maturation, culture, and context* (pp. 171–189). New York: Cambridge University Press.

Chiu, C., Schmithorst, V., Brown, R., Holland, S., & Dunn, S. (2006). Making memories: A cross-sectional investigation of episodic memory encoding in childhood using fMRI. *Developmental Neuropsychology, 29*(2), 321–340.

Cho, J., Kogan, S. M., & Brody, G. H. (2016). Genetic moderation of transactional relations between parenting practices and child self-regulation. *Journal of Family Psychology, 30*(7), 780.

Choi, S. H., Bylykbashi, E., Chatilal, Z. K., Star, W. L., Pulli, B., Gregory, D. C., et al. (2018). Combined adult neurogenesis and BDNF mimic exercise effects on cognition in an Alzheimer's mouse model. *Science, 361*(6406).

Choi, U.-S., Sung, Y.-W., Hong, S., Chung, J. Y., & Ogawa, S. (2015). Structural and functional plasticity specific to musical training with wind instruments. *Frontiers in Human Neuroscience, 9*.

Choudhury, S., & Slaby, J. (2012). *Critical neuroscience: A handbook of the social and cultural contexts.* West Sussex, UK: Wiley–Blackwell.

Choy, K., & van den Buuse, M. (2007). Attenuated disruption of prepulse inhibition by dopaminergic stimulation after maternal deprivation and adolescent corticosterone treatment in rats. *European Neuropsychopharmacology, 18*(1), 1–13.

Christakis, N. A., & Fowler, J. H. (2009). *Connected: The surprising power of our social networks and how they shape our lives.* New York: Little, Brown.

Christianson, S. A., & Lindholm, T. (1998). The fate of traumatic memories in childhood and adulthood. *Development and Psychopathology, 10*, 761–780.

Chu, C.-S., Stubbs, B., Chen, T.-Y., Tang, C.-H., Li, D.-J., Yang, W.-C., et al. (2018). The effectiveness of adjunct mindfulness-based intervention in treatment of bipolar disorder: A systematic review and meta-analysis. *Current Opinion in Psychology, 28*, 172–178.

Chun, M., & Turk-Browne, N. (2007). Interactions between attention and memory. *Current Opinion in Neurobiology, 17*(2), 177–184.

Chung, D. (2018). The mental protection system for protective behaviors: The social brain and the mental immune system. *Journal of Behavioral and Brain Science, 8*(1), 31–55.

Chura, L. R. R., Lombardo, M. V., Ashwin, E., Auyeung, B., Chakrabarti, B., Bullmore, E. T., et al. (2010). Organizational effects of fetal testosterone on human corpus callosum size and asymmetry. *Psychoneuroendocrinology, 35*(1), 122–132.

Ciaramelli, E., & di Pelligrino, G. (2011). Ventromedial prefrontal cortex and the future of morality. *Emotion Review, 3*(3), 308–309.

Cicchetti, D. (2013). Annual research review: Resilient functioning in maltreated children: Past, present, and future perspectives. *Journal of Child Psychology and Psychiatry, 54*(4), 402–422.

Cicchetti, D., Ackerman, B. P., & Izard, C. (1995). Emotions and emotion regulation in developmental psychopathology. *Development and Psychopathology, 7*, 1–10.

Cicchetti, D., & Curtis, W. J. (2006). The developing brain and neural plasticity: Implications for normality, psychopathology, and resilience. In D. Cicchetti & D. J. Cohen (Eds.), *Developmental psychopathology: Developmental neuroscience* (2nd ed., Vol. 2, pp. 1–64). Hoboken, NJ: Wiley.

Cicchetti, D., & Lynch, M. (1993). Toward an ecological/transactional model of community violence and child maltreatment: Consequences for children's development. *Psychiatry, 53*, 96–118.

Cicchetti, D., & Rogosch, F. A. (Eds.). (1997a). Self-organization [Special issue]. *Development and Psychopathology, 9*(4).

Cicchetti, D., & Rogosch, F. A. (1997b). The role of self-organization in the promotion of resilience in maltreated children. *Development and Psychopathology, 9*, 797–816.

Cicchetti, D., & Rogosch, F. A. (2009). Adaptive coping under conditions of extreme stress: Multilevel influences on the determinants of resilience in maltreated children. *New Directions for Child and Adolescent Development, 2009*(124), 47–59.

Cicchetti, D., & Rogosch, F. A. (2012). Gene × environment interaction and resilience: Effects of child maltreatment and serotonin, corticotropin releasing hormone, dopamine, and oxytocin genes. *Development and Psychopathology, 24*(2), 411–427.

Cicchetti, D., Rogosch, F. A., & Toth, S. L. (2006). Fostering secure attachment in infants in maltreating families through preventive interventions. *Development and Psychopathology, 18*(3), 623–649.

Cicchetti, D., & Toth, S. (Eds.). (1998). Risk, trauma, and memory [Special issue]. *Development and Psychopathology, 10*(4).

Ciompi, L. (1991). Affects as central organising and integrating factors: A new psychosocial/biological model of the psyche. *British Journal of Psychiatry, 159*, 97–105.

Cisler, J. M., James, G. A., Tripathi, S., Mletzko, T., Heim, C., Hu, X. P. (2013). Differential functional connectivity within an emotion regulation neural network among individuals resilient and susceptible to the depressogenic effects of early life stress. *Psychological Medicine, 43*(3), 507–518.

Clark, A. (2013a). Are we predictive engines?: Perils, prospects, and the puzzle of the porous perceiver. *Behavioral and Brain Sciences, 36*, 233–253.

Clark, A. (2013b). Whatever next?: Predictive brains, situated agents, and the future of cognitive science. *Behavioral and Brain Sciences, 36*, 181–204.

Clarke, A. J., & Butler, L. T. (2008). Dissociating word stem completion and cued recall as a function of divided attention at retrieval. *Memory, 16*(1), 763–772.

Coan, J. A. (2010). Emergent ghosts of the emotion machine. *Emotion Review, 2*(3), 274–285.

Coan, J. A. (2016). Toward a neuroscience of attachment. In J. Cassidy & P. R. Shaver (Eds.), *Handbook of attachment: Theory, research, and clinical applications* (3rd ed., pp. 242–272). New York: Guilford Press.

Coan, J. A., Schaefer, H. S., & Davidson, R. J. (2006). Lending a hand: Social regulation of the neural response to threat. *Psychological Science, 17*(12), 1032–1039.

Coey, C. A., Varlet, M., & Richardson, M.

J. (2012). Coordination dynamics in a socially situated nervous system. *Frontiers in Human Neuroscience 6*, 1–12.

Cohen, M., & Shaver, P. (2004). Avoidant attachment and hemispheric lateralisation of the processing of attachment- and emotion-related words. *Cognition and Emotion, 18*(6), 799–813.

Cohen-Bendahan, C. C., Buitelaar, J. K., van Goozen, S. H. M., & Cohen-Kettenis, P. T. (2004). Prenatal exposure to testosterone and functional cerebral lateralization: A study in same-sex and opposite-sex twin girls. *Psychoneuroendocrinology, 29*(7), 911–916.

Cole, P. M., Bruschi, C. J., & Tamang, B. L. (2003). Cultural differences in children's emotional reactions to difficult situations. *Child Development, 73*(3), 983–996.

Cole, P. M., & Deater-Deckard, K. (2009). Emotion regulation, risk, and psychopathology. *Journal of Child Psychology and Psychiatry, 50*(11), 1327–1330.

Cole, P. M., Dennis, T. A., Smith-Simon, K. E., & Cohen, L. H. (2009a). Preschoolers' emotion regulation strategy understanding: Relations with emotion socialization and child self-regulation. *Social Development, 18*(2), 324–352.

Cole, P. M., Llera, S. J., & Pemberton, C. K. (2009b). Emotional instability, poor emotional awareness, and the development of borderline personality. *Development and Psychopathology, 21*(4), 1293–1310.

Colle, L., Baron, S.-C., Wheelwright, S., & van Der Lely, H. K. J. (2007). Narrative discourse in adults with high-functioning autism or Asperger syndrome. *Journal of Autism and Developmental Disorders, 38*(1), 28–40.

Condon, P. (2019). Meditation in context: Factors that facilitate prosocial behavior. *Current Opinion in Psychology, 28*, 15–19.

Coney, J. (2002). Lateral asymmetry in phonological processing: Relating behavioral measures to neuroimaged structures. *Brain and Language, 80*(3), 355–365.

Conklin, Q. A., Crosswell, A. D., Saron, C. D., & Epel, E. S. (2019). Meditation, stress processes, and telomere biology. *Current Opinion in Psychology, 28*, 92–101.

Conradi, H. J., & de Jonge, P. (2009). Recurrent depression and the role of adult attachment: A prospective and a retrospective study. *Journal of Affective Disorders, 116*(1), 93–99.

Conway, M. A., & Pleydell-Pearce, C. W. (2000). The construction of autobiographical memories in the self memory system. *Psychological Review, 107*, 261–288.

Conway, M. A., Pleydell-Pearce, C. W., Whitecross, S., & Sharpe, H. (2002). Brain imaging autobiographical memory. In B. H. Ross (Ed.), *The psychology of learning and motivation: Advances in research and theory* (Vol. 41, pp. 229–264). San Diego, CA: Academic Press.

Conway, M. A., Wang, Q., Hanyu, K., & Haque, S. (2005). A cross-cultural investigation of autobiographical memory: On the universality and cultural variation of the reminiscence bump. *Journal of Cross-Cultural Psychology, 36*(6), 739–749.

Cook, A., Spinazzola, J., Ford, J., Lanktree, C., Blaustein, M., Cloitre, M., et al. (2017). Complex trauma in children and adolescents. *Psychiatric Annals, 35*(5), 390–398.

Cooper, S. J. (2005). Donald O. Hebb's synapse and learning rule: A history and commentary. *Neuroscience and Biobehavioral Reviews, 28*(8), 851–874.

Coplan, R. J., Arbeau, K. A., & Armer, M. (2007). Don't fret, be supportive!: Maternal characteristics linking child shyness to psychosocial and school adjustment in kindergarten. *Journal of Abnormal Child Psychology, 36*(3), 359–371.

Coppola, G., Ponzetti, S., Aureli, T., & Vaughn, B. E. (2016). Patterns of emotion regulation at two years of age: Associations with mothers' attachment in a fear eliciting situation. *Attachment and Human Development, 18*(1), 16–32.

Corballis, M. C. (2014). Left brain, right brain: Facts and fantasies. *PLoS Biology, 12*(1), e1001767.

Corrigan, F., Fisher, J., & Nutt, D. (2011). Autonomic dysregulation and the window of tolerance model of the effects of complex emotional trauma. *Journal of Psychopharmacology, 25*(1), 17–25.

Cortes Hidalgo, A. P., Muetzel, R. M., Luijk, M. P. C., Bakermans-Kranenburg, M. J., El Marroun, H., Vernooij, M. W., van IJzendoorn, M. H., White, T., & Tiemeier, H. (2019). Observed infant-parent attachment and brain morphology in middle childhood: A population-based study. *Developmental Cognitive Neuroscience.*

Cortina, M., & Liotti, G. (2010). The intersubjective and cooperative origins of consciousness: An evolutionary–developmental approach. *Journal of the American Academy of Psychoanalysis and Dynamic Psychiatry, 38*(2), 291–314.

Costandi, M. (2016). *Neuroplasticity.* Cambridge, MA: MIT Press.

Costanzo, E. Y., Villarreal, M., Drucaroff, L. J., Ortiz-Villafane, M., Castro, M. N., Goldschmidt, M., et al. (2015). Hemispheric specialization in affective responses, cerebral dominance for language, and handedness: Lateralization of emotion, language, and dexterity. *Behavioural Brain Research, 288*, 11–19.

Courage, M. L., & Howe, M. L. (2010). Autobiographical memory: Individual differences and developmental course. In A. Gruszka, G. Matthews, & B. Szymura (Eds.), *Handbook of individual differences in cognition: Attention, memory, and executive control* (pp. 403–417). New York: Springer.

Courtin, C., & Merlot, A.-M. (2004). Metacognitive development of deaf children: Lessons from the appearance–reality and false belief tasks. *Developmental Science, 8*(1), 16–25.

Cowan, N. (2010). The magical mystery four: How is working memory capacity limited, and why? *Current Directions in Psychological Science, 19*(1), 51–57.

Cowan, N. (2016). *Working memory capacity: Classic edition.* New York: Routledge.

Cowdin, N., Kobayashi, I., & Mellman, T. A. (2014). Theta frequency activity during rapid eye movement (REM) sleep is greater in people with resilience versus PTSD. *Experimental Brain Research, 232*(5), 1479–1485.

Cowley, S. J. (2008). The codes of language: Turtles all the way up? In M. Barbieri (Ed.), *Biosemiotics, Vol. 1, Part 4: The codes of life* (pp. 319–345). Dordrecht, The Netherlands: Springer.

Coyle, D. (2009). *The talent code.* New York: Bantam/Random House.

Cozolino, L. (2006). *The neuroscience of human relationships: Attachment and the developing social brain.* New York: Norton.

Cozolino, L. (2008). *The healthy aging brain: Sustaining attachment, attaining wisdom.* New York: Norton.

Cozolino, L. (2017). *The neuroscience of psychotherapy: Healing the social brain.* New York: Norton.

Craig, A. D. (2002). How do you feel?: Interoception: The sense of the physiological condition of the body. *Nature Reviews Neuroscience, 2*(8), 655–666.

Craig, A. D. (2009). How do you feel—now?: The anterior insula and human awareness. *Nature Reviews Neuroscience, 10*, 59–70.

Craig, A. D. (2010). The sentient self. *Brain Structure and Function, 214*(5–6), 563–577.

Craig, A. D. (2011). Significance of the insula for the evolution of human awareness of feelings from the body. *Annals of the New York Academy of Sciences, 1225*, 72–82.

Craik, F. I. M., & Bialystok, E. (2006). Cognition through the lifespan: Mechanisms of change. *Trends in Cognitive Sciences, 10*(3), 131–138.

Cramer, S. C., & Riley, J. D. (2008). Neuroplasticity and brain repair after stroke. *Current Opinion in Neurology, 21*, 76–82.

Crane, T. (2016). *The mechanical mind: A philosophical introduction to minds, machines and mental representation.* London: Routledge, Taylor & Francis Group.

Crawford, A., & Benoit, D. (2009). Caregivers' disrupted representations of the unborn child predict later infant–caregiver disorganized attachment and disrupted interactions. *Infant Mental Health Journal, 30*(2), 124–144.

Crawley, S., & French, C. (2005). Field and observer viewpoint in remember–know memories of personal childhood events. *Memory, 13*(7), 673–681.

Creanza, N., Kolodny, O., & Feldman, M. W. (2017) Cultural evolutionary theory: how culture evolves and why it matters. *Proceedings of the National Academy of Sciences, 114*(30), 7782–7789.

Creswell, J. D., Eisenberger, N. I., & Lieberman, M. D. (2007). *Neurobehavioral correlates of mindfulness during social exclusion.* Unpublished manuscript, University of California, Los Angeles, CA.

Creswell, J. D., Irwin, M. R., Burklund,

L. J., Lieberman, M. D., Arevalo, J. M. G., Ma, J., Breen, E. C., & Cole, S. W. (2012). Mindfulness-based stress reduction training reduces loneliness and pro-inflammatory gene expression in older adults: A small randomized controlled trial. *Brain, Behavior, and Immunity, 26,* 1095–1101.

Creswell, J. D., Pacilio, L. E., Lindsay, E. K., & Brown, K. (2014). Brief mindfulness meditation training alters psychological and neuroendocrine responses to social evaluative stress. *Psychoneuroendocrinology, 44,* 1–12.

Creswell, J. D., Taren, A. A., Lindsay, E. K., Greco, C. M., Gianaros, P. J., Fairgrieve, A., Marsland, A. L., et al. (2016). alterations in resting-state functional connectivity link mindfulness meditation with reduced interleukin 6: A randomized controlled trial. *Biological Psychiatry, 80,* 53–61.

Crick, F. (1994). *The astonishing hypothesis.* New York: Scribner.

Crick, F., & Koch, C. (2003). A framework for consciousness. *Nature Neuroscience, 6,* 119–126.

Critchley, H. D. (2004). The human cortex responds to an interoceptive challenge. *Proceedings of the National Academy of Sciences of the USA, 101*(17), 6333–6334.

Critchley, H. D. (2005). Neural mechanisms of autonomic, affective, and cognitive integration. *Journal of Computational Neurology, 493*(1), 154–166.

Critchley, H. D. (2009). Psychophysiology of neural, cognitive, and affective integration: fMRI and autonomic indicants. *International Journal of Psychophysiology, 73*(2), 88–94.

Critchley, H. D., & Garfinkel, S. (2017). Interocepton and emotion. *Current Opinion in Psychology, 17,* 7–14.

Critchley, H. D., Wiens, S., Rotshtein, P., Ohman, A., & Dolan, R. J. (2004). Neural systems supporting interoceptive awareness. *Nature Neuroscience, 7*(2), 189–195.

Crowell, J. A., Fraley, C., & Roisman, G. I. (2016). Measurement of individual differences in adult attachment. In J. Cassidy & P. R. Shaver (Eds.), *Handbook of attachment: Theory, research, and clinical applications* (3rd ed., pp. 598–638). New York: Guilford Press.

Crowell, J. A., O'Connor, E., Wollmers, G., Sprafkin, J., & Rao, U. (1992). Mothers' conceptualizations of parent–child relationships: Relation to mother–child interaction and child behavior problems. *Development and Psychopathology, 3,* 431–444.

Crown, C. L., Feldstein, S., Jasnow, M. D., Beebe, B., & Jaffe, J. (2002). The cross-modal coordination of interpersonal timing: Six-week-olds infants' gaze with adults' vocal behavior. *Journal of Psycholinguistic Research, 31*(1), 1–23.

Csermely, D. (2004). Lateralisation in birds of prey: Adaptive and phylogenetic considerations. *Behavioural Process, 67*(3), 511–520.

Csikszentmihalyi, M. (2008). *Flow: The psychology of optimal experience.* New York: Harper Perennial. (Original work published 1990).

Cunningham, J. N., Kliewer, W., & Garner, P. W. (2009). Emotion socialization, child emotion understanding and regulation, and adjustment in urban African American families: Differential associations across child gender. *Development and Psychopathology, 21*(1), 261–283.

Curran, H. V., & Morgan, C. (2000). Cognitive, dissociative and psychotogenic effects of ketamine in recreational users on the night of drug use and 3 days later. *Addiction, 95*(4), 575–590.

Curry, O., & Dunbar, R. I. M. (2013). Do birds of a feather flock together?: The relationship between similarity and altruism in social networks. *Human Nature, 24,* 336–347.

Curtis, W. J., & Cicchetti, D. (2003). Moving research on resilience into the 21st century: Theoretical and methodological considerations in examining the biological contributors to resilience. *Development and Psychopathology, 15,* 773–810.

Cyr, C., Euser, E. M., Bakermans-Kranenburg, M. J., & van IJzendoorn, M. H. (2010). Attachment security and disorganization in maltreating and high-risk families: A series of meta-analyses. *Development and Psychopathology, 22*(1), 87–108.

Dahl, C. J., & Davidson, R. J. (2019). Mindfulness and the contemplative life: Pathways to connection, insight and purpose. *Current Opinion in Psychology, 28,* 60–64.

Dahl, J. J., Sonne, T., Kingo, O. S., & Krøjgaard, P. (2013). On the development of episodic memory: Two basic questions. *Nordic Psychology, 65*(2), 189–207.

Dakić, B., & Brukner, Č. (2011). Quantum theory and beyond: Is entanglement special? In H. Halvorson (Ed.), *Deep beauty: Understanding the quantum world through mathematical innovation* (pp. 365–392). Cambridge, UK: Cambridge University Press.

D'Alberto, N., Funnell, M., Potter, A., & Garavan, H. (2017). A split-brain case study on the hemispheric lateralization of inhibitory control. *Neuropsychologia, 99*, 24–29.

Dalgleish, T., Hauer, B., & Kuyken, W. (2008). The mental regulation of autobiographical recollection in the aftermath of trauma. *Current Directions in Psychological Science, 17*(4), 259–263.

Damasio, A. R. (1989). Time-locked multiregional retroactivation: A systems level proposal for the neural substrates of recall and recognition. *Cognition* 33, 25–36.

Damasio, A. R. (1998). Emotion in the perspective of an integrated nervous system. *Brain Research Reviews, 26*, 83–86.

Damasio, A. R. (2000). *The feeling of what happens: Body and emotion in the making of consciousness.* Orlando, FL: Harcourt, Brace.

Damasio, A. R. (2001). Emotion and the human brain. *Annals of the New York Academy of Sciences, 935*, 101–106.

Damasio, A. R. (2005). *Descartes' error: Emotion, reason, and the human brain.* New York: Penguin. (Original work published 1994).

Damasio, A. R. (2010). *Self comes to mind: Constructing the conscious brain.* New York: Pantheon/Random House.

Damasio, A. R. (2018). *The strange order of things: Life, feeling, and the making of cultures.* New York: Pantheon.

Damasio, A. R., Adolphs, R., & Damasio, H. (2003). The contributions of the lesion method to the functional neuroanatomy of emotion. In R. J. Davidson, K. R. Scherer, & H. H. Goldsmith (Eds.), *Handbook of affective sciences* (pp. 66–92). New York: Oxford University Press.

Damasio, A. R., & Carvalho, G. B. (2013). The nature of feelings: Evolutionary and neurobiological origins. *Nature Reviews Neuroscience, 14*(2), 143.

Damasio, A. R., Grabowski, T. J., Bechara, A., Damasio, H., Ponto, L. L. B., Parvizi, J., et al. (2000). Subcortical and cortical brain activity during the feeling of self-generated emotions. *Nature Neuroscience, 3*, 1049–1056.

Damasio, A. R., & Meyer, K. (2008). Behind the looking glass. *Nature, 454*, 167–168.

Dana, D. (2018). *The polyvagal theory in therapy: The rhythm of regulation.* New York: Norton.

Dancause, N., Barbay, S., Frost, S. B., Plautz, E. J., Chen, D., Zoubina, E. V., et al. (2005). Extensive cortical rewiring after brain injury. *Journal of Neuroscience, 25*(44), 10167–10179.

Daniels, D., Baker, L., Daniels, D., Killen, J., & Siegel, D. J. (in press). *Wholeness: How temperament and attachment intertwine in the creation of adult personality.* New York: Norton.

Dannlowski, U., Stuhrmann, A., Beutelmann, V., Zwanzger, P., Lenzen, T., Grotegerd, D., et al. (2012). Limbic scars: Long-term consequences of childhood maltreatment revealed by functional and structural magnetic resonance imaging. *Biological Psychiatry, 71*(4), 286–293.

Daprati, E., Sirigu, A., & Nico, D. (2010). Body and movement: Consciousness in the parietal lobes. *Neuropsychologia, 48*(3), 756–762.

Dapretto, M., Davies, M. S., Pfeifer, J. H., Scott, A. A., Sigman, M., Bookheimer, S. Y., et al. (2005). Understanding emotions in others: Mirror neuron dysfunction in children with autism spectrum disorders. *Nature Neuroscience, 9*, 28–30.

D'Argembeau, A., Ruby, P., Collette, F., Degueldre, C., Balteau, E., Luxen, A., et al. (2007). Distinct regions of the medial prefrontal cortex are associated with self-referential processing and perspective taking. *Journal of Cognitive Neuroscience, 19*(6), 935–944.

Davanger, S., Ellingsen, O., Holen, A., & Hugdahl, K. (2010). Meditation-specific prefrontal cortical activation during Acem meditation: An fMRI study. *Perceptual and Motor Skills, 111*(1), 291–306.

David, D., Florea, C., & Pop, A. (2010). Culture–process and phenomenon, synchronic and diachronic, particular and universal. *Procedia—Social and Behavioral Sciences, 2*(2), 1158–1163.

Davidson, R. J. (2003). Affective neuroscience and psychophysiology: Toward a synthesis. *Psychophysiology, 40*(5), 655–665.

Davidson, R. J., & Begley, S. (2012). *The emotional life of your brain: How its unique patterns affect the way you think, feel, and live—and how you can change them.* New York: Penguin.

Davidson, R. J., & Dahl, C. J. (2017). The varieties of contemplative practices. *JAMA Psychiatry, 74*(2), 121–123.

Davidson, R. J., & Dahl, C. J. (2018). Outstanding challenges in scientific research on mindfulness and meditation. *Perspectives on Psychological Sciences, 13*(1), 62–65.

Davidson, R. J., & Kazniak, A. W. (2015). Conceptual and methodological issues in research on mindfulness and meditation. *American Psychologist, 70*(7), 581–592.

Davidson, R. J., & McEwen, B. S. (2012). Social influences on neuroplasticity: Stress and interventions to promote well-being. *Nature Neuroscience, 15*, 689–695.

Davidson, R. J., Pizzagalli, D., Nitschke, J. B., & Kalin, N. (2003a). Parsing the subcomponents of emotion and disorders of emotion: Perspectives from affective neuroscience. In R. J. Davidson, K. R. Scherer, & H. H. Goldsmith (Eds.), *Handbook of affective sciences* (pp. 8–24). New York: Oxford University Press.

Davidson, R. J., Scherer, K. R., & Goldsmith, H. H. (Eds.). (2003b). *Handbook of affective sciences.* New York: Oxford University Press.

Davidson, R. J., Scherer, K. R., & Goldsmith, H. H. (2003c). Introduction: Neuroscience. In R. J. Davidson, K. R. Scherer, & H. H. Goldsmith (Eds.), *Handbook of affective sciences* (pp. 3–7). New York: Oxford University Press.

Davis, K. L., & Panksepp, J. (2018). *The emotional foundations of personality: A neurobiological and evolutionary approach.* New York: Norton.

Davis, M. (1992). The role of the amygdala in fear and anxiety. *Annual Review of Neuroscience, 15*, 353–375.

Davis, T. J., Morris, M., & Drake, M. M. (2016). The moderation effect of mindfulness on the relationship between adult attachment and wellbeing. *Personality and Individual Differences, 96*, 115–121.

Davis, W. (2009). *Why ancient wisdom matters in the modern world.* Toronto, CA: House of Anasai Press.

Dawson, G., Klinger, L. G., Panagiotides, H., Hill, D., & Spieker, S. (2008). Frontal lobe activity and affective behavior of infants of mothers with depressive symptoms. *Child Development, 63*(3), 725–737.

Dawson-Tunik, T., Fischer, K., & Stein, Z. (2004). Do stages belong at the center of developmental theory?: A commentary on Piaget's stages. *New Ideas in Psychology, 22*(3), 255–263.

Deak, G. O., Bartlett, M. S., & Jebara, T. (2007). New trends in cognitive science: Integrative approaches to learning and development. *Neurocomputing, 70*(13–15), 2139–2147.

Deakin, J. F. W., Lees, J., McKie, S., Hallak, J. E. C., Williams, S. R., & Dursun, S. M. (2008). Glutamate and the neural basis of the subjective effects of ketamine. *Archives of General Psychiatry, 65*(2), 154–164.

De Bellis, M. D. (2005). The psychobiology of neglect. *Child Maltreatment, 10*(2), 150–172.

De Bellis, M. D., & Zisk, A. (2014). The biological effects of childhood trauma. *Child and Adolescent Psychiatric Clinics of North America, 23*(2), 185–222.

Debiec, J., Doyere, V., Nader, K., & LeDoux, J. E. (2006). Directly reactivated, but not indirectly reactivated, memories undergo reconsolidation in the amygdala. *PNAS, 103*(9), 3428–3433.

Debiec, J., & LeDoux, J. E. (2009). The amygdala and the neural pathways of fear. In P. J. Shiromani, T. M. Keane, & J. E. LeDoux (Ed.), *Post-traumatic stress disorder: Basic science and clinical practice* (pp. 23–38). Totowa, NJ: Humana Press.

Decety, J., & Chaminade, T. (2003). When the self represents the other: A new cognitive neuroscience view on psychological identification. *Consciousness and Cognition, 12*(4), 577–596.

Decety, J., & Michalska, K. J. (2010). Neurodevelopmental changes in the circuits underlying empathy and sympathy from childhood to adulthood. *Developmental Science, 13*(6), 886–899.

deCharms, R. C., & Zador, A. (2000). Neural representation and the cortical code. *Annual Review of Neuroscience, 23*(1), 613–647.

Deco, G., & Kringelbach, M. L. (2014). Great expectations: Using whole-brain computational connectomics for understanding neuropsychiatric disorders. *Neuron, 84*, 892–905.

Deco, G., & Kringelbach, M. L. (2016). Metastability and coherence: Extending the communication through coherence hypothesis using a whole-brain computational perspective. *Trends in Neuroscience, 39*(3), 125–135.

Deco, G., & Kringelbach, M. L. (2017). Metastability and coherence: Extending the communication through coherence hypothesis using a whole-brain computational perspective. *Trends in Neurosciences, 39*(3), 125–135.

Deco, G., Tononi, G., Boly, M., & Kringelbach, M. L. (2015). Rethinking segregation and integration: Contributions of whole-brain modelling. *Nature Reviews Neuroscience, 16*(7), 430–439.

De Dreu, C. K. (2012). Oxytocin modulates the link between adult attachment and cooperation through reduced betrayal aversion. *Psychoneuroendocrinology 37*, 871–880.

De Dreu, C. K., Greer, L. L., Handgraaf, M. J., Shalvi, S., Van Kleef, G. A., Baas, M., et al. (2010). The neuropeptide oxytocin regulates parochial altruism in intergroup conflict among humans. *Science, 328*, 1408–1411.

Degonda, N., Mondadori, C. R. A., Bosshardt, S., Schmidt, C. F., Boesiger, P., Nitsch, R. M., et al. (2005). Implicit associative learning engages the hippocampus and interacts with explicit associative learning. *Neuron, 46*(3), 505–520.

de Groote, H. F. (2011). Classical and quantum observables. In H. Halvorson (Ed.), *Deep beauty: Understanding the quantum world through mathematical innovation* (pp. 239–370). Cambridge: Cambridge University Press.

de Haas, M., Bakermans-Kranenburg, M., & van IJzendoorn, M. H. (1994). The Adult Attachment Interview and questionnaires for attachment style, temperament and memories of parental behavior. *Journal of Genetic Psychology, 155*, 471–486.

de Kloet, E. R., Joels, M., & Holsboer, F. (2006). Stress and the brain: From adaptation to disease. *Nature Reviews Neuroscience, 6*, 463–475.

DeKlyen, M., & Greenberg, M. T. (2016). Attachment and psychopathology in childhood. In J. Cassidy & P. R. Shaver (Eds.), *Handbook of attachment: Theory, research, and clinical applications* (3rd ed., pp. 639–665). New York: Guilford Press.

Dell, P. F., & O'Neil, J. A. (Eds.). (2009). *Dissociation and the dissociative disorders: DSM–V and beyond.* New York: Routledge.

Demanuele, C., Kirsch, P., Esslinger, C., Zink, M., Meyer-Lindenberg, A., & Durstewitz, D. (2015). Area-specific information processing in prefrontal cortex during a probabilistic inference task: A multivariate fMRI BOLD time series analysis. *PLoS One, 10*(8), e0135424.

Denes, G. (2015). *Neural plasticity across the lifespan: How the brain can change.* New York: Psychology Press.

Denissen, J. J., & Penke, L. (2008). Motivational individual reaction norms underlying the Five-Factor model of personality: first steps towards a theory-based conceptual framework. *Journal of Research Perspectives, 42*, 1285–1302.

de Oliveira-Souza, R., Moll, J., & Grafman, J. (2011). Emotion and social cognition: Lessons from contemporary human neuroanatomy. *Emotion Review, 3*(3), 310–312.

DeOliveira, C. A. A., Moran, G., & Peterson, D. (2005). Understanding the link between maternal adult attachment classifications and thoughts and feelings about emotions. *Attachment and Human Development, 7*(2), 153–170.

Deoni, S. C., Mercure, E., Blasi, A., Gasston, D., Thomson, A., Johnson, M., et al. (2011). Mapping infant brain myelination with magnetic resonance imaging. *Journal of Neuroscience, 31*(2), 784–791.

de Quervain, D. J., Aerni, A., Schelling, G., & Roozendaal, B. (2009). Glucocorticoids and the regulation of memory in health and disease. *Frontiers in Neuroendocrinology, 30*(3), 358–370.

de Quervain, D. J., Kolassa, I.-T., Ert, V., Onyut, P. L., Neuner, F., Elbert, T., et al. (2007). A deletion variant of the 2b-adrenoceptor is related to emotional memory in Europeans and Africans. *Nature Neuroscience, 10*, 1137–1139.

Derakhshan, I. (2010). It is all quiet in the minor hemisphere: An investigation into the laterality of consciousness, attention and vision in the human brain. *Biomedicine International, 1*(1), 3–15.

Derby, D. (2005). *Us versus them: The science of identity.* Chicago: University of Chicago Press.

Derryberry, D., & Reed, M. (2003). Information processing approaches to individual differences in emotional reactivity. In R. J. Davidson, K. R. Scherer, & H. H. Goldsmith (Eds.), *Handbook of affective sciences* (pp. 681–697). New York: Oxford University Press.

Deris, N., Montag, C., Reuter, M., Weber, B., and Markett, S. (2017). Functional connectivity in the resting brain as biological correlate of the Affective Neuroscience Personality Scales. *Neuroimage, 147*, 423–431.

de Saint-Exupéry, A. (2018). *The Little Prince.* New Delhi: Rupa Publications.

Desmurget, M., Bonnetblanc, F., & Duffau, H. (2007). Contrasting acute and slow growing lesions: A new door to brain plasticity. *Brain, 130*(4), 898–914.

Devine, R. T., & Hughes, C. (2014). Relations between false belief understanding and executive function in early childhood: A meta-analysis. *Child Development, 85*(5), 1777–1794.

de Wolff, M. S., & van IJzendoorn, M. H. (1997). Sensitivity and attachment: A meta-analysis of parental antecedents of infant attachment. *Child Development, 68*, 571–591.

Diamond, A. (2006). Interrelated and interdependent. *Developmental Science, 10*(1), 152–158.

Dias, B., & Ressler, K. J. (2014). Parental olfactory experience influences behavior and neural structure in subsequent generations. *Nature Neuroscience, 17*, 89–96.

Dickerson, S. S., & Kemeny, M. E. (2004). Acute stressors and cortisol responses: A theoretical integration and synthesis of laboratory research. *Psychological Bulletin, 130*, 355–391.

Dickstein, D., Brazel, A., Goldberg, L., & Hunt, J. (2008). Affect regulation in pediatric bipolar disorder. *Child and Adolescent Psychiatric Clinics of North America, 18*(2), 405–420.

Diego, M. A., Field, T., Jones, N. A., & Hernandez-Reif, M. (2006). Withdrawn and intrusive maternal interaction style and infant frontal EEG asymmetry shifts in infants of depressed and non-depressed mothers. *Infant Behavior and Development, 29*(2), 220–229.

Diekelmann, S., & Born, J. (2010). The memory function of sleep. *Nature Reviews Neuroscience, 11*, 114–126.

Diekelmann, S., Wilhelm, I., & Born, J. (2009). The whats and whens of sleep-dependent memory consolidation. *Sleep Medicine Reviews, 13*(5), 309–321.

Digangi, J. A., Tadayyon, A., Fitzgerald, D. A., Rabinak, C. A., Kennedy, A., Klumpp, H., et al. (2016). Reduced default mode network connectivity following combat trauma. *Neuroscience Letters, 615*, 37–43.

DiNoble, A. (2009). *Examining the relationship between adult attachment style and mindfulness traits.* Unpublished doctoral dissertation, California Graduate Institute of the Chicago School of Professional Psychology, Los Angeles, CA.

Dirac, P. A. M. (1945). On the analogy between classical and quantum mechanics. *Reviews of Modern Physics, 17*(2, 3), 195–199.

Ditzfeld, C. P., & Showers, C. J. (2014). Self-structure and emotional experience. *Cognitive Emotion, 28*(4), 596–621.

Dobzhansky T. (1973). Nothing in biology makes sense except in the light of evolution. *American Biology Teacher, 35*, 125–129.

Dodge, K. A. (1991). Emotion and social information processing. In J. Garber & K. A. Dodge (Eds.), *The development of emotion regulation and dysregulation* (pp. 159–181). Cambridge, UK: Cambridge University Press.

Dodge, K. A. (1993). Social-cognitive mechanisms in the development of conduct disorder and depression. *Annual Review of Psychology, 44*, 559–584.

Doebeli, M. (1993). The evolutionary advantage of controlled chaos. *Philosophical Transactions of the Royal Society: Series B, Biological Sciences, 254*, 281–285.

Doidge, N. (2007). *The brain that changes itself: Stories of personal triumph from the frontiers of brain science*. New York: Penguin.

Doidge, N. (2016). *The brain's way of healing: Remarkable discoveries and recoveries from the frontiers of neuroplasticity*. New York: Penguin.

Dolcos, F., Katsumi, Y., Weymar, M., Moore, M., Tsukiura, T., & Dolcos, S. (2017). Emerging directions in emotional episodic memory. *Frontiers in Psychology, 8*, 1867.

Doll, A., Hölzel, B. K., Boucard, C. C., Wohlschläger, A. M., & Sorg, C. (2015). Mindfulness is associated with intrinsic functional connectivity between default mode and salience networks. *Frontiers in Human Neuroscience, 9*, 461.

Donaldson, Z. R., & Young, L. J. (2008). Oxytocin, vasopressin, and the neurogenetics of sociality. *Science, 322*, 900–904.

Dorahy, M. J., Peck, R. K., & Huntjens, R. J. C. (2016). The impact of dissociation on perceptual priming and intrusions after listening to auditory narratives. *Journal of Trauma and Dissociation, 17*, 410–425.

Doty, R. W. (2007). Alkmaion's discovery that brain creates mind: A revolution in human knowledge comparable to that of Copernicus and of Darwin. *Neuroscience, 147*(3), 561–568.

Douglas, R. J., & Martin, K. A. C. (2007). Mapping the matrix: The ways of neocortex. *Neuron, 56*, 226–236.

Dovgopoly, A., & Mercado, E., III. (2013). A connectionist model of category learning by individuals with high-functioning autism spectrum disorder. *Cognitive, Affective, and Behavioral Neuroscience, 13*(2), 371–389.

Dozier, M., Manni, M., Gordon, K. M., Peloso, E., Gunnar, M. A., Stovall-McClough, K., et al. (2006). Foster children's diurnal production of cortisol: An exploratory study. *Child Maltreatment, 11*(2), 189–197.

Dozier, M., & Rutter, M. (2016). Challenges to the development of attachment relationships faced by young children in foster and adoptive care. In J. Cassidy & P. R. Shaver (Eds.), *Handbook of attachment: Theory, research, and clinical applications* (3rd ed., pp. 696–714). New York: Guilford Press.

Dozier, M., Stovall, K. C., Albus, K. E., & Bates, B. (2001). Attachment for infants in foster care: The role of caregiver state of mind. *Child Development, 72*, 1467–1477.

Dozier, M., Stovall-McClough, C., & Albus, K. E. (2008). Attachment and psychopathology in adulthood. In J. Cassidy & P. R. Shaver (Eds.), *Handbook of attachment: Theory, research, and clinical applications* (2nd ed., pp. 718–744). New York: Guilford Press.

Dube, S. R., Felitti, V. J., Dong, M., Giles, W. H., & Anda, R. A. (2003). The impact of adverse childhood experiences on health problems: Evidence from four birth cohorts dating back to 1900. *Preventative Medicine, 37*(3), 268–277.

Dubois, J., Dehaene-Lambertz, G., Kulikova, S., Poupon, C., Hüppi, P., & Hertz-Pannier, L. (2014). The early development of brain white matter: A review of imaging studies in fetuses, newborns and infants. *Neuroscience, 276*, 48–71.

Dudai, Y., Karni, A., & Born, J. (2015). The consolidation and transformation of memory. *Neuron, 88*(1), 20–32.

Duffau, H. (2006). Brain plasticity: From pathophysiological mechanisms to therapeutic applications. *Journal of Clinical Neuroscience, 13*(9), 885–897.

Dumas, G., Nadel, J., Soussignan, R., Martinerie, J., & Garnero, L. (2010). Inter-brain synchronization during social interaction. *PLoS One, 5*, e12166.

Dunbar, R. I. M. (2003). The social brain: Mind, language, and society in evolutionary perspective. *Annual Review of Anthropology, 32*, 163–181.

Dunbar, R. I. M. (2015). *Human evolution*. London: Pelican.

Dunbar, R. I. M. (2016). The social brain hypothesis and human evolution. In O. Braddick (Ed.), *Oxford encylopedia of research psychology* (pp. 1–34). Oxford, UK: Oxford University Press.

Dunn, J. (2003). Emotional development in early childhood: A social relationship perspective. In R. J. Davidson, K. R. Scherer, & H. H. Goldsmith (Eds.), *Handbook of affective sciences* (pp. 332–346). New York: Oxford University Press.

Duschinsky, R. (2015). The emergence of the disorganized/disoriented (D) attachment classification, 1979–1982. *History of Psychology, 18*(1), 32–46.

Duschinsky, R. (2017). Disorganized attachment in infancy: A review of the phenomenon and its implications for clinicians and policy-makers. *Attachment and Human Development, 19*(6), 534–558.

Duschinsky, R. (2018). Disorganization, fear and attachment: Working towards clarification. *Infant Mental Health Journal, 39*(1), 17–29.

Duschinsky, R., & Solomon, J. (2017). Infant disorganized attachment: Clarifying levels of analysis. *Clinical Child Psychology and Psychiatry, 22*(4), 524–538.

Dutra, L., Ilaria, B., Siegel, D. J., & Lyons-Ruth, K. (2009). The relational context of dissociative phenonmena. In P. F. Dell & J. A. O'Neil (Eds.), *Dissociation and the dissociative disorders: DSM–V and beyond* (pp. 83–92). New York: Routledge.

Dwiwardani, C., Hill, P. C., Bollinger, R. A., Marks, L. E., Steele, J. A., Doolin, H. N., et al. (2014). Virtues develop from a secure base: Attachment and resilience as predictors of humility, gratitude, and forgiveness. *Journal of Psychology and Theology, 42*(1), 83–90.

Dwyer, K. M., Fredstrom, B. K., Rubin, K. H., Booth-LaForce, C., Rose-Krasnor, L., & Burgess, K. B. (2010). Attachment, social information processing, and friendship quality of early adolescent girls and boys. *Journal of Social and Personal Relationships, 27*(1), 91–116.

Easton, A., & Eacott, M. (2009). Recollection of episodic memory within the medial temporal lobe: Behavioural dissociations from other types of memory. *Behavioural Brain Research, 215*(2), 310–317.

Eckert, M. A., Menon, V., Walczak, A., Ahlstrom, J., Denslow, S., Horwitz, A., et al. (2009). At the heart of the ventral attention system: The right anterior insula. *Human Brain Mapping, 30*(8), 2530–2541.

Ecuyer-Dab, I., & Robert, M. (2004). Have sex differences in spatial ability evolved from male competition for mating and female concern for survival? *Cognition, 91*(3), 221–257.

Eddy, C. (2018). Social cognition and self–other distinctions in neuropsychiatry: Insights from schizophrenia and Tourette syndrome. *Progress in Neuropsychopharmacology and Biological Psychiatry, 82*, 69–85.

Edelman, G. M. (1993). *Bright air, brilliant fire: On the matter of the mind*. New York: Basic Books.

Edelman, G. M., & Tononi, G. (2000a). *A universe of consciousness: How matter becomes imagination*. New York: Basic Books.

Edelman, G. M., & Tononi, G. (2000b). Reentry and the dynamic core: Neural correlates of conscious experience. In T. Mezinger (Ed.), *Neural correlates of consciousness: Empirical and conceptual questions* (pp. 139–151). Cambridge, MA: MIT Press.

Edelstein, R. S., & Gillath, O. (2008). Avoiding interference: Adult attachment and emotional processing biases. *Personality and Social Psychology Bulletin, 34*(2), 171–181.

Edwards, B. (1999). *The new drawing on the right side of the brain*. New York: Penguin Putnam.

Eggermont, J. (2005). Correlated neural activity: Epiphenomenon or part of the neural code? In R. Konig, P. Heil, E. Budinger, & H. Scheich (Eds.), *The auditory cortex: A synthesis of human and animal research* (pp. 255–273). Hove, UK: Psychology Press.

Egyed, K., Király, I., & Gergely, G. (2013). Communicating shared knowledge in infancy. *Psychological Science, 24*, 1348–1353.

Ehlis, A., Bähne, C., Jacob, C., Herrmann, M., & Fallgatter, A. (2008). Reduced lateral prefrontal activation in adult patients with attention-deficit/hyperactivity disorder (ADHD) during a working memory task: A functional near-infrared spectroscopy (fNIRS) study. *Journal of Psychiatric Research, 42*(13), 1060–1067.

Eid, M., & Diener, E. (2009). Norms for experiencing emotions in different cultures: Inter- and intranational differences. In E. Diener (Ed.), *Culture and well-being: The collected works of Ed Diener* (pp. 169–202). New York: Springer.

Eidelman-Rothman, M., Goldstein, A., Weisman, O., Schneiderman, I., Zagoory-Sharon, O., Decety, J., et al. (2016). Prior exposure to extreme pain alters neural response to pain in others. *Cognitive, Affective, and Behavioral Neuroscience, 16*(4), 662–671.

Eisenberger, N. I., & Cole, S. W. (2012). Social neuroscience and health: Neurophysiological mechanisms linking social ties with physical health. *Nature Neuroscience, 15*, 669–674.

Eisenberger, N. I., & Lieberman, M. D. (2004). Why rejection hurts: A common neural alarm system for physical and social pain. *Trends in Cognitive Sciences, 8*(7), 294–300.

Eisenberger, N. I., Master, S. L., Inagaki, T. K., Taylor, S. E., Shirinyan, D., Lieberman, M. D., et al. (2011). Attachment figures activate a safety signal-related neural region and reduce pain experience. *PNAS, 108*(28), 11721–11726.

Eisenberger, N. I., Taylor, S. E., Gable, S. L., Hilmert, C. J., & Lieberman, M. D. (2007). Neural pathways link social support to attenuated neuroendocrine stress responses. *NeuroImage, 35*(4), 1601–1612.

Ekman, P. (2009). *Telling lies: Clues to deceit in the marketplace, politics, and marriage* (4th ed.). New York: Norton.

Ekman, P., Friesen, W. V., & Ellsworth, P. (1972). *Emotion in the human face: Guidelines for research and an integration of findings*. New York: Elsevier.

Ekman, P., & Lama, D. (2009). *Emotional awareness: Overcoming the obstacles to psychological balance*. New York: Holt Paperbacks.

Elder, G. H. (1998). The life course as developmental theory. *Child Development, 69*, 1–12.

Eliot, L. (2010, May). The truth about boys and girls. *Scientific American Mind*, pp. 22–29.

Eliot, L. (2011). *Pink brain, blue brain: How small differences grow into troublesome gaps—and what we can do about it*. New York: OneWorld.

Ellis, B. J., Boyce, W. T., Belsky, J., Bakermans-Kranenburg, M. J., & van IJzendoorn, M. H. (2011). Differential susceptibility to the environment: An evolutionary–neurodevelopment theory. *Development and Psychopathology, 23*, 7–28.

Ellsworth, P. C. (2013). Appraisal theory: Old and new questions. *Emotion Review, 5*(2), 125–131.

Ellsworth, P. C., & Scherer K. R. (2003). Appraisal processes in emotion. In R. J. Davidson, K. R. Scherer, & H. H. Goldsmith (Eds.), *Handbook of affective sciences* (pp. 572–595). New York: Oxford University Press.

Elsey, J. W. B., Van Ast, V. A., & Kindt, M. (2018). Human memory reconsolidation: A guiding framework and critical review of the evidence. *Psychological Bulletin, 144*(8), 797–848.

Elzinga, B. M., Bakker, A., & Bremner, J. D. (2005). Stress-induced cortisol elevations are associated with impaired delayed, but not immediate recall. *Psychiatry Research, 134*(3), 211–223.

Elzinga, B. M., & Bremner, J. D. (2002). Are the neural substrates of memory the final common pathway in posttraumatic stress disorder (PTSD)? *Journal of Affective Disorders, 70*(1), 1–17.

Enger, H. G., & Singer, T. (2015). Compassion-based emotion regulation up-regulates experienced positive affect and associated neural networks. *Social Cognitive and Affective Neuroscience, 10*(9), 1291–1301.

Engert, V., Kok, B. E., Papassotiriou, I., Chrousos, G. P., & Singer, T. (2017). Specific reduction in cortisol stress reactivity after social but not attention-based mental training. *Science Advances, 3*, e1700495, 1–13.

Engle, J. A. A., & Smith, M. L. (2010). Attention and material-specific memory in children with lateralized epilepsy. *Neuropsychologia, 48*(1), 38–42.

Ensink, K., Normandin, L., Plamondon, A., Berthelot, N., & Fonagy, P. (2016). Intergenerational pathways from reflective functioning to infant attachment through parenting. *Canadian Journal of Behavioural Science/Revue canadienne des sciences du comportement, 48*(1), 9.

Epstein, R. M. (2017). *Attending: Medicine, mindfulness and humanity*. New York: Simon & Schuster.

Epstein, R. M., Siegel, D. J., & Silberman, J. (2009). Self-monitoring in clinical practice: A challenge for medical educators. *Journal of Continuing Education in the Health Professions, 28*(1), 5–13.

Erk, S., Abler, B., & Walter, H. (2006). Cognitive modulation of emotion anticipation. *European Journal of Neuroscience, 24*(4), 1227–1236.

Erraji, L.-B., Underwood, M. D., Arango, V., Galfalvy, H., Pavlidis, P., Smyrniotopoulos, P., et al. (2005). Molecular aging in human prefrontal cortex is selective and continuous throughout adult life. *Biological Psychiatry, 57*(5), 549–558.

Esbjørn, B. H., Bender, P. K., Reinholdt-Dunne, M. L., Munck, L. A., & Ollendick, T. H. (2012). The development of anxiety disorders: Considering the contributions of attachment and emotion regulation. *Clinical Child and Family Psychology Review, 15*(2), 129–143.

Escobar, M. J., Rivera-Rei, A., Decety, J., Huepe, D., Cardona, J. F., Canales-Johnson, A., et al. (2013). Attachment patterns trigger differential neural signature of emotional processing in adolescents. *PLoS One, 8*(8), e70247.

Ethofer, T., Anders, S., Erb, M., Herbert, C., Weithoff, S., Kissler, J., et al. (2005). Cerebral pathways in processing of affective prosody: A dynamic causal modeling study. *NeuroImage, 30*(2), 580–587.

Etkin, A., Egner, T., & Kalisch, R. (2011). Emotional processing in anterior cingulate and medial prefrontal cortex. *Trends in Cognitive Sciences, 15*(2), 85–93.

Etkin, A., & Wager, T. D. (2007). Functional neuroimaging of anxiety: A meta-analysis of emotional processing in PTSD, social anxiety disorder, and specific phobia. *American Journal of Psychiatry, 164*, 1476–1488.

Eustache, F., & Desgranges, B. (2008). MNESIS: Towards the integration of current multisystem models of memory. *Neuropsychology Review, 18*(1), 53–69.

Euston, D. R., Gruber, A. J., & McNaughton, B. L. (2012). The role of medial prefrontal cortex in memory and decision making. *Neuron, 76*(6), 1057–1070.

Evans, K. M., & Federmeier, K. D. (2009). Left and right memory revisited: Electrophysiological investigations of hemispheric asymmetries at retrieval. *Neuropsychologia, 47*(2), 303–313.

Evert, D. D., & Emen, M. (2003). Hemispheric asymmetries for global and local processing as a function of stimulus exposure duration. *Brain and Cognition, 51*(1), 115–142.

Facompré, C. R., Bernard, K., & Waters, T. E. (2017). Effectiveness of interventions in preventing disorganized attachment: A meta-analysis. *Development and Psychopathology, 30*(1), 1–11.

Fair, D. A., Cohen, A. L., Dosenbach, N. U. F., Church, J. A., Miesen, F. M., March, D. M., et al. (2008). The maturing architecture of the brain's default mode circuitry. *Proceedings of the National Academy of Sciences of the USA, 105*(10), 4028–4032.

Fair, D. A., Dosenbach, N. U. F., Church, J. A., Cohen, A. L., Brahmbhatt, S., Miezin, F. M., et al. (2007). Development of distinct control networks through segregation and integration. *Proceedings of the National Academy of Sciences of the USA, 104*(33), 13507–13512.

Fairfax, H. (2008). The use of mindfulness in obsessive compulsive disorder: Suggestions for its application and integration in existing treatment. *Clinical Psychology and Psychotherapy, 15*(1), 53–59.

Faraday, M. (1860). *Course of six lectures on the various forces of matter, and their relations to each other.* Delivered before a juvenile auditory at the Royal Institute of Great Britain during the Christmas holidays of 1859–60, William Crookes (Ed.). New York, NY: Harper and Brothers Publishers.

Farb, N. A. S., Segal, Z. V., & Anderson, A. K. (2012). Mindfulness meditation training alters cortical representations of interoceptive attention. *Social Cognitive and Affective Neuroscience, 8*(1), 15–26.

Farb, N. A. S., Segal, Z. V., Mayberg, H., Bean, J., McKeon, D., Fatima, Z., et al. (2007). Attending to the present: Mindfulness meditation reveals distinct neural modes of self-reference. *Social Cognitive and Affective Neuroscience, 2*(4), 313–322.

Farber, H. R., & Siegel, D. J. (2011). Parental presence: An interpersonal neurobiology approach to healthy relationships between adults and their parents. In S. M. Dunham, S. B. Dermer, & J. Carlson (Eds.), *Poisonous parenting: Toxic relationships between parents and their adult children* (pp. 49–62). New York: Routledge.

Farkas, C., Olhaberry, M., Santelices, M., & Cordella, P. (2017). Interculturality and early attachment: A comparison of urban/non-Mapuche and rural/Mapuche mother–baby dyads in Chile. *Journal of Child and Family Studies, 26*(1), 205–216.

Fastenrath, M., Coynel, D., Spalek, K., Milnik, A., Gschwind, L., Roozendaal, B., et al. (2014). Dynamic modulation of amygdala–hippocampal connectivity by emotional arousal. *Journal of Neuroscience, 34*(42), 13935–13947.

Fearon, P., Bakermans-Kranenburg, M. J., van IJzendoorn, M. H., Lapsley, A., & Roisman, G. I. (2010). The significance of insecure attachment and disorganization in the development of children's externalizing behavior: A meta-analytic study. *Child Development, 81*(2), 435–456.

Fearon, P., & Belsky, J. (2016). Precursors of attachment security. In J. Cassidy & P. R. Shaver (Eds.), *Handbook of attachment: Theory, research, and clinical applications* (3rd ed., pp. 291–313). New York: Guilford Press.

Feder, A., Parides, M. K., Murrough, J. W., Perez, A. M., Morgan, J. E., Saxena, S., et al. (2014). Efficacy of intravenous ketamine for treatment of chronic posttraumatic stress disorder: A randomized clinical trial. *JAMA Psychiatry, 71*(6), 681–688.

Feeney, B. C., & VanVleet, M. (2010). Growing through attachment: The interplay of attachment and exploration in adulthood. *Journal of Social and Personal Relationships,* 72(2), 226–234.

Feinman, S. (Ed.). (2013). *Social referencing and the social construction of reality in infancy.* New York: Springer Science. (Original work published 1992).

Feldman, R. (2007). Parent–infant synchrony: Biological foundations and developmental outcomes. *Current Directions in Psychological Science, 16*(6), 340–345.

Feldman, R. (2012). Oxytocin and social affiliation in humans. *Hormones and Behavior, 61*, 380–391.

Feldman, R. (2015). Sensitive periods in human social development: New insights from research on oxytocin, synchrony, and high-risk parenting. *Development and Psychopathology, 27*, 369–395.

Feldman, R. (2016). The neurobiology of mammalian parenting and the biosocial context of human caregiving. *Hormones and Behavior, 77*, 3–17.

Feldman, R. (2017). The neurobiology of human attachments. *Trends in Cognitive Sciences, 21*(2), 80–99.

Feldman, R., Bamberger, E., & Kanat-Maymon, Y. (2013a). Parent-specific reciprocity from infancy to adolescence shapes children's social competence and dialogical skills. *Attachment and Human Development, 15*, 407–423.

Feldman, R., Gordon, I., Influs, M., Gutbir, T., & Ebstein, R. P. (2013b). Parental oxytocin and early caregiving jointly shape children's oxytocin response and social reciprocity. *Neuropsychopharmacology, 38*, 1154–1162.

Feldman, R., Gordon, I., & Zagoory-Sharon, O. (2010). The cross-generation transmission of oxytocin in humans. *Hormones and Behavior, 58*, 669–676.

Fenniger-Schaal, R., Hart, Y. Lotan, N., Koren-Karie, N., & Loy, L. (2018). The body speaks: Using the mirror game to link attachment and non-verbal behavior. *Frontiers in Psychology, 9*, 1560.

Ferber, S. G. (2008). The concept of coregulation between neurobehavioral subsystems: The logic interplay between excitatory and inhibitory ends. *Behavioral and Brain Sciences, 31*, 337–338.

Ferber, S. G., Feldman, R., & Makhoul, I. R. (2007). The development of maternal touch across the first year of life. *Early Human Development, 84*(6), 363–370.

Ferber, S. G., & Makhoul, I. R. (2004). The effect of skin-to-skin contact (kangaroo care) shortly after birth on the neurobehavioral responses of the term newborn: A randomized, controlled trial. *Pediatrics, 113*(4), 858–865.

Ferbinteanu, J., Kennedy, P. J., & Shapiro, M. L. (2006). Episodic memory: From brain to mind. *Hippocampus, 16*(9), 691–703.

Ferrari, M., Pinard, A., & Runions, K. (2001). Piaget's framework for a scientific study of consciousness. *Human Development, 44*, 195–213.

Ferrari, P. F., & Rizzolatti, G. (2014). Mirror neuron research: The past and the future. *Philosophical Transactions of the Royal Society: Series B, Biological Science, 369*(1644), 20130169.

Ferreira, T., Cadima, J., Matias, M., Vieira, M., Leal, T., & Matos, P. (2016). Preschool children's prosocial behavior: The role of mother–child, father–child and teacher–child relationships. *Journal of Child and Family Studies, 25*(6), 1829–1839.

Feurer, E., Sassu, R., Cimeli, P., & Roebers, C. M. (2015). Development of meta-representations: Procedural metacognition and the relationship to theory of mind.

Journal of Educational and Developmental Psychology, 5(1), 6–18.

Field, T. (1985). Attachment as psychobiological attunement: Being on the same wavelength. In M. Reite & T. Field (Eds.), *The psychobiology of attachment and separation* (pp. 415–454). Orlando, FL: Academic Press.

Field, T. (1994). The effects of mother's physical and emotional unavailability on emotion regulation. In N. A. Fox (Ed.), The development of emotion regulation: Biological and behavioral considerations. *Monographs of the Society for Research in Child Development, 59*(2–3, Serial No. 240), 208–227.

Field, T., & Diego, M. (2008). Maternal depression effects on infant frontal EEG asymmetry. *International Journal of Neuroscience, 118*(8), 1081–1108.

Field, T., Hernandez-Reif, M., & Diego, M. (2006). Intrusive and withdrawn depressed mothers and their infants. *Developmental Review, 26*(1), 15–30.

Field, T., Hernandez-Reif, M., Vera, Y., Gil, K., Diego, M., Bendell, D., et al. (2005). Anxiety and anger effects on depressed mother–infant spontaneous and imitative interactions. *Infant Behavior and Development, 28*(1), 1–9.

Findlay, L., & Coplan, R. J. (2008). Come out and play: Shyness in childhood and the benefits of organized sports participation. *Canadian Journal of Behavioural Science, 40*(3), 153–161.

Finlay, B., & Uchiyama, R. (2017). The timing of brain maturation, early experience, and the human social niche. In J. Kaas (Ed.), *Evolution of nervous systems* (2nd ed., Vol. 3, pp. 123–148). Oxford, UK: Oxford Academic Press.

Finsterwald, C., & Alberini, C. M. (2014). Stress and glucocorticoid receptor-dependent mechanisms in long-term memory: From adaptive responses to psychopathologies. *Neurobiology of Learning and Memory, 112*, 17–29.

Fitzgerald, D. A., Angstadt, M., Jelsone, L. M., Nathan, P. J., & Phan, K. L. (2006). Beyond threat: Amygdala reactivity across multiple expressions of facial affect. *NeuroImage, 30*(4), 1441–1448.

Fivush, R. (1998). Children's recollections of traumatic and nontraumatic events. *Development and Psychopathology, 10*, 699–716.

Fivush, R. (2011). The development of autobiographical memory. *Annual Review of Psychology, 62*, 559–582.

Fivush, R., Bohanek, J. G., & Marin, K. (2010). Patterns of family narrative co-construction in relation to adolescent identity and well-being. In K. C. McLean & M. Pasupathi (Eds.), *Narrative development in adolescence* (pp. 45–63). New York: Springer.

Fivush, R., & Nelson, K. (2004). Culture and language in the emergence of autobiographical memory. *Psychological Science, 15*(9), 573–577.

Fivush, R., & Nelson, K. (2006). Parent–child reminiscing locates the self in the past. *British Journal of Developmental Psychology, 24*(1), 235–251.

Fleeson, W., & Jayawickreme, E. (2015). Whole trait theory. *Journal of Research in Personality, 56*, 82–92.

Floegel, M., & Kell, C. A. (2017). Functional hemispheric asymmetries during the planning and manual control of virtual avatar movements. *PLoS One, 12*, e0185152.

Flores, E., Rogosch, F. A., & Cicchetti, D. (2005). Predictors of resilience in maltreated and nonmaltreated Latino children. *Developmental Psychology, 41*(2), 338–351.

Fodor, J. (2000). *The mind doesn't work that way*. Cambridge, MA: MIT Press.

Fogel, A. (2000a). Systems, attachment, and relationships. *Human Development, 43*(6), 314–320.

Fogel, A. (2000b). Developmental pathways in close relationships. *Child Development, 71*(5), 1150–1151.

Fogel, A., de Koeyer, I., Secrist, C., & Nagy, R. (2002). Dynamic systems theory places the scientist in the system. *Behavioral and Brain Sciences, 25*(5), 623.

Fogel, A., Lyra, M. C. D. P., & Valsiner, J. (Eds.). (1997). *Dynamics and indeterminism in developmental and social processes*. Mahwah, NJ: Erlbaum.

Folger, T. (2018). How does the quantum world cross over? *Scientific American, 319*, 28–35.

Fonagy, P. (2001). *Attachment theory and psychoanalysis*. New York: Other Press.

Fonagy, P., & Allison, E. (2014). The role of

mentalizing and epistemic trust in the therapeutic relationship. *Psychotherapy, 51*(3), 372–380.

Fonagy, P., Gergely, G., Jurist, E., & Target, M. (2002). *Affect regulation, mentalization, and the development of the self.* London: Karnac Books.

Fonagy, P., Gergely, G., & Target, M. (2007). The parent–infant dyad and the construction of the subjective self. *Journal of Child Psychology and Psychiatry, 48*(3–4), 288–328.

Fonagy, P., Luyten, P., & Allison, E. (2015). Epistemic petrification and the restoration of epistemic trust: A new conceptualization of borderline personality disorder and its psychosocial treatment. *Journal of Personality Disorders, 29*(5), 575–609.

Fonagy, P., Luyten, P., Bateman, A., Gergely, G., Strathearn, L., Target, M., et al. (2008). Attachment and personality pathology. In J. F. Clarkin, P. Fonagy, & G. O. Gabbard (Eds.), *Psychodynamic psychotherapy for personality disorders: A clinical handbook* (pp. 37–88). Arlington, VA: American Psychiatric Association.

Fonagy, P., & Target, M. (1997). Attachment and reflective function: Their role in self–organization. *Development and Psychopathology, 9*, 679–700.

Fonagy, P., & Target, M. (2005). Bridging the transmission gap: An end to an important mystery of attachment research? *Attachment and Human Development, 7*(3), 333–343.

Fonagy, P., Target, M., Gergely, G., Allen, J., & Bateman, A. (2003). The developmental roots of borderline personality disorder in early attachment relationships: A theory and some evidence. *Psychoanalytic Inquiry, 23*(3), 412–459.

Forbes, E. E. E., Shaw, D. S., Fox, N. A., Cohn, J. F., Silk, J. S., & Kovacs, M. (2006). Maternal depression, child frontal asymmetry, and child affective behavior as factors in child behavior problems. *Journal of Child Psychology and Psychiatry, 47*(1), 79–87.

Ford, B. Q., Lam, P., John, O. P., & Mauss, I. B. (2018). The psychological health benefits of accepting negative emotions and thoughts: Laboratory, diary, and longitudinal evidence. *Journal of Personality and Social Psychology, 15*, 1075–1092.

Forgas, J. (2008). Affect and cognition. *Perspectives on Psychological Science, 3*(2), 94–101.

Forsyth, J., Bachman, P., Mathalon, D., Roach, B., & Asarnow, R. (2015). Augmenting NMDA receptor signaling boosts experience-dependent neuroplasticity in the adult human brain. *Proceedings of the National Academy of Sciences of the USA, 112*(50), 15331.

Fosha, D. (2003). Dyadic regulation and experiential work with emotion and relatedness in trauma and disorganized attachment. In M. F. Solomon & D. J. Siegel (Eds.), *Healing trauma: Attachment, mind, body, and brain* (pp. 221–282). New York: Norton.

Fosha, D., Siegel, D. J., & Solomon, M. F. (Eds.). (2009). *The healing power of emotion: Affective neuroscience, development and clinical practice.* New York: Norton.

Fossati, P., Hevenor, S. J., Graham, S. J., Grady, C., Keightley, M. L., Craik, F., et al. (2003). In search of the emotional self: An fMRI study using positive and negative emotional words. *American Journal of Psychiatry, 160*(11), 1938–1945.

Fournier, N., Calverley, K. L., Wagner, J. P., Poock, J. L., & Crossley, M. (2008). Impaired social cognition 30 years after hemispherectomy for intractable epilepsy: The importance of the right hemisphere in complex social functioning. *Epilepsy and Behavior, 12*(3), 460–471.

Fox, K. C., Nijeboer, S., Dixon, M. L., Floman, J. L., Ellamil, M., Rumak, S. P., et al. (2014). Is meditation associated with altered brain structure?: A systematic review and meta-analysis of morphometric neuroimaging in meditation practitioners. *Neuroscience and Biobehavioral Reviews, 43*, 48–73.

Fox, M. D., & Greicius, M. (2010). Clinical applications of resting state functional connectivity. *Frontiers in Systems Neuroscience, 4*, 19.

Fox, M. D., Snyder, A. Z., Vincent, J. L., Corbetta, M., Van Essen, D. C., & Raichle, M. E. (2005). The human brain is intrinsically organized into dynamic, anticorrelated functional networks. *Proceedings of the National Academy of Sciences of the USA, 102*(27), 9673–9678.

Fox, N. A. (Ed.). (1994). The development of emotion regulation: Biological and behavioral considerations. *Monographs of the Society for Research in Child Development, 59*(2–3, Serial No. 240).

Fox, N. A., & Hane, A. A. (2008). Studying the biology of human attachment. In J. Cassidy & P. R. Shaver (Eds.), *Handbook of attachment: Theory, research, and clinical applications* (2nd ed., pp. 217–240). New York: Guilford Press.

Fox, S., & Hoelscher, K. (2010). *The political economy of social violence: Theory and evidence from a cross-country study* (Crisis States Working Paper No. 72, Series 2). London: London Schools of Economics.

Fraley, R. C., Roisman, G. I., Booth-LaForce, C., Owen, M. T., & Holland, A. S. (2013). Interpersonal and genetic origins of adult attachment styles: A longitudinal study from infancy to early adulthood. *Journal of Personality and Social Psychology, 104*(5), 817.

Frankenhuis, W., & Ploeger, A. (2007). Evolutionary psychology versus Fodor: Arguments for and against the massive modularity hypothesis. *Philosophical Psychology, 20*(6), 687–710.

Fransson, P., Skiöld, B., Horsch, S., Nordell, A., Blennow, M., Lagercrantz, H., et al. (2007). Resting-state networks in the infant brain. *Proceedings of the National Academy of Sciences of the USA, 104*, 15531–15536.

Frederick, R. J. (2009). *Living like you mean it: Use the wisdom and power of your emotions to get the life you really want.* San Francisco: Jossey-Bass.

Fredrickson, B. J. (2004). The broaden-and-build theory of positive emotion. *Philosophical Transactions of the Royal Society of London: Series B, Biological Sciences, 359*, 1367–1377.

Fredrickson, B. J., & Siegel, D. J. (2017). Broaden and build theory meets interpersonal neurobiology as a lens on compassion and positivity resonance. In P. Gilbert (Ed.), *Compassion: Concepts, research and applications* (pp. 203–217). New York: Routledge.

Freud, S. (1966). Project for a scientific psychology. In J. Strachey (Ed. & Trans.), *The standard edition of the complete psychological works of Sigmund Freud* (Vol. 1, pp. 281–397). London: Hogarth Press. (Original work published 1895).

Freyd, J. J. (1987). Dynamic mental representations. *Psychological Review, 94*, 427–438.

Friedman, D., Beebe, B., Jaffe, J., Ross, D., & Triggs, S. (2010). Microanalysis of 4-month infant vocal affect qualities and maternal postpartum depression. *Clinical Social Work Journal, 38*(1), 8–16.

Fries, P. (2015). Rhythms for cognition: Communication through coherence. *Neuron, 88*, 220–235.

Friston, K. (2005). A theory of cortical responses. *Philosophical Transactions of the Royal Society of London: Series B, Biological Sciences, 360*, 815–836.

Friston, K. (2010). The free-energy principle: A unified brain theory? *Nature Reviews Neuroscience, 11*, 127–138.

Frith, U. (2004). *Autism: Mind and brain.* Oxford, UK: Oxford University Press.

Frodi, T., Reinhold, E., Koutsouleris, N., Reiser, M., & Meisenzahl, E. M. (2010). Interaction of childhood stress with hippocampus and prefrontal cortex volume reduction in major depression. *Journal of Psychiatric Research, 44*(13), 799–807.

Frumkin, H., Bratman, G. N., Breslow, S. J., Cochran, B., Kahn, P. H., Lawler, J. J., Levin, P. S., Tandon, P. S., Varnasi, U., Wolf, K. L., & Wood, S. (2017). Nature contact and human health: A research agenda. *Environmental Health Perspectives, 125*(7), 1–18.

Fuchs, E., & Flügge, G. (2014). Adult neuroplasticity: More than 40 years of research. *Neural Plasticity, 2014*, Article ID 541870.

Fuchs, T., & Koch. S. C. (2014). Embodied affectivity: On moving and being moved. *Frontiers in Psychology, 5*, 508.

Fujimura, T., Matsuda, Y. T., Katahira, K., Okada, M., & Okanoya, K. (2012). Categorical and dimensional perceptions in decoding emotional facial expressions. *Cognition and Emotion, 26*(4), 587–601.

Fuligni, A. (2011, January 27). *Social identity and the motivation and well-being of adolescents.* Paper presented at the UCLA Center for Culture, Brain, and Development Winter Seminar, University of California, Los Angeles.

Fuligni, A. J., Witgow, M., & Garcia, C. (2005). Ethnic identity and the academic adjustment of adolescents from Mexican,

Chinese, and European backgrounds. *Developmental Psychology, 41*(5), 799–811.
Furber, S. B., Brown, G., Bose, J., Cumpstey, J. M., Marshall, P., & Shapiro, J. L. (2007). Sparse distributed memory using rank-order neural codes. *IEEE Transactions on Neural Networks, 18*(3), 648–659.
Fuster, J. M. (2006). The cognit: A network model of cortical representation. *International Journal of Psychophysiology, 60*(2), 125–132.
Fuster, J. M. (2009). Cortex and memory: Emergence of a new paradigm. *Journal of Cognitive Neuroscience, 21*(11), 2047–2072.
Fuster, J. M. (2015). *The prefrontal cortex* (5th ed.). Burlington, MA: Elsevier/Academic Press.
Gaensbauer, T. J., & Jordan, L. (2009). Psychoanalytic perspectives on early trauma: Interviews with thirty analysts who treated an adult victim of a circumscribed trauma in early childhood. *Journal of the American Psychoanalytic Association, 57*(4), 947–977.
Gagnepain, P., Hulbert, J., & Anderson, M. C. (2017). Parallel regulation of memory and emotion supports the suppression of intrusive memories. *Journal of Neuroscience, 37*(27), 6423–6441.
Gagnon, G., Blanchet, S., Grondin, S., & Schneider, C. (2010). Paired-pulse transcranial magnetic stimulation over the dorsolateral prefrontal cortex interferes with episodic encoding and retrieval for both verbal and non-verbal materials. *Brain Research, 1344*, 148–158.
Gainotti, G. (2005). Emotions, unconscious processes, and the right hemisphere. *Neuro-Psychoanalysis, 7*(1), 71–81.
Gal, E., Bauminger, N., Goren-Bar, D., Pianesi, F., Stock, O., Zancanaro, M., et al. (2009). Enhancing social communication of children with high-functioning autism through a co-located interface. *AI and Society, 24*(1), 75–84.
Galante, J., Galante, I., Bekkers, M. J., & Gallacher, J. (2014). Effect of kindness-based meditation on health and well-being: A systematic review and meta-analysis. *Journal of Consulting and Clinical Psychology, 82*, 1101–1114.
Gallace, A., & Spence, C. (2009). The cognitive and neural correlates of tactile memory. *Psychological Bulletin, 135*(3), 380–406.
Gallese, V. (2005). Embodied simulation: From neurons to phenomenal experience. *Phenomenology and the Cognitive Sciences, 4*, 23–48.
Gallese, V. (2015). Bodily selves in relation: Embodied simulation as second-person perspective on intersubjectivity. *Philosophical Transactions of the Royal Society of London: Series B, Biological Sciences, 369*(1644), 20130177.
Gallese, V., Fadiga, L., Fogassi, L., & Rizzolati, G. (1996). Action recognition in the premotor cortex. *Brain: A Journal of Neurology, 119*(2), 593–609.
Galvan, A. (2010). The neural plasticity of development and learning. *Human Brain Mapping, 31*, 879–890.
Ganis, G., Thompson, W., & Kosslyn, S. (2009). Visual mental imagery: More than seeing with the mind's eye. In J. R. Brockmole (Ed.), *The visual world in memory* (pp. 215–249). New York: Psychology Press.
Ganzel, B. L., Morris, P. A., & Wethington, E. (2010). Allostasis and the human brain: Integrating models of stress from the social and life sciences. *Psychology Review, 117*, 134–174.
Gao, W., Alcauter, S., Elton, A., Hernandez-Castillo, C. R., Smith, J. K., Ramirez, J., et al. (2015). Functional network development during the first year: Relative sequence and socioeconomic correlations. *Cerebral Cortex, 25*, 2919–2928.
Gao, W., Zhu, H., Giovanello, K. S., Smith, J. K., Shen, D., Gilmore, J. H., et al. (2009). Evidence on the emergence of the brain's default network from 2-week-old to 2-year-old healthy pediatric subjects. *Proceedings of the National Academy of Sciences of the USA, 106*, 6790–6795.
Garcia-Toro, M., & Aguirre, I. (2007). Biopsychosocial model in depression revisited. *Medical Hypotheses, 68*(3), 683–691.
Gardner, W. L., Gabriel, S., & Lee, A. Y. (1999). "I" value freedom, but "we" value relationships: Self-construal priming mirrors cultural differences in judgment. *Psychological Science, 10*, 321–326.
Gaydos, L. J., Wang, W., & Strome, S. (2014). Gene repression: H3K27me and PRC2 transmit a memory of repression across

generations and during development. *Science, 345*, 1515–1518.

Garrison, K. A., Santoyo, J. F., Davis, J. H., Thornhill IV, T. A., Kerr, C. E., & Brewer, J. A. (2013). Effortless awareness: Using real time neurofeedback to investigate correlates of posterior cingulate cortex activity in meditators' self-report. *Frontiers in Human Neuroscience, 7*, 1–9.

Garrison, K. A., Scheinost, D., Constable, R. T., & Brewer, J. A. (2014). BOLD signals and functional connectivity associated with loving kindness meditation. *Brain and Behavior, 4*(3), 337–347.

Gazzaniga, M. S. (1996, March). *Cognitive neuroscience and the future of psychiatry.* Plenary address to the American Association of Directors of Psychiatric Residency Training, San Francisco, CA.

Gazzaniga, M. S. (Ed.). (2014). *The cognitive neurosciences V* (5th ed.). Cambridge, MA: MIT Press.

Gazzaniga, M. S., Eliassen, J. C., Nisenson, L., Wessinger, C. M., & Baynes, K. B. (1996). Collaboration between the hemispheres of a callosotomy patient: Emerging right hemisphere speech and the left brain interpreter. *Brain, 119*, 1255–1262.

Geangu, E., Ichikawa, H., Lao, J., Kanazawa, S., Yamaguchi, M. K., Caldara, R., et al. (2016). Culture shapes 7 month olds' perceptual strategies in discriminating facial expressions of emotion. *Current Biology, 26*(14).

Gecas, V. (1982). The self-concept. *Annual Review of Sociology, 8*(1), 1–33.

Gecas, V., Calonico, J. M., & Thomas, D. L. (1974). The development of self-concept in the child: Mirror theory versus model theory. *Journal of Social Psychology, 92*(1), 67–76.

Gelman, S. A., Chesnick, R. J., & Waxman, S. R. (2005). Mother–child conversations about pictures and objects: Referring to categories and individuals. *Child Development, 76*, 1129–1143.

Gendron, M., Roberston, D., vand der Vyver, J. M., & Barrett, L. F. (2014). Perceptions of emotion from facial expressions are not culturally universal: Evidence from a remote culture. *Emotion, 14*(2), 251–262.

Genovesio, A., Brasted, P. J., Mitz, A. R., & Wise, S. P. (2005). Prefrontal cortex activity related to abstract response strategies. *Neuron, 47*(2), 307–320.

George, C., Kaplan, N., & Main, M. (1996). *An Adult Attachment Interview: Interview protocol* (3rd ed.). Unpublished manuscript, University of California at Berkeley, Berkeley, CA.

George, C., & West, M. (2003). The Adult Attachment Projective: Measuring individual differences in attachment security using projective methodology. In M. J. Hilsenroth, D. L. Segal, & M. Hersen (Eds.), *Comprehensive handbook of psychological assessment* (Vol. 2, pp. 431–448). Hoboken, NJ: Wiley.

George, M. S., Ketter, T. A., Parekh, P. I., Gill, D. S., Marangell, L., Pazzaglia, P. J., et al. (1997). Depressed subjects have decreased rCBF activation during facial emotion recognition. *International Journal of Neuropsychiatric Medicine, 2*, 45–55.

Geraerts, E., Bernstein, D. M., Merckelbach, H., Linders, C., Raymaekers, L., & Loftus, E. F. (2008). Lasting false beliefs and their behavioral consequences. *Psychological Science, 19*(8), 749–753.

Gergely, G., & Unoka, Z. (2008). Attachment, affect-regulation, and mentalization: The developmental origins of the representational affective self. In C. Sharp, P. Fonagy, & I. Goodyer (Eds.), *Social cognition and developmental psychopathology* (p. 305–342). New York: Oxford University Press.

Gerhardstein, P., & West, R. (2003). Relation between perceptual input and infant memory. In J. W. Fagen & H. Hayne (Eds.), *Progress in infancy research* (Vol. 3, pp. 121–158). Mahwah, NJ: Erlbaum.

Gervai, J. (2009). Environmental and genetic influences on early attachment. *Child and Adolescent Psychiatry and Mental Health, 3*, 25.

Ghahremani, D. G., Monterosso, J., Jentsch, J. D., Bilder, R. M., & Poldrack, R. A. (2010). Neural components underlying behavioral flexibility in human reversal learning. *Cerebral Cortex, 20*(8), 1843–1852.

Giese, M. A., & Giacomo, R. (2015). Neural and computational mechanisms of action processing: Interaction between visual and motor representations. *Neuron Perspective, 88*(1), 167–180.

Gilbert, P. (2010). *The compassionate mind:*

A new approach to life's challenges. Oakland, CA: New Harbinger.

Gilbert, P. (2019). Explorations into the nature and function of compassion. *Current Opinion in Psychology, 28*, 108–114.

Gilbert, P., & Andrews, B. (Eds.). (1998). *Shame: Interpersonal behavior, psychopathology, and culture*. New York: Oxford University Press.

Gillath, O., Mikiulincer, M. P., Fitzsimons, G. M., Shaver, P. R., Schachner, D. A., & Bargh, J. A. (2006). Automatic activation of attachment-related goals. *Personality and Social Psychology Bulletin, 32*(10), 1375–1388.

Gil-Or, O., Levi-Belz, Y., & Turel, O. (2015). The "Facebook-self": Characteristics and psychological predictors of false self-presentation on Facebook. *Frontiers in Psychology, 6*, 99.

Gilson, M., Thomas, D. A., Burkitt, A. N., Grayden, D. B., & Van Hemmen, J. (2009). Interplay between spike-timing-dependent plasticity and neuronal correlations gives rise to network structure. *BMC Neuroscience, 10*(1), 101–102.

Girgis, R. R., Minshew, N. J., Melhem, N. M., Nutche, J. J., Keshavan, M. S., & Hardan, A. Y. (2007). Volumetric alterations of the orbitofrontal cortex in autism. *Progress in Neuro-Psychopharmacology and Biological Psychiatry, 31*(1), 41–45.

Gisquet-Verrier, P., Lynch, J. F., III, Cutolo, P., Toledano, D., Ulmen, A., Jasnow, A. M., et al. (2015). Integration of new information with active memory accounts for retrograde amnesia: A challenge to the consolidation/reconsolidation hypothesis? *Journal of Neuroscience, 35*(33), 11623–11633.

Glaser, J., van Os, J., Portegijs, P. M., & Myin-Germeys, I. (2006). Childhood trauma and emotional reactivity to daily life stress in adult frequent attenders of general practitioners. *Journal of Psychosomatic Research, 61*(2), 229–236.

Gleason, M. M., Fox, N. A., Drury, S., Smyke, A., Egger, H. L., Nelson, C. A., Gregas, M. C., & Zeanah, C. H. (2011). Validity of evidence-derived criteria for Reactive Attachment Disorder: Indiscriminately social/disinhibited and emotionally withdrawn/inhibited types. *Journal of Child and Adolescent Psychiatry, 50*(3), 216–231.

Globerson, A., Stark, E., Vaadia, E., & Tishby, N. (2009). The minimum information principle and its application to neural code analysis. *Proceedings of the National Academy of Sciences of the USA, 106*(9), 3490–3495.

Globus, G., & Arpaia, J. P. (1993). Psychiatry and the new dynamics. *Biological Psychiatry, 35*, 352–364.

Gloger-Tippelt, G., Gomile, B., Koenig, L., & Vetter, J. (2002). Attachment representations in 6-year-olds: Related longitudinally to the quality of attachment in infancy and mothers' attachment representations. *Attachment and Human Development, 4*(3), 318–339.

Gloria, C. T., & Steinhardt, M. A. (2014). Relationships among positive emotions, coping, resilience and mental health. *Stress and Health, 32*(2), 145–156.

Godard, O., & Flori, N. (2010). Sex differences in face processing: Are women less lateralized and faster than men? *Brain and Cognition, 73*(3), 167–175.

Goel, V., Shuren, J., Sheesley, L., & Grafman, J. (2004). Asymmetrical involvement of frontal lobes in social reasoning. *Brain, 127*(4), 783–790.

Goel, V., Tierney, M., Sheesley, L., Bartolo, A., Vartanian, O., & Grafman, J. (2007). Hemispheric specialization in human prefrontal cortex for resolving certain and uncertain inferences. *Cerebral Cortex, 17*(10), 2245–2250.

Gökçen, E., Frederickson, N., & Petrides, K. (2016). Theory of mind and executive control deficits in typically developing adults and adolescents with high levels of autism traits. *Journal of Autism and Developmental Disorders, 46*(6), 2072–2087.

Goldberg, E., & Costa, L. D. (1981). Hemispheric differences in the acquisition and use of descriptive systems. *Brain and Language, 14*, 144–173.

Goldberg, L. R. (1990). An alternative "description of personality": The big-five factor structure. *Journal of Personality and Social Psychology, 59*(6), 1216–1229.

Goldberg, S., Benoit, D., Blokland, K., & Madigan, S. (2003). Atypical maternal behavior, maternal representations and infant disorganized attachment. *Development and Psychopathology, 15*, 239–257.

Goldsmith, H. H., Lemery, K. S., Aksan, N.,

& Buss, K. A. (2000). Temperamental substrates of personality. In V. J. Molfese, D. L. Molfese, & R. R. McCrae (Eds.), *Temperament and personality development across the life span* (pp. 1–32). Mahwah, NJ: Erlbaum.

Goldsmith, T. (2009). How scandalous is knowledge of evolutionary psychology? *Society, 46*(4), 341–346.

Goldstein, P., Weissman-Fogel, I., Dumas, G., & Shamay-Tsoory, G. (2018). Brain-to-brain coupling during handholding is associated with pain reduction. *Proceedings of the National Academy of Sciences, 115*(11) E2528–E2537.

Goleman, D. (2006). *Emotional intelligence: Why it can matter more than IQ* (10th anniversary ed.). New York: Bantam/Random House.

Goleman, D., & Davidson, R. J. (2017). *Altered traits: Science reveals how meditation changes your mind, brain, and body.* New York: Avery.

Golkar, A., Lonsdorf, T. B., Olsson, A., Lindstrom, K. M., Berrebi, J., Fransson, P., et al. (2012). Distinct contributions of the dorsolateral prefrontal and orbitofrontal cortex during emotion regulation. *PLoS One, 7*(11), e48107.

Gollan, J., Pane, H., McCloskey, M., & Coccaro, E. (2008). Identifying differences in biased affective information processing in major depression. *Psychiatry Research, 159*(1–2), 18–24.

Golland, Y., & Levit-Binnun, N. (2013). The mere co-presence: Studying the physiological effects of the presence of others. *Journal of Molecular Neuroscience, 51*, S48.

Gonsalves, B., & Paller, K. A. (2002). Mistaken memories: Remembering events that never happened. *The Neuroscientist, 8*(5), 391–395.

Gonzalez, A. M., Dunlop, W. L., & Baron, A. S. (2017). Malleability of implicit associations across development. *Developmental science, 20*(6), 1–13.

Goodkind, M., Eickhoff, S. B., Oathes, D. J., Jiang, Y., Chang, A., Jones-Hagata, L. B., et al. (2015). Identification of a common neurobiological substrate for mental illness. *JAMA Psychiatry, 72*, 305–315.

Goodman, J., McIntyre, C., & Packard, M. G. (2017). Amygdala and emotional modulation of multiple memory systems. In B. Perry (Ed.,), *The amygdala: Where emotions shape perception, learning and memories* (pp. 215–234). London: InTechOpen.

Gopnik, A. (2009). *The philosophical baby.* New York: Avery.

Gopnik, A., & Meltzoff, A. N. (2006). Minds, bodies, and persons: Young children's understanding of the self and others as reflected in imitation and theory of mind research. In S. T. Parker, R. W. Mitchell, & M. L. Boccia (Eds.), *Self-awareness in animals and humans: Developmental perspectives* (pp. 166–186). Cambridge, UK: Cambridge University Press.

Gopnik, A., Meltzoff, A. N., & Kuhl, P. K. (1999). *The scientist in the crib: Minds, brains and how children learn.* New York: William Morrow.

Gorka, A. X., Hanson, J. L., Radtke, S. R., & Hariri, A. R. (2014). Reduced hippocampal and medial prefrontal gray matter mediate the association between reported childhood maltreatment and trait anxiety in adulthood and predict sensitivity to future life stress. *Biological Mood and Anxiety Disorders, 4*, 12.

Govindarajan, A., Kelleher, R., & Tonegawa, S. (2006). A clustered plasticity model of long-term memory engrams. *Nature Reviews Neuroscience, 7*(7), 575–583.

Grabrucker, S., Haderspeck, J. C., Sauer, A. K., Kittelberger, N., Asoglu, H., Abaei, A., et al. (2018). Brain lateralization in mice is associated with zinc signaling and altered in prenatal zinc deficient mice that display features of autism spectrum disorder. *Frontiers in Molecular Neuroscience, 10*, 450.

Gräff, J., Joseph, N. F., Horn, M. E., Samiei, A., Meng, J., Seo, J., et al. (2014). Epigenetic priming of memory updating during reconsolidation to attenuate remote fear memories. *Cell, 156*(1–2), 261–276.

Graham, S. A., Booth, A. E., & Waxman, S. R. (2012). Words are not merely features: Only consistently applied nouns guide 4-year-olds' inferences about object categories. *Language Learning and Development, 8*, 136–145.

Granat, A., Gasassi, R., Gilboa-Schechtman, E., & Feldman, R. (2017). Maternal depression and anxiety, social synchrony, and infant regulation of negative and positive emotions. *Emotion, 17*(1), 11–27.

Granqvist, P., Sroufe, L. A., Dozier, M.,

Hesse, E., Steele, M., van IJzendoorn, M., et al. (2017). Disorganized attachment in infancy: A review of the phenomenon and its implications for clinicians and policymakers. *Attachment and Human Development, 19*(6), 534–558.

Graziano, M. (2013). *Consciousness and the social brain*. Oxford, UK: Oxford University Press.

Green, J., & Goldwyn, R. (2002). Attachment disorganisation and psychopathology: New findings in attachment research and their potential implications for developmental psychopathology in childhood. *Journal of Child Psychology and Psychiatry, 43*(7), 835–846.

Green, K., Browne, K., & Chou, S. (2017). The relationship between childhood maltreatment and violence to others in individuals with psychosis: A systematic review and meta-analysis. *Trauma, Violence, Abuse, 20*, 3.

Green, M. J., & Phillips, M. L. (2004). Social threat perception and the evolution of paranoia. *Neuroscience and Biobehavioral Reviews, 23*(3), 338–342.

Green, T., Neinemann, S. F., & Gusella, J. F. (1998). Molecular neurobiology and genetics: Investigation of neural function and dysfunction. *Neuron, 20*, 427–444.

Greenberg, M. E. (2010). Signaling networks that control synapse development and cognitive function. In Harvey Society (Ed.), *The Harvey lectures* (Series 102, pp. 73–102). Hoboken, NJ: Wiley.

Greenberg, M. T., DeKlyen, M., Speltz, M. L., & Endriga, M. C. (1997). The role of attachment processes in externalizing psychopathology in young children. In L. Atkinson & K. J. Zucker (Eds.), *Attachment and psychopathology* (pp. 196–222). New York: Guilford Press.

Greenberg, M. T., Speltz, M. L., & DeKlyen, M. (1993). The role of attachment in the early development of disruptive behavior problems. *Development and Psychopathology, 5*, 191–213.

Greenberg, M. T., Speltz, M. L., DeKlyen, M., & Jones, K. (2001). Correlates of clinic referral for early conduct problems: Variable and person-oriented approaches. *Development and Psychopathology, 13*(2), 255–276.

Greenough, W. T., Black, J. E., & Wallace, C. S. (1987). Experience and brain development. *Child Development, 58*, 539–559.

Grice, H. P. (1975). Logic and conversation. In P. Cole & J. L. Moran (Eds.), *Syntax and semantics III: Speech acts* (pp. 41–58). New York: Academic Press.

Grienenberger, J., Kelly, K., & Slade, A. (2005). Maternal reflective functioning, mother–infant affective communication, and infant attachment: Exploring the link between mental states of observed caregiving behavior in the intergenerational transmission of attachment. *Attachment and Human Development, 7*, 299–311.

Griffiths, R. R., Johnson, M. W., Carducci, M. A., Umbricht, A., Richards, W. A., Richards, B. D., Cosimano, M. P., & Klinedinst, M. A. (2016). Psilocybin produces substantial and sustained decreases in depression and anxiety in patients with life-threatening cancer: A randomized double-blind trial. *Journal of Psychopharmacology, 30*(12), 1181–1197.

Grillner, S., Robertson, B., & Stephenson-Jones, M. (2013). The evolutionary origin of the vertebrate basal ganglia and its role in action selection. *Journal of Physiology, 591*, 5425–5431.

Grimshaw, G. M., & Carmel, D. (2014). An asymmetric inhibition model of hemispheric differences in emotional processing. *Frontiers in Psychology, 5*, 489.

Groh, A. M., Fearon, R. P., Bakermans-Kranenburg, M. J., Van IJzendoorn, M. H., Steele, R. D., & Roisman, G. I. (2014). The significance of attachment security for children's social competence with peers: A meta-analytic study. *Attachment & Human Development, 16*, 103–136.

Groh, A. M., Roisman, G. I., van IJzendoorn, M. H., Bakermans-Krandenburg, M. J., & Fearon, R. P., (2012). The significance of insecure and disorganized attachment for children's internalizing symptoms: A meta-analytic study. *Child Development, 83*(2), 591–610.

Gross, J. J. (2002). Emotion regulation: Affective, cognitive, and social consequences. *Psychophysiology, 29*, 281–291.

Gross, J. J. (Ed.). (2007). *Handbook of emotion regulation*. New York: Guilford Press.

Gross, J. J., & Thompson, R. A. (2007). Emotion regulation: Conceptual foundations. In J. J. Gross (Ed.), *Handbook of emotion regulation* (pp. 3–26). New York: Guilford Press.

Grossberg, S. (1999). The link between brain learning, attention, and consciousness. *Consciousness and Cognition, 8*(1), 1–44.

Grossmann, K. E., Grossmann, K., & Waters, E. (Eds.). (2005). *Attachment from infancy to adulthood: The major longitudinal studies*. New York: Guilford Press.

Grossmann, T. (2015). The development of social brain functions in infancy. *Psychological Bulletin, 141*(6), 1266–1287.

Gu, X., & FitzGerald, T. (2014). Interoceptive inference: Homeostasis and decision-making. *Trends in Cognitive Sciences, 18*, 269–270.

Guastello, S. J., Koopmans, M., & Pincus, D. (Eds.). (2009). *Chaos and complexity in psychology: The theory of nonlinear dynamical systems*. Cambridge, UK: Cambridge University Press.

Guloksuz, S., Pries, L.-K., & van Os, J. (2017). Application of network methods for understanding mental disorders: Pitfalls and promise. *Psychological Medicine, 47*, 2743–2752.

Gumley, A. I., Taylor, H. E. F., Schwannauer, M., & MacBeth, A. (2014). A systematic review of attachment and psychosis: Measurement, construct validity and outcomes. *Acta Psychiatrica Scandinavica, 129*(4), 257–274.

Guo, K., Robertson, R. G., Pulgarin, M., Nevado, A., Panzeri, S., Thiele, A., et al. (2007). Spatio-temporal prediction and inference by V1 neurons. *European Journal of Neuroscience, 26*(4), 1045–1054.

Guyer, A. E., Jarcho, J. M., Pérez-Edgar, K., Degnan, K. A., Pine, D. S., Fox, N. A., et al. (2015). Temperament and parenting styles in early childhood differentially influence neural response to peer evaluation in adolescence. *Journal of Abnormal Child Psychology, 43*(5), 863–874.

Guyer, A. E., McClure, E., Adler, A., Brotman, M., Rich, B., Kimes, A., et al. (2007). Specificity of facial expression labeling deficits in childhood psychopathology. *Journal of Child Psychology and Psychiatry, 48*(9), 863–871.

Haberstadt, A. G., & Lozada, F. T. (2011). Emotion development in infancy through the lens of culture. *Emotion Review, 3*(2), 158–168.

Habib, R., Nyberg, L., & Tulving, E. (2003). Hemispheric asymmetries of memory: The HERA model revisited. *Trends in Cognitive Sciences, 7*(6), 241–245.

Hackel, L. M., Looser, C. E., & Bavel, J. J. (2014). Group membership alters the threshold for mind perception: The role of social identity, collective identification, and intergroup threat. *Journal of Experimental Social Psychology, 52*, 15–23.

Haft, W. L., & Slade, A. (1989). Affect attunement and maternal attachment: A pilot study. *Infant Mental Health Journal, 10*, 157–172.

Haggard, P. (2008). Human volition: Toward a neuroscience of will. *Nature Neuroscience, 9*, 934–946.

Haggerty, G. D., Siegfert, C. J., & Weinberger, J. (2010). Examining the relationship between current attachment status and freely recalled autobiographical memories of childhood. *Psychoanalytic Psychology, 27*, 27–41.

Haidt, J. (2006). *The happiness hypothesis*. New York: Basic Books.

Haley, D. W., & Stansbury, K. (2003). Infant stress and parent responsiveness: Regulation of physiology. *Child Development, 74*(5), 1534–1546.

Halifax, J. (2018). *Standing on the edge: Finding freedom where fear and courage met*. New York: Macmillan.

Hall, K. D. D., & Lifshitz, J. (2010). Diffuse traumatic brain injury initially attenuates and later expands activation of the rat somatosensory whisker circuit concomitant with neuroplastic responses. *Brain Research, 1323*, 161.

Halpern, M. E., Güntürkün, O., Hopkins, W. D., & Rogers, L. J. (2005). Lateralization of the vertebrate brain: Taking the side of model systems. *Journal of Neuroscience, 25*(45), 10351–10357.

Hamilton, M. J., Milne, B. T., Walker, R. S., Burger, O., & Brown, J. H. (2007). The complex structure of hunter-gatherer social networks. *Proceedings of the Royal Society, London, 274B*, 2195–2202.

Hamlin, J. K., Mahajan, N., Liberman, Z., & Wynn, K. (2012). Not like me = bad: Infants prefer those who harm dissimilar others. *Psychological Science, 24*, 589–594.

Hammack, P. L. (2008). Narrative and the cultural psychology of identity. *Personal-*

ity and Social Psychology Review, 12(3), 222–247.

Hampe, B., & Grady, J. E. (Eds.). (2005). *From perception to meaning: Image schemas in cognitive linguistics*. Berlin: de Gruyter.

Han, K. S., Guo, C., Chen, C. H., Witter, L., Osorno, T., & Regehr, W. G. (2018). Ephaptic coupling promotes synchronous firing of cerebellar Purkinje cells. *Neuron, 100*(3), 564–578.

Han, S., & Humphreys, G. (2016). Self-construal: A cultural framework for brain function. *Current Opinion in Psychology, 8*, 10–14.

Han, S., Northoff, G. (2008). Culture-sensitive neural substrates of human cognition: A transcultural neuroimaging approach. *Nature Reviews Neuroscience, 9*, 646–654.

Hane, A. A., & Fox, N. A. (2006). Ordinary variations in maternal caregiving influence human infants' stress reactivity. *Psychological Science, 17*(6), 550–556.

Hane, A. A., Fox, N. A., Henderson, H. A., & Marshall, P. J. (2008). Behavioral reactivity and approach–withdrawal bias in infancy. *Developmental Psychology, 44*(5), 1491–1496.

Hänggi, J., Fövenyi, L., Liem, F., Meyer, M., & Jäncke, L. (2014). The hypothesis of neuronal interconnectivity as a function of brain size: A general organization principle of the human connectome. *Frontiers in Human Neuroscience, 8*, 915.

Hanna, R. (2011). What is the self? *Annals of the New York Academy of Sciences, 1234*(1), 121–123.

Hanna, R., Izenberg, G., Martin, R., Wiley, N., & Seigel, J. (2011). Me, myself, and I: The rise of the modern self. *Annals of the New York Academy of Sciences, 1234*(1), 108–120.

Hansen, M. B., & Markman, E. M. (2005). Appearance questions can be misleading: A discourse-based account of the appearance–reality problem. *Cognitive Psychology, 50*(3), 233–263.

Happaney, K., Zelaso, P. D., & Stuss, D. T. (2004). Development of orbitofrontal function: Current themes and future directions. *Brain and Cognition, 55*(1), 1–10.

Hardan, A. Y. (2006). Magnetic resonance imaging study of the orbitofrontal cortex in autism. *Journal of Child Neurology, 21*(10), 866–861.

Hardman, C., Christiansen, P., & Wilkinson, L. (2016). Using food to soothe: Maternal attachment anxiety is associated with child emotional eating. *Appetite, 99*, 91–96.

Hariman, R., & Lucaites, J. L. (2008). Visual tropes and late-modern emotion in U.S. public culture. *Poroi, 5*(2), 47–93.

Harkess, K. L., & Tucker, D. M. (2000). Motivation of neural plasticity: Neural mechanisms in the self-organization of depression. In M. D. Lewis & I. Granic (Eds.), *Emotion, development, and self-organization: Dynamic systems approaches to emotional development* (pp. 186–208). Cambridge, UK: Cambridge University Press.

Harmon-Jones, E., Harmon-Jones, C., & Summerell, E. (2017). On the importance of both dimensional and discrete models of emotion. *Behavioral Sciences, 7*(4), 66.

Harmon-Jones, E., Peterson, C. K., & Harmon-Jones, C. (2010). Anger, motivation, and asymmetrical frontal cortical activations. In M. Potegal, G. Stemmler, & C. Spielberger (Eds.), *International handbook of anger: Constituent and concomitant biological, psychological, and social processes* (pp. 61–78). New York: Springer Science & Business Media.

Harrist, A. W., & Waugh, R. M. (2002). Dyadic synchrony: Its structure and function in children's development. *Developmental Review, 22*, 555–592.

Hart, W., Albarracín, D., Eagly, A. H., Brechan, I., Lindberg, M. J., & Merrill, L. (2009). Feeling validated versus being correct: A meta-analysis of selective exposure to information. *Psychological Bulletin, 135*, 555–588.

Harter, S. (1988). Developmental processes in the construction of the self. In T. D. Yawkey & J. E. Johnson (Eds.), *Integrative processes and socialization: Early to middle childhood* (pp. 45–78). Hillsdale, NJ: Erlbaum.

Harter, S. (2012). *The construction of the self: Developmental and sociocultural foundations* (2nd ed.). New York: Guilford Press.

Harter, S. (2016). I-self and me-self processes affecting developmental psychopathology and mental health. In D. Cicchetti (Ed.), *Developmental psychopathology* (Vol. 1, pp. 470–526). New York: Wiley.

Harter, S., Bresnick, S., Bouchey, H. A., & Whitsell, N. R. (1997). The development of multiple role-related selves during adolescence. *Development and Psychopathology, 9*, 835–854.

Harter, S., & Leary, M. R. (2003). The development of self-representations during childhood and adolescence. In M. R. Leary (Ed.), *Handbook of self and identity* (pp. 610–642). New York: Guilford Press.

Hasenkamp, W., & Barsalou, L. W. (2012). Effects of meditation experience on functional connectivity of distributed brain networks. *Frontiers in Human Neuroscience* 6(38), 1–14.

Hassin, R. R., Uleman, J. S., & Baragh, J. A. (2005). *The new unconscious*. New York: Oxford University Press.

Hasson, U., & Frith, C. D. (2016). Mirroring and beyond: Coupled dynamics as a generalized framework for modelling social interactions. *Proceedings of the Royal Society B, Biological Sciences, 371*, 20150366.

Hasson, U., Ghazanfar, A. A., Galantucci, B., Garrod, S., & Keyser, C. (2012). Brain-to-brain coupling: A mechanism for creating and sharing a social world. *Trends in Cognitive Sciences, 16*(2), 114–121.

Hauser, M. D., Chomsky, N., & Fitch, W. T. (2002). The faculty of language: What is it, who has it, and how did it evolve? *Science, 298*, 1569–1579.

Hauser, S. T., Golden, E., & Allen, J. P. (2007). Narrative in the study of resilience. *Psychoanalytic Study of the Child, 61*, 205–227.

Haxby, J. V., Hoffman, E. A., & Gobbini, M. I. (2002). Human neural systems for face recognition and social communication. *Biological Psychiatry, 51*(1), 59–67.

Hayashi, M. L., Choi, S., Rao, B. S. S., Jung, H., & Lee, H. (2004). Altered cortical synaptic morphology and impaired memory consolidation in forebrain-specific dominant negative PAK transgenic mice. *Neuron, 42*(5), 773–787.

Hayes, S. C. (2019). *The liberated mind: How to pivot toward what matters*. New York: Avery.

Hayley, D. W., & Stansbury, K. (2003). Infant stress and parent responsiveness: Regulation of physiology and behavior during still-face and reunion. *Child Development, 74*(5), 1534–1546.

Hayne, H. (2004). Infant memory development: Implications for childhood amnesia. *Developmental Review, 24*(1), 33–73.

Hayne, H., & Simcock, G. (2009). Memory development in toddlers. In M. L. Courage & N. Cowan (Eds.), *The development of memory in infancy and childhood* (pp. 43–68). New York: Psychology Press.

Hazan, C., Campa, M., & Gur-Yaish, N. (2006). What is adult attachment? In M. Mikulincer & G. S. Goodman (Eds.), *Dynamics of romantic love: Attachment, caregiving, and sex* (pp. 47–101). New York: Guilford Press.

Heard, E., & Martienssen, R. A. (2014). Transgenerational epigenetic inheritance: Myths and mechanisms. *Cell, 157*, 95–109.

Hebb, D. O. (1949). *The organization of behavior: A neuropsychological theory*. New York: Wiley.

Hecht, D. (2014). Cerebral lateralization of pro- and anti-social tendencies. *Experimental Neurobiology, 23*(1), 1.

Heilman, K. M., Blonder, L. X., Bowers, D., & Crucian, G. P. (2000). Neurological disorders and emotional dysfunction. In J. Borod (Ed.), *The neuropsychology of emotion* (pp. 367–412). New York: Oxford University Press.

Heim, C., Newport, D. J., Heit, S., Graham, Y. P., Wilcox, M., Bonsall, R., et al. (2000). Pituitary–adrenal and autonomic responses to stress in women after sexual and physical abuse in childhood. *Journal of the American Medical Association, 284*(5), 592–597.

Heim, C., Newport, D. J., Mletzko, T., Miller, A. H., & Nemeroff, C. B. (2008). The link between childhood trauma and depression: Insights from HPA axis studies in humans. *Psychoneuroendocrinology, 33*(6), 693–710.

Heim, C., Newport, D. J., Wagner, D., Wilcox, M. M., Miller, A. H., & Nemeroff, C. B. (2002). The role of early adverse experience and adulthood stress in the prediction of neuroendocrine stress reactivity in women: A multiple regression analysis. *Depression and Anxiety, 25*(3), 117–125.

Heinicke, C. M., Goorsky, M., Levine, M., Ponce, V., Ruth, G., Silverman, M., et al. (2006). Pre- and postnatal antecedents of a home-visiting intervention and family developmental outcome. *Infant Mental Health Journal, 27*(1), 91–119.

Heiphetz, L., Strohminger, N., & Young, L. (2017). The role of moral beliefs, memories, and preferences in representations of identity. *Cognitive Science, 41*(3), 744–767.

Hellyer, P. J., Scott, G., Shanahan, M., Sharp, D. J., & Leech, R. (2015). Cognitive flexibility through metastable neural dynamics is disrupted by damage to the structural connectome. *Journal of Neuroscience, 35*(4), 9050–9063.

Helm, J. L., Sbarra, D., & Ferrer, E. (2012). Assessing cross-partner associations in physiological responses via coupled oscillator models. *Emotion, 12*, 748–762.

Hendrix, C., Stowe, Z., Newport, D., & Brennan, P. (2018). Physiological attunement in mother–infant dyads at clinical high risk: The influence of maternal depression and positive parenting. *Development and Psychopathology, 30*(2), 623–634.

Henry, S. (2009). School violence beyond Columbine: A complex problem in need of an interdisciplinary analysis. *American Behavioral Scientist, 52*(9), 1246–1265.

Henson, R. N., Eckstein, D., Waszak, F., Frings, C., & Horner, A. J. (2014). Stimulus–response bindings in priming. *Trends in Cognitive Sciences, 18*(7), 376–384.

Hergovich, A., Schott, R., & Burger, C. (2010). Biased evaluation of abstracts depending on topic and conclusion: Further evidence of a confirmation bias within scientific psychology. *Current Psychology, 29*(3), 188–209.

Herringa, R. J. (2017). Trauma, PTSD, and the developing brain. *Current Psychiatry Reports, 19*(10), 69.

Hertenstein, E. (2012). Mindfulness-based cognitive therapy in obsessive–compulsive disorder: A qualitative study on patients' experiences. *BMC Psychiatry, 12*(185).

Herzog, A., Kube, K., de Lima, A. D., Michaelis, B., & Voigt, T. (2006, April). *Connection strategies in neocortical networks.* Paper presented at the European Symposium on Artificial Neural Networks, Bruges, Belgium.

Hesse, E. (1996). Discourse, memory and the Adult Attachment Interview: A note with emphasis on the emerging cannot classify category. *Infant Mental Health Journal, 17*, 4–11.

Hesse, E. (1999a). *Unclassifiable and disorganized responses in the Adult Attachment Interview and in the infant Strange Situation procedure: Theoretical proposals and empirical findings.* Unpublished doctoral dissertation, Leiden University, Leiden, The Netherlands.

Hesse, E. (1999b). The Adult Attachment Interview: Historical and current perspectives. In J. Cassidy & P. R. Shaver (Eds.), *Handbook of attachment: Theory, research, and clinical applications* (pp. 395–433). New York: Guilford Press.

Hesse, E. (2008). The Adult Attachment Interview: Protocol, method of analysis, and empirical studies. In J. Cassidy & P. R. Shaver (Eds.), *Handbook of attachment: Theory, research, and clinical applications* (2nd ed., pp. 552–598). New York: Guilford Press.

Hesse, E. (2016). The adult attachment interview: Protocol, method of analysis, and empirical studies: 1985–2015. In J. Cassidy & P. R. Shaver (Eds.), *Handbook of attachment: Theory, research, and clinical applications* (3rd ed., pp. 553–597). New York: Guilford Press.

Hesse, E., & Main, M. (1999). Unresolved/disorganized responses to trauma in non-maltreating parents: Previously unexamined risk factor for offspring. *Psychoanalytic Inquiry, 19*, 4–11.

Hesse, E., & Main, M. (2000). Disorganized infant, child, and adult attachment: Collapse in behavioral and attentional strategies. *Journal of the American Psychoanalytic Association, 48*(4), 1097–1127.

Hesse, E., & Main, M. (2006). Frightened, threatening, and dissociative parental behavior in low-risk samples: Description, discussion, and interpretations. *Development and Psychopathology, 18*(2), 309–343.

Hesse, E., Main, M., Abrams, K. Y., & Rifkin, A. (2003). Unresolved states regarding loss or abuse can have "second-generation" effects: Organization, role inversion, and frightening ideation in the offspring of traumatized, non-maltreating parents. In M. F. Solomon & D. J. Siegel (Eds.), *Healing trauma: Attachment, mind, body, and brain* (pp. 57–106). New York: Norton.

Hesse, E., Main, M., & Siegel, D. J. (2010, December). *Interpersonal neurobiology and the clinical applications of the Adult*

Attachment Interview. Paper presented at the UCLA–Lifespan Learning Conference, Los Angeles, CA.

Hesse, E., & van IJzendoorn, M. H. (1998). Parental loss of close family members and propensities towards absorption in offspring. *Developmental Science, 1*, 299–305.

Hibel, L., Granger, D., Blair, C., & Finegood, E. (2015). Maternal–child adrenocortical attunement in early childhood: Continuity and change. *Developmental Psychobiology, 57*(1), 83–95.

Hikosaka, O., & Isoda, M. (2010). Switching from automatic to controlled behavior: Cortico–basal ganglia mechanisms. *Trends in Cognitive Sciences, 14*(4), 154–161.

Hilgard, E. R. (1977). *Divided consciousness: Multiple controls in human thought and action*. New York: Wiley.

Hill, K., & Roth, T. L. (2016). Epigenetic mechanisms in the development of behavior. In D. Cicchetti (Ed.), *Developmental Psychopathology, Vol. 2: Developmental Neuroscience* (2nd ed.). Hoboken, NJ: Wiley.

Hill, N. B., Bromell, L., Tyson, D. F., & Flint, R. (2007). Developmental commentary: Ecological perspectives on parental influences during adolescence. *Journal of Clinical Child and Adolescent Psychology, 36*(3), 367–377.

Hill, R. A., Bentley, A., & Dunbar, R. I. M. (2008). Network scaling reveals consistent fractal pattern in hierarchical mammalian societies. *Biology Letters, 4*, 748–751.

Hill-Soderlund, A. L., Mills-Koonce, W. R., Propper, C., Calkins, S. D., Granger, D. A., Moore, G. A., et al. (2008). Parasympathetic and sympathetic responses to the Strange Situation in infants and mothers from avoidant and securely attached dyads. *Developmental Psychobiology, 50*(4), 361–376.

Hines, M. (2011). Gender development and the human brain. *Annual Review of Neuroscience, 34*(1), 69–88.

Hippocrates. (1923). *Prognostic, Volume 2: On the Sacred Disease* (trans. W. H. S. Jones, Loeb Classical Library 148). New York: Loeb.

Hobson, A. (2017). *Tales of the quantum: Understanding physics' most fundamental theory*. Oxford, UK: Oxford Univesity Press.

Hofer, M. (1990). Early symbiotic processes: Hard evidence from a soft place. In R. A. Glick & S. Bone (Eds.), *Pleasure beyond the pleasure principle* (pp. 55–78). New Haven, CT: Yale University Press.

Hofer, M. A. (1994). Hidden regulators in attachment, separation, and loss. *Monographs of the Society for Research in Child Development, 59*(2–3, Serial No. 240), 192–207.

Hofer, M. A. (2006). Psychobiological roots of early attachment. *Current Directions of Psychological Science, 15*(2), 84–88.

Hoffman, P., & Morcom, A. M. (2018). Age-related changes in the neural networks supporting semantic cognition: A meta-analysis of 47 functional neuroimaging studies. *Neuroscience and Biobehavioral Reviews, 84*, 134–150.

Hofman, D. (2009). The frontal laterality of emotion: A historical overview. *Netherlands Journal of Psychology, 64*(3), 112–118.

Hofmann, S. G., & Asnaani, A. (2010). Cultural aspects in social anxiety and social anxiety disorder. *Depression and Anxiety, 27*(12), 1117–1127.

Hofmann, S. G., & Curtiss, J. (2018). A complex network perspective on clinical science. *European Journal of Clinical Investigation, 48*, e12986.

Hofmann, S. G., Sawyer, A. T., Fang, A., & Asnaani, A. (2012). Emotion dysregulation model of mood and anxiety disorders. *Depression and Anxiety, 29*(5), 409–416.

Hohwy, J. (2013). *The predictive mind*. Oxford, UK: Oxford University Press.

Holbrook, C., Sousa, P., & Hahn-Holbrook, J. (2011). Unconscious vigilance: Worldview defense without adaptations for terror, coalition, or uncertainty management. *Journal of Personality and Social Psychology, 101*(3), 451–466.

Holekamp, K. E., Dantzer, B., Stricker, G., Shaw Yoshida, K. C., & Benson-Amram, S. (2015). Brains, brawn and sociality: A hyaena's tale. *Animal Behaviour, 103*, 237–248.

Holmes, N. P., & Spence, C. (2004). The body schema and the multisensory representation(s) peripersonal space. *Cognitive Processing, 5*(2), 94–105.

Holsboer, F. (2001). Stress, hypercortisolism and corticosteroid receptors in depression: Implications for therapy. *Journal of Affective Disorders, 62*(1), 77–91.

Holtmaat, A., & Svoboda, K. (2009). Experience-dependent structural synaptic plasticity in the mammalian brain. *Nature Reviews Neuroscience, 10*(9), 647–658.

Holz, E., Lass-Hennemann, J., Streb, M., Pfaltz, M., & Michael, T. (2014). Effects of acute cortisol administration on perceptual priming of trauma-related material. *PLoS One, 9*(9), e104864.

Honey, C. J., & Sporns, O. (2008). Dynamical consequences of lesions in cortical networks. *Human Brain Mapping, 29*, 802–809.

Hong, Y., Morris, M., Chiu, C., & Benet-Martinez, V. (2000). Multicultural minds: A dynamic constructivist approach to culture and cognition. *American Psychologist, 55*, 709–720.

Hood, B. (2012). *The self illusion: How the social brain creates identity.* New York: Oxford University Press.

Horowitz, M. J. (2001). Configurational analysis of the self: A states-of-mind approach. In M. J. Christopher (Ed.), *Self-relations in the psychotherapy process* (pp. 67–86). Washington, DC: American Psychological Association.

Hoscheidt, S., Nadel, L., Payne, J., & Ryan, L. (2010). Hippocampal activation during retrieval of spatial context from episodic and semantic memory. *Behavioural Brain Research, 212*(2), 121–132.

Hostinar, C. E., Davidson, R. J., Grahamc, E. K., Mroczekc, D. K., Lachmand, M. E., Seemane, T. E., et al. (2017). Frontal brain asymmetry, childhood maltreatment, and low-grade inflammation at midlife. *Psychoneuroendocrinology, 75*, 152–163.

Hotting, K., & Roder, B. (2013). Beneficial effects of physical exercise on neuroplasticity and cognition. *Neuroscience and Biobehavioral Reviews, 37*, 2243–2257.

Houston, J., & Grych, J. (2016). Maternal attachment buffers the association between exposure to violence and youth attitudes about aggression. *Journal of Clinical Child and Adolescent Psychology, 45*(5), 605–613.

Houtepen, L. C., Vinkers, C. H., Carrillo-Roa, T., Hiemstra, M., Van Lier, P. A., Meeus, W., et al. (2016). Genome-wide DNA methylation levels and altered cortisol stress reactivity following childhood trauma in humans. *Nature Communications, 7*, 10967.

Hovasapian, A., & Levine, L. J. (2018). Keeping the magic alive: Social sharing of positive life experiences sustains happiness. *Cognition and Emotion, 32*(8), 1559–1570.

Howard, M., Jing, B., Addis, K., & Kahana, M. (2007). Semantic structure and episodic memory. In T. K. Landauer, D. S. McNamara, S. Dennis, & W. Kintsch (Eds.), *Handbook of latent semantic analysis* (pp. 121–141). Mahwah, NJ: Erlbaum.

Howe, M. L. (2003). When autobiographical memory begins. *Developmental Review, 23*(4), 471–494.

Howe, M. L. (2004). Early memory, early self, and the emergence of autobiographical memory. In D. R. Beike, J. M. Lampinen, & D. A. Behrend (Eds.), *The self and memory* (pp. 45–74). New York: Psychology Press.

Howe, M. L., Courage, M. L., & Rooksby, M. (2009). The genesis and development of autobiographical memory. In M. Courage & N. Cowan (Eds.), *The development of memory in infancy and childhood* (pp. 177–187). New York: Psychology Press.

Howe, M. L., & Lewis, M. (2005). The importance of dynamic systems approaches for understanding development. *Developmental Review, 25*(3–4), 247–251.

Howell, B., & Sanchez, M. (2011). Understanding behavioral effects of early life stress using the reactive scope and allostatic load models. *Development and Psychopathology, 23*(4), 1001–1016.

Hrdy, S. B. (2009). *Mothers and others: The evolutionary origins of mutual understanding.* Cambridge, MA: Belknap Press of Harvard University Press.

Hsu, H., & Fogel, A. (2003). Social regulatory effects of infant nondistress vocalization on maternal behavior. *Developmental Psychology, 39*(6), 976–991.

Huang, H., Gundapuneedi, T., & Rao, U. (2012). White matter disruptions in adolescents exposed to childhood maltreatment and vulnerability to psychopathology. *Neuropsychopharmacology, 37*, 2693–2701.

Hubel, D. H. (1967). Effects of distortion of sensory input on the visual cortex and the influence of the environment. *Physiologist, 10*, 17–45.

Huber, D. E., Clark, T. F., Curran, T., & Winkielman, P. (2008). Effects of repetition priming on recognition memory: Testing a perceptual fluency–disfluency model. *Journal of Experimental Psychology: Learning, Memory, and Cognition, 34*(6), 1305–1324.

Hudson, J., & Mayhew, E. M. Y. (2009). The development of memory for recurring events. In M. L. Courage & N. Cowan (Eds.), *The development of memory in infancy and childhood* (pp. 69–92). New York: Psychology Press.

Hugdahl, K., & Davidson, R. J. (Eds.). (2003). *The asymmetrical brain*. Cambridge, MA: MIT Press.

Hugdahl, K., & Westerhausen, R. (Eds.). (2010). *The two halves of the brain: Information processing in the cerebral hemispheres*. Cambridge, MA: MIT Press.

Hughes, C. H., & Ensor, R. (2005). Executive function and theory of mind in 2-year-olds: A family affair? *Developmental Neuropsychology, 28*, 645–668.

Hughes, C. H., & Ensor, R. A. (2009). How do families help or hinder the emergence of early executive function? *New Directions in Child and Adolescent Development, 123*, 35–50.

Hughes, D. A. (2007). *Attachment-focused family therapy*. New York: Norton.

Hughes, J. (2007). Autism: The first firm finding = underconnectivity? *Epilepsy and Behavior, 11*(1), 20–24.

Hughes, P., Turton, P., McGauley, G., & Fonagy, P. (2006). Factors that predict infant disorganization in mothers classified as U in pregnancy. *Attachment and Human Development, 8*(2), 113–122.

Huk, A. C., & Shadlen, M. N. (2005). Neural activity in macaque parietal cortex reflects temporal integration of visual motion signals during perceptual decision making. *Journal of Neuroscience, 25*(45), 10420–10436.

Hyde, K. L., Lerch, J., Norton, A., Forgeard, M., Winner, E., Evans, A. C., et al. (2009). Musical training shapes structural brain development. *Journal of Neuroscience, 29*, 3019–3025.

Iacoboni, M. (2008). *Mirroring people*. New York: Picador.

Iacoboni, M. (2009a). Imitation, empathy, and mirror neurons. *Annual Review of Psychology, 60*, 653–670.

Iacoboni, M. (2009b). Neurobiology of imitation. *Current Opinion in Neurobiology, 19*(6), 661–665.

Iacoboni, M. (2016). Mirroring as a key neutral mechanism of sociality. In G. R. Semin & G. Echterhoff (Eds.), *Grounding sociality: Neurons, mind, and culture* (pp. 13–26). New York: Psychology Press.

Iacoboni, M., & Dapretto, M. (2006). The mirror neuron system and the consequences of its dysfunction. *Nature Reviews Neuroscience, 7*, 942–951.

Iacoboni, M., Molnar-Szakacs, I., Gallese, V., Buccino, G., Mazziotta, J. C., & Rizzolatti, G. (2005). Grasping the intentions of others with one's own mirror neuron system. *PLOS Biology, 3*(3), e79.

Iaria, G., Chen, J., Guariglia, C., Ptito, A., & Petrides, M. (2007). Retrosplenial and hippocampal brain regions in human navigation: Complementary functional contributions to the formation and use of cognitive maps. *European Journal of Neuroscience, 25*(3), 890–899.

Immordino-Yang, M. H. (2008). The smoke around mirror neurons: Goals as sociocultural and emotional organizers of perception and action in learning. *Mind, Brain and Eduction, 2*(2), 67–73.

Immordino-Yang, M. H. (2011). Me, my "self" and you: Neuropsychological relations between emotion, self-awareness, and morality. *Emotion Review, 3*(3), 313–315.

Immordino-Yang, M. H. (2015a). Embodied brains, social minds: Toward a cultural neuroscience of social emotion. In J. Chiao, S.-C. Li, R. Seligman, & R. Turner (Eds.), *Oxford Handbook of Cultural Neuroscience, Ch. 8, Pt. II: Cultural neuroscience of Emotion* (pp. 129–142). Oxford, UK: Oxford University Press.

Immordino-Yang, M. H. (2015b). *Emotions, learning and the brain: Exploring the educational implications of affective neuroscience*. New York: Norton.

Immordino-Yang, M. H. (2020). *Whole child development: Dynamics of trauma, stress, and learning*. Keynote presentation, Learning and the Brain, February 14, 2020. San Francisco, CA.

Immordino-Yang, M. H., & Gotlieb, R.

(2017). Embodied brains, social minds, cultural meaning: Integrating neuroscientific and educational research on social-affective development. *American Educational Research Journal, 54*(1s), 344s–367s.

Immordino-Yang, M. H., Yang, X. F., & Damasio, A. R. (2014). Correlations between social–emotional feelings and anterior insula activity are independent from visceral states but influenced by culture. *Frontier in Human Neuroscience, 8*, 728.

Immordino-Yang, M. H., Yang, X. F., & Damasio, H. (2016). Cultural modes of expressing emotions influence how emotions are experienced. *Emotion, 16*(7), 1033–1039.

Immordino-Yang, M. H., & Yang, X. F. (2017). Cultural differences in the neural correlates of social–emotional feelings: An interdisciplinary developmental perspective. *Current Opinion in Psychology, 17*, 34–40.

Indersmitten, T., & Gur, R. C. (2003). Emotion processing in chimeric faces: Hemispheric asymmetries in expression and recognition of emotions. *Journal of Neuroscience, 23*(9), 3820–3825.

Inui, T., Kumagaya, S., & Myowa-Yamakoshi, M. (2017). Neurodevelopmental hypothesis about the etiology of autism spectrum disorders. *Frontiers in Human Neuroscience, 11*, 354.

Ionta, S., Martuzzi, R., Salomon, R., & Blanke, O. (2014). The brain network reflecting bodily self-consciousness: A functional connectivity study. *Social Cognitive and Affective Neuroscience, 9*(12), 1904–1913.

Irish, M., Hodges, J. R., & Piguet, O. (2014). Right anterior temporal lobe dysfunction underlies theory of mind impairments in semantic dementia. *Brain, 137*(4), 1241–1253.

Isles, A. R., & Wilkinson, L. S. (2008). Epigenetics: What is it and why is it important to mental disease? *British Medical Bulletin, 85*(1), 35–45.

Ispolatov, I., & Doebeli, M. (2014). Chaos and unpredictability in evolution. *Evolution, 68*, 1365–1373.

Ivanti, G., & Nuske, H. J. (2017). Autism, attachment, and social learning: Three challenges and a way forward. *Behavioural Brain Research, 325*, 251–259.

Ives-Deliperi, V. L., Solms, M., & Meintjes, E. M. (2010). The neural substrates of mindfulness: An fMRI investigation. *Social Neuroscience, 6*(3), 231–242.

Iyengar, U., Kim, S., Martinez, S., Fonagy, P., & Strathearn, L. (2014). Unresolved trauma in mothers: Intergenerational effects and the role of reorganization. *Frontiers in Psychology, 5*, 966.

Iyer, P. (2019). *Autumn light: Season of fire and farewells*. New York: Knopf.

Izard, C. (2010). The many meanings/aspects of emotion: Definitions, functions, activation and regulation. *Emotion Review, 2*(4), 363–370.

Izenberg, G. (2011). The modern notion of self has reached its ultimate conclusion. *Annals of the New York Academy of Sciences, 1234*(1), 124–126.

Jack, F., MacDonald, S., Reese, E., & Hayne, H. (2009). Maternal reminiscing style during early childhood predicts the age of adolescents' earliest memories. *Child Development, 80*(2), 496–505.

Jackowski, A. P., de Araujo, C. M., de Lacerda, A. L. T., Mari, J. D. J., & Kaufman, J. (2009). Neurostructural imaging findings in children with post-traumatic stress disorder: Brief review. *Psychiatry and Clinical Neurosciences, 63*(1), 1–8.

Jackson, E. A. (1991). Controls of dynamic flows with attractors. *Physical Review A, 44*, 4839–4853.

Jackson, P. L., Brunet, E., Meltzoff, A. N., & Decety, J. (2006). Empathy examined through the neural mechanisms involved in imagining how I feel versus how you feel pain. *Neuropsychologia, 44*(5), 752–761.

Jackson Nakazawa, D. (2020). *The angel and the assassin*. New York: Ballantine Penguin Random House.

Jacobs, A., Fridman, G., Douglas, R., Alam, N., Latham, P., Prusky, G., et al. (2009). Ruling out and ruling in neural codes. *Proceedings of the National Academy of Sciences of the USA, 106*(14), 5936–5941.

Jacobs, T. L., Epel, E. S., Lin, J., Blackburn, E. H., Wolkowitz, O. M., Bridwell, D. A., et al. (2011). Intensive meditation training, immune cell telomerase activity, and psychological mediators. *Psychoneuroendocrinology, 36*(5), 664–681.

Jacobvitz, D., Leon, K., & Hazen, N. (2006). Does expectant mothers' unresolved trauma predict frightened/frightening maternal behavior?: Risk and protective factors. *Development and Psychopathology, 18*(2), 363–379.

Jahanshahi, M., Obeso, I., Rothwell, J. C., & Obeso, J. A. (2015). A fronto–striato–subthalamic–pallidal network for goal-directed and habitual inhibition. *Nature Reviews Neuroscience, 16*(12), 719–732.

Jamali, M., Grannan, B., Haroush, K., Moses, Z. B., Eskandar, E. N., Herrington, T., Patel, S., & Williams, Z. M. (2019). Dorsolateral prefrontal neurons mediate subjective decisions and their variations in humans. *Nature Neuroscience, 22*, 1010–1020.

James, W. (1884). What is an emotion? *Mind, 9*, 188–205.

James, W. (1890). *The principles of psychology*. New York: Holt.

James, W. (1902). *The varieties of religious experience*. New York: Longman, Greens.

Jang, J. H., Jung, W. H., Kang, D. H., Byun, M. S., Kwon, S. J., Choi, C. H., et al. (2011). Increased default mode network connectivity associated with meditation. *Neuroscience Letters, 487*(3), 358–362.

Janig, W. (2003). The autonomic nervous system and its coordination by the brain. In R. J. Davidson, K. R. Scherer, & H. H. Goldsmith (Eds.), *Handbook of affective sciences* (pp. 135–186). New York: Oxford University Press.

Jankowski, T., & Holas, P. (2014). Metacognitive model of mindfulness. *Consciousness and Cognition, 28*, 64–80.

Jarbo, K., & Verstynen, T. D. (2015). Converging structural and functional connectivity of orbitofrontal, dorsolateral prefrontal, and posterior parietal cortex in the human striatum. *Journal of Neuroscience, 35*(9), 3865–3878.

Jasanoff, A. (2018). *The biological mind: How brain, body, and environment collaborate to make us who we are*. New York: Basic Books.

Jermakowicz, W. J., & Casagrande, V. A. (2007). Neural networks a century after Cajal. *Brain Research Reviews, 55*(2), 264–284.

Jha, A. P., Krompinger, J., & Baime, M. J. (2007). Mindfulness training modifies subsystems of attention. *Cognitive, Affective, and Behavioral Neuroscience, 7*(2), 109–119.

Ji, L. J., & Yap, S. (2016). Culture and cogntion. *Current Opinion in Psychology, 8*, 105–111.

Jiang, L., Xu, Y., Zhu, X.-T., Yang, Z., Li, H.-J., & Zuo, X.-N. (2015). Local-to-remote cortical connectivity in early- and adulthood-onset schizophrenia. *Translational Psychiatry, 5*, e566.

Jimerson, S., Egeland, B., Sroufe, L., & Carlson, B. (2000). A prospective longitudinal study of high school dropouts examining multiple predictors across development. *Journal of School Psychology, 38*(6), 529–549.

Joëls, M., Karst, H., Alfarez, D., Heine, V. M., Qin, Y., van Riel, E., et al. (2004). Effects of chronic stress on structure and cell function in rat hippocampus and hypothalamus. *Informa Healthcare, 7*(4), 221–231.

John, O. P., Robins, R. W., & Pervin, L. A. (2011). *Handbook of personality: Theory and research*. New York: Guilford Press.

Johns, E. E., & Mewhort, D. J. K. (2009). Test sequence priming in recognition memory. *Journal of Experimental Psychology: Learning, Memory, and Cognition, 35*(5), 1162–1174.

Johnson, M. H. (2001). Functional brain development in humans. *Nature Reviews Neuroscience, 2*, 472–483.

Johnson, P. A., Hurley, R. A., Benkelfat, C., Herpertz, S. C., & Taber, K. H. (2003). Understanding emotion regulation in borderline personality disorder: Contributions of neuroimaging. *Journal of Neuropsychiatry and Clinical Neurosciences, 15*, 397–402.

Johnson, S. L., Hayes, A. M., Field, T. M., Schneiderman, N., & McCabe, P. M. (Eds.). (2000). *Stress, coping, and depression*. Mahwah, NJ: Erlbaum.

Johnson, Z. V., & Young, L. J. (2015). Neurobiological mechanisms of social attachment and pair bonding. *Current Opinion in Behavioral Sciences, 3*, 38–44.

Johnson-Laird, P. N. (1983). *Mental models: Towards a cognitive science of language, inference, and consciousness*. Cambridge, MA: Harvard University Press.

Jones, A., Osmond, C., Godfrey, K. M., & Phillips, D. I. W. (2011). Evidence for developmental programming of cerebral laterality in humans. *PLoS One, 6*(2), 1–6.

Jones, N. A., McFall, B. A., & Diego, M. A. (2004). Patterns of brain electrical activity in infants of depressed mothers who breastfeed and bottle feed: The mediating role of infant temperament. *Biological Psychology, 67*(1–2), 103–124.

Judd, P. H. (2005). Neurocognitive impairment as a moderator in the development of borderline personality disorder. *Development and Psychopathology, 17*, 1173–1196.

Juffer, F., Bakermans-Kranenburg, M. J., & IJzendoorn, M. H. (2005). The importance of parenting in the development of disorganized attachment: Evidence from a preventive intervention study in adoptive families. *Journal of Child Psychology and Psychiatry, 46*(3), 263–274.

Juffer, F., Bakermans-Kranenburg, M. J., & van IJzendoorn, M. H. (2017). Videofeedback intervention to promote positive parenting and sensitive discipline (VIPP-SD): Development and meta- analytic evidence of its effectiveness. In H. Steele & M. Steele (Eds.), *Handbook of attachment-based interventions*. New York: Guilford Press.

Juster, R., Russell, J., Almeida, D., & Picard, M. (2016). Allostatic load and comorbidities: A mitochondrial, epigenetic, and evolutionary perspective. *Development and Psychopathology, 28*(4, Pt. 1), 1117–1146.

Kabat-Zinn, J. (2005). *Coming to our senses: Healing ourselves and the world through mindfulness*. New York: Hyperion.

Kabat-Zinn, J. (2013). *Full catastrophe living: Using the wisdom of your body and mind to face stress, pain, and illness*. New York: Bantam.

Kagan, J. (2003). Behavioral inhibition as a temperamental category. In R. J. Davidson, K. R. Scherer, & H. H. Goldsmith (Eds.), *Handbook of affective sciences* (pp. 320–331). New York: Oxford University Press.

Kagan, J. (2010). *The temperamental thread: How genes, culture, time and luck make us who we are*. New York: Dana Press.

Kagan, J., & Fox, N. A. (2006). Biology, culture, and temperamental biases. In W. Damon & R. M. Lerner (Series Eds.) & N. Eisenberg (Vol. Ed.), *Handbook of child psychology, Vol. 3: Social, emotional, and personality development* (6th ed., pp. 167–225). Hoboken, NJ: Wiley.

Kagan, J., & Snidman, N. (2004). *The long shadow of temperament*. Cambridge, MA: Harvard University Press.

Kagan, J., & Snidman, N. (2007). Temperament and biology. In D. Coch, K. W. Fischer, & G. Dawson (Eds.), *Human behavior, learning, and the developing brain: Atypical development* (pp. 219–246). New York: Guilford Press.

Kaiser, A., Kuenzli, E., Zappatore, D., & Nitsch, C. (2007). On females' lateral and males' bilateral activation during language production: An fMRI study. *International Journal of Psychophysiology, 63*(2), 192–198.

Kaiser, M. (2017). Mechanisms of connectome development. *Trends in Cognitive Sciences, 21*, 703–717.

Kalin, N., Shelton, S., & Davidson, R. (2007). Role of the primate orbitofrontal cortex in mediating anxious temperament. *Biological Psychiatry, 62*(10), 1134–1139.

Kandel, E. R. (2001). The molecular biology of memory storage: A dialogue between genes and synapses. *Science, 294*(5544), 1030–1038.

Kandel, E. R. (2006). *In search of memory: The emergence of a new science of mind*. New York: Norton.

Kandel, E. R. (2012). The molecular biology of memory: cAMP, PKA, CRE, CREB-1, CREB-2, and CPEB. *Molecular Brain, 5*(1), 14.

Kandel, E. R. (2018). *The disordered mind: What unusual brains tell us about ourselves*. New York: Farrar, Straus, and Giroux.

Kandel, E. R., Schwartz, J. H., Jessell, T. M., Siegelbaum, S. A., & Hudspeth, A. J. (2013). *Principles of neural science* (5th ed.). New York: McGraw-Hill.

Kang, Y. (2019). Examining interpersonal self-transcendence as a potential mechanism linking meditation and social outcomes. *Current Opinion in Psychology, 28*, 115–119.

Kang, Y., O'Donnell, M. B., Strecher, V. J., Taylor, S. E., Lieberman, M. D., & Falk, E. B. (2017). Self-transcendent values and neural responses to threatening health messages. *Psychosomatic Medicine, 79*, 379–387.

Kaplan, J. T., Gimbel, S. I., Dehghani, M., Immordino-Yang, M. H., Sage, K., Wong, J. D., Tipper, C. M., Damasio, H., Gordon, A. S., & Damasio, A. (2016). Processing narratives concerning protected values: A cross-cultural investigation of neural correlates. *Cerebral Cortex, 27*(2), 1428–1438.

Karl, A., Schaefer, M., Malta, L. S., Dörfel, D., Rohleder, N., & Werner, A. (2006). A meta-analysis of structural brain abnormalities in PTSD. *Neuroscience and Biobehavioral Reviews, 30*(7), 1004–1031.

Karpinski, A. C., & Scullin, M. H. (2009). Suggestibility under pressure: Theory of mind, executive function, and suggestibility in preschoolers. *Journal of Applied Developmental Psychology, 30*(6), 749–763.

Karr-Morse, R., & Wiley, M. S. (2012). *Scared sick: The role of childhood trauma in adult disease.* New York: Basic Books.

Karus, M., Blaess, S., & Brüstle, O. (2014). Self-organization of neural tissue architectures from pluripotent stem cells. *Journal of Comparative Neurology, 522*, 2831–2844.

Kastanakis, M. N., & Voyer, B. G. (2014). The effect of culture on perception and cognition: A conceptual framework. *Journal of Business Research, 67*(4), 425–433.

Katz, R. (2017). *Indigenous healing psychology: Honoring the wisdom of the first peoples.* Rochester VT: Healing Arts Press.

Kauffman, S. (1996). *At home in the universe: Self-organization and complexity.* Oxford, UK: Oxford University Press.

Kaufman, J., & Torbey, S. (2019). Child maltreatment and psychosis. *The Neurobiology of Disease, 131.*

Kaufmann, T., Alnæs, D., Doan, N. T., Brandt, C. L., Andreassen, O. A., & Westlye, L. T. (2017). Delayed stabilization and individualization in connectome development are related to psychiatric disorders. *Nature Neuroscience, 20*, 513–515.

Kawasaki, H., Adolphs, R., Oya, H., Kovach, C., Damasio, H., Kaufman, O., et al. (2005). Analysis of single-unit responses to emotional scenes in human ventromedial prefrontal cortex. *Journal of Cognitive Neuroscience, 17*(10), 1509–1518.

Kaza, S. (Ed.) (2020). *A wild love for the world: Joanna Macy and the work of our time.* Boulder CO: Shambhala.

Kearney, D. J., Malte, C. A., McManus, C., Martinez, M. E., Felleman, B., & Simpson, T. L. (2013). Loving kindness meditation for posttraumatic stress disorder: A pilot study. *Journal of Traumatic Stress, 26*(4), 426–434.

Keenan, J. P., Nelson, A., O'Connor, M., & Pascual-Leone, A. (2001). Self-recognition and the right hemisphere. *Nature, 409*(6818), 305.

Keller, A., Lhewa, D., Rosenfeld, B., Sachs, E., & Aladjem, A. (2006). Traumatic experiences and psychological distress in an urban refugee population seeking treatment services. *Journal of Nervous and Mental Disease, 194*(3), 188–194.

Keller, H. (2010). *The story of my life.* New York: Signet Classics. (Original work published 1903).

Keller, H. (2017). Culture and development: A systematic relationship. *Perspectives on Psychological Science, 12*(5), 833–840.

Kelly, M. R., Neath, I., & Suprenanth, A. M. (2014). A remember–know analysis of the semantic serial position function. *American Journal of Psychology, 127*(2), 137.

Kelly, S. D., Creigh, P., & Bartolotti, J. (2010). Integrating speech and iconic gestures in a Stroop-like task: Evidence for automatic processing. *Journal of Cognitive Neuroscience, 22*(4), 683–694.

Kelso, J. A. S. (2002). The complementary nature of coordination dynamics: Self-organization and agency. *Nonlinear Phenomena in Complex Systems, 5*, 364–371.

Kelso, J. A. S. (2009). Synergies: Atoms of brain and behavior. In D. Sternad (Ed.), *Progress in motor control* (pp. 83–91). New York: Springer.

Kelso, J. A. S. (2012). Multistability and metastability: Understanding dynamics coordination in the brain. *Proceedings of the Royal Society B, Biological Sciences, 367*, 906–918.

Keltner, D. (2009). *Born to be good: The science of a meaningful life.* New York: WW Norton.

Kempermann, G., Gast, D., & Gage, F. H. (2002). Neuroplasticity in old age: Sustained fivefold induction of hippocampal neurogenesis by long-term environmental enrichment. *Annals of Neurology, 52*(2), 135–143.

Kensinger, E. A. (2004). Remembering emotional experiences: The contribution of valence and arousal. *Reviews in Neuroscience, 15*(4), 241–253.

Keramati, M., & Gutkin, B. (2014). Homeostatic reinforcement learning for integrating reward collection and physiological stability. *eLife, 3*, e04811.

Kerns, K. A., & Brumariu, L. E. (2014). Is insecure parent–child attachment a risk factor for the development of anxiety in childhood or adolescence? *Child Development Perspectives, 8*(1), 12–17.

Kerpelman, J. L., & Pittman, J. F. (2001). The instability of possible selves: Identity processes within late adolescents' close peer relationships. *Journal of Adolescence, 24*(4), 491–512.

Keuken, M. C., van Maanen, L., Boswijk, M., Forstmann, B. U., & Steyvers, M. (2018). Large scale structure-function mappings of the human subcortex. *Scientific Reports, 8*(1), 15854.

Khader, P., Ranganath, C., Seemüller, A., & Rösler, F. (2007). Working memory maintenance contributes to long-term memory formation: Evidence from slow event-related brain potentials. *Cognitive, Affective, and Behavioral Neuroscience, 7*(3), 212–224.

Khoury, A. E., Gruber, S. H. M., Mørk, A., & Mathé, A. A. (2006). Adult life behavioral consequences of early maternal separation are alleviated by escitalopram treatment in a rat model of depression. *Progress in Neuro-Psychopharmacology and Biological Psychiatry, 30*(3), 535–540.

Kiang, L., & Harter, S. (2008). Do pieces of the self-puzzle fit?: Integrated/fragmented selves in biculturally-identified Chinese Americans. *Journal of Research in Personality, 42*(6), 1657–1662.

Kiken, L. G., Lundberg, K. B., & Fredrickson, B. L. (2017). Being present and enjoying it: Dispositional mindfulness and savoring the moment are distinct, interactive predictors of positive emotions and psychological health. *Mindfulness, 8*(5), 1280–1290.

Killgore, W. S., & Yurgelun-Todd, D. A. (2005). Social anxiety predicts amygdala activation in adolescents viewing fearful faces. *NeuroReport, 16*(15), 1671–1675.

Kilner, J. M., & Lemon, R. N. (2013). What we know currently about mirror neurons. *Current Biology, 23*(23), R1057–R1062.

Kilpatrick, D. G., Koenen, K. C., Ruggiero, K. J., Acierno, R., Galea, S., Resnick, H. S., et al. (2007). The serotonin transporter genotype and social support and moderation of posttraumatic stress disorder and depression in hurricane-exposed adults. *American Journal of Psychiatry, 164*(11), 1693–1699.

Kilpatrick, L. A., Suyenobu, B. Y., Smith, S. R., Bueller, J. A., Goodman, T., Creswell, J. D., et al. (2011). Impact of mindfulness-based stress reduction training on intrinsic brain connectivity. *NeuroImage, 56*(1), 290–298.

Kim, B. R., Chow, S. M., Bray, B., & Teti, D. M. (2017). Trajectories of mothers' emotional availability: Relations with infant temperament in predicting attachment security. *Attachment and Human Development, 19*(1), 38–57.

Kim, E., Pellman, B., & Kim, J. (2015). Stress effects on the hippocampus: A critical review. *Learning and Memory, 22*(9), 411–416.

Kim, J., & Cicchetti, D. (2010). Longitudinal pathways linking child maltreatment, emotion regulation, peer relations, and psychopathology. *Journal of Child Psychology and Psychiatry, 51*(6), 706–716.

Kim, J., Cicchetti, D., Rogosch, F. A., & Manly, J. T. (2009). Child maltreatment and trajectories of personality and behavioral functioning: Implications for the development of personality disorder. *Development and Psychopathology, 21*(3), 889–912.

Kim, J. J., & Diamond, D. M. (2002). The stressed hippocampus, synaptic plasticity and lost memories. *Nature Reviews Neuroscience, 3*, 453–462.

Kim, J. J., & Jung, M. W. (2006). Neural circuits and mechanisms involved in Pavlovian fear conditioning: A critical review. *Neuroscience and Biobehavioral Reviews, 30*(2), 188–202.

Kim, J., & Ragozzino, M. E. (2005). The involvement of the orbitofrontal cortex in learning under changing task contingencies. *Neurobiology of Learning and Memory, 83*(2), 125–133.

Kim-Spoon, J., Cicchetti, D., & Rogosch, F. A. (2013). A longitudinal study of emotion regulation, emotion lability-negativity, and internalizing symptomatology in maltreated and nonmaltreated children. *Child Development, 84*(2), 512–527.

Kimura, Y., Yoshino, A., Takahashi, Y., & Nomura, S. (2004). Interhemispheric difference in emotional response without awareness. *Physiology and Behavior, 82*(4), 727–731.

King, A. P., Erickson, T. M., Giardino, N. D., Favorite, T., Rauch, S. A. M., Robinson, E., et al. (2013). Cognitive therapy (MBCT) for combat veterans with posttraumatic stress disorder (PTSD). *Depression and Anxiety, 30*, 638–645.

King, J. A., Mandansky, D., King, S., Fletcher, K. E., & Brewer, J. (2001). Early sexual abuse and low cortisol. *Psychiatry and Clinical Neurosciences, 55*(1), 71–74.

Kinnert, M. D., Campos, J. J., Sorce, J. F., Emde, R. N., & Svejda, M. (1983). Emotions as behavior regulators: Social referencing in infancy. In R. Plutchik & H. Kellerman (Eds.), *Emotion: Theory, Research, and Experience, Vol. 2: Emotion in Early Development* (pp. 57–86). New York: Academic Press.

Kinniburgh, K. J., Blaustein, M., Spinazzola, J., & van der Kolk, B. A. (2017). Attachment, self-regulation, and competency: A comprehensive intervention framework for children with complex trauma. *Psychiatric Annals, 35*(5), 424–430.

Kinsbourne, M. (1972). Eye and head turning indicates cerebral lateralization. *Science, 176*, 539–541.

Kirby, S., Tamariz, M., Cornish, H., & Smith, K. (2015). Compression and communication in the cultural evolution of linguistic structure. *Cognition, 141*, 87–102.

Kircher, T., & David, A. (Eds.). (2003). *The self in neuroscience and psychiatry.* Cambridge, UK: Cambridge University Press.

Kirkbride, J. B., Hameed, Y., Ankireddypalli, G., Ioannidis, K., Crane, C. M., Nasir, M., et al. (2017). The epidemiology of first-episode psychosis in early intervention in psychosis services: Findings from the Social Epidemiology of Psychoses in East Anglia [SEPEA] Study. *American Journal of Psychiatry, 174*(2), 143–153.

Kirkham, N. Z., Slemmer, J. A., & Johnson, S. P. (2002). Visual statistical learning in infancy: Evidence for a domain general learning mechanism. *Cognition, 83*, B35–B42.

Kishimoto, S., Masaharu, U., Okabe, E., Nono, M., & Nishida, E. (2017). Environmental stresses induce transgenerationally inheritable survival advantages via germline–tosoma communication in *Caenorhabditis elegans. Nature Communications, 8*, 14031.

Kiverstein, J., & Miller, M. (2015). The embodied brain: Towards a radical embodied cognitive neuroscience. *Frontiers in Human Neuroscience, 9*(237), 1–11.

Kleckner, I., Zhang, J., Tourourtoglou, A., Chanes, L., Zia, C., Simnmons, W. K., Quigley, K. S., Dickerson, B. C., & Barrett, L. F. (2017). Evidence for a large-scale brain system supporting allostasis and interoception in humans. *Nature Human Behaviour, 1*, Article No. 0069.

Klein, K., & Boats, A. (2010). Coherence and narrative structure in personal accounts of stressful experiences. *Journal of Social and Clinical Psychology, 29*(3), 256–280.

Knitzer, J., & Raver, C. C. (2002). *Ready to enter: What research tells policymakers about strategies to promote social and emotional school readiness among three- and four-year-old children* (Promoting the Emotional Well-Being of Children and Families Policy Paper No. 3). New York: National Center for Children in Poverty, Columbia University Mailman School of Public Health.

Knobe, J., & Nichols, S. (2008). *Experimental philosophy.* New York: Oxford University Press.

Knyazeva, M. G., Fornari, E., & Meuli, R. (2009). Interhemispheric integration at different spatial scales: The evidence from EEG coherence and fMRI. *Journal of Neurophysiology, 96*(1), 259–275.

Kobak, R. R., Sudler, N., & Gamble, W. (1991). Attachment and depressive symptoms during adolescence: A developmental pathways analysis. *Development and Psychopathology, 3*(4), 461–474.

Kober, H., Barrett, L. F., Joseph, J., Bliss-Moreau, E., Lindquist, K., & Wager, T. D. (2008). Functional grouping and cortical–subcortical interactions in emotion: A meta-analysis of neuroimaging studies. *NeuroImage, 42*(2), 998–1031.

Koch, C. (2019). *The feeling of life itself: Why consciousness is widespread but can't be computed.* Cambridge, MA: MIT Press.

Koch, C., Massimini, M., Boly, M., & Tononi, G. (2016). The neural correlates of consciousness: Progress and problems. *Nature Reviews Neuroscience, 17*, 307–321.

Koch, C., & Preuschoff, K. (2007). Betting the house on consciousness. *Nature Neuroscience, 10*, 140–141.

Koch, C., & Tsuchiya, N. (2007). Attention and consciousness: Two distinct brain processes. *Trends in Cognitive Sciences, 11*(1), 16–22.

Kochanska, G., & Aksan, N. (2004). Development of mutual responsiveness between parents and their young children. *Child Development, 75*(6), 1657–1676.

Koechlin, E., & Summerfield, C. (2007). An information theoretical approach to prefrontal executive function. *Trends in Cognitive Sciences, 11*(6), 229–235.

Kohut, H. (1971). *The analysis of the self.* New York: International Universities Press.

Kok, B. E., & Singer, T. (2017). Effects of contemplative dyads on engagement and perceived social connectedness over 9 months of mental training: A randomized clinical trial. *JAMA Psychiatry, 74*, 126–134.

Kolodny, O., Feldman, M. W., & Creanza, N. (2018). Integrative studies of cultural evolution: crossing disciplinary boundaries to produce new insights. *Philosophical transactions of the Royal Society of London. Series B, Biological sciences, 373*, 1743.

Kornfield, J. (2008). *The wise heart: A guide to the universal teachings of Buddhist psychology.* New York: Bantam.

Kornfield, J. (2017). *No time like the present: Finding freedom, love, and joy right where you are.* New York: Simon & Schuster.

Kragel, P. A., Knodt, A. R., Hariri, A. R., & LaBar, K. S. (2016). Decoding spontaneous emotional states in the human brain. *PLOS Biology, 14*(9), e2000106.

Kragel, P. A., & LaBar, K. S. (2016). Decoding the nature of emotion in the brain. *Trends in Cognitive Sciences, 20*(6), 444–455.

Krasner, M. S., Epstein, R. M., Beckman, H., Suchman, A. L., Chapman, B., Mooney, C. J., et al. (2009). Association of an educational program in mindful communication without burnout, empathy, and attitudes among primary care physicians. *Journal of the American Medical Association, 302*, 1284–1293.

Kringelbach, M. L. (2005). The human orbitofrontal cortex: Linking reward to hedonic experience. *Nature Reviews Neuroscience, 6*, 691–702.

Kringelbach, M. L., & Phillips, H. (2014). *Emotion: Pain and pleasure in the brain.* New York: Oxford University Press.

Kröger, H. (2007). Biological and physical principles in self-organization of brain. *AIP Conference Proceedings, 905*(1), 168–174.

Krogh, L., Vlach, H. A., & Johnson, S. P. (2012). Statistical learning across development: Flexible yet constrained. *Frontiers in Psychology, 3*, 598.

Krohne, H. W. (2003). Individual differences in emotional reactions and coping. In R. J. Davidson, K. R. Scherer, & H. H. Goldsmith (Eds.), *Handbook of affective sciences* (pp. 698–725). New York: Oxford University Press.

Kuhn, M., Popovic, A., & Pezawas, L. (2014). Neuroplasticity and memory formation in major depressive disorder: An imaging genetics perspective on serotonin and BDNF. *Restorative Neurology and Neuroscience, 32*(1), 25–49.

Kühn, S., Müller, B. C., van der Leij, A., Dijksterhuis, A., Brass, M., & van Baaren, R. B. (2010). Neural correlates of emotional synchrony. *Social Cognitive and Affective Neuroscience, 6*(3), 368–374.

Kühnen, U., & Oyserman, D. (2002). Thinking about the self influences thinking in general: Cognitive consequences of salient self-concept. *Journal of Experimental Social Psychology, 38*, 492–499.

Kumpula, M., Orcutt, H., Bardeen, J., & Varkovitzky, R. (2011). Peritraumatic dissociation and experiential avoidance as prospective predictors of posttraumatic stress symptoms. *Journal of Abnormal Psychology, 120*(3), 617–627.

Kungle, M. T., Leyh, R., & Spangler, G. (2016). Attachment representations and brain asymmetry during the processing of autobiographical emotional memories in late adolescence. *Frontiers in Human Neuroscience, 10*, 644.

Kunzmann, U., Kappes, C., & Wrosch, C. (2014). Emotional aging: A discreet emotions perspective. *Frontiers in Psychology, 5*, 380.

Kushlev, K., Hunter, J. F., Proulx, J. D., Pressman, S. D., & Dunn, E. W. (2019). Smartphones reduce smiles between strangers. *Computers in Human Behavior, 91*, 12–16.

Kwapis, J. L., & Wood, M. A. (2014). Epigenetic mechanisms in fear conditioning: Implications for treating post-traumatic stress disorder. *Trends in Neuroscience, 37*(12), 706–720.

LaBar, K. S., & Cabeza, R. (2006). Cognitive neuroscience of emotional memory. *Nature Reviews Neuroscience, 7*, 54–64.

Labella, M. H., Raby, K. L., Martin, J., & Roisman, G. I. (2019). Romantic functioning mediates prospective associations between childhood abuse and neglect and parenting outcomes in adulthood. *Development and Psychopathology, 31*(1), 95–111.

Laible, D., & Panfile, T. (2009). Mother–child reminiscing in the context of secure attachment relationships. In J. Quas & R. Fivush (Eds.), *Emotion and memory in development: Biological, cognitive, and social considerations* (pp. 166–195). New York: Oxford University Press.

Lamm, C., & Lewis, M. (2010). Developmental change in the neurophysiological correlates of self-regulation in high- and low-emotion conditions. *Developmental Neuropsychology, 35*(2), 156–176.

Lamm, C., & Majdandžić, J. (2015). The role of shared neural activations, mirror neurons, and morality in empathy: A critical comment. *Neuroscience Research, 90*, 15–24.

Lane, R. D., Ryan, L., Nadel, L., & Greenberg, L. S. (2015). Memory reconsolidation, emotional arousal and the process of change in psychotherapy: New insights from brain science. *Behavioral and Brain Sciences, 38*, e1.

Lang, A. J., Craske, M. G., Brown, M., & Ghaneian, A. (2001). Fear–related state dependent memory. *Cognition and Emotion, 15*(5), 695–703.

Lanius, R. A., Bluhm, R. L., & Frewen, P. A. (2011). How understanding the neurobiology of complex PTSD can inform clinical practice: A social cognitive and affective neuroscience approach. *Acta Psychiatrica Scandinavica, 124*(5), 331–348.

Lantolf, J. P., Thorne, S. L., & Poehner, M. E. (2015). Sociocultural theory and second language development. In B. VanPatten & J. William (Eds.), *Theories in second language acquisition: An introduction* (pp. 207–226). Mahwah, NJ: Erlbaum.

Lau, H., Rogers, D., Haggard, P., & Passingham, R. E. (2004). Attention to intention. *Science, 303*(5661), 1208–1210.

Laurent, H., & Powers, S. (2007). Emotion regulation in emerging adult couples: Temperament, attachment, and HPA response to conflict. *Biological Psychology, 76*(1–2), 61–71.

Lazar, S. W., Kerr, C. E., Wasserman, R. H., Gray, J. R., Greve, D. N., Treadway, M. T., et al. (2005). Meditation experience is associated with increased cortical thickness. *NeuroReport, 16*(17), 1893–1897.

LeBaron, R., Hernandez, R., Navarro, M., Orfila, J., Curry, L., & Martinez, J. (2008). Focal adhesion-like processes underlie induction of long-term potentiation in the Schaffer collateral-CA1 region of the hippocampus. In R. D. Fields (Ed.), *Beyond the synapse: Cell–cell signaling in synaptic plasticity* (pp. 160–168). New York: Cambridge University Press.

Lebreton, M., Barnes, A., Miettunen, J., Peltonen, L., Ridler, K., Veijola, J., et al. (2008). The brain structural disposition to social interaction. *European Journal of Neuroscience, 29*, 2247–2252.

Leclercq, M. (2002). Theoretical aspects of the main components and functions of attention. In M. Leclercq & P. Zimmerman (Eds.), *Applied neuropsychology of attention* (pp. 3–55). London: Psychology Press.

LeDoux, J. E. (1996). *The emotional brain: The mysterious underpinning of emotional life*. New York: Simon & Schuster.

LeDoux, J. E. (2003a). *Synaptic self: How our brains become who we are*. New York: Penguin.

LeDoux, J. E. (2003b). The emotional brain, fear, and the amygdala. *Cellular and Molecular Neurobiology, 23*(4–5), 727–738.

LeDoux, J. E., & Brown, A. (2017). A higher-order theory of emotional consciousness. *Proceedings of the National Academy of Sciences of the USA, 114*(10), E2016–E2025.

Lee, E. E., Martin, A. S., Tu, X., Palmer, B. W., & Jeste, D. V. (2018). Childhood adversity and schizophrenia: The protective role of resilience in mental and physical health and metabolic markers. *Journal of Clinical Psychiatry, 79*(3), 1–23.

Lee Raby, K., Cicchetti, D., Carlson, E. A., Egeland, B., & Collins, W. A. (2013). Genetic contributions to continuity and change in attachment security: A prospective, longitudinal investigation from infancy to young adulthood. *Journal of Child Psychology and Psychiatry, 54*, 1223–1230.

Legerstee, M., Markova, G., & Fisher, T. (2007). The role of maternal affect attunement in dyadic and triadic communication. *Infant Behavior and Development, 30*(2), 296–306.

Leiberg, S., Klimecki, O., & Singer, T. (2011). Short-term compassion training increases prosocial behavior in a newly developed prosocial game. *PLoS One, 6*, e17798.

Lemche, E., Kreppner, J. M., Joraschky, P., & Klann-Delius, G. (2007). Attachment organization and the early development of internal state language: A longitudinal perspective. *International Journal of Behavioral Development, 31*(3), 252–262.

Lemmon, K., & Moore, C. (2001). Binding the self in time. In C. Moore, K. Lemmon, & K. Skene (Eds.), *The self in time: Developmental perspectives* (pp. 163–180). Mahwah, NJ: Psychology Press.

Lengua, L. J., & Kovacs, E. A. (2005). Bidirectional associations between temperament and parenting and the prediction of adjustment problems in middle childhood. *Journal of Applied Developmental Psychology, 26*(1), 21–38.

Lensvelt-Mulders, G., van der Hart, O., van Ochten, J. M., van Son, M. J. M., Steele, K., & Breeman, L. (2008). Relations among peritraumatic dissociation and posttraumatic stress: A meta-analysis. *Clinical Psychology Review, 28*(7), 1138–1151.

Leppänen, J. M. (2006). Emotional information processing in mood disorders: A review of behavioral and neuroimaging findings. *Current Opinion in Psychiatry, 19*, 34–39.

Levenson, R. W. (2003). Autonomic specificity and emotion. In R. J. Davidson, K. R. Scherer, & H. H. Goldsmith (Eds.), *Handbook of affective sciences* (pp. 212–224). New York: Oxford University Press.

Levenson, R. W. (2014). The autonomic nervous system and emotion. *Emotion Review, 6*(2), 100–112.

Levine, L. J., Lench, H. C., & Safer, M. A. (2009). Functions of remembering and misremembering emotion. *Applied Cognitive Psychology, 23*(8), 1059–1075.

Levine, P. (2015). *Trauma and memory: Brain and body in search of the living past*. Berkeley, CA: North Atlantic Press.

LeVine, R. A. (2010). Plasticity and variation: Cultural influences on parenting and early child development within and across populations. In C. M. Worthman, P. M. Plotsky, D. S. Schecher, & C. A. Cummings (Eds.), *Formative experiences: The interaction of caregiving, culture, and developmental psychobiology* (pp. 9–11). New York: Cambridge University Press.

Levit, G. S. (2000). The biosphere and the noosphere theories of V. I. Vernaksy and P. Teilhard de Chardin: A methodological essay. *International Archives on the History of Science/Archives Internatinales D'Histoire des Sciences, 50*(144), 160–176.

Levita, L., & Muzzio, I. (2010). Role of the hippocampus in goal-oriented tasks requiring retrieval of spatial versus non-spatial information. *Neurobiology of Learning and Memory, 93*(4), 581–588.

Levitin, D. J. (2006). *This is your brain on music: The science of a human obsession*. New York: Dutton.

Levy, J. (1969). Possible basis for the evolution of the human brain. *Nature, 224*, 614–615.

Levy, J., Goldstein, A., Influs, M., Masalha, S., Zagoory-Sharon, O., & Feldman, R. (2016a). Adolescents growing up amidst intractable conflict attenuate brain response to pain of outgroup. *Proceedings of the National Academy of Sciences of the USA, 113*, 13696–13701.

Levy, J., Goldstein, A., Zagoory-Sharon, O., Weisman, O., Schneiderman, I., Eidelman-Rothman, M., et al. (2016b). Oxytocin selectively modulates brain response to stimuli probing social synchrony. *NeuroImage, 124*, 923–930.

Levy, R., & Dubois, B. (2006). Apathy and the functional anatomy of the prefrontal cortex–basal ganglia circuits. *Cerebral Cortex, 16*(7), 916–928.

Lewis, M. D. (1995). Cognition–emotion feedback and the self-organization of developmental paths. *Human Development, 38*, 71–102.

Lewis, M. D. (2005a). Bridging emotion theory and neural biology through dynamic systems modeling. *Behavioral and Brain Sciences, 28*(2), 169–194.

Lewis, M. D. (2005b). Self-organizing individual differences in brain development. *Developmental Review, 25*(3–4), 252–277.

Lewis, M. D., & Granic, I. (Eds.). (2000). *Emotion, development, and self-organization: Dynamic systems approaches to emotional development.* Cambridge, UK: Cambridge University Press.

Lewis, M. D., Haviland-Jones, J. M., & Barrett, L. F. (Eds.). (2008). *Handbook of emotions* (3rd ed.). New York: Guilford Press.

Lewis, M. D., Lamm, C., Segalowitz, S., Stieben, J., & Zelazo, P. (2006). Neurophysiological correlates of emotion regulation in children and adolescents. *Journal of Cognitive Neuroscience, 18*(3), 430–443.

Lewis, P. A., Rezaie, R., Browne, R., Roberts, N., & Dunbar, R. I. M. (2011). Ventromedial prefrontal volume predicts understanding of others and social network size. *NeuroImage, 57*, 1624–1629.

Lewis-Morrarty, E., Degnan, K. A., Chronis-Tuscano, A., Pine, D. S., Henderson, H. A., & Fox, N. A. (2015). Infant attachment security and early childhood behavioral inhibition interact to predict adolescent social anxiety symptoms. *Child Development, 86*(2), 598 613.

Li, H. J., Xu, Y., Zhang, K.-R., Hoptman, M. J., & Zuo, X.-N. (2015) Homotopic connectivity in drug-naive, firstepisode, early-onset schizophrenia. *Journal of Child Psychology and Psychiatry, 56*, 432–443.

Li, M., Darcy, C., & Meng, X. (2015). Maltreatment in childhood substantially increases the risk of adult depression and anxiety in prospective cohort studies: Systematic review, meta-analysis, and proportional attributable fractions. *Psychological Medicine, 46*(4), 717–730.

Li, P., & Zhao, X. (2014). Self-organizing map models of language acquisition. *Frontiers in Psychology, 4*, 828.

Liberzon, I., & Sripada, C. S. (2007). The functional neuroanatomy of PTSD: A critical review. *Progress in Brain Research, 167*, 151–169.

Lickenbrock, D. M., & Braungart-Rieker, J. M. (2015). Examining antecedents of infant attachment security with mothers and fathers: An ecological systems perspective. *Infant Behavior and Development, 39*, 173–187.

Lickliter, R. (2008a). The growth of developmental thought: Implications for a new evolutionary psychology. *New Ideas in Psychology, 26*(3), 359–369.

Lickliter, R. (2008b). Theories of attachment: The long and winding road to an integrative developmental science. *Integrative Psychological and Behavioral Science, 42*, 397–405.

Lieberman, A. (2014). Giving words to the unsayable: The healing power of describing what happened. *Psychoanalytic Dialogues, 24*(3), 277–281.

Lieberman, A. (2018). *The emotional life of the toddler.* New York: Simon and Schuster.

Lieberman, A., & Amaya-Jackson, L. (2005). Reciprocal influences of attachment and trauma. In L. Berlin, Y. Ziv, L. Amaya-Jackson, & M. Greenberg (Eds.), *Enhancing early attachments* (pp. 100–126). New York: Guilford Press.

Lieberman, M. D. (2013). *Social: Why our brains are wired to connect.* New York: Oxford University Press.

Lieberman, M. D., Hariri, A., Jarcho, J. M., Eisenberger, N. I., & Bookheimer, S. Y. (2005). An fMRI investigation of race related amygdala activity in African American and Caucasian-American individuals. *Nature Neuroscience, 8*(6), 720–722.

Lim, J. P., & Brunet, A. (2013). Bridging the transgenerational gap with epigenetic memory. *Trends in Genetics, 29*, 176–186.

Lim, S., Han, C. E. Uhlhaas, P. J., & Kaiser, M. (2015). Preferential detachment during human brain development: Age- and sex-specific structural connectivity in diffusion tensor imaging (DTI) data. *Cerebral Cortex, 25*, 1477–1489.

Lin, J., Epel, E., & Blackburn, E. (2012). Telomeres and lifestyle factors: Roles in cellular aging. *Mutation Research/Fundamental and Molecular Mechanisms of Mutagenesis, 730*, 85–89.

Lin, Z., & Han, S. (2009). Self-construal priming modulates the scope of visual attention. *Quarterly Journal of Experimental Psychology, 62*, 802–813.

Lindenberger, U. (2001). Lifespan theories of cognitive development. In N. J. Smelser &

P. B. Baltes (Eds.), *International encyclopedia of the social and behavioral sciences* (pp. 8848–8854). Amsterdam: Elsevier.

Lindner, J. L. L., & Rosén, L. A. (2006). Decoding of emotion through facial expression, prosody and verbal content in children and adolescents with Asperger's syndrome. *Journal of Autism and Developmental Disorders, 36*(6), 769–777.

Lindquist, K. A., Siegel, E. H., Quigley, K. S., & Barrett, L. F. (2013). The hundred-year emotion war: Are emotions natural kinds or psychological constructions?: Comment on Lench, Flores, and Bench (2011). *Psychological Bulletin, 139*(1), 255–263.

Lindquist, K. A., Wager, T. D., Kober, H., Bliss-Moreau, E., & Barrett, L. F. (2012). The brain basis of emotion: A meta-analytica review. *Behavioral and Brain Sciences, 35*(3), 121–143.

Lindsay, E. K., Chin, B., Greco, C. M., Young, S., Brown, K. W., Wright, A. G., et al. (2019). How mindfulness training promotes positive emotions: Dismantling acceptance skills training in two randomized controlled trials. *Journal of Personality and Social Psychology, 115*, 944–973.

Lindsay, E. K., & Creswell, J. D. (2017). Mechanisms of mindfulness training: Monitor and acceptance theory (MAT). *Clinical Psychology Review, 51*, 48–59.

Lindsay, E. K., & Creswell, J. D. (2019). Mindfulness, acceptance, and emotion regulation: Perspectives from monitor and acceptance theory (MAT). *Current Opinion in Psychology, 28*, 120–125.

Lindsay, E. K., Young, S., Smyth, J. M., Brown, K. W., Creswell, J. D. (2018). Acceptance lowers stress reactivity: Dismantling mindfulness training in a randomized controlled trial. *Psychoneuroendocrinology, 87*, 63–73.

Liotti, G. (1992). Disorganized/disoriented attachment in etiology of dissociative disorders. *Dissociation, 5*, 196–204.

Liotti, G. (2004). Trauma, dissociation, and disorganized attachment: Three strands of a single braid. *Psychotherapy: Theory, Research, Practice, Training, 41*(4), 472–486.

Liotti, G. (2007). Internal working models of attachment in the therapeutic relationship. In P. Gilbert & R. L. Leahy (Eds.), *The therapeutic relationship in the cognitive behavioral psychotherapies* (pp. 143–162). New York: Routledge.

Lippelt, D. P., Hommel, B., & Colzato, L. S. (2014). Focused attention, open monitoring and loving kindness meditation: Effects on attention, conflict monitoring, and creativity: A review. *Frontiers in Psychology, 5*, 1083.

Liu, Y., Balériaux, D., Kavec, M., Metens, T., Absil, J., Denolin, V., et al. (2010). Structural asymmetries in motor and language networks in a population of healthy preterm neonates at term equivalent age: A diffusion tensor imaging and probabilistic tractography study. *NeuroImage, 51*(2), 783–788.

Livingstone, K. M., & Isaacowitz, D. M. (2020). Age and emotion regulation in daily life: Frequency, strategies, tactics, and effectiveness. *Emotion*. Advance online publication.

Livneh, H., & Parker, R. (2005). Psychological adaptation to disability: Perspectives from chaos and complexity theory. *Rehabilitation Counseling Bulletin, 49*(1), 17–28.

Llinas, R. R. (1990). Intrinsic electrical properties of mammalian neurons and CNS function. *Fidia Research Foundation Neuroscience Award Lectures, 4*, 175–194.

Llinas, R. R. (2002). *I of the vortex: From neurons to self*. Cambridge, MA: MIT Press.

Llinas, R. R. (2008). Of self and self-awareness: The basic neuronal circuit in human consciousness and the generation of self. *Journal of Consciousness Studies, 15*(9), 64–74.

Llorente, R., Llorente-Berzal, A., Petrosino, S., Marco, E., Guaza, C., & Prada, C. (2010a). Gender-dependent cellular and biochemical effects of maternal deprivation on the hippocampus of neonatal rats: A possible role for the endocannabinoid system. *Developmental Neurobiology, 68*(11), 1334–1347.

Llorente, R., O'Shea, E., Gutierrez-Lopez, M., Llorente-Berzal, A., Colado, M. I., & Viveros, M. (2010b). Sex-dependent maternal deprivation effects on brain monoamine content in adolescent rats. *Neuroscience Letters, 479*(2), 112–117.

Loevinger, J. (1976). *Ego development*. San Francisco: Jossey-Bass.

Loftus, E. F. (2006). Recovered memories. *Annual Review of Clinical Psychology, 2*, 469–498.

Longe, O., Senior, C., & Rippon, G. (2009). The lateral and ventromedial prefrontal cortex work as a dynamic integrated system: Evidence from fMRI connectivity analysis. *Journal of Cognitive Neuroscience, 21*(1), 141–154.

Lord, L.-D., Stevner, A. B., Deco, G., & Kringelbach, M. L. (2017). Understanding principles of integration and segregation using whole-brain computational connectomics: Implications for neuropsychiatric disorders. *Philosophical Transactions of the Royal Society: Series A, Mathematical, Physical and Engineering Sciences, 375*, 2096.

Lovic, V. (2010). *The effects of maternal deprivation, through artificial rearing, on impulsiveness in rats.* Unpublished doctoral dissertation, University of Toronto, Toronto, Ontario, Canada.

Luders, E., Cherbuin, N., & Gaser, C. (2016). Estimating brain age using high-resolution pattern recognition: Younger brains in long-term meditation practitioners. *NeuroImage, 134*, 508–513.

Luders, E., Clark, K., Narr, K. L., & Toga, A. W. (2011). Enhanced brain connectivity in long-term meditation practitioners. *Neuro Image, 57*, 1308–1316.

Luders, E., & Kurth, F. (2019). The neuroanatomy of long-term meditators. *Current Opinion in Psychology, 28*, 172–178.

Luders, E., Kurth, F., Mayer, E. A., Toga, A. W., Narr, K. L., & Gaser, C. (2012a). The unique brain anatomy of meditation practitioners' alterations in cortical gyrification. *Frontiers in Human Neuroscience, 6*(34), 1–7.

Luders, E., Philips, O. R., Clark, K., Kurth, F., Toga, A. W., & Narr, K. L. (2012b). Bridging the hemispheres in meditation: Thicker callosal regions and enhanced fractional anisotropy (FA) in longterm practitioners. *NeuroImage, 61*, 181–187.

Luders, E., Toga, A. W., Lepore, N., & Gaser, C. (2009). The underlying anatomical correlates of long-term meditation: Larger hippocampal and frontal volumes of grey matter. *NeuroImage, 45*, 672–678.

Luijk, M. P., Saridjan, N., Tharner, A., van IJzendoorn, M. H., Bakermans-Kranenburg, M. J., Jaddoe, V. W., et al. (2010). Attachment, depression, and cortisol: Deviant patterns in insecure-resistant and disorganized infants. *Developmental Psychobiology, 52*(5), 441–452.

Luo, Y., Hawkley, L. C., Waite, L. J., & Cacioppo, J. T. (2012). Loneliness, health, and mortality in old age: A national longitudinal study. *Social Science and Medicine, 74*(6), 907–914.

Lupfer, G., Frieman, J., & Coonfield, D. (2003). Social transmission of flavor preferences in two species of hamsters (*Mesocricetus auratus* and *Phodopus campbelli*). *Journal of Comparative Psychology, 117*, 449–455.

Lupien, S. J., Fiocco, A., Wan, N., Maheu, F., Lord, C., Scramek, T., et al. (2004). Stress hormones and human memory function across the lifespan. *Psychoneuroendocrinology, 30*(3), 225–242.

Lusby, C. M., Goodman, S. H., Bell, M. A., & Newport, D. J. (2014). Electroencephalogram patterns in infants of depressed mothers. *Developmental Psychobiology, 56*(3), 459–473.

Lusby, C. M., Goodman, S. H., Yeung, E. W., Bell, M. A., & Stowe, Z. N. (2016). Infant EEG and temperament negative affectivity: Coherence of vulnerabilities to mothers' perinatal depression. *Development and Psychopathology, 28*(4, Pt. 1), 895–911.

Lutz, A., Slagter, H. A., Dunne, J. D., & Davidson, R. J. (2008). Attention regulation and monitoring in meditation. *Trends in Cognitive Sciences, 12*(4), 163–169.

Lymeus, F., Lundgren, T., & Hartig, T. (2016). Attentional effort of beginning mindfulness training is offset with practice directed toward images of natural scenery. *Environment and Behavior, 49*(5), 536–559.

Lynch, M., & Cicchetti, D. (1998). Trauma, mental representation, and the organization of memory for mother-referent material. *Development and Psychopathology, 10*, 739–760.

Lynn, S. J., Laurence, J. R., & Kirsch, I. (2015). Hypnosis, suggestion, and suggestibility: An integrative model. *American Journal of Clinical Hypnosis, 57*(3), 314–329.

Lyons, D. M., Afarian, H., Schatzberg, A. F., Sawyer-Glover, A., & Moseley, M. E. (2002). Experience-dependent asymmetric variation in primate prefrontal morphology. *Behavioural Brain Research, 136*, 51–59.

Lyons, K. E., & Ghetti, S. (2010). Metacognitive development in early childhood: New questions about old assumptions. In A. Efklides & P. Misailidi (Eds.), *Trends and prospects in metacognition research* (pp. 259–278). New York: Springer.

Lyons-Ruth, K. (2003). Dissociation and the parent–infant dialogue: A longitudinal perspective from attachment research. *Journal of the American Psychoanalytic Association, 51*(3), 883–911.

Lyons-Ruth, K., Bureau, J.-F., Easterbrooks, M., Obsuth, I., Hennighausen, K., & Vulliez-Coady, L. (2013). Parsing the construct of maternal insensitivity: Distinct longitudinal pathways associated with early maternal withdrawal. *Attachment & Human Development, 15*(5–6), 562–582.

Lyons-Ruth, K., Dutra, L., Schuder, M. R., & Bianchi, I. (2006). From infant attachment disorganization to adult dissociation: Relational adaptations or traumatic experiences? *Psychiatric Clinics of North America, 29*(1), 63–86.

Lyons-Ruth, K., & Jacobvitz, D. (2008). Attachment disorganization: Genetic factors, parenting contexts, and developmental transformation from infancy to adulthood. In J. Cassidy & P. R. Shaver (Eds.), *Handbook of attachment: Theory, research, and clinical applications* (2nd ed., pp. 666–697). New York: Guilford Press.

Lyons-Ruth, K., & Jacobvitz, D. (2016). Attachment disorganization from infancy to adulthood: Neurobiological correlates, parenting contexts, and pathways to disorder. In J. Cassidy & P. R. Shaver (Eds.), *Handbook of attachment: Theory, research, and clinical applications* (3rd ed., pp. 667–695). New York: Guilford Press.

Lyons-Ruth, K., Pechtel, P., Yoon, S., Anderson, C., & Teicher, M. (2016). Disorganized attachment in infancy predicts greater amygdala volume in adulthood. *Behavioural Brain Research, 308*, 83–93.

Lyons-Ruth, K., Yellin, C., Melnick, S., & Atwood, G. (2005). Expanding the concept of unresolved mental states: Hostile/helpless states of mind on the Adult Attachment Interview are associated with disrupted mother–infant communication and infant disorganization. *Development and Psychopathology, 17*, 1–23.

MacDonald, H. Z., Beeghly, M., Grant-Knight, W., Augustyn, M., Woods, R. W., Cabral, H., et al. (2008). Longitudinal association between infant disorganized attachment and childhood posttraumatic stress symptoms. *Development and Psychopathology, 20*(2), 493–508.

Mackenzie, C. (2009). Personal identity, narrative integration, and embodiment. In S. Campbell, L. Meynell, & S. Sherwin (Eds.), *Embodiment and agency* (pp. 100–125). University Park, PA: Pennsylvania State University Press.

MacLean, P. C., Rynes, K. N., Aragón, C., Caprihan, A., Phillips, J. P., & Lowe, J. R. (2014). Mother–infant mutual eye gaze supports emotion regulation in infancy during the still-face paradigm. *Infant Behavior and Development, 37*(4), 512–522.

Macy, J. (2007). *World as lover, world as self.* Berkeley, CA: Parallax Press.

Macy, J., & Brown, M. Y. (2014). *Coming back to life: The updated guide to the work that reconnects.* Gabriola Island, British Columbia: New Society Publishers.

Madigan, S., Bakermans-Kranenburg, M. J., van IJzendoorn, M. H., Moran, G., Pederson, D. R., & Benoit, D. (2006). Unresolved states of mind, anomalous parental behavior, and disorganized attachment: A review and meta-analysis of a transmission gap. *Attachment and Human Development, 8*(2), 89–111.

Madigan, S., Moran, G., Schuengel, C., Pederson, D. R., & Otten, R. (2007). Unresolved maternal attachment representations, disrupted maternal behavior and disorganized attachment in infancy: Links to toddler behavior problems. *Journal of Child Psychology and Psychiatry, 48*(10), 1042–1050.

Madsen, H. B., & Kim, J. H. (2016). Ontogeny of memory: An update on 40 years of work on infantile amnesia. *Behavioural Brain Research, 298*(Pt. A), 4–14.

Mahajan, N., & Wynn, K. (2012). Origins of "us" versus "them": Prelinguistic infants prefer similar others. *Cognition, 124*, 227–233.

Mahy, C. E. V., Moses, L., & Pfeifer, J. (2014). How and where: Theory-of-mind in the brain. *Developmental Cognitive Neuroscience, 9*, 68–81.

Main, M. (1991). Metacognitive knowledge, metacognitive monitoring, and singular (coherent) versus multiple (incoherent) models of attachment: Findings and directions for future research. In C. M. Parkes, J. Stevenson-Hinde, & P. Marris (Eds.), *Attachment across the life cycle* (pp. 127–159). London: Routledge.

Main, M. (1995). Attachment: Overview, with implications for clinical work. In S. Goldberg, R. Muir, & J. Kerr (Eds.), *Attachment theory: Social, developmental, and clinical perspectives* (pp. 407–474). Hillsdale, NJ: Analytic Press.

Main, M. (1996). Introduction to the special section on attachment and psychopathology: 2. Overview of the field of attachment. *Journal of Consulting and Clinical Psychology, 64*, 237–243.

Main, M. (1999). Mary D. Salter Ainsworth: Tribute and portrait. *Psychoanalytic Inquiry, 19*(5), 682–736.

Main, M. (2000). The organized categories of infant, child, and adult attachment: Flexible vs. inflexible attention under attachment-related stress. *Journal of the American Psychoanalytic Association, 48*, 1055–1095.

Main, M., & Goldwyn, R. (1984). *Adult attachment scoring and classification system.* Unpublished manuscript, University of California at Berkeley, Berkeley, CA.

Main, M., & Goldwyn, R. (1998). *Adult attachment scoring and classification systems* (Version 6.3). Unpublished manuscript, University of California at Berkeley, Berkeley, CA.

Main, M., Goldwyn, R., & Hesse, E. (2003). *Adult attachment scoring and classification system.* Unpublished manuscript, University of California, Berkeley.

Main, M., & Hesse, E. (1990). Parents' unresolved traumatic experiences are related to infant disorganized status: Is frightened and/or frightening parental behavior the linking mechanism? In M. T. Greenberg, D. Cicchetti, & E. M. Cummings (Eds.), *Attachment in the preschool years: Theory, research, and intervention* (pp. 161–182). Chicago: University of Chicago Press.

Main, M., Hesse, E., & Goldwyn, R. (2008). Studying difference in language usage in recounting attachment history: An introduction to the AAI. In H. Steele & M. Steele (Eds.), *Clinical applications of the Adult Attachment Interview* (pp. 31–68). New York: Guilford Press.

Main, M., Hesse, E., & Kaplan, N. (2005). Predictability of attachment behavior and representational processes at 1, 6, and 19 years of age: The Berkeley longitudinal study. In K. E. Grossmann, K. Grossman, & E. Waters (Eds.), *Attachment from infancy to adulthood: The major longitudinal studies* (pp. 245–304). New York: Guilford Press.

Main, M., Kaplan, N., & Cassidy, J. (1985). Security in infancy, childhood, and adulthood: A move to the level of representation. In I. Bretherton & E. Waters (Eds.), Growing points of attachment theory and research. *Monographs of the Society for Research in Child Development, 50*(2–3, Serial No. 209), 66–104.

Main, M., & Morgan, H. (1996). Disorganization and disorientation in infant Strange Situation behavior: Phenotypic resemblance to dissociative states. In L. K. Michelson & W. J. Ray (Eds.), *Handbook of dissociation: Theoretical, empirical, and clinical perspectives* (pp. 107–138). New York: Plenum Press.

Main, M., & Solomon, J. (1986). Discovery of an insecure-disorganized/disoriented attachment pattern. In T. B. Brazelton & M. Yogman (Eds.), *Affective development in infancy* (pp. 95–124). Norwood, NJ: Ablex.

Main, M., & Solomon, J. (1990). Procedures for identifying infants as disorganized/disoriented during the Ainsworth Strange Situation. In M. T. Greenberg, D. Cicchetti, & E. M. Cummings (Eds.), *Attachment in the preschool years: Theory, research, and intervention* (pp. 121–160). Chicago: University of Chicago Press.

Malatesta-Magai, C. (1991). Development of emotion expression during infancy: General course and patterns of individual difference. In J. Garber & K. A. Dodge (Eds.), *The development of emotion regulation and dysregulation* (pp. 49–68). Cambridge, UK: Cambridge University Press.

Mamah, D., Barch, D. M., & Repovš, G. (2013). Resting state functional connectivity of five neural networks in bipolar disorder and schizophrenia. *Journal of Affective Disorders, 150*(2), 601–609.

Man, K., & Damasio, A. R. (2019). Homeostasis and soft robotics in the design of feeling machines. *Nature Machine Intelligence, 1*(10), 1–9.

Mandy, W., & Lai, M. C. (2016). The role of the environment in the developmental psychopathology of autism spectrum condition. *Journal of Child Psychology and Psychiatry, 57*(3), 271–292.

Mangelsdorf, S. C., McHale, J. L., Diener, M., Goldstein, L. H., & Lehn, L. (2000). Infant attachment: Contributions of infant temperament and maternal characteristics. *Infant Behavior and Development, 23*(2), 175–196.

Mann, M. A. (2004). Immigrant parents and their emigrant adolescents: The tension of inner and outer worlds. *American Journal of Psychoanalysis, 64*(2), 143–153.

Manna, A., Raffone, A., Perrucci, M. G., Nardo, D., Ferretti, A., Tartaro, A., et al. (2010). Neural correlates of focused attention and cognitive monitoring in meditation. *Brain Research Bulletin, 82*(1–2), 46–56.

Mano, Y., Sugiura, M., Tsukiura, T., Chiao, J. Y., Yomogida, Y., Jeong, H., et al. (2011). The representation of social interaction in episodic memory: A functional MRI study. *NeuroImage, 57*(3), 1234–1242.

Mantis, I., Stack, D. M., Ng, L., Serbin, L. A., & Schwartzman, A. E. (2014). Mutual touch during mother–infant face-to-face still-face interactions: Influences of interaction period and infant birth status. *Infant Behavior and Development, 37*, 258–267.

Mar, R. A. (2004). The neuropsychology of narrative: Story comprehension, story production and their interrelation. *Neuropsychologia, 42*(10), 1414–1434.

Mar, R. A. (2011). The neural bases of social cognition and story comprehension. *Annual Review of Psychology, 62*, 103–134.

March, J. S., & Mulle, K. (1998). *OCD in children and adolescents: A cognitive-behavioral treatment manual.* New York: Guilford Press.

Margalit, M. (2004). Second-generation research on resilience: Social–emotional aspects of children with learning disabilities. *Learning Disabilities Research and Practice, 19*(1), 45–48.

Marini, A., Galetto, V., Zampieri, E., Vorano, L., Zettin, M., & Carlomagno, S. (2011). Narrative language in traumatic brain injury. *Neuropsychologia, 49*(10), 2904–2910.

Markham, J. A., & Greenough, W. T. (2004). Experience-driven brain plasticity: Beyond the synapse. *Neuron Glia Biology, 1*(4), 351–363.

Markova, D., & McArthur, A. (2015). *Collaborative intelligence: Thinking with people who think differently.* New York: Spiegel and Grau.

Markova, G., & Legerstee, M. (2006). Contingency, imitation, and affect sharing: Foundations of infants' social awareness. *Developmental Psychology, 42*(1), 132–141.

Markowitsch, H. (2003). Autonoetic consciousness. In T. Kircher & A. David (Eds.), *The self in neuroscience and psychiatry* (pp. 180–196). New York: Cambridge University Press.

Markowitsch, H., Vandekerckhove, M. P. V., Lanfermann, H., & Russ, M. O. (2003). Engagement of lateral and medial prefrontal areas in the ecphory of sad and happy autobiographical memories. *Cortex, 39*(4), 643–665.

Markus, H. R., & Kitayama, S. (1991). Culture and the self: Implications for cognition, motion, and motivation. *Psychological Review, 98*(2), 224–253.

Marmar, C. R., McCaslin, S. E., Metzler, T. J., Best, S., Weiss, D. S., Fagan, J., et al. (2006). Predictors of posttraumatic stress in police and other first responders. *Annals of the New York Academy of Sciences, 1071*, 1–18.

Maroun, M., & Wagner, S. (2016). Oxytocin and memory of emotional stimuli: Some dance to remember, some dance to forget. *Biological Psychiatry, 79*, 203–212.

Marsden, W. N. (2013). Synaptic plasticity in depression: Molecular, cellular and functional correlates. *Progress in Neuro-Psychopharmacology and Biological Psychology, 43*, 168–184.

Marsh, R., Gerber, A. J., & Peterson, B. S. (2008). Neuroimaging studies of normal brain development and their relevance for understanding childhood neuropsychiatric disorders. *Journal of the American Academy of Child and Adolescent Psychiatry, 47*(11), 1233–1251.

Marshall, P. J., & Meltzoff, A. N. (2015).

Body maps in the infant brain. *Trends in Cognitive Sciences, 19*(9).

Martinez-Banaclocha, M. (2018). Ephaptic coupling of cortical neurons: Possible contribution of astroglial magnetic fields. *Neuroscience, 370*, 37–45.

Martinez-Torteya, C., Dayton, C. J., Beeghly, M., Seng, J. S., McGinnis, E., Broderick, A., et al. (2014). Maternal parenting predicts infant biobehavioral regulation among women with a history of childhood maltreatment. *Development and Psychopathology, 26*(2), 379–392.

Marusak, H. A., Martin, K. R., Etkin, A., & Thomason, M. E. (2015). Childhood trauma exposure disupts the automatic regulation of emotional processing. *Neuropsychopharmacology, 40*, 1250–1258.

Mason, M. F., & Macrae, C. N. (2004). Categorizing and individuating others: The neural substrates of person perception. *Journal of Cognitive Neuroscience, 16*(10), 1785–1795.

Masuda, T., Ellsworth, P. C., Mesquita, B., Leu, J., Tanida, S., & Van de Veerdonk, E. (2008). Placing the face in context: Cultural differences in the perception of facial emotion. *Journal of Personality and Social Psychology, 94*(3), 365–381.

Matheson, S. L., Shepherd, A. M., Laurens, K. R., & Carr, V. J. (2011). A systematic meta-review grading the evidence for non-genetic risk factors and putative antecedents of schizophrenia. *Schizophrenia Research, 133*(1–3), 133–142.

Matsumoto, D., Willingham, B., & Olide, A. (2009). Sequential dynamics of culturally moderated facial expressions of emotion. *Psychological Science, 20*(10), 1269–1274.

Matyushkin, D. (2007). The possible neurophysiological basis of the inner self. *Human Physiology, 33*(6), 701–709.

Maxwell, J. S. S., & Davidson, R. J. (2007). Emotion as motion: Asymmetries in approach and avoidant actions. *Psychological Science, 18*(12), 1113–1119.

Mayer, A. R., Teshiba, T. M., Franco, A. R., Ling, J., Shane, M. S., Stephen, J. M., et al. (2012). Modeling conflict and error in the medial frontal cortex. *Human Brain Mapping, 33*(12), 2843–2855.

Mayer, E. A., Naliboff, B., & Munakata, J. (2000). The evolving neurobiology of gut feelings. *Progress in Brain Research, 122*, 195–206.

McAdams, D. P. (2001). The psychology of life stories. *Review of General Psychology, 5*(2), 100–122.

McAdams, D. P., & McLean, K. C. (2013). Narrative identity. *Current Directions in Psychological Science, 22*(3), 233–238.

McCabe, K. L., Maloney, E. A., Stain, H. J., Loughland, C. M., & Carr, V. J. (2012). Relationship between childhood adversity and clinical and cognitive features in schizophrenia. *Journal of Psychiatric Research, 46*(5), 600–607.

McCarthy-Jones, S., Oestreich, L. K. L., Lyall, A. E., Kiklinis, Z., Newell, D. T., Savadjiev, P., Shenton, M. E., Kubicki, M., Australian Schizophrenia Research Bank, Pasternak, O., & Whitford, T. J. (2018). Childhood adversity associated with white matter alteration in the corpus callosum, corona radiata, and uncinate fasciculus of psychiatrically healthy adults. *Brain Imaging and Behavior, 12*(2), 449–458.

McClelland, J. L., McNaughton, B., & O'Reilly, R. (2002). Why there are complementary learning systems in the hippocampus and neocortex: Insights from the successes and failures of connectionist models of learning and memory. *Psychological Review, 102*(3), 419–457.

McClelland, J. L., & Rogers, T. (2003). The parallel distributed processing approach to semantic cognition. *Nature Reviews Neuroscience, 4*(4), 310–322.

McClelland, J. L., & Rumelhart, D. E. (Eds.). (1986). *Parallel distributed processing: Explorations in the microstructure of cognition* (Vols. 1 and 2). Cambridge, MA: MIT Press.

McCormick, C., Moscovitch, M., Valiante, T. A., Cohn, M., & McAndrews, M. P. (2017). Different neural routes to autobiographical memory recall in healthy people and individuals with left medial temporal lobe epilepsy. *Neuropsychologia, 110*, 26–36.

McCrae, R. R., & Allik, I. U. (2002). *The Five-factor model of personality across cultures*. Berlin: Springer Science & Business Media.

McCrae, R. R., & Costa, P. T. (1994). The stability of personality: Observations and evaluations. *Current Directions in Psychological Science, 3*, 173–175.

McCraty, R., Atkinson, M., Tomasion, D., & Tiller, W. A. (1998). The electricity of touch: Detection and measurement of cardiac energy exchange between people. In K. H. Pribram & J. King (Eds.), *Brain and values: Is a biological science of values possible?* (pp. 359–379). Hillsdale, NJ: Erlbaum.

McDonald, S. (2007). The social, emotional and cultural life of the orbitofrontal cortex. *Brain Impairment, 8*(1), 41–51.

McDonald, S. (2017). Emotions are rising: The growing field of affect neuropsychology. *Journal of the International Neuropsychological Society, 23*(9–10), 719–731.

McDowell, D. J., & Parke, R. D. (2000). Differential knowledge of display rules for positive and negative emotions: Influences from parents, influences on peers. *Social Development, 9*(4), 415–432.

McEwen, B. S. (2008). Central effects of stress hormones in health and disease: Understanding the protective and damaging effects of stress and stress mediators. *European Journal of Pharmacology, 583*(2–3), 174–185.

McGaugh, J. L. (1992). Affect, neuromodulatory systems, and memory storage. In S. A. Christianson (Ed.), *Handbook of emotion and memory* (pp. 245–268). Hillsdale, NJ: Erlbaum.

McGaugh, J. L. (2013). Making lasting memories: Remembering the significant. *Proceedings of the National Academy of Sciences of the USA, 110*(Suppl. 2), 10402–10407.

McGaugh, J. L. (2018). Emotional arousal regulation of memory consolidation. *Current Opinion in Behavioral Sciences, 19*, 55–60.

McGaugh, J. L., Roozendaal, B., & Okuda, S. (2006). Role of stress hormones and the amygdala in creating lasting memories. In N. Kato, M. Kawata, & R. K. Pitman (Eds.), *PTSD: Brain mechanisms and clinical implications* (pp. 89–103). Tokyo: Springer-Verlag.

McGilchrist, I. (2009). *The master and his emissary: The divided brain and the making of the Western world*. New Haven, CT: Yale University Press.

McGowan, P. O., Sasaki, A., D'Alessio, A. C., Dymov, S., Labonté, B., Szyf, M., et al. (2009). Epigenetic regulation of the glucocorticoid receptor in human brain associates with childhood abuse. *Nature Neuroscience, 12*, 342–348.

McGreenery, C. E., Polcari, A., Samson, J. A., & Teicher, M. H. (2006). Sticks, stones, and hurtful words: Relative effects of various forms of childhood maltreatment. *American Journal of Psychiatry, 163*, 993–1000.

McLean, K. C., Pasupathi, M., & Pals, J. L. (2007). Selves creating stories creating selves: A process model of self-development. *Personality and Social Psychology Review, 11*(3), 262–278.

McLin, D. E., Miasnikov, A. A., & Weinberger, N. M. (2002). Induction of behavioral associative memory by stimulation of the nucleus basalis. *Proceedings of the National Academy of Sciences of the USA, 99*(6), 4002–4007.

McManis, M. H., Kagan, J., Snidman, N. C., & Woodward, S. A. (2002). EEG asymmetry, power, and temperament in children. *Developmental Psychobiology, 41*(2), 169–177.

McNally, R. J., & Geraerts, E. (2009). A new solution to the recovered memory debate. *Perspectives on Psychological Science, 4*(2), 126–134.

McNaughton, B. L., Battaglia, F. P., Jensen, O., Moser, E. I., & Moser, M. (2006). Path integration and neural basis of the "cognitive map." *Nature Reviews Neuroscience, 7*, 663–678.

Mcquaid, N., Bigelow, A. E., McLaughlin, J., & Maclean, K. (2008). Maternal mental state language and preschool children's attachment security: Relation to children's mental state language and expressions of emotional understanding. *Social Development, 17*(1), 61–83.

Meaney, M. J. (2010). Epigenetics and the biological definition of gene × environment interactions. *Child Development, 81*(1), 41–79.

Mechelli, A., Price, C., Friston, K., & Ishai, A. (2004). Where bottom-up meets top-down: Neuronal interactions during perception and imagery. *Cerebral Cortex, 14*(11), 1256–1265.

Mehrabian, A. (2008). Communication without words. In C. D. Mortensen (Ed.), *Com-*

munication theory (2nd ed., pp. 193–200). New Brunswick, NJ: Transaction.
Mei, T., Zhiyan, W., Mingyi, Q., Jun, G., & Lili, Z. (2008). Transferred shame in the cultures of interdependent-self and independent self. *Journal of Cognition and Culture, 8*(1–2), 163–178.
Meins, E., Fernyhough, C., Arnott, B., Leekam, S. R., & Rosnay, M. D. (2013). Mind-mindedness and theory of mind: Mediating roles of language and perspectival symbolic play. *Child Development, 84*(5), 1777–1790.
Meins, E., Fernyhough, C., Fradley, E., & Tuckey, M. (2001). Rethinking maternal sensitivity: Mothers' comments on infants' mental processes predict security of attachment at 12 months. *Journal of Child Psychology and Psychiatry, 42*(5), 637–648.
Meinz, P., & Main, M. (2011, April 3). *The evolution of Mary Ainsworth's understanding of attachment: Changes in her conceptualization of security and its precursors.* Poster presented at the biennial meeting of the Society for Research in Child Development, Montréal, Quebec, Canada.
Melloni, L., Molina, C., Pena, M., Torres, D., Singer, W., & Rodriguez, E. (2007). Synchronization of neural activity across cortical areas correlates with conscious perception. *Journal of Neuroscience, 27*(11), 2858–2865.
Meloy, J. R. (2003). Pathologies of attachment, violence, and criminality. In A. M. Goldstein & I. B. Weiner (Eds.), *Handbook of psychology: Vol. 11. Forensic psychology* (pp. 509–526). New York: Wiley.
Meltzoff, A. N., Kuhl, P. K., Movellan, J., & Sejnowski, T. J. (2009). Foundations for a new science of learning. *Science, 325*(5938), 284–288.
Melville, A. (2017). Trauma-exposed infants and toddlers: A review of impacts and evidence-based interventions. *Advances in Social Work, 18*(1), 53–65.
Mendelsohn, A., Furman, O., & Dudai, Y. (2010). Signatures of memory: Brain coactivations during retrieval distinguish correct from incorrect recollection. *Frontiers in Behavioral Neuroscience, 4*, 18.
Menon, V. (2013). Developmental pathways to functional brain networks: Emerging principles. *Trends in Cognitive Sciences, 17*, 627–640.
Meola, A., Yeh, F. C., Fellows-Mayle, W., Weed, J., & Fernandez-Miranda, J. C. (2016). Human connectome-based tractographic atlas of the brainstem connections and surgical approaches. *Neurosurgery, 79*(3), 437–455.
Mercado, E., III. (2008). Neural and cognitive plasticity: From maps to minds. *Psychological Bulletin, 134*(1), 109–137.
Merker, B. (2007). Consciousness without a cerebral cortex: A challenge for neuroscience and medicine. *Behavioral and Brain Sciences, 30*(1), 63–81.
Mesquita, B., Barrett, L. F., & Smith, E. R. (Eds.). (2010). *The mind in context.* New York: Guilford Press.
Mesman, J., van IJzendoorn, M. H., & Sagi-Schwartz, A. (2016). Cross-cultural patterns of attachment: Universal and contextual dimensions In J. Cassidy & P. R. Shaver (Eds.), *Handbook of attachment: Theory, research, and clinical applications* (3rd ed., pp. 852–877). New York: Guilford Press.
Mesulam, M. M. (1998). Review article: From sensation to cognition. *Brain, 121*, 1013–1052.
Meyer, K., & Damasio, A. R. (2009). Convergence and divergence in a neural architecture for recognition and memory. *Trends in Neuroscience, 32*(7), 376–382.
Michel, C. M., & Koenig, T. (2017). EEG microstates as a tool for studying the temporal dynamics of whole-brain neuronal networks: A review. *NeuroImage, 180*(Pt. B), 577–593.
Michikyan, M., Subrahmanyam, K., & Dennis, J. (2014). Can you tell who I am?: Neuroticism, extraversion, and online self-presentation among young adults. *Computers in Human Behavior, 33*, 179–183.
Miklowitz, D. J., Alatiq, Y., Goodwin, G. M., Geddes, J. R., Fennell, V., Dimidjian, S., et al. (2009). A pilot study of mindfulness-based cognitive therapy for bipolar disorder. *International Journal of Cognitive Therapy, 2*(4), 373–382.
Miklowitz, D. J., Semple, R. J., Hauser, M., Elkun, D., Weintraum, M. J., & Dimidijian, S. (2015). Mindfulness-based cognitive therapy for perinatal women with

depression or bipolar spectrum disorder. *Cognitive Therapy and Research, 39*, 590.

Mikulincer, M., & Shaver, P. R. (2007). *Attachment in adulthood: Structure, dynamics, and change*. New York: Guilford Press.

Milders, M., Bell, S., Platt, J., Serrano, R., & Runcie, O. (2010). Stable expression recognition abnormalities in unipolar depression. *Psychiatry Research, 179*(1), 38–42.

Milivojevic, B., Vicente-Grabovetsky, A., & Doeller, C. F. (2015). Insight reconfigures hippocampal-prefrontal memories. *Current Biology, 25*, 821–830.

Miller, E. K., & Cohen, J. D. (2001). An integrative theory of prefrontal cortex function. *Annual Review of Neuroscience, 24*, 167–202.

Miller, S. R., & Coll, E. (2007). From social withdrawal to social confidence: Evidence for possible pathways. *Current Psychological Research and Reviews, 26*(2), 86–101.

Miller, S. R., Tserakhava, V., & Miller, C. J. (2010). My child is shy and has no friends: What does parenting have to do with it? *Journal of Youth and Adolescence, 40*(4), 442–452.

Milner, B., Squire L. R., & Kandel, E. R. (1998). Cognitive neuroscience and the study of memory. *Neuron, 20*, 445–468.

Milton, J. P. (2018). *Cultivating natural liberation: Teachings with the 3 natures, Volume One*. www.wayofnature.com. (Crestone, Colorado: WayofNature).

Minagawa-Kawai, Y., Matsuoka, S., Dan, I., Naoi, N., Nakamura, K., & Kojima, S. (2009). Prefrontal activation associated with social attachment: Facial-emotion recognition in mothers and infants. *Cerebral Cortex, 19*(2), 284–292.

Mindsight Institute. (2019, April 26–28). *Timeless wisdom, timely action*. Presentation at an interpersonal neurobiology conference, Marina del Rey, CA.

Minshew, N., & Williams, D. (2007). The new neurobiology of autism: Cortex, connectivity, and neuronal organization. *Archives of Neurology, 64*(7), 945–950.

Minzenberg, M. J., Poole, J. H., & Vinogradov, S. (2008). A neurocognitive model of borderline personality disorder: Effects of childhood sexual abuse and relationship to adult social attachment disturbance. *Development and Psychopathology, 20*(1), 341–368.

Mirabile, S. (2014). Parents' inconsistent emotion socialization and children's socioemotional adjustment. *Journal of Applied Developmental Psychology, 35*(5), 392–400.

Mišić, B., Goñi, J., Betzel, R. F., Sporns, O., & McIntosh, A. R. (2014). A network convergence zone in the hippocampus. *PLoS Computational Biology, 10*(12), e1003982.

Mitchell, J. P., Banagi, M. R., & Macrae, C. N. (2005). The link between social cognition and self-referential thought in the medial prefrontal cortex. *Journal of Cognitive Neuroscience, 17*, 1306–1315.

Mitchell, S. A. (2014). *Relationality: From attachment to intersubjectivity*. New York: Psychology Press.

Miyoshi, K., Minamoto, T., & Ashida, H. (2014). Relationships between priming and subsequent recognition memory. *SpringerPlus, 3*(1), 546.

Mizelle, J. C. (2008). Modulation of cortical activity by visual and proprioceptive sensory demand in knee movement. *Dissertation Abstracts International, 69*(6b), 3433B.

Moller, A. C., Elliot, A. J. E., & Friedman, R. (2008). When competence and love are at stake: Achievement goals and perceived closeness to parents in an achievement context. *Journal of Research in Personality, 42*, 1386–1391.

Montag, C., & Panksepp, J. (2016). Primal emotional-affective expressive foundations of human facial expression. *Motivation and Emotion 40*(5), 760–766.

Montag, C., & Panksepp, J. (2017). Primary emotional systems and personality: An evolutionary perspective. *Frontiers in Psychology, 8*, 464.

Montag, C., Widenhorn-Müller, K., Panksepp, J., & Kiefer, M. (2017). Individual differences in Affective Neuroscience Personality Scale (ANPS) primary emotional traits and depressive tendencies. *Comprehensive Psychiatry, 73*, 136–142.

Moody, T. D., Morfini, F., Cheng, G., Sheen, C., Tadayonnejad, R., Reggente, N., et al. (2017). Mechanisms of cognitive-behavioral therapy for obsessive–compulsive disorder involve robust and extensive increases in brain network connectivity. *Translational Psychiatry, 7*(9), e1230.

Moran, G., Bailey, H. N., Gleason, K., DeOliveira, C. A., & Peterson, D. R.

(2008). Exploring the mind behind unresolved attachment: Lessons from and for attachment-based interventions with infants and their traumatized mothers. In H. Steele & M. Steele (Eds.), *Clinical applications of the Adult Attachment Interview* (pp. 371–398). New York: Guilford Press.

Moran, G., Pederson, D. R., & Krupka, A. (2005). Maternal unresolved attachment status impedes the effectiveness of interventions with adolescent mothers. *Infant Mental Health Journal, 26*(3), 231–249.

Morey, R. A., Haswell, C. C., Hooper, S. R., & DeBellis, M. D. (2016). Amygdala, hippocampus, and ventral medial prefrontal cortex volumes differ in maltreated youth with and without chronic posttraumatic stress disorder. *Neuropsychopharmacology, 41*, 791–801.

Mori, K., & Mori, H. (2009). Another test of the passive facial feedback hypothesis: When your face smiles, you feel happy. *Perceptual and Motor Skills, 109*(1), 76–78.

Moriceau, S., & Sullivan, R. M. (2005). Neurobiology of infant attachment. *Developmental Psychobiology, 47*(3), 230–242.

Morris, A. S., Silk, J. S., Steinberg, L., Myers, S. S., & Robinson, L. R. (2007). The role of the family context in the development of emotion regulation. *Social Development, 16*(2), 361–388.

Morris, R., Tarassenko, L., & Kenward, M. (2006). *Cognitive systems: Information processing meets brain science*. London: Elsevier/Academic Press.

Morrison, C. A., & Conway, M. A. (2010). First words and first memories. *Cognition, 116*(1), 23–32.

Moskowitz, A., Dorahy, M. J., & Shäfer, I., (2019). *Psychosis, trauma, and dissociation: Evolving perspectives on severe psychopathology* (2nd ed.). Hoboken, NJ: Wiley Blackwell.

Mosquera, D., Gonzalez, A., & Leeds, A. M. (2014). Early experience, structural dissociation, and emotional dysregulation in borderline personality disorder: The role of insecure and disorganized attachment. *Borderline Personality Disorder and Emotion Dysregulation, 1*(1), 15.

Moya, C., & Henrich, J. (2016). Culture-gene coevolutionary psychology: Cultural learning, language, and ethnic psychology. *Current Opinion in Psychology, 8*, 112–118.

Mudrik, L., Breska, A., Lamy, D., & Deouell, L. Y. (2011). Integration without awareness: Expanding the limits of unconscious processing. *Psychological Science, 22*(6), 764–770.

Mudrik, L., Faivre, N., & Koch, C. (2014). Information integration without awareness. *Trends in Cognitive Sciences, 18*(9), 488–496.

Mukamel, R., Ekstrom, A. D., Kaplan, J., Iacoboni, M., & Fried, I. (2010). Single-neuron responses in humans during execution and observation of actions. *Current Biology, 20*(8), 750–756.

Mullally, S. L., & Maguire, E. A. (2014). Learning to remember: The early ontogeny of episodic memory. *Journal of Developmental and Cognitive Neuroscience, 9*, 12–29.

Munafo, M. R., Durrant, C., Lewis, G., & Flint, J. (2009). Gene × environment interaction at the serotonin transporter locus. *Biological Psychiatry, 65*(3), 211–219.

Munakata, Y., & McClelland, J. L. (2003). Connectionist models of development. *Developmental Science, 6*(4), 413–429.

Murgatroyd, C., Quinn, J. P., Sharp, H. M., Pickles, A., & Hill, J. (2015). Effects of prenatal and postnatal depression, and maternal stroking, at the glucocorticoid receptor gene. *Translational Psychiatry, 5*(5), e560.

Muris, P., Meesters, C., Morren, M., & Moorman, L. (2004). Anger and hostility in adolescents: Relationships with self-reported attachment style and perceived parental rearing styles. *Journal of Psychosomatic Research, 57*(3), 257–264.

Murphy, A., Steele, H., Bate, J., Nikitiades, A., Allman, B., Bonuck, K., . . . Steele, M. (2015). Group attachment-based intervention: Trauma-informed care for families with adverse childhood experiences. *Family & Community Health, 38*(3), 268–279.

Murray, E. A., O'Doherty, J. P., & Schoenbaum, G. (2007). What we know and do not know about the functions of the orbitofrontal cortex after 20 years of cross-species studies. *Journal of Neuroscience, 27*(31), 8166–8169.

Myers, K. M., & Davis, M. (2007). Mechanisms of fear extinction. *Molecular Psychiatry, 12*, 120–150.

Nader, K. O. (2006). Childhood trauma: The deeper wound. In J. P. Wilson (Ed.), *The posttraumatic self: Restoring meaning and wholeness to personality* (pp. 117–156). New York: Routledge.

Nader, K., Schafe, G. E., & LeDoux, J. E. (2000). Fear memories require protein synthesis in the amygdala for reconsolidation after retrieval. *Nature, 406*(6797), 722–726.

Nambu, A. (2008). Seven problems on the basal ganglia. *Current Opinion in Neurobiology, 18*(6), 595–604.

Narayan, A. J., Ippen, C. G., Harris, W. W., & Lieberman, A. F. (2019). Protective factors that buffer against the intergenerational transmission of trauma from mothers to young children: A replication study of angels in the nursery. *Development and Psychopathology, 31*(1), 173–187.

Narumoto, J., Okada, T., Sadato, N., Fukui, K., & Yonekura, Y. (2001). Attention to emotion modulates fMRI activity in human right superior temporal sulcus. *Cognitive Brain Research, 12*(2), 225–231.

Narvaez, D. (2014). *Neurobiology and the development of human morality: Evolution, culture and wisdom.* New York: Norton.

Narvaez, D., Panksepp, J., Schore, A., & Gleason, T. (Eds.). (2013). *Evolution, early experience and human development: From research to practice and policy.* New York: Oxford University Press.

Nass, R., & Koch, D. (1991). Innate specialization for emotion: Temperament differences in children with left versus right brain damage. In N. Amir, I. Rapin, & D. Branski (Eds.), *Pediatric neurology, Vol. 1: Behavior and cognition of the child with brain dysfunction* (pp. 1–17). Basel, Switzerland: Karger.

Nathanson, D. L. (2009). *Shame and pride: Affect, sex, and the birth of the self.* New York: Norton.

Natsoulas, T. (2003). What is this autonoetic consciousness? *Journal of Mind and Behavior, 24*(2), 229–254.

Natterson-Horowitz, B., & Bowers, K. S. (2019). *Wildhood: The epic journey from childhood to adulthood in humans and other animals.* New York: Simon and Schuster.

Neath, I. (2010). Evidence for similar principles in episodic and semantic memory: The presidential serial position function. *Memory and Cognition, 38*(5), 659–666.

Neimeyer, R. A., & Levitt, H. (2001). Coping and coherence: A narrative perspective on resilience. In C. R. Snyder (Ed.), *Coping with stress: Effective people and processes* (pp. 47–67). New York: Oxford University Press.

Nelson, C. A., & Carver, L. J. (1998). The effects of stress and trauma on brain and memory: A view from developmental cognitive neuroscience. *Development and Psychopathology, 10*, 793–810.

Nelson, E. E., Vinton, D. T., Berghorst, L., Hommer, R. E., Dickstein, D. P., Rich, B. A., et al. (2007). Brain systems underlying response flexibility in healthy and bipolar adolescents: An event-related fMRI study. *Bipolar Disorders, 9*(8), 810–819.

Nelson, K. (2003a). Narrative and self, myth and memory: Emergence of the cultural self. In R. Fivush & C. A. Haden (Eds.), *Autobiographical memory and the construction of a narrative self: Developmental and cultural perspectives* (pp. 3–28). Mahwah, NJ: Erlbaum.

Nelson, K. (2003b). Self and social functions: Individual autobiographical memory and collective narrative. *Memory, 11*(2), 125–136.

Nelson, K. (2006). *Narratives from the crib.* Cambridge, MA: Harvard University Press.

Nelson, K., & Fivush, R. (2004). The emergence of autobiographical memory: A social cultural developmental theory. *Psychological Review, 111*(2), 486–511.

Nelson, S., Baldwin, N., & Taylor, J. (2011). Mental health problems and medically unexplained physical symptoms in adult survivors of childhood sexual abuse: An integrative literature review. *Journal of Psychiatric and Mental Health Nursing, 19*(3), 211–220.

Neme, A., & Mireles, V. (2008). Self-organizing maps with refractory periods. *AIP Conference Proceedings, 1060*(1), 19–25.

Neri, P. (2009). Nonlinear characterization of a simple process in human vision. *Journal of Vision, 9*(12), 1–16.

Nettis, M. A., Pariante, C. M., & Mondelli, V. (2019). Early-life adversity, systemic inflammation and comorbid physical and psychiatric illnesses of adult life. *Current Topics in Behavioral Neurosciences, March 21*, 1–19.

Neumann, I. D. (2008). Brain oxytocin: A key regulator of emotional and social behaviours in both females and males. *Journal of Neuroendocrinology, 20*, 858–865.

Neuschatz, J. S., Lampinen, J. M., Toglia, M. P., Payne, D. G., & Cisneros, E. P. (2017). False memory research: History, theory, and applied implications. In M. P. Toglia, J. D. Read, D. F. Ross, & R. C. L. Lindsay (Eds.), *The handbook of eyewitness psychology, Vol. 1: Memory for events* (pp. 239–260). New York: Taylor & Francis.

New Oxford American Dictionary (2nd ed.). (2005). New York: Oxford University Press.

Newcombe, N. S., Lloyd, M. E., & Ratliff, K. R. (2007). Development of episodic and autobiographical memory: A cognitive neuroscience perspective. *Advances in Child Development and Behavior, 35*, 37–85.

Newman, A. J. J., Bavelier, D., Corina, D., Jezzard, P., & Neville, H. J. (2002). A critical period for right hemisphere recruitment in American Sign Language processing. *Nature Neuroscience, 5*(1), 76–80.

Newman, J. P., & Lorenz, A. R. (2003). Response modulation and emotion processing: Implications for psychopathy and other dysregulatory psychopathology. In R. J. Davidson, K. R. Scherer, & H. H. Goldsmith (Eds.), *Handbook of affective sciences* (pp. 904–929). New York: Oxford University Press.

Newton, N. W. (2017). Understanding and self-organization. *Frontiers in Systems Neuroscience, 11*, 8.

Nichols, S. R., Svetlova, M., & Brownell, C. A. (2010). Toddlers' understanding of peers' emotions. *Journal of Genetic Psychology, 171*(1), 35–53.

Nichols, S. R., Svetlova, M., & Brownell, C. A. (2015). Toddlers' responses to infants' negative emotions. *Infancy, 20*(1), 70–97.

Nichols, W. J. (2014). *Blue mind: The surprising science that shows how being near, in, on, or under water can make you happier, healthier, more connected and better at what you do*. New York: Little Brown.

Nickerson, R. S. (1998). Confirmation bias: A ubiquitous phenomenon in many guises. *Review of General Psychology, 2*(2), 175–220.

Nicolosi, J. J. (2009). *Shame and attachment loss: The practical work of reparative therapy*. Downers Grove, IL: InterVarsity Press.

Nieuwenhuis, I. L., & Takashima, A. (2011). The role of the ventromedial prefrontal cortex in memory consolidation. *Behavioural Brain Research, 218*(2), 325–334.

Nisbett, R. E., & Miyamoto, Y. (2005). The influence of culture: Holistic versus analytic perception. *Trends in Cognitive Sciences, 9*(10), 467–473.

Nitschke, J. B., Nelson, E. E., Rusch, B. D., Fox, A. S., Oakes, T. R., & Davidson, R. J. (2004). Orbitofrontal cortex tracks positive mood in mothers viewing pictures of their newborn infants. *NeuroImage, 21*(2), 583–592.

Nobre, A. C., Correa, A., & Coull, J. T. (2007). The hazards of time. *Current Opinion in Neurobiology, 17*(4), 465–470.

Nobre, A. C., Coull, J. T., Frith, C. D., & Mesulam, M. M. (1999). Orbitofrontal cortex is activated during breaches of expectation in tasks of visual attention. *Nature Neuroscience, 2*, 11–12.

Noll, J., & Shenk, C. E. (2010). Introduction to the special issue: The physical health consequences of childhood maltreatment implications for public health. *Journal of Pediatric Psychology, 35*(5), 447–449.

Noll-Hussong, M., Otti, A., Laeer, L., Wohlschlaeger, A., Zimmer, C., Lahman, C., et al. (2010). Aftermath of sexual abuse history on adult patients suffering from chronic functional pain syndromes: An fMRI pilot study. *Journal of Psychometric Research, 68*(5), 483–487.

Nolte, T., Bolling, D. Z., Hudac, C. M., Fonagy, P., Mayes, L., & Pelphrey, K. A. (2013). Brain mechanisms underlying the impact of attachment-related stress on social cognition. *Frontiers in Human Neuroscience, 7*, 816.

Nomi, J. S., Vij, S. G., Dajani, D. R., Steimke, R., Damaraju, E., Rachakonda, S., et al. (2017). Chronnectomic patterns and neural flexibility underlie executive function. *NeuroImage, 147*, 861–871.

Nordling, J. K., Boldt, L. J., O'Bleness, J., & Kochanska, G. (2016). Effortful control mediates relations between children's attachment security and their regard for rules of conduct. *Social Development, 25*(2), 268–284.

Noriuchi, M., Kikuchi, Y., & Senoo, A.

(2008). The functional neuroanatomy of maternal love: Mother's response to infant's attachment behaviors. *Biological Psychiatry, 63*(4), 415–423.

Norman, G. J., Cacioppo, J. T., & Berntson, G. G. (2009). Social neuroscience. *Cognitive Science, 1*(1), 60–68.

Normann, C., Schmitz, D., Fürmaier, A., Döing, C., & Bach, M. (2007). Long-term plasticity of visually evoked potentials in humans is altered in major depression. *Biological Psychiatry, 62*(5), 373–380.

Northoff, G., & Bermpohl, F. (2004). Cortical midline structures and the self. *Trends in Cognitive Sciences, 8*(3), 102–107.

Noyes, A., & Dunham, Y. C. (2017). Mutual intentions as a causal framework for social groups. *Cognition, 162*, 133–142.

Nummenmaa, L., Glerean, E., Hari, R., & Hietanen, J. K. (2013). Bodily maps of emotions. *Proceedings of the National Academy of Sciences of the USA, 111*(2), 646–651.

Nummenmaa, L., Glerean, E., Viinikainen, M., Jääskeläinen, I. P., Hari, R., & Sams, M. (2012). Emotions promote social interaction by synchronizing brain activity across individuals. *Proceedings of the National Academy of Sciences, 109*(24), 9599–9604.

Oatley, K. (2007). Narrative modes of consciousness and selfhood. In P. D. Zelazo, M. Moscovitch, & E. Thompson (Eds.), *The Cambridge handbook of consciousness* (pp. 375–402). Cambridge, UK: Cambridge University Press.

Oatley, K. (2009). Two movements in emotions: Communication and reflection. *Emotion Review, 2*(1), 29–35.

Oberman, L. M., & Ramachandran, V. S. (2008). Preliminary evidence for deficits in multisensory integration in autism spectrum disorders: The mirror neuron hypothesis. *Social Neuroscience, 3*(3–4), 348–355.

Obhi, S. S., Hogeveen, J., & Pascual-Leone, A. (2011). Resonating with others: The effects of self-construal type on motor cortical output. *Journal of Neuroscience, 31*(41), 14531–14535.

Obsuth, I., Hennighausen, K., Brumariu, L., & Lyons-Ruth, K. (2014). Disorganized behavior in adolescent–parent interaction: Relations to attachment state of mind, partner abuse, and psychopathology. *Child Development, 85*(1), 370–387.

Ochsner, K., Ray, R., Hughes, B., McRae, K., Cooper, J., Weber, J., et al. (2009). Bottom-up and top-down processes in emotion generation: Common and distinct neural mechanisms. *Psychological Science, 20*(11), 1322–1331.

Ochsner, K. N., & Schacter, D. L. (2003). Remembering emotional events: A social cognitive neuroscience approach. In R. J. Davidson, K. R. Scherer, & H. H. Goldsmith (Eds.), *Handbook of affective sciences* (pp. 643–660). New York: Oxford University Press.

Oddo, S., Lux, S., Weiss, P., Schwab, A., Welzer, H., Markowitsch, H., et al. (2010). Specific role of medial prefrontal cortex in retrieving recent autobiographical memories: An fMRI study of young female subjects. *Cortex, 46*(1), 29–39.

O'Doherty, J. P. (2007). Lights, Camembert, action!: The role of human orbitofrontal cortex in encoding stimuli, rewards, and choices. *Annals of the New York Academy of Sciences, 1121*, 254–272.

O'Donohue, J. (1997). *Anám cara: A book of Celtic wisdom*. New York: HarperCollins.

O'Donohue, J. (2001). *Conamara Blues*. New York: Bantam.

Ogawa, J. R., Sroufe, L. A., Weinfeld, N. S., Carlson, E. A., & Egeland, B. (1997). Development and the fragmented self: Longitudinal study of dissociative symptomatology in a nonclinical sample. *Development and Psychopathology, 9*, 855–880.

Ogden, P. (2015). *Sensorimotor psychotherapy: Interventions for trauma and attachment*. New York: WW Norton.

Ogren, M. P., & Lombroso, P. J. (2008). Epigenetics: Behavioral influences on gene function: Part I. Maternal behavior permanently affects adult behavior in offspring. *Journal of the American Academy of Child and Adolescent Psychiatry, 47*(3), 240–244.

Oizumi, M., Albantakis, l., & Tononi, G. (2015). From the phenomenology to the mechanisms of consciousness: Integrated Information Theory 3.0. *PLoS Computational Biology, 10*(5), e1003588.

Oliver, B. R., & Plomin, R. (2007). Twins' Early Development Study (TEDS): A multivariate, longitudinal genetic investigation of language, cognition and behavior problems from childhood through adolescence. *Twin Research and Human Genetics, 10*(1), 96–105.

Omer, D. B., Maimon, S. L., & Las, L. (2018). Social place-cells in the bat hippocampus. *Science, 359*, 218–224.

O'Neill, J., Pleydell-Bouverie, B., Dupret, D., & Csicsvari, J. (2010). Play it again: Reactivation of waking experience and memory. *Trends in Neurosciences, 33*(5), 220–229.

Oosterman, M., De Schipper, J. C., Fisher, P., Dozier, M., & Schuengel, C. (2010). Autonomic reactivity in relation to attachment and early adversity among foster children. *Development and Psychopathology, 22*(1), 109–118.

Oosugi, N., Yanagawa, T., Nagasaka, Y., & Fujii, N. (2016). Social suppressive behavior is organized by the spatiotemporal integration of multiple cortical regions in the Japanese macaque. *PLoS One, 11*(3), 1–21.

Opialla, S., Lutz, J., Scherpiet, S., Hittmeyer, A., Jäncke, L., Rufer, M., et al. (2015). Neural circuits of emotion regulation: A comparison of mindfulness-based and cognitive reappraisal strategies. *European Archives of Psychiatry and Clinical Neuroscience, 265*(1), 45–55.

Oppenheim, D., Goldsmith, D. F., & Koren-Karie, N. (2004). Maternal insightfulness and preschoolers' emotions and behavior problems: Reciprocal influences in a therapeutic preschool program. *Infant Mental Health Journal, 25*, 352–367.

Oppenheim, D., & Koren-Karie, N. (2002). Mothers' insightfulness regarding their children's internal worlds: The capacity underlying secure child–mother relationships. *Infant Mental Health Journal, 23*, 593–605.

Orme, W., Bowersox, L., Vanweoerden, S., Fonagy, P., & Sharp, C. (2019). The relation between epistemic trust and borderline pathology in an adolescent inpatient sample. *Borderline Personality and Emotion Dysregulation, 6*, 1–9.

Ornstein, R., Herron, J., Johnstone, J., & Swencionis, C. (1979). Differential right hemisphere involvement in two reading tasks. *Psychophysiology, 16*, 398–401.

Ortigue, S., King, D., Gazzaniga, M., Miller, M., & Grafton, S. (2009). Right hemisphere dominance for understanding the intentions of others: Evidence from a split-brain patient. *BMJ Case Reports*. (Epub ahead of print).

Osipowicz, K., Bosenbark, D. D., & Patrick, K. E. (2015). Cortical changes across the autism lifespan. *Autism Research, 8*(4), 379–385.

Ostlund, B. D., Measelle, J. R., Laurent, H. K., Conradt, E., & Ablow, J. C. (2017). Shaping emotion regulation: Attunement, symptomatology, and stress recovery within mother–infant dyads. *Developmental Psychobiology, 59*, 15–25.

Otgaar, H., Howe, M. L., Brackmann, N., & Smeets, T. (2016). The malleability of developmental trends in neutral and negative memory illusions. *Journal of Experimental Psychology: General, 145*(1), 31–55.

Otto, H., & Keller, H. (Eds.). (2014). *Different faces of attachment: Cultural variations on a universal human need.* Cambridge, UK: Cambridge University Press.

Öztekin, I., Davachi, L., & McElree, B. (2010). Are representations in working memory distinct from representations in long-term memory? *Psychological Science, 21*(8), 1123–1133.

Packard, M. G., & Cahill, L. (2001). Affective modulation of multiple memory systems. *Current Opinion in Neurobiology, 11*(6), 752–756.

Packard, P. A., Rodríguez-Fornells, A., Stein, L. M., Nicolás, B., & Fuentemilla, L. (2014). Tracking explicit and implicit long-lasting traces of fearful memories in humans. *Neurobiology of Learning and Memory, 116*, 96–104.

Padmanabhan, A., Lynch, C. J., Schaer, M., & Menon, V. (2017). The default mode network in autism. *Biological Psychiatry: Cognitive Neuroscience and Neuroimaging, 2*, 476–486.

Padilla, A. M., & Perez, W. (2003). Acculturation, social identity, and social cognition: A new perspective. *Hispanic Journal of Behavior Sciences, 25*, 35–55.

Padron, E., Carlson, E. A., & Sroufe, L. A. (2014). Frightened versus not frightened disorganized infant attachment. *American Journal of Orthopsychiatry, 84*(2), 201–208.

Page, M. (2000). Connectionist modelling in psychology: A localist manifesto. *Behavior and Brain Sciences, 23*(4), 443–467.

Palacios-Barrios, E. E., & Hanson, J. L. (2019). Poverty and self-regulation: Connecting psychosocial processes, neurobiology, and the risk fo psychopathology. *Comprehensive Psychiatry*, 90, 52–64.

Palaszynski, K. M., & Nemeroff, C. B. (2009). The medical consequences of child abuse and neglect. *Psychiatric Annals, 39*(12), 1004–1012.

Paller, K. A., & Voss, J. (2004). Memory reactivation and consolidation during sleep. *Learning and Memory, 11*(6), 664–670.

Paller, K. A., Voss, J. L., & Westerberg, C. E. (2009). Investigating the awareness of remembering. *Perspectives on Psychological Sciences, 4*(2), 185–199.

Paller, K. A., & Wagner, A. D. (2002). Observing the transformation of experience into memory. *Trends in Cognitive Sciences, 6*(2), 93–102.

Palombo, J., Bendicsen, H. K., & Koch, B. J. (2009). *Guide to psychoanalytic developmental theories*. New York: Springer.

Palva, J. M., & Palva, S. (2017). Functional integration across oscillation frequencies by cross-frequency phase synchronization. *European Journal of Neuroscience, 48*(7), 2399–2406.

Palva, S., & Palva, J. M. (2018). Roles of brain criticality and multiscale oscillations in termporal sensorimotor processing. *Trends in Neurosciences, 41*(10), 729–743.

Panagiotidi, M., Overton, P. G., & Stafford, T. (2017). Multisensory integration and ADHD-like traits: Evidence for an abnormal integration window in ADHD. *Acta Psychologica, 181*, 10–17.

Pandya, S. P. (2018). Meditation for treating adults with bipolar disorder: II. A multicity study. *Clinical Psychology and Psychotherapy, 26*(2), 252–261.

Panksepp, J. (1982). Toward a general psychobiological theory of emotions. *Behavioral and Brain Sciences, 5*, 407–467.

Panksepp, J. (1998). *Affective neuroscience: The foundations of human and animal emotions*. New York: Oxford University Press.

Panksepp, J. (2001). The long-term psychobiological consequences of infant emotions: Prescriptions for the twenty-first century. *Infant Mental Health Journal, 22*(1–2), 132–173.

Panksepp, J. (2009). Brain emotional systems and qualities of mental life: From animal models of affect to implications for psychotherapeutics. In D. Fosha, D. J. Siegel, & M. F. Solomon (Eds.), *The healing power of emotion: Affective neuroscience, development and clinical practice* (pp. 1–26). New York: Norton.

Panksepp, J. (2010). The basic affective circuits of mammalian brains: Implications for healthy human development and the cultural landscapes of ADHD. In C. M. Worthman, P. M. Plotsky, D. S. Schechter, & C. A. Cummings (Eds.), *Formative experiences: The interaction of caregiving, culture, and developmental psychobiology* (pp. 470–503). New York: Cambridge University Press.

Panksepp, J., & Biven, L. (2012). *The archaeology of mind: Neuroevolutionary origins of human emotions*. New York: Norton.

Panter-Brick, C., Grimon, M. P., Kalin, M., & Eggerman, M. (2015). Trauma memories, mental health, and resilience: A prospective study of Afghan youth. *Journal of Child Psychology and Psychiatry, 56*(7), 814–825.

Pappa, I., Szekely, E., Mileva-Seitz, V. R., Lujik, M. P. C. M., Bakersman-Kranenburg, M. J., van IJzendoorn, M. H., et al. (2015). Beyond the usual suspects: A multidimensional genetic exploration of infant attachment disorganization and security. *Attachment and Human Development, 17*(3), 1–14.

Parade, S. H., Novick, A. M., Parent, J., Seifer, R., Klaver, S. J., Marsit, C. J., et al. (2017). Stress exposure and psychopathology alter methylation of the serotonin receptor 1A (HTR2A) gene in preschoolers. *Development and Psychopathology, 29*(5), 1619–1626.

Park, G., & Thayer, J. F. (2014). From the heart to the mind: Cardiac vagal tone modulates top-down and bottom-up visual perception and attention to emotional stimuli. *Frontiers in Psychology, 5*, 278, 1–8.

Parkinson, C., Kleinbaum, A. M., & Wheatley, T. (2018). Similar neural responses predict friendship. *Nature Communications, 9*, Article number 332.

Parr, N. J., Zeman, J., Braunstein, K., & Price, N. (2016). Peer emotion socialization and somatic complaints in adolescents. *Journal of Adolescence, 50*, 22–30.

Pascual-Leone, A., Amedi, A., Fregni, F., & Merabet, L. B. (2005). The plastic human brain cortex. *Annual Review of Neuroscience, 28*, 377–401.

Pasupathi, M., Mansour, E., & Brubaker, J. R. (2007). Developing a life story: Constructing relations between self and experience in autobiographical narratives. *Human Development, 50*, 85–110.

Patriat, R., Birn, R. M., Keding, T. J., & Herringa, R. J. (2016). Default-mode network abnormalities in pediatric posttraumatic stress disorder. *Journal of the American Academy of Child and Adolescent Psychiatry, 55*(4), 319–327.

Patrick, M., Hobson, R. P., Castle, D., Howard, R., & Maughan, B. (1994). Personality disorder and the mental representation of early social experience. *Development and Psychopathology, 6*(2), 375–388.

Paulson, S., Flanagan, O., Bloom, P., & Baumeister, R. (2011). Quid pro quo: The ecology of the self. *Annals of the New York Academy of Sciences, 1234*(1), 29–43.

Payne, J., & Kensinger, E. (2017). Stress, sleep, and the selective consolidation of emotional memories. *Current Opinion in Behavioral Sciences, 19*, 36–43.

Paz, R., Pelletier, J. G., Bauer, E. P., & Paré, D. (2006). Emotional enhancement of memory via amygdala-driven facilitation of rhinal interactions. *Nature Neuroscience, 9*, 1321–1329.

Pearson, J. L., Cohn, D. A., Cowan, P. A., & Cowan, C. P. (1994). Earned- and continuous-security in adult attachment: Relation to depressive symptomatology and parenting style. *Development and Psychopathology, 6*(2), 358–373.

Penke, L., and Jokela, M. (2016). The evolutionary genetics of personality revisited. *Current Opinions in Psychology, 7*, 104–109.

Pepping, C. A., Davis, P. J., & O'Donovan, A. (2013). Individual differences in attachment and dispositional mindfulness: The mediating role of emotion regulation. *Personality and Individual Differences, 54*(3), 453–456.

Pepping, C. A., Davis, P. J., & O'Donovan, A. (2015). The association between state attachment security and state mindfulness. *PLoS One, 10*(3), e0116779.

Perani, D., Saccuman, M. C., Scifo, P., Spada, D., Andreolli, G., Rovelli, R., et al. (2010). Functional specializations for music processing in the human newborn brain. *Proceedings of the National Academy of Sciences of the USA, 107*(10), 4758–4763.

Pereira, A. (2014). Triple-aspect monism: Physiological, mental unconscious and conscious aspects of brain activity. *Journal of Integrative Neuroscience, 13*(2), 201–227.

Pérez, J., Russo, D. A., Stochl, J., Shelley, G. F., Crane, C. M. Painter, M., et al. (2016). Understanding causes of and developing effective interventions for schizophrenia and other psychoses. *Programme Grants for Applied Research, No. 4.2*.

Perich, T., Manicavasagar, V., Mitchell, P. B., & Ball, J. R. (2013). The association between meditation practice and treatment outcome in mindfulness-based cognitive therapy for bipolar disorder. *Behaviour Research and Therapy, 51*(7), 338–343.

Perlman, S. B., & Pelphrey, K. A. (2010). Regulatory brain development: Balancing emotion and cognition. *Social Neuroscience, 5*(5–6), 1–10.

Perner, J., & Dienes, Z. (2003). Developmental aspects of consciousness: How much theory of mind do you need to be consciously aware? *Consciousness and Cognition, 12*(1), 63–82.

Perry, B. D. (2002). Childhood experience and the expression of genetic potential: What childhood neglect tells us about nature and nurture. *Brain and Mind, 3*(2), 79–100.

Perry, B. D., Pollard, R. A., Blakely, T. L., Baker, W. L., & Vigilante, D. (1995). Childhood trauma, the neurobiology of adaptation, and "use-dependent" development of the brain: How states become traits. *Infant Mental Health Journal, 16*, 271–291.

Perry, N. B., Calkins, S. D., Nelson, J. A., Leerkes, E. M., & Marcovitch, S. (2012). Mothers' responses to children's negative emotions and child emotion regulation: The moderating role of vagal suppression. *Developmental Psychobiology, 54*(5), 503–513.

Perry, N. B., Nelson, J. A., Swingler, M. M., Leerkes, E. M., Calkins, S. D., Marcovitch, S., et al. (2013). The relation between maternal emotional support and child physiological regulation across the preschool years. *Developmental Psychobiology, 55*(4), 382–394.

Pessoa, L. (2008). On the relationship between emotion and cognition. *Nature Reviews Neuroscience, 9*, 148–158.

Peterka-Bonetta, J., Sindermann, C., Elhai, J. D., & Montag, C. (2019). Personality associations with smartphone and internet use disorder: A comparison study including links to impulsivity and social anxiety. *Frontiers in Public Health, 7*, 127.

Peters, J., Daum, I., Gizewski, E., Forsting, M., & Suchan, B. (2009). Associations evoked during memory encoding recruit the context-network. *Hippocampus, 19*(2), 141–151.

Peterson, C., McDermott Sales, J., Rees, M., & Fivush, R. (2006). Parent–child talk and children's memory for stressful events. *Developmental Psychology, 21*(8), 1057–1075.

Petrowski, K., Pokorny, D., Nowacki, K., & Buchheim, A. (2013). The therapist's attachment representation and the patient's attachment to the therapist. *Psychotherapy Research, 23*(1), 25–34.

Pettit, G. S., Laird, R. D., Dodge, K. A., Bates, J. E., & Criss, M. M. (2001). Antecedents and behavior-problem outcomes of parental monitoring and psychological control in early adolescence. *Child Development, 72*(2), 583–598.

Pfeifer, J. H., Masten, C. L., Borofsky, L. A., Dapretto, M., Fuligni, A. J., & Lieberman, M. D. (2009). Neural correlates of direct and reflected self-appraisals in adolescents and adults: When social perspective-taking informs self-perception. *Child Development, 80*(4), 1016–1038.

Phelps, E. A. (2004). Human emotion and memory: Interactions of the amygdala and hippocampal complex. *Current Opinion in Neurobiology, 14*(2), 198–202.

Phillips, M. L., Drevets, W. C., Rauch, S., & Lane, R. (2003). Neurobiology of emotion perception: II. Implications for major psychiatric disorders. *Biological Psychiatry, 52*, 525–528.

Phillips, M. L., Ladouceur, C. D., & Drevets, W. C. (2008). A neural model of voluntary and automatic emotion regulation: Implications for understanding the pathophysiology and neurodevelopment of bipolar disorder. *Molecular Psychiatry, 13*, 833–857.

Pietromonaco, P. R., DeBuse, C. J., & Powers, S. I. (2013). Does attachment get under the skin?: Adult romantic attachment and cortisol responses to stress. *Current Directions in Psychological Science, 22*(1), 63–68.

Pillow, J. W., Shlens, J., Paninski, L., Sher, A., Litke, A. M., Chichilnisky, E. J., et al. (2008). Spatio–temporal correlations and visual signalling in a complete neuronal population. *Nature, 454*, 995–999.

Pingault, J. B., Falissard, B., Côté, S., & Berthoz, S. (2012). A new approach of personality and psychiatric disorders: A short version of the Affective Neuroscience Personality Scales. *PLoS One, 7*(7), e41489.

Pinker, S. (1999). *How the mind works.* New York: Norton.

Pinker, S. (2005). So how "does" the mind work? *Mind and Language, 20*(1), 1–24.

Piolino, P., Desgranges, B., & Eustache, F. (2009). Episodic autobiographical memories over the course of time: Cognitive, neuropsychological and neuroimaging findings. *Neuropsychologia, 47*(11), 2314–2329.

Piolino, P., Desgranges, B., Manning, I., North, P., Jokic, C., & Eustache, F. (2007). Autobiographical memory, the sense of recollection and executive functions after severe traumatic brain injury. *Cortex, 43*(2), 176–195.

Platt, M. G., & Freyd, J. J. (2015). Betray my trust, shame on me: Shame, dissociation, fear, and betrayal trauma. *Psychological Trauma: Theory, Research, Practice, and Policy, 7*(4), 398–404.

Platt, M. G., Luoma, J. B., & Freyd, J. J. (2017). Shame and dissociation in survivors of high and low betrayal trauma. *Journal of Aggression, Maltreatment and Trauma, 26*(1), 34–49.

Plaut, D., & McClelland, J. (2010). Locating object knowledge in the brain: Comment on Bowers's (2009) attempt to revive the grandmother cell hypothesis. *Psychological Review, 117*(1), 284–288.

Polan, H. J., & Hofer, M. A. (2008). Psychobiological origins of infant attachment and its role in development. In J. Cassidy & P. R. Shaver (Eds.), *Handbook of attachment: Theory, research, and clinical applications* (2nd ed., pp. 158–172). New York: Guilford Press.

Polderman, J. C., Benyamin, B., de Leeuw, C. A., Sullivan, P. F., Bochoven, A., Visscher, P. M., & Posthuma, D. (2015). Meta-analysis of the heritability of human traits based on fifty years of twin studies. *Nature Genetics, 47*(7), 702–709.

Poldrack, R., Wagner, A. D., Phelps, E. A., & Sharot, T. (2008). How (and why) emotion enhances the subjective sense of recollection. *Current Directions in Psychological Science, 17*(2), 147–152.

Pollak, S. D. (2005). Early adversity and mechanisms of plasticity: Integrating affective neuroscience with developmental approaches to psychopathology. *Development and Psychopathology, 17*(3), 735–752.

Polyn, S., Norman, K., & Kahana, M. (2009). Task context and organization in free recall. *Neuropsychologia, 47*(11), 2158–2163.

Ponzio, A., & Mather, M. (2014). Hearing something emotional influences memory for what was just seen: How arousal amplifies effects of competition in memory consolidation. *Emotion, 14*(6), 1137–1142.

Porges, S. W. (2009). Reciprocal influences between body and brain in the perception and expression of affect: A polyvagal perspective. In D. Fosha, D. J. Siegel, & M. F. Solomon (Eds.), *The healing power of emotion: Affective neuroscience, development, and clinical practice* (pp. 27–54). New York: Norton.

Porges, S. W. (2011). *The polyvagal theory.* New York: Norton.

Porges, S. W. (2014). *The pocket guide to the polyvagal theory: The transformative power of feeling safe.* New York: Norton.

Porges, S. W. (2017). *The polyvagal theory: Neurophysiological foundations of emotions, attachment, communication, and self-regulation.* New York: Norton.

Porges, S. W., Bazhenova, O. V., Bal, E., Carlson, N., Sorokin, Y., Heilman, K. J., et al. (2014). Reducing auditory hypersensitivities in autistic spectrum disorder: Preliminary findings evaluating the Listening Project Protocol. *Frontiers in Pediatrics, 2*, 80.

Porges, S. W., & Dana, D. (Eds.) (2018). *Clinical applications of the polyvagal theory: The emergence of polyvagal-informed therapies.* New York: Norton.

Pos, A. E. (2014). Emotion-focused therapy for avoidant personality disorder: Pragmatic considerations for working with experientially avoidant clients. *Journal of Contemporary Psychotherapy, 44*(2), 127–139.

Posner, J., Russell, J. A., & Peterson, B. S. (2005). The circumplex model of affect: An integrative approach to affective neuroscience, cognitive development, and psychopathology. *Development and Psychopathology, 17*(3), 715–734.

Posner, M. I., & Rothbart, M. K. (1998). Attention, self-regulation and consciousness. *Philosophical Transactions of the Royal Society: Series B, Biological Sciences, 353*(1377), 1915–1927.

Post, R. M., Leverich, G. S., Xing, G., & Weiss, S. R. B. (2001). Developmental vulnerabilities to the onset and course of bipolar disorder. *Development and Psychopathology, 13*(3), 581–598.

Post, R. M., & Weiss, S. R. B. (1997). Emergent properties of neural systems: How focal molecular neurobiological alterations can affect behavior. *Development and Psychopathology, 9*, 907–930.

Post, R. M., Weiss, S. R. B., Li, H., Smith, M. A., Zhang, L. X., Xing, G., et al. (1998). Neural plasticity and emotional memory. *Development and Psychopathology, 10*, 829–856.

Powell, J., Lewis, P., Dunbar, R. I. M., García-Fiñana, M., & Roberts, N. (2010). Orbital prefrontal cortex volume correlates with social cognitive competence. *Neuropsychologia, 48*, 3554–3562.

Powell, J., Lewis, P. A., Roberts, N., García-Fiñana, M., & Dunbar, R. I. M. (2012). Orbital prefrontal cortex volume predicts social network size: An imaging study of individual differences in humans. *Proceedings of the Royal Society Series B, Biological Science, 279B*, 2157–2162.

powell, j. a. (2012). *Racing to justice: Transforming our conceptions of self and other to build an inclusive society.* Bloomington, Indiana: Indiana University Press.

Powell, J. L., Kemp, G. J., Dunbar, R. I. M., Roberts, N., Sluming, V., & García-Fiñana, M. (2014). Different association between intentionality competence and prefrontal volume in left- and right-handers. *Cortex, 54*, 63–76.

Powell, L. J., & Spelke, E. S. (2013). Preverbal infants expect members of social groups to act alike. *Proceedings of the National*

Academy of Sciences of the USA, 110, E3965–E3972.

Prentice, D. A., & Miller, D. T. (2007). Psychological essentialism of human categories. *Current Directions in Psychological Science, 16*, 202–206.

Price, L. H., Kao, H. T., Burgers, D. E., Carpenter, L. L., & Tyrka, A. R. (2013). Telomeres and early-life stress: An overview. *Biological Psychiatry, 73*, 15–23.

Princeton University. (2010). Sentience. *WordNet*. Retrieved from *wordnetweb.princeton.edu/*.

Provençal, N., & Binder, E. B. (2015). The effects of early life stress on the epigenome: From the womb to adulthood and even before. *Experimental Neurology, 268*, 10–20.

Prull, M. W., Lawless, C., Marshall, H. M., & Sherman, A. T. (2016). Effects of divided attention at retrieval on conceptual implicit memory. *Frontiers in Psychology, 7*, 5.

Pulvermüller, F., & Garagnani, M. (2014). From sensorimotor learning to memory cells in prefrontal and temporal association cortex: A neurocomputational study of disembodiment. *Cortex, 57*, 1–21.

Purvis, K. B., Cross, D. R., & Sunshine, W. L. (2007). *The connected child: Bring hope and healing to your adoptive family*. New York: McGraw–Hill.

Putnam, F. W., & Carlson, E. B. (1998). Hypnosis, dissociation, and trauma: Myths, metaphors, and mechanisms. In J. D. Bremner & C. R. Marmar (Eds.), *Trauma, memory, and dissociation* (pp. 27–56). Washington, DC: American Psychiatric Press.

Qiu, A., Anh, T. T., Li, Y., Chen, H., Rifkin-Graboi, A., Broekman, B. F. P., et al. (2015). Prenatal maternal depression alters amygdala functional connectivity in 6-month-old infants. *Translational Psychiatry, 5*, e508.

Quattrocki, E., & Friston, K. (2014). Autism, oxytocin and interoception. *Neuroscience and Biobehavioral Reviews, 47*, 410–430.

Quirin, M., Fröhlich, S., & Kuhl, J. (2018). Implicit self and the right hemisphere: Increasing implicit self-esteem and implicit positive affect by left hand contractions. *European Journal of Social Psychology, 48*(1), 4–16.

Quoidbach, J., Hansenne, M., & Mottet, C. (2008). Personality and mental time travel: A differential approach to autonoetic consciousness. *Consciousness and Cognition, 17*(4), 1082–1092.

Rabinowitz, M. (2008). Is quantum mechanics incompatable with Newton's first law? *International Journal of Theoretical Physics, 47*, 936–948.

Raby, K. L., Lawler, J. M., Shlafer, R. J., Hesemeyer, P. S., Collins, W. A., & Sroufe, L. A. (2015a). The interpersonal antecedents of supportive parenting: A prospective, longitudinal study from infancy to adulthood. *Developmental Psychology, 51*(1), 115–123.

Raby, K. L., Steele, R. D., Carlson, E. A., & Sroufe, L. A. (2015b). Continuities and changes in infant attachment patterns across two generations. *Attachment and Human Development, 17*(4), 414–428.

Race, E., Keane, M. M., & Verfaellie, M. (2011). Medial temporal lobe damage causes deficits in episodic memory and episodic future thinking not attributable to deficits in narrative construction. *Journal of Neuroscience, 31*(28), 10262–10269.

Raffone, A., & Pantani, M. (2010). A global workspace model for phenomenal and access consciousness. *Consciousness and Cognition, 19*(2), 580–596.

Raffone, A., & Van Leeuwen, C. (2001). Activation and coherence in memory processes: Revisiting the parallel distributed processing approach to retrieval. *Connection Science, 13*(4), 349–382.

Ragozzino, M. E. (2007). The contribution of the medial prefrontal cortex, orbitofrontal cortex, and dorsomedial striatum to behavioral flexibility. *Annals of the New York Academy of Sciences, 1121*, 355–375.

Raichle, M. E. (2010). Two views of brain function. *Trends in Cognitive Sciences, 14*(4), 180–190.

Raichle, M. E., & Snyder, A. Z. (2007). A default mode of brain function: A brief history of an evolving idea. *NeuroImage, 37*(4), 1083–1090.

Rakel, D. P., Hoeft, T. J., Barrett, B. P., Chewning, B. A., Craig, B. M., & Niu, M. (2009). Practitioner empathy and the duration of the common cold. *Family Medicine, 41*(7), 494–501.

Rakison, D. H. (2007). Is consciousness in its infancy in infancy? *Journal of Consciousness Studies, 14*(9–10), 66–89.

Ramirez-Esparza, N., & Pennebaker, J. W. (2006). Do good stories produce good health?: Exploring words, language, and culture. *Narrative Inquiry, 16*(1), 211–219.

Ramsay, D. S., & Woods, S. C. (2014). Clarifying the roles of homeostasis and allostasis in physiological regulation. *Psychological Review, 121*, 225.

Ramus, S., Davis, J., Donahue, R., Discenza, C., & Wait, A. (2007). Interactions between the orbitofrontal cortex and the hippocampal memory system during the storage of long-term memory. *Annals of the New York Academy of Sciences, 1121*, 216–231.

Ranganath, C., Cohen, M., & Brozinsky, C. (2005). Working memory maintenance contributes to long-term memory formation: Neural and behavioral evidence. *Journal of Cognitive Neuroscience, 17*(7), 994–1010.

Rao, R. P., & Ballard, D. H. (1999). Predictive coding in the visual cortex: A functional interpretation of some extra-classical receptive-field effects. *Nature Neuroscience, 2*, 79–87.

Raposo, A., Han, S., & Dobbins, I. (2009). Ventrolateral prefrontal cortex and self-initiated semantic elaboration during memory retrieval. *Neuropsychologia, 47*(11), 2261–2271.

Raschle, N. M., Fehlbaum, L. V., Menks, W. M., Euler, F., Sterzer, P., & Stadler, C. (2017). Investigating the neural correlates of emotion–cognition interaction using an affective Stroop Task. *Frontiers in Psychology, 8*, 1489.

Rauch, S. L., Shin, L. M., & Phelps, E. A. (2006). Neurocircuitry models of posttraumatic stress disorder and extinction: Human neuroimaging research—past, present, and future. *Biological Psychiatry, 60*(4), 376–382.

Raval, V. V., Martini, T. S., & Raval, P. H. (2007). Would others think it is okay to express my feelings?: Regulation of anger, sadness and physical pain in Gujarati children in India. *Social Development, 16*(1), 79–105.

Ravassard, P., Pachoud, B., Comte, J., Mejia-Perez, C., Scoté-Blachon, C., Gay, N., et al. (2009). Paradoxical (REM) sleep deprivation causes a large and reversible decrease in long-term potentiation, synaptic transmission, glutamate receptor protein levels, and ERK/MAPK activation in the dorsal hippocampus. *Sleep, 32*(2), 227–240.

Reagh, Z. M., & Ranganath, C. (2018). What does the functional organization of cortico–hippocampal networks tell us about the functional organization of memory? *Neuroscience Letters, 680*(27), 69–76.

Reber, P. J. (2013). The neural basis of implicit learning and memory: A review of neuropsychological and neuroimaging research. *Neuropsychologia, 52*(10), 2026–2048.

Reck, C., Hunt, A., Fuchs, T., Weiss, R., Noon, A., Moehler, E., et al. (2004). Interactive regulation of affect in postpartum depressed mothers and their infants: An overview. *Psychopathology, 37*(6), 272.

Reed, E. S. (1994). Perception is to self as memory is to selves. In U. Neisser & R. Fivush (Eds.), *The remembering self: Construction and accuracy in the self-narrative* (pp. 278–292). Cambridge, UK: Cambridge University Press.

Rees, C. A. (2010). Understanding emotional abuse. *Archives of Disease in Childhood, 95*(1), 59–67.

Reese, E., & Newcombe, R. (2007). Training mothers in elaborative reminiscing enhances children's autobiographical memory and narrative. *Child Development, 78*(4), 1153–1170.

Reijman, S., Alink, L. R. A., Compier-De Block, L. H. C. G., Werner, C. D., Maras, A., Rijnberk, C., et al. (2017). Attachment representations and autonomic regulation in maltreating and nonmaltreating mothers. *Development and Psychopathology, 29*(3), 1075–1087.

Reilly, J., & Seibert, L. (2003). Language and emotion. In R. J. Davidson, K. R. Scherer, & H. H. Goldsmith (Eds.), *Handbook of affective sciences* (pp. 535–559). New York: Oxford University Press.

Reisz, S., Duschinsky, R., & Siegel, D. J. (2017). Disorganized attachment and defense: Exploring John Bowlby's unpublished reflections. *Attachment and Human Development, 20*(2), 107–134.

Rempel-Clower, N. L. (2007). Role of orbitofrontal cortex connections in emotion. *Annals of the New York Academy of Sciences, 1121*, 72–86.

Ren, X. P., Lu, K. W., & Tuerdi, M. (2014).

Uyghur-Chinese and Han-Chinese differences on social orientation. *Culture and Brain, 2*, 141–160.

Renken, B., Egeland, B., Marvinney, D., Magelsdorf, S., & Sroufe, L. A. (1989). Early childhood antecedents of aggression and passive-withdrawal in early elementary school. *Journal of Personality, 57*, 257–281.

Rentesi, G., Antoniou, K., Marselos, M., Fotopoulos, A., Alboycharali, J., & Konstandi, M. (2010). Long-term consequences of early maternal deprivation in serotonergic activity and HPA function in adult rat. *Neuroscience Letters, 480*(1), 7–11.

Rentesi, G., Antoniou, K., Marselos, M., Syrrou, M., Papadopoulou-Daifoti, Z., & Konstandi, M. (2013). Early maternal deprivation-induced modifications in the neurobiological, neurochemical and behavioral profile of adult rats. *Behavioural Brain Research, 244*, 29–37.

Repacholi, B. M., & Meltzoff, A. N. (2007). Emotional eavesdropping: Infants selectively respond to indirect emotional signals. *Child Development, 78*(2), 503–521.

Repacholi, B. M., Meltzoff, A. N., Hennings, T. M., & Ruba, A. L. (2016). Transfer of social learning across contexts: Exploring infants' attribution of trait-like emotions to adults. *Infancy, 21*(6), 785–806.

Rhodes, M., & Gelman, S. A. (2009). A developmental examination of the conceptual structure of animal, artifact, and human social categories across two cultural contexts. *Cognitive Psychology, 59*, 244–274.

Rhodes, M., Leslie, S. J., & Tworek, C. M. (2012). Cultural transmission of social essentialism. *Proceedings of the National Academy of Sciences of the USA, 109*, 13526–13531.

Rholes, W. S., Paetzold, R. L., & Kohn, J. L. (2016). Disorganized attachment mediates the link from early trauma to externalizing behavior in adult relationships. *Personality and Individual Differences, 90*, 61–65.

Ricard, M., & Singer, W. (2017). *Beyond the self: Conversations between Buddhism and neuroscience*. Cambridge, MA: Allary Editions – MIT Press.

Rice, H. J., & Rubin, D. C. (2009). I can see it both ways: First- and third-person visual perspectives at retrieval. *Consciousness and Cognition, 18*(4), 877–890.

Rice, K., Moraczewski, D., & Redcay, E. (2016). Perceived live interaction modulates the developing social brain. *Social Cognitive and Affective Neuroscience, 11*, 1354–1362.

Richardson, L., Hameed, Y., Perez, J., Jones, P. B., & Kirkbride, J. B. (2012). Association of environment with the risk of developing psychotic disorders in rural populations: Findings from the Social Epidemiology of Psychoses in East Anglia Study. *Journal of Psychiatric Research, 46*(5), 600–607.

Richardson, M. J., Lopresti-Goodman, S., Mancini, M., Kay, B., & Schmidt, R. C. (2008). Comparing the attractor strength of intra and interpersonal interlimb coordination using cross-recurrence analysis. *Neuroscience Letters, 438*, 340–345.

Richardson, M. J., Marsh, K. L., & Schmidt, R. C. (2010). Challenging the egocentric view of coordinated perceiving, acting, and knowing. In B. Mesquita, L. F. Barrett, & E. R. Smith (Eds.), *The mind in context* (pp. 303–333). New York: Guilford Press.

Ridley, M. (2003). *Nature via nurture: Genes, experience, and what makes us human.* New York: HarperCollins.

Ridout, N., Dritschel, B., Matthews, K., McVicar, M., Reid, I., & O'Carroll, R. (2009). Memory for emotional faces in major depression following judgement of physical facial characteristics at encoding. *Cognition and Emotion, 23*(4), 739–752.

Riegler, A. (2008). Natural or internal selection?: The case of canalization in complex evolutionary systems. *Artificial Life, 14*(3), 345–362.

Riek, B., Mania, E. W., & Gaertner, S. L. (2006). Intergroup threat and outgroup attitudes: A meta-analytic review. *Personality and Social Psychology Review, 10*(4), 336–353.

Riessman, C. K. (2003). Analysis of personal narratives. In J. A. Holstein & J. F. Gubrium (Eds.), *Inside interviewing* (pp. 331–345). Thousand Oaks, CA: SAGE.

Riggs, S. A., & Jacobvitz, D. (2002). Expectant parents' representations of early attachment relationships: Associations with mental health and family history. *Journal of Consulting and Clinical Psychology, 70*(1), 195–204.

Riggs, S. A., Paulson, A., Tunnell, E., Sahl, G., Atkinson, H., & Ross, C. A. (2007).

Attachment, personality, and psychopathology among adult inpatients: Self-reported romantic attachment style versus Adult Attachment Interview states of mind. *Development and Psychopathology, 19*(1), 263–291.

Rigon, A., Duff, M. C., & Voss, M. W. (2016). Structural and functional neural correlates of self-reported attachment in healthy adults: Evidence for an amygdalar involvement. *Brain Imaging and Behavior, 10*(4), 941–952.

Rimol, L. M., Panizzon, M. S., Fennema, C.-N., Eyler, L. T., Fischl, B., Franz, C. E., et al. (2010). Cortical thickness is influenced by regionally specific genetic factors. *Biological Psychiatry, 67*(5), 493–499.

Rinne-Albers, M. A. W., van der Werff, S. J. A., van Hoof, M.-J., van Lang, N. D., Lamers-Winkelman, F., Rombouts, S. A., et al. (2016). Abnormalities of white matter integrity in the corpus callosum of adolescents with PTSD after childhood sexual abuse: A DTI study. *European Child and Adolescent Psychiatry, 25*, 869–878.

Ripoli, C. (2017). Engrampigenetics: Epigenetics of engram memory cells. *Behavioural Brain Research, 325*, 297–302.

Rippon, G. (2019). *The gendered brain: The new neuroscience that shatters the myth of the female brain*. London: Popular Science

Rippon, G., Brock, J., Brown, C., & Boucher, J. (2007). Disordered connectivity in the autistic brain: Challenges for the new psychophysiology. *International Journal of Psychophysiology, 63*(2), 164–172.

Risch, N., Herrell, R., Lehner, T., Liang, K. Y., Eaves, L., Hoh, J., et al. (2009). Interaction between the serotonin transporter gene (5-HTTLPR), stressful life events, and risk of depression: A meta-analysis. *Journal of the American Medical Association, 301*(23), 2462–2471.

Ritblatt, S. N. (2000). Children's level of participation in a false-belief task, age, and theory of mind. *Journal of Genetic Psychology, 161*(1), 53–64.

Ritchey, M., Wing, E. A., LaBar, K. S., & Cabeza, R. (2012). Neural similarity between encoding and retrieval is related to memory via hippocampal interactions. *Cerebral Cortex, 23*(12), 2818–2828.

Ritter, M., Bucci, W., Beebe, B., Jaffe, J., & Maskit, B. (2007). Do mothers of secure infants speak differently than mothers of avoidant infants in natural conversation?: An interpersonal exploration of language differences. *Journal of the American Psychoanalytic Association, 55*(1), 269–275.

Rizzolatti, G., & Fogassi, L. (2014). The mirror mechanism: Recent findings and perspectives. *Philosophical Transactions of the Royal Society: Series B, Biological Science, 369*, 20130420.

Rizzolatti, G., Fogassi, L., & Gallese, V. (2001). Neurophysiological mechanisms underlying the understanding and imitation of action. *Nature Reviews Neuroscience, 2*, 661–670.

Rizzolatti, G., Fogassi, L., & Gallese, V. (2006, November). Mirrors in the mind. *Scientific American*, pp. 54–61.

Rizzolatti, G., & Sinigaglia, C. (2016). The mirror mechanism: A basic principle of brain function. *Nature Reviews Neuroscience, 17*(12), 757–765.

Roberson, D., Damjanovic, L., & Filling, M. (2007). Categorical perception of facial expressions: Evidence for a "category adjustment" model. *Memory and Cognition, 35*(7), 1814–1829.

Roberts, S. B. G., Arrow, H., Lehmann, J., & Dunbar, R. I. M. (2014). Close social relationships: An evolutionary perspective. In R. I. M. Dunbar, C. Gamble, & J. A. J. Gowlett (Eds.), *Lucy to language: The benchmark papers* (pp. 151–180). Oxford, UK: Oxford University Press.

Roberts, S. B. G., & Dunbar, R. I. M. (2011). The costs of family and friends: An 18-month longitudinal study of relationship maintenance and decay. *Evolution and Human Behavior, 32*, 186–197.

Roberts, S. O., Gelman, S. A., & Ho, A. K. (2017a). So it is, so it shall be: Group regularities license children's prescriptive judgments. *Cognitive Science, 41*(Suppl 3), 576–600.

Roberts, S. O., Ho, A. K., & Gelman, S. A. (2017b). Group presence, category labels, and generic statements influence children to treat descriptive group regularities as prescriptive. *Journal of Experimental Child Psychology, 158*, 19–31.

Robertson, R. (2007). Scintillae of light: Chaos and emergence. *Psychological Perspectives, 50*(1), 122–137.

Robertson, R. (2014). As above, so below. *Psychological Perspectives, 57*(4), 403.

Robertson, R., & Combs, A. (Eds.). (1995). *Chaos theory in psychology and the life sciences.* Mahwah, NJ: Erlbaum.

Robinson, M. D., & Clore, G. L. (2002). Episodic and semantic knowledge in emotional self-report: Evidence for two judgment processes. *Journal of Personality and Social Psychology, 83*(1), 198–215.

Rodrigues, S. M., LeDoux, J. E., & Sapolsky, R. M. (2009). The influence of stress hormones on fear circuitry. *Annual Review of Neuroscience, 32*, 289–313.

Rodriguez, J., Umaña-Taylor, A., Smith, E. P., & Johnson, D. J. (2009). Cultural processes in parenting and youth outcomes: Examining a model of racial-ethnic socialization and identity in diverse populations. *Cultural Diversity and Ethnic Minority Psychology, 15*(2), 106–111.

Rogers, L. J. (2000). Evolution of hemisphere specialization: Advantages and disadvantages. *Brain and Language, 73*(2), 236–253.

Rogers, L. J., Vallortigara, G., & Andrew, R. J. (2013). *Divided brains: The biology and behaviour of brain asymmetries.* Cambridge, MA: Cambridge University Press.

Rogers, T., & McClelland, J. (2008). Précis of semantic cognition: A parallel distributed processing approach. *Behavioral and Brain Sciences, 31*(6), 689–749.

Rogoff, B. (2003). *The cultural nature of human development.* New York: Oxford University Press.

Roisman, G. I., Clausell, E., Holland, A., Fortuna, K., & Elieff, C. (2008). Adult romantic relationships as contexts of human development: A multi-method comparison of same-sex couples with opposite-sex dating, engaged, and married dyads. *Developmental Psychology, 44*(1), 91–101.

Roisman, G. I., Fraley, R. C., & Belsky, J. (2007a). A taxometric study of the Adult Attachment Interview. *Developmental Psychology, 43*(3), 675–686.

Roisman, G. I., Holland, A., Fortuna, K., Fraley, R. C., Clausell, E., & Clarke, A. (2007b). The Adult Attachment Interview and self-reports of attachment style: An empirical rapprochement. *Journal of Personality and Social Psychology, 92*(4), 678–697.

Roisman, G. I., Padrón, E., Sroufe, L. A., & Egeland, B. (2002). Earned-secure attachment status in retrospect and prospect. *Child Development, 73*(4), 1204–1219.

Rolls, E. T. (2004). The functions of the orbitofrontal cortex. *Brain and Cognition, 55*(1), 11–29.

Rolls, E. T., & Grabenhorst, F. (2008). The orbitofrontal cortex and beyond: From affect to decision-making. *Progress in Neurobiology, 86*(3), 216–224.

Roozendaal, B., Barsegyan, A., & Lee, S. (2007). Adrenal stress hormones, amygdala activation, and memory for emotionally arousing experiences. *Progress in Brain Research, 167*, 79–97.

Roozendaal, B., McEwen, B. S., & Chattarji, S. (2009). Stress, memory and the amygdala. *Nature Reviews Neuroscience, 10*, 423–433.

Rosa, M. G. P., Palmer, S. M., Gamberini, M., Burman, K. J., Yu, H., Reser, D. H., et al. (2009). Connections of the dorsomedial visual area: Pathways for early integration of dorsal and ventral streams in extrastriate cortex. *Journal of Neuroscience, 29*(14), 4548–4563.

Rose, A. J., & Rudolph, K. D. (2006). A review of sex differences in peer relationship processes: Potential trade-offs for the emotional and behavioral development of girls and boys. *Psychological Bulletin, 132*(1), 98–131.

Rosenzweig, E., Barnes, C., & McNaughton, B. (2002). Making room for new memories. *Nature Neuroscience, 5*(1), 6–8.

Roskam, I., Stievenart, M., Tessier, R., Muntean, A., Escobar, M. J., Santelices, M. P., et al. (2014). Another way of thinking about ADHD: The predictive role of early attachment deprivation in adolescents' level of symptoms. *Social Psychiatry and Psychiatric Epidemiology, 49*(1), 133–144.

Ross, E. D. (1996). Hemispheric specialization for emotions, affective aspects of language and communication and the cognitive display behaviors in humans. *Progress in Brain Research, 107*, 583–594.

Ross, E. D., Homan, R. W., & Buck, R. (1994). Differential hemispheric lateralization of primary and social emotions: Implications for developing a comprehensive neurology of emotions, repression, and the subconscious. *Neuropsychiatry, Neuropsychology, and Behavioral Neurology, 7,* 1–19.

Ross, E. D., & Monnot, M. (2011). Affective prosody: What do comprehension errors tell us about hemispheric lateralization of emotions, sex and aging effects, and the role of cognitive appraisal? *Neuropsychologia, 49*(5), 866–877.

Ross, E. D., Prodan, C. I., & Monnot, M. (2007). Human facial expressions are organized functionally across the upper–lower facial axis. *The Neuroscientist, 13*(5), 433–446.

Ross, M., & Wang, Q. (2010). Why we remember and what we remember: Culture and autobiographical memory. *Perspectives on Psychological Science, 5*(4), 401–409.

Rotenber, V. S. (2004). The peculiarity of the right-hemisphere function in depression: Solving the paradoxes. *Progress in Neuro-Psychopharmacology and Biological Psychiatry, 28*(1), 1–13.

Rowlands, M. (2010). *The new science of the mind: From extended mind to embodied phenomenology.* Cambridge, MA: MIT Press.

Rozga, A., Hesse, E., Main, M., Duschinsky, R., Beckwith, L., & Sigman, M. (2018). A short-term longitudinal study of correlates and sequelae of attachment security in autism. *Attachment and Human Development, 20*(2), 160–180.

Rubin, D. C. (1986). *Autobiographical memory.* Cambridge, UK: Cambridge University Press.

Rubin, D. C., Dennis, M. F., & Beckham, J. C. (2011). Autobiographical memory for stressful events: The role of autobiographical memory in posttraumatic stress disorder. *Consciousness and Cognition, 20*(3), 840–856.

Rubin, K. H., Coplan, R. J., & Bowker, J. C. (2009). Social withdrawal in childhood. *Annual Review of Psychology, 60,* 141–171.

Ruchkin, D., Grafman, J., Cameron, K., & Berndt, R. (2003). Working memory retention systems: A state of activated long-term memory. *Behavioral and Brain Sciences, 26*(6), 709–777.

Rudd, K. L., Alkon, A., & Yates, T. M. (2017). Prospective relations between intrusive parenting and child behavior problems: Differential moderation by parasympathetic nervous system regulation and child sex. *Physiology and Behavior, 180,* 120–130.

Rueckert, L., & Naybar, N. (2008). Gender differences in empathy: The role of the right hemisphere. *Brain and Cognition, 67*(2), 162–167.

Rueda, M. R., Posner, M. I., & Rothbart, M. K. (2005). The development of executive attention: Contributions to the emergence of self-regulation. *Developmental Neuropsychology, 28,* 573–594.

Rutter, M. (2005). How the environment affects mental health. *British Journal of Psychiatry, 186,* 4–6.

Ruxer, D. J., Brewer, T., Mateer, K., Burkhardt, M., & Shay, M. (2015). The impact of increased skin-to-skin contact with the mother in breastfeeding neonates on exclusive breastfeeding at 4 and 8 weeks postpartum. *Clinical Lactation, 6*(2), 75–80.

Ryan, L., Cox, C., Hayes, S., & Nadel, L. (2008). Hippocampal activation during episodic and semantic memory retrieval: Comparing category production and category cued recall. *Neuropsychologia, 46*(8), 2109–2121.

Ryan, N., Catroppa, C., Cooper, J., Beare, R., Ditchfield, M., & Coleman, L., et al. (2015). Relationships between acute imaging biomarkers and theory of mind impairment in post-acute pediatric traumatic brain injury: A prospective analysis using susceptibility weighted imaging (SWI). *Neuropsychologia, 66,* 32–38.

Ryff, C. D. (2014). Psychological well-being revisited: Advances in the science and practice of eudaimonia. *Psychotherapy and Psychosomatics, 83,* 10–28.

Saarni, C. (2007). The development of emotional competence: Pathways for helping children become emotionally intelligent. In R. Bar-On, J. G. Maree, & M. J. Elias (Eds.), *Educating people to be emotionally intelligent* (pp. 15–36). Westport, CT: Praeger.

Saffin, J. M., & Tohid, H. (2016). Walk like me, talk like me: The connection between mirror neurons and autism spectrum disorder. *Neurosciences, 21*(2), 108–119.

Saffran, J. R., Aslin, R. N., & Newport, E. L. (1996). Statistical learning by 8-month-old infants. *Science, 274,* 1926–1928.

Sagan, C. (1980). *Cosmos*. New York: Balantine Books.

Sagi, A., van IJzendoorn, M. H., Scharf, M. H., Koren-Karie, N., Joels, T., & Mayseless, O. (1994). Stability and discriminant validity of the Adult Attachment Interview: A psychometric study in young Israeli adults. *Developmental Psychology, 30*, 771–777.

Sahin, N. T. T., Pinker, S., Cash, S. S., Schomer, D., & Halgren, E. (2009). Sequential processing of lexical, grammatical, and phonological information within Broca's area. *Science, 326*(5951), 445–449.

Saive, A., Royet, J. P., Carcia, S., Thevenet, M., & Plailly, J. (2015). "What-where-which" episodic retrieval requires conscious recollection and is promoted by semantic knowledge. *PLoS One, 10*(12), e0143767.

Salomons, T., Osterman, J., Gagliese, L., & Katz, J. (2004). Pain flashbacks in posttraumatic stress disorder. *Clinical Journal of Pain, 20*(2), 83–87.

Sampasivam, S., Collins, K. A., Bielajew, C., & Clément, R. (2018). Intergroup threat and the linguistic intergroup bias: A stress biomarker study. *Journal of Language and Social Psychology, 37*(6), 632–655.

Sander, L. W. (1964). Adaptive relationships in early mother–child interaction. *Journal of the American Academy of Child Psychiatry, 3*, 231–264.

Sanders, L. (2016). Misguided math: Faulty Bayesian reasoning may explain some mental disorders. *Science News, 189*(11).

Sanford, A. J., & Emmott, C. (2012). *Mind, brain and narrative*. Cambridge, UK: Cambridge University Press.

Sapolsky, R (2017). *Behave: The biology of humans at our best and worst*. New York: Penguin.

Sato, W., & Aoki, S. (2006). Right hemispheric dominance in processing of unconscious negative emotion. *Brain and Cognition, 62*(3), 261–266.

Saunders, B., Rodrigo, A. H., & Inzlicht, M. (2015). Mindful awareness of feelings increases neural performance monitoring. *Cognitive, Affective, and Behavioral Neuroscience, 16*(1), 93–105.

Saunders, R., Jacobvitz, D., Zaccagnino, M., Beverung, L. M., & Hazen, N. (2011). Pathways to earned-security: The role of alternative support figures. *Attachment and Human Development, 13*(4), 403–420.

Saur, D., Kreher, B. W., Schnell, S., Kummerer, D., Kellmeyer, P., Vry, M., et al. (2008). Ventral and dorsal pathways for language. *Proceedings of the National Academy of Sciences of the USA, 105*(46), 18035–18040.

Sauter, D., Eisner, F., Ekman, P., & Scott, S. (2009). Universal vocal signals of emotion. In N. Taatgen & H. Van Rijn (Eds.), *Proceedings of the 31st annual meeting of the Cognitive Science Society* (pp. 2251–2255). Amsterdam: Cognitive Science Society.

Saxbe, D., Del Piero, L. B., Immordino-Yang, M. H., Kaplan, J. T., & Margolin, G. (2016). Neural mediators of the intergenerational transmission of family aggression. *Development and Psychopathology, 28*(2), 595–606.

Saxbe, D. E., Yang, X. F., Borofsky, L. A., & Immordino-Yang, M. H. (2012). The embodiment of emotion: Language use during the feeling of social emotions predicts cortical somatosensory activity. *Social Cognitive and Affective Neuroscience, 8*(7), 806–812.

Saxe, R. (2006). Uniquely human social cognition. *Current Opinion in Neurobiology, 16*(2), 235–239.

Saxena, S., Gorgis, E., O'Neill, J., Baker, S. K., Mandelkern, M. A., Maidment, K. M., et al. (2009). Rapid effects of brief intensive cognitive-behavioral therapy on brain glucose metabolism in obsessive–compulsive disorder: PET study of brief intensive CBT for OCD. *Molecular Psychiatry, 14*, 197–205.

Sbicigo, J. B., Janczura, G. A., & de Salles, J. F. (2017). The role of attention in perceptual and conceptual priming. *Psychology and Neuroscience, 10*(2), 117–131.

Schacter, D. L. (1996). *Searching for memory: The brain, the mind, and the past*. New York: Basic Books.

Schacter, D. L., Addis, D., & Buckner, R. (2007). Remembering the past to imagine the future: The prospective brain. *Nature Reviews Neuroscience, 8*(9), 657–661.

Schafe, G., Doyère, V., & LeDoux, J. (2005). Tracking the fear engram: The lateral amygdala is an essential locus of fear memory storage. *Journal of Neuroscience, 25*(43), 10010–10015.

Schafer, M., & Schiller, D. (2018). Navigating social space. *Neuron, 100*(2), 476–489.

Scharmer, O. (2019, April 16). *Reimagining the 21st century university* [Blog]. Retrieved from Presencing Institute Website: *Presencing.org.*

Scheele, D., Wille, A., Kendrick, K. M., Stoffel-Wagner, B., Becker, B., Güntürkün, O., et al. (2013). Oxytocin enhances brain reward system responses in men viewing the face of their female partner. *Proceedings of the National Academy of Sciences of the USA, 110*, 20308–20313.

Scherer, K. R., & Ekman, P. (Eds.). (2014). *Approaches to emotion.* Hove, UK: Psychology Press.

Scherf, K. S., Behrmann, M., Humphreys, K., & Luna, B. (2007). Visual category-selectivity for faces, places and objects emerges along different developmental trajectories. *Developmental Science, 10*(4), F15–F30.

Schick, B., De Villiers, P., De Villiers, J., & Hoffmeister, R. (2007). Language and theory of mind: A study of deaf children. *Child Development, 78*(2), 376–396.

Schiller, D., Monfils, M.-H., Raio, C. M., Johnson, D. C., LeDoux, J. E., & Phelps, E. A. (2010). Preventing the return of fear in humans using reconsolidation update mechanisms. *Nature, 463*(7277), 49–53.

Schimmenti, A., & Bifulco, A. (2015). Linking lack of care in childhood to anxiety disorders in emerging adulthood: The role of attachment styles. *Child and Adolescent Mental Health, 20*(1), 41–48.

Schmeichel, B. J., Crowell, A., & Harmon-Jones, E. (2016). Exercising self-control increases relative left frontal cortical activation. *Social, Cognitive, and Affective Neuroscience, 11*, 282–288.

Schmidhuber, J. (2015). Deep learning in neural networks: An overview. *Neural Networks, 61*, 85–117.

Schmidt, L. A. A. (1999). Frontal brain electrical activity in shyness and sociability. *Psychological Science, 10*(4), 316–320.

Schmidt, S. R., & Saari, B. (2007). The emotional memory effect: Differential processing or item distinctiveness? *Memory and Cognition, 35*(8), 1905–1916.

Schmitz, T. W., & Johnson, S. C. (2006). Self-appraisal decisions evoke dissociated dorsal–ventral aMPFC networks. *NeuroImage, 30*(3), 1050–1058.

Schneiderman, I., Kanat-Maymon, Y., Zagoory-Sharon, O., & Feldman, R. (2014). Mutual influences between partners' hormones shape conflict dialog and relationship duration at the initiation of romantic love. *Social Neuroscience, 9*(4), 337–351.

Schneiderman, I., Zagoory-Sharon, O., Leckman, J. F., & Feldman, R. (2012). Oxytocin during the initial stages of romantic attachment: Relations to couples' interactive reciprocity. *Psychoneuroendocrinology, 37*, 1277–1285.

Schnell, K., Dietrich, T., Schnitker, R., Daumann, J., & Herpertz, S. (2007). Processing of autobiographical memory retrieval cues in borderline personality disorder. *Journal of Affective Disorders, 97*(1–3), 253–259.

Schönenberg, M., Reichwald, U., Domes, G., Badke, A., & Hautzinger, M. (2008). Ketamine aggravates symptoms of acute stress disorder in a naturalistic sample of accident victims. *Journal of Psychopharmacology, 22*(5), 493–497.

Schore, A. N. (1994). *Affect regulation and the origin of the self: The neurobiology of emotional development.* Hillsdale, NJ: Erlbaum.

Schore, A. N. (1996). The experience-dependent maturation of a regulatory system in the orbital prefrontal cortex and the origin of developmental psychopathology. *Development and Psychopathology, 8*(1), 59–87.

Schore, A. N. (1997). Early organization of the nonlinear right brain and development of a predisposition to psychiatric disorders. *Development and Psychopathology, 9*, 595–631.

Schore, A. N. (1998). The experience-dependent maturation of an evaluative system in the cortex. In K. H. Pribram & J. King (Eds.), *Brain and values: Is a biological science of values possible?* (pp. 337–358). Mahwah, NJ: Erlbaum.

Schore, A. N. (2000). Attachment and the regulation of the right brain. *Attachment and Human Development, 2*(1), 23–47.

Schore, A. N. (2001). The effects of a secure attachment relationship on right brain development, affect regulation, and infant mental health. *Infant Mental Health Journal, 22*(1–2), 7–66.

Schore, A. N. (2002). Dysregulation of the right brain: A fundamental mechanism of traumatic attachment and the psychopathogenesis of posttraumatic stress disorder. *Australian and New Zealand Journal of Psychiatry, 36*(1), 9–30.

Schore, A. N. (2003a). *Affect dysregulation and disorders of the self.* New York: Norton.

Schore, A. N. (2003b). *Affect regulation and the repair of the self.* New York: Norton.

Schore, A. N. (2005). Back to basics: Attachment, affect regulation, and the developing right brain: Linking developmental neuroscience to pediatrics. *Pediatrics in Review, 26*(6), 204–217.

Schore, A. N. (2009a). Relational trauma and the developing right brain. *Annals of the New York Academy of Sciences, 1159*, 189–203.

Schore, A. N. (2009b). Right-brain affect regulation: An essential mechanism of development, trauma, dissociation, and psychotherapy. In D. Fosha, D. J. Siegel, & M. F. Solomon (Eds.), *The healing power of emotion: Affective neuroscience, development, and clinical practice* (pp. 112–144). New York: Norton.

Schore, A. N. (2010). The right brain implicit self: A central mechanism of the psychotherapy change process. In J. Petrucelli (Ed.), *Knowing, not-knowing and sort-of-knowing: Psychoanalysis and the experience* (pp. 177–203). London: Karnac Books.

Schore, A. N. (2014). The right brain is dominant in psychotherapy. *Psychotherapy, 51*(3), 388.

Schore, A. N. (2017). The right brain implicit self: A central mechanism of the psychotherapy change process. In G. Craparo & C. Mucci (Eds.), *Unrepressed unconscious, implicit memory, and clinical work* (pp. 73–98). London: Karnac Books.

Schore, A. N. (2019a). *Right brain psychotherapy.* New York: Norton.

Schore, A. N. (2019b). *The development of the unconscious mind.* New York: Norton.

Schore, J. R., & Schore, A. N. (2008). Modern attachment theory: The central role of affect regulation in development and treatment. *Clinical Social Work Journal, 36*(1), 9–20.

Schultheiss, O. C., Riebel, K. J., & Jones, N. M. (2009). Activity inhibition: A predictor of lateralized brain function during stress? *Neuropsychology, 23*(3), 392–404.

Schultz, W., & Dickinson, A. (2000). Neuronal coding of prediction errors. *Annual Review of Neuroscience, 23*, 473–500.

Schurz, M., Radua, J., Aichhorn, M., Richlan, F., & Perner, J. (2014). Fractionating theory of mind: A meta-analysis of functional brain imaging studies. *Neuroscience and Biobehavioral Reviews, 42*, 9–34.

Schwartz, C. E., Kunwar, P. S., Greve, D. N., Moran, L. R., Viner, J. C., Covino, J. M., et al. (2010). Structural differences in adult orbital and ventromedial prefrontal cortex predicted by infant temperament at 4 months of age. *Archives of General Psychiatry, 67*(1), 78–84.

Schwartz, R., & Siegel, D. J. (2015, October 20–21). *IPNB meets IFS.* Paper presented at the Institute for Self Leadership/Mindsight Institute conference held in Boston, MA.

Scott-Van Zeeland, A. A., Dapretto, M., Ghahremani, D. G., Poldrack, R. A., & Bookheimer, S. Y. (2010). Reward processing in autism. *Autism Research, 3*(2), 53–67.

Sebastian, C., Burnett, S., & Blakemore, S.-J. (2008). Development of the self-concept during adolescence. *Trends in Cognitive Sciences, 12*(11), 441–446.

Seltenrich, N. (2017). From intuitive to evidence based: Developing the science of nature as a public health resource. *Environmental Health Perspectives, 125*(11), 114002.

Senge, P., Boell, M., Cook, L., Martin, J., Lynn, K., Haygaru, T., Gruen, S., & Urrea, C. (2019). *Introduction to compassionate systems framework in schools.* Andover, MA: Center for Systems Awareness.

Senge, P., Scharmer, O. C., Jaworski, J., & Flowers, B. S. (2005). *Presence: Exploring profound change in people, organizations, and society.* New York: DoubleDay.

Seong, K. H., Li, D., Shimizu, H., Nakamura, R., & Ishii, S. (2011). Inheritance of stress-induced, ATF-2-dependent epigenetic change. *Cell, 145*, 1049–1061.

Sergerie, K., Lepage, M., & Armony, J. L.

(2006). A process-specific functional dissociation of the amygdala in emotional memory. *Journal of Cognitive Neuroscience, 18*(8), 1359–1367.

Serrien, D. J., & Sovijärvi-Spapé, M. M. (2013). Cognitive control of response inhibition and switching: Hemispheric lateralization and hand preference. *Brain and Cognition, 82*, 283–290.

Seth, A. K. (2013). Interoceptive inference, emotion, and the embodied self. *Trends in Cognitive Sciences, 17*(11), 565–573.

Seth, A. (2020). *Being you: A science of consciousness*. London: Faber & Faber.

Seung, Y., Kyong, J.-S., Woo, S.-H., Lee, B.-T., & Lee, K.-M. (2005). Brain activation during music listening in individuals with or without prior music training. *Neuroscience Research, 52*(4), 323–329.

Shallice, T., & Cipolotti, L. (2018). The prefrontal cortex and neurological impairments of active thought. *Annual Review of Psychology, 69*, 157–180.

Shai, D., & Meins, E. (2018). Parental embodied mentalizing and its relation to mind-mindedness, sensitivity, and attachment security. *Infancy, 23*(6), 857–872.

Shamay-Tsoory, S. G. (2011). The neural bases for empathy. *Neuroscientist, 17*, 18–24.

Shamay-Tsoory, S. G., Tomer, R., Berger, B. D., & Aharon-Peretz, J. (2003). Characterization of empathy deficits following prefrontal brain damage: The role of the right ventromedial prefrontal cortex. *Journal of Cognitive Neuroscience, 15*(3), 324–337.

Shanker, S., & Stieben, J. (2009). The roots of mindblindness. In I. Leudar & A. Costall (Eds.), *Against theory of mind* (pp. 126–144). New York: Palgrave Macmillan.

Shapiro, F. (2018). *Eye movement desensitization and reprocessing (EMDR) therapy: Basic principles, protocols, and procedures* (3rd ed.). New York: Guilford Press.

Shapiro, S. L., Astin, J., Bishop, S., & Cordova, M. (2005). Mindfulness-based stress reduction for health care professionals: Results from a randomized trial. *International Journal of Stress Management, 12*(2), 164–176.

Shapiro, S. L., Brown, K. W., Thoresen, C., & Plante, T. G. (2011). The moderation of mindfulness-based stress reduction effects by trait mindfulness: Results from a randomized controlled trial. *Journal of Clinical Psychology, 67*(3), 267–277.

Shapiro, S. L., & Carlson, L. (2013). *The art and science of mindfulness: Integrating mindfulness into psychology and the healing professions*. Washington, DC: American Psychological Association.

Shapiro, S. L., Carlson, L. E., Astin, J. A., & Freedman, B. (2006). Mechanisms of mindfulness. *Journal of Clinical Psychology, 62*, 373–386.

Shatz, C. J. (1990). Impulse activity and the patterning of connections during CNS development. *Neuron, 5*(6), 745–756.

Shatz, C. J. (1992). The developing brain. *Scientific American, 267*(3), 60–67.

Shatz, C. J. (1996). Emergence of order in visual system development. *Proceedings of the National Academy of Sciences of the USA, 93*(2), 602–608.

Sherblom, S. A. (2017). Complexity-thinking and social science: Self-organization involving human consciousness. *New Ideas in Psychology, 47*, 10–15.

Sherwood, C., Subiaul, F., & Zawidzki, T. (2008). A natural history of the human mind: Tracing evolutionary changes in brain and cognition. *Journal of Anatomy, 212*(4), 426–454.

Shi, Y., & Toga, A. W. (2017). Connectome imaging for mapping human brain pathways. *Molecular Psychiatry, 22*(9), 1230–1240.

Shibue, Y., & Kasai, M. (2014). Relations between attachment, resilience, and earned security in Japanese university students. *Psychological Reports, 115*(1), 279–295.

Shimada, S., & Hiraki, K. (2006). Infant's brain responses to live and televised action. *NeuroImage, 32*(2), 930–939.

Shin, L. M., Rauch, S., & Pitman, R. K. (2006). Amygdala, medial prefrontal cortex, and hippocampal function in PTSD. *Annals of the New York Academy of Sciences, 1071*, 67–79.

Shinbrot, T., Grebogi, C., Ott, E., & Yorke, J. A. (1993). Using small perturbations to control chaos. *Nature, 363*, 411–417.

Shing, Y. L., Brehmer, Y., Heekeren, H. R., Bäckman, L., & Lindenberger, U. (2016). Neural activation patterns of successful episodic encoding: Reorganization during childhood, maintenance in old age. *De-*

velopmental Cognitive Neuroscience, 20, 59–69.*

Shmueli-Goetz, Y., Target, M., Fonagy, P., & Datta, A. (2008). The Child Attachment Interview: A psychometric study of reliability and discriminant validity. *Developmental Psychology, 44*(4), 939–956.

Shoda, Y., Mischel, W., & Peake, P. K. (1990). Predicting adolescent cognitive and self-regulatory competencies from preschool delay of gratification: Identifying diagnostic conditions. *Developmental Psychology, 26*(6), 978–986.

Shonin, E., Van Gordon, W., Compare, A., Zangeneh, M., & Griffiths, M. D. (2015). Buddhist-derived loving-kindness and compassion meditation for the treatment of psychopathology: A systematic review. *Mindfulness, 6*(5), 1161–1180.

Showers, C. J., & Zeigler-Hill, V. (2007). Compartmentalization and integration: The evaluative organization of contextualized selves. *Journal of Personality, 75*(6), 1181–1204.

Shulman, G. L. L., Pope, D. L. W., Astafiev, S. V., McAvoy, M. P., Snyder, A. Z., & Corbetta, M. (2010). Right hemisphere dominance during spatial selective attention and target detection occurs outside the dorsal frontoparietal network. *Journal of Neuroscience, 30*(10), 3640–3651.

Shulman, R. G. (2001). Functional imaging studies: Linking mind and basic neuroscience. *American Journal of Psychiatry, 158*, 11–20.

Shutts, K., Roben, C. K. P., & Spelke, E. S. (2013). Children's use of social categories in thinking about people and social relationships. *Journal of Cognition and Development, 14*, 35–62.

Siderits, M., Thompson, E., & Zahavi, D. (2011). *Self, no self? Perspectives from analytical, phenomenological, and Indian traditions.* Oxford, UK: Oxford University Press.

Siegel, D. J. (1995a). Memory, trauma, and psychotherapy: A cognitive science view. *Journal of Psychotherapy Practice and Research, 4*(2), 93–122.

Siegel, D. J. (1995b). Perception and cognition. In B. Kaplan & W. Sadock (Eds.), *Comprehensive textbook of psychiatry* (6th ed., pp. 277–291). New York: Williams and Wilkins.

Siegel, D. J. (1996a). Cognition, memory, and dissociation. *Child and Adolescent Psychiatric Clinics of North America, 5*, 509–536.

Siegel, D. J. (1996b). Dissociation, psychotherapy, and the cognitive sciences. In J. Spira (Ed.), *Treating dissociative identity disorder* (pp. 39–79). San Francisco: Jossey-Bass.

Siegel, D. J. (2001a). Toward an interpersonal neurobiology of the developing mind: Attachment relationships, mindsight, and neural integration. *Infant Mental Health Journal, 22*(1–2), 67–94.

Siegel, D. J. (2001b). Memory: An overview, with emphasis on developmental, interpersonal, and neurobiological aspects. *Journal of the American Academy of Child and Adolescent Psychiatry, 40*(9), 997–1011.

Siegel, D. J. (2004). Attachment and self-understanding: Parenting with the brain in mind. *Journal of Prenatal and Perinatal Psychology and Health, 18*(4), 273–285.

Siegel, D. J. (2006). An interpersonal neurobiology approach to psychotherapy: How awareness, mirror neurons, and neural plasticity contribute to the development of well-being. *Psychiatric Annals, 36*(4), 248–258.

Siegel, D. J. (2007a). *The mindful brain: Reflection and attunement in the cultivation of well-being.* New York: Norton.

Siegel, D. J. (2007b). Mindfulness training and neural integration. *Social Cognitive and Affective Neuroscience, 2*(4), 259–263.

Siegel, D. J. (2009a). Emotion as integration: A possible answer to the question, What is emotion? In D. Fosha, D. J. Siegel, & M. F. Solomon (Eds.), *The healing power of emotion: Affective neuroscience, development, and clinical practice* (pp. 145–171). New York: Norton.

Siegel, D. J. (2009b). Mindful awareness, mindsight, and neural integration. *Journal of the Humanistic Psychologist, 37*(2), 137–158.

Siegel, D. J. (2010a). *Mindsight: The new science of personal transformation.* New York: Bantam/Random House.

Siegel, D. J. (2010b). *The mindful therapist: A clinician's guide to mindsight and neural integration.* New York: Norton.

Siegel, D. J. (2012). *Pocket guide to interper-*

sonal neurobiology: An integrative handbook of the mind. New York: Norton.

Siegel, D. J. (2013). *Brainstorm: The power and purpose of the teenage brain.* New York: Tarcher Penguin Random House.

Siegel, D. J. (2017). *Mind: A journey to the heart of being human.* New York: Norton.

Siegel, D. J. (2018). *Aware: The science and practice of presence.* New York: TarcherPerigee/Penguin Random House.

Siegel, D. J. (2019). The mind in psychotherapy: An interpersonal neurobiology framework for understanding and cultivating mental health. *Psychology and Psychotherapy: Theory, Research and Practice, 92I*(2), 224–237.

Siegel, D. J. (2020). *IntraConnected: MWe and the integration of belonging and identity.* New York: Norton.

Siegel, D. J., & Bryson, T. P. (2011). *The whole-brain child: Twelve revolutionary strategies to nurture your child's developing mind.* New York: Random House.

Siegel, D. J., & Bryson, T. P. (2018). *The yes brain: How to cultivate courage, curiosity, and resilience in your child.* New York: Ballantine Penguin Random House.

Siegel, D. J., & Bryson, T. P. (2020). *The power of showing up: How parental presence shapes who our kids become and how their brains get wired.* New York: Ballantine Penguin Random House.

Siegel, D. J., & Hartzell, M. (2003). *Parenting from the inside out: How a deeper self-understanding can help you raise children who thrive.* New York: Tarcher.

Siegel, D. J., & Hartzell, M. (2014). *Parenting from the inside out: How a deeper self-understanding can help you raise children who thrive* (updated ed.). New York: Tarcher/Penguin.

Siegel, D. J., & Pearce-McCall, D. (2009). Mindsight at work: An interpersonal neurobiology lens on leadership. *NeuroLeadership Journal, 2*, 23–34.

Siegel, D. J., & Siegel, M. W. (2020). Brain, mind and behavior. In M. Stuber & D. Wedding (Eds.), *Behavior and Medicine* (ch. 1, pp. 20–34). Gottingen, Germany: Hogrefe.

Siegel, D. J., Siegel, M. W., & Shah, A. V. (2020). Memory, emotions and mirror neurons. In M. Stuber & D. Wedding (Eds.), *Behavior and Medicine* (ch. 2, pp. 20–34). Gottingen, Germany: Hogrefe.

Siegel, J. M. (2001). The REM sleep–memory consolidation hypothesis. *Science, 294*(5544), 1058–1063.

Siegelman, N., & Frost, R. (2015). Statistical learning as an individual ability: Theoretical perspectives and empirical evidence. *Journal of Memory and Language, 81*, 105–120.

Sigman, M., & Siegel, D. J. (1992). The interface between the psychobiological and cognitive models of attachment. *Behavioral and Brain Sciences, 15*, 523.

Silberman, D. M., Acosta, G. B., & Zubilete, M. A. Z. (2016). Long-term effects of early life stress exposure: Role of epigenetic mechanisms. *Pharmacological Research, 109*, 64–73.

Sim, T.-C., & Martinez, C. (2005). Emotion words are remembered better in the left ear. *Laterality, 10*(2), 149–159.

Simeon, D., Knutelska, M., Yehuda, R., Putnam, F., Schmeidler, J., & Smith, L. M. (2006). Hypothalamic–pituitary–adrenal axis function in dissociative disorders, post-traumatic stress disorder, and healthy volunteers. *Biological Psychiatry, 61*(8), 966–973.

Simon, D., Adler, N., Kaufmann, C., & Kathmann, N. (2014). Amygdala hyperactivation during symptom provocation in obsessive–compulsive disorder and its modulation by distraction. *NeuroImage: Clinical, 4*, 549–557.

Simon, D., Kaufmann, C., Müsch, K., Kischkel, E., & Kathmann, N. (2010). Fronto–striato–limbic hyperactivation in obsessive–compulsive disorder during individually tailored symptom provocation. *Psychophysiology, 47*(4), 728–738.

Simpson, E. A., Coudé, G., Grigaityte, K., Iacoboni, M., & Ferrari, P. F. (2014). Empathy: Gender effects in brain and behavior. *Neuroscience and Biobehavioral Reviews, 46*, 604–627.

Simpson, J. A., & Belsky, J. (2008). Attachment theory within a modern evolutionary framework. In J. Cassidy & P. R. Shaver (Eds.), *Handbook of attachment: Theory, research, and clinical applications* (2nd ed., pp. 131–157). New York: Guilford Press.

Simpson, J. A., Griskevicius, V., Kuo, S. I., Sung, S., & Collins, W. A. (2012). Evolution, stress, and sensitive periods: The influence of unpredictability in early versus late childhood on sex and risky behavior. *Developmental Psychology, 48*(3), 674.

Singer, T., & Enger, V. (2019). It matters what you practice: Differential training effects on subjective experience, behavior, brain and body in the ReSource Project. *Current Opinion in Psychology, 28*, 151–158.

Singer, T., & Lamm, C. (2009). The social neuroscience of empathy. *Annals of the New York Academy of Sciences, 1156*, 81–96.

Singer, W. (2013). Cortical dynamics revisited. *Trends in Cognitive Sciences, 17*, 616–626.

Sinnet, S., Synder, J. J., & Kingstone, A. (2009). Role of the lateral prefrontal cortex in visual object-based selective attention. *Experimental Brain Research, 194*(2), 191–196.

Slade, A. (2016). Attachment and adult psychotherapy: Theory, research, and practice. In J. Cassidy & P. R. Shaver (Eds.), *Handbook of attachment: Theory, research, and clinical applications* (3rd ed., pp. 759–779). New York: Guilford Press.

Slade, A., Grienenberger, J., Bernbach, E., Levy, D., & Locker, A. (2005). Maternal reflective functioning, attachment, and the transmission gap: A preliminary study. *Attachment and Human Development, 7*(3), 283–298.

Slingerland, E., & Collard, M. (Eds.). (2011). *Consilience: Integrating the sciences and humanities*. New York: Oxford University Press.

Slotnick, S. D., & Moo, L. R. (2006). Prefrontal cortex hemispheric specialization for categorical and coordinate visual spatial memory. *Neuropsychologia, 44*(9), 1560–1568.

Smith, J. D., Woodhouse, S. S., Clark, C. A. C., & Skowron, E. A. (2016). Attachment status and mother–preschooler parasympathetic response to the Strange Situation procedure. *Biological Psychology, 114*, 39–48.

Smith, S. D., & Bulman-Fleming, M. B. (2004). A hemispheric asymmetry for the unconscious perception of emotion. *Brain and Cognition, 55*(3), 452–457.

Smith, S. D., & Bulman-Fleming, M. B. (2005). An examination of the right-hemisphere hypothesis of the lateralization of emotion. *Brain and Cognition, 57*(2), 210–213.

Smith, S. D., & Bulman-Fleming, M. B. (2006). Hemispheric asymmetries for the conscious and unconscious perception of emotional words. *Laterality: Asymmetries of Body, Brain, and Cognition, 11*(4), 304–330.

Smith, S. M., Nichols, T., Vidaurre, D., Winkler, A., Behrens, T., Glasser, M., et al. (2015). A positive–negative mode of population co-variation links brain connectivity, demographics, and behavior. *Nature Neuroscience, 18*(11), 1567–1571.

Snyder, R., Shapiro, S., & Treleaven, D. (2012). Attachment theory and mindfulness. *Journal of Child and Family Studies, 21*(5), 709–717.

Sodian, B. (2011). Theory of mind in infancy. *Child Development Perspectives, 5*(1), 39–43.

Sodian, B., & Frith, U. (2008). Metacognition, theory of mind, and self-control: The relevance of high-level cognitive processes in development, neuroscience, and education. *Mind, Brain, and Education, 2*(3), 111–113.

Soe, N. N., Wen, D. J., Poh, J. S., Li, Y., Broekman, B. F. P., Chen, H., et al. (2016). Pre- and post-natal maternal depressive symptoms in relation with infant frontal function, connectivity, and behaviors. *PLoS One, 11*(4), e0152991.

Sohur, U. S., Emsley, J. G., Mitchell, B. D., & Macklis, J. D. (2006). Adult neurogenesis and cellular brain repair with neural progenitors, precursors and stem cells. *Philosophical Transactions of the Royal Society: Series B, Biological Sciences, 361*(1473), 1477–1497.

Sokolowski, K., & Corbin, J. G. (2012). Wired for behaviors: From development to function of innate limbic system circuitry. *Frontiers in Molecular Neuroscience, 5*, 55.

Solomon, J., Duschinsky, R., Bakkum, L., & Schuengel, C. (2017). Toward an architecture of attachment disorganization: John Bowlby's published and unpublished reflections. *Clinical Child Psychology and Psychiatry, 22*(4), 539–560.

Solomon, J., & George, C. (2008). The measurement of attachment security and related constructs in infancy and early childhood. In J. Cassidy & P. R. Shaver (Eds.),

Handbook of attachment: Theory, research, and clinical applications (2nd ed., pp. 383–418). New York: Guilford Press.

Solomon, J., & George, C. (2016). The measurement of attachment security and related constructs in infancy and early childhood. In J. Cassidy & P. R. Shaver (Eds.), *Handbook of attachment: Theory, research, and clinical applications* (3rd ed., pp. 366–398). New York: Guilford Press.

Solomon, M. F., & Siegel, D. J. (Eds.). (2003). *Healing trauma: Attachment, mind, body, and brain.* New York: Norton.

Someya, T., Uehara, T., Kadowaki, M., Tang, S. W., & Takahashi, S. (2000). Effects of gender difference and birth order on perceived parenting styles, measured by the EMBU scale, in Japanese two-sibling subjects. *Psychiatry and Clinical Neurosciences, 54*(1), 77–81.

Sommer, I. E. C. E., Aleman, A., Bouma, A., & Kahn, R. S. (2004). Do women really have more bilateral language representation than men?: A meta-analysis of functional imaging studies. *Brain, 127*(8), 1845–1852.

Song, H. J., Baillargeon, R., & Fisher, C. (2014). The development of infants' use of novel verbal information when reasoning about others' actions. *PLoS One, 9*(3), e92387.

Soto, J. A., Levenson, R. W., & Ebling, R. (2005). Cultures of moderation and expression: Emotional experience, behavior, and physiology in Chinese Americans and Mexican Americans. *Emotion, 5*(2), 154–165.

Southwick, S. M., Bonanno, G. A., Masten, A. S., Panter-Brick, C., & Yehuda, R. (2014). Resilience definitions, theory, and challenges: Interdisciplinary perspectives. *European Journal of Psychotraumatology, 5*(1), 25338.

Sowder, K. L., Knight, L. A., & Fishalow, J. (2018). Trauma exposure and health: A review of outcomes and pathways. *Journal of Aggression, Maltreatment, and Trauma, 27*(10), 1–19.

Sowell, E. A. (2011, January 13). *Imaging the developing human brain.* Paper presented at the UCLA Center for Culture, Brain, and Development winter seminar, University of California, Los Angeles.

Spaniola, J., Davidson, P. S., Kim, A. S., Han, H., Moscovitch, M., & Grady, C. L. (2009). Event-related fMRI studies of episodic encoding and retrieval: Meta-analyses using activation likelihood estimation. *Neuropsychologia, 47*(8–9), 1765–1779.

Spencer, P. E. E. (2004). Individual differences in language performance after cochlear implantation at one to three years of age: Child, family, and linguistic factors. *Journal of Deaf Studies and Deaf Education, 9*(4), 395–412.

Spere, K. A., Schmidt, L. A., Riniolo, T. C., & Fox, N. A. (2005). Is a lack of cerebral hemisphere dominance a risk factor for social "conflictedness"?: Mixed-handedness in shyness and sociability. *Personality and Individual Differences, 39*(2), 271–281.

Sporns, O. (2010). Brain networks and embodiment. In B. Mesquita, L. F. Barrett, & E. R. Smith (Eds.), *The mind in context* (pp. 42–64). New York: Guilford Press.

Sporns, O., Chialvo, D. R., Kaiser, M., & Hilgetag, C. C. (2004). Organization, development and function of complex brain networks. *Trends in Cognitive Sciences, 8*(9), 418–425.

Sporns, O., & Tononi, G. (2007). Structural determinants of functional brain dynamics. In V. K. Jirsa & A. R. McIntosh (Eds.), *Handbook of brain connectivity: Understanding complex systems* (pp. 117–148). New York: Springer.

Sporns, O., Tononi, G., & Edelman, G. M. (2000). Connectivity and complexity: The relationship between neuroanatomy and brain dynamics. *Neural Networks, 13*(8–9), 909–922.

Spreng, R. N., Mar, R. A., & Kim, A. S. N. (2009). The common neural basis of autobiographical memory, prospection, navigation, theory of mind and the default mode: A quantitative meta-analysis. *Journal of Cognitive Neuroscience, 21*, 489–510.

Springer, S. P., & Deutsch, G. (1993). *Left brain, right brain* (4th ed.). New York: Freeman.

Squire, L. R. (2004). Memory systems of the brain: A brief history and current perspective. *Neurobiology of Learning and Memory, 82*(3), 171–177.

Squire, L. R., Rolls, E. T., Johnson, M. K., & Buckner, R. L. (2007). Memory systems. In H. Roediger, Y. Dudai, & S. Fitzpatrick (Eds.), *Science of memory* (pp. 337–365).

New York: Oxford Scholarship Online Monographs.

Sriganesh, R., & Ponniah, R. J. (2018). Genetics of language and its implications on language interventions. *Journal of Genetics, 97*, 1485–1491.

Sripada, R. K., King, A. P., Welsh, R. C., Garfinkel, S. N., Wang, X., Sripada, C. S., et al. (2012). Neural dysregulation in posttraumatic stress disorder: Evidence for disrupted equilibrium between salience and default mode brain networks. *Psychosomatic Medicine, 74*(9), 904–911.

Sroufe, A., & Siegel, D. J. (2011, March–April). The verdict is in: The case for attachment theory. Retrieved from *www.psychotherapynetworker.org/magazine/recentissues/1271=the=verdict=is=in*.

Sroufe, L. A. (1996). *Emotional development: The organization of emotional life in the early years*. New York: Cambridge University Press.

Sroufe, L. A. (2016). The place of attachment in development. In J. Cassidy & P. R. Shaver (Eds.), *Handbook of attachment: Theory, research, and clinical applications* (3rd ed., pp. 997–1011). New York: Guilford Press.

Sroufe, L. A., Coffino, B., & Carlson, E. A. (2010). Conceptualizing the role of early experience: Lessons from the Minnesota Longitudinal Study. *Developmental Review, 30*(1), 36–51.

Sroufe, L. A., Egeland, B., Carlson, E., & Collins, A. (2005). *The development of the person: The Minnesota Study of Risk and Adaptation from Birth to Adulthood*. New York: Guilford Press.

Stacks, A. M., Muzik, M., Wong, K., Beeghly, M., Huth-Bocks, A., Irwin, J. L., Rosenblum, K. L. (2014). Maternal reflective functioning among mothers with childhood maltreatment histories: Links to sensitive parenting and infant attachment security. *Attachment and Human Development, 16*(5), 515–533.

Stam, C. J., & van Straaten, E. C. W. (2012). The organization of physiological brain networks. *Clinical Neurophysiology, 123*(6), 1–21.

Stanislawa, L. (2000). Characteristics of attachment behavior in institution-reared children. In P. M. Crittenden & A. H. Claussen (Eds.), *The organization of attachment relationships: Maturation, culture, and context* (pp. 141–170). New York: Cambridge University Press.

Stanley, E. (2019). *Widen the window: Training your body and brain to thrive during stress and recover from trauma*. New York: Avery.

Stanzione, C., & Schick, B. (2014). Environmental language factors in theory of mind development: Evidence from children who are deaf/hard-of-hearing or who have specific language impairment. *Topics in Language Disorders, 34*(4), 296–312.

Stark, D. E. E., Margulies, D. S., Shehzad, Z. E., Reiss, P., Kelly, A. M. C., Uddin, L. Q., et al. (2008). Regional variation in interhemispheric coordination of intrinsic hemodynamic fluctuations. *Journal of Neuroscience, 28*(51), 13754–13764.

Starmans, C. (2017). Children's theories of the self. *Child Development, 88*(6), 1774–1785.

Starmans, C., & Bloom, P. (2011). What do you think you are? *Annals of the New York Academy of Sciences, 1234*(1), 44–47.

Steele, H., & Steele, M. (Eds.). (2008). *Clinical applications of the Adult Attachment Interview*. New York: Guilford Press.

Steele, K., Boon, S., & van der Hart, O. (2017). *Treating trauma-related dissociation: A practical integrative approach*. New York: Norton.

Steele, M., Hodges, J., Kanuk, J., Hillman, S., & Henderson, K. (2003). Attachment representations and adoption: Associations between maternal states of mind and emotional narratives in previously maltreated children. *Journal of Child Psychotherapy, 29*(2), 187–205.

Steele, M., Hodges, J., Kanuk, J., Steele, H., Hillman, S., & Asquith, K. (2008). Forecasting outcomes in previously maltreated children: The use of the AAI in a longitudinal adoption study. In H. Steele & M. Steele (Eds.), *Clinical applications of the Adult Attachment Interview* (pp. 426–451). New York: Guilford Press.

Steenkamp, L., Weijers, J., Gerrmann, J., Eurelings-Bontekoe, E., & Selten, J. P. (2019). The relationship between childhood abuse and severity of psychosis is mediated by loneliness: an experience sampling study. *Schizophrenia Research, 10*, 1016.

Steinvorth, S., Corkin, S., & Halgren, E. (2005). Ecphory of autobiographical memories: An fMRI study of recent and remote memory retrieval. *NeuroImage, 30*(1), 285–298.

Stellar, J. E., Gordon, A., Anderson, C. L., Piff, P. K., McNeil, G. D., Keltner, D. (2018). Awe and humility. *Journal of Personality and Social Psychology, 114*(2) 258–269.

Stellar, J. E., Gordon, A. M., Piff, P. K., Cordaro, D., Anderson, C. L., Bai, Y., Maruskin, L. A., & Keltner, D. (2017). Self-transcendent emotions and their social functions: Compassion, gratitude, and awe bind us to others through prosociality. *Emotion Review, 9*, 200–207.

Stemmler, G. (2003). Methodological considerations in the psychophysiological study of emotion. In R. J. Davidson, K. R. Scherer, & H. H. Goldsmith (Eds.), *Handbook of affective sciences* (pp. 225–255). New York: Oxford University Press.

Stephan, K. A., Marshall, J. C., Penny, W. D., Friston, K. J., & Fink, G. R. (2007). Interhemispheric integration of visual processing during task-driven lateralization. *Journal of Neuroscience, 27*(13), 3512–3522.

Stern, D. N. (2017). *The interpersonal world of the infant: A view from psychoanalysis and developmental psychology*. New York: Basic Books. (Original work published 1985).

Sterpenich, V., Albouy, G., Darsaud, A., Schmidt, C., Vandewalle, G., Vu, T. T. D., et al. (2009). Sleep promotes the neural reorganization of remote emotional memory. *Journal of Neuroscience, 29*(16), 5143–5152.

Stevenson, J. C., Emerson, L., & Millings, A. (2017). The relationship between adult attachment orientation and mindfulness: A systematic review and meta-analysis. *Mindfulness, 8*, 1438–1455.

Stickgold, R., & Walker, M. P. (2007). Sleep-dependent memory consolidation and reconsolidation. *Sleep Medicine, 8*(4), 331–343.

Stiller, J., & Dunbar, R. I. M. (2007). Perspective-taking and memory capacity predict social network size. *Social Networks, 29*, 93–104.

Stoller, R. J. (1985). *Observing the erotic imagination*. New Haven, CT: Yale University Press.

Stoltenborgh, M., Bakermans-Kranenburg, M. J., Alink, L. R., & IJzendoorn, M. H. (2014). The prevalence of child maltreatment across the globe: Review of a series of meta-analyses. *Child Abuse Review, 24*(1), 37–50.

Stoltenborgh, M., van IJzendoorn, M. H., Euser, E. M., & Bakermans-Kranenburg, M. J. (2011). A global perspective on child sexual abuse: Meta-analysis of prevalence around the world. *Child Maltreatment, 16*(2), 79–101.

Stoner, R., Chow, M. L., Boyle, M. P., Sunkin, S. M., Mouton, P. R., Roy, S., et al. (2014). Patches of disorganization in the neocortex of children with autism. *New England Journal of Medicine, 370*(13), 1209–1219.

Storm, B., Bjork, E., & Bjork, R. (2005). Social metacognitive judgments: The role of retrieval-induced forgetting in person memory and impressions. *Journal of Memory and Language, 52*(4), 535–550.

Stovall-McClough, K. C., & Dozier, M. (2004). Forming attachments in foster care: Infant attachment behaviors during the first 2 months of placement. *Development and Psychopathology, 16*, 253–271.

Stovall-McClough, K. C., & Dozier, M. (2016). Attachment states of mind and psychopathology in adulthood. In J. Cassidy & P. R. Shaver (Eds.), *Handbook of attachment: Theory, research, and clinical applications* (3rd ed., pp. 715–738). New York: Guilford Press.

Strakowski, S. M., Adler, C. M., Almeida, J., Altshuler, L. L., Blumberg, H. P., Chang, K. D., et al. (2012). The functional neuroanatomy of bipolar disorder: A consensus model. *Bipolar Disorders, 14*(4), 313–325.

Strathearn, L. (2011). Maternal neglect: Oxytocin, dopamine, and the neurobiology of attachment. *Journal of Neuroendocrinology, 23*(11), 1054–1065.

Strathearn, L., Fonagy, P., Amico, J., & Montague, P. R. (2009). Adult attachment predicts maternal brain and oxytocin response to infant cues. *Neuropsychopharmacology, 34*, 2655–2666.

Straube, B., Green, A., Sass, K., Kirner-Veselinovic, A., & Kircher, T. (2013). Neural integration of speech and gesture in schizophrenia: Evidence for differential processing of metaphoric gestures. *Human Brain Mapping, 34*(7), 1696–1712.

Strayer, J., & Roberts, W. (2004). Children's anger, emotional expressiveness, and empathy: Relations with parents' empathy, emotional expressiveness, and parenting practices. *Social Development, 13*(2), 229–254.

Stroganova, T. A., Pushina, N. P., Orekhova, E. V., Posikera, I. N., & Tsetlin, M. M. (2004). Functional brain asymmetry and individual differences in hand preference in early ontogeny. *Human Physiology, 30*(1), 14–23.

Stronach, E. P., Toth, S. L., Rogosch, F., & Cicchetti, D. (2013). Preventive interventions and sustained attachment security in maltreated children. *Development and Psychopathology, 25*(4, Pt. 1), 919–930.

Stronach, E. P., Toth, S. L., Rogosch, F., Oshri, A., Manly, J. T., & Cicchetti, D. (2011). Child maltreatment, attachment security, and internal representations of mother and mother–child relationships. *Child Maltreatment, 16*(2), 137–145.

Su, J. C., Lee, R. M., & Oishi, S. (2012). The role of culture and self-construal in the link between expressive suppression and depressive symptoms. *Journal of Cross-Cultural Psychology, 44*, 316–331.

Sulis, W. H., & Trofimova, I. N. (Eds.). (2001). *Nonlinear dynamics in the life and social sciences*. Burke, VA: IOS Press.

Supekar, K., Uddin, L. Q., Prater, K., Amin, H., Greicius, M. D., & Menon, V. (2010). Development of functional and structural connectivity within the default mode network in young children. *NeuroImage, 52*, 290–301.

Surguladze, S., Young, A., Senior, C., Brébion, G., Travis, M., & Phillips, M. (2004). Recognition accuracy and response bias to happy and sad facial expressions in patients with major depression. *Neuropsychology, 18*(2), 212–218.

Sutcliffe, A., Dunbar, R., Binder, J., & Arrow, H. (2011). Relationships and the social brain: Integrating psychological and evolutionary perspectives. *British Journal of Psychology, 103*, 149–168.

Sutton, J. (2006). Introduction: Memory, embodied cognition, and the extended mind. *Philosophical Psychology, 19*(3), 281–289.

Sutton, J. (2010). Observer perspective and acentred memory: Some puzzles about point of view in personal memory. *Philosophical Studies, 148*(1), 27–37.

Suveg, C., Jacob, M. L., & Payne, M. (2010). Parental interpersonal sensitivity and youth social problems: A mediational role for child emotion dysregulation. *Journal of Child and Family Studies, 19*(6), 677–686.

Svob, C., Brown, N. R., Takšić, V., Katulić, K., & Žauhar, V. (2016). Intergenerational transmission of historical memories and social-distance attitudes in post-war second-generation Croatians. *Memory and Cognition, 44*(6), 846–855.

Svoboda, E., McKinnon, M., & Levine, B. (2006). The functional neuroanatomy of autobiographical memory: A meta-analysis. *Neuropsychologia, 44*(12), 2189–2208.

Swain, J., Kim, P., Spicer, J., Ho, S., Dayton, C., Elmadih, A., et al. (2014). Approaching the biology of human parental attachment: Brain imaging, oxytocin and coordinated assessments of mothers and fathers. *Brain Research, 1580*, 78–101.

Swain, J. E., Lorberbaum, J. P., Kose, S., & Strathearn, L. (2007). Brain basis of early parent–infant interactions: Psychology, physiology, and *in vivo* functional neuroimaging studies. *Journal of Child Psychology and Psychiatry, 48*(3–4), 262–287.

Sweatt, J. D. (2004). Mitogen-activated protein kinases in synaptic plasticity and memory. *Current Opinion in Neurobiology, 14*(3), 311–317.

Sweatt, J. D. (2009). Experience-dependent epigenetic modifications in the central nervous system. *Biological Psychiatry, 65*(3), 191–197.

Sznycer, D., Takemura, K., Delton, A. W., Sato, K., Robertson, T., Cosmides, L., et al. (2012). Cross-cultural differences and similarities in proneness to shame: An adaptationist and ecological approach. *Evolutionary Psychology, 10*(2), 352–370.

Szu-Han, W., & Morris, R. G. M. (2010). Hippocampal–neocortical interactions in memory formation, consolidation, and reconsolidation. *Annual Review of Psychology, 61*(1), 49–79.

Szyf, M. (2015). Nongenetic inheritance and transgenerational epigenetics. *Trends in Molecular Medicine, 21*, 134–144.

Szyf, M., McGowan, P. O., Turecki, G., & Meaney, M. J. (2010). The social environment and the epigenome. In C. M. Worthman, P. M. Plotsky, D. S. Schechter, & C. A. Cummings (Eds.), *Formative experiences: The interaction of caregiving, culture, and developmental psychobiology* (pp. 53–81). New York: Cambridge University Press.

Taillieu, T., (2016). Examining the relationship between childhood emotional abuse and neglect and mental disorders: Results from a nationally representative adult sample from the United States. *PsycEXTRA Dataset, 59*, 1–12.

Talbot, N. L., Chapman, B., Yeates, C., McCollumn, K., Franus, N., Cotescu, S., et al. (2009). Childhood sexual abuse is associated with physical illness burden and functioning in psychiatric patients 50 years of age and older. *Psychosomatic Medicine, 71*(4), 417–422.

Talebkhah, K. S., & Cook-Cottone, C. (2020). Yoga for the prevention of eating disorders. In C. Maykel & M. A. Bray (Eds.), *Applying psychology in the schools. Promoting mind-body health in schools: Interventions for mental health professionals* (pp. 301–316). Washington, DC: American Psychological Association.

Tamariz, M., & Kirby, S. (2016). The cultural evolution of language. *Current Opinion in Psychology, 8*, 37–43.

Tang, A. C. (2003). A hippocampal theory of cerebral lateralization. In K. Hugdahl & R. J. Davidson (Eds.), *The asymmetrical brain* (pp. 37–68). Cambridge, MA: MIT Press.

Tang, H., Li, H., & Yan, R. (2010). Memory dynamics in attractor networks with saliency weights. *Neural Computation, 22*(7), 1899–1926.

Tang, Y. Y. (2017). Traits and states in mindfulness meditation. In *The neuroscience of mindfulness meditation* (pp. 29–34). Cham, Switzerland: Palgrave Macmillan

Tang, Y. Y., Hölzel, B. K., & Posner, M. I. (2015). The neuroscience of mindfulness meditation. *Nature Reviews Neuroscience, 16*(4), 213–225.

Tangney, J. P., & Dearing, R. L. (2002). *Shame and guilt*. New York: Guilford Press.

Tanji, J., & Hoshi, E. (2008). Role of the lateral prefrontal cortex in executive behavioral control. *Physiological Reviews, 88*(1), 37–57.

Tapiero, I., & Fillon, V. (2007). Hemispheric asymmetry in the processing of negative and positive emotional inferences. In F. Schmalhofer & C. A. Perfetti (Eds.), *Higher level language processes in the brain: Inference and comprehension processes* (pp. 355–377). Mahwah, NJ: Erlbaum.

Tarcijonas, G., Foran, W., Haas, G. L., Luna, B., & Sarpal, D. K. (2019). Intrinsic connectivity of the globus pallidus: An uncharted marker of functional prognosis in people with first-episode schizophrenia. *Schizophrenia Bulletin, sbz034, https://doi.org/10.1093/schbul/sbz034*.

Tatnell, R., Hasking, P., Newman, L., Taffe, J., & Martin, G. (2016). Attachment, emotion regulation, childhood abuse and assault: Examining predictors of NSSI among adolescents. *Archives of Suicide Research, 21*(4), 610–620.

Taylor, P. C. J., Nobre, A. C., & Rushworth, M. F. S. (2007). Subsecond changes in top-down control exerted by human medial frontal cortex during conflict and action selection: A combined transcranial magnetic stimulation–electroencephalography study. *Journal of Neuroscience, 27*(42), 11343–11353.

Taylor, P., Rietzschel, J., Danquah, A., & Berry, K. (2015). Changes in attachment representations during psychological therapy. *Psychotherapy Research, 25*(2), 222–238.

Taylor, S. E., Klein, L. C., Lewis, B. P., Gruenewald, T. L., Gurung, R. A. R., & Updegraff, J. A. (2000). Biobehavioral responses to stress in females: Tend-and-befriend, not fight-or-flight. *Psychological Review, 107*(3), 411–429.

Taylor, S. E., Klein, L. C., Lewis, B. P., Gruenewald, T. L., Gurung, R. A. R., & Updegraff, J. A. (2002). Sex differences in biobehavioral responses to threat: Reply to Geary and Flinn (2002). *Psychological Review, 109*(4), 751–753.

Taylor, T. F. (2015). The influence of shame on posttrauma disorders: Have we failed to see the obvious? *European Journal of Psychotraumatology, 6*(1), 28847.

Tedeschi, R. G., & Calhoun, L. G. (2004). Posttraumatic growth: Conceptual foundations and empirical evidence. *Psychological Inquiry, 15*(1), 1–18.

Teicher, M. H. (2000). Wounds that time won't heal: The neurobiology of child abuse. *Cerebrum, 4*(2), 50–67.

Teicher, M. H. (2002, March). Scars that won't heal: The neurobiology of child abuse. *Scientific American*, pp. 54–61.

Teicher, M. H. (2007). Essay: The role of experience in brain development: Adverse effects of childhood maltreatment. In K. W. Fischer, J. H. Bernstein, & M. H. Immordino-Yang (Eds.), *Mind, brain, and education in reading disorders* (pp. 176–177). Cambridge, UK: Cambridge University Press.

Teicher, M. H. (2010). Commentary: Childhood abuse: New insights into its association with posttraumatic stress, suicidal ideation, and aggression. *Journal of Pediatric Psychology, 35*(5), 578–580.

Teicher, M. H., & Andersen, S. L. (2009). Delayed effects of early stress on hippocampal development. *Journal of Child and Adolescent Psychopharmacology, 13*(1), 41–51.

Teicher, M. H., Andersen, S. L., Polcari, A., Anderson, C. M., & Navalta, C. P. (2002). Developmental neurobiology of childhood stress and trauma. *Psychiatric Clinics of North America, 25*, 397–426.

Teicher, M. H., Andersen, S. L., Polcari, A., Anderson, C. M., Navalta, C. P., & Kim, D. M. (2003). The neurobiological consequences of early stress and childhood maltreatment. *Neuroscience and Biobehavioral Reviews, 27*(1–2), 33–44.

Teicher, M. H., Anderson, C. M., Ohashi, K., & Polcari, A. (2014). Childhood maltreatment: Altered network centrality of cingulate, precuneus, temporal pole and insula. *Biological Psychiatry, 76*(4), 297–305.

Teicher, M. H., Anderson, C. M., & Polcari, A. (2012). Childhood maltreatment is associated with reduced volume in the hippocampal subfields CA3, dentate gyrus, and subiculum. *Proceedings of the National Academy of Sciences of the USA, 109*(9), E562–E572.

Teicher, M. H., Dumont, N. L., Ito, Y., Vaituzis, C., Giedd, J. N., & Andersen, S. L. (2004). Childhood neglect is associated with reduced corpus callosum area. *Biological Psychiatry, 56*(2), 80–85.

Teicher, M. H., Ohashi, K., & Khan, A. (2020). Additional insights into the relationship between brain network architecture and susceptibility and resilience to the psychiatric sequalae of childhood maltreatment. *Adversity and Resilience Science. https://doi.org/10.1007/s42844-020-00002-w*

Teicher, M. H., & Samson, J. A. (2013). Childhood maltreatment and psychopathology: A case for ecophenotypic variants as clinically and neurobiologically distinct subtypes. *American Journal of Psychiatry, 170*(10), 1114–1133.

Teicher, M. H., & Samson, J. A. (2016). Annual research review: Enduring neurobiological effects of childhood abuse and neglect. *Journal of Child Psychology and Psychiatry, 57*(3), 241–266.

Teicher, M. H., Samson, J. A., Anderson, C. M., & Ohashi, K. (2016). The effects of childhood maltreatment on brain structure, function and connectivity. *Nature Reviews Neuroscience, 17*(10), 652–666.

Teicher, M. H., Samson, J. A., Polcari, A., & Andersen, S. L. (2009). Length of time between onset of childhood sexual abuse and emergence of depression in a young adult sample: A retrospective clinical report. *Journal of Clinical Psychiatry, 70*(5), 684–691.

Teicher, M. H., Samson, J. A., Sheu, Y., Polcari, A., & McGreenery, C. E. (2010). Hurtful words: Association of exposure to peer verbal abuse with elevated psychiatric symptom scores and corpus callosum abnormalities. *American Journal of Psychiatry, 167*, 1464–1471.

Teicher, M. H., Tomoda, A., & Andersen, S. L. (2006). Neurobiological consequences of early stress and childhood maltreatment: Are results from human and animal studies comparable? *Annals of the New York Academy of Sciences, 1071*, 313–323.

Teilhard de Chardin, P. (1966). *Man's place in nature*. New York: Harper & Row.

Tenenbaum, J. B., Kemp, C., Griffiths, T. L., & Goodman, N. D. (2011). How to grow a mind: Statistics, structure, and abstraction. *Science, 331*, 1279–1285.

Terr, L. C. (1991). Childhood traumas: An outline and review. *American Journal of Psychiatry, 148*, 10–20.

Thagard, P. (2002). *Coherence in thought and action*. Cambridge, MA: MIT Press.

Thatcher, R. W. (2007). Essay: Cycles and gradients in development of the cortex. In K. Fischer, J. H. Bernstein, & M. H. Immordino-Yang (Eds.), *Mind, brain, and education in reading disorders* (pp. 124–

132). Cambridge, UK: Cambridge University Press.

Thatcher, R. W., Walker, R. A., & Guidice, S. (1987). Human cerebral hemispheres develop at different rates and ages. *Science, 236*, 1110–1113.

Thayer, J. F., Hansen, A. L., Saus-Rose, E., & Johnsen, B. H. (2009). Heart rate variability, prefrontal neural function, and cognitive performance: The neurovisceral integration perspective on self-regulation, adaptation, and health. *Annals of Behavioral Medicine, 37*(2), 141–153.

Thelen, E. (1989). Self-organization in developmental processes: Can systems approaches work? In M. Gunnar & E. Thelen (Eds.), *Systems and development: The Minnesota Symposium on Child Psychology* (Vol. 22, pp. 77–117). New York: Psychology Press.

Thelen, E., & Smith, L. B. (1994). *A dynamic systems approach to the development of cognition and action.* Cambridge, MA: MIT Press.

Thompson, K., Biddle, K. R., Robinson-Long, M., Poger, J., Wang, J., Yang, Q. X., et al. (2009). Cerebral plasticity and recovery of function after childhood prefrontal cortex damage. *Developmental Neurorehabilitation, 12*(5), 298–312.

Thompson, R. F., & Madigan, S. A. (2007). *Memory: The key to consciousness.* Princeton, NJ: Princeton University Press.

Thomsen, D. K., & Berntsen, D. (2008). The long-term impact of emotionally stressful events on memory characteristics and life story. *Applied Cognitive Psychology, 23*(4), 579–598.

Thomson, D., Milliken, B., & Smilek, D. (2010). Long-term conceptual implicit memory: A decade of evidence. *Memory and Cognition, 38*(1), 42–46.

Timbie, C., & Barbas, H. (2015). Pathways for emotions: Specializations in the amygdalar, mediodorsal thalamic, and posterior orbitofrontal network. *Journal of Neuroscience, 35*(34), 11976–11987.

Toga, A. W., & Thompson, P. M. (2003). Mapping brain asymmetry. *Nature Reviews Neuroscience, 4*(1), 37–48.

Tognoli, E., & Kelso, S. K. (2014). The metastable brain. *Neuron, 81*, 35–48.

Tomasello, M. (2016). The ontogeny of cultural learning. *Current Opinion in Psychology* 8, 1–4.

Tondowski, M., Kovacs, Z., Morin, C., & Turnbull, O. H. (2007). Hemispheric asymmetry and the diversity of emotional experience in anosognosia. *Neuropsychoanalysis, 9*(1), 67–81.

Tononi, G., Boly, M., Massimini, M., & Koch, C. (2016). Integrated information theory: From consciousness to its physical substrate. *Nature Reviews Neuroscience, 17*, 450–461.

Tononi, G., & Koch, C. (2008). The neural correlates of consciousness: An update. *Annuals of the New York Academy of Sciences, 1124*(1), 239–261.

Tononi, G., & Koch, C. (2015). Consciousness: Here, there and everywhere? *Philosophical Transactions of the Royal Society: Series B, Biological Sciences, 370*(1668), 20140167.

Toth, S. L., Rogosch, F. A., Struge-Apple, M., & Cicchetti, D. (2009). Building a secure base: Treatment of a child with disorganized attachment. *Child Development, 80*(1), 192–208.

Trachtenberg, J. T., Chen, B. E., Knott, G. W., Feng, G., Sanes, J. R., Welker, E., et al. (2002). Long-term *in vivo* imaging of experience-dependent synaptic plasticity in adult cortex. *Nature, 420*, 788–794.

Tranel, D., Damasio, H., Denburg, N., & Bechara, A. (2005). Does gender play a role in functional asymmetry of ventromedial prefrontal cortex? *Brain, 128*(12), 2872–2881.

Trehub, S. E., & Gudmundsdottir, H. R. (2015). In G. Welch & D. Sergeant (Eds.), *The Oxford handbook of singing* (pp. 1–20). Oxford, UK: Oxford University Press.

Treur, J. (2016). From mirroring to the emergence of shared understanding and collective power: Understanding complex systems. In *Network-oriented modeling: Addressing complexity of cognitive, affective and social interactions* (pp. 183–208). Cham, Switzerland: Springer.

Trevarthen, C. (1990a). Growth and education of the hemispheres. In C. Trevarthen (Ed.), *Brain circuits and functions of the mind: Essays in honour of Roger W. Sperry* (pp. 334–363). New York: Cambridge University Press.

Trevarthen, C. (1990b). Integrative functions of the cerebral commissures. In F. Boller & J. Grafman (Eds.), *Handbook of neurospsychology* (Vol. 4, pp. 49–83). Amsterdam: Elsevier.

Trevarthen, C. (1993). The self born in intersubjectivity: The psychology of infant communicating. In U. Neisser (Ed.), *The perceived self: Ecological and interpersonal sources of self-knowledge* (pp. 121–173). New York: Cambridge University Press.

Trevarthen, C. (1996). Lateral asymmetries in infancy: Implications for the development of the hemispheres. *Neuroscience and Biobehavioral Reviews, 20*, 571–586.

Trevarthen, C. (2001). Intrinsic motives for companionship in understanding: Their origin, development, and significance for infant mental health. *Infant Mental Health Journal, 22*(1–2), 95–131.

Trevarthen, C. (2005a). First things first: Infants make good use of the sympathetic rhythm of imitation, without reason or language. *Journal of Child Psychotherapy, 31*(1), 91–113.

Trevarthen, C. (2005b). Stepping away from the mirror: Pride and shame in adventures of companionship: Reflections on the nature and emotional needs of infant intersubjectivity. In C. S. Carter et al. (Eds.), *Attachment and bonding: A new synthesis* (pp. 55–84). Cambridge, MA: MIT Press.

Trevarthen, C. (2005c). Action and emotion in development of the human self, its sociability and cultural intelligence: Why infants have feelings like ours. In J. Nadel & D. Muir (Eds.), *Emotional development* (pp. 61–91). Oxford, UK: Oxford University Press.

Trevarthen, C. (2007). Moving experiences: Perceiving as action with a sense of purpose. In G.-J. Pepping & M. A. Grealy (Eds.), *Closing the gap: The scientific writings of David N. Lee* (pp. 1–10). Mahwah, NJ: Erlbaum.

Trevarthen, C. (2009a). The functions of emotion in infancy: The regulation and communication of rhythm, sympathy, and meaning in human development. In D. Fosha, D. J. Siegel, & M. F. Solomon (Eds.), *The healing power of emotion: Affective neuroscience, development, and clinical practice* (pp. 112–144). New York: Norton.

Trevarthen, C. (2009b). Human biochronology: On the source and functions of "musicality." In R. Haas & V. Brandes (Eds.), *Music that works* (pp. 221–265). New York: Springer.

Trevarthen, C. (2015). Stories of truth and beauty in the sound of moving [Special issue]. *Signata: Annals of Semiotics.*

Trevarthen, C. (2017a). Play with infants: The impulse for human story-telling. In T. Bruce, P. Hakkarainen, & M. Bredikyte (Eds.), *The Routledge international handbook of early childhood play* (pp. 198–215). Abingdon, UK: Taylor & Francis/Routledge.

Trevarthen, C. (2017b). Health and happiness grow in play: Building vitality in companionship from birth. In S. Daniel & C. Trevarthen (Eds.), *Rhythms of relating in children's therapies: Connecting creatively with vulnerable children* (pp. 28–44). London: Jessica Kingsley.

Trevarthen, C., & Aitken, K. J. (2001). Infant intersubjectivity: Research, theory, and clinical applications. *Journal of Child Psychology and Psychiatry, 42*(1), 3–48.

Trevarthen, C., & Aitken, K. J. (2003). Regulation of brain development and age-related changes in infants' motives: The developmental function of regressive periods. In M. Heimann (Ed.), *Regression periods in human infancy* (pp. 107–184). Mahwah, NJ: Erlbaum.

Trevarthen, C., Aitken, K. J., Vandekerckhove, M., Delafield-Butt, J., & Nagy, E. (2006). Collaborative regulations of vitality in early childhood: Stress in intimate relationships and postnatal psychopathology. In D. Cicchetti & D. J. Cohen (Eds.), *Developmental psychopathology* (2nd ed., Vol. 1., pp. 66–114). Hoboken, NJ: Wiley.

Trevarthen, C., & Delafield-Butt, J. (2013). Autism as a developmental disorder in intentional movement and affective engagement. *Frontiers in Integrative Neuroscience, 7*, 49.

Trevarthen, C., & Delafield-Butt, J. (2017). Intersubjectivity in the imagination and feelings of the infant: Implications for education in the early years. In J. White & C. Dalli (Eds.), *Under three-year-olds in policy and practice* (pp. 17–39). Heidelberg, Germany: Springer.

Trevarthen, C., Gratier, M., & Osborne, N. (2014, March/April). The human nature of culture and education. *WIREs Cognitive Science, 5*, 173–192.

Trevarthen, C., & Reddy, V. (2006). Consciousness in infants. In M. S. Velman (Ed.), *A companion to consciousness* (pp. 1–27). Oxford, UK: Blackwell.

Triandis, H. C., & Suh, E. M. (2002). Cultural influences on personality. *Annual Review of Psychology, 53*, 133–160.

Trickett, P. K., Noll, J. G., Susman, E. J., Shenk, C. E., & Putnam, F. W. (2010). Attenuation of cortisol across development for victims of sexual abuse. *Development and Psychopathology, 22*(1), 165–175.

Tronick, E. (2004). Why is connection with others so critical?: Dyadic meaning making, messiness and complexity governed selective processes which co-create and expand individuals' states of consciousness. In J. Nadel & D. Muir (Eds.), *Emotional development* (pp. 293–315). New York: Oxford University Press.

Tronick, E. (2007). *The neurobehavioral and social–emotional development of infants and children*. New York: Norton.

Tronick, E. (2009). Multilevel meaning making and dyadic expansion of consciousness theory: The emotional and the polymorphic polysemic flow of meaning. In D. Fosha, D. J. Siegel, & M. F. Solomon (Eds.), *The healing power of emotion: Affective neuroscience, development, and clinical practice* (pp. 86–111). New York: Norton.

Tronick, E., & Gold, C. M. (2020). *The power of discord: Why the everyday ups and downs of relationships are the secret to building intimacy, resilience, and trust*. New York: Little Brown and Company.

Tronick, E., & Reck, C. (2009). Infants of depressed mothers. *Harvard Review of Psychiatry, 17*(2), 147–156.

Tronson, N. C., Taylor, J. R. (2007). Molecular mechanisms of memory reconsolidation. *Nature Reviews Neuroscience, 8*(4), 262–275.

Trumbull, D. (2008). Humiliation: The trauma of disrespect. *Journal of the American Academy of Psychoanalysis and Dynamic Psychiatry, 36*(4), 643–660.

Tsakiris, M., & Critchley, H. (2016). Interoception beyond homeostasis: Affect, cognition and mental health. *Philosophical Transactions of the Royal Society: Series B, Biological Sciences, 371*, 20160002.

Tse, D., Langston, R. F., Kakeyama, M., Bethus, I., Spooner, P., Wood, E. R., et al. (2007). Schemas and memory consolidation. *Science, 316*(5821), 76–82.

Tsien, J. (2000). Linking Hebb's coincidence-detection to memory formation. *Current Opinion in Neurobiology, 10*(2), 266–273.

Tsukiura, T., & Cabeza, R. (2008). Orbitofrontal and hippocampal contributions to memory for face–name associations: The rewarding power of a smile. *Neuropsychologia, 46*(9), 2310–2319.

Tsukiura, T., & Cabeza, R. (2011). Remembering beauty: Roles of orbitofrontal and hippocampal regions in successful memory encoding of attractive faces. *NeuroImage, 54*(1), 653–660. Retrieved from *www.ncbi.nlm.nih.gov/pmc/articles/PMC2962707.*

Tucker, D. M. (2002). Embodied meaning: An evolutionary-developmental analysis of adaptive semantics. In T. Givón & B. F. Malle (Eds.), *The evolution of language out of pre-language* (pp. 51–82). Amsterdam: Benjamins.

Tucker, D. M. (2007). *Mind from body: Experience from neural structure*. New York: Oxford University Press.

Tucker, D. M., Derryberry, D., & Luu, P. (2000). Anatomy and physiology of human emotion: Vertical integration of brainstem, limbic, and cortical systems. In J. Borod (Ed.), *Handbook of the neuropsychology of emotion* (pp. 56–79). New York: Oxford University Press.

Tucker, D. M., Frishkoff, G., & Luu, P. (2008). Microgenesis of language: Vertical integration of neurolinguistic mechanisms across the neuraxis. In B. Stemmer & H. A. Whitaker (Eds.), *Handbook of the neuroscience of language* (pp. 45–56). Boston: Elsevier/Academic Press.

Tucker, D. M., & Luu, P. (2006). Adaptive binding. In H. Zimmer, A. Mecklinger, & U. Lindenberger (Eds.), *Binding in human memory: A neurocognitive approach* (pp. 85–108). New York: Oxford University Press.

Tucker, D. M., Luu, P., & Pribram, K. H. (1995). Social and emotional self-regulation. *Annals of the New York Academy of Sciences, 769*, 213–239.

Tucker, D. M., Poulsen, C., & Luu, P. (2015). Critical periods for the neurodevelopmental processes of externalizing and internalizing. *Development and Psychopathology, 27*(2), 321–346.

Tucker-Drob, E. M. (2009). Differentiation of cognitive abilities across the life span. *Developmental Psychology, 45*(4), 1097–1118.

Tulving, E. (2005). Episodic memory and autonoesis: Uniquely human? In H. S. Terrace & J. Metcalfe (Eds.), *The missing link in cognition: Origins of self-reflective consciousness* (pp. 3–56). New York: Oxford University Press.

Tulving, E., Kapur, S., Craik, F. I. M., Moscovitch, M., & Houle, S. (1994). Hemispheric encoding/retrieval asymmetry in episodic memory: Positron emission tomography findings. *Proceedings of the National Academy of Sciences of the USA, 91*, 2016–2020.

Turk-Browne, N. B., Yi, D.-J., & Chun, M. M. (2006). Linking implicit and explicit memory: Common encoding factors and shared representations. *Neuron, 49*(6), 917–927.

Turkle, S. (2015). *Reclaiming conversation: The power of talk in the digital age.* New York: Penguin.

Tustin, K., & Hayne, H. (2010). Defining the boundary: Age-related changes in childhood amnesia. *Developmental Psychology, 46*(5), 1049–1061.

Tyron, W. W., & McKay, D. (2009). Memory modification as an outcome variable in anxiety disorder treatment. *Journal of Anxiety Disorders, 23*(4), 546–556.

Úbeda-Contreras, J., Marín-Blasco, I., Nadal, R., & Armario, A. (2018). Brain c-fos expression patterns induced by emotional stressors differing in nature and intensity. *Brain Structure and Function, 223*(5), 2213–2227.

Uddin, L. Q., Davies, M. S., Scott, A. A., Zaidel, E., Bookheimer, S. Y., Iacoboni, M., et al. (2008). Neural basis of self and other representation in autism: An fMRI study of self-face recognition. *PLoS One, 3*(10), e3526.

Uddin, L. Q., Iacoboni, M., Lange, C., & Keenan, J. P. (2007). The self and social cognition: The role of cortical midline structures and mirror neurons. *Trends in Cognitive Sciences, 11*(4), 153–157.

Ulmer-Yaniv, A., Avitsur, R., Kanat-Maymon, Y., Schneiderman, I., Zagoory-Shaon, O., & Feldman, R. (2016). Affiliation, reward, and immune biomarkers coalesce to support social synchrony during periods of bond formation in humans. *Brain, Behavior, and Immunity, 56*, 130–139.

Urry, H. L., Nitschke, J. B., Dolski, I., Jackson, D. C., Dalton, K. M., Mueller, C. J., et al. (2004). Making a life worth living: Neural correlates of well-being. *Psychological Science, 15*(6), 367–372.

Ursu, S., & Carter, C. (2009). An initial investigation of the orbitofrontal cortex hyperactivity in obsessive–compulsive disorder: Exaggerated representations of anticipated aversive events? *Neuropsychologia, 47*(10), 2145–2148.

Ustinova, K. I., Chernikova, L. A., Ioffe, M. E., & Sliva, S. S. (2001). Impairment of learning the voluntary control of posture in patients with cortical lesions of different locations: The cortical mechanisms of pose regulation. *Neuroscience and Behavioral Physiology, 31*(3), 259–267.

Vago, D. R., & Silbersweig, D. A. (2012). Self-awareness, self-regulation, and self-transcendence (S-ART): A framework for understanding the neurobiological mechanisms of mindfulness. *Frontiers in Human Neuroscience, 6*, 296.

Vallacher, R., Read, S., & Nowak, A. (2002). The dynamical perspective in personality and social psychology. *Personality and Social Psychology Review, 6*(4), 264–273.

Valliant, G. (2008). Positive emotions, spirituality, and the practice of psychiatry. *Mens Sana Monograph, 6*, 48–62.

van Bakel, H. J., & Riksen-Walraven, J. M. (2008). Adrenocortical and behavioral attunement in parents with 1-year-old infants. *Developmental Psychobiology, 50*(2), 196–201.

van Dantzig, S., Pecher, D., Zeelenberg, R., & Barsalou, L. W. (2008). Perceptual processing affects conceptual processing. *Cognitive Science, 32*(3), 579–590.

Van de Cruys, S., Evers, K. Van der Hallen, R., Van Eylen, L., Boets, B., de-Witt, L., & Wagemans, J. (2014). Precise minds in uncertain worlds: Predictive coding in autism. *Psychological Review* 121 (4) 649–675.

Vandekerckhove, M. (2009). Memory, autonoetic consciousness and the self: Consciousness as a continuum of stages. *Self and Identity, 8*(1), 4–23.

Vandekerckhove, M., Bulnes, L. C., & Panksepp, J. (2014). The emergence of primary anoetic consciousness in episodic memory. *Frontiers in Behavioral Neuroscience, 7*, 210.

Vandenberg, B. (1998). Hypnosis and human development: Interpersonal influence of intrapersonal processes. *Child Development, 69*, 262–267.

van den Heuvel, M. P., & Sporns, O. (2011). Rich-club organization of the human connectome. *Journal of Neuroscience, 31*, 15775–15786.

van den Heuvel, M. P., Sporns, O., Collin, G., Scheewe, T., Mandl, R. C., Cahn, W., et al. (2013). Abnormal rich club organization and functional brain dynamics in schizophrenia. *JAMA Psychiatry, 70*, 783–792.

Vanderhasselt, M., De Raedt, R., Baeken, C., Leyman, L., Clerinx, P., & D'haenen, H. (2007). The influence of rTMS over the right dorsolateral prefrontal cortex on top-down attentional processes. *Brain Research, 1137*, 111–116.

van der Kolk, B. (2003). Posttraumatic stress disorder and the nature of trauma. In M. F. Solomon & D. J. Siegel (Eds.), *Healing trauma: Attachment, mind, body, and brain* (pp. 168–195). New York: Norton.

van der Kolk, B. (2014). *The body keeps the score: Brain, mind and body in the healing of trauma*. New York: Viking.

van der Kolk, B., & Courtois, C. (2005). Editorial comments: Complex developmental trauma. *Journal of Traumatic Stress, 18*(5), 385–388.

van der Kolk, B., Roth, S., Pelcovitz, D., Sunday, S., & Spinazzola, J. (2005). Disorders of extreme stress: The empirical foundation of a complex adaptation to trauma. *Journal of Traumatic Stress, 18*(5), 389–399.

van der Velden, P. G., & Wittmann, L. (2008). The independent predictive value of peritraumatic dissociation for PTSD symptomatology after type I trauma: A systematic review of prospective studies. *Clinical Psychology Review, 28*(6), 1009–1020.

Van Der Weiden, A., Prikken, M., & van Haren, N. E. M. (2015). Self–other integration and distinction in schizophrenia: A theoretical analysis and a review of the evidence. *Neuroscience and Biobehavioral Reviews, 57*, 220–237.

van der Westhuizen, D., & Solms, M. (2015). Social dominance and the affective neuroscience personality scales. *Consciousness and Cognition, 33*, 90–111.

van Geert, P. (2014). Unfolding potential as dynamic emergence: A view from the theory of complex, nonlinear dynamic systems. *Journal of Cognitive Education and Psychology, 13*(3).

van Harmelin, A.-L., van Tol, M.-J., van der Wee, N. J. A., Veltman, D. J., Aleman, A., Spinhoven, P., et al. (2010). Reduced medial prefrontal cortex volume in adults reporting childhood emotional maltreatment. *Biological Psychiatry, 68*(9), 832–838.

van Huyssteen, J. W., & Wiebe, E. P. (Eds.). (2011). *Search of self: Interdisciplinary perspectives on personhood*. Grand Rapids, MI: Eerdmans.

van IJzendoorn, M. H., & Bakermans-Kranenburg, M. J. (2006). DRD4 7-repeat polymorphism moderates the association between maternal unresolved loss or trauma and infant disorganization. *Attachment and Human Development, 8*(4), 291–307.

van IJzendoorn, M. H., & Bakermans-Kranenburg, M. J. (2008). The distribution of adult attachment representations in clinical groups: A meta-analytic search for patterns of attachment in 105 AAI studies. In H. Steele & M. Steele (Eds.), *Clinical applications of the Adult Attachment Interview* (pp. 69–98). New York: Guilford Press.

van IJzendoorn, M. H., Bakermans-Kranenburg, M. J., & Mesman, J. (2008). Dopamine system genes associated with parenting in the context of daily hassles. *Genes, Brain and Behavior, 7*(4), 403–410.

van IJzendoorn, M. H., Bakermans-Kranenburg, M. J., & Sagi-Schwartz, A. (2006). Attachment across diverse sociocultural contexts: The limits of universality. In K. H. Rubin & O. Chung (Eds.), *Parenting beliefs, behaviors, and parent–child relations: A cross-cultural perspective* (pp. 107–142). New York: Psychology Press.

van IJzendoorn, M. H., Caspers, K., Bakermans-Kranenburg, M. J., Beach, S. R. H., & Philibert, R. (2010). Methylation matters: Interaction between methylation density and serotonin transporter genotype predicts unresolved loss or trauma. *Biological Psychiatry, 68*(5), 405–407.

van Kleef, G. A., De Dreu, C. K. W., & Manstead, A. R. (2010). An interpersonal approach to emotion in social decision making: The Emotions as Social Information (EASI) model. In M. P. Zanna (Ed.), *Advances in experimental social psychology* (Vol. 42, pp. 45–96). San Diego: Academic Press.

Van Lancker Sidtis, D., Pachana, N., Cummings, J. L., & Sidtis, J. J. (2006). Dysprosodic speech following basal ganglia insult: Toward a conceptual framework for the study of the cerebral representation of prosody. *Brain and Language, 97*(2), 135–153.

van Lutterveld, R., van Dellen, E., Pal, P., Yang, H., Stam, C. J., & Brewer, J. (2017). Meditation is associated with brain network integration. *NeuroImage, 158*, 18–25.

Vannasing, P., Florea, O., González-Frankenberger, B., Tremblay, J., Paquette, N., Safi, D., et al. (2016). Distinct hemispheric specializations for native and non-native languages in one-day-old newborns identified by fNIRS. *Neuropsychologia, 84*, 63–69.

van Ooyen, A., & van Pelt, J. (1994). Activity-dependent neurite outgrowth and neural network development. *Progress in Brain Research, 102*, 245–259.

Van Opstal, F., de Lange, F. P., & Dehaene, S. (2011). Rapid parallel semantic processing of numbers without awareness. *Cognition, 120*(1), 136–147.

van Stegeren, A. H., Roozendaal, B., Kindr, M., Wolf, O. T., & Joels, M. (2010). Interacting noradrenergic and corticosteroid systems shift human brain activation patterns during encoding. *Neurobiology of Learning and Memory, 93*(1), 56–65.

van Winkel, R., Stefanis, N. C., & Myin-Germeys, I. (2008). Psychosocial stress and psychosis: A review of the neurobiological mechanisms and the evidence for gene–stress interaction. *Schizophrenia Bulletin, 34*(6), 1095–1105.

Vanwoerden, S., Kalpakci, A. H., & Sharp, C. (2017). The relations between inadequate parent–child boundaries and borderline personality disorder in adolescence. *Psychiatry Research, 257*, 462–471.

Varela, F., Lachaux, J., Rodriguez, E., & Martinerie, J. (2001). The brainweb: Phase synchronization and large-scale integration. *Nature Reviews Neuroscience, 2*, 229–239.

Varnum, M. E., Shi, Z., Chen, A., Qiu, J., & Han, S. (2014). When—your reward is the same as—my reward: Self-construal priming shifts neural responses to own vs. friends' rewards. *NeuroImage, 87*, 164–169.

Vaughn, B. E., Bost, K. K., & van IJzendoorn, M. H. (2008). Attachment and temperament: Additive and interactive influences on behavior, affect, and cognition during infancy and childhood. In J. Cassidy & P. R. Shaver (Eds.), *Handbook of attachment: Theory, research, and clinical applications* (2nd ed., pp. 192–216). New York: Guilford Press.

Vaughn, B. E., & Bost, K. K. (2016). Attachment and temperament as intersecting developmental products and interacting developmental contexts throughout infancy and childhood. In J. Cassidy & P. R. Shaver (Eds.), *Handbook of attachment: Theory, research, and clinical applications* (3rd ed., pp. 202–222). New York: Guilford Press.

Velik, R. (2009). From single neuron-firing to consciousness: Towards the true solution of the binding problem. *Neuroscience and Biobehavorial Reviews, 34*(7), 993–1001.

Velmans, M. (2009). *Understanding consciousness* (2nd ed.). New York: Routledge.

Veluw, S. J., & Chance, S. A. (2013). Differentiating between self and others: an ALE meta-analysis of fMRI studies of self-recognition and theory of mind. *Brain Imaging and Behavior, 8*(1), 24–38.

Venn, H. R., Watson, S., Gallagher, P., & Young, A. H. (2006). Facial expression perception: An objective outcome measure for treatment studies in mood disorders? *International Journal of Neuropsychopharmacology, 9*(2), 229–245.

Vertes, R., & Eastman, K. (2003). The case against memory consolidation in REM sleep. In E. F. Pace-Schott (Ed.), *Sleep and dreaming: Scientific advances and reconsiderations* (pp. 75–84). New York: Cambridge University Press.

Viard, A., Piolino, P., Desgranges, B., Chetelat, G., Lebreton, K., Landeau, B., et al. (2007). Hippocampal activation for autobiographical memories over the entire lifetime in healthy aged subjects: An fMRI study. *Cerebral Cortex, 17*(10), 2453–2467.

Vicentic, A., Francis, D., Moffett, M., Lakatos, A., Rogge, G., Hubert, G. W., et al. (2006). Maternal separation alters serotonergic transporter densities and serotonergic 1A receptors in rat brain. *Neuroscience, 140*(1), 355–365.

Vieten, C., & Scammell, S. (2015). *Spiritual & religious competencies in clinical practice: Guidelines for psychotherapists and mental health professionals.* Oakland, CA: New Harbinger Publications.

Vijayakumar, N., Whittle, S., Dennison, M., Yucel, M., Simmons, J., & Allen, N. B. (2014). Development of temperamental effortful control mediates the relationship between maturation of the prefrontal cortex and psychopathology during adolescence: A 4-year longitudinal study. *Journal of Developmental Cognitive Neuroscience, 9*, 30–43.

Villamil, A., Vogel, T., Weisenbaum, E., & Siegel, D. J. (2019). Cultivating well-being through the three pillars of mind training: Understanding how training the mind improves physiological and psychological well being. *Open Access, 4*(1), 1–11.

von der Lippe, A., Eilertsen, D. E., Hartmann, E., & Killen, K. (2010). The role of maternal attachment in children's attachment and cognitive executive functioning: A preliminary study. *Attachment and Human Development, 12*(5), 429–444.

Voorhoeve, A., During, E., Jopling, D., Wilson, T., & Kamm, F. (2011). Who am I?: Beyond "I think, therefore I am." *Annals of the New York Academy of Sciences, 1234*(1), 134–148.

Voss, J. L. L., Baym, C. L., & Paller, K. A. (2008). Accurate forced-choice recognition without awareness of memory retrieval. *Learning and Memory, 15*(6), 454–459.

Voss, J. L. L., Lucas, H. D., & Paller, K. A. (2012). More than a feeling: Pervasive influences of memory without awareness of retrieval. *Cognitive Neuroscience, 3*(3–4), 193–207.

Voss, J. L. L., & Paller, K. A. (2007). Neural correlates of conceptual implicit memory and their contamination of putative neural correlates of explicit memory. *Learning and Memory, 14*, 259–267.

Voss, J. L. L., & Paller, K. A. (2008). Brain substrates of implicit and explicit memory: The importance of concurrently acquired neural signals of both memory types. *Neuropsychologia, 46*(13), 3021–3029.

Voss, J. L. L., & Paller, K. A. (2009). An electrophysiological signature of unconscious recognition memory. *Nature Neuroscience, 12*(3), 349–355.

Vygotsky, L. S. (1986). *Thought and language* (A. Kozulin, Ed.). Cambridge, MA: MIT Press. (Original work published 1934).

Wacker, J. (2018). Effects of positive emotion, extraversion, and dopamine on cognitive stability–flexibility and frontal EEG asymmetry. *Psychophysiology, 55*(1).

Wade, T. D., & Kendler, K. S. (2000). The genetic epidemiology of parental discipline. *Psychological Medicine, 30*(6), 1303–1313.

Wager, T. D., Davidson, M. L., Hughes, B. L., Lindquist, M. A., & Ochsner, K. N. (2008). Prefrontal–subcortical pathways mediating successful emotion regulation. *Neuron, 59*(6), 1037–1050.

Walden, T. A. (1991). Infant social referencing. In J. Garber & K. A. Dodge (Eds.), *The development of emotion regulation and dysregulation* (pp. 69–88). Cambridge, UK: Cambridge University Press.

Walden, T. A., & Kim, G. (2005). Infants' social looking toward mothers and strangers. *International Journal of Behavioral Development, 29*(5), 356–360.

Walden, T. A., & Ogan, T. A. (1988). The development of social referencing. *Child Development, 59*(5), 1230–1240.

Waldrop, M. M. (1992). *Complexity: The emerging science at the edge of order and chaos.* New York: Simon & Schuster.

Walker, J. (2007). Unresolved loss and trauma in parents and the implications in terms of child protection. *Journal of Social Work Practice, 21*(1), 77–87.

Walla, P., & Panksepp, J. (2013). Neuroimaging helps to clarify brain affective processing without necessarily clarifying emotions. In K. Fountas (Ed.), *Novel frontiers of advanced neuroimaging* (pp. 93–118). London: IntechOpen.

Wallace, A. (2010). *Hidden dimensions: The unification of physics and consciousness.* New York: Columbia University Press.

Wallace, M. K., Krueger, J., & Royal, D. W. (2010). Neural development and plasticity of multisensory representations. In J. Kaiser & M. J. Naumer (Eds.), *Multisen-*

sory object perception in the primate brain (pp. 329–349). New York: Springer.
Wallentin, M., Nielsen, A. H., Vuust, P., Dohn, A., Roepstorff, A., & Lund, T. E. (2011). Amygdala and heart rate variability responses from listening to emotionally intense parts of a story. *NeuroImage, 58*(3), 963–973.
Waller, E., & Scheidt, C. E. (2006). Somatoform disorders as disorders of affect regulation: A development perspective. *International Review of Psychiatry, 18*(1), 13–24.
Wallin, D. J. (2007). *Attachment in psychotherapy.* New York: Guilford Press.
Wallis, P., & Steele, H. (2001). Attachment representations in adolescence: Further evidence from psychiatric residential settings. *Attachment and Human Development, 3*(3), 259–268.
Walsh, A., & Yun, I. (2016). Evoked culture and evoked nature: The promise of gene-culture co-evolution theory for sociology. *Frontiers in Sociology, 1*, 8.
Walsh, W., Dawson, J., & Mattingly, M. (2010). How are we measuring resilience following childhood maltreatment?: Is the research adequate and consistent? What is the impact on research, practice, and policy? *Trauma, Violence and Abuse, 11*(1), 27–41.
Wana, C. Y., Demaine, K., Zipse, L., Norton, A., & Schlaug, G. (2010). From music making to speaking: Engaging the mirror neuron system in autism. *Brain Research Bulletin, 82*(3–4), 161–168.
Wang, Q. (2001). Cultural effects on adults' earliest childhood recollection and self-description: Implications for the relation between memory and the self. *Journal of Personality and Social Psychology, 81*(2), 220–233.
Wang, Q. (2004). The emergence of cultural self-construct: Autobiographical memory and self-description in American and Chinese children. *Developmental Psychology, 40*(1), 3–15.
Wang, Q. (2006). Relations of maternal style and child self-concept to autobiographical memories in Chinese, Chinese immigrant, and European American 3-year-olds. *Child Development, 77*(6), 1794–1809.
Wang, Q. (2007). Remember when you got the big, big bulldozer? Mother–child reminiscing over time and across cultures. *Social Cognition, 25*(4), 455–471.
Wang, Q. (2008a). Emotion knowledge and autobiographical memory across the preschool years: A cross-cultural longitudinal investigation. *Cognition, 108*(1), 117–135.
Wang, Q. (2008b). Being American, being Asian: The bicultural self and autobiographical memory in Asian Americans. *Cognition, 107*(2), 743–751.
Wang, Q. (2009). Are Asians forgetful?: Perception, retention, and recall in episodic remembering. *Cognition, 111*, 123–131.
Wang, Q., & Brockmeier, J. (2002). Autobiographical remembering as cultural practice: Understanding the interplay between memory, self and culture. *Culture and Psychology, 8*(1), 45–64.
Wang, Q., & Conway, M. A. (2004). The stories we keep: Autobiographical memory in American and Chinese middle-aged adults. *Journal of Personality, 72*(5), 911–938.
Wang, Q., Conway, M. A., & Hou, Y. (2007). Infantile amnesia: A cross cultural examination. In M.-K. Sun (Ed.), *New research in cognitive sciences* (pp. 95–105). New York: Nova Science.
Wang, Z., Neylan, T. C., Mueller, S. G., Lenoci, M., Truran, D., Marmar, C. R., et al. (2010). Magnetic resonance imaging of hippocampal subfields in posttraumatic stress disorder. *Archives of General Psychiatry, 67*(3), 296–303.
Ward, L. R. (2002). *Dynamical cognitive science.* Cambridge, MA: MIT Press.
Warren, S. L., Emde, R., & Sroufe, L. A. (2000). Predicting anxiety from children's play narratives. *Journal of the American Academy of Child and Adolescent Psychiatry, 39*, 100–107.
Wasserstein, J., & Stefanatos, G. A. (2000). The right hemisphere and psychopathology. *Journal of the American Academy of Psychoanalysis, 28*(2), 371–395.
Watanabe, M., & Munoz, D. P. (2009). Neural correlates of conflict resolution between automatic and volitional actions by basal ganglia. *European Journal of Neuroscience, 30*(11), 2165–2176.
Wataru, S., Sakiko, Y., Takanori, K., & Matsumura, M. (2004). The amygdala processes the emotional significance of facial expressions: An fMRI investigation using

the interaction between expression and face direction. *NeuroImage, 22*(2), 1006–1013.

Waters, E., Merrick, S., Treboux, D., Crowell, J., & Albersheim, L. (2000). Attachment security in infancy and early adulthood: A twenty-year longitudinal study. *Child Development, 71*(3), 684–689.

Waters, E., & Sroufe, L. A. (2017). Attachment as an organizational construct. In B. Laursen & R. Žukauskienė (Ed.), *Interpersonal development* (pp. 109–124). Abingdon, UK: Routledge. (Original work published 1997).

Waters, T. E. A., & Fivush, R. (2015). Relations between narrative coherence, identity, and psychological well-being in emerging adulthood. *Journal of Personality, 83*(4), 441–451.

Waugh, C. E., Hamilton, J. P., & Gotlib, I. H. (2010). The neural temporal dynamics of the intensity of emotional experience. *NeuroImage, 49*(2), 1699–1707.

Waxman S. R., & Markow, D. B. (1995). Words as invitations to form categories: Evidence from 12- to 13-month-old infants. *Cognitive Psychology, 29*, 257–302.

Weathers, J., Brotman, M. A., Deveney, C. M., Kim, P., Zarate, C., Jr., Fromm, S., et al. (2013). A developmental study on the neural circuitry mediating response flexibility in bipolar disorder. *Psychiatry Research: Neuroimaging, 214*(1), 56–65.

Weaver, I. C., Cervoni, N., Champagne, F. A., D'Alessio, A. C., Sharma, S., Seckl, J. R., et al. (2004). Epigenetic programming by maternal behavior. *Nature Neuroscience, 7*, 847–854.

Webster's New World College Dictionary (3rd ed.). (1997). New York: Simon & Schuster/Macmillan.

Wegner, D. M. (1987). Transactive memory: A contemporary analysis of the group mind. In B. Mullen & G. R. Goethals (Eds.), *Theories of group behavior* (pp. 185–208). New York: Springer.

Wei, M., Joshi, A. A., Zhang, M., Mei, L., Manis, F. R., He, Q., et al. (2015). How age of acquisition influences brain architecture in bilinguals. *Journal of Neurolinguistics, 36*, 35–55.

Weinberger, N. M. (2008). The nucleus basalis and memory codes: Auditory cortical plasticity and the induction of specific, associative behavioral memory. *Neurobiology of Learning and Memory, 80*, 268–284.

Weinfield, N. S., Stroufe, L. A., Egeland, B., & Carlson, E. (2008). Individual differences in infant–caregiver attachment: Conceptual and empirical aspects of security. In J. Cassidy & P. R. Shaver (Eds.), *Handbook of attachment: Theory, research, and clinical applications* (2nd ed., pp. 78–101). New York: Guilford Press.

Weinfield, N. S., Whaley, G. J., & Egeland, B. (2004). Continuity, discontinuity, and coherence in attachment from infancy to late adolescence: Sequelae of organization and disorganization. *Attachment and Human Development, 6*(1), 73–97.

Weisner, T. H. (2014). The socialization of trust: Plural caregiving and diverse pathways across cultures. In H. Otto & H. Keller (Eds.), *Different faces of attachment: Cultural variations on a universal human need* (pp. 263–277). Cambridge, UK: Cambridge University Press.

Weissman, M. M., Wickramaratne, P., Gameroff, M. J., Warner, V., Pilowsky, D., Kohad, R. G., et al. (2016). Offspring of depressed parents: 30 years later. *American Journal of Psychiatry, 173*(10), 1024–1032.

Welch, C. S. (2020). *The gift of presence: A mindfulness guide for women*. New York: TarcherPerigee Penguin Random House.

Weltz, S. M., Armeli, S., Ford, J. D., & Tennen, H. (2016). A daily process examination of the relationship between childhood trauma and stress–reactivity. *Child Abuse and Neglect, 60*, 1–9.

Wendelken, C., Bunge, S., & Carter, C. (2008). Maintaining structured information: An investigation into functions of parietal and lateral prefrontal cortices. *Neuropsychologia, 46*(2), 665–678.

Weng, H. Y., Fox, A. S., Shackman, A. J., Stodola, D. E., Caldwell, J. Z. K., Olson, M. C., Rogers, G. M., & Davidson, R. J. (2013). Compassion training alters altruism and neural responses to suffering. *Psychological Science, 24*, 1171–1180.

Wheeler, M. A. (2000). Episodic memory and autonoetic awareness. In E. Tulving & F. I. M. Craik (Eds.), *The Oxford handbook of memory* (pp. 597–608). New York: Oxford University Press.

Wheeler, M. A., Stuss, D. T., & Tulving, E.

(1997). Toward a theory of episodic memory: The frontal lobes and autonoetic consciousness. *Psychological Bulletin, 121*, 331–354.

White, L., Wu, J., Borelli, J., Rutherford, H., David, D., Kim-Cohen, J., et al. (2012). Attachment dismissal predicts frontal slow-wave ERPs during rejection by unfamiliar peers. *Emotion, 12*(4), 690–700.

Whitelaw, G. (2020). *Resonate: Zen and the way of making a difference*. Manuscript submitted for publication.

Whitman, W. (1855). *Leaves of grass*. Brooklyn, NY: Walt Whitman.

Whittle, S., Dennison, M., Viayakumar, N., Simmons, J. G., Yücel, M., Lubman, D. I., Pantelis, C., & Allen, N. B. (2013). Childhood maltreatment and psychopathology affect brain development during adolescence. *Journal of the American Academy of Child and Adolescent Psychiatry, 52*, 940–952.

Whittle, S., Yap, M. B. H., Yucel, M., Fornito, A., Simmons, J. G., Barrett, A., et al. (2009). Prefrontal and amygdala volumes are related to adolescents' affective behaviors during parent–adolescent interactions. *Proceedings of the National Academy of Sciences of the USA, 105*(9), 3653–3657.

Wickramasekera, I. E., II. (2015). Mysteries of hypnosis and the self are revealed by the psychology and neuroscience of empathy. *American Journal of Clinical Hypnosis, 57*, 330–348.

Wiesel, T. N., & Hubel, D. H. (1963). Single cell responses in striate cortex of kittens deprived of vision in one eye. *Journal of Neurophysiology, 26*, 1003–1007.

Wig, G. S., Buckner, R. L., & Schacter, D. L. (2009). Repetition priming influences distinct brain systems: Evidence from task-evoked data and resting-state correlations. *Neurophysiology, 101*(5), 2631–2684.

Willis, M., Palermo, R., Burke, D., McGrillen, K., & Miller, L. (2010). Orbitofrontal cortex lesions result in abnormal social judgments to emotional faces. *Neuropsychologia, 48*(7), 2182–2187.

Willoughby, K. A., Desrocher, M., Levine, B., & Rovet, J. F. (2012). Episodic and semantic autobiographical memory and everyday memory during late childhood and early adolescence. *Frontiers in Psychology, 3*, 53.

Wilson, E. O. (1998). *Consilience: The unity of knowledge*. New York: Vintage.

Wilson, E. O. (2014). *The meaning of human existence*. New York: Norton.

Wilson-Mendenhall, C. D., Barrett, L. F., & Barsalou, L. W. (2013). Neural evidence that human emotions share core affective properties. *Psychological Science, 24*(6), 947–956.

Wiltgen, B. J., Brown, R. A. M., Talton, L. E., & Silva, A. J. (2004). New circuits for old memories. *Neuron, 44*(1), 101–108.

Winecoff, A., Clithero, J. A., Carter, R. M., Bergman, S. R., Wang, L., & Huettel, S. A. (2013). Ventromedial prefrontal cortex encodes emotional value. *Journal of Neuroscience, 33*(27), 11032–11039.

Winocur, G., Moscovitch, M., & Bontempi, B. (2010). Memory formation and long-term retention in humans and animals: Convergence towards a transformation account of hippocampal–neocortical interactions. *Neuropsychologia, 48*(8), 2339–2356.

Winsler, A. (2009). Still talking to ourselves after all these years: A review of current research on private speech. In A. Winsler, C. Fernyhough, & I. Montero (Eds.), *Private speech, executive functioning, and the development of verbal self-regulation* (pp. 3–41). New York: Cambridge University Press.

Winson, J. (1993). The biology and function of rapid eye movement sleep. *Current Opinion in Neurobiology, 3*, 243–248.

Wise, S. P., Murray, E. A., & Gerfen, C. R. (1996). The frontal cortex–basal ganglia system in primates. *Critical Reviews in Neurobiology, 10*, 317–356.

Witherington, D. (2007). The dynamic systems approach as metatheory for developmental psychology. *Human Development, 50*(2–3), 127–153.

Wittmann, L., Moergeli, H., & Schnyder, U. (2006). Low predictive power of peritraumatic dissociation for PTSD symptoms in accident survivors. *Journal of Traumatic Stress, 19*(5), 639–651.

Wolf, D. P. (1990). Being of several minds: Voices and versions of the self in early childhood. In D. Cicchetti & M. Beeghly (Eds.), *The self in transition: Infancy to childhood* (pp. 183–212). Chicago: University of Chicago Press.

Woltering, S., & Lewis, M. D. (2009). Developmental pathways of emotion regulation in childhood: A neuropsychological perspective. *Mind, Brain, and Education, 3*, 160–169.

Woods-Jaeger, B. A., Cho, B., Sexton, C. C., Slagel, L., & Goggin, K. (2018). Promoting resilience: Breaking the intergenerational cycle of adverse childhood experiences. *Health Education and Behavior, 45*(5), 772–780.

Wooley, A. W., Charbris, C. F., Pentland, A., Hashmi, N., & Malone, T. W. (2010). Evidence for a collective intelligence factor in the performance of human groups. *Science, 330*(6004), 686–688.

Worthman, C. M., Plotsky, P. M., Schechter, D. S., & Cummings, C. A. (Eds.). (2010). *Formative experiences: The interaction of caregiving, culture, and developmental psychobiology*. New York: Cambridge University Press.

Xia, Z., & Storm, D. (2017). Role of circadian rhythm and REM sleep for memory consolidation. *Neuroscience Research, 118*, 13–20.

Xue, G. (2018). The neural representations underlying human episodic memory. *Trends in Cognitive Sciences, 22*(6), 544–561.

Yagmurlu, B., & Altan, O. (2009). Maternal socialization and child temperament as predictors of emotion regulation in Turkish preschoolers. *Infant and Child Development, 19*(3), 275–296.

Yang, D. Y. J., Rosenblau, B., Keifer, C., & Pelphrey, K. A. (2015). An integrative neural model of social perception, action observation, and theory of mind. *Neuroscience and Biobehavioral Reviews, 51*, 263–275.

Yang, Z., Xu, Y., Xu, T., Hoy, C. W., Handwerker, D. A., Chen, G., Northoff, G., Zuo, X.-N., & Bandettini, P.A. (2014). Brain network informed subject community detection in early-onset schizophrenia. *Scientific Reports, 4*, 5549.

Yee, E., Jones, M. N., & McRae, K. (2017). Semantic memory. In J. T. Wixted & S. Thompson-Schill (Eds.), *The Stevens' handbook of experimental psychology and cognitive neuroscience: Vol. 3. Language and thought* (4th ed.). Hoboken, NJ: Wiley.

Yehuda, R., & McFarlane, A. C. (1995). Conflict between current knowledge about posttraumatic stress disorder and its original conceptual basis. *American Journal of Psychiatry, 152*, 1705–1713.

Yeo, B. T., Krienen, F. N., Sepulcre, J., Sabuncu, M. R., Lashkari, D., Hollinshead, M., et al. (2011). The organization of the human cerebral cortex estimated by intrinsic functional connectivity. *Journal of Neurophysiology, 106*, 1125–1165.

Yoshida, T., Yoshino, A., Takahashi, Y., & Soichiro, N. (2007). Comparison of hemispheric asymmetry in global and local information processing and interference in divided and selective attention using spatial frequency filters. *Experimental Brain Research, 181*(3), 519–529.

Young, S. (2016). What is mindfulness?: A contemplative perspective. In K. A. Schonert-Reichl & R. W. Roeser (Eds.), *Handbook of mindfulness in education* (pp. 29–45). New York: Springer.

Yu, C., & Ballard, D. H. (2004). A multimodal learning interface for grounding spoken language in sensory perceptions. *ACM Transactions on Applied Perception, 1*(1), 57–80.

Zahn-Waxler, C. (2010). Socialization of emotion: Who influences whom and how? *New Directions for Child and Adolescent Development, 2010*(128), 101–109.

Zajac, K., & Kobak, R. (2009). Caregiver unresolved loss and abuse and child behavior problems: Intergenerational effects in a high-risk sample. *Development and Psychopathology, 21*(1), 173–187.

Zammito, J. H. (2016). Epigenesis in Kant: Recent reconsiderations. *Studies in History and Philosophy of Science, 58*, 85–97.

Zeegers, M. A. J., Colonnesi, C., Stams, G. J. M., & Meins, E. (2017). Mind matters: A meta-analysis on parental mentalization and sensitivity as predictors of infant–parent attachment. *Psychological Bulletin, 143*(12), 1245–1272.

Zelazo, P. D. (2004). The development of conscious control in childhood. *Trends in Cognitive Science, 8* (1), 12–17.

Zelazo, P. D., Carlson, S. M., & Kesek, A. (2008). The development of executive function in childhood. In C. Nelson & M. Luciana (Eds.), *Handbook of developmental cognitive neuroscience* (2nd ed., pp. 553–574). Cambridge, MA: MIT Press.

Zelazo, P. D., Hong Hao, H., & Todd, R. (2007). The development of consciousness. In P. D. Zelazo, M. Moscovitch, & E. Thompson (Eds.), *Cambridge handbook of consciousness* (pp. 405–434). New York: Cambridge University Press.

Zeng, X., Chiu, C. P. K., Wang, R., Oei, T. P. S., & Leung, F. Y. K. (2015). The effect of loving-kindness meditation on positive emotions: A meta-analytic review. *Frontiers in Psychology, 6*, 1–14.

Zhang, D., & Raichle, M. E. (2010). Disease and the brain's dark energy. *Nature Reviews Neurology, 6*(1), 15–28.

Zhang, H., Japee, S., Nolan, R., Chu, C., Liu, N., & Ungerleider, L. G. (2016). Face-selective regions differ in their ability to classify facial expressions. *NeuroImage, 130*, 77–90.

Zhang, T., & Meaney, M. (2010). Epigenetics and the environmental regulation of the genome and its function. *Annual Review of Psychology, 61*, 439–466.

Zhong, J., Wang, A., Qian, M., Zhang, L., Gao, J., Yang, J., et al. (2008). Shame, personality, and social anxiety symptoms in Chinese and American nonclinical samples: A cross-cultural study. *Depression and Anxiety, 25*(5), 449–460.

Zhou, C., Zemanova, L., Zamora, G., Hilgetag, C. C., & Kurths, J. (2006). Hierarchical organization unveiled by functional connectivity in complex brain network. *Physical Review Letters, 97*(23), 238103.

Zhou, W.-X., Sornette, D., Hill, R. A., & Dunbar, R. I. M. (2005). Discrete hierarchical organization of social group sizes. *Proceedings of the Royal Society: Series B, Biological Sciences, 272B*, 439–444.

Zikopoulos, B., Höistad, M., John, Y., & Barbas, H. (2017). Posterior orbitofrontal and anterior cigulate pathways to the amygdala target inhibitory and excitatory systems with opposite functions. *Journal of Neuroscience, 37*(20), 5051–5064.

Zilberstein, K., & Messer, E. A. (2010). Building a secure base: Treatment of a child with disorganized attachment. *Clinical Social Work Journal, 38*(1), 85–97.

Zimmermann, K., Li, C., Rainnie, D., Ressler, K., & Gourley, S. (2018). Memory retention involves the ventrolateral orbitofrontal cortex: Comparison with the basolateral amygdala. *Neuropsychopharmacology, 43*(2), 373–383.

Zion-Golumbic, E., Kutas, M., & Bentin, S. (2010). Neural dynamics associated with semantic and episodic memory for faces: Evidence from multiple frequency bands. *Journal of Cognitive Neuroscience, 22*(2), 263–277.

Zuckerman, B., Zuckerman, P. M., & Siegel, D. J. (2005). Promoting self-understanding in parents—for the great good of your patients. *Contemporary Pediatrics, 22*(4), 77–90.

찾아보기

ㄱ

ㄹ

ㅁ

ㅂ

ㅅ

ㅇ

ㅈ

ㅊ

ㅋ

ㅌ

ㅍ

ㅎ

저자 소개

다니엘 시겔 Daniel J. Siegel

세계적으로 저명한 작가이자 교육자이며 유명한 소아정신과 의사이다. 그는 UCLA 의과대학의 정신건강의학과 임상 교수이며, 마음챙김 알아차림 연구 센터Mindful Awareness Research Center의 공동 책임자로 미국 정신의학 협회의 저명한 연구원이며 여러 명예 펠로우십을 받았다. 또한 다니엘 시겔은 가족, 기관, 지역 사회에서 통찰, 연민 및 공감을 함양하기 위해 설립한 교육 기관인 마인드사이트 연구소Mindsight Institute의 대표이다. 다니엘 시겔의 최근 저서로는 『내면으로부터의 양육Parenting from the Inside Out』, 『아직도 내 아이를 잘 모른다The Whole-Brain Child』, 『10대의 두뇌는 희망이다Brainstorm』, 『예스 브레인 아이들의 비밀The Yes Brain』, 『나타나는 힘The Power of Showing Up』, 『마음Mind』 그리고 『알아차림Aware』 등이 있다.

역자 소개

김보연

가톨릭대학교 의과대학 졸업

가톨릭대학교 강남성모병원 정신건강의학과 수련

현) 성가정신건강의학과 원장

김정수

가톨릭대학교 의과대학 졸업

가톨릭대학교 성모병원 정신건강의학과 수련

현) 성모정신건강의학과 원장

김정호

한림대학교 의과대학 졸업

현) 경기도 구리시 유일정신건강의학과 원장

김지원

서울대학교 의과대학 졸업

현) 그루정신건강의학과 원장

김홍근

중앙대학교 의과대학 졸업

국립부곡병원수련

현) 평택 하나정신건강의학과 원장

김평호

충남대학교 의과대학 졸업

전주예수병원 정신건강의학과 수련

현) 금산 제일정신건강의학과 원장

김태형

전북대학교 의과대학 졸업

현) 전주 김태형정신건강의학과 원장

나규일

전북대학교 의과대학 졸업

현) 대전 은빛사랑정신건강의학과 원장

박희관

서울대학교 의과대학 졸업

현) 서울 박희관 정신건강의학과 원장

박여진

가톨릭대학교 의과대학 졸업

서울성모병원 정신건강의학과수련

현) 유한대학교 보건의료행정학과 겸임교수

이승민

영남대학교 의과대학 졸업

국립의료원 정신건강의학과 수련

현) 서울 이승민정신건강의학과 원장

마음의 발달 제3판

관계, 뇌, 마음의 통합을 위한 인간관계 신경생물학

초판 1쇄 발행 2022년 8월 17일
초판 3쇄 발행 2024년 11월 8일

지은이 | Daniel J. Siegel
옮긴이 | 김보연, 김정수, 김정호, 김지원, 김홍근, 김평호
김태형, 나규일, 박희관, 박여진, 이승민
펴낸이 | 소정영

펴낸곳 | 도서출판 하나의학사
출판신고 | 1988년 4월 1일 제2022-000082호

주소 | 서울특별시 송파구 동남로 159, 302호(한흥빌딩)
전화 | 02-730-2555, 2556 **팩스** | 02-730-2557
이메일 | hanampc1@naver.com
홈페이지 | www.hanampc.co.kr

ISBN 979-11-91658-13-2 93180